国际信息工程先进技术译丛

MIMO 无线网络手册

（原书第2版）

［比］ 布鲁诺·克拉克斯 （Bruno Clerckx）
克劳德·奥思特杰斯 （Claude Oestges）　著

许方敏　郑长亮　邱海杰　等译

机械工业出版社

　　本书讨论了 MIMO 无线网络的信道、关键技术和标准，包括多用户和多小区 MIMO 技术。本书特别强调了实际的信号传播机制对系统性能（MIMO 容量和错误率）以及 MIMO 中的空时编码技术设计的影响及原因。作为原书第 2 版，本书更新了第 1 版的内容，介绍了无线通信标准 MIMO 方面的最新进展，如 LTE、LTE-A 和 WiMAX 以及在标准中讨论的一些新议题，包括 CoMP、大规模 MIMO、干扰对齐等。本书讨论范围广，适合高校高年级硕士和博士研究生、产业界研究人员作为参考书籍。

译 者 序

MIMO 技术从 20 世纪 90 年代末被提出后就引起了学术界和产业界的广泛关注和研究，包括贝尔实验室。经过十几年的研究和发展，它已经成为当今乃至今后很多年内的通信领域主流物理层技术，包括 4G 时代的 LTE、LTE-A/WiMAX 以及未来 5G 时代的大规模天线阵列、3D-MIMO（FD-MIMO）等，这些都离不开 MIMO 技术。

近年来，MIMO 方面的书籍林林总总，本书的主要特点在于：

1）贴近产业界，由于作者 Bruno Clerckx 从事 LTE/LTE-A 和 WiMAX 中 MIMO 专题讨论多年，多项专利被标准采纳，因此很多章节都紧密联系标准。译者也都是从事 3GPP LTE-A 标准化多年的人员，如邱海杰是 3GPP CoMP 议题的主要参与完成者，许方敏参与了 3GPP RAN1/4 从 R9 ~ R12 版 MIMO 相关议题的讨论。

2）丰富的数学推导和验证，尤其是在信息论推导容量方面。

3）重视实际，尤其突出实际的无线传播环境、实际的信道信息获取和反馈对 MIMO 空时编码设计性能的影响方面。

本书的引进过程十分曲折，从 2013 年初在美国亚马逊网站上看到这本书的原版书起，当时这是市面上众多 MIMO 技术唯一一本介绍最新研究进展的专著。本书的第 1 版在国内外通信学术界有着很好的声誉，在 2010 年由机械工业出版社引入国内。本书的第 2 版被国外某著名网站评为 2013 年十佳通信类图书之一，与第 1 版相比，内容有了很大的改变，如强调多用户、多小区和标准化进展。另外，作者中的 Bruno Clerckx 与译者在三星电子共事时，有着深厚的友谊和联系。所以译者觉得有理由把本书介绍给中国的读者。但是由于本书的篇幅较长、又兼具相当的内容深度，所以当时有很多的顾虑。在机械工业出版社张俊红编辑的热情支持下，最终决定引进该书。

虽然翻译过程没有想象的顺利，但译者还是从中收获颇丰，包括无线信号传播模型的建模、信息论分析等方面。本书适合高等院校相关专业高年级的硕士和博士研究生，以及科研单位的研究员用作参考书籍。

由于本书内容十分丰富，理论推导较多，在翻译过程中，我们已经修改了一些比较明显的小错误，并且已经和作者多次通过电子邮件进行联系沟通以期在未来的第 3 版中进行修改，希望中文版看上去并不比英文版难懂。因为译者水平精力都有限，可能会在翻译过程中引入新的错误和不妥之处，恳请大家在阅读过程中发现问题后不吝赐教。可以用 email 向我们反馈（xufm@ bupt. edu. cn），十分感谢！

本书的前言、第 1 ~ 6 章和附录部分由许方敏负责翻译，第 7、11、13 和 14 章由邱海杰负责翻译，第 8、9、10、12 和 15 章由郑长亮负责翻译。此外，北京邮电大学的李斌、章扬、王鹏彪、孙梦巍、刘晓凯，三星中国通信研究院的陈子雄、周续涛、付景兴等同学和同事也参与了部分翻译和校对工作并提出了宝贵的建议。

　　最后要感谢机械工业出版社编辑的帮助，感谢各位在翻译和审校等环节的辛勤付出。感谢北京邮电大学信息与通信工程学院、三星中国通信研究院、杭州电子科技大学通信工程学院相关领导和同事的支持。感谢家人对我们的支持。

许方敏　郑长亮　邱海杰

2015 年秋于北京、杭州

原 书 前 言

当我们几位作者几年前开始构思写这本书的第 1 版时，已经在信号传播和信号处理领域内合作工作超过 5 年。本书主要讨论 MIMO 无线通信的传播模型和设计工具，但是，本书绝不仅仅是把传播和信号处理这两个领域简单合并，而是希望能表达我们对 MIMO 技术融合的理解，这些都来源于对多天线相关的许多问题无休止的争议、讨论以及和很多同事的研究。显然，这个技术涉及的领域很广泛，因此我们很难详细地讨论到所有的方面。但是，我们的目标是为研究者、研发工程师和研究生更全面地介绍多天线、多用户和多小区网络的无线传播模型和空时信号处理技术。

MIMO 方面的书籍已经有很多了，但是，在实际的无线信道和网络以及实际的功率限制下，如何让 MIMO 更好地工作仍然是亟待解决的问题。实际上，天线尺寸和发射功率受限都会对系统设计带来一些限制。例如，依赖于理想传播模型的空时编码设计，在实际的无线信道中就不能完全发挥空时编码的优势。因此，考虑到 MIMO 传播的空时编码设计方法非常具有挑战。通常，传播模型是由很多简单的模型像菜谱一样组合而成，典型的简单模型包括路径损耗法则和抽头延迟线。类似的，有些人认为无线传输方案不需要考虑实际无线信道，而只需要考虑信道对接收信号的影响。换而言之，传播模型在后验测试和修改特定的设计上最有用，这是传播模型的一个重要方面，在 IEEE 标准中包括这些模型，但是这并不是传播模型应用的唯一方面，尤其是考虑多天线无线系统时。无线传播不仅为 MIMO 相关的一些棘手问题提供了答案，也对设计高效的传输方案起着重要的作用。因此，我们深入研究了多天线和多链路传播的各个方面，自然包括但不局限于经典的设计和仿真模型。这样可以让设计者基于经典的理论基础并考虑到实际信号传播从而开发出鲁棒的信号处理方案。

本书的第 2 版包括了对最近 MIMO 信号处理技术更新的描述和更新的 MIMO 传播模型，不仅仅包括单用户/单小区场景（类似第 1 版），还包括多用户和多小区网络。基于信息论和通信理论基础，我们着重介绍了实际的信号传播是如何影响 MIMO 传输方案在单用户单小区和多用户多小区部署下的吞吐量和错误性能。此外，本书还介绍了创新和实际的设计鲁棒的空时/空频码和预编码技术，以及多用户 MIMO 和多小区技术方面更新更详细的内容，包括信息论分析多址，广播和干扰信道，具有完全和部分信道状态信息的多用户预编码，协同和协作多小区 MIMO 技术，干扰对齐和大规模 MIMO 系统。这些技术总体构成了部署 4G 网络和超 4G 的关键技术。本书第 2 版的很大一部分是在目前主流的无线通信标准中 MIMO 的实际实现和性能评估，例如 WiMAX IEEE802.16e/m 和 3GPP LTE（R8 版和 R9 版）和 LTE-A（R10 版和 R11 版）。从第 1 章到最后一章，我们仔细地按照逻辑流程来组织章节内容，指出重要的理论结果并提供了很多示例。虽然我们尽量对大多数结果提供了详细和清楚的证据，读者有时还需要阅读参考文献以找到更详细的内容。

现在本书第 2 版的编写已经结束，我们要向下面的人表示我们诚挚的感谢。首先我们要感谢斯坦福大学的 Arogyaswami J. Paulraj 教授把我们带入 MIMO 通信这个具有挑战的领域。TUWien 的 Ernst Bonek 教授也对本书第 1 版的出版起着重要的作用，同时他还一如既往地支持和仔细阅读书稿。我们还要感谢 Elsevier 出版社的 Tim Pitts、Charlotte Kent 和 Lisa Jones 友善并高效的编辑工作。

最后但同样重要的，我们衷心地感谢一些匿名和不匿名的审稿人和读者的认真审读并提出宝贵的意见，他们：Junil Choi, Sébastien Deru, Bertrand Devillers 博士，Mischa Dohler 博士, Maxime Guillaud 博士, Chenxi Hao, Are Hjørungnes 教授, Younsun Kim 博士, Marios Kountouris 教授, Harold Sneessens 博士。

伦敦帝国学院 **Bruno Clerckx**

天主教鲁汶大学 **Claude Oestges**

作者简介

Bruno Clerckx 是英国伦敦帝国学院电气和电子工程学院的助理教授（讲师）。他分别于 2000 年和 2005 年在天主教鲁汶大学（比利时新鲁汶）取得电子工程硕士和博士学位。他 1998～1999 年在天主教鲁汶大学（比利时鲁汶）学习，并于 2003 年到斯坦福大学（美国加州）访问，于 2004 年在 Eurecom 学院（法国，索菲亚安提波利斯）访问研究。2006 年，他在天主教鲁汶大学任博士后。在加入伦敦帝国学院之前，他从 2006 年到 2011 年在三星技术院（SAIT）和三星电子（韩国，水原）担任高级工程师和项目经理。他从 2007 年到 2011 年担任三星下行 MIMO、协作多点（CoMP）传输/接收和异构网（HetNet）的首席代表，积极参与 3GPP LTE/LTE-Advanced RAN1（R8～R11 版）和 IEEE 802.16m 的标准化工作。他在标准化组中担任 LTE-Advanced 协作多点（CoMP）研究项目的报告员和技术报告 3GPP TR36.819 的编辑。

Bruno Clerckx 是两本书的作者，并且出版了超过 70 篇国际期刊和会议论文，150 篇标准提案和许多已授权和待授权专利。他获得了 IEEE SCVT2002 的最佳学生论文奖以及三星特别贡献奖。Bruno Clerckx 目前担任 IEEE Transactions on Communications 的编辑和 EURASIP Journal on Wireless Communications and Networking 特刊的特邀编辑。

Claude Oestges 是比利时新鲁汶的天主教鲁汶大学信息和通信技术、电子和应用数学学院电子工程部的副教授，以及比利时科研基金（FRS-FNRS）的研究员。他于 1996 和 2000 年在天主教鲁汶大学获得硕士和博士学位。2001 年 1 月到 12 月，Claude Oestges 进入斯坦福大学（美国加州）的智能天线研究组（信息系统实验室）任博士后，期间他参与了在 G2 MMDS 技术的宽带无线接入中部署 MIMO 多极化信道模型。从 2001 年 10 月到 2005 年 9 月，Claude Oestges 是比利时国家科学基金的博士后。同时，他数次短期访问斯坦福大学和 Eurecom 学院（法国），并参与 COST 273 目标移动宽带多媒体网络项目，NEWCOM 卓越网络项目和 IEEE 802.11 标准工作组中的多天线信道建模。他目前的研究包括无线通信的多维信道建模，包括 MIMO 和协同网络，UWB 系统和卫星系统。他曾主持 COST 2100 普遍的移动环境无线通信项目中的参考信道建模工作组，并积极参与 NEWCOM＋＋卓越网络项目。他目前主持 COST IC1004 项目绿色智能环境的协同无线通信的无线信道工作组。

Claude Oestges 是三本书和一些书部分章节的作者，此外还有 170 多篇国际期刊和会议论文。他在 2001 年获得 IET 马可尼优秀奖，在 2004 年获得 IEEE 车载通信技术协会 Neal Shepherd 奖。他目前担任 IEEE Transactions on Vehicular Technology，IEEE Transactions on Antennas and Propagation 和 EURASIP Journal on Wireless Communications and Networking 的副编辑。

目　　录

缩 略 语

2D, 3D 二/三维

3G, 4G 第三代/第四代

3GPP 第三代合作伙伴计划

ABS 高级基站

AMS 高级移动站

AWGN 加性高斯白噪声

BCJR Bahl-Cocke-Jelinek-Raviv（算法）

BD 分块对角

BER 误比特率

BF 波束赋形

BFS 广度优先搜索

BPSK 二进制相移键控

BICM 比特交织编码调制

BS 基站

CB 协同波束赋形

CCI 共信道干扰

CDD 循环延迟分集

CDF 累计分布函数

CDI 信道方向信息

CDIT 发射端的信道分布信息

CDMA 码分多址

CFO 载波频率偏移

CIR 信道脉冲响应

CL 闭环

CoMP 协作多点

CP 循环前缀

CS 协作调度

CSI（T） 信道状态信息（在发射端）

D-BLAST 贝尔实验室对角分层空时码

DCS 动态小区选择

DFT 离散傅里叶变换

DL 下行

DPS 方向功率谱

DoA 到达方向

DoD 离开方向

EGC 等功率合并

EM 期望最大化

eNB 增强 NodeB

EVD 特征值分解

FDD 频分双工

FEC 前向纠错

FER 误帧率

GDD 通用延迟分集

HE 水平编码

HS/MRC 混合选择/最大比合并

ICI 小区间干扰

ICIC 小区间干扰协调

IDFT 离散傅里叶逆变换

iff 当且仅当

i. i. d. 独立同分布

ISI 符号间干扰

JLS 联合泄漏抑制

JP 联合处理

JT 联合传输

LDC 线性疏散码

LLF 对数似然函数

LLR 对数似然比

LOS 视距

LSR 本地散射比率

MAP 最大后验

MC 多小区

MCS 调制编码方案

MCW 多个码字

MFB 匹配滤波器界

MGF 矩量母函数

MIMO 多输入多输出

MISO 多输入单输出

ML（D） 最大似然（检测）

MMSE　最小均方误差

MPC　多径分量

MRC　最大比合并

MT　移动终端

MU　多用户

NP　非确定性多项式复杂问题

OFDM　正交频分复用

OL　开环

OSIC　有序串行干扰消除

O-SFBC　正交空频分组码

O-STBC　正交空时分组码

PAPR　峰均功率比

PC　功率控制

PDF　概率密度函数

PDCCH　物理下行控制信道

PDSCH　物理下行共享信道

PDS　功率延迟谱

PEP　成对错误概率

PF　比例公平

PMI　预编码矩阵指示

PSK　相移键控

PUCCH　物理上行控制信道

PUSCH　物理上行共享信道

QAM　正交调幅

QoS　服务质量

QP　二次规划

QPSK　正交相移键控

RB　资源块

RF　射频

r. h. s.　右手边

RMS　方均根

RS　参考信道

RU　资源单元

Rx　接收机

SC　单载波

SCW　单码字

SD　球形解码

SDR　半正定松弛

SER　误符号率

SIC　串行干扰消除

SIMO　单输入多输出

SISO　单输入单输出

SINR　信干噪比

SM　空间复用

SNR　信噪比

SRS　探测参考信号

ST　空时

STBC　空时分组码

STCM　空时编码调制

STTC　空时格状码

SU　单用户

SUI　斯坦福大学过渡模型

SUS　准正交用户选择

SVD　奇异值分解

SVER　误符号矢量率

TCM　网格编码调制

TD　传输分集

TDD　时分双工

Tx　发射机

UE　用户设备

UL　上行

ULA　均匀直线阵列

UMTS　通用移动通信系统

UTD　一致性绕射理论

V-BLAST　贝尔实验室垂直分层空时码

VE　垂直编码

WLAN　无线局域网

WLL　无线本地回路

WMAN　无线城域网

WSSUS（H）　广义平稳非相关散射（同构）

XPD　交叉极化鉴别率

XPI　交叉极化隔离度

XPR　交叉极化比

ZF　迫零

ZFBF　迫零波束赋形

运算符号表

$\triangleq$ 变量定义

ε 数学期望运算符

$\otimes$ 克罗内克乘积

$\odot$ 哈达玛（按元素）乘积

$\star$ 卷积

$\doteq$ 指数相等，$f(x) \doteq x^n \Longleftrightarrow \lim_{x \to \infty} \dfrac{\log_2(f(x))}{\log_2(x)} = b$

$\mathbb{R}$ 实数域

$\mathbb{Z}$ 整数域

$\mathbb{C}$ 复数域

ρ 信噪比

a, α 标量

$\mathbf{a}$ 行或列向量

$\mathbf{A}$ 矩阵

$\mathbf{A}(m, n)$ 矩阵 $\mathbf{A}$ 中第 m 行第 n 列的元素

$\mathbf{A}(m, :)$ 矩阵 $\mathbf{A}$ 的第 m 行

$\mathbf{A}(:, n)$ 矩阵 $\mathbf{A}$ 的第 n 列

$\mathbf{A}^{\mathrm{T}}$ 转置

$\mathbf{A}^{*}$ 共轭

$\mathbf{A}^{\mathrm{H}}$ 共轭转置（厄米特）

$\mathbf{A}^{\dagger}$ 伪逆

$\mathbf{A} \geqslant 0$ $\mathbf{A}$ 是半正定矩阵

$\det(\mathbf{A})$ $\mathbf{A}$ 的行列式

$\mathrm{Tr}\{\mathbf{A}\}$ $\mathbf{A}$ 的迹

$\Re[\mathbf{A}]$ $\mathbf{A}$ 的实部

$\Im[\mathbf{A}]$ $\mathbf{A}$ 的虚部

$|a|$ 标量 a 的绝对值

$\|\mathbf{A}\|_{\mathrm{F}}$ $\mathbf{A}$ 的 Forbenius 范数

$|\mathbf{A}|$ 矩阵 $\mathbf{A}$ 对应元素的绝对值

$\|\mathbf{a}\|$ 向量 $\mathbf{a}$ 的范数

$\bar{\mathbf{a}}$ $\bar{\mathbf{a}} = \mathbf{a}/\|\mathbf{a}\|$ 向量 $\mathbf{a}$ 的方向信息

$\angle(\mathbf{a}, \mathbf{b})$ 向量 $\mathbf{a}$ 和 $\mathbf{b}$ 之间的角度

$\mathrm{vec}(\mathbf{A})$ 把 $\mathbf{A}$ 按列排列成 $mn \times 1$ 维的向量

$\mathrm{diag}\{a_1, a_2, \cdots, a_n\}$ $n \times n$ 维的对角矩阵，

其中第 (m, m) 个元素是 a_m

$r(\mathbf{A})$ 矩阵 $\mathbf{A}$ 的秩

$\sigma_k(\mathbf{A})$ 矩阵 $\mathbf{A}$ 的第 k 个奇异值

$\lambda_k(\mathbf{A})$ 矩阵 $\mathbf{A}$（厄米特矩阵）或 $\mathbf{A}\mathbf{A}^{\mathrm{H}}$（非厄米特矩阵）的第 k 个特征值

$\mathbf{0}_{m \times n}$ $m \times n$ 维的零矩阵

$\mathbf{1}_{m \times n}$ $m \times n$ 维的 1 矩阵

$\mathbf{I}_m$ $m \times m$ 维的单位矩阵

$\lceil x \rceil$ $\lceil x \rceil = \begin{cases} 0, & \text{如果 } x = 0 \\ 1, & \text{如果 } x > 0 \end{cases}$

$\lfloor x \rfloor$ 小于或等于 x 的最大整数

$\mathrm{mod}\, x$ 模 x 操作

$\log(x)$ 以 e 为底的对数（标准写作 $\ln(x)$，此处为忠实原书，维持原写法）

$\log_2(x)$ 以 2 为底的对数（标准写作 $\mathrm{lb}(x)$，此处为忠实原书，维持原写法）

$x \,|\, \mathrm{dB}$ 把 x 从线性值转换为 dB

$\delta[x]$ 狄拉克 δ（单位脉冲）函数

δ_{kl} $\delta_{kl} = \begin{cases} 1 & \text{如果 } k = l, \\ 0 & \text{如果 } k \neq l \end{cases}$

$\#\tau$ 集合 τ 的基数

$\mathrm{Conv}\{\tau\}$ 集合 τ 的凸包

$\psi(n)$ digamma 函数，$\psi(n) = \sum_{k=1}^{n-1} \dfrac{1}{k} - \gamma$，$\gamma$ 是欧拉常数，$\gamma \approx 0.57721566$

$Q(x)$ Q 函数 $Q(x) = 1/\sqrt{2\pi} \int_x^{\infty} \mathrm{e}^{-t^2/2} \mathrm{d}t$

$E_p(x)$ p 阶指数积分，$E_p(x) = \int_1^{\infty} \mathrm{e}^{-xu} u^{-p} \mathrm{d}u$，$\Re[x] > 0$

$\Gamma(x, y)$ 不完备 gamma 函数，$\Gamma(x, y) = \int_y^{\infty} u^{x-1} \mathrm{e}^{-u} \mathrm{d}u$，$\Re[x] > 0$

$\Gamma(x)$ gamma 函数，$\Gamma(x) = \Gamma(x, 0) = \int_0^{-y} u^{x-1} \mathrm{e}^{-u} \mathrm{d}u$，$\Re[x] > 0$

$\binom{n}{p}$　二项式系数，$\binom{n}{p} = \dfrac{n!}{p!\,(n-p)!}$

$p_x(x)$　随机变量 x 的概率密度函数

$p_{x_1,\cdots,x_n}(x_1,\,\cdots,\,x_n)$ 随机变量 $x_1,\,\cdots,\,x_n$ 的联合概率密度函数

$\mathcal{M}_x(\tau)$　随机变量 x 的矩量母函数

$\mathcal{CN}(\mathbf{0},\,\mathbf{R})$　协方差矩阵为 $\mathbf{R}$ 的零均值复高斯分布

$\mathcal{F}(v_1,\,v_2)$　$\mathcal{F}$ 分布 [JKB95]，$p\mathcal{F}(x) =$

$$\frac{\Gamma\!\left(\dfrac{v_1 + v_2}{2}\right)}{\Gamma\!\left(\dfrac{v_1}{2}\right)\Gamma\!\left(\dfrac{v_2}{2}\right)}\left(\frac{v_1}{v_2}\right)^{\frac{v_1}{2}} x^{\frac{v_1}{2}-1}\left(1 + \frac{v_1}{v_2}x\right)^{-\frac{v_1 + v_2}{2}}$$

第 1 章　多天线通信介绍

1.1　天线阵列处理概述

无线系统的设计正面临着一些挑战，这些挑战包括有限的可用无线频谱资源和随空时改变的复杂无线环境。此外，对更高的数据速率、更好的服务质量和更高的网络容量的需求也在日益提高。近年来，多输入多输出（MIMO）系统已经成为最有希望解决这些问题的技术之一。MIMO 通信系统在学术上可以按照 [GSS +03，PNG03] 定义为在发射端和接收端使用多根天线的系统。MIMO 的核心思想是发射端和接收端在空间域上采样的信号通过合并以形成有效的多个并行的空间数据通道（因此提高了数据速率），并且/或增加分集以提高通信质量（误比特率或 BER）。

显然，多天线的增益主要来源于使用了新的维度——空间。因此，由于空间维成为时间维（数字通信数据本质的维度）之外增加的维度，MIMO 技术也称为空时无线或智能天线。直到 20 世纪 90 年代，天线阵列主要在通信链路的一端用于估计到达的方向以及分集，也就是波束赋形和空间分集。波束赋形是通过把能量聚集在某个特定的方向从而提高链路信噪比（SNR）的有效技术之一。空间分集的概念是在多径传播造成的随机衰落出现时，通过把不相关的天线输出进行合并能极大地提高信噪比。在 20 世纪 90 年代，提出使用天线阵列提高无线链路容量，在分集之外提出了很多新的技术。此后也证明分集只是对抗多径传播的第一步。随着 MIMO 系统的出现，多径已经转变成为对通信系统有益的成分。MIMO 实际上就是利用随机衰落和可能存在的延迟扩展来提高传输速率。在 1994 年，Paulraj 和 Kailath [PK94] 提出了利用在收发两端使用多根天线提高无线链路容量的一种技术。Tela-tra [Tel95] 的著名论文进一步展示了通过该技术在不需要额外频谱的前提下对无线通信性能的巨大改善的美好前景。同时，贝尔实验室开发了 BLAST 架构 [Fos96] 实现了高达 10 ~ 20bits/Hz 的频谱效率，随后提出了第一个空时码架构 [TSC98]。MIMO 成功的故事才刚刚开始。事实上，不久之后，多天线已经成为提高系统数据速率（不仅仅是点到点的数据速率）和对抗干扰的关键技术：通过多用户或多小区 MIMO，MIMO 技术可以解决当多用户同一个或多个基站进行通信时提升的干扰问题。如今，MIMO 是大规模商用无线产品例如无线局域网和第四代蜂窝网都选用的技术。

1.2　多天线系统的空时无线信道

本书的第 2、3 和 4 章主要讨论（多链路）MIMO 无线信道的建模。其中术语信道一般用来描述在一个（或多个）发射机和一个（或多个）接收机之间的线性时变通信系统的冲激响应。

1.2.1　离散时域表示

让我们从单链路（也就是单用户）单输入单输出（SISO）传输开始。数字信号在离散时间上表示成复时间序列 $\{c_1\}$ $l\epsilon\mathbb{Z}$ 并以符号速率 T_s 传输。传输的信号可以表示为

$$c(t) = \sum_{l=-\infty}^{\infty} \sqrt{E_s} c_1 \delta(t - lT_s) \tag{1.1}$$

式中，E_s 是传输符号功率，假设星座图上平均能量已经归一化为 1。

从时变 SISO 信道开始，我们定义函数 $h_B(t, \tau)$ 为信道（随变量 τ）在系统带宽 $B = 1/T_s$ 上的时变（随变量 t）冲激响应。这就是说 $h_B(t, \tau)$ 是在时间 t 上对一个在时间 $t-\tau$ 上冲激的响应。如果传输信号 $c(t)$，那么接收信号 $y(t)$ 可以表示为

$$y(t) = h_B(t,\tau) \star c(t) + n(t) \tag{1.2}$$

$$= \int_0^{\tau_{\max}} h_B(t,\tau) c(t - \tau) \mathrm{d}\tau + n(t) \tag{1.3}$$

式中，$\star$ 表示循环卷积；$n(t)$ 是系统的加性噪声（在接收滤波器的输出）；$\tau_{\max}$ 是冲激响应的最大长度。注意 h_B 是标量，可以进一步分成三个主要部分

$$h_B(t,\tau) = f_r(\tau) \star h(t,\tau) \star f_t(\tau) \tag{1.4}$$

式中，$f_t(\tau)$ 是脉冲成型滤波器；$h(t, \tau)$ 是在时间 t 时的电磁波传播信道（包括发射和接收天线）；$f_r(\tau)$ 是接收滤波器。

在数字通信理论 [Pro01] 中，一般假设当 $y(t)$ 以速率 T_s 采样时，级联 $f(\tau) = f_r(\tau) \star f_t(\tau)$ 不会带来符号间干扰。这也称为奈奎斯特准则，也意味着 $f(\tau)$ 是奈奎斯特滤波器。

注意，在实际中，由于很难探测在无穷带宽上的信道，因此很难建模 $h(t, \tau)$。所以，一般用 $h_B(t, \tau)$ 来定量建模，虽然有时符号也被简化表示成 $h(t, \tau)$。在下文中，我们都用同样的近似符号把信道冲激响应表示为 $h(t, \tau)$ 或 $h_t[\tau]$。因此，输入-输出关系可以表示为

$$y(t) = h(t,\tau) \star c(t) + n(t) \tag{1.5}$$

$$= \int_0^{\tau_{\max}} h(t,\tau) c(t - \tau) \mathrm{d}\tau + n(t) \tag{1.6}$$

$$= \sum_{l=-\infty}^{\infty} \sqrt{E_s} c_1 h_t [t - lT_s] + n(t) \tag{1.7}$$

把接收信号按符号速率 T_s ($y_k = y(t_0 + kT_s)$，使用时间 t_0) 抽样，得到

$$y_k = \sum_{l=-\infty}^{\infty} \sqrt{E_s} c_1 h_{t0+kT_s} [t_0 + (k - l)T_s] + n(t_0 + kT_s) \tag{1.8}$$

$$= \sum_{l=-\infty}^{\infty} \sqrt{E_s} c_1 h_k [k - l] + n_k \tag{1.9}$$

如果通信系统中符号周期 T_s 比电磁信道的时间长度 τ_{max} 要大得多，式 (1.4) 中的卷积会导致 $h_B(t, \tau)$ 只取决于 t：这样的信道称为平坦衰落或窄带，可以表示为 $h_B(t)$，或使用同样的简化符号 $h(t)$。在抽样域，$h_k = h(t_0 + kT_s)$ 是 $h(t)$ 的抽样信道表示（不失一般性，我们可以假设 $t_0 = 0$）。如果信道不是平坦衰落，我们可以在第 2 章看到频率选择性信道一般可以表示为几个窄带信号在延迟域偏移之后组合而成。

1.2.2　路损和阴影

基于上面的讨论，我们首先讨论窄带信道。在给定发射和接收位置时 h_k 的完备模型可以表示为

$$h_k = \frac{1}{\sqrt{\Lambda_0 S}} h_k \tag{1.10}$$

式中，Λ_0 是只取决于发射机和接收机之间距离（也就是范围）R 的实值衰减项：该项称为确定性路损；S 是附加的实值衰减项，在给定的范围取决于发射机和接收机的位置：这个随机项称为阴影；h_k 是表示由于多径合并造成的衰落的复数变量；通过定义 Λ_0 和 S，SISO 链路的衰落是一个随机变量，并且 $\mathcal{E}\{|h_k|^2\} = 1$。

在过去十年 [Par00, Cor01] 提出了很多 Λ_0 和 S 的模型，这些模型同时适用于单天线和多天线系统。因此，本书一般不考虑路损和阴影模型，而只考虑多天线衰落模型。注意这些模型并非不重要，尤其是在考虑发射和接收功率归一化或多链路方面时（参阅 3.6 节和 4.3 节）。我们简化假设：

1）Λ_0 是 R 的函数，或者是单斜率模型（$\Lambda_0 \propto R^\eta$，η 表示路损分量），或是双斜率模型（$\Lambda_0 \propto R^{\eta_1}$ 在某个范围 R_1 下和 $\propto R^{\eta_2}$ 在 R_1 上）。

2）S 是一个对数正态分布变量，也就是 $10\log_{10}(S)$ 是服从零均值标准方差为 σS 的正态分布变量。

通常，我们把这些模型用对数方式表示为

$$\Lambda|_{dB} = \Lambda_0|_{dB} + S|_{dB} \tag{1.11}$$

$$= L_0|_{dB} + 10\eta \log_{10}\left(\frac{R}{R_0}\right) + S|_{dB} \tag{1.12}$$

式中，记号 $|_{dB}$ 表示换算到 dB，L_0 是在参考距离 R_0 处的确定性路损，Λ 一般称为

路损（或随机路损），因此 $h_k = \Lambda^{-1/z} h_k$。

因此，式（1.5）在抽样后，并且不考虑路损和衰落可以表示为

$$y = \sqrt{E_s} hc + n \tag{1.13}$$

式（1.13）中为了更好理解去掉了时间下标，n 一般假设服从白高斯分布，$\mathcal{E}\{n_k n_l^*\} = \sigma_n^2 \delta(k-l)$。因此平均 SNR 定义为 $\rho \triangleq E_s / \sigma_n^2$。

1.2.3 衰落

我们还需要描述 h 的衰落。假设到达接收机的信号经过了很多具有相同能量的路径，使用中心极限定理可以得到 $h(t)$（或 h_k）是具有零均值和给定方差的循环复高斯变量。这个很常见的模型已经在蜂窝无线系统中使用了很久。信道幅度 $s \triangleq |h|$ 服从瑞利分布，详细介绍参考附录 B。

$$p_s(s) = \frac{s}{\sigma_s^2} \exp\left(-\frac{s^2}{2\sigma_s^2} \right) \tag{1.14}$$

信道幅度的前两阶矩是

$$\mathcal{E}\{s\} = \sigma_s \sqrt{\frac{\pi}{2}} \tag{1.15}$$

$$\mathcal{E}\{s^2\} = 2\sigma_s^2 \tag{1.16}$$

h 的相位均匀分布在 $[0, 2\pi)$。我们将在第 2 章详细验证瑞利模型。注意，之前介绍的信道归一化意味着 $2\sigma_s^2 = \mathcal{E}\{|h|^2\} = 1$。

图 1.1 描述了在一定时间范围内一个特定实现的瑞利衰落信道。可以观察到信号强度随机抖动，有一些急剧的下降称为衰落。由于噪声方差一般保持恒定，接收 SNR 的瞬时值与信道功率 s^2 类似变化，并且在某些时刻会急剧下降。当信道处于深衰落，发

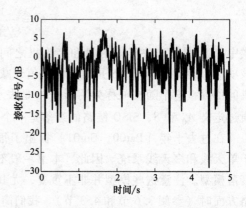

图 1.1 瑞利衰落信道下典型的接收信号强度

射信号可能不能被正确的解码，从而造成错误。1.3 节将详细介绍如何通过分集技术来解决衰落的负面影响。

1.2.4 MIMO 信道

在多天线系统中，发射机和/或接收机由天线阵列组成，也就是它们是由多个排列紧密的天线组成。每个发射-接收天线对之间的衰落信道可以建模成一个 SISO 信道。但是，组成 MIMO 信道的每个 SISO 信道可以用不同的阴影衰落（由于天线阵列尺寸较小，因此所有链路的路损通常都相同）来建模。而对于同极化的传输

和更小的天线间距，这不过是一个不太常见的情况。如果所有链路的阴影衰落都相同，多输入多输出（MIMO）系统的信道矩阵可以简单地表示为 $\boldsymbol{H}$，其中 n_t 根天线组成发射阵列，n_r 根天线组成接收阵列。把所有输入和输出用向量 $c_k = [c_{1,k}, \cdots, c_{nt,k}]^T$ 和 $y_k = [y_{1,k}, \cdots, y_{nr,k}]^T$ 表示，在任意时刻 k 的输入-输出关系可以表示为

$$y_k = \sqrt{E_s}\boldsymbol{H}_k c_k + n_k \tag{1.17}$$

式中，$\boldsymbol{H}_k$ 定义为 $n_r^* n_t$ 的 MIMO 信道矩阵，$\boldsymbol{H}_k(n, m) = h_{nm,k}$ 其中 h_{nm} 表示在发射天线 $m(m = 1, \cdots n_r)$ 和接收天线 $n(n = 1, \cdots n_t)$ 之间的窄带信道；$n_k = [n_{1,k}, \cdots n_{nr,k}]^T$ 是抽样的噪声向量，包括在每个接收天线的噪声，并且噪声在时域和空域都是白噪声，即 $\mathcal{E}\{n_k n_l^H\} = \sigma_n^2 I_{n_r} \delta(k - l)$。

从现在起，为了更便于理解，我们假设信道在一个符号持续时间内保持恒定，并去掉时间下标 k。必须明确，m 和 n 表示天线而不是抽样时刻。使用和之前一样的信道归一化，我们可以得到 H 的均方 Frobenius 范数等于

$$\mathcal{E}\{\|\boldsymbol{H}\|_F^2\} = n_t n_r \tag{1.18}$$

一般只考虑单个 SISO 信道的建模并不能准确地建模多天线信道，还必须考虑所有矩阵元素间的统计相关性。下一章将详细介绍如何描述无线信道，尤其是 MIMO 信道。同时，让我们假设信道矩阵的不同元素是具有相同单位方差的循环对称复高斯独立变量。在讨论多天线信号处理技术时通常使用独立同分布（i. i. d.）瑞利假设，主要是因为这种假设更方便推导并且代表了理想的场景。因此，我们在本章中也使用这个分布，而在第 2~4 章讨论建模相关和/或非瑞利 MIMO 信道。

目前为止，我们讨论的都是单链路，即在一个基站（BS）和一个移动终端（MT）之间的通信，基站和终端都有多根共址的天线。从系统级来看，多链路是指在空间上分布的多个基站和多个终端之间的同时通信。特别的，多用户 MIMO（MU-MIMO）表示用于在一个基站和多个用户之间传输信息的信号处理技术，而多小区 MIMO 是指多个 BS 协作或协同来传输信息。

1.3 在无线系统中利用多天线

1.3.1 分集技术

衰落对系统性能的影响

从图 1.1 可知，无线链路的特点是信号功率不仅随着时间随机变化，并且随频率或空间变化。这种特性称为衰落，并且会影响任何无线系统的性能（即影响误符号率或误比特率和容量）。例如，考虑简单的二进制相移键控（BPSK）在 SISO 瑞利衰落信道中传输的情况。当没有衰落时（$h = 1$），在加性白高斯噪声

（AWGN）信道中的误符号率（SER）为

$$\overline{P} = Q\left(\sqrt{\frac{2E_s}{\sigma_n^2}}\right) = Q(\sqrt{2\rho}) \tag{1.19}$$

式中，$Q(x)$ 是高斯 Q 函数（见附录 D），定义为

$$Q(x) \triangleq \frac{1}{\sqrt{2\pi}}\int_x^\infty \exp\left(-\frac{y^2}{2}\right)dy \tag{1.20}$$

当考虑衰落时，接收信号强度衰减为 $s\sqrt{E_s}$，SNR 变为 ρs^2。因此，通过下面积分 [Pro01] 可以得到误符号率

$$\overline{P} = \int_0^\infty Q(\sqrt{2\rho}s)p_s(s)ds \tag{1.21}$$

式中，$p_s(s)$ 是衰落分布。在瑞利衰落中，虽然平均 SNR 仍然等于 $\overline{\rho} = \int_0^\infty \rho s^2 p_s(s)ds$，式（1.21）的积分可以得到

$$\overline{P} = \frac{1}{2}\left(1 - \sqrt{\frac{\rho}{1+\rho}}\right) \tag{1.22}$$

当 SNR 较大时，式（1.22）的误符号率简化为

$$\overline{P} \cong \frac{1}{4\rho} \tag{1.23}$$

很显然，虽然平均 SNR 没有变，误符号率只与 SNR 成反比（渐近斜率为 1）。而在非衰落 AWGN 信道中，误符号率随着 SNR 指数下降（见式（1.19））。

分集的原理

一般使用分集技术来对抗衰落对误码率的影响。分集的本质是为接收机提供同一个发射信号的多个副本。每个副本都定义成一个分集支路。如果这些副本是受到独立衰落的影响，那么所有分支在同一时刻都处于衰落的概率会极大降低。因此，分集有助于通过降低误码率改善信道性能从而保持链路性能稳定。

由于衰落可能在时域、频域或空间域出现，所以类似的可以在这些域中利用分集技术。例如，可以通过编码和交织来实现时域分集。频域分集通过均衡技术 [Pro01] 或多载波调制利用信道的时延扩展（在 τ 域）。时域分集和频域分集在本质上由于要引入冗余自然会带来时间或带宽的损失。另一方面，因为是由在链路一侧或两侧的多根天线提供空间分集或极化分集，空间分集或极化分集不会牺牲时间和带宽。但是，使用天线阵列会增加空间维度。

阵列和分集增益

在讨论分集方案时，一般都要引入两个增益。首先必须明确这两个增益的区别，因为它们表示着分集带来的两个不同方面的改善。

度量分集方案增益的一种方法是评估平均输出（也就是在检测器的输入端）SNR 相对于单路平均 SNR $\overline{\rho}$ 的改善。把输出 SNR 对信道分布平均表示为 $\overline{\rho}_{out}$，我们

定义阵列增益为

$$g_{\mathrm{a}} \triangleq \frac{\bar{\rho}_{\mathrm{out}}}{\bar{\rho}} = \frac{\bar{\rho}_{\mathrm{out}}}{\rho} \tag{1.24}$$

阵列增益可以转换为固定发射功率时下降的误码率（记住 $\bar{\rho} = \rho$）。

第二种度量是误码率随 SNR 变化斜率的增益。我们定义分集增益为平均误码率与 SNR 在对数图上的负斜率为

$$g_{\mathrm{d}}^{\mathrm{a}}(\rho) \triangleq -\frac{\log_2(\bar{P})}{\log_2(\bar{\rho})} \tag{1.25}$$

注意，一般情况下分集增益是渐近斜率，即 $\rho \to \infty$。对瑞利衰落，很明显，根据式（1.23），$g_{\mathrm{d}}^{\mathrm{a}} = 1$。图 1.2 和图 1.3 说明了这两种增益。注意这两个图的唯一区别就是参考 SNR：在图 1.2 中，误码率是作为平均输出 $\mathrm{SNR}\bar{\rho}_{\mathrm{out}}$ 的函数，而在图 1.3 中，误码率是作为单路平均 $\mathrm{SNR}\bar{\rho} = \rho$ 的函数。这两条分集性能曲线有着同样的形状（其斜率就是分集增益），只是两条曲线之间平移的 SNR 差等于阵列增益。

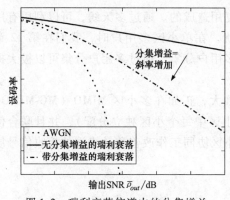

图 1.2　瑞利衰落信道中的分集增益

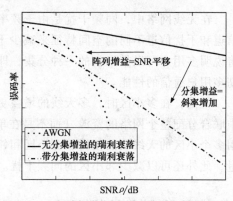

图 1.3　瑞利衰落信道中的分集和阵列增益

此外，必须注意到阵列增益不总是取决于各支路之间的相关程度（例如在发射/接收机之间信道信息已知，并且链路只有一端具有多根天线的系统中），而分集增益则是各独立支路中最大的，并且各支路之间相关性越强，分集增益越小。

与上面两种增益应该区分开来的第三种增益称之为编码增益（正式的定义见6.3 节）。编码增益把误码率曲线（误码率与 SNR）进一步左移。与之相反的，我们可以观察到分集增益会导致误码率曲线的斜率增大。虽然可能看起来，编码增益与阵列增益很相似，但是这两者有着本质的区别。如果把误码率作为平均接收 $\mathrm{SNR}\bar{\rho}_{\mathrm{out}}$ 的函数画出来，就看不到任何阵列增益，如图 1.2 所示。而对于编码增益则不是这样，因为两种具有不同编码增益的方案会得到不一样的误码率曲线（虽然是平行的）：对于在检测器输入端给定 SNR 水平 $\bar{\rho}_{\mathrm{out}}$，误码率也会不一样。

1.3.2　复用能力

当在链路两端都部署上多天线时，还可以用多天线来提高通信系统的传输速率

（或容量）。尤其是在独立同分布瑞利信道，Telatar［Tel95］（见第 5 章）证明了 MIMO 信道可以通过把功率平均分配到所有的发射天线来达到遍历容量 $\overline{C}$，即

$$\overline{C} = \mathcal{E}\left\{ \log_2 \det\left[I_{n_r} + \frac{\rho}{n_t} HH^H \right] \right\} \tag{1.26}$$

式中，$\rho = E_S / \sigma_n^2$ 是 SNR。此外，在第 5 章证明了式（1.26）表示频谱效率与天线数量较小值 min $\{n_t, n_r\}$ 成正比。

多天线系统的这一作用称为空间（或极性）复用。它的能力是用复用增益 g_s 来表示。复用增益可以渐近地（在高 SNR 时）表示为

$$g_s \triangleq \lim_{\rho \to \infty} \frac{R(\rho)}{\log_2(\rho)} \tag{1.27}$$

式中，$R(\rho)$ 是传输速率（在任意 SNR 对复用增益更精确的定义参见第 5 章）。

1.3.3　干扰管理

在无线网络中，同频干扰是由于频率复用造成的。通过多天线，可以利用有用信道和干扰信道不同的空间特征来减少干扰。在单小区多用户时，我们在第 12 章将说明多用户可以带来新的一种分集，即多用户分集，通过多用户分集可以极大提高多用户通信的性能。

但是，在多小区时，多天线的增益更加大，正如在多小区 MIMO（MC-MIMO）中联合分配整个网络的资源（而不是在单小区中每个小区独立分配），并且联合使用多个小区的天线从而使得服务小区和邻小区协同工作改善移动终端的接收信号质量，此外还可以减少邻小区的同频干扰。

1.4　单输入多输出系统

单输入多输出（SIMO）系统通过在接收机使用 n_r 根天线来实现分集。如果这多根天线间距足够远（例如，一倍波长），并且实际信道表现出某些特性（见第 2 章），这时可以假设不同的分集支路经历了独立的衰落。可以通过两种截然不同的合并方法来实现接收分集：
- 选择合并：通过在 n_r 个接收信号中选择具有较高 SNR 的支路，然后用于检测。
- 增益合并：用于检测的信号是所有支路信号的线性合并，$z = gy$，其中 $g = [g_1, \cdots, g_{nr}]$ 是合并向量。

注意，我们在下文中假设接收机能获得信道的全部信息。

1.4.1　选择合并实现接收分集

不失一般性，选择合并可以使用除 SNR 之外的其他度量（例如最高绝对功率、

误码率等），只是实现要相对复杂一点。假设 n_r 个信道服从独立同分布单位能量的瑞利分布，每根天线的噪声功率相等。因此，选择合并的算法就是比较每个信道的瞬时幅度 $s_n, n = 1, \cdots, n_r$，并选择具有最大幅度 $s_{\max} = \max\{s_1, \cdots, s_{nr}\}$ 的支路。根据附录 B 的结果，$s_{\max}$ 低于某个水平 S 的概率等于

$$P[s_{\max} \le S] = P[s_1, \cdots, s_{n_r} \le S]$$

$$= [1 - e^{-S^2}]^{n_r}, \tag{1.28}$$

通过求式（1.28）的导数可以简单地得到 $s_{\max}$ 的对应分布为

$$p_{s_{\max}}(s) = n_r 2s e^{-s^2}[1 - e^{-s^2}]^{n_r - 1} \tag{1.29}$$

在［Jan00］中给出了选择合并输出的平均 SNR $\overline{\rho}_{\text{out}}$

$$\overline{\rho}_{\text{out}} = \int_0^\infty \rho s^2 \rho_{s_{\max}}(s)\,\mathrm{d}s = \rho \sum_{n=1}^{n_r} \frac{1}{n} \tag{1.30}$$

当 n_r 值较大时，阵列增益近似为

$$g_a = \sum_{n=1}^{n_r} \frac{1}{n} \cong \gamma + \log(n_r) + \frac{1}{2n_r} \tag{1.31}$$

式中，$\gamma \approx 0.57721566$ 是欧拉常数。我们可以观察到 g_a 的量级是 $\log(n_r)$。

可以使用衰落分布式（1.29）来计算误码率从而估计出选择合并的分集。对于 BPSK 和两支路分集，在［SA00］中得到的 SER 作为每个信道平均 SNR ρ 的函数可以表示为

$$\overline{P} = \int_0^\infty Q(\sqrt{2\rho}s) p_{s_{\max}}(s)\,\mathrm{d}s$$

$$= \frac{1}{2} - \sqrt{\frac{\rho}{1+\rho}} + \frac{1}{2}\sqrt{\frac{\rho}{2+\rho}} \tag{1.32}$$

在较高 SNR 时，我们可以得到

$$\overline{P} \cong \frac{3}{8\rho^2} \tag{1.33}$$

误比特率曲线的斜率等于 2。一般的，n_r 个支路的选择分集方案的分集增益 g_d^o 等于 n_r，这就表示选择分集从信道中获得了所有可能的分集。

1.4.2　增益合并实现接收分集

在增益合并中，用于检测的信号 z 是所有支路信号的线性组合

$$z = gy = \sum_{n=1}^{n_r} g_n y_n \tag{1.34}$$

式中，g_n 是合并权重，$g \triangleq [g_1, \cdots, g_n]$。根据权重的选择方法不同，提出了一些不同的增益合并方法。假设数据符号 c 通过信道发送，并通过 n_r 根天线接收。每根天线的信道 $h_n = |h_n| e^{j\phi_n}$，$n = 1, \cdots, n_r$，假设信道服从单位方差的瑞利分

布，所有的信道相互独立。所有接收天线的信号进行合并后的检测信号表示为

$$z = \sqrt{E_s}\,\boldsymbol{ghc} + \boldsymbol{gn} \tag{1.35}$$

式中，$\boldsymbol{h} \triangleq [h_1, \cdots, h_{n_r}]^{\mathrm{T}}$。

等增益合并

第一种方法称为等增益合并（EGC），固定权重为 $g_n = e^{-j\phi_n}$，也就表示不同天线接收的信号是同相位相加。这种方法需要已知合并信号相位的准确信息。合并之后的信号式（1.35）可以表示为

$$z = \sqrt{E_s} \sum_{n=1}^{n_r} |h_n| c + n' \tag{1.36}$$

式中，$n' = \sum_{m=1}^{n_r} n_m e^{-j\phi_m}$ 仍然是高斯白噪声，其方差是 $n_r \sigma_n^2$。

当信道服从瑞利衰落时，可以很容易的得到平均输出 $\mathrm{SNR}\overline{o}_{\mathrm{out}}$ 的均值（对信道衰落做平均）：

$$\overline{\rho}_{\mathrm{out}} = \frac{\mathcal{E}\left\{ \left[\sum_{n=1}^{n_r} \sqrt{E_s} \,|h_n| \right]^2 \right\}}{n_r \sigma_n^2}$$

$$= \frac{E_s}{n_r \sigma_n^2} \mathcal{E}\left\{ \left[\sum_{n=1}^{n_r} |h_n| \right]^2 \right\}$$

$$= \frac{\rho}{n_r} \left[\mathcal{E}\left\{ \sum_{n=1}^{n_r} |h_n|^2 \right\} + \sum_{n=1}^{n_r} \sum_{\substack{m=1 \\ m \neq n}}^{n_r} \mathcal{E}\{|h_n|\} \mathcal{E}\{|h_m|\} \right]$$

$$= \frac{\rho}{n_r} \left[n_r + n_r (n_r - 1) \frac{\pi}{4} \right]$$

$$= \rho \left[1 + (n_r - 1) \frac{\pi}{4} \right] \tag{1.37}$$

式中，对信道统计求期望，后两个等式是根据在式（1.15）或式（B.2）的瑞利衰落信道特性推导出来的（见附录 B）。我们可以观察到阵列增益随 n_r 线性增长，因此要比选择合并的阵列增益要大。此外，与选择合并一样，等增益合并的分集增益等于 n_r[Yac93]。

最大比合并

第二种增益合并的方法需要已知信道的复增益，因此权重为 $g_n = h_n^*$。在这种方法中，合并后的信号可以表示为

$$z = \sqrt{E_s} \|\boldsymbol{h}\|^2 c + n' \tag{1.38}$$

式中，$n' = h^{\mathrm{H}} n$。这种方案称为最大比合并（MRC），因为它可以最大化平均输出 $\mathrm{SNR}\overline{o}_{\mathrm{out}}$。平均 SNR 等于

$$\overline{\rho}_{\mathrm{out}} = \frac{E_s}{\sigma_n^2} \mathcal{E}\left\{ \frac{\|\boldsymbol{h}\|^4}{\|\boldsymbol{h}\|^2} \right\}$$

$$= \rho \mathcal{E} \left\{ \| \boldsymbol{h} \|^2 \right\}$$

$$= \rho n_\mathrm{r} \tag{1.39}$$

有趣的是，可以观察到最后一个等式对所有不同的信道 h_n 都成立。在 MRC 分集方案中，阵列增益 g_a 等于 n_r，换而言之，输出 SNR 是所有支路 SNR 的总和。

对 MRC 方案的分集增益，我们首先考虑 BPSK 传输。表示 $u = \| \boldsymbol{h} \|^2$，可以得到当不同的信道是独立同分布瑞利信道时，$u$ 服从具有自由度为 $2n_\mathrm{r}$ 的卡方分布（见附录 B）。

$$p_\mathrm{u}(u) = \frac{1}{(n_\mathrm{r} - 1)!} u^{n_\mathrm{r} - 1} \mathrm{e}^{-u} \tag{1.40}$$

误符号率等于

$$\overline{P} = \int_0^\infty Q(\sqrt{2\rho u}) p_\mathrm{u}(u) \mathrm{d}u \tag{1.41}$$

$$= \left[\frac{1 - \sqrt{\rho/(1 + \rho)}}{2} \right]^{n_\mathrm{r}} \sum_{n=1}^{n_\mathrm{r}} \binom{n_\mathrm{r} + n - 2}{n - 1} \left[\frac{1 + \sqrt{\rho/(1 + \rho)}}{2} \right]^{n-1} \tag{1.42}$$

在高 SNR 时，可以简化为

$$\overline{P} = (4\rho)^{-n_\mathrm{r}} \binom{2n_\mathrm{r} - 1}{n_\mathrm{r}} \tag{1.43}$$

可以看到分集增益也等于 n_r。

对其他星座图，假设使用 ML 检测［Pro01］可以得到误码率等于

$$\overline{P} \approx \int_0^\infty \overline{N}_\mathrm{e}\, Q\!\left(d_\mathrm{min} \sqrt{\frac{\rho u}{2}} \right) p_\mathrm{u}(u) \mathrm{d}u \tag{1.44}$$

式中，$\overline{N}_\mathrm{e}$ 和 d_min 分别是星座图上最近邻近点的数量和最小距离。上述式子在 BPSK 时可以等效成式（1.42）。一般我们使用切诺夫界（见附录 A）得到误符号率的上界。实际上，式（1.44）可以表示为

$$\overline{P} \approx \overline{N}_\mathrm{e} \mathcal{E}\!\left\{ Q\!\left(d_\mathrm{min} \sqrt{\frac{\rho u}{2}} \right) \right\} \tag{1.45}$$

$$\leq \overline{N}_\mathrm{e} \mathcal{E}\!\left\{ \mathrm{e}^{-\frac{d_\mathrm{min}^2 \rho u}{4}} \right\} \tag{1.46}$$

由于 u 是服从自由度为 $2n_\mathrm{r}$ 的卡方分布，其平均上界可以推导成（见附录 D）

$$\overline{P} \leq \overline{N}_\mathrm{e} \left(\frac{1}{1 + p d_\mathrm{min}^2 / 4} \right)^{n_\mathrm{r}} \tag{1.47}$$

在高 SNR 区域，式（1.47）可以进一步简化成

$$\overline{P} \leq \overline{N}_\mathrm{e} \left(\frac{\rho d_\mathrm{min}^2}{4} \right)^{-n_\mathrm{r}} \tag{1.48}$$

与 BPSK 类似，在独立同分布瑞利信道中等增益合并的分集增益 g_d^e 等于接收天线的数量。

最小均方误差合并

当噪声具有空间相关性或存在非高斯噪声时，MRC 合并并不是最优的方案。我们把合并后的噪声和干扰信号表示为 n_i，即 $y = \sqrt{E_s}hc + n_i$。在这种情况下最优的增益合并技术是最小均方误差（MMSE）合并 [Win0084]，根据最小化在发射符号 c 和合并输出 z 之间的均方误差的原则选择权重，即

$$g^{\star} = \underset{g}{\arg\min}\,\mathcal{E}\{\,|\,gy - c\,|^2\,\} \tag{1.49}$$

很容易可以得到最优的权重向量 $g^{\star}$ 是

$$g^{\star} = h^{\mathrm{H}}R_{n_i}^{-1} \tag{1.50}$$

式中，$R_{n_i} = \mathcal{E}\{n_i n_i^{\mathrm{H}}\}$ 是合并后的噪声和干扰信号 n_i 的相关矩阵。这种合并方法可以认为是首先对噪声和干扰通过对 y 乘以 $R_{n_i}^{-1/2}$ 进行白化处理，然后使用 $h^{\mathrm{H}}R_{n_i}^{-\mathrm{H}/2}$ 对等效信道 $R_{n_i}^{-1/2}h$ 进行匹配滤波。接收信号可以表示为

$$z = gy = h^{\mathrm{H}}R_{n_i}^{-\mathrm{H}/2}R_{n_i}^{-1/2}y = h^{\mathrm{H}}R_{n_i}^{-1}y = \sqrt{E_s}h^{\mathrm{H}}R_{n_i}^{-1}hc + h^{\mathrm{H}}R_{n_i}^{-1}n_i \tag{1.51}$$

MMSE 合并后的输出信干噪比（SINR）可以简化为

$$\rho_{\mathrm{out}} = E_s h^{\mathrm{H}}R_{n_i}^{-1}h \tag{1.52}$$

当没有干扰时，$R_{n_i} = \mathcal{E}\{nn^{\mathrm{H}}\}$。此外，当噪声在空间上（不同天线间）是白噪声时，$R_{n_i} = \sigma_n^2 I_{n_r}$ MMSE 合并等效为加上一个比例因子的 MRC 合并。

1.4.3　混合选择/增益合并实现接收分集

在 [WW99] 中提出了一种在 MRC 中结合选择算法的混合算法。在每个时刻，接收机首先在 n_r 个支路中选择出 n_r' 个具有较大 SNR 的支路，然后使用 MRC 算法进行合并。这种方案也称为通用选择合并。

混合选择/增益合并的输出平均 SNR 是两个项的和。第一项对应 n_r' 个支路的 MRC。第二项表示把式（1.30）推广到从 n_r 个支路中选择 n_r' 个支路。因此，总的阵列增益为

$$g_a = n_r' + n_r' \sum_{n = n_r'+1}^{n_r} \frac{1}{n} \tag{1.53}$$

与选择合并（$n_r' = 1$）类似，混合选择/MRC（HS/MRC）的分集增益等于 n_r 而不是 n_r' [AS00，WBS$^+$03]。HS/MRC 的优点很明显：当在接收机只有 n_r' 条 RF 链路时，不能实现满分集（分集增益等于 n_r），但是阵列增益比 n_r' 要大：例如，$n_r = 6$，$n_r' = 2$，阵列增益约等于 3。

1.5　多输入单输出系统

多输入单输出系统通过使用 n_t 根发射天线结合预处理或预编码从而利用发射分集。与接收分集最大的不同在于发射机可能没有 MISO 信道的信息。事实上，在

接收端很容易就能估计出信道信息。而在发射端则不是这样，发射端需要从接收端反馈信道信息。有两种不同的方法实现直接发射分集：

- 当发射端具有信道信息，可以使用一些优化度量（SNR、SINR 等）用于波束赋形从而获得分集和阵列增益。

- 当发射端只有部分或没有信道信息，可以使用预处理或空时编码来获得分集增益（但是在没有信道信息时不能获得阵列增益）。

在本节，我们评估了不同的波束赋形方法并引入了一个很简单的空时编码技术，即 Alamouti 方案。我们还介绍了一些间接发射分集技术，这些技术把空间分集转换成时间或频率分集。

1.5.1　多波束天线切换

在讨论真正的波束赋形之前，很有必要先介绍第一个简单的下行传输方案，即通过在固定波束之间切换的技术。通过形成多个不重叠的波束来覆盖某个方向的扇区。首先，通过探测步骤来找到每个波束中最强的上行信号。在下行，使用同一个波束用来传输。如果选择的波束在足够长的时间内一直是最强的波束，控制算法就非常简单。但是，这种技术要假设上下行具有互易性。

这种方法最大的缺点是减少了在非视线传输场景中的阵列和分集增益（在视线传输场景，$g_a = n_t$，但是没有分集增益）。

1.5.2　匹配波束赋形实现发射分集

这种波束赋形技术也称为发射 MRC，需要假设发射机完全已知信道信息。为了利用分集，在每根天线发射前，信号 c 乘上合适的权重。实际发射的信号是把信号 c 乘以权重向量 w 得到的向量 c'。在接收机，信号可以表示为

$$y = \sqrt{E_s}\,\boldsymbol{h}\boldsymbol{c}' + n = \sqrt{E_s}\,\boldsymbol{h}\boldsymbol{w}c + n \tag{1.54}$$

式中，$\boldsymbol{h} \triangleq [h_1, \cdots, h_{n_t}]$ 表示 MISO 信道向量；w 也称为预编码。根据最大化接收 SNR 的准则选择预编码向量 [God97]：

$$\boldsymbol{w} = \frac{\boldsymbol{h}^{\mathrm{H}}}{\|\boldsymbol{h}\|} \tag{1.55}$$

式中，分母保证了平均总发射能量保持等于 E_s。这种方法保证了发射的信号对着匹配信道的方向，因此也称为匹配波束赋形或传统波束赋形。与接收 MRC 类似，发射 MRC 的平均输出 SNR 等于 $\bar{\rho}_{\mathrm{out}} = n_t \rho$，因此阵列增益等于发射天线的数量。分集增益也等于 n_t，因为在高 SNR 区域误符号率的上限是

$$\overline{P} \leqslant \overline{N}_e \left(\frac{p d_{\min}^2}{4} \right)^{-n_t} \tag{1.56}$$

因此，匹配波束赋形与接收 MRC 有着同样的性能，但是需要发射机有理想的信道信息。在时分复用系统（TDD）中，发射机可以利用信道互易性（在上行和

下行的信道改变不大时）。如果信道改变太快，或者是频分复用（FDD）中，信道互易性不能加以保证，发射机要获得信道信息必须通过接收机的反馈链路。此外，虽然匹配波束赋形是没有干扰信号时的最优方案，但是它不能抑制干扰的影响。

匹配波束赋形也可以和天线选择算法结合起来，类似于在 SIMO 系统中介绍的通用选择算法。发射机从 n_t 根发射天线中选择出 n_t' 根天线用于波束赋形。很显然，这个技术能达到满分集增益 n_t，但是会降低发射阵列增益。

1.5.3 零陷和最优波束赋形

我们可以观察到匹配波束赋形在 AWGN 信道中能最大化 SNR。然而，当存在同频干扰时，匹配波束赋形不再是最优方案。［God97］提出的第一个解决办法是使用零陷波束赋形。这个技术能产生最多 $n_t - 1$ 个方向上的零点，也就是能够抑制 $n_i \leq n_t - 1$ 个干扰用户方向来的干扰信号。但是，这种方案估计的权重不能最大化目标用户的输出 SNR。这个缺点可以通过使用［God97］中提出的最优波束赋形来克服，这种方法把对目标用户的信号功率转换成对其他 n_i 个用户的干扰。这两种方案中目标用户的发射分集增益等于 $n_t - n_i$。

1.5.4 空时编码实现发射分集

之前介绍的波束赋形技术都需要发射端已知信道的信息以得到最优的权重。而 Alamouti 则提出一种用于两根发射天线的特别简单但很巧妙的发射分集方案，称为 Alamouti 方案，这种方案发射端不需要获得信道信息［Ala98］。考虑在天线 1 和 2 在第一个符号周期内同时传输两个符号 c_1 和 c_2，然后在下一个符号周期内分别传输符号 $-c_2^*$ 和 c_1^*。假设在两个连续的符号周期内平坦衰落信道保持恒定，表示为 $\boldsymbol{h} = \begin{bmatrix} h_1 & h_2 \end{bmatrix}$（下标表示的是天线序号而不是符号周期）。在第一个符号周期内接收到的符号 y_1 是

$$y_1 = \sqrt{E_s} h_1 \frac{c_1}{\sqrt{2}} + \sqrt{E_s} h_2 \frac{c_2}{\sqrt{2}} + n_1 \qquad (1.57)$$

在第二个符号周期内接收到的符号 y_2 是

$$y_2 = -\sqrt{E_s} h_1 \frac{c_2^*}{\sqrt{2}} + \sqrt{E_s} h_2 \frac{c_1^*}{\sqrt{2}} + n_2 \qquad (1.58)$$

式中，每个符号都除以 $\sqrt{2}$，以保证向量 $c = \begin{bmatrix} c_1/\sqrt{2} & c_2/\sqrt{2} \end{bmatrix}$ 具有归一化的平均能量（假设 c_1 和 c_2 是平均能量为 1 的星座图中的符号），n_1 和 n_2 是在每个符号周期内的加性噪声（这里的下标表示的是符号周期而不是天线序号）。我们可以把式（1.57）和式（1.58）组合起来表示为

$$y = \begin{bmatrix} y_1 \\ y_2^* \end{bmatrix} = \sqrt{E_s} \underbrace{\begin{bmatrix} h_1 & h_2 \\ h_2^* & -h_1^* \end{bmatrix}}_{H_{\text{eff}}} \underbrace{\begin{bmatrix} c_1/\sqrt{2} \\ c_2/\sqrt{2} \end{bmatrix}}_{c} + \begin{bmatrix} n_1 \\ n_2^* \end{bmatrix} \qquad (1.59)$$

可以观察到在两个符号周期内两根天线上传输了两个符号，因此 $\boldsymbol{H}_{\mathrm{eff}}$ 是空时信道。对接收向量 y 经过匹配滤波器 $\boldsymbol{H}_{\mathrm{eff}}^{\mathrm{H}}$ 就能有效的从发射符号中恢复出符号：

$$\begin{bmatrix} z_1 \\ z_2 \end{bmatrix} = \boldsymbol{H}_{\mathrm{eff}}^{\mathrm{H}} \begin{bmatrix} y_1 \\ y_2^* \end{bmatrix} = \sqrt{E_{\mathrm{s}}} \left[|h_1|^2 + |h_2|^2 \right] \boldsymbol{I}_2 \begin{bmatrix} c_1/\sqrt{2} \\ c_2/\sqrt{2} \end{bmatrix} + \boldsymbol{H}_{\mathrm{eff}}^{\mathrm{H}} \begin{bmatrix} n_1 \\ n_2^* \end{bmatrix}$$

$$z = \sqrt{E_{\mathrm{s}}} \|\boldsymbol{h}\|^2 \boldsymbol{I}_2 \boldsymbol{c} + \boldsymbol{n}' \tag{1.60}$$

式中，$\boldsymbol{n}'$ 满足 $\mathcal{E}\{\boldsymbol{n}'\} = \boldsymbol{0}_{2 \times 1}$ 和 $\mathcal{E}\{\boldsymbol{n}'\boldsymbol{n}'^{\mathrm{H}}\} = \|\boldsymbol{h}\|^2 \sigma_{\mathrm{n}}^2 \boldsymbol{I}_2$。因此平均输出 SNR（对信道统计取平均）等于

$$\overline{\rho}_{\mathrm{out}} = \frac{E_{\mathrm{s}}}{\sigma_{\mathrm{n}}^2} \mathcal{E}\left\{ \frac{\left[\|\boldsymbol{h}\|^2 \right]^2}{2 \|\boldsymbol{h}\|^2} \right\}$$

$$= \rho \tag{1.61}$$

这表明由于缺乏发射信道信息，Alamouti 方案不能够提供阵列增益（记住 $\mathcal{E}\{\|\boldsymbol{h}\|^2\} = n_{\mathrm{t}} = 2$）。但是对独立同分布瑞利信道，可以证明在高 SNR 区域 Alamouti 方案的平均误符号率的上界是

$$\overline{P} \leqslant \overline{N}_{\mathrm{e}} \left(\frac{\rho d_{\min}^2}{8} \right)^{-2} \tag{1.62}$$

也就是尽管缺乏发射信道信息，Alamouti 方案的分集增益等于 $n_{\mathrm{t}} = 2$，与发射 MRC 类似。总的来说，由于没有阵列增益，Alamouti 方案的性能要比发射或接收 MRC 方案差。如图 1.4（BPSK 调制）所示，很明显 SER 当作单路 SNR 的函数画出来有 3dB 损失。此外，与 MRC 类似，只能在独立瑞利衰落信道中获得满分集。当空间信道 h_1 和 h_2 相关时（例如极端情况 $h_1 = h_2$），Alamouti 方案性能类似于式（1.23）。

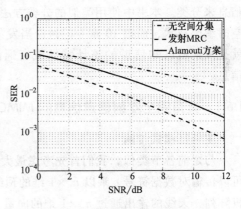

图 1.4 发射 MRC 和两根发射天线 Alamouti 方案在独立同分布瑞利衰落信道下的性能（BPSK 调制）

上述的例子只适合于 $n_{\mathrm{t}} = 2$。但是，对于 $n_{\mathrm{t}} > 2$ 时还可以设计不需要发射信道信息的发射分集技术，并且因为该技术在空间域（天线）和时域对符号进行扩展，一般归类为空时码技术。此外还可以把该技术进一步如 1.6.2 节中推广到 MIMO 系统中。第 6 章更详细地介绍了空时编码。

1.5.5 间接发射分集

到此为止，我们已经介绍了直接发射分集技术，通过合并或空时编码来获得空

间分集。还可以把空间分集转换为时域或频域分集，然后就可以用大家所熟知的 SISO 技术来利用时域或频域分集。

假设 $n_t = 2$，第二根发射天线的信号延迟了一个符号周期［SW94］，或通过仔细选择的频移作了相位旋转［HAN92］。如果信道 h_1 和 h_2 是独立同分布瑞利信道，就可以把空间分集（即使用两根天线）分别转换为时域和频域分集。事实上，接收机看到的两个支路经历着在时域或频域的衰落构成了等效 SISO 信道，例如用于频率分集的 FEC/交织［PNG03，BGPvdV06］等传统分集技术就可以利用这种选择性衰落。注意在本书中（见第 6 章）前一种时域延迟的方法称为延迟分集。

1.6　多输入多输出系统

在通信链路两端都使用多根天线，就在除了分集和阵列增益之外带来了新的增益。也就是，MIMO 系统可利用 MIMO 信道的空间复用能力提高传输吞吐量。但是，我们还将观察到不可能同时最大化空间复用和分集增益。这种复用和分集的折中将在第 5 章进一步详细探讨。类似的，我们还将证明瑞利信道的阵列增益同样受限，并且实际要比 $n_t n_r$ 小。在本节，我们把 MIMO 技术按照发射机是否已知信道信息来分类。本书中使用类似的分类方法：第 6 ~ 9 章讨论不需要已知信道信息的空时编码技术，而第 10 章专门讨论当发射机具有部分信道信息时的空时技术，也就是发射机已知信道的统计特性或者通过低速率反馈链路获得经过量化的信道信息。

1.6.1　具有完全发射信道信息的 MIMO

主特征模式传输

与之前各节类似，我们首先考虑最大化 $n_r \times n_t$ 根天线 MIMO 系统的分集增益。可以传输对数据符号 c 乘以 $n_t \times 1$ 维的预编码向量 w 得到的向量 c' 来实现。在接收机阵列，天线的输出通过 $n_r \times 1$ 维的向量 g 进行加权相加可以合并成一个标量信号 z。因此，传输可以表示为

$$y = \sqrt{E_s} H c' + n$$

$$= \sqrt{E_s} H w c + n \tag{1.63}$$

$$z = gy$$

$$= \sqrt{E_s} g H w c + g n \tag{1.64}$$

最大化接收 SNR 就可以简化为最大化 $\| g H w \|_F^2 / \| g \|_F^2$。为了解决这个问题，我们需要对 H 进行奇异值分解（SVD），即

$$H = U_H \Sigma_H V_H^H \tag{1.65}$$

式中，U_H 和 V_H 是 $n_r \times r(H)$ 和 $n_t \times r(H)$ 维的酉矩阵（分别包括 H 的左和右奇

异向量），$r(H)$ 是 H 的秩，并且

$$\sum_H = \text{diag}\{\sigma_1, \sigma_2, \cdots, \sigma_{r(H)}\} \tag{1.66}$$

是包含 H 奇异值的对角矩阵。使用对信道矩阵的这一特殊分解，当 $w = v_{max}$ 和 $g = u_{max}$ 时就能最大化接收 SNR，其中 v_{max} 和 u_{max} 分别是对应 H 的最大奇异值的右和左奇异向量，$\sigma_{max} = \max\{\sigma_1, \sigma_2, \cdots, \sigma_{r(H)}\}$ ［PNG63］。这个技术称为主特征模式传输，式（1.64）可以改写为

$$z = \sqrt{E_s}\,\sigma_{max}c + \tilde{n} \tag{1.67}$$

式中，$\tilde{n} = gn$ 的方差等于 σ_n^2。

根据（1.67），很容易可以观察到阵列增益等于 $\mathcal{E}\{\sigma_{max}^2\} = \mathcal{E}\{\lambda_{max}\}$，其中 λ_{max} 是 HH^H 的最大特征值。瑞利信道下阵列增益的上下界为

$$\max\{n_t, n_r\} \leq g_a \leq n_t n_r \tag{1.68}$$

如果信道完全相关（例如极端情况 $H = 1_{n_r \times n_t}$），很明显 $g_a = n_t n_r$（因为只有一个奇异值非零并且等于 $\sqrt{n_t n_t}$）。相比之下，附录 B 中的命题 B.1 证明了在独立同分布瑞利信道下，主特征模式传输的阵列增益渐近为（即在 n_t、n_r 较大时）：

$$g_a = (\sqrt{n_t} + \sqrt{n_r})^2 \tag{1.69}$$

最后，在［PNG03］中证明了在高 SNR 时，主特征模式传输的误码率的上界和下界（假设在高 SNR 时，切诺夫界能很好地近似 SER）为

$$\overline{N}_e\left(\frac{\rho d_{min}^2}{4\min\{n_t, n_r\}}\right)^{-n_t n_r} \geq \overline{P} \geq \overline{N}_e\left(\frac{\rho d_{min}^2}{4}\right)^{-n_t n_r} \tag{1.70}$$

上面的等式说明了误码率作为 SNR 函数的斜率为 $n_t n_r$：主特征模式传输在独立同分布瑞利信道下能达到满分集增益 $n_t n_r$。

带天线选择的主特征模式传输

之前介绍的主特征模式传输可以结合在发射端或接收端的天线选择算法。我们主要讨论在发射端的天线选择，但是对于接收端的天线选择结论同样成立（因为在发射端和接收端都具有完全信道信息）。

具有天线选择的主特征模式传输方案［MWCW05］的原理如下。我们定义 H' 为从 H 中取出 $n_t - n_t'$ 列后剩下的矩阵。所有可能 H' 的集合表示为 $S\{H'\}$，该集合的基数是 $\binom{n_t}{n_t'}$。在每个时刻，该方案使用矩阵 H' 进行主特征模式传输，得到最大的 $\sigma_{max}' = \max\{\sigma_1', \sigma_2', \cdots, \sigma_{r(H')}'\}$。因此输出 SNR 为

$$\rho_{out} = \rho \max_{S\{H'\}}\{\lambda_{max}'\} \tag{1.71}$$

式中，$\lambda_{max}' = \sigma_{max}'^2$。

与传统的主特征模式传输类似，在［GP02］中证明了当使用所有的 n_t 根发射天线时天线选择算法具有同样的分集增益，即分集增益等于 $n_t n_r$。

多特征模式传输

由于在所有的发射天线上传输的是同样的符号，主特征模式传输不能带来任何复用增益。而另一方面，系统设计者可能想通过最大化空间复用增益来提高系统吞吐量。为了达到这个目的，在所有信道的非零特征模式上对符号进行扩展。在下文中假设 $n_r \geqslant n_t$ 并且信道矩阵是具有式（1.65）中 SVD 的独立同分布瑞利信道。如果发射机使用 V_H 作为预编码矩阵乘以输入向量 c（$n_t \times 1$），因此传输的信号向量是，接收机对接收向量 y 乘以 $G = U_H^H$，等效的输入输出关系为

$$
\begin{aligned}
z &= \sqrt{E_s} GHc' + Gn \\
&= \sqrt{E_s} U_H^H HV_H c + U^H n \\
&= \sqrt{E_s} \Sigma_H c + \tilde{n}
\end{aligned}
\tag{1.72}
$$

可以观察到信道分解成了 n_t 个分别由 $\{\sigma_1, \cdots, \sigma_{n_t}\}$ 给出的并行 SISO 信道。应该注意到如果建立 n_t 个虚拟数据管道，所有的这些信道并不能完全解耦合。因此 MIMO 信道的互信息是这些 SISO 信道容量的和：

$$
\mathcal{I} = \sum_{k=1}^{n_t} \log_2(1 + \rho s_k \sigma_k^2)
\tag{1.73}
$$

式中，$\{s_1, \cdots, s_{n_t}\}$ 是每个信道特征模式分配的功率，并且已经归一化以保证 $\sum_{k=1}^{n_t} s_k = 1$。在第 5 章我们证明了通过寻找最大化如式（1.73）的互信息的最优功率分配方案就能达到 MIMO 容量。通过这种方式，MIMO 容量随 n_t 线性增长，因此空间复用增益等于 n_t。相比之下，这种传输不能实现全分集增益 $n_t n_r$，但是至少可以得到 n_r 倍的阵列和分集增益（依然假设 $n_t \leqslant n_r$）。

如第 5 章将会分析的，一般来说在任意相关信道中，MIMO 系统容量与 H 的秩呈线性关系。因此，在高相关信道中，只有主特征模式可以用于传输，此时的复用增益为 1。在这种信道中，显然没有分集增益，但是能获得 MIMO 阵列增益 $\mathcal{E}\{\sigma_{max}^2\}$。

多主特征模式传输自然也可以结合接收机天线选择算法。只要保证 $n_r' \geqslant n_t$，这种方案的复用增益仍然等于 n_t，但是减少了阵列增益。

最后，还可以使用基于多主特征和主特征模式传输的混合方案。例如，通过把天线分组成天线子集也能获得分集增益，并且能在降低维度的新信道上进行空间复用 [HL05]。

1.6.2　无发射信道信息的 MIMO

当发射机没有信道信息时，在发射端和接收端部署多天线可以获得分集增益和/或增加系统容量。这是通过使用空时编码，即把符号在天线（即空间域）和时域进行扩展来实现的。在本节，我们将简单介绍空时分组码和格码，详细介绍见第 6 和 9 章。

空时分组码

我们首先从简单的例子开始，把 1.5.4 节介绍的 Alamouti 方案扩展到 MIMO 2×2 传输中。

与 MISO 情况类似，考虑在第一个符号周期内两根发射天线 1 和 2 上同时传输两个符号 c_1 和 c_2，而在下一个符号周期内在天线 1 和 2 上传输符号 $-c_2^*$ 和 c_1^*。假设在两个连续的符号周期内平坦衰落信道保持恒定，2×2 的信道矩阵表示为

$$\boldsymbol{H} = \begin{bmatrix} h_{11} & h_{12} \\ h_{21} & h_{22} \end{bmatrix} \tag{1.74}$$

式中，下标表示的是发射和接收天线序号而不是符号周期。在第一个符号周期内在接收天线阵列上接收到的信号向量是

$$\boldsymbol{y}_1 = \sqrt{E_s} \boldsymbol{H} \begin{bmatrix} c_1/\sqrt{2} \\ c_2/\sqrt{2} \end{bmatrix} + \boldsymbol{n}_1 \tag{1.75}$$

在第二个符号周期内接收到的信号向量是

$$\boldsymbol{y}_2 = \sqrt{E_s} \boldsymbol{H} \begin{bmatrix} -c_2^*/\sqrt{2} \\ c_1^*/\sqrt{2} \end{bmatrix} + \boldsymbol{n}_2 \tag{1.76}$$

式中，n_1 和 n_2 是在每个符号周期内在接收天线阵列上的加性噪声（这里的下标表示的是符号周期而不是天线序号）。接收机接收到的信号向量 $\boldsymbol{y}$ 可以合并表示为

$$\boldsymbol{y} = \begin{bmatrix} \boldsymbol{y}_1 \\ \boldsymbol{y}_2^* \end{bmatrix} = \sqrt{E_s} \underbrace{\begin{bmatrix} h_{11} & h_{12} \\ h_{21} & h_{22} \\ h_{12}^* & -h_{11}^* \\ h_{22}^* & -h_{21}^* \end{bmatrix}}_{H_{\text{eff}}} \underbrace{\begin{bmatrix} c_1/\sqrt{2} \\ c_2/\sqrt{2} \end{bmatrix}}_{c} + \begin{bmatrix} \boldsymbol{n}_1 \\ \boldsymbol{n}_2^* \end{bmatrix} \tag{1.77}$$

与 MISO 系统类似，符号 c_1 和 c_2 扩展到了两根发射天线和两个符号周期。此外，$\boldsymbol{H}_{\text{eff}}$ 对所有的信号实现都正交，也就是，$\boldsymbol{H}_{\text{eff}}^{\text{H}} \boldsymbol{H}_{\text{eff}} = \|\boldsymbol{H}\|_{\text{F}}^2 \boldsymbol{I}_2$。如果我们计算 $\boldsymbol{z} = \boldsymbol{H}_{\text{eff}}^{\text{H}} \boldsymbol{y}$，可以得到

$$\boldsymbol{z} = \begin{bmatrix} z_1 \\ z_2 \end{bmatrix} = \sqrt{E_s} \boldsymbol{H}_{\text{eff}}^{\text{H}} \boldsymbol{y} = \|\boldsymbol{H}\|_{\text{F}}^2 \boldsymbol{I}_2 \boldsymbol{c} + \boldsymbol{n}' \tag{1.78}$$

式中，$\boldsymbol{n}'$ 满足 $\mathcal{E}\{\boldsymbol{n}'\} = \boldsymbol{0}_{2 \times 1}$ 和 $\mathcal{E}\{\boldsymbol{n}'\boldsymbol{n}'^{\text{H}}\} = \|\boldsymbol{H}\|_{\text{F}}^2 \sigma_n^2 \boldsymbol{I}_2$。上述等式表示 c_1 和 c_2 的传输完全解耦合，即

$$z_k = \sqrt{E_s/2} \|\boldsymbol{H}\|_{\text{F}}^2 c_k + \tilde{n}_k \quad k = 1,2 \tag{1.79}$$

其平均输出 SNR 为

$$\bar{\rho}_{\text{out}} = \frac{E_s}{\sigma_n^2} \mathcal{E}\left\{ \frac{\left[\|\boldsymbol{H}\|_{\text{F}}^2 \right]^2}{2 \|\boldsymbol{H}\|_{\text{F}}^2} \right\}$$

$$= 2\rho \tag{1.80}$$

上式说明 2×2 天线配置的 Alamouti 方案提供了接收阵列增益（$g_a = n_r = 2$），但是没有发射阵列增益（因为发射机没有信道信息）。但是，如［PNG03］所示，该方案可以达到满分集（$g_d^o = n_t n_r = 4$），

$$\overline{P} \leq \overline{N}_e \left(\frac{\rho d_{min}^2}{8} \right)^{-4} \tag{1.81}$$

图 1.5 中给出了 Alamouti 方案和主特征模式传输的误码率与 SNR 的关系。很显然，两种方案的分集增益都等于 4，但是主特征模式传输的阵列增益比 Alamouti 方案大 3dB。注意 Alamouti 方案可以用在任意接收天线数量时（$g_a = n_r$，$g_d^o = 2n_r$），但是不能用在超过两根发射天线时。

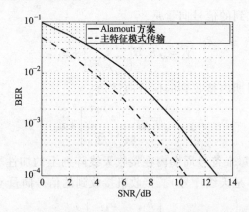

图 1.5　Alamouti 方案和主特征模式传输的误码率与 SNR 的关系

上面的例子说明了在无发射信道信息时也可以获得 MIMO 信道的满分集增益。在时域和空间域对符号扩展的原则可以推广成空时分组码（STBC）的概念。一般的，STBC 把 Q 个符号映射到大小为 $n_t \times T$ 的码字 C，其中 T 是码字的时间长度，码字 C 通常归一化以满足 $\mathcal{E} \{ \text{Tr} \{ CC^H \} \} = T$。例如，$2 \times 2$ 的 Alamouti 方案（$T = 2$，$n_t = 2$，$Q = 2$）可以用下面的码字矩阵表示

$$C = \frac{1}{\sqrt{2}} \begin{bmatrix} c_1 & -c_2^* \\ c_2 & c_1^* \end{bmatrix} \tag{1.82}$$

空时分组码的空间复用码率定义为 $r_s \triangleq \dfrac{Q}{T}$，当 $r_s = n_t$ 时，空时分组码能达到满速率。因此 Alamouti 方案的特征是 $r_s = 1$。

STBC 的第一类是正交 STBC（O-STBC），其中包括之前介绍的 Alamouti 方案。O-STBC 在 n_t 根发射天线上的每个符号周期内传输一个或更少的独立符号。O-STBC 的阵列增益为 n_r，并且能达到满分集增益 $n_r n_t$。此外，通过把向量检测转换为复杂性更低的标量检测，因此可以直接检测 O-STBC，如式（1.79）。但是，对复杂星座图和 $n_t = 2$，只存在 $r_s = 1$ 的 O-STBC。此外，任意 n_t 的复杂 O-STBC 方案只

能提供 $r_s < 1$ 的空间复用率。

与 O-STBC 能达到满分集增益不同，有些方案在每个符号周期内能传输 n_t 个独立符号，从而实现 n_t 的空间复用率。这种满速率方案称为空间复用（SM）。对于未编码 SM（也称为 V-BLAST，垂直贝尔实验室分层空时码），每个码字扩展到一个符号时间（没有时域编码）：使用 ML 解码能达到的阵列和分集增益等于 n_r，而空间复用增益等于 $\min\{n_t, n_r\}$。另一方面，编码 SM 传输方案，例如 D-BLAST（对角贝尔实验室分层空时码）通过在时域最优编码可以实现满分集（$g_d^o = n_t n_r$）。但是这些增益和检测算法有着密切的关系。例如，在第 6~7 章，我们将说明未编码 SM 的分集增益在使用迫零 ZF 或 MMSE 检测时只能达到 $n_r - n_t + 1$（假设 $n_r \geq n_t$）。同样，也可以结合空间复用和接收天线选择技术（假设 $n_r \geq n_t$）。由于引入天线选择对系统容量带来的损失将在第 5 章中讨论。

目前为止，我们看到 O-STBC 能实现满分集，但是空间复用率有限。而另一方面，未编码空间复用能达到更高的吞吐量，但是会降低发射分集。如果能增加接收机复杂度，那么可以在提高数据速率的同时提供发射分集。这个方向的第一步突破是 D-BLAST。此外，线性离散码作为 O-STBC 和 SM 两者间折中的一种方案也能保证数据速率和发射分集。最后，代数码也是基于同样目的设计的一种编码。考虑到这些编码方案相对比较复杂，线性离散码和代数码将在第 6 章中详细介绍。

接收机架构，包括信道估计都是影响 STBC 性能的关键因素。虽然最大似然（ML）是最优的，但是 ML 检测较高的复杂度使得它很难用在实际系统中。因此，第 7 章将介绍一些次优的 MIMO 检测技术，以及 MIMO 信道估计技术。

综上所述，由于空时编码不需要在接收端已知信道信息，所以设计空时编码必须保证其性能不受到实际信道状态的影响（在任何时刻）。第 8~9 章将详细介绍如何设计具有鲁棒性的空时编码。

空时格码

空时格码（STTC）实际上是在 STBC 之前提出的［TSC98］。STTC 是把传统的卷积码扩展到多天线阵列上。STTC 与 STBC 的区别在于空时格码的编码器输出不仅仅与输入比特有关，还与编码器的状态有关，也就是与前一时刻的输入比特相关。这种内存特性是格码的本质特点，也提供了额外的编码增益（见第 6 章）。

空频编码

在频率选择性信道，可以通过在空间域（天线间）和频域（频带）上编码来利用额外的频域分集，例如利用正交频分复用（OFDM）。这个技术称为 SF MIMO-OFDM，第 11 章将详细介绍结合其他频率选择性信道编码方案的 SF MIMO-OFDM 技术。

1.6.3　具有部分发射信道信息的 MIMO

如果发射端只有部分信道信息时，仍然可以获得阵列增益。1.6.1 节介绍了发射端具有完全信道信息的 MIMO 技术，但是为了获得信道信息，需要在发射机和接收机之间有高速率的反馈链路，从而能保证发射机获得连续的信道信息。相比之下，在发射端只利用信道统计量或量化的信道信息就只需要速率相对低很多的反馈链路。

预编码技术一般是结合多模式波束赋形把码字在与具有某个星座图形状的信道分布（或更简化，与功率分配方案）相关的正交方向扩展。与 1.6.1 节中介绍的几种特征模式传输方案在本质上有很多相似之处，其不同之处在于在部分发射信道信息中特征波束是根据 H 的统计量得到而不是根据 H 的瞬时值。

类似的，天线选择技术也可以根据部分信道信息，例如 [GP02] 中根据 H 的一阶和二阶统计量选择发射或接收天线。直观上也就是选择具有最低相关性的天线对。自然的，这种技术不能最小化瞬时误码率，但是能最小化平均误码率。因此，这种技术能在降低分集增益的同时提高编码增益。

还可以进一步结合通过量化预编码利用发射机的有限反馈利用天线选择方案。这种技术需要预编码矩阵的码本，也就是，有限的预编码集合，在发射机和接收机都已知这个提前设计好的码本。接收机根据目前的信道估计出最好的预编码，并反馈在码本中该最优预编码的序号。将在第 10 章中详细介绍所有这些技术。

1.7   多链路 MIMO 网络：从多用户到多小区 MIMO

MIMO 的概念不仅局限于单小区网络中的单链路，还可以扩展到多链路，其中一个（或几个）发射机（具有一根或多根天线）与几个接收机（具有一根或多根天线）进行通信。这就组成了一个具有多条链路的 MIMO 网络。

这个方案的第一类称为 MU-MIMO，考虑在一个小区网络中的多个用户。方案的目标是最大化总吞吐量（也就是速率和）而不是链路吞吐量，并且能管理单小区网络中的多用户干扰。在本书第 12 章将详细介绍 MU-MIMO。

MU-MIMO 方案是解决小区内（多用户间）的干扰，而多小区 MIMO 技术则是为了解决小区间干扰，也就是说，考虑一个由多个小区组成的网络，每个小区里包括多个用户，并且通过在发射或接收节点之间进行协同或协作来解决多小区干扰。第 13 章将详细讨论多小区 MIMO。

1.8   商用无线系统中的 MIMO 技术

在本章最后一节，我们简单地介绍目前或未来即将商用的 MIMO 技术。具体来说，多天线技术已经被第三代（3G）和第四代（4G）蜂窝系统（3GPP LTE 和 LTE-Advanced）和宽带固定/移动无线接入网络（IEEE 802.16e 和 IEEE 802.16m）采用。此外，在 IEEE 802.11n 版本中也包括 MIMO 技术。

在 3G 系统中，目前的 cdma2000 标准提供了发射分集的选项，其中采用了 Alamouti 方案的一种扩展。第三代合作伙伴计划（3GPP）制定的宽带 CDMA 通用移动通信系统（UMTS）和演进版本也支持空时发射分集方案，并结合基站的发射波束赋形。3GPP LTE 和 3GPP LTE-Advanced 定义了基于 MIMO 技术的先进空中接口技术。3GPP LTE 主要集中在基于空间复用和空时编码的单链路 MIMO，而 LTE-Advanced 扩展了空口设计以支持多用户 MIMO（LTE-Advanced 的 R10 版）和多小区 MIMO（LTE-Advanced 的 R11 版）。

对于无线城域网（WMAN），最近的 IEEE 802.16m 版本也称为 WiMAX，其中也结合 OFDM 调制和多天线技术使用了 MIMO-OFDMA 技术。例如，IEEE 802.16e 标准工作在非视距的 2 ~ 11GHz 频段上，可以分别为固定和移动用户提供约 40Mbit/s 和 15Mbit/s 的数据速率。IEEE 802.16m 是 802.16e 的增强版本，在 MIMO 方面从单链路（空间复用和空时编码）和多链路（MU-MIMO 和多小区 MIMO）等方面进行了增强。

对于无线局域网（WLAN），IEEE 802.11n（Wi-Fi）标准考虑的峰值数据速率为 150Mbit/s，此外 500Mbit/s 是另一个可选项。标准中支持的 MIMO 技术包括三种不同的技术：天线选择、空时编码（例如 Alamouti 方案）和可能的波束赋形（因为先进的波束赋形技术需要发射端获得信道信息，所以只有在中期产品中才有可能使用）。

第 14 章将详细介绍在主要无线标准，例如 3GPP LTE 和 LTE-Advanced（从 R8 版到 R11 版）以及 IEEE 802.16m 中采纳的之前章节中介绍的 MIMO 技术以及 MIMO 特性。最后，对 MIMO 的完整研究不可能脱离在系统级层面对实际 MIMO 系统的性能进行评估。本书的第 15 章总结提供了 3GPP LTE 和 LTE-Advanced MIMO 技术（单小区和多小区）的系统级详细评估结果。

第 2 章 从多维传输到多链路 MIMO 信道

正如第 1 章介绍的，很多信号处理技术都使用了对实际无线信道（包括多天线信道）的简单假设。尤其是我们目前为止考虑的 MIMO 信道矩阵的元素都是非相关的变量。在实际的场景中，这些假设可能并不实际。但是，无线传播环境的特征决定了无线系统的最终性能，而与设计系统中使用的假设无关。第 2~4 章的目标是准确地理解 MIMO 传播的原理，并且基于系统设计和性能仿真这两个方面考虑，分析性的表示 MIMO 系统无线信道和实际。

在考虑 MIMO 信道时，空间成了新增的一个维度，需要和已经在宽带 SISO 系统中建模的时间和频率域一样建模。在建模 MIMO 信道或设计空时处理技术时需要时刻牢记这种多维度特性。例如，我们将考虑在发射端和接收端如何建模能量在不同角度的分布。这也称为双方向性的信道描述：

• 方向性表示信道描述包括天线处能量的角度分布，因此与只考虑时延扩展的非方向性模型不同；

• 双向表示空间上的描述包括两端，即在接收机和发射机两端的多根天线。

通常使用的例如信道平稳性和动态信道衰落这些术语在 MIMO 环境下自然也需要考虑到空间这一维度。另一方面，平稳性是为了说明信道统计量在多长时间内保持恒定。而信道动态特征（通过多普勒谱来表示）则表明了平稳信道参数随时间变化的速度。当信号处理技术需要在发射端已知信道信息时，这两个问题很重要。

我们将探讨 MIMO 信道建模中的一个重要方面，即如何描述单天线信道对之间的相关性。这些相关性与能量的方向扩展分布有着直接的关系，并且极大地影响着空时编码的性能损失。但是，相关性在其他类型的 MIMO 处理中可能对性能有着益处，例如多用户 MIMO。因此，第 2~4 章的很多篇幅都是帮助读者理解和建模信道相关性。只要确定了独立的 MIMO 链路（从一个发射阵列到一个接收阵列），这些独立 MIMO 矩阵间的相关性（或隔离度）就是另外需要考虑的一个参数，因为链路相关性对多用户或多小区信号处理的性能有着很大的影响。在第 3~4 章用特定的模型来说明多链路传输和信道隔离的概念。

从哲学上看，多天线最终改变了我们对传播信道的看法。通过 MIMO 技术，信号处理技术可能从信道中获益，而不是必须消除信道的影响。因此，信道模型必须足够精确，从而避免不太乐观的保守规则。

在本章，我们将介绍 MIMO 信道建模的理论基础，尤其是传播信道，天线阵列和信道相关性之间的关系。我们还将讨论多极化信道和天线耦合。

2.1　方向性信道建模

2.1.1　双方向性信道冲激响应

在所有的无线网络中，到达接收机的信号经过了不同的传播机制，具有不同时变的时延，不同的到达角和离开角，不同相位和衰减的多个散射路径（多径）的存在造成了传输信道非常复杂。所有可能的传播机制可以归类为以下五种基本机制：自由空间（或视线传输，LOS）传播、传输（和吸收）、镜面反射、衍射和扩散（也称为漫散射），以及之前四种机制的任何组合。除了视线传播之外，所有这些机制都表示传播波在遇到一个或多个任意障碍物（墙，树，车，人等）时的影响，所以这些障碍物一般统称为散射体或影响物。图 2.1 说明了多径传播的概念。直视路径只经历了自由空间传播损耗。镜面反射只有当传播的电磁波遇到一个光滑的平面时才会发生，并且该平面的大小要相比波长大的多。衍射发生在发射机和接收机之间的路径受到不连续的障碍物阻挡时，例如边缘，楔形物体或圆柱形物体等。遇到障碍物时还造成了传播的能量部分被吸收。最后，扩散

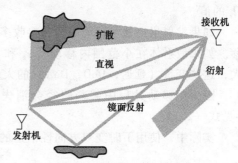

图 2.1　一个典型的多径场景

是在障碍物的大小与波长量级相当时产生的，例如树叶或粗糙的障碍物。注意，在这种情况下，散射波大多是非相关的：其相位不是一个确定值，因此只知道相位的随机统计特性［Ish98］。

不考虑路损和阴影衰落（见第 1 章），因此在 $\boldsymbol{p}_t$ 位置的发射机和在 $\boldsymbol{p}_r$ 三维位置的接收机之间的无线传播信道可以表示为一个基于 n_S 条路径的双方向性冲激响应［SMB01］。

$$h(t,\boldsymbol{p}_t,\boldsymbol{p}_r,\tau,\boldsymbol{\Omega}_t,\boldsymbol{\Omega}_r) = \sum_{k=0}^{n_S-1} h_k(\boldsymbol{p}_t,\boldsymbol{p}_r,\tau,\boldsymbol{\Omega}_t,\boldsymbol{\Omega}_r) \qquad (2.1)$$

式中，τ，$\boldsymbol{\Omega}_t$ 和 $\boldsymbol{\Omega}_r$ 分别表示时延、离开方向（DoD）和到达方向（DoA）（都是在三维空间）。方向性向量的定义如下。在发射端，$\boldsymbol{\Omega}_t$ 是由发射机在一个单位半径球的球面坐标（即方向角 Θ_t 和仰角 Ψ_t）根据［Fle00］中的关系唯一决定

$$\boldsymbol{\Omega}_t = [\cos\Theta_t\sin\psi_t, \sin\Theta_t\sin\psi_t, \cos\psi_t]^T \qquad (2.2)$$

DoA（在接收机）的定义与 DoD 类似。

任意波形都可以通过选择合适的函数 $h_k(\boldsymbol{p}_t, \boldsymbol{p}_r, \tau, \boldsymbol{\Omega}_t, \boldsymbol{\Omega}_r)$ 来建模。但是，由于麦克斯韦方程是线性的，任何波形可以通过一些平面波的叠加来得到。对于平

面波，考虑固定发射机和移动接收机（在水平面以速度 v 移动），小尺度移动⊖的 h_k $(\boldsymbol{p}_t, \boldsymbol{p}_r, \tau, \boldsymbol{\Omega}_t, \boldsymbol{\Omega}_r)$ 可以表示为

$$h_k(t, \boldsymbol{p}_t, \boldsymbol{p}_r, \tau, \boldsymbol{\Omega}_t, \boldsymbol{\Omega}_r) \triangleq \alpha_k e^{\mathrm{j}\phi_k} e^{-\mathrm{j}\Delta\omega_k t} \delta(\tau - \tau_k) \delta(\boldsymbol{\Omega}_t - \boldsymbol{\Omega}_{t,k}) \delta(\boldsymbol{\Omega}_r - \boldsymbol{\Omega}_{r,k})$$

(2.3)

式中，α_k 是第 k 个分量的幅度；ϕ_k 是第 k 个分量的相位；$\Delta\omega_k \triangleq \dfrac{2\pi}{\lambda}\cos(\gamma - \Theta_{r,k})$ $\sin(\psi_{r,k}) v$，$\Delta\omega_k$ 是第 k 个分量的多普勒频移（γ 表示接收机在水平面的移动）；τ_k 是第 k 个分量的时延；$\boldsymbol{\Omega}_{t,k}$ 是第 k 个分量的 DoD；$\boldsymbol{\Omega}_{r,k}$ 是第 k 个分量的 DoA。

　　τ，$\boldsymbol{\Omega}_t$ 和 $\boldsymbol{\Omega}_r$ 的值是由发射机，接收机和散射体所处的相对位置决定的。这就意味着在图 2.1 中，可以对直视径，以及反射，衍射和散射路径分别指定 τ，$\boldsymbol{\Omega}_t$ 和 $\boldsymbol{\Omega}_r$ 的值。

　　如果发射机也处于移动中，与接收多普勒频移类似，还需要加上发射多普勒频移。如果散射体在小范围内移动，α_k 和 ϕ_k 是时变的。但是，如果散射体移动较大，这些变量（延迟，DoD，DoA）的大多数都是时变的。此外考虑到实际的路径 n_S，因为在移动过程中某些路径会消失，而有些路径会出现：信道变得不平稳（见式（2.1））。

　　实际中，使用了时变双方向性信道的更简单的表示：

$$h(t, \tau, \boldsymbol{\Omega}_t, \boldsymbol{\Omega}_r) = \sum_{k=0}^{n_S-1} h_k(t, \tau, \boldsymbol{\Omega}_t, \boldsymbol{\Omega}_r)$$

(2.4)

式中，$h_k(t, \tau, \boldsymbol{\Omega}_t, \boldsymbol{\Omega}_r)$ 和式（2.3）表示的方式一样，只是在式（2.4）中删掉了 $\boldsymbol{p}_t$ 和 $\boldsymbol{p}_r$，因为所有的时变变量（包括发射机和接收机的位置，还可能包括在小范围内移动的散射体位置）都组合成一个与变量 t 相关的时变变量。

　　双方向性信道冲激响应是下面四个参数的函数

　　• 时间：表示信道随时间的变化，或由于接收机移动带来的变化（通过接收机移动速度 v 与时间有关）；$\Delta\omega_k$ 一般在一个波长 λ 内（也就是在 λ/v 时间内）迅速变化，而 n_S，τ_k、$\boldsymbol{\Omega}_{t,k}$，$\boldsymbol{\Omega}_{r,k}$；可能还包括 α_k 在更长的距离（也就是时间内）可能保持恒定。

　　• （时间）延迟：在任何给定时间 t，信道（也就是接收功率）作为延迟 τ 的函数变化，因为每个到达的路径到达的延迟正比于传播路径的长度；注意 τ 的量级一般要比 t 小得多。

　　• 到达和离开方向：每条从发射机出发到达接收机的路径都有一定的方向，因此信道还取决于 $\boldsymbol{\Omega}_t$ 和 $\boldsymbol{\Omega}_r$；我们可以把这个理解成在链路两端能量的方向性分布。

　　我们强调式（2.4）只表示了传播信道，而与天线方向图和系统带宽无关。换句话说，式（2.4）中假设在链路两端都使用全向天线并且系统带宽无限。如果考

　　⊖　小尺度移动是指所有的变量，例如延迟，DoD 和 DoA 可以认为是恒定的。

虑了天线方向和滤波器带宽 B，式（2.4）可以变化为

$$h_{a,B}(t,\tau,\boldsymbol{\Omega}_t,\boldsymbol{\Omega}_r) = f_r(\tau) \star [g_r(\boldsymbol{\Omega}_r)h(t,\tau,\boldsymbol{\Omega}_t,\boldsymbol{\Omega}_r)g_t(\boldsymbol{\Omega}_t)] \star f_t(\tau) \qquad (2.5)$$

式中，$g_t(\boldsymbol{\Omega}_t)$ 和 $g_r(\boldsymbol{\Omega}_r)$ 分别是发射和接收天线的复场方向图，$f_t(\tau)$ 和 $f_r(\tau)$ 是发射和接收滤波器。我们将在 2.6.2 节中讨论带宽受限信道。注意：

• 所有的信道测量（和信道模型）自然都是与天线相关，并且带宽有限，虽然测量/建模带宽一般要比实际的系统带宽 B 大得多。

• 为了简化符号表示，第 5 章和之后的章节中用 h 代替表示信道 $h_{a,B}$。

除了方向性冲激响应，还有其他变量可以用来描述多维度无线信道。在非方向性模型中，通常描述在不同傅里叶域中的信道，使用频域变量来取代时域变量 t 和 τ [Par00，Pro01]。这种信道特性是基于传递函数，传递函数的参数包括多普勒频率 v（在傅里叶域，v 是对应 t 的频域变量）和频率 f（对应 τ）：

• 多普勒频率 v 与时间选择性相关，并且与瞬时信道变化的最大速度有关。

• 变量 f 表示了在传输带宽内的频率选择性。

在双方向性模型中，下列变量是把 Bello 的系统函数 [Pro01] 直接扩展以支持方向域：

• $h(t, \tau, \boldsymbol{\Omega}_t, \boldsymbol{\Omega}_r)$ 是时变的方向冲激响应；

• $T(t, f, \boldsymbol{\Omega}_t, \boldsymbol{\Omega}_r)$ 是时变的方向传递函数；

• $B(v, f, \boldsymbol{\Omega}_t, \boldsymbol{\Omega}_r)$ 是随多普勒频率变化的方向传递函数；

• $S(v, \tau, \boldsymbol{\Omega}_t, \boldsymbol{\Omega}_r)$ 是随多普勒频率变化的冲激响应。

此外，方向（角度）域可以看成是类似在发射端和接收端空间的频域。根据傅里叶变换还可以类似的可以得到天线或孔径域。图 2.2 说明了这个概念，讨论限制在

• 发射端。

• 二维空间：方向向量 $\boldsymbol{\Omega}_t$ 可以用标量水平角 Θ_t 代替，水平角表示的是与链路轴（即发射机和接收机之间的线）之间的角度。

• 线性发射天线阵列：由于几何尺寸，阵列孔径可以在一维用与波长的相对值来表示，表示为 l_t/λ。

在天线理论中，在给定时间和频率的方向性信道 $T(\sin\Theta_t)$ 是沿着发射孔径的空间信道变量 $T_a(l_t/\lambda)$ [Bal05，Kat02] 通过傅里叶变换得到

$$T(\sin\Theta_t) = \int_{-\infty}^{+\infty} T_a(l_t/\lambda) e^{j2\pi(l_t/\lambda)\sin\Theta_t} d(l_t/\lambda)$$

$$T_a(l_t/\lambda) = \int_{-\infty}^{+\infty} T(\sin\Theta_t) e^{-j2\pi(l_t/\lambda)\sin\Theta_t} d(\sin\Theta_t) \qquad (2.6)$$

在式（2.6）中，在 $\sin\Theta_t$ 域的信道表示只不过是沿着天线孔径的空间信道变量的频谱。注意不是在天线域和角度域之间直接的傅里叶变换关系，虽然在 l_t 和 Θ_t 之间有非线性的单调关系（因此我们将使用 Θ_t 而不是 $\sin\Theta_t$）。我们还将使用这

个例子来定义通过 $\varphi_t = 2\pi\,(l_t/\lambda)\,\sin\Theta_t$ 得到的另一个角度域。这个定义将在第 3 章中使用。

上面的讨论可以很简单的扩展到

- 接收阵列；
- 全三维空间（具有水平角度和仰角）；
- 在沿着向量 l_t 和 l_r 测量的通用孔径域的非线性阵列（虽然空间频率的物理含义并不能和上面的一样直接）。

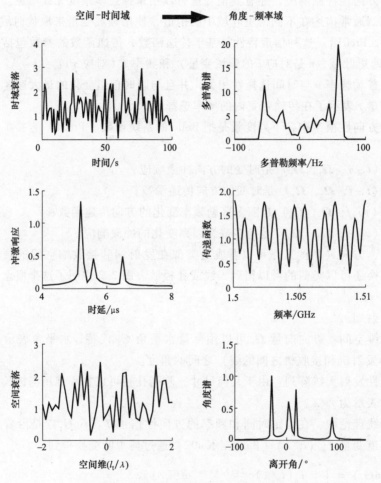

图 2.2　扩展 Bello 函数到空间域和角度域

因此，傅里叶变换的关系让我们可以定义 16 个四维系统函数：

- 在时间 t 或多普率频率 v 域；
- 在延迟 τ 或频率 f 域；
- 在发射天线 l_t 或 DoD $\boldsymbol{\Omega}_t$ 域；

- 在接收天线 l_r 或 DoA $\boldsymbol{\Omega}_r$ 域。

因此，类似于 h，T，B 和 S 的函数可以通过包含发射和接收天线域来进行扩展。例如，时变孔径传递函数 $T_a(t, f, l_t, l_r)$ 在 MIMO 信道建模中起着重要的作用。

2.1.2　多维相关函数和平稳性

精确的描述时变信道显然是不实际的：因为发射机，接收机和散射物体的精确位置未知，所以 ϕ_k 可以认为是随机变量，甚至是局部变量。在更大尺度上，n_s，τ_k，$\boldsymbol{\Omega}_{t,k}$，$\boldsymbol{\Omega}_{r,k}$ 和 α_k 同样也是随机变量。因此，时变方向性信道可以认为是随机变量，因此其传递函数是平稳过程。传递函数的平稳特性要求必须已知传递函数的多维联合概率密度函数。但是在实际中很难得到，因此需要花费很多功夫。更简单的办法是只建模多维相关函数。例如，时变方向性冲激响应的相关函数可以表示为

$$R_h(t, t', \tau, \tau', \boldsymbol{\Omega}_t, \boldsymbol{\Omega}'_t, \boldsymbol{\Omega}_r, \boldsymbol{\Omega}'_r) = \mathcal{E}\{h(t, \tau, \boldsymbol{\Omega}_t, \boldsymbol{\Omega}_r) h^*(t', \tau', \boldsymbol{\Omega}'_t, \boldsymbol{\Omega}'_r)\} \quad (2.7)$$

而多普勒-延迟发射-接收方向相关函数可以表示为

$$R_S(\nu, \nu', \tau, \tau', \boldsymbol{\Omega}_t, \boldsymbol{\Omega}'_t, \boldsymbol{\Omega}_r, \boldsymbol{\Omega}'_r) = \mathcal{E}\{S(\nu, \tau, \boldsymbol{\Omega}_t, \boldsymbol{\Omega}_r) S^*(\nu', \tau', \boldsymbol{\Omega}'_t, \boldsymbol{\Omega}'_r)\} \quad (2.8)$$

这种描述对高斯信道是精确的，因为在高斯信道下的均值和方差是统计完备的。而对非高斯信道，这种描述是一个近似但是有用的表述。

最后，在 MIMO 研究中时变孔径传递函数的相关函数特别有用，即

$$R_{T_a}(t, t', f, f', l_t, l'_t, l_r, l'_r) = \mathcal{E}\{T_a(t, f, l_t, l_r) T_a^*(t', f', l'_t, l'_r)\} \quad (2.9)$$

注意式（2.7）~ 式（2.9）中的期望表示了对所有可能的信道实现的总体平均。式（2.7）~ 式（2.9）的表达式仍然太过复杂，因此可以继续假设在一个或多个维度上的平稳性 [Her04，PNG03]。

定义 2.1　当时间相关只取决于时间差 $\Delta t = t - t'$ 时，一个过程可以称为时间上广义平稳（WSS）。在多普勒域，Cramer-*Loeve* 定理 [Pro01] 表示相关函数可以表示为多普勒频率差的 delta 单位脉冲函数，$R_S \propto \delta(\Delta\nu)$，即以不同多普勒频率到达的信号互不相关。

定义 2.2　当频率相关只取决于频率差 $\Delta f = f - f'$ 时，一个过程可以称为非相关散射（US）。在延迟域，类似的，表示对应的相关函数可以表示为延迟差的 delta 单位脉冲函数，$R_S \propto \delta(\Delta\tau)$。以不同延迟到达的信号互不相关。

定义 2.3　当空间相关只取决于发射端和接收端的空间差 $\Delta l_t = l_t - l'_t$ 和 $\Delta l_r = l_r - l'_r$ 时，一个方向性过程称为在空间上同构。在角度域，表示对应的相关函数可以表示为方向差的 delta 单位脉冲函数，以不同离开/到达方向的信号互不相关。

定义 2.4　当多普勒-延迟发射-接收方向相关函数在所有维度都是白化时，一个方向性过程称为广义平稳非相关散射同构（WSSUSH）。

$$R_S(\nu, \nu', \tau, \tau', \boldsymbol{\Omega}_t, \boldsymbol{\Omega}'_t, \boldsymbol{\Omega}_r \boldsymbol{\Omega}'_r) = C_S(\nu, \tau, \boldsymbol{\Omega}_t, \boldsymbol{\Omega}_r) \delta(\Delta\nu) \delta(\Delta\tau) \delta(\Delta\boldsymbol{\Omega}_t) \delta(\Delta\boldsymbol{\Omega}_r)$$

$$(2.10)$$

式中 $C_S(\nu, \tau, \boldsymbol{\Omega}_t, \boldsymbol{\Omega}_r)$ 定义为多普勒-延迟联合方向功率谱。具有不同延迟，多普勒频移，DoD 和 DoA 的信号互不相关。因此对应的时间-频率发射-接收天线相关函数只取决于在所有维度的相对差，而不取决于绝对值。

在所有维度都平稳（WSSUSH）是一个非常严苛的条件，尤其是在发射和接收天线域。事实上，天线平稳性表示在给定的环境，相关不取决于阵列中天线的准确位置，而只取决于天线间隔，也就意味着阵列中具有相同间隔的两个天线对会产生同样的相关，而与天线的朝向无关。

在均匀线阵（ULA）中这个条件很容易满足。同样，这还需要保证所有的天线有同样的极化方向。此外，这还需要所有天线处在同样的环境中，但是在使用方向性天线时，由于每根天线对着不同的方向（例如多小区环境），这时很难保证。因此，很有必要引入部分平稳的概念，把链路两端天线的时间和频率分别考虑（即使用经典 WSSUS 的假设）。我们将在第 3 章的末尾讨论非平稳测量时通过定义空间相关矩阵来重新讨论这个问题。从现在开始，我们都假设信道是 WSSUSH（包括天线平稳性），这个假设对于 ULA 通常是合理的假设。

最后，WSSUSH 过程通常假设是各态历经的，因此在任何时刻 t 的总体平均都可以用瞬时平均来准确估计。这也意味着可以用随机数产生器来仿真信道的时域序列，例如假设服从复高斯统计（见第 3 章）。

2.1.3　信道衰落统计量和 K 因子

考虑 WSSUSH 信道的窄带场幅度，

$$h(t) \triangleq \iiint h(t, \tau, \boldsymbol{\Omega}_t, \boldsymbol{\Omega}_r) \,\mathrm{d}\tau \,\mathrm{d}\boldsymbol{\Omega}_t \,\mathrm{d}\boldsymbol{\Omega}_r \tag{2.11}$$

$$= \iiint \sum_{k=1}^{n_s} \alpha_k \mathrm{e}^{\mathrm{j}\phi_k} \mathrm{e}^{-\mathrm{j}\Delta\omega_{kt}} \delta(\tau - \tau_k) \delta(\boldsymbol{\Omega}_t - \boldsymbol{\Omega}_{t,k}) \delta(\boldsymbol{\Omega}_r - \boldsymbol{\Omega}_{r,k}) \,\mathrm{d}\tau \,\mathrm{d}\boldsymbol{\Omega}_r \,\mathrm{d}\boldsymbol{\Omega}_r \tag{2.12}$$

衰落这个词描述了由于散射体造成的多普勒频移使得相位发生改变从而局部信道 $h(t)$ 出现变化。可以进一步区分慢衰落和快衰落过程，但是这是一个从系统整体的方法，将在第 5 章讨论。一般使用以下几种统计分布来描述 $|h(t)|$ 的衰落行为：瑞利，莱斯，Nakagami，Weibull 等 [Par00]。前两种分布可以从实际的角度很容易理解，详细的讨论如下。

瑞利衰落

当独立散射体的数量 n_s 足够大（理论上趋向无限）时，并且所有的散射多径分布互不相关，且具有近似相等的功率时，根据中央极限定理，$h(t)$ 是具有零均值和独立正交分量的复高斯变量。$|h(t)| \triangleq s(t)$ 的分布可以用瑞利概率密度函数（已经在第 1 章中使用）来表述，

$$p_s(s) = \frac{s}{\sigma_s^2}\exp\left(-\frac{s^2}{2\sigma_s^2}\right) \tag{2.13}$$

式中，$2\sigma_s^2$ 是 $s(t)$ 的平均功率。

莱斯衰落

非衰落或者相关多径分量的出现就会得到莱斯分布。相关多径分量是由于在平稳周期内出现衰落造成的。注意相关分量的相位并不恒定，而是随时间改变。但是，如果相关分量相比其他多径分量足够大，那么接收机的同步机制能补偿相位变化。实际上相关多径分量到底影响了什么？在本文中，我们需要区别考虑移动场景和固定无线场景。

在移动场景中，相关分量通常与主多径分量联系在一起。通常，当存在直视（LOS）分量时，LoS 分量要比散射的多径分量要强得多。但是，一些较强的镜面反射分量可能在平稳周期内表现出相关。

而在固定无线接入场景中，由于发射机，接收机和很多散体物体都静态分布，因此很多散射的多径分量相关（在这种情况下甚至保持恒定）。只有一些散射多径不相关，通常，这些是由于小范围的运动造成的，例如风吹过树木造成的影响。在这种场景下，不考虑 LoS 分量之外的相关分量是错误的做法。

主相关分量的相对强度可以用一个重要的参数，称为 K 因子来衡量。因为信道包含有相关分量，其幅度可以写成

$$|h(t)| = |\bar{h} + \tilde{h}(t)| \tag{2.14}$$

式中，$\bar{h}$ 是相关分量，$\tilde{h}(t)$ 是非相关分量，其能量表示为 $2\sigma_s^2$。因此 K 因子可以定义为

$$K = \frac{|\bar{h}|^2}{2\sigma_s^2} \tag{2.15}$$

根据式（2.14），$|h(t)| \triangleq s'$ 服从莱斯分布，并且其分布是 K 的函数，即

$$p_{s'}(s') = \frac{2s'K}{|\bar{h}|^2}\exp\left[-K\left(\frac{s'^2}{|\bar{h}|^2}+1\right)\right]I_0\left(\frac{2s'K}{|\bar{h}|}\right) \tag{2.16}$$

当 $K=0$，莱斯分布退化成瑞利衰落，而当 $K=\infty$ 时，信道是相关分量的函数，即信道是确定的（没有衰落）。

2.1.4　多普勒谱和相干时间

信道的动态变化特性通常用多普勒谱来表示。对平稳信道，其多普勒谱定义为

$$S(\nu) = \iiint C_S(\nu,\tau,\boldsymbol{\Omega}_t,\boldsymbol{\Omega}_r)\,\mathrm{d}\tau\mathrm{d}\boldsymbol{\Omega}_t\mathrm{d}\boldsymbol{\Omega}_r$$

$$= \mathcal{E}\left\{\left|\iiint S(\nu,\tau,\boldsymbol{\Omega}_t,\boldsymbol{\Omega}_r)\,\mathrm{d}\tau\mathrm{d}\boldsymbol{\Omega}_t\mathrm{d}\boldsymbol{\Omega}_r\right|^2\right\} \tag{2.17}$$

多普勒谱也是 $h(t)$ 的功率谱密度，并且是信道时域自相关函数 $R_h(\Delta_t)$ 的傅

里叶变换。

$$R_{\mathrm{h}}(\Delta_{\mathrm{t}}) = \iiint R_{\mathrm{h}}(\Delta_{\mathrm{t}}, \tau, \boldsymbol{\Omega}_{\mathrm{t}}, \boldsymbol{\Omega}_{\mathrm{r}}) \mathrm{d}\tau \mathrm{d}\boldsymbol{\Omega}_{\mathrm{t}} \mathrm{d}\boldsymbol{\Omega}_{\mathrm{r}} \qquad (2.18)$$

$$= \mathcal{E}\{h(t)h^{*}(t+\Delta t)\} \qquad (2.19)$$

在移动场景中多普勒谱受限于发射机/接收机移动的最大速度与波长之比 [Par00]。对固定接入网络，多普勒谱与双边指数函数类似，其最强的峰值在 0Hz 附近 [BGN⁺00]。图 2.3 给出了两种场景下 900MHz 典型的多普勒谱。

假设角度域简化成水平角度域。如果多径数量 $n_{\mathrm{s}} \to \infty$，并且等能量的散射体 $(x_{k} = 1/\sqrt{n_{\mathrm{s}}} \,\forall k)$ 均匀分布在接收机周围，因此 Θ_{r} 均匀分布在 $[0, 2\pi)$ 间，对 k 的求和可以用在 Θ_{r} 上的积分来代替。在出现相关分量时的时域自相关函数可以表示为

$$\begin{aligned} R_{\mathrm{h}}(\Delta_{\mathrm{t}}) &= \frac{1}{2\pi}\int_{0}^{2\pi} \mathrm{e}^{-\mathrm{j}\Delta\omega(\Theta_{\mathrm{t}})\Delta t} \mathrm{d}\Theta_{\mathrm{r}} \\ &= \frac{1}{2\pi}\int_{0}^{2\pi} \mathrm{e}^{-\mathrm{j}\frac{2\pi}{\lambda}\cos(\gamma - \Theta_{\mathrm{r}})v\Delta t} \mathrm{d}\Theta_{\mathrm{r}} \\ &= \mathrm{J}_{0}\left(\frac{2\pi}{\lambda}v\Delta r\right) \\ &= \mathrm{J}_{0}(v_{\mathrm{m}}\Delta t) \end{aligned} \qquad (2.20)$$

式中，$v_{\mathrm{m}} = 2\pi/\lambda v$。

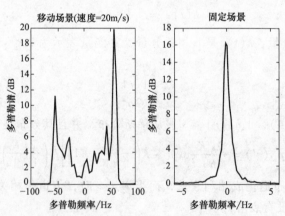

图 2.3　移动和固定场景中典型的多普勒谱

对（2.20）进行傅里叶变换，多普勒谱退化成 Jakes 谱，

$$S(v) = \frac{3}{2\pi v_{\mathrm{m}}\sqrt{1 - \dfrac{v^{2}}{v_{\mathrm{m}}^{2}}}} \quad \text{当} \mid v \mid < v_{\mathrm{m}} \qquad (2.21)$$

并且当 $\mid v \mid \geqslant v_{\mathrm{m}}$ 时 $S(v) = 0$。我们可以在图 2.3 的移动场景中观察到 Jakes 谱通常呈现的 U 型谱特征，并且 $v_{\mathrm{m}} = 60\mathrm{Hz}$。

信道的相干时间 t_{coh} 定义为信道可以假设保持恒定的时间范围（实际中定义为自相关函数下降到 $1/\sqrt{2}$ 的时间范围）。显然，相干时间与多普勒谱的带宽成反比。对于式（2.21）所示的 Jakes 谱，由于 $J_0(v_m t_{\text{coh}}) = 1/\sqrt{2}$，所以相干时间满足

$$t_{\text{coh}} = \frac{9}{16\pi v_m} \tag{2.22}$$

相干时间对系统性能有着重要的影响，其对编码方案和系统容量的影响将在第 5 章详细讨论。在分析系统性能时，相干通常用符号数量来表示，即我们可以定义归一化的相干时间为 $T_{\text{coh}} = t_{\text{coh}}/T_s$。

2.1.5　功率延迟和方向谱

本节我们介绍几种在信道建模中广泛使用的功率谱。为了得到这些功率谱，我们考虑各态历经的 WSSUSH 信道，并且式（2.7）中令 $\Delta t = 0$，这样在任何给定的时间 t，相关函数可以改写成

$$R_h(t,t',\tau,\tau',\boldsymbol{\Omega}_t,\boldsymbol{\Omega}_t',\boldsymbol{\Omega}_r,\boldsymbol{\Omega}_r')_{\text{WSSUSH},t=t'} = \mathcal{P}_h(\tau,\boldsymbol{\Omega}_t,\boldsymbol{\Omega}_r)\delta(\Delta\tau)\delta(\Delta\boldsymbol{\Omega}_t)\delta(\Delta\boldsymbol{\Omega}_r) \tag{2.23}$$

式中　根据式（2.7）直观理解成 $\mathcal{P}_h(\tau,\boldsymbol{\Omega}_t,\boldsymbol{\Omega}_r)$，表示信道在任何时间 t 的功率-延迟联合方向谱，

$$\mathcal{P}_h(\tau,\boldsymbol{\Omega}_t,\boldsymbol{\Omega}_r) = \mathcal{E}\{|h(t,\tau,\boldsymbol{\Omega}_t,\boldsymbol{\Omega}_r)^2|\} \tag{2.24}$$

在式（2.24）中，必须注意 ε 表示系统平均，并且因为信道平稳，所以与 t 无关，此外由于各态历经性，因此也等效于时域平均。

很自然，可以进一步定义各种功率谱 [Fle00]：

- 功率延迟谱式（2.25）

$$\mathcal{P}(\tau) = \mathcal{E}\left\{\left|\underbrace{\iint h(t,\tau,\boldsymbol{\Omega}_t,\boldsymbol{\Omega}_r)\,\mathrm{d}\boldsymbol{\Omega}_t\mathrm{d}\boldsymbol{\Omega}_r}_{\triangleq h(t,\tau)}\right|^2\right\} \tag{2.25}$$

$$= \iint \mathcal{P}_h(\tau,\boldsymbol{\Omega}_t,\boldsymbol{\Omega}_r)\,\mathrm{d}\boldsymbol{\Omega}_t\mathrm{d}\boldsymbol{\Omega}_r$$

- 联合方向功率谱

$$\mathcal{A}(\boldsymbol{\Omega}_t,\boldsymbol{\Omega}_r) = \mathcal{E}\left\{\left|\int h(t,\tau,\boldsymbol{\Omega}_t,\boldsymbol{\Omega}_r)\,\mathrm{d}\tau\right|^2\right\} \tag{2.26}$$

$$= \int \mathcal{P}_h(\tau,\boldsymbol{\Omega}_t,\boldsymbol{\Omega}_r)\,\mathrm{d}\tau$$

- 发射方向功率谱

$$\mathcal{A}_t(\boldsymbol{\Omega}_t) = \mathcal{E}\left\{\left|\iint h(t,\tau,\boldsymbol{\Omega}_t,\boldsymbol{\Omega}_r)\,\mathrm{d}\tau\mathrm{d}\boldsymbol{\Omega}_r\right|^2\right\} \tag{2.27}$$

$$= \iint \mathcal{P}_h(\tau,\boldsymbol{\Omega}_t,\boldsymbol{\Omega}_r)\,\mathrm{d}\tau\mathrm{d}\boldsymbol{\Omega}_r,$$

- 接收方向功率谱

$$\mathcal{A}_r(\boldsymbol{\Omega}_r) = \mathcal{E}\left\{\left|\iint h(t,\tau,\boldsymbol{\Omega}_t,\boldsymbol{\Omega}_r)\,\mathrm{d}\tau\,\mathrm{d}\boldsymbol{\Omega}_t\right|^2\right\} \tag{2.28}$$

$$= \iint \mathcal{P}_h(\tau,\boldsymbol{\Omega}_t,\boldsymbol{\Omega}_r)\,\mathrm{d}\tau\,\mathrm{d}\boldsymbol{\Omega}_t,$$

功率延迟谱和功率方向谱的一些统计矩在实际中可以用于评估信道频率选择性或空间选择性。RMS 延迟和发射/接收方向扩展分别是 $\mathcal{P}(\tau)$，$\mathcal{A}_t(\boldsymbol{\Omega}_t)$ 和 $\mathcal{A}_r(\boldsymbol{\Omega}_r)$ 的二阶矩的均方根。因此 RMS 延迟扩展定义为

$$\tau_{\mathrm{RMS}} = \sqrt{\dfrac{\displaystyle\int_0^\infty (\tau - \tau_M)^2 \mathcal{P}(\tau)\,\mathrm{d}\tau}{\displaystyle\int_0^\infty \mathcal{P}(\tau)\,\mathrm{d}\tau}} \tag{2.29}$$

其中

$$\tau_M = \dfrac{\displaystyle\int_0^\infty \tau \mathcal{P}(\tau)\,\mathrm{d}\tau}{\displaystyle\int_0^\infty \mathcal{P}(\tau)\,\mathrm{d}\tau} \tag{2.30}$$

是平均过量延迟。

在方向域，RMS 方向扩展可以类似的得到［Fle00］，例如在发射端

$$\boldsymbol{\Omega}_{t,M} = \dfrac{\displaystyle\int \boldsymbol{\Omega}_t \mathcal{A}_t(\boldsymbol{\Omega}_t)\,\mathrm{d}\boldsymbol{\Omega}_t}{\displaystyle\int \mathcal{A}_t(\boldsymbol{\Omega}_t)\,\mathrm{d}\boldsymbol{\Omega}_t} \tag{2.31}$$

$$\boldsymbol{\Omega}_{t,\mathrm{RMS}} = \sqrt{\dfrac{\displaystyle\int \|\boldsymbol{\Omega}_t - \boldsymbol{\Omega}_{t,M}\|^2 \mathcal{A}_t(\boldsymbol{\Omega}_t)\,\mathrm{d}\boldsymbol{\Omega}_t}{\displaystyle\int \mathcal{A}_t(\boldsymbol{\Omega}_t)\,\mathrm{d}\boldsymbol{\Omega}_t}} \tag{2.32}$$

注意，平均方向 $\boldsymbol{\Omega}_{t,M}$ 是一个向量，而 $\boldsymbol{\Omega}_{t,\mathrm{RMS}}$ 是一个标量（但是其单位不是角度），而是对应 RMS 欧式距离。

向量 $\boldsymbol{\Omega}_t$ 和 $\boldsymbol{\Omega}_r$ 也可以划分为水平角和仰角，(Θ_t, ψ_t) 和 (Θ_r, ψ_r)。对这四个角度可以定义其角度扩展，例如发射水平角度扩展可以表示为

$$\Theta_{t,\mathrm{RMS}} = \sqrt{\dfrac{\displaystyle\int_0^{2\pi} (\Theta_t - \Theta_{t,M})^2 \mathcal{A}_t(\Theta_t)\,\mathrm{d}\Theta_t}{\displaystyle\int_0^{2\pi} \mathcal{A}_t(\Theta_t)\,\mathrm{d}\Theta_t}} \tag{2.33}$$

其中

$$\Theta_{t,M} = \dfrac{\displaystyle\int_0^{2\pi} \Theta_t \mathcal{A}_t(\Theta_t)\,\mathrm{d}\Theta_t}{\displaystyle\int_0^{2\pi} \mathcal{A}_t(\Theta_t)\,\mathrm{d}\Theta_t} \tag{2.34}$$

是平均发射水平角。

2.1.6　双方向性信道的互相关特性

阴影 Λ、K 因子 K、延迟扩展 τ_{RMS} 和方向扩展，尤其是 $\Omega_{t,RMS}$ 和 $\Omega_{r,RMS}$，通常是不独立的变量。在［GEYC97，APM02，OVJC05］中，证明了 K 与阴影衰落准相关，阴影和延迟/水平角度扩展在室内和室外环境下正相关。深衰落的确通常是在多径数量较大的时候出现，因此，降低基站处信号的相干性（即减少 K）和增加基站的延迟扩展和角度扩展有助于减少深衰落。

阴影和延迟/水平角度扩展的正互相关还可以如下理解。假设延迟最少的多径携带有较多的能量。当信道整体处于深衰落时，很有可能这些多径也会出现深衰落，从而导致功率延迟特性更加均匀，因此导致延迟/角度扩展更大。

2.2　MIMO 信道矩阵

2.2.1　推导 MIMO 信道矩阵

到目前为止，我们已经讨论了双方向性信道。而双方向性信道并不是第 1 章中介绍的 MIMO 信道通常的描述方式，通常多天线信道是用一个 $n_r \times n_t$ 维的矩阵来表示，$H(n,m)$ 是第 m 根发射天线到第 n 根接收天线之间的信道。但是，可以通过下式把双方向性信道直接转换为 MIMO 信道，即

$$H(t,\tau) = \begin{bmatrix} h_{11}(t,\tau) & h_{12}(t,\tau) & \cdots & h_{1n_t}(t,\tau) \\ h_{21}(t,\tau) & h_{22}(t,\tau) & \cdots & h_{2n_t}(t,\tau) \\ \vdots & \vdots & \ddots & \vdots \\ h_{n_r1}(r,\tau) & h_{n_r2}(t,\tau) & \cdots & h_{n_rn_t}(t,\tau) \end{bmatrix} \tag{2.35}$$

其中

$$h_{nm}(t,\tau) \triangleq \iint h_{nm}(t,\tau,\boldsymbol{\Omega}_t,\boldsymbol{\Omega}_r)\,\mathrm{d}\boldsymbol{\Omega}_t\mathrm{d}\boldsymbol{\Omega}_r$$

$$\triangleq \iint h(t,\boldsymbol{p}_t^{(m)},\boldsymbol{p}_r^{(n)},\tau,\boldsymbol{\Omega}_t,\boldsymbol{\Omega}_r)\,\mathrm{d}\boldsymbol{\Omega}_t\mathrm{d}\boldsymbol{\Omega}_r \tag{2.36}$$

$P_t^{(m)}$ 和 $P_r^{(n)}$ 表示第 m 根发射天线和第 n 根接收天线的位置。类似的，等式（2.36）适合于链路两端使用全向天线的情况。但是，天线辐射方向可以用类似式（2.5）的方式结合考虑进来。最后，我们引入 $\boldsymbol{H}_t[\tau] \triangleq \boldsymbol{H}(t,\tau)$ 用作 MIMO 信道矩阵更简短精炼的表示，

$$\boldsymbol{H}(t,\tau) = \boldsymbol{H}_t[\tau] = \sum_{k=0}^{n_s-1} \boldsymbol{H}(t,\tau_k)\delta(\tau-\tau_k) \tag{2.37}$$

在描述分析模型（见 3.5 节）和频率选择性信道中的空时编码设计时（第 11 章）中我们将使用这种简短的表示方式。

2.2.2　天线和传播的联系：引入导向向量

在以下三个假设（窄带，平衡阵列和平面波假设 ［PNG03，Her04]）成立时，我们可以从 $h_{nm}(t, \tau)$ 简单的推导表示为 $h_{11}(t, \tau, \boldsymbol{\Omega}_t, \boldsymbol{\Omega}_r)$ 的函数。

定义 2.5　当系统带宽 B 比阵列间的时间差的倒数要小的多时，即带宽与天线孔径的乘积要比光速小的多时，天线阵列可以假设为窄带 ⊖。

定义 2.6　当在任意时刻和延迟时，给定 DoD 和 DoA，任意发射和接收天线对之间的能量不取决于具体的天线对时，天线阵列可以假设为平衡阵列。

这两个假设表示 $h_{nm}(t, \tau, \boldsymbol{\Omega}_t, \boldsymbol{\Omega}_r)$ 与 $h_{11}(t, \tau, \boldsymbol{\Omega}_t, \boldsymbol{\Omega}_r)$ 有着同样的能量，并且对给定的分布，两个信道具有同样的延迟。因此，$h_{nm}(t, \tau, \boldsymbol{\Omega}_t, \boldsymbol{\Omega}_r)$ 可以简单的表示为 $h_{11}(t, \tau, \boldsymbol{\Omega}_t, \boldsymbol{\Omega}_r)$ 的移位。

定义 2.7　当散射体和天线阵列的距离比天线孔径的量级大得多时，从散射体到天线阵列的电磁波传输可以近似为平面波。

这个假设表示 $h_{nm}(t, \tau, \boldsymbol{\Omega}_t, \boldsymbol{\Omega}_r)$ 和 $h_{11}(t, \tau, \boldsymbol{\Omega}_t, \boldsymbol{\Omega}_r)$ 之间的相移可以表示为只简单考虑平面波的几何位置。

当以上三个假设都成立时，我们可以直接把 $h_{nm}(t, \tau)$ 表示为

$$h_{nm}(r, \tau) = \iint h_{11}(r, \tau, \boldsymbol{\Omega}_t, \boldsymbol{\Omega}_r) e^{-jk_r^T(\boldsymbol{\Omega}_r)[p_r^{(n)} - p_r^{(1)}]} e^{-jk_t^T(\boldsymbol{\Omega}_t)[p_t^{(m)} - p_r^{(1)}]} d\boldsymbol{\Omega}_t d\boldsymbol{\Omega}_r$$

$$(2.38)$$

式中，$k_t(\boldsymbol{\Omega}_t)$ 和 $k_r(\boldsymbol{\Omega}_r)$ 是发射和接收波传播 3×1 向量。我们现在考虑二维传播场景，这时角度变量 $\boldsymbol{\Omega}_t$ 可以简化为水平角度 Θ_t。对从舷侧到链路轴线的发射 ULA 阵列，

$$e^{-jk_t^T(\boldsymbol{\Omega}_t)[p_t^{(m)} - p_t^{(1)}]} \triangleq e^{-js_m(\boldsymbol{\Omega}_t)} = \underbrace{e^{-j(m-1)\varphi_t(\theta_t)}}_{\text{对于 ULA 阵列}}$$

$$(2.39)$$

式中，$\varphi_t(\theta_t) = 2\pi(d_t/\lambda)\cos\theta_t = 2\pi(d_t/\lambda)\sin\Theta_t$，$d_t = \|p_t^{(m)} - p_t^{(m-1)}\|$ 其中表示发射天线的天线间距。第二个等式只对 ULA 阵列成立。注意 Θ_t 是与链路轴线的角度（因此该角度与阵列的朝向无关）。另一方面，θ_t 定义成与阵列朝向有关（因此 $\theta_t = \pi/2$ 对应着垂射天线阵列的链路轴线方向）。因此这个变量限制只能用在线性天线阵列。同样的操作可以用在所有的发射天线，以及所有的接收天线上。因此，我们定义在相对方向 θ_t 的发射导向向量（只用于 ULA 阵列）为

$$a_t(\theta_t) = \begin{bmatrix} 1 & e^{-j\varphi_t(\theta_t)} & \cdots & e^{-j(n_t-1)\varphi_t(\theta_t)} \end{bmatrix}^T$$

$$(2.40)$$

类似的，可以定义在任意相对到达方向 θ_r 的接收导向向量 $a_r(\theta_r)$ 为

$$a_r(\theta_r) = \begin{bmatrix} 1 & e^{-j\varphi_r(\theta_r)} & \cdots & e^{-j(n_r-1)\varphi_r(\theta_t)} \end{bmatrix}^T$$

$$(2.41)$$

式中，$\varphi_r(\theta_r) = 2\pi(d_r/\lambda)\cos\theta_r(= 2\pi(d_r/\lambda)\sin\Theta_r$ 对垂射天线阵列），d_r 是接收天线阵列的天线间距。必须强调

⊖　这个假设不表示该信道对该系统频率平坦。

- 导向向量的定义不需要保证阵列平衡（对不平衡阵列，导向向量的不同元素有着不同的幅度）；

- 对平衡阵列，导向向量通常要归一化，即 $\| a_t \|^2 = n_t$ 和 $\| a_r \|^2 = n_r$；

- 虽然在任意阵列天线中导向向量不能显式表示，导向向量的定义不局限于 ULA 阵列。总的来说，在平面波和平衡窄带阵列的前提下，式（2.35）的信道矩阵可以表示为导向向量的函数，即

$$H(t,\tau) = \iint h(t, p_t^{(1)}, p_r^{(1)}, \tau, \Omega_t \setminus \Omega_r) a_r(\Omega_r) a_t^T(\Omega_f) \, d\Omega_t d\Omega_r \qquad (2.42)$$

特别是，任何 DoD 和 DoA 的相关分布 $\Omega_{t,c}$ 和 $\Omega_{r,c}$ 都与 $a_r(\Omega_{r,c}) a_t^T(\Omega_{t,c})$ 成比例关系。

2.2.3　有限散射体时的 MIMO 信道表示

对 WSSUSH 窄带信道，并且满足散射只分布在水平面，式（2.42）可以进一步简化。有限散射体的基础假设［SMB01，Bur03］是发射机和接收机是通过有限数量的散射路径（在发射机有 $n_{s,t}$ 个 DoD 和在接收机有 $n_{s,r}$ 个 DoA）耦合，因此式（2.42）中的积分可以用求和来替代，即

$$H(t,\tau) = A_r H_s(t,\tau) A_t^T \qquad (2.43)$$

式中，A_r 和 A_t 表示 $n_r \times n_{s,r}$ 和 $n_t \times n_{s,t}$ 维的矩阵，矩阵的列是每条多径在 Rx 和 Tx 观察的方向相关的导向向量（这些矩阵通常不是酉矩阵），而中间的矩阵 $H_s(t,\tau)$ 是 $n_{s,r} \times n_{s,t}$ 维的矩阵，其中的元素代表在时刻 t 和延迟 τ 时所有 DoD 和 DoA 之间的路径复增益。如果证明了散射路径之间不相关，那么 H_s 的元素是独立的变量。

2.3　MIMO 信道矩阵的统计特性

2.3.1　空间相关

MIMO 技术的创新之处在于利用了信道的空间或双方向性结构。这种结构与 MIMO 系统的性能有着密切的关系。因此，如何通过一种方法来描述多天线信道的空间特性十分有意义，尤其是信道在空间上的相关性。为了这个目标，我们考虑定义 R_{Ta} 的表达式（2.9）。通过把时移和频移减少为 0，我们可以得到在时间 t 和频率 f 时两个窄带空间信道之间的相关性：第一个信道是发射天线在位置 l_t 到在位置 l_r 处的接收天线之间的链路，而第二个信道是发射天线在位置 l'_t 到在位置 l'_r 处的接收天线之间的链路。对于天线数量有限的 MIMO 信道，我们可以把双方向性信道表示改成用矩阵来表示，因此空间相关矩阵可以定义为

$$R = \mathcal{E}\{ \text{vec}(H^H) \, \text{vec}(H^H)^H \} \qquad (2.44)$$

这个相关矩阵是 $n_t n_r \times n_t n_r$ 维的半正定厄米特矩阵，它描述了发射-接收信道

所有天线对的相关性。根据选择的天线对不同，可以定义以下几种相关性。

• 如果两个信道共享同样的发射和接收天线 m 和 n，$\varepsilon\{H(n,m)H*(n,m)\}$ 表示在天线 m 和天线 n 之间信道的平均能量；

• 如果两个信道使用同样的发射天线，$r_m^{(nq)} = \varepsilon\{H(n,m)H^*(q,m)\}$ 表示在从发射天线 m 到接收天线 n 和 q 的信道的接收相关性；

• 如果两个信道使用同样的接收天线，$t_n^{(mp)} = \varepsilon\{H(n,m)H^*(n,p)\}$ 表示从发射天线 m 和 p 到接收天线 n 的信道的发射相关性；

• 如果两个信道是来自不同的发射天线，并到达不同的接收天线，$\varepsilon\{H(n,m)H^*(q,p)\}$ 表示信道 (m, n) 和 (q, p) 之间的信道互相关性。

读者必须注意这些协方差都表示信道之间的相关性，虽然有时简称为发射或接收天线相关性。同样为了简便，我们可以定义发射和接收相关矩阵 R_t 和 R_r 为

$$R_t = \frac{1}{n_r}\mathcal{E}\{H^H H\} \tag{2.45}$$

$$R_r = \frac{1}{n_t}\mathcal{E}\{(HH^H)^T\} \tag{2.46}$$

这些相关性是如何与传播信道相关联的呢？实际上，对同构信道，两个独立信道之间的相关系数直接与联合角度功率谱 $A(\Omega_t, \Omega_r)$ 有关，而发射（接收）相关性与 $A_t(\Omega_t)$（对应 $A_r(\Omega_r)$）有关。为了证明这一点，我们先考虑 ULA 阵列和二维水平面传播的情况。因此，Tx 天线 m 和 Rx 天线 n 之间的窄带信道根据式（2.38）可以得到

$$h_{nm}(t) = \iint h_{11}(t,\Omega_t,\Omega_r)e^{-j(m-1)\varphi_t(\theta_t)}e^{-j(n-1)\varphi_r(\theta_t)}d\theta_t d\theta_r \tag{2.47}$$

式中，$\varphi_{r,t(\theta_{r,t})} = 2\pi(d_{r,t}\lambda)/\cos\theta_{r,t}$，$d_r$ 和 d_t 是接收/发射阵列的天线间距，$h_{11}(t, \Omega_t, \Omega_r) \triangleq \int h_{11}(t,\tau,\Omega_t,\Omega_r)d\tau$。因此，信道 h_{nm} 和 h_{pq} 之间的相关性可以表示为

$$\varepsilon\{h_{nm}h_{qp}^*\} = \varepsilon\left\{\int_0^{2\pi}\int_0^{2\pi} |h_{11}(t,\Omega_t,\Omega_r)|^2 e^{-j(m-p)\varphi_t(\theta_t)}e^{-j(n-q)\varphi_r(\theta_t)}d\theta_t d\theta_r\right\} \tag{2.48}$$

由于上式中的期望是对 $|h_{11}(t,\Omega_t,\Omega_r)|^2$ 求，所以上面的相关性可以改写为

$$\mathcal{E}\{h_{nm}h_{qp}^*\} = \int_0^{2\pi}\int_0^{2\pi}\mathcal{E}\{|h_{11}(t,\Omega_t,\Omega_r)|^2\}e^{-j(m-p)\varphi_t(\theta_t)}e^{-j(n-q)\varphi_r(\theta_t)}d\theta_t d\theta_r$$

$$= \int_0^{2\pi}\int_0^{2\pi}\mathcal{A}(\theta_t,\theta_r)e^{-j(m-p)\varphi_t(\theta_t)}e^{-j(n-q)\varphi_r(\theta_t)}d\theta_t d\theta_r \tag{2.49}$$

$$= \int_0^{2\pi}\int_0^{2\pi}\mathcal{A}(\theta_t,\theta_r)e^{-j2\pi(D_{mp}/\lambda)\cos\theta_t}e^{-j2\pi(D_{nq}/\lambda)\cos\theta_t}d\theta_t d\theta_r \tag{2.50}$$

式（2.49）取决于联合方向功率谱（2.26），限制在水平角，式（2.50）表示相关性取决于链路发射端和接收端的天线间距，$D_{mp} = (m-p)d_t$ 和 $D_{nq} = (n-q)d_r$。显

然（2.50）可以很容易推广到非 ULA 阵列和三维传播的情况。同样可以简化得到发射和接收相关性的表达式。

根据式（2.50）可以看到信道相关性与发射接收天线间距和联合方向功率谱有关。还可以看到，当能量扩展在链路两端都很大，并且天线间距（d_t 和 d_r）足够大时，$\boldsymbol{H}$ 矩阵的不同元素互不相关，R 成为对角阵。我们用下面的简单实例来说明这个结论。

例 2.1　考虑两根间距为 d_t 的发射天线。在这个例子中，式（2.50）可以表示为

$$t = \int_0^{2\pi} e^{j2\pi(d_t/\lambda)\cos\theta_t} \mathcal{A}_t(\theta_t)\,d\theta_t \tag{2.51}$$

发射相关性只取决于发射天线间距和发射方向功率谱（接收相关性可以类似得到）。我们考虑两个极端情况：全向和高方向性散射。全向散射对应在发射机周围具有很多具有等能量分布散射体的环境，因此 $\mathcal{A}_t(\theta_t) \cong 1/2\pi$。发射相关性可以表示为

$$t = \frac{1}{2\pi}\int_0^{2\pi} e^{j\varphi t(\theta_t)}\,d\theta_t$$

$$= \frac{1}{2\pi}\int_0^{2\pi} e^{j2\pi(d_t/\lambda)\cos\theta_t}\,d\theta_t$$

$$= J_0\left(2\pi\frac{d_t}{\lambda}\right) \tag{2.52}$$

发射相关性只取决于两根发射天线间的间距。第二个极端情况对应发射天线阵列周围的散射体集中在某个很窄的方向 $\theta_{t,0}$，即 $A_t(\theta_t) \to \delta(\theta_t - \theta_{t,0})$。这种信道也称为退化信道，并且其发射相关性非常高接近 1，

$$t \to e^{j\varphi_t(\theta_{t,0})} = e^{j2\pi(d_t/\lambda)\cos\mu} \tag{2.53}$$

有趣的是，散射的方向与发射相关性的相位有关。但是，实际信道的方向扩展并不是均匀分布或者是脉冲函数。一种可能是使用 Von Mises 分布，即在一个平均方向 $\theta_{t,0}$ 周围分布

$$p\theta_t(\theta_t) = \frac{\exp[\kappa\cos(\theta_t - \theta_{t,0})]}{2\pi I_0(\kappa)} \tag{2.54}$$

式中，κ 控制着角度扩展，κ 取值在 0（全向散射）和 ∞（极端的方向散射）之间。在这种情况下，假设天线阵列轴线与平均方向 $\theta_{t,0}$ 正交，发射相关性可以表示为

$$t = \frac{1}{I_0(\kappa)}I_0\left(\sqrt{\kappa^2 - \frac{(2\pi d_t)^2}{\lambda^2}}\right) \tag{2.55}$$

图 2.4 说明了这些不同的场景。可以观察到在全向散射时，相关性的绝对值在 $d_t = 0.38\lambda$ 时达到了第一个最小值。实际中，在 d_t 约等于 0.5λ 时可以认为信道不相关。当水平散射的方向性更强（即 κ 值越大），要保持天线不相关所需的天线间

隔越大。我们之前已经说明了，当 $\kappa = \infty$ 时，永远不可能实现不相关（相关性永远不会到达 0）。

最后，使用式（2.43）中的有限散射表达式，并假设所有路径都是独立的，并且具有同样的平均归一化功率。天线相关性与导向向量有关，即

$$R_t = \frac{1}{n_t}(A_t A_t^H)^T = \frac{1}{n_t} A_t^* A_t^T$$

(2.56)

$$R_r = \frac{1}{n_r}(A_r A_r^H)^T = \frac{1}{n_r} A_r^* A_r^T$$

(2.57)

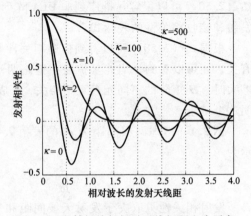

图 2.4　发射相关与相对天线间距和水平角度扩展之间的关系（κ 越大，扩展越低）

Transmit antenna spacing relative to wavelength　相对波长的发射天线间距　Transmit　correlation 发射相关性

式（2.56）等效于式（2.51）：相关矩阵只表示两个天线接收或发射信道之间的相位偏移（用相量表示），并且在输入/输出方向谱上平均。

2.3.2　奇异值和特征值

信道矩阵 H 并不一定总是满秩的。用 $r(H)$ 表示 H 的秩，对 $n_r \times n_t$ 的信道矩阵做奇异值分解（SVD），即

$$H = U_H \Sigma_H V_H^H$$

(2.58)

式中　U_H 和 V_H 是 $n_r \times r(H)$ 和 $n_t \times r(H)$ 维的酉矩阵，并且

$$\Sigma_H = \mathrm{diag}\{\sigma_1, \sigma_2, \cdots, \sigma_{r(H)}\}$$

(2.59)

是包含 H 排序后奇异值的对角阵。与式（2.43）中的 SVD 很类似。这里，非零奇异值的数量表示信道中独立传输模式的数量（见 1.6.1 节）。在信道经历衰落时，每个奇异值自然也会下降，并且对应的右和左奇异向量分别对应两个方向（对应 Tx 和 Rx 的导向向量）。

用 n 表示 $\{n_t,\ n_r\}$ 中较小的值，矩阵 $T = HH^H$（当 $n_t > n_r$ 时）或 $T = H^H H$（当 $n_t < n_r$ 时）是一个 $n \times n$ 维的半正定厄米特矩阵，其特征值分解（EVD）可以表示为

$$T = U_T \Lambda_T U_T^H$$

(2.60)

式中，$\Lambda_T = \mathrm{diag}\{\lambda_1,\ \lambda_2,\ \cdots,\ \lambda_n\}$ 包括 T 的非零特征值（也就是 H 的奇异值的平方），并且 $\{\lambda_1, \cdots, \lambda_{r(H)}\} = \{\sigma_1^2, \sigma_2^2, \cdots, \sigma_{r(H)}^2\}$。为了简化表示，除非另有说明，我们使用 $\lambda_k \triangleq \lambda_k(T)$。这些特征值通常是随机变量，特征值的分布将在第 5 章讨论。

2.3.3　Frobenius 范数

H 的 Frobenius 范数的平方为

$$\| \boldsymbol{H} \|_{\mathrm{F}}^2 = \mathrm{Tr}\left(\boldsymbol{H}\boldsymbol{H}^{\mathrm{H}}\right) = \sum_{n=1}^{n_{\mathrm{r}}} \sum_{m=1}^{n_{\mathrm{t}}} \mid H(n,m) \mid^2 = \sum_{k=1}^{n} \lambda_k \qquad (2.61)$$

上式表示了信道的总能量，通常进行归一化。与 $\boldsymbol{T}$ 的特征值类似，$\| \boldsymbol{H} \|_{\mathrm{F}}^2$ 也是一个随机变量，其在不同场景中的分布在 [NBE⁺02] 中进行了分析（对于这两点，请参考第 5 章）。

2.4　多链路 MIMO 传播

到目前为止，我们考虑了在 Tx 和 Rx 端共址的天线阵列。在本节将讨论多个终端或基站组成的多链路场景系统。多链路系统可以划分成以下几类：

- 多用户 MIMO（MU-MIMO），我们主要讨论从不同用户到一个多天线基站的信道，通常这些用户的天线不共址；每个用户部署单天线或天线阵列。
- 多小区 MIMO，我们主要讨论从多个基站（通常部署有多天线）到单个用户的信道。
- 广义的多链路 MIMO，我们主要考虑部署单天线或多根天线的多个用户和基站。

每个多链路场景实际上是由多个单链路组成的。每个独立的链路可以用 SIMO/MISO 或 MIMO 信道矩阵来描述。但是，由于这些链路共存在同一个传播环境中，它们之间不一定相互独立。事实上，一些传播机制可能对不同的链路造成随机的阴影或衰落过程，例如，由于大型室外障碍物造成的反射或通过走廊的传播等。这就意味着多链路场景应该用二阶统计量来建模，例如阴影相关，或空间相关矩阵的相似性。

在本书中，我们把多链路建模成信道矩阵的集合，通常包括不同的路损值，因此多链路信道可以表示为

- 独立的信道，$\varLambda_1^{-1/2}\boldsymbol{H}_1$，$\varLambda_2^{-1/2}\boldsymbol{H}_2$ 等。
- 独立信道之间的互相关特性（见第 3.1.4 节）。

对于互相关特性，我们可以区别阴影 $\varLambda$（也就是 $\varLambda$ 中变量的部分）和信道矩阵 $\boldsymbol{H}$。考虑到阴影，如果两个链路具有同样的主要传播路径或部分路径，那么两个链路的阴影可以认为是相关的。在室外蜂窝网络场景中，显然由于链路之间实际的距离和方向相差较大，阴影间的相关性会降低。在室内场景中，这个问题不一定存在。在 [OCB⁺10] 中说明了对于端到端室内场景，阴影相关在 −1 和 1 之间随机变化，但是在当链路是由联合移动的节点组成时，阴影相关性较大。在 4.3.3 节中讨论了一些经典的阴影相关模型。

考虑到信道矩阵 H_1 和 H_2，当用户隔离的很好时，可以认为这两个信道矩阵完全非相关，因为信道矩阵与衰落即时相关。但是，在两条链路的方向谱之间仍然有一定程度的相关性存在，这就表示两条链路的空间相关矩阵（发射，接收或完全相关矩阵）可能看上去很类似，尤其是矩阵的特征向量。实际上，这就意味着在多用户上行场景中

- 发射相关矩阵 $R_{t,1}$ 和 $R_{t,2}$ 通常不同，因为不同的用户经历着不同的发射方向功率谱，

- 接收相关矩阵 $R_{r,1}$ 和 $R_{r,2}$ 可能会相似，当两条链路的接收方向功率谱类似时。

在 3.6 节中进一步分析了在一对链路的共同节点处相关矩阵的相似性，从而建立了分析多链路信道表示和建模的理论框架。

2.5 天线阵列对 MIMO 信道的影响

2.5.1 理想与实际的天线阵列

天线阵列通常组成了 MIMO 系统最关键的部分。有很多不同的阵列天线配置方式。我们并不着重于深入研究天线阵列理论，而是主要关注天线阵列中的一些关键点。

- 我们已经定义了窄带和平衡阵列的概念（见定义 2.5 和定义 2.6）。通常在经典系统中的天线阵列是窄带并且平衡的，但是由于天线安装结构造成局部散射从而带来一些不平衡，即使在相对小型的阵列中也会存在。

- 在上面的讨论中，很多表达式都是针对均匀线性阵列，但是在实际中很多场合中使用了其他形状的阵列，例如圆形阵列。在之前提过，导向向量的定义并不局限于线性阵列。对 WSSHSH 信道定义导向向量只需要满足两个条件：窄带阵列和平面波入射。

- 但是，具有复杂配置的天线阵列可能不支持同构信道假设。例如，由三个具有不同方向的方向性天线组成的阵列不会得到描述同构信道的 MIMO 矩阵。在实际中这意味着什么？对于这种阵列，信道并不是天线平稳：在不同天线上的阴影可能并不一样，在 2.1.5 节中的定义并不成立，因为所有天线的功率延迟角度并不一样。因此，导向向量的定义也不再成立。这也意味着发射端的信道相关性可能取决于接收天线，反之亦然。

- 天线可以选择全向天线或方向性天线。全向天线可以捕获更多散射的能量，而方向性天线可以提供更大的增益。因此，在限定发射功率时，并不能保证全向天线会具有更好的性能。

- 天线间距对系统性能具有很重要的作用，因为它是在阵列尺寸大小和分集能

力之间的折中。较小的天线间距造成信道更加相关（见2.3.1节），并且会造成天线耦合，这将在下一节中讨论。

2.5.2　互耦合

当几个天线单元的位置相互靠的很近时，一个天线单元产生的电磁场会改变其他天线的电流分布。因此，每个阵列单元的辐射方向图和输入阻抗会受到其他阵列单元的影响。这个现象称为天线耦合或互耦合，并且可以用一个耦合矩阵来评估，参考附录 C，对于关于阻抗参数（以及对应的导纳）的最小散射天线，也就是断路（对应的短路）时不可见的天线。关于阻抗参数的最小散射天线的一个典型例子是半波偶极天线。在这种情况下得到耦合矩阵是一个简单的办法，即把信道矩阵分别乘以发射端和接收端的耦合矩阵 M_t 和 M_r 信道矩阵，

$$H_{mc} = M_r H M_t \tag{2.62}$$

其中 H_{mc} 表示考虑到互耦合效应的新信道矩阵。

天线耦合模型

在本节，我们讨论关于阻抗参数的最小散射天线。在附录 C 中证明了两天线的耦合矩阵（在发射端或接收端）可以表示为

$$M = \begin{bmatrix} a & b \\ b & a \end{bmatrix} = (Z_T + Z_A)(Z + Z_T I)^{-1} \tag{2.63}$$

式中，Z_A 是天线阻抗，Z_T 是每个组件的终端阻抗，Z 是互阻抗矩阵。注意公式中的比例因子 $(Z_T + Z_A)$ 用来在耦合不存在的假设时保证 $H_{mc} = H$。这种天线的互阻抗矩阵表达式为［Bal05］

$$Z(1,1) = Z(2,2) = 73.1 + j45.2$$
$$Z(1,2) = Z(2,1) = r + jq \tag{2.64}$$

其中

$$r = 30\left(2C_i\left(\frac{2\pi d}{\lambda}\right) - C_i\left(\frac{2\pi}{\lambda}\left(\sqrt{d^2 + h^2} + h\right)\right) - C_i\left(\frac{2\pi}{\lambda}\left(\sqrt{d^2 + h^2} - h\right)\right)\right) \tag{2.65}$$

$$q = -30\left(2S_i\left(\frac{2\pi d}{\lambda}\right) - S_i\left(\frac{2\pi}{\lambda}\left(\sqrt{d^2 + h^2} + h\right)\right) - S_i\left(\frac{2\pi}{\lambda}\left(\sqrt{d^2 + h^2} - h\right)\right)\right) \tag{2.66}$$

其中 S_i 和 C_i 是正弦和余弦积分

$$C_i(x) = -\int_x^\infty \frac{\cos(y)}{y} dy \tag{2.67}$$

$$S_i(x) = -\int_0^x \frac{\sin(y)}{y} dy \tag{2.68}$$

d 和 h 分别表示阵列天线间距和天线长度。半波偶极天线的互阻抗 $Z(1,2)$ 的实部和虚部如图 2.5 所示。从图中可以看到很强的耦合，即使当天线间距大于 1 倍波长时也能看到很大的互阻抗。

必须注意到，虽然我们主要考虑的
是关于阻抗参数的最小散射天线，下文
中给出的使用 a 和 b 为变量的表达式对
于所有最小散射天线都适用。尤其是，
在附录 C 中给出了关于阻抗参数的最小
散射天线如何推导 **M**。典型的关于阻抗
参数的最小散射天线是槽状天线。

为了更便于说明耦合的物理解释，
我们可以把天线耦合看成是原始的全向
辐射方向图的一种失真。附录 C 中证明
了耦合矩阵可以产生两个新的辐射图样，
$g_1(\theta)$ 和 $g_2(\theta)$，其中 θ 是与天线阵列基

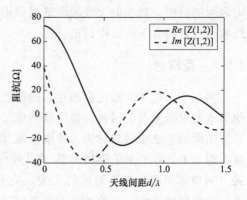

图 2.5　互偶阻抗（实部和虚部）随
相对波长的天线间距的变化

线之间的局部角坐标。图 2.6 给出了在不同天线间距和 $Z_T = Z_0 = 50$ 欧姆时右侧天
线的辐射方向图（幅度），即天线 2。左侧天线的辐射方向图（天线 1）自然与天
线 2 相对 90°—270°度轴线对称。

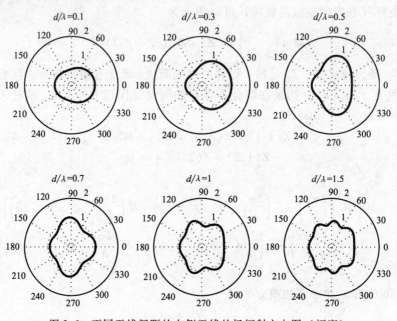

图 2.6　不同天线间距的右侧天线的场辐射方向图（幅度）

天线耦合的影响很明显：

● 改变了天线增益，从而影响了辐射效率［RK05］，并且在固定发射功率限制
时影响了接收功率。

● 辐射方向不再是全向辐射，因此改变了合并的信道-天线方向谱；这会进一
步通过（2.50）影响信道相关。

这两个影响是同时存在的，并且都有可能影响系统性能，例如系统容量或传输错误率。

天线连接的影响

至今为止，我们都假设天线连接到了阻抗 Z_T，在图 2.6 的仿真中我们固定阻抗为 Z_0。但是，系统性能的实际上界可以通过优化网络负载来达到。考虑到更一般的情况，我们仿真了在接收天线的输出端口和连接阻抗 $Z_T = Z_0$ 之间插入一个匹配网络的影响。因此，通信系统更一般的表达式可以通过使用散射参数（S 参数$^{\ominus}$）来得到。S 参数表达了一般的内向和外向传播波的复包络之间的关系，分别用 a 和 b 表示内向和外向传播波

$$b = Sa \tag{2.69}$$

式中 S 是散射矩阵，散射矩阵与阻抗矩阵密切相关，而波 a 和 b 与在不同端口的输入/输出电流和电压有关 [Poz98]。

天线/信道联合用 S 矩阵 S_H 表示，可以按下式分成四个子矩阵 [WJ04]

$$S_H = \begin{bmatrix} S_t & S_{tr} \\ S_{rt} & S_r \end{bmatrix} \tag{2.70}$$

式中，S_t 和 S_r 分别表示 Tx 和 Rx 天线反射系数（用传输线的形式），S_{rt} 是传统的 MIMO 信道矩阵（包括天线）用 S 矩阵的形式表示，并且假设 S_{tr} 等于零矩阵。这个假设通常表示接收天线反射的功率不会耦合回到发射天线，如果 Tx 和 Rx 天线阵列隔离足够好的时候，即大概在对方天线的远场区域时，这个假设成立。由于 $Z_T = Z_0$，信道散射矩阵（包括互耦合效应）可以表示为

$$S_{rt} = (Z_0 I + Z_r)^{-1} Z_{rt} (I - S_t) \tag{2.71}$$

式中，Z_t 和 Z_r 分别是发射阵列和接收阵列的互阻抗矩阵，Z_{rt} 是信道跨阻抗矩阵（也就是在传输电流和接收电压之间）。注意这个表达式比合并式（2.62）和式（2.63）更加一般化，并且对非最小散射天线也同样有效。但是，在这种情况下，获得 Z_{rt} 需要用到数值计算技术。

对于关于阻抗参数的最小散射天线，式（2.71）与式（2.62）等效，其中 M_t 和 M_r 可以根据式（2.63）得到。事实上，Z_{rt} 与关于阻抗参数的最小散射天线的耦合无关，因为 Z_{rt} 的每个元素是通过在所有其他天线上去除发射电流得到的（通过关于阻抗参数最小散射天线的定义，这些天线不可见）。因此，Z_{rt} 只与信道传输矩阵成比例，$z_{rt} \propto H$。另一方面，根据 S-矩阵的定义

$$S_t = \frac{Z_t - Z_0 I}{Z_t + Z_0 I} \tag{2.72}$$

因此，把式（2.72）代入式（2.71），可以得到

$$H_{mc} \propto S_{rt} \propto (Z_0 I + Z_r)^{-1} H (Z_0 I + Z_t)^{-1} \tag{2.73}$$

$\ominus$　虽然 S 参数的定义里使用了散射这个词，但是这个参数不要和在上一节中定义的散射系数混淆。这两定义虽然并不完全不相关，但是这个不在本节讨论的范围内。

式（2.71）的优点在于可以用来解释匹配网络。匹配网络是用 S 矩阵 S_M 来描述

$$S_M = \begin{bmatrix} S_{11} & S_{12} \\ S_{21} & S_{22} \end{bmatrix} \qquad (2.74)$$

式（2.74）中的下标 1 和 2 分别表示输入和输出端口。当互耦合存在时的信道矩阵（在 Tx 和 Rx 端）和接收端的匹配网络在［WJ04］中给出了其关系

$$H_{mcm} = S_{21}(I - S_r S_{11})^{-1} S_{rt} \qquad (2.75)$$

根据上述表达式，可以根据匹配网络得到系统性能的实际上界，然后可以优化系统以达到系统容量。

2.5.3　双极化天线

到目前为止，我们考虑的 MIMO 系统在链路两端使用的阵列天线都是在空间上隔离的天线单元。但是，利用极化这个维度可以得到更加紧凑的天线阵列实现。事实上，正交极化为信道之间提供了完全的隔离，并且在接收端和发射端都提供了完全去相关［SZM⁺06］。双极化天线已经成为在第 14 章讨论的 3GPP LTE 和 LTE-A 等系统中部署的主要天线类型。

所有的交叉极化传输（例如，从一个垂直极化 Tx 天线到一个水平极化的 Rx 天线）在理论上都应该为零。但是在实际场景中由于以下两个去极化机制，并不能保证交叉极化传输为零

● 有限的天线交叉极化隔离度（XPI）：线性极化天线在交叉极化场中的辐射并不为零，因此在输出端的信号，例如垂直极化天线接收到的水平极化波并不为零。

● 基于散射的去极化，它的影响表示为交叉极化率（XPR）：反射，衍射和散射通常都会改变入射波的极化方向，从而导致信道矩阵元素之间的功率不平衡（将在下一章详细讨论）。

第一个机制在天线理论中很有名［Bal05］。可以通过交叉极化天线方向图来考虑它的影响。这种方向图通常表示了最大同极化增益方向周围的最小值，如图 2.7 所示，但是还可能表示其它方向上的最大值。但是我们可以观察到交叉极化方向图的幅度要比同极化方向图的幅度要小得多。这个

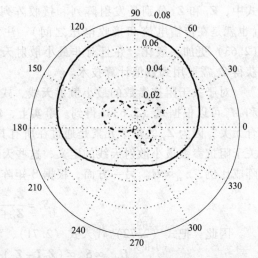

图 2.7　2.4GHz 的平面单极天线的同极化（实线）和交叉极化（虚线）场方向辐射图（幅度）

机制在直观上很接近上一节介绍的互耦合。

结合 XPI 和 XPR，就得到了交叉极化鉴别率（XPD）。当不存在 XPR 时，XPD = XPI（反之亦然）。

2.6　MIMO 信道建模

2.6.1　分析表示与实际模型

在第 3 章，我们将介绍几种用于设计信道处理技术的不同信道分析表示方法。而第四章中我们将探讨几种现在实际的用于仿真和测试的 MIMO 模型。后一种方法描述了双方向性冲激响应 $h(t, \tau, \boldsymbol{\Omega}_t, \boldsymbol{\Omega}_r)$，而前一种方法则描述了 MIMO 信道矩阵 $\boldsymbol{H}(t, \tau)$ 的空间相关特性。虽然这两种方法都可以建模整个信道（包括天线方向图和阵列配置），实际的模型更适合于在两个或三个维度建模不同的天线方向图和/或阵列配置。但是实际模型不能直接用在空时信号处理中，因为它不能提供 $\boldsymbol{H}(t, \tau)$ 的分析表达式。但是，我们仍然认为分析模型只是一种形式，并不能提供定量的信息。尤其是分析模型不能把空间相关性与几何或天线参数联系在一起。正如之前提过的，这就是为什么分析模型大多用于信号处理算法的后验仿真的原因。事实上，信号处理算法通常都是基于简化的分析信道表示得到的。因此，能在实际的传播场景中测试这些信号处理算法就尤为重要，而不是仅仅在设计算法中用到的分析信道中进行测试。基于这些原因，实际模型和标准化模型对于理解 MIMO 传播和使用 MIMO 信道建模工具很有帮助。

2.6.2　离散 MIMO 信道建模：重温抽样理论

最后，在详细介绍不同的信道表达和模型之前，我们想介绍如何抽样表示方向性信道冲激响应。很明显，任何信道模型的分辨率都不能任意高。事实上，发射机接收机/散射体的速度和系统带宽有限，并且天线阵列并不连续，因为每个天线单元占据空间上离散的位置。

人们已经广泛深入的研究多普勒和带宽受限信道的表达式。对于时间选择性，众所周知信道应该根据奈奎斯特准则基于最大多普勒频率（我们用 $\boldsymbol{H}_k$ 表示在第 k 个离散时刻的窄带信道矩阵 $\boldsymbol{H}(t)$）进行抽样。通常，符号/码字速率要比最大多普勒频率大得多，因此抽样保证了第 k 个离散时刻对应的是第 k 个符号，或在很高符号速率时，对应的是第 k 个帧（也就是信道在一个符号内或在一个码字/帧内保持恒定）。同样的准则可以用在延迟域，最小的解析度取决于系统带宽。考虑式（2.5）和全向天线。滤波器 $w(\tau) = f_r(\tau) \star f_t(\tau)$ 将合并几条实际的路径，分别用 k 到数量更小的路径（用 1 表示）来表示。由于 $f(\tau)$ 与符号周期（是理想的奈奎斯特滤波器）有关，这个滤波操作就引出了著名的抽头的定义，对应离散的

等间距延迟的集合 $\{\tau_l,\ l=0,\ \cdots L-1\}$，其中 L 与最大延迟扩展有关。注意 L 通常要比 n_s 小得多（但是，并不一定知道 n_s 实际的值，因为正如在第 1 章介绍的，需要无限的测量带宽才能得到 n_s。）

因此，任何抽头都由一些实际的多径组成，与窄带信道 $h(t)$ 类似。这些组成抽头的多径可以是相关的衰落，也可以是独立的衰落，并且可以适用中央极限定理：每个抽头是复高斯变量和一个恒定非衰落项之和（见式（2.14））。因此，抽头幅度服从莱斯分布，并且在相关衰落出现时服从瑞利分布。功率延迟分布的离散形式称为抽头延迟分布

$$\mathcal{P}(\tau) = \sum_{l=0}^{L-1} \beta_l \delta(\tau - \tau_l) \tag{2.76}$$

在 MIMO 情况下，（2.37）可以改写为

$$H_t[\tau] = \sum_{l=0}^{L-1} H_t[l]\delta(\tau - \tau_l) \tag{2.77}$$

式中，$H_t[l] = H(t,\ \tau_l)$。

每个抽头可以建模成一个窄带信道；正如在式（2.4）中指出的，最终宽带信道可以通过把所有抽头叠加得到。注意，虽然在式（2.4）在整个系统带宽上测量时，抽头和多径是一样的，我们故意对抽头或多径使用了不同的下标。在延迟域所需的抽头间隔与考虑的通信系统带宽的倒数有关，也就是，对于符号周期 T_s，需要的抽头间隔为 T_s，同时这也是充分条件。这也表示对于给定的最大延迟扩展，更大的系统带宽就需要更高的延迟解析度，因此需要更多的抽头。另一个需要注意的是对信道的 US（非相关散射）假设。由于滤波器带来的旁瓣，与原始的实际多径不同，各个抽头可能不能保证非相关。虽然这种相关性可能很大，但是很多实际的信道模型中并不考虑抽头之间的相关性，因为这种相关取决于滤波操作，建模抽头间的相关性是一个非常困难的工作。

对于空间特性，链路两端的天线域也是一个离散集合，其集合的基等于天线数量。这就表示角度域的必要充分分辨率分别等于 n_t 和 n_r。因此，方向性 MIMO 信道只需要满足角度域的分辨率。对典型的 2×2 信道，信道可以用 2 个 DoD 和 2 个 DoA 来描述，类似空间抽头。这就是波束空间模型（也称为虚拟信道表示，见 3.4.2 节）的理论基础。

第 3 章　系统设计中 MIMO 信道的分析表示

为了能更好地设计 MIMO 技术，需要对 MIMO 信道进行数学的表示。虽然实际 MIMO 信道模型能通过指定不同场景中障碍物的位置和天线阵列配置等来体现 MIMO 信道的特性（见第 4 章），但是分析表示的 MIMO 信道模型提供了对信道矩阵数学的表示。这两种建模方法间最大的不同之处在于分析模型只提供了一个理论框架，而没有提供完全定量的信息，除非用一些外部信息的方法来参数化。而实际模型，例如 WINNER 模型或射线追踪工具直接可以得到 MIMO 信道随着地理位置和阵列天线参数变化的本质特征的数值（相关性，互信息等）。一种典型的分析信道模型是把 MIMO 信道矩阵数学表示成一个随机高斯衰落矩阵和一些信道相关或导向向量的函数，而不用指明这些参数的值。由于相关性取决于实际使用的天线配置，这些模型不能简单的推广到其他的天线配置中，除非从实验结果或实际 MIMO 模型中提取出新的相关系数。但是，分析模型在数值分析相关对性能参数的影响时特别有用，因为数值分析使得相关性与性能参数的关系很明显。答案是，系统性能和天线配置之间的关系只有在已知要研究的环境中天线配置和相关性之间的关系的基础上才能进行分析。

分析模型本质上是随机的。在窄带信道场景中，分析模型是用 $H(t)$ 或 H_k 的分布来表示，为了便于理解，简化用 H 表示。频率选择性表示是由在抽样延迟域合并 L 个窄带表示得到的，正如在 2.6.2 节介绍的，也称为 L 个抽头。

最后，必须强调在下文（以及在本书的大多数章节）中为了描述某个链路上的信道矩阵而使用的一些假设。

1. 我们考虑的是广义平稳非相关散射和更一般化的同构过程。非平稳过程在 3.1.3 节中也提到的。

2. 归一化问题。我们通常把单极化信道的平均均方信道 Forbenius 范数归一化为

$$\varepsilon\left\{\|H\|_F^2\right\} = n_t n_r \tag{3.1}$$

这个归一化处理对信道模型本身没有影响，因为它只表示整个矩阵的一个缩放比例因子。但是，归一化在考虑发射功率限制和路损的影响时十分有用，尤其是在估计互信息或比较单极化和双极化方案时。在比较单极化和双极化时，我们还会引入另一种归一化，将在稍后讨论。但是，关键的问题都是要确保发射功率保持恒定（并不一定保持平均接收 SNR 恒定）。

3. 为了简化，我们考虑所有同样极化的信道具有相同的平均功率。相同的平均功率假设在实际的相关信道中并不成立，并不能作为一般的规律。但是，这个假

设能极大简化信道的表示和比较不同的信道模型。

3.1　基于传播的 MIMO 度量

在介绍不同的分析模型之前，有必要研究如何评估这些模型的相对优劣。类似的，对于给定的 MIMO 信道实现（通过仿真或试验数据得到），可能需要一种方法来评估这种信道的 MIMO 潜力，也就是复用和分集增益。最后，只对平稳模型定义分析模型，因此需要进行测试来评估 MIMO 信道的空时平稳性。为了达到这些目的，我们需要首先定义度量标准。希望这些度量标准是受基于传播设计并且已经考虑了 MIMO 信道结构。这是一个很模糊的目标，我们很快在下面的章节中就能看到大多数度量都没法同时涵盖 MIMO 的所有方面。最后，必须意识到 MIMO 度量标准很大程度上取决于天线方向图和配置，因为 MIMO 信道矩阵包括了天线阵列和双方向信道。

3.1.1　模型和相关矩阵的比较

MIMO 信道第一个特征参数是相关矩阵 $\boldsymbol{R}$，它高度表示了信道在空间上的丰富程度。因此，把信道模型的相关矩阵用来比较信道模型（或者测量信道得到的模型）是有意义的。在［MBF02，YBO⁺04］中介绍的，一种测量比较近似相关矩阵 $\boldsymbol{R'}$ 和信道相关矩阵 $\boldsymbol{R}$ 的差别或误差的方法是

$$\psi(\boldsymbol{R},\boldsymbol{R'}) = \frac{\|\boldsymbol{R} - \boldsymbol{R'}\|_{\mathrm{F}}}{\|\boldsymbol{R}\|_{\mathrm{F}}} \tag{3.2}$$

在［Her04］中提出了第二种测量相关矩阵的差别的方法。为了在相关矩阵一样的时候（只有缩放因子不同）得到度量为零，并且在相关矩阵相差最大时度量为 1，定义了 $\boldsymbol{R}$ 和 $\boldsymbol{R'}$ 之间的相关矩阵距离为

$$d_{\mathrm{corr}}(\boldsymbol{R},\boldsymbol{R'}) = 1 - \frac{\mathrm{Tr}\{\boldsymbol{RR'}\}}{\|\boldsymbol{R}\|_{\mathrm{F}}\|\boldsymbol{R'}\|_{\mathrm{F}}} \tag{3.3}$$

在 3.4 节中，我们将比较合成有限散射信道的简化模型时将使用这两种参数。

在评估多链路信道相关矩阵距离时同样也定义了相关距离的度量。其中一个是测地距，即在厄米特和正定矩阵（例如相关矩阵）的空间上构建的凸锥来测量

$$d_{\mathrm{geod}}(\boldsymbol{R},\boldsymbol{R'}) = \left(\sum_n \left|\log[\lambda_{\boldsymbol{R}^{-1}\boldsymbol{R'}}]_k\right|\right)^{1/2} \tag{3.4}$$

式中，$[\lambda_{\boldsymbol{R}^{-1}\boldsymbol{R'}}]_k$ 是 $\boldsymbol{R}^{-1}\boldsymbol{R'}$ 的第 k 个特征值。

此外，还可以按下面的方法定义相关矩阵之间的距离为

$$d_{\mathrm{F}}(\boldsymbol{R},\boldsymbol{R'}) = \|\boldsymbol{I}_n - \boldsymbol{R}^{-1}\boldsymbol{R'}\|_{\mathrm{F}} \tag{3.5}$$

式中，$n = n_{\mathrm{t}}$，n_{r} 或 $n_{\mathrm{t}}n_{\mathrm{r}}$，具体的值取决于所选的相关矩阵。

3.1.2　多径丰富程度特征的度量

多径丰富程度并不是一个精确地概念，虽然每个人都能从这个模糊的表述中理解到它的含义。相关性无疑就是反映双方向信道的多径散射丰富程度的一个指标。但是通常使用的是其他度量，每个度量表示了 MIMO 通信的一个特别方面。

方向扩展

正如在前面提到的，在联合角度谱和不同的相关系数之间有着直接的关系。因为发射端和接收端通常都分别考虑（例如 Kronecker 模型），我们想分别描述在发射端和接收端的方向或角度扩展。在 2.1.5 节，我们介绍了功率方向，水平和垂直方向谱的二阶矩的平方根，即 RMS 方向，水平角和垂直角度扩展。其中后两个角度扩展度量用的是角度单位（度或弧度）。而在 [DR98] 中提出了一种通过无量纲尺度来测量水平角度扩展

$$\Delta_\Theta = \sqrt{1 - \frac{\left| \int_0^{2\pi} \mathcal{A}(\Theta) e^{j\Theta} d\Theta \right|^2}{\left| \int_0^{2\pi} \mathcal{A}(\Theta) d\Theta \right|^2}} \tag{3.6}$$

可以在发射端或接收端对角度扩展进行估计。如果我们使用了这个定义，水平角度扩展范围在 0 到 1 之间，并且 $\Delta_\Theta = 0$ 表示从单个方向到达/离开的单个波的极端情况，$\Delta_\Theta = 1$ 表示在水平方向功率均匀分布的情况。自然，类似的定义可以用于描述垂直角度扩展。

在 [PBN06] 中提出的度量适合于描述三维方向扩展，并由空间衰落的二阶统计量决定。我们用 ∇r^2（3×1）表示对在位置 (x, y, z) 的接收功率 $r^2 = |g|^2$ 求一阶偏导（对空间坐标 x，y 和 z）。∇r^2 的相关矩阵可以表示为

$$\boldsymbol{R}_{\nabla r^2} = \varepsilon \left\{ \nabla r^2 (\nabla r^2)^\mathrm{T} \right\} \tag{3.7}$$

方向扩展由两个量决定，$\mathrm{Tr}\{\boldsymbol{R}_{\nabla r2}\}$ 和 $\det\{\boldsymbol{R}_{\nabla r2}\}$。前者提供了空间衰落的二阶统计量（即空间衰落速率）在所有三维空间方向上的平均测量，而后者表示衰落的二阶统计量在方向上变化的水平。当水平和垂直角度扩展增加时，这两个参数都会增大，虽然 $\mathrm{Tr}\{\boldsymbol{R}_{\nabla r2}\}$ 的上界是 0.5。

复用能力

有一些度量可以用来量化 MIMO 信道的复用能力。

当在发射端使用等功率分配时，MIMO 信道的复用能力通常是用信道的遍历互信息来表示（见第 1 章的式（1.26）以及第 5 章）。

$$\overline{\mathcal{I}}_e = \varepsilon \left\{ \log_2 \det \left[\boldsymbol{I}_{n_r} + \frac{\rho}{n_t} \boldsymbol{H}\boldsymbol{H}^\mathrm{H} \right] \right\} \tag{3.8}$$

式中，$\rho = \mathrm{Es}/\sigma_n^2$ 是 SNR。很显然，互信息取决于 SNR，所有测量和仿真的遍历互信息的相对差应该与 SNR 有关，因此这种比较与 SNR 有关。此外，还有一些度量只取决于特征值的分布。

可能很难得到上面的遍历互信息，因此不能直接分析相关性的影响。为了解决

这个问题，通过使用 Jensen 不等式［OP04］可以得到上界

$$\log_2(\overline{\kappa}) = \log_2\left(\mathcal{E}\left\{\det\left[I_{n_r} + \frac{\rho}{n_t}HH^H\right]\right\}\right) \geq \overline{\mathcal{I}}_e \tag{3.9}$$

对于瑞利衰落信道，可以得到把这个上界与信道相关性联系在一起的显式闭合形式，对任何 $2m$ 个同分布零均值复高斯相关变量 $x_1, \cdots x_{2m}$，

$$\mathcal{E}\{x_1 x_2 x_3 \cdots x_{2m-1} x_{2m}\} = \mathcal{E}\{x_1 x_2\}\mathcal{E}\{x_3 x_4\}\cdots\mathcal{E}\{x_{2m-1} x_{2m}\}$$
$$+ \mathcal{E}\{x_2 x_3\}\mathcal{E}\{x_4 x_5\}\cdots\mathcal{E}\{x_1 x_{2m}\} + \cdots \tag{3.10}$$

所有的排列对相对小的天线阵列，分析其闭合解更加有意义。我们首先从 2×2 系统开始。因此 k 可以表示为

$$\overline{\kappa} = 1 + \frac{\rho}{2}\sum_{k,l=1}^{2}\varepsilon\{|H(l,k)|^2\} + \left(\frac{\rho}{2}\right)^2\left[\mathcal{E}\{|H(1,1)|^2|H(2,2)|^2\} + \right.$$
$$\mathcal{E}\{|H(2,1)|^2|H(1,2)|^2\} - \mathcal{E}\{H^*(1,1)H(1,2)H(2,1)H^*(2,2)\} -$$
$$\mathcal{E}\{H(1,1)H^*(1,2)H^*(2,1)H(2,2)\}] \tag{3.11}$$

该项与每根发射天线的 SNR 成正比，每根发射天线的 SNR 是信道 Forbenius 范数的平方均值，等于 $n_t n_r = 4$。根据（3.10）的特性可以得到这个项与 $\rho^2/4$ 成比例，并且对任意 k, l, m 和 p 都有 $\varepsilon\{H(l,k)H(p,m)\} = \varepsilon\{H^*(l,k)H^*(p,m)\} = 0$。因此，式（3.11）可以改写成

$$\overline{\kappa} = 1 + 2\gamma + \left(\frac{\rho}{2}\right)^2\left[\sum_{k=1}^{2}(1 + |s_k|^2 - |t_k|^2 - |r_k|^2)\right] \tag{3.12}$$

式中，s_k, t_k 和 r_k, $k=1$, 2 已经作为互信道，发射和接收相关分别在 2.3.1 节中介绍了。其中发射和接收相关会降低复用的增益，而互信道相关会提高复用增益。我们已经说明了 2×2 系统中这种奇怪的行为，但是对更大的天线阵列，这个结论仍然存在（见第 5 章，同样考虑了对这个结论的解释）。

定义丰富度向量为信道的非零特征值排序后的平均累计对数和，$T = HH^H$，$\{\lambda_1, \lambda_2, \cdots\lambda_n\}$（在 2.3 节介绍的）

$$N(p) = \sum_{k=1}^{p}\log_2(\lambda_k) \tag{3.13}$$

丰富度向量与互信息之间的关系很直接，因为除了常数部分，互信息等于在高 SNR 区域的累积丰富度向量。

条件数是 T 的最大特征值和最小特征值之比。条件数的均值同样也是衡量 MIMO 信道复用增益的一个度量，

$$\nu_H = \max_k(\lambda_k)/\min_k(\lambda_k) \tag{3.14}$$

类似地，定义 Demel 条件为信道的 Frobenius 范数与 T 的最小奇异值的比例

$$\nu_D = \frac{\|H\|_F}{\min_k(\sigma_k)} \tag{3.15}$$

这些条件数的值越小，信道的平均复用增益越大。

最后，在［SSESV06］中定义的信道椭圆率为

$$\log(\gamma) = \log_2\left[\frac{\left(\prod_{k=1}^{n}\sigma_k\right)^{1/n}}{\frac{1}{n}\sum_{k=1}^{n}\sigma_k}\right] \tag{3.16}$$

椭圆率表示了信道与纯对角矩阵相比的信息损失。因此，$\log_2(\gamma)$ 总是负数，当所有的奇异值相等时椭圆率趋近于 0。

等效分集测量

MIMO 信道提供的分集程度与信道的自由度有关，也就是 $\boldsymbol{R}$ 的特征值分布，或者等效为等效信道 $\|\boldsymbol{H}\|_F^2$ 的方差。在［Nab03，IN03］中提出了一种适合于瑞利信道中衡量这个分布扩展性的一个紧凑的度量，它与 $\|\boldsymbol{H}\|_F^2$ 的方差成反比，称之为等效分集测量，

$$N_{\text{div}} = \left[\frac{\text{Tr}\{\boldsymbol{R}\}}{\|\boldsymbol{R}\|_F}\right]^2 = \frac{[\text{Tr}\{\boldsymbol{\Lambda}_R\}]^2}{\text{Tr}\{\boldsymbol{\Lambda}_R^2\}} = \frac{\left[\sum_k\lambda_k(\boldsymbol{R})\right]^2}{\sum_k\lambda_k^2(\boldsymbol{R})} \tag{3.17}$$

特征值的扩展（也就是 $\|\boldsymbol{H}\|_F^2$ 的方差）越小，分集测量越大。我们还可以把 N_{div} 表示为信道相关性的函数

$$N_{\text{div}} = \frac{n_t^2 n_r^2}{n_t n_r + \sum_{k,l=1 k\neq l}^{n_t n_r}|\boldsymbol{R}(k,l)|^2} \tag{3.18}$$

我们把分母显式的表示为两个部分：前面部分是信道的 Forbenius 范数的平方均值，而后面部分是对所有相关系数的求和，也就是发射，接收和互信道相关。在瑞利信道中，由于衰落服从独立同分布，此时的等效分集测量最大（$N_{\text{div}} = n_t n_r$）。因为增加了 $\|\boldsymbol{H}\|_F^2$ 的方差，任何相关性都会导致等效分集测量降低。这与等功率分配时的平均互信息相反，在互信息中，互信道相关会导致互信息增加。

式（3.17）可以一般化到莱斯衰落信道［Nab03，NBP05］，即

$$N_{\text{div}} = \frac{[\text{Tr}\{\boldsymbol{\Lambda}_R\} + K\text{vec}(\overline{\boldsymbol{H}})^H\text{vec}(\overline{\boldsymbol{H}})]^2}{\text{Tr}\{\boldsymbol{\Lambda}_R^2\} + 2K\text{vec}(\overline{\boldsymbol{H}})^H\boldsymbol{R}\text{vec}(\overline{\boldsymbol{H}})} \tag{3.19}$$

其中增加的一项是因为考虑到莱斯分量与 $\boldsymbol{R}$ 的几何的相对几何。

式（3.19）的定义同样与通常定义的分集增益（对应分集系统在 AWGN 信道中误码率在高 SNR 区域的斜率）兼容。事实上，对于独立同分布瑞利信道，我们可以观察到 $N_{\text{div}} = n_t n_r$，而对 AWGN 信道（也就是 K→∞），可以得到 $N_{\text{div}} = \infty$。因此，等效分集测量可以看成是如（1.25）中定义的分集增益 g_d^2 的一种基于信道的定义。

3.1.3　测量 MIMO 信道的非平稳性

对于用二阶统计量描述的 MIMO 信道（例如相关瑞利信道），第 2 章中引入的

空-时-频域相关函数已经是完备的（虽然很复杂）随机描述。为了简化分析，我们只考虑 MIMO 信道的空间特性，这样就能推导出空间相关矩阵 $R(t, f)$ 的定义。对于窄带信道，空间相关矩阵可以简化为 $R(t)$。只要信道保持 WSS 特性，这个相关矩阵不会改变，因为对 WSS 信道，不同的相关性不取决于绝对时间。我们引入时间平稳区间的定义来表示信道的空间特性（即 R 或 A_t 和 A_r，或 U_{Rt} 和 U_{Rr} 等）保持恒定的时间区域。对自适应传输方案，获得时间平稳区间的信息十分重要，因为在接收机估计信道统计量，然后反馈到接收机。如果时间平稳区间太短，那么当发射机获得信息统计量的时候，信道统计量已经发生了改变。

在无线传播中有很多导致信道非平稳的因素［Her04］。典型的是，如果接收机和/或发射机在移动中，离开和到达角度的变化，多径出现阴影衰落，新的多径的消失或出现，这些因素都会造成信道非平稳。非平稳还可能是因为障碍物移动造成的，例如通过的车辆和人。非平稳的强度与移动的障碍物数量直接相关。当人往室内移动时，可以观察到信道出现巨大的变化。

评估平稳区间

在过去已经在很多方面进行对平稳区间的评估，并且出现了很多度量来描述无线信道的非平稳性。对于宽带 SISO 系统，一种直觉的度量是连续功率延迟分布之间的相关系数。但是，这些 SISO 中的度量不能描述空间特性在时间上改变的程度。因此一种改进的方法是考虑分集（SIMO/MISO）或波束赋型的非平稳度量，例如，F-特征值比［VHU02］，

$$q^{(F)} = \frac{\mathrm{Tr}\{U_{R'(F)}^H R U_{R'(F)}\}}{\mathrm{Tr}\{U_{R(F)}^H R U_{R(F)}\}} \tag{3.20}$$

式中，$U_{R(F)}$ 和 $U_{R'(F)}$ 包括对应在时刻 t 和 t' 的相关矩阵 R 和 R' 的 F 个较大特征值的特征向量。F-特征值比测量了在波束赋型应用中使用过时的长期统计量而不是当前的统计量带来的损失。通过定义，F-特征值比只对传输在有限的特征向量集合上的系统有效。因此在使用所有特征向量的 MIMO 系统中，较少使用 F-特征值比。

因此，在 MIMO 系统中，更倾向于量化完全相关矩阵的变化，因为这是最完备的描述窄带和宽带系统的方法（对宽带系统，通过描述每个抽头对应的一个相关矩阵来量化）。因此目标是评估 R 在时间上变化的程度，即在给定的时刻 t' 的相关矩阵 R' 与在 t 时刻相关矩阵 R 的相似程度。我们已经在 3.1.1 节中定义了两个度量来描述两个相关矩阵的距离（相似性）。尤其是相关矩阵距离与相关系数类似取值在 0 到 1 之间，因此很适合用于评估信道的非平稳性［Her04］：当 $R = R'$ 时，$d_{corr} = 0$，当两个相关矩阵的区别最大时（也就是当 R 的空间结构（特征向量）与 R' 的空间架构（特征向量）正交时），d_{corr} 等于 1。自然，在接收端和发射端的相关矩阵距离是分别计算的（分别对 R_t 和 R_r）。

例 3.1 考虑一个 2×2 的 MIMO 系统，在收发两端的天线间隔为半倍波长（$d_t = d_r = \lambda/2$）。系统运行在室外环境中，并且考虑下列两个传播场景。

- 在发射端，有三个相对离开角：$\theta_{t,1} = \pi/6$，$\theta_{t,2} = \pi/2$，$\theta_{t,3} = 2\pi/3$（链路轴线方向是 $\pi/2$）

- 在接收端，有三个相对到达角：$\theta_{r,1} = \pi/4$，$\theta_{r,2} = \pi/3$，$\theta_{r,3} = 3\pi/4$（链路轴线方向是 $\pi/2$）。

- 散射机制用复高斯统计量来描述（与基于几何形状的模型类似）。

- DoD/DoA 或者是一对一耦合（场景 A：第一个 DoD 对应第一个 DoA，以此类推）通过传播信道，或者是完全耦合（场景 B：每个 DoD 与所有的 DoA 耦合，反之亦然）。

图 3.2 和图 3.3 说明了这两种场景。图 3.4 评估了当 $\theta_{r,3}$ 和可能 $\theta_{t,2}$ 在 80 个时间单位内平滑的从 $\pi/4$ 改变到 0 和从 $\pi/2$ 改变到 $\pi/4$ 时（时间在 $0 \sim 80$ 之间任意取值），与初始场景相比相关矩阵距离增大。我们可以观察到虽然当两个散射体移

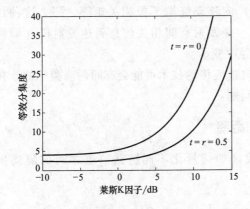

图 3.1　在一些莱斯 MIMO 信道中的等效分集测量
Ricean K-factor 莱斯 K 因子 Effective
diversity order 等效分集度

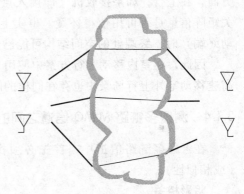

图 3.2　场景 A 的路径配置

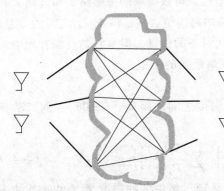

图 3.3　场景 B 的路径配置

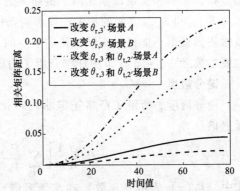

图 3.4　不同场景中的相关矩阵距离
Time index 时间值 Correlation matrix distance 相关
矩阵距离 varying scenario A 改变，场景 A

动时，相关矩阵距离增大了 5 倍，但是相关矩阵距离仍然有限，即更多方向在变化时，平稳区间更小。

非平稳区间对实际 MIMO 系统设计的影响

对于室内移动场景（办公室环境），实验测试结果［Her04］表明，当移动终端在典型的办公室房间内移动数米时，在接入点的空间结构相对比较稳定（d_{corr} 保持在 0.2 以下，在某些情况下可能达到 0.5）。而在用户终端处的空间结构则更加多变，即使在很短的距离内，d_{corr} 甚至达到了 0.7。

这些结果对设计自适应 MIMO 传输技术有什么用处呢？通常，接收机估计信道，然后通过把估计的信道统计量反馈报告给自适应发射机。信道统计量估计信息的精度对系统性能至关重要。在室内移动下行方案中，接收机（即移动终端）向接入点反馈相关矩阵，接入点提取出发射相关性，然后用于自适应优化传输。另一方面，在上行，如果接收机（即接入点）向移动终端汇报相关矩阵，那么这种相关矩阵信息是否可用值得怀疑。事实上，在发射空间相关信息到达发射机（即移动终端）时，终端处的空间结构可能已经改变了。

因此，在室内移动上行方案中使用自适应传输技术可能会有问题。类似的，在高速移动室外上行场景中也存在同样的问题。

3.1.4 测量多链路 MIMO 信道之间的距离

在考虑多链路信道中，首先必须找到如何量化不同链路信道之间的隔离度（或相似性）。

阴影相关

在详细讨论多链路 MIMO 度量之前，需要先考虑的一个重要参数是不同链路上阴影的相关性，用 ρ_{sc} 表示。我们在第 1 章已经指出了阴影衰落 S 通常服从对数正态分布，阴影相关足以描述两个链路间的相似性。可以简单的把链路 1 和链路 2 表示为 $S_1|_{dB}$ 和 $S_2|_{dB}$ 之间的相关性或者两条链路的路损值 $\Lambda_1|_{dB}$ 和 $\Lambda_1|_{dB}$ 之间的方差。虽然阴影衰落不能提供不同链路的子空间之间对齐的信息，但是它是资源管理中的重要参数之一。4.3.3 节中详细介绍了阴影衰落经典的模型。

谱分散度

谱分散度 ζ 衡量了严格正定非归一化谱密度之间的距离［Geo06］，例如功率延迟谱：

$$\zeta = \log\Big(\frac{1}{L^2}\Big[\sum_\tau \frac{\mathcal{P}_0(\tau)}{\mathcal{P}_1(\tau)}\Big]\Big[\sum_\tau \frac{\mathcal{P}_1(\tau)}{\mathcal{P}_0(\tau)}\Big]\Big) \tag{3.21}$$

式中，$\mathcal{P}_k(\tau)$ 表示（离散）功率延迟谱；L 是延迟域中的抽样数量（也就是抽头数量）。注意 ζ 在 $\mathcal{P}_1$ 和 $\mathcal{P}_2$ 上对称。谱分散度描述了 $\mathcal{P}_1/\mathcal{P}_2$ 的平坦性（在语音识别系统中是用优化增益失真来描述）。在数学上可以证明谱分散度与 $\mathcal{P}_1/\mathcal{P}_2$ 的算数平均值与调和平均值的比例的对数有关。如果两个链路的功率谱相等（或者加上一个乘法常数），那么 $\zeta = 0$。

信道矩阵共线性

两个相同分布的（复值）矩阵 H_0 和 H_1 的相似性可以用共线性来度量 [GvL96]：

$$c(H_0, H_1) = \frac{|\operatorname{Tr}\{H_0 H_1^H\}|}{\|H_0\|_F \|H_1\|_F} \tag{3.22}$$

信道矩阵共线性实际上比较了两个矩阵的子空间，其范围在 0 和 1（对正交矩阵）之间。信道矩阵距离自然可以表示为 $1 - c(H_0, H_1)$。注意在 3.1.1 节中介绍的相关矩阵距离实际上是和信道矩阵距离同样的度量，虽然在式（3.3）中给出的定义只对相关矩阵（厄米特矩阵）成立。

条件数比率

这个度量由下式决定

$$\chi(H_0, H_1) = 10\log_{10}\left(\frac{\sigma_{\max}(H_0)}{\sigma_{\min}(H_0)} \middle/ \frac{\sigma_{\max}(H_1)}{\sigma_{\min}(H_1)}\right) \tag{3.23}$$

式中 $\sigma_{\max}(H)$ 表示 H 的最大奇异值。通过这个度量，可以用接近 0dB 的值指示信道相似性。

注意条件数比率和矩阵共线性提供了空间结构相似性（相异性）两种不同的表示方法：条件数比率说明了是否一些信道更加具有方向性，共线性度量则对所需方向的对齐或非对齐更加敏感。

测地距离

式（3.4）中定义的测地距离也可以当做一种衡量两个链路之间空间隔离度的度量。测地距离可以用于相关矩阵和瞬时矩阵 $W = HH^H$（当 $n_t > n_r$）或 $W = H^H H$（当 $n_t < n_r$）。

干扰下的互信息

干扰下的平均互信息 [Blu03] 是另一个可以直接用于评估多用户通信容量的度量。这个度量可以定义为

$$\overline{\mathcal{I}}_{e,I} = \mathcal{E}\left\{\log_2 \det\left[I_{n_r} + H_0 H_0^H \left(\frac{n_t}{\rho}I_{n_r} + \sum_{k=1}^{n_I} \frac{\Lambda_0}{\Lambda_k} H_k H_k^H\right)^{-1}\right]\right\} \tag{3.24}$$

式中，H_0 是考虑链路归一化的 MIMO 信道矩阵；H_k 是 n_I 个干扰链路的归一化信道矩阵；Λ_k 是链路 k 的路损。

这个度量的一个很方便的特性是它的值是由信道的奇异值和特征值/向量共同决定。

沿着这个概念的方向，在 [CBO⁺12] 中提出了用基站处的相关矩阵 $R_{r,0}$ 和 $R_{r,I}$（在上行场景中对应 Rx）取代式（3.24）中的信道矩阵，即

$$R_{r,0} = \mathcal{E}\{H_0 H_0^H\} = U\Lambda_0 U^H \tag{3.25}$$

$$\boldsymbol{R}_{\mathrm{r,I}} = \mathcal{E}\left\{ \sum_{k=1}^{n_{\mathrm{I}}} \frac{\Lambda_0}{\Lambda_k} \boldsymbol{H}_k \boldsymbol{H}_k^{\mathrm{H}} \right\} = \boldsymbol{V}\boldsymbol{\Lambda}_{\mathrm{I}}\boldsymbol{V}^{\mathrm{H}} \tag{3.26}$$

式 (3.25) 和式 (3.26) 中特征值是降序排列。因此，可以定义互信息度量为

$$J = \log_2 \det\left(\boldsymbol{I}_{n_{\mathrm{r}}} + \boldsymbol{R}_{\mathrm{r,0}} \left(\boldsymbol{R}_{\mathrm{r,I}} + \frac{n_{\mathrm{t}}}{\rho} \boldsymbol{I}_{n_{\mathrm{r}}} \right)^{-1} \right) \tag{3.27}$$

$$= \log_2 \det\left(\boldsymbol{I}_{n_{\mathrm{r}}} + \boldsymbol{\Lambda}_0 \boldsymbol{U}^{\mathrm{H}} \boldsymbol{V} \left(\frac{n_{\mathrm{t}}}{\rho} \boldsymbol{I}_{n_{\mathrm{r}}} + \boldsymbol{\Lambda}_{\mathrm{I}} \right)^{-1} \boldsymbol{V}^{\mathrm{H}} \boldsymbol{U} \right) \tag{3.28}$$

式中，$\boldsymbol{U}^{\mathrm{H}}\boldsymbol{V}$ 是酉坐标变换。对于固定的特征值，J 的值取决于由 $\boldsymbol{U}$ 和 $\boldsymbol{V}$ 描述的子空间的对齐程度。当信道和干扰的特征空间相同时（最强的干扰特征模式影响最强的信号特征模式），即当 $\boldsymbol{V} = \boldsymbol{U}$ 时，出现最差的干扰情况（$J = J_{\min}$）。反之，当最强干扰的特征模式与最弱信号的特征模式对齐，最弱干扰对齐最强信号时，即 $\boldsymbol{V} = \overleftarrow{\boldsymbol{U}}$，其中 $\overleftarrow{\boldsymbol{U}}$ 是把 $\boldsymbol{U}$ 的列进行倒序得到的矩阵，可以实现最大的互信息（$J = J_{\max}$）。为了突出子空间对齐的作用，可以最终定义一个没有量纲的度量（取值在 0 到 1 之间）

$$\tilde{J} = \frac{J - J_{\min}}{J_{\max} - J_{\min}} \tag{3.29}$$

3.2 窄带相关 MIMO 信道的单链路分析表示

3.2.1 瑞利衰落信道

与单天线信道类似，MIMO 系统设计人员通常都使用瑞利衰落的假设，这主要是因为瑞利衰落在散射路径比较丰富的环境中更贴近实际。瑞利衰落通过叠加大量具有随机和统计独立香味，离开方向和到达方向 [Par00] 的多径分量来建模在发射和接收天线之间的窄带传输。在 WSSUSH 瑞利衰落信道中，每个独立的信道是零均值复循环对称高斯变量，或等效为幅度和相位分别服从瑞利和均匀分布的复变量。

非相关瑞利信道

当链路两端的天线间隔和/或能量角度扩展足够大时，在 2.3 节我们可以观察到不同的信道相关性变得很小，可以假设为零。此外，如果所有的独立信道用同样的平均功率来描述（也就是天线阵列是平衡阵列），那么相关矩阵 $\boldsymbol{R}$ 与单位矩阵成正比。使用 (3.1) 的归一化，我们实际上可以得到 $\boldsymbol{R} = \boldsymbol{I}_{n_{\mathrm{t}}n_{\mathrm{r}}}$，并且我们把信道矩阵表示为 $\boldsymbol{H}_{\mathrm{w}}$，它是一个具有单位方差和循环对称复高斯分布元素的随机衰落矩阵。我们考虑 $\boldsymbol{H}_{\mathrm{w}}$ 的一些特性。如附录 B 中详细介绍的，$\boldsymbol{T}_{\mathrm{w}} = \boldsymbol{H}_{\mathrm{w}}\boldsymbol{H}_{\mathrm{w}}^{\mathrm{H}}$（当 $n_{\mathrm{t}} > n_{\mathrm{r}}$ 时）或 $\boldsymbol{T}_{\mathrm{w}} = \boldsymbol{H}_{\mathrm{w}}^{\mathrm{H}}\boldsymbol{H}_{\mathrm{w}}$（当 $n_{\mathrm{t}} < n_{\mathrm{r}}$ 时），并且服从参数 n 和 N 的中心 Wishart 分布。根据定理 B.1，我们可以证明 $\boldsymbol{T}_{\mathrm{w}}$ 的特征值之乘积服从分布 $\prod_{k=1}^{n} \chi^2_{2(N-n+k)}$（这个记号表示 n

个服从卡方分布的随机变量的乘积的分布)。此外,根据 [Lee97],我们还可以得到

$$\mathcal{E}\{\log \chi_{2\nu}^2\} = \psi(\nu) \tag{3.30}$$

式中, $\psi(\nu)$ 是伽马函数,对于整数 ν,伽马函数可以表示为

$$\psi(\nu) = \sum_{k=1}^{\nu-1} \frac{1}{k} - \gamma \tag{3.31}$$

式中, $\gamma \approx 0.57721566$,是欧拉常数。

独立同分布 (i.i.d) 瑞利假设已经在设计空时码 (或更一般的 MIMO 信号处理) 中得到了 (并且仍然在被使用) 广泛使用。但是,由于下面的原因,我们必须强调实际的信道有时与理想的信道有很大差别:

● 有限的角度扩展和/或减少的天线阵列大小会导致信道相关 (信道不再保持独立);

● 相关分布会导致信道统计量服从莱斯分布 (信道不再服从瑞利分布);

● 使用多种极化会导致信道矩阵不同的元素之间的增益不平衡 (信道不再具有相同分布)。

相关瑞利信道

基于复高斯 (瑞利) 假设,式 (2.4) 中定义的 $n_t n_r \times n_t n_r$ 维半正定厄米特相关矩阵 R 充分描述了 MIMO 信道的随机特性。在具有相等功率信道的 2×2 系统中, R 是 4×4 维矩阵,即

$$R = \mathcal{E}\{\text{vec}(\widetilde{H}^{\mathrm{H}})\text{vec}(\widetilde{H}^{\mathrm{H}})^{\mathrm{H}}\} = \begin{bmatrix} 1 & t_1^* & r_1^* & s_1^* \\ t_1 & 1 & s_2^* & r_2^* \\ r_1 & s_2 & 1 & t_2^* \\ s_1 & r_2 & t_2 & 1 \end{bmatrix} \tag{3.32}$$

式中 $\widetilde{H}$ 是用来表示瑞利衰落信道矩阵的记号,并且

● $t_1 = \mathcal{E}\{\widetilde{H}(1,1)\widetilde{H}^*(1,2)\}$ 和 $t_2 = \mathcal{E}\{\widetilde{H}(2,1)\widetilde{H}^*(2,2)\}$ 定义为从接收天线 1 和 2 分别观察到的发射相关性;

● $r_1 = \mathcal{E}\{\widetilde{H}(1,1)\widetilde{H}^*(2,1)\}$ 和 $r_2 = \mathcal{E}\{\widetilde{H}(1,2)\widetilde{H}^*(2,2)\}$ 定义为从发射天线 1 和 2 分别观察到的接收相关性;

● $s_1 = \mathcal{E}\{\widetilde{H}(1,1)\widetilde{H}^*(2,2)\}$ 和 $s_2 = \mathcal{E}\{\widetilde{H}(1,2)\widetilde{H}^*(2,1)\}$ 定义为互信道相关性 [OP04]。

根据式 (2.44),任何信道实现都可以通过下式得到

$$\text{vec}(\widetilde{H}^{\mathrm{H}}) = R^{1/2}\text{vec}(H_{\mathrm{w}}) \tag{3.33}$$

式中　H_{w} 是一个独立同分布信道矩阵的一个实现。

虽然式 (3.33) 的表达式对大多数同分布瑞利信道都成立,但是有一些信道不符合同分布瑞利信道的假设。在下面几节中将介绍莱斯衰落,双极化和小孔信道

中信道的分析表示。

3.2.2 莱斯衰落信道

通常情况下，在移动场景以及深阴影固定无线链路场景中瑞利衰落的假设都成立 [Eea01]。但是，在移动蜂窝网络中某些情况中可能存在着很强的相关多径。这个不经历时域衰落的多径分量，由直视路径或一个或多个谱分量组成。类似的，在固定无线接入场景中，由于发射机和接收机都是处于固定位置，大多数反射和散射的多径分量相关叠加。非相关散射多径分量只由一些障碍物的移动（车辆、人、树叶等）造成。

所有这些情况都会造成接收信号幅度服从莱斯分布。对应相关分量的矩阵 $\overline{\boldsymbol{H}}$ 的元素具有固定相移 [PNG03] 为

$$\overline{\boldsymbol{H}} = \begin{bmatrix} e^{j\alpha_{11}} & e^{j\alpha_{12}} \\ e^{j\alpha_{21}} & e^{j\alpha_{22}} \end{bmatrix} \tag{3.34}$$

相移 σ_{nm} 的值与阵列配置和主相关多径方向相对的朝向密切相关。当只有一个主相关多径时，例如直视路径，$\overline{\boldsymbol{H}}$ 的条件数很少，因此在给定接收 SNR 时复用增益较低。实际上，在给定 DoD 和 DoA（$\boldsymbol{\Omega}_{t,c}$ 和 $\boldsymbol{\Omega}_{r,c}$）只有一个相关分量时：

$$\overline{\boldsymbol{H}} = \boldsymbol{a}_r(\boldsymbol{\Omega}_{r,c}) \, \boldsymbol{a}_t^{\mathrm{T}}(\boldsymbol{\Omega}_{t,c}) \tag{3.35}$$

如果我们假设在 Tx 和 Rx 之间具有足够大的隔离度。上式显然表示信道的秩减少了。例如，对于垂射天线阵列，对应纯直视多径的莱斯矩阵可以表示为 $\overline{\boldsymbol{H}} = \boldsymbol{1}_{n_r \times n_t}$。

把 $\overline{\boldsymbol{H}}$ 和非相关分量 $\widetilde{\boldsymbol{H}}$ 结合起来，可以得到 [RFLFV00]

$$\boldsymbol{H} = \sqrt{\frac{K}{1+K}} \, \overline{\boldsymbol{H}} + \sqrt{\frac{1}{1+K}} \, \widetilde{\boldsymbol{H}} \tag{3.36}$$

式中，$\mathcal{E}\{\boldsymbol{H}\} = \sqrt{\dfrac{K}{1+K}} \, \overline{\boldsymbol{H}}$；$K$ 称为莱斯 K 因子。注意信道的同构行为对于式 (3.36) 的表达式很有必要，因为同构行为允许定义独一的 K 因子 K。

3.2.3 双瑞利衰落小孔信道

基于莱斯/瑞利衰落统计的模型并不能再现小孔现象。小孔现象是用一个秩亏的信道矩阵来描述，即使秩亏信道矩阵说明很低的发射和接收相关。实际上，这种现象可以对应成在 Tx 和 Rx 两端都具有丰富的散射的情况，但是所有从发射散射区域到接收散射区域的多径都集中在一个较小的角度。这个现象在 [CLW⁺03，GBGP02] 中从理论上进行了分析，并且在人为制造的场景进行了实验演示 [ATM03]。

这个机制可以通过把独立同分布复高斯矩阵用秩亏矩阵取代来建模 [GBGP02]，

$$\boldsymbol{H}_{kh} = (\boldsymbol{H}_{w,r})^{1/2} \, \boldsymbol{\Omega}_{kh} (\boldsymbol{H}_{w,t})^{1/2} \tag{3.37}$$

式中　$\boldsymbol{\Omega}_{hk}$ 表示散射相关矩阵，也就是建模从靠近发射机的散射体到靠近接收机的散射体的传播，而其他两个矩阵式独立同分布随机复高斯矩阵。这个模型突出了小孔信道的两个重要特性。首先，幅度的统计量不再服从瑞利分布（因此二阶统计特性不足以描述其特性），而是双瑞利分布：

$$p_s(s) = \frac{s}{\sigma_s^4} K_0\left(\frac{s}{\sigma_s^2}\right) \tag{3.38}$$

式中，$K_0(.)$ 是修正第二类零阶贝塞尔函数。其次，瞬时传输矩阵的秩受限于散射相关矩阵的秩，而链路两端的相关矩阵则不受影响。

在哪些实际场景中我们能找到小孔信道呢？

● 在 [CLW$^+$03] 中报道了在城市类似曼哈顿栅格的场景中实验数据中观察到由于街道峡谷效应造成的小孔信道。

● 在 [ATM03] 中，通过在两个相邻房间中主要模式传输中部署一个波导，其中一个房间装备上屏蔽装置，人为制造了一个 2.5GHz 的小孔信道。注意只有使用波导时才能出现小孔信道。如果使用孔（或更大的波导）来取代波导，那么将出现多模式传输，小孔信道将消失。

● 最近，当在走廊中部署波导时可以观察到双瑞利衰落以及低发射和接收相关 [OCC01]。

3.2.4　相关瑞利动态信道

在仿真快衰落 MIMO 信道时，可以通过多普勒滤波器实现 2.1.4 节中多普勒谱的方法来实现一些信道 $\boldsymbol{H}_w$ 的实现。但是，这种方法不支持简化分析的表示，尤其是用于信道估计问题时（见第 7 章）。一种解决办法是通过时变信道的 p 阶自回归（AR）滤波器来近似时间自相关函数

$$\mathrm{vec}(\widetilde{\boldsymbol{H}}_k^H) = \sum_{i=1}^{p} \boldsymbol{E}(i)\,\mathrm{vec}(\widetilde{\boldsymbol{H}}_{k-i}^H) + \boldsymbol{M}_0 \boldsymbol{R}^{1/2}\,\mathrm{vec}(\boldsymbol{H}_w) \tag{3.39}$$

式中，矩阵 $\boldsymbol{E}(i)$ 和 $\boldsymbol{M}_0$（$n_r n_t \times n_r n_t$ 维）描述了自回归滤波器，$\boldsymbol{R}$ 是完全相关矩阵，$\boldsymbol{H}_w$ 是一个独立同分布信道矩阵的一个随机实现。

式（3.39）可以进一步推广到更一般的情况，通过定义

$$\widetilde{\boldsymbol{b}}_k = [\,\mathrm{vec}(\widetilde{\boldsymbol{H}}_k^H)^T\,\mathrm{vec}(\widetilde{\boldsymbol{H}}_{k-1}^H)^T \cdots \mathrm{vec}(\widetilde{\boldsymbol{H}}_{k-p+1}^H)^T\,]^T \tag{3.40}$$

我们可以把 AR 模型表示为

$$\widetilde{\boldsymbol{b}}_k = \boldsymbol{F}\widetilde{\boldsymbol{b}}_{k-1} + \boldsymbol{M}\boldsymbol{R}^{1/2}\,\mathrm{vec}(\boldsymbol{H}_w) \tag{3.41}$$

其中

$$\boldsymbol{F} = \begin{bmatrix} \boldsymbol{E}(1) & \cdots & \boldsymbol{E}(p-1) & \boldsymbol{E}(p) \\ \boldsymbol{I}_{(p-1)n_t n_r} & & \boldsymbol{0}_{(p-1)n_t n_r \times n_t n_r} \end{bmatrix} \tag{3.42}$$

$$\boldsymbol{M} = \begin{bmatrix} \boldsymbol{M}_0 \\ \boldsymbol{0}_{(p-1)n_t n_r \times n_t n_r} \end{bmatrix} \tag{3.43}$$

这种形式表达式的用途并不是很明显，但是当我们把这个模型扩展到频率选择性信道（见第3.5节）和处理信道估计问题（第7章）时就能看得很清楚。

对于窄带信道，式（3.39）和式（3.41）实际上可以极大简化。因为 WS-SUSH 假设，$E(i)$ 和 M_0 是对角矩阵，由于时间相关只取决于 i（并不是天线序号），因此

$$E(i) = \mathrm{diag}\{\epsilon_1(i), \cdots, \epsilon_{n_r n_t}(i)\} \tag{3.44}$$

$$M_0 = \mathrm{diag}\{\varpi_1, \cdots, \varpi_{n_r n_t}\} \tag{3.45}$$

此外，如果我们假设所有的信道经历同样的多普勒效应（对于典型的天线阵列尺寸不太大时这个假设近似成立，也就是天线阵列产生的信道矩阵的元素描述了一个同构信道），这些矩阵与单位矩阵成比例，也就是，$E(i) = \epsilon(i) I_{n_r n_t}$ 和 $M_0 = \overline{\varpi} I_{n_r n_t}$。在这种情况下，式（3.39）可以简化成

$$\mathrm{vec}(\widetilde{H}_k^{\mathrm{H}}) = \sum_{i=1}^{p} \epsilon(i) \mathrm{vec}(\widetilde{H}_{k-i}^{\mathrm{H}}) + \varpi R^{1/2} \mathrm{vec}(H_{\mathrm{w}}) \tag{3.46}$$

式（3.46）的系数数量等于 $p+1$，并且通过把这个模型对应到时域自相关函数 $R_{\mathrm{h}}(k) = R_{\mathrm{h}}(kT_{\mathrm{s}})$，其中 T_{s} 是符号周期，可以用解 $p+1$ 个等式来确定具体的值 [BB05]：

$$R_{\mathrm{h}}(k) = \begin{cases} \sum_{i=1}^{p} \epsilon(i) R_{\mathrm{h}}(k-i) & k = 1, \cdots, p \\ \sum_{i=1}^{p} \epsilon(i) R_{\mathrm{h}}(i) + \varpi^2 & k = 0 \end{cases} \tag{3.47}$$

其中一个附加限制是信道归一化，见式（3.1），也就是 $R_{\mathrm{h}}(0) = 1$。自然，我们还需要保证 $R_{\mathrm{h}}(k) = R_{\mathrm{h}}(-k)$。

例3.2 对于瑞利衰落信道，$R_{\mathrm{h}}(kT_{\mathrm{s}}) = J_0(2\pi\nu_{\mathrm{m}}kT_{\mathrm{s}})$，因此应用上述等式集合到一阶（$p=1$）自回归滤波器（也称为高斯-马尔科夫滤波器）可以得到两个参数

$$\epsilon = J_0(2\pi\nu_{\mathrm{m}}T_{\mathrm{s}}) \tag{3.48}$$

$$\varpi = \sqrt{1 - \epsilon^2} \tag{3.49}$$

式中，ν_{m} 是最大多普勒频移（见2.1.3节）。但是一阶 AR 模型只是一个很粗略的近似，通常需要使用更高阶的 AR 模型来准确的得到时域自相关函数。考虑 $p=2$，式（3.47）等效为瑞利衰落情况：

$$R_{\mathrm{h}}(2) = \epsilon(1) R_{\mathrm{h}}(1) + \epsilon(2) \tag{3.50}$$

$$R_{\mathrm{h}}(1) = \epsilon(1) + \epsilon(2) R_{\mathrm{h}}(1) \tag{3.51}$$

$$1 = \epsilon(1) R_{\mathrm{h}}(1) + \epsilon(2) R_{\mathrm{h}}(2) + \varpi^2 \tag{3.52}$$

可以很容易地通过解方程得到 $\varepsilon(1)$、$\varepsilon(2)$ 和 ϖ。

3.3　双极化信道

3.3.1　建模去极化的天线和散射

正如在 2.5.3 节已经提到的，使用不同极化方向的天线可能会导致信道矩阵的元素之间功率不平衡。在本节，我们首先考虑 2×2 双极化 MIMO 信道。这就表示在发射和接收阵列都是由具有正交极化方向的两根天线构成。这种情况下的信道矩阵表示为 $\boldsymbol{H}_\times$。在没有使用去极化时，$\boldsymbol{H}_\times$ 是一个对角矩阵。这就表示双极化方案导致接收功率减少了一倍，这也是双极化方案需要首先考虑的问题。但是，$\boldsymbol{H}_\times$ 要比 $\boldsymbol{H}$ 的条件数要好。

一个严重的问题是对 $\boldsymbol{H}_\times$ 的归一化。由于 $\boldsymbol{H}_\times$ 在没有使用去极化时是一个对角矩阵，必须归一化以满足

$$\mathcal{E}\{\|\boldsymbol{H}_\times\|_F^2\} \leqslant 2 \tag{3.53}$$

来保证去极化，尤其是天线，不能带来多余的功率。事实上，去极化不会增加功率，它只能把功率从一个极化方向转换到另一个极化方向：如果增大非对角线上的元素，那么对角线上的元素必须减少。我们稍后就能看到，在比较不同天线上这一点尤其有用。注意如果两个对角线上元素不是相等平均能量分配的时候，$\mathcal{E}\{\|\boldsymbol{H}_\times\|_F^2\}$ 可能比 2 要低。

Tx 和 Rx 上使用的极化方案不需要保证是一样的。例如，发射极化方案可能是垂直-水平（表示为 VH），而接收极化方案可以选择倾斜的（±45°）。此外，正交极化天线可以在空间上分离安装，从而结合空间和极化分级／复用，例如，两个分离安置的双极化天线阵列组成四天线阵列。最后，将研究扩展到 $n_r \times n_t$ MIMO 方案（偶数的 n_t 和 n_r），假设天线阵列是由 $n_t/2$ 和 $n_r/2$ 个双极化子阵列组成：4 天线贴片阵列，每个贴片是双极化天线，从而构成 8 端口天线阵列。

为了在分析表示中说明去极化，我们考虑由于非理想天线（XPI）以及散射媒介（XPR）造成的去极化。这两种机制合并带来的影响会造成交叉极化鉴别率（XPD）。在讨论双极化信道的建模之前，我们介绍一些记号：双极化信道矩阵表示为 $\boldsymbol{H}_{\times,a}$（其中考虑了天线和信道的去极化效应，即当由于 XPI 和 XPR 造成的 XPD，见 2.5.3 节的详细介绍），和 $\boldsymbol{H}_\times$（当只考虑由于信道去极化的影响（即 XPD = XPR））。这些信道矩阵对应发射和接收阵列是由两个共址或不共址的正交极化天线组成的系统。

天线交叉极化隔离度的影响

对于这个效应，在 2.5.3 节中已经说明了由于天线造成的去极化与交叉极化天线方向图有关，并且可以类似互耦合进行建模。这个影响在分析上可以近似为天线

交叉极化隔离度（XPI）的标量平均 χ_a^{-1}，或者对数 dB 平均，$-10\log_{10}\chi_a$。对理想天线，$\chi_a = 0$（在 dB 对数域，XPI$\rightarrow\infty$）。这个参数用来构建天线去极化矩阵 X_a，这个矩阵左乘或右乘上信道矩阵（类似于在 2.5.2 节介绍的耦合矩阵）

$$X_a = \frac{1}{\sqrt{1+\chi_a}}\begin{bmatrix} 1 & \sqrt{\chi_a}e^{j\phi_a} \\ \sqrt{\chi_a}e^{j\phi_a} & 1 \end{bmatrix} \qquad (3.54)$$

式中，ϕ_a 是由天线特性决定的常数相位。

　　正如之前讨论的，归一化因子 $\sqrt{1+\chi_a}$ 确保了天线不会带来额外的功率：如果天线在交叉极化方向传输更多功率，那么天线在同极化方向传输的功率更低。这个归一化问题不能忽视，必须认真的分析，尤其是在：

　　●在比较单极化和双极化时，我们应该比较那些使用同样天线的极化方案：如果天线在双极化方案下有更低的 XPI，那么该天线在单极化传输方案中有同样（低）的 XPI，因此在单极化和双极化方案中该天线的同极化传输一样弱。

　　●在评估 XPI 对单极化和双极化方案的影响时，发射功率是一个恒定的参数以保证公平的比较：事实上，如果不做归一化，增加式（3.54）中的 χ_a 可以人为增大双极化传输的信道能量，但是如果发射功率保持恒定，这是不可能实现的。

　　第一个问题很容易解决，例如比较垂直极化传输和 VH 双极化传输，通过检查垂直极化同极化信道在两种矩阵下有着相同的平均能量。第二个问题更加棘手：基本上我们应该确保双极化 VH 信道矩阵的 Fobenius 范数的平方均值等于 2（更理想的等于 I_2）。因此，式（3.54）中的归一化因子 $\sqrt{1+\chi_a}$。注意这样做会修改垂直同极化功率。因此，我们还需要修改单极化矩阵，并对单极化矩阵乘上同样的归一化因子。自然，当 XPI 固定并不改变时，并不需要归一化因子（也就是，$\sqrt{1+\chi_a}$）。但是，一旦我们改变 XPI，必须考虑归一化因子，在单极化方案中也是一样。

　　例如，考虑在接收端的天线 XPI，可以得到下面的模型：

$$H_{\times,a} = H_a H_\times$$

$$= \sqrt{\frac{K}{1+K}}\underbrace{X_a \overline{H}_\times}_{\overline{H}_{\times,a}} + \sqrt{\frac{1}{1+K}}\underbrace{X_a \widetilde{H}_\times}_{\widetilde{H}_{\times,a}} \qquad (3.55)$$

$$H_a = \frac{1}{\sqrt{1+\chi_a}}H \qquad (3.56)$$

式中，$H_{\times,a}$ 和 H_a 分别是考虑到天线去极化的 VH 双极化和垂直极化信道矩阵，并且 H 通常进行归一化以保证 $\mathcal{E}\{\|H\|_F^2\} = 4$。

基于信道去极化的影响

在本章接下来的部分，我们假设在链路两端的天线交叉极化隔离度可以忽略不计（即 $\chi_a = 0$），只考虑建模 $\boldsymbol{H}_\times$（由于天线交叉极化隔离度是互耦合问题）。在这种情况下，全局的 XPD 就等于信道 XPR。不失一般性，我们考虑下行信道的建模（从基站到用户终端）。上行信道矩阵（从用户终端到基站）自然可以简单的把下行信道矩阵进行转置得到。

我们首先考虑由共址的垂直和水平极化（简写成 VH）天线组成的双极化天线阵列的特殊情况。在这种情况下，我们把下行信道矩阵表示为

$$\boldsymbol{H}_\times^{(\mathrm{o})} = \begin{bmatrix} g_{\mathrm{vv}} & g_{\mathrm{vh}} \\ g_{\mathrm{hv}} & g_{\mathrm{hh}} \end{bmatrix} \tag{3.57}$$

式中，上标（o）表示双极化天线是共址的（例如，天线是单个双极化贴片天线）。用 $p_{ij} = |g_{ij}|^2$ 表示信道 ij 的瞬时增益，我们可以定义以下几种交叉极化比率 [NE99]：

1. 上行交叉极化率（上行 XPR）

$$\mathrm{XPR}_{\mathrm{U}^\mathrm{v}} = p_{\mathrm{vv}}/p_{\mathrm{vh}} \tag{3.58}$$

$$\mathrm{XPR}_{\mathrm{U}^\mathrm{h}} = p_{\mathrm{hh}}/p_{\mathrm{hv}} \tag{3.59}$$

2. 下行交叉极化率（下行 XPR）

$$\mathrm{XPR}_{\mathrm{D}^\mathrm{v}} = p_{\mathrm{vv}}/p_{\mathrm{hv}} \tag{3.60}$$

$$\mathrm{XPR}_{\mathrm{D}^\mathrm{h}} = p_{\mathrm{hh}}/p_{\mathrm{vh}} \tag{3.61}$$

我们还可以定义唯一的同极化率为

$$\mathrm{CPR} = p_{\mathrm{vv}}/p_{\mathrm{hh}} \tag{3.62}$$

很显然，这些参数并不相互独立。尤其是，下面关系成立：

$$\mathrm{CPR} = \frac{\mathrm{XPR}_{\mathrm{U}^\mathrm{v}}}{\mathrm{XPR}_{\mathrm{D}^\mathrm{h}}} = \frac{\mathrm{XPR}_{\mathrm{D}^\mathrm{v}}}{\mathrm{XPR}_{\mathrm{U}^\mathrm{h}}} \tag{3.63}$$

上面的定义只考虑了信道增益。为了定义相位关系，$\boldsymbol{H}_\times^{(\mathrm{o})}$ 可以用其相关矩阵来描述。4×4 维的相关矩阵的对角线元素是不同的平均增益 $E\{p_{ij}\}$，而非对角线元素表示了不同的同极化，交叉极化和抗极化相关性。交叉极化相关（XPC）对应着传统的发射和接收相关，g_{vv} 和 g_{hh} 之间的相关系数定义为同极化相关（CPC），g_{vh} 和 g_{hv} 之间的相关系数定义为抗极化相关（APC）。

3.3.2　双极化瑞利衰落信道

让我们从双极化信道矩阵的瑞利（非相关）衰落开始，表示为 $\tilde{H}_\times$。任何模型都需要考虑下面三个机制：

- 由于天线间距有限带来的空间相关（如果双极化天线共址，相关性等于 1，

并且 $\tilde{\boldsymbol{H}}_{\times} = \tilde{\boldsymbol{H}}_{\times}^{(\circ)}$）；

　　• 不同的同极化和交叉极化元素之间的功率不平衡（XPR 和 CPR）；

　　• 只由于极化不同带来的所有同极化和交叉极化天线对之间的（去）相关（即，对共址双极化天线）。

　　在第一个方法［PNG03，LTV03］中，通过提取信道增益的去极化影响来分解 $\tilde{\boldsymbol{H}}_{\times}$，即

$$\tilde{\boldsymbol{H}}_{\times} = \tilde{\boldsymbol{H}}' \odot |\tilde{\boldsymbol{X}}| \tag{3.64}$$

式中 $|\tilde{\boldsymbol{X}}|$ 取决于极化方案。对于倾斜对倾斜极化方案（在 Tx 和 Rx 极化方向都是 ±45°），自然可以得到

$$\left| \tilde{\boldsymbol{X}}_{\pm\pi/4 \rightarrow \pm\pi/4} \right| = \frac{1}{\sqrt{1+\chi}} \begin{bmatrix} 1 & \sqrt{\chi} \\ \sqrt{\chi} & 1 \end{bmatrix} \tag{3.65}$$

式中，χ 是倾斜对倾斜极化方案的全局实值去极化因子（$0 < \chi < 1$）。必须注意 $\tilde{\boldsymbol{H}}_{\times}$ 仍然包括两个相关机制（空间间距和极化）。因此，通常并不等于等效单极化传输矩阵 $\tilde{\boldsymbol{H}}$（即当天线间距相同时，所有的极化是一样的）。因此，$\tilde{\boldsymbol{H}}'$ 是一个混合矩阵，建模了空间间距和极化这两个方面的相关。$\tilde{\boldsymbol{H}}'$ 中的相关性是如何依赖于空间和极化相关性不为人所知，除了一个特殊情况以外。如果假设使用正交极化以在所有每个信道上进行去相关，$\tilde{\boldsymbol{H}}' = \boldsymbol{H}_{\mathrm{w}}$，其中 $\boldsymbol{H}_{\mathrm{w}}$ 是经典的独立同分布复高斯矩阵，而与天线间距无关。除了这种特殊情况，式（3.64）给出的模型实际上没有用，因为它不能告诉我们中的相关性是什么。尤其是无法与单极化方案进行比较。

　　于是有人提出一个显式的把空间间距相关和极化相关的效应分离开的模型。因此这种分离是基于实际的机制（空间间距与极化），而不是基于相关的影响（增益与相关性）。因此，双极化瑞利信道矩阵可以改写为

$$\tilde{\boldsymbol{H}}_{\times} = \tilde{\boldsymbol{H}} \odot \tilde{\boldsymbol{X}} \tag{3.66}$$

在式（3.66）中，$\tilde{\boldsymbol{H}}$ 建模成一个单极化相关瑞利信道，而 $\tilde{\boldsymbol{X}}$ 建模了散射带来的去极化从而影响的相关和功率不平衡。这个原理如图 3.5 所示。对于没有天线间距的双极化传输（例如，双极化贴片天线），我们可以得到

$$\tilde{\boldsymbol{H}}_{\times}^{(\circ)} = \tilde{h}\tilde{\boldsymbol{X}} \tag{3.67}$$

式中，$\tilde{h}$ 是一个复高斯标量随机变量。

　　为了得到对 VH 到 VH 下行传输更加通用的信道矩阵模型 $\tilde{\boldsymbol{X}}$，我们需要首先简要回顾一下实验和理论结果。

　　表 3.1 总结了一些实验结果，可以看到其中缺乏双极化信道的数据。因此，并不能够从上面的分析能够得到一般化的结论。但是，在［LLS98，LBea96，KVV05，KST06，KLST06，KCVW03，WJ02，NE99］中的一些结果至少近似说明下面特性：

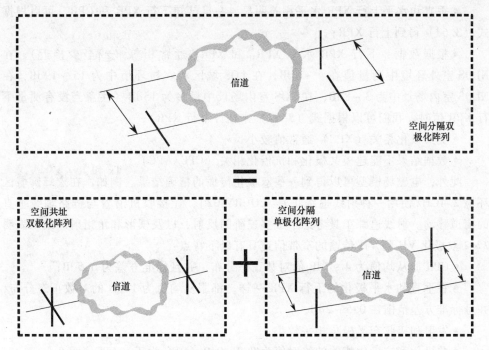

图 3.5　XPD 建模：空间间距和极化之间分离

表 3.1　实验结果总结

场　　景	频率/[GHz]	平均 XPR_{UV}/dB	平均 XPR_{Uh}/dB	平均 CPR/dB	平均 $/XPR_D$/dB	XPC
郊区[Vau90]	0.46	12	——	——	——	≈0
城区[Vau90]	0.46	7	——	——	——	≈0
宏小区[KTS84]	0.9	6	——	——	——	0.1
微小区[KTS84]	0.9	7.4	——	——	——	0.1
郊区/城区微微小区[LLS98]	1.8	7～9	——	——	——	≤0.3
城区微小区[LBea96]	1.8	7	-4～-1	4～5.5	1.5	——
郊区微小区[LBea96]	1.8	8～16	-6～-2	3～11	5	——
城区微微小区微微小区[KVV05]	5.3	8	2.3	1.6	7.5	≈0.3
城区微微小区宏小区[KVV05]	5.3	7.6	6.9	0.4	4～6	≈0.3
城区宏小区[ABMR07]	1.9	9	9	0	9	≈0
室内[ABMR07]	1.9	7	7	0	7	≈0
室内微微小区[NE99]	1.8	2.5～10.5	——	-4～4	6.5	——
室内微微小区[HWN⁺05]	5.2	7～15.7	8.6～14.4	——	——	——
室内走廊/大厅[KST06, KLST06]	5.1	7～9.5	1.5～6.7	2.5～6	8～11(v) 2～6(h)	≤0.6

　　● 室外环境中的平均 CPR 取值通常在 0 ~ 6dB 之间（在郊区环境中最大值为 11dB），在室内环境取值在 - 4 ~ 6dB；CPR 非零可以用由于反射和衍射过程的极化选择性来说明 [OEP04，KCVW03]；

- 垂直和水平上行 XPR 水平相差明显，一旦已知下行 XPR 和 CPR，可以根据式（3.63）得到上行 XPR；

- 根据数据，下行 XPR 水平 XPR_{D^v} 和 XPR_{D^h} 通常相等（或至少接近），在 NLOS 室外环境中测量值在 4~8dB，在 LOS 城区和农村环境中为 15~19dB，在 NLOS 室内场景中为 3~8dB，在 LOS 室内场景中最多为 15dB（注意当没有测量下行 XPR 值时，我们可以根据式（3.63）来估计下行 XPR）；

- 交叉极化相关（XPC）通常值较小；

- 数据结果不能建模共极化和抗极化相关（CPC/APC）。

此外，电磁场模型可以得到一些双极化传播的精确结果。例如，在宏蜂窝城区环境 2.4GHz 使用一种射线追踪工具 [OCRVJ02]，让接收机沿着与链路轴线垂直的街道移动。射线追踪工具考虑了最多三阶的反射，以及楔形和角衍射。结果表明 2×2 双极化 VH 到 VH 传输的窄带信道具有以下特点：

- CPR 服从均值为 4~7dB 的对数正态分布，并且标准方差为 0.5dB；

- 在垂直和水平极化的下行 XPR 一样，都服从均值为 12dB 的对数正态分布，并且标准方差范围在 0.5~2dB；

- 发射和接收交叉极化相关较小；

- 共极化和抗极化相关的绝对值为 0.8~0.9（CPC 为正，APC 为负）。

射线追踪方法不能考虑更小的和非镜面障碍物的影响，而这些障碍物会降低 CPR 和 XPR 水平。在其他论文 [LKM+06] 中使用粗散射模型得到了类似的结论。注意前三个特点与实验结果一致，但是最后一个特点并不一致（但是只有很少的数据可以用于比较）。

综合上述分析，可以得到如下通用模型：

$$\text{vec}(\widetilde{\boldsymbol{X}}_{\text{VH}\to\text{VH}}^{\text{H}}) = \begin{bmatrix} 1 & \vartheta^* & \sigma^* & \delta_1^* \\ \vartheta & 1 & \delta_2^* & \sigma^* \\ \sigma & \delta_2 & 1 & \vartheta^* \\ \delta_1 & \sigma & \vartheta & \mu \end{bmatrix}^{1/2} \text{vec}(\boldsymbol{X}_{\text{w}}^{\text{H}}) \qquad (3.68)$$

式中，σ 和 ϑ 是接收和发射相关系数（即在 VV 和 HV，HH 和 HV，VV 和 VH 或 HH 和 VH 之间的相关系数），根据上面的分析可以发现等于 0；δ_1 和 δ_2 是由于使用正交极化造成的信道间相关，即 δ_1 是 VV 和 HH 分量之间的相关，δ_2 是 VH 和 HV 分量之间的相关（本书中，我们通常考虑 $\delta_1 = 1$ 和 $\delta_2 = -1$）；$\boldsymbol{X}_{\text{w}}$ 是一个 2×2 矩阵，并且矩阵中的四个元素是独立复指数，其幅度由 CPR 和 XPR 决定，

$$\boldsymbol{X}_{\text{w}} = \frac{1}{\sqrt{1+\chi}} \begin{bmatrix} e^{j\phi_{11}} & \sqrt{\mu\chi}e^{j\phi_{12}} \\ \sqrt{\chi}e^{j\phi_{21}} & \sqrt{\mu}e^{j\phi_{22}} \end{bmatrix} \qquad (3.69)$$

式中 μ 和 χ 分别表示随机（即对每个信道实现改变）同极化功率比（CPR）和下

行交叉极化比（XPR），并且分别定义为 CPR = $-10\log_{10}\mu$，XPRD = $-10\log_{10}\chi$，并且角度 $\phi_{k,l}$，k，$l = 1$，$\cdots$，2 在 $[0,2\pi)$ 上均匀分布。

X_w 的作用是控制相关，而不对 VV 项引入额外的衰落（因为衰落已经在 $\tilde{H}$ 或 $\tilde{h}$ 中考虑进来了）。因此，X_w 只包括指数相移，用式（3.68）合并就能得到所要的极化相关的相关性。

考虑到根据实验结果对相关性的简化，式（3.68）可以简化使得 $\tilde{X}_{VH\to VH}$ 具有如下的结构

$$\tilde{X}_{VH\to VH} = \frac{1}{\sqrt{1+\chi}}\begin{bmatrix} 1 & \sqrt{\mu\chi}e^{j\phi} \\ -\sqrt{\chi}e^{j\phi} & \sqrt{\mu} \end{bmatrix} \qquad (3.70)$$

其中，ϕ 是时变随机分布在 $[0,2\pi)$ 上的角度。这也是本书中将使用的模型，其中 μ 和 χ 是对数正态分布变量。

注意，式（3.70）的模型能解释在实验中观察到的垂直和水平上行 XPR 水平差异，以及不同信道之间的相关性。我们还要强调式（3.70）只对下行传输有效（上行传输模型可以用下行模型的转置得到），这并不意味着双极化信道没有上下行互易性：上行 V-H 传输等于下行 H-V 传输，反之亦然。但是，信道矩阵并不对称（上行和下行 V-H 信道并不相等）。

对其他极化方案，瑞利信道矩阵可以通过增加一个相位旋转得到

$$\tilde{X}_{(\zeta,\pi/2-\zeta)\to(\gamma,\pi/2-\gamma)} = \begin{bmatrix} \cos\gamma & -\sin\gamma \\ \sin\gamma & \cos\gamma \end{bmatrix} \tilde{X}_{VH\to VH} \begin{bmatrix} \cos\zeta & -\sin\zeta \\ \sin\zeta & \cos\zeta \end{bmatrix}^T \qquad (3.71)$$

其中 ζ 和 γ 是在发射端和接收端相对垂直极化方向的极化角度（第二个极化方向是 $\pi/2-\zeta$ 和 $\pi/2-\gamma$）。对于倾斜极化方案 $\pm\pi/4\to\pm\pi/4$，旋转操作是

$$\tilde{X}_{\pm\pi/4\to\pm\pi/4} = \frac{1}{2}\begin{bmatrix} 1 & -1 \\ 1 & 1 \end{bmatrix} \tilde{X}_{VH\to VH} \begin{bmatrix} 1 & 1 \\ -1 & 1 \end{bmatrix} \qquad (3.72)$$

式中，$\tilde{X}_{VH\to VH}$ 可以用式（3.70）得到。

例 3.3 让我们比较 VH 和 45°（倾斜）方案。如果 $\mu = 1$，正如预期的，用式（3.72）可以得到 $\tilde{X}_{\pm\pi/4\to\pm\pi/4} = \tilde{X}_{VH\to Vh}$，因为对水平和垂直极化方案去极化是一样的。在这种环境下，选择极化方案不会影响信道矩阵。

但是，当 $\mu \neq 1$ 时，情况就完全不同。让我们用具体的数值来说明，$\mu = -4dB$ 和 $\chi = -7dB$ 并且认为是常数（也就是不是变量），让我们比较两种情况下的平均去极化矩阵（期望是对所有可能的值进行）。我们可以得到（用 dB 值来表示结果）

$$\varepsilon\{|\tilde{X}_{VH\to VH}|^2\} = \begin{bmatrix} -0.8 & -11.8 \\ -7.8 & -4.8 \end{bmatrix} \qquad (3.73)$$

$$\varepsilon\{|\tilde{X}_{\pm\pi/4\to\pm\pi/4}|^2\} = \begin{bmatrix} -2.5 & -8.5 \\ -8.5 & -2.5 \end{bmatrix} \qquad (3.74)$$

我们观察到，平均倾斜信道相对于 VH 信道（下行 XPR 为 7dB）具有更低的 XPR（等于 6dB）。但是，通过删除平均同极化比可以补偿更低的 XPR（但是要记住这些 CPR 值是平均值而不是瞬时值）。这个简单的例子很好的说明了倾斜极化方案在同极化水平和垂直极化不能以同样的增益传播的环境中的优势，用更低的 XPR 换来零同极化。

任意 $n_r \times n_r$ 的 MIMO 方案中（n_t 和 n_r 值为偶数）可以用发射（接收）阵列由 $n_t/2$（或 $n_r/2$）个双极化（共址）子阵列组成来建模。因此，全局信道矩阵可以表示为

$$\tilde{H}_{\times, n_r \times n_t} = \tilde{H}_{n_r/2 \times n_t/2} \otimes \tilde{X} \tag{3.75}$$

式中，$\tilde{H}_{n_r/2 \times n_r/2}$ 与子阵列间的间隔有关，并且 $\tilde{X}$ 是用式（3.68）或式（3.70）和式（3.71）建模的 2×2 双极化矩阵。

3.3.3 双极化莱斯衰落信道

到目前为止，我们假设的都是瑞利衰落，对应的非视距移动传播场景或者大范围固定传播场景。在莱斯衰落中，我们把忽视 XPI 的任意 2×2 对称方案（ζ, $\pi/2 - \zeta$）$\rightarrow$（ζ, $\pi/2 - \zeta$）的莱斯（LOS）双极化矩阵表示为

$$\overline{H}_\times = \overline{X}_{(\zeta, \pi/2 - \zeta) \rightarrow (\zeta, \pi/2 - \zeta)} = \begin{bmatrix} e^{j\alpha_{11}} & 0 \\ 0 & e^{j\alpha_{22}} \end{bmatrix} \tag{3.76}$$

式中，α_{11} 和 α_{22} 取决于阵列的朝向（例如，在垂射天线阵列的两端 $\alpha_{11} = \alpha_{22} = 0$，因此在这种情况下 $\overline{X}_{(\zeta, \pi/2 - \zeta) \rightarrow (\zeta, \pi/2 - \zeta)} = I_2$）。当 $\gamma \neq \zeta$ 时，莱斯矩阵的结构与单极化方案类似。完备的信道矩阵可以表示为

$$H_\times = \sqrt{\frac{K}{1+K}} \overline{H}_\times + \sqrt{\frac{1}{1+K}} \overline{H}_\times \tag{3.77}$$

3.4　MIMO 信道可分离的表示

在分析信道矩阵时并不能容易得到式（3.33）中用向量表示的形式。此外，式（3.33）还需要描述整个相关矩阵，当天线阵列的大小增加时，相关矩阵的维度也会迅速增大。因此，本节介绍了针对瑞利信道中的一些假设提出的简化模型。

3.4.1 克罗内克模型

在 [CKT98，SFGK00，YBO⁺01] 中介绍的克罗内克模型通过使用分离假设来简化完全相关矩阵的表示为

$$R = R_r \otimes R_t \tag{3.78}$$

式中，R_r 和 R_t 分别表示在式（2.45）中介绍的发射和接收相关矩阵。

在数学上，虽然在文献［KSP⁺02］中提出了一些相反的结论，克罗内克模型当且仅当下面两个条件同时成立时才能成立。第一个条件是发射（接收）相关系数与接收（发射）天线独立（幅度）。在 2×2 信道中，也就是 $r_1 = r_2$ 和 $t_1 = t_2$。虽然这个条件对大多数通常的天线间距不太大（在信道的空间平稳区域内）的天线阵列都满足，但是，仍然有一些情况下这个条件不满足：即在链路一端的相关性与链路另一端的天线有关系时。例如，考虑互耦合天线。我们在 2.5.2 节中观察到相距很近的天线的方向图由于互耦合而出现失真，与准线的相对角度不对称。在这种情况下，链路另一端的相关性将与耦合链路这一端的天线有关。

在［KSP⁺02］中发现上述条件是克罗内克假设式（3.78）成立所需唯一的一个条件。但是，在［CKT98，CTKV02］中指出还需要满足一个条件：信道间相关应该等于对应的发射和接收相关的乘积。因此，在 2×2 信道中，考虑到 $s_1 = r_t$ 和 $s_2 = r_t^*$ 可以进一步简化 $\boldsymbol{R}$。注意对实值相关，可以定义单个信道间相关为 $s = s_1 = s_2 = r_t$。我们在下面的命题中用公式规范化克罗内克模型假设。

命题 3.1　如果满足下面的条件，$n_r \times n_t$ 瑞利衰落信道矩阵是克罗内克可分离的。

1. $\varepsilon\{\widetilde{\boldsymbol{H}}(n,m)\widetilde{\boldsymbol{H}}^*(n,p)\}$ 和 $\varepsilon\{\widetilde{\boldsymbol{H}}(n,m)\widetilde{\boldsymbol{H}}^*(q,m)\}$ 分别与 n 和 m 独立，

2. $\varepsilon\{\widetilde{\boldsymbol{H}}(n,m)\widetilde{\boldsymbol{H}}^*(q,p)\} = \varepsilon\{\widetilde{\boldsymbol{H}}(n,u)\widetilde{\boldsymbol{H}}^*(q,u)\}\varepsilon\{\widetilde{\boldsymbol{H}}(v,m)\widetilde{\boldsymbol{H}}^*(v,p)\}$，$\forall m$，$p$，$u = 1$，$\cdots$，$n_t$ 和 $\forall n$，p，$v = 1$，$\cdots$，n_r。

我们需要再次强调，上述的两个条件都是必要的。现在，命题 3.1 中的第 2 个条件该如何转换为面向传播的条件？

命题 3.2　当发射和接收相关系数分别与对应的接收和发射天线独立（幅度），如果所有 DoD 与所有的 DoA 以同样的功率分布耦合，反过来也成立时，克罗内克模型成立，而与天线配置和阵列间天线间距无关。

这个命题与实际的到达方向和离开方向有关，并且表明克罗内克模型在发射方向功率谱和接收方向功率谱独立的情况下成立，换而言之，联合角度功率谱可以分离成边际谱［BOH⁺03］，

$$\mathcal{A}(\Omega_t, \Omega_r) = \mathcal{A}_t(\Omega_t)\mathcal{A}_r(\Omega_r) \tag{3.79}$$

对命题 3.2 的证明很直接，留给读者作为练习，然后把式（3.79）代入式（2.49）。但是我们要强调克罗内克模型对所有天线阵列配置都成立。

最后，将式（3.78）代入式（3.33），信道矩阵可以表示为

$$\widetilde{\boldsymbol{H}} = \boldsymbol{R}_r^{1/2}\boldsymbol{H}_w\boldsymbol{R}_t^{1/2} \tag{3.80}$$

克罗内克模型的优点很明显：对向量 $\boldsymbol{H}$ 的操作用对矩阵 $\boldsymbol{H}$ 的操作取代。这就极大地简化了包含很多参数的表达式，例如互信息，错误率等。尤其是下面一个有用的特性

$$\det(\boldsymbol{R}) = (\det(\boldsymbol{R}_r))^{n_t}(\det(\boldsymbol{R}_t))^{n_r} \tag{3.81}$$

在推导错误率的时候经常会用到这个特性。另一个例子是式（3.46）的 AR 模

型可以改写为，对第一阶：

$$\tilde{H}_k = \epsilon \tilde{H}_{k-1} + \sqrt{1 - \epsilon^2} R_r^{1/2} H_w R_t^{1/2} \tag{3.82}$$

而对任意阶次 p

$$\tilde{H}_k = \sum_{i=1}^{p} \epsilon(i) \tilde{H}_{k-i} + \varpi R_r^{1/2} H_w R_t^{1/2} \tag{3.83}$$

在处理双极化信道时，克罗内克模型自然可以用来建模式（3.66）中的 $\tilde{H}$，但是它不能用来进一步简化信道表达式，因为信道表达式是基于极化和空间相关之间整体是分离的。对于一般化的 $n_r \times n_t$ MIMO 方案（n_r，n_t 为偶数），考虑发射和接收天线阵列是由 $n_t/2$ 和 $n_r/2$ 个双极化子阵列（即 H_w 是 $n_r/2 \times n_t/2$ 维）组成的情况，我们可以得到

$$\tilde{H}_\times = R_r^{1/2} H_w R_t^{1/2} \otimes \tilde{X} \tag{3.84}$$

式中，$\tilde{X}$ 是用式（3.68）建模的 2×2 矩阵，或者是之前介绍的更简化的版本。注意，式（3.84）包含两个随机部分：H_w 和在 $\tilde{X}$ 的表达式中出现的角度 ϕ。对于 2×2 双极化信道（即 H_w 是 2×2 维），式（3.84）可以简化为

$$\tilde{H}_\times = R_r^{1/2} H_w R_t^{1/2} \odot \tilde{X} \tag{3.85}$$

此外，由于信道矩阵 $\tilde{H}$ 可以完全用发射和接收相关来描述，3.1 节中定义的所有度量只取决于在瑞利信道中的发射和接收相关。例如，图 3.6 说明了对于 2×2 克罗内克模型系统的不同的有效分集度 N_{div}（见 3.1.2 节的介绍）。注意对具有克罗内克模型瑞利分量的莱斯衰落信道，有效分集度还与 $\overline{H}$ 的结构和 K 因子有关。图 3.1 给出了 2×2 系统中 N_{div} 与莱斯 K 因子和相关程度的关系，考虑 $\overline{H} = 1_{2 \times 2}$ 和 $R = R_r \otimes R_t$。

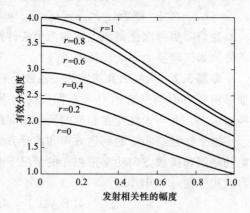

图 3.6   在 2×2 克罗内克模型系统中有效分集度与发射和接收相关性的关系

最后，也很容易理解使用克罗内克模型能分别进行发射和接收优化。

3.4.2 虚信道的表示

虚信道最初的想法是放松克罗内克模型对相关性分离的限制条件（即信道间相关的乘积假设），允许在链路的发射端和接收端任意耦合，从而相对更容易使用。在第 2 章我们看到可以根据有限散射体的假设得到信道的本质描述，导向向量指向每个散射体的方向。但是，理论上不需要描述所有这些方向的传播。事实上，由于阵列维度和天线数量有限，空间信号的空间维度有限。可以利用这个发现来设计一种线性的虚信道表示［Say02，HLHS03］用于链路两端只在半空间中发射/接

收的均匀线阵，（即天线只能看到在 Tx 和 Rx 之间的散射体，或等效的，$0 \le \theta_t$，$\theta_r \le \pi$，）。这个建模方法背后的思路是天线数量有限只是造成了孔径域的离散抽样。正如在 2.1.1 节中描述的，这些孔径域通过傅里叶变换可以与角度域联系在一起。通过应用奈奎斯特抽样定理，我们可以得到信道可以在角度域用链路两端固定方向上有限数量的角度波束来等效表示（等于 n_t 和 n_r）。波束的数量和虚角度分辨率（因此确定了总的角度孔径）只取决于天线阵列的大小和天线间距。使用傅里叶变换关系同样验证了为什么这个模型只适合于 ULA 阵列，因为在孔径域的抽样同样也要均匀分布。

回到我们直观的推理，这个模型同样可以认为是抽样表示在 φ^- 域具有离散 ρ_t(θ_t) 和 $\varphi_r(\theta_r)$ 值的有限散射体模型。虚角度可以任意定义为 $\hat{\varphi}_{tD} = 2\pi(p - 1/2)/n_t - \pi$ 和 $\hat{\varphi}_{rd} = 2\pi(q - 1/2)/n_r - \pi$，其中 $1 \le p \le n_t$ 和 $1 \le q \le n_r$。这些角度定义了在 φ^- 域具有均匀间距的固定波束，但是实际 DoD-DoA 域的角度分辨率并不是均匀的，因为 $\varphi_t = 2\pi \dfrac{d_t}{\lambda}\cos\theta_t$ 和 $\varphi_r = 2\pi \dfrac{d_r}{\lambda}\cos\theta_r$（$d_t$ 和 d_r 是 Tx 和 Rx 天线间距）。图 3.7 描述了这个模型的图形化表示。延迟域的分量在通过某个带宽滤波时分组得到抽头，与之类似，每个实际的角度分量（或散射）可以分组成有限数量的方向。由于空间滤波的旁瓣，任何位于两个虚角度之间的散射分量可以表示在每个虚拟方向上。同样可以看到在选择第一个方向 $\hat{\varphi}_{t1}$ 和 $\hat{\varphi}_{r1}$ 上仍然有两个自由度：因此上面方法选择的方向可能并不是最优的，但是在没有信道空间结构的信息时没有必要去选择其他的方向。

根据虚角度的定义，信道表示可以表示为傅里叶分解

$$\tilde{H} = \hat{A}_r \tilde{H}_v \hat{A}_t^T \tag{3.86}$$

式中，$H_v(n_r \times n_t)$ 是傅里叶域上的信道矩阵表示，包含有每个虚路径的复增益，即在图 3.7 中中央部分的不同支路的权重。虚导向矩阵 $\hat{A}_t(n_t \times n_t)$ 和 $\hat{A}_r(n_r \times n_r)$ 是通过虚导向向量 $\hat{a}_t$ 和 $\hat{a}_r$ 的归一化得到的（列优先），而虚导向向量是类似于式 (2.40) 和式 (2.41) 在虚拟方向上得到，

$$\hat{a}_t = \frac{1}{\sqrt{n_t}}\left[1 \quad e^{-j\hat{\varphi}_t} \cdots e^{-j(n_t - 1)\hat{\varphi}_t} \right]^T \tag{3.87}$$

$$\hat{a}_r = \frac{1}{\sqrt{n_r}}\left[1 \quad e^{-j\hat{\varphi}_r} \cdots e^{-j(n_r - 1)\hat{\varphi}_r} \right]^T \tag{3.88}$$

与导向矩阵 (2.43) 不同，矩阵 $\hat{A}_t$ 和 $\hat{A}_r$ 是酉矩阵，这也意味着这些矩阵的列是正交的。因此，虚导向矩阵的列组成了发射和接收空间域上的基向量。这个特性的另一个结论是 H_v 与实际信道矩阵 $\tilde{H}$ 的关系是

$$H_v = \hat{A}_r^H \tilde{H} \hat{A}_t^* \tag{3.89}$$

向量（H_v^H）的相关矩阵是

$$R_v = [\hat{A}_r^T \otimes \hat{A}_t^T] R [\hat{A}_r^* \otimes \hat{A}_t^*] \tag{3.90}$$

到目前为止，我们在另一个空间上不使用近似的方法表示了 MIMO 信道矩阵。虚信道模型的基本假设是 R_v 是对角矩阵，这就意味着 H_v 的元素是非相关的，即每个虚方向的发射/接收是独立的。或等效成图 3.7 中央部分的每个支路的所有复权重都独立。因此，H_v 可以

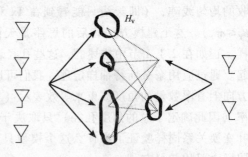

图 3.7　2×4 信道的虚信道表示

表示为 $\Omega_v \odot H_w$，因此 Ω_v 中的所有元素的平方定义成 H_v 对应元素的平均能量。由于 R_v 和 Ω_v 通常是稀疏矩阵，这个记号使得虚信道模型更加简洁便于使用，尤其在实际传播场景中。我们稍后将通过比较这些分析模型来讨论这个假设是否符合实际。

有意思的是，如下矩阵的正值和实值元素决定着在第 p 个虚传输角度和第 q 个虚接收角度之间的平均功率耦合。注意传播信道可以完全用耦合矩阵 Ω_v 来描述。

$$[\Omega_v \odot \Omega_v](q,p) = R_v(n_r(q-1)+p, n_r(q-1)+p) \tag{3.91}$$

最后，我们要注意 Tx 和 Rx 之间的非相关导向向量的假设在某些情况下可能并不实际（我们将在稍后讨论），但是随着 n_t 和 n_r 的增大这个假设会更加真实（只要保证信道中的散射体数量足够大）。这也可以认为是 R 的特征向量的可分离条件，假设 U_R 可以表示为 $\hat{A}_t^* \otimes \hat{A}_r^*$，其中 U_R 是根据 R 的 EVD 分解得到的。

$$R = U_R \Lambda_R U_R^H, \tag{3.92}$$

并且 Λ_R 的元素是由 Ω_v 的元素确定（如果虚导向向量是不相关的）。

3.4.3　特征波束模型

正如上述，虚信道模型的酉矩阵是不考虑信道相关性，即与实际散射物体所在的实际方向无关。此外，记住在选择第一个虚角度时仍然有两个自由度，还有虚信道表示只对 ULA 阵列有效。特征波束模型可以推广成左和右酉矩阵是精心选择的任意阵列。实际上，假设特征波束模型可以用发射和接收相关的特征方向来确定，即它们对应角度域的抽样以匹配散射物体的位置。因此，特征波束模型只能得到一个相对虚信道表示更精确的表示。特征波束模型需要已知发射和接收相关矩阵信息来提高性能，而在虚信道确定 $\hat{A}_t$ 和 $\hat{A}_r$ 中并不需要这些信息。

为了得到瑞利信道的特征波束模型，我们定义接收和发射相关矩阵的特征值分解为

$$R_r = U_{R_r} \Lambda_{R_r} H_{R_r}^H,$$

$$R_t = U_{R_t} \Lambda_{R_t} H_{R_t}^H, \tag{3.93}$$

为不失一般性，我们可以沿着在发射和接收端的特征模式方向分解 $\widetilde{H}$（换句话说，特征方向和特征波束），并表示为

$$\widetilde{H} = U_{R_r}^* H_e U_{R_t}^H \tag{3.94}$$

式中，H_e 是与衰落矩阵相关的接收和发射特征模式。注意，由于我们对 R，R_r 和 R_t 有不同的定义，这个表达式与 Weichselberger［Wei03，WHOB06］最初的表达式稍有不同。

可以根据所有发射和接收特征模式是完全互相非相关的假设得到特征波束模型［Wei03，WHOB06］，因此（3.94）可以表示为

$$\widetilde{H} = U_{R_r}^* (\Omega_e \odot H_w) U_{R_t}^H \tag{3.95}$$

在式（3.95）中，H_w 通常是独立同分布复高斯随机衰落矩阵和 $\Omega_e \odot \Omega_e$ 是功率耦合矩阵，功率耦合矩阵的实值和正值元素确定了第 p 个发射特征模式和第 q 个接收特征模式之间的平均功率耦合，

$$[\Omega_e \odot \Omega_e](q,p) = R_e(n_r(q-1)+p, n_r(q-1)+p) \tag{3.96}$$

其中

$$R_e = [U_{R_r}^H \otimes U_{R_t}^H] R [U_{R_r} \otimes U_{R_t}] \tag{3.97}$$

与虚信道表示类似，特征波束模型假设同样可以表示为 R 的特征向量的可分离条件，假设式（3.92）中的 U_R 可以表示为 $U_{R_t} \otimes U_{R_r}$，并且 R 的特征值是 Ω_e 中的元素。正如已经提到的，虚信道模型和特征波束模型在选择发射和接收酉矩阵上有所不同。特征波束模型更精确的选择酉矩阵需要已知发射和接收相关矩阵信息，而在虚信道模型中则不需要已知这个信息。

Ω_e 的结构如何？很自然它与无线环境有很强的联系。只有一个非零值列的矩阵 Ω_e 对应着在接收机有丰富散射，在发射机有较小的角度扩展的条件（典型的如单环场景）。矩阵 Ω_e 是对角矩阵表示着每个单发射特征模式对应着单个独一的接收特征模式的环境。矩阵 Ω_e 具有完全结构等效为在链路两端周围具有丰富散射的簇。此外，如果矩阵 Ω_e 的秩为 1（即，$\Omega_e = 1_{nrxnt}$），那么所有模式之间的耦合完全相同，特征模式模型回退到克罗内克模型，可以得到命题 3.2 的下列推论。

推论 3.1　当发射和接收相关系数（幅度）分别独立于所考虑的接收和发射天线时，在所有的发射特征向量与所有的接收特征向量以同样的功率分布耦合时，并且反之亦然时，克罗内克模式有效。

与命题 3.2 不同，这个推论是关于特征向量，特征向量已经考虑到了阵列配置和实际的方向。对于完全结构的耦合矩阵，因为矩阵的秩不仅能够解决克罗内克模型的弱点（克罗内克模型需要全耦合），还是单反射传播的假设（等效为独一链接模式），因此矩阵的秩是一个决定性的参数。允许实现部分耦合和很容易的控制耦合使得这个模型很灵活。

综上所述，特征波束模型的输入参数是接收和发射相关矩阵的特征基和耦合矩阵。我们将在 3.4.4 节中说明在实际中如何获得这些参数。同样，必须记住所有的三种简化模型都假设了某种可分离性，或者是相关性可分离或者是相关矩阵的特征向量可分离。

3.4.4 可分离表示方法的精度

考虑在例 3.1（3.1.3 节）中介绍的信道。信道的描述实际上可以用 2.2 节中的有限散射来表示，其中 $n_{s,t} = n_{s,r} = n_s = 3$。对场景 A 和 B，中间矩阵 $\boldsymbol{H}_s$ 分别等于 $\boldsymbol{I}_3 \odot \boldsymbol{H}_w / \sqrt{n_s}$ 和 $\boldsymbol{I}_{3 \times 3} \odot \boldsymbol{H}_w / n_s$。注意 $\boldsymbol{H}_s$ 的维度是 3×3，而与天线数量无关。

全相关

对例子中提出的两种场景，我们首先计算 2×2 系统的全相关矩阵。由于天线间隔较小（$d_t = d_r = \lambda/2$），我们可以安全的假设 $t_1 = t_2$ 和 $r_1 = r_2$。为了计算相关系数，我们可以使用式（2.56）以及等效的信道间相关系数。因此

对场景 A

$$t = \frac{1}{3} \sum_{l=1}^{3} \exp(-j\pi\cos\theta_{t,l}) \cong 0.03 - 0.20j$$

$$r = \frac{1}{3} \sum_{l=1}^{3} \exp(-j\pi\cos\theta_{r,l}) \cong -0.40 + 0.33j$$

$$s_1 = \frac{1}{3} \sum_{l=1}^{3} \exp(-j\pi\cos\theta_{t,l} - j\pi\cos\theta_{r,l}) \cong -0.19 + 0.21j$$

$$s_2 = \frac{1}{3} \sum_{l=1}^{3} \exp(-j\pi\cos\theta_{t,l} + j\pi\cos\theta_{r,l}) \cong 0.56 + 0.03j$$

对场景 B

$$t = \frac{1}{3} \sum_{l=1}^{3} \exp(-j\pi\cos\theta_{t,l}) \cong 0.03 - 0.20j$$

$$r = \frac{1}{3} \sum_{l=1}^{3} \exp(-j\pi\cos\theta_{r,l}) \cong -0.40 + 0.33j$$

$$s_1 = rt \cong 0.05 + 0.09j$$

$$s_2 = rt^* \cong -0.08 - 0.07i$$

克罗内克模型

克罗内克模型只取决于 t 和 r，它的参数是

$$\boldsymbol{R}_t = \begin{bmatrix} 1 & t^* \\ t & 1 \end{bmatrix}$$

$$\boldsymbol{R}_r = \begin{bmatrix} 1 & r^* \\ r & 1 \end{bmatrix}$$

注意这两个参数对例子中两种场景是一样的，虽然我们根据命题 3.2，可以知道只有场景 B 可以用可分离假设来精确表示。

虚信道表示

信道的虚信道表示建模取决于两个虚角度，在链路两端一样，$\hat{\varphi}_t = \hat{\varphi}_r = 0$ 和 -0.5，可以得到酉虚导向矩阵：

$$\hat{A}_t = \hat{A}_r = \frac{1}{\sqrt{2}}\begin{bmatrix} 1 & 1 \\ -j & j \end{bmatrix}$$

根据式（3.90）可以得到虚相关矩阵：

对场景 A

$$R_v = \begin{bmatrix} 1.51 & -0.15j & 0.31j & -0.18 \\ 0.15j & 1.16 & 0.18 & 0.49j \\ -0.31j & 0.18 & 0.10 & 0.09j \\ -0.18 & -0.49j & -0.09j & 1.24 \end{bmatrix}$$

对场景 B

$$R_v = \begin{bmatrix} 1.07 & -0.04j & 0.32j & 0.01 \\ 0.04j & 1.60 & -0.01 & 0.48j \\ -0.32j & -0.01 & 0.54 & -0.02j \\ 0.01 & -0.48j & 0.02j & 0.80 \end{bmatrix}$$

假设 H_v 的元素是非相关的，等效为删除 R_v 中除主对角线元素意外的所有元素，R_v 中的元素组成了功率耦合矩阵 $\Omega_v \odot \Omega_v$。因此

$$\Omega_{v,A} = \begin{bmatrix} 1.23 & 1.08 \\ 0.33 & 1.11 \end{bmatrix}$$

$$\Omega_{v,B} = \begin{bmatrix} 1.03 & 1.26 \\ 0.73 & 0.89 \end{bmatrix}$$

特征波束模型

为了得到信道的特征波束模型，我们需要计算 R_t 和 R_r 的 EVD 分解，并得到特征向量这两个矩阵是酉矩阵，并且与散射场景（A 或 B）无关。但是，在两种场景中的耦合矩阵 Ω_e 则不同，因为耦合矩阵是根据 R_e 的四个对角元素的平方根得到的。

对场景 A

$$R_e = \begin{bmatrix} 1.55 & 0.04j & 0.31j & -0.26 \\ -0.04j & 1.50 & 0.26 & -0.31j \\ -0.31j & 0.26 & 0.85 & -0.04j \\ -0.26 & 0.32j & 0.04j & 0.10 \end{bmatrix}$$

对场景 B

$$
\boldsymbol{R}_{\mathrm{e}} =
\begin{bmatrix}
1.83 & 0 & 0 & 0 \\
0 & 1.22 & 0 & 0 \\
0 & 0 & 0.57 & 0 \\
0 & 0 & 0 & 0.38
\end{bmatrix}
$$

表 3.2   2×2 系统中场景 A 和 B 不同信道模型的 $\boldsymbol{\Psi}$（R，R_{model}）

场景/模型	克罗内克	虚信道	特征波束
A	0.40	0.38	0.33
B	0	0.36	0

表 3.3   2×2 系统中场景 A 和 B 的相关矩阵距离 d_{corr}（R，R_{model}）

场景/模型	克罗内克	虚信道	特征波束
A	0.08	0.08	0.06
B	0	0.07	0

注意，在场景 B 中，$\boldsymbol{R}_{\mathrm{e}}$ 是对角阵，这就表示特征波束模型可以精确表示信道 B。

因此，

$$
\boldsymbol{\Omega}_{\mathrm{e,A}} =
\begin{bmatrix}
1.24 & 1.22 \\
0.92 & 0.32
\end{bmatrix}
$$

$$
\boldsymbol{\Omega}_{\mathrm{e,B}} =
\begin{bmatrix}
1.35 & 1.10 \\
0.76 & 0.62
\end{bmatrix}
$$

对场景 A，$\boldsymbol{\Omega}_{\mathrm{e}}$ 的秩为 2，而在场景 B 中，秩为 1。

2×2 系统和三个散射路径中的模型比较

表 3.2 和表 3.3 总结了这三种模型中建模的相关矩阵与原始相关矩阵的偏差。我们可以观察到在场景 A 中这三种模型性能类似，而在场景 B 中克罗内克和特征波束模型非常精确（这应该不奇怪！）。所有情况下的相关矩阵距离都小于 8%。

8×8 系统和三个散射路径中的模型比较

我们现在通过这个例子来分析天线阵列大小对性能的影响。虽然这个场景有点学术化（因为八天线在理论上不仅能利用到三个散射路径，见第 5 章），但是很方便能突出这些建模方法的缺点。因此，我们考虑同样的信道，但是使用 8×8 的系统。这里没有给出不同的矩阵（R 是 64×64 维的矩阵），但是表 3.4 和 3.5 总结了 8×8 系统中不同的结果。

从表 3.4 和表 3.5 可以观察到在场景 A 中理想和使用三种模型建模的相关性间的差异较大。与 2×2 系统中类似，克罗内克模型和特征波束模型在场景 B 中非常精确的表示了信道。在场景 A 中，特征波束模型比虚信道表示更加具有鲁棒性，而虚信道模型的性能在三种模型中最差。为了更好的理解虚信道模型在这种场景（具有独一耦合的有限散射和中等数量的天线）中的局限性，我们可以观察场景 A 的耦合矩阵。

$$\boldsymbol{\Omega}_{\mathrm{v,A}} = \begin{bmatrix} 1.91 & 0.20 & 0.26 & 0.67 & 0.69 & 0.57 & 0.55 & 0.24 \\ 3.87 & 0.47 & 0.67 & 1.89 & 1.89 & 0.76 & 0.58 & 0.42 \\ 1.06 & 0.45 & 0.67 & 1.89 & 1.89 & 0.74 & 0.55 & 0.39 \\ 0.64 & 0.17 & 0.24 & 0.67 & 0.67 & 0.40 & 0.36 & 0.18 \\ 0.53 & 0.13 & 0.18 & 0.45 & 0.46 & 0.43 & 0.41 & 0.17 \\ 0.53 & 0.16 & 0.19 & 0.40 & 0.44 & 0.65 & 0.65 & 0.24 \\ 0.82 & 0.50 & 0.51 & 0.69 & 0.95 & 2.48 & 2.48 & 0.87 \\ 0.87 & 0.26 & 0.29 & 0.53 & 0.62 & 1.23 & 1.23 & 0.44 \end{bmatrix}$$

虽然信道只由三条多径组成，我们可以观察到这些元素中有 8 个值比较大（大于 1.50）。由于去相关的假设，这 8 个元素表示了 8 个独立的路径，因此相关距离度量较差。

表 3.4　8×8 系统中场景 A 和 B 不同信道模型的 $\boldsymbol{\Psi}$（R，R_{model}）

场景/模型	克罗内克	虚信道	特征波束
A	0.80	0.85	0.79
B	0	0.76	0.06

表 3.5　8×8 系统中场景 A 和 B 的相关矩阵距离 d_{corr}（R，R_{model}）

场景/模型	克罗内克	虚信道	特征波束
A	0.40	0.47	0.39
B	0	0.35	0

另一种说明虚信道模型的方法见图 3.8，图中给出了用虚信道表示模型提供的

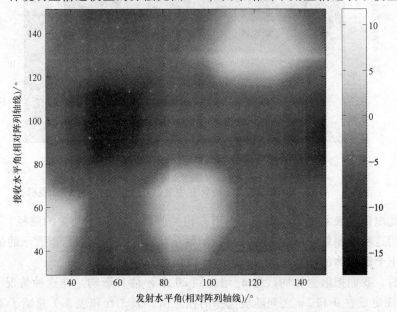

图 3.8　用 $\boldsymbol{\Omega}_{\mathrm{v,A}} \odot \boldsymbol{\Omega}_{\mathrm{v,A}}$ 表示的场景 A 中散射环境的图像（用 dB 表示）

散射场景 A 的图像。图中用 $\boldsymbol{\Omega}_{v,A} \odot \boldsymbol{\Omega}_{v,A}$ 表示为实际角度 θ_t 和 θ_r 的函数。我们可以观察到图中很好的表示了三个散射体。但是，由于角度分辨率较低（因为我们只有 8 根天线，所以理论上也不能获得更高的分辨率），因此原来是点状的散射体在图中被放大了。但是，去相关的假设使得被放大的每个散射体用独立的多个子散射体来表示。在这种情况下，虚信道模型使得信道比实际中的散射程度更丰富。如果我们优化了虚方向的选择，那么虚信道模型的性能会更好，但是仍然会比特征波束模型要差。特征波束模型根据 $\boldsymbol{R}_r$ 和 $\boldsymbol{R}_t$ 的先验信息选择出最优的左和右酉矩阵，因此特征方向对准了主要的散射体方向。相比之下，即使我们选择了最优的虚特征方向，一旦链路中每端的方向固定了，那么虚角度划分就固定了。图 3.9 描绘了散射场景 B 中的图像。虽然我们应该能观察到 9 个点分别对应 9 对 DoD-DoA，但是在图中我们只看到 4 个，这是因为

● 两个 DoA 基本相等（$\pi/4$ 和 $\pi/3$），对应着同样的虚接收波束；

● 两个 DoD 在角度分辨率上相差不足够大，因此对应的旁瓣重叠，从而得到两个扩大的散射点。

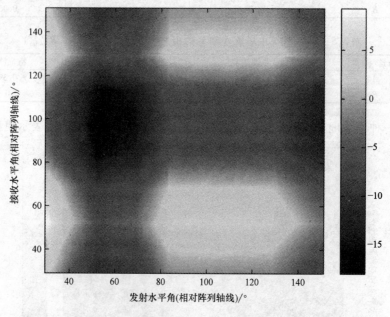

图 3.9　用 $\boldsymbol{\Omega}_{v,B} \odot \boldsymbol{\Omega}_{v,B}$ 表示的场景 B 中散射环境的图像（用 dB 表示）

因此虚信道表示模型的偏差是由于去相关假设（增加了独立的路径）造成的，可以利用这种模糊效应减少散射总路径的数量从而稍微补偿虚信道表示的偏差。

二十个散射体的模型比较

最后，我们把散射体的数量 n_s 增加到 20 来评估其影响。在这种情况下，DoA 和 DoD 固定成在 0 和 2π 之间随机选择的任意值。表 3.6 和表 3.7 总结了不同模型的结果。虚信道模型的补偿效应在这里更加明显，相关矩阵距离的误差减少了

11%。但是，相关矩阵距离的偏差不会随着天线数量的增加而减少，因为我们的信道违背了虚信道模型的假设（虚信道模型中假设了所有的散射体都位于 Tx 和 Rx 阵列之间，但是我们的信道中的 DoA 和 DoD 是在 0 和 2π 之间随机选择的），这也说明了虚信道模型的另一个缺陷。

表 3.6　场景 A 和 B 不同信道模型的 $\boldsymbol{\Psi}(\boldsymbol{R}, \boldsymbol{R}_{\text{model}})$

场景/模型	克罗内克	虚信道	特征波束
$A(2\times2)$	0.14	0.27	0.07
$B(8\times8)$	0.68	0.71	0.61
$B(2\times2)$	0	0.27	0
$B(8\times8)$	0	0.59	0

表 3.7　场景 A 和 B 的相关矩阵距离 $d_{\text{corr}}(\boldsymbol{R}, \boldsymbol{R}_{\text{model}})$

场景/模型	克罗内克	虚信道	特征波束
$A(2\times2)$	0.01	0.04	0.03
$B(8\times8)$	0.27	0.30	0.21
$B(2\times2)$	0	0.04	0
$B(8\times8)$	0	0.19	0

系统的观点得到的经验教训

在使用性能的观点而不是相关矩阵来比较相关瑞利衰落 MIMO 信道的几种简化模型，我们必须首先得到信道（场景 A 和 B，3 和 20 个散射体）和系统（2×2 和 8×8）的性能度量，在之前我们已经分析了这些信道和系统中相关矩阵的估计误差。

对于 2×2 系统，所有的模型的性能都较好，这也是能根据上面的分析推断出来的。例如，互信息的相对误差范围在 0~2% 之间。误差最大的情况是虚信道模型在三个散射体时（场景 A 和 B 中分别为 2.2% 和 2.5%）。

对于场景 A 中具有三个散射体的 8×8 系统（见图 3.10），克罗内克和特征波束模型在预测互信息上性能很接近，在 25dB SNR 时过低估计了约 3.5%。相比之下，在 25dB SNR 时虚信道模型过高估计了互信息大约 88%。这个结果可以直接从之前讨论的图像中看出来，因为虚信道表示模型倾向于把信道建模成比实际中具有

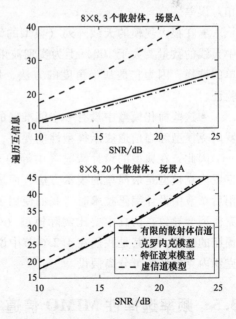

图 3.10　在两个 8×8 散射场景中不同模型的互信息与 SNR 的关系

更多独立多径，从而过高估计互信息。在场景 B 中结果与场景 A 中类似。当把离散的散射体数量从 3 增加到 20，克罗内克模型，特征波束和虚信道模型中互信息的相对误差在场景 A 中分别减少到 2、1 和 12%，在场景 B 中分别减少到 0, 0 和 10%。

如果我们使用有效分集测量作为性能度量，我们可以得到类似的结论。对 2 × 2 系统，所有三种简化模型基本性能类似，最大误差（14%）出现在 3 散射体信道的虚信道表示模型。对于 8 × 8 系统，所有的模型在场景 A 中都过高估计了有效分集测量，有时甚至超出了 100%，而在场景 B 中只有虚信道模型估计错误。同样的最大误差出现在虚信道模型中，虚信道模型在最坏的情况下过高估计了有效分集测量 3 ~ 4 倍（即对 8 × 8, 3 散射体信道 A）。

总的来说，我们可以看到在离散瑞利衰落散射体的信道中，对天线阵列大小在 2 ~ 8 之间，克罗内克和特征波束模型提供了很好的信道表示。在欧洲 COST 行动 273 框架 [Oez04，OCB05，Cor06] 中提供了更多有趣的结果。根据更多扩展的室内 MIMO 试验测试结果和一些系统性能度量（互信息，分集度，波束赋形增益），结果可以总结如下。

- 特征波束模型在评估互信息时性能很好，而克罗内克模型是一个可靠的替代方法，尤其是在空间分辨率有限的 MIMO 系统，例如 2 × 2 和 3 × 3 MIMO 系统（但是对 8 × 8 系统，其互信息相对误差仍然在 10% 以下，而在高相关时达到最大）。相对而言，虚信道表示方法在天线阵列较大时（例如 8 × 8）会得到远大于 10% 的相对误差。

- 在很大规模的天线阵列（典型的天线数量远大于 8，例如，大规模阵列天线中天线的数量要大于 100）上为实现波束赋形的目的，虚信道表示模型可能是最简单的选择，因为它是基于角度的方法，虽然在大规模天线阵列上目前没有进行过验证。

- 这些简化模型中没有一个能准确的得到分集测量。虽然特征波束模型要比克罗内克模型和虚信道表示模型性能要好，但是其误差仍然可能超过 100%。

因此，在典型的设计情况（中等的天线阵列大小），我们应该使用哪种模型？克罗内克模型是最简单的表示方法，而虚信道表示性能最差。这就解释了为什么在稍后章节中设计编码技术时，我们使用了克罗内克模型，但是我们应该注意克罗内克模型会导致在仿真中要比实际模型（例如在下一章中介绍的模型）中稍微低于预期的性能。尤其是我们在 4.2.6 节中说明了主流的仿真模型可能并不能完全符合克罗内克模型的可分离假设。

3.5　频率选择性 MIMO 信道

在第 2 章，我们已经用 $H_t[\tau]$ 表示为 MIMO 信道矩阵在时间-延迟域上更精简

的一种表示，

$$\boldsymbol{H}[\tau] = \sum_{l=0}^{L-1} \boldsymbol{H}[l]\delta(\tau - \tau_l) \tag{3.98}$$

式中，$\boldsymbol{H}[l] = \boldsymbol{H}_t[\tau]$。我们现在定义一种精简的矩阵表示：

$$\underline{\boldsymbol{H}} \triangleq [\boldsymbol{H}[0]\cdots\boldsymbol{H}[L-1]] \tag{3.99}$$

式中，$\underline{\boldsymbol{H}}$ 可以看成是 $n_r \times Ln_t$ 维的虚信道矩阵。L 个抽头中的每个抽头 $\boldsymbol{H}[l]$ 都用一个统计（平坦衰落）模型表示：

$$\boldsymbol{H}[l] = \sqrt{\frac{K_1}{1+K_1}}\overline{\boldsymbol{H}}[l] + \sqrt{\frac{1}{1+K_1}}\tilde{\boldsymbol{H}}[l] \tag{3.100}$$

式中，K_1 表示莱斯 K 因子，$\sqrt{K_1/(1+K_1)}\,\overline{\boldsymbol{H}}[l]$ 是相关部分，而 $\sqrt{1/(1+K_1)}\tilde{\boldsymbol{H}}[l]$ 是可变（瑞利）部分，其中的元素是空间相关循环对称复高斯随机变量。因此，$\underline{\boldsymbol{H}}$ 也可以分解成两个部分

$$\underline{\boldsymbol{H}} = \overline{\underline{\boldsymbol{H}}} + \tilde{\underline{\boldsymbol{H}}} \tag{3.101}$$

此外，我们可以引入空间-抽头相关矩阵 $\underline{\boldsymbol{R}}$，定义为

$$\underline{\boldsymbol{R}} = \varepsilon\{\mathrm{vec}(\tilde{\underline{\boldsymbol{H}}}^{\mathrm{H}})\,\mathrm{vec}(\tilde{\underline{\boldsymbol{H}}}^{\mathrm{H}})^{\mathrm{H}}\} \tag{3.102}$$

空间-抽头相关矩阵表示了每个窄带 MIMO 抽头内的空间相关性以及抽头间的相关性。

最后，式（3.41）描述的 AR 模型可以扩展到频率选择性信道中。为了得到回归等式，我们为了简化表示，假设信道是完全去相关，即，$\underline{\boldsymbol{R}} = \boldsymbol{I}_{Ln_t n_r}$。在这种情况下

$$\tilde{\boldsymbol{b}}_k = \underline{\boldsymbol{F}}\,\tilde{\boldsymbol{b}}_{k-1} + \underline{\boldsymbol{M}}\mathrm{vec}(\underline{\boldsymbol{H}}_w) \tag{3.103}$$

其中 $\underline{\boldsymbol{H}}_w$ 是大小为 $n_r \times Ln_t$ 维的零均值独立同分布循环复高斯矩阵，并且

$$\tilde{\boldsymbol{b}}_k = [\mathrm{vec}(\tilde{\underline{\boldsymbol{H}}}_k)^{\mathrm{T}}\mathrm{vec}(\tilde{\underline{\boldsymbol{H}}}_{k-1})^{\mathrm{T}}\cdots\mathrm{vec}(\tilde{\underline{\boldsymbol{H}}}_{k-p+1})^{\mathrm{T}}]^{\mathrm{T}} \tag{3.104}$$

$$\underline{\boldsymbol{F}} = \begin{bmatrix} \boldsymbol{E}(1) & \cdots & \boldsymbol{E}(p-1) & \boldsymbol{E}(p) \\ \boldsymbol{I}_{(p-1)Ln_t n_r} & & \boldsymbol{0}_{(p-1)Ln_t n_r \times Ln_t n_r} \end{bmatrix} \tag{3.105}$$

$$\underline{\boldsymbol{M}} = \begin{bmatrix} \boldsymbol{M}_0 \\ \boldsymbol{0}_{(p-1)Ln_t n_r \times Ln_t n_r} \end{bmatrix} \tag{3.106}$$

在空间-抽头相关存在时，式（3.103）中的第二项必须使用相关的形式来表示（类似于平坦衰落情况）。但是，必须考虑到 $\tilde{\boldsymbol{b}}$ 是根据 $\mathrm{vec}(\tilde{\underline{\boldsymbol{H}}})$ 定义的，而 $\underline{\boldsymbol{R}}$ 是根据 $\mathrm{vec}(\tilde{\underline{\boldsymbol{H}}}^{\mathrm{H}})$ 得到的。

3.6　MIMO 信道的多链路分析表示

多用户系统在不同的度量（例如在 3.1.4 节中定义的度量）下的性能界限是由接收相关矩阵的特征值结构确定的。为了测试 MU-MIMO 算法的性能，这些算法

必须在所有可能的信道子空间对齐中进行评估。假设所要信号的空间特征 $R_{r,0}$，干扰的特征值分布 Λ_i，SNRρ 和目标对齐 $\tilde{J}^\star$ 都已经给定了，正如式（3.29）中建模的，在［CBO$^+$02］中介绍的流程从给定的子空间对齐中得到了接收相关矩阵。

首先考虑干扰信道是确定性信道，问题就是找到矩阵 V 以满足 $\tilde{J} = \tilde{J}^\star$。可以证明当 $V = U$ 时 $\tilde{J} = 0$，而当 $V = \bar{U}$ 时，$\tilde{J} = 1$。因此，一种寻找矩阵 V 的方法是沿着从 U 到 $\bar{U}$ 的平滑酉曲线。这种曲线可以严格定义如下。令 Z 是酉矩阵。定义

$$P_{I \to Z}(s) = U_Z e^{js\Phi} U_Z^H, \quad 当 s \in [0,1], \tag{3.107}$$

式中，U_Z 和 Φ 是根据特征值分解 $Z = U_Z e^{j\Phi} U_Z^H$ 得到，其中 $\Phi = \mathrm{diag}\{\phi_1, \cdots, \phi_n\}$ 是对角矩阵，其中的元素是在（$-\pi, \pi$］间分布的相位角度。对于两个酉矩阵 Z_1，Z_2，我们可以定义

$$P_{Z_1 \to Z_2}(s) = Z_1 \cdot P_{I - Z_1^{-1} Z_2}(s), \quad 当 s \in [0,1], \tag{3.108}$$

很明显，这条曲线的端点是 $P_{Z_1 \to Z_2}(0) = Z_1$ 和 $P_{Z_1 \to Z_2}(1) = Z_2$。此外，$P_{Z_1 \to Z_2}(s)$ 对所有 $s \in [0,1]$ 都是酉矩阵。因此，干扰子空间可以用下式表示

$$V(s) = P_{U \to \bar{U}}(s) \tag{3.109}$$

并且 $\tilde{J}(s)$ 是连续函数。由于 $\tilde{J}(0) = 0$，和 $\tilde{J}(1) = 1$，这就保证了存在 $s^\star \in [0,1]$ 以满足 $\tilde{J}(s^\star) = \tilde{J}^\star$，且 $s^\star$ 的值可以通过二分法计算得到。然后通过 $V(s^\star)$ 建模了所要的信号子空间矩阵。

上述方法可以得到能满足所要目标的确定性矩阵 V。但是，可能存在着无数的可能解。为了抽样整个解空间，可以应用下面的算法来得到抑制同样干扰的不同子空间。

1. 随机产生一个酉矩阵 Z。

2. 计算 $\tilde{J}_Z = \tilde{J}(R_{r,i} = Z\Lambda_i Z^H)$。

3. 考虑曲线 $V(s) = \begin{cases} P_{U \to Z}(s) & \text{if } \tilde{J}^\star \le \tilde{J}_Z \\ P_{Z \to \bar{U}}(s) & \text{if } \tilde{J}_Z < \tilde{J}^\star \end{cases}$

并使用二分法在 $s^\star \in [0,1]$ 上寻找满足 $J(s^\star) = \tilde{J}^\star$。

4. 返回 $V(s^\star)$ 作为随机产生的干扰子空间。

第 4 章　性能评估中使用的实际 MIMO 信道模型

第 3 章的主要目的是得到 MIMO 信道的分析表达式，从而可以在设计智能天线技术中使用信道的分析表达式。信道建模的第二个目的是在特定环境下仿真实际天线阵列中信号处理技术的性能。在这一章中，我们将讨论很多实际的信道模型以及在标准化中经常使用的信道模型。通过比较，我们着重于这些模型各自的主要优缺点，并确定出信道模型所需的假设和输入参数。

4.1　电磁波模型

4.1.1　基于射线的确定性模型

在建模由于大气对流层和地形造成的折射和衍射中一直使用全波的抛物型积分方程模型。另一种方法是使用射线方法，已经广泛应用在移动陆地信道建模中。只要电磁波的波长比障碍物的大小要小，我们可以把每个分量当作一条射线，或更一般化当作一个窄波束。因此，可以借助几何光学的扩展来描述电磁波的传播机制。最基本的问题是如何计算在接收机接收到的窄带电磁场，包括幅度，相位和极化。电磁场可以认为是一个复向量，是由包括由于镜面反射造成的直接分量，通过障碍造成的折射和传输，以及这些机制的多重组合而叠加而成的。注意射线追踪方法通常只支持四种分量类型：直视分量，通过障碍物传输的分量，单个和多个反射和折射的分量。由于散射分量是非相干的（相位不是确定性的），因此射线追踪方法很难处理散射分量（波长不比障碍物表面的粗糙程度小），因此可以认为与镜面反射分量相比散射分量很小，从而忽略散射分量。

LOS 分量是由发射的电磁场组成，电磁场依次通过：
- 由发射天线的辐射方向图进行加权；
- 通常经过自由空间传输损耗进行衰减，可能还会经过障碍物衰减；
- 相对波长的 LOS 路径的相对长度进行相位偏移；
- 在接收终端的辐射方向图进行加权和极化失配。

反射和衍射分量的计算与 LOS 分量的计算类似，考虑到了路径的总长度，以及用复反射和衍射系数的方法考虑镜面反射和衍射 [ANM00，OCRVJ02，MPM90]。

虽然射线追踪技术是在多天线系统出现之前就用在信道传播中，但是基于射线的方法本质上是多维度的（双方向性，对极化方向敏感并包括信道动态）。根据 2.2 节中的讨论可以直接获得 MIMO 信道矩阵的预测。

就射线追踪方法的精度而言，下面四个方面至关重要：

- 最新的高分辨率的数据库；
- 高效的计算技术，以实现快速跟踪发射机和接收机之间的所有路径，从而获得足够阶次的反射和衍射（在［AN00］中的研究建议要考虑最多七次连续的反射和双衍射，虽然五次反射和单次衍射可能是在性能和复杂性中较好的折中）；
- 移动物体的建模，例如小汽车和公共汽车［FMK$^+$06］；
- 所有障碍物和材料准确的电磁特性参数信息。

4.1.2　多极化信道

由于本质上具有多维度特性，例如射线追踪方法的电磁模型同样提供了散射去极化模型。因此，可以证明在给定障碍物和入射方向时，存在两个正交极化方向的入射场，分别用 h（hard，硬）和 s（soft，软）来表示，入射场是没有进行去极化的反射/衍射。这些方向称之为障碍物体的特征极化方向。

对于镜面反射的情况，特征极化的方向分别是用与入射平面（即包含入射波和表面法线的平面）平行的单位向量（硬）和与入射平面垂直的单位向量（软）来表示。当入射波的极化方向是这两个方向中的一个，入射波会进行不去极化的反射，反射系数是由经典菲涅耳系数确定。当入射波的极化方向与这两个方向不同，入射波将去极化，即它发射后的极化方向会与反射之前的极化方向不同（参考［MPM90］中更详细的介绍）。而对于衍射，基于两个衍射系数 D_h 和 D_s，两个特征极化方向的存在对衍射的极化方向有类似的影响。

在两种情况下，只要入射极化方向与特征极化方向不同，会导致入射极化转变成交叉极化。此外，当入射极化与基本方向相同，还需要注意另一个效应：正交同极化分量可能不会经历同样的散射系数，从而导致同极化失衡。例如，在垂直的墙之间连续的反射会更多的衰减水平极化波而不是垂直极化波。扩散散射机制中去极化如何？正如之前提过的，射线追踪工具不能考虑粗糙表面的散射。但是，粗糙散射体的去极化特性该如何描述？通常来说，粗糙散射体的特点是没有主方向，这样会导致任何入射的极化方向出现串扰。尤其是随机表面（例如，表面的粗糙程度可以用高斯统计量来很好的近似时），但是仍然可以把散射系数建模成入射/散射角度和表面特征的函数［Ish98］（这种建模不在本书的讨论范围内）。

4.2　基于几何的随机模型

基于几何的模型是使用基于射线简化的方法获得信道的随机模型。但是，这种方法不能很精确地建模环境，而是通常把散射体的散射特性建模成复高斯变量，只

用一个空间分布来描述。根据这个空间分布，人们提出了一些模型，但是在所有的模型中，任何发射和接收天线之间的信道可以表示为

$$h = \lim_{n_s \to \infty} \sum_{k=0}^{n_s-1} e^{-jks'_k} g_r^*(\boldsymbol{\Omega}_{r,k}) \Gamma_k g_t(\boldsymbol{\Omega}_{t,k}) e^{-jks_k} \tag{4.1}$$

式中，g_t 和 g_r 是发射/接收天线在发射/接收波方向上的复标量幅度增益；s_k 是发射天线到第 k 个散射体的路径长度；s'_k 是从第 k 个散射体到接收天线的路径长度；Γ_k 是第 k 个散射体的复散射系数。

4.2.1　单环模型

　　单环模型是一个很常见的基于几何的随机模型，它是在 [SFGK00] 中针对 MIMO 系统中提出的。它用一个位于移动终端（MT）附近的单反射散射体来表示瑞利衰落信道。当基站（BS）非常高，并且没有被局部散射障碍阻挡时，这个模型近似接近真实情况。为了便于表示，我们分别把发射机和接收机假设位于移动终端和基站（即我们考虑上行场景）。散射环的半径表示为 ρ，从发射机到接收机的距离表示为 R，并且比率 R/ρ 表示

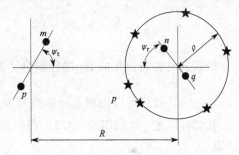

图 4.1　单环模型

为 Δ（见图 4.1）。单环模型从根本上说也是射线追踪模型，它使用了下列假设。

* 每个实际的散射体是用位于散射环上同一个角度上对应的有效散射体来表示。假设有效散射体均匀分布在圆环上，并且用随机相位 $\Psi(\Theta_r)$ 表示散射特性。所有的散射体都是全向的。统计上，$\Psi(\Theta_r)$ 建模成在 $[0, 2\pi)$ 上均匀分布，并且在上独立。散射环的半径是由微蜂窝信道延迟扩展的均方根（RMS）延迟扩展确定的，因为 τ_{RMS} 与 ρ 成正比。
* 没有直视路径存在，只考虑由有效散射体反射依次的路径。
* 所有路径的幅度相等。

　　命题 4.1　基于上面的假设，并进一步假设 Δ 足够大，单环模型的相关矩阵 $\boldsymbol{R}$ 可以用下式来近似

$$\varepsilon[\boldsymbol{H}(n,m)\boldsymbol{H}^*(q,p)] \approx \exp[-j2\pi\cos\psi_t D_{mp}/\lambda]$$

$$J_0\left(2\pi/\lambda \sqrt{\left(\frac{\sin\psi_t D_{mp}}{\Delta} + \sin\psi_r D_{nq}\right)^2 + (\cos\psi_r D_{nq})^2}\right) \tag{4.2}$$

式中，D_{mp} 是天线 m 和 p 之间的间距。

　　证明：根据式（2.39），我们可以得到

$$\boldsymbol{H}(n,m)\boldsymbol{H}^*(q \cdot p) = \sum_{\Theta_t, \Theta_r} e^{-j[s_m(\Theta_t)-s_p(\Theta_t)]} e^{-j[s_n(\Theta_r)-s_q(\Theta_r)]} \tag{4.3}$$

上式中的指数部分是信道 (n, m) 和 (q, p) 之间的路径长度差。路径长度差可以根据简单的几何关系得到

$$(s_m - s_p) + (s_n - s_q) = \frac{2\pi}{\lambda} \big[D_{mp} \cos(\psi_t - \Theta_t) + D_{nq} \cos(\psi_r - \Theta_r) \big]$$

$$= \frac{2\pi}{\lambda} \big[D_{mp} (\cos\Theta_t \cos\psi_t + \sin\Theta_t \sin\psi_t)$$

$$+ D_{nq} (\cos\Theta_r \cos\psi_r + \sin\Theta_r \sin\psi_r) \big]$$

注意 Θ_t 和 Θ_r 明显是相关的，因为单环模型只有单反射存在。因此，式（4.3）只需要对均匀分布的 Θ_r 进行求和。此外，如果 Δ 足够大，Θ_t 和 Θ_r 可以近似为

$$\sin\Theta_t \approx \Delta^{-1} \sin\Theta_r$$

$$\cos\Theta_t \approx 1 - \frac{1}{4\Delta^2} + \frac{1}{2\Delta^2} \cos 2\Theta_r \approx 1$$

最后，对均匀分布的 Θ_r 进行积分，并利用 $\frac{1}{2\pi} \int_0^{2\pi} \exp(jx\cos\Theta + jy\sin\Theta) d\Theta = J_0$ $(\sqrt{x^2 + y^2})$，我们可以把相关矩阵改写为式（4.2）。

我们可以进一步利用式（4.2）得到发射和接收相关 t 和 r，分别令 D_{nq} 或 $D_{mp} = 0$，即

$$t = \exp\big[-j2\pi\cos\psi_t d_t / \lambda \big] J_0 \left(2\pi/\lambda \, \frac{\sin\psi_t d_t}{\Delta} \right) \tag{4.4}$$

$$r = J_0 (2\pi/\lambda d_r) \tag{4.5}$$

令 $d_t = D_{mp}$ 和 $d_r = D_{nq}$。我们可以观察到 r 与天线阵列的朝向无关，当间距 $d_r \approx 0.38\lambda\Delta$ 时接近 0（见 2.3.1 节）。另一方面，在所有情况下发射相关（对应 BS 端）减少的更加慢，因为式（4.4）中的间距除以了 Δ。例如，对垂射天线阵列朝向（$\Psi_t = \pi/2$），当 $d_t \approx 0.38\lambda\Delta$ 时发射相关等于 0（记住 $\Delta \geq 1$）。此外，对 $\Psi_t = 0$，t 的幅度等于 1，并不随着 d_t 的改变而变化（同样参考 2.3.1 节）。

式（4.2）的最后一个需要注意的：D_{nq} 和 D_{mp} 不一定是正的距离。D_{nq} 和 D_{mp} 的符号反映了 n 可以比 q 小或者比 q 大（同样对于 m 和 p 也成立），因此 $D_{nq} = -D_{qn}$ 和 $D_{mp} = -D_{pm}$。虽然天线可以随意排列编号，但是阵列必须用同样的方式编号（例如，按图 4.1 所示从上往下编号）。

在［Ak02］中考虑了在 MT 处的角度扩展有限时，通过使用 DoA 服从在中央方向 μ 周围服从 Von Mises 分布从而扩展了单环模型，可以得到

$$p\Theta_r(\Theta_r) = \frac{\exp\big[\kappa\cos(\Theta_r - \mu) \big]}{2\pi I_0(\kappa)} \tag{4.6}$$

式中，κ 控制了接收角度扩展，κ 分布在 0（全向散射，完全单环）和 ∞（极端方向性散射）之间。相关性式（4.2）可以表示为

$$\varepsilon\{\boldsymbol{H}(n,m)\boldsymbol{H}^*(q,p)\} \approx \frac{\exp[j2\pi\cos\psi_t D_{mp}\lambda]}{I_0(\kappa)}$$

$$I_0\left(\sqrt{\kappa^2 - \frac{(\sin\psi_t D_{mp}/\Delta + \sin\psi_r D_{nq})^2 - (\cos\psi_r D_{nq})^2}{(\lambda/2\pi)^2}}\right) \qquad (4.7)$$

很容易就可以证明当 $k=0$ 时，式（4.7）退化到式（4.2）。此外，2.3.1 节已经讨论了 k 的影响。

4.2.2 双环模型

基于双环的模型是为了处理比单环模型更复杂的情况提出的。对称双反射模型考虑了发射机和接收机周围都有一个局部散射环的情况，如图 4.2 所示。这个模型看来似乎更加适合于室内端到端传输的场景，因为发射机和接收机都位

图 4.2 双环模型（对称）

于类似的高度。这个模型的主要缺点是信道系数可能不是复高斯变量。时域衰落分布实际上取决于模型中的散射相互影响和移动场景：

● 如果所有可能的路径使用了所有可能的 Tx-Rx 散射体对（即在 Tx 周围的散射的所有路径同样被所有的 Rx 周围的散射体散射），并且链路的两端都是移动的，信道矩阵元素的幅度 s 实际上服从双瑞利分布式（3.38）（如果链路两端只有一端移动，信道在时间上仍然是瑞利衰落）。

● 如果 Tx-Rx 散射体中的任何一对只使用了一次（即每个 Tx 的散射路径只被一个 Rx 散射体反射），并且至少链路两端有一端是移动的，信道幅度服从瑞利分布。

● 在混合移动-移动场景中（有一些路径是第一类，其他路径是第二类），信道可能服从部分瑞利，部分双瑞利衰落，可以用下面的概率密度函数［BOCP09］来表示

$$p_s(s) = s\int_0^\infty \frac{\alpha\omega}{4\alpha + \omega^2} e^{\frac{(\alpha-1)\omega^2}{4\alpha}} 4J_0(s\omega)\,d\omega \qquad (4.8)$$

α 表示从瑞利（$\alpha=0$）到双瑞利衰落（$\alpha=1$）的过渡。

4.2.3 混合椭圆环模型

这个模型［OEP03］的目标是得到 MIMO 信道的表达式，从在特定范围内已知抽头-延迟分布 $P(\tau)$ 和用户终端处的角度扩展开始。在给定范围 R^* 内的功率-延迟分布是由 L 个抽头组成，每个抽头是用一个相对于第一个抽头功率的相对平均功率 β_1，相对延迟 τ_1 和 K 因子 K_1（可能等于 0）来表示。

在大多数经验抽头-延迟线模型中（例如在 4.3 节介绍的模型），除了第一个抽头之外的抽头幅度 $|h(t,\tau_1)|$ 可以认为服从瑞利分布。当存在较强的占主导的分量时，第一个抽头服从莱斯分布，例如，在直视或准直视链路中。

因为在宏蜂窝场景中的散射机制大多是二维过程，由散射造成的具有相同延迟的回波都位于一个椭圆上，椭圆的焦点分别是发射机和接收机的位置。因此，任何抽头-延迟分布可以在空间上用有限的 L 个椭圆集合来表示，每个椭圆包含 S_1 个散射体。假设这个模型只对 LOS 或准 LOS 链路有效，第一个椭圆退化成链路轴线。考虑到链路两端的全向天线，第 l 个抽头可以表示为相关分量 $\overline{h}(t,\tau_1)$ 和瑞利分量 $\widetilde{h}(t,\tau_1)$ 的和，即

$$h(t,\tau_1) = \overline{h}(t,\tau_1) + \widetilde{h}(t,\tau_1) \tag{4.9}$$

瑞利分量可以表示为

$$\widetilde{h}(t,\tau_1) = \frac{\lambda}{4\pi R_1^{\eta/2}} \sum_{m=0}^{S_1-1} g_r(\Theta_{r,lm}) \Gamma_{lm} e^{j\phi_{lm}} g_t(\Theta_{t,lm}) \tag{4.10}$$

式中，g_t 和 g_r 分别是发射和接收天线场方向图，$R_1 = c\tau_1 + R$ 是对应第 l 个椭圆的路径长度，η 是路损指数，$\Gamma_{lm} \exp(j\Phi_{lm})$，$\Phi_{t,lm}$ 和 $\Phi_{r,lm}$ 分别是在第 l 个椭圆上第 m 个散射体的复反射系数，DoD 和 DoA。这里的相关分量对应沿着链路轴线的传播，并且当 $K_0 > 0$，$l = 0$ 时

$$\overline{h}(t,\tau_1) = g_t(\pi/2) g_r(\pi/2) \frac{\lambda}{4\pi R^{\eta/2}} \tag{4.11}$$

而当 $K_0 = 0$ 或 $l \geqslant 0$ 时，$\overline{h}(t,\tau_1) = 0$。

为了得到信道的几何表达式，椭圆的大小和在任何范围 R 的散射体数量 S_1 可以根据输入参数 $\{\beta_1, \tau; l = 0, \cdots, L-1\}$ 和对应参考范围的 K_0 得到。散射体数量值的集合 $\{S_0, \cdots, S_{L-1}\}$ 与最大 BS-MT 距离 R^* 有关，相对 R^* 表示为 $\{S_0^*, \cdots, S_{L-1}^*\}$。

基于上面的假设，散射体均匀分布在椭圆上，因此参考范围的信道冲激响应应服从所需要的功率-延迟分布。这些信道是对称的，因此从基站看到的角度-延迟与用户看到的角度-延迟是一样的。但是，对散射体的空间分布来说，具有相似功率-延迟分布的宏蜂窝通信链路可能有很大的区别。更具体的说，基站和移动终端相对高度差会导致在基站和终端处的角度-扩展具有差别。与基站不同，因为终端处高度更低，倾斜波束宽度更大，移动终端可以看到更多数量的散射体。为了把这些影响考虑进来，同时引入了两个局域环：

- 例外区域，表示在 BS 附近没有散射体的区域（半径 R_B），
- 围绕在 MT 附近的圆环（半径 R_M），并且是从第一个椭圆的估计数量的散射体中取得 $S_0'(\leqslant S_0)$ 个散射体组成的子集，这样是为了保证两者具有相同的抽头-延迟分布。

在参考范围的局部散射比率（LSR）定义为 S_0'/S_0^*，即在 MT 附近的局部散射体数量与对应第一个椭圆（即围绕在 MT 附近并且沿着 MT 和 BS 的轴线的椭圆）的散射体数量之比。局部散射比率为 0 和 1 分别对应在高度方向性散射的贫瘠多径环境中的 MT 和在全向散射富多径环境中的 MT。因此，LSR 与 MT 处的水平角度扩展直接相

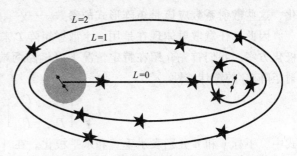

图 4.3　结合具有三个椭圆和一个局部散射环的混合椭圆-环形模型（例外区域的大小和圆环的大小进行了放大以更清楚的显示）

关。图 4.3 给出了这个模型在 $L=2$ 时的示意图。在［OEP03］中更详细完备的介绍了这个模型。

4.2.4　椭圆和圆形模型

上面描述的基于几何的模型都假设散射体随机位于椭圆或圆环形上。此外还有别的方法是把散射体分布在一个区域内，即用散射概率密度函数来描述散射体的分布。根据区域的形状不同，我们可以得到椭圆或圆形模型。这两个模型都使用了和所有基于几何的模型一样的假设，即

- 只在二维平面上传播；
- 假设散射体是全向重辐射元件；
- 只考虑单次散射。

在椭圆模型［LR96］中，散射体是均匀分布在椭圆内，椭圆的焦点分别对应发射机和接收机，因此所有椭圆的延迟都相同。这个模型主要用于微蜂窝传播，在微蜂窝中多径起源于链路中的两端。椭圆的大小与最大扩展时延 τ_{max} 直接相关。在 τ_{max} 和信道 RMS 延迟扩展 τ_{RMS} 之间也有直接联系［ECS$^+$98］。

圆形模型［PRR02］是单环模型的扩展，散射体不再是分布在圆环上而是分布在整个圆环内部局域。作为单环模型的一种，圆形模型更适合于宏蜂窝传播，宏蜂窝中基站和移动终端的局部环境中有着很强的非对称性。注意椭圆和圆形模型中可以定义路损指数，因此具有较大延迟的散射体也会受到较大的衰减。在 4.2.1 和 4.2.2 节中介绍的模型中则没有这个特性。最后，在［ER99］中可以找到详细推导联合 DoA-ToA 分布的过程。

4.2.5　基于几何的模型扩展到双极化信道

在上面详细介绍的基于几何的模型中，散射系数（例如式（4.1）中的 Γ_k）是一个标量参数（通常用一个复高斯分布来建模）。为了考虑不同的发射/接收极

化，这些散射系数应该是矩阵形式的参数。

因此，任意散射体现在是用一个散射矩阵 Γ 来描述，散射矩阵取决于所选用的极化方案。我们首先介绍在特定情况下（链路两端都使用垂直-水平极化方案）散射矩阵 Γ_0 的统计特性，

$$\Gamma_0 = \begin{bmatrix} \Gamma_{vv} & \Gamma_{vh} \\ \Gamma_{hv} & \Gamma_{hh} \end{bmatrix} \tag{4.12}$$

式中，下标 v 和 h 分别表示垂直和水平极化。在［OEP04］中提出了这个矩阵的一种模型，其中下行场景中的有效散射矩阵（即对应不同聚集的实际路径）是针对在城市环境 2.5GHz 频率上不同的发射和接收位置。这个模型更一般化的形式如下：

1. Γ_{vv} 是复高斯分布，此外满足 $|\Gamma_{vv}| \leq 1$。

2. Γ_{hh} 可以表示为 Γ_{vv} 的相移和幅度衰减的形式。

$$\Gamma_{hh} = \Gamma_{vv} \sqrt{\mu\chi} e^{j\epsilon} \tag{4.13}$$

式中，ε 是零均值随机变量，μ 是在垂直和水平散射幅度之间的增益失衡。这个增益失衡是由于主要的传播机制造成的，例如墙面波导（即由于垂直墙面的反射）和水平楔形造成的屋顶衍射都具有极化选择性，对垂直极化波的衰减相比水平极化波更小（见 4.1.2 节的讨论）。

3. Γ_{hv} 和 Γ_{vh} 与 Γ_{vv} 和 Γ_{hh} 成同样比例，比例因子表示为 $\sqrt{\chi}$。

$$\Gamma_{hv} = \Gamma_{vv} \sqrt{\chi} e^{j\phi} \tag{4.14}$$

$$\Gamma_{vh} = -\Gamma_{hh} \sqrt{\chi} e^{j\phi} \tag{4.15}$$

式中，ϕ 独立均匀分布在 $[0, 2\pi)$ 上。

直觉上，量 χ 是与每个散射机制造成的交叉极化率有关，即在与入射极化方向正交的极化方向上重传功率的比率有关，量 μ 是考虑到水平极化通常相对垂直极化具有更高的传播路径损耗而引入的。定量的分析，ϵ 的标准方差是 0.3 弧度，而 μ 和 χ 服从对数正态分布，均值分别是 - 8dB 和 - 13dB，标准方差是 0.5［OEP04］。必须注意虽然我们在 3.3 节中使用了同样的符号表示 μ 和 χ，但是这两个地方的变量并不是一样的。在本节中，它们是表示矩阵散射系数 Γ_0，而在 3.3 节，它们建模了共址天线的全局窄带双极化信道矩阵。这两个模型有一定的联系，因为窄带信道（在 3.3 节中的模型）正好是本节中建模的所有散射分量的和。

根据散射矩阵 Γ_0，可以直接得到对应任意双极化方案 $(\xi, \pi/2 - \xi) \rightarrow (\gamma, \pi/2 - \gamma)$ 的散射矩阵 Γ，ξ 和 γ 分别表示在发射端和接收端相对垂直方向的一个极化角度（另一个极化方向分别是 $\pi/2 - \xi$ 和 $\pi/2 - \gamma$）。散射矩阵 Γ 可以表示为

$$\Gamma = \begin{bmatrix} \cos\gamma & -\sin\gamma \\ \sin\gamma & \cos\gamma \end{bmatrix} \Gamma_0 \begin{bmatrix} \cos\zeta & -\sin\zeta \\ \sin\zeta & \cos\zeta \end{bmatrix}^T \tag{4.16}$$

同样在［SZM$^+$06］中还提出另一个模型，使用基于几何模型的形式。最后，

在 [QOHD10] 中提出了一种基于广泛测量的完全参数化模型。这个模型也包括在
COST 2100 模型中（见 4.4.5 节）。

4.2.6　基于几何的信道模型的克罗内克可分离性

正如之前提到的，分析模型只是需要用实际数据源（数据或模型）来参数化
的符号表达式。从某种意义上说，给定的分析模型可能不能表示一个实际模型。例
如，我们考虑非常常用的克罗内克模型的悖论。在很多情况下，大多数典型情况下
都用克罗内克可分离性来表示信道，不管实际的传播机制和天线阵列。那么对于基
于几何的模型是否仍然成立？换而言之，这些基于几何的模型是否仍然具有克罗内
克可分离性。

大多数论文使用引用克罗内克模型 [CKT98，SFGK00，YBO⁺01，KSP⁺02，
CTKV02，YBO⁺04] 作为解释。但是，在 [CKT98，CTKV02] 中的目的主要是为
了简化信道矩阵的表示，并且基于 s_1 和 r_t 的后验仿真。在 [SFGK00] 中的讨论时
基于上节中介绍的单环模型。在 [SFGK00] 中没有实际证明对任意天线阵列配置
单反射基于几何的信道模型适合用克罗内克结构来表示。同样在 [YBO⁺01，
YBO⁺04] 的实验结果中也无法证明这一点。现在的问题是很多基于几何的模型
（或实验结果）都假设链路一端具有较大的天线间距（即，在链路一端的天线相关
性较低），这是天线阵列配置的一种特别情况。因此克罗内克模型通常是可用的，
但是必须在这些特定的天线配置情况下。最后，[KSP⁺02] 中错误的宣称只需要
满足第一个数学条件。命题 3.1 指出第一个条件是必要但不充分条件。

当有些 DoD 与特定 DoA 唯一耦合时会发生什么？很显然，这时的联合方向功
率谱不再是可分离的，除非所有的 DoD（或 DoA）是一样的。但是，克罗内克表
达可能仍然是近似表示信道相关性的非常好的方法。如果在瑞利衰落信道⊖中有具
有很强功率的唯一耦合传播模式，并且链路至少有一端的天线间距足够大以保证天
线阵列的天线相关性较低，此时的信道相关性符合克罗内克结构。这个条件要求天
线间距足够大，因此这是比在链路该端消除天线相关性更强的条件。我们用一些例
子结合上面介绍的基于几何的模型来说明这一点。

第一个例子是单环模型，2×2 上行系统和垂射天线阵列配置。发射天线是间
距为 d 的全向天线，而接收天线（也就是在基站/接入点）是间距为 D 的全向天
线。当圆环的半径比发射-接收距离要小的多的时候，通过计算式（4.2）的均值
可以得到不同的相关系数为

$$r = J_0 \left[\frac{2\pi}{\lambda} D/\Delta \right]$$

⊖　这就意味着链路两端的角度扩展不会接近 0。事实上，如果链路一端的角度功率谱只能用函数来近
　　似时（因此，在这一端的角度扩展等于 0），自动满足命题 3.2 的条件。因此链路一端具有很小的角
　　度扩展的信道可以很好的用克罗内克模型来表示。

$$t = J_0 \left[\frac{2\pi}{\lambda} d \right]$$

$$s_1, s_2 = J_0 \left[\frac{2\pi}{\lambda} (D/\Delta \pm d) \right] \tag{4.17}$$

式中，Δ 是圆环半径与发射-接收距离之比。

尤其是，当 $d = D/\Delta = 0.38\lambda$ 时，发射和接收相关性等于 0（见图 2.4），但是信道间相关 s_1 和 s_2 分别等于 -0.24 和 1。很明显这就违背了克罗内克模型的乘积假设。但是，如果 d 足够大，t，s_1 和 s_2 趋近于 0，而与 D 和 r 的值无关。当 D 足够大的时候，同样有这样的趋势。因此，链路两端至少有一端的天线间距较大就能得到符合克罗内克结构的信道（对于任意朝向的 $n_r \times n_t$ 系统都能得到同样的结论）。这个结论还有一个间接的含义：发射机和接收机的零相关性并不是单环信道矩阵趋近 H_w 的充分条件，在链路两端选择较大的天线间距是信道矩阵元素之间统计独立的充分条件。此外还可以观察到如果 $\Delta = 0$，接收角度扩展为 0，导致 $r = 1$，s_1，$s_2 = t = rt$。这种单环模型的特殊情况可以很好的用克罗内克假设来表示（这种情况实际上完全符合命题 3.2 中的条件）。

第二个例子考虑更复杂的在 2×2 下行系统垂射天线阵列中使用合并椭圆-圆环模型。同样，发射天线是间距为 D 的全向天线，接收天线是间距为 d 的全向天线。参考范围 7km 的典型瑞利衰落功率-延迟分布（IEEE 802.16m 模型 4 [Eea01]，见表 4.2）仿真了 4km 范围，局部圆环位于接收机为圆心半径为 30m，$D = 40d$。估计了局部散射比率为 0.7 的相关性。在图 4.4 中，我们观察到克罗内克近似是在对角相关 s_1 和 s_2 之间的平均，并且方差要比在单环模型中的要小。同样，对 $d > \lambda$，克罗内克模型预测到信道间相关（绝对值）相对于实际的相关性减少。由于合并

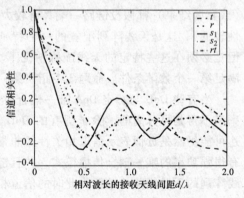

图 4.4　信道相关性（包括克罗内克
近似 s_1 和 s_2 等于 rt）与天线间距

了单环和不同的散射椭圆（一个 DoD 可能对应不止一个 DoA），因此这种基于几何的合并模型看上去更适合用克罗内克近似来表示（虽然也不是完备的表示）。

上述的讨论和例子有助于我们理解克罗内克模型的悖论：除非克罗内克模型是严格有效（对任意天线间距都完全有效），但是克罗内克模型只对低相关信道（至少链路两端有一端符合低相关）中近似有效。但是，由于其在任意相关条件下的精度，克罗内克模型被广泛使用。DoD 和 DoA 间的耦合越大，对角相关性的近似越差。这就给我们带来了最后一个问题：克罗内克模型带来的误差有多重要？这个问题的答案并不直接，因为它取决于选择的输出或性能参数。3.4.4 节给出了一些

不同的答案，在［Oez04，OCB05］中也对这个问题进行了研究，其中全面比较了三种简化分析信道模型和测量的数据。结论是在下面条件之一满足时（这些条件并不是互相排斥的），克罗内克模型可以用来建模高斯 MIMO 信道：

- DoD 和 DoA 非耦合（同样包括在链路一端具有很小的角度扩展的情况）；
- 考虑的是有限大小的天线阵列，典型的天线阵列要比 2 或 3 小，虽然使用 8×8 天线阵列也不会导致巨大的误差；
- 链路中一端的天线（通常在基站端）间距足够大，在这一端可以认为非相关。

在所有其他场景（包括具有更大更紧密的天线阵列的 MIMO 系统，其信道的特征是 DoD-DoA 耦合），克罗内克模型在很多情况下仍然能满足性能需求。考虑到这种模型的简单性，因此克罗内克表示被认为是在设计空时编码时非常折中的一种模型。但是，应该意识到在性能仿真中使用信道模型时，实际的信道可能不符合克罗内克结构，因此在设计和仿真环境中存在着不匹配：换而言之，用来仿真某个空时编码方案的信道模型可能不能体现出用来设计空时编码时使用的信道表示结构。

4.3　经验信道模型

经验模型是基于实验结果。经验模型把抽头-延迟线概念推广到方向域，或者把抽头-延迟线和具有规定参数的基于几何的模型结合在一起。因此，很难基于这些模型设计一个空时码（或其他 MIMO 信号处理）。但是，这些模型在后验仿真中非常有用。这些模型也构成了一些在标准中使用的信道模型的基础。

4.3.1　扩展 Saleh-Valenzuela 模型

在［SV87］中，提出了一种用于室内场景的非方向传播抽头-延迟模型。实验中发现多径是按散射体组成组或簇到达。在［SJJS00，WJ02］中，进一步发现在角度域也能观察到成簇的现象。因此提出了下列信道冲激响应模型：

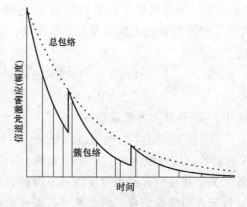

$$h(t, \tau, \Theta_t, \Theta_r) = \sum_{l=0}^{L-1} \sum_{k=0}^{K-1} \alpha_{kl} \delta(\tau - \tau_l - T_{kl})$$
$$\delta(\Theta_t - \Theta_{t,l} - \varpi_{t,kl}) \delta(\Theta_r - \Theta_{r,l} - \varpi_{r,kl})$$

$$(4.18)$$

式中　τ_l，$\Theta_{t,l}$ 和 $\Theta_{r,l}$ 分别是第 l 个簇的到达时间（ToA），DoD 和 DoA，而 T_{kl}，

图 4.5　平均簇幅度和簇内径幅度的指数衰减示意图

$\varpi_{t,kl}$ 和 $\varpi_{r,kl}$ 是在第 l 个簇内第 k 条径的相对 ToA，DoD 和 DoA。图 4.5 说明了这种双重指数衰减。

变量 τ_l 和 T_{kl} 用独立的到达间隔概率密度函数来描述，

$$p(\tau_l \mid \tau_{l-1}) = \upsilon \exp[-\upsilon(\tau_l - \tau_{l-1})] \tag{4.19}$$

$$p(T_{kl} \mid T_{(k-1)l}) = \upsilon \exp[-\Upsilon(T_{kl} - T_{(k-1)l})] \tag{4.20}$$

式中，根据定义，$\tau_0 = 0$ 和 $T_{0l} = 0$。角度变量 $\Theta_{t,l}$ 和 $\Theta_{r,l}$ 建模成均匀分布在 $[0, 2\pi)$ 上，而相对角度 $\varpi_{t,kl}$ 和 $\varpi_{r,kl}$ 在实验中发现服从双边拉普拉斯分布。

$$p_{\varpi}(\varpi) = \frac{1}{\sqrt{2}\sigma_{\varpi}} \exp[-|\sqrt{2}\varpi/\sigma_{\varpi}|] \tag{4.21}$$

式中，σ_{ϖ} 是角度标准方差。多径 $\alpha_{k,l}$ 是复高斯变量，多径相对于第一条路径的平均功率为

$$\frac{\varepsilon\{|\alpha_{kl}|^2\}}{\varepsilon\{|\alpha_{00}|^2\}} = e^{-\tau_l/\Gamma} e^{-T_{kl}/\gamma} \tag{4.22}$$

式中，Γ 和 γ 是簇和径的功率-延迟时间常量。表 4.1 列出了模型参数的典型值。

表 4.1　扩展 Saleh-Valenzuela 模型的典型参数

参　　数	实验值[SJJS00]	实验值[SV87]
Γ[ns]	35 ~ 80	60
γ[ns]	30 ~ 80	20
$1/\Upsilon$[ns]	17	300
$1/\upsilon$[ns]	5 ~ 7	5
σ_{ϖ}[度]	22 ~ 26	—

4.3.2　SUI 信道模型

斯坦福大学（SUI）信道模型最初是为在 2.5GHz 的固定无线接入网络提出的 [Eea01]。SUI 模型是典型的抽头-延迟线模型，并且具有规定的包络天线相关系数[⊖]。链路两端的天线假设是全向天线，Tx 和 Rx 的距离是 7km。多普勒谱假设是由下式决定

$$\begin{aligned} S(v) &= 1 - 1.720(\nu/\nu_m)^2 + 0.785(\nu/\nu_m)^4, \nu \leqslant \nu_m \\ &= 0, \nu > \nu_m \end{aligned} \tag{4.23}$$

式中，ν_m 是最大多普勒频率。

SUI 模型描述了六类信道，分别从 1 到 6 编号。例如，表 4.2 给出了 SUI 信道 4 的参数。应该强调的一点是每个 SUI 信道是用单个相关系数来描述，而与天线配置无关，并且没有给出角度信息。因此，可以使用 SUI 信道模型的非方向性参数，并且与方向信息结合，例如角度扩展或功率谱，以获得信道相关的不同值（例如，

⊖　天线相关在 2.3 节中定义。

4.2.3 节的模型能使用 SUI 的非方向性参数作为输入来估计不同 LSR 值的相关性）。

表 4.2　SUI-4 信道参数（全向天线）

	抽头 1	抽头 2	抽头 3
延迟/μs	0.0	1.5	4.0
功率/dB	0	-4	-8
90% K 因子	0	0	0
多普勒频率 ν_m[Hz]	0.20	0.15	0.25
包络天线相关	0.3	0.3	0.3

4.3.3　多链路场景中的阴影相关模型

阴影相关是一个很复杂的机制，当两个链路共享一些主要的传播路径时就会发生阴影相关。阴影相关模型的目的是提出简单的方法来评估两条链路之间的阴影相关，通常考虑蜂窝通信，也就是一个基站和多个用户之间。

文献中提出的不同阴影相关 ρ_{sc} 的模型可以分为只考虑距离，只考虑角度，分别考虑距离和角度，联合考虑距离-角度。在只考虑距离的模型中，阴影相关建模成两个用户距离的函数。这些模型实际上更符合用户之间的阴影自相关而不是互相关。这些模型通常可以用下式表示

$$\rho_{sc} = e^{-(\Delta R/\Delta R_0)^v} \tag{4.24}$$

式中，ΔR 是用户之间的距离，ΔR_0 对应去相关距离，v 是可调节的参数。在 Gudmundson［Gud91］的原始模型中，该参数设置为 1。

另一类的模型［GS02］中假设阴影相关至于链路之间的水平角差 $\Delta\Theta$ 有关，并且把 ρ_{sc} 表示为

$$\rho_{sc} = e^{-\alpha\Delta\Theta} \tag{4.25}$$

或

$$\rho_{sc} = A\cos\Delta\Theta + B \tag{4.26}$$

或同样用分段线性函数以拟合测量的信道数据［SYT10］。在式（4.25）和式（4.26），A，B 和 α 是可调节参数。

可以用只考虑距离和只考虑角度模型的表达式相乘来得到混合模型。最后，研究人员提出了更复杂的模型联合考虑距离和水平角。例如，在［Sau91］中介绍的模型不仅考虑 ΔR 和 $\Delta\Theta$，还考了了独立范围 R_1 和 R_2，即

$$\rho_{sc} = \begin{cases} \sqrt{\dfrac{R_1}{R_2}}, & \Delta\Theta < \Delta\Theta_0 \\[3mm] \sqrt{\dfrac{R_1}{R_2}}\left(\dfrac{\Delta\Theta_0}{\Delta\Theta}\right)^\gamma, & \Delta\Theta \geqslant \Delta\Theta_0 \end{cases} \tag{4.27}$$

式中，$\Delta\Theta_0 = 2\arcsin\dfrac{\Delta R_0}{2\min\{R_1, R_2\}}$，$\Delta R_0$ 是在式（4.24）中引入的去相关距离。有兴趣的读者，可以参考在［SYT10］中提供的对阴影相关模型的详细分析。

4.4　标准化中的 MIMO 信道模型

在比较不同系统实现的性能时，使用这些标准化组织确定的标准模型十分方便。在本节中，我们简要回顾一些最近三种 MIMO 系统中使用的模型，但是我们必须强调这些模型不能有助于我们理解 MIMO 传播的概念。

4.4.1　IEEE802.11 TGn 模型

［Eea04］中的信道模型集是对扩展 Saleh-Valenzuela 模型的改进和标准版本，其特点是具有在延迟域重叠的簇。这些模型是设计用于室内工作在 2G 和 5GHz 的 MIMO 无线局域网，并且支持最大带宽 100MHz。

一共建模了六种典型的模型，包括平坦衰落，住宅区，典型办公室，大办公室和大的开放空间。抽头-延迟分布是用重叠簇（在延迟域）的方法表示。对不同的典型模型中每个簇中簇的数量，DoD 和 DoA 的值，簇的角度扩展（从 Tx 和 Rx 看到的）都是固定的。典型的簇的数量在 2~6，簇水平角扩展在 20°~40°之间并且与簇的延迟扩展有关。和原始的 Saleh-Valenzuela 模型一样，每个簇的功率角度分布建模成服从拉普拉斯分布。注意 Tx 和 Rx 处的全局功率角度分布是分别计算的，并且在计算信道相关矩阵时假设两者是统计独立的。在［Eea04］中可以找到更详细的介绍该模型，以及目前版本中使用的详细参数。

4.4.2　IEEE802.16/WiMAX 模型

这些模型［Eea01］是设计用于宏蜂窝固定无线接入（WiMAX）。目标场景如下：

- 小区大小半径小于 10km；
- 用户天线安装在屋顶或屋檐下；
- 基站高度为 15~40m。

事实上，IEEE 802.16 模型是 SUI 信道模型的演进版本，可以适应于全向和方向性天线。预计使用方向性天线会造成全局 K 因子增加，而延迟-扩展将下降。例如，表 4.3 给出了当终端天线的波束宽度为 30 度时如何修正 SUI 信道 4。奇怪的是，虽然预计因为波束宽度减少会导致相关性增加，但是实际上相关性不会改变。

表 4.3　用于天线波束宽度 30°的用户端的 SUI-4 信道参数

	抽头 1	抽头 2	抽头 3
延迟/μs	0.0	1.5	4.0
功率/dB	0	-10	-20
90% K 因子	1	0	0
多普勒频率 ν_m/Hz	0.20	0.15	0.25
包络天线相关	0.3	0.3	0.3

IEEE 802.16 标准的另一个特征是窄带莱斯 K 因子的模型，

$$K = K_0 F_s F_h F_b R^\gamma u \tag{4.28}$$

式中，F_s 是一个季节性因子，$F_s = 1.0$（夏天（有树叶））和 2.5（在冬季（没有树叶））；F_h 是接收天线高度因子，$F_h = 0.46$（$h/3$）（h 是单位为米的接收天线高度）；F_b 是波束宽度因子，$F_b =$（$b/17$）$^{-0.62}$（b 的单位为度）；K_0 和 γ 是回归系数，$K_0 = 10$ 和 $\gamma = -0.5$；u 是对数正态变量，即，$10\log_{10}$（u）是零均值标准方差为 8dB 的正态变量。

IEEE 802.16 标准系列中的模型也随着标准版本而逐渐升级。例如：

1）IEEE802.16 m 版本考虑了节点的移动性；

2）IEEE802.16 j 版本支持对多链路（中继）方面的建模，通过把阴影衰落相关建模成取决于距离-角度的变量。

4.4.3　COST259/273 方向信道模型

COST 259 方向性信道模型（DCM）最初是为了仿真在基站或在移动终端［SMB01，Cor01］具有多天线的系统仿真而提出的。

这个模型描述了小尺度以及大尺度衰落的联合影响，并且囊括了宏蜂窝，微蜂窝和微微蜂窝的场景。它由三个不同的层组合而成：

1）在顶层，在不同的无线环境中有着本质的区别，表示着具有类似传播特性的环境的集合（典型城区等）。

2）第二层的目的是建模非平稳大尺度衰落，即当移动终端移动较大的距离（典型的如 100 倍波长或更长）时信道变化的特性。这些大尺度衰落包括远程散射簇的出现/消失，阴影，DoA 的变化或延迟扩展的变化。大尺度衰落是用衰落的概率密度函数来描述，而对于不同的无线环境中具有不同的参数。

3）底层是建模由于不同的多径分量（MPC）的干扰造成的小尺度衰落。小尺度衰落的统计特性是由大尺度衰落确定的。

具有类似延迟和方向的多径分量通常分组成多径簇。这种分簇极大的减少了描述信道所需的参数数量。在仿真的起始阶段，散射体簇根据一个特定的概率密度函数（一个在 MT 周围的本地簇和一些远程的散射体簇）分布在覆盖区域内随机的固定位置。假设每个簇有一个小尺度平均延迟-角度相关的功率谱在簇级别上可分离，

$$\mathcal{P}_{h,c}(\tau, \boldsymbol{\Omega}_r) = \mathcal{P}_c(\tau) \mathcal{A}_{r,c}(\boldsymbol{\Omega}_r) \tag{4.29}$$

式中，$\mathcal{P}_c(\tau)$ 是指数分布，$\mathcal{A}_{r,c}(\boldsymbol{\Omega}_r)$ 是在水平和垂直角上服从拉普拉斯分布$^{\ominus}$。注意式（4.29）并不表示总的延迟-角度功率谱是可分离的。散射体簇（即 $\mathcal{P}_c(\tau)$ 和 $\mathcal{A}_{r,c}(\boldsymbol{\Omega}_r)$）是用簇 RMS 延迟和角度扩展两个参数来表示。这些簇内延迟是相关随机变量，可以用延迟的联合概率密度函数来表示［AMSM02，APM02］。最后，

$\ominus$　我们考虑的是上行场景，BS 端具有多天线。

每个散射体是用一个随机复散射系数来描述，通常使用复高斯分布。

因为移动终端在移动，簇间的延迟和角度是根据簇的位置以及 BS 和 MT 的位置来确定性得到，而大尺度衰落（包括簇间扩展的变化）是随机获得。然后，与角度有关的复冲激相应可以与射线追踪工具中类似计算得到，但是不同之处在于使用的是点状的高斯散射体。与射线追踪相似，COST 259 模型提供了连续方向性冲激响应（其有效性在一定范围内）。COST259 模型更详细描述可以在 ［SMB01］中找到，最终版本描述的参考见 ［Cor01］。

COST 273 模型 ［Cor06，LCO09］可以看作是 COST 259 模型的双方向性扩展。由于该模型的双方向性，因此需要考虑联合发射-接收角度功率谱。因此，生成散射体簇的时候需要考虑不同的散射机制，如图 4.6 所示：在 Tx 和/或 Rx（具有较大的角度-扩展）周围的本地簇，单交互散射体和多交互的双簇。单交互散射体是位于二维平面上随机选择的位置，DoD，DoA 和延迟是通过几何关系的方法计算得到。多

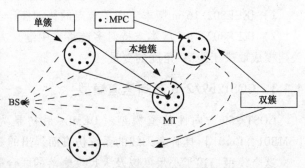

图 4.6   COST 273 模型的通用结构，
包括本地，单反射和双簇

交互模型是基于双簇的概念得到的。每个实际的簇分为两个簇，一个对应到 Tx 端，另一个簇对应 Rx 端。这种双簇的优点是在 Tx 和 Rx 端的角度离散可以基于边际角度功率谱来独立建模。注意这并不意味着联合角度功率谱可以建模成边际谱的乘积。实际上，每个 DoD 与一个 DoA 有关，反之亦然。但是，在 DoD，DoA 和延迟之间并不存在几何关系（与单交互簇的情况不同）。

信道的动态变化是用可见区域（VR）的概念来描述的：可见区域是在水平面上具有固定大小的圆形区域，它决定了某个给定簇的可视范围。当 MT 在某个给定簇的可见区域内部移动时，其可见区域平滑的增加 MT 在链路中的可视性。当 MT 位于多个可见区域重叠的区域时，多个簇同时激活。由于 MT 在小区内移动，这个过程实际上造成簇自然的出现和消失。

4.4.4   3GPP/3GPP2 空间信道模型和 WINNER

3GPP/3GPP2 空间信道模型（SCM）［CCG⁺07］是为了仿真在城区和郊区宏小区以及城区微小区的 5MHz 带宽的第三代通信网络提出的。SCM 模型并不定义成连续模型，而是用类似 802.11 TGn 模型而使用特定的离散方式表示（也就是 DoD，DoA 和水平角扩展是固定的）。但是，SCM 模型融合了不同的大规模衰落参数之间的相关性。因此，与 COST 模型不同，它不考虑移动终端的连续大尺度移动，但是

考虑了在小区内移动的不同可能分段。3GPP SCM 模型是一种抽头-延迟线模型。每个抽头由一些具有同样时延和不同到达和离开方向的子路径组成。此外，模型中定义了一些选项可以进行选择以更好的与实际信道数据拟合，例如极化天线，远端散射体簇，直视路径和城市峡谷。通过建模强干扰为空间相关噪声，而弱干扰建模成空间白噪声来处理干扰。最后，当不同的 MT 连接到一个 BS 时，阴影相关固定为 0，而当一个 MT 连接到多个 BS 时，阴影相关固定为 0.5。

最初的 3GPP/3GPP2 SCM 模型是通过扩展 WINNER 模型［BSG⁺05］而来，尤其是包括了所有场景中的簇内延迟扩展，直视路径（LOS）和 K 因子模型，以及时变阴影衰落，路径角度和延迟。这是通过定义一些大尺度衰落参数来实现的：阴影标准方差，莱斯 K 因子，延迟扩展和到达/离开方向扩展。对于一个给定的链路，SCM 模型根据预先指定的分布固定大尺度衰落参数。这就表示只能生成连续信道矩阵短的分段，如图 4.7 所示：这些短的分段对应大尺度衰落参数的一个抽样。不同的分段（即给定链路不同的时

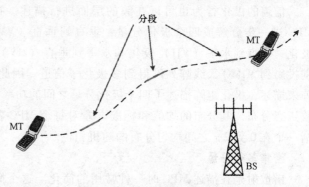

图 4.7　WINNER 模型本质

间段）是相关的，大尺度衰落参数的相关性是分段之间距离的参数，但是每个分段的簇只是针对这个分段生成的。这就意味着即使两个分段可以很近，但是每个分段对应的簇（或散射体）是独立生成的。对于任意分段，WINNER 模型与 COST 模型类似的方法产生多径，即，使用散射体的簇（见图 4.8）。

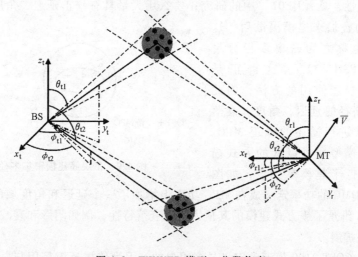

图 4.8　WINNER 模型：分段仿真

注意在 4.4.6 节中介绍的 WINNER Ⅱ 模型可以看成是 3GPP/3GPP2 标准信道模型的演进版本。

4.4.5　COST2100 多链路 MIMO 信道模型

COST 2100 模型基于以下考虑对 COST 273 模型进行了扩展：

多径分量的极化模型；

向谱分量增加密集多径分量；

扩展支持多链路（多小区，多用户）MIMO 场景。

极化行为

信道的极化行为也可以在簇的层面进行描述。在［QOHD10］中提出可以把 MPC 进一步分解成四个极化分量：垂直到垂直（VV）极化，水平到水平（HH）极化，垂直到水平（VH）极化和水平到垂直（HV）极化。这些极化分量可以分别投影到 MIMO 天线阵列以得到多极化子信道。因此，每个 MPC 可以用其极化矩阵来描述，极化矩阵描述了四个极化分量之间的功率比。这些功率比服从不同的对数正态分布，其分布的均值和标准方差对每个 MPC 各自生成。每个极化分量还包括一个在 0 到 2π 之间均匀分布的随机相位。

密集多径分量

谱散射是在描述 MPC 时一种常用的简化。这个简化假设一个散射体和电磁波之间的交互只会产生一条传播路径。实际上，散射机制通常很复杂，并且不能用在如传统的基于几何模型中使用的几何对应的谱路径来完全解决。粗糙表面造成的反射，障碍物内部结构造成的角衍射和反射都会造成大量的漫散射。漫散射会造成在延迟域和角度域上较大的残留谱，而这些残留谱不能用谱 MPC 来解决。有两种方法来解决漫散射问题：要么通过在延迟和角度域上的连续离散以扩展传播路径以包含漫散射特性，见［DE01］中的研究；要么用大量具有修正延迟，角度和复幅度的谱路径的叠加来建模漫散射，这种谱路径也称之为密集多径分量（DMC）［PSH⁺ 11］。这也正是 COST 2100 模型使用的方法，因此 DMC 是对路径的延迟，角度，衰落和功率衰减进行描述的修正 MPC。COST 2100 模型通过以簇的方式描述 DMC 降低了建模复杂度，如图

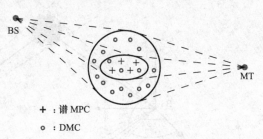

+ ：谱 MPC

o ：DMC

图 4.9　扩展簇建模密集多径

4.9 所示，DMC 的功率定义成在 MPC 功率上增加了一个延迟和角度域的相对功率衰减。DMC 继承了簇方式建模的其他大尺度衰落特性，例如阴影和衰减。

多链路扩展

单链路 COST 2100 模型的定义是多用户的，因为传播环境是用与一个 BS 相对

来描述的，而与 MT 的位置无关，因
此可以同时建模一个 BS 和多个位于
不同位置的 MT 之间的信道。类似的
原则可以进一步适用在多 BS 多 MT
场景的信道建模中，只需要增加多
个单链路信道实现。但是，由于簇
和对应的可视区域是对每个 BS 分别
独立产生的，并不能保证多链路能
反映多链路场景实际的重要特性，
尤其是大尺度相关性，例如阴影相
关性。因此，一个可能的建模方法
是考虑在不同链路的簇是同时可见

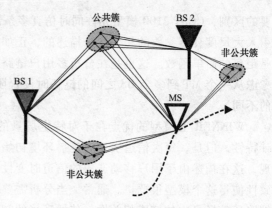

图 4.10　在一个 MT 和两个 BS 的场景中
一个公共簇的例子 [PTH+ss]

的，也就是，不同链路之间的一些簇是公共的 [PTH+ss]。图 4.10 说明了这种方
法，这种方法可以描述不同链路上的簇可见性，并且不需要修改簇的实际特性来保
证与已有的 COST 259/273 模型方法的兼容性。

　　因此，考虑到可视区域现在定义了到多个 BS 的簇可见性，也就是某个给定簇
关联的 VR 决定了一旦 MT 位于这个 VR 内时这个簇应该连接到哪个 BS，因此实现
了对多链路场景的扩展。通常，散射簇会与多个 VR 关联，因此，也就与多个 BS
关联。

4.4.6　WINNER Ⅱ 多链路 MIMO 信道模型

　　WINNER 模型在 2007 年更新成 WINNER Ⅱ 信道模型 [K+07]。与 SCM 模型
类似，而与 COST 2100 模型
不同的是，WINNER Ⅱ 模型
是一种典型的多链路基于几
何关系的统计模型，对每个
实现中给出了多个基站和多
个移动终端之间所有的无线
链路的传播环境。如图 4.11
所示，WINNER Ⅱ 模型可以
同时仿真多个基站，移动终
端或中继站之间的多个链
路，每次仿真是独立对每条
链路根据 SCM 模型的方法
进行的。这就是 WINNER Ⅱ
模型与 COST 2100 模型最主

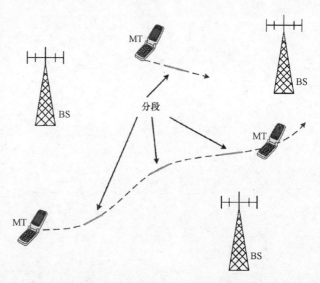

图 4.11　WINNER Ⅱ 多链路模型

要的区别，COST 2100 模型允许同时仿真多条链路。多条链路之间的相关性是通过引入大尺度衰落参数的相关性来描述的，正如在多分段场景中的实现，这些相关性是距离的简单函数。这也是在分析多用户链路之间的阴影相关性时使用的方法，在考虑从一个 MT 到多个 BS 之间的链路时设置阴影相关为 0（注意与 SCM 阴影相关的不同）。

WINNER II 模型的优点在于对特定场景的任意信道实现都能保证其大尺度统计特性。但是，每次信道实现时传播环境初始化的独立性确保了产生不同的信道实现，这在描述由于用户移动造成的信道时变性时非常重要。同样，系统级的连贯一致性使得这个模型很严格。通常，当分析需要考虑新的大尺度衰落参数时，例如多链路通信场景中的信道相关性，传播环境的初始化过程都必须全部重新定义，这就妨碍了对模型直接进行扩展。

第 5 章　单链路 MIMO 信道容量

在本章，我们将讨论下面问题。

- 我们从回顾 SISO 信道的容量概念开始，并且介绍由衰落信道的相关时间确定的不同信道场景。
- 接下来我们评估了确定性信道的容量，我们还介绍了常用的注水算法。
- 然后，我们把这些结果扩展到快衰信道，并且计算两种方案的遍历容量：当在发射机具有理想传输信道信息（CSIT）或系统在发射机最多只有部分（统计）传输信道信息。在部分传输信道信息时，发射机知道信道分布，因此，我们使用缩写 CDIT 表示发射机的信道分布信息。
- 此外，还考虑了一些传播场景对遍历容量或频谱效率的影响，尤其是相关和去极化的影响。
- 最后，我们讨论了中断容量，以及由此引申的分集-复用的折中。

5.1　引言

5.1.1　信息论的一些概念

信息论是评估一种通信系统性能极限的理论框架，它是基于信道的容量 C。信道容量定义为可以实现任意小的错误率的最大通信速率。

让我们从简单的 SISO AWGN 信道开始。为了实现具有速率 R 的可靠通信，香农证明了在很长的时间内进行编码，可以通过平均来消除噪声的影响，因此，最大传输速率（容量）是 $C_{\mathrm{AWGN}} = \log(1 + \rho)$，其中 $\rho \triangleq E_s / \sigma_n^2$ 是第 1 章介绍的 SNR。当信道处于衰落中，信道容量的表示稍微更加复杂。信道模型是

$$y_k = \sqrt{E_s} h_k c_k' + n_k \tag{5.1}$$

式中，c_k' 是（预编码后）在时间 k 通过信道 h_k 传输的符号。我们假设经过分组衰落信道，也就是信道在等于信道相关时间 T_{coh}（在第 2 章定义的）的分组时间长度内保持恒定，并且在不同分组时独立变化。即使对噪声进行平均，信息速率 $\log(1 + |h_k|^2 \rho)$ 不再保持恒定，而是由于衰落而随时间变化。因此，我们需要引入码字的一个重要概念：长度为 T 的码字定义为 $C' = [c_0' \cdots c_{T-1}']$。根据 T 和 T_{coh} 的比率，可以得到不同的情况。

在慢衰落（准静态）信道中，相关时间 T_{coh} 要比码字时间要大的多（码字时间仍然足够大以平均抑制噪声）。因此衰落信道可能在多个连续的码字符号周期内

保持恒定。因此，如果发射机把符号用速率 R 进行编码，存在一个非零概率使得信道处于深衰落，信道无法保证速率 R，这就是通常说的中断。因此，无法定义一个可以实现任意小的错误率的最大传输速率（也就是，在最差的深衰落情况下，$|h_k|^2 \approx 0$，速率为 0）。在折中情况下，我们使用 q% 中断容量 $C_{out,q}$ 的概念，中断容量定义为在 $(100-q)\%$ 的可能信道实现下可能保证的信息速率。换句话说，对于任意给定速率 R，有一定的中断概率 P_{out} 下信道不能支持该速率。

当编码分组长度 T 比 T_{coh} 大的时候会怎样？这就是快衰落情况。由于 $T \gg T_{coh}$，实际上，可以在很多相关周期内以固定速率 R 进行编码。考虑极限情况下，$T \to \infty$，高斯噪声和信道的衰减都可以进行平均。这个可达到的速率可以用遍历容量 $\overline{C}$ 来很好的表示。名称里的遍历表示信道是在 T 内遍历，因为能在 T 时间内遇到所有的信道实现（与满衰落情况正好相反）。遍历容量 $\overline{C}$ 是用在信道 h 的统计上（我们省略了下标 h）算术平均信息速率计算得到，也就是，$\overline{C} = \varepsilon_h \{\log(1 + |h|^2 \rho)\}$。必须注意这个速率 $R = \overline{C}$ 只有当编码跨越很多相关间隔时才能达到。

考虑的第三个场景是当发射机能获得信道状态信息（我们称之为在发射机具有信道状态信息或 CSIT）。因为发射机已知 h（为了简化我们省略了下标 h），一种可能是设计一个可变码率编码方案，有一个不同速率的编码族组成，对每个衰落状态 h 对应一个编码。当信道处于状态 h 时，使用其对应的编码。这种方法有两个重要的含义：

●不需要码字跨越很多相关时间周期，因为发射机可以跟着信道变化，并根据特定的信道实现选择合适的码率；因此，我们可以固定 $T = T_{coh}$（假设 T 仍然足够长可以平均抑制噪声）。

●发射机可以根据信道状态改变功率来最大化信息流，也就是，遍历容量是 $\overline{C}_{CSIT} = \varepsilon\{\log(1 + s^\star(h)|h|^2 \rho)\}$，其中 $s^\star(h)$ 是最大化速率的功率分配。

最优的功率分配通常是使用注水算法来实现

$$s^\star(h) = \left(\mu - \frac{1}{\rho h}\right)^+ \tag{5.2}$$

式中，μ 是选择用于满足发射功率限制的一个常量。根据发射功率限制固定的时间范围 T_p，我们可以有两种不同的功率分配：短期功率限制（所有码字的平均码字功率相等（也就是 $T_p = T$）），或长期功率限制（各个码字的平均功率可以各自不同（$T_p \to \infty$），但是保证全局（长期）平均发射功率受限）（我们在讨论 MIMO 信道时会重新讨论这两种方案）。

5.1.2　系统模型

在本章，我们讨论的是一个具有 n_t 根发射天线和 n_r 根接收天线通过频率平坦衰落信道进行通信的单用户 MIMO 系统。长度为 $n_t \times T$ 的码字 $\boldsymbol{C}' = [\boldsymbol{c}_0' \cdots \boldsymbol{c}_{T-1}']$ 在预编码之后通过 n_t 根发射天线在 T 符号周期内发射（注意正如在第一章解释的，

C' 表示预编码之后的码字，而 C 表示的是未预编码的码字）。在第 k 个时刻，MIMO信道的发射和接收信号的关系是

$$y_k = \sqrt{E_s} H_k c_k' + n_k \tag{5.3}$$

式中，y_k 是 $n_r \times 1$ 维的接收信号向量；H_k 是 $n_r \times n_t$ 维的信道矩阵；n_k 是 $n_r \times 1$ 维零均值复加性白高斯噪声（AWGN）向量，并且 $\varepsilon\{n_k n_l^H\} = \sigma_n^2 I_{n_r}$，$\delta(k-l)$。参数 E_s 是能量归一化因子，因此比率 E_s/σ_n^2 代表 SNR，可以表示为 ρ。

假设接收机已知信道状态信息 H_k，但是发射机则不一定能获得。我们在本章将分别讨论理想和部分发射信道信息的情况。

定义输入协方差矩阵为发射信号 c' 的协方差矩阵（我们忽略了时间下标），表示为 $Q = \varepsilon\{c'c'^H\}$。发射信号受限于短期或长期发射功率限制。对短期功率限制，平均功率是在码字长度 T 上计算，以满足 $\mathrm{Tr}\{Q\} \leqslant 1$。对长期功率限制，假设平均功率是在时间长度 $T_p \gg T$ 上计算，功率限制为 $\varepsilon\{\mathrm{Tr}\{Q\}\} \leqslant 1$，其中的数学期望是对连续的码字长度 T 上进行平均。在这种场景中，$\mathrm{Tr}\{Q\}$ 可以在不同码字之间变化。

可以观察到通常 MIMO 中的表达式取决于 $\max\{n_t, n_r\}$ 和 $\min\{n_t, n_r\}$ 而不是直接取决于 n_t 和 n_r。因此，在需要用到阵列大小时，我们使用 $N = \max\{n_t, n_r\}$，$n = \min\{n_t, n_r\}$。

5.2　确定性 MIMO 信道的容量

5.2.1　容量和注水算法

我们首先考虑确定性或时不变 MIMO 信道。在这种情况下，发射机很容易能获得信道信息。为了估计容量，我们首先评估互信息［Tel95］。

命题 5.1　对确定性 MIMO 信道 H，互信息 $\mathcal{I}$ 可以表示为

$$\mathcal{I}(H,Q) = \log_2 \det[I_{n_r} + \rho H Q H^H] \tag{5.4}$$

式中，Q 是迹归一化为 1 的输入协方差矩阵。

证明：表示熵为 $H(\,.\,)$，输入和输出的互信息可以表示为

$$
\begin{aligned}
\mathcal{I}(H,Q) &= \mathcal{I}(c';(y,H)) \\
&= \mathcal{I}(c';H) + \mathcal{I}(c';y \mid H) \\
&= \mathcal{I}(c';y \mid H) \\
&= H(y/H) - H(y \mid c',H) \\
&= H(y/H) - H(n \mid c',H)
\end{aligned}
\tag{5.5}
$$

式中，输入向量的协方差为 $Q = \varepsilon\{c'c'^H\}$，根据式（5.3），并且噪声是加性白高斯噪声（AWGN），y 的协方差可以表示为

$$\varepsilon\{yy^H\} = \sigma_n^2 I_{n_r} + E_s HQH^H \tag{5.6}$$

因为协方差矩阵为 Q 的零均值循环对称复高斯输入向量 c' 的微分熵 $H(c')$ 等于 $\log_2 \det(\pi e Q)$，(5.5) 可以改写为

$$\mathcal{I}(H,Q) = \log_2 \det(\pi e [\sigma_n^2 I_{n_r} + E_s HQH^H]) - \log_2 \det(\pi e \sigma_n^2 I_{n_r})$$

$$= \log_2 \det[I_{n_r} + \rho HQH^H] \tag{5.6a}$$

输入协方差的记号在 AWGN SISO 情况下没有定义，这是因为在 SISO 情况下没有空间维度可以分配功率。命题 5.1 的一个特殊情况是当 $Q = I_{n_t}/n_t$ 时，即在所有发射天线上平均分配功率的方案。此时的互信息定义成 $\mathcal{I}_e(H)$，

$$\mathcal{I}_e(H) \triangleq \log_2 \det\left[I_{n_r} + \frac{\rho}{n_t} H_w H_w^H \right] \tag{5.7}$$

由于发射机有理想的信道信息，容量可以通过在 Q 上最大化互信息得到。

定义 5.1   发射机具有完全理想信道信息的确定性 $n_r \times n_t$ MIMO 信道的容量为

$$C(H) = \max_{Q \geq 0; \mathrm{Tr}\{Q\}=1} \log_2 \det[I_{n_r} + \rho HQH^H] \tag{5.8}$$

为了得到最优输入协方差矩阵 $Q = Q^\star$，发射首先沿着每个独立信道模式进行解耦合，因此可以在发射机和接收机得到沿着信道矩阵 H 的奇异向量方向的 n 个并行数据通道（见 1.6.1 节）。为了得到 $Q^\star$ 需要找到沿着这些信道模式的最优功率分配 $\{s_1^\star, \cdots, s_n^\star\}$，最终表示 $Q^\star$ 为

$$Q^\star = V_H \mathrm{diag}\{s_1^\star, \cdots, s_n^\star\} V_H^H \tag{5.9}$$

式中，V_H 是由 H 的 SVD 分解得到，已经在之前的章节中介绍过，

$$H = U_H \Sigma_H V_H^H \tag{5.10}$$

式中，$\Sigma_H = \mathrm{diag}[\sigma_1, \cdots, \sigma_n]$，并且 $\sigma_k^2 \triangleq \lambda_k \triangleq \lambda_k(T)$ 其中 $T = HH^H$（当 $n_t > n_r$）或 $T = H^H H$（当 $n_t < n_r$）。容量可以表示为

$$C(H) = \max_{(sk)_{k=1}^n} \sum_{k=1}^n \log_2[1 + \rho s_k \lambda_k] \tag{5.11}$$

$$= \sum_{k=1}^n \log_2[1 + \rho s_k^\star \lambda_k] \tag{5.12}$$

式（5.12）描述了一个并行信道的容量，其中最优功率分配 $\{s_1^\star, \cdots, s_n^\star\}$ 是根据著名的注水算法［CT91，CKT98，Tel99］功率受限最大化得到的。注意，这只是等效为时变 SISO 信道，并且用空域（天线）取代了时变 SISO 信道的时域。

我们可以回顾在 1.6.1 节中介绍的多模式特征模式传输方案，这是一个把信道解耦合成 n 个并行信道的简单策略（支持独立对所有数据流解码），并且如果功率是按照注水原则沿着特征模式进行分配，就能达到信道容量式（5.12）。注意多模式特征模式传输策略有时也称为空间复用（带 CSIT）。

命题 5.2　在功率限制 $\sum_{k=1}^{n} s_k = 1$ 下最大化 $\sum_{k=1}^{n} \log_2(1 + \rho\lambda_k s_k)$ 的功率分配策略 $\{s_1^{\star}, \cdots, s_n^{\star}\}$ 是由注水算法得到，

$$s_k^{\star} = \left(\mu - \frac{1}{\rho\lambda_k}\right)^+, k = 1, \cdots, n \tag{5.13}$$

式中，μ 是选择用于满足功率限制 $\sum_{k=1}^{n} s_k^{\star} = 1$。

图 5.1 解释说明了上述等式。假设特征值 λ_k 按幅度降序排列。对每个比 $1/\mu$ 大的水平 $\rho\lambda_k$，最优的功率分配对应着把该模式的功率增加到水平 μ。如果 $\rho\lambda_k \leqslant 1/\mu$，那么对第 k 个模式，不分配功率。

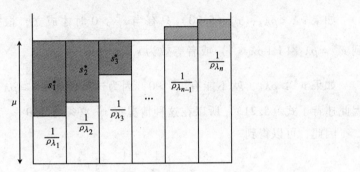

图 5.1　注水算法的原理

注水算法被广泛用在下面的章节，因此下面给出了注水算法的证明。

证明，最大化问题可以改写为

$$\min_{(s_k)_{k=1}^{n}} - \sum_{k=1}^{n} \log_2(1 + \rho\lambda_k s_k)$$

受限于 $s_k \geqslant 0$，$k = 1, \cdots, n$ 和 $\sum_{k=1}^{n} s_k = 1$

这个问题可以用拉格朗日最优化来解决。根据在 ［BV04］ 中的证明，我们把非受限拉格朗日函数表示为

$$\mathcal{L}(s_k, \xi_k, \nu) = - \sum_{k=1}^{n} \log_2(1 + \rho\lambda_k s_k) - \xi_k s_k + \nu\left(\sum_{k=1}^{n} s_k - 1\right) \tag{5.14}$$

式中，ξ_k 是对应非等式限制 $s_k \geqslant 0$ 的拉格朗日乘子；ν 是对应功率限制 $\sum_{k=1}^{n} s_k = 1$ 的拉格朗日乘子。对每个值 $k = 1, \cdots, n$ 的 Karush-Kuhn-Tucker（KKT）条件可以表示为

$$s_k^{\star} \geqslant 0 \tag{5.15}$$

$$\sum_{k=1}^{n} s_k^{\star} = 1 \tag{5.16}$$

$$\xi_k^{\star} \geqslant 0 \tag{5.17}$$

$$\xi_k^\star s_k^\star = 0 \tag{5.18}$$

$$\left.\frac{\partial \mathcal{L}(s_k,\xi_k,\nu)}{\partial s_k}\right|_{s_k^\star,\xi_k^\star,\nu^\star} = -\frac{\rho\lambda_k}{1+\rho\lambda_k s_k^\star} - \xi_k^\star + \nu^\star = 0 \tag{5.19}$$

式中的上标 $\star$ 表示最优值。根据上述等式，我们可以得到

$$\nu^\star \geq \frac{\rho\lambda_k}{1+\rho\lambda_k s_k^\star} \quad k=1,\cdots,n \tag{5.20}$$

$$\left(\nu^\star - \frac{\rho\lambda_k}{1+\rho\lambda_k s_k^\star}\right)s_k^\star = 0 \quad k=1,\cdots,n \tag{5.21}$$

如果 $\nu^\star < \rho\lambda_k$，式（5.20）只有当 $s_k^\star > 0$ 时才成立，根据式（5.21）可以得到 $\nu^\star = \rho\lambda_k/(1+\rho\lambda_k s_k^\star)$ 或者等效为 $s_k^\star = \frac{1}{\nu^\star} - \frac{1}{\rho\lambda_k}$。

如果 $\nu^\star \geq \rho\lambda_k$，就不能有 $s_k^\star > 0$，因为这就使得 $\nu^\star \geq \rho\lambda_k > \rho\lambda_k/(1+\rho\lambda_k s_k^\star)$，因此违背了式（5.21）。所以在这种情况下 $s_k^\star$ 必须等于 0。

因此，可以得到

$$s_k^\star = \begin{cases} \dfrac{1}{\nu^\star} - \dfrac{1}{\rho\lambda_k}, & \text{当 } \nu^\star < \rho\lambda_k \\[2mm] 0, & \text{当 } \nu^\star \geq \rho\lambda_k \end{cases} \tag{5.22}$$

或者等效为

$$s_k^\star = \left(\frac{1}{\nu^\star} - \frac{1}{\rho\lambda_k}\right)^+ \tag{5.23}$$

式中，$x^+ = \max\{x,0\}$。水平 $\nu^\star$ 是由功率限制 $\sum_{k=1}^n s_k^\star = 1$ 确定的。令 $\mu = \dfrac{1}{\nu^\star}$，可以证明式（5.13）。

实际上，最优功率分配是迭代进行估计的 [PNG03]。我们假设特征值 λ_k 是按幅度降序排列。首先设置计数器 i 等于 1。在每次迭代时，常量 μ 是根据功率限制计算得到

$$\mu(i) = \frac{1}{n-i+1}\left(1 + \sum_{k=1}^{n-i+1}\frac{1}{\rho\lambda_k}\right) \tag{5.24}$$

在第 i 次迭代时每个模式分配的功率根据下式计算

$$s_k(i) = \left(\mu(i) - \frac{1}{\rho\lambda_k}\right)^+, \quad k=1,\cdots,n-i+1 \tag{5.25}$$

如果分配给最弱模式的功率是负值（例如，$s_{n-i+1} < 0$），通过设置 $s_{n-i+1}^\star = 0$ 来禁用这个模式，i 值加 1，重新计算其他模式分配的功率。这个过程迭代进行，并保证每个模式分配的功率都非负值。

空间注水对编码策略有着重要的影响：与 SISO 情况类似，如果发射机已知信

道信息，发射机可以在每个空间数据流（也就是特征模式）上改变速率。这就是使用可变速率编码，也就是不同速率的编码集，每个可能的特征模式对应一个编码。对于某个特征模式 λ_k，对应的码率为 $\log_2[1+\rho s_k^\star \lambda_k]$。因此不需要对数据流之间进行编码，因为传输是在 n 个并行（无干扰）的虚传输模式上进行的。

必须注意注水算法对于容量最大化的高斯输入是最优的功率分配方法。实际上，对于例如 PSK 或 QAM 星座图这种类型的输入，注水功率分配方案不再是最优的方法。对于任意输入星座图，水银/注水算法是最大化互信息的最优方法 [LTV05b]。

5.2.2　容量界和次优的功率分配

注水算法是最优的功率分配方案，根据注水算法可以得到两个分别在低 SNR 和高 SNR 区域更简单的功率分配方案：

在低 SNR 区域（例如对所有 k，$\rho\lambda_k/n_t \ll 1$），全部功率都分配给主要的特征模式

$$C(\boldsymbol{H}) \overset{\rho\to 0}{\to} \log_2(1+\rho\lambda_{\max}) \tag{5.26}$$

在高 SNR 区域，对所有非零特征模式 $s_k^\star \to \mu$，因此功率在非零模式上均匀分配

$$C(\boldsymbol{H}) \overset{\rho\to\infty}{\to} \sum_{k=1}^{n} \log_2\left(1+\frac{\rho}{n}\lambda_k\right) \tag{5.27}$$

同样可以得到结论，在任何 SNR 处，容量的最低界限是式（5.26）和式（5.27）的右边，即

$$C(\boldsymbol{H}) \geqslant \log_2(1+\rho\lambda_{\max}) \tag{5.28}$$

$$C(\boldsymbol{H}) \geqslant \sum_{k=1}^{n} \log_2\left(1+\frac{\rho}{n}\lambda_k\right) \tag{5.29}$$

最后，利用 Jensen 不等式（附录 A），我们可以得到最优功率分配的容量上界是

$$C_{\text{CSIT}}(\boldsymbol{H}) = \sum_{k=1}^{n} \log_2[1+\rho s_k^\star \lambda_k] \overset{(a)}{\leqslant} n\log_2\left(1+\frac{\rho}{n}\left[\sum_{k=1}^{n} s_k^\star \lambda_k\right]\right) \tag{5.30}$$

$$\leqslant n\log_2\left[1+\frac{\rho}{n}\lambda_{\max}\right] \tag{5.31}$$

式中，$\lambda_{\max} = \max\{\lambda_k\}$。（a）中的等式只有当所有特征值相等时才能成立。这就说明具有较平衡特征值的信道矩阵能实现更高的容量。

5.3　快衰落信道的遍历容量

当信道处于衰落中，容量 C 是一个随机变量。如果最大多普勒频率足够高能

让编码覆盖多个信道实现，信道称为快衰落，此时传输容量是用一个单独的量，即遍历容量来表示。

5.3.1 理想传输信道信息的 MIMO 容量

当发射机具有信道矩阵的完全信息时，发射机可以利用每个时刻的输入协方差矩阵来最大化互信息。基本上可以通过把确定性信道中计算容量的方法扩展到时变信道来得到遍历容量。在每个时刻，我们把 H 按式（5.10）进行分解，并根据注水原理对所有特征值分配功率。但是，根据允许平均发射功率的时域范围，可以有多种解决方案 ［GV97，BCT01］，详细介绍见下面部分。注意虽然这两种方案都假设理想瞬时 CSIT，也就是上行和下行信道具有互易性（例如，在 TDD 系统中），或者能够反馈速率足以反映信道变化（例如在 FDD 系统中）。

短期功率限制

在第一种情况下，我们假设对所有分组 c' 平均功率保持恒定。因此，我们归一化 Q 以保证 $\mathrm{Tr}\{Q\}=1$。直接应用式（5.12），我们可以很容易的得到下面的结论。

定义 5.2 具有理想 CSIT 和短期功率限制下快衰落信道的遍历容量是

$$\overline{C}_{\mathrm{CSIT,ST}} = \varepsilon\left\{ \max_{Q \geq 0;\,\mathrm{Tr}\{Q\}=1} \log_2 \det\left[I_{n_r} + \rho HQH^{\mathrm{H}} \right] \right\}$$

$$= \sum_{k=1}^{n} \varepsilon\left\{ \log_2\left[1 + \rho s_k^{\star} \lambda_k \right] \right\} \tag{5.32}$$

式中，λ_k，$k=1,\cdots,n$ 是随机变量，$s_k^{\star}$ 也是根据命题 5.2 的注水算法得到。

这个方法的含义就是在每个时刻（在一个衰落分组内），发射机使用在空间特征模式上的功率分配来达到 MIMO 容量。

长期功率限制

实际上，在一些分组时间内进行对传输功率平均可以得到一些额外的增益。我们首先考虑平均时间趋向无穷大的极端情况，这时平均功率的长期（在信道的平稳周期内）均值固定，因此 $\varepsilon\{\mathrm{Tr}\{Q\}\}=1$，其中数学期望是对信道的总平稳时间长度求（记住 Q 定义为输入向量在码字长度 T 内的平均协方差矩阵）。这就表示为了最大化容量，注水算法可以扩展以支持时间大于符号周期 $T_p \gg T$ 的情况（也就是当整个信道处于深衰落时，分配更少的功率）。因此，与（5.13）类似，可以分配功率如下

$$s_k^{\star} = \left(\mu - \frac{1}{\rho\lambda_k} \right)^{+}, k=1,\cdots,n \tag{5.33}$$

但是选择 μ 是满足长期平均（不再是对每个分组时间内）功率限制 $\varepsilon\{\sum_{k=1}^{n} s_k^{\star}\}=1$。因此总传输功率在不同的特征模式之间分配之前随着信道状态动态变化。下面的定义给出了归一化的容量。

定义 5.3 具有理想 CSIT 和长期功率限制下快衰落信道的遍历容量是

$$\overline{C}_{\text{CSIT,LT}} = \sum_{k=1}^{n} \varepsilon\{\log_2[1 + ps_k^{\star}\lambda_k]\} \tag{5.34}$$

式中，λ_k，$k=1,\cdots,n$ 是随机变量，$s_k^{\star}$ 也是通过在时域和空间域（也就是特征模式）上应用注水算法得到。

注意，在实际中，第二种功率分配相对第一种功率分配方法的增益通常很小 [GV97，BCT01]，尤其是在高 SNR 区域增益基本消失，因为这两种方法渐近收敛。对于编码策略，这两种场景都对应到按照注水分配功率的函数使用可变速率编码（5.1.1 节）。不需要在特征模式（可能在不同时刻）之间进行编码。

5.3.2　部分传输信道信息的 MIMO 容量

通常发射机无法获得信道状态的瞬时信息。但是，发射机可以获得部分信道信息，典型的如 H 的统计分布。由于发射机无法知道 H 的瞬时值，因此不可能使用在所有时刻的输入协方差矩阵。但是，可以按照统计的方法分配功率，也就是向平均较强的特征方向分配功率。更严格的遍历容量的定义如下。

定义 5.4　一个发射机具有信道分布信息（CDIT）的 $n_r \times n_t$ 维 MIMO 信道的遍历容量是

$$\overline{C}_{\text{CDIT}} \triangleq \overline{C} = \max_{Q \geqslant 0;\, \text{Tr}\{Q\}=1} \varepsilon\{\log_2\det[I_{n_r} + \rho H Q H^{\text{H}}]\} \tag{5.35}$$

式中，Q 是按照最大化遍历互信息优化的输入协方差矩阵。

本质上，量

$$\log_2\det[I_{n_r} + \rho H_k Q H_k^{\text{H}}] \tag{5.36}$$

可以看成是发射机和接收机 k 时刻在信道 H_k 之间的信息流的速率。这种速率根据信道衰减随时间变化。在时间周期 $T \gg T_{\text{coh}}$ 时的信息流的平均速率为

$$\frac{1}{T}\sum_{k=0}^{T-1}\log_2\det[I_{n_r} + \rho H_k Q H_k^{\text{H}}] \tag{5.37}$$

当 $T \to \infty$ 时，如果衰落过程是各态历经和平稳的 [TV05]，上式收敛到式（5.35）的右侧。为了达到这样的速率，编码分组长度必须足够长以平均抑制噪声，但是还需要跨越多个信道相关时间以平均抑制信道变化（与在 5.1.1 节介绍的 SISO 情况类似）。

根据上面的结果可以得到结论，在没有发射信道信息时，可以达到容量的编码策略与 CSIT 情况下的有很大不同，我们将以瑞利衰落信道为例说明这一点。

5.4　独立同分布瑞利快衰落信道

5.4.1　理想信道信息

我们现在根据在 3.2.1 节介绍的 H_w 的不同特性以及附录 B 把 5.3 节的结论用

在特殊情况 $H = H_{\mathrm{w}}$ 时。尤其是我们将推导在低 SNR 区域或高 SNR 区域下的遍历容量。

低 SNR 区域

在低 SNR 时，我们已经知道式（5.13）或式（5.33）的注水算法在任意时刻分配所有的可用功率到最强或主要的特征模式（用 $\lambda_{\max} = \max\{\lambda_k\}$ 描述），因此在短期功率限制下的遍历容量为

$$\overline{C}_{\mathrm{CSIT,ST}} = \varepsilon\{\log_2[1 + \rho\lambda_{\max}]\}$$
$$\cong \rho\varepsilon\{\lambda_{\max}\}\log_2(e) \tag{5.38}$$

而在长期功率限制下的遍历容量为

$$\overline{C}_{\mathrm{CSIT,LT}} = \varepsilon\{\log_2[1 + \rho s_{\max}^{\star}\lambda_{\max}]\}$$
$$\cong \rho\varepsilon\{s_{\max}^{\star}\lambda_{\max}\}\log_2(e) \tag{5.39}$$

在两个等式中，我们使用了近似当 x 足够小时，$\log_2(1+x) \approx x\log_2(e)$。在式（5.39）中，功率水平 $s_{\max}^{\star}$ 是由下式决定

$$s_{\max}^{\star} = \left(\mu - \frac{1}{\rho\lambda_{\max}}\right)^{+} \tag{5.40}$$

式中，μ 的选择是保证满足长期功率限制 $\varepsilon\{s_{\max}^{\star}\} = 1$。

注意，我们还可以进一步使用附录 B 中的结论简化式（5.38）（假设 n 和 N 趋近于无穷大，并且保持恒定比例 $n/N \leqslant 1$），可以得到

$$\overline{C}_{\mathrm{CSIT,ST}} \cong \rho\frac{n}{N}(\sqrt{N} + \sqrt{n})^2\log_2(e) \tag{5.41}$$
$$\cong \rho n\log_2(e), N \gg n \tag{5.42}$$

根据式（5.42）可以得到结论，在低 SNR 区域具有 CSIT 的 MIMO 系统的遍历容量大约是 SISO AWGN 信道容量 $C_{\mathrm{awgn}} = \log_2(1+\rho) \approx \rho\log_2(e)$ 的 n 倍，n 是发射天线和接收天线数量的较小值。换而言之，$\overline{C}_{\mathrm{CSIT}}$ 与天线数量较小值 n 成线性增长关系（对两种功率限制情况都成立）。长期功率限制相对于短期功率限制的增益，预计会比较小（在 2×2 信道中大约为 0.5bit/s/Hz），并且随着 n 的增大而减少 [GV97]。

高 SNR 区域

在高 SNR 区域，注水算法在所有的非零特征模式和所有时刻上均匀分配功率，而与功率限制无关，因此对所有的值 $k = 1, \cdots, r(H)$ 和所有的时刻，都有 $s_k^{\star} = 1/r(H)$。在独立同分布瑞利信道中，$H = H_{\mathrm{w}}$ 是满秩矩阵，因此 $n = \min\{n_{\mathrm{t}}, n_{\mathrm{r}}\} = r(H)$。因此遍历容量是

$$\overline{C}_{\mathrm{CSIT}} \cong \sum_{k=1}^{n} \varepsilon\left\{\log_2\left[1 + \frac{\rho}{n}\lambda_k\right]\right\} \tag{5.43}$$
$$\cong n\log_2\left(\frac{\rho}{n}\right) + \varepsilon\left\{\sum_{k=1}^{n} \log_2(\lambda_k)\right\} \tag{5.44}$$

根据在 3.2.1 节的结果，我们可以把式（5.44）改写成

$$\overline{C}_{\text{CSIT}} = n\log_2\left(\frac{\rho}{n}\right) + \varepsilon\left\{\log_2\left[\prod_{k=1}^{n}\lambda_k\right]\right\}$$

$$= n\log_2\left(\frac{\rho}{n}\right) + \varepsilon\left\{\log_2\left[\prod_{k=1}^{n}\chi^2_{2(N-n+k)}\right]\right\}$$

$$= n\log_2\left(\frac{\rho}{n}\right) + \sum_{k=1}^{n}\varepsilon\{\log_2(\chi^2_{2(N-n+k)})\}$$

$$= n\log_2\left(\frac{\rho}{n}\right) + \frac{1}{\log(2)}\left(\sum_{k=1}^{n}\sum_{l=1}^{N-k}\frac{1}{l} - n\gamma\right) \tag{5.45}$$

式中，$\chi^2_{2(N-n+k)}$ 是服从 $2(N-n+k)$ 自由度的卡方分布变量（推导式（5.45）需要利用在 3.2.1 节中卡方分布变量的特性和附录 B，我们还需要回顾 $\gamma \approx 0.57721566$ 是欧拉常数）。注意正如在附录 B（即便会得到同样的表达式）中解释的，上面的结果并不表示每个 λ_k 都是独立的卡方分布。使用 Jensen 不等式（见附录 A）和推论 B.1，式（5.45）中的最后一项的上界是 $\log_2\left[\frac{N!}{(N-n)!}\right]$。

我们需要强调以下重要的结论，与在低 SNR 区域类似，$\overline{C}_{\text{CSIT}}$ 与 n 成线性关系。回顾在式（1.27）中空间复用增益 g_s 的定义，我们可以得到结论 $g_s = n$。有趣的是，容量增益是由天线数量较小值决定的，这就表示即使在发射端具有 CSIT，MISO 衰落信道不能提供任何复用增益（$g_s = 1$）。但是，在发射端增加发射天线数可以带来以接收功率来衡量的波束赋形（或阵列）增益（SNR 随着 n_t 的增大而增长）。

5.4.2　部分传输信道信息

命题 5.3　在独立同分布瑞利衰落信道中，具有 CDIT 的 MIMO 系统可以通过相等功率分配方案 $Q = I_{n_t}/n_t$ 来达到遍历容量 ［Tel99，Tel95］，即

$$\overline{C}_{\text{CDIT}} = \overline{\mathcal{I}}_e = \varepsilon\left\{\log_2\det\left[I_{n_r} + \frac{\rho}{n_t}H_w H_w^H\right]\right\} \tag{5.46}$$

或等效为

$$\overline{C}_{\text{CDIT}} = \overline{\mathcal{I}}_e = \varepsilon\left\{\sum_{k=1}^{n}\log_2\left[1 + \frac{\rho}{n_t}\lambda_k\right]\right\} \tag{5.47}$$

式中，$n = r(H_w)$ 是 H_w 的秩，$\{\lambda_1, \lambda_2, \cdots, \lambda_n\}$ 是 $H_w H_w^H$ 的非零特征值。

这个结果很直接，但是却有着很重要的含义。当发射机不知道信道信息时，但是信道是独立同分布瑞利衰落，可以用相等的功率分配来达到遍历容量。对编码而言，就需要固定速率编码（其速率是由遍历容量决定），并且编码时间要跨越多个信道实现。我们在第六章可以看到在 n_t 个独立层上相等功率分配的传输方案，每个层都使用可以达到 AWGN 容量的固定速率编码并使用联合 ML 译码，可以达到

遍历容量 $\overline{C}_{\text{CDIT}}$。

在详述命题 5.3 在低 SNR 和高 SNR 区域的结论之前，我们首先考虑任意 SNR 的情况。根据在［FG98］中证明的根据定理 B.1（见附录 B）直接得到的 $\overline{C}_{\text{CDIT}}$ 的下界是由以下两个等效表达式给出：

$$\overline{C}_{\text{CDIT}} \geqslant \sum_{k=1}^{n} \varepsilon \left\{ \log_2 \left[1 + \frac{\rho}{n_t} \chi^2_{2(N-n+k)} \right] \right\} \tag{5.48}$$

$$\geqslant \sum_{k=1}^{n} \varepsilon \left\{ \log_2 \left[1 + \frac{\rho}{n_t} \chi^2_{2(N-k+1)} \right] \right\} \tag{5.49}$$

可以观察到 MIMO 容量的下界是 n 个并行 SIMO 信道的容量，SIMO 信道的分集度在 $N-n+1$ 到 N 之间。实际上，在第 k 个信道上，SNR 等效为具有 $N-n+k$ 个独立支路的 SIMO MRC 方案可以达到的 SNR（见第 1 章和附录 B）。

上述下界在［ONBP03］中进一步简化为

$$\overline{C}_{\text{CDIT}} \geqslant \sum_{k=1}^{n} \log_2 \left[1 + \frac{\rho}{n_t} \exp \left(\sum_{l=1}^{N-n+k-1} \frac{1}{l} - \gamma \right) \right] \tag{5.50}$$

不失一般性，可以进一步改写为

$$\overline{C}_{\text{CDIT}} \geqslant \sum_{k=1}^{n} \log_2 \left[1 + \frac{\rho}{n_t} \exp \left(\sum_{l=1}^{N-k} \frac{1}{l} - \gamma \right) \right] \tag{5.51}$$

考虑到理想情况下对每个发射天线都有独立的接收天线阵列，可以得到容量的上界（对于 $n_t \geqslant n_r$）［FG98］。对这种系统，总容量是 n_t 个独立 SIMO 系统的容量和，每个 SIMO 系统的等效 SNR 是自由度为 $2n_r$ 的卡方分布变量（见附录 B）。因此，容量上界可以表示为

$$\overline{C}_{\text{CDIT}} \leqslant \sum_{k=1}^{n_t} \log_2 \left[1 + \frac{\rho}{n_t} \chi^2_{2n_r} \right] \tag{5.52}$$

根据命题 5.3 精确计算 $\overline{C}_{\text{CDIT}}$［Tel99，SL03］可以描述如下。

命题 5.4　具有 CDIT 的独立同分布瑞利快衰落信道的遍历容量是

$$\overline{C}_{\text{CDIT}} = \overline{\mathcal{I}}_e = n \int_0^{\infty} \log_2 (1 + \rho\lambda/n_t) p_{\lambda}(\lambda) \, d\lambda \tag{5.53}$$

式中，$p_{\lambda}(\lambda)$ 是随机选择（未排序）T_w 的特征值的分布函数，详细内容参考附录 B。

在［SL03］中得到了式（5.53）的闭合表达式，

$$\overline{C}_{\text{CDIT}} = e^{n_t/\rho} \log_2 (e) \sum_{k=0}^{n-1} \sum_{l=0}^{k} \sum_{m=0}^{2l} \left\{ \frac{(-1)^m (2l)! (N-n+m)!}{2^{2k-m} l! m! (N-n+l)!} \right.$$

$$\left. \times \binom{2k-2l}{k-l} \binom{2l+2N-2n}{2l-m} \sum_{p=1}^{N-n+m+1} E_p \left(\frac{n_t}{\rho} \right) \right\} \tag{5.54}$$

式中，$E_p(z)$ 是 p 阶指数积分，

$$E_p(z) = \int_1^{\infty} e^{-zx} x^{-p} dx, \quad \Re[z] > 0 \tag{5.55}$$

我们把式 (5.54) 用在以下三种 MIMO 系统的特殊情况:

1. $n_t = N$, $n_r = 1$(MISO)

$$\overline{C}_{\text{CDIT}} = e^{N/\rho} \log_2(e) \sum_{p=1}^{N} E_p\left(\frac{N}{\rho}\right) \tag{5.56}$$

2. $n_t = 1$, $n_r = N$(SIMO)

$$\overline{C}_{\text{CDIT}} = e^{1/\rho} \log_2(e) \sum_{p=1}^{N} E_p\left(\frac{1}{\rho}\right) \tag{5.57}$$

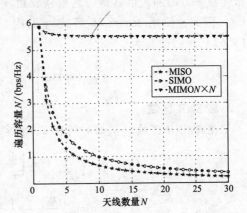

3. $n_t = n_r = n = N$

$$\overline{C}_{\text{CDIT}} = e^{N/\rho} \log_2(e) \sum_{k=0}^{N-1} \sum_{l=0}^{k} \sum_{m=0}^{2l} \left\{ \frac{(-1)^m}{2^{2k-m}} \binom{2l}{l} \right.$$

$$\left. \times \binom{2k-2l}{k-l} \binom{2l}{m} \sum_{p-1}^{m+1} E_p\left(\frac{N}{\rho}\right) \right\} \tag{5.58}$$

图 5.2 描述了这三种特殊情况下每根天线容量 $\overline{C}_{\text{CDIT}}/N$ 与 N 的关系。

图 5.2　在 20dB SNR 处不同独立
同分布信道的容量

注意在 $n_t = n_r = n = N$ 时,在 [SL03] 中得到了对式 (5.58) 的一个非常有用的近似表达式

$$\overline{C}_{\text{CDIT}} \approx e^{1/\rho} \log_2(e) E_1\left(\frac{1}{\rho}\right) + (N-1)\left\{ 2\log_2(1 + \sqrt{4\rho+1}) - \frac{\log_2(e)}{4\rho}(\sqrt{4\rho+1}-1)^2 - 2 \right\} \tag{5.59}$$

低 SNR 区域

考虑在低 SNR 区域 (也就是, 对所有 k, 满足 $\rho\lambda_k/n_t \ll 1$), 我们可以把式 (5.47) 展开为

$$\overline{C}_{\text{CDIT}} = \varepsilon\left\{ \log_2\left[1 + \frac{\rho}{n_t}\sum_{k=1}^{n}\lambda_k + \left(\frac{\rho}{n_t}\right)^2(\cdots) + \cdots + \left(\frac{\rho}{n_t}\right)^n \prod_{k=1}^{n}\lambda_k \right] \right\} \tag{5.60}$$

$$\geqslant \varepsilon\left\{ \log_2\left[1 + \frac{\rho}{n_t}\|\boldsymbol{H}_w\|_F^2 \right] \right\} \tag{5.61}$$

$$\approx \frac{\rho}{n_t}\varepsilon\{\|\boldsymbol{H}_w\|_F^2\}\log_2(e) \tag{5.62}$$

$$= n_r\rho\log_2(e) \tag{5.63}$$

其中我们再次使用了近似,当 x 足够小时,$\log_2(1+x) \approx x\log_2 e$。我们可以观察到

● 遍历容量只由信道的能量确定,而与信道相关性无关,因此式 (5.61) 不局限于独立同分布信道,而有可能同样适用于相关信道 (见 5.5.1 节)。

● 在 CDIT 情况的低 SNR 区域,MIMO 信道相对 SISO 信道的增益仅为 n_r,这

就表示增加发射天线的数量没有用，这与在 CSIT 情况下的结论不同（见 (5.41)），在 CSIT 情况下发射波束赋形的增益为 $n = \min\{n_t, n_r\}$：这就意味着 SIMO 和 MIMO 信道在给定 n_r 下达到同样的信道容量。

如果不使用小参数近似，我们可以利用 $\| H_w \|_F^2$ 表示 $n_t n_r = N_n$ 个独立瑞利分布变量平方的和，也就是，它服从自由度为 $2n_t n_r = 2N_n$ 的卡方随机变量（见附录 B）。因此，使用 Jensen 不等式（见附录 A）和式（5.50）的类似的推导，式 (5.61) 可以改写为

$$\overline{C}_{CDIT} \geq \log_2\left[1 + \frac{\rho}{n_t}\exp\left(\sum_{k=1}^{N_{n-1}} \frac{1}{k} - \gamma \right) \right] \tag{5.64}$$

高 SNR 区域

在高 SNR 区域（例如对所有 k，满足 $\rho\lambda_k/n_t \gg 1$），我们可以近似 $\overline{C}_{CDIT}$ 为

$$\overline{C}_{CDIT} \approx \varepsilon\left\{ \sum_{k=1}^{n} \log_2\left[\frac{\rho}{n_t}\lambda_k \right] \right\}$$

$$= n\log_2\left(\frac{\rho}{n_t}\right) + \varepsilon\left\{ \sum_{k=1}^{n} \log_2(\lambda_k) \right\} \tag{5.65}$$

$$= n\log_2\left(\frac{\rho}{n_t}\right) + \sum_{k=1}^{n} \varepsilon\left\{ \log_2(\chi^2_{2(N-n+k)}) \right\} \tag{5.66}$$

$$= n\log_2\left(\frac{\rho}{n_t}\right) + \frac{1}{\log 2}\left(\sum_{k=1}^{n} \sum_{l=1}^{N-n+k-1} \frac{1}{l} - n\gamma \right) \tag{5.67}$$

$$= n\log_2\left(\frac{\rho}{n_t}\right) + \frac{1}{\log 2}\left(\sum_{k=1}^{n} \sum_{l=1}^{N-k} \frac{1}{l} - n\gamma \right) \tag{5.68}$$

同样，$\chi^2_{2(N-n+k)}$ 表示自由度为 $2(N-n+k)$ 的卡方分布变量，式（5.66）的最后一项的上界是 $\log_2\left[\frac{N!}{(N-n)!} \right]$。重要的结论是在高 SNR 区域的遍历容量 $\overline{C}_{CDIT}$ 与 n 成线性关系（与在低 SNR 区域的结论不同）。与 CSIT 情况下类似，复用增益 g_s 等于 n。但是，虽然 CSIT 和 CDIT 情况下的遍历容量 $\overline{C}_{CDIT}$ 和 $\overline{C}_{CSIT}$ 都与 n 成线性关系，但是两者并不相等。由于在高 SNR 区域下，非相关信道根据注水算法会使用相等功率分配的方法，上面的结论看起来可能很奇怪。实际上，在高 SNR 区域两者之差 $\overline{C}_{CSIT} - \overline{C}_{CDIT}$ 是一个等于 $n\log_2(n_t/n)$ 的常量 [Gui05]：

● 如果 $n_r \geq n_t$，该常量等于 0，并且 $\overline{C}_{CSIT} = \overline{C}_{CDIT}$。

● 如果 $n_r < n_t$，该常量等于 $n_r\log_2(n_t/n_r)$；本质上，CSIT 相对 CDIT 的增益是由于发射机不会向接收机看不到的子空间发射能量从而节省的能量。如果 $n_r = 1$，可以看到正如之前已经提到的，传统波束赋形（阵列）增益也等于 n_t。

图 5.3 比较了在 CSIT 和 CDIT 情况下不同 $n_r \times n_t$ 独立同分布瑞利信道的遍历容量：

• 在高 SNR 区域，对 2×2，4×2 和 4×4 系统，CSIT 提供的增益消失了，与之前我们的讨论结论吻合，虽然在低 SNR 区域，CSIT 相对 CDIT 有一定的增益。

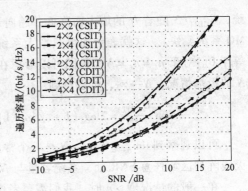

• 在 2×4 方案的高 SNR 区域，CSIT 相对 CDIT 的增益等于 $2\log_2(4/2) = 2$ (bit/s/Hz)，这就确定了 CSIT 在非对称场景 $n_t > n_r$ 情况下的增益（这也是下行 MIMO 配置最常见的场景），

图 5.3　接收机具有理想（CSIT）和部分（CDIT）信道信息的不同 $n_r \times n_t$ 独立同分布瑞利信道的遍历容量

• 在理想 CSIT 情况下，2×4 和 4×4 方案在所有 SNR 水平下的容量一样（在 CDIT 情况下自然不成立），

• 在所有情况下，容量增加的斜率渐近等于 n。在高 SNR 区域，SNR 增大一倍（即增加 3dB），容量增加 n（bit/s/Hz）。

最后，注意在 $n_t = n_r = 1$ 时，在高 SNR 区域的瑞利衰落信道容量可以简化为

$$\overline{C}_{CDIT}(N = n = 1) \approx \log_2(\rho) + \varepsilon\{\log_2(|h|^2)\}$$

$$= \log_2(\rho) - \frac{\gamma}{\log 2} = \log_2(\rho) - 0.83 \qquad (5.69)$$

在高 SNR 区域相比 SISO AWGN 信道（等于 $\log_2(\rho)$）要小一些（大约 0.83（bit/s/Hz））。增加在系统一端的天线数（即，增加 N，但是保持 $n = 1$）不会提高复用增益（仍然等于 1），但是相对于式（5.69）仍然可能提高 SIMO/MISO 系统的容量

• 对 SIMO 系统（$n_t = n = 1$，$n_r = N$），在高 SNR 区域的容量近似为 $\log_2(n_r\rho)$，也就是阵列增益为 n_r，

• 对 MISO 系统（$n_r = n = 1$，$n_t = N$），在高 SNR 区域的遍历 MISO 容量近似为

$$\overline{C}_{CDIT} \approx \log_2(\rho) + \varepsilon\{\log_2(\|h\|^2/n_t)\} \qquad (5.70)$$

$$= \log_2(\rho) - \frac{\gamma}{\log 2} + \frac{1}{\log 2}\left(\sum_{l=1}^{n_t-1}\frac{1}{l}\right) \qquad (5.71)$$

因此，没有 CSIT 的 MIMO 系统容量近似与 $\log_2(\rho)$ 成正比：在没有发射信道信息时，不能得到波束赋形（或发射阵列）增益，但是式（5.70）仍然比式（5.69）要大；在 n_t 非常大的情况下，正如在下面分析的，遍历 MISO 信道容量等于 SISO AWGN 容量。

大规模天线阵列

我们考虑天线数量非常大的情况。在任意 SNR，对于发射和接收天线相同的系统，式（5.58）的遍历容量渐近的与 N 成线性关系，而对于 MISO 和 SIMO 系

统，$\overline{C}_{\text{CDIT}}/N$ 随着 N 的增大而降低并趋向于 0（并且 MISO 系统容量下降的要比 SI-MO 系统要快）。这就表示如果只增大系统一端的天线数量，容量的增长收敛速率等于 0。对于 $n_t = n_r = N$，我们可以考虑在式（5.59）［CTKV02，SL03］中 $\overline{C}_{\text{CDIT}}/N$ 的极端情况，$N \to \infty$，可以得到

$$\lim_{N \to \infty} \frac{\overline{C}_{\text{CDIT}}}{N} = 2\log_2(1 + \sqrt{4\rho + 1}) - \frac{\log_2(e)}{4\rho}(\sqrt{4\rho + 1} - 1)^2 - 2 \qquad (5.72)$$

可以观察到 $\lim_{N \to \infty} \overline{C}_{\text{CDIT}}/N$ 是一个常数，并且只取决于 SNR。因此，在大规模天线阵列区域任意 SNR 处，系统容量与 $N = n$ 成比例。

在一般的情况 $N > n$ 时，我们需要考虑以下三种场景：

- $N = n_r \to \infty$，$n = n_t$ 固定
- $N = n_t \to \infty$，$n = n_r$ 固定
- $N = n_t \to \infty$，$n = n_r \to \infty$，固定比率 $N/n > 1$。

在第一种场景中［HMT04］，我们注意到矩阵 $W/N = H^H H/N$ 随着 $N \to \infty$ 而收敛到 I_n。这就表示，对固定的 n，W/N 的 n 个特征值趋向于 1，也就是，经验分布 $p\lambda'(\lambda')$（其中 $\lambda' \triangleq \lambda/N$）趋近于 $\delta(\lambda' - 1)$。因此，遍历容量趋近于

$$\lim_{N = n_r \to \infty} \frac{\overline{C}_{\text{CDIT}}}{n} = \log_2\left(1 + \rho \frac{N}{n}\right) \qquad (5.73)$$

类似地，在第二种场景中［HMT04］，$W/N = HH^H/N$ 的特征值的经验分布也近似收敛成 $\delta(\lambda' - 1)$，遍历容量为

$$\lim_{N = n_r \to \infty} \frac{\overline{C}_{\text{CDIT}}}{n} = \log_2(1 + \rho) \qquad (5.74)$$

其遍历容量等于 SISO AWGN 信道的容量（参考式（5.70）类似的讨论）。

在最后一种场景中，使用 Stieltjes 变换可以得到另一种分析容量的方法［DLLD05］。可以证明 W/N 特征值的经验分布近似收敛成一个极限概率密度 $p_{\lambda'}(\lambda')$（其中 $\lambda' \triangleq \lambda/N$）。而这个极限概率密度可以用 Stieltjes 变换进行非平凡计算来评估，最终得到

$$\lim_{n \to \infty} \frac{\overline{C}_{\text{CDIT}}}{n} = \log_2\left(1 + \rho + \rho\frac{n}{N} - \rho\beta\right) + \left(1 - \frac{N}{n}\right)\log_2(1 - \beta) - \log_2(e)\frac{N}{n}\beta \qquad (5.75)$$

其中

$$\beta = \frac{1}{2}\left[1 + \frac{n}{N} + \frac{1}{\rho} - \sqrt{\left(1 + \frac{n}{N} + \frac{1}{\rho}\right)^2 - 4\frac{n}{N}}\right] \qquad (5.76)$$

注意，当 $N = n$ 时，式（5.75）退化到式（5.72）。

上面结果的结论是在任意 SNR 处大规模天线阵列的容量与 n 成线性关系（与在非渐近情况下只有高 SNR 区域中容量与 n 成线性关系不同），因为容量增加速率只与 SNR 和比率 N/n 有关。实际上，还可以看到收敛的速率很快，因此当 n 为 3 时，就能达到大规模天线阵列区域。此外，在［HMT04］中证明了 C_{CDIT} 服从高斯分布，其均值由式（5.73）、式（5.74）或式（5.75）给出，而方差在前两种场景

中减少到 $1/N$。在第三种场景中，方差与 ρ 和 N/n 的关系更加复杂 [HMT04]。

此外，还要注意在大规模天线阵列区域，在前两个场景中用 W/N 的特征值分布的例子说明了，信道变得更加具有确定性，信道矩阵的条件数更大（与随机矩阵相反）。这些特征在大规模 MIMO 系统中被广泛使用。第 12 ～ 14 章将进一步详细讨论在多用户多小区场景中的大规模 MIMO 技术。

天线选择方案

独立同分布瑞利衰落信道中考虑的一个重要子问题是混合选择/MRC 方案，考虑从 n_r 根接收天线中选择出 n'_r 根（见第 1 章）。由于信道是独立同分布瑞利衰落，我们知道输入协方差矩阵是乘上一个标量的单位矩阵 $Q = I_{nt}/n_t$。但是，在接收天线选择时必须根据互信息最大进行优化。用 H'_w 表示从 H_w 中取出 $n_r - n'_r$ 行之后的 $n'_r \times n_t$ 维信道矩阵，容量可以表示为

$$C_{\text{CDIT,HS/MRC}} = \max_{S(H'_w)} \log_2 \det\left[I_{n'_r} + \frac{\rho}{n_t} H'_w H'^{\,H}_w \right] \tag{5.77}$$

式中，$S(H'_w)$ 是所有可能 H'_w 的集合。

当 $n'_r \leq n_r$ 时，很容易用与式（5.52）类似的方法得到容量的上界。只需要把式（5.52）中发射机和接收机互换位置，考虑到每根接收天线有自己的 n_t 根发射天线集合。选择出其中最优的 n'_r 根接收天线，容量的上界 [MWW01，MWCW05] 为

$$C_{\text{CDIT,HS/MRC}} \leq \sum_{k=1}^{n'_r} \log_2\left[1 + \frac{\rho}{n_t} \chi^2_{2n_t}(k) \right] \tag{5.78}$$

式中 $\chi^2_{2n_t}(k)$ 是 n_r 个独立服从 2nt 自由度的卡方分布随机变量集合中最大的 n'_r 个变量（见附录 B）。注意 χ^2 变量现在用 (k) 来索引，与式（5.52）不同，因为在这里必须对这些变量进行排序以找到其中 n'_r 个较大的。

当 $n_r \geq n'_r > n_t$ 时只能增加信道的分集度（或等效为增加容量累计分布的斜率）。在这种情况下，上文给出的上界有点宽松。为了得到更紧的上界 [MW04]，考虑到在理想系统中的容量趋近于式（5.52），每个 SIMO 子系统分别执行 HS/MRC。因此，第 l 个子系统的等效 SNR 不再是 $\chi^2_{2n_t}$，而是

$$\rho l = \sum_{k=1}^{n'_r} \chi^2_2(k) \tag{5.79}$$

式中，$\chi^2_2(k)$ 是通过 n_r 个独立的卡方分布的随机变量（自由度为 2，见附录 B）集合排序得到的。因此可以很容易的得到其容量上界为

$$C_{\text{CDIT,HS/MRC}} \leq \sum_{l=1}^{n_t} \log_2\left[1 + \frac{\rho}{n_t} \sum_{k=1}^{n'_r} \chi^2_2(k) \right] \tag{5.80}$$

最后，在 [GGP03b，GGP03a] 中深入的讨论了 $n'_r = n_t$ 的情况。容量的下界表示为两个独立量的和，第一个量对应所有接收天线的容量，而第二个量对应容量的损失。定义 L_w 为 H_w 的列空间中一个 $n_r \times n_t$ 维的正交基，系统容量的下界为

$$C_{\text{CDIT,HS/MRC}} \geq \log_2 \det\left[\boldsymbol{I}_{n_r} + \frac{\rho}{n_t} \boldsymbol{H}_w \boldsymbol{H}_w^{\text{H}} \right] + \log_2 \det\left[\boldsymbol{L}_w'^{\text{H}} \boldsymbol{L}_w' \right] \qquad (5.81)$$

式中，$\boldsymbol{L}_w'$ 是 $\boldsymbol{L}_w$ 中 $n_r' \times n_t$ 维的子矩阵，它对应选择出来的天线，并与天线选择算法有关。使用在 ［GGP03a］ 中提出的增量损失最小化算法，可以证明

$$\log_2 \det\left[\boldsymbol{L}_w'^{\text{H}} \boldsymbol{L}_w' \right] = \sum_{k=1}^{n_r'} \beta_k^2 \qquad (5.82)$$

式中，β_k^2 是统计独立的变量，其分布见 ［GGP03a］。当 $n_r' = n_t = n$ 和 $n_r = N$ 时，式 (5.81) 的下界可以最终表示为

$$C_{\text{CDIT,HS/MRC}} \geq \sum_{k=1}^{n} \log_2\left[1 + \frac{\rho}{n_t} \chi_{2(N-k+1)}^2 \beta_k^2 \right] \qquad (5.83)$$

上面的表达式很容易解释：容量的下界是与使用所有接收天线的情况相比 SNR 水平分别降低因子 β_k^2（$k = 1$，…，n）的 n 个并行信道的容量。但是，从式 (5.83) 还能清楚的看到天线选择方案仍然能保持每个支路的分集度，因此分集增益与不带天线选择的 MIMO 系统一样。

5.5　相关瑞利快衰落信道

对相关瑞利信道，我们讨论两个场景：相等功率分配和 CDIT。在具有 CSIT 时，式 (5.32) 和式 (5.34) 自然仍然成立。但是接收相关性会恶化其性能（因为接收相关性在不增加接收功率的情况下减少了接收机的维度），而发射相关性则可能因为带来的波束赋形增益而增加容量 ［BGPvdV06］。但是，很难分析评估发射相关性的影响。仿真表明系统性能取决于 SNR 和 n_t / n_r 比率：在低 SNR 区域，发射相关性总是有益的，而在高 SNR 区域，如果 $n_t > n_r$，发射相关性是有益的。

5.5.1　相等功率分配的频谱效率

在使用相等功率分配时，不能达到容量，因此我们使用频谱效率或互信息作为度量。互信息可以表示为

$$\overline{\mathcal{I}}_e = \mathcal{E}\left\{ \log_2 \det\left[\boldsymbol{I}_{n_r} + \frac{\rho}{n_t} \boldsymbol{H}\boldsymbol{H}^{\text{H}} \right] \right\} \qquad (5.84)$$

我们将分析以下几种特殊场景下的互信息。

克罗内克相关瑞利信道

我们首先考虑信道协方差矩阵 $\boldsymbol{R}$ 可以用克罗内克假设表示的情况，

$$\boldsymbol{R} = R_r \otimes \boldsymbol{R}_t \qquad (5.85)$$

在低 SNR 区域，式 (5.61) 的推导过程仍然成立，因此

$$\overline{\mathcal{I}}_e \geq \mathcal{E}\left\{\log_2\left[1 + \frac{\rho}{n_t}\|\boldsymbol{H}\|_{\mathrm{F}}^2\right]\right\} \tag{5.86}$$

但是要注意，在这里平方 Forbenius 范数的统计量并不服从卡方分布。

用 $\boldsymbol{R}_r^{1/2}\boldsymbol{H}_w\boldsymbol{R}_t^{1/2}$ 代替式（5.84）中的 $\boldsymbol{H}$，在高 SNR 区域的相等功率分配的互信息可以近似为 [PNG03]

$$\overline{\mathcal{I}}_e \approx \mathcal{E}\left\{\log_2\det\left[\frac{\rho}{n_t}\boldsymbol{H}_w\boldsymbol{H}_w^{\mathrm{H}}\right]\right\} + \log_2\det(\boldsymbol{R}_r) + \log_2\det(\boldsymbol{R}_t) \tag{5.87}$$

由于 $\boldsymbol{R}_r$ 的特征值之和受限于 n_r，特征值之乘积等于 $\det(\boldsymbol{R}_r)$。这就表示 $\log_2\det(\boldsymbol{R}_r) \leq 0$（当 $\boldsymbol{R}_r = \boldsymbol{I}_{nr}$ 时等号成立）。同样的结论对 R_t 也成立。因此可以得到结论，由于式（5.87）的第一项保证了 $\overline{\mathcal{I}}_e$ 仍然与 $\min\{n_t, n_r\}$ 成线性关系，接收和发射相关性与独立同分布情况相比会导致互信息降低（具有均匀功率分配）。在高 SNR 区域的互信息损失是 $\log_2\det(\boldsymbol{R}_r) + \log_2\det(\boldsymbol{R}_t)$ bits/s/Hz。在第 3 章我们已经指出发射和接收相关性会降低复用增益。

在 [KA06a] 中提出了一种基于区域多项式精确计算克罗内克瑞利信道互信息的方法，但是这种方法很复杂因此在本书中不详细介绍。

大规模天线阵列

在讨论半相关信道之前，我们首先考虑天线数量足够大的情况，即 $N = n_t > n_r = n$，并且 $n \to \infty$，$N \to \infty$ 且具有固定的比率 $N/n > 1$。再次使用 Stieltjes 变换可以得到互信息的隐式分析表达式 [DLLD05]：

$$\overline{\mathcal{I}}_e = \log_2\det(\boldsymbol{I}_n + \delta_t\boldsymbol{R}_r) + \log_2\det(\boldsymbol{I}_N + \delta_r\boldsymbol{R}_t) - \frac{N}{\rho}\delta_t\delta_r \tag{5.88}$$

其中 δ_t 和 δ_t 是下面方程的解

$$\delta_t = \frac{\rho}{n}\mathrm{Tr}\left[\boldsymbol{\Lambda}_{R_t}(\boldsymbol{I}_N + \delta_r\boldsymbol{\Lambda}_{R_t})^{-1}\right] \tag{5.89}$$

$$\delta_r = \frac{\rho}{n}\mathrm{Tr}\left[\boldsymbol{\Lambda}_{R_r}(\boldsymbol{I}_n + \delta_t\boldsymbol{\Lambda}_{R_r})^{-1}\right] \tag{5.90}$$

互信息 $\overline{\mathcal{I}}_e$ 的收敛速率是 $\mathcal{O}(1/n)$，因此对于大小为 3×3 的天线阵列，互信息的渐近近似就已经足够好。此外，这个分析验证了即使具有相关性，互信息仍然与 n 成线性关系。

非克罗内克相关瑞利信道

当信道相关性不满足克罗内克可分离条件，不存在互信息的闭合表达式。在这种情况下，需要使用在 3.1.2 节介绍的互信息上界，

$$\overline{\mathcal{I}}_e \leq \log_2(\overline{\kappa}) = \log_2\left(\mathcal{E}\left\{\det\left[\boldsymbol{I}_{n_r} + \frac{\rho}{n_t}\boldsymbol{H}\boldsymbol{H}^{\mathrm{H}}\right]\right\}\right) \tag{5.91}$$

在 3.1.2 节得到了一个显式闭合式把这个上界和信道相关性联系在一起，我们观察到发射和接收相关性会降低遍历互信息上界。与之相反，信道间相关性则会增

加互信息上界。这可以通过互信息 $\overline{\mathcal{I}}_e$ 的蒙特卡洛仿真来验证。

在图 5.4 中，描绘了 2×2 系统的互信息 $\overline{\mathcal{I}}_e$ 与 s_1 和/或 s_2 在不同的接收和发射相关性以及 SNR = 20dB 时的关系（使用了完全相关矩阵的表达式）。与独立同分布衰落相比，当增加一端或两端的信道间相关性时，可以观察到了大约 2%~4% 的相对增益。在中相关信道中，$s = 0$ 和 $s = 1$ 之间的增益可能最多达到 11%。此外，对在发射/接收端中相关的信道，较大的信道间相关确保了遍历互信息几乎能达到独立同分布衰落的容量。例如，在 20dB SNR 处，场景

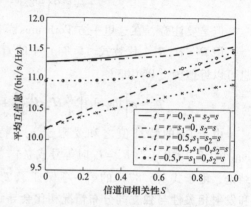

图 5.4　不同相关信道在 20dB SNR 的平均互信息与一端/两端信道间相关性的关系

（$t = r = 0.5$；$s_1 = s_2 = 0.95$）可以达到和独立同分布衰落信道一样的遍历互信息。

对角瑞利信道

对 2×2 系统，上面的结果表明当在所有发射天线上均匀分配功率时，独立同分布瑞利信道不能提供最高的互信息。根据分析的容量上界，我们还观察到特殊的相关结构（单位信道间相关和零天线相关）相对于独立同分布衰落信道具有更高的遍历互信息。还通过仿真得到了验证了这个结论。我们怎样才能把这样的相关结构推广到大规模天线阵列？在大规模天线阵列中，不是所有的信道间相关性可以设置为 1，因为此时相关矩阵不再是半正定。对于 $n_t = n_r = N$ 时，［OOO5］中说明了复高斯信道矩阵最大化均匀功率分配的 MIMO 系统的遍历互信息，其信道矩阵为

$$|\boldsymbol{H}| = \begin{bmatrix} a_1 & a_2 & \cdots & a_{N-1} & a_N \\ a_2 & a_3 & \cdots & a_N & a_1 \\ \vdots & \vdots & \vdots & \vdots & \vdots \\ a_N & a_1 & \cdots & a_{N-2} & a_{N-1} \end{bmatrix} \tag{5.92}$$

其中 $\{a_k\}$，$k = 1 \cdots N$ 是 N 个单位方差的（实值）瑞利同分布变量，并且记号 $|\cdot|$ 代表 $|\boldsymbol{H}|(p,q) = |\boldsymbol{H}(p,q)|$。这种信道矩阵酉等价为对角信道矩阵 $\boldsymbol{D}$，其中 $\{d_k\}$ 是独立同分布单位方差的复高斯变量，

$$\boldsymbol{H} = \boldsymbol{U}_r \boldsymbol{D} \boldsymbol{U}_t^T \tag{5.93}$$

式中　$\boldsymbol{U}_t$ 和 $\boldsymbol{U}_r$ 是两个酉矩阵。因此，我们定义这些 MIMO 信道为对角信道。从物理含义上看，对角信道的发射和接收两端都不相关，但是它们的一些信道间相关等于 1。换而言之，在发射和接收端的导向矢量是正交的，因为当且仅当下面的正交条件满足时（$\boldsymbol{A}_t = \boldsymbol{U}_t$，$\boldsymbol{A}_r = \boldsymbol{U}_r$），式（5.93）等效于 2.2.3 节的有限散射模型。自然，$\boldsymbol{H}\boldsymbol{H}^H$ 的 N 个特征值是具有自由度为 2 的独立相同卡方分布的变量［OOO5］，

因此遍历互信息可以得到为

$$\overline{\mathcal{I}}_e = N \int_0^\infty \log_2 \left(1 + \frac{\rho}{N} \lambda^2 \right) \frac{2\lambda}{N} e^{-\frac{\lambda^2}{N}} d\lambda$$

$$= N \log_2(e) e^{\frac{1}{\rho}} E_1 \left(\frac{1}{\rho} \right) \tag{5.94}$$

其遍历互信息正好是 SISO 瑞利信道遍历容量的 N 倍，而与 SNR 无关（注意 $E_1(z)$ 是 1 阶指数积分）。对给定 SNR，很容易验证相对于独立同分布衰落信道下的信道容量式（5.58）、式（5.94）能提供更高的互信息，如图 5.5 所示。但是，对角信道只能提供等效分集度为 N（而对独立同分布衰落信道，$N_{div} = N^2$）。换句话说，这也意味着，虽然对角信道能提供更高的平均互信息，但是互信息 $\overline{\mathcal{I}}_e$ 的累积分布斜率更小。因此，中断互信息 $\mathcal{I}_{out}$ 要比低中断水平 P_{out} 要低（在 2×2 信道 15dB SNR 处近似为 $P_{out} < 15\%$）[OO05]。

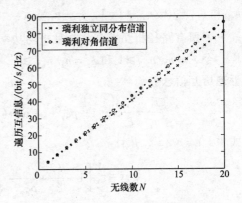

图 5.5 对角信道在 15dB SNR 处的平均互信息与链路两端天线数的关系

有限散射体信道

到目前为止，在高 SNR 区域的容量与天线数量成线性关系，虽然容量增长的速率与信道相关性有关。这个结论实际上假设了发射信道通过大量的多径到达接收天线阵列。当散射路径数量有限时会有什么样的结论？在这种情况下，可以证明 H 的秩等于散射体的数量，并且系统容量只与散射体的数量有关而不是与天线数量有关。为了说明这个问题，我们需要借助在第 2 章介绍的有限散射体表达式（2.43），可以把信道矩阵表示为

$$\tilde{H} = A_r H_s A_t^T \tag{5.95}$$

式中，A_t 和 A_r 表示 $n_t \times n_{s,t}$ 和 $n_r \times n_{s,r}$ 维的导向矩阵，矩阵的列是在 Tx 和 Rx 观察到的每个路径方向相对应的导向矢量，H_s 是 $n_{s,r} \times n_{s,t}$ 维的矩阵，其中的元素是在所有 DoD 和 DoA 之间的复路径增益。对非相关散射体，H_s 可以进一步分解成 $\Omega_s \odot H_w$，Ω_s 表示不同方向（DoD 和 DoA）之间的耦合矩阵。

图 5.6 给出了在散射体数量为 2 时具有均匀功率分配的 MIMO 系统遍历互

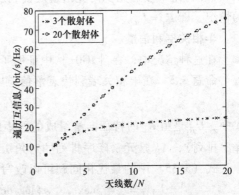

图 5.6 两种有限散射体信道在 20dB SNR 处平均互信息与链路两端天线数的关系

信息与天线数量 $n_t = n_r = N$ 的关系（$n_{s,t} = n_{s,r} = n_s = 3$ 或 20）。很明显，第一个场景（$n_s = 3$）的互信息不随着 N 线性增长，而是当 $N > 3$ 时出现饱和。

为了得到饱和水平的渐近显式表达式，[DM05] 中假设

- 天线间隔为 $\lambda/2$,
- $n_{s,t} \leqslant n_t$ 和 $n_{s,r} \leqslant n_r$（也就是对饱和水平感兴趣）
- 散射体之间的距离最大，也就是，DoD 和 DoA 分别是 $\theta_{t,k} = 2k\pi/n_{s,t}$, $k = 1, \cdots,$ $n_{s,t}$ 和 $\theta_{t,l} = 2l\pi/n_{s,t}$, $l = 1, \cdots, n_{s,r}$。
- 所有路径相互耦合，并且平均功率相等，因此 $\boldsymbol{\Omega}_s = \mathbf{1}_{n_{s,r} \times n_{s,t}}/\sqrt{n_{s,t}n_{s,t}}$。

令 $\xi_t = n_r/n_{s,t} \geqslant 1$ 和 $\xi_r = n_r/n_{s,r} \geqslant 1$，在 [DM05] 中证明了每个接收天线的渐近遍历互信息等于

$$\frac{\overline{\mathcal{I}_e}}{n_r} = \frac{1}{\xi_r}\log[1 + \rho\xi_r - \rho\xi_r\alpha] + \frac{1}{\xi_t v}\log[1 + \rho v\xi_t - \rho\xi_r\alpha] - \frac{1}{\xi_t v}\alpha \qquad (5.96)$$

式中，$v = n_r/n_t$，并且

$$\alpha = \frac{1}{2}\left[1 + \frac{\xi_t}{\xi_r} + \frac{1}{\rho\xi_r} - \sqrt{\left(1 + \frac{\xi_t}{\xi_r} + \frac{1}{\rho\xi_r}\right)^2 - \frac{4\xi_t}{\xi_r}}\right] \qquad (5.97)$$

5.5.2 部分传输信道信息

我们假设发射机只能得到信道相关矩阵 $\boldsymbol{R}$。这就意味着信道相关矩阵信息是从发射机通过反馈到发射机，这种方式所需要的反馈比特数要比完全 CSIT 方式所需反馈的比特数少。实际上，我们看到信道空间结构变化的速度要比信道衰落变化要慢的多。此外，如果保证一定的信道互易性，可以根据反向链路的信道来估计信道相关矩阵。当 $\boldsymbol{H} = \boldsymbol{H}_w$，$\boldsymbol{Q} = \boldsymbol{I}_{nt}/n_t$ 是最优的策略。当 $\boldsymbol{H}$ 是相关的时，最优选择 $\boldsymbol{Q}$ 的方法是我们在这一节中讨论的问题。为了简化分析，通常假设克罗内克信道模型成立，这就表示信道信息可以简化为发射机和/或接收机的相关矩阵（$\boldsymbol{R}_t$ 和/或 $\boldsymbol{R}_r$）。在讨论一般的克罗内克信道之前，我们首先考虑接收机处的衰落是空间白化的情况，即 $\boldsymbol{R}_r = \boldsymbol{I}_{nr}$。

半相关瑞利信道

在这种情况中，在 [JG01] 中证明了下列的结论。

命题 5.5 在半相关瑞利快衰落信道中，最优的输入协方差矩阵可以表示为

$$\boldsymbol{Q} = \boldsymbol{U}_{R_t}\boldsymbol{\Lambda}_Q\boldsymbol{U}_{R_t}^H \qquad (5.98)$$

式中，$\boldsymbol{U}_{R_t}$ 是由 $\boldsymbol{R}_t$ 的特征向量组成的酉矩阵（排列的顺序是对应按照 $\boldsymbol{R}_t$ 的特征值降序排列），$\boldsymbol{\Lambda}_Q$ 是元素降序排列的对角矩阵。

式（5.35）中的最优化问题可以改写为

$$\overline{C}_{CDIT} = \max_{\boldsymbol{\Lambda}_Q \geqslant 0; \mathrm{Tr}\{\boldsymbol{\Lambda}_Q\} \leqslant 1} \varepsilon\{\log_2 \det[\boldsymbol{I}_{n_r} + \rho\boldsymbol{H}_w\boldsymbol{\Lambda}_{R_t}^{1/2}\boldsymbol{\Lambda}_Q\boldsymbol{\Lambda}_{R_t}^{1/2}\boldsymbol{H}_w^H]\} \qquad (5.99)$$

式中，$\boldsymbol{\Lambda}_{R_t}$ 包含 $\boldsymbol{R}_t$ 的特征值，见式（3.93）。

考虑到较强的信道模式相对于较弱的模式能分配更多的功率，这个最优化问题可以很好的用注水算法来近似。为了更好的理解，使用 Jensen 不等式可以得到式 (5.99) 的上界：

$$\overline{C}_{CDIT} \leqslant \max_{\Lambda_Q \geqslant 0; \operatorname{Tr}\{\Lambda_Q\} \leqslant 1} \sum_{k=1}^{n_t} \log_2(1 + \rho n_r \lambda_k(R_t) \lambda_k(Q)) \tag{5.100}$$

对这个上界进行拉格朗日优化可以得到经典的注水方案（见命题 5.2），

$$\lambda_k(Q) = \left[\mu - \frac{1}{\rho n_r \lambda_k(R_t)}\right]^+ \tag{5.101}$$

式中，μ 是选择满足 $\operatorname{Tr}\{\Lambda_Q\} = 1$ 的常量。基于式 (5.101) 得到的输入协方差可以得到其下界是遍历信道容量式 (5.99) 的互信息。但是，由于大数定理，当 n_r 相比 n_t 较大时这个下界非常紧。实际上，随着 n_r/n_t 比率趋近于无穷大，容量下界与实际容量的差距逐渐减小。当 n_t 比 n_r 大时，这个下界非常松，尤其是在高 SNR 区域。最优功率分配可能与根据 Jensen 上界 [Vu06] 得到的功率分配方法有显著地不同。但是，在低 SNR 区域，根据式 (5.101) 传输可能只在主要的模式上进行。注意，使用 Jensen 不等式来得到最优功率分配估计并不仅仅局限在半相关瑞利信道，而是还可以用在任意信道中，我们将在下节中讨论。更一般的在式 (5.101) 中用用 $\lambda_k(\varepsilon\{H^H H\})$ 取代 $n_r \lambda_k(R_t)$。

严格来说，精确的最优功率分配方案应该通过 Λ_Q 的数值优化来得到。为了更深入了解，如在 [SM03] 提出的场景，我们考虑简单的 TIMO（两输入多输出）系统情况，在发射端的相关性为 t（在接收端没有相关性）。我们将比较以下三种功率分配策略：

- 通过数值优化得到的最优功率分配（数值优化非常简单，由于 $\operatorname{Tr}\{\Lambda_Q\} = 1$，因此只有一个参数需要优化），得到 $\overline{C}_{CDIT}$。

- 相等功率分配 $Q = I_2/2$，在 t 较小时应该是最优的，得到 $\overline{\mathcal{I}}_e$。

- 波束赋形策略，也就是 Λ_Q 的第一个元素等于 1，而另一个元素等于 0，换而言之，我们只在信道的最强的特征模式上进行传输；这种方案的互信息表示为 $\overline{\mathcal{I}}_{bf}$。

在图 5.7 可以观察到，在考虑的 SNR 点（$\rho = 0$dB），在低传输相关时使用波束赋形或者在高传输相关时使用相等功率分配是两种极端低效的策略。波束赋形策略在高传输相关时比较有效，因为根据式 (2.51) 高传输相关就意味着 $A_t(\Theta_t)$ 是高度方向性的。因此，只在想要的方向上进行传输是最优的。类似的，低传输相关等效为较大的发射角度扩展，因此相等功率分配方案的性能比较好。而在中等传输相关性的区域，最优功率分配策略自然要比相等功率分配和波束赋形性能要好。但是，在波束赋形和相等功率分配之间切换的策略，可以得到的互信息为 $\max\{\mathcal{I}_{bf}, \mathcal{I}_e\}$，可以很接近（在约 5% 内）$\overline{C}_{CDIT}$ 容量。在任意 SNR 处对任何 TIMO 系统这个结论都成立 [SM03]。很有趣的是，$\overline{C}_{CDIT}$ 并不随着 $|t|$ 递减（与 $\overline{\mathcal{I}}_e$ 不

同）。对于图 5.7（$\rho = 0\text{dB}$）中的场景，$\overline{C}_{\text{CDIT}}$（$|t| = 1$）要比 $\overline{C}_{\text{CDIT}}$（$|t| = 0$）要稍微高一点。这个观察到的结论与通常认为天线相关性会降低系统性能的观点不同，也与独立同分布瑞利衰落条件能最大化容量性能的观点不同（信道间相关可能也会提高系统性能，即使是使用相等功率分配）。

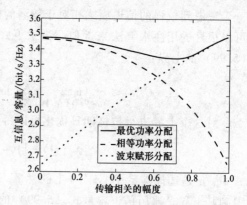

图 5.7　不同功率分配策略在 0 dB SNR 处的互信息与传输相关性的关系

　　如果使用切换策略，必须要知道何时进行切换，也就是对给定的 n_{r} 和 ρ，在何种程度的传输相关性时，波束赋形要比相等功率分配能带来更大的互信息。在上述例子中（$n_{\text{r}} = 2$，$\rho = 0\text{dB}$），波束赋形在 $t \geq 0.61$ 时相比相等功率分配要更好。在 [JG01，SM03] 中推导了对任意 MIMO 系统波束赋形更优的条件。

　　命题 5.6　在 $n_{\text{r}} \times n_{\text{t}}$ 信道中，当且仅当下面条件时，波束赋形是达到容量的最优策略：

$$\Gamma\left[-n_{\text{r}}, \frac{1}{\rho\lambda_1(\boldsymbol{R}_{\text{t}})} \right] \geq \frac{[\rho\lambda_1(\boldsymbol{R}_{\text{t}})]^{n_{\text{r}}}\rho\lambda_2(\boldsymbol{R}_{\text{t}})}{1 + \rho\lambda_2(\boldsymbol{R}_{\text{t}})}\exp\left[-\frac{1}{\rho\lambda_1(\boldsymbol{R}_{\text{t}})} \right] \quad (5.102)$$

式中，Γ 表示不完全 gamma 函数，并且$\{\lambda_1(\boldsymbol{R}_{\text{t}}) \geq \lambda_2(\boldsymbol{R}_{\text{t}})\}$是 $\boldsymbol{R}_{\text{t}}$ 的两个最大的特征值。

　　注意对 TIMO 系统，$\boldsymbol{R}_{\text{t}}$ 有两个特征值，分别等于 $1 \pm |t|$。我们还能观察到波束赋形在何等程度的发射相关上是最优策略取决于 n_{r} 和 ρ。在图 5.8 中考虑了 ρ 的影响。曲线表示最优的策略与非波束赋形模式（值为 0 对应纯波束赋形策略，而值为 1 对应相等功率分配策略）的比例。ρ 越大（或等效的，n_{r} 越大），波束赋形策略相对相等功率分配策略最优的 $|t|$ 的范围越小。从式（5.101）中可以看到 ρn_{r} 就是有效 SNR，因此也能得到这个结论。

克罗内克相关瑞利信道

　　在这种情况中，[JB04] 给出了与命题 5.5 类似的结论。

　　命题 5.7　在克罗内克相关瑞利快衰落信道，最优输入协方差矩阵也可以表示为

$$\boldsymbol{Q} = \boldsymbol{U}_{\boldsymbol{R}_{\text{t}}}\boldsymbol{\Lambda}_{\boldsymbol{Q}}\boldsymbol{U}_{\boldsymbol{R}_{\text{t}}}^{\text{H}} \quad (5.103)$$

式中，$\boldsymbol{U}_{\boldsymbol{R}_{\text{t}}}$ 是由 $\boldsymbol{R}_{\text{t}}$ 的特征向量组成的酉矩阵（排列的顺序是对应按照 $\boldsymbol{R}_{\text{t}}$ 的特征值降序排列），$\boldsymbol{\Lambda}_{\boldsymbol{Q}}$ 是元素降序排列的对角矩阵。

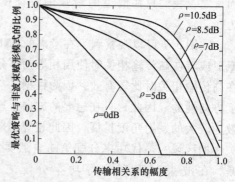

图 5.8　对 $n_{\text{r}} = 2$ 的 MIMO 系统最优策略与非波束赋形模式的比例与 $|t|$ 和 ρ 的关系

也就是，最优的策略是沿着 R_t 的特征向量分配独立的复循环高斯输入。需要进行数值计算得到最优特征值组成 Λ_Q。与命题 5.6 类似，［JB04］中推导了波束赋形策略最优的条件。文献的分析表明，在瑞利信道中，在接收天线全相关的场景中波束赋形策略最优的范围要比在发射天线全相关的要大。换句话说，接收相关性越强，波束赋形策略最优的范围越大。

最后，在［JB04, BGPvdV06］中讨论了 CDIT 是否能使得克罗内克结构相关瑞利信道的遍历容量超过独立同分布瑞利信道的容量。由于最优输入协方差矩阵只取决于 R_t，可以得到下面的结论：

- 接收相关性会降低互信息 $\overline{\mathcal{I}}_e$ 式（5.87）和具有 CDIT 的容量。
- 根据式（5.87），发射相关性会降低互信息 $\overline{\mathcal{I}}_e$，但是可能增加在低 SNR 区域的 $\overline{C}_{CDIT}$（与 n_t 和 n_r 无关）或在高 SNR 区域的 $\overline{C}_{CDIT}$（当 $n_t > n_r$ 时，与理想 CSIT 情况类似）。

5.6　莱斯快衰落信道

5.6.1　相等功率分配的频谱效率

单极化莱斯信道

相关分量对互信息的影响通常是假设信道的非相关（瑞利）分量是独立同分布，并且 $\overline{H}\,\overline{H}^H$ 只有一个等于 $n_r n_r = Nn$ 的非零特征值，例如，$\overline{H} = I_{n_r \times n_t}$。如果我们假设 K 因子足够大可以忽略瑞利分量，此时的遍历互信息为

$$\overline{\mathcal{I}}_e = \log_2(1 + n_r \rho) \tag{5.104}$$

遍历互信息正好等于阵列增益 g_a 等于 n_r 的 AWGN 信道容量。由于信道矩阵的秩为 1，复用增益完全消失：互信息渐近与 $\log_2(n_r)$ 成线性关系，而不是如在独立同分布瑞利衰落信道中与 $n = \min\{n_t, n_r\}$ 成线性关系。

对任意 K 因子，并假设瑞利分量是独立同分布，在［KA06b］中严格推导了具有相等功率分配的遍历互信息。图 5.9 说明了莱斯 K 因子对系统互信息的影响：在给定接收 SNR 时，存在莱斯分量会导致互信息降低。但是，如果我们考虑固定发射功率，很有可能存在莱斯分量（例如，由于存在直视路径）会比瑞利衰落场景中具有更高的 SNR，因为在处于

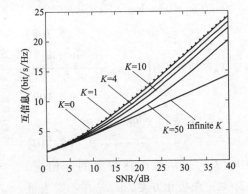

图 5.9　不同 K 因子的莱斯 2×2 信道的互信息（因此 $K = 0$ 对应瑞利独立同分布信道）

深度阴影衰落情况中瑞利衰落通常更常见。

上面的表达式中假设瑞利分量是非相关的。如果是相关瑞利分量的情况，我们需要使用在式（5.91）中的互信息上界。在 2×2 具有相关瑞利分量的莱斯信道中，并且 $\overline{H} = \mathbf{1}_{n_r \times n_t}$，互信息上界（当 $K > 1$ 时这个上界非常紧）可以表示为

$$\log_2(\overline{\kappa}) = \log_2 \left\{ 1 + 2\rho + \left(\frac{\rho}{2}\right)^2 \frac{1}{(K+1)^2} \left[2K(2 + \Re[s_1 + s_2 - 2r - 2t]) \right. \right.$$

$$\left. \left. + 2 + |s_1|^2 + |s_2|^2 - |t|^2 - |r|^2 \right] \right\} \tag{5.105}$$

到目前为止，我们考虑的是 $\overline{H} = \mathbf{1}_{n_r \times n_t}$。当 $\overline{H}$ 具有多于一个非零奇异值，K 因子的影响会有很大的不同。尤其是，如［PNG03］的例子，如果（3.34）中不同相位使得 $\overline{H}$ 是正交矩阵（但是这种情况是否实际呢？），随着 K 因子的增大，互信息将增加。

双极化莱斯信道

我们考虑 K 因子非常高的情况，此时信道矩阵只取决于莱斯分量。假设莱斯分量主要是由直视路径组成，因此我们只考虑在链路一端的 XPI，式（3.55）的双极化矩阵可以写成

$$\boldsymbol{H}_{\times,a} \approx \overline{\boldsymbol{H}}_{\times,a} = \frac{1}{\sqrt{1+\chi_a}} \begin{bmatrix} 1 & \sqrt{\chi_a}\,e^{j\phi_a} \\ \sqrt{\chi_a}\,e^{j\phi_a} & 1 \end{bmatrix} \tag{5.106}$$

式中，$0 \leqslant \chi_a \leqslant 1$ 反应了天线 XPI 的水平（对理想隔离天线，$\chi_a \to 0$）。我们在发射功率保持恒定的前提下比较双极化信道和单极化信道。发射功率恒定就表示在单极化情况下必须考虑天线去极化，因此 $\boldsymbol{H}_a = 1/\sqrt{1+x_a}\,\boldsymbol{I}_{2 \times 2}$。具有相等功率分配和固定发射功率的互信息可以表示为

$$\mathcal{I}_{\times,e}(\chi_a = 0) = 2\log_2\left(1 + \frac{\rho_0}{2}\right) \tag{5.107}$$

$$\mathcal{I}_e(\chi_a = 0) = \log_2(1 + 2\rho_0) \tag{5.108}$$

$$\mathcal{I}_{\times,e}(\chi_a = 1) = \log_2\left(1 + \rho_0 + \frac{\rho_0^2 \sin^2(\phi_a)}{4}\right) \tag{5.109}$$

$$\mathcal{I}_e(\chi_a = 1) = \log_2(1 + \rho_0) \tag{5.110}$$

式中，$\mathcal{I}_{\times,e}$ 表示双极化方案的互信息，而 $\mathcal{I}_e$ 对应单极化方案，ρ_0 是在不带去极化的参考单极化传输时的 SNR。图 5.10 给出了四条容量曲线。很明显，在高度

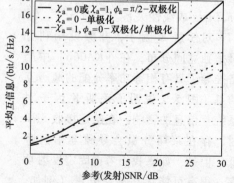

图 5.10　莱斯 2×2 单极化和双极化信道的互信息

莱斯信道中，如果天线交叉极化隔离足够好（也就是如果 $\chi_a \to 0$），因为很好的交叉极化隔离意味着双极化方案具有更低的信道能量但是具有更高的秩，双极化方案在高 SNR 区域相比固定秩的单极化方案能提供更大的互信息（记住在高 SNR 区域，容量是由秩确定的）[OCGD08]。当 $\chi_a \to 1$ 时，单极化和双极化方案的比较取决于相移 ϕ_a。如果 $\phi_a = 0$，两种方案性能相似。如果 $\phi_a = \pi/2$，因为 $\boldsymbol{H}_{\times,a}$ 的秩等于 2，$\mathcal{I}_{\times,e}(\chi_a = 1, \phi_a = \pi/2) = \mathcal{I}_{\times,e}(\chi_a = 0)$。

5.6.2　部分传输信道信息

与上节类似，我们首先假设非相关（瑞利）分量是独立同分布，并且 $\overline{\boldsymbol{H}}\,\overline{\boldsymbol{H}}^{\mathrm{H}}$ 只有一个等于 $n_t n_r = N_r$ 的非零特征值。在这种情况中，在 [JG04] 中证明了最优的输入协方差矩阵的特征值分解 $\boldsymbol{Q} = \boldsymbol{U}_Q \boldsymbol{\Lambda}_Q \boldsymbol{U}_Q^{\mathrm{H}}$，其中 $\boldsymbol{U}_Q$ 的第一列是归一化为单位范数的 $\overline{\boldsymbol{H}}$ 的第一行的共轭转置（不失一般性，假设 $\overline{\boldsymbol{H}}$ 的第一行对应非零特征值），

$$\boldsymbol{U}_Q(:,1) = \frac{\overline{\boldsymbol{H}}(1,:)^{\mathrm{H}}}{\|\overline{\boldsymbol{H}}(1,:)\|} \tag{5.111}$$

$\boldsymbol{U}_Q$ 的其他行是任意选择的，除了要保证 $\boldsymbol{U}_Q$ 是酉矩阵的限制。特征值 $\lambda_2(\boldsymbol{Q}) = \cdots = \lambda_{n_t}(\boldsymbol{Q})$ 都等于 $(1 - \lambda_1(\boldsymbol{Q}))/(n_t - 1)$，而 $\lambda_1(\boldsymbol{Q})$ 是通过数值计算确定。注意在 [LTV05b] 中推导的在高 SNR 区域 $\overline{C}_{\mathrm{CDIT}}$ 的闭合表达式表明在固定 SNR 处容量随着 K 的增大而降低（仍然假设 $\overline{\boldsymbol{H}}\,\overline{\boldsymbol{H}}^{\mathrm{H}}$ 只有一个非零特征值）。与命题 5.6 类似，在 [JG04] 中详细给出了波束赋形策略最优的条件（也就是 $\lambda_1(\boldsymbol{Q}) = 1$），结论是波束赋形策略在 $K \to \infty$ 时是最优的策略。

当瑞利分量不再是独立同分布，或者 $\overline{\boldsymbol{H}}$ 的秩大于 1 时，对 $\boldsymbol{U}_Q$ 没有分析解。在 [VP05] 中证明了在高 SNR 区域通过使用 Jensen 不等式可以得到最优输入协方差矩阵的近似，得到下面结果：

- $\boldsymbol{U}_Q$ 是 $\varepsilon\{\boldsymbol{H}^{\mathrm{H}}\boldsymbol{H}\}$ 的特征向量矩阵，
- $\lambda_1(\boldsymbol{Q}) = \cdots = \lambda_{n_t}(\boldsymbol{Q})$ 是根据标准注水算法应用在 $\varepsilon\{\boldsymbol{H}^{\mathrm{H}}\boldsymbol{H}\}$ 的特征值。

功率分配与很多参数有关：$\boldsymbol{H}$ 的秩，SNR，K 因子，相关性等。因此很难得到普遍的结论。但是，对较大的 K 因子，利用 Jensen 不等式得到的功率分配是最优的功率分配方法，因为 $\boldsymbol{H} \cong \overline{\boldsymbol{H}}$ 是确定性矩阵。因此，在 $\overline{\boldsymbol{H}}$ 的单个模式上波束赋形不是最优的方法（除非 $\overline{\boldsymbol{H}}$ 只有一个奇异值，正如上面讨论的）。还能注意到，当 $\overline{\boldsymbol{H}}$ 是满秩的，容量随着 K 的增大而增加。

5.7　中断容量和概率以及在慢衰落信道中分集-复用的折中

在之前的章节，我们用遍历容量来分析 MIMO 快衰落信道的传输能力。在慢衰落信道中，信道的相关时间足够长，可能只在一个或几个衰落状态上进行编码

（例如，时间分集）。虽然编码可以平均以消除噪声的随机性，但是不可能完全消除信道的随机性。因此，在慢衰落信道的传输能力不能用单个（遍历）量来描述，而是用一个目标速率为函数的中断概率曲线来描述。

在慢衰落信道中，信道 H 是固定的也是随机的。对于给定的信道实现 H 和一个目标速率 R，如果下面的条件满足，就能达到可靠的传输

$$\log_2 \det(I_{n_r} + \rho H Q H^H) > R \tag{5.112}$$

式中，Q 受限于功率限制。如果式（5.112）在任何传输策略 Q 下都不能满足（由于目标速度 R 太高或者信道状态太差），出现中断，误码率严格非零。因此在慢衰落信道中，我们使用中断概率 $P_{out}(R)$ 的概念，中断概率定义为信道不能支持给定速率 R 的概率。

定义 5.5 $n_r \times n_t$ 维 MIMO 信道的目标速率 R 的中断概率 P_{out} (R) 是

$$P_{out}(R) = \min_{Q \geq 0; \mathrm{Tr}\{Q\} \leq 1} P(\log_2 \det(I_{n_r} + \rho H Q H^H) < R) \tag{5.113}$$

式中，Q 是最小化中断概率的输入协方差矩阵。

我们假设了发射功率限制表示为 $\mathrm{Tr}\{Q\} \leq 1$。

我们还定义了中断容量 $C_{out,q}$ 为最大的传输速率 R，并且满足中断概率要小于某个百分比 q，也就是，$C_{out,q}$ 是满足 $P_{out}(C_{out,q}) = q$。

定义 5.6 $n_r \times n_t$ 维 MIMO 信道的 q 中断容量 $C_{out,q}$ 是

$$\min_{Q \geq 0; \mathrm{Tr}\{Q\} \leq 1} P(\log_2 \det(I_{n_r} + \rho H Q H^H) < C_{out,q}) = q \tag{5.114}$$

式中，Q 是最小化中断概率的输入协方差矩阵。

比较式（5.35）和式（5.113），我们可以发现遍历容量处理的是随机变量 x 的期望，而中断概率对应的是 x 的尾概率，其中 $x = \log_2 \det(I_{n_r} + \rho H Q H^H)$。

最终的目标是量化中断概率（或中断容量）并得到最大化中断容量性能的最优方案。解决这个问题取决于是否在发射机具有理想信道信息或信道分布信息。

5.7.1 理想发射信道信息

如果在发射机具有 H 的信息，以及对 Q 的发射功率限制，动态速率分配使用注水功率分配（命题 5.2）和在每个流上独立编码以达到可靠的通信，最终满足式（5.112），也就是系统不处于中断状态。为了这个目的，流 k 分配的可达到容量的编码（和在 AGWN 信道一样）速率为 $\log_2[1 + \rho s_k^\star \lambda_k]$。

对于任意 H，可能并不能完全保证能达到目标速率 R 的可靠传输。虽然使用 CSIT 和注水算法，当 $\sum_{k=1}^{n} \log_2[1 + \rho s_k^\star \lambda_k] < R$ 其中 $\sum_{k=1}^{n} s_k^\star = 1$ 时，并不能达到速率 R（也就是会出现中断）。一种方法是控制发射功率，使得对任意 H 都能达到式（5.112）。因此，发射机借来功率，并把发射功率提高了因子 p 直到 $\sum_{k=1}^{n} \log_2[1 + \rho s_k^\star \lambda_k] = R$，其中 $\sum_{k=1}^{n} s_k^\star = p$。当信道较差时，这种策略会增大发射功率，在 SISO 信道中通常称为信道逆转 [GV97]。在信道逆转后，编码器和译码器把信道看成是

一个支持恒定速率 R 的时不变信道。如果可以借到足够多的功率以完美的逆转信道，中断概率等于 0。实际中，当信道处于深衰落中，功率和放大器的限制使得信道逆转无法实现。

5.7.2　部分传输信道信息

中断的概念在当发射机没有 CSI 信息时更有意义。当发射机没有 CSI 信息时，发射机不能调整发射策略，但是只能希望信道足够好以保证速率 R 的传输不处于中断。复合信道编码理论［RV68］证明了存在着速率为 Rbits/s/Hz 的"通用"编码能在任意不处于中断的慢衰落信道实现上达到可靠地传输。因此，当信道不处于中断时，在慢衰落信道中不一定需要 CSIT 就能达到可靠传输。

在没有 CSIT 时，不可能实现速率自适应和每个流的独立编码。如果发射机没有信道信息，或者只有类似信道分布（CDIT）的部分信道信息，因此此时的编码策略与有 CSIT 时有很大的不同。为了固定的目标，每个流分配固定的速率，当这些流中的某个流的一个信道不能支持这个速率时就会发生中断。在不同的衰落状态（例如，空间/时间/频率）之间进行编码就是必须采用的技术。在第 6 章和第 9 章将详细介绍这些编码技术。

对给定的传输速率 R，我们想找到描述 P_{out} 与 SNRρ 之间的关系。为了这个目的，我们重新定义第 1 章介绍的空间复用和分集增益这两个重要概念。

定义 5.7　空间复用增益是传输速率 $R(\rho)$ 与具有阵列增益 g_a 的 AWGN 信道的容量之比，

$$g_s \triangleq \frac{R(\rho)}{\log_2(1 + g_a\rho)} \tag{5.115}$$

分集增益是中断概率与 SNR 在对数-对数图上的负数斜率

$$g_d^{\star}(g_s, \rho) \triangleq -\frac{\partial \log_2(P_{\text{out}}(R))}{\partial \log_2(\rho)} \tag{5.116}$$

$g_d^{\star}(g_s, \rho)$ 与 g_s 和 ρ 的关系曲线称之为信道在 SNR 等于 ρ 时的分集-复用折中。

注意通常选择阵列增益 g_a 以满足 $g_a = \frac{1}{n_t}\varepsilon\{\|H\|_F^2\} = n_r$。

复用增益在本质上表示了传输速率随 SNR 增长的速度，而分集增益表示了中断概率随 SNR 下降的速率。显然，复用增益不能超过 $n = \min\{n_t, n_r\}$，而分集增益不能超过在独立同分布瑞利信道中的 $n_t n_r$。如果我们让传输速率 R 随 ρ 增长的太快，很容易想象到中断概率可能不会快速下降，反过来也是一样。因此，分集-复用折中告诉了我们在任意给定 SNRρ 时，有多少分集增益可以换来复用，有多少复用增益可以换来分集。

在下面两节，我们讨论了在独立同分布瑞利分布和空间相关瑞利和莱斯分布下的分集-复用折中。我们分别讨论在无限和有限 SNR 区域的行为。

5.8　独立同分布瑞利慢衰落信道

在讨论分集-复用折中之前，我们回顾在 MISO 独立同分布瑞利衰落信道最小化中断概率的最优输入协方差矩阵，这个结论在 [Tel99] 中首先猜测而最近在 [AHTon] 中得到证明。

命题 5.8　在 MISO（$n_r = 1$）独立同分布瑞利衰落信道中最小化中断概率式（5.113）的最优输入协方差矩阵 $Q^\star$ 的形式是 $Q^\star = UDU^H$，其中 U 是一个 $n_t \times n_t$ 维的酉矩阵，D 符合下面的形式

$$D = \frac{1}{k}\,\mathrm{diag}\{\underbrace{1, \cdots, 1}_{k}, \underbrace{0, \cdots, 0}_{n_t - k}\} \tag{5.117}$$

矩阵 D 可以认为是执行天线子集选择，即在 n_t 根天线中挑出 k 根用于传输。由于没有 CSI 反馈，因此选择哪些天线用于传输并不重要。最优的 k 值取决于相对目标速率 R 的 SNR。在较低 SNR 的区域，最好只用单天线（$k = 1$），而在较高 SNR 时，最好使用所有天线（$k = n_t$）。因此在下面的内容中我们使用这个结果来推导在高 SNR 区域的分集-复用折中。

我们把这个问题分成两节。第一节是在 [ZT03] 中推导的当 SNR 接近无穷大时最初的分集-复用折中。第二节中把这些初始结论推广到了任意有限 SNR [Nar05]。

5.8.1　无限 SNR

在无限 SNR 的情况中，定义 5.7 中的 $g_d^\star$ 和 g_s 可以归纳成以下这些定义。

定义 5.8　在无限 SNR 和复用增益 g_s 时，如果下面条件满足，可能获得分集增益 $g_d^\star(g_s, \infty)$

$$\lim_{\rho \to \infty} \frac{R(\rho)}{\log_2(\rho)} = g_s \tag{5.118}$$

$$\lim_{\rho \to \infty} \frac{\log_2(P_{\mathrm{out}}(R))}{\log_2(\rho)} = -g_d^\star(g_s, \infty) \tag{5.119}$$

g_s 的函数曲线 $g_d^\star(g_s, \infty)$ 称之为信道的渐进分集-复用折中。

[ZT03] 已经解决了独立同分布瑞利慢衰落信道中的分集-复用折中。注意为了简化表示，通常使用符号 ≐ 表示指数相等，也就是，$f(\rho) \doteq \rho^b$ 实际上表示

$$\lim_{\rho \to \infty} \frac{\log_2(f(\rho))}{\log_2(\rho)} = b \tag{5.120}$$

并且函数 $f(\rho)$ 通常具有以下的形式

$$f(\rho) = \delta\rho^b + g(\rho^\beta) \tag{5.121}$$

式中　$\beta < b$ 和 $\delta > 0$。符号 $\gtrless$ 和 $\lesssim$ 类似定义成指数不等。根据这些简化表示，我们可以把式（5.118）和式（5.119）等效表示为

$$2^R \doteq \rho^{g_s} \tag{5.122}$$

$$P_{out}(R) \doteq \rho^{-g_d^\star(g_s, \infty)} \tag{5.123}$$

命题 5.9　独立同分布瑞利衰落信道的渐进分集-复用折中 $g_d^\star(g_s, \infty)$ 是逐段线性函数，其连接点 $(g_s, g_d^\star(g_s, \infty))$ 其中 $g_s = 0, \cdots, \min(n_t, n_r)$ 和 $g_d^\star(g_s, \infty) = (n_t - g_s)(n_r - g_s)$。

图 5.11 说明了分集-复用折中。曲线的两个极点都有着特殊的重要含义。

- 点 $(0, n_t n_r)$ 表示对于空间复用增益为 0（也就是传输速率保持固定）时，可达到的最大分集增益是信道的分集度 $n_t n_r$。

- 点 $(\min\{n_t, n_r\}, 0)$ 是分集增益 $g_d^\star = 0$（也就是中断概率保持固定）传输时，允许数据速率随着 SNR 按照 $n = \min\{n_t, n_r\}$ 增长。这就对应着在信道上以接近遍历容量的速率传输的情况，因此没有保护对抗衰落（分集增益为 0）。

曲线上的中间点表示可能传输达到非零分集和复用增益，但是增加分集和复用中任何一个都会导致另一个下降。

在图 5.12 中的 2×2 独立同分布瑞利衰落信道中，图中浅灰色线表示在固定速率 $R = 2, 4, \cdots, 40\,(\text{bits/s/Hz})$ 时中断概率与 SNR 的关系。每条曲线的渐进斜率是四，并且与最大分集增益 $g_d^\star(0, \infty)$ 匹配。水平间隔是每隔 3 dB 相差 2（bits/s/Hz），正好与等于 $n(=2)$ 的最大复用增益对应。图中的粗线给出了当速率与 ρ 成线性关系时的中断概率：由于速率随着 SNR 增加的更快（也就是，随着复用增益 g_s 的增加），中断概率曲线的斜率（由分集增益 $g_d^\star$ 决定）逐渐减少。这就是分集-复用折中。图中的短划线表示在高 SNR 处中断概率的渐进斜率。

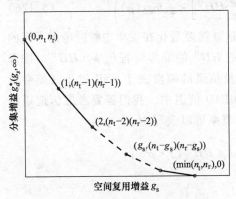

图 5.11　在独立同分布瑞利衰落信道中的渐进分集-复用折中

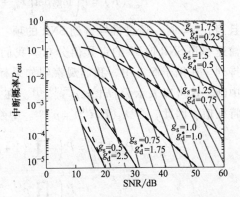

图 5.12　在 2×2 MIMO 独立同分布瑞利衰落信道（参考 H. YAO［YW03］）中固定和可变速率 $R = g_s \log_2(\rho)$ 情况下中断概率 $P_{out}(R)$ 和传输速率 R 的关系

严格证明独立同分布瑞利衰落信道的渐近分集-复用折中曲线非常复杂和冗长，并不在本书的讨论范围内。我们用一个简单的例子来说明这个问题。然后，我们简述了证明的主要思路和更多的例子。

例子 5.1　我们首先得到一个标量瑞利信道 h 的分集-复用折中 [ZT03]。找到分集-复用折中就是确定当与 ρ 成关系 $g_s \log_2(\rho)$ 的传输速率 R 时，中断概率随着 ρ 的增加而减少的速率。该信道的中断概率可以表示为

$$P_{\text{out}}(R) = P(\log_2[1 + \rho|h|^2] < g_s \log_2(\rho))$$
$$= P(1 + \rho|h|^2] < \rho^{g_s}) \tag{5.124}$$

因此，在高 SNR 区域，P_{out} 的量级为

$$P_{\text{out}}(R) \approx P(|h|^2 \leqslant \rho^{-(1-g_s)})$$
$$= \rho^{-(1-g_s)} \tag{5.125}$$

后面的表达式是根据 $|h|^2$ 服从指数分布，也就是，当 ε 较小时 $\rho(|h|^2 \leqslant \varepsilon) \approx \varepsilon$（见附录 B）。根据式（5.125）可以知道在高 SNR 区域，当 $|h|^2 \leqslant \rho^{-(1-g_s)}$ 时，发生中断的概率为 $\rho^{-(1-g_s)}$。因此标量瑞利衰落信道的分集-复用折中是 $g_d^\star(g_s, \infty) = 1 - g_s$，其中 $g_s \in [0, 1]$。这与命题 5.9 的结论正好吻合。

我们现在简单概括一下在 [ZT03] 中推导命题 5.9 的证明。对严格的推导全过程感兴趣的读者，可以参考论文 [ZT03]。

证明：寻找 $g_d^\star(g_s, \infty)$ 也就是在传输速率为 $g_s \log_2(\rho)$ 时，寻找中断概率随着 SNR 增加而减少的速度。最大化 MIMO 独立同分布瑞利衰落信道下的中断概率的最优协方差矩阵 $\boldsymbol{Q}$ 可以表示为如命题 5.8。因此，相等功率分配获得的中断概率通常用作在高 SNR 下实际中断概率的上界。信道的渐近分集-复用折中可以通过分析下面的表达式来获得

$$P_{\text{out}}(R) = P\left(\log_2 \det\left[\boldsymbol{I}_{n_r} + \frac{\rho}{n_t}\boldsymbol{H}\boldsymbol{H}^{\text{H}}\right] < g_s \log_2(\rho)\right) \tag{5.126}$$

并且当 $\rho \to \infty$ 时，通过推导得到 SNR 的项。这就需要量化在发生中断时考虑不同的传输速率和 SNR 时 $\boldsymbol{H}$ 的奇异值分布。我们把 $\boldsymbol{H}\boldsymbol{H}^{\text{H}}$ 的非零特征值 $\lambda_i(\boldsymbol{H}\boldsymbol{H}^{\text{H}})$ 按升序排列。在例子 5.1 中，我们观察到如果标量信道的幅度关于 SNR 过小时就会发生中断。这可以表示为 $|h|^2 \leqslant \rho^{-(1-g_s)}$。在 MIMO 信道中，我们需要考虑信道矩阵的特征值。因此，令 $\lambda_i(\boldsymbol{H}\boldsymbol{H}^{\text{H}}) = \rho^{-\alpha_i}$。中断概率可以改写为

$$P_{\text{out}}(R) = P\left(\prod_{i=1}^n (1 + \rho\lambda_i(\boldsymbol{H}\boldsymbol{H}^{\text{H}})) < \rho^{g_s}\right)$$
$$= P\left(\prod_{i=1}^n \rho^{(1-\alpha_i)^+} < \rho^{g_s}\right)$$
$$= P\left(\sum_{i=1}^n (1 - \alpha_i)^+ < g_s\right) \tag{5.127}$$

式中，$(x)^+$ 表示 $\max\{0, x\}$。当 $\boldsymbol{H}$ 趋近奇异矩阵时（也就是当 $\boldsymbol{H}$ 的奇异值接近

0)，会出现中断。值 α_i 也是一个反映 $\boldsymbol{H}$ 奇异性的信息，因为这些值越大，矩阵越接近奇异矩阵。定义中断事件 $\mathcal{V} = \{\alpha = [\alpha_1, \cdots, \alpha_n] \mid \sum_{i=1}^{n} (1 - \alpha_i)^+ < g_s\}$，中断概率就是找到 $\alpha \in \mathcal{V}$ 的概率，也就是 $P_{out}(R) = S_{\mathcal{V}} p(\alpha) d\alpha$。评估联合概率密度函数 $p(\alpha)$，并只考虑主要项，当 $\rho \to \infty$ 并且 $R = g_s \log_2(\rho)$，$0 \leqslant g_s \leqslant n$，中断概率满足

$$P_{out}(g_s \log_2(\rho)) = \rho^{-g_{d,out}(g_s)} \tag{5.128}$$

其中

$$g_{d,out}(g_s) = \inf_{\alpha \in \mathcal{V}'} \sum_{i=1}^{n} 2i - 1 + |n_t - n_r| \alpha_i \tag{5.129}$$

并且

$$\mathcal{V}' = \left\{ \alpha \in \mathcal{R}^{n+} \mid \alpha_1 \geqslant \cdots \geqslant \alpha_n \geqslant 0, \sum_{i=1}^{n} (1 - \alpha_i)^+ < g_s \right\} \tag{5.130}$$

式中，$\mathcal{R}^{n+}$ 表示实数非零元素的长度为 n 向量的集合。

对所有 g_s 可以计算 $g_{d,out}(g_s)$，并与命题 5.9 中的 $g_d^\star(g_s, \infty)$ 匹配。

为了更好的理解分集-复用折中的概念，我们考虑下面几个例子。

例子 5.2　假设一种传输方案通过在接收机简单的匹配滤波器（例如，在 1.6.2 节讨论的 Alamouti 方案和 O-STBC 方案；也可以参考 6.5.4 节）把原来的独立同分布 MIMO 信道 $\boldsymbol{H}$ 变换成等效 SISO 信道 $\|\boldsymbol{H}\|_F^2$。对与 ρ 满足 $R = g_s \log_2(\rho)$ 关系的总速率 R，等效信道的中断概率可以表示为

$$P_{out}(R) = P\left(\log_2\left[1 + \frac{\rho}{n_t} \|\boldsymbol{H}\|_F^2 \right] < g_s \log_2(\rho) \right)$$
$$= P\left(1 + \frac{\rho}{n_t} \|\boldsymbol{H}\|_F^2 < \rho^{g_s} \right) \tag{5.131}$$

因此在高 SNR 区域，P_{out} 的量级是

$$P_{out}(R) \doteq P(\|\boldsymbol{H}\|_F^2 \leqslant \rho^{-(1-g_s)})$$
$$\doteq \rho^{-n_t n_r (1-g_s)} \tag{5.132}$$

后面的表达式是根据 $\|\boldsymbol{H}\|_F^2$ 服从自由度为 $2n_t n_r$ 的卡方分布，也就是当 ε 较小时 $P(\|\boldsymbol{H}\|_F^2 \leqslant \varepsilon) \approx \varepsilon^{n_t n_r}$，（见附录 B）。因此，等效 SISO 信道的分集-复用折中是对 $g_s \in [0,1]$，$g_d^\star(g_s, \infty) = n_t n_r (1 - g_s)$。这种等效信道与具有 $n_r n_t$ 根接收/发射天线的 SIMO/MISO 具有相同的分集-复用折中。这就说明把最初的 MIMO 信道变换成等效 SISO 信道从分集-复用折中的角度看是无效的。

例子 5.3　我们考虑并行具有独立同瑞利分布的慢衰落信道特殊情况。传输是在 L 个并行的信道上进行的，在这些信道间没有相互干扰。在第 k 个时刻第 1 个子信道上传输的信道 $h^{(l)}$ 表示为

$$r_k^{(l)} = \sqrt{E_s} h^{(l)} c_k^{(l)} + n_k^{(l)} \tag{5.133}$$

如果我们假设输入均匀分布，即 $\boldsymbol{Q} = \boldsymbol{I}_L / L$，这种信道下可以直接推导最优的分

集-复用折中。当总传输速率为 R 时，在下面条件满足下发生中断

$$\sum_{l=1}^{L} \log_2\left(1 + \frac{\rho}{L}\,|\,h^{(l)}\,|^2\right) \leqslant R \qquad (5.134)$$

因此，中断概率为

$$P_{\text{out}}(R) = P\left(\sum_{l=1}^{L} \log_2\left[1 + \frac{\rho}{L}\,|\,h^{(l)}\,|^2\right] \leqslant g_s \log_2(\rho)\right)$$

$$\overset{(a)}{\doteq} \left[P\left(\frac{\rho}{L}\,|\,h^{(l)}\,|^2 \leqslant \rho^{\frac{g_s}{L}}\right)\right]^L$$

$$\doteq \rho^{-L\left(1 - \frac{g_s}{L}\right)} \qquad (5.135)$$

而在（a）中我们利用了当所有子信道都处于中断时，会出现主要中断事件 [TV05]。因此，并行衰落信道的最优分集-复用折中是

$$g_d^{\star}(g_s, \infty) = L\left(1 - \frac{g_s}{L}\right), g_s = [0, L] \qquad (5.136)$$

例 5.4　最后，我们使用在［YW03］中提出的方法来得到 2×2 独立同分布瑞利衰落信道中的分集-复用折中。具有相等功率分配的 2×2 MIMO 信道的互信息可以表示为

$$\mathcal{I}_e(\boldsymbol{H}) = \log_2 \det\left(\boldsymbol{I}_2 + \frac{\rho}{2}\boldsymbol{H}\boldsymbol{H}^{\mathrm{H}}\right)$$

$$= \log_2 \det\left(1 + \frac{\rho}{2}\,\|\boldsymbol{H}\|_{\mathrm{F}}^2 + \left(\frac{\rho}{2}\right)^2 |\det(\boldsymbol{H})|^2\right)$$

$$= \log_2\left(1 + \frac{\rho}{2}(r_{11}^2 + |\,r_{12}\,|^2 + r_{22}^2) + \left(\frac{\rho}{2}\right)^2 r_{11}^2 r_{22}^2\right) \qquad (5.137)$$

而在式（5.137）中我们使用了 QR 分解 $\boldsymbol{H} = \boldsymbol{Q}\boldsymbol{R}$，其中 $\boldsymbol{R} = \begin{bmatrix} r_{11} & r_{12} \\ 0 & r_{22} \end{bmatrix}$

由于 $r_{11}^2 = \|\boldsymbol{H}(:, 1)\|^2$，$r_{11}^2$ 是近似服从自由度为 4 的卡方分布。类似的，$|\,r_{12}\,|^2$ 和 r_{22}^2 是服从自由度为 2 的卡方分布变量。根据（5.126），可以得到

$$P_{\text{out}} \doteq P\left(1 + \frac{\rho}{2}(r_{11}^2 + |\,r_{12}\,|^2 + r_{22}^2) + \left(\frac{\rho}{2}\right)^2 r_{11}^2 r_{22}^2 < \rho^{g_s}\right) \qquad (5.138)$$

由于范围 $1 \leqslant g_s \leqslant 2$ 和 $0 \leqslant g_s \leqslant 1$，我们只考虑在高 SNR 区域的主要分量（见命题 5.9 的证明）。

- $1 \leqslant g_s \leqslant 2$：只保留式（5.138）的二阶分量，可以得到

$$P_{\text{out}} \doteq P\left(\left(\frac{\rho}{2}\right)^2 r_{11}^2 r_{22}^2 < \rho^{g_s}\right) \qquad (5.139)$$

由于 r_{11}^2 是比 r_{22}^2 更高阶的随机变量，较低的 $r_{11}^2 r_{22}^2$ 值大多都是由于较小的 r_{22}^2 造成的，因此 $\left(\frac{\rho}{2}\right)^2 r_{11}^2 r_{22}^2 < \rho^{g_s} is (r_{11}^2 < 1) \cup (r_{22}^2 < \rho^{g_s - 2})$ 的主要事件

$$P_{\mathrm{out}} \doteq P((r_{11}^2 < 1) \cup (r_{22}^2 < \rho^{g_s - 2}))$$

$$\doteq \rho^{g_s - 2} \tag{5.140}$$

因此，对 $1 \leqslant g_s \leqslant 2$，$g_d^{\star}(g_s, \infty) = g_s - 2$。

- $0 \leqslant g_s \leqslant 1$：保留式（5.138）的一阶和二阶分量，可以得到

$$P_{\mathrm{out}} \doteq P\left(\frac{\rho}{2}(r_{11}^2 + |r_{12}|^2 + r_{22}^2) + \left(\frac{\rho}{2}\right)^2 r_{11}^2 r_{22}^2 < \rho^{g_s} \right) \tag{5.141}$$

$\frac{\rho}{2}(r_{11}^2 + |r_{12}|^2 + r_{22}^2) + \left(\frac{\rho}{2}\right)^2 r_{11}^2 r_{22}^2 < \rho_s^g$ 的主要事件是 $(r_{11}^2 < \rho^{g_s-1}) \cup (|r_{12}|^2 <$

$\rho^{g_s-1}) \cup (r_{22}^2 < \rho^{-1})$

$$P_{\mathrm{out}} \doteq P((r_{11}^2 < \rho^{g_s-1}) \cup (|r_{12}|^2 < \rho^{g_s-1}) \cup (r_{22}^2 < \rho^{-1}))$$

$$\doteq \rho^{2(g_s-1)} \rho^{g_s-1} \rho^{-1}$$

$$\doteq \rho^{3g_s - 4} \tag{5.142}$$

因此，对 $0 \leqslant g_s \leqslant 11$，$g_d^{\star}(g_s, \infty) = 3g_s - 4$。

这就与命题 5.9 预测的分集-复用折中吻合了。

5.8.2 有限 SNR

虽然上面的结果可以推广到实际的 SNR 区域，但是其数学推导非常复杂，并且因为为了简化问题只能得到中断概率的下界［Nar05］。在本书中不详细讨论这些结果，图 5.13 说明了对 2×2 独立同分布瑞利信道在 SNR 为 5 和 10dB 时的结果。

根据图 5.13 可以很明显地看到，在有限 SNR 区域，分集-复用折中要比渐近的折中要低的多。注意，在有限 SNR 区域分集-复用折中的仿真中使用了蒙特卡洛仿真，并且从数学的紧下界进行了评估［Nar05］。

随着 SNR 的增加，可以证明满足 $\lim_{\rho \to \infty} g_d^{\star}(g_s, \rho) = g_d^{\star}(g_s, \infty)$。在较高 SNR 时，还可以明显的看到最大可达到的分集增益为 $g_d^{\star}(0, \infty)$。根据

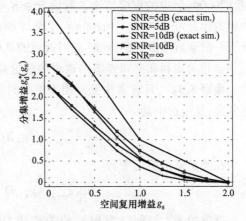

图 5.13 2×2 MIMO 独立同分布瑞利衰落信道实际 SNR（5 和 10dB）下的分集-复用折中 $g_d^{\star}(g_s, \rho)$（参考 R. Narasimhan［Nar05］）

［Nar05］，可以评估在零复用增益时的分集增益，这样可以得到最大可达到分集增益与 SNR 的关系。

命题 5.10 阵列增益 g_a 的最大可到达分集增益与 SNR 的关系是

$$\lim_{g_s \to 0} \hat{g}_d^{\star}(g_s, \rho) =$$

$$n_r n_t \left(1 - \frac{g_a \rho}{(1 + g_a \rho) \log(1 + g_a \rho)} \right)$$
$$(5.143)$$

图 5.14 给出了根据式（5.143）在 $n_t = n_r = 2$，$n_t = n_r = 3$ 和 $n_t = n_r = 4$ 的情况下的归一化最大分集增益。结果表明最大可到达分集增益只能在很高的 SNR 时才能达到，并且超过了通常实际场景中使用的 SNR。

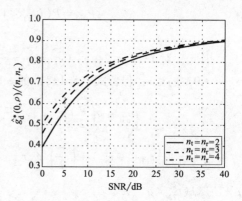

图 5.14　在独立同分布瑞利衰落信道中归一化最大分集增益 $\hat{g}_d^{\star}(0, \rho) / (n_t n_r)$ 与 SNR 的关系

5.9　相关瑞利和莱斯慢衰落信道

之前的章节讨论了独立同分布瑞利衰落信道中的分集-复用折中。我们可以通过中断概率的下界来进一步把独立信道的结果推广到相关瑞利和莱斯衰落信道中。但是要得到中断概率的下界要比在独立同分布信道中复杂的多。我们简单的总结了在 [Nar06a] 中的重要结论，假设 $n_r \geqslant n_t$ 并且瑞利分量只与发射相关半相关。感兴趣的读者可以参考 [Nar06a] 了解详细推导。在 [ZMMW07] 中可以找到其他分析一般衰落信道中的分集-复用折中的其他成果。

半相关瑞利和莱斯衰落信道中的渐近高 SNR 分集-复用折中由下面给出。

命题 5.11 具有满秩发射相关矩阵的半相关瑞利衰落信道中的高 SNR 区域渐近分集-复用折中是

$$\lim_{\rho \to \infty} \hat{g}_{dRayleigh}^{\star}(g_s, \rho) = g_d^{\star}(g_s, \infty)$$
$$(5.144)$$

在莱斯衰落信道中为

$$\lim_{\rho \to \infty} \hat{g}_{dRice}^{\star}(g_s, \rho) = g_d^{\star}(g_s, \infty)$$
$$(5.145)$$

有趣的是，空间（发射）相关和相关分量不会影响高 SNR 区域分集-复用折中。高 SNR 区域分集-复用折中只是信道矩阵的秩的函数，也就是信道矩阵中非零特征值数量的函数，而信道的秩不会因为满秩发射相关矩阵或具有有限 K 因子（K 因子只会改变信道的条件数）的相关分量而改变。但是，在实际 SNR 区域，信道矩阵的秩和特征值的分布（例如用条件数来衡量）影响分集-复用折中。我们将在第 8 章强调这一点，因为这也是影响在相关信道上空时编码的误码率性能的因素。注意，发射相关和/或莱斯 K 因子越大，要观察渐近高 SNR 分集-复用折中所需的

SNR 越高。

图 5.15 说明了 2×2 相关瑞利衰落信道中实际 SNR 时可达到的分集-复用折中。其中假设发射相关矩阵是

$$R_t = \begin{bmatrix} 1 & 0.0043 + j0.9789 \\ 0.0043 - j0.9789 & 1 \end{bmatrix} \tag{5.146}$$

它对应着单个相对链路轴线离开角为 60° 的散射簇，以及角度扩展为 15° 的均匀功率水平方向谱。在实际 SNR 时，当出现发射相关时，分集增益相对于在独立同分布瑞利衰落同等 SNR 时的分集增益（见图 5.13）要低，并且要比在渐近高 SNR 区域时获得的分集增益要低得多。

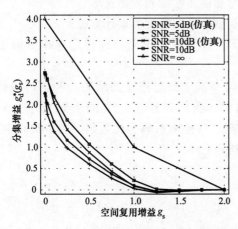

图 5.15　2×2 MIMO 发射相关瑞利衰落信道实际 SNR（5dB 和 10dB）下的分集-复用折中 $g_d^\star(g_s, \rho)$（参考 R. Narasimhan ［Nar06a］）

图 5.16　2×2 MIMO 发射相关瑞利和莱斯（$K = 5$ 和 10dB）衰落信道实际 SNR（10dB）下的分集-复用折中 $g_d^\star(g_s, \rho)$（参考 R. Narasimhan ［Nar06a］）

在 10dB SNR 时莱斯 K 因子对分集-复用折中的影响见图 5.16。结论与瑞利衰落情况下的结论有根本的不同。当空间分集增益 $0 \leqslant g_s \leqslant 1$ 和 K 因子足够大（与 SNR 相比）时，相关分量（例如，LOS 分量）的出现会增大分集增益使得其超过高 SNR 分集增益。随着 SNR 的增加，性能不仅由相关分量决定，还取决于降低分集增益的 $H^H H$ 的最小特征值。注意，对给定的 SNR 和 $g_s = 0$，也就是传输速率接近 0（注意与无限 SNR 的区别，在无限 SNR 并且 $g_s = 0$ 时，传输速率恒定），所有的曲线朝着同样的分集增益收敛，而与发射相关或 K 因子无关。分集增益由式（5.143）给出。实际上在 ［Nar06a］ 中还证明了式（5.143）对半相关瑞利和莱斯衰落信道也成立。最后当空间复用增益大于 1 时，由于不满秩相关分量造成自由度不足，进而造成分集增益消失。

第6章 独立同分布瑞丽平坦衰落信道的空时编码

正如之前章节详细讨论的，信息论预测了 MIMO 信道能够极大地提高通信链路的可靠性和传输速率。在本章：

- 我们推导实际的方法来获得这些增益；
- 我们介绍通过在空域和时域编码来增加链路性能和数据速率；
- 我们提出两种分别从最优化误码率和信息论的角度的设计方法；
- 我们概述了空时编码的方案，以及这些方案在误码率和传输速率方面的性能。

本章将回顾两种编码方案：空时分组码（基于分组定义的编码）和空时格码（用网格来描述的编码）。在空时分组码中，我们讨论了广义的空间复用（V-BLAST 和 D-BLAST）方案，正交和准正交码，线性离散码和代数码。在格状码中，我们考虑了经典的空时格码和超正交空时格码。

6.1 空时编码概述

在图 6.1 中，MIMO 系统通用的编码方案可以看成是连续的两个黑盒组成，其中时域编码，时域交织和符号映射在第一个黑盒，而空时编码功能在第二个黑盒。第一个黑盒的输入是一串 B 个比特，输出是一串 Q 个符号。这些符号在空间域（在 n_t 根发射天线上）和时域（在 T 个符号周期）上进行扩展，从而得到用维度为 $n_t \times T$ 的矩阵 C 表示的码字。比率 B/T 是传输的信号速率，而比率 Q/T 定义为空时码的空间复用率。空时复用率是表示有多少个符号在单位时间内压缩在一个码字中。

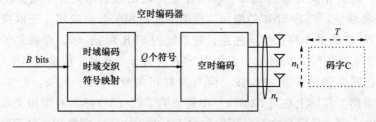

图 6.1 MIMO 系统的空时编码器的通用框图

简而言之，第一个黑盒的目的是对抗接收机处噪声带来的随机性。时域交织器通过把由于深衰落的突发错误扩展到了多个码字长度，因此改善了时域编码的纠错性能。第二个黑盒里的空时编码可以认为是把符号在多根天线上进行扩展的空间交织器，从而能够抑制空间选择性衰落。需要注意到在一些编码方案中，也就是空时格码中，符号映射操作是在空时编码模块中进行的。

6.2　系统模型

在本章，我们考虑的具有 n_t 根发射和 n_r 根接收天线通过频率平坦衰落信道进行通信的 MIMO 系统。码本 $\mathcal{C}$（也就是所有可能传输码字的集合）中包含大小为 $n_t \times T$ 的码字 $\boldsymbol{C} = [\boldsymbol{c}_0 \cdots \boldsymbol{c}_{T-1}]$ 在 T 个符号周期内通过 n_t 根发射天线进行传输。在第 k 个时刻，发射和接收信号的关系是

$$\boldsymbol{y}_k = \sqrt{E_s}\boldsymbol{H}_k\boldsymbol{c}_k + \boldsymbol{n}_k \qquad (6.1)$$

式中 $\boldsymbol{y}_k$ 是 $n_r \times 1$ 维的接收信号向量；$\boldsymbol{H}_k$ 是 $n_r \times n_t$ 维的信道矩阵，$\boldsymbol{n}_k$ 是 $n_r \times 1$ 维的零均值复加性白高斯噪声（AGWN）向量，并且 $\mathcal{E}\{\boldsymbol{n}_k\boldsymbol{n}_l^H\} = \sigma_n^2\boldsymbol{I}_{n_r}\delta(k-l)$。参数 E_s 是能量归一化因子，因此比率 E_s/σ_n^2 表示 SNR，可以用 ρ 表示。

功率归一化

为了与在第 5 章介绍的输入协方差矩阵 $\boldsymbol{Q}$ 的短期归一化匹配（$\mathrm{Tr}\{\boldsymbol{Q}\} = 1$），我们归一化码字平均传输功率以满足 $\varepsilon|\mathrm{Tr}\{\boldsymbol{C}\boldsymbol{C}^H\}| = T$。$E_s$ 可以理解成在一个符号周期内发射机总的平均能量。

我们还要介绍在文献中介绍的其他归一化。例如，考虑系统模型 $\boldsymbol{y}_k = \sqrt{E_s/n_t}\,\boldsymbol{H}_k\boldsymbol{c}_k + \boldsymbol{n}_k$ 中，可以从码字归一化中去除 n_t，把平均传输功率归一化为 $\mathcal{E}\{\mathrm{Tr}\{\boldsymbol{C}\boldsymbol{C}^H\}\} = n_t T$。这两种归一化是等效的。

对于信道能量归一化，为了简化我们假设 $\mathcal{E}\{\|\boldsymbol{H}\|_F^2\} = n_t n_r$。

慢衰落和快瑞利衰落信道

在瑞利独立同分布慢衰落（准静态）信道中，相关时间 T_{coh} 要比码字长度大的多，也就是，$T_{con} \gg T$。因此，在一个分组内的信道表示为 $\{\boldsymbol{H}_k = \boldsymbol{H}_w\}_{k=0}^{T-1}$，其中 $\boldsymbol{H}_w$ 表示具有单位方差循环对称复高斯元素组成的独立同分布随机衰落矩阵。

当信道在分组 C 周期时间内时变（$T \geqslant T_{coh}$），信道称为快衰落。为了减少 T_{coh}，通常使用交织来打破在连续时刻的相关性。对于理想时间交织信道，因此信道增益在不同时刻是独立的。当信道是理想时域交织，空间白化和瑞利分布，我们可以得到 $\boldsymbol{H}_k = \boldsymbol{H}_{k,w}$，其中 $\{\boldsymbol{H}_{k,w}\}_{k=0}^{T-1}$ 是非相关矩阵，每个 $\{\boldsymbol{H}_{k,w}\}$ 是一个具有单位方差循环对称复高斯元素组成的独立同分布随机衰落矩阵。在本书中，我们不会特别指出哪些信道是理想时间交织或非理想（但是根据上下文应该很清楚）。

6.3　基于错误率的设计方法

在设计空时编码时通常假设使用最大似然（ML）译码。假设接收端已知瞬时

的信道实现，ML 译码器计算传输码字的估计为

$$\hat{C} = \arg\min_{C} \sum_{k=0}^{T-1} \| \boldsymbol{y}_k - \sqrt{E_s} \boldsymbol{H}_k \boldsymbol{c}_k \|^2 \tag{6.2}$$

式中，最小化是对所有可能的码字向量 C 进行。当码字 C 是在 n_t 根发射天线上传输，我们对 ML 译码器检测码字 $\boldsymbol{E} = [\boldsymbol{e}_0, \cdots \boldsymbol{e}_{T-1}]$ 而不是对检测码字 C 的概率感兴趣。这个概率称之为成对错误率（PEP），通常作为错误性能的一种度量。当PEP 是信道实现 $\{\boldsymbol{H}_k\}_{k=0}^{T-1}$ 的条件概率，定义为条件 PEP［Pro01］，即

$$P(C \to \boldsymbol{E} \mid \{\boldsymbol{H}_k\}_{k=0}^{T-1}) = Q\left(\sqrt{\frac{\rho}{2} \sum_{k=0}^{T-1} \| \boldsymbol{H}_k(\boldsymbol{c}_k - \boldsymbol{e}_k) \|_F^2} \right) \tag{6.3}$$

式中，$Q(x)$ 是高斯 Q 函数（见附录 A）。平均 PEP，表示为 $P(C \to E)$，是通过把条件 PEP 式（6.3）对信道增益的概率分布做平均得到的。很自然，系统性能通常是由一些导致最差 PEP 的码字决定的，尤其是在高 SNR 时。这些最差的 PEP 称之为最坏情况 PEP 或最大 PEP，这是空时码设计中的一个基本概念。

但是，我们强调要考虑整个 PEP 谱，因为总的错误性能可能受一些码字对出现的影响，而不是最坏情况 PEP。因为总错误性能不能很容易的准确进行预测，平均总错误率 P_e 的上界可以使用联合界的方法得到。假设所有的码字 C 概率相等，平均联合界 P_u 是

$$P_e \leqslant P_u = \frac{1}{\#C} \sum_{C \in \mathcal{C}} \sum_{\substack{\boldsymbol{E} \in \mathcal{C} \\ C \neq \boldsymbol{E}}} P(C \to \boldsymbol{E}) \tag{6.4}$$

式中，$\#C$ 表示码本 $\mathcal{C}$ 的基数。等效地，可以类似式（6.4）但是使用 $P(C \to \boldsymbol{E} \mid \{\boldsymbol{H}_k\}_{k=0}^{T-1})$ 代替 $P(C \to \boldsymbol{E})$ 得到条件联合界。

我们的目的是得到当传输速率固定时，也就是当码本不随 SNR 而改变或等效为空间复用增益 g_s 等于 0 时，最小化成对错误概率的编码准则。在推导快衰落和慢衰落信道的准则之前，我们首先重新回顾分集增益和编码增益的定义。

定义 6.1　一对码字 $\{C, \boldsymbol{E}\} \in \mathcal{C}$ 可以达到的分集增益 $g_d^o(\rho)$ 定义为 $P(C \to \boldsymbol{E})$ 随 $\mathrm{SNR}\rho$ 在对数-对数尺度上的斜率，通过在高 SNR 区域评估，即

$$g_d^o(\infty) = \lim_{\rho \to \infty} g_d^o(\rho) = -\lim_{\rho \to \infty} \frac{\log_2(P(C \to \boldsymbol{E}))}{\log_2 \rho} \tag{6.5}$$

较高的分集增益 $g_d^o(\rho)$ 会增大 $P(C \to \boldsymbol{E})$ 与 ρ 关系曲线的斜率。量 $g_d^o(\infty)$ 是在高 SNR 区域固定码率编码时可以达到的分集增益。因此在慢衰落情况下，$g_d^\star(0, \infty)$ 与分集增益 类似（在第 5 章介绍的），但是是在 $P(C \to \boldsymbol{E})$ 曲线上测量的而不是在 P_{out} 曲线上。

定义 6.2　一对码字 $[C, \boldsymbol{E}] \in \mathcal{C}$ 可以达到的编码增益定义为在很高 SNR 时 $P(C \to \boldsymbol{E})$ 与 ρ 的函数曲线左移的幅度。

如果在高 SNR 处的 $P(C \to \boldsymbol{E})$ 可以很好的近似为

$$P(\boldsymbol{C}\rightarrow\boldsymbol{E}) \approx c g_{\mathrm{c}}\rho^{-g_{\mathrm{d}}^{\mathrm{o}}(\infty)} \tag{6.6}$$

其中 c 是一个常数，g_{c} 是编码增益。

6.3.1　快衰落 MIMO 信道：距离积准则

在独立同分布快衰落信道中，在附录 D 中证明了平均 PEP 可以表示为

$$P(\boldsymbol{C}\rightarrow\boldsymbol{E}) = \frac{1}{\pi}\int_0^{\pi/2}\prod_{k=0}^{T-1}(1+\eta\parallel\boldsymbol{c}_k-\boldsymbol{e}_k\parallel^2)^{-n_\mathrm{r}}\mathrm{d}\beta \tag{6.7}$$

其中 $\eta = \rho/(4\sin^2\beta)$。因为对 β 的积分通常很难直接得到，因此基于切诺夫界 $Q(x)\leqslant e^{-x^2/2}$（见附录 D）可以得到（6.7）的上界为

$$P(\boldsymbol{C}\rightarrow\boldsymbol{E}) \leqslant \prod_{k=0}^{T-1}(1+\frac{\rho}{4}\parallel\boldsymbol{c}_k-\boldsymbol{e}_k\parallel^2)^{-n_\mathrm{r}} \tag{6.8}$$

因此，取消了积分，$\sin^2\beta$ 等于 1。在高 SNR 区域，平均 PEP 的上界可以进一步得到为

$$P(\boldsymbol{C}\rightarrow\boldsymbol{E}) \leqslant \left(\frac{\rho}{4}\right)^{-n_\mathrm{r}l_{\mathrm{C,E}}}\prod_{k\in\tau,R}\parallel\boldsymbol{c}_k-\boldsymbol{e}_k\parallel^{-2n_\mathrm{r}} \tag{6.9}$$

式中 $l_{\mathrm{C,E}}$ 是码字对 {C，E} 的有效长度，也就是 $l_{\mathrm{C,E}} = \#\tau_{\mathrm{C,E}}$，其中 $\tau_{\mathrm{C,E}} = \{k\mid\boldsymbol{c}_k - \boldsymbol{e}_k\neq 0\}$。根据定义 6.1 和定义 6.2，码字对 {C，E} 可以达到的分集增益是 $n_\mathrm{r}l_{\mathrm{C,E}}$，而编码增益与 $\prod_{k\in\tau_{\mathrm{C,E}}}\parallel\boldsymbol{c}_k-\boldsymbol{e}_k\parallel^{-2n_\mathrm{r}}$ 成正比。

在高 SNR 区域，错误率主要是由最坏情况 PEP 决定（噪声的分布包括了大多数附近的码字）。因此，设计准则主要是最大化最坏情况的 PEP［TSC98］。最坏情况 PEP 是由于有效长度等于编码的最小有效长度的错误事件造成的。可以根据式（6.9）推断出来，这些码字对应最小的分集增益。

设计准则 6.1（距离-乘积准则）　在独立同分布瑞利快衰落信道：

1）距离准则：在所有满足 $\boldsymbol{C}\neq\boldsymbol{E}$ 的码字对 {C，E} 中，最大化编码的最小有效长度 $L_{\min}$

$$L_{\min} = \min_{\substack{\boldsymbol{C},\boldsymbol{E}\\\boldsymbol{C}\neq\boldsymbol{E}}}l\boldsymbol{C},\boldsymbol{E} \tag{6.10}$$

2）乘积准则：在所有满足 $\boldsymbol{C}\neq\boldsymbol{E}$ 的码字对 {C，E} 中，最大化编码的最小乘积距离 d_p

$$d_\mathrm{p} = \min_{\substack{\boldsymbol{C},\boldsymbol{E}\\\boldsymbol{C}\neq\boldsymbol{E}\\l_{\mathrm{C,E}}=L_{\min}}}\prod_{k\in\tau_{\mathrm{C,E}}}\parallel\boldsymbol{c}_k-\boldsymbol{e}_k\parallel^2 \tag{6.11}$$

根据式（6.9）的推断，发射端的多根天线不会影响可达到的分集增益 $g_\mathrm{d}^\mathrm{o}(\infty) = n_\mathrm{r}L_{\min}$，但是会改善编码增益 $g_\mathrm{c} = \mathrm{d}_\mathrm{p}$。首先最大化分集增益，然后只在第二阶段最大化编码增益。

6.3.2 慢衰落 MIMO 信道：秩-行列式和秩-迹准则

在独立同分布瑞利慢衰落信道中，平均 PEP 等于（见附录 D）

$$P(C \to E) = \frac{1}{\pi} \int_0^{\pi/2} \left[\det(I_{n_t} + \eta \widetilde{E}) \right]^{-n_r} d\beta \tag{6.12}$$

其中 $\widetilde{E} \triangleq (C - E)(C - E)^H$。通过用矩阵的特征值的乘积表示矩阵的行列式，我们把（6.12）等效为

$$P(C \to E) = \frac{1}{\pi} \int_0^{\pi/2} \prod_{i=1}^{r(\widetilde{E})} (1 + \eta \lambda_i(\widetilde{E}))^{-n_r} d\beta \tag{6.13}$$

式中，$r(\widetilde{E})$ 表示错误矩阵 $\widetilde{E}$ 的秩，并且 $\{\lambda_i(\widetilde{E})\}, i = 1, \cdots r(\widetilde{E})$ 表示错误矩阵非零特征值的集合。同样使用切诺夫界，式（6.12）的上界可以表示为

$$P(C \to E) \leqslant \left[\det\left(I_{n_t} + \frac{\rho}{4} \widetilde{E} \right) \right]^{-n_r} \tag{6.14}$$

$$= \prod_{i=1}^{r(\widetilde{E})} \left(1 + \frac{\rho}{4} \lambda_i(\widetilde{E}) \right)^{-n_r} \tag{6.15}$$

在高 SNR 区域的秩-行列式准则

在高 SNR 区域，$\frac{\rho}{4} \lambda_i(\widetilde{E}) \gg 1$ 因此式（6.15）简化为

$$P(C \to E) \leqslant \left(\frac{\rho}{4} \right)^{-n_r r(\widetilde{E})} \prod_{i=1}^{r(\widetilde{E})} \lambda_i^{-n_r}(\widetilde{E}) \tag{6.16}$$

式中，$\lambda_i^x(\widetilde{E})$ 表示 $\lambda_i(\widetilde{E})$ 的 x 次幂。对给定的码字对 $\{C, E\}$，分集增益是由错误矩阵 $\widetilde{E}$ 的秩乘上接收天线的数量，也就是，$n_r r(\widetilde{E})$。编码增益直接与下面的量成比例

$$\prod_{i=1}^{r(\widetilde{E})} \lambda_i(\widetilde{E}) \tag{6.17}$$

最大化最坏情况 PEP 可以得到下面的设计准则 [TSC98]。

设计准则 6.2（秩-行列式准则） 在独立同分布瑞利慢衰落信道：

1）秩准则：在所有满足 $C \neq E$ 的码字对 $\{C, E\}$ 中，最大化 $\widetilde{E}$ 的最小秩 r_{min}

$$r_{min} = \min_{\substack{C, E \\ C \neq E}} r(\widetilde{E}) \tag{6.18}$$

2）行列式准则：在所有满足 $C \neq E$ 的码字对 $\{C, E\}$ 中，最大化的非零特征值的最小乘积 d_λ

$$d_\lambda = \min_{\substack{C, E \\ C \neq E}} \prod_{i=1}^{r(\widetilde{E})} \lambda_i(\widetilde{E}) \tag{6.19}$$

如果 $r_{min} = n_t$，错误矩阵的非零特征值等于错误矩阵的行列式，并且行列式准则就

是在所有满足 $C \neq E$ 的码字对 $\{C, E\}$ 中，最大化错误矩阵的最小行列式

$$d_\lambda = \min_{\substack{C, E \\ C \neq E}} det(\tilde{E}) \tag{6.20}$$

首先最大化分集增益，然后在第二阶段最大化编码增益。

定义 6.3　满秩（也就是满分集）编码的特点是 $r_{min} = n_t$。秩亏编码的特点是 $r_{min} < n_t$。

为了保证，必须保证 C-E 的非零列的数量要大于等于行的数量，即 n_t。保证 $r(\tilde{E}) = n_t$ 的一个必要但不充分条件是 $l_{C,E} \geqslant n_t$。因此，为了保证编码满秩的必要但不充分条件是 $L_{min} \geqslant n_t$。注意 $L_{min} \geqslant n_t$ 是比 $T \geqslant n_t$ 更强的条件，因为 $L_{min} \leqslant T$。当 $r_{min} = n_t$ 和 $T = n_t$ 时，编码具有最小长度。

低 SNR 区域的秩-迹准则

在高 SNR 区域，传统的设计准则是根据平均 PEP 的上界。但是，如果 SNR 比较小和/或接收天线数量较大时，[CYV01，BTT02] 中证明了式（6.15）中的行列式是矩阵 $\tilde{E}$ 的迹的函数。实际上

$$det\left(I_{n_t} + \frac{\rho}{4}\tilde{E}\right) = 1 + \frac{\rho}{4}Tr\{\tilde{E}\} + \cdots + \left(\frac{\rho}{4}\right)^{r(\tilde{E})} \prod_{i=1}^{r(\tilde{E})} \lambda_i(\tilde{E}) \tag{6.21}$$

在低 SNR 区域的错误率主要是 $Tr[\tilde{E}]$ 的函数。对于独立同分布瑞利慢衰落信道并且 n_r 较大时，根据下面的特性可以得到类似的观察

$$\lim_{n_r \to \infty} \frac{1}{n_r}H^H H = I_{n_t} \tag{6.22}$$

$$\|H(C - E)\|_F^2 \approx n_f \|C - E\|_F^2 \tag{6.23}$$

秩-迹设计准则如下 [CYV01，BTT02]

设计准则 6.3（秩-迹准则）　在独立同分布瑞利慢衰落信道，低 SNR 区域和/或 n_r 较大时，

1. 秩准则：在所有满足 $C \neq E$ 的码字对 $\{C, E\}$ 中，最大化 $\tilde{E}$ 的最小秩 r_{min}。
2. 迹准则：在所有满足 $C \neq E$ 的码字对 $\{C, E\}$ 中，最大化 $\tilde{E}$ 的最小迹 d_e。

$$d_e = \min_{\substack{C, E \\ C \neq E}} Tr\{\tilde{E}\} \tag{6.24}$$

虽然式（6.21）只对满分集编码成立，[CYV01] 中证明了当接收天线数量现实时，满秩编码和最大化错误矩阵的迹可以得到比更具秩-行列式准则设计的格码性能更好的格码。实际上，当 $n_r n_t \geqslant 4$ 时通常更推荐使用秩-迹准则。

注意 $Tr[\tilde{E}] = \|C - E\|_F^2$ 可以当做是欧氏距离。因此，当 SNR 较低或天线数量较大时，迹准则就是最大化欧式距离，这就与在 AWGN 信道中传统的最大化欧氏距离类似。但是这并不让人奇怪。当接收天线数量足够大时，可以得到较大的接收分集，因此减少了衰落。在接收天线数量无穷大的渐近情况中，信道保持恒定，并且和 AWGN 情况下一样。

备注 6.1 由于独立同分布瑞利信道是空间白化的，必须注意一旦找到一个最优的编码，通过在码字上乘以一个预编码酉矩阵 P（$P^H P = I_{n_t}$）就能得到无穷多的等效最优编码。如果码字的集合 $\{C\}$ 是一个很好的候选集，所有 P 为酉矩阵的码字集 $\{PC\}$ 都是等效最优的。

天线选择

在第 1 章已经证明在 n_r 个接收天线中选择 n_r' 个（对应在 n_t 个发射天线中选择 n_t' 个）是一个当接收机（对应接收机）已知信道信息时利用满分集增益 n_r（对应 n_t）的有效方法。在这里，我们想研究当在发射机使用空时编码时接收天线选择是否能得到满接收分集。实际上在［BDA03］中证明了在高 SNR 的独立同分布瑞利慢衰落信道中根据在每根天线上的瞬时接收 SNR（也就是根据信道矩阵 H 的每行的平方范数）使用天线选择算法的平均 PEP 是

$$P(C \to E) \leqslant \frac{n_r!}{(n_r - n_r')! \, n_r'! \, (n_t!)^{n_r - n_r'}} \prod_{i=1}^{n_t} \lambda_i^{-n_r'}(\widetilde{E}) \, \xi_0 \left(\frac{\rho}{4}\right)^{-n_t n_r} \tag{6.25}$$

上式是针对满秩编码，而对秩亏编码，则为

$$P(C \to E) \approx \frac{n_r! \, (n_r - n_r' + 1)^{r(\widetilde{E} - n_t n_r)}}{(n_r - n_r')! \, n_r'! \, (n_t!)^{n_r - n_r'}} \prod_{i=1}^{r(\widetilde{E})} \lambda_i^{-n_r'}(\widetilde{E}) \, \xi_1 \left(\frac{\rho}{4}\right)^{-r(\widetilde{E}) n_r'} \tag{6.26}$$

系数 ξ_0 和 ξ_1 是错误矩阵特征值的函数，因此只影响编码增益。式 (6.25) 和式 (6.26) 说明在发射端使用空时编码的 MIMO 系统中，当且仅当编码是满秩的时候，基于 SNR 的接收天线选择能提供满分集增益。如果编码是秩亏的时候，接收天线选择能达到的分集等于 $n_r' r(\widetilde{E})$，而在没有使用天线选择的时候分集等于 $n_r r(\widetilde{E})$。因此使用接收天线选择应该限制在满秩编码中。

这是一个让人惊讶的结论，因为我们可能认为接收分集与传输方案无关。但是秩亏编码可以看成是秩为 $r(\widetilde{E})$ 的编码在 $r(\widetilde{E})$ 根天线上传输，此外在 $n_t - r(\widetilde{E})$ 根天线上传输 $n_t - r(\widetilde{E})$ 行。这些行是秩为 $r(\widetilde{E})$ 的编码的行的线性组合，接收机不能利用这些行来提高分集增益。但是，这些 $n_t - r(\widetilde{E})$ 根天线影响了接收天线子集的选择。这不能保证这时选择的天线子集与当没有 $n_t - r(\widetilde{E})$ 根剩下的天线时选择的天线子集一样。因此，这些天线可能导致选择错误的接收天线子集。

6.4 基于信息论的设计方法

在之前的章节，固定传输速率下最大化分集和编码增益的设计准则都是基于平均 PEP。在本节，我们从信息论的角度讨论另一种设计方法，其设计目标是在快衰落信道中达到遍历容量和在慢衰落信道中达到分集-复用折中，在第 5 章中介绍了信息论的理论背景知识。

6.4.1 快衰落 MIMO 信道：达到遍历容量

快衰落 MIMO 信道相对于慢衰落信道来说是一个相对简单的情况。这是因为在

快衰落信道中的传输能力是用遍历容量来描述的，即

$$\overline{C} = \max_{\boldsymbol{Q}:\mathrm{Tr}\{\boldsymbol{Q}\}=1} \mathcal{E}\{\log_2 \det(\boldsymbol{I}_{n_r} + \rho \boldsymbol{H}\boldsymbol{Q}\boldsymbol{H}^{\mathrm{H}})\} \qquad (6.27)$$

理想传输信道信息

当在发射机已知信道实现信息（CSIT 场景），我们已经知道在信道矩阵 $\boldsymbol{H}$ 的特征向量方向传输的独立数据流可以把系统解耦合成 $n \triangleq \min\{n_t, n_r\}$ 个并行的数据管道（见 1.6.1，5.2.1 和 5.3.1 节）。对总传输速率 R，每层 k 可以使用达到容量的速率为 R_k 的高斯编码进行编码，并且 $\sum_{k=1}^{n} R_k = R$，分配功率 $\lambda_{k(\boldsymbol{Q})}$（$\boldsymbol{Q}$ 的特征值可以看成是分配到每层的功率），并且独立于其他层进行解码。最优的功率分配策略 $\{\lambda_k^\star\}$ 是根据在 5.3.1 节介绍的注水分配策略式（5.13）。此时得到的遍历容量可以按照式（5.12）表示为

$$\overline{C} = \sum_{k=1}^{n} \mathcal{E}\{\log_2(1 + \rho \lambda_k^\star(\boldsymbol{Q})\lambda_k)\} \qquad (6.28)$$

式中，$\lambda_k \triangleq \lambda_k(\boldsymbol{H}\boldsymbol{H}^{\mathrm{H}})$。由于 CSIT 的出现，使用可变速率编码策略（见 5.1.1 节和 5.3.1 节）是随着注水功率分配变化的函数可以达到系统容量，码字长度不需要覆盖多个相干时间周期（也就是 $T = T_{\mathrm{coh}}$ 已经足够长，只要能平均抑制噪声）。

部分传输信道信息

当信道是独立同分布瑞利衰落，并且在发射端不知道瞬时信道实现（CDIT），正如在 5.4.2 节讨论的，最优的传输协方差矩阵 $\boldsymbol{Q}$ 等于单位矩阵，即 $\boldsymbol{Q} = (1/n_t) \boldsymbol{I}_{n_t}$。遍历容量等于

$$\overline{C} = \mathcal{E}\left\{\log_2 \det\left(\boldsymbol{I}_{n_r} + \frac{\rho}{n_t}\boldsymbol{H}\boldsymbol{H}^{\mathrm{H}}\right)\right\} \qquad (6.29)$$

在高 SNR 区域，和式（5.65）类似，遍历容量近似为

$$\overline{C} \approx n\log_2\left(\frac{\rho}{n_t}\right) + \sum_{k=1}^{n} \mathcal{E}\{\log_2(\mathcal{X}_{2(N-n+k)}^2)\} \qquad (6.30)$$

这就表示传输独立的信息符号可以并行的在 n 个虚拟空间信道上进行。发射机和 CSIT 情况很类似，除了在 CDIT 情况下所有的特征模式接收相同的功率。但是，所有层同样还受到接收机其他层的干扰，因此所有层的独立译码明显是次优的方法。实际上，对在 n_t 个独立层上均匀功率分配的传输方案，每个层使用可达到 AWGN 容量的编码和联合 ML 译码，可以达到快衰落 MIMO 信道的遍历容量 [Fos96，FG98，HH02a]。这个特殊的方案称为空间复用，在之后的章节将详细讨论。

回顾 5.1.1 和 5.3.2 节，在 CDIT 情况中要达到遍历容量需要在非常多的信道实现上进行编码，这样就能平均抑制衰落和噪声。因此，信道需要保证足够的时变性，这样就可以使用交织来把任何信道变成快衰落信道。但是在实际中，码字长度可能不够长以满足遍历信道的假设。当信道变化不够快时，编码只能在一个分组长

度内进行，信道称为慢衰落，这时无法用平均来抑制信道的随机性。因此在慢衰落信道中，设计高效空时编码的目标是达到分集-复用折中。

6.4.2 慢衰落 MIMO 信道：达到分集-复用折中

从信息论到编码设计

具有 CSIT 时，由于可以把信道解耦合成并行的数据管道，因此可以使用动态码率/功率分配的独立编码来避免中断。当发射端没有信道信息时，无法实现码率自适应。因此在慢衰落信道中自然出现了下面的问题。传输独立的数据流是否能达到最优的容量？是否有必要在天线间进行编码？由于信道处于慢衰落中，不能在大量的独立信道实现上进行编码。最后，我们在单个信道实现上进行编码。因此，一旦子信道中有一个处于深衰落，独立的编码可能会导致系统出现中断。这就是在发射端没有信道信息时必须在所有子信道上联合编码的原因，虽然联合编码会使得译码过程更加复杂。

在慢衰落信道中，目标是最小化信息速率低于某个给定速率的概率，也就是，得到能达到中断性能的结构。与之相反，在 6.3 节中，编码设计的目标是最大化可靠性（分集增益）。对给定的固定传输速率，我们必须同时最大化分集和编码增益，而不考虑空间复用率，这也表示固定传输速率和遍历容量的比例随着 SNR 的增大而减少。因此，在慢衰落信道中编码设计的目标是达到分集-复用折中。因此，我们想以速率 $R = g_s \log_2 (\rho)$ 传输，并使得固定传输速率和遍历容量的比例随着 SNR 的增大而不减少。与 5.8.1 节类似，我们定义能达到分集-复用折中的一系列编码为 SNR 的函数，表示为 $\{\mathcal{C}(\rho)\}$。这一系列的编码类似于自适应调制和编码。其中的思路是对每个特定的 SNR 使用特定的码本。随着 SNR 的变化，码本也随之变化以增加或减少总的传输速率。

定义 6.4 当满足下列条件时，方案 $\{\mathcal{C}(\rho)\}$，也就是用 SNR ρ 为函数的一系列编码称为在高 SNR 区域能达到分集增益 $g_d (g_s, \infty)$ 和复用增益 g_s

$$\lim_{\rho \to \infty} \frac{R(\rho)}{\log_2 (\rho)} = g_s \tag{6.31}$$

$$\lim_{\rho \to \infty} \frac{\log_2 (P_e(\rho))}{\log_2 (\rho)} = - g_d(g_s, \infty) \tag{6.32}$$

或等效为（根据第 5 章介绍的符号）

$$2^R \doteq \rho^{g_s} \tag{6.33}$$

$$P_e(\rho) \doteq \rho^{-g_d(g_s, \infty)} \tag{6.34}$$

式中，$R(\rho)$ 是数据速率；$P_e(\rho)$ 是在加性噪声独立同分布信道上传输码字的平均错误概率。曲线 $g_d (g_s, \infty)$ 是在高 SNR 区域方案能达到的分集-复用折中。

必须强调定义 6.4 与 6.3 节介绍的方法的主要不同之处。在 6.3 节定义的分集增益 $g_d^0 (\infty)$ 实际上是成对错误概率 $P (C \to E)$ 在高 SNR 区域固定编码（$g_s =$

0）时的斜率。与之相反，在定义 6.4 中定义的分集是实际错误概率 P_e 在某个速率下随着 SNR 增长的斜率。因此，g_d (0, ∞) 和 g_d^o (∞) 的主要不同之处在于我们在定义分集增益时使用 P_e 而不是 P (**C→E**)。我们还要注意定义 5.7 和 5.8 中的不同之处，5.7 中使用的是中断概率 P_{out} 而不是使用错误概率 P_e。

曲线的极值点 (0, g_d (0, ∞)) 对于 6.3 节中的设计准则有着十分重要的作用。这个点表示当空间复用增益为 0 时（也就是当传输速率保持恒定时），可达到的分集增益是 g_d (0, ∞)。根据信道分集-复用折中，我们可以知道 g_d (0, ∞) ≤ $n_t n_r$。达到这个上界实际上是我们 6.3 节中的设计目标，因为秩-准则是为了在固定数据速率时从最大分集增益 $n_t n_r$ 中获得尽可能最大的分集增益。另一个极值点 ($g_{s,max}$, 0) 表示能获得分集增益 g_d ($g_{s,max}$, ∞) = 0（即错误概率保持恒定）时的情况，数据速率可以随着 SNR 成比例增长，并且在高 SNR 区域满足 $g_{s,max}$ ≤ min {n_t, n_r}。当 g_s = min {n_t, n_r} 时，我们以接近遍历容量的速率传输，这时对信道随机性没有保护措施，分集增益等于 0。折中曲线上的中间点表示了有多少分集增益可以用来换取复用增益，同样有多少复用增益可以换取分集增益。因此，基于信息论的设计方法相比在 6.3 节中基于错误概率的方法能够更广泛分析可能的编码性能。

在下文中的某些例子中，为了简化，我们可能使用 $g_d(g_s)$ 来实际表示 $g_d(g_s,$ ∞)。但是无论在何处出现，都要牢记高 SNR 区域的假设。

设计准则

在［ZT03］中讨论了下列结论。

命题 6.1 当使用长度为 $T \geq n_t + n_r - 1$ 的高斯随机编码时能够得到命题 5.9 中最优的渐近分集-复用折中。

由于该命题的证明非常冗长，我们在这里只给出了证明的主要过程。

证明：可以证明 P_e 的上界和下界是

$$P_{out}(R) \overset{(a)}{\leq} P_e(\rho) \overset{(b)}{\leq} P_{out}(R) + P(\text{error, no outage}) \tag{6.35}$$

并且在假设 $T \geq n_t + n_r - 1$ 下，因为 $\rho \to \infty$，上界中的 SNR 指数要比中断概率中的 SNR 指数要大。不等式（a）符合我们的预期，因为有限分组长度 T 的错误概率的下界是中断概率：达到中断概率需要无穷大的分组长度，并且性能随着分组长度的增加而改进。有限分组长度编码的问题在于错误可能由不同的效应造成的：病态信道矩阵 **H**，过大的噪声或过于靠近的码字。当分组长度增加的时候后两个效应的影响会降低，因为分组长度较长时通过平均能抑制随机性。因此，考虑到信道处于中断的概率（信道矩阵是病态）和信道不处于中断，但是由于其他影响造成出现错误的概率（例如，较大的噪声和/或较近的码字），在（b）中得到 P_e 的上界。第一项 P_{out} (R) P（错误｜中断）≤ P_{out} (R) 考虑了信道处于中断的情况。在 P（错误｜非中断）中考虑了信道不处于中断但是发生错误的概率。

为了评估 P（错误 | 中断）的 SNR 指数，考虑使用联合界的方法。在传输速率 $R = g_s \log_2(\rho)$ 时，总的码字数量是 $2^{RT} = \rho^{g_s T}$，因此 P（错误 | H）$\leqslant \rho^{g_s T} p$，其中 p 是在所有随机编码上平均的条件 PEP 概率（与式（6.15）类似，但是式（6.15）使用的是在信道上平均而不是在随机编码上平均），

$$p \leqslant \left[\det \left(I_{n_r} + \frac{\rho}{4} HH^H \right) \right]^{-T} \tag{6.36}$$

最后，在非中断事件上平均可以得到 P（错误 | 非中断）。可以证明 SNR 指数与在 P_{out} 中的 SNR 指数匹配，这就说明中断事件造成了主要的错误。

对于 $T < n_t + n_r - 1$ 的高斯随机编码，不能匹配上界和下界。一些码字互相靠的很近的概率很大；因此中断事件不再是主要的错误事件。

附注 6.2 需要注意两个重要的问题。首先，应该记住达到最优的分集-复用折中不需要在无限长的分组时间长度上编码（但是无限长的分组长度是达到中断概率所需的条件）。事实上，通过在分组长度大于 $n_t + n_r - 1$ 上进行编码不能获得额外的分集增益。其次，之前的结论只对高斯随机编码成立。需要注意，我们在之后的章节中将说明对于分组长度 $T < n_t + n_r - 1$ 的结构编码也能达到最优分集-复用折中。

例 6.1 在例 5.1 中，我们说明了标量瑞利衰落信道的分集-复用折中是对 $g_s \in [0, 1]$，$g_d^\star(g_s, \infty) = 1 - g_s$。

首先研究一个 QAM 星座图是否能最优的在复用和分集中取得折中。高 SNR 区域的错误概率可以近似为

$$P_e = \frac{1}{\rho d_{min}^2} \tag{6.37}$$

式中，d_{min}^2 是星座图的最小欧式距离。对于与 SNR 满足关系 $g_s \log_2(\rho)$ 的速率 R，星座图中每个维度的星座点的数量是 $2^{R/2}$。对具有归一化平均能量的星座图，$d_{min}^2 \approx 1/2^R$ 错误率可以近似为

$$P_e \doteq \rho^{-(1-g_s)} \tag{6.38}$$

这个结果说明 QAM 星座图在标量瑞利衰落信道中可以最优达到渐近分集-复用折中。

直观上，分集-复用折中表明：

● 随着速率的增加，必须把更多星座符号压缩在一起；

● 如果随着 SNR 的增加星座点之间的距离减少太多，那么可达到的分集增益将会减少。

已经有很多研究在独立同分布瑞利衰落信道中设计出能达到分集-复用折中的编码方案。尤其是在结构最小延迟编码（即 $T = n_t$）时是否能达到分集-复用折中。在 [YW03] 中证明了两发射天线的情况并在 [EPKP$^+$06] 中推广到了任意发射天线的情况。

命题 6.2 最小-延迟编码（$T = n_t$）的特点是大小为 $\#\mathcal{C}$ 的码本 $\mathcal{C}$

• 码本在字母表 $\mathcal{B}$ 上线性，也就是，码字可以表示为复数的线性组合，其权重是 $\mathcal{B}$ 中的符号。

• 码本的码率与 SNR 满足以下关系

$$\#\mathcal{B} = 2^{\frac{R}{n_t}} \doteq \rho^{\frac{g_s}{n_t}} \tag{6.39}$$

$$\max_{a \in \mathcal{B}} |a|^2 \dot{\leq} 1 \tag{6.40}$$

$$E_s \doteq \rho^{\frac{g_s}{n_t}} \tag{6.41}$$

• 码本是满速率的，也就是码本的大小满足 $\# \in \mathcal{C} = (\#\mathcal{B})^{n_t T}$。

如果编码满足非零行列式准则，那么对任意数量的接收天线都能达到分集-复用折中。设计准则（6.4）（非零行列式准则）。设计码率与 SNR 成比例，并且满足下式的码本 $\mathcal{C}$

$$\min_{\substack{C, E \in \mathcal{C} \\ C \neq E}} \det(\tilde{E}) \geqslant \rho^{-g_s} \tag{6.42}$$

或等效的

$$\forall \rho, \exists \epsilon > 0, \min_{\substack{C, E \in \mathcal{C} \\ C \neq E}} \det(E_s \tilde{E}) \geqslant \epsilon \tag{6.43}$$

例 6.2 满足式（6.39）的字母表 B 是具有 M^2 个星座点的 QAM 星座图，其中 $M^2 = \rho^{\frac{g_s}{n_t}}$

$$\mathcal{B}_M = \{x - jy \mid -M + 1 \leqslant x, y \leqslant M - 1, x, y \text{ 为奇数}\} \tag{6.44}$$

为了说明为什么这个非零行列式准则对达到分集-复用折中很重要，我们考虑 $T = 2$ 的 2×2 MIMO 系统。下面的证明来自于［YW03］中的推导。

证明：我们要找到在高 SNR 区域的错误概率。为了达到这个目的，推导出条件错误概率的上界，并在信道分布上进行平均。通过在信道不处于中断和高 SNR 时最小距离的下界可以得到 P（$C \rightarrow E$）的上界。在［YW03］中证明了距离的平方相对于噪声方差很大，这就说明当信道不处于中断时码字会离得很远。因此中断事件是主要的错误事件，错误概率非常接近中断概率。对两个任意码字 C 和 E，以及给定的信道实现矩阵 H，平方距离 $\| H(C - E) \|_F^2$ 的下界是由 $\det(H)$ 和 $\| H \|_F^2$ 决定的。为了进一步，我们首先评估 $C - E$ 的奇异值，

$$\sum_{i=1}^{2} \sigma_i^2(C - E) = \| C - E \|_F^2 \overset{(a)}{\dot{\leq}} \max \| C \|_F^2 \dot{\leq} 1 \doteq \rho^0 \tag{6.45}$$

$$\prod_{i=1}^{2} \sigma_i^2(C - E) = |\det(C - E)|^2 \overset{(b)}{\dot{\geqslant}} \rho^{-g_s} \tag{6.46}$$

其中（a）和（b）是命题 6.2 所需的假设，并且 $\sigma_i(C - E), i = 1, 2$ 是矩阵 $C - E$ 的降序排列的奇异值。后一个等式表示 $\rho^{-\frac{g_s}{2}} \leqslant \sigma_1^2(C - E) \leqslant \rho^0$ 和 $\rho^{-g_s} \leqslant \sigma_2^2(C - E) \leqslant \rho^0$。

因此我们可以使用 $\det(H)$ 来得到 $\parallel H(C-E)\parallel_{\mathrm{F}}^{2}$ 的下界

$$\parallel H(C-E)\parallel_{\mathrm{F}}^{2} \overset{(a)}{\geqslant} |\mathrm{Tr}\{H(C-E)\}| |\sigma_2(H(C-E))| \geqslant |\det(H(C-E))|$$

$$= |\det(H)| |\det(C-E)| \overset{\cdot}{\geqslant} |\det(H)| \rho^{-\frac{g_s}{2}} \tag{6.47}$$

使用 $\parallel H\parallel_{\mathrm{F}}^{2}$

$$\parallel H(C-E)\parallel_{\mathrm{F}}^{2} \overset{(a)}{\geqslant} \sigma_2^2(C-E) \parallel H\parallel_{\mathrm{F}}^{2} \overset{\cdot}{\geqslant} \rho^{-g_s} \parallel H\parallel_{\mathrm{F}}^{2} \tag{6.48}$$

在（a）中，我们使用了矩阵特性 $\mathrm{Tr}\{AB\} \geqslant \mathrm{Tr}\{A\}\lambda_{\min}(B)$，其中 $\sigma_{\min}(B) = \sqrt{\lambda_{\min}(B)}$ 是 B 的最小奇异值。我们可以根据之前的两个下界得到

$$\rho\parallel H(C-E)\parallel_{\mathrm{F}}^{2} \geqslant \max\{\rho^{1-\frac{g_s}{2}}|\det(H)|, \rho^{1-g_s}\parallel H\parallel_{\mathrm{F}}^{2}\} \tag{6.49}$$

由于相等功率分配时的信道互信息是

$$\mathcal{I}_{\mathrm{e}}(H) = \log_2\left[1 + \parallel H\parallel_{\mathrm{F}}^{2}\frac{\rho}{2} + (\det(H))^2\left(\frac{\rho}{2}\right)^2\right] \tag{6.50}$$

我们可以得到

$$2^{\mathcal{I}_{\mathrm{e}(H)}-R} \overset{\cdot}{=} (\rho^{1-\frac{g_s}{2}}\det(H))^2 + \rho^{1-g_s}\parallel H\parallel_{\mathrm{F}}^{2} \tag{6.51}$$

当信道不处于中断时，$\det(H)$ 和 $\parallel H\parallel_{\mathrm{F}}^{2}$ 不能同时很小。换而言之，当信道不处于中断时，$C(H) > R$ 表示 $\rho^{1-\frac{g_s}{2}}\det(H) \overset{\cdot}{\geqslant} 1$ 或 $\rho^{1-g_s}\parallel H\parallel_{\mathrm{F}}^{2} \overset{\cdot}{\geqslant} 1$。这就能得到式（6.49）中的结论，即

$$\rho\parallel H(C-E)\parallel_{\mathrm{F}}^{2} \overset{\cdot}{\geqslant} 1 \tag{6.52}$$

当信道不处于中断时，所有码字相互之间的距离相对于噪声功率较大。因此主要的错误事件是中断事件。这也是命题 6.1 的证明结论。然后，把 $\det(H)$ 和 $\parallel H\parallel_{\mathrm{F}}^{2}$ 表示为 $\sigma_i(H)$ 的函数，并在噪声和独立同分布瑞利信道实现上平均可以推导出在高 SNR 区域的错误概率，我们可以观察到错误概率与中断概率有着相同的 SNR 指数。

6.5　空时分组码

空时分组码（STBC）已经被研究很多年了。虽然 STBC 最初是由于较低的解码复杂度而得到大家的关注，近来人们发现 STBC 还有很好的分集-复用折中。

STBC 可以看成是把 Q 个符号（复值或实值）映射到大小为 $n_t \times T$ 的码字 C 上。这些码字是未编码的，因此 STBC 没有包含纠错码。理论上，STBC 可以有多种形式，但是实际中，线性 STBC 是目前为止最广泛使用的 STBC 方案。线性 STBC 的基本思路是把信息符号在空间域和时域进行扩展以提高分集增益或空间复用率，或者提高分集增益和空间复用率。通过把多个符号压缩到一个码字，也就是通过增加 Q，可以提高数据速率。在下文中，我们首先提出线性 STBC 的通用框架以及一

些通用特性，然后我们突出介绍 STBC 中一些重要的子类。最大化分集的 STBC 有时也被称为发射分集（TD）方案。

我们假设在 STBC 码字时间 T 内信道保持恒定。在这个时间内，我们可以忽略 H_k 中的下标 k，从而把信道矩阵简单表示为 H。但是在实际中要记住，通常把 STBC 与外码结合使用以提高纠错和抑制噪声的能力。即使信道在 STBC 码字长度上保持恒定，如果信道在 STBC 分组之间变化，在多个 STBC 分组间扩展的外码经历着多个信道实现。因此，外码看到的信道可能是快衰落信道。

6.5.1　线性 STBC 的通用架构

码字结构

线性 STBC 的通用形式如下 ［HH01］：

$$C = \sum_{q=1}^{Q} \boldsymbol{\Phi}_q \Re[c_q] + \boldsymbol{\Phi}_{q+Q} \Im[c_q] \tag{6.53}$$

式中，$\boldsymbol{\Phi}_q$ 是大小为 $n_t \times T$ 维的复基矩阵；c_q 是复信息符号（从例如 PSK 或 QAM 星座图中取）；Q 是在码字上传输的复符号 c_q 的数量；$\Re$ 和 $\Im$ 分别表示实部和虚部。

定义 6.5　空时分组码的空间复用率定义为 $r_s = \dfrac{Q}{T}$。满速率空时分组码的特征是 $r_s = n_t$。

在式（6.1）中使用向量 vec 运算符，并使用式（6.53），基于线性 STBC 的传输可以改写为

$$\mathcal{Y} = \sqrt{E_s} \mathcal{H} \mathcal{X} \mathcal{S} + \mathcal{N} \tag{6.54}$$

式中，$\mathcal{Y}[2n_rT \times 1]$ 是信道输出向量；$\mathcal{H}[2n_rT \times 2n_rT]$ 是分组对角信道；$\mathcal{X}[2n_rT \times 2Q]$ 是线性编码矩阵；$\mathcal{S}[2Q \times 1]$ 是一组未编码的输入符号；$\mathcal{N}[2n_rT \times 1]$ 是噪声向量。

$$\mathcal{Y} = \mathrm{vec}\left(\begin{bmatrix} \Re[\boldsymbol{y}_0 \cdots \boldsymbol{y}_{T-1}] \\ \Im[\boldsymbol{y}_0 \cdots \boldsymbol{y}_{T-1}] \end{bmatrix} \right)$$

$$\mathcal{H} = \boldsymbol{I}_T \otimes \boldsymbol{H}', \text{其中 } \boldsymbol{H}' = \begin{bmatrix} \Re[\boldsymbol{H}] & -\Im[\boldsymbol{H}] \\ \Im[\boldsymbol{H}] & \Re[\boldsymbol{H}] \end{bmatrix}$$

$$\mathcal{X} = \left[\mathrm{vec}\left(\begin{bmatrix} \Re[\boldsymbol{\Phi}_1] \\ \Im[\boldsymbol{\Phi}_1] \end{bmatrix} \right) \cdots \mathrm{vec}\left(\begin{bmatrix} \Re[\boldsymbol{\Phi}_{2Q}] \\ \Im[\boldsymbol{\Phi}_{2Q}] \end{bmatrix} \right) \right]$$

$$\mathcal{S} = [\Re[c_1] \cdots \Re[c_q] \Im[c_1] \cdots \Im[c_q]]^T$$

$$\mathcal{N} = \mathrm{vec}\left(\begin{bmatrix} \Re[\boldsymbol{n}_0 \cdots \boldsymbol{n}_{T-1}] \\ \Im[\boldsymbol{n}_0 \cdots \boldsymbol{n}_{T-1}] \end{bmatrix} \right) \tag{6.55}$$

基矩阵的功率归一化

正如在本章的开始解释过的，我们需要归一化传输码字以保证 $\mathcal{E}\{\mathrm{Tr}\{\boldsymbol{CC}^H\}\} =$

T。假设 $\mathcal{E}\{c_q\}=0$ 和 $\mathcal{E}\{|c_q|^2\}=1$，因此基矩阵需要满足功率限制

$$\sum_{q=1}^{2Q}\mathrm{Tr}\{\boldsymbol{\Phi}_q\boldsymbol{\Phi}_q^{\mathrm{H}}\}=2T \tag{6.56}$$

更强的限制条件是归一化每个基矩阵的平均功率，即

$$\{\mathrm{Tr}\{\boldsymbol{\Phi}_q\boldsymbol{\Phi}_q^{\mathrm{H}}\}=T/Q\}_{q=1}^{2Q} \tag{6.57}$$

在本节中，我们主要讨论酉基矩阵，并扩展使用下列定义。

定义 6.6　满足 $\boldsymbol{\Phi}_q^{\mathrm{H}}\boldsymbol{\Phi}_q=\dfrac{1}{Q}\boldsymbol{I}_T\ \forall\ q=1,\cdots,2Q$ 的酉基矩阵称之为高（$T\le n_{\mathrm{t}}$）

酉基矩阵。满足 $\boldsymbol{\Phi}_q\boldsymbol{\Phi}_q^{\mathrm{H}}=\dfrac{T}{Qn_{\mathrm{t}}}\boldsymbol{I}_{n_{\mathrm{t}}}\ \forall\ q=1,\cdots,2Q$ 的酉基矩阵称之为宽（$T\ge n_{\mathrm{t}}$）酉

基矩阵。

STBC 的平均成对错误概率

在本节将讨论 STBC 基矩阵的结构对错误率性能的影响，从而得到如何设计能最小化平均错误概率的线性 STBC。

命题 6.3　如果酉基矩阵 $\{\boldsymbol{\Phi}_q\}_{q=1}^{2Q}$ 满足下面的条件（充分条件），基于 PSK/QAM 星座点的线性 STBC 由最小化独立同分布瑞利慢衰落信道上平均的最差情况 PEP 式（6.12）的酉基矩阵矩阵组成。

$$\boldsymbol{\Phi}_q\boldsymbol{\Phi}_p^{\mathrm{H}}+\boldsymbol{\Phi}_p\boldsymbol{\Phi}_q^{\mathrm{H}}=\mathbf{0}_{n_{\mathrm{t}}},q\ne p\ \text{对宽酉基矩阵}\{\boldsymbol{\Phi}_q\}_{q=1}^{2Q}$$

$$\boldsymbol{\Phi}_q^{\mathrm{H}}\boldsymbol{\Phi}_p+\boldsymbol{\Phi}_p^{\mathrm{H}}\boldsymbol{\Phi}_q=\mathbf{0}_{\mathrm{T}},q\ne p\ \text{对高酉基矩阵}\{\boldsymbol{\Phi}_q\}_{q=1}^{2Q} \tag{6.58}$$

这些条件是在独立同分布瑞利慢衰落信道上最小化平均联合界式（6.4）的切诺夫上界的充分必要条件。

证明：使用哈达玛不等式（见附录 A），我们可以得到

$$\det(\boldsymbol{I}_{n_{\mathrm{t}}}+\eta\widetilde{\boldsymbol{E}})\le\det(\boldsymbol{I}_{n_{\mathrm{t}}}+\eta\boldsymbol{I}_{n_{\mathrm{t}}}\odot\widetilde{\boldsymbol{E}}) \tag{6.59}$$

$d_q\triangleq c_q-e_q$ 其中 e_q 是码字 E 的复符号，$\widetilde{\boldsymbol{E}}$ 的对角元素表示为

$$\widetilde{\boldsymbol{E}}(n,n)=\Big\|\sum_{q=1}^{Q}\boldsymbol{\Phi}_q(n,:)\Re[d_q]+\boldsymbol{\Phi}_{q+Q}(n,:)\Re[d_q]\Big\|^2$$

$$\le\Big[\sum_{q=1}^{Q}\|\boldsymbol{\Phi}_q(n,:)\Re[d_q]+\boldsymbol{\Phi}_{q+Q}(n,:)\Re[d_q]\|\Big] \tag{6.60}$$

由于

$$\|\boldsymbol{\Phi}_q(n,:)\Re(d_q)+\boldsymbol{\Phi}_{q+Q}(n,:)\Im[d_q]\|^2=(\boldsymbol{\Phi}_q\boldsymbol{\Phi}_q^{\mathrm{H}})(n,n)|\Re[d_q]|^2+$$

$$(\boldsymbol{\Phi}_{q+Q}\boldsymbol{\Phi}_{q+Q}^{\mathrm{H}})(n,n)|\Im[d_q]|^2+(\boldsymbol{\Phi}_q\boldsymbol{\Phi}_{q+Q}^{\mathrm{H}}+\boldsymbol{\Phi}_{q+Q}\boldsymbol{\Phi}_q^{\mathrm{H}})(n,n)\Re[d_q]\Im[d_q]$$

$$\tag{6.61}$$

使用式（6.59）和宽基矩阵的酉性，我们可以得到

$$\min_{\substack{q=1,\cdots,Q \\ d_q}} \text{mindet}(\boldsymbol{I}_{n_t} + \eta \widetilde{\boldsymbol{E}})$$

$$\leqslant \min_{\substack{q=1,\cdots,Q \\ d_q}} \text{mindet}(\boldsymbol{I}_{n_t} + \zeta \boldsymbol{I}_{n_t}[\,|\Re[d_q]\,|^2 + |\Im[d_q]\,|^2]$$

$$+ \eta(\boldsymbol{I}_{n_t} \odot (\boldsymbol{\Phi}_q \boldsymbol{\Phi}_{q+Q}^H + \boldsymbol{\Phi}_{q+Q} \boldsymbol{\Phi}_q^H))\Re[d_q]\Im[d_q]) \tag{6.62}$$

$$\overset{(a)}{\leqslant} \det(\boldsymbol{I}_{n_t} + \zeta \boldsymbol{I}_{n_t}\min_{d_q}[\,|\Re[d_q]\,|^2 + |\Im[d_q]\,|^2])$$

$$= \det(\boldsymbol{I}_{n_t} + \zeta \boldsymbol{I}_{n_t}d_{\min}^2) = (1 + \zeta d_{\min}^2)^{n_t}$$

式中，$\zeta = \eta \dfrac{T}{Qn_t}$。在（a）中我们使用了对 QAM 或 PSK 调制，$\Re[d_q]$ 和 $\Im[d_q]$ 可以是正数或负数，而与 $\boldsymbol{I}_{n_t} \odot (\boldsymbol{\Phi}_q \boldsymbol{\Phi}_{q+Q}^H + \boldsymbol{\Phi}_{q+Q} \boldsymbol{\Phi}_q^H)$ 无关的性质。使用（6.53）扩展 $\widetilde{\boldsymbol{E}}$，很明显要达到（6.62）的充分条件是西基矩阵对是反厄米特，即对 $q \neq 1$，$\boldsymbol{\Phi}_q \boldsymbol{\Phi}_1^H + \boldsymbol{\Phi}_1 \boldsymbol{\Phi}_q^H = 0$。它也是最小化联合界的必要条件 [San02]。

类似的，对高西基矩阵，使用高基矩阵的酉性应用哈达玛不等式，我们可以得到

$$\min_{\substack{q=1,\cdots,Q \\ d_q}} \text{mindet}(\boldsymbol{I}_T + \eta \widetilde{\boldsymbol{E}}^H) \leqslant \left(1 + \frac{\eta}{Q}d_{\min}^2\right)^T \tag{6.63}$$

式（6.63）中的等式对当 $q \neq 1$，$\boldsymbol{\Phi}_q^H \boldsymbol{\Phi}_1 + \boldsymbol{\Phi}_1^H \boldsymbol{\Phi}_q = 0$ 时成立。

命题 6.4　在独立同分布瑞利衰落信道中，在渐近低 SNR 区域或者渐近较大 n_r 时，当基矩阵 $\{\boldsymbol{\Phi}_q\}_{q=1}^{2Q}$ 满足下面条件（充分条件）时，基于 PSK/QAM 星座图的线性 STBC 最小化最坏情况 PEP。

$$\text{Tr}\{\boldsymbol{\Phi}_q \boldsymbol{\Phi}_p^H + \boldsymbol{\Phi}_p \boldsymbol{\Phi}_q^H\} = 0, q \neq p \tag{6.64}$$

或等效为

$$\mathcal{X}^T \mathcal{X} = \frac{T}{Q}\boldsymbol{I}_{2Q} \tag{6.65}$$

这些条件是最小化在独立同分布瑞利慢衰落信道上平均和同样的渐近条件下的联合界（6.4）的切诺夫上界的充分必要条件。

证明。观察到

$$\min_{\substack{\boldsymbol{C},\boldsymbol{E} \\ \boldsymbol{C} \neq \boldsymbol{E}}} \|\boldsymbol{C} - \boldsymbol{E}\|_F^2 \leqslant \min_{\substack{q=1,\cdots,Q \\ d_q}} \min_{d_q}\Big[\sum_{q=1}^Q \|\boldsymbol{\Phi}_q \Re[d_q] + \boldsymbol{\Phi}_{q+Q}\Im[d_q]\|_F\Big]^2$$

$$\overset{(a)}{\leqslant} \min_{\substack{q=1,\cdots,Q \\ d_q}} \min_{d_q}\frac{T}{Q}[\,|\Re[d_q]\,|^2 + |\Im[d_q]\,|^2]$$

$$+ \text{Tr}\{\boldsymbol{\Phi}_q \boldsymbol{\Phi}_{q+Q}^H + \boldsymbol{\Phi}_{q+Q} \boldsymbol{\Phi}_q^H\}\Re[d_q]\Im[d_q]$$

$$\overset{(b)}{\leqslant} \frac{T}{Q}\min_{d_q}[\,|\Re[d_q]\,|^2 + |\Im[d_q]\,|^2]$$

$$= \frac{T}{Q}d_{\min}^2$$

$$\tag{6.66}$$

其中在（a）中我们利用了 $\{\mathrm{Tr}\{\boldsymbol{\Phi}_q\boldsymbol{\Phi}_q^{\mathrm{H}}\} = T/Q\}_{q=1}^{2Q}$ 在（b）中我们利用了对 QAM 或 PSK 调制，$\Re[d_q]$ 和 $\Im[d_q]$ 可以是正数或负数，而与 $\mathrm{Tr}\{\boldsymbol{\Phi}_q\boldsymbol{\Phi}_{q+Q}^{\mathrm{H}} + \boldsymbol{\Phi}_{q+Q}\boldsymbol{\Phi}_q^{\mathrm{H}}\}$ 无关的性质。通过（6.53）扩展 $\widetilde{\boldsymbol{E}}$ 和让 $\min\limits_{\substack{C,E \\ C \neq E}} Tr[\widetilde{\boldsymbol{E}}]$ 等于式（6.66）可以得到式（6.64）的充分条件。[San02] 中给出了最小化联合界的必要条件。

例 6.3　$T=1$，$n_t=2$，$Q=2$，$r_s=2$ 并具有下列基矩阵的码字：

$$\boldsymbol{\Phi}_1 = \frac{1}{\sqrt{2}}\begin{bmatrix}1\\0\end{bmatrix}, \boldsymbol{\Phi}_2 = \frac{1}{\sqrt{2}}\begin{bmatrix}0\\1\end{bmatrix}, \boldsymbol{\Phi}_3 = \frac{1}{\sqrt{2}}\begin{bmatrix}j\\0\end{bmatrix}, \boldsymbol{\Phi}_4 = \frac{1}{\sqrt{2}}\begin{bmatrix}0\\j\end{bmatrix}, \tag{6.67}$$

或等效为具有下列矩阵

$$\mathcal{X} = \frac{1}{\sqrt{2}}\begin{bmatrix}1&0&0&0\\0&1&0&0\\0&0&1&0\\0&0&0&1\end{bmatrix} \tag{6.68}$$

是满足命题 6.3 的高酉基矩阵组成的线性 STBC 的一个例子。

例 6.4　$T=2$，$n_t=2$，$Q=2$，$r_s=1$ 并具有下列基矩阵的码字：

$$\boldsymbol{\Phi}_1 = \frac{1}{\sqrt{2}}\begin{bmatrix}1&0\\0&1\end{bmatrix}, \boldsymbol{\Phi}_2 = \frac{1}{\sqrt{2}}\begin{bmatrix}0&-1\\1&0\end{bmatrix} \tag{6.69}$$

$$\boldsymbol{\Phi}_3 = \frac{1}{\sqrt{2}}\begin{bmatrix}j&0\\0&-j\end{bmatrix}, \boldsymbol{\Phi}_4 = \frac{1}{\sqrt{2}}\begin{bmatrix}0&j\\j&0\end{bmatrix} \tag{6.70}$$

或等效为具有下列矩阵：

$$\mathcal{X} = \frac{1}{\sqrt{2}}\begin{bmatrix}1&0&0&0\\0&1&0&0\\0&0&1&0\\0&0&0&1\\0&-1&0&0\\1&0&0&0\\0&0&0&1\\0&0&-1&0\end{bmatrix} \tag{6.71}$$

是满足命题 6.3 的宽酉基矩阵组成的线性 STBC 的一个例子。

在独立同分布瑞利衰落信道中的遍历容量

在独立同分布 MIMO 信道中要使用容量有效的线性 STBC 达到遍历容量，需要准确的设计基矩阵和输入协方差矩阵。容量有效是指能最大化平均互信息的编码，并且这种编码能在与容量到达外码（例如 Turbo 码或 LDPC 码）联合使用时能保证没有容量的损失。这需要与外码在多个 STBC 分组上进行编码，每个分组经历着不同的信道实现。

在式（6.54）中遍历 MIMO 信道容量在容量最优线性 STBC 中的表达式可以表

示为

$$\overline{C} = \max_{\mathrm{Tr}\{\mathcal{XX}^{\mathrm{T}}\} \leqslant 2\mathrm{T}} \frac{1}{2T} \mathcal{E}_{\mathcal{H}} \left\{ \log \, \det \left(\boldsymbol{I}_{2\mathrm{n_tT}} + \frac{\rho}{2} \mathcal{H} \mathcal{XX}^{\mathrm{T}} \mathcal{H}^{\mathrm{T}} \right) \right\} \quad (6.72)$$

其中假设为了不失一般性，$\mathcal{E}\{\mathcal{SS}^{\mathrm{H}}\} = \mathbf{1}_{2Q}$ ［HP02，San02］。

命题 6.5 在独立同分布瑞利衰落信道中，具有宽（$Q \geqslant n_t T$）基矩阵 $\mathcal{X}$ 并满足下面条件的线性 STBC 码是容量有效的。

$$\mathcal{XX}^{\mathrm{T}} = \frac{1}{n_t} \boldsymbol{I}_{2\mathrm{n_tT}} \quad (6.73)$$

证明：上面的来自［Tel95］的结果表明在独立同分布瑞利衰落信道上的最优协方差矩阵与单位矩阵成比例（见 5.4 节）。

命题 6.5 提供了线性 STBC 码满足容量有效的充分必要条件。为了满足式（6.73），必须保证 $r_s = n_t$，正如在 6.4.1 节解释的，此时发送 n_t 路独立的数据流可以达到快衰落 MIMO 信道的遍历容量。必须注意满足式（6.73）条件的编码有无穷多。

例 6.5 在例 6.3 中给出的基矩阵得到的编码是容量有效的，而例 6.4 中的编码则不是容量有效的。

根据式（6.65），我们可以得到这个有趣的结论，如果 $Q = n_t T$，容量有效线性 STBC 在低 SNR 区域或接收天线数量较大时错误概率性能方面是最优的。此外，Jensen 不等式可以得到

$$\overline{C} \leqslant \max_{\mathrm{Tr}\{\mathcal{XX}^{\mathrm{T}}\} \leqslant 2\mathrm{T}} \frac{1}{2T} \log \, \det \left(\boldsymbol{I}_{2\mathrm{n_tT}} + \frac{\rho}{2} \mathcal{E}_{\mathcal{H}} \{ \mathcal{H} \mathcal{XX}^{\mathrm{T}} \mathcal{H}^{\mathrm{T}} \} \right)$$

$$= \max_{\mathrm{Tr}\{\mathcal{XX}^{\mathrm{T}}\} \leqslant 2\mathrm{T}} \frac{1}{2T} \log \, \det \left(\boldsymbol{I}_{2\mathrm{n_tT}} + \frac{\rho n_r}{2} \mathcal{X}^{\mathrm{T}} \mathcal{X} \right) \quad (6.74)$$

上式表明遍历容量和上面的容量上界之间的差距随着接收天线数量的增大而减少。从错误概率性能方面渐近最优的编码同样在容量性能方面渐近最优。因此我们可以得到下面的结论。

命题 6.6 渐近的（在低 SNR 区域或 n_r 较大时），设计线性 STBC 满足

$$\mathcal{X}^{\mathrm{T}} \mathcal{X} = \frac{T}{Q} \boldsymbol{I}_{2Q} \quad (6.75)$$

满足上式的编码是容量有效的，并且最小化最差情况 PEP 和独立同分布瑞利衰落信道中联合界的切诺夫界。

满足式（6.75）的高矩阵 $\mathcal{X}$ 称为紧框架。在［HP02］中提出的一个有趣的特性是互信息的下界同时也是基于框架的编码。

译码

线性 STBS 中最大似然（ML）译码的复杂度随 n_t 和 Q 成指数增长关系。因此需要研究是否能够选择出合适的基矩阵来降低 ML 接收机的复杂度。下一个命题给

出了发射信道通过空时匹配滤波器解耦合的充分和必要条件。在这些条件下，每个符号可以独立于其他符号解耦合，并且还能保证最优性能。

命题 6.7 对输出向量 $\mathcal{Y}$ 使用空时匹配滤波器 $\mathcal{X}^{\mathrm{H}}\mathcal{H}^{\mathrm{H}}$ 可以把传输符号解耦合

$$\mathcal{X}^{\mathrm{H}}\mathcal{H}^{\mathrm{H}}\mathcal{Y} = \frac{\sqrt{E_s}T}{Qn_t} \parallel \boldsymbol{H} \parallel_{\mathrm{F}}^2 \boldsymbol{I}_{2\mathrm{T}}\mathcal{S} + \mathcal{X}^{\mathrm{H}}\mathcal{H}^{\mathrm{H}}\mathcal{N} \tag{6.76}$$

的条件是当且仅当基矩阵是宽酉矩阵

$$\boldsymbol{\Phi}_q\boldsymbol{\Phi}_q^{\mathrm{H}} = \frac{T}{Qn_t}\boldsymbol{I}_{n_t}, \forall\, q = 1, \cdots, 2Q \tag{6.77}$$

并且基矩阵是成对反厄米特矩阵时

$$\boldsymbol{\Phi}_q\boldsymbol{\Phi}_p^{\mathrm{H}} + \boldsymbol{\Phi}_p\boldsymbol{\Phi}_q^{\mathrm{H}} = \boldsymbol{0}_{n_t}, \forall\, q \neq p \tag{6.78}$$

证明：我们把 $\mathcal{X}^{\mathrm{H}}\mathcal{H}^{\mathrm{H}}\mathcal{H}\mathcal{X}$ 的 (k, l) 个元素表示为 $\mathcal{X}^{\mathrm{H}}\mathcal{H}^{\mathrm{H}}\mathcal{H}\mathcal{X}(k, l)$。使用简单的矩阵运算，我们可以得到

$$\mathcal{X}^{\mathrm{H}}\mathcal{H}^{\mathrm{H}}\mathcal{H}\mathcal{X}(k,l) = \sum_{m=1}^{T} \Re\big[\,(\boldsymbol{\Phi}_k(:,m))^{\mathrm{H}}\boldsymbol{H}^{\mathrm{H}}\boldsymbol{H}\boldsymbol{\Phi}_l(:,m)\,\big] \tag{6.79}$$

$$= \frac{1}{2}\sum_{i=1}^{n_t}\sum_{j=1}^{n_t}\mathcal{H}^{\mathrm{H}}\mathcal{H}(i,j)(\boldsymbol{\Phi}_k\boldsymbol{\Phi}_l^{\mathrm{H}} + \boldsymbol{\Phi}_l\boldsymbol{\Phi}_k^{\mathrm{H}})(j,i) \tag{6.80}$$

为了解耦合符号，当 $k \neq l$ 时 $\mathcal{X}^{\mathrm{H}}\mathcal{H}^{\mathrm{H}}\mathcal{H}\mathcal{X}(k, l)$ 必须等于 0。由于对所有 $\mathcal{H}$ 都要成立，因此对 $k \neq l$ 时的充分必要条件是 $\boldsymbol{\Phi}_k\boldsymbol{\Phi}_l^{\mathrm{H}} + \boldsymbol{\Phi}_l\boldsymbol{\Phi}_k^{\mathrm{H}} = 0$。此外，为了确保对角元素的幅度等于 $\frac{T}{Qn_t} \parallel \boldsymbol{H} \parallel_{\mathrm{F}}^2$，基矩阵必须是宽酉矩阵。

例 6.6 例 6.3 中给出的基矩阵得到的编码不能解耦合，而在例 6.4 中的编码由于满足解耦合性质因此可以很容易解码。

与接收数据流不能解耦合的编码如果使用 ML 译码可能接收机复杂度非常高。为了减少接收复杂度，一种解决办法是利用空时分组码的线性，用基于 ZF，MMSE 的次优译码器和串行干扰消除（SIC）来代替 ML 译码器。但是这些译码器可能会带来一定程度的性能下降（分集和编码增益）。因此，提出了一些有效的低复杂度高性能的译码算法，例如，最常见的球形译码算法。我们将在下节中详细介绍这些译码器，第 7 章详细介绍了译码的策略。虽然我们主要讨论这些译码器在空间复用中的性能，但是需要注意，使用式（6.54）中的等效 MIMO 表示这些译码器也可以和所有的线性空时分组码一起使用。

6.5.2 空间复用/V-BLAST

空间复用（SM），也称为 V-BLAST，是一种在每根发射天线上传输独立的数据流组成的满速率编码（$r_s = n_t$）。这些数据流可以独立编码或不进行编码。在空间复用中对每个数据流进行独立的前向纠错编码（FEC）有时称为水平编码（HE），并且在 3GPP LTE/LTE-A（第 14 章）中被采用。HE 使得接收机可以根据

每个数据流各自的 SINR 来控制调制和编码速率。

在未编码传输中,每个码字 C 只在一个符号周期($T=1$)内进行扩展,因此可以表示为维度 $n_t \times 1$ 的符号向量。为了便于阅读,我们省略时间下标 k,把 y_k,n_k,z_k 和 H_k 分别简化为 y,n,z 和 H。使用上节中的结论,我们知道具有高基矩阵的编码例如 SM,对 $q \neq p$ 如果满足 $\boldsymbol{\Phi}_q^H \boldsymbol{\Phi}_p + \boldsymbol{\Phi}_p^H \boldsymbol{\Phi}_q = 0$,能够最小化最大平均 PEP。由于 $T=1$,也就是对 $q \neq p$ 如果满足 $\mathrm{Tr}\{\boldsymbol{\Phi}_q \boldsymbol{\Phi}_p^H + \boldsymbol{\Phi}_p \boldsymbol{\Phi}_q^H\} = 0$,或者等效的 $\mathcal{X}^T \mathcal{X} = \frac{1}{n_t} I_{2n_t}$。由于传输的是 n_t 个独立符号,矩阵 $\mathcal{X}$ 是方阵,并且在 1 个符号周期内传输 n_t 个独立符号且满足 $\mathcal{X}^T \mathcal{X} = \frac{1}{n_t} I_{2n_t}$ 的编码是容量有效的编码和最小化最差情况平均错误概率的编码(命题 6.3 和 6.5)。这个结论总结在下面的命题中。

命题 6.8 具有方阵 $\mathcal{X}$ 的基矩阵的空间复用,并且满足

$$\mathcal{X}^T \mathcal{X} = \frac{1}{n_t} I_{2n_t} \tag{6.81}$$

的编码是容量有效的(命题 6.5)和最小化错误概率的(命题 6.3)。

因此,空间复用可以根据这些矩阵 $\mathcal{X}$ 中一个进行构建。

例 6.7 最简单的编码是

$$C = \frac{1}{\sqrt{n_t}} [c_1 \cdots c_{n_t}]^T = \frac{1}{\sqrt{n_t}} \sum_{q=1}^{n_t} \boldsymbol{I}_{n_t}(:,q) \Re[c_q] + j \boldsymbol{I}_{n_t}(:,q) \Im[c_q] \tag{6.82}$$

每个元素 c_q 是从给定星座图中选择的符号。记号 $\boldsymbol{I}_{n_t}(:,q)$ 表示单位矩阵 $\boldsymbol{I}_{n_t}$ 的第 q 列。当 $n_t = 2$ 时,例 6.3 给出了这种编码的具体形式。

根据命题 6.7,很显然 SM 不能在接收机解耦合数据流。由于 ML 译码的复杂度非常高,因此人们对次优接收机尤其感兴趣。接下来,我们将介绍几种在 SM 方案中通常使用的译码器:ML,基于 ZF 和 MMSE 滤波的线性接收机和串行干扰消除器。对每种译码器,我们将讨论各自的平均 PEP 性能,在快衰落信道上可达到的最大速率,以及它们是否能很好的达到分集-复用折中。

ML 译码

在每个时刻,接收机使用 ML 译码以检测有效传输的是哪个向量符号(在第 7 章将详细介绍实际实现的准 ML 译码)。由于传输码字只在一个符号周期上扩展,错误矩阵的秩等于 1,因此可达到的传输分集也是 1。根据式(6.12),可以得到准确的 PEP 为

$$P(C \rightarrow E) = \frac{1}{\pi} \int_0^{\pi/2} \left(1 + \frac{\eta}{n_t} \sum_{q=1}^{n_t} |c_q - e_q|^2\right)^{-n_r} \mathrm{d}\beta \tag{6.83}$$

$$\overset{(a)}{=} \frac{1}{2} \left[1 - \sqrt{\frac{\rho_s}{1+\rho_s}} \sum_{i=0}^{n_r-1} \binom{2i}{i} \left(\frac{1}{4(1+\rho_s)}\right)^i\right] \tag{6.84}$$

式中，$\rho_s \triangleq \dfrac{\rho}{4n_t} \sum_{q=1}^{n_t} |c_q - e_q|^2$ 在（a）中，积分是根据 [Sim01] 的结果进行了简化。在高 SNR 区域的平均 PEP 的切诺夫上界可以表示为

$$P(C \to E) \leqslant \left(\frac{\rho}{4n_t}\right)^{-n_r} \left(\sum_{q=1}^{n_t} |c_q - e_q|^2\right)^{-n_r} \tag{6.85}$$

SNR 指数等于 n_r。由于在发射天线之间没有编码，因此没有发射分集，只能得到接收分集。

在快衰落信道，根据第 5 章我们知道不需要在天线之间编码以达到遍历容量。事实上，以均匀功率分配传输 n_t 个独立的数据流（每个流都在大量的信道实现上用可达到容量的编码进行编码），并在接收机使用联合译码是达到遍历容量的充分条件。因此可以得到下面的结论。

命题 6.9 ML 译码和相等功率分配的空间复用能够达到独立同分布瑞利快衰落信道中的遍历容量。

注意，之前已经提到过基矩阵满足命题 6.5.

我们现在研究使用 QAM 符号和 ML 译码的空间复用在独立同分布瑞利慢衰落信道上能达到的复用-分集折中性能。

命题 6.10 当 $n_r \geqslant n_t$ 时，使用 ML 译码和 QAM 符号的空间复用使用 QAM 符号在独立同分布瑞利衰落信道上高 SNR 区域能达到的复用-分集折中性能是

$$g_d(g_s, \infty) = n_r\left(1 - \frac{g_s}{n_t}\right), g_s \in [0, n_t] \tag{6.86}$$

证明：用 R 表示用方案能达到的总数据速率。假设对所有流分配相等的 $R_q = R/n_t$ 数据速率，符号 c_q 是从 QAM 星座图中选择的，每个维度承载 $2^{R_q/2}$ 个符号。对单位平均能量，这种星座图表两个星座点的最小距离的量级是 $1/2^{R_q/2}$。使用联合界（6.4），不失一般性，我们假设 $E = 0$，根据式（6.85），总的错误概率的界限为

$$P_e \leqslant \sum_{C \neq 0} P(C \to 0) \leqslant \sum_{C \neq 0} \left(\frac{\rho}{4n_t}\right)^{-n_r} \left(\sum_{q=1}^{n_t} |c_q|^2\right)^{-n_r} \tag{6.87}$$

用 $d_{\min}$ 表示 QAM 星座图的欧式距离。我们表示 $c_q = (a_q + jb_q)d_{\min}$，其中 a_q，$b_q \in \mathbb{Z}$。由于每个流上的速率满足 $R_q = g_s/n_t\log_2(\rho)$，我们可以得到星座图的最小欧式距离量级为 ρ^{-g_s/n_t}，并进一步可以得到 P_e 的界限为

$$P_e \leqslant \sum_{C \neq 0} \left(\frac{\rho}{4n_t}\right)^{-n_r} \frac{1}{\left(\sum_{q=1}^{n_t} |a_q|^2 + |b_q|^2\right)^{n_r}} \rho^{n\frac{g_s}{r n_t}} \tag{6.88}$$

$$\leqslant (4n_t)^{n_r} \rho^{-n_r\left(1 - \frac{g_s}{n_t}\right)} \sum_{C \neq 0} \frac{1}{\left(\sum_{q=1}^{n_t} |a_q|^2 + |b_q|^2\right)^{n_r}}$$

在 [TV06] 中证明了随着 SNR 的增长，$n_r \geqslant n_t$，

$$\sum_{\{a_1,\cdots,a_{n_t},b_1,\cdots,b_{n_t}\} \neq 0} \frac{1}{(\sum_{q=1}^{n_t} |a_q|^2 + |b_q|^2)^{n_r}} = 1 \tag{6.89}$$

因此可以得到之前的结论。

当 $n_r < n_t$ 时，要准确估计能达到的分集-复用折中更加复杂。之前的结论指出主要的错误事件不是因为流间干扰而是由于处于中断的信道造成的。实际上，这种折中和在没有其他数据流时是一样的。与在 5.8 节介绍的最优 MIMO 分集-复用折中相比，这里能达到的折中通常是次优的。只有当 $n_t = n_r = n$ 时，使用 QAM 星座图和 ML 译码的 SM 方案可以达到一部分最优的折中。事实上，它能达到最优 MI-MO 分集-复用折中曲线上在点 $(n-1, 1)$ 和 $(n, 0)$ 之间的部分。但是，它不满足非零行列式设计准则。

迫零（ZF）线性接收机

MIMO 系统中的 ZF 接收机与在频率选择性信道中的 ZF 均衡器类似。在接收机对 MIMO 信道进行求逆以抑制来自其他传输符号的干扰。因此 ZF 滤波器的输出是要检测符号和噪声的函数。然后把 ZF 滤波器的输出作为 ML 译码器的输入来估计传输符号。ZF 译码的复杂度与 SISO ML 译码类似，但是求逆的过程会造成噪声加强。假设传输的符号向量 $C = 1/\sqrt{n_t} \begin{bmatrix} c_1 \cdots c_{n_t} \end{bmatrix}^T$，ZF 滤波器 GZF 的输出是

$$z = G_{ZF}y = \begin{bmatrix} c_1 \cdots c_{n_t} \end{bmatrix}^T + G_{ZF}n \tag{6.90}$$

其中 G_{ZF} 对信道求逆，

$$G_{ZF} = \sqrt{\frac{n_t}{E_s}} H^\dagger \tag{6.91}$$

式中，$H^\dagger = (H^H H)^{-1} H^H$ 表示 Moore-Penrose 伪逆。ZF 滤波器能有效的把信道解耦合成 n_t 个并行信道，因此可以对每个信道进行线性译码。ZF 滤波器还在把所有其他层的干扰抑制的限制下最大化了 SNR。例如，通过把输出向量 y 向在与向量 $H(:, p)$ 的集合扩展的子空间正交的子空间里最靠近 $H(:,q)$，$q \neq p$ 的方向上进行投影来检测第 q 层。很显然，如果 $H(:, q)$ 与 H 的其他所有列都正交，因为没有其他层的干扰，那么投影方向就自然是 $H(:, q)$ 的方向，迫零就退化成简单的匹配滤波器。

但是，每个信道上的加性噪声分量相对于原始噪声进行了加强，并且并行的信道之间的噪声具有相关性。ZF 滤波器输出的噪声协方差矩阵为

$$\mathcal{E}\{G_{ZF}n(G_{ZF}n)^H\} = \frac{n_t}{\rho} H^\dagger (H^\dagger)^H \tag{6.92}$$

$$= \frac{n_t}{\rho} (H^H H)^{-1} \tag{6.93}$$

第 q 个子信道上的输出 SNR 为

$$\rho_q = \frac{\rho}{n_t} \frac{1}{(H^H H)^{-1}(q,q)}, q = 1, \cdots, n_t \tag{6.94}$$

假设信道是独立同分布瑞利信道，ρ_q 是具有自由度为 $2(n_r - n_t + 1)$ 的卡方分布随机变量 [PNG03]，表示为 $\mathcal{X}^2_{2(n_r - n_t + 1)}$。因此第 q 个子信道上的平均 PEP 的上界是

$$P(c_q \to e_q) \leqslant \left(\frac{\rho}{4 n_t}\right)^{-(n_r - n_t + 1)} |c_q - e_q|^{-2(n_r - n_t + 1)} \tag{6.95}$$

ZF 接收机的低复杂度是用分集增益限制在 $n_r - n_t + 1$ 换来的。很明显，如果 $n_t > n_r$，系统是不确定的。

如果在时域进行编码以平均抑制衰落，可达到的平均最大速率 $\overline{C}_{ZF}$ 等于所有层可达到的最大速率之和

$$\overline{C}_{ZF} = \sum_{q=1}^{\min\{n_t, n_r\}} \mathcal{E}\{\log_2(1 + \rho_q)\} \tag{6.96}$$

$$= \min\{n_t, n_r\} \mathcal{E}\left\{\log_2\left(1 + \frac{\rho}{n_t} \mathcal{X}^2_{2(n_r - n_t + 1)}\right)\right\} \tag{6.97}$$

在高 SNR 区域，$\overline{C}_{ZF}$ 可以很好的近似为

$$\overline{C}_{ZF} \approx \min\{n_t, n_r\} \log_2\left(\frac{\rho}{n_t}\right) + \min(n_t, n_r) \mathcal{E}\{\log_2(\mathcal{X}^2_{2(n_r - n_t + 1)})\} \tag{6.98}$$

需要注意到，式（6.98）中的第一项与具有 CDIT 的高 SNR 区域遍历信道容量式（5.66）的第一项很类似。这就说明空间复用结合 ZF 译码器可以传输 $n = \min\{n_t, n_r\}$ 个独立数据管道。但是式（6.98）的第二项要比式（5.66）对应的项要小。这是因为每个层能达到的分集度是 $n_r - n_t + 1$ 而不是 $n_r - n_t + q$。这使得 $\overline{C}_{ZF}$ 相对于 $\overline{C}_{CDIT}$ 朝更高的 SNR 方向偏移。

接下来推导在慢衰落信道中这种方法能达到的分集-复用折中。

命题 6.11　对 $n_r \geqslant n_t$，在独立同分布瑞利衰落信道中使用 QAM 星座点和 ZF 滤波器的空间复用方案能达到的分集-复用折中是

$$g_d(g_s, \infty) = (n_r - n_t + 1)\left(1 - \frac{g_s}{n_t}\right), g_s \in [0, n_t] \tag{6.99}$$

证明：因为 ZF 滤波器把 MIMO 信道解耦合成 n_t 个并行的 SISO 信道，错误概率的上界是最差情况 PEP 乘上最近星座点的数量。在 QAM 星座图中，最近星座点最多是 4 个，因此

$$P_e(R) \leqslant 4 \min_{c_q, e_q} P(c_q \to e_q) \leqslant 4\left(\frac{\rho}{4 n_t}\right)^{-(n_r - n_t + 1)} d_{\min}^{-2(n_r - n_t + 1)} \tag{6.100}$$

式中，$d_{\min}$ 是 QAM 星座图的最小欧式距离。当码率与 SNR 成关系（$R = g_s \log_2 \rho$）$d_{\min}^2 \doteq \frac{1}{2^{R/n_t}}$ 时，错误概率的上界是

$$P_e(R) \doteq 4\left(\frac{1}{4 n_t}\right)^{-(n_r - n_t + 1)} \rho^{-(n_r - n_t + 1)\left(1 - \frac{g_s}{n_t}\right)} \tag{6.101}$$

从而可以得到要证明的结论。

相对于 ML 接收机，这种接收机是次优的，尤其是当接收天线的数量接近发射天线数量时。

最小均方误差（MMSE）线性接收机

ZF 接收机消除了干扰但是增强了噪声。在高 SNR 区域可能影响不是很大，但是在低 SNR 区域则可能有着较大的影响，因为需要设计一种最大化信号与干扰加噪声比（SINR）的滤波器。一种可能的方法是最小化总误差，也就是，找到 g_q 以最小化 $\mathcal{E}\{\parallel g_a y - c_a \parallel^2\}$，$\forall q = 1, \cdots, n_t$，或者用矩阵形式表示，找到 G 以最小化 $\mathcal{E}\{\parallel G y - [c_1 \cdots c_{n_t}]^T \parallel^2\}$。

根据式（1.50），在估计符号 c_q 时，合并的噪声和干扰信号 $n_{i,q}$ 可以表示为

$$n_{i,q} = \sum_{p \neq q} \sqrt{\frac{E_s}{n_t}} h_p c_p + n \tag{6.102}$$

其中我们把 H 的列简化为 $h_p = H(:, p)$。$n_{i,q}$ 的协方差矩阵可以表示为

$$R_{n_{i,q}} = \mathcal{E}\{n_{i,q} n_{i,q}^H\} = \sigma_n^2 I_{n_r} + \sum_{p \neq q} \frac{E_s}{n_t} h_p h_p^H \tag{6.103}$$

流 q 的 MMSE 滤波器是

$$g_{\text{MMSE},q} = \sqrt{\frac{E_s}{n_t}} h_q^H \left(\sigma_n^2 I_{n_r} + \sum_{p \neq q} \frac{E_s}{n_t} h_p h_p^H \right)^{-1} \tag{6.104}$$

$$= \sqrt{\frac{n_t}{E_s}} h_q^H \left(\frac{n_t}{\rho} I_{n_r} + \sum_{p \neq q} h_p h_p^H \right)^{-1} \tag{6.105}$$

第 q 个子信道（流）的输出 SINR 由式（1.52）给出，即

$$\rho_q = \frac{E_s}{n_t} h_q^H \left(\sigma_n^2 I_{n_r} + \sum_{p \neq q} \frac{E_s}{n_t} h_p h_p^H \right)^{-1} h_q, \tag{6.106}$$

$$= h_q^H \left(\frac{n_t}{\rho} I_{n_r} + \sum_{p \neq q} h_p h_p^H \right)^{-1} h_q \tag{6.107}$$

另一种常见的 MMSE 滤波器表示方法可以是

$$G_{\text{MMSE}} = \sqrt{\frac{n_t}{E_s}} \left(H^H H + \frac{n_t}{\rho} I_{n_t} \right)^{-1} H^H = \sqrt{\frac{n_t}{E_s}} H^H \left(H H^H + \frac{n_t}{\rho} I_{n_r} \right)^{-1} \tag{6.108}$$

其中最后一个等式是根据矩阵求逆引理推导而来（附录 A）。（6.104）和（6.108）的联系是通过矩阵求逆引理（附录 A），并且要注意

$$\zeta = h_q^H \left(\sigma_n^2 I_{n_r} + \sum_{p=1}^{n_t} \frac{E_s}{n_t} h_p h_p^H \right)^{-1} h_q = \frac{\xi}{1 + \xi \frac{E_s}{n_t}} \tag{6.109}$$

其中 $\xi = h_a^H \left(\sigma_n^2 I_{n_r} + \sum_{p \neq q} \frac{E_s}{n_t} h_p h_p^H \right)^{-1} h_q$。我们注意到式（6.109）中的 ξ 和 G_{MMSE} 之间，ξ 和 $g_{\text{MMSE},q}$ 之间的相似性。使用式（6.109），SINR 式（6.106）可以

另外表示为

$$\rho_q = \xi \frac{E_s}{n_t} = \frac{\frac{E_s}{n_t}\zeta}{1 - \frac{E_s}{n_t}\zeta} \qquad (6.110)$$

在［PNG03］中证明了输出 SINR ρ_q 也等于

$$\rho_q = \frac{1}{\left(\frac{\rho}{n_t}\boldsymbol{H}^{\mathrm{H}}\boldsymbol{H} + \boldsymbol{I}_{n_t}\right)^{-1}(q,q)} - 1 \qquad (6.111)$$

在低 SNR 区域，因为 $\boldsymbol{G}_{\mathrm{MMSE}} \approx \dfrac{\sqrt{E_s}}{\sqrt{n_t \sigma_n^2}}\boldsymbol{H}^{\mathrm{H}}$，MMSE 滤波器回退到匹配滤波器。MMSE 减少了噪声的增强，因此性能要比 ZF 滤波器要好。从容量的观点看，MMSE 接收机是最优的。实际上，干扰要比噪声小得多，第 q 个层看到的有效信道是 $\boldsymbol{y} \approx \sqrt{E_s/n_t}\boldsymbol{H}(:,q)c_q + \boldsymbol{n}$。因此 MMSE 能达到的最大速率和匹配滤波器的最大速率是一样的。

在高 SNR 区域，MMSE 滤波器实际上与 ZF 滤波器等效，可达到的分集增益限制在 $n_r - n_t + 1$。

（排序）串行干扰消除

串行干扰消除（SIC）的思路是连续的译码一个符号（或多个符号，通常是一个流/层）并从接收信号中消除这个符号的影响。译码器的核心由三个步骤组成，具体步骤稍后介绍。译码符号的顺序是根据每个符号/层的 SINR：在每次迭代时首先译码具有最高 SINR 的符号/层，这就需要对 SINR 进行计算。这种方法成为排序 SIC。非排序 SIC 是通过对符号 1 到 n_t 依次进行译码，而与这些符号的 SINR 无关。排序 SIC 的空间复用通常称为 V-BLAST［GFVW99］，ZF 和 MMSE V-BALST 分别称为 ZF-SIC 和 MMSE-SIC 接收机的空间复用。

排序 ZF-SIC 接收机的 V-BLAST 算法总结如下（MMSE 接收机的 V-BLAST 与之类似）

1. 初始化

$$i \leftarrow 1 \qquad (6.112)$$

$$\boldsymbol{y}^{(1)} = \boldsymbol{y} \qquad (6.113)$$

$$\boldsymbol{G}^{(1)} = \boldsymbol{G}_{\mathrm{ZF}}(\boldsymbol{H}) \qquad (6.114)$$

$$q_1 \overset{(*)}{=} \arg\min_j \| \boldsymbol{G}^{(1)}(j,:) \|^2 \qquad (6.115)$$

式中，$\boldsymbol{G}_{\mathrm{ZF}}(\boldsymbol{H})$ 定义为在式（6.91）中矩阵 $\boldsymbol{H}$ 的 ZF 滤波器。

2. 递归：

（a）步骤 1：从接收信号 $\boldsymbol{y}^{(i)}$ 中提取第 q 个发射符号：

$$\tilde{c}_{qi} = \boldsymbol{G}^{(i)}(q_i,:)\boldsymbol{y}^{(i)} \qquad (6.116)$$

式中，$\boldsymbol{G}^{(i)}(q_i,:)$ 是 $\boldsymbol{G}^{(i)}$ 的第 q 行；

（b）步骤 2：对 $\bar{c}_{qi}$ 裁取一部分以得到传输符号 $\hat{c}_{qi}$ 的估计；

（c）步骤 3：假设 $\hat{c}_{qi} = c_{qi}$，并重构接收信号

$$\boldsymbol{y}^{(i+1)} = \boldsymbol{y}^{(i)} - \sqrt{\frac{E_s}{n_t}}\boldsymbol{H}(:,q_i)\hat{c}_{qi} \qquad (6.117)$$

$$\boldsymbol{G}^{(i+1)} = \boldsymbol{G}_{ZF}(\boldsymbol{H}_{\bar{qi}}) \qquad (6.118)$$

$$i \leftarrow i+1 \qquad (6.119)$$

$$q_{i+1} = \arg \min_{j \notin \{q_1,\cdots,q_i\}}^{(*)} \| \boldsymbol{G}^{(i+1)}(j,:) \|^2 \qquad (6.120)$$

其中 $\boldsymbol{H}_{\bar{qi}}$ 是通过把 $\boldsymbol{H}$ 的 $q_1, \cdots, q_i$ 列置零得到的矩阵。因此 $\boldsymbol{G}_{ZF}(\boldsymbol{H}_{\bar{qi}})$ 表示对 $\boldsymbol{H}_{\bar{qi}}$ 进行 ZF 的滤波器。

对非排序 SIC，不执行用（*）表示的操作。

在性能方面，每次迭代时通过对一个层进行译码会让分集度增加 1。因此，在第 i 次迭代检测到的符号/层能达到分集度为 $n_r - n_t + i$。当没有错误传播时，在第 i 次迭代使用 ZF 滤波器时输出 SNR 服从自由度为 $2(n_r - n_t + i)$ 的卡方分布。在出现错误传播时，错误性能主要由最差的流决定。非排序 SIC 能达到的分集度为 $n_r - n_t + 1$，而排序 SIC 通过减少由第一个译码数据流造成的错误传播从而提高了性能。但是，即使对排序 SIC，分集度仍然要低于 n_r。

假设能在大量的信道实现上进行编码（即信道是快衰落），ZF-SIC 接收机能达到的最大速率是

$$\bar{C}_{ZF\text{-}SIC} = \sum_{q=1}^{\min\{n_t,n_r\}} \mathcal{E}\{\log_2(1+\rho_q)\} \qquad (6.121)$$

$$= \sum_{q=1}^{\min\{n_t,n_r\}} \mathcal{E}\left\{\log_2\left(1+\frac{\rho}{n_t}\mathcal{X}^2_{2(n_r-n_t+q)}\right)\right\} \qquad (6.122)$$

在高 SNR 区域，可以近似 $\bar{C}_{ZF-SIC}$ 为

$$\bar{C}_{ZF-SIC} \approx \min\{n_t,n_r\}\log_2\left(\frac{\rho}{n_t}\right) + \sum_{q=1}^{\min\{n_t,n_r\}} \mathcal{E}\{\log_2(\mathcal{X}^2_{2(n_r-n_t+q)})\} \qquad (6.123)$$

惊奇的是，ZF-SIC 在高 SNR 时能达到的最大速率与在式（5.66）中给出的快衰落信道中的遍历 MIMO 容量很相似。通过串行干扰消除改善的每个译码层的 SNR 补偿了 ZF 滤波器造成的性能损失。下一个命题总结了这个机制。

命题 6.12　使用 ZF-SIC（ZF V-BLAST）接收机和相等功率分配的空间复用能在渐近高 SNR 区域达到独立同分布瑞利快衰落 MIMO 信道的遍历容量。

需要注意这个结论只在可以忽略错误传播的情况下才成立。

还知道 MMSE 滤波器由于不会增加噪声，因此可以提高在低 SNR 区域的性能。使用 MMSE-SIC 可以得到很好的性能，并在低和高 SNR 区域上能达到 MIMO 遍历

容量。实际上 MMSE-SIC 的性能要比 ZF-SIC 要好，因为 MMSE-SIC 能在任意 SNR（如果 $n_r \geq n_t$）都达到平均互信息（使用相等功率分配），平均互信息就是独立同分布瑞利衰落信道的遍历容量。

$$\overline{C}_{\text{MMSE-SIC}} = \sum_{q=1}^{\min\{n_t,n_r\}} \mathcal{E}\{\log_2(1+\rho_q)\} = \mathcal{E}\left\{\log_2\det\left(\boldsymbol{I}_{n_r} + \frac{\rho}{n_t}\boldsymbol{H}\boldsymbol{H}^{\mathrm{H}}\right)\right\} = \overline{\mathcal{I}}_e \tag{6.124}$$

式中，ρ_q 表示流 q 的 SINR。非相关瑞利衰落信道中上面的性质可以归纳如下．

命题 6.13　使用 MMSE-SCI 接收机和相等功率分配的空间复用（MMSE V-BLAST）能在所有 SNR 达到独立同分布瑞利快衰落 MIMO 信道的遍历容量。

上述讨论都假设独立同分布瑞利快衰落信道。但是，需要注意 MMSE-SIC 的最优性可以扩展到任意确定性信道 $\boldsymbol{H}$。这就意味着对任意 $\boldsymbol{H}$，

$$\sum_{q=1}^{\min\{n_t,n_r\}} \log_2(1+\rho_q) = \log_2\det(\boldsymbol{I}_{n_r} + \rho\boldsymbol{H}\boldsymbol{Q}\boldsymbol{H}^{\mathrm{H}}) \tag{6.125}$$

式中，ρ_q 是流 q 在给定信道 $\boldsymbol{H}$ 上的 SINR；$\boldsymbol{Q}$ 是输入协方差矩阵（参见 5.2 节）。因此式（6.125）的左侧称为 MMSE-SIC 能达到的总速率（也就是在 $\min\{n_t, n_r\}$ 个传输数据流上求和），而右侧是可能达到的最优速率。

这个令人惊喜的结论有两个解释 [VG97，TV05]。我们忽略时间下标 k 来简化表示。

1. MMSE 滤波器没有信息损失。对具有高斯输入 c 和噪声 $\boldsymbol{n}$ 的传输 $\boldsymbol{y} = \text{h}c + \boldsymbol{n}$，MMSE 滤波器不会占据 c 的所有信息，因此 c 的信息都包括在接收向量 $\boldsymbol{y}$ 中

$$\mathcal{I}(c;\boldsymbol{y}) = \mathcal{I}(c;\boldsymbol{g}_{\text{MMSE}}\boldsymbol{y}) \tag{6.126}$$

式中，$\boldsymbol{g}_{\text{MMSE}}$ 是由信道实现 $\boldsymbol{h}$ 构建的 MMSE 滤波器。

2. SIC 接收机实现了互信息的链式法则。假设输入 $\boldsymbol{C}$ 服从高斯分布，使用互信息的链式法则，输入和输出互信息的关系可以表示为

$$\mathcal{I}(\boldsymbol{C};\boldsymbol{y}) = \mathcal{I}(c_1,\cdots,c_{n_t};\boldsymbol{y}) \tag{6.127}$$

$$= \mathcal{I}(c_1;\boldsymbol{y}) + \mathcal{I}(c_2;\boldsymbol{y}|c_1) + \cdots + \mathcal{I}(c_{n_t};\boldsymbol{y}|c_1,\cdots,c_{n_t-1}) \tag{6.128}$$

很清楚的可以观察到式（6.127）与 SIC 算法的相似性，SIC 算法对之前检测的符号（$c_1, \cdots c_{q-1}$）执行操作

$$\boldsymbol{y}' = \boldsymbol{y} - \sum_{i=1}^{q-1} \sqrt{\frac{E_s}{n_t}}\boldsymbol{H}(:,i)c_i \tag{6.129}$$

因此，

$$\mathcal{I}(c_q;\boldsymbol{y}|c_1,\cdots,c_{q-1}) = \mathcal{I}(c_q;\boldsymbol{y}') = \mathcal{I}(c_q;\boldsymbol{G}_{\text{MMSE}}(q,:)\boldsymbol{y}') \tag{6.130}$$

后面的等式是基于 MMSE 是信息无损的得到的。所以，在每次迭代时，速率是

$\mathcal{I}\left(c_a;\,\boldsymbol{y}\mid c_1,\,\cdots,\,c_{a-1}\right)$。因此总速率是 $\mathcal{I}(\boldsymbol{C};\,\boldsymbol{y})$。

为了完成对使用 SIC 译码的空间复用算法的研究，我们推导使用 QAM 星座图和非排序 ZF-SIC 能达到的分集-复用折中。

命题 6.14　对 $n_r \geqslant n_t$，在独立同分布瑞利衰落信道中使用 QAM 星座图和非排序 ZF-SIC 能达到的分集-复用折中是

$$g_d\left(g_s,\infty\right)=\left(n_r-n_t+1\right)\left(1-\frac{g_s}{n_t}\right),g_s\in\left[0,n_t\right] \tag{6.131}$$

证明：由于第 q 个译码的流看到的等效信道增益服从自由度为 $2\left(n_r-n_t+1\right)$ 的卡方分布，与式（6.101）推导类似，第 q 个流可以达到的错误概率为

$$P_e^{(q)}\left(R\right)=\rho^{-\left(n_r-n_t+q\right)\left(1-\frac{g_s}{n_t}\right)} \tag{6.132}$$

因此总错误概率的上下界分别是 ［ZT03］

$$P_e^{(1)}\left(R\right)\leqslant P_e\left(R\right)\leqslant\sum_{q=1}^{n_t}P_e^{(q)}\left(R\right) \tag{6.133}$$

在高 SNR 区域，错误概率上界和下界的 SNR 项的指数相等，因此

$$P_e\left(R\right)=\rho^{-\left(n_r-n_t+1\right)\left(1-\frac{g_s}{n_t}\right)} \tag{6.134}$$

因此分集-复用折中是由 SNR 指数项决定。

注意，ZF-SIC 接收机能达到的分集-复用折中和简单的 ZF 接收机能达到的类似。这是因为第一个流的错误指数最小，因此第一个流决定着错误概率。当使用排序时，在 ZF 滤波之后的等效信道增益的分布发生了变化，因此改善了分集-复用折中。但是，评估排序 ZF-SIC 的分集-复用折中更加困难。

比较命题 6.10、6.11 和 6.14，我们可以观察到通过接收天线数增加 1，

- 对 ZF 或非排序 ZF-SIC 接收机，我们可以在同样的分集度下增加一个数据流传输，或者每个数据流的分集度增加 1。
- 对 ML 接收机，我们可以增加一个数据流的同时使得每个数据流的分集度增加 1。

译码算法对错误概率的影响

在图 6.2 中，给出了对 2×2 独立同分布瑞利衰落信道下使用不同译码算法（ML，排序和非排序 ZF SIC 和简单的 ZE 译码）的空间复用方案的性能。正如之前分析的，ML 译码要比其他译码方法性能好，因为 ML 译码是唯一一个利用了满接收分集的方案：ML 曲线的斜率接近 2。与之相比，ZF 滤波器只能达到分集度为 $n_r-n_t+1=1$。排序和非排序 ZF SIC 的性能比 ZF 要好，但是其分集增益仍然要比 2 要小得多。我们再次提醒读者注意，当接收天线的数量要比发射天线大的多时，ML 译码比其他接收机的优势会逐渐减少。

6.5.3　D-BLAST

使用 6.5.2 节中的错误概率，很显然传输独立的数据流能从 $n_t n_r$ 中最多利用

的分集度为 n_r。在天线之间没有进行编码，使得在 V-BLAST 方案中，当一个层的 SINR 不能支持分配给该层的速率时（例如，对应的子信道处于深衰落时）就会出现中断。因此，可以使用一种空间交织的方法以保证每个层经历所有的子信道（也就是，所有的天线），这样可以平均消除每个子信道的随机性。

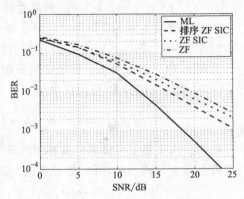

图 6.2　$n_t = 2$，$n_r = 2$ 的不同接收机

（ML，（排序）ZF SIC，ZF）在独立同分布瑞利慢衰落信道 4bits/s/Hz 时的误比特率（BER）

　　基于这个准则对 V-BLAST 进行改进就能得到 D-BLAST 算法，D-BLAST 是基于流随着所有层的编码进行旋转。一个层是由多个流组成，每个流经历着不同的子信道（与 V-BLAST 不同，V-BLAST 中每个流在整个传输周期内经历同一个子信道）。而接收机则与 V-BLAST 类似，发射机需要额外的三角矩阵来初始化。为了说明 V-BLAST 的概念，假设两层 a 和 b，以及两根发射天线。我们还假设层 a 是由两个流 $a^{(1)}$ 和 $a^{(2)}$ 组成，层 b 也是由两个流 $b^{(1)}$ 和 $b^{(2)}$ 组成。每个流可以看成是一组符号。传输码字 C 可以表示为

$$C = \begin{bmatrix} a^{(1)} & b^{(1)} \\ a^{(2)} & b^{(2)} \end{bmatrix} \tag{6.135}$$

　　在第一个流周期内，只在第一个天线上传输 $a^{(1)}$。天线 2 不发送信息。可以使用最大比合并（MRC）来估计这个流。流 $a^{(1)}$ 经历的等效信道增益为 h_1。在第二个流周期内，使用 ZF 或 MMSE 滤波器来估计 $a^{(2)}$，并把 $b^{(1)}$ 当做干扰（与 V-BLAST 类似）。经历的等效信道增益为 h_2。对 $a^{(1)}$ 和 $a^{(2)}$ 的估计输入译码器来得到第 1 个层。然后从接收信号中删除掉这个层的信号，然后对层 b 进行译码（和在 V-BLAST 中一样）。现在只剩下流 $b^{(1)}$，用它取代 $a^{(1)}$ 然后进行译码。

　　关注检测层 a 的过程。我们可以把层 a 经历的等效信道表示为

$$\begin{bmatrix} y_1 \\ y_2 \end{bmatrix} = \sqrt{E_s} \begin{bmatrix} h_1 & 0 \\ 0 & h_2 \end{bmatrix} \begin{bmatrix} a^{(1)} \\ a^{(2)} \end{bmatrix} + n \tag{6.136}$$

　　根据式（6.136），D-BLAST 的结构和 V-BLAST 有很大的不同。在 D-BLAST 中，实际上 $a^{(1)}$ 和 $a^{(2)}$ 经历着不同的信道增益，而在 V-BLAST 中一个层经历的信道是一样的。简而言之，在 D-BLAST 中，可以以流 $a^{(1)}$ 和 $a^{(2)}$ 流之间编码，而在 V-BLAST 中，$a^{(1)}$ 和 $a^{(2)}$ 可以看成是两个不同的层。

　　命题 6.15　忽略初始化的损失，在独立同分布瑞利衰落信道中 $n_r = n_t = n$ 的 ZF D-BLAST 可以达到的分集-复用折中是曲线连接点 $(g_s, g_d) = (n - k, k(k+1)/2)$ 对 $k = 0, \cdots n$。MMSE D-BLAST 能整体达到最优的折中曲线。

证明：ZF D-BLAST 能达到的折中曲线是根据类似于命题 5.9 的证明方法得到的。MMSE D-BLAST 的最优性是根据在 6.5.2 节中解释的 MMSE SIC 接收机能达到信道的互信息而得到的。在［ZT03］中可以找到更多相关信息。

使用 MMSE D-BLAST 达到分集-复用折中需要使用高斯随机编码在周期 $T \geqslant n_t + n_r - 1$ 上编码。我们在之后的章节中将讨论可以在保持 MMSE D-BLAST 结构的同时使用只在空域的编码（$T = 1$），也称为置换码，它也能达到最优的分集-复用折中。

当考虑初始化的损失时，MMSE D-BLAST 不能达到最优的折中。对长度为 T 的码字，在每根天线上只传输 $T - n_t + 1$ 个符号，有效传输速率减少成 $(T - n_t + 1)/T$。因此，MMSE D-BLAST 实际能达到的折中是 $g_d^\star(T/(T - n_t + 1)g_s, \infty)$，也就是，复用增益为 g_s 时能达到的分集增益是复用增益为 $T/(T - n_t + 1)g_s$ 时对应的最优分集增益。当码字长度很长时，初始化损失可以忽略不计。注意在实际中，错误传播机制总是起作用，因此层数量受限制的传输可以在重新初始化之前进行传输。

与在 V-BLAST 中轮换独立的前向纠错编码流不同，另一种方法通过在时域对一个数据流进行编码和交织，然后复用数据流到所有的发射天线以增加发射分集。这种编码有时称为垂直编码（VE），以与在 Wimax（第 14 章）中广泛使用的水平编码区分开。

6.5.4　正交空时分组码

正交空时分组码（O-STBC）是线性 STBC 中很重要的一类。O-STBC 具有很重要的特性使得这种编码很容易进行译码，同时还能达到满分集 $n_t n_r$。O-STBC 实际上是把 MIMO ML 译码解耦合成多个 SIMO ML 译码。每个发射符号独立于在同一个分组内的其他发射符号译码。但是，O-STBC 与空间复用方案相比空间复用率要小得多。

编码特性

O-STBC 是具有如式（6.53）结构的线性 STBC，并且具有以下两个特性：

1. 基矩阵是宽酉矩阵

$$\boldsymbol{\Phi}_q \boldsymbol{\Phi}_q^{\mathrm{H}} = \frac{T}{Q n_t} \boldsymbol{I}_{n_t}, \forall q = 1 \cdots 2Q \tag{6.137}$$

2. 基矩阵是成对反厄米特矩阵

$$\boldsymbol{\Phi}_q \boldsymbol{\Phi}_p^{\mathrm{H}} + \boldsymbol{\Phi}_p \boldsymbol{\Phi}_q^{\mathrm{H}} = 0, q \neq p \tag{6.138}$$

或等效成以下特性

$$\boldsymbol{C} \boldsymbol{C}^{\mathrm{H}} = \frac{T}{Q n_t} \Big[\sum_{q=1}^{Q} |c_q|^2 \Big] \boldsymbol{I}_{n_t} \tag{6.139}$$

必须注意式（6.139）与式（6.137）和式（6.138）完全等效，也就是，当且仅当式（6.137）和式（6.138）都成立时，式（6.139）才成立。

编码构建

第一个提出的用于两发射天线的 O-STBC 是在 1.5.4 节介绍的 Alamouti［Ala98］方案。在［TJC99］中把这种编码构建扩展到更多数量的天线上。编码构建是基于 Radon-Hurwitz［TJC99］提出的互满正交设计。有两类正交编码，使用实符号星座图（实 O-STBC）或复符号星座图（复 O-STBC）。对任意数量的发射天线，都可以设计出具有空间复用率 $r_s = 1$ 的实 O-STBC。实 O-STBC 的一个例子如下。

例 6.8 对三根发射天线（$n_t = 3$），在四个符号时间（$T = 4$）上扩展的具有空间复用率为 1 的实 O-STBC 是

$$C = \frac{1}{\sqrt{3}} \begin{bmatrix} c_1 & -c_2 & -c_3 & -c_4 \\ c_2 & c_1 & c_4 & -c_3 \\ c_3 & -c_4 & c_1 & c_2 \end{bmatrix} \tag{6.140}$$

符号 c_1，c_2，c_3 和 c_4 是实符号星座图上的星座点。这个编码是延迟最优的，$T = 4$ 是对 3 根发射天线保证空间复用率为 1 的满分集能达到的最小延迟。

与之相反，$r_s = 1$ 的复 O-STBC 只存在于 $n_t = 2$ 的情况。当 n_t 大于 2 时，可以找到满足 $r_s \leqslant 1/2$ 的编码。对一些 $n_t > 2$ 的特殊情况，提出了一些满足 $1/2 < r_s < 1$ 的复 O-STBC。当 $n_t = 3$ 和 $n_t = 4$ 时 $r_s = 3/4$。$n_t = 2$，3，4 时的复 O-STBC 例子见下文。

例 6.9 最著名的 O-STBC 是 Alamouti 码［ALA98］。Alamouti 是一种两发射天线并且复用率 $r_s = 1$ 的复 O-STBC。码字可以表示为

$$C = \frac{1}{\sqrt{2}} \begin{bmatrix} c_1 & -c_2^* \\ c_2 & c_1^* \end{bmatrix} \tag{6.141}$$

可以通过式（6.53）的结构很容易的得到 Alamouti 码的基矩阵。实际上就是例子 6.4 的基矩阵。很明显，这些基矩阵是酉矩阵和反厄米特矩阵，并且 $cc^H = \frac{1}{2} [|c_1|^2 + |c_2|^2] I_2$。Alamouti 编码的空间复用率 $r_s = 1$，因为在两个符号周期内传输两个符号。

例 6.10 对三根发射天线，在四个符号时间（$T = 4$）上每个分组传输三个符号（$Q = 3$）的复 O-STBC 是

$$C = \frac{2}{3} \begin{bmatrix} c_1 & -c_2^* & c_3^* & 0 \\ c_2 & c_1^* & 0 & c_3^* \\ c_3 & 0 & -c_1^* & -c_2^* \end{bmatrix} \tag{6.142}$$

空间复用率 r_s 等于 3/4。

例 6.11 对 4 根发射天线，在 4 个符号时间（$T = 4$）上每个分组传输三个符

号（$Q = 3$）的复 O-STBC 是

$$C = \frac{1}{\sqrt{3}} \begin{bmatrix} c_1 & -c_2^* & c_3^* & 0 \\ c_2 & c_1^* & 0 & c_3^* \\ c_3 & 0 & -c_1^* & -c_2^* \\ 0 & c_3 & c_2 & -c_1 \end{bmatrix} \tag{6.143}$$

空间复用率 r_s 等于 $3/4$。

有趣的是，通过在复 O-STBC 码字中的 n_t 行中选择 n_t' 行得到的码字是 n_t' 根天线的复 O-STBC 码字。在之前的例子中，三天线的 O-STBC 可以通过在四天线 O-STBC 的码字中选择三行得到。

O-STBC 的检测

根据命题 6.7 可以直接推导得到下面的命题。

命题 6.16　O-STBC 具有命题 6.7 的解耦合特性。

因此 O-STBC 的译码非常简单，正如下面给出的例子。

例 6.12　假设下列一根接收天线的 MISO 传输基于 Alamouti 编码

$$\begin{bmatrix} y_1 & y_2 \end{bmatrix} = \sqrt{\frac{E_s}{2}} \begin{bmatrix} h_1 & h_2 \end{bmatrix} \begin{bmatrix} c_1 & -c_2^* \\ c_2 & c_1^* \end{bmatrix} + \begin{bmatrix} n_1 & n_2 \end{bmatrix} \tag{6.144}$$

其中 h_1 和 h_2 表示发射天线和接收天线之间的信道增益。我们可以把式（6.144）改写为

$$\begin{bmatrix} y_1 \\ y_2^* \end{bmatrix} = \sqrt{\frac{E_s}{2}} \underbrace{\begin{bmatrix} h_1 & h_2 \\ h_2^* & -h_1^* \end{bmatrix}}_{\boldsymbol{H}_{\text{eff}}} \begin{bmatrix} c_1 \\ c_2 \end{bmatrix} + \begin{bmatrix} n_1 \\ n_2^* \end{bmatrix} \tag{6.145}$$

对接收向量使用空时匹配滤波器 $\boldsymbol{H}_{\text{eff}}^{\text{H}}$，可以把发射符号进行解耦合

$$\begin{bmatrix} z_1 \\ z_2 \end{bmatrix} = \boldsymbol{H}_{\text{eff}}^{\text{H}} \begin{bmatrix} y_1 \\ y_2^* \end{bmatrix} = \sqrt{\frac{E_s}{2}} \begin{bmatrix} |h_1|^2 + |h_2|^2 \end{bmatrix} \boldsymbol{I}_2 \begin{bmatrix} c_1 \\ c_2 \end{bmatrix} + \boldsymbol{H}_{\text{eff}}^{\text{H}} \begin{bmatrix} n_1 \\ n_2^* \end{bmatrix} \tag{6.146}$$

扩展原始的 ML 度量

$$\left| y_1 - \sqrt{\frac{E_s}{2}} (h_1 c_1 + h_2 c_2) \right|^2 + \left| y_2 - \sqrt{\frac{E_s}{2}} (-h_1 c_2^* + h_2 c_1^*) \right|^2 \tag{6.147}$$

并使用 z_1 和 z_2，c_1 的判决度量是

选择 c_i 当且仅当

$$\left| z_1 - \sqrt{\frac{E_s}{2}} (|h_1|^2 + |h_2|^2) c_i \right|^2 \leqslant \left| z_1 - \sqrt{\frac{E_s}{2}} (|h_1|^2 + |h_2|^2) c_k \right|^2 \quad \forall i \neq k \tag{6.148}$$

而 c_2 的判决度量是

选择 c_i 当且仅当

$$\left| z_2 - \sqrt{\frac{E_s}{2}}\left(|h_1|^2 + |h_2|^2 \right) c_i \right|^2 \leqslant \left| z_2 - \sqrt{\frac{E_s}{2}}\left(|h_1|^2 + |h_2|^2 \right) c_k \right|^2 \quad \forall\, i \neq k$$

$$(6.149)$$

因此可以对符号 c_1 和 c_2 独立进行译码。

错误概率

命题 6.3 告诉我们对给定的参数 T、Q 和 n_t 的集合，O-STBC 最小化在独立同分布瑞利慢衰落信道上的最大平均错误概率。O-STBC 的正交特性使得平均 PEP 的计算十分简单。实际上，根据式（6.12），O-STBC 在独立同分布瑞利慢衰落中的平均 PEP 是

$$P(\boldsymbol{C} \to \boldsymbol{E}) = \frac{1}{\pi} \int_0^{\pi/2} \left(1 + \eta \frac{T}{Qn_t} \sum_{q=1}^Q |c_q - e_q|^2 \right)^{-n_r n_t} \mathrm{d}\beta \qquad (6.150)$$

$$= \frac{1}{2} \left[1 - \sqrt{\frac{\rho_s}{1+\rho_s}} \sum_{i=0}^{n_r n_t - 1} \binom{2i}{i} \left(\frac{1}{4(1+\rho_s)} \right)^i \right] \qquad (6.151)$$

其中 $\rho_s = \dfrac{\rho}{4} \dfrac{T}{Qn_t} \sum_{q=1}^Q |c_q - e_q|^2$。在式（6.151）中，使用 [Sim01] 的结论来计算积分。在高 SNR 区域，上述表达式通常可以使用切诺夫界来得到其上界

$$P(\boldsymbol{C} \to \boldsymbol{E}) \leqslant \left(\frac{\rho}{4} \frac{T}{Qn_t} \right)^{-n_r n_t} \left(\sum_{q=1}^Q |c_q - e_q|^2 \right)^{-n_r n_t} \qquad (6.152)$$

正如之前提到的，PEP 是一个码字被误当做另一个码字的概率。但是，一个码本通常由很多码字组成，因此总的错误率通常的上界是一个联合界，求和应该是对所有可能的码字对进行。但是，对 O-STBC，因为具有解耦合特性，计算平均误符号率 $\overline{P}$ 更加简单：错误率分析与 SISO 系统中类似，等效信道增益与信道矩阵的 Frobenius 范数相等。正如在 [SA00] 中解释的，PSK，PAM 和 QAM 信号的条件误符号率 $P(\|\boldsymbol{H}\|^2)$ 分别是

$$P_{\mathrm{PSK}}(\|\boldsymbol{H}\|^2) = \frac{1}{\pi} \int_0^{\frac{M-1}{M}\pi} e^{-\zeta \|\boldsymbol{H}\|_F^2} \mathrm{d}\beta \qquad (6.153)$$

$$P_{\mathrm{PAM}}(\|\boldsymbol{H}\|^2) = \frac{2}{\pi} \frac{M-1}{M} \int_0^{\frac{\pi}{2}} e^{-\zeta \|\boldsymbol{H}\|_F^2} \mathrm{d}\beta \qquad (6.154)$$

$$P_{\mathrm{QAM}}(\|\boldsymbol{H}\|^2) = \frac{4}{\pi} \frac{\sqrt{M}-1}{\sqrt{M}} \left[\frac{1}{\sqrt{M}} \int_0^{\frac{\pi}{4}} e^{-\zeta \|\boldsymbol{H}\|_F^2} \mathrm{d}\beta + \int_{\frac{\pi}{4}}^{\frac{\pi}{2}} e^{-\zeta \|\boldsymbol{H}\|_F^2} \mathrm{d}\beta \right] \qquad (6.155)$$

其中 $d_{\min,\mathrm{PSK}}^2 = 4\sin^2\left(\dfrac{\pi}{M}\right)$，$d_{\min,\mathrm{PAM}}^2 = \dfrac{12}{M^2-1}$ 和 $d_{\min,\mathrm{QAM}}^2 = \dfrac{6}{M-1}$ 分别是 M-PSK，M-PAM 和 M-QAM 的最小欧式距离平方，并且 $\zeta = \eta T \delta^2 / (Qn_t)$ 其中 $\delta^2 = d_{\min,\mathrm{PSK}}^2$，$d_{\min,\mathrm{PAM}}^2$ 或 $d_{\min,\mathrm{QAM}}^2$。在衰落分布 $p\|\boldsymbol{H}\|^2$ 下的平均条件误符号率 $p(\|\boldsymbol{H}\|^2)$ 就是平均误符号率

$$\overline{P} = \int_0^\infty P(\parallel \boldsymbol{H} \parallel^2) p_{\parallel \boldsymbol{H} \parallel^2}(\parallel \boldsymbol{H} \parallel^2) d \parallel \boldsymbol{H} \parallel^2 \qquad (6.156)$$

由于瑞利独立同分布信道的平方 Forbenius 范数是自由度为 $2n_r n_t$ 的卡方分布变量（见 5.4.2 节），我们可以得到［SA00］

$$\overline{P}_{\mathrm{PSK}} = \frac{1}{\pi} \int_0^{\frac{M-1}{M}\pi} (1 + \zeta)^{-n_r n_t} \mathrm{d}\beta, \qquad (6.157)$$

$$\overline{P}_{\mathrm{PAM}} = \frac{2}{\pi} \frac{M-1}{M} \int_0^{\frac{\pi}{2}} (1 + \zeta)^{-n_r n_t} \mathrm{d}\beta, \qquad (6.158)$$

$$\overline{P}_{\mathrm{QAM}} = \frac{4}{\pi} \frac{\sqrt{M}-1}{\sqrt{M}} \left[\frac{1}{\sqrt{M}} \int_0^{\frac{\pi}{4}} (1 + \zeta)^{-n_r n_t} \mathrm{d}\beta + \int_{\frac{\pi}{4}}^{\frac{\pi}{2}} (1 + \zeta)^{-n_r n_t} \mathrm{d}\beta \right] \qquad (6.159)$$

O-STBC 的互信息特性

从信息论的角度看，由于不满足条件式（6.73），O-STBC 会造成容量损失。与式（6.21）的推导类似，我们可以得到

$$\mathcal{I}_r(\boldsymbol{H}) = \log_2 \det \left(\boldsymbol{I}_{n_r} + \frac{\rho}{n_t} \boldsymbol{W} \right) = \log_2 \left(1 + \frac{\rho}{n_t} \parallel \boldsymbol{H} \parallel_{\mathrm{F}}^2 + \cdots + \left(\frac{\rho}{n_t} \right)^{r(\boldsymbol{H})} \prod_{k=1}^{r(\boldsymbol{H})} \lambda_k(\boldsymbol{H}\boldsymbol{H}^{\mathrm{H}}) \right)$$

$$(6.160)$$

正如之前强调的，O-STBC 把 MIMO 信道转换为等效的 SISO 信道

$$z_q = \sqrt{\frac{E_s T}{Q n_t}} \parallel \boldsymbol{H} \parallel_{\mathrm{F}}^2 c_q + n'_q \qquad (6.161)$$

其中 n'_q 是零均值方差为 $\parallel \boldsymbol{H} \parallel_{\mathrm{F}}^2 \sigma_n^2$ 的复高斯白化加性噪声。由于在 T 个符号周期内传输了 Q 个符号，根据式（6.161）可以得到 O-STBC 能达到的互信息等于

$$\mathcal{I}_{\mathrm{O-STBC}}(\boldsymbol{H}) = \frac{Q}{T} \log_2 \left(1 + \frac{\rho T}{Q n_t} \parallel \boldsymbol{H} \parallel_{\mathrm{F}}^2 \right) \qquad (6.162)$$

上式表明 $\mathcal{I}_{\mathrm{O-STBC}}(\boldsymbol{H}) \leqslant \mathcal{I}_e(\boldsymbol{H})$。因此可以得到下面的命题。

命题 6.17　对给定的信道实现 $\boldsymbol{H}$，任何 O-STBC 能达到的互信息的上界是相等功率分配的信道互信息 I_e。当且仅当信道的秩和编码的空间复用率都等于 1 时等式成立。

推论 6.1　当只有一根接收天线时，Alamouti 方案在互信息方面是最优的。

O-STBC 能达到的分集-复用折中

上面的分析表明，O-STBC 通常从分集-复用折中角度看不是最优的方案。这其实就是本节后文讨论的情况。到目前为止，我们都假设符号是来自 QAM 星座图中。因此下面的命题成立。

命题 6.18　O-STBC 在独立同分布瑞利衰落信道中的高 SNR 区域使用 QAM 星座图能达到的分集-复用折中是

$$g_d(g_s, \infty) = n_r n_t \left(1 - \frac{g_s}{r_s} \right), g_s \in [0, r_s] \qquad (6.163)$$

证明：为了达到总速率 R，每个符号应该来自每个维度具有 $2^{R/(2r_s)}$ 个点的星座图。使用 O-STBC 的解耦合特性，因为在任何 QAM 星座图中最近的星座点最多是 4 个，因此总错误概率 P_e 的上界是最差情况成对错误概率 $P(c_q \rightarrow e_q)$ 的四倍

$$P_e(R) \leq 4 \min_{c_q, e_q} P(c_q \rightarrow e_q) \leq 4 \left(\frac{\rho}{4} \frac{T}{Qn_t} \right)^{-n_r n_t} d_{\min}^{-2n_r n_t}$$

$$= 4 \left(\frac{T}{4Qn_t} \right)^{-n_r n_t} \rho^{-n_r n_t} 2^{\frac{Rn_r n_t}{r_s}} \qquad (6.164)$$

$$= 4 \left(\frac{T}{4Qn_t} \right)^{-n_r n_t} \rho^{-n_r n_t \left(1 - \frac{g_s}{r_s} \right)}$$

式中，$d_{\min}^2$ 是 QAM 星座图最小欧式距离的平方，其量级是 $1/2^{R/r_s}$ 其中 $R = g_s \log_2(\rho)$。

因此，使用 QAM 星座图的 O-STBC 能达到的分集-复用折中是式（6.164）中的 SNR 指数项。

命题 6.19　任何 QAM 符号的 Alamouti 编码在独立同分布瑞利衰落信道中在两发射和一接收天线时能达到最优的分集-复用折中。

证明：Alamouti 编码是唯一满足 $r_s = 1$ 的 O-STBC 方案。当 $n_r = 1$ 时，分集-复用折中式（6.163）与在命题 5.9 和例子 5.2 中的 MISO 2×1 信道的分集-复用折中一样。

但是，当接收天线数大于 2 时，Alamouti 方案能达到的分集-复用折中严格次优。

Alamouti 码的性能

图 6.3 给出了 Alamouti 方案在 2×2 独立同分布瑞利衰落信道中以四种不同的速率 $R = 4$, 8, 12, 16 bits/s/Hz 传输时的误块率。浅色的曲线代表用来比较的对应中断概率。在高 SNR 区域的每条曲线的斜率是编码能达到的分集增益，即，$g_d(g_s = 0, \infty) = g_d^o(\infty) = 4$，这说明 Alamouti 方案能实现信道满分集。但是，复用增益的增长较慢：不同曲线之间间隔 12dB，对应复用增益 $g_s = 1$，也就是 SNR 每增加 3dB，速率增加 1bit/s/Hz。由于复用增益有限，Alamouti 码在高传输速率时的性能可能和中断概率相差较大。但是，当传输速率在 $R = 4$bits/s/Hz 时，Alamouti 方

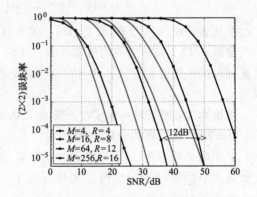

图 6.3　Alamouti 方案在 $n_r = 2$ 并且独立同分布瑞利衰落信道中以四种不同的速率 $R = 4$, 8, 12, 16 bits/s/Hz 使用 QAM 星座图（星座图大小 $M = 4$, 16, 64, 256）传输时的误块率（参考自 H. Yao [YW03]）

案的性能接近于具有两个符号周期长的码字长度时的中断概率。

6.5.5　准正交空时分组码

O-STBC 以较低的译码复杂度能获得满分集。但是，与空间复用相比，O-STBC 在空间复用率上具有较大的损失，尤其是发射天线的数量增加时。实际上，$n_t = 2$ 的复 O-STBC 能达到最大空间复用率为 1，而对 $n_t = 3$，4，只存在能达到最大空间复用率为 3/4 的复 O-STBC。当发射天线较多时，很难得到空间复用率大于 1/2 的 O-STBC 码。

为了增加空间复用率的同时部分利用 O-STBC 的解耦合特性，对正交性需求的放松可以得到准正交空时分组码（QO-STBC）。QO-STBC 的基本准则是使用减低维度的 O-STBC 来构建高维的编码，保持与 O-STBC 相同的空间复用率以及部分正交性。我们用 表示一个由 Q 个符号 c_1，$\cdots$，c_Q 组成的 O-STBC。QO-STBC 是由 2Q 个复符号 c_1，$\cdots$，c_{2Q} 组成，这些符号是根据以下两种方法中的一种得到。

在［TBH00］中提出的第一种方法，归纳如下

$$\mathcal{Q}(c_1,\cdots,c_{2Q}) = \begin{bmatrix} \mathcal{O}(c_1,\cdots,c_Q) & \mathcal{O}(c_{Q+1},\cdots,c_{2Q}) \\ \mathcal{O}(c_{Q+1},\cdots,c_{2Q}) & \mathcal{O}(c_1,\cdots,c_Q) \end{bmatrix} \qquad (6.165)$$

最初这种编码是与 Alamouti 码一起提出作为正交编码的一部分。

例 6.13　根据 Alamouti 码构建的 $n_t = 4$ 的 QO-STBC 是

$$\mathcal{Q}(c_1,\cdots,c_4) = \frac{1}{2}\begin{bmatrix} c_1 & -c_2^* & c_3 & -c_4^* \\ c_2 & c_1^* & c_4 & c_3^* \\ c_3 & -c_4^* & c_1 & -c_2^* \\ c_4 & c_3^* & c_2 & c_1^* \end{bmatrix} \qquad (6.166)$$

虽然不正交，但是这个码仍然具有部分正交性，可以通过下列关系看出

$$\mathcal{Q}(c_1,\cdots,c_4)\mathcal{Q}^{\mathrm{H}}(c_1,\cdots,c_4) = \frac{1}{4}\begin{bmatrix} a & 0 & b & 0 \\ 0 & a & 0 & b \\ b & 0 & a & 0 \\ 0 & b & 0 & a \end{bmatrix} \qquad (6.167)$$

其中

$$a = \sum_{q=1}^{4} |c_q|^2 \qquad (6.168)$$

$$b = c_1 c_3^* + c_3 c_1^* - c_2 c_4^* - c_4 c_2^* \qquad (6.169)$$

$Q(c_1,\cdots c_4)$ 的第一列与第二列和第四列正交，但是与第三列不正交。实际上，$Q(c_1,\cdots c_4)$ 的第一列和第三列构建的子空间与 $Q(c_1,\cdots c_4)$ 的第二列和第四列构建的子空间正交。这就说明符号对 $\{c_1, c_3\}$ 可以独立于 $\{c_2, c_4\}$ 译码。但是，在 $\{c_1, c_3\}$ 对和 $\{c_2, c_4\}$ 之间的干扰仍然存在。注意，空间复用率 $r_s =$

1，但是在式（6.143）中 r_s 等于 3/4。

另一种设计 QO-STBC［Jaf01］的方法是对正交码 $\mathcal{O}(c_1, \cdots, c_Q)$ 和 $\mathcal{O}(c_{Q+1}, \cdots, c_{2Q})$ 进行处理，并把这些符号当做 Alamouti 码的符号，也就是

$$\mathcal{Q}(c_1, \cdots, c_{2Q}) = \begin{bmatrix} \mathcal{O}(c_1, \cdots, c_Q) & -\mathcal{O}(c_{Q+1}, \cdots, c_{2Q})^* \\ \mathcal{O}(c_{Q+1}, \cdots, c_{2Q}) & \mathcal{O}(c_1, \cdots, c_Q)^* \end{bmatrix} \tag{6.170}$$

例 6.14 根据 Alamouti 码构建的 $n_t = 4$ 的 QO-STBC 是

$$\mathcal{Q}(c_1, \cdots, c_4) = \frac{1}{2} \begin{bmatrix} c_1 & -c_2^* & -c_3^* & c_4 \\ c_2 & c_1^* & -c_4^* & -c_3 \\ c_3 & -c_4^* & c_1^* & -c_2 \\ c_4 & c_3^* & c_2^* & c_1 \end{bmatrix} \tag{6.171}$$

与之前的编码类似，这个码也不正交，因为

$$\mathcal{Q}(c_1, \cdots, c_4)\, \mathcal{Q}^H(c_1, \cdots, c_4) = \frac{1}{4} \begin{bmatrix} a & 0 & 0 & b \\ 0 & a & -b & 0 \\ 0 & -b & a & 0 \\ b & 0 & 0 & a \end{bmatrix} \tag{6.172}$$

其中

$$a = \sum_{q=1}^{4} |c_q|^2 \tag{6.173}$$

$$b = c_1 c_4^* + c_4 c_1^* - c_2 c_3^* - c_3 c_2^* \tag{6.174}$$

$Q(c_1, \cdots, c_4)$ 的第一列和第四列构建的子空间与 $Q(c_1, \cdots c_4)$ 的第二列和第三列构建的子空间正交。这就说明符号对 $\{c_1, c_4\}$ 可以独立于 $\{c_2, c_3\}$ 译码。

此外在［PF03］中提出了第三种类似的方法。

旋转 QO-STBC

QO-STBC 最主要的缺点是分集增益较低。考虑第一类式（6.15）QO-OSTBC 的例子（对第二类式（6.170）结论类似）。对两个可能的不同码字 $C = \mathcal{Q}(c_1, \cdots, c_{2Q})$ 和 $E = \mathcal{Q}(e_1, \cdots, e_{2Q})$，错误矩阵 $\widetilde{E}$ 的行列式是［SX04］

$$\det(\widetilde{E}) \left(\sum_{q=1}^{Q} |(c_q - e_q) - (c_{q+Q} - e_{q+Q})|^2 \right)^{n_t} \left(\sum_{q=1}^{Q} |(c_q - e_q) + (c_{q+Q} - e_{q+Q})|^2 \right)^{n_t} \tag{6.175}$$

相对很容易理解 QO-STBC 可能是秩亏的。当从同样的 PSK 或 QAM 星座图中选择所有的符号，可能错误矩阵的行列式等于 0。通常，当符号都来自于同样的 PSK 或 QAM 星座图中，编码式（6.166）和式（6.171）的错误矩阵的最小秩等于 2。

为了提高分集增益，可以对一些符号对使用不同的星座图。我们假设符号 $(c_1, \cdots, c_Q)$ 是从星座图 $\mathcal{B}$ 中选择，而符号 $(c_{Q+1}, \cdots, c_{2Q})$ 是从星座图 $\mathcal{B}'$ 中选择。一个简单的例子是从式（6.166）和（6.171）的编码中分别选择符号，符号 c_3 和 c_4 是从旋转星座图中选择，而不是和符号 c_1 和 c_2 使用一样的星座图。这就是旋转 QO-STBC 方案 ［SP03，SX04，WX05，XL05］。通常来说，第二个星座图 $\mathcal{B}'$ 选择满足 $\mathcal{B}' = e^{j\vartheta}\mathcal{B}$。在一些研究中讨论了最优化选择旋转角度以最大化最小行列式。使用（6.175），最小行列式可以表示为

$$\min_{\substack{C, E \\ C \neq E}} \left[\det(\tilde{\boldsymbol{E}})\right]^{1/(2n_t)} = \min_{\substack{u, u' \in \mathcal{B} \\ v, v' \in \mathcal{B}' = e^{j\vartheta}\mathcal{B} \\ (u,v) \neq (u',v')}} \left| (u - u')^2 - (v - v')^2 \right| \qquad (6.176)$$

在 ［WX05，XL05］ 中证明了 M-PSK 星座图的最优旋转角度是 $\vartheta = \pi/M$（M 为偶数）和 $\vartheta = \pi/(2M)$（M 是奇数）。QAM 星座图在 ［SSL04］ 中进行了研究。如果 是根据正方形格状设计的星座图，最优的旋转角度是 $\vartheta = \pi/4$；当星座图是根据等边三角形的格状设计的，最优的旋转角度是 $\vartheta = \pi/6$。

6.5.6　线性离散码

虽然空间复用可以达到很高的数据速率，但是不能获得大的传输分集增益。另一方面，正交空时分组码以有限的空间复用率的代价换取了满分集增益。但是，虽然在接收机解耦合数据流必须保证反厄米特特性，但是要达到满分集并不要满足这个特性。因此，如果允许较高的接收机复杂度，可能放松反厄米特条件，从而在提供传输分集的同时提高传输数据速率。基于这个原则设计的编码称为线性离散码（LDC）。

Hassibi 和 Hochwald 码

在 ［HH01］ 中 Hassibi 和 Hochwald 第一个引入在式（6.53）中介绍的通用架构。这个架构的最初思想是对给定的参数 n_t，n_r，T，Q 和 ρ 的集合，找到最大化互信息的基矩阵。考虑到基矩阵的功率限制，使用约束梯度算法得到最优的基矩阵。但是，最优化是基于数值方法，因为不能保证找到的编码是全局最优的方案。

例 6.15　对 $T = 2$ 和 $Q = 4$ 的两发射天线（$r_s = 2$）最大化互信息设计的 LDC ［HH02a］ 中的一个例子是

$$\boldsymbol{\Phi}_1 = \frac{1}{2}\begin{bmatrix} 1 & 0 \\ 0 & 1 \end{bmatrix}, \ \boldsymbol{\Phi}_2 = \frac{1}{2}\begin{bmatrix} 0 & 1 \\ 1 & 0 \end{bmatrix} \qquad (6.177)$$

$$\boldsymbol{\Phi}_3 = \frac{1}{2}\begin{bmatrix} 1 & 0 \\ 0 & -1 \end{bmatrix}, \ \boldsymbol{\Phi}_4 = \frac{1}{2}\begin{bmatrix} 0 & 1 \\ -1 & 0 \end{bmatrix} \qquad (6.178)$$

$$\boldsymbol{\Phi}_5 = \frac{1}{2}\begin{bmatrix} j & 0 \\ 0 & j \end{bmatrix}, \ \boldsymbol{\Phi}_6 = \frac{1}{2}\begin{bmatrix} 0 & j \\ j & 0 \end{bmatrix} \qquad (6.179)$$

$$\boldsymbol{\Phi}_7 = \frac{1}{2}\begin{bmatrix} j & 0 \\ 0 & -j \end{bmatrix}, \ \boldsymbol{\Phi}_8 = \frac{1}{2}\begin{bmatrix} 0 & j \\ -j & 0 \end{bmatrix} \qquad (6.180)$$

这个编码是容量有效的，因为 $\mathcal{X}\mathcal{X}^{\mathrm{T}} = \frac{1}{2}\boldsymbol{I}_8$（根据命题6.5）。但是这个编码在分集和编码增益方面没有优化性能。这就表示它是秩亏的，只能达到传输分集增益为1，与空间复用相同。但是这个编码方案的编码增益要比 SM 编码增益要稍微高一些。

Heath 码和 Sandhu 码

其他研究者在设计基矩阵时提出了综合考虑互信息和错误率的方法［San02，HP02，Hea01］。在［San02］中的编码是容量有效的，即基矩阵满足 $\mathcal{X}\mathcal{X}^{\mathrm{T}} = \frac{1}{n_{\mathrm{t}}}\boldsymbol{I}_{2n_{\mathrm{t}}}$ T（命题6.5），并且随机生成基矩阵，选择最小化

$$\max_{\substack{q,p \\ q \neq p}} \| \boldsymbol{\Phi}_q\boldsymbol{\Phi}_p^{\mathrm{H}} + \boldsymbol{\Phi}_p\boldsymbol{\Phi}_q^{\mathrm{H}} \|_{\mathrm{F}}^2$$

的基矩阵（命题6.3）。这种设计方法能得到与任意星座图无关的有效编码。在［HP02，Hea01］中，考虑了具有紧织框架结构 $\mathcal{X}^{\mathrm{T}}\mathcal{X} = \frac{T}{Q}\boldsymbol{I}_{2Q}$ 的编码（见命题6.4和6.6）。然后选择出具有较大最小秩和最小行列式的编码。

线性离散码的错误性能

在图6.4中比较了 Hassibi，Sandhu 和 Heath 码的 BER 性能。SM 和 O-STBC 的性能也给出用于参考。在每种情况下，接收机使用 ML 译码，对除 Alamouti 码之外的所有编码使用 QPSK 星座图，Alamouti 码使用 16QAM 以保证同样的传输数据速率。Hassibi 码相比 SM 方案性能有所改善：Hassibi 码的最小秩等于1（与 SM 方案一样），但是 Hassibi 码的编码增益要大于 SM 方案。Heath 和 Sandhu 码具有更好的性能，因为 Heath 和 Sandhu 码是容量有效的编码，同时也是满秩的。Alamouti 码提供了满分集，性能要稍差于 Heath 和 Sandhu 码。这是由于在 $n_{\mathrm{r}} > 1$ 时 Alamouti 不是容量有效的。为了补偿较小的空间复用率，Alamouti 使用了不是容量有效的

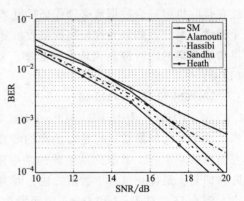

图6.4　几种 LDC 编码在 $n_{\mathrm{r}} = 2$ 和 $n_{\mathrm{t}} = 2$ 的独立同分布瑞利慢衰落信道中以 4bits/s/Hz 传输时的误比特率

信号星座图。随着接收天线数量或星座图大小的增大，满秩容量有效编码方案相对于 O-STBC 码的增益逐渐增大。通常，O-STBC 适合用于较低数据速率和天线数量较小的 MIMO 系统中。对较高数据速率和天线数量较大的 MIMO 系统中，高速率容量有效编码更加适合，但是需要考虑到这些编码相对于 O-STBC 具有更高的接收机复杂度。

6.5.7 代数空时编码

考虑到分集-复用的折中，为了最大化最差情况 PEP，研究人员得到了很多结构性编码。这些编码中的大多数方法，都是针对 TIMO（两输入多输出）系统提出，具有类似的分层结构。一个层可以看成是在每个时刻最多一个天线传输的一部分信息。因此，不会在多于（或等于）两根天线上同时传输一个层。这种分层的原则已经在 D-BLAST 和 O-STBC 中得到了应用。在 D-BLAST 中，一个层定义为在进入旋转部分之前给定编码器的输出序列。在旋转之后，同一个层经历着不同的发射天线，只是在每个时刻在不同的发射天线。

我们首先考虑 Alamouti 方案作为第一个例子。一共有两个层：第一层是由符号 c_1 和 c_1^* 组成，而第二层是由符号 c_2 和 $-c_2^*$ 组成。很明显，符号 c_1 和 c_2（在第一个时刻传输）在第二个时刻重复传输，从而导致空间复用率的损失。实际上，这种在每个层内的重复编码是 O-STBC 中普遍存在的问题。代数编码提出的思路就是把 O-STBC 中的重复编码用旋转代替，如下是两发射天线的例子

$$C = \begin{bmatrix} u_1 & \varphi^{1/2} v_1 \\ \varphi^{1/2} v_2 & u_2 \end{bmatrix} \tag{6.181}$$

其中 $|\varphi| = 1$。第一个层是

$$\begin{bmatrix} u_1 \\ u_2 \end{bmatrix} = \mathcal{M}_1 \begin{bmatrix} c_1 \\ c_2 \end{bmatrix} \tag{6.182}$$

而第二个层是

$$\begin{bmatrix} v_1 \\ v_2 \end{bmatrix} = \mathcal{M}_2 \begin{bmatrix} c_3 \\ c_4 \end{bmatrix} \tag{6.183}$$

矩阵 $\mathcal{M}_1$ 和 $\mathcal{M}_2$ 是酉矩阵。符号 $\{c_k\}_{k=1}^4$ 是 M^2-QAM 星座图中的星座点。

研究人员提出了对应上述框架的不同子类的一些编码方案，并且基于秩-行列式准则进行了优化。下面列举的编码不会带来任何容量损失，因为这些编码都满足命题 6.5. 此外，所有这些编码都是满秩的。

$B_{2, \Phi}$ 码

$B_{2, \Phi}$ 码 [DTB02] 是基于下面选择的矩阵

$$\mathcal{M}_1 = \mathcal{M}_2 = \frac{1}{2} \begin{bmatrix} 1 & e^{j\varpi} \\ 1 & -e^{j\varpi} \end{bmatrix} \tag{6.184}$$

并且 $\varphi = e^{j\varpi}$。ϖ 的值可以通过穷举搜索最优化最差情况 PEP 找到，对 QPSK 和 16QAM 星座图分别是 $\varpi = 0.5$ 和 0.521。

螺纹代数空时（TAST）码

TAST 码 [GD03] 把 $B_{2, \Phi}$ 码当做一种特殊情况，其中

$$\mathcal{M}_1 = \mathcal{M}_2 = \frac{1}{2}\begin{bmatrix} 1 & e^{j\pi/4} \\ 1 & -e^{j\pi/4} \end{bmatrix} \tag{6.185}$$

最优化最差情况 PEP 可以得到对 QPSK 和 16QAM 星座图的最优值分别为 $\varphi = e^{j\frac{\pi}{6}}$ 和 $\varphi = e^{j\frac{\pi}{4}}$。

倾斜 QAM 编码

倾斜 QAM 编码 ［YW03］ 是通过令 $\varphi = 1$，并且使用两个不同的旋转矩阵得到的

$$\mathcal{M}_1 = \frac{1}{\sqrt{2}}\begin{bmatrix} \cos\varpi_1 & \sin\varpi_1 \\ -\sin\varpi_1 & \cos\varpi_1 \end{bmatrix} \tag{6.186}$$

$$\mathcal{M}_2 = \frac{1}{\sqrt{2}}\begin{bmatrix} \cos\varpi_2 & \sin\varpi_2 \\ -\sin\varpi_2 & \cos\varpi_2 \end{bmatrix} \tag{6.187}$$

最优化最差情况 PEP 可以得到最优值 $\varpi_1 = \frac{1}{2}\arctan\left(\frac{1}{2}\right)$ 和 $\varpi_2 = \frac{1}{2}\arctan(2)$。

与前两种编码相比，倾斜 QAM 码具有显著的特性，对任何根据 $\mathbb{Z} + j\mathbb{Z}$ 得到的 QAM 星座图，其错误矩阵的最小行列式具有下界。实际上，在 ［YW03］ 中证明了与星座图 B_M 的大小无关

$$\mathcal{B}_M = \{a + jb\} - M + 1 \leqslant a, b \leqslant M - 1, a, b \text{ 为奇数} \tag{6.188}$$

由式 （6.20） 得到的最小行列式 d_λ 大于 0.5。注意星座图的功率不再如之前一样限制满足 $\leqslant 1$。使用归一化星座图并计算 $\min_{\tilde{E} \neq 0}\det(E_s\tilde{E})$ 可以得到同样的结论。在式 （6.188） 中，平均能量 E_s 在星座图和码字 C 中是隐式的，而通常 C 是归一化的，与 E_s 的关系是显式的。

实际上，对任何大小的星座图，最小行列式 d_λ 等于 0.05，是在用两个不同的旋转矩阵 （$\varphi = 1$） 定义的码家族中最大可达到的最小行列式。有趣的是，ϖ_1 和 ϖ_2 的值同样是优化的，而与星座图大小无关。因此满足下列性质。

命题 6.20 对 QAM 星座图，$n_t = T = 2$ 和 $g_s \in [0, \min\{2, n_r\}]$，具有 $\varpi_1 = \frac{1}{2}\arctan\left(\frac{1}{2}\right)$ 和 $\varpi_2 = \frac{1}{2}\arctan(2)$ 的倾斜 QAM 编码能达到命题 5.9 中的最优分集-复用折中。

证明：倾斜编码具有非零行列式，因此满足命题 6.2。

需要注意倾斜 QAM 码具有最小延迟 （$T = n_t$），同时还能达到最优分集-复用折中。根据命题 6.1，这也说明结构化编码能达到折中所需的延迟 T 要比高斯随机编码要小得多。

在不同码率情况下倾斜 QAM 能达到的性能见图 6.5，其中浅色曲线代表中断概率性能。注意其中使用了球形译码技术 （将在第 7 章介绍），从而以合理的复杂

度实现 ML 译码。与图 6.3 中的 Alamouti
方案类似，倾斜 QAM 码能达到的分集增
益 g_d (g_s = 0，∞) 为 4。而与 Alamouti
方案不同，倾斜 QAM 码性能曲线之间间
隔为 6dB，即对应复用增益 g_s = 2，也就
是 SNR 每增加 3dB，频谱效率提高 2bits/
s/Hz。注意，这也是最大可达到复用增
益 g_s = min{ n_t，n_r } = 2。此外，当码字长
度仅为 2 时，倾斜 QAM 码性能与中断概
率很接近，但是应该牢记中断概率是只
有当码字长度无穷大时在理论上可到达。

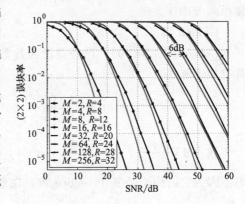

图 6.5　倾斜 QAM 编码在 n_r = 2 的独立同分
布瑞利慢衰落信道中使用 M^2-QAM 星座图
（星座图大小 M = 2，4，8，…，256）以 R =
$2n_t \log_2$ (M) = 4，8，…，32bits/s/Hz 传输
时的误块率（参考自 H. Yao [YW03]）

Dayal 码

Dayal 码 [DV05] 具有独特的旋转
矩阵：

$$\mathcal{M}_1 = \mathcal{M}_2 = \frac{1}{\sqrt{2}} \begin{bmatrix} \cos \varpi & \sin \varpi \\ -\sin \varpi & \cos \varpi \end{bmatrix}$$

(6.189)

最优化最差情况 PEP 可以得到最优参数 $\varpi = \frac{1}{2}$ arctan (2) 和 $\varphi = -j$，并且对
所有星座图大小都成立。与倾斜 QAM 码类似，Dayal 码也有非零行列式，因此可
以得到下列命题。

命题 6.21　对 QAM 星座图，$n_t = T = 2$ 和 $g_s \in [0, \min\{2, n_r\}]$，具有 $\varpi = \frac{1}{2}$
arctan (2) 和 $\varphi = -j$ 的 Dayal 码能达到命题 5.9 中的最优分集-复用折中。

但是，Dayal 码与之前介绍的编码相
比具有较大的最小行列式 d_λ = 0.2，因
此错误率会降低。图 6.6 比较了在一根
和两根接收天线时 Dayal 码（QPSK 星座
图）和 Alamouti 方案（16QAM 星座图以
保证相同的数据速率）在 4bits/s/Hz 传
输的性能（使用了 ML 译码）。正如预期
的，Dayal 码在 n_r = 2 时要比 Alamouti 方
案性能好。但是，在 n_r = 1 时观察到相
反的结论，因为在 n_r = 1 时，Alamouti 编
码是容量最优的。这就再一次验证了 O-
STBC 方案更适用于较低速率和天线数量

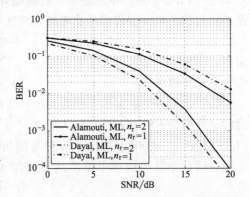

图 6.6　Dayal 和 Alamouti 码在 n_r = 1 和
n_r = 2 的独立同分布瑞利慢衰落信
道中 4bits/s/Hz 传输时的误比特率

较小的 MIMO 系统。

Golden 码

Golden 码［BRV05］已经通过代数数论的方法进行了优化。Golden 码的码字具有如下形式

$$C = \frac{1}{\sqrt{10}}\begin{bmatrix} \alpha(c_1 + c_2\theta) & \alpha(c_3 + c_4\theta) \\ j\,\overline{\alpha}(c_3 + c_4\,\overline{\theta}) & \overline{\alpha}(c_1 + c_2\overline{\theta}) \end{bmatrix} \tag{6.190}$$

其中 $\theta = \dfrac{1+\sqrt{5}}{2}$，$\overline{\theta} = \dfrac{1-\sqrt{5}}{2}$，$\alpha = 1 + j - j\theta$ 和 $\overline{\alpha} = 1 + j - j\,\overline{\theta}$。这种编码称为 Golden 码是因为它的构建是基于 Golden 数。在通用代数编码中，这种编码等效为令 $\varphi = 1$ 和

$$\mathcal{M}_1 = \frac{1}{\sqrt{10}}\begin{bmatrix} \alpha & \alpha\theta \\ \overline{\alpha} & \overline{\alpha}\,\overline{\theta} \end{bmatrix}, \mathcal{M}_2 = \frac{1}{\sqrt{10}}\begin{bmatrix} 1 & 0 \\ 0 & j \end{bmatrix}\mathcal{M}_1 \tag{6.191}$$

Golden 码具有和 Dayal 码完全相同的性能，因为 Golden 码可以通过对 Dayal 码左乘和右乘两个复数对角酉矩阵得到［DV05］。与倾斜 QAM 和 Dayal 码类似，Golden 码满足非零行列式准则。

命题 6.22　对 QAM 星座图，$n_t = T = 2$ 和 $g_s \in [0, \min\{2, n_r\}]$，Golden 码能达到命题 5.9 中的最优分集-复用折中。

Golden 码是一类称为完美空时分组码［RBV04，ORBV06］的编码中特殊的一种情况。这些编码是 $n_t \times n_r$ 线性分组码，并且具有下列特征：

1. 全速率（$r_s = n_t$）；

2. 具有非零行列式；

3. 根据循环除代数构建；

4. 具有立体星座图形状（因此是能量有效的）。

在［ERKP⁺06］中还提出了根据循环除代数构建的其他编码，还证明了基于循环除代数的空时编码满足非零行列式准则，同时还能达到分集-复用折中（命题 6.2）。在［SSRS03，BR03，KSR05］中还可以找到其他基于循环除代数构建的编码。

其他构建编码

除了之前介绍的编码，还有其他一些能达到分集-复用折中的编码方式。但是，通常这些编码不符合非零行列式准则（与之前介绍的编码不同）。例如，格状空时（LAST）码［GCD04］提出了一种与随机高斯编码类似的结构。这些编码被证明在独立同分布瑞利信道中使用基于通用 MMSE 估计器的译码器能达到分集-复用折中。

6.5.8　全局性能比较

在图 6.7 中，说明了代数编码和之前章节中介绍的其他编码在 2×2 独立同分

布瑞利衰落信道中可达到的折中。

　　图 6.8 比较了一些代数编码和 SM，Alamouti 方案的性能。使用了 ML 译码和 QPSK 星座图（除了在 Alamouti 编码中使用了 16QAM 星座图以保证相同的数据速率）。大多数方案具有相近的错误率，Dayal 码性能稍好。此外，图 6.8 中的错误率同样与 Heath 和 Sandhu 线性离散码的错误率接近。但是，倾斜 QAM 和 Dayal 码的优点在于确保了倾斜 QAM 和 Dayal 码在任何速率和任何大小的 QAM 星座图都具有较好的性能。而在 Sandhu 码则不能保证，即使在 Sandhu 码的构建中不取决于星座图。

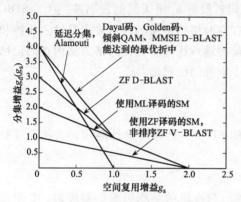

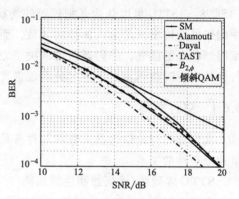

图 6.7　一些空时编码在 2×2 独立同分布瑞利衰落 MIMO 信道中能达到的渐近分集-复用折中 $g_d(g_s, \infty)$

图 6.8　一些代数空时分组码在 $n_t = 2$ 和 $n_r = 2$ 的独立同分布瑞利慢衰落信道中 4bits/s/Hz 传输时的误比特率（BER）

　　代数码和线性离散码的主要缺点之一在于极高的接收机复杂度。ML 译码需要进行穷举搜索，随着发射天线数量和星座图大小的增加穷举搜索非常复杂。即使接收机使用类似球型译码（将在第 7 章讨论）的技术来降低复杂度，接收机复杂度仍然很高。代数编码和线性离散码是线性编码，自然可以使用次优的接收机，例如在 SM 中提出的次优接收机来降低接收机复杂度。问题在于这些编码最初是考虑 ML 译码提出设计的，如果使用次优的线性接收机就会降低这些编码方案的优点。图 6.9 用一个基于 ZF 滤波的排序连续干扰消除来说明这个问题。当在 SM 方案中使用时，接收机的性能要比排序 ZF V-BLAST 要好。由于 Alamouti 编码是正交的，当使用 ML 译码时能达到和 ZF 滤波一样

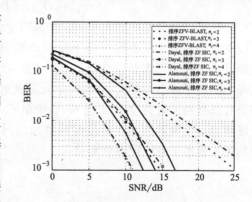

图 6.9　SM，Dayal 和 Alamouti 码在 $n_r = 2$，3，4 的独立同分布瑞利慢衰落信道中 4bits/s/Hz 传输时的误比特率（BER）

的性能。但是使用排序 ZF-SIC 接收机的 Dayal 码的性能完全消失，并且与 V-BLAST 性能类似。顺便提一下，可以观察到在使用次优接收机时，随着接收天线数量的增大和 SNR 的降低，高码率编码性能要比低码率编码要好。这就说明了编码设计在很大程度上取决于选择的接收机。

6.6　空时格码

与通常的认识相反，空时格码（STTC）实际上是第一个提出的空时编码方案 [TSC98]。STTC 可以认为是把传统的卷积码扩展到 n_t 根天线的发射阵列上。STBC 中编码器的输出只是输入比特的函数，而在空时格码中编码器的输出是输入比特和编码器状态的函数，编码器状态取决于之前的输入比特。这种网格方法内在的记忆特性使得空时格码相对于空时分组码带来了额外的编码增益。

6.6.1　空时格码

我们首先讨论编码器策略和几种常见的 STTC 的性能与设计准则，接收天线数量和复杂性的关系。

STTC 编码器/译码器和生成矩阵

在每个时刻 k，B 个比特输入到编码器。与传统的卷积码编码器类似，B 个比特进入网格编码器，编码器由缓存大小为 v_j 的移位寄存器组成。STTC 编码器的输入是 B 个输入比特和 STTC 编码器状态的函数，即 $v(=\sum_{j=1}^{B} v_j)$ 个之前的比特。因此编码器状态的数量等于 2^v。编码器开始和结束于状态 0。用 B 的第 i 列表示在时刻 $k-i+1$ 进入编码器的 $B \times 1$ 输入比特向量，编码器 x_k（大小为 $n_t \times 1$）的输出是

$$x_k = \left[G^T \mathrm{vec}(B) \right] \mathrm{mod} M \qquad (6.192)$$

式中，M 是符号星座图的大小；G 是编码生成矩阵。G 的第 i 列，表示为 $G(:, i)$ 可以看成是在第 i 根发射天线上使用的格码的生成矩阵。G 中的元素是从集合 $\{0, \cdots M-1\}$ 中选择。然后把输出向量 x_k 中的每个元素映射到星座符号以得到发射码字 c_k。图 6.10 给出了 QPSK 星座图的一个映射例子，其他编码器输出向量 x_k 中的元素使用下列标记映射到符号上

$$0 \rightarrow 1$$
$$1 \rightarrow e^{j\frac{\pi}{2}}$$
$$2 \rightarrow e^{j\frac{2\pi}{2}} \qquad (6.193)$$
$$3 \rightarrow e^{j\frac{3\pi}{2}}$$

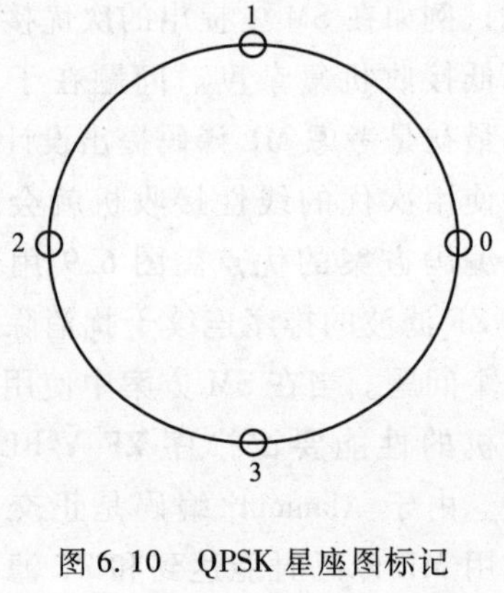

图 6.10　QPSK 星座图标记

对应的码字 C 通过信道进行传输。

在接收机，传输帧使用最大似然序列估计（MLSE）进行译码。这是通过著名的维特比算法进行的。

图 6.11 给出了两发射天线的一个空时格码的编码器。如果图中的缓存阶次 $v_1 = 1$，$v_2 = 2$，编码生成矩阵 G 为

$$G^{\mathrm{T}} = \begin{bmatrix} a_0^1 & b_0^1 & a_1^1 & b_1^1 & b_2^1 \\ a_0^2 & b_0^2 & a_1^2 & b_1^2 & b_2^2 \end{bmatrix} \tag{6.194}$$

由于 $v = 3$，这个编码产生的状态数为 8。

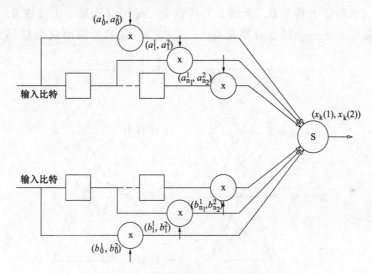

图 6.11　两发射天线的 STTC 编码器

网格表示

表示 STTC 的一种常见的方法是使用网格，如图 6.12 和 6.13 所示是使用两发射天线的几种基于 QPSK 的 4 状态和 8 状态编码（使用了图 6.10 的标记）。这些网格可以理解如下。网格中的节点数对应状态数。在下面的例子中，在图 6.12 和 6.13 中分别有 4 个和 8 个节点，分别对应 4 状态和 8 状态。网格是由两列并行的节点组成，并用线连接。左列表示目前的状态，而右列表示下一个时刻状态。在目前节点 p 和下一个节点 q 之间的直线表示当正确的输入进入编码器时，编码器从状态 p 转移到状态 q。一旦处于某个节点（也就是某个状态），编码器可能的输出显示在目前状态的左手边。由于有 B 个比特同时进入编码器，因此一共有 2^B 种可能的输出集合。B 元组中的每一个对应到使用的星座图上的一个星座点（见图 6.10）。假设第 n 个星座点进入编码器，在天线上传输目前状态的第 n 组输出符号，在第 m 根天线发送的符号是对应该组中的第 m 个符号。之后，编码器转移进入下一个状态，即和目前状态第 n 根直线（顺时针数）连接的状态。

我们用下面的例子来说明如何读网格图。

例 6. 16　图 6. 12（a）是在［Wit93，SW94，TSC98］中提出的两发射天线的 4 状态 STTC 的网格表示，表示为"TSC"。其生成矩阵是

$$G^{\mathrm{T}} = \begin{bmatrix} 0 & 0 & 2 & 1 \\ 2 & 1 & 0 & 0 \end{bmatrix} \tag{6.195}$$

我们理解如何读这种编码的网格图。在第一个节点（也就是第一个状态），可能的输出是 00，01，02 和 03。这就表示如果输入符号是 0，1，2 和 3，输出符号分别为 00（天线 1 上传输 0，天线 2 上传输 0），01（天线 1 上传输 0，天线 2 上传输 1），02（天线 1 上传输 0，天线 2 上传输 2）或 03（天线 1 上传输 0，天线 2 上传输 3）。此外，下一个状态分别是 0，1，2 或 3。很容易理解这个格码对应延迟-

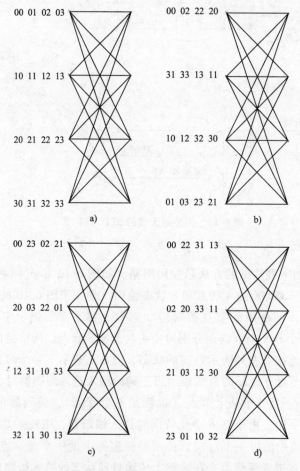

图 6. 12　QPSK 4 状态 2bits/s/Hz 空时格码的网格表示

a）"TSC"码（延迟-分集码）［Wit93，SW94，TSC98］　b）"BBH"码［BBH00］

c）"CYV"码［CYV01］　d）"FVY"码［FVY01］

分集码，因为这个网格的效果是在天线 1 的 $k+1$ 时刻传输天线 2 上 k 时刻传输的符号。

速率，分集和复杂度之间的折中

[TSC98] 中的下列结论说明了格码的复杂度与格码可能实现的分集增益和速率之间的关系。

命题 6.23　具有速率 Bbits/s/Hz 和最小秩 r_{min} 的 STTC 在网格中至少有 $2^{B(r_{min}-1)}$ 个状态。

该命题的证明不在本书中给出，有兴趣的读者可以参阅 [TSC98]。

延迟-分集方案

例 6.16 介绍了一个很常见的编码。下面这种码也是一种延迟-分集码，因为码字可以表示为

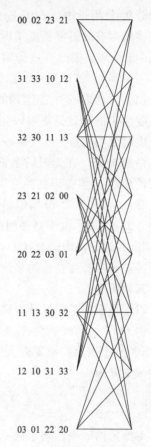

$$C = \frac{1}{\sqrt{2}} \begin{bmatrix} c_1 & c_2 & \cdots & c_{T-1} & 0 \\ 0 & c_1 & c_2 & \cdots & c_{T-1} \end{bmatrix}$$

$$(6.196)$$

可以看到在第一根天线上传输的符号序列 c_k 还出现在第二根天线上，延迟为一个符号周期。这个编码实际上是通过把平坦衰落信道转换为频率选择性信道从而实现了空间分集转换为频率分集。它的效果实际上和把 $C(1,1:T-1)$ 在一个频率选择性信道（其特征是具有两个相隔一个符号周期的等平均功率抽头）上传输是一样的。

图 6.13　QPSK 8 状态 2bits/s/Hz 空时格码的网格表示，该格码的生成矩阵见 (6.201)

基于 MLSE 的均衡可以很好的利用这种信道提供的全频率分集。

这个编码并不局限于例 6.16 中的 QPSK 和两发射天线，而是可以用在任何符号星座图上。此外，很容易扩展支持更多的发射天线数。在天线 m 上，延迟符号序列 $\{c_k\}$ $m-1$ 个符号周期。等效信道看起来像具有 n_t 个抽头的频率选择性信道。

下面的命题研究了延迟-分集编码在分集-复用折中方面的性能。

命题 6.24　在无限码字长度 T 和有限发射天线数的渐近情况下，使用 ML 译码和 QAM 星座图的延迟-分集编码在独立同分布瑞利衰落信道中能达到的分集-复用折中是

$$g_d(g_s, \infty) = n_r n_t (1-g_s), g_s \in [0,1]$$

$$(6.197)$$

证明：由于延迟-分集把多天线平坦衰落信道转换成单天线频率选择性信道，根据 [Gro05] 中得到的结论，使用 ML 译码在 L 个抽头的频率选择性信道中能达

到的分集-复用折中是 $L(1 - g_s)$（见 11.2.3 节）。

注意对有效码字长度 T 时，由于在第一根天线的最后 $T - n_t + 1$ 个符号内传输了 $n_t - 1$ 个零，因此有效传输速率减少了 $(T - n_t + 1)/T$（在式（6.196）中只引入了一个零）。这种性能的损失和在 D-BLAST 中的初始化损失类似。因此，考虑到这个损失，延迟-分集能达到的实际折中是 $g_d(T/(T - n_t + 1)g_s, \infty)$，也就是，码字长度为 T 的延迟分集编码在复用增益为 g_s 时能达到的有效分集增益是在无限码字长度时复用增益为 $T/(T - n_t + 1)g_s$ 时能达到的分集增益。

命题 6.25　在无限码字长度 T 和有限发射天线数的渐近情况下，使用 QAM 星座图的延迟-分集编码在独立同分布 MISO 瑞利衰落信道中达到最优分集-复用折中。对 $n_t = 2$，延迟-分集编码能达到的分集-复用折中与 Alamouti 方案类似（见图 6.7）。对 $n_t > 2$，由于对任何传输天线阵列大小，延迟分集编码的空间复用率等于 1，因此延迟分集编码要比 O-STBC 性能要好。但是，延迟-分集编码比 Alamouti 方案所需的码字长度要长的多。

其他例子

以下是根据不同设计准则对不同的状态数目设计的格码例子

例 6.17　（基于秩-行列式准则设计的 4 状态编码）图 6.12b 给出了在 [BBH00] 中提出的两发射天线的 4 状态 STTC 的网格表示，表示为"BBH"。对应的生成矩阵为

$$G^T = \begin{bmatrix} 2 & 0 & 1 & 3 \\ 2 & 2 & 0 & 1 \end{bmatrix} \tag{6.198}$$

对给定的码率，基于秩-行列式准则进行数值搜索对这个编码已经进行了优化。

例 6.18　（基于秩-迹准则设计的 4 状态编码）图 6.12c 给出了在 [CYV01] 中提出的两发射天线的 4 状态 STTC 的网格表示，表示为"CYV"。对应的生成矩阵为

$$G^T = \begin{bmatrix} 0 & 2 & 1 & 2 \\ 2 & 3 & 2 & 0 \end{bmatrix} \tag{6.199}$$

对给定的码率，通过数值搜索对这个编码已经进行了优化，只不过是基于秩-迹准则。

例 6.19　（基于距离-乘积准则设计的 4 状态编码）图 6.12d 给出了在 [FVY01] 中提出的两发射天线的 4 状态 STTC 的网格表示，表示为"FVY"，

$$G^T = \begin{bmatrix} 3 & 2 & 2 & 0 \\ 1 & 2 & 1 & 2 \end{bmatrix} \tag{6.200}$$

基于距离-乘积准则进行数值搜索对这个编码已经进行了优化，因此考虑了快衰落信道。

例 6.20　（基于秩-迹准则设计的 8 状态编码）图 6.13 给出了两发射天线的 8 状态 STTC 的网格表示。对应的生成矩阵为

$$G^{\mathrm{T}} = \begin{bmatrix} 2 & 0 & 3 & 3 & 2 \\ 3 & 2 & 2 & 1 & 0 \end{bmatrix} \qquad (6.201)$$

对给定的码率，基于秩-迹准则通过数值搜索对这个编码已经进行了优化。

错误性能

我们最后分析 STTC 性能与设计准则，状态数量和接收天线数之间的关系。在表 6.1 中列举了之前介绍的几种 4 状态和 8 状态 STTC 的一些特征。

表 6.1　不同 STTC 编码的性能

	$r_{\min}$	d_λ	d_e	$L_{\min}$	d_p
4 状态"TSC"	2	4	4	2	4
4 状态"BBH"	2	8	6	2	8
4 状态"CYV"	2	4	10	2	24
4 状态"FVY"	2	4	10	2	24
8 状态"TSC"	2	12	8	2	16
8 状态"CYV"	2	8	12	2	48

在图 6.14 中，我们比较了基于 QPSK 的 4 状态 "TSC"，"BBH" 和 "CYV" 编码在不同接收天线数目时在独立同分布瑞利衰落信道中的性能（帧长度等于 130 个符号）。"CYV" 码提供的增益随着接收天线数 n_r 的增加而增大。随着 n_r 数增大，信道趋近于 AWGN 信道，具有较大最小欧式距离 d_e 的编码性能自然越好。因此，当 n_r 较大时，基于秩-迹准则设计的 STTC 码要比基于秩-行列式准则设计的码具有更大的编码增益。

我们再考虑 4 状态和 8 状态 "CYV" 和 "TSC" 码。"CYV" 码是使用秩-迹准则在慢衰落信道中进行了优化。可以观察到状态数越多，d_e 越大，因此状态数越多，编码增益越大。类似的，"TSC" 码是基于秩-行列式准则设计的。状态数越多，d_λ 越大。只要编码是满秩的，状态数并不会影响分集增益，但是会影响在慢

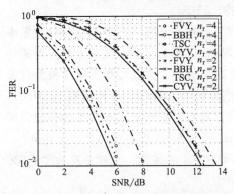

图 6.14　几种 4 状态 STTC 在 $n_t = 2$ 和 $n_r = 2,4$ 的独立同分布瑞利慢衰落信道中的误帧率

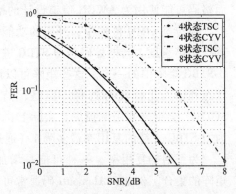

图 6.15　4 状态和 8 状态 "CYV" 和 "TSC" 码在 $n_t = 2$ 和 $n_r = 4$ 的独立同分布瑞利慢衰落信道中的误帧率

衰落信道中的编码增益。在图 6.15 中用四接收天线的独立同分布瑞利慢衰落信道中的性能证明了这个结论。

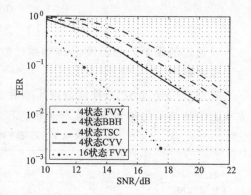

图 6.16 几种 4 状态 STTC 码在 $n_t = 2$ 和 $n_r = 1$ 的独立同分布快衰落信道中的误帧率

在快衰落信道中，情况则完全不同。一方面，对精心设计的编码，随着状态数的增加，编码的最小等效长度 L_{min} 增大。因此，状态数越多，分集和编码增益越大。另一方面，多根发射天线的出现不会增大分集增益，而只会增大编码增益，即 d_p。图 6.16 证明了具有较大乘积距离的编码能取得更好的性能，并且分集增益随着等效长度的增大（也就是随着状态数的增加）而增加。注意，在仿真中，我们假设每个帧是由每根发射天线 128 个符号组成。

与 O-STBC 相比，STTC 码除了分集增益之外还具有具有网格所固有的编码增益。但是，与 O-STBC 相比，STTC 码的接收机复杂度更高，并且译码复杂度与状态数成指数增长关系。

6.6.2　超正交空时格码

之前的章节分析了两种重要的编码类别，O-STBC 和 STTC。一方面，O-STBC 具有满分集，并且可以使用很简单的译码算法，但是不能提供编码增益。另一方面，STTC 提供满分集和编码增益，但是译码复杂度过高。为了进一步改善正交编码方案的编码增益，外码使用格码与 O-STBC 进行级联。O-STBC 可以看成是内码，而格码可能使用为 AWGN 信道设计的格码调制（TCM）。

在传统 SIMO 传输中，外码的功能是根据目前状态和输入比特在信号星座图中选择出星座点。当把外码与 O-STBC 进行级联时，选择的星座点实际上对应可能的 O-STBC 矩阵中的一个。这些矩阵可以认为是高维的点，这些高维点同样根据目前状态和输入比特进行选择。但是，简单的把外码与 O-STBC 进行级联 [SHP01，SF02b] 会带来复用率损失。实际上，级联码方案不能达到复用率为 1 的传输，因为 O-STBC 支持的复用率最多为 1（通过 Alamouti 方案），但是外码会带来冗余。

为了增加复用率，一种可能是增加内码 O-STBC 的基数，也就是扩大 O-STBC 矩阵的集合。例如，Alamouti 码通常可以表示为

$$C = \frac{1}{\sqrt{2}} \begin{bmatrix} c_1 & -c_2^* \\ c_2 & c_1^* \end{bmatrix} \tag{6.202}$$

但是，所有使用 c_1，c_2 和 c_1，c_2 的共轭（包括正和负号）的正交结构

$$\begin{bmatrix} c_1 & -c_2^* \\ c_2 & c_1^* \end{bmatrix}, \begin{bmatrix} -c_1 & c_2^* \\ c_2 & c_1^* \end{bmatrix}, \begin{bmatrix} c_1 & c_2^* \\ -c_2 & c_1^* \end{bmatrix}, \begin{bmatrix} c_1 & c_2^* \\ c_2 & -c_1^* \end{bmatrix},$$

$$\begin{bmatrix} -c_1 & c_2^* \\ -c_2 & -c_1^* \end{bmatrix}, \begin{bmatrix} -c_1 & -c_2^* \\ c_2 & -c_1^* \end{bmatrix}, \begin{bmatrix} c_1 & -c_2^* \\ -c_2 & -c_1^* \end{bmatrix}, \begin{bmatrix} -c_1 & -c_2^* \\ -c_2 & c_1^* \end{bmatrix}$$

具有和原始 Alamouti 方案类似的特性。如果星座图固定，不能只基于这些结构中的某一个创建所有可能的正交矩阵。例如，对 BPSK，生成所有的矩阵需要利用上述结构中的两个。超正交 STTC［JS03，SF02a，IMYL01］的思路是在扩大的 O-STBC 矩阵集合中挑选多维度的点。内在的原理是沿用 Ungerboeck 的思路［BDMS91］，即扩展信号星座图。在这里不是对信号星座图进行扩展而是扩展正交矩阵［JS03］。这样就可以设计出利用满分集的复用率为 1 的格码，并且相对于 STTC 具有约 2dB 的编码增益。

在［JS03］中，$n_t = 2$ 的正交结构集合表示为

$$\mathcal{O}(c_1, c_2, \theta) = \begin{bmatrix} e^{j\theta} & 0 \\ 0 & 1 \end{bmatrix} \begin{bmatrix} c_1 & -c_2^* \\ c_2 & c_1^* \end{bmatrix} \tag{6.203}$$

注意乘上对角酉矩阵不会改变编码的性质，但是可以扩大正交矩阵的集合。令 $\theta = 0$，我们可以得到式（6.202）中的 O-STBC 结构。选择旋转参数 θ 时要保证星座图不扩展。因此，对 BPSK，θ 的选择集合是 $\{0, \pi\}$；对 QPSK，θ 的选择集合是 $\{0, \pi/2, \pi, 3\pi/2\}$。

与 TGM 类似，正交码的集合划分与 Ungerboeck 的集合划分相似［BDMS91］。但是，与 Ungerboeck 使用欧式距离不同，正交码的集合划分是基于两个 O-STBC 码字之间的错误矩阵 $\tilde{E}$ 的行列式（回顾错误矩阵的行列式是衡量空时编码传输编码增益的度量）。

然后基于下列观察来构建编码。两个从同一个 O-STBC 结构（也就是同样的 θ）得到的码字是满秩的，因此可以得到满分集。两个从不同 O-STBC 结构（也就是不同的 θ）得到的码字可能没有满秩的错误矩阵，因此不一定能得到满分集。因此，在［JS03］中提出的编码构建方法可以保证从一个状态中发散或收敛到一个状态的所有码字对都具有同样的 O-STBC 结构。不具有同样 O-STBC 结构的码字会分配给不同的状态。因此，这样得到的编码能达到满分集。

本节只是简单概述了超正交格码的原理。感兴趣的读者可以参考［JS03，SF02a，IMYL01］找到更详细的讨论。注意，同样的思路可以用在其他内码。在［JH05］中可以找到准正交内码的超准正交格码方案，而［HVB07］中提出了把格码和 Golden 码级联的方案。

第7章 MIMO 接收机设计：检测和信道估计

前一章介绍了一系列空时编码技术和一些 MIMO 接收机算法的实例（见 6.5.2 节）。本章包含如下内容：

- 回顾了线性非编码空时分组码的 MIMO 接收机架构包括次优化和近似优化技术。
- 概述了编码传输机制下的迭代检测。
- 通过一系列介绍性的实例说明了 MIMO 信道估计的问题。

7.1 回顾：系统模型

如第 6 章所详述，通用的 MIMO 传输机制由一个序列的两步构成，第一步进行信道编码、时域交织和符号映射，第二步进行空时编码。第一步将一个长度为 B 的比特序列编码，交织最后映射为长度为 Q 的符号序列，该符号序列具有 M 维度的调制星座。第二步符号序列将映射到空域（n_t 个发射天线）和时域（T 个符号间隔），该码字由维度为 $n_t \times T$ 的矩阵表征。定义比率 $r_s = Q/T$ 为空时编码的空间复用率。

假设一个维度为 $n_t \times T$ 的码字 $C = [c_0 \cdots c_{T-1}]$ 经过频率平坦衰落信道 H 在 T 个时域符号和 n_t 个发射天线上传输，被 n_r 个接收天线接收。在第 k 个时域样点上，发送和接收信号可以表征如下：

$$y_k = \sqrt{E_S} H_k c_k + n_k \tag{7.1}$$

式中，y_k 是 $n_r \times 1$ 的接收信号向量；H_k 为 $n_r \times n_t$ 的信道矩阵；n_k 为 $n_r \times 1$ 的复高斯白噪声向量；$\varepsilon\{n_k n_1^H\} = \sigma_n^2 I_{n_r} \delta(k-l)$。根据第 6 章，参数 E_s 为能量归一化系数，比率 $\rho = E_s/\sigma_n^2$ 为接收机侧的信噪比。

除非额外说明，本章节的分析局限于空间复用。这意味着 $T=1$ 码字为 $C = 1/\sqrt{n_t}[c_1 \cdots c_{n_t}]^T$。为了简化描述，忽略时域指示 k，定义新的变量 $s = [c_1 \cdots c_{n_t}]^T$，系统模型即为

$$y = \sqrt{\frac{E_s}{n_t}} Hs + n \tag{7.2}$$

7.2　非编码传输 MIMO 接收机

7.2.1　最优检测

由于空间分集不产生任何记忆，空时分组是非编码传输。符号可以基于码字级别进行检测。假设瞬时信道信息对接收机是已知的，所有码字是等概率的。最优接收机对传输符号基于最大似然法则进行估计。

$$\hat{\boldsymbol{C}} = \arg \min_{\boldsymbol{C} \in C} \sum_{k=0}^{T-1} \| \boldsymbol{y}_k - \sqrt{E_s} \boldsymbol{H}_k \boldsymbol{c}_k \|^2 \tag{7.3}$$

考虑空间复用检测，最大似然接收机为

$$\hat{\boldsymbol{s}} = \arg \min_{\boldsymbol{s}} \left\| \boldsymbol{y} - \sqrt{\frac{E_s}{n_t}} \boldsymbol{H} \boldsymbol{s} \right\|^2 \tag{7.4}$$

$$= \arg \min_{\boldsymbol{s}} \left(\frac{E_s}{n_t} \boldsymbol{s}^H \boldsymbol{H}^H \boldsymbol{H} \boldsymbol{s} - 2 \sqrt{\frac{E_s}{n_t}} \boldsymbol{s}^H \boldsymbol{H}^H \boldsymbol{y} \right) \tag{7.5}$$

式（7.3）和式（7.4）的寻找最小集的过程是一个不确定的多项式，需要从对所有可能的码字集合进行搜索。其复杂度将随着 M 和 n_t 呈指数级数增长，其只对有限的星座大小和小天线阵列现实可行，如在 IEEE 802.16m 中，最大似然解码用于 4 天线的空间复用（见第 14 章）。对于大天线阵列和大的星座调制，最大似然检测只能作为学术参考，考虑实际的系统没有足够的资源进行最优搜索。本小节后面将着重介绍其他具有较低复杂度的替代方案，包括经典的次优检测和其他增强的方法。作为起点，很多方法采用所谓的 Babai 估计［GLS93］。后者采用非限制的方案去寻找式（7.3）和式（7.4）的最小化解，比如放松对码字的约束，允许任何复信号（取代原有的分散星座点）。对于空间复用，Babai 估计如下：

$$\boldsymbol{s}^{(u)} = \arg \min_{\boldsymbol{s} \in \mathbb{C}^{n_t}} \left\| \boldsymbol{y} - \sqrt{\frac{E_s}{n_t}} \boldsymbol{H} \boldsymbol{s} \right\|^2 \tag{7.6}$$

需要强调的是，式（7.4）和式（7.6）的区别是最小化的参考集合。自然 s（u）需要被进一步近似到最近的码字，来获取最后的估计值。

7.2.2　格型重构

如前面章节所描述的，可以将典型的复信号 MIMO 模型［式（7.1）］转化为等价的实数模型（见 6.5.4 节）

$$\mathcal{Y} = \mathcal{H}_{eq} \mathcal{S} + \mathcal{N} \tag{7.7}$$

$$= \mathcal{W} + \mathcal{N} \tag{7.8}$$

$\mathcal{H}_{eq} = \sqrt{E_s} \mathcal{H} \mathcal{X}$ 为等价 MIMO 信道矩阵，同时

$$\mathcal{H} = I_{\mathrm{T}} \otimes \begin{bmatrix} \Re(H) & -\Im[H] \\ \Im[H] & \Re[H] \end{bmatrix} \tag{7.9}$$

对于空间复用，如第 6 章所述 $\mathcal{X}$ 与单位矩阵成比例。下面的分析对线性空时分组码有效。

考虑正交幅度调制为常用的星座调制，事实上 $\mathcal{S} = [\Re[c_1] \cdots \Re[c_Q] \quad \Im[c_1] \cdots \Im[c_Q]]^{\mathrm{T}}$ 的元素为整数，这样可以采用格型重构。格型为离散点的集合，可以通过其基本元素的整数加权的线性组合表示。这里离散点集合 $\Lambda = \{\mathcal{W} = \mathcal{H}_{\mathrm{eq}} \mathcal{S}, \mathcal{S} \in \mathbb{Z}^{2Q}\}$ 可以看成是 $2Q$ 维的格型，其由 $\mathcal{H}_{\mathrm{eq}}$ 构造而成，即基本元素可以由任意 $\mathcal{H}_{\mathrm{eq}}$ 的基本元素给出。式（7.3）就转化为寻找格型点 $\mathcal{W}$，使其最接近接收向量 y，比如寻找向量 V 使转换的格型 $\mathcal{Y} - \Lambda$ 具有最小的 2 阶范数：

$$\min_{\mathcal{W} \in \Lambda} \|\mathcal{Y} - \mathcal{W}\|^2 = \min_{\mathcal{V} \in \mathcal{Y} - \Lambda} \|\mathcal{V}\|^2 \tag{7.10}$$

进一步假设 $2Q = 2n_{\mathrm{r}}T$（对于空间复用，$n_{\mathrm{r}} = n_{\mathrm{t}}$），$\mathcal{H}_{\mathrm{eq}}$ 为非奇异的，根据 Baiba 法则对于非约束最小化即为 $\hat{\mathcal{S}}^{(u)} = \mathcal{H}_{\mathrm{eq}}^{-1} \mathcal{Y},$，可以等价的将 y 重构为 $\mathcal{H}_{\mathrm{eq}} \hat{\mathcal{S}}^{(u)}$ 比如通过坐标 $\hat{\mathcal{S}}^{(u)} \in \mathbb{R}^{2Q}$ 定义 y。

7.2.3 线性接收机

线性接收机的主要思想是对每个瞬时样点接收信号向量 y 进行线性滤波 G：

$$z = Gy = \sqrt{\frac{E_{\mathrm{s}}}{n_{\mathrm{t}}}} GHs + Gn, \tag{7.11}$$

通过线性滤波，组合信道矩阵 GH 就接近于对角矩阵，可以对于 z 的每个分支进行单独的检测，类似于典型的单输入单输出的检测（这个操作也称为分层）。有两种常见的线性滤波器为迫零滤波和最小均方误差滤波。

迫零检测（ZF）

第 6 章已经做了介绍，MIMO 下的迫零接收机通过对信道矩阵进行变换将包括来自其他接收天线的干扰进行完全的抑制。换而言之，GH 被转换为完全的对角化矩阵，迫零滤波后的输出就只包含检测的符号向量和噪声。

假设发射符号向量 s 的长度为 $n_{\mathrm{t}} \times 1$，迫零滤波后的输出 G_{ZF} 如下：

$$z = G_{\mathrm{ZF}} y = s + G_{\mathrm{ZF}} n \tag{7.12}$$

这里 G_{ZF} 为信道的伪逆转换：

$$(G)_{\mathrm{ZF}} = \sqrt{\frac{n_{\mathrm{t}}}{E_{\mathrm{s}}}} H^{\dagger} \tag{7.13}$$

$H^{\dagger} = (H^{\mathrm{H}} H)^{-1} H^{\mathrm{H}}$ 代表 Moore-Penrose 伪逆. 实际上迫零滤波即为式（7.5）的方案将 $\hat{s}^{(u)}$ 转换为非约束的。直观上检测第 q 层，即在由向量集合 $H(:, p)$, $p \neq q$ 划分的子空间正交的子空间上寻找最接近 $H(:, q)$ 的输出向量。

迫零滤波可以有效地将信道解耦合为 n_{t} 个并行子信道，再对这些子信道进行单输入单输出的解码。迫零检测的最大问题是经过迫零每个子信加性噪声被增强了，同时具有相关性。经过迫零滤波后的噪声相关矩阵如：

$$\mathcal{E}\{ G_{ZF} n (G_{ZF} n)^H \} = \frac{n_t}{\rho} (H^H H)^{-1} \tag{7.14}$$

可以看出，一旦信道 H 的任意一个奇异值较小输出噪声方差被会被显著放大。

总体来说，迫零可以有效地将信道解耦合为 n_t 个并行子信道，其复杂度可以根据单输入单输出解码机制估计。但是其伪逆操作影响了噪声方差，导致噪声放大。迫零接收机在具有较低复杂度的同时牺牲了性能或者等价于减低了分集增益。同时考虑到当 $n_t > n_r$ 时为奇异矩阵，这种方案只适用于 $n_t \leq n_r$。这是一种相对于最大似然接收机的次优化，尤其是在接收天线数和发射天线数接近的情况下。

最小均方误差线性接收机（MMSE）

相对迫零滤波，最小均方误差滤波没有完全消除来自其他天线的干扰，但是其最小化了噪声和干扰的总和。其通过设定 G 使 $\| Gy - s \|^2$ 最小化：

$$G_{MMSE} = \sqrt{\frac{n_t}{E_s}} \left(H^H H + \frac{n_t}{\rho} I_{n_t} \right)^{-1} H^H \tag{7.15}$$

在低信噪比的情况下，最小均方误差滤波匹配滤波为 $G_{MMSE} \approx \dfrac{\sqrt{E_s}}{\sqrt{n_t \sigma_n^2}} H^H$。在高信噪比的情况下，其等价于迫零滤波，同样分集增益是受限的。其通过优化的方案，在噪声和干扰之间做了平衡，最小均方误差滤波性能要优于迫零滤波。

QR 分解最小均方误差接收机

任何最小均方误差接收机度可以看作迫零接收机［Has00］，假设一个长度为 $(n_t + n_r) \times n_t$ 的扩展矩阵 $\ddot{H}$：

$$\ddot{H} = \begin{bmatrix} H \\ I_{n_t} \quad \sqrt{\dfrac{n_t}{\rho}} \end{bmatrix} \tag{7.16}$$

最小均方误差滤波的输出即转换为

$$
\begin{aligned}
z_{MMSE} &= \sqrt{\frac{n_t}{E_s}} \left(H^H H + \frac{n_t}{\rho} I_{n_t} \right)^{-1} H^H y \\
&= \sqrt{\frac{n_t}{E_s}} \ddot{H}^\dagger \begin{bmatrix} y \\ 0_{n_t \times 1} \end{bmatrix} \\
&= \sqrt{\frac{n_t}{E_s}} [\ddot{H}^\dagger]_1 y
\end{aligned} \tag{7.17}
$$

式中，$[\ddot{H}^\dagger]_1$ 代表 $\ddot{H}^\dagger$ 的前 n_r 列，式（7.17）说明扩展信道的迫零均衡等价于原始信道的最小均方误差均衡。

对于如何计算 $[\ddot{H}^\dagger]_1$，考虑对扩展信道矩阵进行 QR 分解：

$$\ddot{H} = Q_{\ddot{H}}R_{\ddot{H}} = \begin{bmatrix} Q_1 \\ Q_2 \end{bmatrix} R_{\ddot{H}} \qquad (7.18)$$

式中，$R_{\ddot{H}}$ 是上三角矩阵，$Q_{\ddot{H}}$ 为正交矩阵，

$$\ddot{P} = \left(H^H H + \frac{n_t}{\rho} I_{n_t} \right)^{-1} = (R_{\ddot{H}}^H R_{\ddot{H}})^{-1} = R_{\ddot{H}}^{-1} R_{\ddot{H}}^{-H} \qquad (7.19)$$

式中，$R_{\ddot{H}}^{-1}$ 为 $\ddot{P}$ 的开放根，扩展矩阵的伪逆变换为

$$\ddot{H}^\dagger = R_{\ddot{H}}^{-1} Q_{\ddot{H}}^H = \ddot{P}^{1/2} Q_{\ddot{H}}^H \qquad (7.20)$$

式（7.17）最终即转化为

$$z_{MMSE} = \sqrt{\frac{n_t}{E_s}} [\ddot{H}^\dagger]_1 y = \sqrt{\frac{n_t}{E_s}} \ddot{P}^{1/2} Q_1^H y \qquad (7.21)$$

开发根法则［Has00］通过大量使用单元变换，在不使用矩阵求逆，矩阵开方和伪逆的前提下计算出 $\ddot{P}$ 和 Q_1。这样在降低最小均方误差均衡的复杂度的同时保证了其性能。

复杂度和性能

迫零接收机和最小均方误差接收机具有较低的复杂度，其计算量和发送天线数成线性比例，$\mathcal{O}(n_t^3)$ 和 $\mathcal{O}(n_t^4)$，而最大似然接收机为指数级别。当然这也导致了性能的损失，图 7.1 比较了不同线性接收机在 4 发 4 收天线下经过独立同分布瑞利信道下的性能。6.5.2 节说明迫零接收机和最小均方误差接收机能够获得的分集增益等价于 $n_r - n_t + 1$，而最优接收机分集增益为 n_r。

在图 7.1 中可以看出，次优化接收

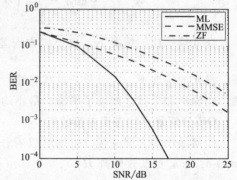

图 7.1　三种接收机在 4 发 4 收天线空间复用经过独立同分布瑞利衰老信道下的误比特率，调制方式为 QPSK

机的分集增益上限为 1，对于最大似然接收机为 4。在所有信噪比下最小均方误差接收机性能都要优于迫零接收机，在高信噪比这种差距依然存在。这种差距是和直觉相反的，通常认为在高信噪比下最小均方误差接收机和迫零接收机等价。实际上对第 q 层，其差别代表了隐藏在向量集合 $H(:,p)$，$p \neq q$ 间隔的子空间内的信号分量。这个信号分量可以被最小均方滤波恢复，而迫零接收机忽略了该分量。如何从数量上对该差距进行统计？在前一章计算了第 q 子信道在迫零和最小均方接收机输出的信噪比：

$$\rho_{q,ZF} = \frac{\rho}{n_t} \frac{1}{(H^H H)^{-1}(q,q)}$$

$$\rho_{q,\text{MMSE}} = \cfrac{1}{\left(\cfrac{\rho}{n_{\text{t}}} \boldsymbol{H}^{\text{H}} \boldsymbol{H} + \boldsymbol{I}_{n_{\text{t}}} \right)^{-1} (q,q)} - 1$$

这表明，在比率 $\rho_{q,\text{MMSE}}/\rho_{q,\text{ZF}}$ 在高信噪比下趋向为 1 的情况下，其差距上限 $\eta_{q,\infty} = \lim_{\rho \to \infty} \left[\rho_{q,\text{MMSE}} - \rho_{q,\text{ZF}} \right]$ 收敛于一个 F 分布变量 [JKB9]，例如根据 [JVL11] 在独立同分布瑞利衰落信道下，在高信噪比下差别的分布表达式 $\tilde{\eta}_{q,\infty} = \eta_{q,\infty}(n_{\text{r}} - n_{\text{t}} + 2)/(n_{\text{t}} - 1)$ 可以表示为

$$p_{\mathcal{F}}(\tilde{\eta}_q, \infty) = \frac{n_{\text{r}}!}{(n_{\text{t}} - 2)!(n_{\text{r}} - n_{\text{t}} + 1)!} \frac{\tilde{\eta}_{q,\infty}^{n_{\text{t}} - 2}}{(1 + \tilde{\eta}_{q,\infty})^{n_{\text{r}} + 1}} \tag{7.22}$$

上述分布解释了图 7.1 下的差别。对于 QR 分解最小均方误差接收机，其复杂度进一步从 $\mathcal{O}(n_{\text{t}}^4)$ 降低为 $\mathcal{O}(n_{\text{t}}^3)$ 其将最小均方滤波转换为等价的迫零接收机，同时还保证了原始最小均方误差滤波下的较好性能。

7.2.4　判决反馈接收机

综合考虑计算复杂度和系统性能，判决反馈接收机是一种有效的检测机制。

算法描述

该算法依赖于前向滤波和反馈滤波，后者利用前面的符号作为输入判决。判决反馈接收机的基本思想是，如果前面检测的符号（数据流）值是已知的（采用最大似然检测或者迫零检测），由这些符号产生的干扰就可以在前向滤波的输出端完全消除，其通过减去经过合适加权的之前符号实现干扰消除。其可以通过对数据流进行排序优化性能，比如首先检测具有最高信干噪比的数据层。

第 6 章描述的符号干扰消除和排序符号干扰消除接收机即为判决反馈算法的示例。后者对应于垂直分层空时码机制采用的检测器。

复杂度和性能

可以看出由于判决反馈计算容易产生错误传播，SIC 算法相对线性接收机的性能提升很小，其分集阶数为 $n_{\text{r}} - n_{\text{t}} + 1$。采用优化排序的方法（例如首先检测最强的流）可以减少错误传递的影响，但其不能显著提高获得的分集增益。SIC 接收机复杂度为 4 阶的，例如 $\mathcal{O}(n_{\text{t}}^4)$，排序方案增加了排序操作的额外复杂度，对第 i 次迭代，其复杂度为 $\mathcal{O}((n_{\text{t}} - i)^3)$。

7.2.5　格型回退辅助检测

格型回退辅助检测的主要思想是将式（7.3）或者式（7.4）中的最小化问题转换到一个具有较好状态有效信道矩阵的区域。采用 7.2.2 节介绍的格型表征方法，其目的就是改变格型矩阵 $\mathcal{H}_{\text{eq}}$。获得一个具有较好状态的矩阵 $\mathcal{H}_{\text{red}}$，其由相同的离散集合组成，但是其更接近于正交。矩阵 $\mathcal{H}_{\text{red}}$ 和矩阵 $\mathcal{H}_{\text{eq}}$ 的关系为

$$\mathcal{H}_{\text{red}} = \mathcal{H}_{\text{eq}} \mathcal{P} \tag{7.23}$$

式中，$\mathcal{P}$ 是一个具有整数元素的矩阵，其行列式值为 $|\det(\mathcal{P})| = 1$，例如 $\mathcal{P}^{-1}$ 同样只包含整数元素。有多种获得合适矩阵 $\mathcal{P}$ 的回退方案，例如 LLL 回退 [Coh93，YW02]。基于式（7.23），式（7.7）转换为

$$\mathcal{Y} = \mathcal{H}_{\mathrm{red}} \mathcal{S}_{\mathrm{red}} + \mathcal{N} \tag{7.24}$$

式中，$\mathcal{S}_{\mathrm{red}} = \mathcal{P}^{-1}\mathcal{S}$。由于 $\mathcal{P}^{-1}$ 是一个整数矩阵，$\mathcal{S}_{\mathrm{red}}$ 是一个整数向量，例如属于由 $\mathcal{H}_{\mathrm{red}}$ 产生的格型中的点。由于 $\mathcal{H}_{\mathrm{red}}$ 相对 $\mathcal{H}_{\mathrm{eq}}$ 更接近于正交，在上述格型上可以采用较低复杂度的接收机（例如迫零检测）来估计 $\hat{\mathcal{S}}_{\mathrm{red}}$（如果经过转换后信道近似正交，迫零检测消除了噪声增强）。最终通过 $\hat{\mathcal{S}} = \mathcal{P}\hat{\mathcal{S}}_{\mathrm{red}}$ 计算获得估计信号 $\hat{\mathcal{S}}$。格型回退计算复杂度很高。但是如果信道是慢衰的，在不同分组间可以共享寻找 $\mathcal{P}$ 的成本。

格型回退不只适用于一种特定的检测器。例如 [YW02] 比较了在 ZF 和 SIC V-BLAST 方案中格型回退算法的应用，其获得的分集增益接近于最大似然分集增益。另外，流行的排序球形译码技术（见 7.2.7 节）也是格型回退的一种应用。

7.2.6　球形译码算法和 QR-ML 检测

前面说明最大似然解码是针对错误概率的最优方案，但是其复杂度很高：在空间复用场景下，对于长度为 M 的星座点，最大似然译码要求在 M^{n_t} 个候选集上进行搜索。对于具有高频谱效率的传输，显然这是不可接受的。增加的复杂度是由于需要在所有可能组合中搜索导致的，尽管在候选集中有很多是不正确的候选，由于噪声的高斯分布，远离接收向量的码字其概率远小于接近接收向量的码字。该假设是所谓球形译码算法的核心思想。

该算法最初是在 20 世纪 80 年代提出的 [Poh81，FP85]，但由于其性能接近于最大似然同时还有合理的复杂度，其在 MIMO 研究中引起了很大的关注 [Poh81，FP85]。如前面所述，其主要思想是约束可能候选的集合，使其分布在以接收向量为中心的半径为 σ 的球形内（参见图 7.2a）。因此问题就转换为如何找出球形内的候选集。如果该操作要求计算每个候选值与接收向量的距离，将其与 σ 比较，那么该算法并不高效。幸运的是，球形译码提出了一种高效的解决方案。尽管还有其他算法采用非球形候选区域（例如矩形），但是球形解码是最流行的。

算法描述

其算法如下 [VB99]。首先考虑一个正交幅度调制星座点，其等价实系统模型 [式（7.7）]，对所有线性空时分组编码都有效：

$$\mathcal{Y} = \mathcal{H}_{\mathrm{eq}} \mathcal{S} + \mathcal{N} \tag{7.25}$$

这里，假设 $2Q = 2n_r T$（对于空间复用，说明 $n_r = n_t$），$\mathcal{H}_{\mathrm{eq}} \in \mathbb{R}^{2Q \times 2Q}$，$\mathcal{Y}$，$\mathcal{N}$ $\in \mathbb{R}^{2Q}$，$\mathcal{S} \in \mathbb{Z}^{2Q}$，这样非约束最小化的解就为 $\hat{\mathcal{S}}^{(u)} = \mathcal{H}_{\mathrm{ea}}^{-1} \mathcal{Y}$，或者等价于 $\mathcal{Y}$ 为 $\mathcal{H}_{\mathrm{eq}}$ $\hat{\mathcal{S}}^{(u)}$，例如通过坐标集合 $\hat{\mathcal{S}}^{(u)} \in \mathbb{R}^{2Q}$ 定义 $\mathcal{Y}$。为了简化描述，通过 $\mathcal{U} = \hat{\mathcal{S}}^{(u)} - \mathcal{S} \in$

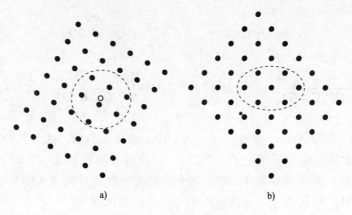

图 7.2

a）以接收信号向量为中心球形，包含列举的格型点

b）球形转换为一个在 T 坐标系统中的椭圆形

$\mathbb{R}^{2Q}$ 在转换格型上定义坐标集，这样

$$V = \mathcal{H}_{eq} U \tag{7.26}$$

球形检测的原理是将式（7.10）的最小化求解的搜索约束到一个球形。这就导致如何识别出属于以接收向量 y 为中心、半径为 σ 的球形内的格型离散点。该条件可以表示为

$$\|V\|^2 = U^T \mathcal{G} U \leqslant \sigma^2 \tag{7.27}$$

式中，$\mathcal{G} = \mathcal{H}_{eq}^T \mathcal{H}_{eq}$。

矩阵 $\mathcal{G}$ 的 Gram-Schmidt 因数分解为 $\mathcal{G} = \mathcal{L}^T \mathcal{L}$，这里 $\mathcal{L}$ 为上三角矩阵。因此，就有

$$\|V\|^2 = \|\mathcal{L}U\|^2 = \sum_{i=1}^{2Q} \left| \mathcal{L}(i,i)U(i) + \sum_{j=i+1}^{2Q} \mathcal{L}(i,j)U(j) \right|^2 \tag{7.28}$$

$$= \sum_{i=1}^{2Q} Q(i,i) \mid T(i) \mid^2 \leqslant \sigma^2 \tag{7.29}$$

这里定义一个新的坐标系统：

$$T(i) = U(i) + \sum_{j=i+1}^{2Q} Q(i,j)U(j) \tag{7.30}$$

对于 $i=1,\cdots,2Q, Q(i,i) = |\mathcal{L}(i,i)|^2$，对于 $i=1,\cdots,2Q, j=i+1,\cdots 2Q, Q(i,j) = \mathcal{L}(i,j)/\mathcal{L}(i,i)$。基于这个新的坐标系统，$T(i)$ 实际定义了一个椭圆体，有效集合为椭圆体内的格型点（见图 7.2b）。

从 $i=2Q$ 到 $i=1$，重写式（7.28）：

$$\sigma^2 \geqslant Q(2Q,2Q) \mid T(2Q) \mid^2 + \cdots + Q(1,1) \mid T(1) \mid^2 \tag{7.31}$$

可以看出，由于 $\mathcal{L}$ 的三角特性，第一项只取决于 $T(2Q)$，第二项取决于 $\mid T(2Q), T(2Q-1) \mid$，以此类推。因此对于 V 属于球形内的必要条件为 $\sigma^2 \geqslant Q(2Q, 2Q) \mid T(2Q) \mid^2$，例如

$$-\sqrt{\frac{\sigma^2}{Q(2Q,2Q)}} \le T(2Q) \le \sqrt{\frac{\sigma^2}{Q(2Q,2Q)}},\tag{7.32}$$

或者等价的

$$\left\lceil -\sqrt{\frac{\sigma^2}{Q(2Q,2Q)}} + \hat{S}^{(u)}(2Q) \right\rceil \le S(2Q) \le \left\lfloor \sqrt{\frac{\sigma^2}{Q(2Q,2Q)}} + \hat{S}^{(u)}(2Q) \right\rfloor \tag{7.33}$$

式中，$\lceil x \rceil$ 为大于 x 的最小整数，$\lfloor x \rfloor$ 为小于 x 的最大整数。式（7.33）是必要条件：这说明如果给定的不满足式（7.33），就没有必要增加式（7.31）的剩余项。但是式（7.33）不是充分条件，对于每个满足式（7.33）的 $S(2Q)$，一个更强条件为式（7.31）的前两项，这就导致 $T(2Q-1)$ 的区间为

$$-\sqrt{\frac{\sigma^2 - Q(2Q,2Q)T(2Q)|^2}{Q(2Q-1,2Q-1)}} \le T(2Q-1) \le \sqrt{\frac{\sigma^2 - Q(2Q,2Q)|T(2Q)|^2}{Q(2Q-1,2Q-1)}}$$

$$\tag{7.34}$$

或者等价的

$$\left\lceil -A_{(2Q-1)} + B_{(2Q-1)} \right\rceil \le S(2Q-1) \le \left\lfloor A_{(2Q-1)} + B_{(2Q-1)} \right\rfloor \tag{7.35}$$

式中，

$$A_{(2Q-1)} = \sqrt{\frac{\sigma^2 - Q(2Q,2Q)|U(2Q)|^2}{Q(2Q-1,2Q-1)}}\tag{7.36}$$

$$B_{(2Q-1)} = \hat{S}^{(u)}(2Q-1) + Q(2Q-1,2Q)U(2Q)\tag{7.37}$$

这里，式（7.31）类似于式（7.35），但是半径考虑前面的坐标做了调整。

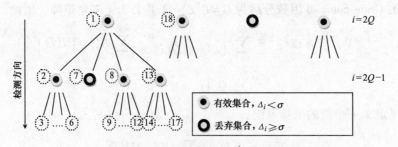

图 7.3　球形译码树的示意图

对于 $T_{(2Q-2)}$ 可以采用类似的方式直到 $T_{(1)}$，在第 i 次迭代：

$$\left\lceil -A_{(i)} + B_{(i)} \right\rceil \le S(i) \le \left\lfloor A_{(i)} + B_{(i)} \right\rfloor \tag{7.38}$$

式中，

$$A_{(i)} = \sqrt{\frac{1}{Q(i,i)}\left(\sigma^2 - \sum_{l=i+1}^{2Q} Q(l,l)\left| U(l) + \sum_{j=l+1}^{2Q} Q(l,j)U(j) \right|^2\right)}\tag{7.39}$$

$$B_{(i)} = \hat{S}^{(u)}(i) + \sum_{j=i+1}^{2Q} Q(i,j)U(j)\tag{7.40}$$

上述算法需要从上到下横贯一个深度优先的树，例如从 $i = 2Q$ 到 $i = 1$，如图 7.3 所示。深度优先搜索意味着从候选 $\mathcal{S}(2Q)$ 开始，逐步往下。图 7.3 的节点标签说明了访问顺序：节点 1 是第一个访问节点，节点 2 是第二个访问节点，以此类推。对一个码字当不完全累加（第 i 次迭代）和

$$\Delta i = \Big[\sum_{j=2Q}^{i} Q(j,j) \mid \mathcal{T}(j) \mid^2 \Big]^{1/2} \tag{7.41}$$

已经超过了球形半径，就没有必要进行下面节点（例如坐标低于 i 的节点）。这时，算法中止状态和其子分支，选择另外一个候选值 $\mathcal{S}(2Q)$ 从头开始。

搜索结束后，球形译码器输出一个码字 S 的集合，其包含在约束范围内，最终最优的选择最接近接收向量的码字。

球形解码的一个重要参数是球形半径 σ，必须选择合适的数值。一方面，一个较大的 σ 使检测变慢，因为类似于最大似然检测复杂度与大小成指数关系。另外一方面，选择的 σ 过小将导致算法无法找到属于球形的候选码字。对于任何场景，半径 σ 必须大于格子的覆盖半径，因为格子是球形覆盖空间的最小半径［OV04］。这保证了不管接收符号向量 $\mathcal{Y}$ 的位置，球形内至少存在一个点。σ 的一个实用选择是为接收符号向量和 Babai 估计值的距离，例如 $\sigma = \parallel \mathcal{Y} - \mathcal{H}_{eq}\mathcal{S}^{(u)} \parallel$，这保证了至少 Babai 估计自身是在球形内的。最终一个经过改良的球形译码算法是当在球形内发现一个点就更新半径：新的半径基于 $\parallel \mathcal{Y} - \mathcal{H}_{eq}\mathcal{S}_{in} \parallel$ 更新，这里 $\mathcal{S}_{in}$ 为在球形内发现的点（$\mathcal{S}_{in}$ 也许不是最终的解，因为搜索还没有结束）。

空间检测的应用：QR-MLD

可以很直观地将球形译码应用于空间复用的场景，上述公式是基于 $Q = n_t$ 推导的。当 $n_t \neq n_r$，文献通常将上述公式基于 QR 分集重新表示［WMPF03，HIPK + 09，KK09］，而不是基于 Gram-Schmidt 分解，因此球形译码有时也称为 QR-ML 检测（QR-MLD）。此外，有时采用复符号而不是实数系统，因为复数问题的硬件实现比较容易。

首先考虑非约束最小化的解（式（7.6）），基于 ZF 滤波器，有

$$\hat{s}^{(u)} = \arg \min_{s \in \mathbb{C}^{n_t}} \Big\| y - \sqrt{\frac{E_s}{n_t}} Hs \Big\|^2$$

$$= \sqrt{\frac{n_t}{E_s}} H^{\dagger} y \tag{7.42}$$

式中，$n_r \geqslant n_t$。在格型表达式中，$\hat{s}^{(u)}$ 等价于 $\hat{\mathcal{S}}^{(u)}$。同样依赖于 $H = Q_H R_H$ 的 QR 分解，这里 Q_H 为单位矩阵，R_H 为上三角矩阵。

可以直观地看出，考虑离散星座点约束的 $\parallel y - \sqrt{E_s}Hs \parallel^2$ 的最小化就等价于 $\parallel v \parallel^2 = \parallel R_H(\hat{s}^{(u)} - s) \parallel^2$ 的最小化。为了减少候选集合大小，球形译码只考虑球形内的集合 $\parallel v \parallel^2 \leqslant \sigma^2$。球形检测的解可以转化为

$$\| \boldsymbol{R}_{\mathrm{H}}(\hat{\boldsymbol{s}}^{(u)} - \boldsymbol{s}) \|^2 \leqslant \sigma^2 \tag{7.43}$$

例如

$$\sum_{i=1}^{n_t} \delta_i^2 \leqslant \sigma^2 \tag{7.44}$$

式中，$\delta_i = \left| \sum_{j=i}^{n_t} \boldsymbol{R}_{\mathrm{H}}(i,j) [\hat{\boldsymbol{s}}^{(u)}(j) - \boldsymbol{s}(j)] \right|$。由于式（7.44）的特殊形式（由 $\boldsymbol{R}_{\mathrm{H}}$ 的三角特性带来的），候选符号向量可以通过搜索树进行估计，其从 $s(n_t) = c_{n_t}$ 开始到 $s(1) = c_1$，采用基于 $\Delta_i^2 = \sum_{j=n_t}^{i} \delta_j^2$ 的非完全欧几里德距离。对于任意符号向量，如果不完全距离大于平方半径，该分支就丢弃。

文献［WMPF03，HIPK + 09］采用另外一个表达式，但其是完全等价的。实际上，基于信道矩阵的 QR 分集，虚逆 $\boldsymbol{H}^{\dagger}$ 可以表示为 $\boldsymbol{R}_{\mathrm{H}}^{-1}\boldsymbol{Q}_{\mathrm{H}}^{\mathrm{H}}$。取代式（7.43）中的 $\boldsymbol{R}_{\mathrm{H}}\hat{\boldsymbol{s}}^{(u)}$ 就有

$$\boldsymbol{q} = \boldsymbol{R}_{\mathrm{H}}\hat{\boldsymbol{s}}^{(u)} = \sqrt{\frac{n_t}{E_s}}\boldsymbol{Q}_{\mathrm{H}}^{\mathrm{H}}\boldsymbol{y} \tag{7.45}$$

最优检测解就为

$$\| \boldsymbol{q} - \boldsymbol{R}_{\mathrm{H}}\boldsymbol{s} \|^2 = \sum_{i=1}^{n_t} \left| \boldsymbol{q}(i) - \sum_{j=i}^{n_t} \boldsymbol{R}_{\mathrm{H}}(i,j)\boldsymbol{s}(j) \right|^2 \tag{7.46}$$

再次，符号向量的候选集合通过搜索树进行估计，其从 $i = n_t$ 开始，向下到 $i = 1$，采用不完全平方欧几里德距离，定义如下：

$$\tilde{\Delta}_i^2 = \sum_{j=n_t}^{i} \tilde{\delta}_j^2 = \sum_{j=n_t}^{i} \left| \boldsymbol{q}(j) - \sum_{k=j}^{n_t} \boldsymbol{R}_{\mathrm{H}}(j,k)\boldsymbol{s}(k) \right|^2 \tag{7.47}$$

自然，上述所有球形译码算法的表达式都是等价的。

混合 QR 接收机

有意思的是，目前为止两种类型的接收机采用 QR 分解：

● 7.2.3 节，基于开方根算法利用 QR 分解来降低 MMSE 检测的复杂度，其有一个幅度的阶。

● 在空间复用时球形译码算法依赖于 QR 分解（因为称为 QR-ML 检测）。

基于评估，［KK09］的作者提出一个混合接收机其集合了 QR-MMSE 和 QR-ML。默认的接收机基于 QR-ML 模式（因此进行球形解码）。但是当信道条件很差，ML 没有性能增益时，简单的 MMSE 检测可以节省功耗，因此在两种接收机间切换是合理的。为了在单一的芯片中实现两种接收机，两种接收机都需要 QR 分解，说明采用基于 QR 分解的 MMSE 检测。这样，QR 分解架构对两种接收机通用。

复杂度和性能对比

球形解码的复杂度的评估不太直观。对于单次算法执行，其复杂度与搜索树中的节点数成比例。取决于信道实现，该数值区间为 $\mathcal{O}(n_t)$ 到 $\mathcal{O}(M^{n_t})$，因此需

要对访问的节点数进行估计。［FP85］说明复杂度基于 n_t 呈指数。但是对于不太大的阵列，高信噪比下的复杂度界限为 n_t 的多项式（大致为三次方）。另外一方面，通过选择合理的 σ，性能无限接近于最大似然的性能。一个特别简洁的解是基于每个有效叶节点的欧几里德值 Δ_1 更新球形半径［AEVZ02］：这意味着一旦在球形内发现一个候选符号，半径更新为

$$\Delta_1 = \left[\sum_{j=1}^{2Q} \mathcal{Q}(j,j) \mid \mathcal{T}(j) \mid^2 \right]^{1/2} \tag{7.48}$$

另外一种减少计算复杂度的优化是采用退化秩的信道分解，这样 QR 分解对每个数据分组只进行一次［DJZ08］。

7.2.7　排序球形检测

另外一种提高球形解码收敛度的策略是利用 7.2.5 节介绍的格型回退的原则。对于一个有限集合，格型回退等价于对一个矩阵的列进行排序，例如对层进行重排序。问题是信道通常是重要的，对层排序时需要考虑其特性。一个直觉上可以依赖的排序参量是和 Babai 解的距离（在转换格型中，其就转换为最小的集合 $\mathcal{U}(i)$）。

基于相对 $\hat{\mathcal{S}}^{(u)}$ 的非减低距离（等价于空间复用场景中的 $\hat{s}^{(u)}$）对层进行排序，同时集合基于半径更新策略重排序，这种算法称为 Schnorr-Euchner 算法［SE94］。很多文献对该算法做了基于各种改动进行应用，例如［AEVZ02，ZG06］。该检测器的另外一个应用于空间复用的实例是分类 QR-ML 检测［AEVZ02，ZG06］。尽管该算法是用于提高分层空时编码的性能和降低错误传播的，其在算术上可以加快空间复用球形解码的收敛。其基于 QR 分解（因此类似于球形译码），但是对 $\boldsymbol{H}$ 的迭代进行预处理这样在第 i 次迭代，其列基于由上次迭代计算的 $\boldsymbol{Q}_\mathrm{H}$ 的第 $i-1$ 列划分的向量空间的最小正交长度进行重排序。

从复杂度的角度，排序球形解码在带来相似性能的同时，其平均复杂度要小于原始球形解码［WLFH06］。

7.2.8　具有确定复杂度的宽度优先搜索检测

球形译码的另外一种进一步优化方案是在每个树搜索阶段只选择部分候选向量。该算法实现上对应 K-best 球形解码，列表球形解码或者确定复杂度球形解码［WMPF03，GN06，BT08］。严格说来，这些检测器不再是球形解码，而是一种精心设计的算法来减小计算复杂度，其某种程度上类似于球形解码。实际上，相对典型或者排序球形译码的主要区别是其搜索是基于宽度优先的而不是深度优先的（例如在每个层 i 搜索所有 S 的 $S(i)$），这样在树的每层，只有最好的 K 个节点保留下来，例如具有最小不完全和的节点（其称为不完全欧几里德距离）。图 7.4 说明了 $K=1$ 下的设计原则，这里节点标签说明了访问阶：节点 1 代表第一个访问节点，节点 2 代表第二个，以此类推。这说明 K-Best 算法导致固定的解码复杂度。自然，

限制 K 显著地减低了 BFS 算法的复杂度，其代价是相对 ML 带来了性能退化 [GN06]。

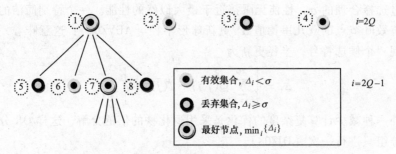

图 7.4　$K = 1$ 下的宽度优先搜索树的示意图

固定复杂度宽度优先搜索检测器有很多不同名字的版本：

- 分类 K-Best/列表检测，其将 K-best 算法和排序球形解码集合起来 [WMPF03, GN06]
- 基于候选集的分类 QR-ML 检测 [KHHKM + 04]，基于寻找最好的 K 个参数而不是最好的参数来拓展分类 QR-ML，其与上面的检测相似
- 基于候选集的 QR 排序连续干扰消除（QOC），其采用不同的参数选择候选集 [HIPK + 09]，参见例 7.1。
- 基于快速列举的选择性生成（SSFE）[LBL + 08]，其是 K-Best 算法的列表产生的替代方案，其更适用于量化实现。

这些算法都是基于宽度优先搜索（BFS），其具有确定解码复杂度的优点。

例 7.1　QOC 算法的实现如下 [HIPK + 09]。考虑一个维度为 $n_r \times n_t$ 的空间复用方案，星座点大小为 M，基于 K 个候选者进行选择。该算法包含 4 步。第 1 步只执行一次，而第 2 步到第 4 步需要在树搜索的每个阶段重复，除了在最终阶段，只有一个向量被选择（比如解）。

1）第 1 步：对信道矩阵排序和 QR 分解。这一步类似于空间复用的典型球形解码。定义：

$$q = \sqrt{\frac{n_t}{E_s}} Q_H^H y \tag{7.49}$$

最优检测就为式（7.46）的最小化。

2）第 2 步：产生临时向量。在阶段 1，对 $c(n_t)$ 所有可能的符号都进行测试，对于 $i = n_t - 1$ 到 1 的剩余符号为

$$s(i) = \mathcal{M}\left(q(i) - \sum_{j=i+1}^{n_t} R_H(i,j) s(j) \right) \tag{7.50}$$

式中，$\mathcal{M}$ 为限制函数。因此对于阶段 1，只产生 M 个向量（只选择其中的 K 个，截断为第 4 步的 [Ss (n_t)]）。从阶段 2 往下，对于 K 个候选向量 [s(n_t)]，s $(n_t$

-1) 的所有符号需要测试，对于每个向量 $[s(n_t), s(n_t-1)]$，对 $i=n_t-2$ 到 1 的剩余符号基于式 (7.49) 获得。

3) 第 3 步：参量计算：对于每个临时向量，在每个阶段计算下面的参量：

$$\check{\Delta}^2 = \sum_{j=1}^{n_t} \left| q(j) - \sum_{k=j}^{n_t} R_H(j,k)s(k) \right|^2 \tag{7.51}$$

其独立于阶段 i，因此与 $\tilde{\Delta}_i^2$ 有区别。尽管上述参量要求较大的计算复杂度，其带来较好的性能，特别是在软解码系统中。

4) 第 4 步：K 个候选中选择和截断。只选择 K 个具有最小参量 $\hat{\Delta}$ 的候选向量，进行截断，这样长度从 n_t 减少为 i，例如阶段指示。

7.2.9　半定松弛检测

虚最大似然半定松弛检测（SDR）将式 (7.4) 的最大似然最小化转变为一个布尔二次方程的问题，继而通过半定松弛的方案求解 [TR01，SLW03]。

算法描述

首先重新表示空间复用的系统模型，从比特开始。对于一个确定的瞬时比特序列 $b = [b_1 \cdots b_{Mn_t}]^T$ 将其映射到符号向量 $s = [c_1 \cdots c_{n_t}]^T$，该符号向量的为 M 维的正交幅度星座点，即 $s = Mb$，这里 M 为 $n_t \times Mn_t$ 的映射/调制矩阵。系统模型如下：

$$y = \sqrt{\frac{E_s}{n_t}} Hs + n \tag{7.52}$$

$$= H'b + n \tag{7.53}$$

式中，$H' = \sqrt{\dfrac{E_s}{n_t}} HM$ 为维度为 $n_r \times Mn_t$ 的矩阵。类似于式 (7.5)，最大似然检测可以表示为

$$\hat{b} = \arg \max_{b \in \{+1, -1\}^{Mn_t}} 2b^H H'^H y - b^H H'^H H' b \tag{7.54}$$

上述问题为非确定性多项式问题，SDR 检测 [TR01，SLW03] 将引入一个标量变量 $\beta \in \{+1, -1\}$，式 (7.54) 就为

$$\hat{b} = \arg \max_{\substack{b \in \{+1, -1\}^{Mn_t} \\ \beta \in \{+1, -1\}}} [b^T \beta] \Re[\Psi] \begin{bmatrix} b \\ \beta \end{bmatrix} \tag{7.55}$$

式中，矩阵 Ψ 为

$$\Psi = \begin{bmatrix} -H'^H H' & H'^H y \\ y^H H' & 0 \end{bmatrix} \tag{7.56}$$

式 (7.53) 的问题类似于经典非确定性多项式问题，因此在约束条件 $B = bb^T$（例如 B 是对称的，半正定的，秩为 1）同时 $\text{diag}\{B\} = [1 \cdots 1]$ 下，其解可以通过最大化 $\text{Tr}[B\Psi]$ 获得。放松秩的约束，上述问题就成为凸的，可以通过称为

内部点的方法进行有效求解。尽管该放松增加了方程的维度 $Mn_t/2+1$，但是其没有显著恶化性能。最终虚最大似然估计如下：

$$\hat{b} = \beta^o b^o \qquad (7.57)$$

式中，β^o 和 b^o 是布尔非确定性多项式问题的解。

复杂度和性能对比

SDR 检测在获得近似最优性能的同时，其复杂度依然有限尽管不是 Mn_t 的线性。在 ［SLW03］，复杂度估计为 $\mathcal{O}\left((Mn_t)^{4.5}\right)$，其远低于最大似然的指数级别的复杂度。

7.2.10　最慢下降检测

［SG01a］提出了一个最慢下降检测方法，作为一种通用的序列检测算法，其应用于空间复用检测 ［SVWWM07］。其基本思想还是基于式（7.42）将搜索候选符号向量的集合约束在 Babai 解 （式（7.6））的附近区域。

算法描述

最慢下降算法的原理是在对数似然函数 （LLF） 非约束最大值附近分析其范围，找到该 LLF 的最慢下降路径。选择最慢下降路径附近的符号向量作为候选集合。后面我们忽略时间指示 k 来简化说明，因为最慢下降方案也是线性方案，因此其检测可以独立于任意瞬时 k 进行。

第一步为对 LLF：

$$\log p(\boldsymbol{y}\mid\boldsymbol{s}) = -\frac{1}{\sigma_n^2}\left\|\boldsymbol{y}-\sqrt{\frac{E_s}{n_t}}\boldsymbol{Hs}\right\|^2 + \text{constant} \qquad (7.58)$$

对其非约束最大值 $\hat{s}^{(u)}$ 逼近其二阶泰勒级数展开：

$$\log p(\boldsymbol{y}\mid\hat{\boldsymbol{s}}^{(u)}+\boldsymbol{e}) = \log p(\boldsymbol{y}\mid\hat{\boldsymbol{s}}^{(u)}) - \frac{E_s}{n_t}\boldsymbol{e}\boldsymbol{H}^H\boldsymbol{He} \qquad (7.59)$$

式中，$\boldsymbol{e}=\boldsymbol{s}-\hat{\boldsymbol{s}}^{(u)}$，如图 7.5 所示，最慢下降的核心点是找到一个单位向量 $\boldsymbol{e}_{SD}$ 使其最小化式（7.59）的信息化似然。

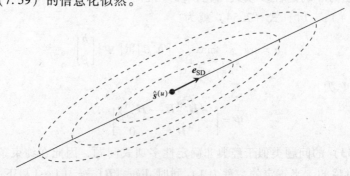

图 7.5　最慢下降检测的原理：椭圆代表 $\lg p(\boldsymbol{y}/\boldsymbol{s})$ 等概率去见，$\boldsymbol{e}_{SD}$ 选择为最慢下降方向

如［SVWWM07］分析，最慢下降的方向 e_{SD} 等于因子 $e^{j\theta}$，$\boldsymbol{H}^{H}\boldsymbol{H}$ 对应最小特征值的归一化特征向量。将对应 $\boldsymbol{H}^{H}\boldsymbol{H}$ 的最小特征值的一个归一化特征向量表示为 e_{SD}，最慢下降方向的集合为

$$\{\boldsymbol{e}'_{SD}:\ \boldsymbol{e}'_{SD}=e^{j\theta}\boldsymbol{e}_{SD}, \theta\in[\theta,\pi]\} \tag{7.60}$$

这些特性向量属于复数空间 $\mathbb{C}^{n}$，分布在最慢下降的平面。该平面的方程可以通过两个实变量（θ 和 γ）参数化，因此为

$$\mathrm{x}(\gamma,\theta)=\hat{\mathrm{s}}^{(u)}+\gamma e^{j\theta}\boldsymbol{e}_{SD} \tag{7.61}$$

式中，γ 为与 $\hat{\mathrm{s}}^{(u)}$ 的距离，这里 θ 为旋转角。值得指出的是 e_{SD} 只取决于瞬时信道矩阵 $\boldsymbol{H}$。

第二步为寻找候选符号向量的集合。其定义为

$$\Gamma=\{\mathrm{s}(\gamma,\theta),\gamma\in\mathbb{R},\theta\in[0,\pi]\} \tag{7.62}$$

式中，

$$s(\gamma,\theta)=\arg\min_{s}\|s-\mathrm{x}(\gamma,\theta)\| \tag{7.63}$$

式（7.63）的最小化为量化 $\boldsymbol{x}(\gamma,\theta)$ 到可能的最近码字。对所有可能的变量 (γ,θ) 对进行量化。为了对该问题求解，［SVWWM07］提出将 θ 的可能值约束为一个固定长度 L 的离散集合，为 $[\theta_1,\cdots,\theta_L]$（显然选择均匀分布在 $[0,\pi]$ 的值）。对每个 θ_l 值，因为 $s(\gamma,\theta_l)$ 为 γ 的分段常量函数，集合 $\Gamma_{\theta_l}=\{s(\gamma,\theta_l),\gamma\in\mathbb{R}\}$ 可以容易的估计。这说明式（7.61）的最小化只是在一个确定数目的数值上进行。

假设采用 M 维的正交幅度调制星座，根据定义，设置 $\gamma=0$ 产生集合 Γ_{θ_l} 的 Babai（ZF）解。其他候选者通过寻找导致 $s(\gamma,\theta_l)$ 激增来获得 γ。对于 γ 的 $\sqrt[2]{M}$ 个值，$s(\gamma,\theta_l)$ 的第 i 个成员其激增如下：

$$\gamma_1^{(2j-1+2(i-1)(\sqrt{M}-1))}=\frac{m_j-\Re[\hat{\boldsymbol{s}}^{(u)}(i)]}{\Re[e^{j\theta_l}\boldsymbol{e}_{SD}(i)]} \tag{7.64}$$

$$\gamma_1^{(2j+2(i-1)(\sqrt{M}-1))}=\frac{m_j-\Im[\hat{\boldsymbol{s}}^{(u)}(i)]}{\Im[e^{j\theta_l}\boldsymbol{e}_{SD}(i)]} \tag{7.65}$$

式中，$i=1,\cdots,n_t$，$j=1,\cdots,\sqrt{M}-1$；数值 m_j 代表两个在星座上水平相邻符号的中间点的实数值。

对于数值 γ_1，在 Γ_{θ_l} 的候选向量可以简单估计为 $s(\gamma_1^{(k)},\theta_l)$，$k=1,\cdots,2n_t$ $(\sqrt{M}-1)$，完整的候选集合通过所有独立集合 Γ_{θ_l} 获得。最多有 $2n_t(\sqrt{M}-1)L+1$ 个符号向量，因为最终集合是所有集合的组合，其可能包含重复值。

复杂度和性能对比

如何将该方案与最优检测对比？后者要求在 M^{n_t} 个可能符号向量上搜索。根据最慢下降方法，最小化求解的集合最多只包含 $2n_t(\sqrt{M}-1)L+1$ 个元素。这说明

其复杂度与发射天线数目 n_t 呈线性比例。对于性能，当 $n_r \gg n_t$，最慢下降算法性能接近最优最大似然解码。尽管当阵列大小相同，如图7.6所示 [Sim08]，其性能显著恶化，但是其仍然优于线性接收机（可以通过比较图7.6和图7.1的BER看出）。

7.3　编码传输系统的MIMO接收机

7.3.1　迭代MIMO接收机

到目前为止，介绍了非编码传输的接收机架构。要获得香农容量，其计算复杂度令人望而却步。相反，对于迭代接收机可以在获得最优化的性能的同时保持合理的计算复杂度。

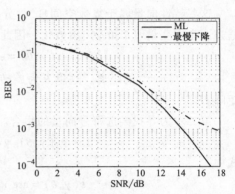

图7.6　在独立同分布瑞利信道 $n_t = n_r = 4$，QPSK下最慢下降检测的BER性能

迭代接收机是基于涡轮码的原则设计的。涡轮码是一种纠错码，由两组卷积码（内码和外码）通过交织器级联组成。解涡轮码采用迭代连续解码的方式：每个码产生所谓的外部信息（比如本级后验信息和先验信息的差别），该外部信息将作为先验信息交换给其他解码器。

由于空时传输由两个级联的块组成（在第一块进行信道编码，时域交织和符号映射，在第二块进行空时编码），到达接收机的信号向量可以看成由多个天线传输的干扰数据流，其通过联合编码机制相关。类似于多用户涡轮检测，迭代接收机进行迭代干扰消除和解码，不同数据流的解码器交互解码比特的软外部信息。

对于编码空间复用传输，7.2节的所有近似最大似然检测器都可以和涡轮法则进行组合。事实上，很多前面介绍的非编码传输的法则通过软解码技术应用于现实的编码机制中：

- [HtB03，VHK04，WG06，DJZ08，KK09] 推导了球形译码的软实现。

- [KHHKM + 04，GN06，HIPK + 09] 说明了涡轮解码和广度优先搜索算法的结合。

- [SLW03] 描述基于半正定松弛算法对虚最大似然软解码的实现，详见7.2.9节。

- [Simi08] 介绍了最慢降低软解码的实现。

- [SH00] 对6.5.3节介绍的对角空时分层结构机制，修改了典型的对角空时分层结构的编码，其通过在发送天线上对 n_t 个循环对角分层进行交织将对角分层联系起来。

- [BNT05] 将最大均方误差检测和干扰消除结合起来，在带来较小的复杂度提升情况下，将最小均方误差滤波器放置在干扰消除循环内部或者之前。

7.3.2　空时编码调制

迭代 MIMO 接收机的一个重要分支是空时编码调制技术［Ari00，HSdJW04］。这起源于 MIMO 传输可以看作是一种涡轮编码机制，外码即为典型的信道编码，将编码比特映射到空间分集的码字上可以看作是内码。这样任何一种编码 MIMO 传输都可以看作是一种特殊的编码调制，可以利用涡轮解码的优势。［LFT01，SG01b，SD01，WDV04］提出了多种编码调制技术，采用不同的外码和内部映射组合。下面考虑 MIMO 背景下的比特交织编码调制原则的细节，在发射机侧，一帧信息比特首先通过卷积编码，然后进行随机组合的交织，随后交织后的编码比特被分割成 n_t 个子块。在每个子块中，比特被映射到具有多个幅度相位星座点的复符号上。在每个符号间隔，n_t 个符号被传输（每个发送天线对应一个），其等价于空间复用。但是由于编码、交织，冗余信息被扩散在时域和空域，这种机制称为一种比特交织空间发送编码。图 7.7 描述了迭代接收机，其由两级软输入和软输出组成，通过比特交织器分离，相互交换软外部信息，比如基于最大似然比特的形式。后期通过 BCJR 算法［BCJR74］实现典型的最优化解码，而前期采用多种技术（比如球形译码或者 K-best 算法）同时实现对天线间、符号间的干扰消除和解调制。MIMO 比特编码交织调制利用合理的复杂度同时获得了发送和接收分集。但是全面的分析已经超过了本章的范围，有兴趣的读者可以参考［HSdJW04］其详细介绍了空间分集-比特交织编码调制接收机。

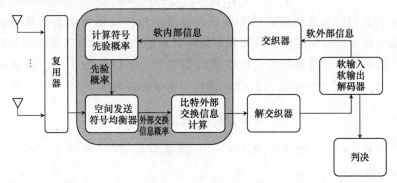

图 7.7　比特交织编码调制迭代接收机

7.4　MIMO 信道估计

7.4.1　信道估计的目的

所有的典型解码算法都假设接收机完全获知瞬时信道参数。在实际系统中，这些参数是不可知的，需要进行估计。通常有 3 类典型的信道估计器：

- 基于训练序列的数据辅助信道估计（比如发射机和接收机已知的一些导频符号），这样接收机就可以推导出符号上加载的信道。数据辅助信道估计的缺点是导频带来了数据速率和功率的消耗。

- 非数据辅助信道估计不采用导频符号而是基于接收信号的统计特性来估计信道。但是由于很难对空间特性进行统计（在 2.5 节已经说明对于典型的天线阵列，信道很少是同构的）同时不确定参数太多，对于 MIMO 架构来说这种实现太过于复杂。在 MIMO 系统中采用非数据辅助的信道估计的示例参见 ［WS04，YG05］。

- 编码辅助信道估计利用发送信号的编码结构。通常基于迭代循环的方式实现，首先符号基于信道参数估计进行估计，然后使用估计的符号来更新信道参数，比如编码辅助信道估计可以采用简单匹配边缘化算法或者期望值最大化算法 ［SWSM05］。

本节，介绍了两种场景，主要是窄带传输：静态参数场景（慢衰信道）和时变参数（快衰信道估计）。感兴趣的读者可以参考 ［SWSM05］，其全面介绍了 MI-MO 信道估计，同时也扩展到频率选择性信道。

7.4.2　慢衰信道

系统模型

考虑如下的系统模型：

$$y_k = \sqrt{E_s} H_k c_k \exp(j2\pi kF) + n_k, \tag{7.66}$$

上述公式同时考虑到接收机振荡器相对发射机振荡器可能会带来载波频率偏移，F 表示在本符号间隔内由载波频率偏移带来的产物。首先假设信道是空间相关的 $(R = R_r \otimes R_t)$ 的瑞利分布。在慢衰的场景下，可以认为在一个码块内是恒定的，即 $\{H_k = H\}_{k=0}^{T-1}$。将式 （7.64） 转换为更紧凑的形式：

$$Y = \sqrt{E_s} HC\Lambda(F) + N \tag{7.67}$$

式中，$Y = [y_0 \cdots y_{T-1}]$ 和 $N = [n_0 \cdots n_{T-1}]$ 维度为 $n_r \times T$,，$C = [c_0 \cdots c_{T-1}]$ 维度为 $n_t \times T$，同时

$$\Lambda(F) = \text{diag}\{1, \exp(j2\pi kF), \cdots, \exp(j2\pi(T-1)F)\} \tag{7.68}$$

式 （7.65） 可以基于向量计算的形式表示为

$$\text{vec}(Y) = \sqrt{E_s} S(F) \text{vec}(H) + \text{vec}(N) \tag{7.69}$$

式中，$S(F) = (\Lambda(F)^T C^T) \otimes I_{n_r}$。

已知信道相关性的数据辅助信道估计

典型的信道估计是利用长度为 $n_t \times T_p$ 的导频符号 $C = C_p$ 向量基于最大先验概率进行估计。假设接收信号为 Y_p。其联合先验概率最大公式如下：

$$\log p(\boldsymbol{H}, \boldsymbol{F} \mid \boldsymbol{Y}_{\mathrm{p}}, \boldsymbol{C}_{\mathrm{p}}) = -\frac{1}{\sigma_{\mathrm{n}}^2} \| \mathrm{vec}(\boldsymbol{Y}_{\mathrm{p}}) - \sqrt{E_{\mathrm{s}}} \boldsymbol{S}_{\mathrm{p}}(\boldsymbol{F})$$

$$\mathrm{vec}(\boldsymbol{H}) \|^2 - \mathrm{vec}(\boldsymbol{H})^{\mathrm{H}} [\boldsymbol{R}_{\mathrm{t}}^{\mathrm{T}} \otimes \boldsymbol{R}_{\mathrm{r}}^{\mathrm{T}}]^{-1} \mathrm{vec}(\boldsymbol{H}) \tag{7.70}$$

假设 $\boldsymbol{C}_{\mathrm{p}}$ 已知，$\boldsymbol{s}_{\mathrm{p}}(\boldsymbol{F})$ 为关于 $\boldsymbol{F}$ 的确定性函数，根据式（7.70），$\boldsymbol{F}$ 和 $\boldsymbol{H}$ 的最大先验概率解为

$$[\hat{\boldsymbol{H}}_{\mathrm{MAP}}, \hat{\boldsymbol{F}}_{\mathrm{MAP}}] = \arg \max_{\boldsymbol{F}, \boldsymbol{H}} \log p(\boldsymbol{H}, \boldsymbol{F} \mid \boldsymbol{Y}_{\mathrm{p}}, \boldsymbol{C}_{\mathrm{p}}) \tag{7.71}$$

尽管式（7.71）没有解析解，但可以通过首先固定 $\boldsymbol{F}$ 来求最大化先验概率下的 $\boldsymbol{H}$ 的解：

$$\mathrm{vec}(\hat{\boldsymbol{H}}(\boldsymbol{F})) = \left(E_{\mathrm{s}} \boldsymbol{S}_{\mathrm{p}}(\boldsymbol{F})^{\mathrm{H}} \boldsymbol{S}_{\mathrm{p}}(\boldsymbol{F}) + \sigma_{\mathrm{n}}^2 [\boldsymbol{R}_{\mathrm{t}}^{\mathrm{T}} \otimes \boldsymbol{R}_{\mathrm{r}}^{\mathrm{T}}]^{-1} \right)^{-1} \sqrt{E_{\mathrm{s}}} \boldsymbol{S}_{\mathrm{p}}(\boldsymbol{F})^{\mathrm{H}} \mathrm{vec}(\boldsymbol{Y}_{\mathrm{p}})$$

$$\tag{7.72}$$

然后可以求 $\log p(\hat{\boldsymbol{H}}, \boldsymbol{F} \mid \boldsymbol{Y}_{\mathrm{p}}, \boldsymbol{C}_{\mathrm{p}})$ 的最大值来估计 $\hat{\boldsymbol{F}}_{\mathrm{MAP}}$，这是数据辅助信道估计最复杂的部分（考虑不存在解析解）。最后 $\boldsymbol{H}$ 的最大先验估计可以基于 $\hat{\boldsymbol{H}}_{\mathrm{MAP}} = \hat{\boldsymbol{H}}(\hat{\boldsymbol{F}}_{\mathrm{MAP}})$ 计算。[Sim08] 给出了上述两步操作的可行实现方案。

假设不存在载波频率偏移，$\boldsymbol{H}$ 的最大先验概率估计公式可以简化为

$$\mathrm{vec}(\hat{\boldsymbol{H}}_{\mathrm{MAP}}) = \left(E_{\mathrm{s}} [(\boldsymbol{C}_{\mathrm{p}} \boldsymbol{C}_{\mathrm{p}}^{\mathrm{H}})^{\mathrm{T}} \otimes \boldsymbol{I}_{n_{\mathrm{r}}}] + \sigma_{\mathrm{n}}^2 [\boldsymbol{R}_{\mathrm{t}}^{\mathrm{T}} \otimes \boldsymbol{R}_{\mathrm{r}}^{\mathrm{T}}]^{-1} \right)^{-1} \sqrt{E_{\mathrm{s}}} (\boldsymbol{C}_{\mathrm{p}}^{\mathrm{T}} \otimes \boldsymbol{I}_{n_{\mathrm{r}}})^{\mathrm{H}} \mathrm{vec}(\boldsymbol{Y}_{\mathrm{p}})$$

$$\tag{7.73}$$

空间信道特性未知的数据辅助信道估计

前面是考虑接收机已知空间信道相关性进行信道估计。当空间信道相关性未知，最大似然估计是在缺乏先验信息下最合适的法则。当被降为可解析的 [Sim08]，其相应的信道估计公式如下：

$$\hat{\boldsymbol{H}}_{\mathrm{ML}} = \frac{1}{\sqrt{E_{\mathrm{s}}}} \boldsymbol{Y}_{\mathrm{p}} \boldsymbol{\Lambda}(-\hat{\boldsymbol{F}}_{\mathrm{ML}}) \boldsymbol{C}_{\mathrm{p}}^{\mathrm{H}} (\boldsymbol{C}_{\mathrm{p}} \boldsymbol{C}_{\mathrm{p}}^{\mathrm{H}})^{-1} \tag{7.74}$$

为了避免估计出现均方误差门限，需要对导频序列进行优化。同样在不存在载波频率偏移的情况下，式（7.72）简化如下：

$$\hat{\boldsymbol{H}}_{\mathrm{ML}} = \frac{1}{\sqrt{E_{\mathrm{s}}}} \boldsymbol{Y}_{\mathrm{p}} \boldsymbol{C}_{\mathrm{p}}^{\mathrm{H}} (\boldsymbol{C}_{\mathrm{p}} \boldsymbol{C}_{\mathrm{p}}^{\mathrm{H}})^{-1} \tag{7.75}$$

编码辅助信道估计

当发送数据信号对接收机是不可知的，信道估计就会非常复杂。通常最优的最大先验概率估计是不可行的，需要选择次优估计方法。[Sim08] 介绍了一种基于最大期望算法的编码辅助信道估计方案，但这已经超过本章介绍信道估计的范围。

7.4.3　快衰信道

在快速变化的传播环境中，信道在一个传输快的时间内不再是恒定的。由于快衰的特性，很难获得精确的信道估计。[Mar99, KFSW02, Sim08, ANQ08] 研究了

多种解决方案。在很多情况下，MIMO 信道估计是和均衡/检测一起进行的。后者有很多方案，前者通常基于卡尔曼滤波。［KFSW02］在空间复用的背景下利用卡尔曼滤波和最小均方误差判决反馈均衡机制对频率选择性快衰信道进行均衡。该方案假设信道的每个抽头都可以通过 3.2.4 节所述的自动递归模型进行模拟。如图 7.8 所示，整体接收机由 4 块组成，每个组成部分对应一个操作：

- 迭代进程首先进行卡尔曼递归，在时刻 k 进行时刻 $k-\Delta$ 信道时变部分的优化线性估计。最后卡尔曼滤波（其延时为 Δ）使用一系列判决反馈均衡样值（假设可信的），$\hat{s}_{k-\Delta-1}$, $\cdots$, $\hat{s}_{k-\Delta-L}$, 接收向量 $y_{k-\Delta-1}$, 和先前估计的信道 $\underline{\hat{H}}_{k-\Delta-\mu}$, $\cdots$, $\underline{\hat{H}}_{k-\Delta-1}$。

- 第二步，预估器利用额外接收向量 $y_{k-\Delta}$, $\cdots$, y_k 和 $\underline{\hat{H}}_{k-\Delta-\mu+1}$, $\cdots$, $\underline{\hat{H}}_{k-\Delta}$ 计算预估的信道序列 $\underline{\hat{H}}_{k-\Delta+1}$, $\cdots$, $\underline{\hat{H}}_k$。

- 判决反馈均衡模块利用利用这些 Δ 预估的信道和最近的 n_f 个信道估计值（n_f 为矩阵前馈滤波器的阶数）来设计最优的前馈矩阵滤波和最小均方误差-判决反馈均衡器的反馈矩阵滤波。

- 最后基于更新的判决反馈均衡器对 n_t 维的符号 $\hat{s}_{k-\Delta}$ 进行解码。

在文献［Sim08］中，使用高斯-马尔科夫信道模型进行迭代的方法使检测算法和编码辅助的信道估计紧密地耦合在一起。同样，估计算法可以归结为基于检测其提供的软符号信息进行卡尔曼平滑。有意思的是不考虑接收相关性，卡尔曼平滑可以分离为一大堆并行的卡尔曼平衡器，从而显著地降低复杂度。

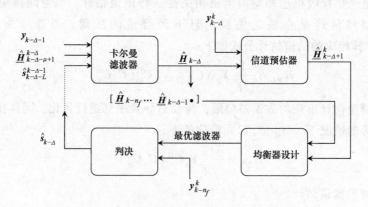

图 7.8　基于卡尔曼滤波的估计结合 MMSE-DFE 接收机

第 8 章　现实 MIMO 信道的差错概率

第 6 章已经讨论了独立同分布（i. i. d.）瑞利衰落信道中的空时码设计。然而，如第 2 章和第 3 章中所强调的，现实信道传输条件变化范围较大且一些环境可能高度偏离独立同分布瑞利衰落场景。因此，理解下述两点非常重要：

- 以独立同分布瑞利为假设设计的空时码在更加现实的传输条件下表现如何。
- 更加适合的设计标准如何显著提升它们（码）的性能。

在 8.1 节中，我们首先从物理角度理解发射机端大量信道散射如何影响空时码的性能。通过直观概念的应用，我们指出经典设计面临的问题。之后，在 8.2 ~ 8.4 节，这些概念对应各种现实衰落信道被加以归纳。最后，8.5 节总结了本章的重要想法，它们构成了第 9 章构建设计标准的基础。

8.1　条件成对错误概率方法

8.1.1　退化信道

一方面，我们根据第 6 章中的式（6.3）知道条件成对错误概率（Pairwise Error Probability，PEP）是下式的一个函数：

$$\sum_{k=0}^{T-1} \| \boldsymbol{H}_k (\boldsymbol{c}_k - \boldsymbol{e}_k) \|_{\mathrm{F}}^2 = \sum_{n=1}^{n_r} \sum_{k=0}^{T-1} \left| \sum_{m=1}^{n_t} \boldsymbol{H}_k(n,m)(\boldsymbol{C} - \boldsymbol{E})(m,k) \right|^2 \tag{8.1}$$

另一方面，条件信道能量是下式的一个函数：

$$\sum_{k=0}^{T-1} \| \boldsymbol{H}_k \boldsymbol{c}_k \|_{\mathrm{F}}^2 = \sum_{n=1}^{n_r} \sum_{k=0}^{T-1} \left| \sum_{m=1}^{n_t} \boldsymbol{H}(n,m) \boldsymbol{C}(m,k) \right|^2 \tag{8.2}$$

为了理解传输机制如何影响空时编码的性能，让我们深入地看一看式（8.1）和式（8.2）如何表现为发射机周围散射丰富度的一个函数。如第 2 章和第 3 章指出，信道矩阵 $\boldsymbol{H}_k$ 总是可以分解为 L 个多径分量 $\boldsymbol{H}_k^{(l)}$ 之和。假设每个分量有一个特定的散射或一簇散射生成（每个分量由一个给定的 DoD 表示）且使用窄带阵列的假设（见 2.2 节中的定义 2.5），那么与式（2.42）类似，我们可以得到下式：

$$\boldsymbol{H}_k = \sum_{l=0}^{L-1} \boldsymbol{H}_k^{(l)} = \sum_{l=0}^{L-1} \boldsymbol{H}_k^{(l)}(:,1) \boldsymbol{a}_t^{\mathrm{T}}(\theta_{t,k}^{(l)}) \tag{8.3}$$

式中 $\boldsymbol{a}_t(\theta_{t,k}^{(l)})$ 为对应于第 l 个散射体在第 k 时刻，其离开角度 $\theta_{t,k}^{(l)}$ 方向（相对于阵列轴）的发射阵列响应。对于水平均匀线性阵列，与式（2.40）类似。

$$a_t(\theta_t) = [1\,e^{-j\varphi_t}\cdots e^{-j(n_t-1)\varphi_t}]^T \tag{8.4}$$

式中，$\varphi_t = 2\pi d_t/\lambda \cos\theta_t$，$d_t$ 为阵元间距，λ 为波长，而 θ_t 为离开方向。将式（8.3）与式（8.1）和式（8.2）结合，我们得到

$$\sum_{k=0}^{T-1}\|H_k(c_k - e_k)\|_F^2 = \sum_{n=1}^{n_r}\sum_{k=0}^{T-1}\left|\sum_{l=0}^{L-1}H_k^{(l)}(n,1)\left[\sum_{m=1}^{n_t}a_t(\theta_{t,k}^{(l)})(m,1)(C-E)(m,k)\right]\right|^2 \tag{8.5}$$

和

$$\sum_{k=0}^{T-1}\|H_k c_k\|_F^2 = \sum_{n=1}^{n_r}\sum_{k=0}^{T-1}\left|\sum_{l=1}^{L}H_k^{(l)}(n,1)\left[\sum_{m=1}^{n_t}a_t(\theta_{t,k}^{(l)})(m,1)C(m,k)\right]\right|^2 \tag{8.6}$$

式（8.5）和式（8.6）同时说明，原来的 MIMO 传输可以视为给定第 k 时刻由式（8.7）表示的一个等效码字的 SIMO 传输。

$$\sum_{m=1}^{n_t}a_t(\theta_{t,k}^{(l)})(m,1)C(m,k) \tag{8.7}$$

而等效错误矩阵为

$$\sum_{m=1}^{n_t}a_t(\theta_{t,k}^{(l)})(m,1)(C-E)(m,k) \tag{8.8}$$

式（8.7）表示的等效码字乘以每一路径分量。不把它定义为等效码字，它可以理解成等效阵列因子（如天线理论中所介绍的），等效的意思是指它是所发送码字的函数。这表明，在每个符号周期。

- 任意方向辐射的能量依发送码字的函数变化。
- 给定一个码字和全向天线，辐射能量并非在所有方向均匀分布，而是可能在某些方向具有最大值和最小值。

此外，依据与式（8.8）类似的推理，我们可以推断针对给定一对 C，E（其中 $C \neq E$）对成对错误概率（PEP）的估算取决于发射机周围的散射分布，尤其是当发射角度扩展和阵元间距不够大的时候。我们在图 8.1 中，通过考虑不同的发射角度扩展和阵元间距，来说明这个直觉结果。

1）首先假定相互阵元间距固定，且信道散射极度丰富以至于散射均匀围绕发射机（见图 8.1a）。由于相互阵元间距有限，根据权重（即根据对应条件信道能量的码字和对应条件成对错误概率（PEP）的错误矩阵），前面提到的等效阵列因子会具有特定的方向。既然在丰富散射条件下散射空间均匀分布，性能不会受等效辐射模式最大值的方向影响。这意味着旋转发射阵列不会影响性能，因为对发射机而言信道空间白化。

2）现在假定信道只在某些稀疏方向具有一些散射，且相互阵元间距非常大（见图 8.1d）。大的相互阵元间距导致等效辐射模式呈现非常多的栅瓣。随着间距

增大，栅瓣增多，而等效辐射模式看上去好像是全向的，所以性能不会受散射的位置影响。发射阵列可以旋转且不会改变性能。

3）如果相互阵元间距较大且信道散射丰富，则辐射类型全向且传播环境空间白化（见图 8.1c）。那么很明显，与散射空间分布及阵列方向无关，性能总是好的。这是一个理想传播场景，之前几章中遇到的独立同分布瑞利衰落模型属于这一类。

4）当散射丰富度和相互阵元间距都不足够大时会有问题。性能依赖于等效辐射模式最大值与散射位置的匹配性。如果那些最大值朝向散射方向，预期的性能较好。另一方面，如果等效辐射模式最大值朝向没有散射的方向，或等效的，如果散射方向对应等效辐射模式的最小值，预期的性能下降。

作为上述讨论的结果，我们用下面的定义对发射机角度扩展非常小的环境归类，它将在后续章节中大量使用。

定义 8.1　如果发射机周围的散射都位于同一个方向 θ_t，则我们称 MIMO 信道在离开角 θ_t 方向是退化的。

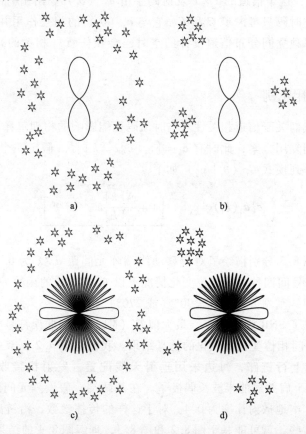

图 8.1　散射丰富度和相互阵元间距对 MIMO 系统性能影响的可视化

在实际中，信道增益比信道内部结构变化快得多（参看 3.1.3 节）。这意味着当衰落增益在几个帧持续时间上可能变化很多时，不同散射的离开方向仍然保持不变。因此我们可以假定对所有 k 都有 $\theta_{t,k}^{(l)} = \theta_t^{(l)}$。如以上概述，当发射角度扩展减小，会产生问题，导致信道和码之间的情况恶化。因为鲁棒的空时码应该在任何信道条件下都表现良好，所以理想的空时码应该在具有非常小的发射角度扩展的情况下具备鲁棒性。最差的情形是在当信道在任意方向 θ_t 变为退化时发生。在此情况下对于所有的 l 有 $\boldsymbol{a}_t(\theta_t^{(l)}) = \boldsymbol{a}_t(\theta_t)$ 且我们可以得到

$$\sum_{k=0}^{T-1} \|\boldsymbol{H}_k(\boldsymbol{c}_k - \boldsymbol{e}_k)\|_F^2 = \sum_{k=0}^{T-1} |(\boldsymbol{c}_k - \boldsymbol{e}_k)^T \boldsymbol{a}_t(\theta_t)|^2 \left[\sum_{n=1}^{n_r} |\boldsymbol{H}_k(n,1)|^2\right] \quad (8.9)$$

$$\sum_{k=0}^{T-1} \|\boldsymbol{H}_k \boldsymbol{c}_k\|_F^2 = \sum_{k=0}^{T-1} |\boldsymbol{c}_k^T \boldsymbol{a}_t(\theta_t)|^2 \left[\sum_{n=1}^{n_r} |\boldsymbol{H}_k(n,1)|^2\right] \quad (8.10)$$

式（8.9）和式（8.10）表明，当发射端角度扩展较小时，MIMO 信道退化为一个 SIMO 信道，这个信道的 $1 \times T$ 发射码字由 $\boldsymbol{a}_t^T(\theta_t)\boldsymbol{C}$ 给出。既然为独立同分布信道设计的空时码只考虑了 $\boldsymbol{C}$ 和 $\boldsymbol{E}$，它与 $\boldsymbol{a}_t(\theta_t)$ 的相互作用并未考虑。所以，并不能保证针对独立同分布信道设计的空时码会在任意（相关的）信道上表现良好的性能。

8.1.2　空间复用示例

为了说明我们关于信道相关性对空时编码性能影响的物理解释，我们考虑两个发射天线的空间复用方案，此时有 $\boldsymbol{c}_k = [c_1[k]\, c_2[k]]^T$。假定一个水平线性阵列，我们定义有效阵列模式 $G_t(\theta_t \mid \boldsymbol{c}_k)$ 如下，

$$\boldsymbol{c}_k^T \boldsymbol{a}_t(\theta_t) = c_1[k] \underbrace{\left[1 + \frac{c_2[k]}{c_1[k]} e^{-2\pi j \frac{d_t}{\lambda}\cos\theta_t}\right]}_{G_t(\theta_t \mid \boldsymbol{c}_k)} \quad (8.11)$$

图 8.2 和图 8.3 分别描绘了对应移动终端阵元间距 d_t/λ 为 0.1 和 0.5 时，两个发送 QPSK 符号间四种可能相位变化情况下以 θ_t 为参数的函数 $G_t(\theta_t \mid \boldsymbol{c}_k)$。在垂直方向设置中，基站方向由 $\theta_t = 90°$（或 270°）给定。

图 8.4 给出了 SNR 为 5dB 下，最大似然（ML）检测器误符号率依两个同时发送的 QPSK 符号间相位变化而变化的仿真结果。我们考虑 4.2.3 节中组合椭圆环模型，用于 2GHz 上行链路，每边采用垂射天线配置，发射机接收机之间距离为 1km。天线是两个肩并肩的半波长偶极子。在基站端，假设阵元间距为 20λ。假设没有关联部件，本地散射比率为 0.4。对于这样的传播参数，沿链路坐标轴有很多散射。注意到这些，就可能基于图 8.2 和图 8.3，理解图 8.4 的结果。

值得注意的是，在推导图 8.2、图 8.3 和图 8.4 中的结果时，并未考虑相互耦

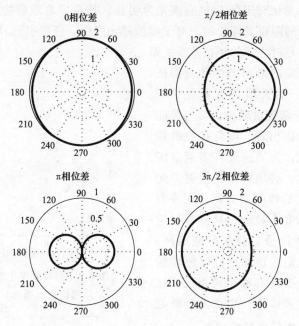

图 8.2　移动终端天线阵元间距 $d_t/\lambda = 0.1$，两个发送的 QPSK 符号 4

种相位偏移下的 G_t（$\theta_t \mid c_k$）（θ_t 变化 360°）

合。然而，相互耦合在 G_t（$\theta_t \mid c_k$）的
计算中应该给予考虑。事实上，对于较
小的阵元间距，它在有效辐射功率中起
着关键作用。通过比较图 8.2 中零相位
差时的总辐射功率（在 [0，2π]）上积
分）与其他任何相位差下的辐射功率，
能够更好理解这一点。显然，零相位差
下的总辐射功率远大于其他相位差下的
辐射功率，这一点从物理上讲不正确。
辐射功率不应该依赖于相位差。发生这
种情况，是因为相互耦合被忽略了。考
虑相互耦合，零相位差下的辐射功率不
会比其他相位差下的辐射功率大。

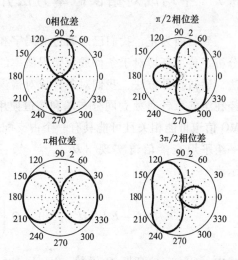

图 8.3　移动终端天线阵元间距 $d_t/\lambda = 0.5$，
两个发送的 QPSK 符号 4 种相位偏移下的
G_t（$\theta_t \mid c_k$）（θ_t 变化 360°）

　　当符号具有相同相位，发射机端
（即移动终端）的 G_t（$\theta_t \mid c_k$）朝向接收
方向（即朝向基站）。因此接收功率高而
这些符号可以被更好地检测。相反，当符号的相位差为 π 时，基站方向 G_t（$\theta_t \mid$
c_k）中出现零点（见图 8.2 和图 8.3）。因此，大大降低接收功率和性能（见图

8.4）。这种性能变化对于低 LSR 应该尤为明显，其对应着障碍物主要位于沿链路轴线方向。阵元间距也发挥作用。对于增加阵元间距，栅瓣引起 G_t ($\theta_t \mid c_k$) 变为几乎全向，与符号对之间的相位差没关系。

总之，对于定向散射条件和发射机端实际（较小）的天线阵元间距，G_t ($\theta_t \mid c_k$) 中的旁瓣数量减少，零点可能在最强散射的方向出现，降低接收机端的信噪比。因此，为了保证许多衰落场景中的大信噪比，必须将最强散射方向上 G_t ($\theta_t \mid c_k$) 的幅度最大化。在垂射阵列配置中，图 8.4 显示，具有零相位差的符号比其他符号对能更好地检测。所以，这表明我们应该保证同时传输的符号在每个天线上具有准相同相位。这是波束赋形的直观原理，要求发射机处理一些关于最强散射位置的信息。

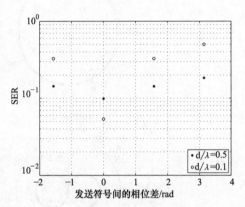

图 8.4　误符号率作为发送符号间相位差（弧度）的函数

8.2　平均成对错误概率方法介绍

到目前为止，我们已经通过对码字和给定信道实现 $\boldsymbol{H}$ 间相互作用的详细研究，分析了传播环境对于条件成对错误概率的影响。这里，我们采用更加经典的统计方法，通过这种方法，我们对条件成对错误概率在信道统计值上求平均。这是我们已经在第 6 章针对独立同分布瑞利信道使用过的方法。相比之下，我们现在假设 MIMO 信道可能相关且可能具有一个占支配作用（莱斯）的分量 [CO07]。对给定的一组平坦衰落信道实现 $\{\boldsymbol{H}_k\}_{k=0}^{T-1}$，我们回想成对错误概率 [式 (6.3)] 表示为

$$P(\boldsymbol{C} \to \boldsymbol{E} \mid \{\boldsymbol{H}_k\}_{k=0}^{T-1}) = Q\left(\sqrt{\frac{\rho}{2} \sum_{k=0}^{T-1} \|\boldsymbol{H}_k(\boldsymbol{c}_k - \boldsymbol{e}_k)\|_F^2}\right) \tag{8.12}$$

式中，$Q(x)$ 是高斯 Q 函数，$\rho = E_s/\sigma_n^2$ 是信噪比。之后，平均 PEP 可以通过式 (8.12) 对信道增益的概率分布求平均。此时，回想分集增益 $g_d^a (\rho)$ 是平均成对错误概率 P ($\boldsymbol{C} \to \boldsymbol{E}$) 相对于信噪比对数曲线在任意给定 SNR$\rho$ 的负斜率，这个回想是有帮助的。

让我们以具有空时联合相关的莱斯衰落信道的一个非常一般的情况开始我们的分析。所有进一步分析的信道只是这个一般场景的特例。定义

$$H = \sqrt{\frac{K}{1+K}}(1_{1 \times \mathrm{T}} \otimes \bar{H}) + \sqrt{\frac{1}{1+K}}[\tilde{H}_0 \tilde{H}_1 \cdots \tilde{H}_{\mathrm{T}-1}]$$

$$\tilde{\mathcal{H}} = \mathrm{vec}([\tilde{H}_0 \tilde{H}_1 \cdots \tilde{H}_{\mathrm{T}-1}]^{\mathrm{H}})$$

$$\bar{\mathcal{H}} = \mathrm{vec}((1_{1 \times \mathrm{T}} \otimes \bar{H})^{\mathrm{H}})$$ (8.13)

$$D = \mathrm{diag}\{c_0 - e_0, c_1 - e_1, \cdots c_{\mathrm{T}-1} - e_{\mathrm{T}-1}\}$$

$$\Delta = I_{n_r} \otimes DD^{\mathrm{H}}$$

使用附录 D 的结果，平均成对错误概率表示为

$$P(C \to E) = \frac{1}{\pi} \int_0^{\pi/2} \exp(-\eta K \bar{\mathcal{H}}^{\mathrm{H}} \Delta (I_{\mathrm{T}n_r, n_t} + \eta \Xi \Delta)^{-1} \bar{\mathcal{H}})$$

$$\prod_{i=1}^{r(\Xi \Delta)} (1 + \eta \lambda_i(\Xi \Delta))^{-1} \mathrm{d}\beta$$ (8.14)

式中，

- $r(\Xi \Delta)$ 表示 $\Xi \Delta$ 的秩；
- $\{\lambda_i(\Xi \Delta)\}_{i=1}^{r(\Xi \Delta)}$ 是 $\Xi \Delta$ 的非零特征值；
- $\Xi = \varepsilon\{\tilde{\mathcal{H}}\tilde{\mathcal{H}}^{\mathrm{H}}\}$ 表示空时相关矩阵；
- $\eta = \rho/(4\sin^2(\beta)(1+K))$ 可以当作有效信噪比。

注意，式 (8.14) 是真正一般化，适用任何空时相关情况。特别的，此处不需要假设相关矩阵符合 Kronecker 结构。而且，更加深入审视发射机端和/或接收机端的空间相关如何影响性能，我们看到了 Kronecker 表示是实际信道的良好近似。在这种情况下，对于理想时间交织衰落信道 Ξ 表示为 $R_r \otimes I_T \otimes R_t$，对慢衰落信道表示为 $R_r \otimes I_{T \times T} \otimes R_t$。受第 3 章中观察的激励，在后续部分我们进一步假设 R_r 和 R_t 满秩，即 $r(R_r) = n_r$，$r(R_t) = n_t$。

现在我们研究式 (8.14) 的一些特殊情况。

具有空间相关的莱斯慢衰落信道

当信道在帧的持续时间内固定不变，帧与帧之间信道独立改变，我们看到在前面的章节里，这种信道称为是慢衰落的。时间相关为 1，这样信道矩阵 $\tilde{H}_k$ 中的瑞利部分对所有 k 变为常数（为简单记为 $\tilde{H}$）。如附录 D 推导，那么平均成对错误概率写为

$$P(C \to E) = \frac{1}{\pi} \int_0^{\pi/2} \prod_{i=1}^{r(C_R)} (1 + \eta \lambda_i(C_R))^{-1}$$

$$\exp[-\eta K \mathrm{vec}(\bar{H}^{\mathrm{H}})^{\mathrm{H}}(I_{n_r} \otimes \tilde{E})(I_{n, n_t} + \eta C_R)^{-1} \mathrm{vec}(\bar{H}^{\mathrm{H}})] \mathrm{d}\beta$$

(8.15)

式中，

$$C_R = R(I_{n_r} \otimes \widetilde{E}),$$

$$\widetilde{E} = (C - E)(C - E)^H, \qquad (8.16)$$

$$R = \varepsilon\{\text{vec}(\widetilde{H}^H)\,\text{vec}(H^H)^H\}$$

我们将假设 R 满秩，即 $r(R) = n_t n_r$。然而，这并不总是成立，比如，对于 5.5.1 节中的对角信道，虽然这种情况不是很常见。还要注意，如果瑞利部分是 Kronecker 结构，R 可以扩展为 $R_r \otimes R_t$。

空时相关莱斯块衰落信道

块衰落信道是信号处理中普遍使用的另一个信道模型。在经典块衰落模型中：

- 码字长度 T 在 M 个长度为 $N = T/M$ 的信道块上扩展。
- 假设块与块之间信道增益独立，块内信道增益为常数。

第 m 个块的信道矩阵表示为 $\widetilde{H}_{(m)}$。类似慢衰落信道，我们定义第 m 个块上的错误矩阵为

$$\widetilde{E}_{(m)} = (C - E)_{(m)}(C - E)_{(m)}^H \qquad (8.17)$$

式中，

$$(C - E)_{(m)} = [c_{(m-1)N+1} - e_{(m-1)N+1} \cdots c_{mN} - e_{mN}] \qquad (8.18)$$

参考附录 D，平均成对错误概率表示为

$$P(C \to E) = \frac{1}{\pi} \int_0^{\pi/2} \exp\left(-\eta K \mathcal{H}_b^H \widetilde{E}_B (I_{n_r n_t M} + \eta C_B)^{-1} \bar{\mathcal{H}}_b\right) \prod_{i=1}^{r(C_B)} (1 + \eta \lambda_i(C_B))^{-1} \mathrm{d}\beta$$

$$(8.19)$$

式中，

$$C_B = B \widetilde{E}_B,$$

$$\widetilde{E}_B = \text{diag}\{I_{n_r} \otimes \widetilde{E}_{(1)}, \cdots, I_{n_r} \otimes \widetilde{E}_{(M)}\} \qquad (8.20)$$

$$B = \varepsilon\{\bar{\mathcal{H}}_b \bar{\mathcal{H}}_b^H\}$$

具有如下数量：

$$\mathcal{H}_b^H = [\text{vec}(\widetilde{H}_{(1)}^H)^H \cdots \text{vec}(\widetilde{H}_{(M)}^H)^H] \qquad (8.21)$$

$$\bar{\mathcal{H}}_b^H = [\mathbf{1}_{1 \times M} \otimes \text{vec}(\bar{H}^H)^H] \qquad (8.22)$$

因为块独立，

$$B = \text{diag}\{R_{(1)}, \cdots, R_{(M)}\}$$

$$(8.23)$$

式中，$R_{(m)} = \varepsilon\{\text{vec}(\widetilde{H}_{(m)}^H)\,\text{vec}(\widetilde{H}_{(m)}^H)^H\}$。

瑞利衰落信道

我们已经看到瑞利衰落信道是一类重要信道。当 K 因子 K 等于零，式（8.14）的平均成对错误概率简化为

$$P(\boldsymbol{C} \rightarrow \boldsymbol{E}) = \frac{1}{\pi} \int_0^{\pi/2} \left(\det(\boldsymbol{I}_{Tn_r n_t} + \eta\, \boldsymbol{\Xi}\, \boldsymbol{\Delta}) \right)^{-1} \mathrm{d}\beta$$

$$= \frac{1}{\pi} \int_0^{\pi/2} \prod_{i=1}^{r(\boldsymbol{\Xi}\boldsymbol{\Delta})} \left(1 + \eta \lambda_i(\boldsymbol{\Xi}\,\boldsymbol{\Delta}) \right)^{-1} \mathrm{d}\beta \qquad (8.24)$$

式中，有效信噪比 η 现在简写为 $\eta = \rho / (4\sin^2\beta)$。

在瑞利慢衰落信道中，平均成对错误概率式（8.15）变为

$$P(\boldsymbol{C} \rightarrow \boldsymbol{E}) = \frac{1}{\pi} \int_0^{\pi/2} \left(\det(\boldsymbol{I}_{n_r n_t} + \eta\, \boldsymbol{C}_R) \right)^{-1} \mathrm{d}\beta$$

$$= \frac{1}{\pi} \int_0^{\pi/2} \prod_{i=1}^{r(\boldsymbol{C}_R)} \left(1 + \eta \lambda_i(\boldsymbol{C}_R) \right)^{-1} \mathrm{d}\beta \qquad (8.25)$$

式中，如果瑞利信道由 Kronecker 表示法建模，$\boldsymbol{R} = \boldsymbol{R}_r \otimes \boldsymbol{R}_t$。

最后，在瑞利块衰落信道中，平均成对错误概率式（8.19）表示为

$$P(\boldsymbol{C} \rightarrow \boldsymbol{E}) = \frac{1}{\pi} \int_0^{\pi/2} \prod_{i=1}^{r(\boldsymbol{C}_B)} \left(1 + \eta \lambda_i(\boldsymbol{C}_B) \right)^{-1} \mathrm{d}\beta$$

$$\overset{(a)}{=} \frac{1}{\pi} \int_0^{\pi/2} \prod_{m=1}^{M} \prod_{i=1}^{r(\boldsymbol{C}_{R_{(m)}})} \left(1 + \eta \lambda_i(\boldsymbol{C}_{R_{(m)}}) \right)^{-1} \mathrm{d}\beta \qquad (8.26)$$

式中，等式（a）成立是因为块的独立性假设，$\boldsymbol{C}_{R_{(m)}} = \boldsymbol{R}_{(m)}(\boldsymbol{I}_{n_r} \otimes \widetilde{\boldsymbol{E}}_{(m)})$。

现在我们准备好讨论空间和（或）时间相关及 K 因子对平均成对错误概率影响。在讨论的过程中，我们将尤为注意被称为高信噪比区（regime）的仔细使用。正如在第 6 章所做的解释，这个假设已经导致独立同分布瑞利慢衰落和快衰落信道中设计有效空时码的秩行列式准则（见 6.3.2 节）和积距离准则（见 6.3.1 节）。然而，第 5 章已经强调 K 因子和空间相关显著影响在实际信噪比时可达到的分集-复用折中。从错误概率的角度看，情形非常相似，正如本章剩余部分所示：高信噪比时，空时码的设计受 K 因子取值或空间相关的影响不大，而在更加实际的信噪比下情况却非如此。这样会导致一个空时码的一般行为不能基于同一个空时码在高信噪比时的行为来精确预测。这一点进一步表明，当为相关信道设计空时码时，高信噪比区并非实际的信噪比区。

8.3 瑞利衰落信道中的平均成对错误概率

接下来我们讨论高、中、低信噪比时错误概率表现。本节许多命题的证明都已经省略了。感兴趣的读者可以参考 [CO07, OC07]，获取更加详细的讨论。

8.3.1 高信噪比区域

如在第 6 章，当 $\boldsymbol{C}_R$、$\boldsymbol{\Xi}\boldsymbol{\Delta}$ 或 $\boldsymbol{C}_B$ 的所有特征值远大于 η^{-1} 时，一个空时码被称

为在高信噪比区域演进。物理上，这意味着每个特征值足够大，以致它的效果在所考虑的信噪比是可视的。让我们依次考虑慢衰落、块衰落和快衰落信道。

瑞利慢衰落信道

因为码在高信噪比区域演进，对于每个 i，$\lambda_i(\boldsymbol{C}_R)\eta$ 远大于 1。因此，式 (8.25) 可以写为

$$P(\boldsymbol{C} \rightarrow \boldsymbol{E}) \approx \frac{1}{\pi}\int_0^{\pi/2}\eta^{-r(\boldsymbol{C}_R)}\prod_{i=1}^{r(\boldsymbol{C}_R)}\lambda_i^{-1}(\boldsymbol{C}_R)\mathrm{d}\beta \tag{8.27}$$

使用分解 $\boldsymbol{I}_{n_r}\otimes(\boldsymbol{C}-\boldsymbol{E})^H = \boldsymbol{U}_C\boldsymbol{\Lambda}_C\boldsymbol{V}_C^H$ 并注意 $\boldsymbol{\Lambda}_C$ 由大小为 $n_r r(\widetilde{\boldsymbol{E}})$ 的非零主子矩阵 $\boldsymbol{\Lambda}'_C$ 得到，式 (8.27) 的最终表达概括为下述命题。

命题 8.1 在具有满秩空间相关矩阵 $\boldsymbol{R}$ 的瑞利慢衰落信道的渐近高信噪比（区域），平均成对错误概率表示为

$$P(\boldsymbol{C} \rightarrow \boldsymbol{E}) \approx \frac{1}{\pi}\int_0^{\pi/2}\eta^{-(r(\boldsymbol{C}_R))}\prod_{i=1}^{r(\boldsymbol{C}_R)}\lambda_i^{-1}(\boldsymbol{\Lambda}'_C\boldsymbol{Q}'\boldsymbol{\Lambda}'_C)\mathrm{d}\beta \tag{8.28}$$

$$= \frac{1}{\pi}\int_0^{\pi/2}\eta^{-n_r r(\widetilde{\boldsymbol{E}})}(\det(\boldsymbol{Q}'))^{-1}\prod_{i=1}^{r(\widetilde{\boldsymbol{E}})}\lambda_i^{-n_r}(\widetilde{\boldsymbol{E}})\mathrm{d}\beta \tag{8.29}$$

$$= \frac{1}{\pi}\int_0^{\pi/2}\eta^{-n_t n_r}(\det(\boldsymbol{R}))^{-1}(\det(\widetilde{\boldsymbol{E}}))^{-n_r}\mathrm{d}\beta \tag{8.30}$$

$$\leqslant \frac{1}{\pi}\int_0^{\pi/2}\eta^{-n_r r(\widetilde{\boldsymbol{E}})}\prod_{i=1}^{n_r r(\widetilde{\boldsymbol{E}})}\lambda_i^{-1}(\boldsymbol{R})\prod_{i=1}^{r(\widetilde{\boldsymbol{E}})}\lambda_i^{-n_r}(\widetilde{\boldsymbol{E}})\mathrm{d}\beta \tag{8.31}$$

式中，$\boldsymbol{Q}'$ 是大小为 $n_r r(\widetilde{\boldsymbol{E}})\times n_r r(\widetilde{\boldsymbol{E}})$ 的 $\boldsymbol{V}_C^H\boldsymbol{R}\boldsymbol{V}_C$ 的一个主子矩阵。注意式 (8.30) 仅对满秩码成立，而在式 (8.31) 中，$\boldsymbol{R}$ 的特征值按从小到大排序。

我们应该如何理解命题 8.1（下面有它的详细证明）？一方面，一个空时码实现的分集增益等于 $n_r r(\widetilde{\boldsymbol{E}})$ 且不受空间相关性影响，即与在瑞利慢衰落信道中实现的分集增益相同。对于满秩矩阵，这个增益等于 $n_t n_r$。

另一方面，编码增益受空间相关性影响，且可以分解为两个相乘项：

1）第一项由 $\widetilde{\boldsymbol{E}}$ 非零特征值的乘积给出，且等于在独立同分布瑞利信道中获得的编码增益。

2）第二项 $\det(\boldsymbol{Q}')$ 表明码和信道通过 $\boldsymbol{V}_C$ 在由 $\boldsymbol{R}$ 扩展的空间上的映射的相互作用。对于满秩码，$\det(\boldsymbol{Q}') = \det(\boldsymbol{R})$，得到式 (8.30)。

对于满秩码，空间相关使编码增益下降 $\det(\boldsymbol{R})$，这一点与码的结构无关。因而所有满秩码在高信噪比区域所受影响相同。因此，相关信道中的一个满秩码的设计准则是第 6 章得到的秩行列式准则。相比之下，空间相关对非满秩码的影响，通过错误矩阵在由 $\boldsymbol{R}$ 的特征向量扩展的空间上的映射，取决于空时码。因此，相关信道上的性能同时取决于错误矩阵的特征向量和特征值，尽管这与独立同分布信道的情况不同。等效地，在独立同分布信道性能相同的两个非满秩码，在相关信道上

可能性能不同。

所以，当码非满秩时，使用秩行列式准则不足以充分保证在空间相关瑞利慢衰落信道上具有良好性能。

例 8.1　为了说明上述概念，让我们回到空间复用方案：码字是大小为 $n_t \times 1$ 的矢量，$\tilde{E} = U_E \Lambda_E U_E^H$，其中 $\Lambda_E = \text{diag} \{ \| C - E \|^2, 0, \cdots, 0 \}$，且平均成对错误概率可以容易计算为（假定信道的 Kronecker 表示）

$$P(C \to E) \approx \frac{1}{\pi} \int_0^{\pi/2} \eta^{-n_r} (\det(R_r))^{-1} \mid (C - E)^H R_t (C - E) \mid^{-n_r}$$

$$= \frac{1}{\pi} \int_0^{\pi/2} \eta^{-n_r} (\det(R_r))^{-1} \mid U_E^H(1,:) R_t U_E(:,1) \mid^{-n_r} \| C - E \|^{-2n_r}$$

(8.32)

这里明显有和式（8.9）的相似之处：相关信道的空间复用性能取决于 U_E（:,1）在由 R_t 特征向量扩展的空间上的映射。当 U_E（:,1）与 R_t 最小特征值对应的特征向量相似时，性能受到显著影响。记住 R_t 可以被认为是最强散射位置的统计描述：R_t 的特征向量在二维空间抽样，一个特征向量所对应的特征值以某种方式表明在此方向的散射密度。因而，U_E（:,1）存在于由 R_t 最小特征值对应特征向量扩展的空间中，就像在具有最小散射密度的空间方向上发送错误矩阵 $\tilde{E}$ 唯一非零特征值所含的所有信息。显然，对于某些矩阵 R_t（即对于某些散射分布），一个给定错误矩阵的性能可能变化很大。这已经是我们的条件成对错误概率方法的结论。之前基于 $a_t(\theta_t)$ 确定性描述的，现在使用 R_t 随机描述。然而，物理解释仍然完全相同。注意，接收相关仅引入与错误矩阵相独立的编码增益损失。

在高信噪比区域，一个满秩码的行为并不像非满秩码（如空间复用）那样。原因是满秩码在 $\tilde{E}$ 的所有特征向量上（而非一个）扩展信息。此外，高信噪比区域表明空间所有方向接收充足数量的功率，以致散射分布变得更加定向，R_t 的所有方向接收 $\tilde{E}$ 中所包含的信息。直观上，看起来像在有限信噪比时，只有在 R_t 具有最大特征值方向能够提取 R_t 中所包含的信息。这是否意味着满秩码在有限信噪比下表现得好像它是非满秩的？这一点将会在详细推导命题 8.1 的结果之后进一步研究，使上述讨论和示例正式化。

命题 8.1 证明：我们首先考虑码是满秩的，即 $r(\tilde{E}) = n_t$。既然空间相关矩阵满秩，码的作用效果可以同由空间相关所引起的作用效果分开，

$$\prod_{i=1}^{n_t n_r} \lambda_i(C_R) = \prod_{i=1}^{n_t n_r} \lambda_i(R(I_{n_r} \otimes \tilde{E}))$$

$$= \det(R(I_{n_r} \otimes \tilde{E})) \qquad (8.33)$$

$$= (\det(\tilde{E}))^{n_r} \det(R)$$

从式（8.27），我们简单得到

$$P(\boldsymbol{C} \to \boldsymbol{E}) \approx \frac{1}{\pi} \int_0^{\pi/2} \eta^{-n_t n_r} (\det(\boldsymbol{R}))^{-1} (\det(\widetilde{\boldsymbol{E}}))^{-n_r} \mathrm{d}\beta \tag{8.34}$$

记住如果我们使用 Kronecker 模型，$\det(\boldsymbol{R}) = (\det(\boldsymbol{R}_r))^{n_t} (\det(\boldsymbol{R}_t))^{n_r}$（见 3.4.1 节）。

对于满秩码和满秩空间相关矩阵 $\boldsymbol{R}$，在高信噪比区域的分集阶数没有被修改，仍然等于 $n_t n_r$。然而，空间相关影响编码增益，它的表达式由两项构成：

1）第一项 $(\det(\widetilde{\boldsymbol{E}}))^{-n_r}$ 是空时码自身提供的编码增益且和在独立同分布瑞利慢衰落信道中获得的增益完全类似。

2）第二项 $(\det(\boldsymbol{R}))^{-1}$ 仅仅是空间相关矩阵的函数。因为 $\det(\boldsymbol{R}) \leqslant 1$，空间相关总是降低关于非相关信道的总编码增益。

我们强调，编码增益的两个部分完全独立。把空时码的贡献与信道的负面作用分离开。我们说信道和空时码之间没有相互作用。因此，性能唯一取决于最小距离码错误矩阵，即 $\arg\min_{C,E} \det(\widetilde{\boldsymbol{E}})$，这说明，相关信道的鲁棒空时满秩码设计，与最初在［BP00a］中推导的独立同分布瑞利慢衰落信道中空时码的设计（秩决定准则 6.2）严格相同。

如果码是非满秩的，分析变得略加复杂一些。对满秩空间相关矩阵，分集增益为 $r(\boldsymbol{C}_R) = n_r r(\widetilde{\boldsymbol{E}})$ 且仍然与独立同分布瑞利慢衰落信道中达到的增益相等。然而，因为式（8.33）不再成立，编码增益不能作为空时码固有增益的分量及空间相关引起的分量。关于编码增益，它表明了什么？既然 $\overline{\boldsymbol{C}}_R$ 的非零特征值与 $(\boldsymbol{I}_{n_r} \otimes (\boldsymbol{C} - \boldsymbol{E})^H) \boldsymbol{R} (\boldsymbol{I}_{n_r} \otimes (\boldsymbol{C} - \boldsymbol{E}))$ 的非零特征值相等，分解

$$\boldsymbol{I}_{n_r} \otimes (\boldsymbol{C} - \boldsymbol{E})^H = \boldsymbol{U}_C \boldsymbol{\Lambda}_C \boldsymbol{V}_C^H$$

$$\boldsymbol{R} = \boldsymbol{U}_R \boldsymbol{\Lambda}_R \boldsymbol{U}_R^H \tag{8.35}$$

$$\boldsymbol{U}_Q = \boldsymbol{V}_C^H \boldsymbol{U}_R$$

得到

$$\prod_{i=1}^{r(\boldsymbol{C}_R)} \lambda_i(\boldsymbol{C}_R) = \prod_{i=1}^{r(\boldsymbol{C}_R)} \lambda_i((\boldsymbol{I}_{n_r} \otimes (\boldsymbol{C} - \boldsymbol{E})^H) \boldsymbol{R} (\boldsymbol{I}_{n_r} \otimes (\boldsymbol{C} - \boldsymbol{E})))$$

$$= \prod_{i=1}^{r(\boldsymbol{C}_R)} \lambda_i (\boldsymbol{U}_C \boldsymbol{\Lambda}_C \boldsymbol{U}_Q \boldsymbol{\Lambda}_R \boldsymbol{U}_Q^H \boldsymbol{\Lambda}_C^T \boldsymbol{U}_C^H) \tag{8.36}$$

因为码非满秩，我们可以将 $\boldsymbol{\Lambda}_C$ 写为

$$\boldsymbol{\Lambda}_C = \begin{bmatrix} \boldsymbol{\Lambda}_C' & \boldsymbol{0}_{n_r r(\widetilde{E}) \times n_r (n_t - r(\widetilde{E}))} \\ \boldsymbol{0}_{n_r (T - r(\widetilde{E})) \times n_r r(\widetilde{E})} & \boldsymbol{0}_{n_r (T - r(\widetilde{E})) \times n_r (n_t - r(\widetilde{E}))} \end{bmatrix} \tag{8.37}$$

使得

$$\boldsymbol{\Lambda}_C \boldsymbol{U}_Q \boldsymbol{\Lambda}_R \boldsymbol{U}_Q^H \boldsymbol{\Lambda}_C^T = \begin{bmatrix} \boldsymbol{\Lambda}_C' \boldsymbol{Q}' \boldsymbol{\Lambda}_C' & \boldsymbol{0}_{n_r r(\widetilde{E}) \times n_r (n_t - r(\widetilde{E}))} \\ \boldsymbol{0}_{n_r (T - r(\widetilde{E})) \times n_r r(\widetilde{E})} & \boldsymbol{0}_{n_r (T - r(\widetilde{E})) \times n_r (n_t - r(\widetilde{E}))} \end{bmatrix} \tag{8.38}$$

式中，$\boldsymbol{Q}'$ 为大小为 $n_r r\,(\widetilde{\boldsymbol{E}}) \times n_r r\,(\boldsymbol{E}\widetilde{})$ 的 $\boldsymbol{U}_{\mathrm{Q}}\boldsymbol{\Lambda}_{\mathrm{R}}\boldsymbol{U}_{\mathrm{Q}}^{\mathrm{H}}$ 的主要子矩阵。因为特征值 λ_i 不会因左乘和右乘酉矩阵 $\boldsymbol{U}_{\mathrm{C}}$ 而受影响，我们有

$$
\begin{aligned}
\prod_{i=1}^{r(\boldsymbol{C}_{\mathrm{R}})} \lambda_i(\boldsymbol{C}_{\mathrm{R}}) &= \prod_{i=1}^{n_r r(\widetilde{\boldsymbol{E}})} \lambda_i(\boldsymbol{\Lambda}'_{\mathrm{C}} \boldsymbol{Q}' \boldsymbol{\Lambda}'_{\mathrm{C}}) \\
&= \det(\boldsymbol{\Lambda}'_{\mathrm{C}} \boldsymbol{Q}' \boldsymbol{\Lambda}'_{\mathrm{C}}) \\
&= \det(\boldsymbol{Q}') \det(\boldsymbol{\Lambda}'^{2}_{\mathrm{C}}) \\
&= \det(\boldsymbol{Q}') \prod_{i=1}^{r(\widetilde{\boldsymbol{E}})} \lambda_i^{n_r}(\widetilde{\boldsymbol{E}})
\end{aligned}
\tag{8.39}
$$

因此，式（8.27）最终变为

$$
P(\boldsymbol{C} \to \boldsymbol{E}) \approx \frac{1}{\pi} \int_0^{\pi/2} \eta^{-n_r r(\widetilde{\boldsymbol{E}})} (\det(\boldsymbol{Q}'))^{-1} \prod_{i=1}^{r(\widetilde{\boldsymbol{E}})} \lambda_i^{-n_r}(\widetilde{\boldsymbol{E}}) \mathrm{d}\beta
\tag{8.40}
$$

如果我们使用 Kronecker 表示，很简单有 $\boldsymbol{Q}' = \boldsymbol{R}_r \otimes \boldsymbol{K}'$。矩阵 $\boldsymbol{K}'$ 是大小为 $r\,(\widetilde{\boldsymbol{E}}) \times r(\widetilde{\boldsymbol{E}})$ 的 $\boldsymbol{K} = \boldsymbol{U}_{\mathrm{E}}^{\mathrm{H}} \boldsymbol{R}_t \boldsymbol{U}_{\mathrm{E}}$ 的主要子矩阵，其中 $\boldsymbol{U}_{\mathrm{E}}$ 是 $\boldsymbol{C} - \boldsymbol{E}$ 奇异向量的左矩阵。故而，编码增益变为

$$
\det(\boldsymbol{Q}') = (\det(\boldsymbol{R}_r))^{r(\widetilde{\boldsymbol{E}})} (\det(\boldsymbol{K}'))^{n_r}
\tag{8.41}
$$

对矩阵 $\boldsymbol{Q}'$ 应用包含原理（附录 A）容易得到关于 $P\,(\boldsymbol{C} \to \boldsymbol{E})$ 的一个上界。其实，$\boldsymbol{Q}'$ 是厄米特矩阵 $\boldsymbol{U}_{\mathrm{Q}}\boldsymbol{\Lambda}_{\mathrm{R}}\boldsymbol{U}_{\mathrm{Q}}^{\mathrm{H}}$ 的一个主要子矩阵。用 $\lambda_i\,(\boldsymbol{R})$ 和 $\lambda_i\,(\boldsymbol{Q}')$ 分别表示 $\boldsymbol{R}$ 和 $\boldsymbol{Q}'$ 升序排列的特征值，对 $1 \le i \le n_r r\,(\widetilde{\boldsymbol{E}})$，我们有下述不等式

$$
\lambda_i(\boldsymbol{R}) \le \lambda_i(\boldsymbol{Q}') \le \lambda_{i+n_r n_t - n_r r(\widetilde{\boldsymbol{E}})}(\boldsymbol{R})
\tag{8.42}
$$

我们最终得到 $\det\,(\boldsymbol{Q}')$ 的下界为

$$
\det(\boldsymbol{Q}') = \prod_{i=1}^{n_r r(\widetilde{\boldsymbol{E}})} \lambda_i(\boldsymbol{Q}') \ge \prod_{i=1}^{n_r r(\widetilde{\boldsymbol{E}})} \lambda_i(\boldsymbol{R})
\tag{8.43}
$$

且 $P\,(\boldsymbol{C} \to \boldsymbol{E})$ 的上界为

$$
P(\boldsymbol{C} \to \boldsymbol{E}) \le \frac{1}{\pi} \int_0^{\pi/2} \eta^{-n_r r(\widetilde{\boldsymbol{E}})} \prod_{i=1}^{n_r r(\widetilde{\boldsymbol{E}})} \lambda_i^{-1}(\boldsymbol{R}) \prod_{i=1}^{r(\widetilde{\boldsymbol{E}})} \lambda_i^{-n_r}(\widetilde{\boldsymbol{E}}) \mathrm{d}\beta
\tag{8.44}
$$

在空间相关矩阵满秩的假设前提下，空时码能达到的分集阶数因此刚好等于 $n_r r\,(\widetilde{\boldsymbol{E}})$，且不受空间相关影响。与满秩码类似，空间相关影响编码增益，它也由两项构成：

1）项 $\prod_{i=1}^{r(\widetilde{\boldsymbol{E}})} \lambda_i^{n_r}\,(\widetilde{\boldsymbol{E}})$ 与秩为 $r\,(\widetilde{\boldsymbol{E}})$ 的码字错误矩阵在独立同分布瑞利慢衰落信道中的编码增益相似。

2）项 $\det\,(\boldsymbol{Q}')$ 考虑了空间相关矩阵与空时码的相互作用。因为 $\boldsymbol{Q}'$ 为 $\boldsymbol{V}_{\mathrm{C}}^{\mathrm{H}} \boldsymbol{R} \boldsymbol{V}_{\mathrm{C}}$ 的主要子矩阵，性能高度取决于 $\boldsymbol{V}_{\mathrm{C}}$ 在空间相关矩阵 $\boldsymbol{R}$ 上的映射。

当达到下界式（8.43）时，性能可能快速下降。有趣的是，在 Kronecker 结构化信道中，发射相关与空时码相互作用，而类似于满秩码的情形，接收相关只

是降低编码增益。还要注意式（8.39）可以看作式（8.33）针对任意空时码的一般化，其中满秩码这一特例可通过令 $Q' = V_C^H R V_C$ 和 $\det(Q') = \det(R)$ 而包括在内。

高信噪比区域近似有多现实

换言之，在实际场景中（即信噪比较高但仍然现实），基于高信噪比假设对经典空时码性能的预测是否具有代表性？为了解决这个问题，让我们在独立同分布和相关慢衰落瑞利信道下，针对两个发射和两个接收天线，对两个线性离散码的性能进行分析。相关慢衰落瑞利信道按照 4.2.3 节中的基于几何的随机模型生成，同时移动终端为直列（相对链路轴）阵列配置（天线间距为 0.5λ），基站为垂射阵列配置（天线间距为 20λ）。考虑具有沿链路轴高度定向传播特性的一个瑞利信道，这导致发射机端的高度空间相关。

图 8.5 展示了两个满秩线性离散码（表示为 "LDC 1" 和 "LDC 2"）的性能，其中线性离散码在两个符号持续时间扩展且每个码字发射四个符号，使用 QPSK 星座图和最大似然解码。显然，"LDC 1" 和 "LDC 2" 在独立同分布信道具有完全相同的性能。在相关信道中，我们期待分集等于 4（如独立同分布信道）且编码增益降低 $\det(R)$（与码无关）：因此两个空时码在相关信道中应该表现得一样好，

至少在高信噪比时（是这样）。然而，我们观察到的并非如此，因为相关信道中的误比特率差别巨大。我们如何解释这一点呢？由于信道和空时码之间破坏性的相互作用，"LDC 2" 并未达到高区域。这导致与 "LDC 1" 相比，"LDC 2" 受到空间相关的影响更大。"LDC 1" 接近式（8.30）预见的增益并可以认为是在高信噪比区域演进，而 "LDC 2" 具有非常有限的分集增益，即便在高达 20dB 的信噪比水平。这说明当处理相关信道时，需要研究实际信噪比下空时码

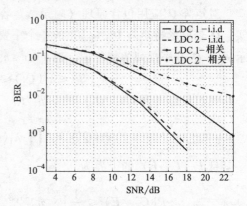

图 8.5　满秩线性离散码在独立同分布和相关信道中的性能，$n_t = 2$，$n_r = 2$

的性能。我们将在本章稍后讨论中等信噪比区域时再次回到该问题上。

瑞利块衰落信道

在块衰落信道中，式（8.26）在高信噪比区域重写为

$$P(C \to E) \approx \frac{1}{\pi} \int_0^{\pi/2} \eta^{-r(C_B)} \prod_{i=1}^{r(C_B)} \lambda_i^{-1}(C_B) \, d\beta \tag{8.45}$$

用 $\tau\mathcal{FR} = \{m \mid r(\widetilde{E}_{(m)}) = n_t\}$ 表示 $E_{(m)}$ 满秩的块，用 $\tau\mathcal{RD} = \{m \mid r(\widetilde{E}_{(m)}) < n_t\}$ 表示 $E_{(m)}$ 非满秩的块，并假设块衰落相互独立，我们简单地得到

$$P(\boldsymbol{C} \to \boldsymbol{E}) \approx \frac{1}{\pi} \int_0^{\pi/2} \left[\eta^{-n_t n_r \# \tau \mathcal{F} \mathcal{R}} \prod_{m \in \tau \mathcal{R} \mathcal{D}} \prod_{i=1}^{n_t n_r} \lambda_i^{-1}(\boldsymbol{C}_{\mathrm{R}(m)}) \right]$$

$$\left[\prod_{n \in \tau \mathcal{R} \mathcal{D}} \eta^{-r(\boldsymbol{C}_{\mathrm{R}(n)})} \prod_{i=1}^{r(\boldsymbol{C}_{\mathrm{R}(n)})} \lambda_i^{-1}(\boldsymbol{C}_{\mathrm{R}(n)}) \right] \mathrm{d}\beta \qquad (8.46)$$

式中，$\# \tau \mathcal{F} \mathcal{R}$ 表示集合 $\tau \mathcal{F} \mathcal{R}$ 的基数。式（8.46）的两项都可以基于式（8.29）进一步推导。因此观察与慢衰落信道相似。

瑞利快衰落信道

在瑞利快衰落（或时变）信道中，高信噪比区域表明对每一个 i，$\lambda_i(\boldsymbol{\Xi} \boldsymbol{\Delta}) \eta$ 远大于 1。在下述内容中，我们假定信道变化足够迅速或交织深度足够长，以使得 $r(\boldsymbol{\Xi}) = n_t n_r T$。由式（8.24），高信噪比成对错误概率为

$$P(\boldsymbol{C} \to \boldsymbol{E}) \approx \frac{1}{\pi} \int_0^{\pi/2} \eta^{-r(\boldsymbol{\Xi} \boldsymbol{\Delta})} \prod_{i=1}^{r(\boldsymbol{\Xi} \boldsymbol{\Delta})} \lambda_i^{-1}(\boldsymbol{\Xi} \boldsymbol{\Delta}) \mathrm{d}\beta \qquad (8.47)$$

式中，$\boldsymbol{\Xi}$ 表示空时相关矩阵。定义集合 $\tau_{C,E} = \{ k \mid \boldsymbol{c}_k - \boldsymbol{e}_k \neq \boldsymbol{0}_{n_t \times 1} \}$ 和它的长度 $l_{C,E} = \# \tau_{C,E}$，我们首先通过消去未包含在 $\tau_{C,E}$ 中的时间索引 k 所对应的列来构建矩阵 $\boldsymbol{D}'$。类似，通过消去对应于 $\boldsymbol{I}_{n_r} \otimes \boldsymbol{D}$ 零列的行和列构建矩阵 $\boldsymbol{\Xi}'$。我们还将 $\boldsymbol{I}_{n_r} \otimes \boldsymbol{D}'^{\mathrm{H}}$ 分解为 $\boldsymbol{U}_{\mathrm{D}'} \boldsymbol{\Lambda}_{\mathrm{D}'} \boldsymbol{V}_{\mathrm{D}'}^{\mathrm{H}}$，其中 $\boldsymbol{\Lambda}_{\mathrm{D}'}$ 由大小为 $n_r l_{C,E} \times n_r l_{C,E}$ 的一个非零对角矩阵 $\boldsymbol{\Lambda}'_{\mathrm{D}'}$ 构成。式（8.47）则重新表达，如下面的命题所概述。

命题 8.2　在具有满秩空时相关矩阵 $\boldsymbol{\Xi}$ 的瑞利快衰落信道的渐近高信噪比下，平均成对错误概率表示为

$$P(\boldsymbol{C} \to \boldsymbol{E}) \approx \frac{1}{\pi} \int_0^{\pi/2} \eta^{-r(\boldsymbol{\Xi} \boldsymbol{\Delta})} \prod_{i=1}^{r(\boldsymbol{\Xi} \boldsymbol{\Delta})} \lambda_i^{-1}(\boldsymbol{\Lambda}'_{\mathrm{D}'} \boldsymbol{O}' \boldsymbol{\Lambda}'_{\mathrm{D}'}) \mathrm{d}\beta \qquad (8.48)$$

$$= \frac{1}{\pi} \int_0^{\pi/2} \eta^{-n_r l_{C,E}} (\det(\boldsymbol{O}'))^{-1} \prod_{k \in \tau_{C,E}} \| \boldsymbol{c}_k - \boldsymbol{e}_k \|^{-2 n_r} \mathrm{d}\beta \qquad (8.49)$$

$$\leqslant \frac{1}{\pi} \int_0^{\pi/2} \eta^{-n_r l_{C,E}} \prod_{i=1}^{n_r l_{C,E}} \lambda_i^{-1}(\boldsymbol{\Xi}) \prod_{k \in l_{C,E}} \| \boldsymbol{c}_k - \boldsymbol{e}_k \|^{-2 n_r} \mathrm{d}\beta \qquad (8.50)$$

式中，$\boldsymbol{Q}'$ 是大小为 $n_r l_{C,E} \times n_r l_{C,E}$ 的 $\boldsymbol{V}_{\mathrm{D}'}^{\mathrm{H}} \boldsymbol{\Xi} \boldsymbol{V}_{\mathrm{D}'}$ 的一个主子矩阵。注意在式（8.50）中的特征值按升序排列。

上面的命题和慢衰落信道非满秩码的性质具有明显相似之处。同样，分集增益 $n_r l_{C,E}$ 不受空时相关影响。编码增益由两项组成：

1）第一项由 $\tilde{\boldsymbol{E}}$ 的乘积距离给出，并且和独立同分布瑞利快衰落信道达到的编码增益相等。

2）第二项 $\det(\boldsymbol{O}')$ 通过 $\boldsymbol{V}_{\mathrm{D}'}$ 在由 $\boldsymbol{\Xi}$ 所扩展空间上的映射表明空时码和信道的相互作用。

对所有空时码（满秩码和非满秩码），编码增益会因错误矩阵和相关矩阵的相

互作用而降低，这种相互作用通过错误矩阵的每一列在 Ξ 的特征向量的扩展空间上的映射而来。因此，两个在独立同分布瑞利衰落信道性能相同的码，在空时相关瑞利信道可能具有不同的性能。

因此，基于距离乘积准则设计空时码不足以保证在空间相关的瑞利快衰落信道上具有良好的性能，这与码的秩没有关系。

例 8.2　为了说明发送相关对错误概率的影响，我们在理想交织信道考虑一个任意空时码（满秩或非满秩），它可以使用 Kronecker 模型表示。因此，$\Xi = R_{\mathrm{r}} \otimes I_{\mathrm{T}} \otimes R_{\mathrm{t}}$，我们容易得到

$$P(\boldsymbol{C} \to \boldsymbol{E}) \approx \frac{1}{\pi} \int_0^{\pi/2} \eta^{-n_{\mathrm{r}}l_{C,E}} \left(\det(\boldsymbol{R}_{\mathrm{r}})\right)^{-l_{C,E}} \prod_{k \in \tau_{C,E}} \mid (\boldsymbol{c}_k - \boldsymbol{e}_k)^{\mathrm{H}} \boldsymbol{R}_{\mathrm{t}} (\boldsymbol{c}_k - \boldsymbol{e}_k) \mid^{-n_{\mathrm{r}}} \mathrm{d}\beta$$

$$= \frac{1}{\pi} \int_0^{\pi/2} \eta^{-n_{\mathrm{r}}l_{C,E}} \left(\det(\boldsymbol{R}_{\mathrm{r}})\right)^{-l_{C,E}} \prod_{k \in \tau_{C,E}} \|\boldsymbol{c}_k - \boldsymbol{e}_k\|^{-2n_{\mathrm{r}}} \tag{8.51}$$

$$\prod_{k \in \tau_{C,E}} \mid \boldsymbol{U}_{\tilde{\boldsymbol{e}}_k}^{\mathrm{H}}(1,:) \boldsymbol{R}_{\mathrm{t}} \boldsymbol{U}_{\tilde{\boldsymbol{e}}_k}(:,1) \mid^{-n_{\mathrm{r}}} \mathrm{d}\beta \tag{8.52}$$

其中

$$\tilde{\boldsymbol{e}}_k = (\boldsymbol{c}_k - \boldsymbol{e}_k)(\boldsymbol{c}_k - \boldsymbol{e}_k)^{\mathrm{H}} = \boldsymbol{U}_{\tilde{\boldsymbol{e}}_k} \boldsymbol{\Lambda}_{\tilde{\boldsymbol{e}}_k} \boldsymbol{U}_{\tilde{\boldsymbol{e}}_k}^{\mathrm{H}} \tag{8.53}$$

式中，$\boldsymbol{\Lambda}_{\tilde{\boldsymbol{e}}_k} = \mathrm{diag}\{\|\boldsymbol{c}_k - \boldsymbol{e}_k\|^2, 0, \cdots, 0\}$。这和式（8.49）非常相似。在理想交织信道中，码的性能因而由错误矩阵每一列在由 R_{t} 的特征向量扩展的空间上的映射决定。从信道与空时码的相互作用看，任意空时码在理想交织信道中的表现与空间复用相似（见例 8.1）。

8.3.2　中等信噪比区域

前面的例子已经说明，在相关瑞利信道中，对于实际信噪比水平，空时码可能不在高信噪比区域演进。为了推导在更加实际的信噪比下的错误性能，我们定义所谓的中等信噪比区域。其特点是，只有矩阵 $\boldsymbol{C}_R$、$\Xi \boldsymbol{\Delta}$ 或 $\boldsymbol{C}_B$ 一部分非零特征值能够对分集和编码增益有贡献，而其他特征值远比 η^{-1} 小。

瑞利慢衰落信道

让我们考虑 $\boldsymbol{C}_R$ 的 α 个特征值对 $i = 1, \cdots, \alpha$ 满足 $\lambda_i(\boldsymbol{C}_R)\eta \ll 1$，而 $r(\boldsymbol{C}_R) - \alpha$ 个特征值在高信噪比区域。基于这些定义，式（8.25）可以表述为

$$P(\boldsymbol{C} \to \boldsymbol{E}) \approx \frac{1}{\pi} \int_0^{\pi/2} \eta^{-(r(\boldsymbol{C}_R) - \alpha)} \prod_{i=1+\alpha}^{r(\boldsymbol{C}_R)} \lambda_i^{-1}(\boldsymbol{C}_R) \prod_{j=1}^{\alpha} (1 + \lambda_j(\boldsymbol{C}_R)\eta)^{-1} \mathrm{d}\beta$$

$$\approx \frac{1}{\pi} \int_0^{\pi/2} \eta^{-(r(\boldsymbol{C}_R) - \alpha)} \prod_{i=1+\alpha}^{r(\boldsymbol{C}_R)} \lambda_i^{-1}(\boldsymbol{C}_R) \mathrm{d}\beta \tag{8.54}$$

$$= \frac{1}{\pi} \int_0^{\pi/2} \eta^{-(r(\boldsymbol{C}_R) - \alpha)} \prod_{i=1+\alpha}^{r(\boldsymbol{C}_R)} \lambda_i^{-1}(\boldsymbol{\Lambda}'_C \boldsymbol{Q}' \boldsymbol{\Lambda}'_C) \mathrm{d}\beta \tag{8.55}$$

式中，我们假定特征值 λ_i 按幅度增序排列，而式（8.55）由式（8.28）得到。

现在让我们调查为什么 C_R 和 $\Lambda'_C Q' \Lambda'_C$ 的 α 个特征值可能不能对分集起作用。为此，我们使用以下分解：

$$Q' = Q'^{1/2} Q'^{H/2} = U_{Q'} \Lambda_{Q'}^2 U_{Q'}^H \tag{8.56}$$

$$\Lambda'_C Q' \Lambda'_C = \Lambda'_C U_{Q'} \Lambda_{Q'}^2 U_{Q'}^H \Lambda'_C \tag{8.57}$$

显然，$\Lambda'_C Q' \Lambda'_C$ 特征值的分布及条件数依赖于 $U_{Q'}$。

- 如果 Λ'_C 和 Λ'^2_Q 的特征值都比较大，空时码错误矩阵由小条件数决定，而传播由低空间相关的瑞利慢衰落信道描述。因此，空时码在高信噪比区域演进。

- 如果这些矩阵中至少一个矩阵的特征值消失，将会由高信噪比区域向低信噪比区域迁移。例如，如果 $U'_Q = I_{n_t}$，$\Lambda'_C Q' \Lambda'_C$ 的最小特征值（等于 Λ'_C 和 $\Lambda^2_{Q'}$ 最小特征值之积）将可能变得远小于 η^{-1}，因而在有限信噪比下很难对分集有贡献。

假定 Kronecker 结构信道，因此 $C_R = R_r \otimes R_t \widetilde{E}$，很容易发现这种情形的物理解释。所以，由高信噪比区域到低信噪比区域迁移导致的分集下降可能由下列因素引起：

- 高接收相关，引起 R_r 的低特征值。

- 高发射相关，通过 $R_t \widetilde{E}$ 的低特征值引起空时码（即便它是满秩的）和发射相关矩阵间的相互作用。

因此，中等信噪比区域的性能非常依赖 Q' 和 Λ'_Q 特征值的分布和矩阵 U'_Q 的形状，即错误矩阵在空间相关矩阵上的映射。针对两种极端情况，空时码可达到的错误性能由下述命题总结：

1）在第一种情况中，Q' 的 α 个非零特征值太小而对分集不起作用，而 Λ'_Q 的剩余 $n_r r(\widetilde{E}) - \alpha$ 个特征值包含在主对角子矩阵 Λ'_Q 中。

2）在第二种情况中，码字错误矩阵 Λ'_C 的 α 个非零特征值被假定较小。

我们强调，在现实世界场景中，两种情况可能同时发生。

命题 8.3 在具有满秩空时相关矩阵 R 的瑞利慢衰落信道中，有限信噪比下，考虑 $\Lambda'_C Q' \Lambda'_C$ 的 α 个特征值远小于 η^{-1}。

1）如果高空间相关导致 Q' 的 α 个非零特征值可以被忽略，则平均成对错误概率表示为

$$P(C \to E) \approx \frac{1}{\pi} \int_0^{\pi/2} \eta^{-(n_r r(\widetilde{E})-\alpha)} (\det(L''))^{-1} (\det(\Lambda'^2_{Q'}))^{-1} d\beta \tag{8.58}$$

$$= \frac{1}{\pi} \int_0^{\pi/2} \eta^{-(n_r r(\widetilde{E})-\alpha)} (\det(L''))^{-1} \prod_{i=1+\alpha}^{n_t n_r} \lambda_i^{-1}(R) d\beta \tag{8.59}$$

$$\leqslant \frac{1}{\pi} \int_0^{\pi/2} \eta^{-(n_r r(\widetilde{E})-\alpha)} \prod_{i=1}^{r(\widetilde{E})-\delta} \lambda_i^{-n_r}(\widetilde{E}) \prod_{i=\alpha+1}^{n_r r(\widetilde{E})} \lambda_i^{-1}(R) d\beta \tag{8.60}$$

式中，L'' 是大小为 $n_r r(\widetilde{E}) - \alpha \times n_r r(\widetilde{E}) - \alpha$ 的 $U_{Q'}^H \Lambda'^2_C U_{Q'} \overset{(a)}{=} U_R^H (I_{n_r} \otimes \widetilde{E}) U_R$ 的主子矩阵，式（8.59）和等号式（a）仅对满秩码成立。

2）如果码字错误矩阵 Λ'_C 的 $\alpha = \delta n_r$ 个非零特征值可以忽略，平均成对错误概率的形式如下：

$$P(C \rightarrow E) \approx \frac{1}{\pi} \int_0^{\pi/2} \eta^{-(n_r r(\widetilde{E}) - \alpha)} (\det(Q''))^{-1} \prod_{i=1+\delta}^{r(\widetilde{E})} \lambda_i^{-1}(\widetilde{E}) \, \mathrm{d}\beta \qquad (8.61)$$

$$\leqslant \frac{1}{\pi} \int_0^{\pi/2} \eta^{-(n_r r(\widetilde{E}) - \alpha)} \prod_{i=1}^{n_r r(\widetilde{E}) - \alpha} \lambda_i^{-1}(R) \prod_{i=1+\delta}^{r(\widetilde{E})} \lambda_i^{-n_r}(\widetilde{E}) \, \mathrm{d}\beta \qquad (8.62)$$

式中，Q'' 是大小为 $n_r r(\widetilde{E}) - \alpha \times n_r r(\widetilde{E}) - \alpha$ 的 Q' 的主子矩阵。

所有特征值均按升序排列。

让我们现在分析和理解上面的命题。与高信噪比区域相对比，高空间相关同时降低分集和编码增益。分集增益为 $n_r r(\widetilde{E}) - \alpha$。就编码增益而言，所有空时码（非满秩和满秩）以此方式受到影响：编码增益表达式中的信道和空时码不能分离（而这是高信噪比区域中满秩码的情况）。

命题 8.3 的第一部分显示，编码增益由两项构成：$\det(\Lambda'^2_{Q'})$ 一项可以认为是自由度为 $n_r r(\widetilde{E}) - \alpha$ 的等效信道提供的编码增益，而 $\det(L'')$ 一项是空时码提供的编码增益。两项都表明如果错误矩阵非满秩时信道与码字的相互作用，而只有第二项表明码满秩时的相应作用。事实上，对满秩码，$\Lambda^2_{Q'} = \Lambda_R$，而 $\Lambda'_{Q'}$ 通过对 Λ_R 的 $n_t n_r - \alpha$ 个最大特征值取平方根得到。MIMO 信道失去 $n_t n_r$ 中的 α 个自由度。在式（8.59）中，信道提供的编码增益为 $\det(\Lambda'^2_{Q'}) = \prod_{i=1+\alpha}^{n_t n_r} \lambda_i(R)$（其中 $\lambda_i(R)$ 增序排列），而非高信噪比情况下的 $\det(R)$。码提供的编码增益由 $\det(L'')$ 给出，是码字在空间相关矩阵的特征向量扩展空间上的映射函数。不好的映射将导致下界式（8.60）。

命题的第二部分显示，对于非满秩码，中等信噪比区域与高信噪比区域并无定性的区别：在高信噪比下，也观察到了码字和空间相关的相互作用，这种作用只是在中等信噪比下通过 $\det(Q'')$ 突出。然而，对于满秩码，$\det(Q'')$ 明显区别于 $\det(R)$。结果是，在中等信噪比区域，错误矩阵的特征向量和特征值都影响满秩码的性能。我们现在可以理解满秩码在中等信噪比区域的性能和非满秩的类似。

因此，独立同分布瑞利信道中编码增益最大化并非保证在有限信噪比下相关信道中码性能良好，即便是满秩码。

上述讨论也建议设计具有大特征值和小条件数的错误矩阵，以致空时码没有弱方向。正交空时分组码（见 6.5.4 节）在这种意义上尤为具有鲁棒性。时延分集（见例 6.6.1 节）也显示相似的鲁棒性。然而，依据踪迹准则（见 6.3.2 节）所设计的码的错误矩阵通常展现出大条件数。这些空时码因而对瑞利慢衰落信道中的空间相关更加敏感。

例 8.3　为了说明分集下降，让我们回到例 8.1 的空间复用方案。假设没有接

收相关矩阵，在有限信噪比下平均成对错误概率则可以重写为

$$P(C \to E) = \frac{1}{\pi} \int_0^{\pi/2} \left(1 + \eta (C - E)^H R_t (C - E) \right)^{-n_r} d\beta$$

$$= \frac{1}{\pi} \int_0^{\pi/2} \left(1 + \eta \left| U_E^H(1,:) R_t U_E(:,1) \right| \, \| C - E \|^2 \right)^{-n_r} d\beta$$

$$(8.63)$$

依赖于 $\left| U_E^H(1,:) R_t U_E(:,1) \right|$ 的值，高信噪比的假设可能相当不现实。事实上，如果 $U_E(:,1)$ 平行于 R_t 最小特征值对应特征向量所扩展的空间，$\left| U_E^H(1,:) R_t U_E(:,1) \right|$ 会非常小，以致在有限信噪比下没有达到任何分集。只有在非常高的信噪比取值时，分集增益会达到 n_r。

瑞利块衰落信道

从式（8.26）开始，使用针对慢衰落信道的推导，中等信噪比下块衰落信道平均成对错误概率的表达式简单易得。

瑞利快衰落信道

中等信噪比下快衰落信道中，与慢衰落的情况类似，我们假设，$\Xi \Delta$ 的 α 个特征值太小对分集不起作用。式（8.24）的平均成对错误概率因而变为

$$P(C \to E) = \frac{1}{\pi} \int_0^{\pi/2} \eta^{-r(\Xi\Delta)-\alpha} \prod_{i=1+\alpha}^{r(\Xi\Delta)} \lambda_i^{-1}(\Xi\Delta) d\beta$$

$$\overset{(a)}{=} \frac{1}{\pi} \int_0^{\pi/2} \eta^{-r(\Xi\Delta)-\alpha} \prod_{i=1+\alpha}^{r(\Xi\Delta)} \lambda_i^{-1}(\Lambda'_{D'} O' \Lambda'_{D'}) d\beta$$

$$(8.64)$$

式中，非零特征值 λ_i 升序排列，而等号（a）依赖于式（8.48）。再次，小特征值的存在可能源于两个非互斥情形：$\Lambda'_{D'}$ 或 $O' = U_{O'} \Lambda_{O'}^2 U_{O'}^H$ 的 α 个特征值可以忽略。在第二种情况中，$\Lambda_{O'}$ 由包含 $n_r l_{C,E} - \alpha$ 个最大奇异值的对角主子矩阵 $\Lambda'_{O'}$ 构成。

命题 8.4 考虑具有满秩空时相关矩阵 R 的瑞利快衰落信道中的一个有限信噪比。

1）如果 $\Lambda'_{D'}$ 的 α 个特征值可忽略，平均成对错误概率表示为

$$P(C \to E) \approx \frac{1}{\pi} \int_0^{\pi/2} \eta^{-n_r l'_{C,E}} (\det(O''))^{-1} \prod_{k \in \tau_{C,E}} \| c_k - e_k \|^{-2n_r} d\beta \quad (8.65)$$

$$\leqslant \frac{1}{\pi} \int_0^{\pi/2} \eta^{-n_r l'_{C,E}} \prod_{i=1}^{n_r l_{C,E}-\alpha} \lambda_i^{-1}(\Xi) \prod_{k \in \tau_{C,E}} \| c_k - e_k \|^{-2n_r} d\beta \quad (8.66)$$

2）如果 O' 的 α 个特征值可忽略，平均成对错误概率表示为

$$P(C \to E) \approx \frac{1}{\pi} \int_0^{\pi/2} \eta^{-(n_r l'_{C,E}-\alpha)} (\det(M''))^{-1} (\det(\Lambda'^2_{O'}))^{-1} d\beta \quad (8.67)$$

$$\leqslant \frac{1}{\pi} \int_0^{\pi/2} \eta^{-(n_r l'_{C,E}-\alpha)} \prod_{i=1+\alpha}^{n_r l_{C,E}} \lambda_i^{-1}(\Xi) \prod_{k \in \tau''_{C,E}} \| c_k - e_k \|^{-2n_r} d\beta$$

$$(8.68)$$

式中，M'' 是大小为 $n_r l_{C,E} - \alpha \times n_r l_{C,E} - \alpha$ 的 $U_{O'}^H \Lambda_{D'}'^2 U_{O'}$ 的一个主子矩阵。$\tau_{C,E}''$ 是包含对应 $\tau_{C,E}$ 中 $n_r l_{C,E} - \alpha$ 个最小 $\| c_k - e_k \|^2$ 的位置 k 的集合。

在命题 8.4 的两种场景中，分集阶数都减小 α。式（8.65）中的编码增益由两项构成：类似于独立同分布瑞利信道中编码增益的一个编码增益（排除错误矩阵有效长度减小为 $l_{C,E}'$ 的情况）和一个表明在由信道相关矩阵特征向量所扩展空间中错误矩阵特征向量相对位置的第二项。在式（8.67）中，编码增益也由两项构成：$\det (\Lambda_{O'}'^2)$ 一项可以认为是自由度为 $n_r l_{C,E} - \alpha$ 的等效矩阵提供的编码增益，而 $\det (M'')$ 一项是空时码固有的编码增益。

与高信噪比情形相对比，分集和编码增益都受到错误矩阵与信道相关矩阵间相互作用的影响。它们是错误矩阵的列在信道相关矩阵特征向量所扩展空间上映射的函数。如果这些映射对 η^{-1} 而言较小，看起来像是空时码的有效长度减小了。在高信噪比区域，并未呈现对分集的影响，因为信噪比足够大，可以消除错误矩阵每个非零列引入的影响，与信道相关矩阵上的映射无关。

例 8.4 几个原因可以解释中等信噪比下 O' 放松 α 个特征值。例如，时间相关可能很大以致全时间分集不再可达：快衰落信道在中等信噪比下类似慢或块衰落（信道）。这种情况中，式（8.67）简化为高信噪比表达式对慢或块衰落有效。

α 个特征值的丢失也会由码字与空间相关之间的破坏性相互作用引起。为了说明这一点，我们假定使用 Kronecker 模型对空间相关建模。如果发送相关足够大，$c_k - e_k$ 位于 R_t 最小特征值对应特征向量所扩展空间中的概率不可忽略，致使 $(c_k - e_k)^H R_t (c_k - e_k)$ 小于 η^{-1}。位置 k 因此将不对时间分集起作用。

定义

$$\tau_{\text{medium}} = \left\{ k \,\middle|\, \eta \,|\, (c_k - e_k)^H R_t (c_k - e_k) \,|\gg 1 \right\} \tag{8.69}$$

中等信噪比下错误矩阵的表面有效长度现在由 $\#\tau_{\text{medium}}$ 给出。码字对提供的分集等于 $n_r \#\tau_{\text{medium}}$。最终，成对错误概率式（8.67）重写为

$$P(C \to E) \approx \frac{1}{\pi} \int_0^{\pi/2} \eta^{-n_r \#\tau_{\text{medium}}} \left(\det(R_r) \right)^{-\#\tau_{\text{mediwm}}}$$
$$\prod_{k \in \tau_{\text{medium}}} |\, (c_k - e_k)^H R_t (c_k - e_k) \,|^{-n_r} d\beta \tag{8.70}$$

这应与高信噪比区域中的式（8.51）对比。

8.3.3　低信噪比区域

命题 8.5 在低信噪比下，$\eta \lambda_i (\Xi \Delta) < 1$，且平均成对错误概率表示为

$$P(C \to E) \approx \frac{1}{\pi} \int_0^{\pi/2} (1 + \eta n_r \text{Tr}\{ R_t \tilde{E} \})^{-1} d\beta \tag{8.71}$$

$$\leq \frac{1}{\pi} \int_0^{\pi/2} \left(1 + \eta n_r \sum_{i=1}^{n_t} \lambda_i (R_t) \lambda_i (\tilde{E}) \right)^{-1} d\beta \tag{8.72}$$

式中，R_t 的特征值按升序排列，而 $\tilde{E}$ 的特征值按降序排列。

在低信噪比区域，没有实现任何分集。MIMO 信道表现得像是具有等效发送码字 $R_t^{1/2}C$ 的 SISO 信道，以致 $\mathrm{Tr}\{R_t\tilde{E}\}$ 表现得仿佛是接收机看到的欧氏距离。在低信噪比区域，空时码通过 $\tilde{E}$ 特征向量在发送相关矩阵特征向量所扩展空间上的映射与信道相互作用。在这方面，式（8.72）表明有较大最小特征值和小条件数表示的码错误矩阵在相关信道中应该得相当好，因为这样的空时码不会呈现任何弱方向。然而注意式（8.72）只是给出了一个性能上界。通过直接消除空时码设计中错误矩阵和发送相关的破坏性相互作用，可以进一步提升性能。

8.3.4　总结与举例

在瑞利信道高信噪比区域：

● 所有空时码提取一项等于独立同分布瑞利信道中可达增益的分集增益。

● 编码增益受空时相关影响：

－ 对慢衰落条件下的满秩码，编码增益损失独立于空时码的结构，因此空间相关瑞利慢衰落信道中的满秩码设计，可以使用用于独立同分布瑞利慢衰落信道中的准则。

－ 对于非满秩码或快衰落信道，空时相关和码错误矩阵的相互作用造成编码增益依赖于空时码的损失，相关信道中空时码的性能不仅仅与其在独立同分布信道中的性能有关。

在瑞利衰落信道中等信噪比区域，分集和编码增益同时受到空时相关的影响，不管空时码的秩如何：

● 与独立同分布信道相比，随着 $\Xi\Delta$（快衰落）或 C_R（慢衰落）可忽略特征值数量的增大，总的分集增益减小。

● 编码增益强烈依赖码错误矩阵与空间相关的相互作用。

在瑞利衰落信道低信噪比区域：

● 没有提取分集。

● 编码增益与接收和时间相关独立，因为只有发送相关影响错误概率。

值得强调一下无限信噪比和有限信噪比下相关瑞利慢衰落信道中成对错误概率与分集复用折中之间的明显相似性（见 5.9 节）。在高信噪比区域，分集复用折中仍然不受空间相关影响，而有限信噪比下却非如此。相似地，对于满秩码，我们看到，高信噪比下（慢衰落信道中）秩行列式准则是最优的，而在中等信噪比区域，设计准则应该涉及空间相关。这和通常的想法形成对比，即满秩码是鲁棒的，且相关信道中的设计准则和码行列式及距离乘积准则严格相同。上述结果清楚说明这一推断在实际信噪比水平可能放松，因为它忽略了满秩码错误矩阵与空时相关间的所有相互作用。有限信噪比下运用独立同分布设计可能导致非鲁棒码，对此，造成增加错误概率的错误矩阵依赖于空间相关，故而不一定是最小距离码错误矩阵。

为了说明这一重要概念，让我们分析图 8.6 中下述情况的性能：

- 一个经典 2×2 空间复用方案，在每个发送天线上发送独立符号。

- 一个所谓鲁棒空间复用码，用 "new SM" 表示，在独立同分布信道中提供和经典空间复用方案一样的性能。

- 一个秩 1 线性离散码，它在两个符号时间扩展，每个码字发送四个符号（见例 6.15），表示为 "Hassibi 等" [HH01]。

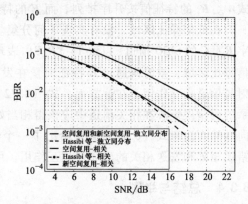

图 8.6　独立同分布和空间相关信道 $n_\mathrm{t} = 2$，$n_\mathrm{r} = 2$ 时，非满秩线性离散码的性能

在一个使用 4.2.3 节的基于几何的随机模型生成的空间相关慢衰落信道中，其中在移动终端使用串联式阵列配置（沿着链路轴，天线间距为 0.5λ），在基站使用垂射阵列配置（天线间距为 20λ）。考虑一个沿链路轴具有高度定向传输的瑞利场景，这导致高度空间相关。文献 [CO07] 有关仿真中有更多关于仿真假设的细节。还要注意，所有结果使用 QPSK 星座图和最大似然解码获得。

错误矩阵与空间相关间的强烈相互作用引起经典空间复用方案和 "Hassibi 等" 码在低信噪比区域演进：在相关信道 20dB 信噪比下这些空时码可达到的分集非常弱。实际上，式（8.29）预测的分集只有在极高信噪比水平才能观察到，这样的信噪比水平远高于实际中的信噪比。相比之下，鲁棒空间复用方案在信噪比为 15dB 的高信噪比区域演进。它在空间相关信道的分集和独立同分布信道一样，只是编码增益收到空间相关影响，导致向右偏移。

在图 8.7 中，给出了独立同分布和空间相关瑞利慢衰落信道中 4 状态空时格状码的误帧率。与线性离散码类似，相关信道中空时格状码的性能依赖于所考虑的码：TSC 码 [TSC98] 虽然在独立同分布信道中性能不如 CYV [CYV01] 码，但在相关信道中更加鲁棒。

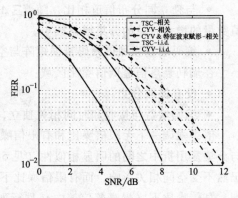

图 8.7　独立同分布和空间相关信道中空时格状码的性能，$n_\mathrm{t} = 2$，$n_\mathrm{r} = 4$

再次，这说明式（8.30）给出的有限信噪比下空时编码性能的估计非常差。此外，CYV 码与具有发送相关知识的假定最优编码器（见第 10 章）的组合（表示为 CYV&eigenbeamformer）只是轻微提高。为何如此？实际上，最优预编码器对发送向量而言，可能并不是最小距离码错

误矩阵匹配的那个，因为前面已经说明最小距离码错误矩阵不一定是使得相关信道在现实信噪比下成对错误概率增长的错误矩阵。这里使用的预编码器表明发送相关，通过对最小距离码错误矩阵应用一个目标工作于中等信噪比区域的解决方案，尽管最小距离错误矩阵仅仅在高信噪比区域增加成对错误概率。这可能对于最小距离码错误矩阵与信道相关相独立的空时码，比如正交空时分组码和分集方案，已经解决得非常好。然而，对于许多其他空时码，这个策略最有可能不是最优的，如图 8.7 所示。注意关于预编码的最优设计我们在第 10 章进一步讨论。

在图 8.8 中，我们在空间相关和独立同分布瑞利快衰落信道上研究了空时格状码的性能。传播信道与阵列配置与上面的慢衰落场景类似，除了系统现在是理想时间交织的。"TSC" 码［TSC98］就分集和编码增益而言在独立同分布和相关信道具有相似的性能。这表明，这种码在高信噪比区域演进，而它的性能由命题 8.2 预测。这种码可以视为鲁棒（尽管它在独立同分布信道的性能仍可提升）。相比之下，"FVY" 码［FVY01］在独立同分布信道的性能比 "TSC" 码好很多，但是它在相关信道的性能极差。

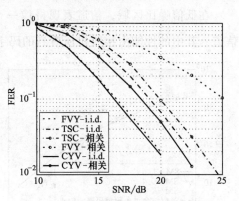

图 8.8　独立同分布和空间相关快瑞利衰落信道中空时格状码的性能，
$n_t = 2$，$n_r = 1$

事实上，它失去了分集和编码增益：这种码在相关信道中等信噪比区域演进，而它的性能可由式（8.67）或式（8.70）更好地预测。最后，"CYV" 码［CYV01］在独立同分布和相关瑞利快衰落信道比另外两种空时码表现都好。它可以被认为源于"最优"设计，因为已经在现实信噪比水平达到高信噪比区域。

8.4　莱斯衰落信道中的平均成对错误概率

在莱斯衰落信道中，平均成对错误概率的分析比在瑞利信道困难很多，因为性能由三个项的相互作用决定：空时相关矩阵，码错误矩阵和相干分量 $\bar{H}$。［CO07，OC07］中有完整的分析，但让我们在此关注主要结论。

在高信噪比区域：

- 分集增益不受占优分量的影响，它和瑞利衰落中达到分集增益的一样。
- 有效信噪比降低 $1 + K$。
- 编码增益由两项组成：一项由瑞利分量提供，和纯瑞利衰落中的编码增益相似，而另一项由相干分量提供：
  - 对于慢衰落信道中的满秩码，编码增益中由相干分量引入的一项与空时码无关，因此针对空间相关莱斯慢衰落信道设计一个满秩码变成针对独立同分布瑞利慢衰落信道设计一个空时码。

- 对非满秩码或快衰落信道，相干分量和空时码之间相互作用，因此相干分量提供的编码增益与所考虑的空时码通过错误矩阵在由相干分量所扩展空间上的映射有关。

在中等信噪比区域，编码增益受到相干分量出现的影响，这是通过它在错误矩阵上的映射，与码的秩没有关系。

在低信噪比区域，信道表现得像一个加性高斯白噪声 SISO（单输入单输出）信道，其中的性能由接收机所看到的码字 $\bar{H}C$ 之间的欧氏距离决定。

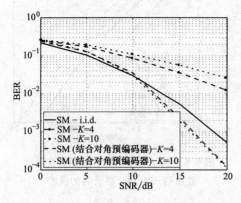

图 8.9　在 $K=4$ 和 $K=10$ 的 2×2 莱斯衰落　　　图 8.10　在 $K=4$ 和 $K=10$ 的 2×2 莱斯
　　　信道上非满秩空间复用方案的性能　　　　　　　　衰落信道上近似通用码的性能

为了说明这些结果，图 8.9 和图 8.10 分别评估相干分量对非满秩和满秩码性能的影响。作为非满秩码，我们使用经典空间复用和另一个由空间复用与［HLHS03］中所设计的单位对角预编码器（这个预编码器在第 9 章更加详细地讨论）结合构成的方案。满秩码是 6.5.7 节给出的 "Dayal" 码和 "Tilted-QAM" 码。我们假定和我们前面例子中相同的阵列配置。然而，移动终端周围的散射假定非常丰富而且沿链路轴存在一个 K 因子 $K=4$ 和 $K=10$ 的视距分量。为了比较，我们也展示了独立同分布瑞利衰落信道中的性能。

如上面所强调的，相干分量对性能可能有益或有害，这取决于所考虑的非满秩码。这一点在图 8.9 中非常明显：结合对角预编码器［HLHS03］的空间复用方案有益地利用了莱斯衰落，而经典空间复用受到相干分量的负面影响。在这样的配置中，虽然由于散射丰富，非相干（瑞利）分量接近独立同分布，但它在莱斯衰落中的性能比在瑞利衰落中的性能差。

在高信噪比下，理论推导显示主分量和满秩码之间没有相互作用。相干分量提供的编码增益是固定的且不依赖于空时码，但仅依赖于相干分量的结构和空间相关矩阵。此外，没有空间相关时，相对于瑞利衰落信道，莱斯信道中的性能应该总是提升的。在图 8.10 中，情况却有所不同。首先，我们观察到，对于很大范围内的信噪比取值，相干分量对差错率有害，即便在假定高信噪比。其次，莱斯衰落信道中的性能，并非直接与瑞利衰落信道中的性能相关，但是两个空时码性能的差距在莱斯衰落中远高于在瑞利衰落中。这说明莱斯信道很少达到高信噪比区域。

8.5　关于现实信道中空时码设计的看法

本章得到的推导为在相关莱斯/瑞利信道中设计鲁棒空时码提供了一些重要规则。一个重要的概念是中等信噪比区域，表明在预测一个空时码在相关信道中的性能时不建议使用高信噪比的假设。在中等信噪比区域，信道和空时码的相互作用高度影响成对错误概率，这主要是通过错误矩阵在由空时相关矩阵和（或）相干分量扩展的空间上投影造成的。

1）因为相互作用导致若干特征值损失，分集增益下降。

2）编码增益作为一个附加项，与提到的相互作用有关。

建议在瑞利/莱斯信道中有用信噪比下设计高效空时码使用如下规则：选择在独立同分布瑞利信道中具有良好性能的空时码，它也表明传输信道和码字间的相互作用。这是第 9 章的目标。

第 9 章 现实 MIMO 信道上无传输信道知识的空时编码

如前面几章所强调的，空时码的性能可能受到散射丰富性、阵列设计或相干分量存在的严重影响。因为实践中可能遇到各种各样的传输条件，因此需要设计出对各种可能传播条件具有鲁棒性的空时码。

这即是本章的目标，其中假定发射机没有先验信道知识。在某种意义上，后面描述的规则可以认为其对相关瑞利/莱斯信道而言，就如第 6 章的秩/行列式准则相对于独立同分布瑞利衰落信道。为此目的，涵盖了两个设计方法。第一个采用信息论方法，而第二个推导设计准则则是受到错误概率实际解释的激励。

9.1 信息论激励的设计方法

第 6 章设计的码在独立同分布信道上性能表现良好，但在相关瑞利或莱斯信道可能情况并非这样。因此，我们将推导在任意所有可能的慢衰落信道，即所有可能衰落分布下，设计空时码的准则。

复合信道编码定理 [RV68] 指明，存在速率为 Rbit/s/Hz 的码，它可以在任意非中断慢衰落信道实现上实现可靠传输，即在任意满足 $\log_2 \det\left(I_{n_t} + \dfrac{\rho}{n_t} HH^H \right) > R$ 的信道上。这些是所谓的通用码。它们达到中断容量，但要求在无限块长度上编码。

在第 5 章，我们已经说过在错误概率与速率之间存在基本的折中。在高信噪比区域，对一个增大的信噪比，这个折中已经放松，可以用以传输速率为变量的错误概率函数的信噪比的指数项来描述。第 6 章给出了针对独立同分布瑞利信道，满足这个折中的空时码的详细示例。这里，我们也可以表示一个错误概率和速率之间的折中。然而，依据通用编码，我们更进一步。因为我们不仅给出了独立同分布瑞利信道中错误概率与速率的折中（类似第 5 章和第 6 章），而且给出了针对所有可能信道统计的对应关系。在高信噪比区域，错误概率和速率间的这个折中也可以更简单地表示为分集与速率或分集与速率间的折中。因为在高信噪比下推导设计准则容易很多，[TV06] 引入了近似通用性质概念作为通用性质的渐进（高信噪比）。近似通用并非实现中断容量的充分条件，但是足以在所有信道统计下实现分集复用折中。此外，类似于独立同分布的情形，这种可以使用短分组码实现而中断容量仅在无限分组（块）长度下可达。这个方法最初已由 [KW01，KW03] 进行过研究，并在［TV06］得以扩展。

我们必须设计信道非中断情况下表现可靠的空时码，但是发射机端不知道信道衰落的分布。因此，明智的方法是使用条件成对错误概率并找到在非中断情况下导致最差情形条件成对错误概率的信道实现。与第 6 章相对比，因为信道矩阵是任意的，没有在一个给定的信道分布上取平均。让我们回顾慢衰落信道中条件成对错误概率表示为

$$P(\boldsymbol{C}\rightarrow\boldsymbol{E}\mid\boldsymbol{H}) = \mathcal{Q}\left(\sqrt{\frac{\rho}{2}D^2}\right) \tag{9.1}$$

式中，$D^2 = \|\boldsymbol{H}(\boldsymbol{C}-\boldsymbol{E})\|_F^2$ 假定一个单位输入协方差矩阵，非中断信道集合定义为

$$\mathcal{N\!O}\left\{\boldsymbol{H}:\ \log_2\det\left[\boldsymbol{I}_{n_t}+\frac{\rho}{n_t}\boldsymbol{H}\boldsymbol{H}^H\right]\geqslant R\right\} \tag{9.2}$$

设计准则背后的思路可以概述如下：

选择使在非中断信道集合 $\mathcal{N\!O}$ 上最差情形条件成对错误概率最小的码 $\mathcal{C}$

$$\mathcal{C} = \arg\max\ \min_{\boldsymbol{H}\in\mathcal{N\!O}} D^2 \tag{9.3}$$

D 应该满足什么条件，以满足近似通用并在所有非中断信道上实现复用分集折中？如命题 6.1 的证明中那样推理，我们知道成对错误概率的上界为

$$P_e(\rho)\leqslant P_{\text{out}}(R)+P(\text{error},\text{no outage}) \tag{9.4}$$

为了达到折中，我们想要找到导致中断事件的主要错误事件。这要求［TV04］［式（9.4）］的第二项对所有速率随信噪比成指数衰减（$= e^{-\rho^\delta}$，其中 $\delta>0$）。为此，码字间的最小距离必须比噪声大，以便就噪声功率而言，码字彼此相互远离。即便当信噪比增加时添加更多的星座点，这一点应该保持成立。为了更好地理解这个概念，我们考虑下面的例子［TV06］。

例 9.1　我们已经在第 6 章（例 6.1）看到 QAM 星座在标量瑞利慢衰落信道中实现分集复用折中。让我们检查 QAM 星座对标量慢衰落信道也是近似通用的，即与信道分布无关，它们实现分集复用折中。我们可以将非中断信道实现集合写作

$$\mathcal{N\!O} = \{h:\log_2(1+\rho\,|h|^2)\geqslant R\} \tag{9.5}$$

$$= \left\{h:\,|h|^2\geqslant\frac{2^R-1}{\rho}\right\} \tag{9.6}$$

因此所有信道实现上的最差情形条件成对错误概率为

$$P(c\rightarrow e\mid h) = \min_{h\in\mathcal{N\!O}}\mathcal{Q}\left(\sqrt{\frac{\rho}{2}\,|h|^2 d^2}\right) \tag{9.7}$$

$$= \mathcal{Q}\left(\sqrt{\frac{2^R-1}{2}d^2}\right) \tag{9.8}$$

式中，$d^2 = |c-e|^2$，当 $2^R d^2>1$ 时，星座点间的距离大于噪声，当信道非

中断时很少发生错误。因为对 QAM 星座，$d_{\min}^2 \approx \dfrac{1}{2^R}$，这些对标量瑞利衰落信道近似通用。

9.2　信息论激励的慢衰落信道中的码设计

9.2.1　通用码设计准则

为了推导通用设计准则，我们首先在所有非中断信道上评估最差情形条件成对错误概率，这变为找到使下式最大化的信道实现 $\boldsymbol{H}$

$$P(\boldsymbol{C} \rightarrow \boldsymbol{E} \mid \boldsymbol{H}) = \mathcal{Q}\left(\sqrt{\frac{\rho}{2}} \parallel \boldsymbol{H}(\boldsymbol{C}-\boldsymbol{E}) \parallel_{\mathrm{F}}^2\right) \tag{9.9}$$

其约束为 $\boldsymbol{H}$ 为中断

$$\sum_{k=1}^n \log_2 \left(1 + \frac{\rho}{n_t} \lambda_k(\boldsymbol{H}^{\mathrm{H}}\boldsymbol{H})\right) \geqslant R \tag{9.10}$$

式中，$\lambda_k(\boldsymbol{H}^{\mathrm{H}}\boldsymbol{H})$（$k = 1, \cdots, n = \min\{n_t, n_r\}$）是 $\boldsymbol{H}^{\mathrm{H}}\boldsymbol{H}$ 的非零特征值。显然，上面的约束只是信道矩阵特征值的一个函数，而非特征向量的函数。然而，如已在第 8 章中解释的，$\boldsymbol{H}$ 在错误矩阵 $\boldsymbol{C}-\boldsymbol{E}$ 上的映射显著影响平方距离 D^2。回想 $\widetilde{\boldsymbol{E}} = (\boldsymbol{C}-\boldsymbol{E})(\boldsymbol{C}-\boldsymbol{E})^{\mathrm{H}}$，我们使用下述 EVD 分解

$$\widetilde{\boldsymbol{E}} = \boldsymbol{U}_{\widetilde{\boldsymbol{E}}} \boldsymbol{\Lambda}_{\widetilde{\boldsymbol{E}}} \boldsymbol{U}_{\widetilde{\boldsymbol{E}}}^{\mathrm{H}}$$

$$\boldsymbol{H}^{\mathrm{H}}\boldsymbol{H} = \boldsymbol{U}_{\boldsymbol{H}} \boldsymbol{\Lambda}_{\boldsymbol{H}} \boldsymbol{U}_{\boldsymbol{H}}^{\mathrm{H}}$$

$$\boldsymbol{U}_{\boldsymbol{Q}} = \boldsymbol{U}_{\boldsymbol{H}}^{\mathrm{H}} \boldsymbol{U}_{\widetilde{\boldsymbol{E}}} \tag{9.11}$$

式中，$\boldsymbol{\Lambda}_{\widetilde{\boldsymbol{E}}} = \operatorname{diag}\{\lambda_1(\widetilde{\boldsymbol{E}}), \cdots, \lambda_{n_t}(\widetilde{\boldsymbol{E}})\}$ 包含按升序排列的特征值，而 $\boldsymbol{\Lambda}_{\boldsymbol{H}} = \operatorname{diag}\{\lambda_1(\boldsymbol{H}^{\mathrm{H}}\boldsymbol{H}), \cdots, \lambda_{n_t}(\boldsymbol{H}^{\mathrm{H}}\boldsymbol{H})\}$ 包含按降序排列的特征值。

下述命题提供了导致最差情况信道的信道矩阵特征向量 $\boldsymbol{U}_{\boldsymbol{H}}$ [KW01, KW03]。

命题 9.1　平方距离 D^2 的下界受限于

$$D^2 = \parallel \boldsymbol{H}(\boldsymbol{C}-\boldsymbol{E}) \parallel_{\mathrm{F}}^2 \geqslant \sum_{k=1}^n \lambda_k(\widetilde{\boldsymbol{E}}) \lambda_k(\boldsymbol{H}^{\mathrm{H}}\boldsymbol{H}) \tag{9.12}$$

当且仅当 $\boldsymbol{U}_{\boldsymbol{H}} = \boldsymbol{U}_{\widetilde{\boldsymbol{E}}}$ 时达到下界，即当对所有 $k = 1, \cdots, n$，$\boldsymbol{H}^{\mathrm{H}}\boldsymbol{H}$ 对应于第 k 个最小特征值的第 k 个特征向量位于由 $\widetilde{\boldsymbol{E}}$ 对应于第 k 个最大特征值的第 k 个特征向量所扩展的空间。

证明：将平方距离写为

$$D^2 = \parallel \boldsymbol{H}(\boldsymbol{C}-\boldsymbol{E}) \parallel_{\mathrm{F}}^2 = \operatorname{Tr}\{\widetilde{\boldsymbol{E}} \boldsymbol{H}^{\mathrm{H}}\boldsymbol{H}\} = \operatorname{Tr}\{\boldsymbol{U}_{\boldsymbol{Q}} \boldsymbol{\Lambda}_{\widetilde{\boldsymbol{E}}} \boldsymbol{U}_{\boldsymbol{Q}}^{\mathrm{H}} \boldsymbol{\Lambda}_{\boldsymbol{H}}\}$$

$$= \sum_{k=1}^{n_t} \sum_{l=1}^n \lambda_k(\widetilde{\boldsymbol{E}}) \lambda_l(\boldsymbol{H}^{\mathrm{H}}\boldsymbol{H}) \mid \boldsymbol{U}_{\boldsymbol{Q}}(l,k) \mid^2$$

$$\geqslant \sum_{k=1}^{n} \lambda_k (\widetilde{E}) \lambda_k (H^H H), \qquad (9.13)$$

显然当 $U_Q = I_{n_t}$ 即 $U_H = U_{\widetilde{E}}$ 时等式成立。

此外，我们需要找到在约束式（9.10）下使 $\dfrac{\rho}{2} \sum_{k=1}^{n} \lambda_k (\widetilde{E}) \lambda_k (H^H H)$ 最小的特征值 $\lambda_k (H^H H)$。拉格朗日优化实际上得到标准注水解

$$\lambda_k(H^H H) = \frac{1}{\rho} \left(\frac{1}{\mu \lambda_k (\widetilde{E})} - n_t \right)^+ \qquad (9.14)$$

式中，$(x)^+$ 表示 $\max \{x, 0\}$，μ 是选取的拉格朗日系数以使得

$$\sum_{k=1}^{n} \log_2 \left(1 + \left(\frac{1}{n_t \mu \lambda_k (\widetilde{E})} - 1 \right)^+ \right) = R \qquad (9.15)$$

或等价表示为

$$\sum_{k=1}^{n} \left[\log_2 \left(\frac{1}{n_t \mu \lambda_k (\widetilde{E})} \right) \right]^+ = R \qquad (9.16)$$

最差情形条件成对错误概率因此给出为

$$\min_{\substack{H \in \mathcal{NO}}} P(C \to E \mid H) = \mathcal{Q} \left(\sqrt{\frac{1}{2} \sum_{k=1}^{n} \left(\frac{1}{\mu} - n_t \lambda_k (\widetilde{E}) \right)^+} \right) \qquad (9.17)$$

表明空时码应该依据通用码设计准则进行设计。

设计准则 9.1（针对 MIMO 信道的通用码设计准则）选择最大化下式的空时码。

$$\sum_{k=1}^{n} \left(\frac{1}{\mu} - n_t \lambda_k (\widetilde{E}) \right)^+ \qquad (9.18)$$

然而这个准则的实现非常复杂。因此，建议［TV06］关注高信噪比区域，以便放松之前的设计标准。

因为 $(x)^+$ 总是大于零，式（9.18）的一个下界可以去掉式（9.16）和式（9.18）中的 $()^+$ 运算符，这样拉格朗日系数可以表示为

$$\mu = 2^{-\frac{R}{n}} \frac{1}{n_t} \left(\prod_{k=1}^{n} \lambda_k^{-1} (\widetilde{E}) \right)^{\frac{1}{n}} \qquad (9.19)$$

和

$$\sum_{k=1}^{n} \left(\frac{1}{\mu} - n_t \lambda_k (\widetilde{E}) \right)^+ \geqslant n_t n 2^{\frac{R}{n}} \left(\prod_{k=1}^{n} \lambda_k (\widetilde{E}) \right)^{\frac{1}{n}} - n_t \sum_{k=1}^{n} \lambda_k (\widetilde{E}) \qquad (9.20)$$

等式当每个子信道中的速率较大时成立。随着信噪比的增大，速率也增大，而式（9.20）右边的第一项变得比第二项大很多。

命题 9.2　当且仅当一个空时码满足近似通用码设计标准时，该空时码近似通用。

设计准则 9.2（针对 MIMO 信道的近似通用码设计准则）设计码 $\mathcal{C}$，其速率随信噪比以如下方式变化

$$\min_{\substack{C,\,E\in\mathcal{C}\\C\neq E}} 2^{\mathrm{R}}\prod_{k=1}^{n}\lambda_k(\widetilde{E})\geqslant 1 \tag{9.21}$$

或等价地

$$\min_{\substack{C,\,E\in\mathcal{C}\\C\neq E}} \prod_{k=1}^{n}\lambda_k(\widetilde{E})\geqslant\rho^{-g_s} \tag{9.22}$$

式中，$\lambda_k(\widetilde{E})$（$k=1,\cdots,n$），是 $(\widetilde{E})$ 的 n 个最小特征值。

证明：由式（9.1），证明在于 P（error, no outage）随信噪比指数衰减，以致中断事件引起主要差错。当信道非中断时，如果码字间的平方最小距离比噪声大，这一点可以得到保证

$$\sum_{k=1}^{n}\left(\frac{1}{\mu}-n_t\lambda_k(\widetilde{E})\right)^{+}\geqslant 1 \tag{9.23}$$

而式（9.21）简单地由下界式（9.20）得到。［TV06］给出了更加严格的证明。

对 $n_r\geqslant n_t$，近似通用码设计准则（准则 9.2）和非零行列式准则（准则 6.4）一样。这不奇怪，因为命题 6.2 的证明已经揭示了非零行列式准则条件引起码字间的距离与噪声功率相比较大。因此在独立同分布慢瑞利衰落信道中，最小行列式比编码增益具有更加宽泛的意义。进一步，6.5.7 节的结果也具有下列性质。

命题 9.3 Golden 码，倾斜 QAM 码和 Dayal 码在慢衰落 MIMO 信道近似通用。它们对所有衰落分布在高信噪比实现最优分集复用折中，而非仅仅针对独立同分布瑞利衰落信道。

我们考虑 MOMO 信道两个特别有意思的情形：MISO 信道和并行信道。

9.2.2　MISO 信道

对于 MISO 信道的特殊情形，$n_r=n=1$，通用码设计准则简化为

设计准则 9.3（MISO 信道通用码设计准则）选择满足下式条件的空时码 $\mathcal{C}$

$$\mathcal{C}=\arg\max_{\substack{C,\,E\in\mathcal{C}\\C\neq E}}\min_{k=1,\cdots,n_t}\lambda_k(\widetilde{E}) \tag{9.24}$$

即，最大化针对所有码字对 C，E（$C\neq E$）的 $\widetilde{E}=(C-E)(C-E)^{\mathrm{H}}$ 最小特征值。

命题 9.4 具有 QAM 星座图的 Alamouti 码在 MISO 信道近似通用。

证明：对正交空时分组码，

$$\min_{\substack{C,\,E\in\mathcal{C}\\C\neq E}}\min_{k=1,\cdots,n_t}\lambda_k(\widetilde{E})=\frac{T}{Qn_t}d_{\min}^2$$

式中，$d_{\min}$ 是星座图的最小欧氏距离。因为对 QAM 星座图，$d_{\min}^2 \approx 1/2^{R/r_s}$，

$$2^R \min_{\substack{C, E \in \mathcal{C} \\ C \neq E}} \min_{k=1, \cdots, n_t} \lambda_k(\widetilde{E}) \geqslant 1 \tag{9.25}$$

仅当 $r_S = 1$，Alamouti 码满足这一点。

9.2.3　并行信道

另一类特殊的信道由无干扰 MIMO 信道构成，也称为并行信道（例 5.3 讨论过）。有趣的是，并行信道中的近似通用码可以用于 D-BLAST（贝尔实验室对角分层空时码）方案以在任意 MIMO 信道获得近似通用码。考虑一个符号周期，在第 $l = 1$，$\cdots$，L 个子信道上有

$$r^{(l)} = \sqrt{E_s} h^{(l)} c^{(l)} + n^{(l)} \tag{9.26}$$

条件成对错误概率为

$$P(C \rightarrow E \mid \{h^{(l)}\}_{l=1}^L) = \mathcal{Q}\left(\sqrt{\frac{\rho}{2} \sum_{l=1}^L |h^{(l)}|^2 |c^{(l)} - e^{(l)}|^2}\right) \tag{9.27}$$

而非中断信道实现集合表示为

$$\sum_{l=1}^L \log_2\left(1 + \frac{\rho}{L} |h^{(l)}|^2\right) \geqslant R \tag{9.28}$$

问题和 9.2.1 节的 MIMO 信道相似，导致最差情形成对错误概率的非中断信道再次由标准注水方法得到。通用码设计变为最大化下面的量值

$$\sum_{l=1}^L \left(\frac{1}{L} - L |c^{(l)} - e^{(l)}|^2\right)^+ \tag{9.29}$$

在高信噪比区域，这个准则得以简化，当且仅当满足下式条件，码近似通用

$$\min_{\substack{C, E \in \mathcal{C} \\ C \neq E}} 2^R \prod_{l=1}^L |c^{(l)} - e^{(l)}|^2 \geqslant 1 \tag{9.30}$$

在并行信道，近似通用码设计准则简化为最大化最小乘积距离。

Tavildar 和 Viswanath［TV06］已经提出单纯空间（space-only）码在并行信道中近似通用。事实上，对块长 $T = 1$ 的所有并行信道分布，它们实现高信噪比下最优分集复用折中。这些码也称为互换码。基本思想是在每个子信道上发送 QAM 符号。然而，代替使用重复编码（能达到满分集，但是损失了复用增益）和简单在每个子信道上传输相同符号，互换码在每个子信道上使用不同的 QAM 星座点映射。选择映射使得，如果两个码字由在一个子信道上 QAM 星座图中最小距离分隔，将其在其他子信道上发送的 QAM 星座图上相互分开放置，如接下来的例子所示。

例 9.2　考虑 $L = 2$。对一个 16 QAM 星座图，由在两个子信道发送相同的符号实现重复编码。图 9.1 阐释了这一点，其中给出了两个子信道上发送的星座图。码字用一对相同的数字给出。这样如果发送对 (x, x)（其中 $x = 1$，$\cdots$，16），两个

子信道发送相同符号。相比之下，图 9.2 解释了互换码的原理：当发送 (x, x) 时，发送两个不同的符号。它们这样处理：如果在第一个星座图上 x 靠近 y，则在第二个星座图上 x 远离 y。

11	12	15	16	11	12	15	16
9	10	13	14	9	10	13	14
3	4	7	8	3	4	7	8
1	2	5	6	1	2	5	6

图 9.1　重复编码：$L = 2$，速率 $R = 4$ bit/s/Hz

11	12	15	16	7	3	8	4
9	10	13	14	15	11	16	12
3	4	7	8	5	1	6	2
1	2	5	6	13	9	14	10

图 9.2　互换编码：$L = 2$，速率 $R = 4$ bit/s/Hz

对随信噪比变化的总发送速率 $R = g_s \log_2(\rho)$，对一个 QAM 星座图我们有（假设 $L = 2$）$d_{\min}^2 = 1/2^R$。进而，这种情形的重复编码乘积距离式（9.30）为

$$\min_{\substack{C, E \in \mathcal{C} \\ C \neq E}} 2^R \prod_{l=1}^{2} |c^{(1)} - e^{(1)}|^2 = 2^R d_{\min}^2 d_{\min}^2 \approx \frac{1}{2^R} = \rho^{-g_s} < 1 \qquad (9.31)$$

显然，在并行信道中重复编码不是近似通用，因为乘积距离中 ρ^{g_s} 一项消失。随着信噪比增加，这导致一个大的编码损失。使用互换编码，映射在第二个星座图上的符号分隔间距和 QAM 星座图一侧的长度 $d_{\max} \approx 1$ 一样大。这补偿前述的 ρ^{g_s} 差距。排列乘积距离则写为

$$\min_{\substack{C, E \in \mathcal{C} \\ C \neq E}} 2^R \prod_{l=1}^{2} |c^{(l)} - e^{(l)}|^2 = 2^R d_{\min}^2 d_{\max}^2 = 1 \qquad (9.32)$$

可以得到如下命题。

命题 9.5　在并行信道中，互换码近似通用。

如果将互换码与 D-BLAST 收发机架构结合使用，其尤为有用。具有最小均方误差串行干扰消除接收机和最大似然解码器的 V-BLAST 和 D-BLAST 将 MIMO 信道变换为并行信道，同时保留原始 MIMO 信道的互信息，如 6.5.2 节式（6.136）所强调。然而，不像 V-BLAST，D-BLAST 也允许如式（6.136）概述的那样跨子信道编码。

命题 9.6　忽略初始化损耗，对各层使用近似通用码（例如排列码），具有最小均方误差串行干扰消除或最大似然解码的 D-BLAST 架构在 $n_r \geq n_t$ 的 MIMO 信道中近似通用。

我们现在对 D-BLAST 的性能有了更加广泛的了解，因为最优性能不限于独立同分布瑞利衰落信道：D-BLAST 使用单纯空间码也实现在具有任意信道统计值 MIMO 信道上的最优分集复用折中。

通过使用式（9.32）对 $n_r \geq n_t$ 验证式（9.21），前面的命题可以得以进一步阐释。两层 D-BLAST 方案的错误矩阵为

$$C - E = \begin{bmatrix} c_1^{(1)} - e_1^{(1)} & c_2^{(1)} - e_2^{(1)} & 0 \\ 0 & c_1^{(2)} - e_1^{(2)} & c_2^{(2)} - e_2^{(2)} \end{bmatrix} \tag{9.33}$$

很直观注意到对并行信道使用近似通用码，$2^R \det(\tilde{E}) \geqslant 1$。

9.3　错误概率激励的设计方法

在第 8 章，我们推导了成对错误概率，我们在广泛的一类空时相关莱斯信道上求其平均值。我们讨论了相关的影响和 K 因子作为 SNR 的函数。在本节，为了得到实际的设计准则我们使用了那样推导的表达式：

- 9.3.1 节简要介绍了设计方法。
- 9.3.2 节确定了信道与码字间相互作用的正式关系。
- 最后，9.3.3 节介绍了"和意识"灾难码、"积意识"灾难码和鲁棒码的重要概念，并推导了主要设计准则。

9.3.1　设计鲁棒码

在第 8 章，我们已经观察到相关或莱斯衰落信道上的平均成对错误概率通常表示为两项的乘积。其中一项对应独立同分布瑞利衰落，而另一项表明码字和信道非理想性之间相互作用。这个第二项表明，在独立同分布瑞利信道中具有相同性能的码，如果信道变得相关或莱斯衰落，其表现可能差异很大。因此，明智的方法是将码设计基于从在独立同分布瑞利信道性能最优的码中选择那些在相关瑞利或莱斯信道中表现最佳的码。

然而，推导这样一个在相关瑞利或莱斯信道性能良好的码是一项令人畏惧的任务，因为我们应该覆盖很宽范围的传播条件。为了简化设计，让我们使用 8.1.1 节中那样的基本原理：表征各种散射条件并影响码性能的物理参数是发射相关，就发送阵列而言，它与散射的空间分布有着直接联系，换言之，与方向功率谱 $\mathcal{A}_t(\Omega_t)$ 相联系。因此，针对瑞利/莱斯信道设计码变为找到一个性能与 $\mathcal{A}_t(\Omega_t)$ 大约独立的码。如在第 8 章所强调，发射相关对于成对错误概率具有非线性的影响。如果散射的密度充分丰富，发射相关系数较小（典型的，小于 0.6），性能不会显著下降。所以，可以假定信道为独立同分布瑞利信道设计空时码。然而，如果散射只是在少数方向呈现，发送相关增加，错误概率指数增长。在这些情况中的最差情形是退化信道（$\mathcal{A}_t(\Omega_t) \to \delta(\Omega_t - \Omega_{t,0})$），其中从发送阵列看到的散射沿单一方向 $\Omega_{t,0}$。这种场景中（假设二维传播，方向简化为方位角 θ_t），错误概率为

$$P(C \to E \mid \{H_k\}_{k=0}^{T-1}) = \mathcal{Q}\left(\sqrt{\frac{\rho}{2}D_d^2}\right) \tag{9.34}$$

式中，$D_d^2 = \sum_{k=0}^{T-1} |(c_k - e_k)^T a_t(\theta_{t,0})|^2 \|H_k(1:n_r, 1)\|^2$。

　　自然地，发射机不知道 $\theta_{t,0}$，成对错误概率激励设计准则背后的方法可以表达如下。

　　在独立同分布瑞利衰落信道中性能良好的码空间 $\mathcal{C}_{\mathrm{i.i.d.}}$ 中，选择在包含退化信道集合 $\mathcal{D}$ 的任意信道表现最佳的码 $\mathcal{C}$，

$$\mathcal{C} = \arg \max_{\mathcal{C} \in \mathcal{C}_{\mathrm{i.i.d.}}} \min_{\{H_k\}_{k=0}^{T-1} \in \mathcal{D}} D_{\mathrm{d}}^2 \tag{9.35}$$

我们还需要定义退化信道中的性能量度，这是接下来几节的目标 ［Cle05, COO08, COV$^+$07］。

9.3.2　退化信道中的平均成对错误概率

　　退化信道中的码性能可以从 8.2 节推导的平均成对错误概率的角度来形式化。为此，我们假设接收相关矩阵 R_{r} 满秩，即 $r(R_{\mathrm{r}}) = n_{\mathrm{r}}$，但是发射相关矩阵可能趋于非满秩。

瑞利衰落信道

　　在瑞利衰落信道中（$K = 0$），如果所有散射主要沿一个方向 θ_{t_0}，方向扩散 $\Lambda_{\mathrm{t}} \to 0$，而瑞利衰落信道变为

$$\lim_{\Lambda_{\mathrm{t}} \to 0} \mathrm{vec}(\tilde{\boldsymbol{H}}^{\mathrm{H}}) = \mathrm{vec}(\tilde{\boldsymbol{H}}_{\mathrm{deg}}^{\mathrm{H}}) \otimes \boldsymbol{a}_{\mathrm{t}}^*(\theta_{t_0}) \tag{9.36}$$

式中，$\tilde{\boldsymbol{H}}_{\mathrm{deg}} = [\tilde{\boldsymbol{H}}_0(:,1)\,\tilde{\boldsymbol{H}}_1(:,1)\cdots\tilde{\boldsymbol{H}}_{T-1}(:,1)]$。空时相关矩阵 Ξ 精确简化为

$$\lim_{\Lambda_{\mathrm{t}} \to 0} \Xi = \Xi_{\mathrm{r}} \otimes (\boldsymbol{a}_{\mathrm{t}}^*(\theta_{t_0})\boldsymbol{a}_{\mathrm{t}}^{\mathrm{T}}(\theta_{t_0})) \tag{9.37}$$

通过 Ξ_{r} 相关矩阵考虑了联合接收-时间相关，其表示为

$$\Xi_{\mathrm{r}} = \varepsilon\{\mathrm{vec}(\tilde{\boldsymbol{H}}_{\mathrm{deg}}^{\mathrm{H}})\mathrm{vec}(\tilde{\boldsymbol{H}}_{\mathrm{deg}}^{\mathrm{H}})^{\mathrm{H}}\} \tag{9.38}$$

　　记着在这种低发射角度扩展配置中，式（9.37）明显符合 Kronecker 结构。故此平均成对错误概率是离开方向 $\theta_{t,0}$ 的函数。事实上，因为

$$\lim_{\Lambda_{\mathrm{t}} \to 0} (\boldsymbol{I}_{n_{\mathrm{r}}} \otimes \boldsymbol{D}^{\mathrm{H}}) \Xi (\boldsymbol{I}_{n_{\mathrm{r}}} \otimes \boldsymbol{D}) = (\boldsymbol{I}_{n_{\mathrm{r}}} \otimes (\boldsymbol{I}_T \otimes \boldsymbol{a}_{\mathrm{t}}^*(\theta_{t,0}))\boldsymbol{D}^{\mathrm{H}}) \Xi_{\mathrm{r}} (\boldsymbol{I}_{n_{\mathrm{r}}} \otimes (\boldsymbol{I}_T \otimes \boldsymbol{a}_{\mathrm{t}}^{\mathrm{T}}(\theta_{t,0}))\boldsymbol{D})$$

$$\tag{9.39}$$

平均成对错误概率变为

$$P(\boldsymbol{C} \to \boldsymbol{E} \mid \theta_{\mathrm{t}} = \theta_{t,0}) = \frac{1}{\pi} \int_0^{\pi/2} (\det(\boldsymbol{I}_{Tn_{\mathrm{r}}} + \eta\,\Xi_{\mathrm{r}}(\boldsymbol{I}_{n_{\mathrm{r}}} \otimes \boldsymbol{D}_{\mathrm{d}}\boldsymbol{D}_{\mathrm{d}}^{\mathrm{H}})))^{-1} d\beta$$

$$= \frac{1}{\pi} \int_0^{\pi/2} \prod_{i=1}^{r(\Xi_{\mathrm{r}}(\boldsymbol{I}_{n_{\mathrm{r}}} \otimes \boldsymbol{D}_{\mathrm{d}}\boldsymbol{D}_{\mathrm{d}}^{\mathrm{H}}))} (1 + \eta\lambda_i(\Xi_{\mathrm{r}}(\boldsymbol{I}_{n_{\mathrm{r}}} \otimes \boldsymbol{D}_{\mathrm{d}}\boldsymbol{D}_{\mathrm{d}}^{\mathrm{H}})))^{-1} d\beta$$

$$\tag{9.40}$$

其中我们定义

$$\boldsymbol{D}_{\mathrm{d}} = (\boldsymbol{I}_T \otimes \boldsymbol{a}_{\mathrm{t}}^{\mathrm{T}}(\theta_{t,0}))\boldsymbol{D}$$

$$= \mathrm{diag}\{(\boldsymbol{c}_0 - \boldsymbol{e}_0)^{\mathrm{T}}\boldsymbol{a}_{\mathrm{t}}(\theta_{t,0}), \cdots, (\boldsymbol{c}_{T-1} - \boldsymbol{e}_{T-1})^{\mathrm{T}}\boldsymbol{a}_{\mathrm{t}}(\theta_{t,0})\} \tag{9.41}$$

而 $\eta = \rho/(4\sin^2\beta)$ 表示有效信噪比。

空时相关对平均成对错误概率的影响仍依赖于信噪比。在低信噪比区域，行列式运算符由迹运算符近似，因此

$$P(\boldsymbol{C}\to\boldsymbol{E}\mid\theta_t=\theta_{t,0})\approx\frac{1}{\pi}\int_0^{\pi/2}\left(1+\eta\mathrm{Tr}\{\Xi_r(\boldsymbol{I}_{n_r}\otimes\boldsymbol{D}_d\boldsymbol{D}_d^{\mathrm{H}})\}\right)^{-1}\mathrm{d}\beta$$

$$\approx\frac{1}{\pi}\int_0^{\pi/2}\left(1+\eta n_r\left[\sum_{k=0}^{T-1}\left|(\boldsymbol{c}_k-\boldsymbol{e}_k)^{\mathrm{T}}\boldsymbol{a}_t(\theta_{t,0})\right|^2\right]\right)^{-1}\mathrm{d}\beta$$

$$(9.42)$$

接收-时间相关矩阵 Ξ_r 不影响成对错误概率，而退化信道（即高发射相关）通过项 $\sum_{k=0}^{T-1}|(\boldsymbol{c}_k-\boldsymbol{e}_k)^{\mathrm{T}}\boldsymbol{a}_t(\theta_{t,0})|^2$ 引入信道与码字间或好或坏的相互作用。取决于码，可能下式

$$\sum_{k=0}^{T-1}|(\boldsymbol{c}_k-\boldsymbol{e}_k)^{\mathrm{T}}\boldsymbol{a}_t(\theta_{t,0})|^2\geqslant\|\boldsymbol{C}-\boldsymbol{E}\|_{\mathrm{F}}^2\qquad(9.43)$$

导致发射相关瑞利衰落信道比独立同分布瑞利衰落具有更佳的成对错误概率。

随着信噪比增加，观察到的退化信道上的分集取决于时间相关。

● 对由交织较差或慢衰落条件引起的较大时间相关情况，Ξ_r 表示为 $\boldsymbol{R}_r\otimes\boldsymbol{1}_{T\times T}$，且

$$\lim_{\Xi_r\to\boldsymbol{R}_r\otimes\boldsymbol{1}_{T\times T}}r(\Xi_r(\boldsymbol{I}_{n_r}\otimes\boldsymbol{D}_d\boldsymbol{D}_d^{\mathrm{H}}))=n_r$$

$$\lim_{\Xi_r\to\boldsymbol{R}_r\otimes\boldsymbol{1}_{T\times T}}\{\lambda_i(\Xi_r(\boldsymbol{I}_{n_r}\otimes\boldsymbol{D}_d\boldsymbol{D}_d^{\mathrm{H}}))\}_{i=1}^{n_r}=\left\{\lambda_i(\boldsymbol{R}_r)\sum_{k=0}^{T-1}|(\boldsymbol{c}_k-\boldsymbol{e}_k)^{\mathrm{T}}\boldsymbol{a}_t(\theta_{t,0})|^2\right\}_{i=1}^{n_r}$$

$$(9.44)$$

$$\lim_{\Xi_r\to\boldsymbol{R}_r\otimes\boldsymbol{1}_{T\times T}}\{\lambda_i(\Xi_r(\boldsymbol{I}_{n_r}\otimes\boldsymbol{D}_d\boldsymbol{D}_d^{\mathrm{H}}))\}_{i=n_r+1}^{r(\Xi_r(\boldsymbol{I}_{n_r}\otimes\boldsymbol{D}_d\boldsymbol{D}_d^{\mathrm{H}}))}=0$$

成对错误概率变为

$$P(\boldsymbol{C}\to\boldsymbol{E}\mid\theta_t=\theta_{t,0})\approx\frac{1}{\pi}\int_0^{\pi/2}\prod_{i=1}^{n_r}\left(1+\eta\left[\sum_{k=0}^{T-1}|(\boldsymbol{c}_k-\boldsymbol{e}_k)^{\mathrm{T}}\boldsymbol{a}_t(\theta_{t,0})|^2\right]\lambda_i(\boldsymbol{R}_r)\right)^{-1}\mathrm{d}\beta$$

$$(9.45)$$

接收空间相关降低编码增益，而空时码没有利用发送分集。因此成对错误概率仅由编码增益（即 $\|(\boldsymbol{C}-\boldsymbol{E})^{\mathrm{T}}\boldsymbol{a}_t(\theta_{t,0})\|^2$）决定。如果 $\|(\boldsymbol{C}-\boldsymbol{E})^{\mathrm{T}}\boldsymbol{a}_t(\theta_{t,0})\|^2\neq0$，在高信噪比下码字对 $\{\boldsymbol{C},\ \boldsymbol{E}\}$ 实现的总分集等于 n_r，其他情况等于 0。

● 对低时间相关（信道快衰落或交织深度非常长），$r(\Xi_r)=n_rT$，而高信噪比下码字对实现的总分集为 $r(\Xi_r(\boldsymbol{I}_{n_r}\otimes\boldsymbol{D}_d\boldsymbol{D}_d^{\mathrm{H}}))=r(\boldsymbol{D}_d\boldsymbol{D}_d^{\mathrm{H}})n_r$。对应的编码增益为

$$\prod_{i=1}^{n_r r(\boldsymbol{D}_d\boldsymbol{D}_d^{\mathrm{H}})}\lambda_i((\boldsymbol{I}_{n_r}\otimes\boldsymbol{D}_d)\Xi_r(\boldsymbol{I}_{n_r}\otimes\boldsymbol{D}_d^{\mathrm{H}}))\qquad(9.46)$$

这个编码增益可以等效表示如下。定义函数 $\tau_{\deg}(\theta_t)$ 为

$$\tau_{\deg}(\theta_t) = \{ k \mid (c_k - e_k)^T a_t(\theta_t) \neq 0 \} \tag{9.47}$$

我们可以通过消去没有包含在 $\tau_{\deg}(\theta_t)$ 中的时间索引 k 所对应的行和列构建矩阵 D'_d。与之类似，通过消去对应于 $I_{n_r} \otimes D'_d$ 零-行和零-列的行和列，我们构建矩阵 Ξ'_r。由此，$(I_{n_r} \otimes D'_d) \Xi'_r (I_{n_r} \otimes D'^H_d)$ 和 $(I_{n_r} \otimes D_d) \Xi_r (I_{n_r} \otimes D^H_d)$ 的非零特征值相同而我们可以重写编码增益为

$$\prod_{i=1}^{n_r(D_d D^H_d)} \lambda_i \big((I_{n_r} \otimes D_d) \Xi_r (I_{n_r} \otimes D^H_d) \big) = \det(\Xi'_r (I_{n_r} \otimes D'_d D'^H_d))$$

$$= \det(\Xi'_r)(\det(D'_d D'^H_d))^{n_r}$$

$$= \operatorname{der}(\Xi'_r) \prod_{k \in \tau_{\deg}(\theta_{t,0})} |(c_k - e_k)^T a_t(\theta_{t,0})|^{2n_r}$$

$$\leq \prod_{k \in \tau_{\deg}(\theta_{t,0})} |(c_k - e_k)^T a_t(\theta_{t,0})|^{2n_r} \tag{9.48}$$

在高信噪比区域，成对错误概率因此近似为

$$P(C \rightarrow E \mid \theta_t = \theta_{t,0}) \approx \frac{1}{\pi} \int_0^{\pi/2} \eta^{-n_r \# \tau_{\deg}(\theta_{t,0})} (\det(\Xi'_r))^{-1}$$

$$\prod_{k \in \tau_{\deg}(\theta_{t,0})} |(c_k - e_k)^T a_t(\theta_{t,0})|^{-2n_r} d\beta \tag{9.49}$$

其中我们回顾 $\# \tau_{\deg}(\theta_{t,0})$ 表示集合 $\tau_{\deg}(\theta_{t,0})$ 的基数。一方面，接收-时间相关从而导致编码增益损耗，但信道和码字间没有相互作用。随着接收相关降低和（或）时间相关降低，增益损耗变小。另一方面，发射相关可能降低时间分集，因为码字对 $\{C, E\}$ 在沿方向 $\theta_{t,0}$ 退化的信道中达到的分集等于 $\# \tau_{\deg}(\theta_{t,0})$。这种分集阶数可能与独立同分布信道中的分集明显不同，等于错误事件路径的长度 $\tau_{C,E} = \{ k \mid c_k - e_k \neq 0 \}$。

莱斯衰落信道

在移动场景中，莱斯分量的发射角度扩展经常趋于零，即莱斯分量本质上由离开方向 $\theta_{t,0}$ 的单一相干分量构成

$$\operatorname{vec}\big((1_{1 \times T} \otimes \overline{H})^H \big)^H = (\overline{H}(:,1))^T \otimes 1_{1 \times T} \otimes a_t^T(\theta_{t,0}) \tag{9.50}$$

随着莱斯 K 因子增长和（或）信道比降低以致 $\eta = \rho / (4\sin^2(\beta)(1+K)) \ll 1$，成对错误概率与离开方向 $\theta_{t,0}$ 间的关系概括如下

$$P(C \rightarrow E \mid \theta_t = \theta_{t,0}) \approx \frac{1}{\pi} \int_0^{\pi/2} \exp\big(-\eta K \| (C-E)^T a_t(\theta_{t,0}) \|^2 \| \overline{H}(:,1) \|^2 \big) d\beta$$

$$\approx \mathcal{Q}\left(\sqrt{\frac{\rho}{2} \frac{K}{1+K} \| (C-E)^T a_t(\theta_{t,0}) \|^2 \| \overline{H}(:,1) \|^2} \right) \tag{9.51}$$

与慢衰落退化瑞利信道类似，成对错误概率取决于码字 $a_t^T(\theta_{t,0}) C$ 与 $a_t^T(\theta_{t,0}) E$ 间的欧氏距离。

9.3.3　灾难码和一般设计准则

与 MIMO 独立同分布瑞利衰落信道类似，在 MIMO 退化信道情形中，我们定义最小平方欧氏距离 $G_{\mathrm{sum}}(\theta_t \mid C, a_t(\theta_t))$ 和最小乘积距离 $G_{\mathrm{product}}(\theta_t \mid C, a_t(\theta_t))$ 如下 [Cle05, COV$^+$07, CO08]。

定义 9.1　由码本 C 刻画的一个码的平方最小欧氏距离 $G_{\mathrm{sum}}(\theta_t \mid C, a_t(\theta_t))$ 定义为

$$G_{\mathrm{sum}}(\theta_t \mid C, a_t(\theta_t)) \triangleq \min_{\substack{C, E \in C \\ C \neq E}} \sum_{k=0}^{T-1} \left| (c_k - e_k)^{\mathrm{T}} a_t(\theta_t) \right|^2 \tag{9.52}$$

定义 9.2　由码本 C 刻画的一个码的最小乘积距离 $G_{\mathrm{product}}(\theta_t \mid C, a_t(\theta_t))$ 定义为

$$G_{\mathrm{product}}(\theta_t \mid C, a_t(\theta_t)) \triangleq \begin{cases} \min_{\substack{C, E \in C \\ C \neq E}} \prod_{\substack{k \in \tau_{\mathrm{deg}}(\theta_t) \\ \#\tau_{\mathrm{deg}}(\theta_t) = l_{\min}(\theta_t)}} \left| (c_k - e_k)^{\mathrm{T}} a_t(\theta_t) \right|^2, & \text{当 } l_{\min}(\theta_t) = L_{\min} \\ 0 & \text{当 } l_{\min}(\theta_t) < L_{\min} \end{cases} \tag{9.53}$$

式中，$l_{\min}(\theta_t) = \min_{\substack{C, E \in C \\ C \neq E}} \#\tau_{\mathrm{deg}}(\theta_t)$；$L_{\min}$ 是独立同分布信道中码的最小有效长度。

在感兴趣的候选码的空间上，我们现在可以定义"和意识"灾难性的、"积意识"灾难性的和鲁棒的空时码。

定义 9.3　"和意识"灾难空时码 $C \in C_{\mathrm{i.i.d.}}$ 在离开方向 θ_t 满足

$$G_{\mathrm{sum}}(\theta_t \mid C, a_t(\theta_t)) = 0 \tag{9.54}$$

定义 9.4　"积意识"灾难空时码 $C \in C_{\mathrm{i.i.d.}}$ 在离开方向 θ_t 满足

$$G_{\mathrm{product}}(\theta_t \mid C, a_t(\theta_t)) = 0 \tag{9.55}$$

定义 9.5　鲁棒空时码 $C \in C_{\mathrm{i.i.d.}}$ 对某些 $\in_1$，$\in_2 > 0$，满足

$$\min_{\theta_t} G_{\mathrm{sum}}(\theta_t \mid C, a_t(\theta_t)) \geqslant \in_1$$

$$\min_{\theta_t} G_{\mathrm{product}}(\theta_t \mid C, a_t(\theta_t)) \geqslant \in_2 \tag{9.56}$$

关注于最大成对错误概率的最小化（即，关于最坏情形的优化），前一节的讨论可以得到下面的设计准则。

设计准则 9.4　在独立同分布瑞利信道上表现良好的码的空间上，表示为 $C_{\mathrm{i.i.d.}}$，

- 在慢衰落信道中，选择在所有离开方向具有较大 G_{sum} 的鲁棒码 $\in C_{\mathrm{i.i.d.}}$。
- 在快衰落信道中，选择在所有离开方向具有较大 G_{product} 的鲁棒码 $\in C_{\mathrm{i.i.d.}}$。

重要的是要认识到，上述码设计准则要求已知信号星座图信息和发送天线阵列的几何信息。

进一步，在快衰落信道中，明智的做法是在那些具有较大 G_{product} 的码中，选择

那些具有较大 G_{sum} 的码。

因为在沿任意离开方向 θ_t 退化的信道中，MIMO 信道退化为一个 SIMO 信道，基于码 $\mathcal{C}_{\text{SIMO}}$ 的简单 SIMO 发送可能比 MIMO 发送性能更好。假定我们只关注最大成对错误概率，下述情况是充分的[⊖]：在慢衰落信道中

$$G_{\text{sum}}(\theta_t \mid \mathcal{C}, \boldsymbol{a}_t(\theta_t)) < d_e^2 \tag{9.57}$$

而在快衰落信道中，

$$l_{\min}(\theta_t) < L_{\min, \mathcal{C}_{\text{SIMO}}} \tag{9.58}$$

或

$$G_{\text{product}}(\theta_t \mid \mathcal{C}, \boldsymbol{a}_t(\theta_t)) < d_p^2 \,\text{if}\, l_{\min}(\theta_t) = L_{\min, \mathcal{C}_{\text{SIMO}}} \tag{9.59}$$

式中，d_e^2 和 d_p^2 分别是 $\mathcal{C}_{\text{SIMO}}$ 的最小长度为 $L_{\min}$，$\mathcal{C}_{\text{SIMO}}$ 的错误事件路径上的最小平方欧氏距离和[⊖]最小乘积距离。

式（9.40）还让我们可以深刻理解由"和意识"和"积意识"灾难码实现的分集。

命题 9.7　在高信噪比区域[⊜]，非"和意识"灾难码在任意慢瑞利衰落 MIMO 信道中实现的分集阶数 $\geqslant 1$。"和意识"灾难码在对某些离开方向退化慢衰落信道中实现的分集阶数等于零。在高信噪比下[⍟]，非"积意识"灾难码在任意快衰落 MIMO 信道上（即具有满秩 $\boldsymbol{\Xi}_r$ 的信道）实现的分集阶数为 $L_{\min}$。"积意识"灾难码在对某些离开方向退化快衰落信道上实现的分集阶数 $l_{\min}(\theta)_t \leqslant L_{\min}$。

推论 9.1　在离开方向 $\theta_{t,0}$ 退化的慢衰落信道中，沿 $\theta_{t,0}$ "和意识"灾难的空时码性能总是要比 SIMO 传输差，这与其速率无关。

值得指出的是，在慢衰落场景中，信道退化至少将码可实现的分集阶数降低 $n_t - 1$。与之相比，在快衰落信道中，退化的影响显著不同。在这种情形下，如果码是非"积意识"灾难性的，则在高信噪比下码实现的发射分集不受退化影响。

还要注意，G_{sum} 准则不限于瑞利或莱斯分布的退化信道，而是适用于任意信道分布，正如式（8.9）所强调的。

重要的是，需要强调退化信道很少存在，因为它们等效于零角度扩展。然而，只要发射相关足够高，在现实信噪比下许多信道可以被看作准退化的。在这种条件下，也可以写下式（9.45）和式（9.49）。G_{sum} 和 G_{product} 越大，码在某些方向呈现准"和意识"或"积意识"的信噪比范围就越小。进一步，即便信道不退化但呈现某种发射相关（即，发射角度扩展非零但受限），有限信噪比区域仍表明信道相关矩阵的某些特征值对分集没有贡献（参看第 8 章获取更多信息）。上述评论表明

⊖　更严格地说，应该考虑距离谱。

⊖　具有相同总发射功率。

⊜　即满足 $\| (\boldsymbol{C} - \boldsymbol{E})^{\mathrm{T}} \boldsymbol{a}_t(\theta_t) \|^2 \dfrac{\rho}{4} \gg 1$。

⍟　即满足 $\| (\boldsymbol{c}_k - \boldsymbol{e}_k)^{\mathrm{T}} \boldsymbol{a}_t(\theta_t) \|^2 \dfrac{\rho}{2} \gg 1 \,\forall\, k \in \tau_{\deg}(\theta_t)$ with$\#\tau_{\deg}(\theta_t) = l_{\min}(\theta_t)$。

的是基于 G_{sum} 和 $G_{product}$ 的设计准则自然地考虑了有限信噪比下的空时相关。事实上，第 8 章已经强调具有这种错误矩阵的重要性：其主特征向量（即，对应于最大的特征量）位于由发射相关矩阵主特征向量所扩展的空间中。在这个意义上，向量 $a_t(\theta_t)$ 可以更加一般地理解作发射相关矩阵的一个特征向量而非仅仅是发射矩阵响应。实际上，如果信道是退化的，$a_t(\theta_t)$ 就是发射相关矩阵的主特征向量。这表明，G_{sum} 和 $G_{product}$ 设计准则确保错误矩阵的主特征向量绝不会位于发射相关矩阵最弱特征向量（即，对应最小特征值的那些特征向量）所扩展的空间中。这个观察真正允许我们领会 G_{sum} 和 $G_{product}$ 的有用性，同时搞清第 8 章的推导与本章设计准则之间的关系。

满秩码和非满秩码

我们定义 $\check{E}$ 为

$$\check{E} = (C - E)^*(C - E)^T \tag{9.60}$$

注意 $\check{E} = \widetilde{E}^*$。

引理 9.1　$G_{sum}(\theta_t \mid C, a_t(\theta_t))$ 在所有离开方向 θ_t 上的最小值以 $\min_{\theta_t} \|a_t(\theta_t)\|^2 \lambda_{min}$ 为下界。

$$\min_{\theta_t} G_{sum}(\theta_t \mid C, a_t(\theta_t)) \geqslant \min_{\theta_t} \|a_t(\theta_t)\|^2 \lambda_{min} \tag{9.61}$$

式中，λ_{min} 是在所有码字对 C，E（$C \neq E$）上评估的 $\widetilde{E}$ 的最小特征值。当且仅当对离开方向 $\overline{\theta}_t = \arg\min_{\theta_t} \|a_t(\theta_t)\|^2$，$a_t(\overline{\theta}_t)$ 位于 $\check{E}$ 对应于 λ_{min} 的特征向量所扩展的空间中时，达到下界。

证明：取 $\check{E}$ 和 A 的 EVD 分解（特征值分解），

$$\check{E} = U_{\check{E}} \Lambda_{\check{E}} U_{\check{E}}^H$$

$$A = a_t(\theta_t) a_t^H(\theta_t) = U_A \Lambda_A U_A^H$$

$$U_Q = U_A^H U_{\check{E}} \tag{9.62}$$

并将 $\Lambda_{\check{E}} = \text{diag}\{\lambda_1(\check{E}), \cdots, \lambda_{n_t}(\check{E})\}$ 和 $\Lambda_A = \text{diag}\{\lambda_1(A, 0, \cdots, 0)\}$ 中的特征值降序排列，$G_{sum}(\theta_t \mid C, a_t(\theta_t))$ 可以改写为

$$\|(C-E)^T a_t(\theta_t)\|^2 = \text{Tr}\{\check{E}A\} = \text{Tr}\{U_Q \Lambda_{\check{E}} U_Q^H \Lambda_A\}$$

$$= \lambda_1(A) \sum_{i=1}^{n_t} |U_Q(1, i)|^2 \lambda_I(\check{E})$$

$$\geqslant \min_{\theta_t} \|a_t(\theta_t)\|^2 \min_{i=1, \cdots, n_t} \lambda_i(\check{E}) \tag{9.63}$$

因为 $U_Q(1, :) = U_A^H(1, :) U_{\check{E}} = \dfrac{1}{\|a_t(\theta_t)\|} a_t^H(\theta_t) U_{\check{E}}$，式（9.63）中等号成立的条件是，对 $\overline{\theta}_t = \arg\min_{\theta_t} \|a_t(\theta_t)\|^2$ 离开方向 $\overline{\theta}_t$，$a_t(\overline{\theta}_t)$ 位于 $\{U_{\check{E}}(:, i)\}_{i \in J}$ 所扩展的空间内，其中 $J = \{i \in \{1, \cdots, n_t\} : \lambda_i(\check{E}) = \min_{i=1, \cdots, n_t} \lambda_i(\check{E})\}$ 所扩展的空间内。既然 $\check{E}$ 和 $\widetilde{E}$ 的特征值相同，在所有码字对 C，E（其中 $C \neq E$）上进行最小化得到结果。

值得指出的是与命题 9.1 的相似性。引理 9.1 对满秩码和非满秩码具有如下性质。

命题 9.8　满分集码绝不会是"和意识"灾难性的。非满秩码在离开方向 θ_t 当且仅当 $\boldsymbol{a}_t(\theta_t)$ 位于 $\breve{\boldsymbol{E}}$ 的零空间时是"和意识"灾难码。

证明：将引理 9.1 应用于满秩码和非满秩码可以直接得到。

关于经典空间复用的鲁棒性

为了更好地理解灾难码的概念，让我们考虑经典空间复用。

命题 9.9　对于均衡发射天线阵列，基于 PSK/QAM 的经典空间复用是灾难性的$^{\ominus}$。

证明：让我们首先关注两个发射天线的特殊情形。对于任意表示为 $\boldsymbol{a}_t(\theta_t) = [1\,\beta(\theta_t)\,e^{j\varphi(\theta_t)}]^T$ 的发射导引向量（其中 $\beta(\theta_t)$ 是天线增益失调而 $\varphi(\theta_t)$ 是离开方向 θ_t 的函数）与 $\boldsymbol{a}_t(\theta_t)$ 正交的空间有向量 $\boldsymbol{a}_t^{\perp}(\theta_t) = [\beta(\theta_t)\, -e^{j\varphi(\theta_t)}]^T$ 扩展。进行分解并将特征值从左上到右下按降序排列，命题 9.8 表明如果 $\breve{\boldsymbol{E}}$ 对应于非零特征值（秩 1 码）的特征向量 $\boldsymbol{U}_{\breve{E}}(:\,,1)$ 不属于 $\boldsymbol{a}_t^{\perp}(\theta_t)$ 所扩展的空间，码不是灾难性的。所以这个特征向量 $\boldsymbol{U}_{\breve{E}}(:\,,1)$ 必须满足 $\boldsymbol{U}_{\breve{E}}(:\,,1) \neq \alpha\boldsymbol{a}_t^{\perp}(\theta_t)$，其中 α 是复数标量。这点必须对所有 $\boldsymbol{a}_t^{\perp}(\theta_t)$ 成立，即，对所有可能的$^{\ominus}\varphi$。对均衡阵列，这要求 $\boldsymbol{U}_{\breve{E}}(:\,,1)$ 满足 $|\boldsymbol{U}_{\breve{E}(1,1)}| \neq |\boldsymbol{U}_{\breve{E}(2,1)}|$。在空间复用情形中，$(\boldsymbol{C}-\boldsymbol{E}) = [c_1 - e_1 \quad c_2 - e_2]^T$ 是一个列向量，$\breve{\boldsymbol{E}}$ 的奇异值分解满足 $\boldsymbol{U}_{\breve{E}}(:\,,1)$ 等于 $(\boldsymbol{C}-\boldsymbol{E})^*$ 乘以一个保证归一性的归一化因子。所以一个非灾难空间复用会要求对所有可能的 $c_1 - e_1$ 和 $c_2 - e_2$ 满足 $|c_0 - e_0| \neq |c_1 - e_1|$。然而，对经典空间复用，这一条件从不成立：

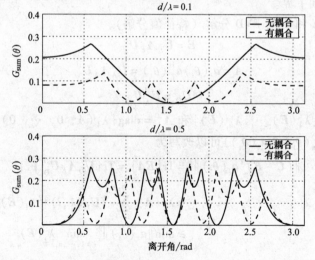

图 9.3　对 QPSK 空间复用 $\mathcal{G}_{\text{sum}}(\theta_t \mid \mathcal{C};\ \boldsymbol{a}_t(\theta_t))$ 的互耦效应

　$\ominus$　对空间复用方案，"和意识"灾难性等同于"积意识"灾难性，名称灾难性因此表示或是"和意识"灾难性，或是"积意识"灾难性。

　$\ominus$　我们将假定式（8.4）中的 φ 可能在 2π 上变化。对线性阵列，这要求 $d/\lambda \geqslant 0.5$。

对任意 PSK/QAM 星座，取 $c_1 = c_2$ 和 $e_1 = e_2$（其中 $c_1 - e_1 \neq 0$）导致 $|c_1 - e_1| = |c_2 - e_2|$。

对 $n_t \geq 2$，满足 $|(\boldsymbol{C}-\boldsymbol{E})\,(1,\,1)| = |(\boldsymbol{C}-\boldsymbol{E})\,(2,\,1)|$ 和 $|(\boldsymbol{C}-\boldsymbol{E})\,(3{:}\,n_t,\,1)| = 0$ 是表明经典空间复用对 PSK 和 QAM 星座是灾难性的充分条件，其与阵列配置无关。

注意在非均衡阵列情形下，经典空间复用不一定是灾难性的。在退化信道中，经典空间复用可能因此在非均衡阵列中表现得比在均衡阵列中更好。这也是任意使用 PSK/QAM 星座图的灾难码的情况。

互耦：自然的预编码器

我们刚刚已经看到如果发送阵列是均衡的，经典空间复用是灾难性的。考虑两个发射天线，现在让我们说明天线间的互耦可以改善这种情况。命题 9.9 的证明的确告诉我们如果对某些 c_1，e_1，c_2，e_2，有 $|a(c_1 - e_1) + b(c_2 - e_2)| = |b(c_1 - e_1) + a(c_2 - e_2)|$，其中 a，b 表示互耦矩阵式（2.63）的元素，具有互耦的空间复用不具鲁棒性。这种情况可能发生，其与 a 和 b 无关，即，如果 $c_1 - e_1 = c_2 - e_2 \neq 0$（对经典 PSK 和 QAM 星座这很常见）。因此，当在某些方向出现天线耦合时，空间复用也是灾难性的。然而，互耦合可能提高某些情形下的性能。图 9.3 展示了天线间距为 0.1λ 和 0.5λ 时使用 QPSK 星座的平方最小距离 $G_{\text{sum}}(\theta_t | \mathcal{C}, \boldsymbol{a}_t(\theta_t))$。图 9.4 展示了相应的对应于绝对发射相关 $|t|$ 为 0.95 和 0.995，信噪比为 20dB，误符号率作为离开方向的函数。

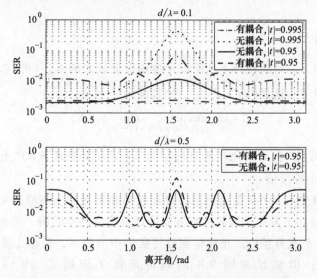

图 9.4　对 QPSK 空间复用方案误符号率的互耦影响

让我们首先关注较小的天线间距（$d/\lambda = 0.1$）。当忽略互耦时，$G_{\text{sum}}(\theta_t | \mathcal{C}, \boldsymbol{a}_t(\theta_t))$ 图中 $\pi/2$ 附近出现一个大的零凹槽。在图 9.4 中，这个零点对应显著下降。当考虑互耦时，零凹槽仍然存在但却变得更窄。从误符号率的角度，

- 对 $|t| = 0.95$，$\theta_t = \pi/2$ 附近性能保持平坦，仿佛 $G_{sum}(\theta_t | \mathcal{C}, \boldsymbol{a}_t(\theta_t))$ 的零凹槽看不到。

- 对 $|t| = 0.995$，正如预期，在那个相同的方向出现一个凸起。

这意味着什么呢？我们知道，如果 $G_{sum}(\theta_t | \mathcal{C}, \boldsymbol{a}_t(\theta_t))$ 沿某个具体的离开角度出现零点，如果信道沿着各个方向退化则码的性能可能下降。下降的严重程度和零凹槽的相对宽度（就信道发射方向扩展，或等效地，就绝对发射相关而言）强烈相关。随着下沉变窄，这个下沉要影响误符号率需要更小的方向扩散（即，更高的发射相关）。

因此，对小天线间距，通过减小 $G_{sum}(\theta_t | \mathcal{C}, \boldsymbol{a}_t(\theta_t))$ 零凹槽的宽度，互耦合可能提升空间复用在某些方向的性能。然而，对于离开角度小于 0.75 或大于 2.25，没有耦合的性能至少等于或优于具有耦合的性能。这是因为在那些方向，没有耦合的 $G_{sum}(\theta_t | \mathcal{C}, \boldsymbol{a}_t(\theta_t))$ 比有耦合的情况更大（因为信噪比有限，这个影响不可见）。对 $d/\lambda = 0.5$，相同的讨论成立。然而，互耦合也增加零凹槽的宽度（比如，在 $\pi/2$ 附近），这导致性能的下降。

作为更加一般的结论，这个例子说明应该避免 $G_{sum}(\theta_t | \mathcal{C}, \boldsymbol{a}_t(\theta_t))$ 中有零凹槽的码。如果不可能，零凹槽应该尽量窄。

9.4　错误概率激励的慢衰落信道中的码设计

9.4.1　满秩码

依据引理 9.1，对满秩码下面的设计准则保证较大的 $G_{sum}(\theta_t | \mathcal{C}, \boldsymbol{a}_t(\theta_t))$。

设计准则 9.5　选择码 $\mathcal{C} \in \mathcal{C}_{i.i.d.}$，使其满足

$$\mathcal{C} = \arg \max_{\mathcal{C}_{i.i.d.}} \min_{\substack{\mathcal{C}, E \in \mathcal{C} \\ \mathcal{C} \neq E}} \min_{k=1,\cdots,n_t} \lambda_k(\check{E}) \tag{9.64}$$

即选择这样的码 $\mathcal{C}$，它最大化在所有码字对 $\mathcal{C}$，E（其中 $\mathcal{C} \neq E$）上 $\check{E} = (\mathcal{C} - E)^*(\mathcal{C} - E)^T$ 的最小特征值。

这个设计准则和 MISO 信道通用码设计准则非常相似。与准则 9.4 不同，上述准则允许我们独立于发送天线阵列配置而设计鲁棒满秩空时码。然而，必须指出式（9.64）只是一个充分条件。正如将在设计实例中所展示，对给定发送阵列配置不满足式（9.64）但满足准则 9.4 的码可能优于依据式（9.64）设计的码。[Gam02] 中还针对视距信道情形推导了准则 9.5。

9.4.2　线性空时分组码

如式（6.53）中所见，线性空时分组码的一般形式表示为

$$C = \sum_{q=1}^{Q} \boldsymbol{\Phi}_q \Re[c_q] + \boldsymbol{\Phi}_{q+Q} \mathfrak{B}[c_q] \tag{9.65}$$

式中，$\boldsymbol{\Phi}_q$ 是大小为 $n_t \times T$ 的复基矩阵（T 是相对于符号长度的码字长度），c_q 表示从 PSK 或 QAM 星座取得的复信息符号，Q 是一个码字上发送的复符号 c_q 的数量，$\Re$ 和 $\mathfrak{B}$ 表示实部和虚部。

我们已经讨论了空间复用的情况。下面的命题处理基于满足 $\boldsymbol{\Phi}_q \boldsymbol{\Phi}_q^H = \dfrac{T}{Q_{n_t}} \boldsymbol{I}_{n_t}$ $\forall q = 1, \cdots, 2Q$ 的宽（$T \geq n_t$）单位基矩阵的线性离散码的极限性能。

命题 9.10　对离开方向 θ_t，基于 PSK 或 QAM，由宽单位基矩阵构成的线性离散码实现最大 $G_{\mathrm{sum}}(\theta_t \,|\, \mathcal{C}, \boldsymbol{a}_t(\theta_t))$，等于

$$\frac{T}{Q n_t} \|\boldsymbol{a}_t(\theta_t)\|^2 d_{\min}^2 \tag{9.66}$$

如果矩阵 $\{\boldsymbol{\Phi}_q\}_{q=1}^{2Q}$ 满足条件

$$\mathrm{Tr}\{\boldsymbol{a}_t^*(\theta_t)\boldsymbol{a}_t^T(\theta_t)(\boldsymbol{\Phi}_q \boldsymbol{\Phi}_l^H + \boldsymbol{\Phi}_l \boldsymbol{\Phi}_q^H)\} = 0 \quad q \neq l \tag{9.67}$$

式中，$d_{\min}^2$ 是所用星座的最小平方欧氏距离。

证明：表示 $d_q = c_q - e_q$，其中 e_q 是码字的复符号，观察到

$$\min_{\substack{C, E \in \mathcal{C} \\ C \neq E}} \|(C - E)^T \boldsymbol{a}_t(\theta_t)\|^2 \leq \min_{q=1,\cdots,Q} \min_{d_q} \Big[\sum_{q=1}^{Q} \|\boldsymbol{a}_t^T(\theta_t)(\boldsymbol{\Phi}_q \Re[d_q] + \boldsymbol{\Phi}_{q+Q} \mathfrak{B}[d_q])\| \Big]^2$$

$$\overset{(a)}{\leq} \min_{q=1,\cdots,Q} \min_{d_q} \|\boldsymbol{a}_t(\theta_t)\|^2 \frac{T}{Q n_t} [\,|\Re[d_q]|^2 + |\mathfrak{B}[d_q]|^2\,]$$

$$+ \mathrm{Tr}\{\boldsymbol{a}_t^*(\theta_t)\boldsymbol{a}_t^T(\theta_t)(\boldsymbol{\Phi}_q \boldsymbol{\Phi}_{q+Q}^H + \boldsymbol{\Phi}_{q+Q} \boldsymbol{\Phi}_q^H)\} \Re[d_p] \mathfrak{B}[d_q]$$

$$\overset{(b)}{\leq} \frac{T}{Q n_t} \|\boldsymbol{a}_t(\theta_t)\|^2 \min_{d_p} [\,|\Re[d_p]|^2 + |\mathfrak{B}[d_q]|^2\,]$$

$$= \frac{T}{Q n_t} \|\boldsymbol{a}_t(\theta_t)\|^2 d_{\min}^2 \tag{9.68}$$

式中，在（a）中我们利用了基矩阵的单位性，而在（b）中我们使用了对 PSK 或 QAM 星座 $R[d_q]$ 和 $I[d_q]$ 可能或正或负，与下值无关

$$\mathrm{Tr}\{\boldsymbol{a}_t^*(\theta_t)\boldsymbol{a}_t^T(\theta_t)(\boldsymbol{\Phi}_q \boldsymbol{\Phi}_{q+Q}^H + \boldsymbol{\Phi}_{q+Q} \boldsymbol{\Phi}_q^H)\} \tag{9.69}$$

在 C，E（$C \neq E$）上，取下式最小值

$$\|(C - E)^T \boldsymbol{a}_t(\theta_t)\|^2 = \sum_{q=1}^{Q} \|\boldsymbol{a}_t^T(\theta_t)\boldsymbol{\Phi}_q\|^2 |\Re[d_q]|^2 + \|\boldsymbol{a}_t^T(\theta_t)\boldsymbol{\Phi}_{q+Q}\|^2 |\mathfrak{B}[d_q]|^2$$

$$+ \mathrm{Tr}\{\boldsymbol{a}_t^*(\theta_t)\boldsymbol{a}_t^T(\theta_t)(\boldsymbol{\Phi}_q \boldsymbol{\Phi}_{q+Q}^H + \boldsymbol{\Phi}_{q+Q} \boldsymbol{\Phi}_q^H)\} \Re[d_p] \mathfrak{B}[d_q]$$

$$+ \sum_{q=1}^{Q} \sum_{l<q} \mathrm{Tr}\{\boldsymbol{a}_t^*(\theta_t)\boldsymbol{a}_t^T(\theta_t)(\boldsymbol{\Phi}_q \boldsymbol{\Phi}_l^H + \boldsymbol{\Phi}_l \boldsymbol{\Phi}_q^H)\} \Re[d_q] \Re[\in_l]$$

$$+ \mathrm{Tr}\{\boldsymbol{a}_t^*(\theta_t)\boldsymbol{a}_t^T(\theta_t)(\boldsymbol{\Phi}_{q+Q} \boldsymbol{\Phi}_{l+Q}^H + \boldsymbol{\Phi}_{l+Q} \boldsymbol{\Phi}_{q+Q}^H)\} \mathfrak{B}[d_q] \mathfrak{B}[\in_l]$$

$$+ \mathrm{Tr} \{ \boldsymbol{a}_t^* (\theta_t) \boldsymbol{a}_t^T (\theta_t) (\boldsymbol{\Phi}_q \boldsymbol{\Phi}_{l+Q}^H + \boldsymbol{\Phi}_{l+Q} \boldsymbol{\Phi}_q^H) \} \Re [d_q] \Im [\in_1]$$

$$+ \mathrm{Tr} \{ \boldsymbol{a}_t^* (\theta_t) \boldsymbol{a}_t^T (\theta_t) (\boldsymbol{\Phi}_{q+Q} \boldsymbol{\Phi}_l^H + \boldsymbol{\Phi}_l \boldsymbol{\Phi}_{q+Q}^H) \} \Re [\in_1] \Im [d_q]$$

$$(9.70)$$

并使其等于式（9.68），这将导致充分条件式（9.67）。

上述结果实际上可以扩展，且并不限于退化信道，如下面所示。

命题 9.11 对给定具有信道矩阵 $\boldsymbol{H}$ 的慢衰落信道，如果矩阵 $\{ \boldsymbol{\Phi}_q \}_{q=1}^{2Q}$ 满足下式条件，由宽单位基矩阵构成的基于 PSK 或 QAM 的线性离散码实现最小条件最大成对错误概率。

$$\mathrm{Tr} \{ \boldsymbol{H}^H \boldsymbol{H} (\boldsymbol{\Phi}_q \boldsymbol{\Phi}_l^H + \boldsymbol{\Phi}_V \boldsymbol{\Phi}_q^H) \} = 0 \quad q \neq l \tag{9.71}$$

证明：可以按照命题 9.10 同样的方式证明。

推论 9.2 为了满足命题 9.10 和命题 9.11，一个充分条件是单位基矩阵 $\{ \boldsymbol{\Phi}_q \}_{q=1}^{2Q}$ 是成对斜厄米特

$$\boldsymbol{\Phi}_q \boldsymbol{\Phi}_l^H + \boldsymbol{\Phi}_l \boldsymbol{\Phi}_q^H = 0 \quad q \neq l \tag{9.72}$$

正交码是基于单位矩阵的最具鲁棒性的线性码，实现最小条件最大成对错误概率。

证明：这一结论可以直接从命题 9.10 和命题 9.11 以及正交码的性质获得。

应该注意推论 9.2 的斜厄米特条件是充分但非必要的。实际上希尔米特性对最大化 $\| (\boldsymbol{C} - \boldsymbol{E})^T \boldsymbol{a}_t (\theta_t) \|^2$ 是必要的，但对最大化 $\min_{C,E} \| (\boldsymbol{C} - \boldsymbol{E})^T \boldsymbol{a}_t (\theta_t) \|^2$ 只是充分的。斜厄米特性质因而是优化 G_{sum} 距离谱的必要条件。取决于 $\boldsymbol{H}$ 的结构，使用非斜厄米特基矩阵几乎满足式（9.67）和式（9.71）应该是可能的。

定义下面的量

$$Z_q = \mathrm{vec} \left(\begin{bmatrix} \Re (\boldsymbol{a}_t^T (\theta_t) \boldsymbol{\Phi}_q) \\ \Im (\boldsymbol{a}_1^T (\theta_t) \boldsymbol{\Phi}_q) \end{bmatrix} \right) 1 \leq q \leq 2Q \tag{9.73}$$

并利用下面的关系

$$\mathrm{Tr} \{ XY^H + YX^H \} = 2 \mathrm{vec} \left(\begin{bmatrix} \Re (X) \\ \Im (X) \end{bmatrix} \right)^T \mathrm{vec} \left(\begin{bmatrix} \Re (Y) \\ \Im (Y) \end{bmatrix} \right) \tag{9.74}$$

对基于单位基矩阵的线性码，命题 9.10 导致如下设计准则。

设计准则 9.6 选择由满足下式的单位基矩阵 $\{ \boldsymbol{\Phi}_j \}_{j=1}^{2Q}$ 构成的线性码 $\in \mathcal{C}_{i.i.d.}$

$$\{ \boldsymbol{\Phi}_q \}_{q=1}^{2Q} = \arg \min_{\mathcal{C}_{i.i.d.}} \max_{\theta_t} \max_{\substack{q=1,\cdots,2Q \\ l < q}} | Z_q^T Z_l | \tag{9.75}$$

与设计准则 9.4 和准则 9.5 不同，准则 9.6 不要求知道所使用的信号星座图。然而它需要知道发射阵列的形状和阵元间的间距。这一点在不清楚星座图或星座图的大小太大以致基于准则 9.4 和准则 9.5 找到好码在计算上比较麻烦时，可能有用。

推论 9.2 可以得到如下设计准则。

设计准则 9.7　选择由满足下式的单位基矩阵 $\{\boldsymbol{\Phi}_q\}_{q=1}^{2Q}$ 构成的线性码 $\in \mathcal{C}_{\mathrm{i.i.d.}}$

$$\{\boldsymbol{\Phi}_q\}_{q=1}^{2Q} = \arg \min_{\mathcal{C}_{\mathrm{i.i.d}}q=1,\cdots,2Q \atop l<q} \max \|\boldsymbol{\Phi}_q\boldsymbol{\Phi}_l^{\mathrm{H}} + \boldsymbol{\Phi}_l\boldsymbol{\Phi}_q^{\mathrm{H}}\|_{\mathrm{F}}^2 \tag{9.76}$$

这个准则不要求有关阵列或星座图的任何信息。正交码是最具鲁棒性的线性码，这与导引向量 $\boldsymbol{a}_{\mathrm{t}}(\theta_{\mathrm{t}})$ 的结构和星座图无关。这一点可直观观察到。事实上正交码结构满足 $\widetilde{\boldsymbol{E}} = \delta \boldsymbol{I}_{n_{\mathrm{t}}}$（$\delta$ 为标量），表明如果发送天线阵列是均衡的，码在所有方向具有相同的激励。这种情形中，$\|(\boldsymbol{C}-\boldsymbol{E})^{\mathrm{T}}\boldsymbol{a}_{\mathrm{t}}(\theta_{\mathrm{t}})\|^2 = n_{\mathrm{t}}\delta$，且与 $\boldsymbol{a}_{\mathrm{t}}(\theta_{\mathrm{t}})$ 独立。然而，推论 9.2 的斜厄米特条件是充分的。依赖于天线阵元间距、信号星座图和（或）发送天线阵列形状的知识，正交码的鲁棒性可通过应用准则 9.4、准则 9.5、准则 9.6 或准则 9.7 达到。很简单可知关于所用发射阵列或星座图的知识越多，码的鲁棒性越强。所以，如果可以，总是应该优先考虑准则 9.4。

从命题 9.10，还可以得到如下结果。

推论 9.3　在慢衰落退化信道中，由单位基矩阵构成并基于最小平方欧氏距离星座图的线性离散码，其性能总是劣于，基于最小平方欧氏距离大于 $\dfrac{T}{Q}d_{\min}^2$ 的星座图的非编码 SIMO 传输。这表明，在退化慢衰落信道中，大部分线性离散码总是比 SIMO 传输性能差。

9.4.3　基于设计准则的虚拟信道表示

在 3.4.2 节中给出的虚拟信道模型，也可以用于为瑞利信道线性阵列空间复用方案设计鲁棒预编码器［HLHS03］。

回想 3.4.2 节中相关矩阵可以写作

$$\boldsymbol{R} = [\hat{\boldsymbol{A}}_{\mathrm{r}}^* \otimes \hat{\boldsymbol{A}}_{\mathrm{t}}^*]\boldsymbol{R}_{\mathrm{v}}[\hat{\boldsymbol{A}}_{\mathrm{r}}^{\mathrm{T}} \otimes \hat{\boldsymbol{A}}_{\mathrm{t}}^{\mathrm{T}}] \tag{9.77}$$

式中，$\hat{\boldsymbol{A}}_{\mathrm{t}} = [\hat{\boldsymbol{a}}_{\mathrm{t}}(\hat{\theta}_{\mathrm{t},1})\cdots\hat{\boldsymbol{a}}_{\mathrm{t}}(\hat{\theta}_{\mathrm{t},n_{\mathrm{t}}})]$ 和 $\hat{\boldsymbol{A}}_{\mathrm{r}} = [\hat{\boldsymbol{a}}_{\mathrm{r}}(\hat{\theta}_{\mathrm{r},1})\cdots\hat{\boldsymbol{a}}_{\mathrm{r}}(\hat{\theta}_{\mathrm{r},n_{\mathrm{r}}})]$，式（8.25）中的平均成对错误概率现在为

$$P(\boldsymbol{C}\to\boldsymbol{E})\frac{1}{\pi}\int_0^{\pi/2}(\det(\boldsymbol{I}_{n_{\mathrm{r}}n_{\mathrm{t}}} + \eta\boldsymbol{R}_{\mathrm{v}}(\boldsymbol{I}_{n_{\mathrm{r}}} \otimes \hat{\boldsymbol{A}}_{\mathrm{t}}^{\mathrm{T}}\widetilde{\boldsymbol{E}}\hat{\boldsymbol{A}}_{\mathrm{t}}^*)))^{-1}\mathrm{d}\beta \tag{9.78}$$

式中，$\widetilde{\boldsymbol{E}} = (\boldsymbol{C}-\boldsymbol{E})(\boldsymbol{C}-\boldsymbol{E})^{\mathrm{H}}$。对空间复用方案，码字 $\boldsymbol{C}$ 是 $n_{\mathrm{t}} \times 1$ 向量。

虚拟信道表示中假定 $\boldsymbol{R}_{\mathrm{v}}$ 为对角阵，因此式（9.78）中平均成对错误概率变为

$$P(\boldsymbol{C}\to\boldsymbol{E}) = \frac{1}{\pi}\int_0^{\pi/2}\prod_{q=1}^{n_{\mathrm{r}}}\left(1 + \eta\sum_{p=1}^{n_{\mathrm{t}}}\boldsymbol{R}_{\mathrm{v}}(x,x)\|(\boldsymbol{C}-\boldsymbol{E})^{\mathrm{T}}\boldsymbol{a}_{\hat{\mathrm{t}}}(\hat{\theta}_{\mathrm{t},p})\|^2\right)^{-1}\mathrm{d}\beta$$

$$\tag{9.79}$$

式中，$x = n_{\mathrm{r}}(q-1) + p$。因为发送机不知道 $\boldsymbol{R}_{\mathrm{v}}$，如果对 $p = 1,\cdots,n_{\mathrm{t}}$，$\|(\boldsymbol{C}-\boldsymbol{E})^{\mathrm{T}}\hat{\boldsymbol{a}}_{\mathrm{t}}(\hat{\theta}_{\mathrm{t},p})\|^2 > 0$，可以得到最大分集阶数。此外，总是建议最大化这个量，因为它能获得更大的编码增益。关注于最坏情形成对错误概率的最小化，针对瑞利衰落信道中均匀线性阵列空间复用，基于虚拟信道模型的设计准则依赖于式

(6.82) 中在原始空间复用码字 $C = 1/\sqrt{n_t} \ [c_1 \cdots c_{n_t}]^T \in \mathcal{C}$ 之前使用的单位预编码器 P，以使新的发送码字 $C' \in \mathcal{C}'$ 由 $C' = PC$ 给出。

设计准则 9.8 在单位预编码器空间 $\mathcal{P}$ 上，选择满足下式的预编码器 $P \in \mathcal{P}$。

$$P = \arg \max_{\mathcal{P}} \min_{[\hat{\theta}_{t,p}]_{p=1}^{n_t}} \min_{\substack{C, E \in \mathcal{C} \\ C \neq E}} \| (C - E)^T P^T \hat{a}_t(\hat{\theta}_t) \|^2 \qquad (9.80)$$

或等效地

$$P = \arg \max_{\mathcal{P}} \min_{[\hat{\theta}_{t,p}]_{p=1}^{n_t}} G_{sum}(\hat{\theta}_t \mid \mathcal{C}', \hat{a}_t(\hat{\theta}_t)) \qquad (9.81)$$

即，在虚拟离开方向上选择最大化 $G_{sum}(\hat{\theta}_t \mid \mathcal{C}', \hat{a}_t(\hat{\theta}_t))$ 最小值的预编码器 $P \in \mathcal{P}$。

预编码器被选作 $P = W \hat{A}_t^*$ 其中 W 为对角或一般单位预编码器。这样一个预编码器的效果非常清楚。将接收向量⊖写为 $y = \sqrt{E_s} HPC + n = \sqrt{E_s} \hat{A}_r H_v \hat{A}_t^T W \hat{A}_t^* C + n$，我们观察到乘积 $\hat{A}_t^T W \hat{A}_t^*$ 起到滤波器的作用，以使得码字 C 和信道 H_v 以有益地方式交互。

虽然与准则 9.4 有联系，使用当前准则设计码时要加以小心。事实上，G_{sum} 进行最大化的离开方向的数量是有限的，因为空间域被抽样为 n_t 个虚拟方向，$\hat{\theta}_{t,k}$，其中 $k = 1$，$\cdots$，n_t。相比之下，9.3.3 节中，G_{sum} 是 θ_t 的连续函数。如第 3 章所看到的，将 R_v 取为对角阵可能导致不正确的信道表示和高估互信息。如后边会看到的，这个假设当基于准则 9.8 设计码时还有一个显著影响：这样设计的码不一定在所有方向具有鲁棒性，而只是在 n_t 个虚拟方向。因此，如果发送相关较高且散射分布的方向没有包含在虚拟离开方向集合中，错误性能可能因为 R_v 为对角阵的假设不成立而严重下降。

9.4.4 与信息论关系激励的设计

与 9.1 节的推理类似，针对退化信道设计通用码转换为找到最大化下式的码：

$$\frac{\rho}{2} D_d^2 = \frac{\rho}{2} \| (C - E)^T a_t(\theta_t) \|^2 \| ' H(1 : n_r, 1) \|^2 \qquad (9.82)$$

其约束为

$$\log_2 \left(1 + \frac{\rho}{n_t} \| H(1 : n_r, 1) \|^2 \| a_t(\theta_t) \|^2 \right) \geq R \qquad (9.83)$$

在所有退化非中断信道上，最坏情形成对错误概率为

$$\min_{\substack{H \in \mathcal{D} \\ H \in \mathcal{NO}}} P(C \rightarrow E \mid H) = Q \left(\sqrt{\frac{\| (C - E)^T a_t(\theta_t) \|^2 (2^R - 1) n_t}{2 \| 2 a_t(\theta_t) \|^2}} \right) \qquad (9.84)$$

对退化信道近似通用等效于保证

$$\min_{\substack{C, E \in \mathcal{C} \\ C \neq E}} 2^R \| (C - E)^T a_t(\theta_t) \|^2 \geq 1 \qquad (9.85)$$

⊖ 为简单，我们省略时间下标 k。

显然，MIMO 信道中的任意近似通用码在退化信道中近似通用，这是因为 G_{sum} 总是以 λ_{min} 为下界（见引理 9.1）。具有非零行列式的码也具有非零最小特征值 λ_{min}。

Alamouti 方案在退化信道中也是近似通用。事实上，正交空时分组码实现

$$G_{sum} = \frac{T}{Qn_t} \| \boldsymbol{a}_t(\theta_t) \|^2 d_{min}^2 \tag{9.86}$$

对 QAM 星座图，$d_{min}^2 \approx 1/2^{R/r_s}$，因此式（9.85）当且仅当 $r_s = 1$ 满足，即 Alamouti 满足。

虽然信息论和错误概率激励的方法有所不同，它们的结合提供了关于相关信道中空时码性能的更加宽广的见解。一方面，信息论方法推导了保证近似通用性质的必要条件，即在任意慢衰落信道分布实现高信噪比折中。这个条件最大化最小行列式与独立同分布瑞利慢衰落信道获得的码设计相似。这与第 8 章的结果一致：满秩码的性能仅由瑞利和莱斯衰落信道下的最小行列式决定。回想相关瑞利和莱斯信道中高信噪比分集复用折中在第 5 章也显示和在独立同分布瑞利衰落信道中获得的相同。另一方面，错误概率激励方法关注于有限信噪比区的性能，通过由它们与瑞利和莱斯衰落信道特殊集合中码字的相互作用考虑衰落相关和（或）相干成分。然而需要进一步的研究来调查就有限信噪比下分集复用折中而言使用两种方法设计的空时码的表现如何。

9.4.5　慢衰落信道中的实践码设计

有一些实践方法用于慢衰落信道中设计鲁棒码。第一个方案是优化最大化全局平方最小欧氏距离 G_{sum} 的单位预编码器。事实上，在码本表示为 C 的空时码前边加一个单位预编码器 $\boldsymbol{P}$ 不改变它在独立同分布瑞利衰落信道中的性能。因此，在单位预编码器集合中选择的编码器应满足

$$\boldsymbol{P} = \arg \max_{\boldsymbol{P} \in \mathcal{P}} \min_{\theta} \min_{\substack{C, E \in \mathcal{C} \\ C \neq E}} \| (\boldsymbol{C} - \boldsymbol{E})^T \boldsymbol{P}^T \boldsymbol{a}_t(\theta_t) \|_F^2 \tag{9.87}$$

另一个方法是在所有独立同分布瑞利衰落信道总表现相同的码中，选择在相关信道中表现最好的那个。

我们已经提到准则 9.4 要求给出具体的阵列配置和星座图。接下来，我们考虑两个发送天线的水平均匀阵列和各种 PSK 调制。我们还假设发送天线间距大于半波长，以使得准则 9.4 的最小化对在 2π 变化上的 $\varphi(= 2\pi d/\lambda \cos\theta)$ 进行。

线性空时分组码

第一个方法依靠单位预编码器的最优化，其使用在独立同分布瑞利衰落信道性能良好的码。让我们将此方法应用于 $n_r \times 2$ 信道上空间复用的情形。错误矩阵 $(\boldsymbol{C} - \boldsymbol{E}) = 1/\sqrt{2}[c_0 - e_0 \quad c_1 - e_1]^T$ 是一个列向量，其中从给定的信号星座中选取。单位预编码器

$$P = \begin{bmatrix} p_{11} & p_{12} \\ p_{21} & p_{22} \end{bmatrix} \tag{9.88}$$

必须满足

$$|p_{11}(c_0 - e_0) + p_{12}(c_1 - e_1)| \neq |p_{21}(c_0 - e_0) + p_{22}(c_1 - e_1)| \tag{9.89}$$

对所有 $c_0 - e_0$ 和 $c_1 - e_1$ 同时非零。将预编码器表示为

$$P = \begin{bmatrix} -\cos\beta & \sin\beta \\ \sin\beta & \cos\beta \end{bmatrix} \begin{bmatrix} e^{j\alpha} & 0 \\ 0 & 1 \end{bmatrix} \tag{9.90}$$

优化必须在两个参数 β 和 α 上进行。对 4、8 和 16PSK 星座图，β 和 α 的最优值在表 9.1 中列出。

在图 9.5 中，平方最小欧氏距离 $G_{sum}(\hat{\theta}_t | C', \hat{a}_t(\hat{\theta}_t))$ 对各种空间复用方案表示为离开角 θ_t 的函数：非预编码经典空间复用，预编码经典空间复用（使用 QPSK 和表 9.1），和使用虚拟信道激励准则（准则 9.8）分别用对角单位预编码器和一般单位单位预编码器的两个预编码方案 [HLHS03]。经典空间复用方案和对角单位预编码方案在某些方向是灾难性的，如果水平功率谱被限于其中的某个方向则它们的性能会显著下降。为了比较，基于 QPSK 的 Alamouti 方案的 $G_{sum}(\theta_t | C, a_t(\theta_t))$ 为 2。

表 9.1　$n_t = 2$ 的 4、8 和 16PSK 空间复用传输的最优预编码器

	4PSK	8PSK	16PSK
α	$\pi/4$	$\pi/8$	$\pi/16$
β	1.2631	1.1121	0.9716

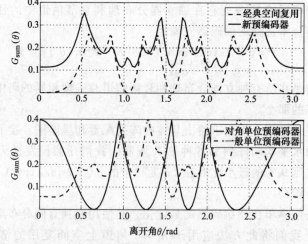

图 9.5　几个空间复用方案 $G_{sum}(\theta_t | C, a_t(\theta_t))$ 作为离开角的函数 θ_t

图 9.6 给出了信噪比为 20dB，QPSK 调制下，瑞利衰落信道上非相关接收天线下经典和预编码 2×2 空间复用方案的误符号率。在第一幅图中，误符号率表

示为发射相关 t（$|t|$ 固定为 0.95）相位的函数。在第二幅图中，误符号率表示为 $|t|$（t 的相位为零）的函数。为了比较，还考虑了［NBP01］中提出的一种替代方案。然而这个方案假定发射机知道信道的统计性质（即发射机知道 t 的值），如第 10 章所述。预编码方案对发射相关系数的所有相位表现均令人满意，且误符号率实际上和在［NBP01］方案获得的相当接近，虽然它不需要向发送机反馈任何信道信息。

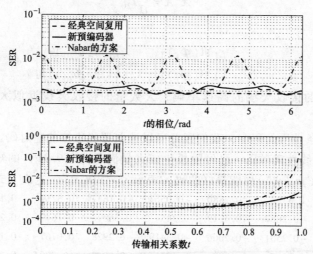

图 9.6　误符号率作为 t 的相位的函数（其中 $|t| = 0.95$）（上）
和误符号率作为 $|t|$ 的函数（其中 t 的相位等于零）（下）

为了仿真现实世界传播场景中这些方案的错误概率，一个上行相关瑞利衰落信道依据 4.2.3 节中推导的模型结合 SUI 模型 6 抽头时延线生成。考虑了高方向性散射（本地散射比率固定为零，即，没有本地环），接收天线间距为波长的几十倍。这种配置应该产生高发射相关，就发射接收轴而言，相位和发射阵列朝向相关。考虑两个阵列朝向以使散射绝大部分位于方向 $\theta_t = 0$ 或 $\theta_t = 0.63$ 周围，其对应于经典空间复用和对角单位预编码方案分别是"和意识"灾难性的。

在图 9.7 中，我们观察到"和意识"

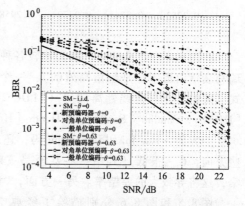

图 9.7　独立同分布和空间相关瑞利衰落信
道中几个 2×2 空间复用方案的误比特率
（两个天线的方向 $\theta_t = 0$，$\theta_t = 0.63$）

灾难码可能实现非常差的分集，这与 G_{sum} 的行为一致。与之相比，新设计的预编码方案在不相关和相关信道可以实现相同的分集，这与离开的主方向无关。它的性能也优于采用虚拟信道激励准则设计的码［NLHS03］（见 9.4.3 节）。

第二个设计方法是从大量在对立同分布瑞利衰落信道中性能相同的码中选出就 G_{sum} 而言最优的码。从命题 6.4，我们知道一个线性空时分组码最小化低信噪比时非相关瑞利信道中的最差情形平均成对错误概率，或对大量接收天线如果满足下面条件：

$$\mathcal{X}^{\mathrm{T}}\mathcal{X} = \frac{T}{Q}\boldsymbol{I}_{2Q} \tag{9.91}$$

式中，

$$\mathcal{X} = \left[\mathrm{vec}\left(\begin{bmatrix} \Re(\boldsymbol{\Phi}_1) \\ \Im(\boldsymbol{\Phi}_1) \end{bmatrix} \right) \cdots \mathrm{vec}\left(\begin{bmatrix} \Re(\boldsymbol{\Phi}_{2Q}) \\ \Im(\boldsymbol{\Phi}_{2Q}) \end{bmatrix} \right) \right] \tag{9.92}$$

对于实际数量的接收天线的高速率码，大数量的接收天线近似大多数情况是满足的。

在满足这条性质的码中，我们因此可以选取那些鲁棒的空时码。举例来说，对 $T = 2$、$K = 8$ 的线性离散码，已经随机生成大量满足式（9.91）的矩阵 $\mathcal{X}$，选取最大化 $G_{sum}(\theta_t \mid \mathcal{C}, \boldsymbol{a}_t(\theta_t))$ 性能最好的码，表示为"LDC 1"。它由下式表示

$$\mathcal{X} = \begin{pmatrix} -0.2640 & 0.3792 & -0.2880 & -0.0563 & -0.1637 & 0.3719 & 0.1481 & 0.1158 \\ 0.1335 & -0.2087 & -0.3019 & 0.3454 & 0.3609 & 0.1649 & 0.2608 & 0.0520 \\ 0.3760 & -0.2501 & -0.2006 & -0.3419 & -0.2928 & 0.0767 & 0.1540 & 0.1536 \\ -0.1453 & 0.0117 & 0.1888 & 0.1031 & -0.0849 & -0.2804 & 0.3692 & 0.4586 \\ -0.1865 & -0.1891 & 0.2090 & -0.3588 & 0.3579 & 0.2784 & -0.0539 & 0.2202 \\ -0.4110 & -0.2576 & -0.3423 & -0.1805 & 0.0048 & -0.2907 & -0.0571 & -0.1650 \\ -0.0643 & -0.0892 & 0.2883 & -0.0340 & -0.0969 & 0.1683 & 0.4488 & -0.4056 \\ -0.2053 & -0.3741 & 0.0779 & 0.2958 & -0.3354 & 0.2442 & -0.2059 & 0.989 \end{pmatrix} \tag{9.93}$$

在图 9.8 和图 9.9 中，我们比较各种全速率线性离散码（这些码在独立同分布瑞利衰落信道中都是容量高效的）：一个鲁棒线性离散码（"LDC 1"），一个满足式（9.91）的任意线性离散码（"LDC 2"）和第 6 章给出的线性离散码（Hassibi ［HH01］，Sandhu ［San02］和 Heath ［Hea01］）。

一方面，Hassibi 码和 Sandhu 码，还有"LDC 2"表现的缺点是，在离开的一些方向，G_{sum} 很低（其中一些甚至是灾难性的）。如果水平功率谱沿这些方向聚集，这将导致大的差错率。另一方面，"LDC 1"和两种 Heath 码应该更鲁棒。

图 8.5 和图 8.6 分别描绘了经典空间复用、预编码空间复用、"LDC 1"、"LDC 2"和 Hassibi 码在独立同分布和相关瑞利衰落信道中 20dB 时误比特率的比较。其中考虑两个接收天线，水平功率谱的峰值在零度附近。再一次，性能和 G_{sum} 行为完美匹配。

通过推论 9.3，还应注意前面所有空间复用方案和线性离散码在高相关信道中劣于基于 16QAM 星座图的无编码 SIMO 传输。事实上，16QAM 的平方最小欧氏距

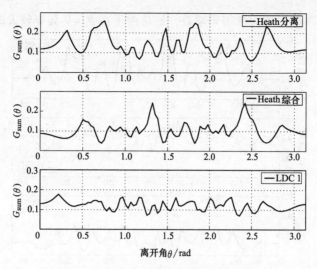

图 9.8　表示为离开角 θ_t [弧度] 函数的几个线性稀疏码的 $G_{\text{sum}}(\theta_t \mid \mathcal{C}, \boldsymbol{a}_t(\theta_t))$

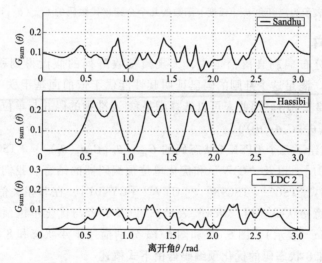

图 9.9　表示为离开角 θ_t [弧度] 函数的几个线性离散码的 $G_{\text{sum}}(\theta_t \mid \mathcal{C}, \boldsymbol{a}_t(\theta_t))$

离为 1，而对前述方案，$G_{\text{sum}} \ll 1$。

最后，在图 9.10 中，我们研究 6.5.7 节给出的三个全速率代数码：Yao 码、Dayal 码和 $B_{2\phi}$ 码。Yao 码和 Dayal 码实现 6.4.2 节的分集复用折中（它们满足非零行列式准则），且它们还近似通用。就欧氏距离而言，Dayal 码实现最大 G_{sum}。

在图 8.9 和图 8.10 中，已经说明了相干成分对非满秩码和满秩码性能的影响，其中 K 因子为 $K = 4$ 和 $K = 10$，峰值水平功率谱沿阵列基线对齐。与瑞利衰落类似，性能和 G_{sum} 的行为完美匹配。具有单位对角预编码器的空间复用方案在离开角 $\theta_t = 0$ 方向（即和阵列基线对齐）呈现大的 G_{sum}，这可以解释它为什么可以利用相干成分。在相同的方向，经典空间复用方案是"和意识"灾难的。考虑近似通用码，

Dayal 码呈现比 Yao 码更大的编码增益，这是由于在 $\theta_t = 0$ 具有较大的 G_{sum}。

图 9.10　表示为离开角 θ_t［弧度］函数的几个全速率代数码的 $G_{\text{sum}}(\theta_t \mid \mathcal{C}, \boldsymbol{a}_t(\theta_t))$

空时格状码

在独立同分布瑞利衰落信道中，大规模接收阵列的假设得到秩-迹设计准则（见 6.3.2 节）。满足这个准则的码已证明其性能优于依前面基于秩-行列式准则设计的码（见 6.3.2 节）。因此，可以选择满足秩-迹准则的码并与单位预编码器结合以最大化 $G_{\text{sum}}(\theta_t \mid \mathcal{C}, \boldsymbol{a}_t(\theta_t))$。

图 9.11 描绘了三个 QPSK 4 状态码的 $G_{\text{sum}}(\theta_t \mid \mathcal{C}, \boldsymbol{a}_t(\theta_t))$："TSC"［TSC98］，"CYV"［CYV01］，以及 "CYV" 和优化单位预编码器的结合。我们还给出了 4 个 QPSK 8 状态码："TSC"［TSC98］，"CYV"［CYV01］，在非相关信道和 "CYV" 表现相似的任意格状码（用 "New" 表示），以及后者与优化单位预编码器的结合（用 "New&Prec" 表示）。图 6.12 和图 6.13 分别描述了 4 状态和 8 状态码的格状表示。4 状态和 8 状态码的优化预编码器由下式概述

$$P = \begin{pmatrix} -0.3736 - 0.5965\mathrm{j} & -0.6039 + 0.3741\mathrm{j} \\ -0.6598 + 0.2630\mathrm{j} & -0.2575 - 0.6551\mathrm{j} \end{pmatrix} \tag{9.94}$$

4 状态和 8 状态 "TSC" 码在所有离开方向对 Gsum 具有大值，这不同于 4 状态和 8 状态 "CYV" 码只在某些方向如此。使用 "CYV" 或新的格状码与单位预编码器结合的码呈现比单独 "CYV" 大很多的 $G_{\text{sum}}(\theta_t \mid \mathcal{C}, \boldsymbol{a}_t(\theta_t))$。

为了生成图 9.12 和图 9.13，我们考虑了沿离开角等于 $\pi/4$（见图 9.12）和 2.7π（见图 9.13）的准退化信道中的 4×2 系统。这两个方向对应所考虑码性能最差的方向。我们观察到在非相关信道表现良好的 "CYV" 码，严重受发射相关影响。与之相比，"TSC" 码经历的性能下降有限。为了更好地理解这个差别，让我们采用一种更加直观的方法。

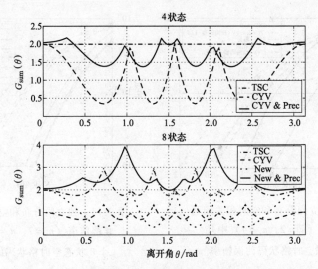

图 9.11　最为离开角 θ_t 的函数的几个 4 状态和 8 状态空
时格状码的 $G_{\text{sum}}(\theta_t \mid \mathcal{C}, \boldsymbol{a}_t(\theta_t))$

对延时-分集方案，起源自相同状态、终止于相同状态的两个不同码字表示为

$$\boldsymbol{C} = \frac{1}{\sqrt{2}}\begin{bmatrix} d \cdots f \\ e \cdots d \end{bmatrix}$$

$$\boldsymbol{E} = \frac{1}{\sqrt{2}}\begin{bmatrix} d \cdots h \\ g \cdots d \end{bmatrix} \tag{9.95}$$

式中，d、e、f、g 和 h 是星座图中的点。错误矩阵 $\boldsymbol{C\text{-}E}$ 为

$$\boldsymbol{C} - \boldsymbol{E} = \frac{1}{\sqrt{2}}\begin{bmatrix} 0 & \cdots & f-h \\ e-g & \cdots & 0 \end{bmatrix} \tag{9.96}$$

式中，$e \neq g$ 和 $f \neq h$。因为下述不等式成立

$$\|\boldsymbol{a}_t^{\text{T}}(\theta_t)(\boldsymbol{C} - \boldsymbol{E})\|_{\text{F}}^2 = \sum_{k=0}^{T-1} |\boldsymbol{a}_t^{\text{T}}(\theta_t)(\boldsymbol{c}_k - \boldsymbol{e}_k)|^2$$

$$\geqslant \sum_{\substack{k \in \tau_{\text{deg}}(\theta_t) \\ \#\tau_{\text{deg}}(\theta_t) = l_{\min}(\theta_t)}} |\boldsymbol{a}_t^{\text{T}}(\theta_t)(\boldsymbol{c}_k - \boldsymbol{e}_k)^2| \tag{9.97}$$

显然，使用延时-分集对两个发射天线有 $l_{\min}(\theta_t) = 2 \ \forall \ \theta_t$，且

$$\min_{\substack{\boldsymbol{C}, \boldsymbol{E} \in \mathcal{C} \\ \boldsymbol{C} \neq \boldsymbol{E}}} \|\boldsymbol{a}_t^{\text{T}}(\theta_t)(\boldsymbol{C} - \boldsymbol{E})\|_{\text{F}}^2 = d_{\min}^2 \ \forall \ \theta_t \tag{9.98}$$

式中，$d_{\min}^2$ 是星座图的平方最小欧氏距离。时延分集码对错误长度为 2 的路径具有此优点，量 $\|(\boldsymbol{c}_k - \boldsymbol{e}_k)(1)| - |(\boldsymbol{c}_k - \boldsymbol{e}_k)(2)\|$ 较大，提供一个远非"和意识"灾难的码。

前面的讨论可能表明独立同分布和空间相关瑞利衰落信道的设计准则是相互矛盾的。事实上，在相关信道中，最大化 $\min_{\theta_t}\|\boldsymbol{a}_t^{\text{T}}(\theta_t)(\boldsymbol{C} - \boldsymbol{E})\|_{\text{F}}^2$ 要求码字是时延-分集码类型，即

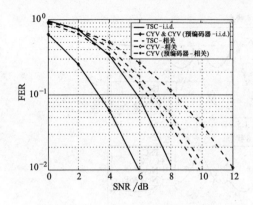

图 9.12 独立同分布和空间相关瑞利
衰落信道（$n_t = 2$，$n_r = 4$）中几
个 4 状态空时格状码的误帧率

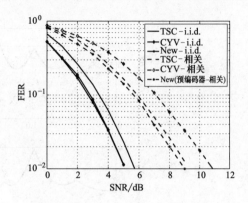

图 9.13 独立同分布和空间相关瑞利
衰落信道（$n_t = 2$，$n_r = 4$）中几
个 8 状态空时格状码的误帧率

$$C - E = \begin{bmatrix} \blacklozenge & \blacklozenge & & \\ & & \blacklozenge & \blacklozenge \end{bmatrix} \tag{9.99}$$

式中，◆是非零元素。然而，迹准则或行列式准则要求下列形式的码字：

$$C - E = \begin{bmatrix} \blacklozenge & \blacklozenge & \blacklozenge & \blacklozenge \\ \blacklozenge & \blacklozenge & \blacklozenge & \blacklozenge \end{bmatrix} \tag{9.100}$$

表明不同天线上发送的码字经常发生相互作用。

预编码 4 状态 "CYV" 码和新设计的预编码 8 状态码在独立同分布和空间相关信道中具有最佳性能。再次，这使得空时码的设计采用两个准则：非相关信道一个，相关信道一个。

值得指出的是，4 状态和 8 状态 "CYV" 码，以及 8 状态 "新" 格状码对一些方向达到下界式（9.61）。虽然这个下界不会被预编码器改变，G_{sum} 却受到严重影响。这解释了为什么在空间相关信道中即便一个具有较小下界式（9.61）的码能够具有令人满意的性能。8 状态 "TSC" 与 8 状态 "新" 码相比，就有大很多的下界，但是它在空间相关信道中的性能却更差。

具有最小平方欧氏距离为 2 的基于 QPSK 的无编码 SIMO 传输，其性能仅劣于 8 状态 "新" 码，而所有其他码提供的平方最小欧氏距离 G_{sum} 等于或小于 2。

9.5 错误概率激励的快衰落信道中的码设计

9.5.1 "积意识" 灾难码

前面的讨论主要关注于好 "和意识" 灾难码，现在让我们推导一个码成为 "积意识" 灾难码所需满足的条件。因此，我们将假设在什么情况下服从信道变化得充分快，即接收时间相关 Ξ_r 满秩。回想 $\tau_{C,E} = \{k \mid c_k - e_k \neq 0\}$，我们有下述结果。

引理 9.2　在沿离开方向 θ_t 退化的一个快衰落信道中，当且仅当 $\exists k \in \tau_{C,E}$ 满足 $a_t(\theta_t)$ 位于 $c_k - e_k$ 的零空间时，码字对 $\{C, E\}$ 达到的分集与相同码字对在独立同分布信道中的分集不同。

证明：这源于将引理 9.1 应用于 $c_k - e_k$。

进而可以推导得到下述"积意识"灾难码的性质。

命题 9.12　一个码在离开方向 θ_t 是"积意识"灾难性的，其充要条件是，$\exists n > \#\tau_{C,E} - L_{\min}$ 位置 $k_1, \cdots, k_n$ 使得 $a_t(\theta_t)$ 存在于每个 $c_k - e_k$（$k = k_1, \cdots, k_n$）的零空间。

为了便于找到均衡阵列中两个发射天线情形中的"积意识"灾难码，接下来的推论很有用。

推论 9.4　对一个均衡双发射天线阵列$^{\ominus}$，当 $\exists k \in \tau_{C,E}$，其中 $\#\tau_{C,E} = L_{\min}$，满足 $|(c_k - e_k)(1)| = |(c_k - e_k)(2)|$，码在方向 $0 \leq \theta_t \leq 2\pi$ 是"积意识"灾难性的。

证明：条件 $|(c_k - e_k)(1)| = |(c_k - e_k)(2)|$ 只是当 φ 可能在 2π 上变化时对均衡发送阵列 $a_t(\theta_t)$ 存在于每个 $c_k - e_k$（$k = k_1, \cdots, k_n$）的零空间这一事实的另一种表述。这可以从命题 9.9 的证明得到。

9.5.2　快衰落信道中的实践码设计

如果环境是快衰落的，一个精心设计的码应该理想地利用信道提供的时间分集。因此，我们从在独立同分布快衰落信道表现良好的码集合 $C_{i.i.d}$ 中选择那些在相关信道中还具有鲁棒性的码。如上，我们求助于单位预编码器的优化，对所有可能的 θ_t 保证 $l_{\min}(\theta_t) = L_{\min}$，进而最大化 $\min_{\theta_t} G_{\text{product}}$（准则 9.4）。正如已经提过的，为了保证莱斯信道中的差错率，我们还希望确保 $\min_{\theta_t} G_{\text{sum}}$ 较大。

考虑码设计，我们再次关注使用两个发射天线和 QPSK 调制的一个水平均匀线性阵列，其中一个发射天线间距大于 0.5λ（以使对 φ 在 2π 范围变化求最小值）。

我们考虑在独立同分布和空间相关信道中先后考虑各种 QPSK 4 状态空时格状码："TSC" [TSC98]，"BBH" [BBH00]，"CYV" [CYV01] 和 "FVY" [FVY01]。图 6.12 已经描绘了格状表示。为简单起见，让我们考虑完美时间交织衰落信道。

在图 9.14 和图 9.15 中，针对上述 4 状态码及两个新的预编码方案，同时描述了 $G_{\text{sum}}(\theta_t \mid C, a_t(\theta_t))$ 和 $G_{\text{product}}(\theta_t \mid C, a_t(\theta_t))$。第一个（"CYV&Prec slow"）由"CYV"码结合式（9.94）中为慢衰落信道设计的单位预编码器（即，仅为最大化

$\ominus$　我们将假设式（8.4）中的 φ 可能在 2π 上变化。对线性阵列，这要求 $d/\lambda \geq 0.5$。

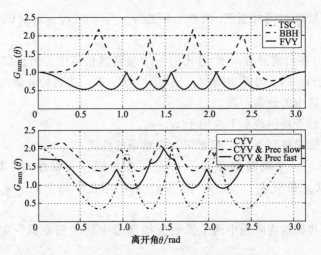

图 9.14　表示为离开角 θ_t 的函数的几个 4 状态

空时格状码的 $G_{sum}(\theta_t \mid \mathcal{C}, \boldsymbol{a}_t(\theta_t))$

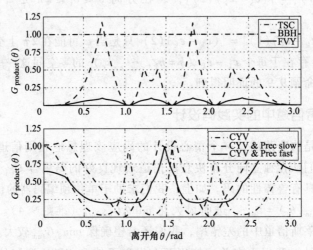

图 9.15　示为离开角 θ_t 的函数的几个 4 状态

空时格状码的 $G_{product}(\theta_t \mid \mathcal{C}, \boldsymbol{a}_t(\theta_t))$

$\min_{\theta_t} G_{sum}(\theta_t \mid \mathcal{C}, \boldsymbol{a}_t(\theta_t)$ 优化）构成。第二个方案（"CYV&Prec fast"）将"CYV"码与为快衰落信道设计的单位预编码器结合（即，根据准则 9.4 优化）。这个预编码器为

$$\boldsymbol{P} = \begin{pmatrix} -0.1436 - 0.8340j & 0.5233 - 0.0997j \\ -0.5262 - 0.0833j & -0.1174 + 0.8381j \end{pmatrix} \tag{9.101}$$

预编码器针对"CYV"码进行优化的原因在于后者在瑞利慢和快衰落信道中性能优秀。这一点在慢衰落信道中很明显（因为它为慢衰落信道而设计 [CVY01]），仿真显示它在快衰落信道中和"FVY"码 [FVY01] 的表现一样好。

"FVY" 码和 "CYV" 码在独立同分布快衰落瑞利信道中确实具有相同的最小乘积距离。

图 9.14 和图 9.15 说明 "TSC" 码在慢衰落和快衰落退化信道都呈现优秀的鲁棒性，这是因为对所有离开方向 G_{sum} 和 $G_{product}$ 较大。与式（9.95）和式（9.96）一样的原因，因为 $l_{min}(\theta_t) = 2$，我们有 $\forall \theta_t$，

$$\min_{\substack{C,E \in \mathcal{C} \\ C \neq E}} \prod_{\substack{k \in v_{deg}(\theta_t) \\ \#v_{deg}(\theta_t) = I_{min}(\theta_t)}} |(c_k - e_k)^T a_t(\theta_t)|^2 = \frac{1}{4} d_{min}^4, \forall \theta_t \quad (9.102)$$

式中，d_{min}^2 是星座图的最小平方欧氏距离。因此 G_{sum} 和 $G_{product}$ 作为 θ_t 的函数都是平坦的。延时分集码具有这样的优点，在错误等于 2 的路径上，$\| (c_k - e_k)(1) | - |(c_k - e_k)(2) \|$ 较大，因此该码远非 "积意识" 灾难。

相比之下，对 "BBH"、"CYV" 和 "FVY" 码，G_{sum} 和（或）$G_{product}$ 较小。"BBH" 码和 "FVY" 码在某些方向甚至是 "积意识" 灾难的。这也可以由推论 9.4 验证，因为存在一些错误矩阵满足 $\| (c_k - e_k)(1) | = |(c_k - e_k)(2) \|$。"CYV & Prec slow" 码（针对慢衰落场景而设计）呈现比 "CYV" 码大的 G_{sum}，而 $G_{product}$ 的值仍然很低，致使退化快衰落信道中大的错误率。最后，"CYV & Prec slow" 既非 "和意识" 也非 "积意识" 灾难，因此应该在慢衰落和快衰落信道中对衰落相关都具有鲁棒性。

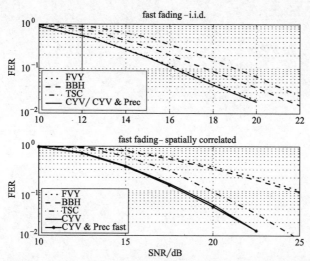

图 9.16　独立同分布和空间相关瑞利快衰落信道中几个
4 状态空时格状码的误帧率，$n_t = 2$，$n_r = 1$

在图 9.16 中，给出了 1×2 独立同分布和空间相关信道中各种格状码达到的误帧率（每个帧由每个天线发出的 128 个符号构成）。在 0° 附近，水平功率谱接近 delta 函数。一方面，"BBH" 和 "FVY" 码的性能严重下降，如命题 9.7 所预测

的，这些码达到的分集等于 $l_{\min}(0) = 1$。另一方面，所观察到的"TSC"码的下降实际上是看不到的。这个本可以从 $G_{product}$ 的值预测，它等于独立同分布瑞利衰落信道中达到的最小乘积距离。轻微损耗的原因是相关信道中更多数量具有长度为 2 的路径的码错误矩阵，导致修改的距离谱（组成部分 $c_k - e_k$ 对某些 $k \in \tau_{C,E}$，针对长度 $\#\tau_{C,E} > 2$ 的错误事件满足 $|(c_k - e_k)(1)| = |(c_k - e_k)(2)|$）。正如预期，预编码 4 状态"CYV&Prec fast"码是鲁棒的。

注意，"TSC"码在 0 方向比"CYV"的性能差，而两者的 $G_{product}$ 值相似。这是因为"CYV"码的最小乘积距离比"TSC"的最小乘积距离大。事实上，从第 6 章我们知道一个码的性能是乘积距离以及信道与码字间相互作用的函数。这些相互作用通过 $G_{product}$ 总体发挥作用。当信道变得接近退化时，影响性能的主要因素是 $G_{product}$。相比之下，当散射丰富度较高，相关参数是乘积距离。因此，一个码最好具有大的乘积距离和大的 $G_{product}$ 值。因为"CYV"码在 0°附近具有更大的乘积距离和相似的 $G_{product}$ 值，它的性能得以提升。

在实践中，不可能总是对给定的空时码优化单位预编码器，尤其当状态数或星座图较大时。在这些情形中，"积意识"灾难码可能通过对使用相同星座图（见表 9.1）的空间复用方案而优化的编码器，转化为非"积意识"灾难码。尽管不是最优，这种方法可能显著提高退化快衰落信道中码的性能。

第10章 基于部分传输信道信息的空时编码

在第 1 章，我们已经概述了 MIMO 系统提供 4 种基本增益：分集增益、空间复用增益、编码增益和阵列增益。到目前为止，我们已经深入介绍了前三个增益。

- 在第 1 章和第 6 章，我们已经展示了在独立同分布瑞利衰落信道中，空时编码架构可以怎样利用空间复用和分集增益。

- 在第 5 章，我们通过互信息和分集-复用折中阐明这些增益受到均匀输入功率分配下信道相关和 K 因子的显著影响。

- 在第 8 章，我们将信道相关和 K 因子对在第 6 章针对独立同分布瑞利衰落信道推导的空时码的错误性能的影响进行分析，结论是最大化空间复用增益的码比起最大化分集的码所受影响更大。

- 在第 9 章，研究了构建对不同传播条件具有鲁棒性的空时码的设计准则，其中不需要任何发送信道信息。

然而，如果发射机具有某些信道信息，还有可能利用信道信息来提升阵列增益性能。正如在第 1 章和第 5 章所提到的，信道信息对阵列增益至关重要。在接收机端（我们在全书中都假定具有理想的信道信息），第 1 章给出了几种方案阵列增益的详细计算。在发射端，阵列增益进一步表示为可用信道信息数量的函数。这些信道信息可以是各种各样的。一方面，我们可能没有任何信道信息。这个问题已经在第 6 章和第 9 章进行讨论。另一个极端情况，发射端完全（理想）的信道信息自然是最佳解决方案。在第 1 章和第 5 章，我们已经评估了通过基于理想的发射端信道状态信息设计预编码器来最大化互信息或接收信噪比能够获得什么。在总发射功率限制下，这样的预编码器首先是，获得更大的容量，获得完全分集并实现较大阵列增益。此外，可以通过使用线性预编码/解码和某些提供并行虚拟传输的码的解耦性质降低总的系统复杂性。这解释了为何预编码现在应用在许多标准之中，例如 3GPP LTE/LTE-A、IEEE 802.16m、IEEE 802.16e 和 802.11n（见第 14 章）。

自然地，可能有时候很难实现获得理想发射端信道状态信息，尤其是当信道快速变化时。这是因为需要接收机和发射机间有一条高速率的反馈链路。作为一个中间解决方案，我们找到仅仅基于信道统计信息或利用发射端有限数量反馈的（比如，信道信息的量化版本）方案。这些方案都将在本章讨论。

除了信道信息类型，其他因素影响使用部分信道信息方案的设计，即发送信令方案，接收机检测器，性能标准和发送功率限制。针对两种信道信息（信道统计信息和有限反馈），我们在本章讨论使用最大似然或次优检测器，针对主特征模式传输，空间复用（或多特征模式传输）和正交空时分组码的预编码器设计。就准则而言，我们对信息论和错误概率激励性能准则都加以阐述。注意，基于发射端信道状态信息也可能依赖于最小均方误差准则（参考示例［SSB⁺02，SSP01]），但本章并不加以讨论。最后，考虑了两个发射功率限制。第一个是经典的总发射功率限制（也称为功率和限制）。另一个限制是由限制峰均功率比构成。前者已经在本书广泛使用，后者在实践场景中（其中将功放的工作点保持在放大器的线性范围内尤为重要）比较有用。

利用发射端的信道统计信息

利用发射端的信道统计信息取代完全信道状态信息的优势是仅仅需要较低速率的反馈链路使发射端获知信道信息。事实上，信道的统计性质（相关，K 因子）以一个比衰落信道自身慢得多的速率变化。因此接收机可以估计信道随机性质，然后"偶尔"将其发回给发射机（如果信道互易性不可用）。作为示例，我们已经在第 3 章解释过，对室内下行链路场景，当接收机移动几米时，发射相关矩阵本质上保持不变。认识到以下这点也很重要：对临界天线间距，高发射相关的相位与发射方向谱最大的方向直接相关联，因此发射相关信息使得发射机在这个方向内以某种方式发射一道波束以最大化通过信道的发射功率。

实际上这不是我们第一次处理（或部分）随机发送信道信息：在第 5 章，我们已经推导了容量最优协方差矩阵，而且我们证明，通过结合适当的功率分配在选择的方向上进行预编码，即通过矩阵 Q，可以大幅提高容量（依赖于信噪比、传播条件和天线配置）。最后，我们已经观察到最优分配有时是将总的可用功率发送到唯一的方向上。这项技术称为波束赋形，它利用了发射阵列增益（因为平均接收功率增加）。在本章，我们进一步研究如何通过设计实际的预编码器利用发射阵列增益。为此可以使用各种准则，但与前面几章类似，我们再次关注于信息论和错误概率激励的方法。

关于平稳性的简单说明。向发射机发回信道统计性质依赖于信道平稳性。虽然严格平稳（即，信道的统计性质不随时间改变的情况）在现实世界中不会遇到，但是广义平稳的假设实际很多（见第 2 章）：在这种情形下，时变信道响应的相关函数只是时间差的函数。如果这点只在有限时间间隔上成立，信道被称为准广义平稳。

利用发射端有限数量的反馈

本质上使用有限反馈设计方案有两种方法。第一种方法是直接量化信道并将信道的量化版本反馈给发射机。量化的信道结构可以在为理想发射端信道状态信息设计的方案中使用。第二种方法依靠离线设计的预编码矩阵的码字，即一个有限的预编码器集合，并且其为发送端和接收端所知。接收机估计作为当前信道函数的最佳预编码器，并只将该最佳预编码器，在码字中的索引返回。直觉上，我们可以将每个预编码器看作更加适应特定一组的信道实现。第一种方法通常导致大量的反馈

（信道结构的每个复数项必须加以量化）且其性能不一定优于第二种方法。此外，它对量化错误非常敏感，而第二种方法却没有这个问题。事实上，因为接收机基于理想信道信息选择最佳预编码器，信道的特征结构在量化过程中并未折中，

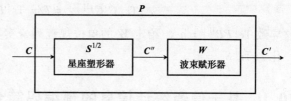

图 10.1　预编码器 P 概览：W 作为多模波束赋形器，C'' 是由 $S^{1/2}$ 塑形的码字

这使得第二种方法更加鲁棒［LHS03，LH05a，LH05b］。

通用架构

与第 9 章类似，我们考虑由编码器和预编码器串联构成的发射机。其中编码器的输出为码字 $C[n_e \times T]$，预编码器 $P[n_t \times n_e]$ 处理码字 C，发送 $C' = PC[n_t \times T]$。不失一般性，我们假定码字 C 的维度可能与 C' 的维度不同，即 $n_e \neq n_t$。图 10.1 描述了一个通用预编码结构。线性预编码器 $P = WS^{1/2}$ 本质由两步组成：

• 一个多模波束赋形器将 C'' 在与信道状态或分布相关联的方向（可能是正交的）上扩展。这通过列向量单位规范的 $n_t \times n_e$ 矩阵 W（可能是酉矩阵）实现，以使得 $C' = WC''$。

• 一个星座塑形器通过给所选的 W 的模式分配更高的功率和速率，将码字 C 变换成 C''，以使得 $C'' = S^{1/2}C$（如果 $S = S^{1/2}S^{H/2}$ 为实数值、对角，其可视为在模式/波束上的功率分配）。

注意当功率分配是均匀的，预编码器即为多模波束赋形器 W，这解释了为什么在 10.5 节我们只用 W 表示预编码器。

为了满足功率限制总是将预编码器归一化。经典和功率限制变为 $\varepsilon\{\mathrm{Tr}\{C'C'^H\}\} = T$。假定编码码字归一化为 $\varepsilon\{\mathrm{Tr}\{CC^H\}\} = T$（见第 6 章），预编码器必须归一化为

$$\mathrm{Tr}\{PP^H\} = n_e \tag{10.1}$$

例 10.1　假设 n_e 个流预编码空间复用的发送

$$C' = PC = \frac{1}{\sqrt{n_e}}WS^{1/2}\underbrace{[c_1 \cdots\cdots c_{n_e}]}_{s}{}^T \tag{10.2}$$

功率归一化形式表示如下：

$$\varepsilon\{\mathrm{Tr}\{C'C'^H\}\} = 1/n_e \varepsilon\{\mathrm{Tr}\{s^H P^H Ps\}\} = 1/n_e \mathrm{Tr}\{P^H P\} = 1 \tag{10.3}$$

其导致 $\mathrm{Tr}\{PP^H\} = n_e$。给定 W 的单位规范列，实数对角功率分配矩阵 S 将被归一化为 $\mathrm{Tr}\{S\} = n_e$。在均匀功率分配情形中，$S = I_{n_e}$。

例 10.2　假设预编码 $[n_e \times T]$ 正交空时分组码发送，其中 C 由式（6.139）描述。功率归一化表示如下：

$$\varepsilon\{\mathrm{Tr}\{C'C'^{\mathrm{H}}\}\} = T/n_{\mathrm{e}}\mathrm{Tr}\{PP^{\mathrm{H}}\} = T \tag{10.4}$$

这导致 $\mathrm{Tr}\{PP^{\mathrm{H}}\} = n_{\mathrm{e}}$。给定 W 的单位规范列，实数值对角功率分配矩阵 S 将被归一化为 $\mathrm{Tr}\{S\} = n_{\mathrm{e}}$。

10.1　基于信道统计信息的预编码简介

10.1.1　信息论激励的设计方法

从信息论的角度，我们由第 5 章知道，单位输入协方差矩阵 $Q = I_{n_{\mathrm{t}}}/n_{\mathrm{t}}$ 最大化独立同分布瑞利衰落信道中的平均互信息。在相关信道中，基于部分发送信道信息的最优矩阵 Q 通常是有色的。这样的输入协方差矩阵可以在不损失容量的情况下通过以下方式很容易实现：将具有发射端信道状态信息/发射端的信道分布信息的完全空时编码器分为一个空时码自身和一个预编码器，该预编码器为反馈数据的函数 [SJ03]。空时码的码本从具有独立同分布分量的高斯分布中获取，故而预编码器将空时码的输入协方差矩阵着色以获得可以达到容量的输入协方差矩阵 Q。如果码字 C 是独立同分布高斯分布的（$\varepsilon\{\hat{C}\hat{C}^{\mathrm{H}}\} = I_{n_{\mathrm{e}}}/n_{\mathrm{e}}$），预编码器为 $\frac{1}{n_{\mathrm{e}}}PP^{\mathrm{H}} = Q = U_Q\Lambda_Q U_Q^{\mathrm{H}}$。不失一般性，我们可以有 $W = U_Q$ 和 $S = n_{\mathrm{e}}\Lambda_Q$。注意星座塑形器由酉矩阵定义，在此我们使用单位矩阵。如果码是独立同高斯分布，这个酉矩阵没有作用。然而，如果码从一个有限字母集获得，这个酉矩阵可能显著影响差错性能（典型地，如果预编码器依据成对错误概率准则设计）。

让我们现在总结一下第 5 章中针对几个传播场景推导的最优输入协方差矩阵是什么。

- 在只有发射相关的半相关瑞利信道中，$Q = U_{R_{\mathrm{t}}}\Lambda_Q U_{R_{\mathrm{t}}}^{\mathrm{H}}$，因此我们可以认为波束赋形器为 $W = U_{R_{\mathrm{t}}}$，而星座塑形器 $S = n_{\mathrm{e}}\Lambda_Q$ 起到功率分配方案的作用，R_{t} 的方向倾向于对应大特征值。这个最优功率分配要求数值优化。举例来说，如果在 Alamouti 方案之前使用这样一个预编码器，前面第 6 章的结果和讨论表明，如果 $n_{\mathrm{r}} = 1$，这个预编码方案将不会导致任何容量损失。一个由 Jensen 不等式获得的合适功率分配由所谓的随机注水给出：

$$\lambda_k(Q) = \left[\mu - \frac{1}{\rho n_{\mathrm{r}}\lambda_k(R_{\mathrm{t}})}\right]^+ \tag{10.5}$$

- 在具有可分离接收和发射相关的相关信道中，波束赋形也在 R_{t} 特征向量给定的方向发挥作用，且功率分配也通过数值计算决定（虽然没有近似）。
- 在相干分量秩为 1 而瑞利分量独立同分布的莱斯信道中，Q 的主特征向量等于归一化为单位范数的 $\overline{H}$ 的第 1 行的共轭转置。Q 的其他列按满足 U_Q 为酉矩阵选取。$\boldsymbol{Q}$ 的主特征值数值由 $\lambda_1(\boldsymbol{Q})$ 决定，而其余特征值相等，大小为 $(1-\lambda_1(\boldsymbol{Q}))/(n_t-1)$。

• 在相干分量秩大于 1 或瑞利分量相关的莱斯信道，对 $\boldsymbol{Q}$ 没有解析解存在。然而，从 Jensen 不等式推导的近似值使得 $\boldsymbol{U}_Q$ 被选为 $\varepsilon\{\boldsymbol{H}^H\boldsymbol{H}\}$ 的特征向量，而 $\boldsymbol{\Lambda}_Q$ 可通过对 $\varepsilon\{\boldsymbol{H}^H\boldsymbol{H}\}$ 特征值使用注水方案简单获得。

10.1.2 错误概率激励的设计方法

作为信息论激励方法的替选方案，最小化最大平均成对错误概率或平均误符号率也可以作为预编码器设计的一个目标。

具有预编码器 $\boldsymbol{P}$ 的相关莱斯慢衰落信道中，通过将错误矩阵表示为 $\boldsymbol{P}\tilde{\boldsymbol{E}}\boldsymbol{P}^H$，平均成对错误概率可以容易从式（8.15）获得：

$$P(\boldsymbol{C}\to\boldsymbol{E}) = \frac{1}{\pi}\int_0^{\pi/2}\big[\det(\boldsymbol{I}_{n_r n_r}+\eta\boldsymbol{C}_R)\big]^{-1}$$
$$\exp\big[-\eta K_{vec}(\overline{\boldsymbol{H}}^H)^H(\boldsymbol{I}_{n_r}\otimes\boldsymbol{P}\tilde{\boldsymbol{E}}\boldsymbol{P}^H)(\boldsymbol{I}_{n_r n_r}+\eta\boldsymbol{C}_R)^{-1}vec(\overline{\boldsymbol{H}}^H)\big]\mathrm{d}\beta$$

$$(10.6)$$

式中，$\boldsymbol{C}_R$ 由 $\boldsymbol{C}_R=\boldsymbol{R}(\boldsymbol{I}_{n_r}\otimes\boldsymbol{P}\tilde{\boldsymbol{E}}\boldsymbol{P}^H)$ 给出，$\eta=\rho/(4(1+K)\sin^2\beta)$。最经典的预编码器设计依赖最小化最大平均成对错误概率，这变为找到满足下式的最优预编码器 $\boldsymbol{P}^\star$：

$$\boldsymbol{P}^\star = \arg\min_{\boldsymbol{P}}\max_{\tilde{\boldsymbol{E}}\neq 0} P(\boldsymbol{C}\to\boldsymbol{E}). \tag{10.7}$$

提出一个可用于任意空时码的预编码器设计统一理论是一项艰巨的任务，最主要是因为预编码器设计和由 $\max_{\tilde{\boldsymbol{E}}\neq 0}P(\boldsymbol{C}\to\boldsymbol{E})$ 给定的错误矩阵相关，它本身依赖于 $\boldsymbol{P}$ 的形状。因此，$\max_{\tilde{\boldsymbol{E}}\neq 0}P(\boldsymbol{C}\to\boldsymbol{E})$ 和 $\boldsymbol{P}$ 相互耦合。因此，接下来的各节将讨论针对诸如正交空时分组码这样的具体的空时码和空间复用方案。此外，接下来的设计也主要针对 Kronecker 瑞利衰落信道，虽然我们在可能的情况下也会评述一些针对非 Kronecker 或非瑞利衰落信道的结果。

10.2 针对正交空时分组码的基于信道统计信息的预编码

针对正交空时分组码的预编码器设计，最早由 [JSO02] 所研究，其中假定发射机端具有非理想发射端信道状态信息。在此时间前后，[SP02，ZG03，FADT02，HGA06，HG07c] 报告了使用信道平均值或信道相关，作为部分发送信道信息的关于使用发射端信道分布信息进行预编码设计的几个结果。然而各种设计所考虑的信道模型和准则不同（最坏情形成对错误概率，成对错误概率 Chernoff 界，精确误符号率）。近期，通过使用联合信道均值和信道相关反馈，这些结果已被一般化用于预编码器设计 [VP06，HG07b]。

在 6.5.4 节，我们已经观察到正交空时分组码的错误矩阵可以写作 $\tilde{E} = Td^2 /$ $(Qn_e)\,\boldsymbol{I}_{n_e}$，其中 $d^2_- = \sum_{q=1}^{Q} | c_q - e_q |^2$ 是欧氏距离，而 Q/T 是码的空间复用率。由式（10.6），莱斯衰落信道中预编码的正交空时分组码故而写为

$$P(\boldsymbol{C} \to \boldsymbol{E}) = \frac{1}{\pi} \int_0^{\pi/2} \mathcal{O}\left(-\frac{d^2}{\sin^2\beta} \right) \mathrm{d}\beta \tag{10.8}$$

式中，

$$\mathcal{O}\left(-\frac{d^2}{\sin^2\beta} \right) = \left[\det(\boldsymbol{I}_{n_r n_t} + \zeta \boldsymbol{C}_R) \right]^{-1}$$

$$\exp\left[-\zeta K \mathrm{vec}(\overline{\boldsymbol{H}}^{\mathrm{H}})^{\mathrm{H}} (\boldsymbol{I}_{n_r} \otimes \boldsymbol{P}\boldsymbol{P}^{\mathrm{H}})(\boldsymbol{I}_{n_r n_t} + \zeta \boldsymbol{C}_R)^{-1} \mathrm{vec}(\overline{\boldsymbol{H}}^{\mathrm{H}}) \right] \tag{10.9}$$

其中 $\boldsymbol{C}_R = \boldsymbol{R}(\boldsymbol{I}_{n_r} \otimes \boldsymbol{P}\boldsymbol{P}^{\mathrm{H}})$，$\zeta \triangleq \eta Td^2 / (Qn_e)$。

因为 $\tilde{E}$ 和单位矩阵成比例，针对正交空时分组码的最优预编码器设计变得非常简单。事实上对正交空时分组码，只要 $d = d_{\min}$（星座图的最小平方欧氏距离），便可达到 $\max_{\tilde{E}\neq 0} P(\boldsymbol{C} \to \boldsymbol{E})$，这与 $\boldsymbol{P}$、信噪比、信道相关矩阵 $\boldsymbol{R}$ 和相关分量 $\overline{\boldsymbol{H}}$ 无关。因此，最小化最大成对错误概率的最优预编码器由下式简单给出：

$$\boldsymbol{P}^{\star} = \arg \min_{\boldsymbol{P}} P(\boldsymbol{C} \to \boldsymbol{E}) \tag{10.10}$$

式中，d 固定成在成对错误概率表达式（10.8）中的 $d_{\min}$。

更进一步，正交空时分组编码在接收端解耦信号，因而可以直接计算独立同分布瑞利衰落信道中的误符号率（见第 6 章）。在相关瑞利信道中，也可能针对 M-PSK（表示为 $\overline{P}_{\mathrm{PSK}}$）、M-PAM（表示为 $\overline{P}_{\mathrm{PAM}}$）和 M-QAM（表示为 $\overline{P}_{\mathrm{QAM}}$）推导平均误符号率的表达式 [SA00, HG07b]：

$$\overline{P}_{\mathrm{PSK}} = \frac{1}{\pi} \int_0^{\frac{M-1}{M}\pi} \mathcal{O}\left(-\frac{d^2_{\min,\mathrm{PSK}}}{\sin^2\beta} \right) \mathrm{d}\beta \tag{10.11}$$

$$\overline{P}_{\mathrm{PAM}} = \frac{2}{\pi} \frac{M-1}{M} \int_0^{\frac{\pi}{2}} \mathcal{O}\left(-\frac{d^2_{\min,\mathrm{PAM}}}{\sin^2\beta} \right) \mathrm{d}\beta \tag{10.12}$$

$$\overline{P}_{\mathrm{QAM}} = \frac{4}{\pi} \frac{\sqrt{M}-1}{\sqrt{M}} \left[\frac{1}{\sqrt{M}} \int^{\frac{\pi}{4}} \mathcal{O}\left(-\frac{d^2_{\min,\mathrm{QAM}}}{\sin^2\beta} \right) \mathrm{d}\beta + \int_{\frac{\pi}{4}}^{\frac{\pi}{4}} \mathcal{O}\left(-\frac{d^2_{\min,\mathrm{QAM}}}{\sin^2\beta} \right) \mathrm{d}\beta \right]$$

$$\tag{10.13}$$

式中，$d^2_{\min,\mathrm{PSK}} = 4\sin^2\left(\frac{\pi}{M} \right)$、$d^2_{\min,\mathrm{PAM}} = \dfrac{12}{M^2-1}$ 和 $d^2_{\min,\mathrm{QAM}} = \dfrac{6}{M-1}$ 分别是 M-PSK、M-PAM 和 M-QAM 最小平方欧氏距离。上述等式和式（10.8）非常相似，表明基于成对错误概率或误符号率的设计可能源自相似的方法。

10.2.1　Kronecker 瑞利衰落信道中的最优预编码

波束赋形

在瑞利衰落信道中，式（10.8）和式（10.11）~式（10.13）是下项的函数。

$$\mathcal{G}(\zeta) = \int_{\beta 1}^{\beta 2} \left[\det(\boldsymbol{I}_{n_r n_t} + \zeta \boldsymbol{R}(\boldsymbol{I}_{n_r} \otimes \boldsymbol{P} \boldsymbol{P}^{\mathrm{H}})) \right]^{-1} \mathrm{d}\beta \tag{10.14}$$

式中，$\zeta = \eta T \delta^2 / (Q n_e)$，而 $\delta = d_{\min}$，$d_{\min,\mathrm{PSK}}$，$d_{\min,\mathrm{PAM}}$ 或 $d_{\min,\mathrm{QAM}}$。Kronecker 瑞利衰落信道中（$\boldsymbol{R} = \boldsymbol{R}_r \otimes \boldsymbol{R}_t$）最优预编码器的结构则由下述命题给出 [SP02, VP06, HG07c]。

命题 10.1　在 Kronecker 瑞利衰落信道中，最小化平均成对错误概率/误符号率的最优预编码器为 $\boldsymbol{P} = \boldsymbol{W} \boldsymbol{S}^{1/2}$，其中

- $\boldsymbol{W} = \boldsymbol{U}'_{\mathrm{R}_t}$，其中 $\boldsymbol{U}'_{\mathrm{R}_t}$ 为包含 $\boldsymbol{R}_t$ 的 n_e 主特征向量的 $\boldsymbol{U}_{\mathrm{R}_t}$ 的 $n_t \times n_e$ 子矩阵，即 $\boldsymbol{R}_t = \boldsymbol{U}_{\mathrm{R}t} \boldsymbol{\Lambda}_{\mathrm{R}_t} \boldsymbol{U}_{\mathrm{R}_t}^{\mathrm{H}}$。

- $\boldsymbol{S}^{1/2} = \boldsymbol{D} \boldsymbol{V}^{\mathrm{H}}$，$\boldsymbol{D}$ 是实数值对角矩阵表征功率分配，$\boldsymbol{V}$ 是任意酉矩阵。

证明：证明主要在于说明最优预编码器在 $\mathcal{G}(\zeta)$ 时达到下界。由 Hadamard 不等式，非奇异阵的行列式上界受对角线元素的乘积所限（见附录 A）。当且仅当矩阵为对角阵时，等式自然成立。我们假定矩阵相关是 Kronecker 可分离并对 $\mathcal{G}(\zeta)$ 应用 Hadamard 不等式。因为不等式对积分区间 $[\beta_1, \beta_2]$ 内的所有 β 都成立，不等式在积分层面也成立，因此

$$\mathcal{G}(\zeta) \geqslant \int_{\beta_1}^{\beta_2} \prod_{k=1}^{n_r} \left[\det(\mathrm{diag}(\boldsymbol{I}_{n_e} + \zeta \lambda_k(\boldsymbol{R}_r) \boldsymbol{P}^{\mathrm{H}} \boldsymbol{R}_t \boldsymbol{P})) \right]^{-1} \mathrm{d}\beta \tag{10.15}$$

当且仅当行列式运算符的参数对所有 $\beta \epsilon [\beta_1, \beta_2]$ 是对角阵时，即当且仅当 $\boldsymbol{U}'^{\mathrm{H}}_{\mathrm{R}_t} \boldsymbol{P} \boldsymbol{P}^{\mathrm{H}} \boldsymbol{U}'_{\mathrm{R}_t}$ 为对角阵时，等式成立。选择 $\boldsymbol{P} \boldsymbol{P}^{\mathrm{H}} = \boldsymbol{U}'_{\mathrm{R}_t} \boldsymbol{S} \boldsymbol{U}'^{\mathrm{H}}_{\mathrm{R}_t}$ 和 $\boldsymbol{S}^{1/2} = \boldsymbol{D} \boldsymbol{V}^{\mathrm{H}}$，$\boldsymbol{V}$ 是任意酉矩阵，命题满足。

因此，Kronecker 瑞利信道中的最优波束赋形方向由发射相关矩阵 $\boldsymbol{R}_t$ 的特征向量给出，与接收相关情况无关。在图 10.1 中，多模波束赋形器 $\boldsymbol{W}$ 故而等于 $\boldsymbol{U}'_{\mathrm{R}_t}$（或 $\boldsymbol{U}_{\mathrm{R}_t}$，当 $n_e = n_t$ 时）。此外，星座塑形器 $\boldsymbol{S}^{1/2}$ 是一个实对角矩阵 $\boldsymbol{D}$，依赖于一个任意酉矩阵 $\boldsymbol{V}^{\mathrm{H}}$。后者不影响性能且为了简单可选择为单位矩阵。因此最优星座塑形器 $\boldsymbol{S}$ 决定 $\boldsymbol{W}$ 波束赋形每个方向上的功率分配。有趣的是，这和使用发射端信道分布信息的容量实现输入协方差矩阵 $\boldsymbol{Q}$ 有惊人的相似性，虽然我们很快会发现最优功率分配不同。

例 10.3　让我们考虑两个发射天线（$n_e = n_t = 2$）的 Alamouti 正交空时分组码。表示为 $\boldsymbol{S} = \mathrm{diag}\{s_1, s_2\}$，发送的码字在第一个时刻与下式成比例：

$$\frac{1}{\sqrt{2}} \boldsymbol{U}_{\mathrm{R}_t} \boldsymbol{S}^{1/2} \begin{bmatrix} c_1 \\ c_2 \end{bmatrix} = \frac{1}{\sqrt{2}} \boldsymbol{U}_{\mathrm{R}_t}(:,1) \sqrt{s_1} c_1 + \frac{1}{\sqrt{2}} \boldsymbol{U}_{\mathrm{R}_t}(:,2) \sqrt{s_2} c_2 \tag{10.16}$$

且，在第二个时刻与下式成比例：

$$\frac{1}{\sqrt{2}} \boldsymbol{U}_{\mathrm{R}_t} \boldsymbol{S}^{1/2} \begin{bmatrix} -c_2^* \\ c_1^* \end{bmatrix} = -\frac{1}{\sqrt{2}} \boldsymbol{U}_{\mathrm{R}_t}(:,1) \sqrt{s_1} c_2^* + \frac{1}{\sqrt{2}} \boldsymbol{U}_{\mathrm{R}_t}(:,2) \sqrt{s_2} c_1^* \tag{10.17}$$

显然，预编码器在由发射相关矩阵的特征向量给定的两个正交方向（在第 3

章也定义为发射特征波束）发送符号 c_1 和 c_2。依赖于信道相关和信噪比，分配给每个特征波束的功率会变化，允许在经典发送分集 Alamouti 方案（$s_1 = s_2 = 1$）和主特征波束（$s_1 = 2$，$s_2 = 0$）的波束赋形，也称为特征波束赋形。物理解释更加直观：预编码器给对应于发射方向功率谱 $A_t(\Omega_t)$ 峰值对应的角度方向分配更多的功率。如果 $A_t(\Omega_t) \rightarrow \delta(\Omega_t - \Omega_{t,0})$，发射相关增加，降低有效分集：因此为了提高接收信噪比，将发射功率集中于特定方向 $\Omega_{t,0}$ 更加有效率。如果散射在发送阵列周围更加均匀分布，功率分配相似地服从均匀分布以利用全分集。

功率分配

正如已经提到的，对正交空时分组码而言，星座塑形器简化为简单的功率分配方案。上面的例子很好地介绍了最优功率分配 S 的推导。让我们现在将其推广到一个一般的正交空时分组码［SP02, ZG03］。

为简化分析，我们考虑没有接收相关的 Kronecker 瑞利信道，即 $R = I_{n_r} \otimes R_t$。通过使用错误概率 Chernoff 上界进一步减轻了积分运算。对命题 10.1 中的最优预编码器，$\mathcal{G}(\zeta)$ 则上界受限于 $\left[\det(I_{n_e} + \zeta \Lambda'_{R_t} D)\right]^{-n_r}$，其中 $\zeta = \dfrac{\rho}{4} \dfrac{T}{Q n_e} \delta^2$，而 Λ'_{R_t} 是 Λ_{R_t} 的子对角阵，其包含 n_e 个最大特征值。将 $S = D^2$ 的对角元素表示为 s_k，最小化这个上界的功率分配即在满足条件 $\mathrm{Tr}\{S\} = n_e$ 且 S 是正半定下最大化 $\sum_{k=1}^{n_e} \log(1 + \zeta \lambda_k(R_t) s_k)$ 的分配。注意，由于 P 的大小的限制，S 被限制为一个 $n_e \times n_e$ 的矩阵，且 S 中最多有 n_e 个非零对角元素。功率沿着 R_t 的 n_e 主模式分配。最优功率分配 s_k^* 由命题 5.2 的注水解决方案给出：

$$s_k^\star = \left[\frac{1}{\mu} - \frac{1}{\zeta \lambda_k(R_t)}\right]^+ = \left[\frac{1}{\mu} - \frac{4 Q n_e}{\rho T \delta^2 \lambda_k(R_t)}\right]^+, k = 1, \cdots, n_e \quad (10.18)$$

式中，$\lambda_k(R_t)$ 依幅度降序排列；选取量 μ 以满足功率限制；δ 通常取作星座的最小欧氏距离，以最小化成对错误概率。

为了更好理解式（10.18）的物理意义，图 10.2 和图 10.3 给出了最优预编码的 Alamouti 方案及一些其他方案在发射相关分别为 $t = 0.7$ 或 $t = 0.95$ 的 2×2 Kronecker 瑞利信道（因此 $n_e = n_t = 2$）中的性能（记住接收相关被设为 0）。我们观察到，作为 R_t 和信噪比 ρ 的函数，主特征方案在主模式特征波束赋形，又名单模式特征波束赋形（在对应 R_t 最强特征模式的单一模式上发送总功率）和所有发射特征波束收到相同功率的经典正交空时分组码之间演进。在这两个极端之间，进行了一个所谓多模特征波束赋形。对一个给定的发射相关矩阵（即 t 固定，但假设其严格小于 1），同样明显的是单模式特征波束赋形只是在低信噪比下最优，因为它没有利用发射分集。随着信噪比增加，功率扩展到更多的模式上，在高信噪比区域形成均匀分布（仅当 $t < 1$）。此外，对给定的信噪比，如果 R_t 的条件数增加（即如果 t 增加），功率倾向于只在主模式上发送，消除在那些最弱模式上的发送功率。

实际上，对 $t = 0.95$，功率沿主特征波束发送，向多模特征波束赋形转换并最终变为经典正交空时分组码的情况只会在比图 10.3 中所考虑的信噪比水平更大时发生。使用单模特征波束赋形器，我们还要指出当发射相关矩阵接近单位阵时阵列增益最大，因此 $\max_k \lambda_k(\boldsymbol{R}_t) = n_t$，得到 $g_a = n_t$。在图 10.3 中，对于非预编码 Alamouti 方案确实获得了一个接近 3dB 的阵列增益，而这个增益在图 10.2 中小很多。

波束赋形和均匀功率分配间的转换和容量实现功率分配非常相似。比较 $\boldsymbol{P}$ 和 $\boldsymbol{Q}$，我们观察到波束赋形方向相同，但由于式（10.18）中 δ^2 的存在最优功率分配稍有不同。最后，我们可能回顾基于发射端信道分布信息预编码渐进接近由理想发射端信道状态信息所获得的遍历容量（如果 $n_r \geqslant n_t$，无偏）。这就初步解释了为何在实际应用中使用发射端信道分布信息代替发射端信道状态信息。

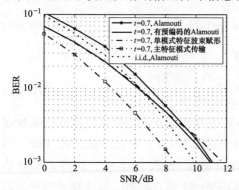

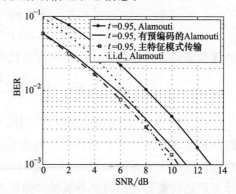

图 10.2　基于发射相关预编码 Alamouti 方案在 2×2 发射相关（$t = 0.7$）瑞利信道中的性能

图 10.3　基于发射相关预编码 Alamouti 方案在 2×2 发射相关（$t = 0.7$）瑞利信道中的性能

上述预编码器的单模特征波束成形方案也可以推广到使用理想发射端信道状态信息的主特征模式传输的关系中（见第 1 章）。前者是基于信道矩阵 $\boldsymbol{H}$ 的统计性质设计，而后者使用矩阵 $\boldsymbol{H}$ 的实时信息进行设计。由于利用发射阵列增益，两个方案都增大平均接收信噪比（如第 1 章所列出，对给定 $\boldsymbol{H}$ 的实现，主特征模式传输的阵列增益等于 $\lambda_{\max} = \max_k \lambda_k(\boldsymbol{H})$）。然而，两种方案有个基本的不同：单模特征波束赋形器从不提供任何发射分集增益，而主特征模式传输提供完全发射分集（只要信道几乎不相关）。然而，随着 t 增大，单模波束赋形几乎和基于理想发射端信道状态信息的主特征模式传输具有同样的性能，这是因为信道松散分集。

最后，性能结果也证实正交空时分组码对信道相关尤为鲁棒。即便对 $t = 0.7$，性能没有下降那么多（虽然应该记着由空间相关导致的性能下降随着天线数量的增大而增大）。

如果接收相关矩阵和单位矩阵不相等，功率分配依赖于接收和发射相关特征，因为必须使用 Chernoff 界和上述相同的功率限制最大化 $\sum_{t=1}^{n_r} \sum_{k=1}^{n_t} \log(1 + \zeta \lambda_l(\boldsymbol{R}_r) \lambda_k(\boldsymbol{R}_t)s_k)$。拉格朗日最优化给出了 $n_r = 2$ 的闭式解，但对 $n_r > 2$ 最优解必须进行数值计算。

10.2.2　非 Kronecker 瑞利衰落信道中的最优预编码

对非可分离的相关矩阵 $\boldsymbol{R}$，推导最优预编码器更加具有挑战性，这是因为通常需要数值优化 [HGA06]。此外，最优波束成形器 $\boldsymbol{W}$ 现在是完全相关矩阵 $\boldsymbol{R}$ 的函数，因此没有直观的物理含义。如果我们使用成对错误概率准则的 Chernoff 上界并为了简单忽略正半定约束，非约束拉格朗日函数表示为

$$\mathcal{L} = (\boldsymbol{P}) = \det(\boldsymbol{I}_{n_r n_t} + \zeta \boldsymbol{R}(\boldsymbol{I}_{n_r} \otimes \boldsymbol{P}\boldsymbol{P}^{\mathrm{H}})) - \mu(\mathrm{Tr}\{\boldsymbol{P}\boldsymbol{P}^{\mathrm{H}}\} - n_e) \tag{10.19}$$

使 $\dfrac{\partial \mathcal{L}(\boldsymbol{P})}{\mathrm{avec}(\boldsymbol{P}^*)}$ 等于零向量推导得到最优预编码器。因为

$$\frac{\partial \mathrm{Tr}\{\boldsymbol{P}\boldsymbol{P}^{\mathrm{H}}\}}{\partial \mathrm{vec}(\boldsymbol{P}^*)} = \mathrm{vec}(\boldsymbol{P}) \tag{10.20}$$

最优预编码器通过对下式使用定点迭代可得

$$\mathrm{vec}(\boldsymbol{P}) = \frac{1}{\mu} \frac{\partial \det(\boldsymbol{I}_{n_r n_t} + \zeta \boldsymbol{R}(\boldsymbol{I}_{nr} \otimes \boldsymbol{P}\boldsymbol{P}^{\mathrm{H}}))}{\partial \mathrm{vec}(\boldsymbol{P}^*)} \tag{10.21}$$

式（10.21）右边项的推导在 [HGA06] 中有详细介绍，但我们将分析限制在简单概述该算法。给 $\boldsymbol{P}$ 选择一个初始值并计算式（10.21）右边的值，式（10.21）左边项给出了 $\boldsymbol{P}$ 的新估计。结果之后归一化以确保 $\mathrm{Tr}\{\boldsymbol{P}\boldsymbol{P}^{\mathrm{H}}\} = n_e$。使用 $\boldsymbol{P}$ 的新估计重新迭代直到之前的值与新估计值的差别小于一个给定的值，如此推导的预编码器应该最后对正半定约束进行后验检查。

如果优化准则是准确的错误概率而非 Chernoff 上界，可以使用一个相似的算法 [HG07c]，因为非约束拉格朗日函数变为

$$\mathcal{L}(\boldsymbol{P}) = P - \mu(\mathrm{Tr}\{\boldsymbol{P}\boldsymbol{P}^{\mathrm{H}}\} - n_e) \tag{10.22}$$

式中，P 由准确成对错误概率或误符号率给定。之后将定点迭代应用于

$$\mathrm{vec}(\boldsymbol{P}) = \frac{1}{\mu} \frac{\partial P}{\partial \mathrm{vec}(\boldsymbol{P}^*)} \tag{10.23}$$

文献 [HG07c] 中有部分求导数的表达式，其也表明依据准确误符号率或依据 Chernoff 上界设计的预编码器对所有的信噪比值具有相似性能。

10.2.3　莱斯信道中的最优预编码

在具有 Kronecker 瑞利分量其仅有发射相关的莱斯衰落信道中（$\boldsymbol{R} = \boldsymbol{I}_{n_r} \otimes \boldsymbol{R}_t$），观察到 [VP06] 下式，我们可以重写式（10.9）

$$\mathrm{vec}(\overline{\boldsymbol{H}}^{\mathrm{H}})^{\mathrm{H}}(\boldsymbol{I}_{n_r} \otimes \boldsymbol{P}\boldsymbol{P}^{\mathrm{H}})(\boldsymbol{I}_{n_r n_t} + \zeta \boldsymbol{C}_{\mathrm{R}})^{-1}\mathrm{vec}(\overline{\boldsymbol{H}}^{\mathrm{H}}) = \mathrm{Tr}\{\overline{\boldsymbol{H}}\boldsymbol{P}\boldsymbol{P}^{\mathrm{H}}(\boldsymbol{I}_{n_t} + \zeta \boldsymbol{R}_t \boldsymbol{P}\boldsymbol{P}^{\mathrm{H}})^{-1}\overline{\boldsymbol{H}}^{\mathrm{H}}\}$$

$$\tag{10.24}$$

其中使用迹和矢量操作符之间的经典关系（见附录 A）。既然 $\boldsymbol{R}_t$ 是非奇异阵，我们

将式（10.9）的分子、分母乘上 $[\det(\boldsymbol{R}_t)]^{n_r}\exp(\mathrm{Tr}\{K\overline{\boldsymbol{H}}\boldsymbol{R}_t^{-1}\overline{\boldsymbol{H}}^{\mathrm{H}}\})$，并使用矩阵求逆引理（见附录 A）以表示

$$\boldsymbol{P}\boldsymbol{P}^{\mathrm{H}}(\boldsymbol{I}_{n_t}+\zeta\boldsymbol{R}_t\boldsymbol{P}\boldsymbol{P}^{\mathrm{H}})^{-1}-\frac{1}{\zeta}\boldsymbol{R}_t^{-1}=-\frac{1}{\zeta}\boldsymbol{J}^{-1} \tag{10.25}$$

其中，平均成对错误概率最终改写为

$$P(\boldsymbol{C}\rightarrow\boldsymbol{E})=\frac{1}{\pi}\int_0^{\pi/2}\exp(K\mathrm{Tr}\{\overline{\boldsymbol{H}}\boldsymbol{J}^{-1}\overline{\boldsymbol{H}}^{\mathrm{H}}\})[\det(\boldsymbol{R}_t)]^{n_r}$$

$$[\det(\boldsymbol{J})]^{-n_r}\exp(-\mathrm{Tr}\{K\overline{\boldsymbol{H}}\boldsymbol{R}_t^{-1}\overline{\boldsymbol{H}}^{\mathrm{H}}\})\mathrm{d}\beta \tag{10.26}$$

为了简化推导，让我们使用式（10.26）的 Chernoff 界的最小化作为设计准则。此外，为了简单，让我假设 $n_e=n_t$。因此，我们可以简化积分问题并取 $\zeta=\dfrac{\rho}{4(1+K)}\dfrac{T}{Qn_t}\delta^2$。优化也等效于最小化（10.26）Chernoff 界的对数。忽略不依赖于 J 的那些项，目标函数表示为

$$K\mathrm{Tr}\{\overline{\boldsymbol{H}}\boldsymbol{J}^{-1}\overline{\boldsymbol{H}}^{\mathrm{H}}\}-n_r\mathrm{logdet}(\boldsymbol{J})$$

其约束为功率限制 $\mathrm{Tr}\{\boldsymbol{P}\boldsymbol{P}^{\mathrm{H}}\}=\sum_{k=1}^{n_t}s_k=n_t$ 和条件对 $k=1,\cdots,n_t$，$s_k\geq0$。因此优化问题可以总结如下 [VP06]

$$\min_{\boldsymbol{J}} K\mathrm{Tr}\{\overline{\boldsymbol{H}}\boldsymbol{J}^{-1}\overline{\boldsymbol{H}}^{\mathrm{H}}\}-n_r\mathrm{logdet}(\boldsymbol{J})$$

$$\mathrm{Tr}\{\boldsymbol{R}_t^{-1}\boldsymbol{J}\boldsymbol{R}_t^{-1}-\boldsymbol{R}_t^{-1}\}=n_t\zeta \text{ 和 } \boldsymbol{R}_t^{-1}\boldsymbol{J}\boldsymbol{R}_t^{-1}-\boldsymbol{R}_t^{-1}\geq0 \tag{10.27}$$

其中最后一个不等式源于 $\boldsymbol{P}\boldsymbol{P}^{\mathrm{H}}$ 的正半定性质，即对 $k=1,\cdots,n_t$，$s_k\geq0$ 这一事实。

和注水解决方案类似，拉格朗日优化首先在忽略 $\boldsymbol{P}\boldsymbol{P}^{\mathrm{H}}$ 的正半定性质下进行。使用 [HG07a] 中列出的和附录 A 中总结的导数的各种性质，我们得到

$$\boldsymbol{J}=\frac{1}{2\mu}\boldsymbol{R}_t(n_r\boldsymbol{I}_{n_t}+\boldsymbol{\Psi}^{1/2})\boldsymbol{R}_t \tag{10.28}$$

式中，$\boldsymbol{\Psi}=n_r^2\boldsymbol{I}_{n_t}+4\mu K\boldsymbol{R}_t^{-1}\overline{\boldsymbol{H}}^{\mathrm{H}}\overline{\boldsymbol{H}}\boldsymbol{R}^{-1}$t；$\mu$ 是功率约束的拉格朗日乘数。将式（10.28）代入式（10.27）得到关于 μ 的下述等式

$$n_tn_r+\sum_{k=1}^{n_t}\sqrt{n_r^2+4\mu\lambda_k(\boldsymbol{R}_t^{-1}\overline{\boldsymbol{H}}^{\mathrm{H}}\overline{\boldsymbol{H}}\boldsymbol{R}_t^{-1})}-2[\mathrm{Tr}\{\boldsymbol{R}_t^{-1}\}+n_t\zeta]\mu=0 \tag{10.29}$$

这个等式当 $n_t>1$ 时需要进行数值搜索。一旦发现 μ

$$\boldsymbol{P}\boldsymbol{P}^{\mathrm{H}}=\frac{1}{\zeta}\Big[\frac{1}{2\mu}(n_r\boldsymbol{I}_{n_t}+\boldsymbol{\Psi}^{1/2})-\boldsymbol{R}_t^{-1}\Big] \tag{10.30}$$

针对 $\boldsymbol{P}\boldsymbol{P}^{\mathrm{H}}$ 的正半定性质进行评估和检验。如果满足，特征值分解 $\boldsymbol{P}\boldsymbol{P}^{\mathrm{H}}=\boldsymbol{W}\boldsymbol{S}\boldsymbol{W}^{\mathrm{H}}$ 产生一个预编码器 $\boldsymbol{P}=\boldsymbol{W}\boldsymbol{S}^{1/2}\boldsymbol{V}^{\mathrm{H}}$ 其中 $\boldsymbol{V}^{\mathrm{H}}$ 是一个任意酉矩阵（实际中取 $\boldsymbol{V}=\boldsymbol{I}_{n_t}$）。如果 $\boldsymbol{P}\boldsymbol{P}^{\mathrm{H}}$ 不是正半定的，$\boldsymbol{P}\boldsymbol{P}^{\mathrm{H}}$ 的最小特征值被设置为 0 而总功率在 n_t-1 个最大的特征值上再分配，这类似于第 5 章中描述的迭代注水算法。与瑞利衰落信道不同，每次迭代时不仅每个模式上的功率改变而且波束成形方向也会依据 $\boldsymbol{\Psi}$ 的变

化而改变。

如果非相关瑞利分量（$\boldsymbol{R}_r = \boldsymbol{I}_{n_r}$ 和 $\boldsymbol{R}_t = \boldsymbol{I}_{n_t}$）的特殊情形，式（10.30）使得

$$\boldsymbol{P}\boldsymbol{P}^{\mathrm{H}} = \underbrace{\boldsymbol{V}_{\overline{\boldsymbol{H}}}}_{\boldsymbol{W}} \frac{1}{\zeta} \underbrace{\Big[\frac{1}{2\mu}(n_r^2 \boldsymbol{I}_{n_t} + 4\mu K \sum_{\overline{\boldsymbol{H}}}^{2})^{1/2} - \Big(1 - \frac{n_r}{2\mu}\Big)\boldsymbol{I}_{n_t} \Big]}_{S} \underbrace{\boldsymbol{V}_{\overline{\boldsymbol{H}}}^{\mathrm{H}}}_{\boldsymbol{W}^{\mathrm{H}}} \tag{10.31}$$

式中，$\boldsymbol{U}_{\overline{\boldsymbol{H}}} \boldsymbol{\Sigma}_{\overline{\boldsymbol{H}}} \boldsymbol{V}_{\overline{\boldsymbol{H}}}^{\mathrm{H}}$ 是 $\overline{\boldsymbol{H}}$ 的特征值分解。因为 $\boldsymbol{W} = \boldsymbol{V}_{\overline{\boldsymbol{H}}}$，沿着 $\overline{\boldsymbol{H}}$ 右奇异向量进行多模波束赋形。星座塑形器 S 是对角阵且起到功率分配方案的作用，其最优值 [JSO02，VP06] 为

$$s_k^* = \left[\frac{n_r + \sqrt{n_r^2 + 4\mu K \lambda_k(\overline{\boldsymbol{H}})}}{2\mu\zeta} - \frac{1}{\zeta} \right]^{+} \tag{10.32}$$

式中 $\lambda_k(\overline{\boldsymbol{H}})$ 是 $\boldsymbol{\Lambda}_{\overline{\boldsymbol{H}}} = \sum_{\overline{\boldsymbol{H}}}^{2}$ 的对角线元素。

如果 $\boldsymbol{R}$ 不是可分离的，没有半闭式解。需要进行数值评估 [HG07b]，其依靠和式（10.23）类似的一个算法。其中 P 是成对错误概率或误符号率的准确值或 Chernoff 界式（10.8）~ 式（10.13）。同样使用定点迭代能够解决问题。

值得分析两个渐进情形 [VP06]。首先，考虑 K 因子是无限的而信噪比仍有限。考虑到下式，这个假设允许我们将式（10.8）改写如下：

$$\mathcal{O}\left(-\frac{\delta^2}{\sin^2\beta}\right) = \exp\left(-\zeta K \mathrm{Tr}\{\overline{\boldsymbol{H}}^{\mathrm{H}}\overline{\boldsymbol{H}}\boldsymbol{P}\boldsymbol{P}^{\mathrm{H}}\}\right) \tag{10.33}$$

我们有

$$\mathrm{Tr}\{\overline{\boldsymbol{H}}^{\mathrm{H}}\overline{\boldsymbol{H}}\boldsymbol{P}\boldsymbol{P}^{\mathrm{H}}\} \leqslant \max_{k=1,\cdots,n_t} \lambda_k(\overline{\boldsymbol{H}}) \max_{k=1,\cdots,n_t} s_k \tag{10.34}$$

当 $\boldsymbol{P}\boldsymbol{P}^{\mathrm{H}}$ 的主特征向量（即对应于最大特征值的那个）位于 $\overline{\boldsymbol{H}}$ 的主右奇异向量所扩展的空间时等号成立。因此，最优预编码方案变为在 $\overline{\boldsymbol{H}}$ 最优奇异向量对应的单一方向上发送总功率 [VP06]。自然地，在预编码器的设计中不应该考虑信道相关矩阵，因为 K 因子非常高。这就是传统的匹配波束赋形。在 MISO（多输入单输出）系统中，对无限大 K 因子，这也是达到容量的（见 5.6.2 节）。然而，在 MIMO 信道中，使用成对错误概率或信息论激励准则获得的功率方案有很大不同。事实上，5.6.2 节的结果甚至在 K 接近无限大时要求一个多模波束赋形器。

第二个渐进情形是信噪比无限大同时 K 因子保持有限大。因为信噪比非常大，总功率在 n_t 个方向上扩散且预编码器 P 是满秩的。由式（10.9），预编码器只影响瑞利分量而且可以按照瑞利衰落信道中相同的方式进行设计。实际上讲，这进一步揭示了，对于高信噪比区域的有限 K 因子，与相关矩阵 $\boldsymbol{R}$ 相比，相干分量对预编码设计影响较小。

10.3　非单位错误矩阵的编码中基于信道统计信息的预编码

针对正交空时分组码的预编码器设计相对简单，这是因为错误矩阵和单位矩

阵相似成比例。然而，绝大多数空时码并不具有这个方便的性质（示例见第 6 章），因此使预编码器的设计更加复杂。因为每个错误矩阵可能具有不同的形式，预编码器设计（10.7）不是简单简化为 $P^{\star} = \mathrm{argmin}_{P} P(\boldsymbol{C}^{\cdot} \rightarrow \boldsymbol{E}^{\cdot})$，其中 $P(\boldsymbol{C}^{\cdot} \rightarrow \boldsymbol{E}^{\cdot})$ 是对特殊错误矩阵 $\boldsymbol{E}^{\cdot}$（对正交空时分组码，假定 $n_e = n_t$，有 $\tilde{\boldsymbol{E}}^{\cdot} = T d_{\min}^2 / (Q n_t) \ I_{n_t}$）计算的平均成对错误概率。事实上，绝对没有证据表明 $\tilde{\boldsymbol{E}}^{\cdot}$ 对任意预编码器结构、信噪比水平、信道相关矩阵 $\boldsymbol{R}$ 和相干分量 $\overline{\boldsymbol{H}}$，准确推导最大成对错误概率。

针对特殊错误矩阵的预编码器设计

对特殊错误矩阵 $\tilde{\boldsymbol{E}}^{\cdot}$ 仍然已经有成功设计出预编码器 [SP02，VP06]。在 [SP02，FADT02] 中，$\tilde{\boldsymbol{E}}^{\cdot}$ 被选作最小距离错误矩阵，即 $\tilde{\boldsymbol{E}}^{\cdot} = \mathrm{argmin}_{\tilde{\boldsymbol{E}} \neq 0} \det(\tilde{\boldsymbol{E}})$。在只有发射相关的 Kronecker 瑞利衰落信道中，且为了简单假设 $n_e = n_t$，最小化最差情形成对错误概率的预编码器为由下式给出的波束赋形器

$$W = U_{R_t} \tag{10.35}$$

而星座塑形器由下式给出

$$S^{1/2} = DV^H \tag{10.36}$$

式中，$\boldsymbol{D}$ 是实现功率分配的实数对角阵；$V = U_{\tilde{E}^{\cdot}}$，即 V 是矩阵 $\tilde{\boldsymbol{E}}^{\cdot} = U_{\tilde{E}} \cdot \boldsymbol{\Lambda}_{\tilde{E}} \cdot U_{\tilde{E}}^H$ 的特征向量。预编码器因此写为 $P = U_{R_t} D U_{\tilde{E}^{\cdot}}^H$。

这和正交空时分组码的情形非常不同，在正交分组码情形中 V 可以任意选择。这里，V 的选择（即 $\tilde{\boldsymbol{E}}^{\cdot}$ 的选择）直接影响性能。

使用平均成对错误概率的 Chernoff 界，最优功率分配必定最大化：

$$\sum_{k=1}^{n_t} (1 + \eta \lambda_k(\boldsymbol{R}_t) s_k \lambda_k(\tilde{\boldsymbol{E}}^{\cdot})) \tag{10.37}$$

式中功率约束为 $\sum_{k=1}^{n_t} s_k = n_t$。

因此最优功率分配可以由众所周知的注水解获得

$$s_k^{\star} = \left[\frac{1}{\mu} - \frac{1}{\eta \lambda_k(\boldsymbol{R}_t) \lambda_k(\tilde{\boldsymbol{E}}^{\cdot})} \right]^+ \tag{10.38}$$

式中，选择 μ 以满足功率约束。

总的说来，对非单位错误矩阵预编码器的作用是将信号方向从 $U_{\tilde{E}^{\cdot}}$ 重映射到 U_{R_t}，以及依据 $\boldsymbol{\Lambda}_{\tilde{E}}$ 和 $\boldsymbol{\Lambda}_{R_t}$ 在各种模式之间重新分布功率，以其方式是有效错误矩阵现在表示为 $P \tilde{\boldsymbol{E}}^{\cdot} P^H = U_{R_t} D \boldsymbol{\Lambda}_{\tilde{E}} \cdot D U_{R_t}^H$。

在图 8.7 中（见第 8 章），在 "CYV&eigenbeamformer" 名称下已经对高发射相关的 4×2 瑞利衰落信道中的 4 状态空时格状码，使用了这样一个预编码器（表明对大范围的信噪比在 $\boldsymbol{R}_t$ 的占有模式发射功率）。矩阵 $\tilde{\boldsymbol{E}}^{\cdot}$ 被选作最小距离错误矩阵。在图 10.4 中，我们说明这个选择可能不是最好的，因为就非预编码方案而言，

增益相当微弱。我们现在可以解释这个令人失望的性能。事实上，$\tilde{\boldsymbol{E}}^* =$ $\mathrm{argmin}_{\tilde{\boldsymbol{E}} \neq 0}\det(\tilde{\boldsymbol{E}})$ 只对非常高信噪比下的最差情形成对错误概率负责。与之相比，预编码器的主要目的在于提升低、中等信噪比区域的性能。有趣的是，如果 $\tilde{\boldsymbol{E}}^*$ 被选作单位矩阵（其中 $\boldsymbol{U}_{\tilde{\boldsymbol{E}}^*} = \boldsymbol{I}_{\mathrm{n}_\mathrm{t}}$），相同传播信道中的 4 状态码性能显著提升。

相当明显，$\tilde{\boldsymbol{E}}^*$ 的选择对性能有着显著的影响。这可以使用 Chernoff 界进一步研究。发射相关 Kronecker 瑞利衰落信道中的平均成对错误概率事实上可以表示为

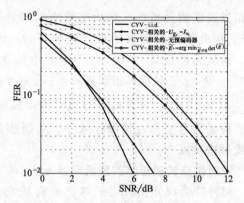

图 10.4　4 状态空时格状码"CYV"在相关瑞利衰落信道中的性能，其中高发射相关使用两种预编码方案：$\boldsymbol{U}_{\tilde{\boldsymbol{E}}^*} = \boldsymbol{I}_{\mathrm{n}_\mathrm{t}}$ 和 $\tilde{\boldsymbol{E}}^* = \arg\min_{\tilde{\boldsymbol{E}} \neq 0}\det(\tilde{\boldsymbol{E}})$（〔SP02〕中所提出）

$$P(\boldsymbol{C} \to \boldsymbol{E}) \leqslant \left[\det\left(\boldsymbol{I}_{\mathrm{n}_\mathrm{t}} + \eta\boldsymbol{\Lambda}_{\mathrm{R}_\mathrm{t}}\boldsymbol{D}\boldsymbol{U}_{\tilde{\boldsymbol{E}}^*}^{\mathrm{H}}\tilde{\boldsymbol{E}}\boldsymbol{U}_{\tilde{\boldsymbol{E}}^*}\boldsymbol{D}\right)\right]^{-n_r} \tag{10.39}$$

如果我们假设 α 个 $\boldsymbol{R}_\mathrm{t}$ 的特征值可以忽略，则功率在 $\boldsymbol{R}_\mathrm{t}$ 的 $n_\mathrm{t} - \alpha$ 个占优特征向量上扩展。这表明式（10.38）α 个特征值等于零。用 $\boldsymbol{D}'$ 表示包含 $\boldsymbol{D}$ 的非零行和非零列的大小为 $(n_\mathrm{t} - \alpha) \times (n_\mathrm{t} - \alpha)$ 的子矩阵，$\boldsymbol{\Lambda}'_{\mathrm{R}_\mathrm{t}}$ 表示包含 $n_\mathrm{t} - \alpha$ 个非可忽略特征值的 $\boldsymbol{\Lambda}_{\mathrm{R}_\mathrm{t}}$ 的对角子矩阵，平均成对错误概率重写为

$$P(\boldsymbol{C} \to \boldsymbol{E}) \leqslant \left[\det\left(\boldsymbol{I}_{n_\mathrm{t} - \alpha} + \eta\boldsymbol{D}'\boldsymbol{\Lambda}'_{\mathrm{R}_\mathrm{t}}\boldsymbol{D}'\boldsymbol{\Lambda}'_{\tilde{\boldsymbol{E}}^*}\right)\right]^{-n_r} \tag{10.40}$$

式中，$\boldsymbol{\Lambda}'_{\tilde{\boldsymbol{E}}^*}(n_\mathrm{t} - \alpha) \times (n_\mathrm{t} - \alpha)$ 是 $\boldsymbol{U}_{\tilde{\boldsymbol{E}}^*}^{\mathrm{H}}\tilde{\boldsymbol{E}}\boldsymbol{U}_{\tilde{\boldsymbol{E}}^*}$ 的主子阵，由包含定理（见附录 A），式（10.40）中的行列式与 $\tilde{\boldsymbol{E}}^*$ 的选择密切相关。

现在让我们回到图 10.4。我们假定发射相关足够高以致消除 $\alpha = n_\mathrm{t} - 1$ 个模式。因此，所有功率在占有模式上发送。由式（10.40），性能则由 $\boldsymbol{\Lambda}'_{\tilde{\boldsymbol{E}}^*}(1,1)$ 决定。选择最大化 $\min_{\tilde{\boldsymbol{E}} \neq 0}\boldsymbol{\Lambda}'_{\tilde{\boldsymbol{E}}^*}(1,1)$ 的 $\tilde{\boldsymbol{E}}^*$ 将提升性能。因此我们可以对两个预编码器比较 $\boldsymbol{\Lambda}'_{\tilde{\boldsymbol{E}}^*}(1,1)$：

- 选择 $\boldsymbol{U}_{\tilde{\boldsymbol{E}}^*} = \boldsymbol{I}_{\mathrm{n}_\mathrm{t}}$ 有 $\boldsymbol{\Lambda}'_{\tilde{\boldsymbol{E}}^*}(1,1) = 2$；
- 使用最小距离错误矩阵有 $\boldsymbol{\Lambda}'_{\tilde{\boldsymbol{E}}^*}(1,1) = 0.34$。

对低速率全满秩码，第一方案一般使得 $\boldsymbol{\Lambda}'_{\tilde{\boldsymbol{E}}^*}(1,1) = \min_{\tilde{\boldsymbol{E}} \neq 0}\tilde{\boldsymbol{E}}(1,1)$。这应该比较大，因为对所有 $\tilde{\boldsymbol{E}} \neq 0$，$\tilde{\boldsymbol{E}}$ 的对角线元素的值通常比较大。与之相比，对空间复用、Hassibi 的线性稀疏码或一般更高速率的码，情况并非如此。找到一个好的 $\tilde{\boldsymbol{E}}^*$ 变成一个真正复杂的任务而经验规则显得必要。自然地，这些规则不保证任何最优性。

下面的命题正式化的上述讨论（假设 $n_\mathrm{t} = n_\mathrm{e}$）。

命题 10.2　在只有发射相关的 Kronecker 瑞利衰落信道中（$\boldsymbol{R} = \boldsymbol{I}_{\mathrm{n}_\mathrm{r}} \otimes \boldsymbol{R}_\mathrm{t}$），且

对一个由广义酉基矩阵 $\boldsymbol{\Phi}_k$ 构成的基于 PSK/QAM 的线性空时分组码，如果广义酉矩阵 $\{\boldsymbol{\Phi}_k\}_{q=1}^{2Q}$ 成对斜厄米特（对 $q \neq p$，$\boldsymbol{\Phi}_q \boldsymbol{\Phi}_p^H + \boldsymbol{\Phi}_p \boldsymbol{\Phi}_q^H = 0_{n_t}$），预编码器 $\boldsymbol{P} = \boldsymbol{U}_{R_t} \boldsymbol{D} \boldsymbol{V}^H$（其中 $\boldsymbol{D}$ 是实数对角阵而 $\boldsymbol{V}$ 是酉矩阵）最小化最差情形平均成对错误概率。这个条件是最小化平均成对错误概率上的联合界的必要且充分条件。

证明：应用 Hadamard 不等式，按照命题 6.3 中同样方式的推理，我们有

$$\min_{q=1\cdots Q} \min_{d_q} \int_0^{\pi/2} \det(\boldsymbol{I}_{n_t} + \eta \boldsymbol{R}_t \boldsymbol{P} \tilde{\boldsymbol{E}} \boldsymbol{P}^H) \, d\beta$$

$$\leq \int_0^{\pi/2} \det\left(\boldsymbol{I}_{n_t} + \eta \boldsymbol{\Lambda}_{R_t} \boldsymbol{D} \frac{T}{Qn_t} \min_{d_q}[\mid \Re[d_q] \mid^2 + \mid \mathfrak{B}[d_q] \mid^2] \right) d\beta$$

$$= \int_0^{\pi/2} \det(\boldsymbol{I}_{n_t} + \zeta \boldsymbol{\Lambda}_{R_t} \boldsymbol{D}) \, d\beta \tag{10.41}$$

式中 $\zeta = \eta T d_{\min}^2 / (Qn_t)$。如果 $\boldsymbol{\Phi}_q \boldsymbol{\Phi}_p^H + \boldsymbol{\Phi}_p \boldsymbol{\Phi}_q^H = 0_{n_t}, q \neq p$，式（10.41）中的等号成立。必要条件和充分条件源于 [San02]。

严格地说，正交空时分组码是唯一满足成对斜厄米特条件的码。然而，预编码器 $\boldsymbol{P} = \boldsymbol{U}_{R_t} \boldsymbol{D} \boldsymbol{U}_{\tilde{E}}^H$ 仍可能对基矩阵为几乎斜厄米特成对的非正交码起到较好效果。这一点可以通过评估 $\max_{q \neq p} \| \boldsymbol{\Phi}_q^H \boldsymbol{\Phi}_p + \boldsymbol{\Phi}_p^H \boldsymbol{\Phi}_q \|_F^2$ 得以测试。

我们强调上述命题只是证明成对斜厄米特性质是最小化最差情形成对错误概率的充分条件。因此，可能找到非斜厄米特码，对其也可以使用预编码器。例如，考虑对 $n_t = 2$ 的延时分集方案。由式（9.96），我们知道当错误长度等于 2 时（对应于码的最小错误长度），这个码呈现对角错误阵。特别是，等于 $d_{\min}^2 \boldsymbol{I}_{n_t}$ 的错误矩阵，类似于正交空时分组码，在独立同分布和相关瑞利衰落信道中都导致最差情形成对错误概率。针对 Alamouti 方案设计的预编码器故此可以重用于 $n_t = 2$ 的延时分集码。由 [VP06]，其也适用于准正交空时分组码。

10.4 针对空间复用的基于信道统计信息的预编码

一个重要的方案是空间复用，前几节针对其设计的预编码器不能提升任何鲁棒性。因此应该研究自组织（Ad-hoc）方法。简单起见，我们将分析限于瑞利平坦衰落信道中具有 2 个发射天线和 n_r 个接收天线的空间复用方案，但这个一般方法理论上适用于多于 2 个发射天线的情形。

实际发送的大小为 2×1 的码字 $\boldsymbol{C}' = [c_1' \quad c_2']^T$ 通过 $\boldsymbol{C}' = \boldsymbol{PC}$ 与原始空间复用码字$^\ominus$ $\boldsymbol{C} = [c_1 \quad c_2]^T$ 相关联。将另一个实际发送码字表示为 $\boldsymbol{E}' = [e_2' \quad e_2']^T = \boldsymbol{PE}$，定义 $\bar{\boldsymbol{E}}' = (\boldsymbol{C}' - \boldsymbol{E}')(\boldsymbol{C}' - \boldsymbol{E}')^H$，线性预编码使得

$$\tilde{E}' = \boldsymbol{P} \tilde{\boldsymbol{E}} \boldsymbol{P}^H, \tag{10.42}$$

$\ominus$ 为不失一般性，我们引入符号内的码字归一化因子 $1/\sqrt{2}$。

式中，定义 $\widetilde{\boldsymbol{E}} \triangleq (\boldsymbol{C} - \boldsymbol{E})(\boldsymbol{C} - \boldsymbol{E})^{\mathrm{H}}$。

由式（8.25），Kronecker 瑞利衰落信道中的平均成对错误概率表示为

$$P(\boldsymbol{C} \to \boldsymbol{E}) = \frac{1}{\pi} \int_0^{\pi/2} \prod_{k=1}^{n_r} (1 + \eta\lambda_k(\boldsymbol{R}_r)D^2)^{-1} \mathrm{d}\beta \qquad (10.43)$$

式中，D 接收机看到的等效欧氏距离

$$D^2 = \mathrm{Tr}\{\boldsymbol{R}_t \widetilde{\boldsymbol{E}}'\} = |c_1' - e_1'|^2 + |c_2' - e_2'|^2 + 2\Re\{t(c_1' - e_1')(c_2' - e_2')^*\} \qquad (10.44)$$

而 t 表示发射相关系数。

平均符号错误概率的估计 [NBP01, NBE$^+$02, BP01] 可以通过在所有可能码字矢量对 $\boldsymbol{C}$ 和 $\boldsymbol{E}$ 上的成对错误概率 Chernoff 界 [10.43] 的加权平均获得。权重，表示为 s，源于不同码字矢量 $\boldsymbol{C}$ 和 $\boldsymbol{E}$ 可能导致不同数量的符号错误这一事实，即

$$s(c_1, e_1, c_2, e_2) = \begin{cases} 2, c_1 - e_1 \neq 0, c_2 - e_2 \neq 0 \\ 1, c_1 - e_1 = 0 或 c_2 - e_2 = 0 \\ 0, c_1 - e_1 = 0, c_2 - e_2 = 0 \end{cases} \qquad (10.45)$$

如果符号从一个 M 点星座 $\mathscr{B}$ 中选取，平均误符号率近似为

$$\overline{P} \approx \frac{1}{M^2} \sum_{c_1 \in \mathscr{B}e_1 \in \mathscr{B}} \sum_{c_2 \in \mathscr{B}e_2 \in \mathscr{B}} s(c_1, e_1, c_2, e_2) \prod_{k=1}^{n_r} \left(1 + \frac{\rho}{4}\lambda_k(\boldsymbol{R}_r)D^2\right)^{-1} \qquad (10.46)$$

注意，类似于所有联合界的表达式，上述近似通常在低信噪比时不是很准确。

在研究不同波束成形器和星座塑形器之前，我们首先研究针对正交空时分组码获得的预编码器是否也可用于空间复用。这样的预编码器由 $\boldsymbol{P} = \boldsymbol{U}_{\boldsymbol{R}_t} \mathrm{diag}\{\sqrt{s_1^\star}, \sqrt{s_2^\star}\}$ 给出，使得 D^2 变为

$$D^2 = (1 + |t|)s_1^\star |c_1 - e_1|^2 + (1 - |t|)s_2^\star |c_2 - e_2|^2 \qquad (10.47)$$

显然，这个预编码结构不能改善相关信道中的性能。例如，如果 $|t|$ 足够大使得功率主要在主特征模式（即 $s_1^\star \gg s_2^\star$）上分配，取 $c_1 - e_1 = 0$ 和 $c_2 - e_2 \neq 0$ 得到一个极高的成对错误概率。

10.4.1　波束赋形

回想波束赋形步骤由 $\boldsymbol{C}' = \boldsymbol{W}\boldsymbol{C}''$ 给出，对空间复用，我们将 $\boldsymbol{W}$ 选为一个对角阵 $\boldsymbol{W} = \mathrm{diag}\{1, e^{\mathrm{j}\psi}\}$ 而 $\boldsymbol{C}'' = [c_1''　c_2'']^{\mathrm{T}}$ 是源于通过线性关系 $\boldsymbol{C}'' = \boldsymbol{S}^{1/2}\boldsymbol{C}$ 定义中间星座的一个码字。所选的 $\boldsymbol{W}$ 明显有别于达到容量和正交空时分组码预编码器。虽然没有证据表明这是最优的，$\boldsymbol{\Psi}$ 通常选作发射相关系数 t 的相位，故此

$$\boldsymbol{W} = \mathrm{diag}\{1, t/|t|\} \qquad (10.48)$$

这可以直觉理解为 $\boldsymbol{R}_t$ 主特征向量方向上的一个特征波束赋形器。式（10.48）的优势是分离 t 的相位和幅度的作用。事实上，式（10.48）的形式使得设计 $\boldsymbol{C}''$ 可

以不考虑相位相关系数，因为 D^2 只是 $|t|$ 的函数而 $\widetilde{\boldsymbol{E}}'' \triangleq (\boldsymbol{C}'' - \boldsymbol{E}'')(\boldsymbol{C}'' - \boldsymbol{E}'')^{\mathrm{H}}$，正如下式所述

$$D^2 = \mathrm{Tr}\left\{ \begin{bmatrix} 1 & |t| \\ |t| & 1 \end{bmatrix} \widetilde{\boldsymbol{E}}'' \right\} = (1 - |t|)\|\boldsymbol{C}'' - \boldsymbol{E}''\|^2 + |t|\|[1 \quad 1](\boldsymbol{C}'' - \boldsymbol{E}'')\|^2$$

$$= (1 - |t|)[\,|c_1'' - e_1''| + |c_2'' - e_2''|^2\,] + |t|\,|(c_1'' + c_2'')^2 - (e_1'' + e_2'')|^2 \quad (10.49)$$

接收机看到的欧氏距离表示为两项的线性组合：前者是码字 $\boldsymbol{C}''$ 和 $\boldsymbol{E}''$ 的平方欧氏距离，而后者是星座点 $c_1'' + c_2''$ 和 $e_1' + e_2''$ 的间的平方欧氏距离。就最小距离而言，它可以视为空间复用码字 $\{\boldsymbol{C}''\}$ 在对应于 t 的相位为零的离开方向上评估的 G_{sum} 参数（见第 9.3.3 节）。

对低发射相关，只有第一项影响性能。因此，类似于经典星座，误符号率/平均成对错误概率的最小化可以通过星座符号间欧氏距离的最大化获得。因此，酉预编码器 $\boldsymbol{P}$ 是最优的。

随着发射相关 t 增大，应该考虑第二项。因此，$\boldsymbol{S}$ 的结构应该以这样的方式选择：点 $c_1'' + c_2''$ 形成的等效星座具有大的欧氏距离。最终，对 $|t| = 1$，$\boldsymbol{S}$ 的作用和第 9 章中设计的鲁棒预编码器相似。然而，不同在于我们无需在所有离开方向上最大化 G_{sum} 的最小值，而只需在对应于 t 的相位等于零的方向上进行。事实上，剩下的由 $\boldsymbol{W} = \mathrm{diag}\{1, t/|t|\}$ 处理，它在 $t/|t|$ 给出的方向上起到一个波束赋形器的作用。

10.4.2　星座塑形

既然必须使用自组织方法，让我们考虑三个不同的星座塑形器 $\boldsymbol{S}$ 作为示例：

- 预编码器 I：$\boldsymbol{S}_{(\mathrm{I})}^{1/2} = \sqrt{2}\begin{bmatrix} \sqrt{p} & 0 \\ 0 & \sqrt{1-p} \end{bmatrix}$

- 预编码器 II：$\boldsymbol{S}_{(\mathrm{II})}^{1/2} = \begin{bmatrix} 1 & 0 \\ \sqrt{1-p} & \sqrt{p} \end{bmatrix}$

- 预编码器 III：$\boldsymbol{S}_{(\mathrm{III})}^{1/2} = \begin{bmatrix} \sqrt{p}e^{\mathrm{j}\theta} & \sqrt{1-p} \\ \sqrt{p'}e^{\mathrm{j}\theta} & \sqrt{1-p'} \end{bmatrix}$

重要的是要注意到，除了预编码器 I，$\boldsymbol{S}$ 不再是对角阵。直觉上，预编码器 I 的思想是防止错误矢量位于信道的零空间。这和第 9 章中的鲁棒码设计有点相似，除了 t 现在是已知参数。与非预编码空间复用相似，两个流都保持完全独立。预编码器 II 以这样一种方式组合输入 c_1 和 c_2 使得 c_2'' 不再独立于 c_1''，这一点与经典空间复用及预编码器 I 的情形不同。因此在第二个天线上的发送的星座依赖于在第一个分支上发送的符号 $c_1'' = c_1$。最后，预编码器 III 将之前的预编码器一般化但只提供在两个天线上扩展符号的机会。注意虽然线性星座塑形器是空间复用方案最常用的预编码器，还是有可能使用由星座 $\boldsymbol{C}''$ 的数值最优化构成的非线性方法 [CVVJO04]。这实际导致信号星座和使用第二个线性预编码器（预编码器 II）获

得的星座非常相似。

空间复用预编码器的主要问题是错误矩阵 $\tilde{E}$ 可能有许多不同的形式。这与正交空时分组码形成强烈对比。对正交空时分组码，错误矩阵总是和 $d_{\min}^2 \, I_{n_t}$ 成比例，这与预编码器及信道相关没有关系。定义 $d_1 = c_1 - e_1$ 和 $d_2 = c_2 - e_2$ 及 $\begin{bmatrix} d'_1 & d'_2 \end{bmatrix}^T = S^{1/2} \begin{bmatrix} d_1 & d_2 \end{bmatrix}^T$，等效平方欧氏距离 D^2 可以改写为

$$D^2 = \mathrm{Tr}\left\{ \begin{bmatrix} d'^{*}_1 & d'^{*}_2 \end{bmatrix} \begin{bmatrix} 1 & |t| \\ |t| & 1 \end{bmatrix} \begin{bmatrix} d'_1 \\ d'_2 \end{bmatrix} \right\} \tag{10.50}$$

关注最大成对错误概率的最小化，最优星座塑形器为

$$S^\star \, \arg \max_{S} \min_{\substack{C,E \\ C \neq E}} D^2 \tag{10.51}$$

因此，为了推导特定预编码器的闭式解，我们需要找到那些导致最小欧氏距离 $D_{\min}^2 = \min_{C \neq E} D^2$ 的错误事件。在低发射相关场景中，预编码器实际上等于单位矩阵，因此 $\{d'_1, d'_2\} \cong \{d_1, d_2\}$ 而这些事件由 $\{|d_1|^2, |d_2|^2\} = \{d_{\min}^2, 0\}$ 和 $\{|d_1|^2, |d_2|^2\} = \{0, d_{\min}^2\}$ 描述，$d_{\min}^2$ 是星座的平方最小欧氏距离。随着发射相关增大，导致最小欧氏距离的错误不再限于这两个事件。使用下述特征值分解：

$$\begin{bmatrix} 1 & |t| \\ |t| & 1 \end{bmatrix} = \frac{1}{\sqrt{2}} \begin{bmatrix} 1 & 1 \\ 1 & -1 \end{bmatrix} \begin{bmatrix} 1 + |t| & 0 \\ 0 & 1 - |t| \end{bmatrix} \begin{bmatrix} 1 & 1 \\ 1 & -1 \end{bmatrix} \frac{1}{\sqrt{2}} \tag{10.52}$$

我们观察到，我们感兴趣的错误事件是那些位于由 $\begin{bmatrix} 1 & -1 \end{bmatrix}^T$（即对应于式（10.52）的最小特征值 $1 - |t|$ 的特征向量）扩展的子空间中的错误事件。将 $S^{1/2}$ 的 $(i, j)^{\mathrm{th}}$ 元素表示为 σ_{ij}，位于该子空间错误事件 $\{d'_1, d'_2\} = \{\sigma_{11} d_1 + \sigma_{12} d_2, \sigma_{21} d_1 + \sigma_{22} d_2\}$ 具有相似的幅值，即 $\min_{d_1, d_2} \left| |d'_1| - |d'_2| \right| \to 0$，且相位相反。当找到所有有问题的错误事件，预编码器被设计用于最大化对应于这些事件的最小距离 D。这再次说明，针对空间复用一个好的预编码器设计不能依赖一个特定的错误矩阵而应考虑一组几个问题错误矩阵。对每种类型的星座塑形器都应该考虑这一点，有兴趣的读者可以参看 [OC07] 获取更多细节。简言之，可以表面：

- 预编码器 I 的作用类似于第 9 章设计的预编码器，主要是防止错误事件位于信道零空间：此方案没有提供真正的波束成形效果，致使性能仅仅比基于 G_{sum} 的鲁棒预编码稍有提升，

- 预编码器部分利用发送阵列增益，

- 预编码器 III 充分利用了发送阵列增益，平方最小距离 $D_{\min}^2$ 正好是预编码器 I 的平方最小距离的两倍大小。

还需要建立预编码器 III 与达到容量和正交空时分组码预编码器之间的关系。为此，让我们将波束成形器 W 表示为

$$W = \begin{bmatrix} 1 & 0 \\ 0 & t/|t| \end{bmatrix} = \frac{1}{\sqrt{2}} \underbrace{\begin{bmatrix} 1 & 1 \\ t/|t| & -t/|t| \end{bmatrix}}_{U_{R_t}} \frac{1}{\sqrt{2}} \begin{bmatrix} 1 & 1 \\ 1 & -1 \end{bmatrix} \tag{10.53}$$

对高 $|t|$ 且假定 QPSK，预编码器 Ⅲ 的最优设计可以得到选择 $\theta=0$ 和 $p'=p=0.8$ [OC07] 且预编码器 Ⅲ 起到以下作用

$$C'=\frac{1}{\sqrt{2}}WS_{(\text{Ⅲ})}^{1/2}\begin{bmatrix}c_1\\c_2\end{bmatrix}=\frac{1}{\sqrt{2}}U_{R_t}\frac{1}{\sqrt{2}}\begin{bmatrix}1&1\\1&-1\end{bmatrix}\begin{bmatrix}\sqrt{0.8}&\sqrt{0.2}\\\sqrt{0.8}&\sqrt{0.2}\end{bmatrix}\begin{bmatrix}c_1\\c_2\end{bmatrix} \tag{10.54}$$

$$=U_{R_t}\begin{bmatrix}1&0\\0&0\end{bmatrix}\begin{bmatrix}\sqrt{0.8}c_1+\sqrt{0.2}c_2\\0\end{bmatrix} \tag{10.55}$$

这个最后一个等式揭示当 $|t|\to1$，总功率沿着主特征波束发送。不再发送两个基于 QPSK 的独立层 c_1 和 c_2，只发射一个基于 16QAM 的层 $\sqrt{0.8}c_1+\sqrt{0.2}c_2$ 以保证总速率。这可以放置于与容量实现预编码器的关系中：当 $|t|=1$，总功率也是只在 R_t 的主特征模式上发送，且只在一层进行自适应调制/编码。对 Alamouti 方案，因为码率为 1，无需发送更高阶的调制以保持速率恒定。然而，保持总的发送速率，基于 16QAM 的预编码 Alamouti 方案与使用 $S_{(\text{Ⅲ})}$ 基于 QPSK 的预编码方案为 $|t|=1$ 提供相同的方案，即为在 R_t 的主特征向量上发送 16QAM 符号。然而，Alamouti 方案中的预编码器能在（Alamouti 方案的）分集增益和（波束成形器的）阵列增益进行折中，而空间复用预编码器对空间复用增益和波束成形阵列增益进行折中。

　　图 10.5 和图 10.6 描述了基于最大成对错误概率设计的空间复用方案（使用 QPSK）在不同传播条件下差错率/所需信噪比的性能。在图 10.5 中，在一个 2×2 Kronecker 瑞利衰落信道中假定接收相关等于零，分析了性能与发射相关的关系。

　　一方面，我们观察到，在 t 的很大范围上，鲁棒预编码器（在第 9 章中设计，并表示为"new precoder"（新预编码器））实现和预编码器 I 相同的性能，只是在非常高的 t 时表现差一些。这表明实际中不应使用预编码器 I，因为鲁棒预编码器可以实现相似的性能但发射端无需知道 t 的信息。另一方面，预编码器 Ⅱ 和 Ⅲ 实现几乎与 t 相独立的性能，这表明传输 t 的信息能保证独立同分布瑞利衰落信道中的性能。

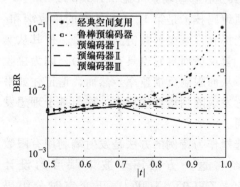

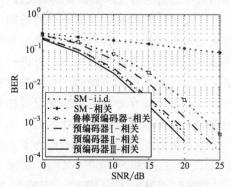

图 10.5　空间复用的误比特率，其为有/无预编码的 2×2 相关 MIMO 信道中发射相关系数的函数（信噪比 $=15$dB）

图 10.6　有无预编码的相关信道中空间复用的误比特率：预编码器 I，Ⅱ 和 Ⅲ 利用 t 的信息，而鲁棒预编码器根据第 9 章的 G_{sum} 准则设计

对图 10.6 中的结果，我们已经假定绝大部分散射和发射阵列和链路轴对齐，以使得对发射端的半波长间距，发送方位功率谱 $A_t(\theta_t) \cong \delta(\theta_t)$，而 $t \cong e^{j\pi}$。预编码器 II 和 III 提供的对预编码器 I 的增益与理论增益 2 和 3dB 吻合。经典空间复用方案和由对经典空间复用使用按照 G_{sum} 准则设计（见第 9 章）预编码器进行预编码的鲁棒空间复用的性能也进行了比较。我们发现对高发射相关，预编码器相对于鲁棒预编码器（其不要求 t 的信息）具有大约 2～2.5dB 的增益。预编码器 II 和 III 对预编码 I 提供 2～3dB 增益。为了比较，还画出了独立同分布瑞利衰落信道中空间复用的性能。我们观察到即使信道高度相关，利用发送端信道统计值能够实现与使用经典空间复用不相关瑞利信道中的差错率相似的差错率。

最后，注意前面提到的预编码器/星座易于和次优线性解码器一起使用 [AG05，GA05，OC07]。特别是，回顾式（10.55），预编码器的结构是这样：当使用一个类似串行干扰消除的解码器，符号 c_1 的检测首先变为检测 16QAM 的象限，而第二个符号 c_2 在检测到的象限中包含的四个符号中进行检测。这也称为使用串行干扰消除接收机的叠加编码。当讨论实现使用单天线发射机和接收机实现广播信道容量区域的策略时，我们会在 12.3.1 节再次讨论这样的架构。

10.5　量化预编码和天线选择技术简介

在第 5 章以及前面的小节中，我们观察到基于信道统计值（发射端信道分布信息）的预编码器，对不要求发送端任何信息的开环方案而言，可以显著提升为差错率。然而，所实现的增益比使用理想发射端信道状态信息的方案（例如第 1 章提到的那些）的潜在可实现增益小。另一方面，就反馈比特而言，两种方法的复杂性不可比。基于发射端信道分布信息的预编码器要求非常低速率的反馈链路，基于理想发射端信道状态信息的技术需要高速率反馈，尤其是在移动场景（见 3.1.3 节）。

一个可以帮助减少反馈速率的特别的预编码技术是第 1、5 和 6 章的接收端和/或发射端天线选择。我们已经提到过天线选择允许减少射频链路的数量，使其从实现成本的角度非常具有吸引力。更进一步，就反馈而言它也具有吸引力，因为接收机可以只反馈所选择天线的序号给发射机，从而限制反馈速率。然而，请记住如果天线选择技术完全分集，它们缺乏提供任意发射阵列增益的能力，这与基于理想发射端信道状态信息或信道统计值的技术不同。

为了限制反馈速率，一个包含了天线选择作为特例的方法是发射端利用有限数量反馈。在这种环境下，许多结果已经将这一方法用于波束赋形的设计 [NLTW98，MSEA03，LHS03，LH05d，LH06，ZWG05，XG06]，正交空时分组码 [LGSW02，LH05a，JS04] 和空间复用方案 [LH05b，LH05c]。正如在本章介绍部分所概述的，使用预编码矩阵码本可以反馈更少并提升性能。量化预编码的思想是在发射机和接收机都知道的有限码本内选择预编码器 W。接收机简单地基于当前发射端信道状态信息选择最优预编码器并将此预编码器的标号反馈给发射机。我们在本节始终假设反馈信道是零时延和无差错的。

对三种不同的方案（波束赋形/主特征模式发送，正交空时分组码和空间复用/多特征模式发送），为了最小化错误概率，我们依次给出天线选择和码本设计准则。在最后一节，我们还处理一个最大化互信息的码本设计。

10.6　针对主特征模式传输的量化预编码和天线选择

文献［LHS03，LH05d，LH06］分析了这种发送方案。如第 1 章式（1.64）所概述，主特征模式发送有以下系统模型描述

$$y = \sqrt{E_s} H w c + n, \tag{10.56}$$

$$z = g y,$$

$$= \sqrt{E_s} g H w c + g^H n \tag{10.57}$$

式中，g 和 w 分别是 $n_r \times 1$ 和 $n_t \times 1$ 维向量。

10.6.1　选择准则和码本设计

为了最大化信噪比在接收端进行最大比合并，我们选择 $g = (Hw)^H$，而最大化信噪比的最优波束赋形向量 w 为

$$W^\star = \arg \max_{W \in \mathcal{C}_w} \| Hw \|^2 \tag{10.58}$$

式中，最大化是在包含在单位范数矢量 $\mathcal{C}_w$ 内所有可能的与编码器 w 上进行的。单位范数约束是总发射功率约束 $\|W\|^2 = 1$ 的直接结果。如果 $\mathcal{C}_w$ 取 n_t 维复矢量空间 $\mathbb{C}^{n_t}$ 内单位向量的整个集合，第 1 章已经指明，将由 H 的主右奇异向量给出最优波束赋形向量（即对应于 H 的最大奇异值）。如果做出这样的选择，$g = (Hw)^H$ 简单地由信道矩阵的主左奇异向量给出。

然而，现在的目标是减少反馈比特的数量。为此，我们需要介绍一个量化方法。这个方法是将选择编码器所处的空间限制在接收机和发射机二者都知道的称为码本的一个具有有限基数 n_p 的集合。接收机按照式（10.58）的选择程序评估码本中的最好预编码器，但只返回其在码本中的序号。所需反馈比特的数量 B 直接是码本大小的函数，$B = \lceil \log_2(n_p) \rceil$。

我们采用将选择 w 的空间 $\mathcal{C}_w$ 限制为一个称作 $\mathcal{W}$ 的码本的方法。我们还用 $M_\mathcal{W} = [w_1, \cdots, w_{n_p}]$ 表示将所有预编码器置于一个矩阵内获得的码本矩阵。接收机在所有单位范数预编码器 $w_i \in \mathcal{W}$（其中 $i = 1, \cdots, n_p$）中评估最好的预编码器 $w^\star$，使得

$$w^\star = \arg \max_{\substack{l \leq i \leq n_p \\ w_i \in \mathcal{W}}} \| Hw_i \|^2 \tag{10.59}$$

为了设计码本，引入一个失真函数。如果采用非量化主特征模式发送，对 H 的一个给定实现将获得阵列增益 $\|Hw^\star\|^2 = \lambda_{max}$（其中 λ_{max} 是 HH^H 的最大特征值）。因此，所选失真函数 d_f 是量化过程引入的平均（在所有信道实现上求平均）阵列增益损耗的一个测度。

$$d_f = \varepsilon_H \{ \lambda_{max} - \|Hw^\star\|^2 \} \tag{10.60}$$

注意失真函数是从信道到预编码器的映射距离，不写作欧氏距离。

使用 H 的奇异值分解，容易得到 d_f 受限于上界

$$d_f \leq \varepsilon_H \{ \lambda_{max} - \lambda_{max} |v_{max}^H w^\star|^2 \} \tag{10.61}$$

$$\overset{(a)}{=} \varepsilon_H \{ \lambda_{max} \} \varepsilon_H \{ 1 - |v_{max}^H w^\star|^2 \} \tag{10.62}$$

式中，v_{max} 是 H 的主右奇异向量（即 H 的右奇异向量对应于最大奇异值 $\sqrt{\lambda_{max}}$）；等式（a）仅对独立同分布瑞利衰落信道有效且等式源于复数 Wishart 矩阵特征值和特征向量的独立性。

我们注意到，失真测度上界受限于两项的乘积。第一项 $\varepsilon_H \{ \lambda_{max} \}$ 表示信道质量。第二项 $\varepsilon_H \{ 1 - |v_{max}^H w^\star|^2 \}$ 表征码本质量。我们还观察到如果信道矩阵的条件数增大且 λ_{max} 相对其他特征值大的多（典型的，在相关瑞利或莱丝信道），只有通过提高码本质量才能保持 d_f 的上界。

在 MISO 信道中，失真函数简化为

$$d_f = \varepsilon_h \{ \|h\|^2 - \|h\|^2 |\bar{h}w^\star|^2 \} \tag{10.63}$$

$$\overset{(a)}{=} \varepsilon_h \{ \|h\|^2 \} \varepsilon_h \{ 1 - |\bar{h}w^\star|^2 \} \tag{10.64}$$

$$\overset{(b)}{\leq} \varepsilon_h \{ \|h\|^2 \} [1 - \varepsilon_h \{ |\bar{h}w^\star|^2 \}] + k \sqrt{\mathcal{V}_h \{ \|h\|^2 \}} \sqrt{1 - [\varepsilon_h \{ |\bar{h}w^\star|^2 \}]^2}$$

$$\tag{10.65}$$

式中，$\bar{h} = h / \|h\|$ 表示信道方向信息（CDI）。等式（a）只在独立同分布瑞利衰落信道中有效。在上界（b）[CKK08b] 中，$\mathcal{V}$ 表示方差运算符。参数 κ（其中 $0 \leq \kappa \leq 1$）是随机变量 $\|h\|^2$ 和 $1 - |\bar{h}w^\star|^2$ 之间的相关系数。对独立同分布瑞利衰落信道，$\kappa = 0$ 和（b）简化为（a）。

10.6.2   基于矢量量化的最优码本设计

通用 Lloyd 算法 [GG92] 是矢量量化中的著名工具，它可以用于推导针对预定义信道失真最小化平均失真函数式（10.60）的最优码本 $\mathcal{W}$。突出地，通用 Lloyd 算法可用于任意衰落信道。

输入空间 $\mathcal{C}_w$ 被分割为 n_p 个区域 $\mathcal{R}_1, \cdots, \mathcal{R}_{n_p}$。我们将这些区域按顺序表示为量化小区，每个小区 $\mathcal{R}_k$ 与一个量化预编码器 w_k 关联。目标是找到一个码本和划分联合最小化整体的失真函数（10.60）。Lloyd 算法已经找到量化器良好设计的两个基本条件 [GG92, XG06]。

首先，码本最优性必须的所谓的重心条件阐明，给定量化小区的最优均衡预编码器应该选得使其最小化该小区上的平均失真函数。假定单接收天线，量化小区 k 上的发射相关矩阵定义为 $\boldsymbol{R}_k = \varepsilon \{ \boldsymbol{h}^H \boldsymbol{h} \mid \boldsymbol{h} \in \mathcal{R}_k \}$。给定最大化 $\boldsymbol{w}^H \boldsymbol{R}_k \boldsymbol{w}$ 的最优单位范数波束赋形器 $\boldsymbol{w}$ 有 $\boldsymbol{R}_k$ 的占优特征向量给出，任意量化小区的最优量化与编码器 $\boldsymbol{w}_k$ 被选为 $\boldsymbol{R}_k$ 的主特征向量。

其次，信道空间划分必须遵循最近邻居规则，即将所有离量化预编码器 $\boldsymbol{w}_k$ 更近的信道向量分配给量化 $\mathcal{R}_k$ 小区，即如果 $\|\boldsymbol{h}\|^2 - \|\boldsymbol{h}\|^2 \, |\overline{\boldsymbol{h}}\boldsymbol{w}_k|^2 \leqslant \|\boldsymbol{h}\|^2 - \|\boldsymbol{h}\|^2$ $|\overline{\boldsymbol{h}}\boldsymbol{w}_j|^2$，有 $\boldsymbol{h} \in \mathcal{R}_k$，或者等效的，$|\overline{\boldsymbol{h}}\boldsymbol{w}_k|^2 \geqslant |\overline{\boldsymbol{h}}\boldsymbol{w}_j|^2 \; \forall j \neq k$。

为了找到最优码本和信道空间划分，通用 Lloyd 算法在两个必要条件间迭代：

- 初始化步骤：用任意有效码本初始化；
- 迭代 n：对给定码本，使用最近邻居规则找到最优量化小区。对这样找到的量化小区，使用重心条件决定最优量化预编码器。迭代将会收敛。

接下来，我们讨论著名的对特定传播条件定制的码本构建方案。根据不同的信道分布，失真函数有所不同。我们研究并详细说明四种流行的信道模型（即独立同分布瑞利衰落（i. i. d. Ray leigh fading），空间相关瑞利衰落、双极化瑞利衰落和时间相关瑞利衰落）的失真函数。我们注意到即便下述的码本是次优的，它们的性能和基于 Lloyd 算法推导的最优码本非常接近。

10.6.3 独立同分布瑞利衰落信道

在本节，让我们假设信道是独立同分布瑞利衰落分布的（$\boldsymbol{H} = \boldsymbol{H}_w$）。

格拉斯曼线空间装箱（GLP）

文献［LHS03］中表明，最小化式（10.62）的上界等效于最大化最小距离

$$\delta_{\text{line}}(\mathcal{W}) = \min_{l \leqslant k < l \leqslant n_p} \sqrt{1 - |\boldsymbol{w}_k^H \boldsymbol{w}_l|^2} \tag{10.66}$$

因此可以得到针对独立同分布瑞利信道中量化主特征模式发送的码本设计准则。

设计准则 10.1 选择由 n_p 个单位范数向量 $\boldsymbol{w}_i (i = 1, \cdots, n_p)$ 构成的码本 $\mathcal{W}$，使得最小距离 $\delta_{\text{line}} \mathcal{W}$ 最大化。

式（10.66）是码本 $\mathcal{W}$ 的两个向量所扩展空间之间最小距离的一个测度。因为 $\boldsymbol{w}_i$ 是单位范数向量，由 $\boldsymbol{w}_i$ 扩展的空间通常被称作一条线。线穿过 $\mathbb{C}^{n_t}$ 的原点，而式（10.66）中两个向量间的距离 $\delta_{\text{line}} \mathcal{W}$ 可以视作两条相应的线之间的角度的正弦。

因此，设计准则 10.1 的目标是将 $\mathbb{C}^{n_t}$ 中的 n_p 条线进行封装，使得任意一对线之间的距离被最大化。这个问题是普遍周知的格拉斯曼空间装箱问题。自然地，如果线的数量小于空间的维度，即当 $n_p \leqslant n_t$，解是平凡的。在这种情形下，事实上足以从任意 $n_t \times n_t$ 的酉矩阵的 n_t 列中取出 n_p 个向量。图 10.7 给出了格拉斯曼码本的一个示例说明。

注意实际中还可能有其他约束。举例来说，可能约束预编码器的项具有相同幅度 $1/\sqrt{n_t}$。这可以看做用于 MIMO 系统的一个量化相等增益传输。因为准则 10.1 是一般性的，它可以用于设计等增益预编码器 [LHS03，LH03]，它的性能和基于量化主特征模式传输的更加一般的预编码器性能相等。

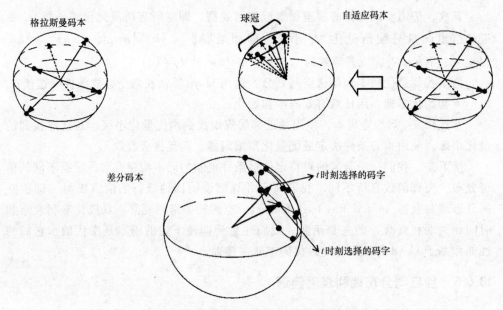

图 10.7　格拉斯曼、自适应和差分码本

随机向量量化（RVQ）

格拉斯曼空间装箱是针对独立同分布瑞利衰落信道设计高效码本的一个功能强大的准则。另一个主要用于性能分析的方法基于随机向量量化的自变量。假设 MISO 信道和有 $n_p = 2^B$ 个预编码器构成的码本 $\mathcal{W}$，预编码器 k 的量化 $\mathcal{R}_k$ 小区定义为

$$\mathcal{R}_k = \{\bar{h}: |\bar{h}w_k|^2 \geqslant |\bar{h}w_j|^2, \forall j \neq k\} \qquad (10.67)$$

要量化的空间因此被分为 2^B 个量化小区。

在不相关瑞利衰落信道中，通常利用量化小区近似 [Jin06，YJG07] 评估 $\mathcal{E}_h\{|\bar{h}w^\star|^2\}$。将独立同分布瑞利衰落信道想象为 $\mathbb{C}^{n_t}$ 中的单位超球面，码本 $\mathcal{W}$ 由均匀分布在超平面上的 2^B 个预编码器 w_k 构成。将每个量化小区的表面 $A(\mathcal{R}_k)$ 近似为 2^{-B} 进行简化

$$A(\mathcal{R}_k) \approx \frac{1}{2^B} \qquad (10.68)$$

量化 $\mathcal{R}_k$ 小区近似为

$$\mathcal{R}_k \approx \{\bar{h}: 1 - |\bar{h}w_k|^2 \leqslant \delta\} \qquad (10.69)$$

式中，$\delta = 2^{-\frac{B}{n_t-1}}$ 为了使得 $P\{\mathcal{R}_k\} = 2^{-B}$。我们使用了超球面上的球冠表面直接与

$\delta^{n_t - 1}$ 成比例这一事实 [MSEA03]。

假设随机向量量化，我们得到针对失真函数式（10.63）上界的下述结果 [AYL07，Jin06]。

命题 10.3 在独立同分布瑞利衰落信道具有 B 个反馈比特的随机向量量化码本（有 $n_p = 2^B$ 预编码器构成）的平均失真函数上界受限于

$$\mathcal{E}_{h,w}\{1 - |\bar{h}w^\star|\}^2 \leq n_p^{-\frac{1}{(n_t-1)}} = 2^{-\frac{B}{(n_t-1)}}, \tag{10.70}$$

$$d_f \leq n_t n_p^{-\frac{1}{(n_t-1)}} = n_t 2^{-\frac{B}{(n_t-1)}}. \tag{10.71}$$

证明：我们依照 [AYL07，Jin06]。我们将变量写为 $Y = |\bar{h}w_j|^2 = \cos^2(\angle(\bar{h}^H, w_j))$，其中 $\angle(\bar{h}^H, w_j)$ 是信道方向和任意预编码器间的夹角。对独立各项同性向量 $\bar{h}$ 和 w_j，Y 服从参数为 1 和 $n_t - 1$ 的 beta 分布，而 $X = 1 - Y = \sin^2(\angle(\bar{h}^H, w_j))$ 是 beta 分布参数为 $n_t - 1$ 和 1 的随机变量，它在 0 和 1 之间变化，其累积分布函数（cdf）为 $P(X \leq x) = x^{n_t-1}$。X 是信道方向和任意预编码器 w_j 间的量化误差。因为随机向量量化预编码器独立，量化误差 $Z = \sin^2(\angle(\bar{h}^H, w^\star)) = 1 - |\bar{h}w^\star|^2$ 是 n_p 个独立 beta$(n_t - 1, 1)$ 随机变量的最小值，而 Z 的互补累积分布函数写作 $P(Z \geq z) = (1 - z^{n_t-1})^{n_p}$。$Z$ 的期望为

$$\mathcal{E}_{h,w}\{Z\} = \mathcal{E}_{h,w}\{\sin^2(\angle(\bar{h}^H, w^\star))\} = n_p \beta\left(n_p, \frac{n_t}{n_t-1}\right) \tag{10.72}$$

式中，$\beta(x,y) = \dfrac{\Gamma(x)\Gamma(y)}{\Gamma(x+y)}$ 表示 beta 函数，其中的 $\Gamma(a)$ 为 gamma 函数。进一步取式（10.72）的上界得到式（10.70），而 d_f 由式（10.63）可得。

这一结果广泛用于有限反馈的文献中。

需要多少反馈比特？

一般来说，相对理想主特征模式传输，使用量化主特征模式传输会带来容量损耗。

为了比较基于格拉斯曼空间装箱（GLP）准则的理想和量化主特征模式的遍历容量，分别表示为 $\bar{C}_{perfect}$ 和 $\bar{C}_{quant}$，[LHS03] 指出为了保证归一化容量 $(\bar{C}_{perfect} - \bar{C}_{quant})/\bar{C}_{perfect} \geq \bar{C}_{loss}$ 所需的最小码本大小 n_p 为

$$n_p \geq (1 - \bar{C}_{loss})\left(\frac{4n_t}{n_t-1}\right)^{n_t-1} \tag{10.73}$$

相似地，为了保证归一化信噪比损耗 $d_{f,n} = d_f / \mathcal{E}_H\{\lambda_{max}\} \geq \rho_{loss}$，码本大小应该满足

$$n_p \geq (1 - \rho_{loss})\left(\frac{4n_t}{n_t-1}\right)^{n_t-1}\left(1 - \frac{n_t-1}{4n_t}\right)^{-1} \tag{10.74}$$

使用随机向量量化，注意到下式导致相比于理想发射端信道状态信息，信噪比下降 $10\log_{10}(1 - 2^{-\frac{B}{n_t-1}})$ dB，可以推导一个相似的界

$$\overline{C}_{\text{quant}} \approx \mathcal{E}_{\mathbf{h}}\{ \log_2(1 + \rho \| \mathbf{h} \|^2 (1 - 2^{-\frac{B}{n_t-1}})) \} \tag{10.75}$$

为了保证 $d_{\mathrm{f,n}} \geq \rho_{\mathrm{loss}}$，码本大小应该满足

$$n_{\mathrm{p}} \geq -(n_{\mathrm{t}} - 1)\log_2(\rho_{\mathrm{loss}}) \tag{10.76}$$

不论使用格拉斯曼空间装箱还是使用随机向量量化，下述命题归纳了关键的结论。

命题 10.4　为了保证恒定的信噪比或理想发射端信道状态信息与量化反馈之间容量差距，不一定要依信噪比的函数按比例调整反馈比特的数量。复用增益 g_{s} 不受发射端信道状态信息质量的影响。

这一结果，在此刻并不太令人吃惊，但当在与多用户 MIMO 情形中第 12 章里推导的结果对比时会出人意料。

天线选择和可实现分集增益

由第 1 章我们知道，理想主特征模式传输实现满分集。因此，研究为了保证使用量化主特征模式传输的满分集码本应该多大尤为重要。为此，让我们考虑来自天线选择的一些结果。天线选择事实上是量化预编码的一个特殊情形，其中它的码本被选为单位矩阵 $\boldsymbol{I}_{n_t}$ 的列。文献 [LHS03] 中显示，具有满秩码本矩阵 $\boldsymbol{M}_{\mathrm{W}}$（即 $r(\boldsymbol{M}_{\mathrm{W}}) = n_{\mathrm{t}}$）、大小大于发送天线数量（即 $n_{\mathrm{p}} \geq n_{\mathrm{t}}$）的码本满足下述关系

$$\max_{1 \leq i \leq n_{\mathrm{p}}} \| \boldsymbol{H} w_i \|^2 \geq \frac{\sigma_{n_t}^2(\boldsymbol{M}_{\mathrm{W}})}{n_{\mathrm{p}} n_{\mathrm{r}}} \max_{k,l} | \boldsymbol{H}(k,l) |^2 \tag{10.77}$$

式中，$\sigma_{n_t}(\boldsymbol{M}_{\mathrm{W}})$ 是 $\boldsymbol{M}_{\mathrm{W}}$ 的第 n_{t} 大奇异值（它也是最小奇异值）。有趣的是，$\max_{k,l} | \boldsymbol{H}(k,l) |^2$ 是具有 $n_{\mathrm{t}} n_{\mathrm{r}}$ 个天线的系统进行天线选择的等效信道增益。考虑天线选择提供满分集，且当 $n_{\mathrm{p}} \geq n_{\mathrm{t}}$ 时依据准则 10.1 构建的码本具有满秩码本矩阵，我们可以得出结论：这个准则也提供达到满分集的码本。此外，项 $\sigma_{n_t}(\boldsymbol{M}_{\mathrm{W}}) / (n_{\mathrm{p}} n_{\mathrm{r}})$ 可以认为是阵列增益的下界，这表明不建议使用特征值较小的码本矩阵。

总之，选择向量 w_i 作为任意 $n_{\mathrm{t}} \times n_{\mathrm{t}}$ 酉矩阵的列是达到满分集的最简单方法。然而，由高斯分布的有酉不变性，我们知道性能不受由酉预编码器对每个码本元素进行相乘的影响。这意味着，选择向量 w_i 作为酉矩阵的列本质上等效于选择这些向量作为 $\boldsymbol{I}_{n_t}$ 的列，这简单地简化为选择最大化接收信噪比的发射天线。通过调整码本的大小，我们还可以改善阵列增益，实现比只基于天线选择的方案更加的灵活性。

图 10.8 描述了 3×3 独立同分布瑞利衰落信道上 2 比特和 6 比特量化 BPSK 主特征模式传输（分别表示为 "2-bit Q-DET" 和 "6-bit Q-DET"）的性能。码本按照准则 10.1 进行设计，最优构建方法可见 [HMR$^+$00]。表 10.1 给出了 2bit 发送码本的一个示例。图中还给出了理想主特征模式传输（"P-DET"）和传统天线选择的比较。对于同样数量的反馈，"2-bit Q-DET" 与天线选择相比可实现 0.2dB 的增益。使用 6bit 量化提供额外 0.9 dB 的增益，但是比 "P-DET" 大约差 0.6dB。

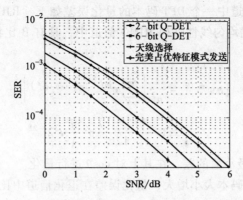

图 10.8　使用 2bit 和 6bit 量化基于 BPSK 的占优特征模式发送
的 3×3 MIMO 系统的误符号率（SER）

表 10.1　$n_t = 3$ 和 $n_p = 4$ 的量化主特征传输模式的码本

$$
w = \left\{ \begin{bmatrix} \dfrac{1}{\sqrt{3}} \\ \dfrac{1}{\sqrt{3}} \\ \dfrac{1}{\sqrt{3}} \end{bmatrix}, \begin{bmatrix} \dfrac{j}{\sqrt{3}} \\ \dfrac{-1}{\sqrt{3}} \\ \dfrac{-j}{\sqrt{3}} \end{bmatrix}, \begin{bmatrix} \dfrac{-1}{\sqrt{3}} \\ \dfrac{1}{\sqrt{3}} \\ \dfrac{-1}{\sqrt{3}} \end{bmatrix}, \begin{bmatrix} \dfrac{-j}{\sqrt{3}} \\ \dfrac{-1}{\sqrt{3}} \\ \dfrac{j}{\sqrt{3}} \end{bmatrix} \right\} \tag{10.78}
$$

10.6.4　空间相关瑞利衰落信道

离散傅里叶变换（DFT）码本

通过限制同时发送的流的数量，空间相关和主分量非常影响可实现吞吐量。主特征模式传输因此尤其适于空间相关信道。根据一个退化信道的最差情形场景（见定义 8.1），平均失真函数式（10.60）总是可以写作

$$
d_f = n_t \mathcal{E}_H \{ \| \boldsymbol{H}(:,1) \|^2 \} [1 - G_d (\theta \mid \mathcal{W}, \boldsymbol{a}_t(\theta))] \tag{10.79}
$$

其中

$$
G_d (\theta \mid \mathcal{W}, \boldsymbol{a}_t(\theta)) = \max_{1 \le i \le n_p} | \boldsymbol{a}_t^T(\theta) \boldsymbol{w}_i |^2 \tag{10.80}
$$

量 $\boldsymbol{H}(:, 1)$ 源于分解式（8.3）。

设计准则 10.2　选择由 n_p 个大小为 $n_t \times 1$ 的单位范数向量构成的码本 $\boldsymbol{w}_i$（$i = 1, \cdots, n_p$），$G_d(\theta \mid \mathcal{W}, \boldsymbol{a}_t(\theta))$ 最大化在离开方向 θ 的最小值。

由 DFT 向量构成的码本非常适用于相关均匀线性阵列（ULA）场景，因为其可以对一些离开方向实现 $G_d(\theta \mid \mathcal{W}, \boldsymbol{a}_t(\theta))$ 的上界。事实上，一个 $n_t \times n_t$ 的 DFT 矩阵的列写作 $1 / \sqrt{n_t} [1 \quad e^{-\phi} \quad \cdots \quad e^{-(n_t - 1)\phi}]^T$，且可以看作是对 n_t 个均匀分布的离开方向 ϕ 的均匀线性阵列的发送阵列向量。

容易发现退化信道中一个 DFT 码本的量化误差如下 ［RJH07］。

命题 10.5 退化均匀线性阵列 MIMO 信道中，具有 B 比特反馈的 DFT 码本的量化误差下界受限于

$$\left| \overline{\boldsymbol{h}} \boldsymbol{w}^\star \right|^2 = \frac{1}{n_t^2} \left| \sum_{n=0}^{n_t-1} e^{jn\left(-2\pi\frac{d}{\lambda}\cos\theta-\phi^\star \right)} \right|^2 \tag{10.81}$$

$$\geq 1 - \frac{(n_t^2-1)}{12}\pi^2\frac{d^2}{\lambda^2}t^2 2^{-2B} \tag{10.82}$$

式中，t 是最大值和最小值的差，在其上对 $\cos\theta$ 进行量化。

我们指出，随着码本大小增大，量化误差在退化信道中比在独立同分布瑞利衰落信道中下降得更快。

基于发射端信道分布信息的码本（自适应码本）

信道并非总是退化的。一般情况下，设计按照以空间相关矩阵为变量的函数变化的基于发射端信道分布信息的码本（也称为自适应码本）更加合适。对给定发射相关矩阵 $\boldsymbol{R}_t$ 的最优码本可依据 Loyd 算法设计，但存在更加实际的码本构建性能非常接近最优码本。类似于 ［LH06，XG06］，我们现在研究当信道空间相关瑞利分布且对发射机已知空间相关矩阵时如何修改码本设计。为简单起见，我们假设 MISO 发送，以便信道矩阵写为 $\boldsymbol{h} = \boldsymbol{h}_w \boldsymbol{R}_t^{1/2}$，其中 $\boldsymbol{h}$ 和 $\boldsymbol{h}_w$ 是 $1 \times n_t$ 维向量。如已经在第 1 章提到的，对 $n_r = 1$ 主特征模式预编码器是匹配波束赋形器（与最大比合并类似也称为最大比发送），

$$\boldsymbol{w} = \frac{\boldsymbol{R}_t^{H/2} \overline{\boldsymbol{h}}_w^H}{\| \boldsymbol{R}_t^{1/2} \overline{\boldsymbol{h}}_w \|} \tag{10.83}$$

式中，$\overline{\boldsymbol{h}}_w = \boldsymbol{h}_w / \| \boldsymbol{h}_w \|$。在独立同分布瑞利衰落信道中，最优预编码器将由 $\overline{\boldsymbol{h}}_w^H$ 给出。在相关瑞利信道中，匹配波束赋形也是 $\boldsymbol{R}_t^{1/2}$ 的函数，它改变发射功率。因此，$\| \boldsymbol{R}_t^{1/2} \overline{\boldsymbol{h}}_w \|$ 给出的归一化是必须的。

对一个基于发射端信道分布信息的码本，我们可以解释 $\boldsymbol{R}_t$ 固定并为发射机所知以设计量化预编码器。因此，预编码向量只依赖于 $\overline{\boldsymbol{h}}_w$ 的量化版本，而相关信道中的码本 $\mathcal{W}_c$ 可以写为

$$\mathcal{W}_c = \left\{ \frac{\boldsymbol{R}_t^{1/2} \boldsymbol{w}_1}{\| \boldsymbol{R}_t^{1/2} \boldsymbol{w}_1 \|}, \cdots, \frac{\boldsymbol{R}_t^{1/2} \boldsymbol{w}_{n_p}}{\| \boldsymbol{R}_t^{1/2} \boldsymbol{w}_{n_p} \|} \right\} \tag{10.84}$$

式中，每个 $\boldsymbol{w}_i$ 是一个单位范数向量。

在实际中，选择使得 $\mathcal{W}_c$ 第一个元素等于 $\boldsymbol{R}_t$ 主特征向量的码本 $\mathcal{W} = \{\boldsymbol{w}_i\}_{\forall i}$ 甚至更好。因此单一模式特征波束成形包含在码本 $\mathcal{W}_c$ 之中。类似式（10.60）定义失真函数，可以得到结论 ［LH06］：向量 $\mathcal{W}$ 的集合可通过旋转为独立同分布瑞利信道推导的码本 $\mathcal{W}_c$ 和通过根据（10.84）归一化每个元素而简单地构建。旋转和归一化的作用是在一个球冠上分布码本预编码器，这个球冠如图 10.7 所示沿着空

间相关矩阵 $\boldsymbol{R}_t$ 的主特征向量为中心。如果空间相关增加，球冠减小而量化空间被减小，当反馈比特数固定数量时量化误差更小。

图 10.9 展示了旋转带来的增益。其中考虑了一个 8×1 MISO 信道，使用 802.11 TGn 模型（见第 4 章 4.4.1 节），假设 3 个簇和 5 度方位扩展。展示了独立同分布（i, i.d）码本，旋转码本和理想最大比发送（"P-DET"）之间的比较。我们观察到旋转提供大约 3dB 的增益。

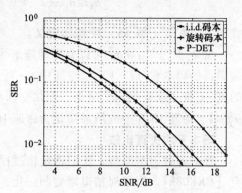

图 10.9 空间相关瑞利信道中使用 6bit 量化独立同分布和旋转主特征模式 传输的 8×1 MISO 系统的误符号率

随机向量量化（RVQ）

计算空间相关信道中自适应码本的平均失真是一项复杂的任务。我们借助于随机向量量化工具并在一些简化假设下给出一个 d_f 的上界。

在相关空间中，随机向量量化（RVQ）的量化小区近似式（10.69）可以这样扩展，给定表面 A（而不是像独立同分布瑞利衰落信道中的单位超球面那样）使用 $n_p = 2^B$ 个预编码器量化，定义为式（10.67）量化 $\mathcal{R}_k$ 小区可以近似为（10.69），其中选择使得 $P\{\mathcal{R}_k\} \approx \dfrac{A}{2^B}$ 的 δ。

让我们分解 $\boldsymbol{R}_t^{1/2} = \boldsymbol{U}_t \boldsymbol{\Lambda}_t^{1/2} \boldsymbol{U}_t^H$，并假设 $\boldsymbol{\Lambda}_t^{1/2}$ 的奇异值（表示为 σ_k 并依幅度降序排列）可以取下列形式之一

$$
\{\sigma_1, \cdots, \sigma_{n_t}\} \overset{r=1}{=} \{\sigma_1, 0, \cdots, 0\}
$$
$$
\overset{r=2}{=} \{\sigma_1, \sigma_2, 0, \cdots, 0\}
$$
$$
\overset{r=3}{=} \{\sigma_1, \sigma_2, \sigma_2, 0, \cdots, 0\}
$$
$$
\cdots
$$
$$
\overset{r=n_t}{=} \{\sigma_1, \sigma_2, \sigma_2, \cdots, \sigma_2\} \tag{10.85}
$$

式中，r 可以看作为发送相关矩阵的秩。

因此假定对给定的秩，除了主奇异值（即 σ_1）外的所有非零奇异值相同且等于 σ_2。这个模型可以看作是量化版本相关矩阵的码本。在实际中，发射相关矩阵从不是严格非满秩的而奇异值 σ_2 到 σ_r 通常不是相同的。然而为了数学上的方便，当 $n_t - r$ 个奇异值 σ_k，$k = r + 1$，$\cdots$，n_t，远小于 σ_r，我们假设相关矩阵的秩为 r。目标是找到失真函数是如何随着秩和发送相关矩阵特征值而变化的规律。

使用随机向量量化来近似量化小区和上界式（10.65），并假设前面的相关矩阵结构，以下命题提供了一些关于失真函数的性质 [CKK08b]。

命题 10.6 假设空间相关矩阵结构式（10.85），使用 B 比特反馈基于发射端

信道分布信息的码本上界受限于

$$d_{\mathrm{f}} \lesssim n_{\mathrm{t}} \frac{\sigma_2^2}{\sigma_1^2} 2^{-\frac{B}{r-1}} + \kappa \sqrt{2 n_{\mathrm{t}} \frac{\sigma^2}{\sigma_1} 2^{-\frac{B}{2(r-1)}}} \tag{10.86}$$

式中，κ 按式（10.65）中那样定义。

量 $2^{-B/(r-1)} \sigma_2^2/\sigma_1^2$ 可以直觉地理解为量化长度为 σ_2^2/σ_1^2 的弦的 $2^{-B/(r-1)}$ 个预编码器的码本在 $(r-1)$ 维空间中 $r-1$ 个方向的每个方向中产生的失真。对固定的 B，r 和（或）σ_2^2/σ_1^2 越小，量化空间和量化误差越小。注意，如果 $r = n_{\mathrm{t}}$ 且 $\sigma_2^2/\sigma_1^2 = 1$，命题 10.6 中的结果简化为命题 10.3。

码本平均失真比较

针对各种码本类型，我们将量化过程中引入的平均失真作为相关的函数进行研究［CKK08a］。为了对信道增益归一化，引入归一化失真函数（$0 \leqslant d_{\mathrm{f,n}} \leqslant 1$）

$$d_{\mathrm{f,n}} = \mathcal{E}_H \{\lambda_{\max} - \|\boldsymbol{Hw}^\star\|^2\} / \mathcal{E}_H \{\lambda_{\max}\} \tag{10.87}$$

简单起见，我们假设一个单接收天线，且使用指数形式对 4 个发送天线将空间发射相关矩阵建模为下式，使得可以用一个单一的复数标量 t 控制天线间的相关

$$\boldsymbol{R}_{\mathrm{t}} = \begin{bmatrix} 1 & t & t^2 & t^3 \\ t^* & 1 & t & t^2 \\ t^{*2} & t^* & 1 & t \\ t^{*3} & t^{*2} & t^* & 1 \end{bmatrix} \tag{10.88}$$

这样的相关矩阵在一定程度上近似均匀线性阵列（ULA）部署中空间相关的行为。

图 10.10 中，给定信道统计值（表示为 "CDIT-based" 码本），使用通用 Lloy 算法推导最优码本并评估它们相应的归一化平均失真 $d_{\mathrm{f,n}}$。对其他码本（即 DFT 码本和格拉斯曼空间装箱（GLP）码本）引起的失真也进行了评估。

图中给出了 3bit、4bit 和 5bit 码本大小（即 n_{p} 分别等于 8，16，32）下基于 CDIT（发射端信道分布信息）的码本实现的失真。可以看到，随着 $|t|$ 增大，失真 $d_{\mathrm{f,n}}$ 大幅下降。此外，拥有更

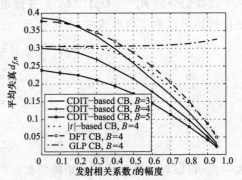

图 10.10　归一化平均失真（信噪比损耗）$d_{\mathrm{f,n}}$ 随码本大小 $n_{\mathrm{p}} = 2^B$ 和发射相关系数 t 的变化，其中 $n_{\mathrm{t}} = 4$

大的码本大小带来的增益只在低相关时有益。对大的相关，小的基于 CDIT 的码本对非常小的反馈开销实现非常小的量化误差。在这个意义上，相关非常有益，因为它同时降低反馈开销和量化误差。然而注意，这需要使用将自身适应于信道相关结构的码本。使用如式（10.84）中的自适应码本可实现的失真将会与使用基于 CDIT

的码本时的失真非常相似。

在图 10.10 中，对其他码本（DFT 和 GLP）对 $B=4$，作为 $|t|$ 的函数的性能进行了评估。失真对 t 的相位取平均。我们还比较了只基于 $|t|$ 的信息设计的码本，对这个码本 t 的相位不知道但可以在 0 到 2π 间变化。因此对这样的码本，Lloyd 算法中的训练序列以这样的方式产生：对给定幅度 $|t|$，它扩展所有相位。这可以视为使用固定码本可实现失真的下界，即不随空间相关改变。

显然失真性能高度取决于所用的码本。最初为独立同分布瑞利衰落信道设计的 GLP 码本对发射相关极为敏感。另一方面 DFT 码本当然更加鲁棒。此外它和基于 $|t|$ 的码本相当接近，即便基于 $|t|$ 的码本需要随 $|t|$ 的变化而适应。注意 DFT 码本的这种鲁棒性只是在均匀线性阵列场景下才能保证。

10.6.5　双极化瑞利衰落信道

单极化与双极化 MIMO 在信道矩阵结构上的差别在于，极化可能引入信道矩阵元素间的某些增益失衡。由第 3.3 节，在一个 VH-VH MIMO 信道中，假设没有空间相关和单位同极化比（CPR）（$\mu=1$），因此只考虑交叉极化比，信道矩阵

$$\overline{\boldsymbol{H}}_x = \boldsymbol{H}_w \odot \overline{\boldsymbol{X}} \tag{10.89}$$

$$= \begin{bmatrix} \boldsymbol{H}_{w,11} & \sqrt{\chi}\boldsymbol{H}_{w,12} \\ \sqrt{\chi}\boldsymbol{H}_{w,21} & \boldsymbol{H}_{w,22} \end{bmatrix} \tag{10.90}$$

$$= \underbrace{\begin{bmatrix} \boldsymbol{H}_{w,11} & 0_{\frac{n_r}{2}\times\frac{n_t}{2}} \\ 0_{\frac{n_r}{2}\times\frac{n_t}{2}} & \boldsymbol{H}_{w,22} \end{bmatrix}}_{\boldsymbol{H}_d} + \sqrt{\chi}\underbrace{\begin{bmatrix} 0_{\frac{n_r}{2}\times\frac{n_t}{2}} & \boldsymbol{H}_{w,12} \\ \boldsymbol{H}_{w,21} & 0_{\frac{n_r}{2}\times\frac{n_t}{2}} \end{bmatrix}}_{\boldsymbol{H}_{od}} \tag{10.91}$$

随着极化因子 χ 下降变为分块主对角。在 $\chi=0$ 的渐进情形中，信道矩阵是理想分块对角（BD）矩阵且信道可以简单视为沿着极化解耦。

为了在这个分块对角信道上有效地实现预编码增益，预编码应该在每个极化方向上独立运用，以使得发射功率在极化间充分地扩展。因此，对双极化信道一个充足的码本期望具有分块对角结构的预编码器［CZK08］。然而，将功率在所有发送天线相等扩展的恒定模数码本，例如 DFT，在非平衡信道中无法展现良好的性能。事实上，某些天线上实现的波束赋形增益被由在小的信道增益的天线上分散功率而引入的能量损耗所减低。

双极化信道中的失真函数 d_f 式（10.60）的性质可以按下述结果所表述的那样严格评估［KCLK10］。

命题 10.7　平均失真函数 d_f（其中量化预编码器在有限元素码本 $\mathcal{W}$ 中选取）是满足 $0 \leqslant \chi \leqslant 1$ 的 $\sqrt{\chi}$ 的单调递增凸函数。

依靠 d_f 设计码本并不真正实际可行。庆幸的是，下述依赖于失真函数的凸性的上界更加具有可实现性。

推论 10.1 平均失真函数 d_f 上界受限于

$$d_\mathrm{f} \leqslant \sqrt{\chi} \mathcal{E}\{\lambda_{\max}(\boldsymbol{H}_\mathrm{w}^\mathrm{H} \boldsymbol{H}_\mathrm{w}) - \max_{\boldsymbol{w} \in \mathcal{W}} \|\boldsymbol{H}_\mathrm{w} \boldsymbol{w}\|^2\}$$
$$+ (1 - \sqrt{\chi}) \mathcal{E}\{\lambda_{\max}(\boldsymbol{H}_\mathrm{d}^\mathrm{H} \boldsymbol{H}_\mathrm{d}) - \max_{\boldsymbol{w} \in \mathcal{W}} \|\boldsymbol{H}_\mathrm{d} \boldsymbol{w}\|^2\} \qquad (10.92)$$

注意，d_f 上界受限于单极化独立同分布瑞利衰落信道的平均失真函数与对角分块信道的平均失真函数的加权和。该上界对于小的和大的 χ 值相当紧，而对特定值 $\chi = 0$ 和 $\chi = 1$ 不等式变为等式。

假设 χ（它是一个大范围参数，因此缓慢变化）为发射机所已知，能够使码本根据信道交叉极化比而改变。

受推论 10.1 中失真上界的激励，定义适应于 χ 所需的一个串联码本结构。码本 $\mathcal{W} = \{\mathcal{W}_\mathrm{w}, \mathcal{W}_\mathrm{d}\}$，其中大小为 $n_{\mathrm{p,w}}$ 的子码本 $\mathcal{W}_\mathrm{w}$ 针对独立同分布瑞利衰落信道设计，目的在于量化信道的 $\boldsymbol{H}_\mathrm{w}$ 部分；而大小为 $n_{\mathrm{p,d}}$ 的子码本 $\mathcal{W}_\mathrm{d}$ 针对分块对角信道设计，目的在于量化信道的 $\boldsymbol{H}_\mathrm{d}$ 部分。$\mathcal{W}_\mathrm{d}$ 进一步被等分为两个子集 $\mathcal{W}_{\mathrm{d,u}}$ 和 $\mathcal{W}_{\mathrm{d,1}}$，它们分别包含 $n_{\mathrm{p,d}}/2$ 个非零上预编码器（量化非零上分块信道）和 $n_{\mathrm{p,d}}/2$ 个非零下预编码器（量化非零下分块信道）。给定这样串联的码本方法并依照式（10.61），平均失真函数的上界（10.92）进一步受限为

$$d_\mathrm{f} \leqslant \sqrt{\chi} \mathcal{E}\{\lambda_{\max}(\boldsymbol{H}_\mathrm{w}^\mathrm{H} \boldsymbol{H}_\mathrm{w})\} \mathcal{E}\{1 - \max_{\boldsymbol{w}_\mathrm{w} \in \mathcal{W}_\mathrm{w}} \|\boldsymbol{v}_{\mathrm{w,max}}^\mathrm{H} \boldsymbol{w}_\mathrm{w}\|^2\}$$
$$+ (1 - \sqrt{\chi}) \mathcal{E}\{\lambda_{\max}(\boldsymbol{H}_\mathrm{d}^\mathrm{H} \boldsymbol{H}_\mathrm{d})\} \mathcal{E}\{1 - \max_{\boldsymbol{w}_\mathrm{d} \in \mathcal{W}_\mathrm{d}} \|\boldsymbol{v}_{\mathrm{d,max}}^\mathrm{H} \boldsymbol{w}_\mathrm{d}\|^2\} \qquad (10.93)$$

式中，$\boldsymbol{v}_{\mathrm{w,max}}$ 和 $\boldsymbol{v}_{\mathrm{d,max}}$ 分别是 $\boldsymbol{H}_\mathrm{w}$ 和 $\boldsymbol{H}_\mathrm{d}$ 的主右奇异向量。

假设码本 $\mathcal{W}_\mathrm{w}$ 和 $\mathcal{W}_\mathrm{d}$ 基于随机向量量化，结合最新的上界和命题 10.3 的结果可以得到以下针对双极化信道串联码本平均失真函数的估计。

命题 10.8 假设发送天线数量为偶数 n_t，由 $n_\mathrm{p} = n_{\mathrm{p,w}} + n_{\mathrm{p,d}}$ 个量化预编码器串联而成的码本的平均失真函数上界受限为

$$d_\mathrm{f} \leqslant \sqrt{\chi} \mathcal{E}\{\lambda_{\max}(\boldsymbol{H}_\mathrm{w}^\mathrm{H} \boldsymbol{H}_\mathrm{w})\} n_{\mathrm{p,w}}^{-\frac{1}{(n_\mathrm{t}-1)}} + (1 - \sqrt{\chi}) \mathcal{E}\{\lambda_{\max}(\boldsymbol{H}_\mathrm{d}^\mathrm{H} \boldsymbol{H}_\mathrm{d})\} \left(\frac{n_{\mathrm{p,d}}}{2}\right)^{-\frac{1}{\frac{n_\mathrm{t}}{2}-1}}$$

$$(10.94)$$

$$\overset{(a)}{=} \sqrt{\chi} n_\mathrm{t} n_{\mathrm{p,w}}^{-\frac{1}{(n_\mathrm{t}-1)}} + (1 - \sqrt{\chi}) \frac{n_\mathrm{t}}{2} \left(\frac{n_{\mathrm{p,d}}}{2}\right)^{-\frac{1}{\frac{n_\mathrm{t}}{2}-1}} \qquad (10.95)$$

式中，（a）只对 MISO 信道成立。

式（10.94）和（10.95）右边和的第二部分涉及与 $n_\mathrm{t}/2$ 成比例的项，这是因为 $\boldsymbol{H}_\mathrm{d}$ 的非零上信道和下信道的作用像 $n_\mathrm{r}/2 \times n_\mathrm{t}/2$ 维单极化独立同分布瑞利衰落信道。利用命题 10.8，在固定反馈开销 n_p 的情况下，最小化上界的最优比特数量 $n_{\mathrm{p,w}}$ 和 $n_{\mathrm{p,d}}$ 可以使用拉格朗日最优化推导为一个 χ 的函数 [KCLK10]。注意如果 $\chi = 1$ 命题 10.8 中的结果简化为命题 10.3。

设计应该扩展到多流传输，其中预编码器为了充分在极化间扩展功率而呈现一

个分块对角结构 [CZK08]。

目前为止的讨论尤其适合于 VH 发射天线配置。如在 3.3 节中解释的，一个 +/−45°的阵列可以视为 VH 阵列的旋转 π/4。这表明对可以获得一个合适的针对一般双极化信道的预编码器结构作为 VH 预编码器设计的旋转。旋转将会解旋信道使得分块对角预编码器匹配一个等效 VH 阵列 [CZK08]。

10.6.6　动态瑞利衰落信道

与之前的方法（其中码本 $\mathcal{W}$ 和它的预编码器 w_i 在时间上是固定的）相反，为了跟踪慢衰落场景中的动态性，差分反馈方法使得 $\mathcal{W}$ 和 w_i 可以在时间上变化（因此，将它们分别表示为 $\mathcal{W}_t$ 和 $w_{i,t}$）。

差分反馈框架

时域的差分反馈框架可以表述如下。

- 在时刻 t = 0，在一个码本 $\mathcal{W}_0$ 中，选择适合的量化预编码器，表示为 $w_0^\star$，例如 $w_0^\star = \arg \max_{w_{i,0} \in \mathcal{W}_0} \| H w_{i,0} \|^2$，这类似于式（10.59）。在 0 时刻，时间变化码本 $\mathcal{W}_0$ 等于一个预定义码本，即 GLP 码本。

- 对时刻 $t = 1, 2, \cdots, T_{\max}$，改进发送预编码器 $w_{t-1}^\star$ 之前的估计，变为 $w_t^\star$

$$w_t^\star = \Omega(\Theta_i, w_{t-1}^\star) \tag{10.96}$$

式中，Θ_i 是差分码本中的第 i 个码字，而 $\Omega(A, B)$ 是以矩阵 A 和 B 为输入的某个函数。为了最大化发送的吞吐量或最小化平均成对错误概率，接收机在时间变化码本 $\mathcal{W}_t$ 中选择最佳码字 $w_{i,t}$，例如

$$w_t^\star = \arg \max_{w_{i,t} \in \mathcal{W}_t} \| H w_{i,t} \|^2 \tag{10.97}$$

给定差分反馈框架式（10.96），寻找 $w_t^\star$ 变为在差分码本 $\mathcal{O}$ 中寻找最优的 Θ_i

$$\Theta_i = \arg \max_{\Theta_j \in \mathcal{O}} \| H \Omega(\Theta_j, w_{t-1}^\star) \|^2 \tag{10.98}$$

然后，接收机反馈最优码字 Θ_i 在差分码本 $\mathcal{O}$ 中的序号。在发射端，信息 $w_t^\star$ 基于 Θ_i 的反馈和之前的信道信息 $w_{t-1}^\star$ 进行重构。如接下来将介绍的，矩阵维度和差分码本中码字 Θ_i 的性质依赖于差分码本设计。

- 在时刻 $T_{\max} + 1$，重置过程且 t 再次固定到 0。

差分码本设计解决的问题是如何设计函数 Ω 和含有码字 Θ_i 的差分码本。图 10.7 给出了一个差分码本的示例。

给定这样的一般框架，两类差分码本是流行的差分反馈架构，这两种码本分别表示为基于旋转的差分码本 [KLC11] 和基于变换的差分码本 [CCLK12]。

基于旋转的差分码本

表示为基于旋转的差分码本的第一种方法，在于由一个酉旋转矩阵渐进地旋转信道之前的估计

$$\Omega(\boldsymbol{\Theta}_{i,w_{t-1}^{\star}}) = \boldsymbol{\Theta}_i w_{t-1}^{\star} \tag{10.99}$$

使得 $w_t^{\star} = \boldsymbol{\Theta}_i w_{t-1}^{\star}$。由码字 $\boldsymbol{\Theta}_i i = 1$，$\cdots$，$n_p$ 构成的差分码本被预定义（对多特征模式发送或空间复用一般情形中的所有秩）为被用于之前预编码器 $w_{t-1}^{\star}$ 左边的旋转矩阵 $\boldsymbol{\Theta}_i$，且其不依赖于该预编码器 $w_{t-1}^{\star}$。因此在基于旋转的差分码本中的码字 $\boldsymbol{\Theta}_i$ 的维度是 $n_t \times n_t$。在［KLC11］中详细介绍了差分码本的设计。

基于变换的差分码本

基于变换的差分码本的第二种方法，表示为

$$\Omega(\boldsymbol{\Theta}_{i,w_{t-1}^{\star}}) = \boldsymbol{Q}\, w_{t-1}^{\star} \boldsymbol{\Theta}_i \tag{10.100}$$

使得 $w_t^{\star} = \boldsymbol{Q}_{w_{t-1}^{\star}} \boldsymbol{\Theta}_i$。这里，$\boldsymbol{Q}_{w_{t-1}^{\star}}$ 是 $n_t \times n_t$ 的酉矩阵，这个酉矩阵是之前信道状态 $w_{t-1}^{\star}$ 的函数（所以表示为 $\boldsymbol{Q}_{w_{t-1}^{\star}}$）。与基于旋转的差分码本不同，差分码本中的码字 $\boldsymbol{\Theta}_i$ 应用于等式的右边且它的维度是 $n_t \times n_e$（在这个推导中假设 n_e 等于 1）

基于旋转的方法性能不如基于变换的差分码本，因为后者保留了 $\mathcal{W}_t$ 中码字间的距离性质。为了优化基于变换的差分码本的设计，让我们看一下第一个改进步骤。为简单假设在 $t = 0$ 时刻反馈的秩 1 预编码器选为 0 时刻可用预编码器 $w_{i,0}$ 中的一个并表示为 w_p，即 $w_{i,0} = w_p$。在 $t = 1$ 时刻，不失一般性，改变预编码器 $w_{i,1}$ 的码本 $\mathcal{W}_1$（因为码本 $\mathcal{W}_1$ 是时变的）使得 $w_{i,1} = \boldsymbol{Q}\, w_p \boldsymbol{\Theta}_i$，即时刻 1 的码本 $\mathcal{W}_1$ 中的预编码器 $w_{i,1}$ 是报告的 0 时刻预编码器 w_p。为了获得时刻 1 新的预编码器 $w_{i,1}$，我们需要设计酉（旋转）矩阵 $\boldsymbol{Q}_{w_p}$，它是 0 时刻报告的预编码器 w_p 的函数。接下来，我们说明如何可以使用式（10.100）中的基于变换的差分码本框架表示 1 时刻的 $w_{i,1}$ 的设计。相同的方法也可以用于 $t = 2$，$\cdots$，$T_{\max}$。

为了对非相关瑞利信道最优地设计 1 时刻预编码器 $w_{i,1}$，必须使码字在 10.6.3 节中所讨论的某个球冠的格莱斯曼流形上分离得尽可能大。问题在于找到最佳码本 $\{\boldsymbol{Q}\, w_p \boldsymbol{\Theta}_i\}$ 其中 $i = 1$，$\cdots$，n_p，使得对 $l = 1$，$\cdots$，n_p

$$
\begin{aligned}
\{\boldsymbol{Q}\, w_p \boldsymbol{\Theta}_i\}_{i=1}^{n_p} &= \arg\max_{m,n} \min \sqrt{1 - |w_{m,1}^{H} w_{n,1}|^2} \\
&= \arg\max_{m,n} \min \sqrt{1 - |\boldsymbol{\Theta}_m^{H} \boldsymbol{\Theta}_n|^2}
\end{aligned}
\tag{10.101}
$$

在下述约束下

$$
\begin{aligned}
\max_l \sqrt{1 - |w_p^{H} w_{1,1}|^2} &= \max_l \sqrt{1 - |w_p^{H} \boldsymbol{Q}_{w_p} \boldsymbol{\Theta}_l|^2} \\
&\overset{(a)}{=} \max_l \sqrt{1 - |w_r^{H} \boldsymbol{\Theta}_l|^2} \leqslant \delta
\end{aligned}
\tag{10.102}
$$

式中，w_r 是差分码本的预定义参考码字，即例如固定为 $w_r = \boldsymbol{\Theta}_1$，而 δ 表示某个球冠的大小。注意（a）源自 $\boldsymbol{Q}_{w_p}$ 被设计为 $\boldsymbol{Q}_{w_p} w_r = w_p$ 来将 w_r 旋转到 w_p。因为式（10.101）独立于 w_p，考虑（10.102）我们可以首先用 w_r 求解式（10.101），然后对 $i = 1$，$\cdots$，n_p，我们用 $\boldsymbol{Q}_{w_p}$ 旋转 $\boldsymbol{\Theta}_i$ 并得到一个新的预编码器 $w_{i,1}$

$$w_{i,1} = \boldsymbol{Q}_{w_p} \boldsymbol{\Theta}_i \tag{10.103}$$

式 (10.101) 中的码字 $\boldsymbol{\Theta}_n$ 将在球冠内设计, 其中它的大小 δ 是设计参数: 它的选择取决于操作系统的速度 [CCLK12]。

由式 (10.103), 对 $i = 1, \cdots, n_p$, 我们有 $\boldsymbol{w}_{i,1} = \boldsymbol{Q}_{\boldsymbol{w}_p}\boldsymbol{\Theta}_i$。因为 $\boldsymbol{Q}_{\boldsymbol{w}_p}\boldsymbol{w}_r = \boldsymbol{w}_p$, 矩阵 $\boldsymbol{Q}_{\boldsymbol{w}_p}$ 为

$$\boldsymbol{Q}_{\boldsymbol{w}_p} = [\boldsymbol{w}_p \quad \boldsymbol{w}_p^\perp][\boldsymbol{w}_r \quad \boldsymbol{w}_r^\perp]^H = \boldsymbol{G}_{\boldsymbol{w}_p}\boldsymbol{G}_{\boldsymbol{w}_r}^H \tag{10.104}$$

式中, $\boldsymbol{G}_x = [\boldsymbol{x} \quad \boldsymbol{x}^\perp]$ 和 $\boldsymbol{w}^\perp$ 表示与向量 $\boldsymbol{w}$ 正交的空间。比如, 如果我们在 4 发射天线系统中选择 $\boldsymbol{w}_r = [1,0,0,0]^T$, 我们 $[\boldsymbol{w}_r \quad \boldsymbol{w}_r^\perp] = \boldsymbol{I}_4$ 构建并简单地得到

$$\boldsymbol{w}_{i,1} = \boldsymbol{G}_{\boldsymbol{w}_p}\boldsymbol{\Theta}_i = [\boldsymbol{w}_p \quad \boldsymbol{w}_p^\perp]\boldsymbol{\Theta}_i \tag{10.105}$$

比较式 (10.100) 和式 (10.105), 很明显对任意时刻 t, $\Omega(\boldsymbol{\Theta}_i, \boldsymbol{w}_{t-1}^\star) = \boldsymbol{Q}_{\boldsymbol{w}_{t-1}^\star}\boldsymbol{\Theta}_i$, 式中 $\boldsymbol{Q}_{\boldsymbol{w}_{t-1}^\star} = \boldsymbol{G}_{\boldsymbol{w}_{t-1}^\star}$。在空间非相关信道中使用 $\boldsymbol{w}_r = [1,0,0,0]^T$ 是适合的。可以通过设计参考预编码器 $\boldsymbol{w}_r$ 和码本 $\mathcal{O}$ 使得在空间相关和非相关信道中实现信道状态信息的改进而改善差分码本的性能和鲁棒性 [CCLK12]。

10.7 针对正交空时分组码的量化预编码和天线选择

在 10.2 节, 我们已经展示了当信道统计值在发射端可用时针对正交空时分组码如何设计预编码器。我们现在研究使用基于信噪比准则的受限反馈情形。

10.7.1 选择准则和码本设计

问题如下。我们想将一个为 n_e 个发射天线设计的正交码与一个大小为 $n_t \times n_e$ (n_t 可能比 n_e 大) 的预编码器一起使用。由于码的正交性, 成对错误概率简单地表示为

$$P(\boldsymbol{C} \to \boldsymbol{E} \mid \boldsymbol{H}) = \mathcal{Q}\left(\sqrt{\frac{\rho}{2}\|\boldsymbol{HWT}d^2/(Qn_e)\|_F^2}\right) \tag{10.106}$$

式中, $d^2 = \sum_{q=1}^{Q} |c_q - e_q|^2$。为了最小化成对错误概率 (PEP), 最优编码器应该满足

$$\boldsymbol{W}^\star = \arg\max_{\boldsymbol{W} \in \mathcal{C}_W} \|\boldsymbol{HW}\|_F^2 \tag{10.107}$$

注意与式 (10.58) 的相似。如果 $\mathcal{C}_W$ 被选为 $\mathbb{C}^{n_t \times n_e}$, 最优预编码器 $\boldsymbol{W}$ 在于只在 $\boldsymbol{H}$ 的主特征向量中发送, 即进行主特征模式传输, 针对其的量化预编码器在 10.6 节已经提出。

然而, 如果我们用一个峰值功率约束强迫 $\boldsymbol{W}$ 的最大奇异值依然小于 1, 情况有很大不同。为简单起见, 让我们假设 $\boldsymbol{W}$ 和 $\boldsymbol{H}$ 的奇异值按降序排列。使用这个假设, 峰值功率约束简单表示为

$$\sigma_1(\boldsymbol{W}) \leqslant 1 \tag{10.108}$$

在这个约束下，显然 $\|\boldsymbol{HW}\|_F \leqslant \sqrt{\sum_{i=1}^{n_e} \sigma_i^2(\boldsymbol{H})}$，且当 $\boldsymbol{W}$ 由 $\boldsymbol{H}$ 的有奇异矩阵的前 n_e 个列构成时等式成立。将 $\boldsymbol{H}$ 的奇异值分解表示为 $\boldsymbol{U_H}\sum_H\boldsymbol{V_H^H}$，$\boldsymbol{W}$ 因此应该被选为 $\boldsymbol{V_H}$ 的前 n_e 列，表示为 $\boldsymbol{V_H}$。更加一般地，码本中的预编码器应该选择为高酉矩阵（即它的列是正交的）。事实上因为峰值功率约束使得预编码器的奇异值小于 1，为了实现更大的 $\|\boldsymbol{HW}\|_F$，我们应该将所有奇异值取得尽可能大。

让我们现在设计码本 $\mathcal{W}$，包含预编码器 $\boldsymbol{W}_i$，$i=1$，$\cdots$，n_p，这些预编码器是高酉矩阵。接收机依据下述的信噪比最大化计算最佳预编码器 $\boldsymbol{W}^{\star}$

$$\boldsymbol{W}^{\star} = \arg\max_{\boldsymbol{W}_i \in \mathcal{W}} \|\boldsymbol{HW}_i\|_F^2 \tag{10.109}$$

并将码本序号反馈给发射机。与量化主特征模式传输相似，定义失真测度且其上界受限于

$$d_f = \mathcal{E}_H \Big\{ \min_{\boldsymbol{W}_i \in \mathcal{W}} \big[\|\boldsymbol{H}\,\hat{\boldsymbol{V}}_H\|_F^2 - \|\boldsymbol{HW}_i\|_F^2 \big] \Big\} \tag{10.110}$$

$$\leqslant \frac{1}{2}\mathcal{E}_H\{\lambda_1(\boldsymbol{H})\}\,\mathcal{E}_H\Big\{\min_{\boldsymbol{W}_i \in \mathcal{W}} \|\hat{\boldsymbol{V}}_H\,\hat{\boldsymbol{V}}_H^H - \boldsymbol{W}_i\boldsymbol{W}_i^H\|_F^2\Big\} \tag{10.111}$$

我们可以进一步为与码本质量相关的项确定其上界，因为最小化这个界转换为最大化每个预编码器矩阵所扩展的列空间之间的距离 [LH05a]。这个距离通常称为弦距离，且其在所有预编码器上的最小值为

$$\delta_{ch}(\mathcal{W}) = \min_{1 \leqslant k \leqslant l \leqslant n_p} \frac{1}{\sqrt{2}} \|\boldsymbol{W}_k\boldsymbol{W}_k^H - \boldsymbol{W}_l\boldsymbol{W}_l^H\|_F \tag{10.112}$$

通过与主特征模式传输对比，现在问题在于在高酉（$n_t \times n_e$）矩阵的所有列空间的集合中找到 n_p 个具有最大的最小弦距离的子空间。这通常称为格拉斯曼子空间装箱问题。接下来的设计准则简单的表示如下。

设计准则 10.3　选择由 n_p 个大小为 $n_t \times n_e$ 的高酉矩阵 $\boldsymbol{W}_i(i=1$，$\cdots$，$n_p)$ 构成的码本 $\mathcal{W}$，使得最小弦距离 $\delta_{ch}(\mathcal{W})$ 最大。

在 [LH05a] 中，提出使用 [HMR + 00] 的非相干空时调制设计构建码本。所提的码本 $\mathcal{W}$ 具有下述形式：

$$\mathcal{W} = \{\mathcal{D}, \boldsymbol{\Theta}\mathcal{D}, \cdots, \boldsymbol{\Theta}^{n_p-1}\mathcal{D}\} \tag{10.113}$$

其中 $n_t \times n_e$ 矩阵 $\mathcal{D}$ 具有和第 (k, l) 项为 $1/\sqrt{n_t}\,e^{j(2\pi/n_t)kl}$ 的 DFT 矩阵相似的结构。对角矩阵 $\boldsymbol{\Theta}$ 表示为

$$\boldsymbol{\Theta} = \text{diag}\{e^{j\frac{2\pi}{n_p}u_1}, \cdots, e^{j\frac{2\pi}{n_p}u_{n_t}}\} \tag{10.114}$$

每个 u_i 值在有限整数集合 $\{0, \cdots, n_p-1\}$ 中选择。在对 $\boldsymbol{\Theta}$ 的 $n_p^{n_t}$ 个可能组合上，为了最大化式（10.113）任意预编码器对之间最小弦距离选择最佳 $\boldsymbol{\Theta}$。

10.7.2　天线子集选择和可实现分集增益

对正交空时分组码量化预编码器实现的分集阶数是什么？我们已经知道天线子

集选择是量化预编码的一种形式。事实上，回顾天线子集选择即为从 I_{n_t} 的 n_t 列中选出最小化错误概率的 n_e 列，对于正交空时分组码，这也等效于最大化接收信噪比。在 [GP02] 中，结合接收端天线选择（从 n_r 个天线中选出 n_r' 个）检验了这样的选择方案。之后可能的选择的数量由 $\binom{n_t}{n_e}\binom{n_r}{n_r'}$ 给出。让我们用 H' 表示由在发射机和接收机两端天线选择后 H 残余的行和列构建的矩阵。按照 [PNG03] 的推理，我们简单地写出不等式

$$\frac{\|H\|_F^2}{n_e n_r'} \geq \frac{\|H'\|_F^2}{n_e n_r'} \geq \frac{\|H\|_F^2}{n_t n_r} \tag{10.115}$$

表明正交空时分组码联合天线子集选择能够利用原始信道矩阵 H 的所有自由度，故而实现 $n_t n_r$ 的满分集增益。

　　让我们现在将这一结果扩展到使用一般预编码器的情形。文献 [LH05a] 中显示

$$\max_{W_i \in \mathcal{W}} \|HW_i\|_F^2 \geq \frac{\sigma_{n_t}^2(M_W)}{n_p n_e n_t^2 n_r} \|H\|_F^2 \tag{10.116}$$

式中，$\sigma_{n_t}(M_W) > 0$ 是码本矩阵 $M_W = [W_1 \quad \cdots \quad W_{n_p}]$ 第 n_t 大的奇异值。通过取 $n_p \geq n_t/n_e$ 并确保 M_W 的列张成 $\mathbb{C}^{n_t}$（即 $r(M_W) = n_t$），$\sigma_{n_t}(M_W')$ 变为 M_W 的最小非零奇异值。标量 $\|H\|_F^2$ 是在 $n_r \times n_t$ MIMO 信道中产生一个正交空时分组码发送的等效信道。因此，类似于天线子集选择，如果 $n_p \geq n_t/n_e$ 且预编码器的列张成 $\mathbb{C}^{n_t}$ 则实现完全编码增益 $n_t n_r$。进一步，$\sigma_{n_t}^2(M_W)/(n_p n_e n_t^2 n_r)$ 是可实现阵列增益的一个下界，这建议设计具有大奇异值的码本矩阵。

　　简言之，量化预编码可以与正交空时分组码在任意数量的发射天线上使用并仍实现满分集。此外，与天线子集选择相比它还可以提供更大的灵活性 [GP02]。

　　图 10.11 给出了针对正交空时分组码的预编码器的性能示例。我们考虑一个在独立同分布瑞利衰落信道中使用预编码 QPSK Alamouti 方案的 2×4 系统。就无预编码 Alamouti 方案而言天线选择提供的大增益源于所实现的分集增益，对天线选择等于 4 但对 Alamouti 方案仅仅等于 2。3 比特预编码 Alamouti 方案与复杂性相同的天线选择相比具有微小的增益。事实上，天线选择在 4 个天线中选择 2 个天线，因此也要求 $B = \left\lceil \log_2 \binom{4}{2} \right\rceil = 3$ 比特的反馈。6 比特预编码 Alamouti 方案与 3 比特预编码器相比提供额外的增益。在实际场景中，建议验证增大 B 带来的准确增益，因为当 B 较大时，相对增益可以忽略。

　　注意，天线子集选择也可以依赖信道统计值而非完全或量化的发射端信道状态信息。举例来说，在 [GP02] 中，选择基于发射和接收相关矩阵 R_t 和 R_r 并使用对高信噪比区满秩码基于平均成对错误概率的设计。高信噪比假设的局限在第 8 章已有详述。然而，我们可能记得对正交空时分组码高信噪比区是现实区域（对其

他码可能不是这种情况）。由式（3.81）和式（8.30），在所有信道实现上最小化平均错误概率的一个简单选择算法在于选择最大化 $\det(\boldsymbol{R}'_t)$ 和 $\det(\boldsymbol{R}'_r)$ 的发送和接收天线的子集。$\boldsymbol{R}'_t[n_e \times n_e]$ 和 $\boldsymbol{R}'_r[n'_r \times n'_r]$ 是子集选择后获得的发送和接收相关矩阵。这个选择算法尝试通过选择呈现低天线相关天线的子集最大化编码增益。在高信噪比区，这个选择过程对分集增益没有任何影响，但最大分集增益仅为 $n_e n'_r$，这与基于发射端信道状态信息的天线选择不同。

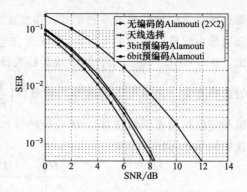

图 10.11   2×4 独立同分布瑞利衰落信道中，3bit 和 6bit 预编码 Alamouti 方案的误符号率

10.8   针对空间复用的量化预编码和天线选择

现在考虑使用空间复用代替正交空时分组码。因此，我们发送 n_e 个独立符号，这些符号由 $n_t \times n_e$ 矩阵 $\boldsymbol{W}$ 进行预编码将 n_e 个流扩展到 n_t 物理天线上。我们假设信道独立同分布瑞利分布且 n_r 比 n_e 大使得可以使用次优解码。研究两类接收机：基于最大似然的解码或次优迫零解码。为了推导最小化差错概率的选择和码本设计准则 [LH05b]，我们再次考虑峰值功率约束，以便每个预编码器的最大奇异值上界受限于 1（正如已经观察到的，转换为将预编码器设计为高酉矩阵）。

10.8.1   选择准则和码本设计

不像正交空时分组码，空间复用的性能不仅仅是信道的 Frobenius 范数。回想第 6 章最大似然解码的条件成对错误概率与接收机的最小距离直接有关，最优预编码器应该满足

$$\boldsymbol{W}^\star = \arg \max_{\boldsymbol{W} \in \mathcal{C}_W} D^2 \tag{10.117}$$

式中，$D^2 = \min_{\boldsymbol{C} \neq \boldsymbol{E}} \|\boldsymbol{H}\boldsymbol{W}(\boldsymbol{C} - \boldsymbol{E})\|^2$，$\boldsymbol{C}$ 和 $\boldsymbol{E}$ 是两个不同空间复用的码字（见式（6.82））。容易推导得到关于 D^2 的一个有用下界（见附录 A）

$$D^2 \geq \min_{\boldsymbol{C} \neq \boldsymbol{E}} \|\boldsymbol{C} - \boldsymbol{E}\|^2 \sigma^2_{\min}(\boldsymbol{H}\boldsymbol{W}) \tag{10.118}$$

式中，$\sigma_{\min}(\boldsymbol{H}\boldsymbol{W})$ 表示 $\boldsymbol{H}\boldsymbol{W}$ 的最小非零奇异值。

对迫零滤波，我们在第 6 章已经看到性能主要是式（6.94）给出的 n_e 个流中最差信噪比的函数

$$\rho_{\min} = \min_{1 \leq q \leq n_e} \frac{\rho}{n_e} \frac{1}{(\boldsymbol{W}^H \boldsymbol{H}^H \boldsymbol{H} \boldsymbol{W})^{-1}(q,q)} \tag{10.119}$$

虽然可能使用上述 $\rho_{\min}$ 的表达式来选择预编码器，［LH05b］中已经提出使用 $\rho_{\min}$ 的一个下界

$$\rho_{\min} \geqslant \frac{\rho}{n_e} \frac{1}{\lambda_{\max}((\boldsymbol{W}^H \boldsymbol{H}^H \boldsymbol{H} \boldsymbol{W})^{-1})} = \frac{\rho}{n_e} \sigma_{\min}^2(\boldsymbol{H} \boldsymbol{W}) \qquad (10.120)$$

式中，$\lambda_{\max}((\boldsymbol{W}^H \boldsymbol{H}^H \boldsymbol{H} \boldsymbol{W})^{-1})$ 是 $(\boldsymbol{W}^H \boldsymbol{H}^H \boldsymbol{H} \boldsymbol{W})^{-1}$ 的最大特征值。注意这个选择准则已经最初由［HDP01］针对空间复用天线子集选择的特殊情形提出。在这个情形中，预编码器可以选为列为 $\boldsymbol{I}_{n_t}$ 的 n_e 个列的矩阵。迫零滤波的选择准则最终在于选择如下的 $\boldsymbol{W}^\star$：

$$\boldsymbol{W}^\star = \arg \max_{\boldsymbol{W} \in \mathcal{C}_W} \sigma_{\min}^2(\boldsymbol{H} \boldsymbol{W}) \qquad (10.121)$$

有趣的是，我们观察到最大似然和迫零解码的选择准则不同，他们都和 $\sigma_{\min}(\boldsymbol{H} \boldsymbol{W})$ 有关。这建议以使得 $\sigma_{\min}(\boldsymbol{H} \boldsymbol{W})$ 最大化的方式设计码本。在峰值功率约束下，如果将 $\mathcal{C}_W$ 选为高酉矩阵的集合，应用包含原理（见附录 A）得到

$$\sigma_{\min}(\boldsymbol{H} \boldsymbol{W}) = \sigma_{n_e}(\boldsymbol{H} \boldsymbol{W}) \leqslant \sigma_{n_e}(\boldsymbol{H}) \qquad (10.122)$$

其中奇异值按幅度降序排列。如果 $\boldsymbol{W} = \hat{\boldsymbol{V}}_H$，达到上界。对一个有限码本 $\mathcal{W}$，因此要最小化的失真函数可以写作

$$d_f = \mathcal{E}_H \{ \sigma_{\min}^2(\boldsymbol{H} \hat{\boldsymbol{V}}_H) - \max_{\boldsymbol{W}_i \in \mathcal{W}} \sigma_{\min}^2(\boldsymbol{H} \boldsymbol{W}_i) \} \qquad (10.123)$$

且 $\boldsymbol{W}$ 根据式（10.117）或式（10.121）在有限集合 $\mathcal{C}_W = \mathcal{W}$ 中进行选择。文献［LH05b］证明这个最小化与预编码器列空间的任意一对间的投影 2 范数距离最小值的最大化有关

$$\delta_p(\mathcal{W}) = \min_{1 \leqslant k < l \leqslant n_p} \sqrt{1 - \sigma_{\min}^2(\boldsymbol{W}_k^H \boldsymbol{W}_l)} \qquad (10.124)$$

因此，设计准则描述如下。

设计准则 10.4　选择由使得最小投影 2 范数距离 $\delta_p(\mathcal{W})$ 最大的大小为 $n_t \times n_e$ 的 n_p 个高酉矩阵 $\boldsymbol{W}_i$（$i = 1, \cdots, n_p$）构成的一个码本 $\mathcal{W}$。

这些码本可以使用［HMR+00］中的非相干星座进行设计。注意如果 $n_e = 1$，投影 2 范数距离简化为式（10.66），这是因为这时错误概率是接收信噪比的一个函数。此外，［LH05b］也提出了针对 MMSE（最小均方误差）接收机的选择和码本设计准则。

10.8.2　解码策略对错误概率的影响

我们在图 10.12 中说明在 2×4 独立同分布瑞利衰落信道中使用空间复用的 2 个流、6 比特受限反馈预编码的性能。说明了使用式（10.121）的最小奇异值选择准则的迫零解码（"量化解码（MSV-ZF）"）和使用最大似然选择准则式（10.117）的最大似然解码（"量化解码（ML）"）的差错率。为了比较，还列出了不使用预编码及使用基于 MMSE 的最优预编码（预编码使用理想信道信息和总

功率约束）的差错率［SSB + 02］。

　　显然，与非预编码发送相比，量化预编码器显著降低了差错率。具有总功率约束的非量化 MMSE 预编码器相对于具有峰值功率约束的迫零量化预编码只有 1.5dB 的增益（因为总功率约束完全利用发送阵列增益），但却劣于量化最大似然预编码器，因为后者具有更大的分集增益（以大得多的复杂性为代价）。最终，要强调与量化预编码相结合的次优解码器的性能比预编码最大似然解码方案的性能更好，强调这一点很重要。这

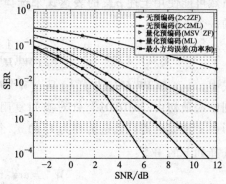

图 10.12　　$n_t = 4$、$n_r = 2$ 独立同分布瑞利衰落信道中 6bit 预编码基于 BPSK 的空间复用方案的符号向量差错率

说明以低速率反馈为代价，有可能以更低的复杂性实现比最大似然解码更好的性能。

10.8.3　扩展到多模预编码

　　我们已经讨论了当流的数量 n_e 固定时，量化预编码空间复用（或量化多模发送）的码本设计。这也称为单模预编码。通过考虑多模预编码能够实现不容忽视的性能提升，即令 n_e 在固定数据速率的约束下随信道状态的改变而变化。这要求随着 n_e 的改变自适应地修改每个流的速率。因此，并非为每个特定的 n_e 设计一个单一的码本，码本 $\mathcal{W}_{n_e}$ 由每个支撑模式值 n_e 的预编码器 $\boldsymbol{W}_i^{(n_e)}$ 构成。支撑模式的集合表示为 $\mathcal{N}_e$，而 $\mathcal{W}_{n_e}$ 的大小表示为 $n_p^{(n_e)}$。选择和码本设计准则在［LH05c］中有大量讨论。

　　类似于式（10.121），对最大似然和迫零接收机有效的选择程序与有效信道的最小奇异值的最大化有关。第一步为每个模式 n_e 在码本 $\mathcal{W}_{n_e}$ 中选择在所有 $\boldsymbol{W}_i^{(n_e)} \in \mathcal{W}_{n_e}$ 上最大化 $\boldsymbol{HW}_i^{(n_e)}$ 的最小非零奇异值的预编码器 $\boldsymbol{W}_i^{(n_e)}$。换言之

$$\boldsymbol{W}^{(n_e)} = \arg \max_{\boldsymbol{W}_i^{(n_e)} \in \mathcal{W}_{n_e}} \sigma_{\min}^2(\boldsymbol{HW}_i^{(n_e)}), \forall n_e \in \mathcal{N}_e \qquad (10.125)$$

这与单模编码相似。

　　第二步是在所选的预编码器中选择最佳模式和相应的预编码器为具有最大最小奇异值的预编码器，其中考虑到每个模式使用的星座不同。这表示如下

$$\boldsymbol{W}^{\star} = \arg \max_{n_e \in \mathcal{N}_e} \frac{\sigma_{\min}^2(\boldsymbol{HW}^{(n_e)})}{n_e} d_{\min}^2(n_e) \qquad (10.126)$$

式中，$d_{\min}^2(n_e)$ 是模式 n_e 使用的星座的最小平方欧氏距离。为了保持数据速率恒定，随着 n_e 下降使用更大的星座。接收机然后反馈最佳模式数（在 14 章中实际系统中通常表示秩指示 RI）和所选预编码器在相应码本中的序号（在 14 章的实际系

统中通常表示为预编码矩阵指示 PMI）。

考虑到码本设计，多模预编码的困难在于计算如何有效的在不同码本之间扩展总的反馈比特数量，即如何在总共的支撑模式上分布总共的预编码矩阵。因为主特征模式传输是这个方案对 $n_e = 1$ 的一个特定情形，我们直觉上期待如果 $n_p^{(1)} \geq n_t$ 多模预编码对固定总速率达到满分集。实际上是这样的，并对 $n_e = 1$ 固定所需的码本大小。在［LH05c］中提供了更为严格的证明。对 $n_e = n_t$ 情形的要求也可以通过假定允许速率随着信噪比增长（类似于分集复用这种）。就码本设计而言，最小化最大似然或迫零解码的差错概率变为基于式（10.124）的投影 2 范数距离设计码本。因此，每个码本 $\mathcal{W}_{n_e}$ 可以基于准则 10.4 进行设计。有兴趣的读者可以参考［LH05c］获取更多信息。

在［Nar03］中已经提出了一个和多模预编码非常接近的天线选择技术。想法是选择进行空间复用所在的天线的一个子集。类似于多模预编码，发射天线的数量和子集以及符号星座可以随时间变化，其约束为每个天线分配相等的功率以及数据速率固定。然而，与多模预编码相比，基于信道统计值（发射端信道分布信息）而非当前信道状态信息（发射端信道状态信息）进行优化。类似于 10.7.2 节针对正交空时分组码给出的统计天线选择技术，这个方案要求一个非常低的反馈速率，因为信道统计值比信道本身变化得慢很多。

我们假设一个迫零接收机并使用式（10.120）的下界。因为天线选择用于接收天线，等效信道 HW 可以简单写为矩阵 $H^{(n_e)}$，它基于 H 的 n_e 个被选列进行构建。在 Kronecker 结构的瑞利衰落信道中，［Nar03］中显示下界式（10.120）可以进一步推导为

$$\rho_{\min} \geq \frac{\rho}{n_e} \sigma_{\min}^2 (H^{(n_e)}) \qquad (10.127)$$

$$\geq \frac{\rho}{n_e} \lambda_{\min}(R_r) \lambda_{\min}(R_t^{(n_e)}) \sigma_{\min}^2 (H_w^{(n_e)}) \qquad (10.128)$$

式中，$R_t^{(n_e)}$ 是选择 n_e 个发射天线后的发送相关矩阵，而 $H_w^{(n_e)}$ 的定义类似。利用这个下界，则选择准则在于选择发射天线的数量和最优集合来最大化最小信噪比余量［Nar03］。然而，因为发射机不知道 H_w 且优化只是基于发射相关矩阵进行（没有进行接收天线选择，所以选择准则不依赖于接收相关矩阵），选择过程利用 $\sigma_{\min}^2$ $(H_w^{(n_e)})$ 的平均值而不是它的即时值。每个天线分配同样的频谱效率而星座大小随着所选天线数量的变化而自适应改变。

10.9　信息论激励的量化预编码

一般来说，量化预编码可以从最大化容量的角度设计。假设每个流上发送不相关的高斯信号，接收机选择最大化等效信道 HW 互信息的预编码器

$$\mathcal{I}_e(\boldsymbol{H},\boldsymbol{W}) = \log^2 \det \left[\boldsymbol{I}_{n_e} + \frac{\rho}{n_e} \boldsymbol{W}^H \boldsymbol{H}^H \boldsymbol{H} \boldsymbol{W} \right] \qquad (10.129)$$

最优预编码器因此为

$$\boldsymbol{W}^\star = \arg \max_{\boldsymbol{W} \in \mathcal{C}_W} \mathcal{I}_e(\boldsymbol{H},\boldsymbol{W}) \qquad (10.130)$$

在峰值功率的约束下，在［LH05b］中展示的最优预编码器为 $\boldsymbol{W}^\star = \hat{\boldsymbol{V}}_H$。注意这个功率约束没有考虑功率分配优化，因为对酉矩阵所有奇异值固定为 1。这与第 5 章的推导大大不同，那里依赖功率和约束。在那个情形中，最优方案也是沿着 $\boldsymbol{H}$ 的右奇异向量发射，但总功率必须基于注水方案在所有流上进行分布。注意如果 $n_r \geqslant n_t$，$\hat{\boldsymbol{V}}_H$ 是平方酉矩阵的，而且预编码不增加容量，除非进行模式选择。

为了度量在有限集合 $\mathcal{W}$ 中选择预编码替代最优预编码器 $\boldsymbol{W}^\star = \hat{\boldsymbol{V}}_H$ 带来的容量损耗，［LH05b］定义平均失真函数为

$$d_f = \mathcal{E}_H \left\{ \det \left[\boldsymbol{I}_{n_e} + \frac{\rho}{n_e} \hat{\boldsymbol{\Lambda}}_H^T \hat{\boldsymbol{\Lambda}}_H \right] \right\} (1 - \mathcal{E}_H \{ \max_{\boldsymbol{W}_i \in \mathcal{W}} |\det(\hat{\boldsymbol{V}}_H^H \boldsymbol{W}_i)|^2 \}) \qquad (10.131)$$

它的解释与式（10.61）相似。大小为 $n_r \times n_e$ 的 $\hat{\boldsymbol{\Lambda}}_H$ 的主对角线由按降序排列的 $\boldsymbol{H}$ 的 n_e 个最大特征值构成。因此，$\hat{\boldsymbol{\Lambda}}_H^T \hat{\boldsymbol{\Lambda}}_H$ 是对角阵它的元素由按降序排列的 $\boldsymbol{H}^H \boldsymbol{H}$ 的 n_e 个最大特征值给出。失真函数再次表示为两个预编码器列空间之间距离的递减函数，称为 Fubini 学习距离。它在预编码器列空间中任意一对上的最小值为

$$\delta_{FS}(\mathcal{W}) = \min_{1 \leqslant k < l \leqslant n_p} \arccos |\det(\boldsymbol{W}_k^H \boldsymbol{W}_l)| \qquad (10.132)$$

因此，设计准则表述为

设计准则 10.5　选择使得最小 Fubini 学习距离 $\delta_{FS}(\mathcal{W})$ 最大、n_p 个大小为 $n_t \times n_e$ 的高酉矩阵 $\boldsymbol{W}_i(i = 1, \cdots, n_p)$ 构成的一个码本 $\mathcal{W}$。

这些码本可以使用［HMR⁺00］中的非相干星座进行设计。注意对 $n_e = 1$，Fubini 学习距离简化为式（10.66），这是因为当只发送一个流时，基于错误概率和基于容量的准则只和接收信噪比有关。

如之前那样，我们可以传输的数据流数量随信道状态的改变而变化。自然地，这提升性能，因为我们能根据传播条件在数量变化的流上打开或关闭功率。回顾之前的章节，如果发射端提供完全的发射端信道状态信息，有效流的数量也随信道条件改变，因为功率基于注水算法在每个流上自适应的分配。然而，在量化版本中，每个流上的功率只取两个值（开或关）。文献［LH05c］有更多的细节。设计和多模预编码非常相似。代替信噪比最大化，选择和码本设计准则基于容量最大化准则类似于式（10.130）的单模预编码和准则 10.5。

第11章 频率选择性信道的空时编码

第 5 章到 10 章着重分析了频率平坦信道。本章重点介绍了 MIMO 频率选择性信道下的信号技术包括单载波传输和多载波传输。同样本章会提及互信息，错误概率和编码设计。由于信道表征是重点，本章主要基于第 3.5 节的推导的表征体系。

11.1 单载波与多载波传输

对于频率选择性信道有两种不同的传输方案。第一种在全带宽 B 进行单载波调制（MIMO-SC），第二种将频率选择性信道转换为频域一系列并行的平坦衰落信道。该方案通过利用正交频率分复用调制，也称为 MIMO-OFDM。

11.1.1 单载波传输

类似于平坦衰落信道，单载波传输直接在信道上传输码字 $C = [\,c_0 \cdots\cdots c_{T-1}\,]$（维度为 $n_t \times T$）。和平坦衰落信道的区别在于 L 个可见的抽头，这些抽头会导致符号间干扰（ISI）。假设抽头是独立不相关性的，接收机侧就有 L 个相同码字的接收信号即多个独立抽头提供了 L 阶的分集。最重要就是设计合理的码字使最大似然检测可以充分利用频域和空域的分集，同时避免符号间干扰。通过设计合理的码字，衰落信道下频率选择性带来的缺点就能转换为优点。

对于 k^{th} 时域样点，发送和接收信号通过如下公式表示：

$$y_k = \sqrt{E_s} \sum_{l=0}^{L-1} H[l] c_{k-l} + n_k \tag{11.1}$$

式中，y_k，n_k，E_s 类似于频率平坦信道下的定义。

有趣的是，L 个独立的抽头可以看做是一组了虚拟发射天线。式（11.1）可以转化为：

$$y_k = \sqrt{E_s} \underline{H} [\, c_k^T \quad \cdots \quad c_{k-L+1}^T \,]^T + n_k \tag{11.2}$$

这样就有 $n_t L$ 个虚拟发射天线阵列，维度为 $n_r \times n_t L$ 的虚拟信道矩阵 $\underline{H}$ 由式（3.99）给出。在虚拟阵列表达式中，等价的码字表达式如下：

$$\underline{C} = \begin{bmatrix} c_0 & c_1 & \cdots & c_{T-1} \\ c_{-1} & c_0 & \cdots & c_{T-2} \\ \cdots & \vdots & \ddots & \vdots \\ c_{1-L} & c_{2-L} & \cdots & c_{T-L} \end{bmatrix} \tag{11.3}$$

其对应在 $T + L - 1$ 的符号间隔内传输的码字向量 c_k，$k = 1 - L$，$\cdots$，$T - 1$ 或者等价

于传输维度为 $n_t \times (T + L - 1)$ 的码字 $C' = [c_{1-L} \cdots c_0 \cdots c_{T-1}]$。理论上可以获得最大 $n_r n_t L$ 的分集增益。

11.1.2 多载波传输：MIMO-OFDM

在介绍各种基于 OFDM 的 MIMO 编码机制前，首先了解下 OFDM 调制的基本原理。

正交频分复用（OFDM）

与单载波传输不同，MIMO-OFDM 利用 OFDM 前端将频率选择性信道转换为一系列并行的平坦衰落信道，从而在频域获得频率分集。其基本原理包括通过在发射序列前加循环前缀将信道矩阵转换为循环矩阵。循环矩阵具有如下特性，其左特征值向量矩阵和右特征向量矩阵分别是离散傅里叶变换矩阵和逆傅里叶变换矩阵。这样，通过在发射机侧乘以一个逆傅里叶变换矩阵，在接收机侧乘以一个离散傅里叶变换矩阵可以将频率选择性信道转化为对角化矩阵，其元素为循环矩阵的特征值。上述分析说明如何将时域的频率选择性信道转化为频域一系列并行的平坦衰落信道。这种构造降低了均衡器和解调的复杂度。

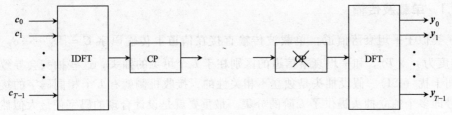

图 11.1   OFDM 调制和解调制

接下来考虑 OFDM 系统的表示方式，其基本的操作流程参见图 11.1 按照先后次序，首先对码字进行逆傅里叶变换，在第 n 个时间间隔获得如下输出信号：

$$x_n = \frac{1}{\sqrt{T}} \sum_{k=0}^{T-1} c_k e^{j\frac{2\pi}{T}kn} \tag{11.4}$$

其对应的矩阵表达式如下：

$$[x_0 \quad \cdots \quad x_{T-1}]^T = \mathcal{D}^H [c_0 \quad \cdots \quad c_{T-1}]^T \tag{11.5}$$

$$[x_0^T \quad \cdots \quad x_{T-1}^T]^T = (\mathcal{D}^H \otimes I_{nt})[c_0^T \quad \cdots \quad c_{T-1}^T]^T \tag{11.6}$$

维度为 $T \times T$ 的矩阵 $\mathcal{D}^H$ 表示逆傅里叶变换操作，$\mathcal{D}$ 为傅里叶变换矩阵，公式如下：

$$\mathcal{D} = \frac{1}{\sqrt{T}} \begin{bmatrix} 1 & 1 & 1 & \cdots & 1 \\ 1 & e^{-j\frac{2\pi}{T}} & e^{-j\frac{2\pi}{T}2} & \cdots & e^{-j\frac{2\pi}{T}(T-1)} \\ \vdots & \ddots & \vdots & \vdots & \vdots \\ 1 & e^{-j\frac{2\pi}{T}(T-2)} & e^{-j\frac{2\pi}{T}(T-2)2} & \cdots & e^{-j\frac{2\pi}{T}(T-2)(T-1)} \\ 1 & e^{-j\frac{2\pi}{T}(T-1)} & e^{-j\frac{2\pi}{T}(T-1)2} & \cdots & e^{-j\frac{2\pi}{T}(T-1)(T-1)} \end{bmatrix} \tag{11.7}$$

为了避免符号间干扰，长度为 $L-1$ 的保护间隔向量 $\boldsymbol{X}_{\mathrm{g}}=[\ \boldsymbol{X}-(L-1)\cdots\boldsymbol{X}-1\ ]$ 添加在码字 $\boldsymbol{X}=[\ \boldsymbol{X}_0\cdots\boldsymbol{X}_{T-1}\ ]$ 的前面，这样长度为 $n_{\mathrm{t}}\times(T+L-1)$ 的 OFDM 符号 $\boldsymbol{X}'=[\ \boldsymbol{X}_{\mathrm{g}}\quad\boldsymbol{X}\ ]$ 被传输。在接收机侧，首先保护间隔被移除，长度为 T 的输出样点被收集：

$$[\ \boldsymbol{r}_0^{\mathrm{T}}\quad\cdots\quad\boldsymbol{r}_{T-1}^{\mathrm{T}}\ ]^{\mathrm{T}}=\boldsymbol{H}_{\mathrm{g}}[\ \boldsymbol{x}_{-(L-1)}^{\mathrm{T}}\quad\cdots\quad\boldsymbol{x}_{T-1}^{\mathrm{T}}\ ]^{\mathrm{T}}+[\ \boldsymbol{n}_0^{\mathrm{T}}\quad\cdots\quad\boldsymbol{n}_{T-1}^{\mathrm{T}}\ ]^{\mathrm{T}} \quad (11.8)$$

这里

$$\boldsymbol{H}_{\mathrm{g}}=\begin{bmatrix} \boldsymbol{H}[L-1] & \cdots & \boldsymbol{H}[1] & \boldsymbol{H}[0] & \boldsymbol{0}_{n_{\mathrm{r}}\times n_{\mathrm{t}}} & \cdots & \boldsymbol{0}_{n_{\mathrm{r}}\times n_{\mathrm{t}}} \\ \boldsymbol{0}_{n_{\mathrm{r}}\times n_{\mathrm{t}}} & \boldsymbol{H}[L-1] & \ddots & \boldsymbol{H}[1] & \boldsymbol{H}[0] & \cdots & \boldsymbol{0}_{n_{\mathrm{r}}\times n_{\mathrm{t}}} \\ \vdots & \ddots & \ddots & \ddots & \ddots & \ddots & \vdots \\ \boldsymbol{0}_{n_{\mathrm{r}}\times n_{\mathrm{t}}} & \cdots & \boldsymbol{0}_{n_{\mathrm{r}}\times n_{\mathrm{t}}} & \boldsymbol{H}[L-1] & \boldsymbol{H}[L-2] & \cdots & \boldsymbol{H}[0] \end{bmatrix}$$

$$(11.9)$$

是一个维度为 $n_{\mathrm{r}}T\times n_{\mathrm{t}}(T+L-1)$ 的矩阵，其表示 OFDM 符号所见的信道

保护间隔向量 $\boldsymbol{X}_{\mathrm{g}}$ 为 $\boldsymbol{X}_{-n}=\boldsymbol{X}_{T-n}$，$n=1,\cdots,L-1$。这样保护间隔向量就为 $\boldsymbol{X}_{\mathrm{g}}=[\ \boldsymbol{X}_{T(L-1)}\cdots\boldsymbol{X}_{T-1}\ ]$，其通常也称为循环前缀。

式（11.8）的系统模型可以转化为

$$[\ \boldsymbol{r}_0^{\mathrm{T}}\quad\cdots\quad\boldsymbol{r}_{T-1}^{\mathrm{T}}\ ]^{\mathrm{T}}=\boldsymbol{H}_{\mathrm{cp}}[\ \boldsymbol{x}_0^{\mathrm{T}}\quad\cdots\quad\boldsymbol{x}_{T-1}^{\mathrm{T}}\ ]^{\mathrm{T}}+[\ \boldsymbol{n}_0^{\mathrm{T}}\quad\cdots\quad\boldsymbol{n}_{T-1}^{\mathrm{T}}\ ]^{\mathrm{T}} \quad (11.10)$$

其中

$$\boldsymbol{H}_{\mathrm{cp}}=\begin{bmatrix} \boldsymbol{H}[0] & \boldsymbol{0}_{n_{\mathrm{r}}\times n_{\mathrm{t}}} & \cdots & \boldsymbol{0}_{n_{\mathrm{r}}\times n_{\mathrm{t}}} & \boldsymbol{H}[L-1] & \cdots & \boldsymbol{H}[1] \\ \boldsymbol{H}[1] & \boldsymbol{H}[0] & \boldsymbol{0}_{n_{\mathrm{r}}\times n_{\mathrm{t}}} & \cdots & \boldsymbol{0}_{n_{\mathrm{r}}\times n_{\mathrm{t}}} & \cdots & \boldsymbol{H}[2] \\ \vdots & \ddots & \ddots & \ddots & \ddots & \ddots & \vdots \\ \boldsymbol{H}[L-2] & \cdots & \boldsymbol{H}[0] & \boldsymbol{0}_{n_{\mathrm{r}}\times n_{\mathrm{t}}} & \cdots & \boldsymbol{0}_{n_{\mathrm{r}}\times n_{\mathrm{t}}} & \boldsymbol{H}[L-1] \\ \boldsymbol{H}[L-1] & \cdots & \boldsymbol{H}[1] & \boldsymbol{H}[0] & \boldsymbol{0}_{n_{\mathrm{r}}\times n_{\mathrm{t}}} & \cdots & \boldsymbol{0}_{n_{\mathrm{r}}\times n_{\mathrm{t}}} \\ \vdots & \ddots & \ddots & \ddots & \ddots & \ddots & \vdots \\ \boldsymbol{0}_{n_{\mathrm{r}}\times n_{\mathrm{t}}} & \cdots & \boldsymbol{H}[L-1] & \boldsymbol{H}[L-2] & \cdots & \boldsymbol{H}[0] & \boldsymbol{0}_{n_{\mathrm{r}}\times n_{\mathrm{t}}} \\ \boldsymbol{0}_{n_{\mathrm{r}}\times n_{\mathrm{t}}} & \cdots & \boldsymbol{0}_{n_{\mathrm{r}}\times n_{\mathrm{t}}} & \boldsymbol{H}[L-1] & \cdots & \boldsymbol{H}[1] & \boldsymbol{H}[0] \end{bmatrix}$$

$$(11.11)$$

$\boldsymbol{H}_{\mathrm{cp}}$ 为维度为 $n_{\mathrm{r}}T\times n_{\mathrm{t}}T$ 的块循环矩阵。其奇异值分解为 $\boldsymbol{H}_{\mathrm{cp}}=(\mathcal{D}^{\mathrm{H}}\otimes\boldsymbol{I}_{n_{\mathrm{r}}})\boldsymbol{\Lambda}_{\mathrm{cp}}(\mathcal{D}\otimes\boldsymbol{I}_{n_{\mathrm{t}}})$，$\boldsymbol{\Lambda}_{\mathrm{cp}}$ 为块对角化矩阵，其子块通过对向量 $[\ \boldsymbol{H}[0]\quad\boldsymbol{H}[1]\quad\cdots\quad\boldsymbol{H}[L-1]\ ]$ 进行块离散傅里叶变换获得，如第 $(k,k)^{\mathrm{th}}$ 块为

$$\boldsymbol{\Lambda}_{\mathrm{cp}}^{(kk)}=\sum_{l=0}^{L-1}\boldsymbol{H}[l]\mathrm{e}^{-\mathrm{j}\frac{2\pi}{T}kl},k=0,\cdots,T-1, \quad (11.12)$$

信道的全部信息都包含在 $\boldsymbol{\Lambda}_{\mathrm{cp}}$，$\boldsymbol{H}_{\mathrm{cp}}$ 的特征向量独立于信道矩阵 $\boldsymbol{H}[l]$。在发射机侧的逆傅里叶变换式（11.10）就可以表示为

$$\begin{bmatrix} \boldsymbol{r}_0^{\mathrm{T}} & \cdots & \boldsymbol{r}_{T-1}^{\mathrm{T}} \end{bmatrix}^{\mathrm{T}} = (\mathcal{D}^{\mathrm{H}} \otimes \boldsymbol{I}_{n_r}) \boldsymbol{\Lambda}_{\mathrm{cp}} \begin{bmatrix} \boldsymbol{c}_0^{\mathrm{T}} & \cdots & \boldsymbol{c}_{T-1}^{\mathrm{T}} \end{bmatrix}^{\mathrm{T}} + \begin{bmatrix} \boldsymbol{n}_0^{\mathrm{T}} & \cdots & \boldsymbol{n}_{T-1}^{\mathrm{T}} \end{bmatrix}^{\mathrm{T}} \quad (11.13)$$

对接收信号向量进行离散傅里叶变换就可以获得：

$$\begin{bmatrix} \boldsymbol{y}_0^{\mathrm{T}} & \cdots & \boldsymbol{y}_{T-1}^{\mathrm{T}} \end{bmatrix}^{\mathrm{T}} = (\mathcal{D} \otimes \boldsymbol{I}_{n_r}) \begin{bmatrix} \boldsymbol{r}_0^{\mathrm{T}} & \cdots & \boldsymbol{r}_{T-1}^{\mathrm{T}} \end{bmatrix}^{\mathrm{T}}$$

$$= \boldsymbol{\Lambda}_{\mathrm{cp}} \begin{bmatrix} \boldsymbol{c}_0^{\mathrm{T}} & \cdots & \boldsymbol{c}_{T-1}^{\mathrm{T}} \end{bmatrix}^{\mathrm{T}} + (\mathcal{D} \otimes \boldsymbol{I}_{n_r}) \begin{bmatrix} \boldsymbol{n}_0^{\mathrm{T}} & \cdots & \boldsymbol{n}_{T-1}^{\mathrm{T}} \end{bmatrix}^{\mathrm{T}}$$

$$(11.14)$$

可以看出，原始的频率选择性信道在频域被转换为一系列并行的平坦衰落信道，信道增益由 $\boldsymbol{\Lambda}_{\mathrm{cp}}$ 的对角块给出。由于傅里叶变换矩阵 $\mathcal{D}$ 没有影响噪声的统计特性，在每个并行信道 $k = 0, \cdots, T-1$ 上，输入输出可以统一的表示为

$$\boldsymbol{y}_k = \sqrt{E_{\mathrm{s}}} \boldsymbol{H}_{(k)} \boldsymbol{c}_k + \boldsymbol{n}_k \quad (11.15)$$

这里

$$\boldsymbol{H}_{(k)} = \boldsymbol{\Lambda}_{\mathrm{cp}}^{(kk)} = \sum_{l=0}^{L-1} \boldsymbol{H}[l] \mathrm{e}^{-\mathrm{j}\frac{2\pi}{T}kl} \quad (11.16)$$

维度为 $n_r \times 1$ 的向量 $\boldsymbol{y}_k$ 为需要解码的接收信号，$\boldsymbol{n}_k$ 代表维度 $n_r \times 1$ 为的零均值加性高斯白噪声向量，其 $\varepsilon\{\boldsymbol{n}_k \boldsymbol{n}_k^{\mathrm{H}}\} = \sigma_n^2 \boldsymbol{I}_{n_r} \delta[k-k']$。如果采用最大似然解码，解码器根据如下公式估计发射信号码字：

$$\hat{\boldsymbol{C}} = \mathop{\arg\min}_{\boldsymbol{C}} \sum_{k=0}^{T-1} \| \boldsymbol{y}_k - \sqrt{E_{\mathrm{s}}} \boldsymbol{H}_{(k)} \boldsymbol{c}_k \|^2 \quad (11.17)$$

图 11.2 描述了 MIMO-OFDM 系统的系统框图。在后面的章节将介绍编码设计和交织的重要性。

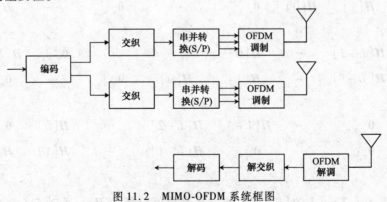

图 11.2　MIMO-OFDM 系统框图

目前为止，我们强调了平坦衰落 MIMO 信道下的输入输出表达式（式（5.3））和式（11.15）的系统模型的一致性。在后者中前者的时间维度被频域维度所取代，比如在 MIMO 平坦衰落信道下的第 k 个时域样点对于这里的第 k 个频域子载波 $\boldsymbol{H}_{(k)}$。我们使用指示 (k) 和平坦衰落信道场景下的时域样点指示 k 加以区分。

离散傅里叶变换扩展 OFDM

由于 OFDM 调制器中逆傅里叶变换操作，发送的 OFDM 信号是大量波形的叠加，

从而导致了即使在每个子载波上采用较低的调制方式如 QPSK，其仍然会有较大的峰均功率比（PAPR）。这就要求发射功率放大器需要回退其工作区域来避免放大器的非线性影响，以保证无损的信号再生。作为 OFDM 的一种变形，离散傅里叶变换扩展 OFDM 可以有效的降低峰均功率比。在离散傅里叶变换扩展 OFDM 中，每个码字 c_k 不再直接进行 OFDM 调制，而是首先通过离散傅里叶变换操作（离散傅里叶变换长度小于 OFDM 调制中逆离散傅里叶变换）扩展到很多个子载波中。在接收机侧，对接收信号进行 OFDM 解调制获得均衡符号再通过逆离散傅里叶变换进行解扩。通过离散傅里叶变换扩展到多个子载波，离散傅里叶变换扩展 OFDM 系统实现了单载波传输（相对于 OFDM），有时也称为单载波频率复用（SC-FDM）。OFDM 通常用于蜂窝系统的下行传输（对于基站功率放大器，峰均功率比比较容易解决），由于用户设备功率放大器要求比较严格，上行通常采用 SC-FDM。WiMAX 和 LTE/LTE-A 的下行都采用 OFDM 技术，而 LTE/LTE-A 和 WiMax 的上行分别采用离散傅里叶变换扩展 OFDM 和 OFDM。章节 14 详细介绍了相应的技术要点。

空频编码 MIMO-OFDM

MIMO-OFDM 系统中最常用的编码技术充分利用了频域并行的衰落信道（假设是独立的），通过在空间和频率进行编码可以获得空间和频率分集增益。空频编码 MIMO-OFDM 是对上述传输机制的直接实现。直观地理解如果信道的相关带宽很小（比如时延扩展很大和抽头数很多），信道增益 $\boldsymbol{H}_{(k)}$ 在不同的频域上变化很大。频域信道可以认为是频域快衰信道。将频率和时间互换，可以获知针对平坦快衰信道设计的编码同样也可作为空频编码用于高度频率选择性的信道。这也表明针对慢衰信道设计的特定编码对于高度频率选择性信道下的空频编码不适用。在特定瞬时，正交空时分组码要求信道在整个码字间隔对保持恒定。比如在两个频域块上使用空时分组码机制，必须保证信道相关带宽大于这些频域块的带宽。否则在接收机侧匹配滤波就不能对数据层进行解耦合，从而导致性能恶化。相反，针对快衰信道优化设计的格式码同样可以适用于频率选择性信道。

前面已经说明基于频率选择性信道的单载波传输可以看作是在等价的 $n_{\mathrm{r}} \times Ln_{\mathrm{r}}$ MIMO 信道上的传输。这里也是同样的情况。对于空频编码 MIMO-OFM 协同，公式 11.15 的虚阵列模型可以表示为

$$\boldsymbol{y}_k = \sqrt{E_s}\underline{\boldsymbol{H}}\big[\, \boldsymbol{c}_k^{\mathrm{T}} \quad \cdots \quad \mathrm{e}^{-\mathrm{j}\frac{2\pi}{T}kl}\boldsymbol{c}_k^{\mathrm{T}} \quad \cdots \quad \mathrm{e}^{-\mathrm{j}\frac{2\pi}{T}k(L-1)}\boldsymbol{c}_k^{\mathrm{T}} \big]^{\mathrm{T}} + \boldsymbol{n}_k \tag{11.18}$$

这里 $\underline{H}$ 参见公式 3.99，其等价码字表示为：

$$\underline{\boldsymbol{C}} = \begin{bmatrix} \boldsymbol{c}_0 & \cdots & \boldsymbol{c}_k & & \boldsymbol{c}_{T-1} \\ \vdots & \ddots & \vdots & & \vdots \\ & & \mathrm{e}^{-\mathrm{j}\frac{2\pi}{T}kl}\boldsymbol{c}_k & & \\ \vdots & & \vdots & \ddots & \vdots \\ \boldsymbol{c}_0 & \cdots & \mathrm{e}^{-\mathrm{j}\frac{2\pi}{T}k(L-1)}\boldsymbol{c}_k & \cdots & \mathrm{e}^{-\mathrm{j}\frac{2\pi}{T}(T-1)(L-1)}\boldsymbol{c}_{T-1} \end{bmatrix} \tag{11.19}$$

通过与式（11.3）比较，可以很容易观察出其与单载波场景的区别。

类似于单载波传输，最大可以获得 $n_r n_t L$ 的分集增益。实际上，MIMO-OFDM 没有减少自由度。严格意思上，循环前缀会带来一定的频谱效率的损失，但是考虑到的帧的长度很长，该损失可以忽略不计。

与单载波传输相比，OFDM 调制要求更高的同步，其对相位噪声更敏感。另外，其会导致高的峰均功率比。尽管存在这些缺点，相对 MIMO 单载波传输，空频 MIMO OFDM 传输更有优势，越来越多的标准采用该技术。

空时和空时频编码 MIMO-OFDM

类似于平坦衰落信道下空时编码，空时编码 MIMO-OFDM 将信息符号扩展到空间和时间域。尽管该方案也可以基于式（11.15）的表达式表征，其码字定义方式不同因为其是基于子载波在不同的 OFDM 符号上传输，每个子载波代表一个并行信道。因此，针对平坦衰落信道设计的空时编码可以直接应用于空时编码 MIMO-OFDM。

例 11.1　假设信道在两个相邻 OFDM 符号上是相同的，空时编码 MIMO-OFDM 以使用 Alamouti 编码，在给定的频率块第一个 OFDM 符号上传输 $\begin{bmatrix} c_1 & c_2 \end{bmatrix}^T$，在相同的频率块上第二个 OFDM 符号传输 $\begin{bmatrix} -c_2^* & c_1^* \end{bmatrix}^T$ 其他所有的频率块都采用 Alamouti 码子矩阵。

但是这种机制不适用于码子长度 T 很大的情况，因为其要求信道在 T 个 OFDM 符号上都是恒定的而通常时间间隔很大。另外，如果不对频率分块进行编码，就意味着没有利用频率分集。

空时频编码 MIMO-OFDM 是上述机制的组合，通过在同一个 OFDM 符号的不同频率块上进行编码来获得频域分集，通过在多个 OFDM 符号进行编码获得时域分集，通过在不同天线上进行编码获得空域分集。本章不包含对空时和空时频 MIMO-OFDM 机制的描述。

11.1.3　单载波和多载波的统一表达式

如前面所述，单载波和 MIMO-OFDM 传输模型都可以通过虚 $n_r \times L n_t$ MIMO 信道表示：

$$Y = \begin{bmatrix} y_0 & \cdots & y_{T-1} \end{bmatrix} = \sqrt{E_s} \underline{H} \, \underline{C} + \begin{bmatrix} n_0 & \cdots & n_{T-1} \end{bmatrix} \qquad (11.20)$$

这里维度为 $n_r \times L n_t$ 的虚拟信道矩阵 $\underline{H}$ 由式（3.99）给出。类似于式（3.100），其分解为两个分量：

$$\underline{H} = \overline{\underline{H}} + \tilde{\underline{H}} \qquad (11.21)$$

这里 $\overline{\underline{H}}$ 和 $\tilde{\underline{H}}$ 定义如下：

$$\overline{\underline{H}} = \begin{bmatrix} \sqrt{\dfrac{K_0}{1+K_0}} \overline{H}[0] & \sqrt{\dfrac{K_1}{1+K_1}} \overline{H}[1] & \cdots & \sqrt{\dfrac{K_{L-1}}{1+K_{L-1}}} \overline{H}[L-1] \end{bmatrix}$$

$$\underline{\tilde{H}} = \left[\sqrt{\frac{1}{1+K_0}} \tilde{H}[0] \quad \sqrt{\frac{1}{1+K_1}} \tilde{H}[1] \quad \cdots \quad \sqrt{\frac{1}{1+K_{L-1}}} \tilde{H}[L-1] \right] \quad (11.22)$$

在虚 $n_r \times Ln_t$ MIMO 表达式中，相应的发射信号码字表征为

$$\underline{C} = \begin{bmatrix} C_{(0)} \\ \vdots \\ C_{(L-1)} \end{bmatrix} \quad (11.23)$$

对于空频编码，根据式（11.19）可以得到

$$\begin{bmatrix} C_{(0)} \\ \vdots \\ C_{(L-1)} \end{bmatrix} = \begin{bmatrix} CD_{(0)} \\ \vdots \\ CD_{(L-1)} \end{bmatrix} = [I_L \otimes C] \underbrace{\begin{bmatrix} D_{(0)} \\ \vdots \\ D_{(L-1)} \end{bmatrix}}_{\underline{D}} \quad (11.24)$$

这里 $D_{(l)} = \mathrm{diag}\{1,\ldots,\mathrm{e}^{-\mathrm{j}\frac{2\pi}{T}kl},\ldots,\mathrm{e}^{-\mathrm{j}\frac{2\pi}{T}(T-1)l}\}$ 对于单载波传输：

$$C_{(l)}(m,k) = c_{k-l}(m,1), k=0,\ldots,T-1, m=1,\ldots,n_t \quad (11.25)$$

假设接收机预知瞬时信道实现，而发射机不知道信道的任何信息。使用最大似然解码，发射码字的估计值为

$$\hat{C} = \arg \min_{C} \| Y - \sqrt{E_s} \underline{H}\underline{C} \|^2 \quad (11.26)$$

这里在所有可能的码字向量 C 中寻找最小值（注意对于单载频和 MIMO-OFDM，$\underline{C}$ 和 C 之间有一一对应的关系）。

线性分组码

虚阵列模型可以进一步用于说明线性分组码。章节 5 表明，线性分组码码字 C 可以简化为

$$C = \sum_{q=1}^{Q} \Phi_q \mathscr{R}[c_q] + \Phi_q + Q\mathscr{C}[c_q] \quad (11.27)$$

式中，Φ_q 是维度为 $(n_t \times T)$ 的复基础矩阵；c_q 代表采用相移键控或者正交正交振幅星座调制的的复合信息符号；Q 为在一个码字上传输的复符号 c_k 的数目。

在频率选择性信道，发送码字的虚阵列表达式为

$$\underline{C} = \sum_{q=1}^{Q} \underline{\Phi}_q \mathscr{R}[c_q] + \underline{\Phi}_q + Q\mathscr{C}[c_q] \quad (11.28)$$

这里等效基础矩阵的虚阵列表达式为

$$\underline{\Phi}_q = \begin{bmatrix} \underline{\Phi}_q^{(0)} \\ \vdots \\ \Phi_q^{(L-1)} \end{bmatrix} \quad (11.29)$$

对于空频编码，这些等效基础矩阵表达式如下：

$$
\begin{bmatrix} \boldsymbol{\Phi}_q^{(0)} \\ \vdots \\ \boldsymbol{\Phi}_q^{(L-1)} \end{bmatrix} = \begin{bmatrix} \boldsymbol{\Phi}_q \boldsymbol{D}(0) \\ \vdots \\ \boldsymbol{\Phi}_q \boldsymbol{D}(L-1) \end{bmatrix} = [\boldsymbol{I}_L \otimes \boldsymbol{\Phi}_q] \underline{\boldsymbol{D}} \tag{11.30}
$$

对于单载波传输，其为

$$
\boldsymbol{\Phi}_q^{(l)}(m,k) = \boldsymbol{\Phi}_q(m,k-l), k = 0, \cdots, T-1, m = 1, \cdots, n_t \tag{11.31}
$$

最后给出宽单一基础矩阵的定义：

定义 11.1 宽（$T \geqslant Ln_t$）单一基础矩阵为 $\underline{\boldsymbol{\Phi}}_q \underline{\boldsymbol{\Phi}}_q^H = \dfrac{T}{LQn_t} \mathbf{I}_{Ln_t}, \quad \forall\, q = 1, \ldots, 2Q$。

11.2 频率选择性信道的信息论分析

11.2.1 容量分析

在给定频率选择性信道的信道实现情况下，其互信息可以基于平坦快衰信道场景通过在有用频率带宽 B 上累加获得：

$$
\mathcal{I}_{\mathrm{FS}}(\{\boldsymbol{H}(f)\}_f, \{\boldsymbol{Q}(f)\}_f) = \frac{1}{B} \int_B \log_2 \det[\boldsymbol{I}_{n_r} + \rho(f)\boldsymbol{H}(f)\boldsymbol{Q}(f)\boldsymbol{H}(f)^H] \mathrm{d}f \tag{11.32}
$$

式中，参数 $\boldsymbol{H}(f)$，$\boldsymbol{Q}(f)$ 和 $\boldsymbol{\rho}(f)$ 分别代表信道转换函数、参数相关矩阵和频率 f 处的信噪比。

在预知发射信道信息下的频率选择性信道的容量如下：

$$
C_{\mathrm{CSIT,FS}} = \max_{\int_B \mathrm{Tr}\{\boldsymbol{Q}(f)\} = P_B} \mathcal{I}_{\mathrm{FS}}(\{\boldsymbol{H}(f)\}_f, \{\boldsymbol{Q}(f)\}_f) \tag{11.33}
$$

式中，$\int_B \mathrm{Tr}\{\boldsymbol{Q}(f)\} = P_B$ 为在频率带宽 B 上的平均总体发射功率。

类似于 MIMO-OFDM 传输，假设频率带宽 B 可以划分为具有相同频谱噪声密度的 T 个频率平坦的子载波。每个子载波上的输入输出表达式如式（11.15）所示。忽略由循环前缀带来的频谱效率的损失，对于确定频率选择性信道实现，其互信息为每个子载波互信息的总和［BGP02］。既有如下公式：

$$
\begin{aligned}
\mathcal{I}_{\mathrm{FS}}(\{\boldsymbol{H}_{(k)}\}_k, \{\boldsymbol{Q}_{(k)}\}_k) &= \frac{1}{T} \sum_{k=0}^{T-1} \mathcal{I}_{(k)} \\
&= \frac{1}{T} \sum_{k=0}^{T-1} \log_2 \det[\boldsymbol{I}_{n_r} + \rho \boldsymbol{H}_{(k)} \boldsymbol{Q}_{(k)} \boldsymbol{H}_{(k)}^H]
\end{aligned} \tag{11.34}
$$

式中，$\boldsymbol{H}_{(k)}$ 为第 k 个频率块的信道式（11.16），$\boldsymbol{Q}_{(k)}$ 为高斯向量 $\boldsymbol{c}_k$ 的相关矩阵。类似于平坦衰落信道场景，将总体发射功率进行归一化，既有总体发射功率约束可以表示为 $\sum_{k=0}^{T-1} \mathrm{Tr}\{Q_{(k)}\} = T$ 信道容量可以表示为

$$C_{\text{CSIT,FS}} = \max_{\sum_{k=0}^{T-1} \text{Tr}\{Q_{(k)}\} = T} \mathcal{I}_{\text{FS}}(\{H_{(k)}\}_k, \{Q_{(k)}\}_k) \tag{11.35}$$

$$= \frac{1}{T} \max_{\sum_{k=0}^{T-1} \text{Tr}\{Q_{(k)}\} = T} \sum_{k=0}^{T-1} \log_2 \det[I_{n_r} + \rho H_{(k)} Q_{(k)} H_{(k)}^{\text{H}}] \tag{11.36}$$

对于平坦衰落信道如果信道实现在发射机侧是已知的，信道容量可以通过空域注水获得。频率选择性信道，基于容量优化的公式如下：

$$C_{\text{CSIT,FS}} = \frac{1}{T} \max_{\sum_{k=0}^{T-1} \sum_{l=1}^{n} s_{(k)}l = T} \sum_{k=0}^{T-1} \sum_{l=1}^{n} \log_2[1 + \rho s_{(k)}, l\lambda_{(k),l}] \tag{11.37}$$

式中，$\{\lambda_{(k),1}, \ldots, \lambda_{(k),n}\}$ 为 $H_{(k)} H_{(k)}^{\text{H}}$ 的特征值。

基于功率受限最大化推导的最优化的功率分配 $\{s_{(0),1}^{\star}, \ldots, s_{(T-1),n}^{\star}\}$，同样采用的是注水算法，不过其是在空域（天线间）和频域进行，称为空频注水 [RC98]。同样这也类似于对块对角化矩阵 $\{H_{(0)}, \ldots, H_{(T-1)}\}$ 进行注水算法。

这里同样可以引入遍历容量 $\bar{C}_{\text{CSIT,FS}} = \mathcal{E}\{C_{\text{CSIT,FS}}\}$ 和中断容量。如前所述，当对大量 OFDM 符号对应的具有不同的信道实现的频率块对其进行编码，遍历容量是相关联的。

11.2.2　等功率分配下的互信息

当功率是均匀分配在频域子载波和天线间，输入相关矩阵 $Q_{(k)}$ 即为等同的单元矩阵，互信息可以简化为

$$\mathcal{I}_{\text{e,FS}} = \frac{1}{T} \sum_{k=0}^{T-1} \log_2 \det\left[I_{n_r} + \frac{\rho}{n_t} H_{(k)} H_{(k)}^{\text{H}}\right] \tag{11.38}$$

在信道带宽 B 内，如果信道是平坦衰落的，$H_{(k)} = H$ 同时式（11.38）简化为平坦衰落信道等功率分配下的互信息。如果信道是频率选择性信道，$H_{(k)}$ 在块与块之间是不同的，互信息 $\mathcal{I}_{\text{e,FS}}$ 为各个块的互信息 $\mathcal{I}_{(k)}$ 的平均。这表明当信道是频率选择性的，不同块独立同分布，互信息在块的数目接近无穷大时就趋向于一个固定值 $\bar{\mathcal{I}}_{\text{e,FS}} = \mathcal{E}\{\mathcal{I}_{\text{e,FS}}\}$。在频率选择性增强时，互信息的分布就会收敛同时中断性能会提高。

11.2.3　分集-复用折中

现在讨论频率选择性信道下的分集和复用的折中。[GT04, Gro05] 说明这个折中实际上等同于如果各条径是独立解析的，就可以获得和匹配滤波界下相同的性能。换句话说不同回波产生的干扰不会影响获得的性能。

定理 11.1　对于由独立相同瑞利分布抽头组成的单输入单输出频率选择性信道，其渐近分集-复用折中 $g_d^{\star}(g_s, \infty)$ 为

$$g_d^{\star}(g_s, \infty) = L(1 - g_s), g_s \in [0,1] \tag{11.39}$$

证明．论据是基于每个径能够独立解析的假设，这样可以在每个抽头上进行匹配滤波。假设信道的脉冲响应为向量 $\underline{h} = [h[0], \ldots, h[L-1]]$，总体传输速率与信噪比成比例即 $R = g_s \log_2(\rho)$，中断概率简化为：

$$P_{\text{out}}(R) = P(\log_2(1 + \rho \parallel \underline{h} \parallel^2) \leqslant R) \tag{11.40}$$

$$= P(\rho \parallel \underline{h} \parallel^2 \leqslant \rho^{g_s}) \tag{11.41}$$

$$\doteq \rho^{-L(1-g_s)} \tag{11.42}$$

式中，$0 \leqslant g_s \leqslant 1$（算术符 $\doteq$ 已经在第 5 章做了说明）。

频率选择性信道对于固定速率的编码提供了 L^t 阶的分集。有意思的是这类似于基于 MIMO 信道下单输入多输出，多输入单输出或者正交空时分组码之间的折中（参见章节 5.2 的例子）。这 L 个抽头可以看作是 L 个虚拟天线，和在有 L 个物理天线单输入多输出或者多输入单输出系统下相同的折中。

忽略循环前缀带来的效率损失，式（11.39）给出频率选择性信道下基于 OFDM 传输系统的渐近优化分集-复用折中。假设 OFDM 传输是一系列并行的信道，理论上利用第 5 章的结果获得折中。但是由于信道中的抽头数是有限的，OFDM 并行信道不是完全独立的，使其派生更加复杂。

11.3　平均成对错误概率

对于已知信道实现为 $\underline{H}$，其在频率选择性场景下条件成对错误概率（PEP）比如在传输时 $\underline{C}$ 对码字 $\underline{E}$ 解码的概率为

$$P(\underline{C} \to \underline{E} \mid \underline{H}) = \mathcal{Q}\left(\sqrt{\frac{E_s}{2\sigma_n^2} \parallel \underline{H}(\underline{C} - \underline{E}) \parallel_F^2}\right) \tag{11.43}$$

定义 $\underline{\Delta} \triangleq I_{n_r} \otimes \underline{\tilde{E}} \triangleq I_{n_r} \otimes (\underline{C} - \underline{E})(\underline{C} - \underline{E})^H$，可以获得：

$$\parallel \underline{H}(\underline{C} - \underline{E}) \parallel_F^2 = \text{vec}(\underline{H}^H)^H \underline{\Delta} \text{vec}(\underline{H}^H) \tag{11.44}$$

因为上述公式为复高斯随机变量的厄米特二次形式，章节 8 所用的基本原理这里同样适用。基于相关抽头下的空间相关莱斯信道下的平均成对错误概率为

$$P(\underline{C} \to \underline{E}) = \frac{1}{\pi} \int_0^{\pi/2} \exp\left(-\eta \text{vec}(\overline{\underline{H}}^H)^H \underline{\Delta}(I_{Ln_r n_t} + \eta \underline{R}\underline{\Delta})^{-1} \text{vec}(\overline{\underline{H}}^H)\right)$$

$$\times (\det(I_{Ln_r n_t} + \eta \underline{R}\underline{\Delta}))^{-1} d\beta \tag{11.45}$$

式中，$\eta = \rho/(4\sin^2\beta)$，$\overline{\underline{R}}$ 是指空间-抽头相关矩阵，其定义如下：

$$\underline{R} = \mathcal{E}\{\text{vec}(\underline{\tilde{H}}^H)\text{vec}(\underline{\tilde{H}}^H)^H\} \tag{11.46}$$

空间-抽头相关矩阵统计了每个窄带 MIMO 抽头内部和抽头之间的空间相关性。

在瑞利慢衰信道下，$\{K_l = 0\}_{l=0}^{L-1}$ 代表所有的抽头，式（11.45）表示的平均成对错误概率简化为

$$P(\underline{C} \rightarrow \underline{E}) = \frac{1}{\pi} \int_0^{\pi/2} \left(\det(\boldsymbol{I}_{Tn_r} + \eta \, \underline{\boldsymbol{C}_R}) \right)^{-1} \mathrm{d}\beta \tag{11.47}$$

定义 $\boldsymbol{C}_{\underline{R}} = (\boldsymbol{I}_{n_r} \otimes (\boldsymbol{C} - \boldsymbol{E}))^{\mathrm{H}} \boldsymbol{R} (\boldsymbol{I}_{n_r} \otimes (\underline{\boldsymbol{C}} - \boldsymbol{E}))$

为了简化描述，将空间-抽头相关矩阵分解为维度为 $Ln_t \times Ln_t$ 的 n_r^2 个分块 $\boldsymbol{R}^{(pq)}$

$$\underline{\boldsymbol{R}} = \begin{bmatrix} \boldsymbol{R}^{(11)} & \cdots & \boldsymbol{R}^{(1n_r)} \\ \vdots & \ddots & \vdots \\ \boldsymbol{R}^{(n_r 1)} & \cdots & \boldsymbol{R}^{(n_r n_r)} \end{bmatrix} \tag{11.48}$$

对于每个码块 $\boldsymbol{R}^{(pq)}$ 进一步分为维度为 $n_t \times n_t$ 的 L^2 个 $\boldsymbol{R}_{lj}^{(pq)}$ 子分块：

$$\boldsymbol{R}^{(pq)} = \begin{bmatrix} \boldsymbol{R}_{00}^{(pq)} & \cdots & \boldsymbol{R}_{0(L-1)}^{(pq)} \\ \vdots & \ddots & \vdots \\ \boldsymbol{R}_{(L-1)0}^{(pq)} & \cdots & \boldsymbol{R}_{(L-1)(L-1)}^{(pq)} \end{bmatrix} \tag{11.49}$$

这里 $\underline{\boldsymbol{C}_R}$ 可以按照其内部分块表示为

$$\underline{\boldsymbol{C}}_R^{(pq)} = (\underline{\boldsymbol{C}} - \underline{\boldsymbol{E}})^{\mathrm{H}} \boldsymbol{P}^{(pq)} (\underline{\boldsymbol{C}} - \underline{\boldsymbol{E}}) \tag{11.50}$$

式中，$p, q = 1, \ldots, n_r$。

如果每个抽头为空间独立同分布的瑞利分布，其平均功率为 β_l（如式 (2.76)），且抽头间没有相关性，空间-抽头相关矩阵可以简化为

$$\underline{\boldsymbol{R}} = \boldsymbol{I}_{n_r} \otimes \mathrm{diag}\{\beta_0, \ldots, \beta_{L-1}\} \otimes \boldsymbol{I}_{n_t} \tag{11.51}$$

平均成对错误概率可以简化为

$$P(\underline{C} \rightarrow \underline{E}) = \frac{1}{\pi} \int_0^{\pi/2} \left[\det(\boldsymbol{I}_{Ln_t} + \eta \, [\mathrm{diag}\{\beta_0, \ldots, \beta_{L-1}\} \otimes \boldsymbol{I}_{n_t}] \, \tilde{\boldsymbol{E}}) \right]^{-n_r} \mathrm{d}\beta \tag{11.52}$$

这里 $\tilde{\boldsymbol{E}} \triangleq (\underline{\boldsymbol{C}} - \underline{\boldsymbol{E}})(\underline{\boldsymbol{C}} - \underline{\boldsymbol{E}})^{\mathrm{H}}$

11.4　瑞利衰落信道下的单载波传输编码设计原则

假设 $\boldsymbol{R}$ 是满秩的，为了在高信噪比点获得完全分集增益，$r(\underline{\boldsymbol{C}_R})$ 必须等于 $n_r n_t L$。

这就意味着等价（或者虚拟）码字必须满足 $r(\tilde{\boldsymbol{E}}) = n_t L$ 和 $\tilde{\boldsymbol{E}} \triangleq (\underline{\boldsymbol{C}} - \underline{\boldsymbol{E}})(\underline{\boldsymbol{C}} - \underline{\boldsymbol{E}})^{\mathrm{H}}$。

［ZG01，LFT01，LP00，GHL + 03，GSP02］研究了单载波传输下的空时编码设计。由于接收机复杂度过高，通常这种类型的传输并没有被实际应用。尽管如此，我们将回顾在单载波-MIMO 传输中的能够获得完全分集增益的几种著名的机制。

11.4.1　整体延时分集

如第 5 章所述，基于平坦衰落信道的典型延时分集机制如下，在第 m 个发射

天线上传输的流为第一个发射天线上传输的流延时 $m-1$ 个时间间隔。这种延时机制使信道在接收机侧变成频率选择性的。当信道本身是频率选择性的，这种整体延时分集机制会进一步增强信道的选择性 [GSP02]。实际上，在第 m 个发射天线上，发射机将在第一个天线传输的流延时 $m-1$ 个时域符号间隔。其等效码字直观上对应将码字 C 在 $n_t L$ 个发射天线上进行典型的延时分集。如果延时小于 $(m-1)L$，等效错误矩阵不是满秩的，就无法获得全分集。下面的例子说明了这点。

例 11.2　假设需要在一个两抽头瑞利衰落信道上通过两个天线传输信息符号流 $c_0, \ldots, c_{T-1}$ 基于典型延时分集机制，发射码字 C 为

$$C = \frac{1}{\sqrt{2}} \begin{bmatrix} c_0 & c_1 & \cdots & c_{T-1} & 0 & 0 \\ 0 & c_0 & c_1 & \cdots & c_{T-1} & 0 \end{bmatrix} \tag{11.53}$$

这里在前端和尾部补零为了避免和帧间的符号间干扰。在两抽头信道，典型机制的等效码字 $\underline{C}$ 为

$$\underline{C} = \frac{1}{\sqrt{2}} \begin{bmatrix} c_0 & c_1 & \cdots & c_{T-1} & 0 & 0 \\ 0 & c_0 & c_1 & \cdots & c_{T-1} & 0 \\ 0 & c_0 & c_1 & \cdots & c_{T-1} & 0 \\ 0 & 0 & c_0 & c_1 & \cdots & c_{T-1} \end{bmatrix} \tag{11.54}$$

显然该编码无法获得完全分集，由于 $\underline{C}$ 的第三例和第二例是一样的，其只有 $3n_r$ 的分集增益。

基于整体延时分集机制，第二个天线上的延时为 2，这样传输码字为

$$C = \frac{1}{\sqrt{2}} \begin{bmatrix} c_0 & c_1 & \cdots & c_{T-1} & 0 & 0 & 0 \\ 0 & 0 & c_0 & c_1 & \cdots & c_{T-1} & 0 \end{bmatrix} \tag{11.55}$$

其等效码字 $\underline{C}$ 为

$$\underline{C} = \frac{1}{\sqrt{2}} \begin{bmatrix} c_0 & c_1 & \cdots & c_{T-1} & 0 & 0 & 0 \\ 0 & c_0 & c_1 & \cdots & c_{T-1} & 0 & 0 \\ 0 & c_0 & c_1 & \cdots & c_{T-1} & 0 & 0 \\ 0 & 0 & c_0 & c_1 & \cdots & c_{T-1} \end{bmatrix} \tag{11.56}$$

显然这种机制获得的完整的发送分集增益 4，总体的分集增益即为 $4n_r$。自然能够构造出类似于平坦衰落信道场景下的该机制的格子表达式。

尽管随着信道长度的增加（抽头数目增加）和天线数目的增加，为了避免符号间的干扰需要填充更多的零，进而降低了传输效率。由于以上原因，我们可以看到在第五章，只有在 T 为无穷大时，标准延时分集才能获得最优分集-复用折中。对于任意有限的 T，折中将受到效率损失的影响。这是在时间域延时分集会带来的缺点。后续我们会发现在频域通过一个类似的机制该缺点可以被优化。

11.4.2　Lindskog-Paulraj 机制

Lindskog-Paulraj 机制［LP00］将 Alamouti 机制直接扩展到频率选择性信道下的单载波传输该方案受限于两个发送天线。为了简化描述，这里假设 $n_r = 1$ 扩展到多天线和额外的细节可以参见［SL01，LSLL02］。

替代 Alamouti 编码传输两个复符号 c_1，c_2，这里传输两个长度为 L 的符号流，$c_1[k]$ and $c_2[k]$，$k = 0, \dots, T-1$。取代通常采用的矩阵乘法，这里通过有限长单位冲激响应滤波器来表示频率选择性信道，以简化描述。从第 m 个发射天线到单个接收天线的信道脉冲响应可以通过 q^{-1} 单位延时操作表示[⊖]：

$$h_m(q^{-1}) = \sum_{l=0}^{L-1} H[l](1,m)q^{-1} \tag{11.57}$$

其共轭定义为

$$(h_m(q^{-1}))^* = h_m^*(q) = \sum_{l=0}^{L-1} H[l]^*(1,m)q^l \tag{11.58}$$

公式 $h_m(q^{-1})c_m[k]$ 可以简化为

$$h_m(q^{-1})c_m[k] = \sum_{l=0}^{L-1} H[l](1,m)c_m[k-l] \tag{11.59}$$

LP 机制的工作原理如下，在第一个为 T 个符号间隔的脉冲中，流 $c_1[k]$ 和 $c_2[k]$ 分别在第一根和第二根天线上传输。第一个脉冲的接收流 $y_1[k]$ 为

$$y_1[k] = \sqrt{\frac{E_s}{2}}[h_1(q^{-1}) \quad h_2(q^{-1})]\begin{bmatrix} c_1[k] \\ c_2[k] \end{bmatrix} + n_1[k] \tag{11.60}$$

其具有长度为 L 个符号的保护间隔来避免和第二个脉冲的符号间干扰。在第二个脉冲中，$c_1[k]$ 和 $c_2[k]$ 的时域反转复共轭比如 $-c_2^*[T-k+1]$ 和 $c_1^*[T-k+1]$ 分别在第一个和第二个天线上传输。其类似于基于经典 Alamout 机制传输的向量 $[-c_2^* \quad c_1^*]^T$ 在第二个脉冲冲的接收流 $y_2[k]$ 为

$$y_2[k] = \sqrt{\frac{E_s}{2}}[h_1(q^{-1}) \quad h_2(q^{-1})]\begin{bmatrix} -c_2^*[T-k+1] \\ c_1^*[T-k+1] \end{bmatrix} + n_2'[k] \tag{11.61}$$

$y_2[k]$ 的时域翻转复共轭为

$$y_2^*[T-k+1] = \sqrt{\frac{E_s}{2}}[h_2^*(q) \quad -h_1^*(q)]\begin{bmatrix} c_1[k] \\ c_2[k] \end{bmatrix} + n_2[k] \tag{11.62}$$

这里 $n_2[k] = n_2'^*[T-k+1]$。组合 $y_1[k]$ 和 $y_2^*[T-k+1]$，就获得

⊖　1$H[1]$（m，n）代表 $H[1]$ 和 $H[1]$ 第（m，n）个元素。

$$\begin{bmatrix} y_1[k] \\ y_2^*[T-k+1] \end{bmatrix} = \sqrt{\frac{E_s}{2}} \underbrace{\begin{bmatrix} h_1(q^{-1}) & h_2(q^{-1}) \\ h_2^*(q) & -h_1^*(q) \end{bmatrix}}_{\boldsymbol{H}_{\text{eff}}} \begin{bmatrix} c_1[k] \\ c_2[k] \end{bmatrix} + \begin{bmatrix} n_1[k] \\ n_2[k] \end{bmatrix} \quad (11.63)$$

匹配滤波后，最终接收信号为

$$\begin{bmatrix} z_1[k] \\ z_2[k] \end{bmatrix} = \boldsymbol{H}_{\text{eff}}^{\text{H}} \begin{bmatrix} y_1[k] \\ y_2^*[T-k+1] \end{bmatrix}$$

$$= \left[h_1^*(q)h_1(q^{-1}) + h_2^*(q)h_2(q^{-1}) \right] \begin{bmatrix} c_1[k] \\ c_2[k] \end{bmatrix} + \boldsymbol{H}_{\text{eff}}^{\text{H}} \begin{bmatrix} n_1[k] \\ n_2[k] \end{bmatrix} \quad (11.64)$$

可见两个流都完全解耦合了，就可以采用两个独立的最大似然解码器。

11.4.3　其他构造

文献［GHL+03］中提出了一些替代编码构造方案来获得完全分集和最大化频率选择性信道的编码增益，最普及的为经典空时格型编码。这些方案的最大缺点是要求的接收机复杂度太高。内部格型加上信道脉冲响应就组成一个超级格型，其状态数目与内部码的状态数目和信道抽头数的乘积成比例。具有如此多状态的最大似然解码导致接收机复杂度很高。这是导致空频 MIMO-OFDM 是获取频率选择性更为实用的方案的另外一个原因。

11.5　瑞利衰落信道下空频编码 MIMO-OFDM 传输的编码设计原则

关于空频编码 MIMO-OFDM 已经在大量文献［ATNS98，LW00a，BLWY01，GL02，HH02b，LW00b，BGP02，BP00b，BP01，BBP03，SSOL03，GL01，LXG02］中做了介绍。本小节，主要分析了空频编码的分集增益和编码增益，同时介绍了如何设计有效的编码。

11.5.1　分集增益分析

类似于平坦衰落信道，定义空频码字误差 $C - E$ by $l_{C,E}(l) = \#\tau_{C,E}(l)$ 的第 l^{th} 列 $(l = 1, \ldots, n_t)$ 的有效长度为 $\tau_{C,E}(l) = \{ k \mid c_k(l) - e_k(l) \neq 0 \}$

码字对 $\{\boldsymbol{C}, \boldsymbol{E}\}$ 的有效长度定义为 $l_{C,E} = \#\tau_{C,E}$，其中 $\tau_{C,E} = \{ k \mid c_k - e_k \neq 0 \}$。码字误差矩阵 $\tilde{\boldsymbol{E}} \triangleq (\boldsymbol{C} - \boldsymbol{E})(\boldsymbol{C} - \boldsymbol{E})^{\text{H}}$ 的秩定义为 $r(\tilde{\boldsymbol{E}})$。在满秩相关信道下，一对码字 $\{\boldsymbol{C}, \boldsymbol{E}\}$ 获得的分集由下述定理给出［WSZ04，Cle05］。

定理 11.2　在有满秩相关矩阵 $\boldsymbol{R}$ 的 L 个抽头的 MIMO 信道上，具有有效长度 $\{l_{C,E}(l)\}_{l=1}^{n_t}$ 和秩为 $r(\tilde{\boldsymbol{E}})$ 的空频码字 $\{\boldsymbol{C}, \boldsymbol{E}\}$ 的分集增益为

$$\max_{\{\tau'_{C,E}(l)\,l\in\mathcal{V}_{\text{ind}}\}} \#\left\{\bigcup_{l\in\mathcal{V}_{\text{ind}}}\tau'_{C,E}(l)\right\}n_{\text{r}} \tag{11.65}$$

这里 $\mathcal{V}_{ind}$ 为组成 $C-E$ 基本元素的行的指示集合。在所有可能的 $\{\tau'_{C,E}(l)\,l\in\mathcal{V}_{\text{ind}}\}$ 上求取最大值。

证明： 因为矩阵的左乘或者右乘上一个非奇异矩阵，不会影响矩阵的秩［HJ95］，

$$r(\underline{C_R}) = r(I_{n_{\text{r}}}\otimes(\underline{C}-\underline{E})^{\text{H}}) = n_{\text{r}}r((\underline{C}-\underline{E})^{\text{H}}) \tag{11.66}$$

证明就转化为寻找矩阵的秩

$$\underline{D}^{\text{H}}(I_L\otimes(C-E)^{\text{H}}) = [\,((C-E)D_{(0)})^{\text{H}}\cdots((C-E)D_{(L-1)})^{\text{H}}\,] \tag{11.67}$$

减小矩阵的大小直至其变为满秩的（比如其秩为其行或者列数目的最小值）。因为改变矩阵列的次序不会改变矩阵的秩，可以利用如下矩阵：

$$\begin{aligned}&[\,D_{(0)}^{\text{H}}((C-E)(1,:))^{\text{H}}\cdots D_{(L-1)}^{\text{H}}((C-E)(1,:))^{\text{H}}\\&\quad D_{(0)}^{\text{H}}((C-E)(n_{\text{t}},:))^{\text{H}}\cdots D_{(L-1)}^{\text{H}}((C-E)(n_{\text{t}},:))^{\text{H}}\,]\end{aligned}$$

$$=\left[\,\text{diag}\{(C-E)^{*}(1,:)\}\begin{bmatrix}d_{(0)}\\\vdots\\d_{(L-1)}\end{bmatrix}^{\text{H}}\cdots\text{diag}\{(C-E)^{*}(n_{\text{t}},:)\}\begin{bmatrix}d_{(0)}\\\vdots\\d_{(L-1)}\end{bmatrix}^{\text{H}}\,\right] \tag{11.68}$$

其中

$$d_{(1)} = [\,1\quad\cdots\quad e^{-j2\pi kl/T}\quad\cdots\quad e^{-j2\pi(T-1)l/T}\,] \tag{11.69}$$

其由对角化元素 $D_{(1)}$ 组成。在式（11.68），所有为零的行会被移除，输出一个维度为 $l_{C,E}\times n_{\text{t}}L$ 的矩阵。由于 $r(\tilde{E})$ 为被 $C-E$ 的行分割子空间的维度，$r(\tilde{E})$ 与 $C-E$ 的行不相关。定义 $\mathcal{V}_{ind}$ 为这些行的指示集合。假设不失一般性的情况下，被 $C-E$ 的行划分的空间的基本元素由 $C-E$ 的 $r(\tilde{E})$ 行组成，$\mathcal{V}_{ind}$ 为

$$\mathcal{V}_{\text{ind}} = \left\{l\,\middle|\,\begin{matrix}C-E\text{ 的第 }l\text{ 行是}\\C-E\text{ 的行张开的空间基向量}\end{matrix}\right\} \tag{11.70}$$

自然，$\#\mathcal{V}_{\text{ind}}=r(\tilde{E})$，从式（11.68）获得对于 $l\notin\mathcal{V}_{\text{ind}}$ 的对角矩阵

$$B_l = \text{diag}\{(C-E)^{*}(l,:)\}\begin{bmatrix}d_{(0)}\\\vdots\\d_{(L-1)}\end{bmatrix}^{\text{H}} \tag{11.71}$$

其维度为 $l_{C,E}\times r(\tilde{E})L$，通过将剩余块矩阵中由相同块矩阵的其他列组合而成的列去除掉进一步降低矩阵的维度。由于每个块矩阵 B_l 为范德蒙矩阵左乘一个对角矩阵，其秩为行和列数的较小值。在块矩阵 B_l 中有 $l_{C,E}(l)$ 个非零行．$l_{C,E}(l)$ 的秩等于 $\{l_{C,E(l)},L\}$ 的较小值。定义矩阵 B'_l 为保留矩阵的 B_l 行和列。矩阵 B'_l 为满秩矩阵，其列数为 $\sum_{l\in\mathcal{V}_{\text{ind}}}\min\{l_{C,E}(l),L\}$。

$\{(C-E)(l,:)\}_{l\in\mathcal{V}_{\text{ind}}}$ 的元素是相互独立的，同时每个块矩阵 B'_l 是满秩的，整

体矩阵的秩为块矩阵分布的函数。算术表达式如下，定义 $\tau_{C,E}(l) = \{k \mid c_k(l) - e_k(l) \neq 0\}$ 其中 $l \in \mathcal{V}_{\mathrm{ind}}$，$\tau'_{C,E}(l)$ 为 $\tau_{C,E}(l)$ 的子集，$\underline{D}^{\mathrm{H}}(I_L \otimes (C-E)^{\mathrm{H}})$ 的秩为

$$r(\underline{D}^{\mathrm{H}}(I_L \otimes (C-E)^{\mathrm{H}})) = \max_{\{\tau'_{C,E}(l)\}_{l \in \mathcal{V}_{\mathrm{ind}}}} \#\Big\{ \bigcup_{l \in \mathcal{V}_{\mathrm{ind}}} \tau'_{C,E}(l) \Big\} \tag{11.72}$$

对于满秩空频码字，定理 11.2 简化为如下结果。

推论 11.1　对于满秩空间抽头相关矩阵 $\underline{R}$，一对满秩（$r(\tilde{E}) = n_{\mathrm{t}}$）的空频码字 $\{C, E\}$，其有效长度为 $\{l_{C,E}(l)\}_{l=1}^{n_{\mathrm{t}}}$，其获得的分集增益为

$$\max_{\{\tau'_{C,E}(l)\}_{l=1}^{n_{\mathrm{t}}}} \#\Big\{ \bigcup_{1 \leq l \leq n_{\mathrm{t}}} \tau'_{C,E}(l) \Big\} n_{\mathrm{r}} \tag{11.73}$$

这里 $\tau'_{C,E}(l) \subset \tau_{C,E}(l) = \{k \mid c_k(l) - e_k(l) \neq 0\}$，同时 $\#\tau'_{C,E}(l) = \min\{l_{C,E}(l), L\}$。基于所有可能的 $\{\tau'_{C,E}(l)\}_{l=1}^{n_{\mathrm{t}}}$ 寻找最大值。

分集增益的上边界由下述定理给出。

定理 11.3　对于满秩空间抽头相关矩阵 $\underline{R}$，具有有效长度 C，E 和秩 $r(\tilde{E})$ 的一对空频码字 $\{C, E\}$ 可以获得分集增益上边界为 $\min\{l_{C,E}, r(\tilde{E})L\} n_{\mathrm{r}}$ 当 $l_{C,E}(l) \geq L, \forall l = 1, \ldots, n_{\mathrm{t}}$ 时候，等式成立。

证明.　假设 R 为满秩的，C_R 的秩的上边界为

$$n_{\mathrm{r}} \min r(\underline{D}^{\mathrm{H}}(I_L \otimes (C-E)^{\mathrm{H}})) \tag{11.74}$$

不是一般性下，假设在 $\underline{D}$ 已经移除和 $C-E$ 零列对应位置的行和列，即有 $r(\underline{D}) = l_{C,E}$。由于 $r(I_L \otimes (C-E)) = Lr(C-E)$，矩阵乘积的秩不等式说明可获得的最大分集增益等于 $n_{\mathrm{r}} \min\{l_{C,E}, r(\tilde{E})L\}$。根据定理 11.2，在 $l_{C,E}(l) \geq L, \forall l = 1, \ldots, n_{\mathrm{r}}$ 时等式成立。

推论 11.2　对于满秩空间抽头相关矩阵 $\underline{R}$，具有有效长度 $l_{C,E}$，有效长度 $\{l_{C,E}(l)\}_{l=1}^{n_{\mathrm{t}}}$ 和秩 $r(\tilde{E})$ 的一对空频码字 $\{C, E\}$ 可以获得在满足如下条件时可以获得完全分集增益 $n_{\mathrm{t}} n_{\mathrm{r}} L$。

$$r(\tilde{E}) = n_{\mathrm{t}},$$
$$l_{C,E}(l) \geq L, \forall l = 1, \ldots, n_{\mathrm{t}},$$
$$l_{C,E} \geq n_{\mathrm{t}} L.$$

示例 11.3　考虑如下例子的一对空频码字 C，E（钻形代表非零值）

- $r(\tilde{E}) = 2$，$L = 3$

$$C - E = \begin{bmatrix} \blacklozenge & \blacklozenge & & & & \\ \blacklozenge & \blacklozenge & & & & \\ & & \blacklozenge & \blacklozenge & \blacklozenge & \blacklozenge \end{bmatrix} \tag{11.75}$$

由于这是一个秩为 2 的错误矩阵，可以选择如下 $\mathcal{V}_{\mathrm{ind}} = \{2, 3\}$，行为 2，$l_{C,E}(2) = 2, \#\tau_{C,E}(2) = 2$；行为 3，$l_{C,E}(3) = 5, \#\tau'_{C,E}(3) = 3$。对于子集 $\tau'_{C,E}(2)$ 可以为 $\tau'_{C,E}(2) = \{1,2\}$，对于 $\tau'_{C,E}(3)$，有很多种选项。第一个选项为 $\tau'_{C,E}(3) = \{2,$

$3,4\}$，这样 $\tau'_{C,E}(2)\cup\tau'_{C,E}(3)=\{1,2,3,4\}$，集的势为 4. 另外一个选项为 $\tau'_{C,E}(3)=\{3,4,5\}$，这时 $\tau'_{C,E}(2)\cup\tau'_{C,E}(3)=\{1,2,3,4,5\}$，集的势为 5. 因为获得的分集为所有可能的子集中最大的势，当前错误矩阵的获得的发送分集为 5

- 对于 $r(\tilde{\boldsymbol{E}})=1$ 且 $L=2$，

$$
\boldsymbol{C}-\boldsymbol{E}=\begin{bmatrix} \blacklozenge & \blacklozenge & \blacklozenge & \blacklozenge \\ \blacklozenge & \blacklozenge & \blacklozenge & \blacklozenge \end{bmatrix} \tag{11.76}
$$

其获得的发送分集为 2，等于定理 11.3 的上边界。

- 对于 $r(\tilde{\boldsymbol{E}})=1$ 且 $L=2$

$$
\boldsymbol{C}-\boldsymbol{E}=\begin{bmatrix} \blacklozenge & \blacklozenge & \blacklozenge & \blacklozenge \\ \blacklozenge & \blacklozenge & \blacklozenge & \blacklozenge \end{bmatrix} \tag{11.77}
$$

其发送分集为完全分集增益为 4（参见推论 11.2）。

获得的分集和空间抽头相关矩阵无关（考虑相关矩阵式满秩的），但是与编码特性相关。但是类似于平坦衰落信道，空间抽头相关性会降低编码增益。尽管在高信噪比点，渐近分集不受空间抽头相关性的影响，当发射机侧信道是高相关的可见在有限信噪比下分集会受到严重影响。本小节余下部分假设发射端是零相关性的，考虑集合接收抽头半相关信道。章节 11.6 介绍了发射高相关下的空间抽头相关信道。

11.5.2　编码增益分析

从空间抽头相关到空间频率相关

考虑在发射端，元素间隔足够大和散射足够丰富就可以忽略发射相关性，空间抽头相关矩阵为 $\underline{\boldsymbol{R}}=\underline{\boldsymbol{R}}_{\mathrm{r,L}}\otimes\boldsymbol{I}_{n_{\mathrm{t}}}$，联合接收抽头相关矩阵定义如下：

$$
\underline{\boldsymbol{R}}_{\mathrm{r,L}}=\mathcal{E}\{\mathrm{vec}(\underline{\tilde{\boldsymbol{H}}}_{\mathrm{r,L}}^{\mathrm{H}})\,\mathrm{vec}(\underline{\tilde{\boldsymbol{H}}}_{\mathrm{r,L}}^{\mathrm{H}})^{\mathrm{H}}\} \tag{11.78}
$$

这里

$$
\underline{\tilde{\boldsymbol{H}}}_{\mathrm{r,L}}=[\tilde{\boldsymbol{H}}[0](:,1)\quad \tilde{\boldsymbol{H}}[1](:,1)\quad \cdots \quad \tilde{\boldsymbol{H}}[L-1](:,1)] \tag{11.79}
$$

类似于式（11.48），将 $\underline{\boldsymbol{R}}_{\mathrm{r,L}}$ 分集为 n_{r}^2 个块 $\boldsymbol{R}_{\mathrm{r,L}}^{(pq)}$。每个块 $\boldsymbol{R}_{\mathrm{r,L}}^{(pg)}$ 建模为 $\boldsymbol{R}_{\mathrm{r,L}}^{(pq)}(l,j)\boldsymbol{I}_{n_{\mathrm{t}}}$。这样 $\boldsymbol{C}_{\mathrm{R}}^{(pq)}=(\underline{\boldsymbol{C}}-\underline{\boldsymbol{E}})^{\mathrm{H}}\boldsymbol{R}^{(pq)}(\underline{\boldsymbol{C}}-\underline{\boldsymbol{E}})$ 可以转化为

$$
\begin{aligned}
(\underline{\boldsymbol{C}}-\underline{\boldsymbol{E}})^{\mathrm{H}}\boldsymbol{R}^{(pq)}(\underline{\boldsymbol{C}}-\underline{\boldsymbol{E}}) &= \sum_{j=0}^{L-1}\sum_{l=0}^{L-1}(\boldsymbol{C}-\boldsymbol{E})_{(l)}^{\mathrm{H}}\boldsymbol{R}_{lj}^{pq}(\boldsymbol{C}-\boldsymbol{E})_{(j)} \\
&= \sum_{j=0}^{L-1}\sum_{l=0}^{L-1}\boldsymbol{R}_{\mathrm{r,L}}^{pq}(l,j)(\boldsymbol{C}-\boldsymbol{E})_{(l)}^{\mathrm{H}}(\boldsymbol{C}-\boldsymbol{E})_{(j)} \\
&= \boldsymbol{R}_{\mathrm{f}}^{pq}\odot((\boldsymbol{C}-\boldsymbol{E})^{\mathrm{H}}(\boldsymbol{C}-\boldsymbol{E}))
\end{aligned} \tag{11.80}
$$

这里 $\boldsymbol{R}_{\mathrm{f}}^{(pq)}$ 定义为

$$
\boldsymbol{R}_{\mathrm{f}}^{(pq)}=\sum_{j=0}^{L-1}\sum_{l=0}^{L-1}\boldsymbol{R}_{\mathrm{r,L}}^{(pq)}(l,j)\boldsymbol{d}_{(l)}^{\mathrm{H}}\boldsymbol{d}_{(j)} \tag{11.81}
$$

$d_{(1)}$ 如式（11.69）的定义，基于块 $R_f^{(pq)}$ 构造空间频率相关矩阵 R_f 为

$$
R_f = \begin{bmatrix} R_f^{(11)} & \cdots & R_f^{(1n_r)} \\ \vdots & \ddots & \vdots \\ R_f^{(n_r 1)} & \cdots & R_f^{(n_r n_r)} \end{bmatrix}
\tag{11.82}
$$

这里矩阵 $\underline{C_R}$ 为

$$
\underline{C_R} = R_f \odot [I_{n_r \times n_r} \otimes ((C - E)^H (C - E))]
\tag{11.83}
$$

空间频率相关矩阵 R_f 和相关孔径解决传递函数（章节 2.9）具有相同的含义，同时考虑了离散接收空间域和离散频率域的相关性。如果每个抽头 l 是独立同分布的瑞利分布且具有平均概率 β_1（式 2.76），同时抽头间不具有相关性，空间频率相关矩阵为

$$
R_f = I_{n_r} \otimes R_F
\tag{11.84}
$$

$$
R_F = \sum_{l=0}^{L-1} \beta_1 d_{(l)}^H d_{(1)}
\tag{11.85}
$$

频率相关性对编码增益的影响

平均成对错误概率的式（11.47）中求取行列式的操作可以转换为

$$
\det(I_{Tn_r} + \eta \, \underline{C_R}) = \det(I_{Tn_r} + \eta R_f \odot [I_{n_r \times n_r} \otimes ((C - E)^H (C - E))])
$$

$$
\leqslant \det(I_{Tn_r} + \eta \, \mathrm{diag}\{ R_f^{(11)} \cdots R_f^{(n_r n_r)} \} \odot [I_{n_r \times n_r} \otimes ((C - E)^H (C - E))])
$$

$$
= \prod_{n=1}^{n_r} \det(I_T + \eta [R_f^{(nn)} \odot ((C - E)^H (C - E))])
$$

$$
\leqslant \prod_{k=0}^{T-1} \left(1 + \eta \big[\sum_{l=0}^{L-1} \beta_1 \big] \| c_k - e_k \|^2 \right)^{n_r}
\tag{11.86}
$$

显然，如果 R_f 是对角矩阵，在独立同分布快衰信道下 MIMO-OFDM 的性能与窄带 MIMO 传输的性能一致。这说明接收机频率相关性会降低编码增益。通过交织的方法可以减小相邻频率块之间的频率相关性。交织实际上优化了码字对中的符号位置，从而最小化 R_f 中的非对角元素。前面的分析也建议采用具有较大有效长度的编码。

如果采用典型的随机交织器（[ATNS98，LW00a，BLWY01，GL02，HH02b，LW00b，SSOL03，GL01，LXG02]），一个基于 L 和 $\{\beta_1\}_{l=0,\ldots,L-1}$ 对深度进行优化的块交织器可以提升性能。实际上它可以基于更高效的方式控制相邻码块间频率相关性（[GHL+03，WSZ04]）。将码字对在距离上区分开，使其具有较低的频率相关性。当发射端无法获知抽头数和功率延时分布的相关信息，交织的深度就没有解析解。但是主要的错误事件是那些具有最小错误长度的。因此根据经验，交织器必须保证具有有小有效长度的码字对分散在具有较低频率相关性的位置上。

为了说明交织器和抽头数对性能的影响，图 11.3 说明了在 1×2 归一化抽头概率分布为 $(\beta_l = \beta, l = 0, \ldots, L-1)$ 的独立同分布瑞利信道下具有 16 个状态的"FYV"码 [FVY01] 的误帧率（128 个频率块）。该编码最小有效长度为 3，说明能够获得的最大分集增益为 3. 基于图片可以看到在使用交织器时随着 L 增大性能提升，信道的自由度可以得到更高效的利用。另外，相邻抽头的频率相关性也随着 L 的增大降低了。因此分集和编码增益都得到了提升。

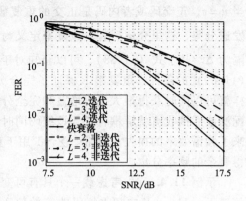

图 11.3　对于 $L = 2$，3，4 的 16 位状态的 "FVY" 编码在具有均匀分布的独立同分布瑞利信道下，迭代和非迭代下的前向错误概率

11.5.3　空间频率线性分组码

目前为止主要分析了线性空间频率分组码，下面说明了当信道为空间独立同分布瑞利分布且具有非均匀分布抽头时，减小最大平均成对错误概率的最优化条件。在该场景下，公式 11.52 给出了平均成对错概率的计算。

定理 11.4　由大西基本矩阵 $\{\underline{\boldsymbol{\Phi}}_q\}_{q=1}^{2Q}$ 构成的相移键控/正交幅度星座调制的空间频率分组码在满足矩阵 $\{\underline{\boldsymbol{\Phi}}_q\}_{q=1}^{2Q}$ 为对斜埃尔米特矩阵，比如它们满足如下条件（充分条件）下最小化了在具有独立非均匀分布抽头的独立同分布慢衰瑞利信道下的平均最差配错误概率。

$$\underline{\boldsymbol{\Phi}}_q \underline{\boldsymbol{\Phi}}_p^{\mathrm{H}} + \underline{\boldsymbol{\Phi}}_p \underline{\boldsymbol{\Phi}}_q^{\mathrm{H}} = 0 \quad q \neq p \tag{11.87}$$

这个条件为获得联合界的最小平均切尔诺夫上界的充分必要条件（公式 6.4）。

证明：证明参见定理 6.3. 的证明。

正交空频分组码

正交空频分组码满足了对斜埃尔米特矩阵的条件，可以看做是正交空时分组码的频率选择性版本。为了设计该编码，将 $\underline{\boldsymbol{\Phi}}_q$ 分解为 L 个子块，第 l 个子块等价于 $\boldsymbol{\Phi}_q \boldsymbol{D}_{(l)}$。定义的 $\underline{\boldsymbol{\Phi}}_q \underline{\boldsymbol{\Phi}}_p^{\mathrm{H}} + \underline{\boldsymbol{\Phi}}_p \underline{\boldsymbol{\Phi}}_q^{\mathrm{H}}$ 第 (u, v) 块的第 (m, n) th 元素为 $(\underline{\boldsymbol{\Phi}}_q \underline{\boldsymbol{\Phi}}_p^{\mathrm{H}} + \underline{\boldsymbol{\Phi}}_p \underline{\boldsymbol{\Phi}}_q^{\mathrm{H}})_{u,v} (m, n)$：

$$(\underline{\boldsymbol{\Phi}}_q \underline{\boldsymbol{\Phi}}_p^{\mathrm{H}} + \underline{\boldsymbol{\Phi}}_p \underline{\boldsymbol{\Phi}}_q^{\mathrm{H}})_{u,v}(m,n) = \sum_{k=0}^{T-1} e^{-j\frac{2\pi}{T}k(u-v)} \left(\boldsymbol{\Phi}_q(m,k)\boldsymbol{\Phi}_p^*(n,k) + \boldsymbol{\Phi}_p(n,k)\boldsymbol{\Phi}_q^*(m,k) \right)$$

$$\tag{11.88}$$

式（11.87）的条件等价于

$$(\underline{\boldsymbol{\Phi}}_q \underline{\boldsymbol{\Phi}}_p^{\mathrm{H}} + \underline{\boldsymbol{\Phi}}_p \underline{\boldsymbol{\Phi}}_q^{\mathrm{H}})_{u,v}(m,n) = \begin{cases} 2\dfrac{T}{LQn_{\mathrm{t}}} & q=p, u=v, m=n \\ 0 & \end{cases} \tag{11.89}$$

当 $u = v$，正交码或者内码是正交的重复码可以满足上述条件。由于前者只能获得发送分集，这里介绍后者。重复率定义为 $\sum$，重复正交码对应的频率块的频率间隔为 Δ。基于式（11.88），可以获知对于 $u \neq v$ 只有 $\sum = L$ and $\Delta = T/L$ 才能满足式（11.89）的条件。重复率 L 保证了完全分集，Δ 作用如同前述的分组交织器。这样就可以同时获得最大编码增益和完全分集增益。由于类似于正交空时分组码在匹配滤波后接收流就解耦合了，该编码同时具有高效的解码复杂度。其代价是重复带来了频谱效率的损失。通常。$\sum = 1$ 用于获得完全发送分集增益，一个外码用于获得剩余的频率分集。

示例 11.4. 首先考虑载一个具有可变长度（$L = 1, 2, 3$）1×2 频率选择性瑞利信道下，Alamouti 空频重复码的等效信道（匹配滤波后）。因为 $n_r = 1$，信道矩阵可以定义低阶场景 h。假设基于 2 抽头信道设计编码，即 $\sum = 2$ 且 $\Delta = T/2$。换句话说如果第一个空频码字在频率块 v and $v + w$ 上传输，第二个码字就在 $v + T/2$ and $v + w + T/2$ 频率块上传输。对于第 v 个频率块发送天线和接收天线间的传递函数为 $\boldsymbol{h}_v = \begin{bmatrix} \boldsymbol{h}_v(1) & \boldsymbol{h}_v(2) \end{bmatrix}$ 在 $v, v + w, v + T/2$ and $v + T/2 + w$ 频率块上的接收信号为

$$
\begin{aligned}
y_v &= \boldsymbol{h}_{(v)}(1) c_1 + \boldsymbol{h}_{(v)}(2) c_2 + n_v \\
y_{v+w} &= -\boldsymbol{h}_{(v+w)}(1) c_2^* + \boldsymbol{h}_{(v+w)}(2) c_1^* + n_{v+w} r \\
y_{v+T/2} &= \boldsymbol{h}_{(v+T/2)}(1) c_1 + \boldsymbol{h}_{(v+T/2)}(2) c_2 + n_{v+T/2} \\
y_{v+T/2+w} &= -\boldsymbol{h}_{(v+T/2+w)}(1) c_2^* + \boldsymbol{h}_{(v+T/2+w)}(2) c_1^* + n_{v+T/2+w}
\end{aligned}
\tag{11.90}
$$

其可以表示为

$$
\underbrace{\begin{bmatrix} y_v \\ y_{v+w}^* \\ y_{v+T/2} \\ y_{v+T/2+w}^* \end{bmatrix}}_{\boldsymbol{y}} = \boldsymbol{H}_{\text{eff}} \begin{bmatrix} c_1 \\ c_2 \end{bmatrix} + \underbrace{\begin{bmatrix} n_v \\ n_{v+w}^* \\ n_{v+T/2} \\ n_{v+T/2+w}^* \end{bmatrix}}_{\boldsymbol{n}}
\tag{11.91}
$$

这里

$$
\boldsymbol{H}_{\text{eff}} = \begin{bmatrix} \boldsymbol{h}_{(v)}(1) & \boldsymbol{h}_v(2) \\ \boldsymbol{h}_{(v+w)}^*(2) & -\boldsymbol{h}_{(v+w)}^*(1) \\ \boldsymbol{h}_{(v+T/2)}(1) & \boldsymbol{h}_{(v+T/2)}(2) \\ \boldsymbol{h}_{(v+T/2+w)}^*(2) & -\boldsymbol{h}_{(v+T/2+w)}^*(1) \end{bmatrix}
\tag{11.92}
$$

首先考虑如下 3 种信道匹配滤波后的接收信号：

- $L = 1$. 既然没有频率选择性，信道等价于频率平坦信道。对于频率块 z 信道向量为 $\boldsymbol{h}_{(z)} = \boldsymbol{h}[0] \ \forall_z = 0, \ldots, T-1$。经过匹配滤波（$\boldsymbol{H}_{\text{eff}}^{\text{H}}$），获得：

$$\boldsymbol{H}_{\text{eff}}^{\text{H}}\boldsymbol{y} = 2\parallel\boldsymbol{h}[0]\parallel^2\boldsymbol{I}_2\begin{bmatrix} c_1 \\ c_2 \end{bmatrix} + \boldsymbol{H}_{\text{eff}}^{\text{H}}\boldsymbol{n} \tag{11.93}$$

完成了解耦合，但没有频率选择性。

• $L=2$。对于频率块 $\mathcal{Z}$ 信道向量为 $\boldsymbol{h}_z = \boldsymbol{h}[0] + \boldsymbol{h}[1]\mathrm{e}^{-\mathrm{j}2\pi z/T}, \forall \mathcal{Z} = 0,\ldots,T-1$ 经过匹配滤波，获得：

$$\boldsymbol{H}_{\text{eff}}^{\text{H}}\boldsymbol{y} = 2\parallel\boldsymbol{h}\parallel_{\text{F}}^2\boldsymbol{I}_2\begin{bmatrix} c_1 \\ c_2 \end{bmatrix} + \boldsymbol{H}_{\text{eff}}^{\text{H}}\boldsymbol{n} \tag{11.94}$$

其中 $\parallel\boldsymbol{h}\parallel_{\text{F}}^2 = \parallel\boldsymbol{h}[0]\parallel^2 + \parallel\boldsymbol{h}[1]\parallel^2$ 可见流解耦合了，完全利用了频率选择性（分集增益为 4）不管 w 为何值。

• $L=3$ 信道长于编码的重复率。信道向量为

$$\boldsymbol{h}_{(z)} = \boldsymbol{h}[0] + \boldsymbol{h}[1]\mathrm{e}^{-\mathrm{j}2\pi z/T} + \boldsymbol{h}[2]\mathrm{e}^{-\mathrm{j}2\pi 2z/T} \tag{11.95}$$

匹配滤波后，滤波后的信号可以表示为

$$\boldsymbol{H}_{\text{eff}}^{\text{H}}\boldsymbol{y} = \begin{bmatrix} b & a \\ a^* & c \end{bmatrix}\begin{bmatrix} c_1 \\ c_2 \end{bmatrix} + \boldsymbol{H}_{\text{eff}}^{\text{H}}\boldsymbol{n} \tag{11.96}$$

对于部分实数 b，c 和复数 a，可以获得分集增益 4. 同时在抽头数很大时，推荐采用尽量小的（比如 $w=1$）来利用解耦合特性。实际上如果 $w/T \ll 1$，可以看到 $a\approx0$。

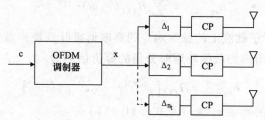

图 11.4　MIMO-OFDM 循环延时分集

11.5.4　循环延时分集

循环延时分集（Cyclic delay-diversity，CDD）［DK01，GSP02］也称为循环移位分集，是广泛延时分集方案针对 OFDM 系统的变形。其思想是在时域针对不同的天线传输经过不同循环移位因子的相同 OFDM 符号。循环延时分集将广泛延时分集方案中的时间延时被转化为循环延时。类似于广泛延时分集，循环延时分集将 MIMO 信道转换为增强频率选择性的 SIMO 信道，其相应的频率分集可以通过合适的外部编码获得。

相对广泛延时分集，循环延时分集方案的一个优点是减小了保护间隔。为了避免符号间干扰，同时获得完全分集，广泛延时分集方案需要引入一个和发送天线数目，信道长度成正比的延时。对于循环延时分集，延时的循环特性可以减少保护间隔从而提高频偏效率。实际上在循环延时分集中，保护间隔只和信道长度 L 成比

例。相对正交空频分组码另外一个优点是其提高了对任意发送天线数的适用性和通用性。另外如果大于两发送天线也没有速率损失，同时也不像正交空频分组码和正交空时分组码要求不同频率块之间的信道必须保持不变。但是相对正交空频分组码，为了获得完全分集其外部码的状态数大大提高了。

如图 11.4 所示，一个循环延时分集传输如下。符号序列 c（已经经过纠错编码）经过串并转换后 OFDM 调制，输出序列定义为 x（类似式（11.4）），这个序列在每个天线上经过循环延时 Δ_m，$m = 1, \ldots, n_t$ 后发送，天线 $m(m = 1, \ldots, n_t)$ 在时间 $n(n = 0, \ldots, T-1)$ 上的输出信号为 $x_{(n-\Delta_m) \bmod T}$。类似于传统的 OFDM 传输，最后一个循环前缀加载在每个天线上。在接收机，循环前缀被移除，进行 OFDM 解调制和解码。

前面提及，循环延时分集将 MIMO 传输转化为等价的具有增强频率选择性的 SIMO 传输。实际上在时域进行循环移位等价于在频域复用一个相位旋转。频域的接收信号可以表示为

$$y_k = \sqrt{\frac{E_s}{n_t}} \boldsymbol{h}_{\mathrm{eq},(k)} c_k + \boldsymbol{n}_k \tag{11.97}$$

其在 k^{th} 频率块上的等价 SIMO 信道矩阵为 $\boldsymbol{h}_{\mathrm{eq},(k)}$，

$$\boldsymbol{h}_{\mathrm{ep},(k)} = \sum_{m=1}^{n_t} \boldsymbol{H}_{(k)}(:,m) \mathrm{e}^{-\mathrm{j}\frac{2\pi}{T}k\Delta_m} \tag{11.98}$$

式中，$\boldsymbol{H}_{(k)}$ 为在 k^{th} 子载波上的脉冲响应的离散傅里叶变换，参见式（11.16）。

同样我们可以给出加载循环延时分集的等价信道为

$$\boldsymbol{h}_{\mathrm{eq},(k)} = \boldsymbol{H}_{(k)} \left[\mathrm{e}^{-\mathrm{j}\frac{2\pi}{T}k\Delta_1} \quad \cdots \quad \mathrm{e}^{-\mathrm{j}\frac{2\pi}{T}k\Delta_{n_t}} \right] \tag{11.99}$$

在频率块 k 上传输的码字 $\boldsymbol{c}_k$ 为（见式（11.15））：

$$\boldsymbol{c}_k = \frac{1}{\sqrt{n_t}} \left[\mathrm{e}^{-\mathrm{j}\frac{2\pi}{T}k\Delta_1} \quad \cdots \quad \mathrm{e}^{-\mathrm{j}\frac{2\pi}{T}k\Delta_{n_t}} \right]_{c_k}^{\mathrm{T}} \tag{11.100}$$

如果信道是平坦衰落的（$L = 0$），等价 SIMO 信道可以简化为

$$\boldsymbol{h}_{\mathrm{ep},(k)} = \sum_{m=1}^{n_t} \boldsymbol{H}(:,m) \mathrm{e}^{-\mathrm{j}\frac{2\pi}{T}k\Delta_m} \tag{11.101}$$

可以看出，等价信道由 Ln_t 虚抽头构成，状态数很大的外部码可以获得分集增益 Ln_t。但是抽头的有效数目（那些可以提高分集增益的）取决于 Δ_m，其需要优化来获得完全分集增益和大阵列增益。如果 $\Delta_m = (m-1)\Delta$，Δ 必须大于等于 L。如果 Δ 小于 L 将减少有效抽头的数目，因为部分抽头具有相同的循环相位旋转。这和在广泛延时分集中不同天线的延时选择出现的问题类似。11.5.2 节关于频率相关矩阵 $\boldsymbol{R}_f$ 的分析说明优化 Δ 就是最小化相邻频率块的频率相关性。11.5.2 节说明，交织器和外部码（具有大的最小有效长度）的选择对于在循环延时分集下开发频率分集是至关重要的。更多关于优化循环延时，用于循环延时分集的交织器和

外部码参见［TS04，BM06］. 下面介绍一个示例。

示例 11.5 假设采用循环延时分集在一个具有 L 个抽头，$n_t = 2$ and $n_r = 1$ 信道上传输序列 $\boldsymbol{c} = \begin{bmatrix} c_0 & \cdots & c_{T-1} \end{bmatrix}^T$ 经过逆离散傅里叶变换后的信号为 $\boldsymbol{x} = \mathcal{D}^H \boldsymbol{c}$。考虑如果两个情况：$L = 1$ 和 $L = 2$。

• $L = 1$。相对在第一个天线上发送的码字，第二个天线上发送的码字经过循环移位。如果循环移位为一个符号间隔（类似于表征延时分集），$\Delta_m = m - 1$，在循环前缀前的码字矩阵为

$$X = \frac{1}{\sqrt{2}} \begin{bmatrix} x_0 & x_1 & \cdots & x_{T-2} & x_{T-1} \\ x_1 & x_2 & \cdots & x_{T-1} & x_0 \end{bmatrix} \tag{11.102}$$

因为信道是平坦衰落信道，实际上不需要循环前缀。信道简化为 $\boldsymbol{h} = \begin{bmatrix} h_1 & h_2 \end{bmatrix}$，接收信号为

$$\boldsymbol{r} = \sqrt{E_s} \boldsymbol{h} X + \boldsymbol{n}, \tag{11.103}$$

可以转化为

$$\boldsymbol{r}^T = \sqrt{\frac{E_s}{2}} \underbrace{\begin{bmatrix} h_1 & h_2 & 0 & \cdots & 0 \\ 0 & h_1 & h_2 & \cdots & 0 \\ \vdots & \ddots & \ddots & \ddots & \vdots \\ h_2 & \cdots & 0 & \cdots & h_1 \end{bmatrix} \begin{bmatrix} x_0 \\ \vdots \\ x_{T-1} \end{bmatrix}}_{x} + \boldsymbol{n}^T \tag{11.104}$$

循环延时分集导致一个循环矩阵，在 $\boldsymbol{r}^T$ 加载离散傅里叶变换有

$$\boldsymbol{y}^T = \mathcal{D} \boldsymbol{r}^T = \sqrt{\frac{E_s}{2}} \operatorname{diag}\{\boldsymbol{h}_{eq,(0)}, \ldots, \boldsymbol{h}_{eq,(T-1)}\} \boldsymbol{c} + \mathcal{D} \boldsymbol{n}^T \tag{11.105}$$

这里 $\boldsymbol{h}_{ep,(k)}$ 为信道向量 $\boldsymbol{h}$ 的离散傅里叶变换值：

$$\boldsymbol{h}_{ep,(k)} = \sum_{m=1}^{n_t} h_m e^{-j\frac{2\pi}{T}k(m-1)} \tag{11.106}$$

如果 Δ_m 进一步优化，可以提升频率选择性。

• $L = 2$。将第二个天线传输的码字移位两个符号长度，$\Delta_m = (2m-1)$ 在循环前缀前的码字矩阵为

$$X = \frac{1}{\sqrt{2}} \begin{bmatrix} x_0 & x_1 & x_2 & \cdots & x_{T-2} & x_{T-1} \\ x_2 & x_3 & \cdots & x_{T-1} & x_0 & x_1 \end{bmatrix} \tag{11.107}$$

由于信道长度为 2，需要长度为 1 的循环前缀。假设 x_{T-1} 和 x_1 分别为天线 1 和 2 上的循环前缀

$$X' = \frac{1}{\sqrt{2}} \begin{bmatrix} x_{T-1} & x_0 & x_1 & x_2 & \cdots & x_{T-2} & x_{T-1} \\ x_1 & x_2 & x_3 & \cdots & x_{T-1} & x_0 & x_1 \end{bmatrix} \tag{11.108}$$

定义虚信道矩阵为 $\underline{\boldsymbol{h}} = \begin{bmatrix} \boldsymbol{h}[0] & \boldsymbol{h}[1] \end{bmatrix}$，移除循环前缀后的接收信号为

$$\boldsymbol{r} = \sqrt{\frac{E_s}{2}} \underline{\boldsymbol{h}} X + \boldsymbol{n} \tag{11.109}$$

这里

$$\underline{X} = \begin{bmatrix} x_0 & x_1 & \cdots & x_{T-1} \\ x_2 & x_3 & \cdots & x_1 \\ x_{T-1} & x_0 & \cdots & x_{T-2} \\ x_1 & x_2 & \cdots & x_0 \end{bmatrix} \tag{11.110}$$

式 （11.109） 转化为

$$r^{\mathrm{T}} = \sqrt{\frac{E_s}{2}} H_{\mathrm{cp}} x + n^{\mathrm{T}} \tag{11.111}$$

其中

$$H_{\mathrm{cp}} = \begin{bmatrix} h[0](1) & h[1](2) & h[0](2) & 0 & \cdots & 0 & h[1](1) \\ h[1](1) & h[0](1) & h[1](2) & h[0](2) & 0 & \cdots & 0 \\ \vdots & \ddots & \ddots & \ddots & \ddots & \ddots & \vdots \\ h[1](2) & h[0](2) & 0 & \cdots & 0 & h[1](1) & h[0](1) \end{bmatrix} \tag{11.112}$$

由于 H_{cp} 是循环矩阵，在 r^{T} 加载离散傅里叶变换 $\mathcal{D}$ 将式 （11.111） 转换为系列并行的信道 $\{h_{\mathrm{eq},(k)}\}$，其信道增益由向量信道的离散傅里叶变换数值确定，

$$h_{\mathrm{eq},(k)} = \sum_{m=1}^{n_t} \sum_{l=0}^{L-1} h[l](m) \mathrm{e}^{-\mathrm{j}\frac{2\pi}{T}k(l+2(m-1))} \tag{11.113}$$

$\underline{X}$ 使人想起 11.1.3 节的虚码字 $\underline{c}$。因此可以轻易判断该方案可以获得完全分集增益因为 $\underline{X}$ 是循环矩阵其满秩 ［GSP02］.

11.5.5 循环预编码

预编码循环是另外一种流行的空间频率 MIMO-OFDM 系统的传输技术。下面基于秩为 1 的预编码场景介绍该技术。秩为 1 的预编码循环定义为对于子载波 k 上的编码向量为 $c_k = w_k c_k$，其中 w_k 为预编码向量，c_k 为复数符号（具有归一化功率的星座点）。从长度 n_p 的开环码本 $\mathcal{O}$ 中选择预编码 w_k，同时每 M 个连续物理子载波变化一次。在子载波 k 的预编码向量矩阵 w_k 为开环码本 $\mathcal{O} = \{m_1, \ldots, m_{np}\}$ 中选择的码字 m_i 其指示 i 为 $i = \mathrm{mod}([k/M] - 1, n_p) + 1$。该架构可以很容易的拓展到具有较多秩的空间复用传输或者集合空频分组码。

假设独立同分布的瑞利分布衰落信道，式 （11.52） 为

$$P(\underline{C} \to \underline{E}) = \frac{1}{\pi} \int_0^{\pi/2} \left[\det\left(I_{\mathrm{T}} + \eta \sum_{l=0}^{L-1} \beta_l (C - E)_{(l)}^{\mathrm{H}} (C - E)_{(l)} \right) \right]^{-n_r} \mathrm{d}\beta \tag{11.114}$$

码字对 $\{C, E\}$ 的有效长度为 $l_{C,E} = \#\tau_{C,E}$，其中 $\tau_{C,E} = \{k \mid w_k d_k \neq 0\}$，这里 d_k 为 $c_k - e_k = w_k d_k$。不适一般性假设 $\tau_{C,E}$ 的元素按照幅度由小到大的次序排序，

$l_{C,E} = n_p$ 其可以通过交织器和分布式分配实现。针对 $k \in \tau_{C,E}$，定义 $\boldsymbol{d} = [\cdots \quad d_k \quad \cdots]$，式 (11.114) 变换为

$$P(\underline{C} \to \underline{E}) = \frac{1}{\pi} \int_0^{\pi/2} \left[\det(\boldsymbol{I}_{n_p} + \eta [\boldsymbol{R}_F \odot [\boldsymbol{M}^H \boldsymbol{M}] \odot [\boldsymbol{d}^H \boldsymbol{d}]]) \right]^{-nr} \mathrm{d}\beta$$

(11.115)

在高信噪比的情况下，式 (11.115) 近似为

$$P(\underline{C} \to \underline{E}) \approx \frac{1}{\pi} \int_0^{\pi/2} \eta^{-n_r n_p} \prod_{k \in \tau_{C,E}} |d_k|^{-2nr} [\det(\boldsymbol{R}_F \odot [\boldsymbol{M}^H \boldsymbol{M}])]^{-n_r} \mathrm{d}\beta$$

(11.116)

式中，$l_{C,E} \times l_{C,E}$ 频率相关矩阵 $\boldsymbol{R}_F$ 定义在式 (11.85)（章节 11.5.2 推导了其对空频编码 MIMO-OFDM 的编码增益的影响）；$[1 \times l_{C,E}]$ 向量 $\boldsymbol{d}_{(1)}$ 为式 (11.69) 的子集，其元素为 $\mathrm{e}^{-\mathrm{j}2\pi kl/T}$，（比如其 i^{th} 元素 $\boldsymbol{d}_1(i) = \mathrm{e}^{-\mathrm{j}2\pi \tau_{C,E}(i)l/T}$）码本矩阵 M 定义为 $\boldsymbol{M} = [\boldsymbol{m}_1, \ldots, \boldsymbol{m}_{n_p}]$。矩阵 $\boldsymbol{R}_F \odot [\boldsymbol{M}^H \boldsymbol{M}]$ 代表有效频率相关矩阵，其考虑了物理频率相关矩阵 $\boldsymbol{R}_F$ 和加载发射预编码带来的变化。

基于式 (11.116)，可以看出码本对错误概率的影响。基于阿达马不等式（附录 A），$\det(\boldsymbol{R}_F \odot [\boldsymbol{M}^H \boldsymbol{M}])$ 的上边界由 $\boldsymbol{R}_F \odot [\boldsymbol{M}^H \boldsymbol{M}]$ 的对角化元素确定。由于系统性能上限，频率选择性很高以至于子载波间的相关性可以忽略不计。为了获得上边界，$\boldsymbol{R}_F \odot [\boldsymbol{M}^H \boldsymbol{M}]$ 必须为对角矩阵。因此开环码本的目标和交织器一致，即降低相邻频率块的频率相关性。如果 $\boldsymbol{M}^H \boldsymbol{M}$ 的对角元素很小，平均有效相关性是低的。通过最小化 $\max_{k,1} |\boldsymbol{m}_k^H \boldsymbol{m}_1|$，可以降低平均有效相关性。

通过上面的分析，独立同分布瑞利分布信道下的秩为 1 的开环码本设计原则如下：

设计原则 11.1　基于最大化码字间的最小弦距离原则来选择开环码本秩为 1 的预编码

$$\mathcal{O} = \arg\max_{1 \leqslant i < j \leqslant n_p} \min \sqrt{1 - |\boldsymbol{m}_i^H \boldsymbol{m}_j|^2}$$

(11.117)

类似于章节 10.6 的闭环空间复用，在 MIMO-OFDM 循环预编码系统中秩为 1 的预编码的码本必须满足格拉斯曼线性组包（GLP）原则来保证在非相关信道下的性能。格拉斯曼线性组包（GLP）设计原则不仅可以用于量化反馈还可以用于空频编码 MIMO-OFDM 传输。

11.6　空间相关频率选择性信道下编码的鲁棒性

前面说明了高信噪比分集增益不受全秩相关矩阵的影响，但是对于受限的信噪比点当发送相关很强时就不一定了。为了更好的量化这就情况下的分集增益，下面介绍了退化抽头的概念。介绍该概率的目的类似于平坦衰落信道的场景和章节 8 和

9 介绍的细节。

11.6.1 退化抽头

为了简化分析，考虑每个抽头为半相关瑞利衰落，在接收机侧没有相关性。这样，空间抽头相关矩阵可以表示为 $\underline{R} = I_{n_r} \otimes R_t$，联合发送抽头相关矩阵为

$$R_{t,L} = \mathcal{E}\{ \text{vec}(\underline{\tilde{H}}_{t,L}^H) \text{vec}(\underline{\tilde{H}}_{t,L}^H)^H \} \tag{11.118}$$

其中

$$\underline{\tilde{H}}_{t,L}^H = [\tilde{H}[0](1,:) \quad \cdots \quad \tilde{H}[L-1](1,:)] \tag{11.119}$$

类似于式（11.48），将 $R_{t,L}$ 分解为 L^2 个子块 $R_{t,L}^{(lj)}$，$t = 0, \ldots, L-1$，$j = 0, \ldots, L-1$。其平均成对错误概率为

$$P(\underline{C} \to \underline{E}) = \frac{1}{\pi} \int_0^{\pi/2} [\det(I_T + \eta \sum_{j=0}^{L-1} \sum_{l=0}^{L-1} (C-E)_{(l)}^H R_{t,L}^{(lj)} (C-E)_{(j)})]^{n_r} d\beta \tag{11.120}$$

现在介绍退化抽头的概念：

定义 11.2 如果到达时间在第 l 个抽头内的所有散射径在发射端具有相同的方向角 $\theta_{t,1}$，该 l 个抽头就称为在离开角 $\theta_{t,1}$ 退化。

我们可以进一步假设抽头间的相关性为零，定义 $\mathcal{V}_{\text{deg}}$ 为空间相关的抽头集合，其他抽头空间不相关。就有

$$\sum_{j=0}^{L-1} \sum_{l=0}^{L-1} (C-E)_{(l)}^H R_{t,L}^{(lj)} (C-E)_{(j)} = \underbrace{\underline{C} - \underline{E}_{(l \in \mathcal{V}_{\text{deg}})}^H R_{\text{deg}} \underline{C} - \underline{E}_{(l \in \mathcal{V}_{\text{deg}})}}_{\underline{C}_{R_{\text{deg}}}} \\ + \underbrace{\sum_{l \in \mathcal{V}_{\text{deg}}} (C-E)_{(l)}^H (C-E)_{(l)}}_{\underline{C}_{R_{i,i,d}}} \tag{11.121}$$

这里 $\underline{C} - \underline{E}_{(l \in \mathcal{V}_{\text{deg}})}$ 为块矩阵 $(C-E)_{(l)}$ 的集合

$$\underline{C} - \underline{E}_{(l \in \mathcal{V}_{\text{deg}})} = \begin{bmatrix} \vdots \\ (C-E)_{(l)} \\ \vdots \end{bmatrix}_{l \in \mathcal{V}_{\text{deg}}} \tag{11.122}$$

式中，R_{deg} 由块矩阵 $R_{t,L}^{(lj)}$ 组成。

由于在 $\in \mathcal{V}_{\text{deg}}$ 中抽头的发射角度扩展降为零，每个抽头的发射方向功率谱就变成基于 $\theta_{t,1}$ 的狄垃克函数，可以得到

$$\{\Lambda_t^{(l)}\}_{l \in \mathcal{V}_{\text{deg}}}^{\lim} \to 0 \quad \underline{C}_{R_{\text{deg}}} = \sum_{l \in \mathcal{V}_{\text{deg}}} \beta_l \underbrace{(C-E)_{(l)}^H a_t^*(\theta_{t,l}) a_l^T(\theta_{t,l}) (C-E)_{(l)}}_{C_{R_l}} \tag{11.123}$$

取决于特征值 $\lambda(\boldsymbol{C}_{R_l}) = \|(\boldsymbol{C}-\boldsymbol{E})_l^{\mathrm{T}}\boldsymbol{a}_{\mathrm{t}}(\theta_{\mathrm{t},l})\|^2$，$\boldsymbol{C}_{R_l}$ 的秩为零或者 1，每个退化抽头的虚天线的有效数目减少 n_{t} 或者 $n_{\mathrm{t}-1}$，由于编码无法获得属于集合 $\mathscr{V}_{\mathrm{deg}}$ 的具有高发射相关性的抽头的发射分集增益，编码只能利用这些抽头提供的额外的频率选择性。属于集合 $\mathscr{V}_{\mathrm{deg}}$ 的退化抽头对总体性能的贡献取决于 $\|(\boldsymbol{C}-\boldsymbol{E})_l^{\mathrm{T}}\boldsymbol{a}_{\mathrm{t}}(\theta_{\mathrm{t},l})\|^2$。基于式（11.120），该定义可以看成是编码增益，因为该数值越大，获得抽头的频率分集的要求信噪比就越低。物理上，这表明具有小角度扩展的抽头退化为 SIMO 信道，属于集合 $\mathscr{V}_{\mathrm{deg}}$ 的第 l^{th} 抽头看到的 $1 \times T$ 发送码字为 $\boldsymbol{a}_{\mathrm{t}}^{\mathrm{T}}(\theta_{\mathrm{t},l})\boldsymbol{C}_{(\mathrm{t})}$。

对于单载波和 MIMO-OFDM 传输，

$$\|(\boldsymbol{C}-\boldsymbol{E})_{(l)}^{\mathrm{T}}\boldsymbol{a}_{\mathrm{t}}(\theta_{\mathrm{t},l})\|^2 = \|(\boldsymbol{C}-\boldsymbol{E})^{\mathrm{T}}\boldsymbol{a}_{\mathrm{t}}(\theta_{\mathrm{t},l})\|^2 \tag{11.124}$$

这表明很多平坦衰落信道下的推导和概念（参考章节 9）同样适用于频率选择性场景。比如，G_{sum} 的定义说明 Lindskog-Paulraj 方案和正交空频分组编码方案分别是单载波和 MIMO-OFDM 传输的最鲁棒的方案。其同时也表明循环延时分集对发射相关性比较敏感。根据公式（11.100），距离 G_{sum} 可以转化为：

$$\|(\boldsymbol{C}-\boldsymbol{E})^{\mathrm{T}}\boldsymbol{a}_{\mathrm{t}}(\theta_{\mathrm{t},l})\|^2 = \frac{1}{n_{\mathrm{t}}}\sum_{k=0}^{T-1}|c_k - e_k|^2 \left| \left[e^{-\mathrm{j}\frac{2\pi}{T}k\Delta_1} \cdots e^{-\mathrm{j}\frac{2\pi}{T}k\Delta n_{\mathrm{t}}} \right] \boldsymbol{a}_{\mathrm{t}}(\theta_{\mathrm{t},l}) \right|^2$$

$$\tag{11.125}$$

典型场景如果延时为 $\Delta_{\mathrm{m}} = (m-1)\Delta$ 同时采用线性阵列，G_{sum} 在部分离开角上较低。根据章节 9 可以或者利用最大化 G_{sum} 的预编码是一种能够显著降低相关信道下的错误率的方案，同时具有很小的复杂度。

11.6.2　空频 MIMO-OFDM 的应用

对于空频编码，公式 11.121 类似于公式 11.80 可以转换为

$$\underline{\boldsymbol{C}}_{R_{\mathrm{deg}}} + \underline{\boldsymbol{C}}_{R_{\mathrm{i,i,d.}}} = \sum_{l \in \mathscr{V}_{\mathrm{deg}}} \boldsymbol{R}_{\mathrm{f},l} \odot \left[(\boldsymbol{C}-\boldsymbol{E})^{\mathrm{H}}\boldsymbol{a}_{\mathrm{t}}^*(\theta_{\mathrm{t},l})\boldsymbol{a}_{\mathrm{t}}^{\mathrm{T}}(\theta_{\mathrm{t},l})(\boldsymbol{C}-\boldsymbol{E}) \right] + \boldsymbol{R}_{\mathrm{f,i,i,d.}} \odot \widetilde{\boldsymbol{E}}^{\mathrm{H}}$$

$$\tag{11.126}$$

式中，$\boldsymbol{R}_{\mathrm{f,i,i,d.}} = \sum_{l \notin \mathscr{V}_{\mathrm{deg}}} \beta_l \boldsymbol{d}_{(l)}^{\mathrm{H}}\boldsymbol{d}_{(l)}$ 代表由所有空间非相关性的抽头组成的频域相关矩阵，$\boldsymbol{R}_{\mathrm{f},l}$ 代表第 l 个退化抽头的频率相关矩阵。

前面已经说明对于非相关瑞利信道，在频率选择性信道下的空频编码某种程度上类似于快衰信道下的空时编码。这意味着性能主要与有效长度和编码乘积距离有关。但是在相关信道下，前述分析说明在退化抽头下的空频编码性能与在具有高发送相关性快衰信道下的空时编码性能不同。实际上，空频编码受退化抽头的影响类似于空时码受退化慢衰信道的影响，因而 G_{sum} 决定了性能。乘积距离 G_{product} 只是当所有抽头为退化的同时具有相同角度时才有重要影响。尽管出现这种场景的概率很小，如果所有抽头的发射空间相关矩阵是相同的（参见 IEEE 802.16/WiMAX 章节 4.4.2 的模型和评估方法文档 [IEE08]），这种场景有可能发生。章节 11.6.3

给了一些具体的示例。

类似于定理 11.3，一种空频编码的参考设计方法是在保证大的有效长度和最小的乘积距离的同时，对所有可能的 $\theta_{t,l}$ 取 G_{sum}，$\#\tau_{deg} \cdot (\theta_{t,l})$ 的较大值。

重要的是即使退化抽头在实际系统不存在，抽头将类似于退化的当发送相关性足够高或者信噪比足够低以至于只有 $\underline{C}_{R_{deg}}$ 的最大奇异值对平均成对错误概率有影响。其推导和说明类似于章节 8 和章节 9 中对平坦衰落信道的说明。

11.6.3　循环预编码的应用

章节 11.5.5 循环预编码的设计可以拓展到发送相关信道。假设一个瑞利信道具有独立抽头和单位相关矩阵，$H_l = \beta_l H_{w,l} R_{t,l}^{1/2}$ 和式（11.47）可以表示为

$$P(\underline{C} \rightarrow \underline{E}) = \frac{1}{\pi} \int_0^{\pi/2} \left[\det\left(I_T + \eta \sum_{l=0}^{L-1} \beta_l (C-E)_{(l)}^H R_{t,l} (C-E)_{(l)} \right) \right]^{-n_t} d\beta$$

（11.127）

在有些信道模型中（比如 IEEE 802.16/WiMAX 章节 4.4.2 的模型和评估方法文档 [IEE08]），对所有抽头发送相关矩阵相同。尽管后者的假设并不是总是很准确，其是基本模型中一种通用简化方法，显著简化了推导说明。基于以上假设，我们可以简化定义发送相关矩阵 R_t 将指示 l 省略。

只考虑子载波，$k \in \tau_{C,E}$，定义 $d = [\cdots d_k \cdots]$，式（11.127）转化为

$$P(\underline{C} \rightarrow \underline{E}) = \frac{1}{\pi} \int_0^{\pi/2} \left[\det(I_{n_p} + \eta [R_F \odot [M^H R_t M] \odot [d^H d]]) \right]^{-n_t} d\beta$$

（11.128）

在高信噪比下，式（11.128）近似为

$$P(\underline{C} \rightarrow \underline{E}) \approx \frac{1}{\pi} \int_0^{\pi/2} \eta^{-n_t n_p} \prod_{k \in \tau_{C,E}} |d_k|^{-2n_t} [\det(R_F \odot [M^H R_t M])]^{-n_t} d\beta$$

（11.129）

其上边界为

$$P(\underline{C} \rightarrow \underline{E}) \leqslant \frac{1}{\pi} \int_0^{\pi/2} \eta^{-n_t n_p} \prod_{k \in \tau_{C,E}} |d_k|^{-2n_t} [\det(R_F)]^{-n_t} \left[\prod_{k \in \tau_{C,E}} [M^H R_t M]_{kk} \right]^{-n_t} d\beta$$

（11.130）

这里 $[A]_{kk}$ 代表 A 的第 (k, k) 个元素。上边界式（11.130）利用了奥本海姆不等式（附录 A），在有些传播场景下过于宽松，但其表明不管 R_F，需要最大化 $\prod_{k \in \tau_{C,E}} [M^H R_t M]_{kk}$。

在空间相关信道下，抽头可能退化，$M^H R_t M = M^H a_t^*(\theta) a_t^T(\theta) M$。

定义：

$$\tau'(\theta) = \{i \mid m_i^T a_t(\theta) \neq 0\}$$

（11.131）

通过抑制不包含 $\tau'(\theta)$ 对应的行和列的指示，构造矩阵 $\boldsymbol{M}^H \boldsymbol{a}_t^*(\theta) \boldsymbol{a}_t^T(\theta) \boldsymbol{M}$ 的非零分块。同样通过抑制 $\boldsymbol{M}^H \boldsymbol{a}_t^*(\theta) \boldsymbol{a}_t^T(\theta) \boldsymbol{M}$ 的零行和零列对应的行和列我们可以构造矩阵 $\boldsymbol{R}'_F$ 和 $\boldsymbol{d}'^H \boldsymbol{d}'$。在高信噪比下，离开角 θ 下的平均成对错误概率近似为

$$P(\underline{C} \to \underline{E}) \approx \frac{1}{\pi} \int_0^{\pi/2} \eta^{-n_r \# \tau'(\theta)} \det(\boldsymbol{R}'_F)^{-n_r} \prod_{i \in \tau'(\theta)} |\, \boldsymbol{m}_i^T \boldsymbol{a}_t(\theta_t)\, |^{-2n_r} |\, d_i\, |^{-2n_r} \mathrm{d}\beta$$

$$(11.132)$$

这表明为了保证在空间相关信道和非相关信道下相同的分集增益，选择码本使 $\# \tau'(\theta) = l_{C,E}$ 的重要性。另外为了提高编码增益需要最大化数值 $\prod_{i \in \tau'(\theta)} |\, \boldsymbol{m}_i^T \boldsymbol{a}_t(\theta_t)|^2$。

基于上面的分析，在空间相关信道下秩为 1 的开环码本设计原则如下：

设计准则 11.2　选择如下秩为 1 预编码的码本 $\mathcal{O}$ 满足如下条件：

$$\mathcal{O} = \operatorname*{argmax}_{\theta} \min \prod_{i=1}^N |\, \boldsymbol{m}_i^T \boldsymbol{a}_t(\theta)\, |^2 \qquad (11.133)$$

空间相关信道下的循环预编码的设计和快衰信道下的"积意识"灾难编码的设计（章节 9.3.3）相似。一个鲁棒的码本需要同时满足准则 11.1 和 11.2。

下面的定理说明了对于特殊但是重要的场景 $n_p = n_t$ 下的一些优化设计。

定理 11.5　对于 $n_p = n_t$，单位矩阵码本 $\boldsymbol{M} = \boldsymbol{I}_{n_t}$ 是基于准则 11.1 和 11.2 对于任意平衡阵列的最优码本。基于准则 11.2，离散傅里叶变化码本使对水平均匀线性阵列最不可取的码本。

证明．因为单位矩阵式均匀的，显然单位矩阵能够最大化弦距离。在 $\sum_{i=1}^{n_p} |\, \boldsymbol{m}_i^T \boldsymbol{a}_t(\theta)\, |^2 = 1$ 下，如果 $|\, \boldsymbol{m}_i^T \boldsymbol{a}_t(\theta)\, |^2 = l/n_t \,\forall\, i$，$\prod_{i=1}^{n_p} |\, \boldsymbol{m}_i^T \boldsymbol{a}_t(\theta)\, |^2$ 是最大化的。另外一方面离散傅里叶变换码本是针对均匀线性阵列的最差码本，这是因为对于若干个离开角 $\prod_{i=1}^{n_p} |\, \boldsymbol{m}_i^T \boldsymbol{a}_t(\theta)\, |^2 = 0$。

因此，离散傅里叶码本对于量化预编码（见 10.6.4 节）是合适的，但对于空间相关均匀线性阵列场景下的循环预编码不适用。上述设计原则广泛应用在 WiMAX 循环预编码设计中（参见第 14 章）。

第 12 章 多用户 MIMO

使用 n_t 根发射天线和 n_r 根接收天线，我们知道在第 5 章和第 6 章的单用户/链路的情形中可实现的复用增益为 $\min\{n_t, n_r\}$。然而，通信很少限于单个用户/链路。事实上在蜂窝系统的部署中，多个移动终端（Mobile Terminal，MT）同时处于活跃状态并在下行链路和上行链路上与基站（Base Station，BS）通信。因此，不再仅观察一个 BS 与一个 MT 间的单个链路，我们现在考虑包含多个 MT 和一个 BS 的小区。本章目的在于讨论这样一个多用户设置相对之前章节中单用户设置的好处。特别的，我们将展示多用户的出现如何带来一种可以显著提升多用户通信性能的新形式的分集（称为多用户分集）。注意，在本章中术语用户和 MT 可以交换地使用。

让我们以一个实际观察开始：在大部分现实场景中，由于大小和成本限制，MT 的天线比 BS 少很多。尽管存在多个用户（并因此存在多用户分集增益），如果基站使用第 6 章的传输技术在一个时间（或频率）内以 TDMA（时分多址）（或 FDMA（码分多址））的方式持续服务单个用户，复用增益和 BS 端具有很多天线的优点将由于每个终端有限数量的天线而严重受限。我们因此可能想知道如何在相同的时间/频率资源上服务多个用户，以便即使每个 MT 的天线数量（例如下行链路中有 n_r 根）比 BS 端少（很多）时获得与 BS 端天线数量（例如下行链路中有 n_t 根）成比例的复用增益。这是在下行链路（DL）和上行链路（UL）上多用户 MIMO 的目的。自然地，如果多个用户在相同的时间/频率资源上接收（在下行链路）和发送（在上行链路），它们受限于共同调度的信号产生的干扰。

12.1 系统模型

不再局限于单个链路，我们现在将第 5 ~ 10 章的单个链路模型扩展到多个链路，其中发射机在下行链路或上行链路中服务多个终端（或称为用户）。下行链路一般称为广播信道（BC）而上行链路一般表示为多址接入信道（MAC），如图 12.1 所示。

我们从图 12.1 可以看到，BC 和 MAC 之间有几个不同。第一，BC 中有多个独立的接收机（因此有多个独立的加性噪声），而 MAC 中有单个接收机（因此有单个噪声项）；第二，BC 中有单个发射机（因此有单个发送功率约束），而 MAC 中有多个发射机（因此有多个发送功率约束）；第三，在 BC 中想要的信号和干扰（源于共同调度的信号）通过相同的信道传播，而在 MAC 中它们通过不同的信道传播。

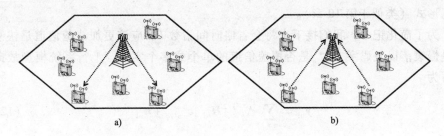

图 12.1　MIMO 广播信道（BC）和多址接入信道（MAC）

a) 广播信道-下行链路　b) 多址接入信道-上行链路

如将会在接下来几节中出现的，上行多用户 MIMO 与第 5 章中讨论的单链路 MIMO 有一些相似性。使用多个接收天线以区分由不同用户同时发送的信号。另一方面，在下行链路中，由于缺少用户间的合作，一个给定用户通常不能处理来自共同调度信号的干扰。发射机必须负责重构发射信号，以便处理那个干扰。尽管我们对上行链路和下行链路都进行详细的讨论，我们将会特别关注下行传输。

在本章，为了清晰表示我们假设使用窄带传输。然而这些概念也可以用于多载波配置，例如在多用户 OFDM 中（第 11 章），通常表示为正交频分多址（OFDMA），其中多个用户在不同的频率子载波上（或子频段）复用。

12.1.1　多址接入信道——上行

考虑一个一般的一个小区总共有 K 个用户的多用户上行 MIMO（MU-MIMO）传输，移动终端 q 有 $n_{t,q}$ 根发射天线，基站端有 n_r 根接收天线。我们将 K 个用户的集合记为 $\mathcal{K} = \{1, \cdots, K\}$（这个集合有时可能被称为被服务用户集合）。在本章的有些推导中，我们为了简单起见可能假设所有用户具有相同数量的发射天线。在这种情形中，我们简单地省略索引 q 而写作 n_t。

假设用户 q 和基站在 k 时刻的 MIMO 信道写为 $\Lambda_q^{-1/2} H_{ul,k,q}$，其中 $H_{ul,k,q} \in \mathbb{C}^{n_r \times n_{t,q}}$ 对小尺度时变衰落过程建模而 Λ_q^{-1} 指的是说明路径损耗和衰落的大尺度衰落，如第 1 章和第 2 章中描绘的那样（见第 1.2.2 和 2.4 节）。小尺度衰落再次像前面章节中那样被归一化，即 $\mathcal{E}\{\|H_{ul,k,q}\|_F^2\} = n_{t,q} n_r$。我们进一步假设 MIMO 信道矩阵 $H_{ul,k,q}$ 对任意 q 是满秩的。我们使用下角标"ul"与下行传输相区分。

用和之前相同的记号，将系统模型扩展整合多个用户的同时发送，使得基站端在时刻 k 的接收信号表示为

$$y_{ul,k} = \sum_{q=1}^{K} \Lambda_q^{-1/2} H_{ul,k,q} c'_{ul,k,q} + n_{ul,k} \tag{12.1}$$

用户 q 在 T 个符号周期上的发送信号向量的序列（$k = 0$ 到 $T - 1$）被写作 $C'_{ul,q} = [c'_{ul,0,q} \cdots c'_{ul,T-1,q}]$。注意我们这里使用发射信号向量 $c'_{ul,k,q}$ 而非符号向量 $c_{ul,k,q}$。在我们本章将要研究的大多数的传输方案中，$c'_{ul,k,q}$ 可以表示为 $c'_{ul,k,q}$ 的预

编码形式（类似于第 10 章）。

为了简化记号，我们接下来将会省略时间指数 k。应该更加清楚信道是快衰落还是慢衰落以及码字 $C'_{\mathrm{ul},q}$ 是否覆盖信道的单个或多个实现。上行系统模型故此可以写为

$$y_{\mathrm{ul}} = \sum_{q=1}^{K} \Lambda_q^{-1/2} H_{\mathrm{ul},q} c'_{\mathrm{ul},q} + n_{\mathrm{ul}} \tag{12.2}$$

式中，$y_{\mathrm{ul}} \in \mathbb{C}^{n_r}$，$H_{\mathrm{ul},q} \in \mathbb{C}^{n_r \times n_{t,q}}$ 和 n_{ul} 是复高斯噪声 $\mathcal{CN}(0, \sigma_{\mathrm{n}^2} I_{n_r})$。用户 q 的输入协方差矩阵像用户 q 的发射信号协方差矩阵那样定义为 $Q_{\mathrm{ul},q} = \mathcal{E}\{c'_{\mathrm{ul},q} c'^{\mathrm{H}}_{\mathrm{ul},q}\}$。发射信号取决于发射功率约束，该约束可以是像第 5 章中那样的短期或长期约束。在短期约束的情形下，平均功率在码字长度 T 上计算使得 $\mathrm{Tr}\{Q_{\mathrm{ul},q}\} \leqslant E_{\mathrm{s},q}$。在长期约束的情形下，假设平均功率在间隔 $T_{\mathrm{p}} \gg T$ 上计算而功率约束表示为 $\mathcal{E}\{\mathrm{Tr}\{Q_{\mathrm{ul},q}\}\} \leqslant E_{\mathrm{s},q}$，其中期望在这里指在长度为 T 的连续码字上取平均。在此场景中，$\mathrm{Tr}\{Q_{\mathrm{ul},q}\}$ 可以因码字不同而不同。

将所有 K 个用户的发送信号向量及信道矩阵放在一起，

$$c'_{\mathrm{ul}} = [c'^{\mathrm{T}}_{\mathrm{ul},1}, \cdots, c'^{\mathrm{T}}_{\mathrm{ul},K}]^{\mathrm{T}} \tag{12.3}$$

$$H_{\mathrm{ul}} = [\Lambda_1^{-1/2} H_{\mathrm{ul},1}, \cdots, \Lambda_K^{-1/2} H_{\mathrm{ul},K}] \tag{12.4}$$

系统模型亦可以表示为

$$y_{\mathrm{ul}} = H_{\mathrm{ul}} c'_{\mathrm{ul}} + n_{\mathrm{ul}} \tag{12.5}$$

假设串接的信道矩阵满秩，因为这将是典型用户部署的情形。

我们进一步定义用户 q 的信噪比为 $\eta_q = E_{\mathrm{s},q} \Lambda_q^{-1}/\sigma_{\mathrm{n}}^2$。与第 1 ~ 11 章中单链路的系统模型相比（其中为了简单省略了路径损耗和阴影项），为了强调共同调度的用户经历不同的路径损耗和衰落使得接收功率不同，在多链路系统模型式（12.2）中，我们显式考虑了对路径损耗和衰落的依赖性。$E_{\mathrm{s},q}$ 表示用户 q 在一个符号周期内的总平均能量，但是与式（5.3）不同，我们在系统模型式（12.2）中并未显式列出。

最后，我们假设接收机（即上行场景中的基站）总是具有 CSI（信道状态信息）的理想信息，但我们将考虑发射机具有理想或部分 CSI 信息时的策略。

12.1.2　广播信道——下行

假设一个一般的下行 MU-MIMO 传输，其中小区内总共有 K 个用户（$\mathcal{K} = \{1, \cdots, K\}$），基站端有 n_{t} 个发射天线，移动终端 q 有 $n_{r,q}$ 个接收天线。然而注意在本章的许多推导中，为简单起见我们假设所有用户具有相同数量的接收天线。在这样的情形中，我们简单地省略索引 q 而将接收天线数量表示为 n_r。

再次考虑基站和用户 q 之间在 k 时刻的 MIMO 信道写作 $\Lambda_q^{-1/2} H_{k,q}$，其中 $H_{k,q} \in \mathbb{C}^{n_{r,q} \times n_{\mathrm{t}}}$ 对小尺度时变衰落过程建模，并归一化使得 $\mathcal{E}\{\|H_{k,q}\|_{\mathrm{F}}^2\} = n_{\mathrm{t}} n_{r,q}$，

而 Λ_q^{-1} 表示大尺度衰落。我们还假定 MIMO 信道矩阵对任意 q 都是满秩的。

一般框架

类似于上行场景，给定用户 q 在时刻 k 的接收信号表示为

$$y_{k,q} = \Lambda_q^{-1/2} H_{k,q} c'_k + n_{k,q} \qquad (12.6)$$

在 T 个符号周期上（$k = 0$ 到 $T-1$）的发送信号向量的序列表示为 $C' = [c'_0 \cdots c'_{T-1}]$。类似于上行情形，为简化记号，当时间维度与讨论无关时，我们将省略时间索引 k，使得用户 q 的接收信号简单地表示为

$$y_q = \Lambda_q^{-1/2} / H_q c' + n_q \qquad (12.7)$$

其中 $y_q \in \mathbb{C}^{n_{r,q}}$ 而 n_q 是一个复高斯噪声 $\mathcal{CN}(0, \sigma_{n,q}^2 I_{n_{r,q}})$。

输入协方差矩阵如发送信号协方差矩阵那样定义为 $Q = \mathcal{E}\{c'c'^{\mathrm{H}}\}$。这里发送信号也受限于发送功率约束，可能是短期的亦可能是长期的。在短期约束的情形中，平均功率在码字长度 T 上计算使得 $\mathrm{Tr}\{Q\} \leq E_s$。在长期的情形中，我们假设平均功率在间隔 $T_p \gg T$ 上计算而功率约束为 $\mathcal{E}\{\mathrm{Tr}\{Q\}\} \leq E_s$，其中期望这里表示在连续的长度为 T 的码字上取平均。在这种情景中，允许 $\mathrm{Tr}\{Q\}$ 依码字不同而不同。

通过将所有 K 个用户的接收信号向量、噪声向量和信道矩阵，放在一起：

$$y = [y_1^{\mathrm{T}}, \cdots, y_K^{\mathrm{T}}]^{\mathrm{T}} \qquad (12.8)$$

$$n = [n_1^{\mathrm{T}}, \cdots, n_K^{\mathrm{T}}] \qquad (12.9)$$

$$H = [\Lambda_1^{-1/2} H_1^{\mathrm{T}}, \cdots, \Lambda_K^{-1/2} H_K^{\mathrm{T}}]^{\mathrm{T}} \qquad (12.10)$$

系统模型也表示为

$$y = Hc' + n \qquad (12.11)$$

假设串接的信道矩阵 H 是满秩的，这是因为典型用户部署中将是这种情形。

我们将用户 q 的信噪比定义 $\eta_q = E_s \Lambda_q^{-1} / \sigma_{n,q}^2$。在我们假设所有用户具有相同信噪比的场景中，对任意 q，有 $\eta_q = \eta$。除非另有表述，我们假定基站获知理想或部分即时信道状态信息（CSI）（可能有延时）。接收机总是具有 CSI 的理想信息。

一般而言，发射信号向量 c' 表示为编码发给共同调度用户的统计独立信号 c'_q 的叠加

$$c' = \sum_{q=1}^{K} c'_q \qquad (12.12)$$

用户的输入协方差矩阵定义为 $Q_q = \mathcal{E}\{c'_q c'^{\mathrm{H}}_q\}$。

我们定义调度用户集合（表示为 $K \subset \mathcal{K}$）为由发射机在感兴趣的时刻实际调度（有非零的发射功率）用户的集合。发射机使用 n_e 个数据流服务属于 K 的用户，使用 $n_{u,q}$ 数据流服务用户 $q \in K$（$n_{u,q} \leq n_e$）。因此，$n_e = \sum_{q \in K} n_{u,q}$。

线性预编码

线性预编码（Linear Precoding, LP），也简单地称为波束赋形（Beamforming,

BF），是同时服务多个用户的传输方案的一个特定子类。LP/BF 通常是次优的方案，但复杂性低。使用 LP/BF，式（12.7）和式（12.12）中的发送信号向量 $c' \in \mathbb{C}^{n_e}$ 写为（假设我们只关注已经分配有非零功率的 n_e 个流）

$$c' = Pc = WS^{1/2}c = \sum_{q \in K} P_q c_q = \sum_{q \in K} W_q S_q^{1/2} c_q \tag{12.13}$$

式中，c 是由 n_e 个单位能量独立符号构成的符号向量；$P \in \mathbb{C}^{n_t \times n_e}$ 是预编码器。

预编码器由两个矩阵构成，一个是表示为 $S \in \mathbb{R}^{n_e \times n_e}$ 的功率控制对角矩阵，另一个是发射波束赋形矩阵 $W \in \mathbb{C}^{n_t \times n_e}$。$P_q \in \mathbb{C}^{n_t \times n_{u,q}}$，$W_q \in \mathbb{C}^{n_t \times n_{u,q}}$，$S_q \in \mathbb{R}^{n_{u,q} \times n_{u,q}}$ 和 $c_q \in \mathbb{C}^{n_{u,q}}$ 是用户 q 的子矩阵且分别是 P，W，S 和 c 的子向量。我们注意到与第 10 章中预编码空时编码使用的符号相似。

为了通过多个天线进行传输，符号流被独立编码并乘上一个线性预编码器 P（表示波束赋型的权重和功率）。仔细选择预编码器可以利用用户间的空间分离降低（或消除）不同流之间的干扰，进而同时支持多个用户。

观察与第 6 章和第 10 章中的（预编码）空间复用的相似性，但不同在于 c 包含发给多个用户的数据而不一定是单个用户。考虑矩阵 S 中的功率约束，我们还注意到与式（6.82）相比，c 不再为了具有单位平均范数而进行归一化。

用户 q 的接收信号 $y_q \in \mathbb{C}^{n_{r,q}}$ 由 $G_q \in \mathbb{C}^{n_{u,q} \times n_{r,q}}$ 塑形而滤波后的接收信号 $z_q \in \mathbb{C}^{n_{u,q}}$ 为

$$z_q = G_q y_q, \tag{12.14}$$

$$= \Lambda_q^{1/2} G_q H_q W_q S_q^{1/2} c_q + \sum_{p \in K, p \neq q} \Lambda_q^{1/2} G_q H_q W_p S_p^{1/2} c_p + G_q n_q \tag{12.15}$$

预编码器 P_q 和波束赋形矩阵 W_q 有 $n_{u,q}$ 列。流 $1 \leq m \leq n_{u,q}$ 的波束赋赋形和功率水平分别表示为向量 $w_{q,m}$ 和标量 $s_{q,m}$，使得流 m 的预编码器 $P_{q,m}$ 为 $P_{q,m} = W_{q,m} s_{q,m}$。类似，对应于流 m 的接收组合器为 G_q 的第 m 列，表示为 $g_{q,m}$。

在单个接收天线的特殊情形中，每个用户传输单个流。矩阵变为向量而忽略流索引，式（12.15）简化为

$$y_q = \Lambda_q^{-1/2} h_q w_q s_q^{1/2} c_q + \sum_{p \in K, p \neq q} \Lambda_q^{-1/2} h_q w_p s_p^{1/2} c_p + n_q \tag{12.16}$$

预编码器的功率归一化遵从功率约束。假设短期功率约束 $\mathrm{Tr}\{Q\} = \sum_q \mathrm{Tr}\{Q_q\} = E_s$，且 c 的元素具有单位平均功率，预编码器 P 的功率归一化为 $\mathrm{Tr}\{PP^H\} = E_s$（与（10.1）中的 $\mathrm{Tr}\{PP^H\} = n_e$ 相反）。我们对发射波束赋形器 W 归一化使得它的列具有单位范数，这导致归一化功率矩阵使得 $\mathrm{Tr}\{S\} = \sum_{q \in K} \sum_{m=1}^{n_{u,q}} s_{q,m} = E_s$。为了使预编码功率约束表示更加清楚，我们有时使用非量化预编码器 F 和归一化因子 β 书写 $P = 1/\sqrt{\beta} F$。约束 $\mathrm{Tr}\{PP^H\} = E_s$ 表明归一化因子为 $\beta = \mathrm{Tr}\{FF^H\}/E_s$。

12.2 多址接入信道（MAC）的容量

与第 5 章类似，我们处理固定、快衰落和满衰落信道的容量。多址接入信道追溯到香农时代，而一般多址接入信道的性能特性可以参考 [Ahl71，Lia72]。

12.2.1 固定信道的容量区

在多用户配置中，给定所有用户共享相同的频谱，给定用户可实现速率（表示为 R_q）将与其他用户的速率 R_p（$p \neq q$）有关。因此，所有用户可能不能以它们各自单独在网络中时的最大速率传输。不同用户的可实现速率之间存在折中。容量区 C 通过可以同时实现的所有用户速率的集合来表示这个折中。

定义 12.1 信道 H 的容量区 C 是使得用户 1 到用户 K 能够分别以速率 R_1 到速率 R_K 同时可靠地通信的所有速率向量的集合 $(R_1, \cdots, R_K)$。

任何不在容量区的速率向量都是不实现的（即以这些发送将会产生差错）。

在容量区所有点中，一个令人感兴趣的性能度量是速率和容量。

定义 12.2 一个容量区 C 的速率和容量 C 是下式的最大可实现速率之和

$$C = \max_{(R_1, \cdots, R_K) \in C} \sum_{q=1}^{K} R_q \tag{12.17}$$

因为速率和可以衡量总数据流可能有多大，它是一个典型的性能准则。它还在一定程度上与实际网络中经常用来测量吞吐量性能的平均小区吞吐量有关。不幸的是，它没有考虑用户间的公平性。在用户信噪比（或路径损耗）之间存在较大差异的场景中，速率和准则可能不合适，因为具有高信噪比的用户享有总数据速率中不成比例的部分。另一方面，当用户拥有相似的信道质量时，速率和是一个合理的度量。

MIMO 多址接入信道的容量区

审视 MIMO 多址接入信道（MAC），自然地认为给定发射策略 $Q_{ul,q}$ 用户 q 的可实现速率不可能高于它在单用户配置中的可实现速率 [CT91，Gol05，TV05]，即 R_q 不可能比命题 5.1 中 MIMO 信道 $H_{ul,q}$ 上使用 $Q_{ul,q}$ 的可实现速率大

$$R_q \leq \mathcal{I}(H_{ul,q}, Q_{ul,q}) = \log_2 \det \left[I_{n_r} + \frac{\Lambda_q^{-1}}{\sigma_n^2} H_{ul,q} Q_{ul,q} H_{ul,q}^H \right] \tag{12.18}$$

对 $q = 1, \cdots, K$，其中 $Q_{ul,q} = \mathcal{E}\{c'_q c'^H_q\}$ 服从功率约束 $\mathrm{Tr}\{Q_{ul,q}\} \leq E_{S,q}$。也自然的认为用户的一个子集 S 可实现的速率之和（表示为速率和）应该小于当这些用户彼此"合作"在他们各自的功率约束下形成一个 $n_{t,S} = \sum_{q \in S} n_{t,q}$ 个天线的巨大阵列时的可实现的总速率。定义等效 $n_r \times n_{t,s}$ 信道矩阵为下述 $H_{ul,S}$ 的子矩阵

$$H_{ul,S} = [\Lambda_i^{-1/2} H_{ul,i}, \cdots, \Lambda_j^{-1/2} H_{ul,j}]_{i,j \in S} \tag{12.19}$$

而 $\sum_{q \in S} n_{t,q} \times \sum_{q \in S} n_{t,q}$ 输入协方差矩阵为

$$\boldsymbol{Q}_{\mathrm{ul},S} = \mathrm{diag}\{\boldsymbol{Q}_{\mathrm{ul},i}, \cdots, \boldsymbol{Q}_{\mathrm{ul},j}\}_{i,j} \in S \tag{12.20}$$

用户子集 S 的可实现速率和上界受限

$$\sum_{q \in S} R_q \leqslant \log_2 \det\left[\boldsymbol{I}_{n_r} + \frac{1}{\sigma_n^2}\boldsymbol{H}_{\mathrm{ul},S}\boldsymbol{Q}_{\mathrm{ul},S}\boldsymbol{H}_{\mathrm{ul},S}^{\mathrm{H}}\right] \tag{12.21}$$

$$= \log_2 \det\left[\boldsymbol{I}_{n_r} + \frac{1}{\sigma_n^2}\sum_{q \in S}\Lambda_q^{-1}\boldsymbol{H}_{\mathrm{ul},q}\boldsymbol{Q}_{\mathrm{ul},q}\boldsymbol{H}_{\mathrm{ul},q}^{\mathrm{H}}\right] \tag{12.22}$$

服从约束 $\mathrm{Tr}\{\boldsymbol{Q}_{\mathrm{ul},q}\} \leqslant E_{s,q}$。我们注意到之前提到的速率折中源于不等式（12.21）。没有这样的不等式，所有用户能够以它们各自的单链路 MIMO 速率传输。

联立式（12.18）和式（12.22），我们得到协方差矩阵为 $\boldsymbol{Q}_{\mathrm{ul},1}, \cdots, \boldsymbol{Q}_{\mathrm{ul},K}$ 的可实现速率区。对给定一组发送策略 $\boldsymbol{Q}_{\mathrm{ul},1}, \cdots, \boldsymbol{Q}_{\mathrm{ul},K}$，速率区看上去像 $K!$ 个拐角点在边界上的 K 维多面体。

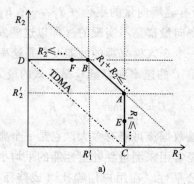

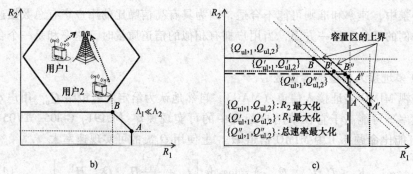

图 12.2　a）协方差矩阵为 $\boldsymbol{Q}_{\mathrm{ul},1}$ 和 $\boldsymbol{Q}_{\mathrm{ul},2}$ 的两用户 MIMO
多址接入信道可实现速率区　b）$\Lambda_1 \ll \Lambda_2$ 的速率区
c）不同输入协方差矩阵选择下实现的容量区和速率区的界

我们在图 12.2a 中说明由协方差矩阵 $\boldsymbol{Q}_{\mathrm{ul},1}$ 和 $\boldsymbol{Q}_{\mathrm{ul},2}$ 给出的两用户（$K=2$）MIMO 多址接入信道的速率区 [YRBC04]。这个速率区是有两个拐角点 A 和 B 的五边形。显著突出的，在点 A，用户 1 可以以一个等于其单链路速率（如式

（12.18）右边所定义）的速率传输（仿佛小区中只有它自己）而用户 2 可以同时以等于下式的速率 $R'_2 > 0$ 传输

$$R'_2 = \log_2 \det\left[I_{n_r} + \frac{\Lambda_1^{-1}}{\sigma_n^2} H_{ul,1} Q_{ul,1} H_{ul,1}^H + \frac{\Lambda_2^{-1}}{\sigma_n^2} H_{ul,2} Q_{ul,2} H_{ul,2}^H \right]$$

$$- \log_2 \det\left[I_{n_r} + \frac{\Lambda_2^{-1}}{\sigma_n^2} H_{ul,1} Q_{ul,1} H_{ul,1}^H \right] \tag{12.23}$$

$$= \log_2 \det\left[I_{n_r} + \frac{\Lambda_2^{-1}}{\sigma_n^2} H_{ul,2} Q_{ul,2} H_{ul,2}^H \left(I_{n_r} + \frac{\Lambda_1^{-1}}{\sigma_n^2} H_{ul,1} Q_{ul,1} H_{ul,1}^H \right)^{-1} \right] \tag{12.24}$$

类似，在点 B，用户 1 能够以速率 R'_1 发送

$$R'_1 = \log_2 \det\left[I_{n_r} + \frac{\Lambda_1^{-1}}{\sigma_n^2} H_{ul,1} Q_{ul,1} H_{ul,1}^H \left(I_{n_r} + \frac{\Lambda_2^{-1}}{\sigma_n^2} H_{ul,2} Q_{ul,2} H_{ul,2}^H \right)^{-1} \right] \tag{12.25}$$

这表明如果我们对在某个点 E 或 F 工作感兴趣而系统目标是最大化速率和（或总吞吐量），没有原因不相应的移到点 A 或 B。事实上，通过从点 E（分别的 F）移动到 A（分别的 B，用户 1（分别的用户 2）的速率不受影响，但用户 2（用户 1）的速率增大。更一般地，A 和 B 之间的线段包含所有最大的速率和点。然而这个线段上的所有点并非同等公平。假设用户 1 位于离基站近的位置而用户 2 在小区边缘（即 $\Lambda_1 \ll \Lambda_2$）且两个用户具有相同功率约束。则速率区将看上去像平的五边形（见图 12.2b）。为了保证用户 2 的最大速率（弱用户），在拐角点 B 工作将比较公平。

目前为止，我们已经假设特定的输入协方差矩阵。分解 $Q_{ul,q} = V_{ul,q} \text{diag}\{S_{ul,q,1}, \cdots, S_{ul,q,\min\{n_{t,q},n_r\}}\} V_{ul,q}^H$，发射机 q 为满足实时功率约束 $\sum_{m=1}^{\min\{n_{t,q},n_r\}} S_{ul,q,m} = E_{s,q}$ 就波束赋形矩阵 $V_{ul,q}$ 和在各模式间功率分配有多个选择。一个这样的选择可能是像在式（5.9）中那样选择 $Q_{ul,q}$ 以最大化式（12.18）的右边。则 $V_{ul,q}$ 将取为 $H_{ul,q}$ 的右奇异向量而流间的功率分配基于注水解式（5.13）。一个不同的波束成形矩阵和功率分配选择将导致不同的发送策略 $Q_{ul,q}$ 且一般有不同的五边形的形状（或更一般地说 K 维多面体），如图 12.2c 所示对三个不同的输入协方差矩阵 [YRBC04]。每个协方差矩阵集合导致不同的拐角点，分别表示为（A，B），（A'，B'）和（A"，B"）。一般来说，对 MIMO 多址接入信道，不可能找到一个单一输入协方差矩阵集合同时最大化式（12.18）和式（12.22）的右边 [YRBC04]。用户速率之间的这种折中受到输入协方差矩阵的影响。然而最大化速率和的最优输入协方差矩阵可以使用迭代注水算法找到，这个注水算法可以看作是单链路注水解的一般化（命题 5.2）且细节如下 [YRBC04]。

命题 12.1 在 K 用户 MIMO 多址接入信道中，当且仅当对 $\forall_q = 1, \cdots, K$，$Q_{ul,q}^\star$ 是噪声为 $\sigma_n^2 I_{n_r} + \sum_{p=1, p \neq q}^{K} \Lambda_p^{-1} H_{ul,p} Q_{ul,p} H_{ul,p}^H$ 的信道 $\Lambda_q^{-1} H_{ul,q}$ 的单链路注水协方差矩阵时，$\{Q_{ul,1}^\star, \cdots, Q_{ul,K}^\star\}$ 是速率和最大化问题的最优输入协方差矩阵集合解。

$$\max_{\{Q_{\mathrm{ul},q} \geq 0, \mathrm{Tr}\{Q_{\mathrm{ul},q}\} \leq E_{\mathrm{s},q}\} \, \forall \, , q} \log_2 \det\left[I_{n_\mathrm{r}} + \frac{1}{\sigma_\mathrm{n}^2} \sum_{q=1}^{K} \Lambda_q^{-1} H_{\mathrm{ul},q} Q_{\mathrm{ul},q} H_{\mathrm{ul},q}^{\mathrm{H}} \right]$$

$$(12.26)$$

有趣的是，最优协方差矩阵是单链路注水协方差矩阵式（5.9）比上组合噪声和小区内干扰。这些协方差矩阵可以迭代找到 [YRBC04]。

- 初始化步骤：对 $\forall q = 1$，$\cdots$，K，固定 $Q_{\mathrm{ul},q}^{(0)} = \mathbf{0}_{n_{\mathrm{t},q} \times n_{\mathrm{t},q}}$
- 迭代 n：当（未 Done），对 $q = 1$ 到 K，依次计算干扰加噪声协方差矩阵

$$Q_\mathrm{I} = \sum_{p=1, p \neq q}^{K} \Lambda_p^{-1} H_{\mathrm{ul},p} \hat{Q}_{\mathrm{ul},p} H_{\mathrm{ul},p}^{\mathrm{H}} + \sigma_\mathrm{n}^2 I_{n_\mathrm{r}} \qquad (12.27)$$

式中，$\hat{Q}_{\mathrm{ul},p}$ 是 $Q_{\mathrm{ul},p}$ 的最新估计，即 $Q_{\mathrm{ul},p}^{(n)}$ 对应 $p < q$ 而 $Q_{\mathrm{ul},p}^{(n-1)}$ 对应 $p > q$，更新第 n 次迭代用户 q 的输入协方差矩阵，服从约束 $Q_{\mathrm{ul},q} \geq 0$ 和 $\mathrm{Tr}\{Q_{\mathrm{ul},q}\} \leq E_{\mathrm{s},q}$，为

$$Q_{\mathrm{ul},q}^{(n)} = \arg \max_{Q_{\mathrm{ul},q}} \log_2 \det\left[\Lambda_q^{-1} H_{\mathrm{ul},q} Q_{\mathrm{ul},q} H_{\mathrm{ul},q}^{\mathrm{H}} + Q_\mathrm{I} \right] \qquad (12.28)$$

$$= \arg \max_{Q_{\mathrm{ul},q}} \log_2 \det\left[\Lambda_q^{-1} Q_\mathrm{I}^{-1/2} H_{\mathrm{ul},q} Q_{\mathrm{ul},q} H_{\mathrm{ul},q}^{\mathrm{H}} Q_\mathrm{I}^{-\mathrm{H}/2} + I_{n_\mathrm{r}} \right] + \log_2 \det[Q_\mathrm{I}]$$

$$(12.29)$$

$$= \arg \max_{Q_{\mathrm{ul},q}} \log_2 \det\left[\Lambda_q^{-1} \tilde{H}_{\mathrm{ul},q} Q_{\mathrm{ul},q} \tilde{H}_{\mathrm{ul},q}^{\mathrm{H}} + I_{n_\mathrm{r}} \right] \qquad (12.30)$$

式中，$\tilde{H}_{\mathrm{ul},q} = Q_\mathrm{I}^{-1/2} H_{\mathrm{ul},q} = \Lambda_{\mathrm{QI}}^{-1/2} U_{\mathrm{QI}}^{\mathrm{H}} H_{\mathrm{ul},q}$ 而 $Q_\mathrm{I} = Q_\mathrm{I}^{1/2} Q_\mathrm{I}^{\mathrm{H}/2} = U_{\mathrm{QI}} \Lambda_{\mathrm{QI}} U_{\mathrm{QI}}^{\mathrm{H}}$。问题式（12.30）依照式（5.9）和命题 5.2 得以解决。如果第 $n-1$ 次迭代的速率和与第 n 次之间的差小于一个预定义的常数 ε，Done = 1，否则我们进入第 $n+1$ 次迭代。最后的输入协方差矩阵为 $\{Q_{\mathrm{ul},1}^{(n)}, \cdots, Q_{\mathrm{ul},K}^{(n)}\}$。

如我们从式（12.27）可以看到的，一个用户每次计算它的协方差矩阵时将其他用户的信号作为噪音。已经显示该迭代算法收敛。

假设有两个用户，在第一次迭代 $n=1$ 中，$Q_{\mathrm{ul},1}^{(1)}$ 和最优单链路协方差矩阵一样，而计算 $Q_{\mathrm{ul},2}^{(1)}$ 时将 $Q_{\mathrm{ul},1}^{(1)}$ 作为噪声处理。这样选择输入协方差矩阵最大化 R_1 且会导致图 12.2c 中由拐角点 A′ 和 B′ 刻画的五边形。或者，转换用户的顺序，并计算相应的协方差矩阵，我们最大化 R_2 并可以得到由拐角点 A 和 B 刻画的五边形。通过继续执行迭代注水算法，我们以最大化速率和的协方差矩阵结束，其速率区是图 12.2c 中由拐角点 A″ 和 B″ 刻画的五边形。

容量区等于所有五边形（或更一般地说 K 维多面体）的并集（对满足功率约束的所有发送策略）[Ver89，CT91，GJJV03]。

命题 12.2 对固定信道 H_{ul}，高斯 MIMO 多址接入信道的容量区 c_{MAC} 是所有可实现速率向量 $(R_1, \cdots, R_K)$ 的并集

$$\bigcup_{\substack{\mathrm{Tr}\{Q_{\mathrm{ul},q}\} \leq E_{\mathrm{s},q} \\ Q_{\mathrm{ul},q} \leq 0, \, \forall \, q}} \left\{ \begin{array}{l} (R_1, \cdots, R_K) : \sum_{q \in S} R_q \leq \\ \log_2 \det\left[I_{n_\mathrm{r}} + \sum_{q \in S} \frac{\Lambda_q^{-1}}{\sigma_\mathrm{n}^2} H_{\mathrm{ul},q} Q_{\mathrm{ul},q} H_{\mathrm{ul},q}^{\mathrm{H}} \right], \forall \, S \subseteq \mathcal{K} \end{array} \right\} \qquad (12.31)$$

由于五边形的并集，两用户 MIMO 多址接入信道的容量区看上去不像一般的五边形。文献 [YRBC04] 中显示，使用迭代注水获得的速率和收敛于容量和且 C_{MAC} 是高斯 MIMO 多址接入信道的一组最优输入协方差矩阵。

在发射机配备单个天线（$n_{t,q} = 1$）这样更简单的场景中，容量区仍为一个五边形。这是因为每个用户以全部功率发送单路数据，即 $S_{\text{ul},q} = E_{s,q}$，而命题 12.2 简化如下。推论 12.1 对固定信道 $\boldsymbol{H}_{\text{ul}}$，高斯 SISO MAC（多址接入信道）和 SIMO MAC 的容量区 C_{MAC} 是所有可实现速率向量（$R_1, \cdots, R_K$）的集合，对 SISO MAC：

$$C_{\text{MAC}} = \{(R_1, \cdots, R_K) \sum_{q \in S} R_q \leq \log_2(1 + \sum_{q \in S} \eta_q \mid h_{\text{ul},q} \mid^2)\}, \forall S \subseteq \mathcal{K}\} \tag{12.32}$$

而对 SIMO MAC

$$C_{\text{MAC}} = \{(R_1, \cdots, R_K) : \sum_{q \in S} R_q \leq \log_2 \det(I_{n_r} + \sum_{q \in S} \eta_q \boldsymbol{h}_{\text{ul},q} \boldsymbol{h}_{\text{ul},q}^{\text{H}}\}, \forall S \subseteq \mathcal{K}\} \tag{12.33}$$

其中 $\eta_q = \dfrac{\Lambda_q^{-1} E_{s,q}}{\sigma_n^2}$。

使用单个发射天线，以最大功率发送同时最大化式（12.18）和式（12.22）的右边。通过使所有 K 个用户同时以它们各自的最大功率发射得到速率和容量。下边的例子进一步解释了这一点。

例 12.1 在 $n_{t,q} = 1 \; \forall q$、$n_r = 1$ 这个最简单的情形中，$\boldsymbol{Q}_{\text{ul},q}$ 简化为单个功率分配 $S_{\text{ul},q}$ 而容量区可以通过使所有用户以各自的总功率 $E_{s,q}$ 发送而获得。命题 12.2 或推论 12.1 中的容量区 C_{MAC} 简单地变为满足下式的所有速率对（R_1, R_2）的集合

$$R_q \leq \log_2(1 + \eta_q \mid h_{\text{ul},q} \mid^2), q = 1, 2 \tag{12.34}$$

$$R_1 + R_2 \leq \log_2(1 + \eta_1 \mid h_{\text{ul},1} \mid^2 + \eta_2 \mid h_{\text{ul},2} \mid^2) \tag{12.35}$$

其中 $\eta_q = \dfrac{\Lambda_q^{-1} E_{s,q}}{\sigma_n^2}$。图 12.2a 简单地表示为

$$R_2' = \log_2(1 + \eta_1 \mid h_{\text{ul},1} \mid^2 + \eta_2 \mid h_{\text{ul},2} \mid^2) - \log_2(1 + \eta_1 \mid h_{\text{ul},1} \mid^2) \tag{12.36}$$

$$= \log_2\left(1 + \frac{\eta_2 \mid h_{\text{ul},2} \mid^2}{1 + \eta_1 \mid h_{\text{ul},1} \mid^2}\right) = \log_2\left(1 + \frac{\Lambda_2^{-1} \mid h_{\text{ul},2} \mid^2 E_{s,2}}{\sigma_n^2 + \Lambda_1^{-1} \mid h_{\text{ul},1} \mid^2 E_{s,1}}\right) \tag{12.37}$$

容量区的可实现性

对给定的一组输入协方差矩阵，我们可能想知道如何实现速率区，尤其是速率区的拐角点（例如图 12.2 中的 A 和 B）。我们首先假设单个天线的发射机。K 个用户总共发送 K 个独立的流（每个用户一个流）而接收机配有 n_r 个接收天线。这个架构令人想起 6.5.2 节针对单链路 MIMO 信道讨论的空间复用架构。单链路空间复用中发射天线的角色现在由单天线用户所替代，而单链路 MIMO 信道的信道矩阵由

串接的信道矩阵 H_{ul} 代替。相对于单链路 MIMO 信道矩阵，由于用户在小区中位置的独立性，H_{ul} 的条件通常更好。

在 MIMO MAC 中，我们因此可以充分重复使用 6.5.2 节针对单链路 MIMO 所讨论的各种接收机架构。尤其是 MMSE V-BLAST（最小均方误差贝尔实验室垂直分层空间码），或者也称作 MMSE-SIC（最小均方误差串扰消除）接收机空间复用，实现互信息链式规则并且就给定输入协方差矩阵 Q（命题 6.13）实现单链路 MIMO 信道的最佳可能速率和而言是最优的。因此我们得到结论：MIMO MAC 中 MMSE-SIC 接收机的可实现速率和表示为式（12.21）的右边，MMSE-SIC 能够实现速率区的拐角点。

命题 12.3 MMSE-SIC 对实现 MIMO MAC 速率区的拐角点是最优的。

在速率区上所实现的准确拐角点依赖于流排序消除（类似于排序 V-BLAST）。观察图 12.2 中的点 A，用户 2 首先被消除（即用户 2 的所有流）只剩下用户 1 的信号与高斯噪声，并能实现等于单链路界式（12.18）的速率。假设每个用户使用单发射天线，式（12.24）简化为 $R'_2 = \log_2(1 + \rho_q)$，其中 ρ_q 是将用户 1 视为有色高斯干扰时用户 2 的 MMSE 接收机的 SINR（信干噪比）。在一般的 K 用户 MAC 中，对应于速率区上 $K!$ 个拐角点中每个拐角点的速率可以通过对应于每个点的用户排序消除 MMSE-SIC 实现。

例 12.2 回看例例 12.1，点 A 可以通过依照下述顺序在接收机端进行 SIC（串扰消除）获得

1）将用户 1 的信号视为噪声对用户 2 的信号解码；

2）为了对用户 1 的信号解码，从接收信号中减去用户 2 的信号。

如我们从式（12.37）看到的，通过在解码用户 2 的信号时将用户 1 的信号视为噪声，由于噪声加上干扰功率等于 R'_2，用户 2 的速率由 $\sigma_n^2 + \Lambda_1^{-1} | h_{ul,1} |^2 E_{s,1}$ 界定。

如果如图 12.2b 中 $\Lambda_1 \ll \Lambda_2$，主张工作在点 B 优于点 A。在这个情形中，用户的信号（即强用户信号）为了帮助用户 2 的速率（弱用户信号）首先被消除。这与 6.5.2 节有序 V-BLAST 中使用的消除顺序相似。

与 TDMA 的比较

图 12.2（a）还将 MIMO MAC 速率区与相同实时功率约束 $\sum_{m=1}^{\min\{n_{t,q}, n_r\}} S_{ul,q,m} \leqslant E_{s,q}$ 下的 TDMA 可实现速率区进行了比较。TDMA 以正交的方式分配时间资源使得用户不会在相同时间内传输。在一个两用户的配置中，分配给用户 1（对应的用户 2）一部分 x（对应的 $1-x$）时间资源，导致当一个用户不发送时速率区是连接点 C 和 D 的直线。使用 SISO 信道（$n_{t,q} = n_r = 1$），TDMA 和 SIC 都利用单个自由度，但 TDMA 速率区严格小于 SIC 的可实现速率区。使用单天线用户和多个接收天线，与 SIMO MAC（使用 MMSE-SIC）相比 TDMA 带来大的损耗，因为尽管在高信噪比区 SIMO MAC 可实现自由度为 $\min\{n_r, K\}$ 但 TDMA 只利用了单个自由度。事实上，在 SI-

MO MAC 中，依照 6.5.2 节中 SM 接收机的可实现空间复用增益，只要 $n_r \geqslant K$，MMSE-SIC（还有 ZF，MMSE，ZF-SIC 和 ML）可以使每个用户在高信噪比区发送一个速率与 $\log_2 (\eta_q)$ 成线性比例的流。使用 TDMA，多个接收天线的存在只帮助增加接收波束赋形增益，进而增加信噪比。随着每个用户发送天线数量的增加，TDMA 与 MIMO MAC 速率区之间的差距减小。在高信噪比时，当用户 q 发送时，TDMA 利用 $n = \min \{n_{t,q}, n_r\}$ 个自由度而 MIMO MAC 实现 $\min \{n_r, \sum_q n_{t,q}\}$ 个自由度。如果所有用户配有 $n_{t,q} = n_r$ 个发射天线，TDMA 与 MIMO MAC 利用相同数量的自由度（等于 n_r），这与用户 K 的数量无关。在低信噪比时，依照 MIMO 容量式（5.38）的表现，SIMO/MIMO MAC 的性能通常和 TDMA 相差无几。

值得提醒的是，图 12.2a 中的 TDMA 速率区仅对实时功率约束成立。如果使用长期功率约束，因为用户 1 只在部分 x 时间内发送，它在这段时间内的发送功率可以以因子 $1/x$ 增加。在此情形中，TDMA 速率区扩大，不再是一条直线。然而，它仍比 MIMO MAC 的速率区小。在 SISO MAC 的特定场景中，如果恰当调整分数 x，TDMA 速率区可以与容量区有一个共同的点 [TV05]。假设所有用户接收功率相同的一个对称场景，即 $\eta_q | h_{ul,q} |^2 = \eta | h_{ul} |^2 \, \forall q$，令 $x = 1/K$ 可以得到这个点使得 TDMA 实现速率和

$$\sum_{q=1}^{K} \frac{1}{K} \log_2 \left(1 + \frac{\eta_q}{x} | h_{ul,q} |^2 \right) = \log_2 (1 + K\eta | h_{ul} |^2) \qquad (12.38)$$

这与速率和容量一样。

在图 12.2a 中位于线段 A－B 上 A 与 B 之间的点，由在点 A 和 B 之间共享时间（TDMA）实现（使用 MMSE-SIC）。

12.2.2　快衰落信道的遍历容量区

我们现在转向关注快衰落信道，在快衰落中通信时间比信道相干时间长很多。

理想发送信道信息

当存在理想 CSIT（发射端信道状态信息），类似于单链路 MIMO 信道，发射机能够在时间上随着信道质量的变化而做出适应。

遍历容量区是可实现长期平均速率 $R_1, \cdots, R_K$ 的结合，其中取平均是就所有信道现实而言。速率区由式（12.18）定义，故此式（12.22）可以扩展到快衰落信道

$$\sum_{q \in S} R_q \leqslant \mathcal{E} \left\{ \log_2 \det \left[I_{n_r} + \frac{1}{\sigma_n^2} \sum_{q \in S} \Lambda_q^{-1} H_{ul,q} Q_{ul,q} H_{ul,q}^H \right] \right\}, \, \forall S \subseteq \mathcal{K} \qquad (12.39)$$

其中输入协方差矩阵服从功率约束。类似于（5.31），讨论依赖于功率约束的类型，即短期功率约束 $\text{Tr}\{Q_{ul,q}\} = E_{s,q}$ 和长期功率约束 $\mathcal{E}\{\text{Tr}\{Q_{ul,q}\}\} = E_{s,q}$，其中平均功率在持续时间 $T_p \gg T$ 上计算。使用短期功率约束，发送策略可以依靠 12.2.1 所做的讨论。使用长期功率约束，事情变得更加复杂。给定一组信道现实，它们由 H_{ul} 描述，$\text{Tr}\{Q_{ul,q}\}$ 对任意 q 变化。这样的改变由功率控制政策定义，它

将 $\boldsymbol{H}_{ul}$ 映射到 $\mathrm{Tr}\,\{\boldsymbol{Q}_{ul,q}\}$，服从时间 T_p 上的平均功率应该等于 $\boldsymbol{E}_{s,q}$ 这一约束。对这样一个策略，可实现速率区由式（12.39）给出，其中 $\boldsymbol{Q}_{ul,q}$ 和它的迹依信道增益变化。然而，可能有多个满足长期功率约束的功率控制政策。遍历容量区则由容量区的并集给出，每个容量区对应一个给定的功率政策。

具有 CSIT 和长期功率约束的遍历容量区可以更加准确地加以推导。为简单起见，假设 SIMO 信道（讨论也可以扩展到 MIMO）。定义功率控制策略 $\mathcal{P}$ 为将给定的表示为 $\boldsymbol{H}_{ul} = \left[\Lambda_1^{-1/2}\boldsymbol{h}_{ul,1}, \cdots, \Lambda_K^{-1/2}\boldsymbol{h}_{ul,K}\right]$ 的一组信道现实映射到一组发送功率 $S_{ul,1}, \cdots, S_{ul,K}$ 的函数。考虑到这些发送功率是信道的函数，我们将其显式地写为 $S_{ul,1}(\boldsymbol{H}_{ul}), \cdots, S_{ul,K}(\boldsymbol{H}_{ul})$。对这样一个功率控制策略 $\mathcal{P}$，依照式（12.39），在所有衰落状态上取平均的可实现速率集合表示为

$$C_{\mathrm{MAC}}(P) = \left\{ \begin{array}{l} (R_1,\cdots,R_K):\sum_{q\in S}R_q \leqslant \\ \mathcal{E}_{\boldsymbol{H}_{ul}}\left\{ \log_2 \det\left[\boldsymbol{I}_{n_r} + \sum_{q\in S}\dfrac{\Lambda_q^{-1}s_{ul,q}(\boldsymbol{H}_{ul})}{\sigma_n^2}\boldsymbol{h}_{ul,q}\boldsymbol{h}_{ul,q}^{\mathrm{H}}\right]\right\}, \forall S\subseteq\mathcal{K} \end{array}\right\}$$

(12.40)

遍历容量区为满足长期功率约束、所有功率控制策略上的并集。

命题 12.4　具有 CSIT 和长期功率约束的高斯快衰落 SIMO MAC 的遍历容量区 $\overline{C}_{\mathrm{MAC}}$ 为

$$\overline{C}_{\mathrm{MAC}} = \bigcup_{\mathcal{P}\in\mathcal{F}} C_{\mathrm{MAC}}(\mathcal{P})$$

(12.41)

式中，$\mathcal{F} = \{\mathcal{P}:\mathcal{E}_{\boldsymbol{H}_{ul}}\{s_{ul,q}(\boldsymbol{H}_{ul})\} \leqslant E_{s,q}, q=1, \cdots, K\}$ 是满足长期功率约束的所有功率控制策略的集合。

例 12.3　假设一个两用户 SISO MAC（$n_r=1$，$n_{t,q}=1\,\forall q$）。给定约束集合 $\{S_{ul,1}, S_{ul,2}\}$ 固定信道的容量区是如我们已经在 12.2.1 节所看到的一个五边形。在衰落信道中，给定功率约束策略 $\mathcal{P}$，$S_{ul,1}$ 和 $S_{ul,2}$ 随衰落状态而改变（约束为 $\mathcal{E}\{S_{ul,1}\} = E_{S,1}$ 和 $\mathcal{E}\{S_{ul,2}\}=E_{s,2}$）且 $C_{\mathrm{MAC}}(\mathcal{P})$ 看上去仍像一个五边形。通过在 $\mathcal{F}$ 中的功率策略上取并集，速率向量（R_1，R_2）在五边形的并集中演化。得到 CSIT 快衰落信道的遍历容量区为五边形的并集，如图 12.3 所示 [TH98]。

在单链路 MIMO 场景中，我们在 5.3 节说明实现长期功率约束快衰落信道遍历容量的最优功率分配服从一个联合时间和空间的注水政策。从命题 12.4 和定义 12.2，CSIT 快衰落 SIMO MAC 的速率和容量为 [VTA01]

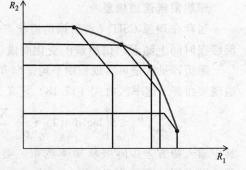

图 12.3　快衰落信道上理想 CSIT 和长期功率约束的两用户 SISO 遍历容量区为五边形 C_{MAC}（$\mathcal{P}$）的并集（在 $\mathcal{F}$ 上），每个五边形对应一个发送功率控制策略 $\mathcal{P}$

$$\overline{C}_{\text{MAC}} = \max_{\mathcal{P} \in \mathcal{F}} \mathcal{E}_{H_{\text{ul}}} \left\{ \log_2 \det \left[I_{n_r} + \sum_{q=1}^{K} \frac{\Lambda_q^{-1} S_{\text{ul},q}(H_{\text{ul}})}{\sigma_n^2} h_{\text{ul},q} h_{\text{ul},q}^{\text{H}} \right] \right\} \quad (12.42)$$

将拉格朗日式写为

$$\mathcal{L} = \mathcal{E}_{H_{\text{ul}}} \left\{ \log_2 \det \left[I_{n_r} + \sum_{q=1}^{K} \frac{\Lambda_q^{-1} S_{\text{ul},q}(H_{\text{ul}})}{\sigma_n^2} h_{\text{ul},q} h_{\text{ul},q}^{\text{H}} \right] \right\} - \sum_{q=1}^{K} v_q \mathcal{E}\left\{ S_{\text{ul},q}(H_{\text{ul}}) \right\}$$

$$(12.43)$$

并服从 KKT 条件（如在命题 5.2 的证明中），最优功率分配应该满足 [TV05]

$$\Lambda_q^{-1} h_{\text{ul},q}^{\text{H}} \left(\sigma_n^2 I_{n_r} + \sum_{p=1}^{K} \Lambda_p^{-1} S_{\text{ul},p}(H_{\text{ul}}) h_{\text{ul},p} h_{\text{ul},p}^{\text{H}} \right)^{-1} h_{\text{ul},q} \begin{cases} = v_q & \text{if } S_{\text{ul},q}(H_{\text{ul}}) > 0 \\ \leq v_q & \text{if } S_{\text{ul},q}(H_{\text{ul}}) = 0 \end{cases}$$

$$(12.44)$$

其中乘数 $V_q \forall_q$ 满足长期功率约束 $\mathcal{E}\left\{ S_{\text{ul},q}(H_{\text{ul}}) \right\} \leq E_{s,q}$。

在 $n_r = 1$ 的 SISO 情形中，式（12.44）被简化为

$$\sigma_n^2 + \sum_{p=1}^{K} \Lambda_p^{-1} S_{\text{ul},p}(H_{\text{ul}}) | h_{\text{ul},p} |^2 \geq \frac{\Lambda_q^{-1} | h_{\text{ul},q} |^2}{v_q} \quad (12.45)$$

其中当且仅当 $S_{\text{ul},q}(H_{\text{ul}}) > 0$ 等式成立。下述 SISO MAC 的最优功率分配 [KH95] 源于这些不等式。

命题 12.5 实现 CSIT 和长期功率约束快衰落 SISO MAC 信道的最优功率分配为

$$s_{\text{ul},q}^{\star}(H_{\text{ul}}) = \left\{ 0 \left(\frac{1}{v_q} - \frac{\sigma_n^2}{\Lambda_q^{-1} | h_{\text{ul},q} |^2} \right)^+ , \text{当} \frac{\Lambda_q^{-1} | h_{\text{ul},q} |^2}{v_q} = \max_{p=1,\cdots,K} \frac{\Lambda_p^{-1} | h_{\text{ul},p} |^2}{v_p} \right.$$

$$(12.46)$$

其中选取 v_q，对任意 q 满足 $\mathcal{E}\left\{ s_{\text{ul},q}^{\star}(H_{\text{ul}}) \right\} = E_{s,q}$。

值得注意的是，最大化单天线发射机和接收机快衰落 MAC 速率和的最优发送策略在于只允许每次只允许一个用户发送。这个用户是具有最大权重信道增益的那个

$$q^{\star} = \arg\max_q \frac{\Lambda_q^{-1} | h_{\text{ul},q} |^2}{v_q} \quad (12.47)$$

其他用户在自己的权重信道增益变为最大的用户之前保持静默。这个策略独立于用户信道衰落分布。

功率分配式（12.46）某种程度上令人想起命题 5.2 和 5.3.1 节中的注水功率分配。事实上，一个用户当它的信道好时分配更多的功率，当其信道坏时分配更少的功率，好信道或坏信道的概念总是相对于拉格朗日乘数 v_q。后者因此起到信噪比门限的作用，在之下的用户绝不会被选择，并且其是信道衰落分布和长期功率约束的函数。假设路径损耗相对于其他用户较大的一个用户。如果选择只是基于 $\Lambda_q^{-1} | h_{\text{ul},q} |^2$ 进行，这个用户将几乎不会被选中进行发送而它的功率资源将不会被

使用。

由式（12.42），可以得到 SISO MAC 速率和容量为

$$\overline{C}_{\mathrm{MAC}} = \mathcal{E}_{\boldsymbol{H}_{\mathrm{ul}}} \left\{ \log_2 \left(1 + \frac{\Lambda_{q\star}^{-1} s_{\mathrm{ul},q\star}^{\star}(\boldsymbol{H}_{\mathrm{ul}})}{\sigma_{\mathrm{n}}^2} \mid h_{\mathrm{ul},q\star} \mid^2 \right) \right\} \tag{12.48}$$

在［VTA01］中，速率和容量与对所有衰落状态给用户分配恒定功率的可实现速率和之间差距显著，并且差距随用户 K 的数量增加而增大。

在用户经历相同衰落分布（包括相同的路径损耗 $\Lambda_q = \Lambda$）和相同功率约束 $E_{s,q} = E_s$ 的情形中，由对称性，所有用户的乘数相同 $v_q = v$ 且式（12.46）中选择的用户是信道增益最大的那个，即 $q^\star = \mathrm{argmax}_q \mid h_{\mathrm{ul},q} \mid^2$。功率分配简单地写为单个拉格朗日乘数的函数

$$s_{\mathrm{ul},q}^{\star}(\boldsymbol{H}_{\mathrm{ul}}) = \begin{cases} \left(\dfrac{1}{v} - \dfrac{\sigma_{\mathrm{n}}^2}{\Lambda^{-1} \mid h_{\mathrm{ul},q\star} \mid^2} \right)^+, & \text{当 } q = q^\star \\ 0 & \text{其他} \end{cases} \tag{12.49}$$

且可以认为是时域上的注水。

回想在固定 SISO MAC 中，就最大化速率和而言，TDMA 被证实通常是次优的（除非我们考虑对称场景）。前面讨论告诉我们的是，在 CSIT 快衰落信道中，基于信道测量和动态用户选择与功率控制的动态 TDMA 对最大化速率和是最优的。这给分集提供了一种新形式，称为多用户分集，将在 12.5 节中进一步处理。

在 $n_r > 1$ 的 SIMO 情形中，功率分配变得更加复杂［VTA01，TV05］。与式（6.109）类似，我们可以使用矩阵求逆引理（附录 A）进一步推导式（12.44）：

$$\Lambda_q^{-1} \boldsymbol{h}_{\mathrm{ul},q}^{\mathrm{H}} \left(\sigma_{\mathrm{n}}^2 \boldsymbol{I}_{n_r} + \sum_{p=1}^{K} \Lambda_p^{-1} s_{\mathrm{ul},p}(\boldsymbol{H}_{\mathrm{ul}}) \boldsymbol{h}_{\mathrm{ul},p} \boldsymbol{h}_{\mathrm{ul},p}^{\mathrm{H}} \right)^{-1} \boldsymbol{h}_{\mathrm{ul},q} = \frac{\xi}{1 + \xi s_{\mathrm{ul},q}(\boldsymbol{H}_{\mathrm{ul}})} \tag{12.50}$$

其中 $\xi = \Lambda_q^{-1} \boldsymbol{h}_{\mathrm{ul},q}^{\mathrm{H}} \left(\sigma_{\mathrm{n}}^2 \boldsymbol{I}_{n_r} + \sum_{p \neq q} \Lambda_p^{-1} s_{\mathrm{ul},p}(\boldsymbol{H}_{\mathrm{ul}}) \boldsymbol{h}_{\mathrm{ul},p} \boldsymbol{h}_{\mathrm{ul},p}^{\mathrm{H}} \right)^{-1} \boldsymbol{h}_{\mathrm{ul},q}$。有趣的是，由式（1.52），$\xi s_{\mathrm{ul},q}(\boldsymbol{H}_{\mathrm{ul}})$ 是用于过滤用户 q 的数据的 MMSE 接收机输出端的 SINR（信干噪比）（记为 ρ_q）其中小区内干扰加上噪声的相关矩阵 $\boldsymbol{R}_{\mathrm{ni}}$ 为 $\sigma_{\mathrm{n}}^2 \boldsymbol{I}_{n_r} + \sum_{p \neq q} \Lambda_p^{-1} s_{\mathrm{ul},p}(\boldsymbol{H}_{\mathrm{ul}}) \boldsymbol{h}_{\mathrm{ul},p} \boldsymbol{h}_{\mathrm{ul},p}^{\mathrm{H}}$。我们因此有 $\rho_q = \xi s_{\mathrm{ul},q}(\boldsymbol{H}_{\mathrm{ul}})$。定义 $I_q(s_{\mathrm{ul},p \neq q}(\boldsymbol{H}_{\mathrm{ul}}))$ 为用户 q 看到的小区内干扰加上噪声，我们有

$$I_q(s_{\mathrm{ul},p \neq q}(\boldsymbol{H}_{\mathrm{ul}})) = \frac{\Lambda_q^{-1} \parallel \boldsymbol{h}_{\mathrm{ul},q} \parallel^2 s_{\mathrm{ul},q}(\boldsymbol{H}_{\mathrm{ul}})}{\rho_q} \tag{12.51}$$

我们使用括号（$s_{\mathrm{ul},p \neq q}(\boldsymbol{H}_{\mathrm{ul}})$）强调 I_q 是分配给所有 $p \neq q$ 的用户的功率的一个函数。将式（12.50）带入 KKT 条件式（12.44），并利用 I_q 的定义，我们得到下述功率分配策略。

命题 12.6 最大化 CSIT 和长期功率约束快衰落 SIMO MAC 的速率和容量的最优功率分配是解

$$S_{\mathrm{ul},q}^{\star}(\boldsymbol{H}_{\mathrm{ul}}) = \left(\frac{1}{v_q} - \frac{I_q(s_{\mathrm{ul},p\neq q}^{\star}(\boldsymbol{H}_{\mathrm{ul}}))}{\varLambda_q^{-1}|\boldsymbol{h}_{\mathrm{ul},q}|^2}\right)^+ \tag{12.52}$$

其中选择对任意 q 满足 $\mathcal{E}\{s_{\mathrm{ul},q}^{\star}(\boldsymbol{H}_{\mathrm{ul}})\} = E_{s,q}$ 的 v_q。

功率分配式（12.52）也令我们想起注水解但求解更加复杂，因为 I_q 是其他用户最优功率分配的函数。这个功率分配的闭式解还不知道，必须使用数值方法。

注意命题 12.5 和命题 12.6 之间的差异很重要。在 SISO 情形中，每次单个用户发送且考虑噪声功率在信道增益上进行注水，而在 SIMO 情形中功率分配给不止一个用户考虑小区内干扰和噪声在信道增益上进行注水。

为了更好地理解命题 12.6，［VTA01］对大的 K 和 n_r 借助渐进分析。在这些条件下，由于大数定律，I_q 收敛于一个常数而式（12.52）得到一个非常简单的基于注水的功率分配政策，它只是用户路径损耗和阴影 $\varLambda_q$ 的函数而不依赖于信道的衰落分量。在相同的时间内所有用户依照这个固定的功率分配政策进行传输（不同于 SISO 情形）。

假设每个用户独立同分布瑞利分布，［VTA01］中的性能评估显示随着接收天线数量 n_r 增加，与用户数量 K 无关，利用 CSIT 的最优功率分配相对于只利用路径损耗和衰落信息（但没有小尺度衰落）的固定功率分配策略（对渐进 n_r 最优）只有微小的增益。这与 SISO 的表现形成鲜明对比，其中基于 CSIT（考虑衰落）的功率分配显著优于（尤其对大的 K）固定功率分配政策。我们在 12.5 节将会看到，我们可以将这个表现与对用户增益联系起来。在独立同分布瑞利衰落信道中优于信道硬化效应，多用户分集增益实际上随着 n_r 的增加而下降［VTA01，HV02，HMT04］。

目前为止的讨论主要集中于速率和容量，有兴趣的读者可以参考［TH98］获取关于实现快衰落信道遍历容量区的功率与速率分配的更多细节。

部分传输信道信息

与 5.3.2 节相似，我们现在考虑发射机不知道实时信道现实但可能只知道信道统计值。发送策略因此可能只依赖于信道统计值。

约束式（12.18）和式（12.22）定义的速率区可以扩展到式（12.39）中服从功率约束 $\mathrm{Tr}\{\boldsymbol{Q}_{\mathrm{ul},q}\} \leqslant E_{s,q}$ 的快衰落信道。一般速率区是一个 K 维的多面体而两用户的情形中是一个五边形。拐角点仍然由 MMSE-SIC 实现。遍历容量区为对应协方差矩阵满足功率约束的所有 K 维多面体的并集。

命题 12.7　高斯快衰落 MIMO MAC 的遍历容量区 $\bar{\mathcal{C}}_{\mathrm{MAC}}$ 是所有可实现速率向量的集合

$$\bigcup_{\substack{\mathrm{Tr}\{\boldsymbol{Q}_{\mathrm{ul},q}\}\leqslant E_{s,q} \\ \boldsymbol{Q}_{\mathrm{ul},q}\geqslant 0,\ \forall\,q}} \left\{\begin{array}{l} (R_1,\cdots,R_K): \sum_{q\in S} R_q \leqslant \\ \mathcal{E}\left\{\log_2 \det\left[\boldsymbol{I}_{n_r} + \sum_{q\in S}\frac{\varLambda_q^{-1}}{\sigma_n^2}\boldsymbol{H}_{\mathrm{ul},q}\boldsymbol{Q}_{\mathrm{ul},q}\boldsymbol{H}_{\mathrm{ul},q}^{\mathrm{H}}\right]\right\},\ \forall\,S\subseteq\mathcal{K} \end{array}\right\} \tag{12.53}$$

正式推导依据［Gal94，SW97］。推导思路和 5.1.1 和 5.3 节中所介绍的一样
［Gal94，TH98，TV05］。我们可以将

$$\log_2 \det \left[I_{n_r} + \frac{1}{\sigma_n^2} \sum_{q \in S} \Lambda_q^{-1} H_{ul,k,q} Q_{ul,q} H_{ul,q}^H \right] \qquad (12.54)$$

视为用户子集 S 与接收机之间在时刻 t 信道 $H_{ul,k,q} \forall q \in S$ 上信息流的速率。这个速
率随时间依信道波动变化。在时间周期 $T \gg T_{coh}$ 内信息流的平均速率为

$$\frac{1}{T} \sum_{k=0}^{T-1} \log_2 \det \left[I_{n_r} + \frac{1}{\sigma_n^2} \sum_{q \in S} \Lambda_q^{-1} H_{ul,k,q} Q_{ul,q} H_{ul,k,q}^H \right] \qquad (12.55)$$

对 $T \to \infty$，如果衰落过程遍历平稳，上式收敛于式（12.39）的右边。为了计算这
个速率，编码分组长度必须足够长以平均噪声但还要扩展信道的多相干时间以平均
信道波动（见 5.3 节和 6.4.1 节）。

类似于针对单链路 MIMO 信道的命题 5.3，假设对所有用户独立同分布瑞利衰
落，等功率分配，即 $Q_{ul,q} = \dfrac{E_{s,q}}{n_{t,q}} I_{n_{t,q}}$，对实现 MIMO MAC 的整个遍历容量区是最优
的，而且速率和容量与 $\min \left(n_r, \sum_{q=1}^{K} n_{t,q} \right)$（或 $\min \{ n_r, n_t K \}$ 如果 $n_{t,q} = n_t$ 对
任意 q）成线形比例［JVG01，GJJV03］。因此，即便终端只有单个天线，只要基
站有足够的接收天线，即 $n_r \geq n_t$，等于 K 的大空间增益是可实现的。这与 TDMA 和
单链路容量形成对比，其中吞吐量经常受限于终端较少的天线数量。

假设所有用户空间相关瑞利衰落，根据命题 5.5 和命题 5.7，$Q_{ul,q} = U_{R_{t,q}} \Lambda_{Q_{ul,q}} U_{R_{t,q}}^H$ 形式的输入协方差矩阵对 MIMO MAC 也成立［JVG01］。$R_{t,q}$ 表示用户 q
的发送相关矩阵而 $\Lambda_{Q_{ul,q}}$ 是服从用户 q 功率约束的功率分配矩阵。类似于式
（5.100），由于 Jensen 不等式，$\Lambda_{Q_{ul,q}}$ 上界受限，可以推导功率分配的一个估计。
解的有效性将依赖与 n_r，$n_{t,q}$ 和 K。

这里再次在衰落信道中，对 SISO、SIMO 和 MIMO MAC，与 MMSE-SIC 相比
TDMA 会带来性能损耗［Ga94，TV05l］。即便在 $\eta q = \eta \forall q$ 和时间在用户间均匀划
分 $x = 1/K$ 的对称 SISO 情形中，TDMA 速率和低于 SIC 速率和，这由下式可见

$$\sum_{q=1}^{K} \frac{1}{K} \mathcal{E} \{ \log_2 (1 + K\eta \mid h_{ul,q} \mid^2) \} \leq \mathcal{E} \{ \log_2 (1 + \eta \sum_{q=1}^{K} \mid h_{ul,q} \mid^2) \} \qquad (12.56)$$

对 $K \geq 2$。这与式（12.38）中的固定信道/AWGN 场景形成对比。

12.2.3　慢衰落信道的中断容量、中断概率和分集复用折中

中断容量和概率

在 5.7 节中，一个中断被定义由信道在输入协方差矩阵 Q 时互信息不支持数
据速率 R 的事件，即 $\mathcal{O} = \{ H: \log_2 \det (I_{n_r}) + \rho H Q H^H) < R \}$。类似地，我们定义
MAC（多址接入信道）中断事件为 $\mathcal{O} = \cup_s \mathcal{O}_s$，其中，依照式（12.21），

$$\mathcal{O}_S = \left\{ \boldsymbol{H}_{ul}: \ \log_2 \det\left[\boldsymbol{I}_{n_r} + \frac{1}{\sigma_n^2} \boldsymbol{H}_{ul,S} \boldsymbol{Q}_{ul,S} \boldsymbol{H}_{ul,S}^H \right] < \sum_{q \in S} R_q \right\} \tag{12.57}$$

类似与定义 5.5，我们可以定义慢衰落 MIMO MAC 的中断概率。多址接入信道的常见中断概率定义为目标速率向量 $(R_1, \cdots, R_K)$ 位于可实现速率区之外的概率。

定义 12.3　目标速率向量为 $(R_1, \cdots, R_K)$ 的 MIMO MAC 的中断概率 P_{out} $(R_1, \cdots, R_K)$，由下式给出

$$P_{out}(R_1, \cdots, R_K) = \min_{\{\boldsymbol{Q}_{ul,q} \geq 0, \mathrm{Tr}\{\boldsymbol{Q}_{ul,q}\} \leq E_{s,q}\} \ \forall q} P(\bigcup_S \mathcal{O}_S) \tag{12.58}$$

独立同分布瑞利慢衰落信道的分集复用折中

假设所有用户具有相同的发送功率约束 $E_{s,q} = E_s \ \forall q$ 并且经历 $\Lambda_q = \Lambda$（以使得 $\eta_q = \eta \ \forall q$）且 $\boldsymbol{H}_q$ 为独立同分布瑞利衰落的独立且相同分布信道，我们研究 MIMO MAC 的渐进（即较大的 η）分集复用折中 [TVZ04]。发射机只有形式为信道分布信息的部分发送信道信息，即它无法获得实际的信道实现。

我们可以将单链路 MIMO 信道渐进分集复用这种的定义 5.8 扩展到 K 用户 MIMO MAC。

定义 12.4　如果满足下式条件，对 K 元组复用增益集合 $(g_{s,1}, \cdots, g_s, K)$，可实现分集增益 $g_{d,MAC}^\star (g_{s,1}, \cdots, g_s, K, \infty)$

$$\lim_{\eta \to \infty} \frac{R_q(\eta)}{\log_2(\eta)} = g_{s,q}, \ \forall q \tag{12.59}$$

$$\lim_{\eta \to \infty} \frac{\log_2(P_{out}(R_1, \cdots, R_K))}{\log_2(\eta)} = -g_{d,MAC}^\star (g_{s,1}, \cdots, g_s, K, \infty) \tag{12.60}$$

曲线 $g_{d,MAC}^\star (g_{s,1}, \cdots, g_{s,K}, \infty)$ 是 $(g_{s,1}, \cdots, g_{s,K})$ 的函数，称为 MIMO MAC 的渐进分集复用折中。

MAC 中的分集复用折中与单链路 MIMO 信道中的不同在于这可以在属于同一个用户的天线上进行编码，而不能在所有 $\sum n_{t,q}$ 个天线上联合进行。

命题 12.8　独立同分布瑞利衰落 K 用户 MIMO 多址接入信道的渐进分集复用折中为

$$g_{d,MAC}^\star (g_{s,1}, \cdots, g_s, K, \infty) = \min_S g_{d,n_{t,s},n_r}^\star \left(\sum_{q \in S} g_{s,q}, \infty \right) \tag{12.61}$$

式中，$n_{t,S} = \sum_{q \in S} n_{t,q}$，$g_{s,q} = 0, \cdots, \min\{n_{t,q}, n_r\}$ 而 $g_{d,m,n}^\star(g_s, \infty) = (m - g_s)$ $(n - g_s)$ 是命题 5.9 单链路 $n \times m$ MIMO 信道的分集复用折中。

证明：证明在于上下界 P_{out} 并证明相应的界随着信噪比趋向无穷而具有相同的信噪比指数。信噪比指数使用单链路分集复用折中计算。我们可以写出

$$\max_S P(\mathcal{O}_S) \leq P(\bigcup_S \mathcal{O}_S) \leq \sum_S P(\mathcal{O}_S) \tag{12.62}$$

通过选择 $\boldsymbol{Q}_q = E_s / n_{t,q} \boldsymbol{I}_{n_{t,q}}$，根据命题 5.8 和（12.57），对所有 S 同时最小化 $P(\mathcal{O}_S)$。通过利用单链路结果式（5.123）和命题 5.9，我们可以写出

$$\min_{\{Q_q \geq 0,\, \mathrm{Tr}\{Q_q\} \leq E_s\}\, \forall q} P(\mathcal{O}_S) \doteq \eta^{-g_{d,n_t,S,n_r}(\sum_{q \in S} g_{s,q},\, \infty)} \qquad (12.63)$$

此外，考虑到式（12.62）中的上界和下界主要都由子集 S 决定而导致最小信噪比指数，我们得到

$$P_{\mathrm{out}}(R_1, \cdots, R_K) \doteq \eta^{-\mathrm{min}s g_{d,n_t,S,n_r}(\sum_{q \in S} g_{s,q},\, \infty)} \qquad (12.64)$$

得到要证明的结果。

为了满足每个用户的分集要求 d，空间复用增益向量 $(g_{s,1}, \cdots, g_{s,K})$（相应的速率向量 $(R_1, \cdots, R_K)$）必须对所有 $S \subseteq \mathcal{K}$ 满足 $g_{d,n_t,sn_r}^\star(\sum_{q \in S} g_{s,q},\, \infty) \geq d$。

一个感兴趣的场景是假定 $n_{t,q} = n_t$ 和 $g_{s,q} = g_s\ \forall q$。这种对称折中定义为固定对称复用增益 $(g_s, \cdots, g_s)$ 可以实现的最大分集增益，且由式（12.61）可以写为

$$g_{d,\mathrm{MAC}}^\star(g_s, \infty) = \min_{q=1,\cdots,K} g_{d,qn_t,n_r}^\star(qg_s, \infty) \qquad (12.65)$$

命题 12.8 的分集复用折中可以对称情形具体说明 ［TVZ04］。

命题 12.9 独立同分布瑞利衰落 K 用户 MIMO 多址接入信道的渐进对称分集复用折中为

$$g_{d,\mathrm{MAC}}^\star(g_s, \infty) = \begin{cases} g_{d,n_t,n_r}^\star(g_s, \infty) & g_s \leq \min\{n_t, \dfrac{n_r}{K+1}\} \\[4mm] g_{d,Kn_t,n_r}^\star(Kg_s, \infty) & g_s \geq \min\{n_t, \dfrac{n_r}{K+1}\} \end{cases} \qquad (12.66)$$

命题 12.9 强调了两个工作区，图 12.4 给出了解释。在 $g_s \leq \min\left\{n_t, \dfrac{n_r}{K+1}\right\}$ 的轻度负载区域，所有 K 个用户同时达到单链路折中 $g_{d,n_t,n_r}^\star(g_s, \infty)$。换言之，提供多址接入并未损害单个用户的性能，并且只要处于轻度负载区域，系统中接入更多的用户不会降低用户的性能。如果 $n_t \leq \dfrac{n_r}{K+1}$，折中与图 5.11 上完全相同。如果 $n_t \geq \dfrac{n_r}{K+1}$，只要 $g_s \leq \dfrac{n_r}{K+1}$ 便实现单链路性能。在 $g_s \geq \min\left\{n_t, \dfrac{n_r}{K+1}\right\}$ 的重度负载区域，折中写为 $g_{d,Kn_t,n_r}^\star(Kg_s, \infty)$，并是有 Kn_t 个发射天线构成的巨型 MIMO 系统以复用速率 Kgs 发送的折中。在这个区域，用户性能受其他用户存在的影响。我们注意到每个用户的最大复用增益为 $\min\left\{n_t, \dfrac{n_r}{K}\right\}$ 并且当 $g_{d,Kn_t,n_r}^\star(Kg_s, \infty) = 0$ 时达到。在这个点之外，可实现增益总是等于零。对与 n_r 相比较大的 K，$\dfrac{n_r}{K+1} \approx \dfrac{n_r}{K}$ 且由于严重的小区内干扰，分集复用折中看上去像空间复用增益大于 $\dfrac{n_r}{K}$ 的单链路折中的截断版本。

直觉上，这样一个行为的突然改变是由这样的事实引起：在轻度负载区域，中断在一个用户信道处于中断时发生，而在重度负载区域，中断在无论什么时候所有

用户信道同时处于中断时发生。

当用户配置相同数量的天线时，每个用户的最大复用增益为 $\min\{n_{t,1} + n_{t,2},\ n_r\}$。在 n_r 个接收天线而两个发射机分别有 $n_{t,1}$、$n_{t,2}$ 个天线的两用 MIMO MAC 中，可实现一个最大总复用增益（即这两个用户的复用增益之和）。与 5.3.1 节和 5.4.2 节所做的观察相比，我们注意到这样一个总复用增益与单链路 MIMO 信道中所有发射天线完全合作（即 $n_t = n_{t,1} + n_{t,2}$）获得可实现增益相同。

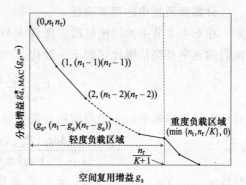

图 12.4　$n_t > \dfrac{n_r}{K+1}$ 的 MIMO MAC 的渐进对阵分集复用折中 $g_{d,\text{MAC}}^{\star}\ (g_s,\ \infty)\ [\text{TVZ04}]$

在下面的例子中，我们对发射机配置单个天线的更简单情形应用命题 12.9.

例 12.4　对 $n_r \geq K$，$g_{d,\text{MAC}}^{\star}\ (g_s,\ \infty) = n_r\ (1 - g_s)$ 可以得到其中 $g_s \in [0,\ 1]$。这是与例 5.2 中单链路 $n_r \times 1$ SIMO 信道中相同的折中。值得注意的是，与单链路 MIMO 情形形成对比，在 MAC 中 K 个用户同时发送。有趣的是，$n_r\ (1 - g_s)$ 也是命题 6.10 中使用 ML（最大似然）解码的空间复用中每个流实现的折中。因为 MAC 中用户间没有编码，MAC 分集复用折中从另一个角度提供了关于发射天线间无编码单链路 $n_r \times n_t$ MIMO 信道中可实现最优折中。结果对 $n_r \geq n_t$，$g_s \in [0,\ n_t]$ 的 $n_r\left(1 - \dfrac{g_s}{n_t}\right)$ 是单链路独立同分布瑞利慢衰落 $n_r \times n_t$ MIMO 信道发射天线无编码的最优分集复用折中。由命题 6.10，我们也可以得到 ML 解码空间复用实现这个最优折中这一结论。

对 $n_r < K$，折中表示为连接点 $(0,\ n_r)$，$\left(\dfrac{n_r}{K+1},\ n_r\left(1 - \dfrac{n_r}{K+1}\right)\right)$ 和 $\left(\dfrac{n_r}{K},\ 0\right)$ 的两个线段。第一个线段对应轻度负载区域，其中对 $g_s \in \left[0,\ \dfrac{n_r}{K+1}\right]$ 折中写为 $n_r (1 - g_s)$（像在单链路场景中）。第二个线段与重度负载区域有关。由于 $n_r < K$，每个用户的最大复用增益为 $\dfrac{n_r}{K}$ 且严格小于 1（即单链路场景中会实现的复用增益）。

值得提醒的是，这里讨论的折中只对高信噪比所有用户有相同的发送功率约束和路径损耗，及天线上的独立同分布瑞利衰落时有效。如我们在 5.8.2 和 5.9 节已经看到的对单链路 MIMO 信道，在实际信噪比非独立同分布瑞利衰落中的折中，与独立同分布瑞利衰落中的渐进折中区别很大。在 [Nar06b]，证实分集增益显著低于实际信噪比下的渐进结果。当由用户间的发射功率、路径损耗和/或阴影而使得用户接收功率不均衡时，有限信噪比分集增益会进一步下降。

分集复用折中的可实现性

在 6.4.2 节中的讨论可以扩展到 MAC。特别的，定义 6.4 对有 K 个用户并且他们的速率在高信噪比区如下一般化。

$$\lim_{\eta \to \infty} \frac{R_q(\eta)}{\log_2(\eta)} = g_{s,q} \qquad (12.67)$$

而他们的差错概率由一个共同的分集增益描述

$$\lim_{\eta \to \infty} \frac{\log_2(P_{e,q}(\eta))}{\log_2(\eta)} = -g_{d,\text{MAC}} \qquad (12.68)$$

曲线 $g_{d,\text{MAC}}(g_{s,1}, \cdots, g_{s,K}, \infty)$ 是高信噪比时一个方案实现的分集复用折中，根据错误概率而非中断概率对其进行评估。在对称的情形中，我们简单有 $g_{d,\text{MAC}}(g_s, \infty)$。

分集复用折中可以由有限长度高斯随机码实现 [TVZ04]（需要无限分组长度实现中断概率）。

命题 12.10 命题 12.8 和命题 12.9 的最优渐进分集复用折中使用长度 $T \geq Kn_t + n_r - 1$ 的高斯随机码可实现。

我们指出与命题 6.1 和单链路表现的相似性。对这样的分组长度，典型错误不是因为加性噪声而是当信道中断时发生。它服从这一点：错误概率服从高信噪比中断概率的表现。

如在 6.5.2 节中所强调的，接收机架构严重影响单链路 MIMO 信道的分集折中的可实现性。通过关注单天线发射机，我们得到与 6.5.2 的直接相似性，尤其是使用 ML（最大似然）和 ZF（迫零）接收机时。

命题 12.11 对 $n_r \geq K$ 和 $n_{t,q} = 1 \, \forall q$，在独立同分布瑞利衰落信道上 QAM 星座实现的分集复用折中为

$$g_{d,\text{MAC}}(g_s, \infty) = \begin{cases} n_r(1 - g_s) & ML \\ (n_r - K + 1)(1 - g_s) & ZF \text{ 或无序 } ZF\text{-}SIC \end{cases} \qquad (12.69)$$

对 $g_s \in [0, 1]$。

我们由命题 12.11 得到结论：通过将接收天线数量增加一个，

- 使用 ZF 或未排序 ZF-SIC，我们可以或者容纳一个具有相同分集阶数的额外用户，或者将每个用户的分集阶数增加 1。

- 使用 ML，我们可以容纳一个额外的用户并同时将每个用户的分集阶数增加 1。

12.3 广播信道（BC）的容量

广播信道最早在 [Cov72, CT91, Cov98] 介绍。

12.3.1 固定信道的容量区

让我们回顾广播信道（BC）系统模型式（12.7）。首先观察 MAC 与 BC 之间功率约束的区别。MAC 处理单个功率约束 $\text{Tr}\{Q_q\} \leq E_{s,q}$，而 BC 中的功率约束为功率和约束 $\sum_q \text{Tr}\{Q_q\} = E_s$。

像对 MAC，我们可以如定义 12.1 和定义 12.2 中那样定义 MIMO BC 中的容量区和速率和容量。然而 BC 容量区的推导比 MAC 容量区难很多。与其直接讨论 MISO/MIMO BC 的容量区，不如让我们先处理 SISO BC 容量区。事实上 SISO BC（$n_t = 1$ 和 $n_{r_q} = 1 \forall q$）更加容易，这是因为用户可以基于他们的模值（或范数）排序。SISO BC 通常称为降阶 BC。另一方面，使用 MISO 或 MIMO 信道，因为用户不能按序排列，通常信道没有降阶。

接下来，我们研究 BC 容量区和速率和容量（或最大吞吐量）并与 TDMA 的速率区和可实现速率和进行比较。我们回忆我们假设发射机和接收机都具有理想即时 CSI。如在第 5 中看到的在单链路场景中理想 CSIT 只提供一个波束赋形/阵列增益，在多用户配置中，它提供空间复用增益。

SISO BC 的容量区

文献［Ber74，BC74］中决定了 SISO 高斯噪声广播信道的容量区。系统模型式（12.7）简化为 $y_q = \Lambda_q^{-1} h_q c' + n_q$ 其中，$c' = \sum_{q=1}^{K} c'_{q \circ} c'_q$ 的平均功率表示为 S_q 而功率和约束为 $\sum_{q=1}^{K} S_q = E_s$。

任意用户可实现速率的一个直观的界可以通过将所有功率分给单个用户获得。在这种情形中，用户 q 的可实现速率使得 $R_q \leq \log_2(1 + \eta_q)$（其中 $\eta_q = E_s |h_q|^2 / \sigma_{n,q}^2$）而其他用户的可实现速率等于 0。这样的策略可以得到容量区上的速率向量点 $(R_1, \cdots, R_K) = (0, \cdots, 0, \log_2(1 + \eta_q), 0, \cdots, 0,)$。容量区的其他点可以通过在多用户间共享资源获得。

回想 MAC 中 SIC（串行干扰消除）的最优性，我们通过再利用例 12.1 研究如何对 SISO 应用 SIC。

例 12.5 在例 12.1 和 12.2 中，我们已经看到图 12.2a 中的点 A 由下式描述

$$(R_1, R'_2) = \left(\log_2(1 + \eta_1 |h_1|^2), \log_2\left(1 + \frac{\Lambda_2^{-1} |h_2|^2 E_{s,2}}{\sigma_n^2 + \Lambda_1^{-1} |h_1|^2 E_{s,1}}\right)\right) \quad (12.70)$$

且在 SISO MAC 中通过首先消除用户 2 的信号（将用户 1 的信号作为噪声处理）使得剩下用户 1 信号及噪声。如果我们 SISO BC 使用相同的方法且发送 $c' = c'_1 + c'_2$，用户 1 抵消用户 2 的信号 c'_2 剩下它自己的信号和高斯噪声，而用户 2 解码自己的信号将用户 1 的信号 c'_1 作为高斯噪声处理。对给定功率分配 s_1 和 s_2（其中 $s_1 + s_2 = E_s$）这个策略的可实现速率为

$$R_1 = \log_2\left(1 + \frac{\Lambda_1^{-1} s_1}{\sigma_{n,1}^2} \mid h_1 \mid^2\right) \tag{12.71}$$

$$R_2 = \log_2\left(1 + \frac{\Lambda^{-1} \mid h_2 \mid^2 s_2}{\sigma_{n,2}^2 + \Lambda_2^{-1} \mid h_2 \mid^2 s_1}\right) \tag{12.72}$$

有一个重要条件尚未处理。当用户 1 解码用户 2 的信号，它将自己的信号当做噪声。因此，为了用户 1 能够正确消除用户 2 的信号，用户 1 的信道必须足够好以支持 R_2，即

$$R_2 \leqslant \log_2\left(1 + \frac{\Lambda_1^{-1} \mid h_1 \mid^2 s_2}{\sigma_{n,1}^2 + \Lambda_1^{-1} \mid h_1 \mid^2 s_1}\right) \tag{12.73}$$

使用式（12.72），我们应该有

$$\log_2\left(1 + \frac{\Lambda_2^{-1} \mid h_2 \mid^2 s_2}{\sigma_{n,2}^2 + \Lambda_2^{-1} \mid h_2 \mid^2 s_1}\right) \leqslant \log_2\left(1 + \frac{\Lambda_1^{-1} \mid h_1 \mid^2 s_2}{\sigma_{n,1}^2 + \Lambda_1^{-1} \mid h_1 \mid^2 s_1}\right) \tag{12.74}$$

或等效地

$$\frac{\Lambda_2^{-1} \mid h_2 \mid^2}{\sigma_{n,2}^2} \leqslant \frac{\Lambda_1^{-1} \mid h_1 \mid^2}{\sigma_{n,1}^2} \tag{12.75}$$

因此，就各自噪声功率而言归一化的信道增益应该按序排列。有趣的是，如果满足排序条件式（12.75），上面的策略 两用户 SISO BC 对任意满足 $s_1 + s_2 = E_S$ 的 s_1 和 s_2 的容量区的边界。因此这个容量区为由式（12.71）和式（12.72）在所有满足 $s_1 + s_2 = E_S$ 的功率分配 s_1 和 s_2 上定义的所有速率对（R_1, R_2）的并集，图 12.5 给出了定性解释。

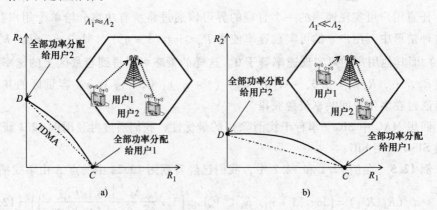

图 12.5　a）$\Lambda_1 \approx \Lambda_2$ 的两用户 SISO BC 的容量区

b）$\Lambda_1 \ll \Lambda_2$ 的两用户 SISO BC 容量区。

对 $\Lambda_1 \approx \Lambda_2$，容量区看上去像一个三角形，如 12.5a 所示。定义归一化信道为 $h_q = \Lambda_q^{-1/2} h_q / \sigma_{n,q} q = 1, 2$，如果归一化信道增益相等，即 $\mid h_1 \mid^2 = \mid h_2 \mid^2 = \mid h \mid^2$，容量区将是一个三角形 [TV05]。在这样的情形中，式（12.72）表示为

$$R_2 = \log_2\left(1 + (s_1 + s_2)\,|\,h_2\,|^2\right) - \log_2\left(1 + s_1\,|\,h_2\,|^2\right) \qquad (12.76)$$

$$= \log_2\left(1 + (s_1 + s_2)\,|\,h\,|^2\right) - \log_2\left(1 + s_1\,|\,h\,|^2\right) \qquad (12.77)$$

因为式（12.71）中 $R_1 = \log_2(1 + s_1\,|\,h\,|^2)$ 且 $s_1 + s_2 = E_s$，我们得到 $R_1 + R_2 = \log_2$ $(1 + E_s\,|\,h\,|^2)$ 且容量区是一个三角形。对这个特定的对称信道配置，TDMA 也是实现容量区。一旦 $|\,h_1\,|^2 \neq |\,h_2\,|^2$，容量区不是三角形。

对 $\Lambda_1 << \Lambda_2$，用户 1 的信道比用户 2 的信道强很多。由式（12.71），R_1 可能相当大即便分配的功率 s_1 较小，而有趣的是式（12.72）中弱用户（比如在小区边缘）的速率 R_2 不大受用户 1 存在的影响（见图 12.5b）。TDMA 速率区与容量区的差距随着用户信道非对称性的增加而变大。

前面例子所说明的策略可以扩展到任意数量的用户 [Ber74]。定义归一化信道 $h_q = \Lambda_q^{-1/2} h_q / \sigma_{n,q}$，我们可以基于用户的归一化信道范数 $|\,h_q\,|^2$ 排列用户。不失一般性，我们假设 $|\,h_1\,|^2 \geqslant |\,h_2\,|^2 \geqslant \cdots \geqslant |\,h_K\,|^2$。容量区由下述命题给出。

命题 12.12　在 $|\,h_1\,|^2 \geqslant |\,h_2\,|^2 \geqslant \cdots \geqslant |\,h_K\,|^2$ 的排序下，高斯 SISO BC 的容量区 C_{BC} 是所有可实现速率向量 $(R_1, \cdots, R_K)$ 的集合，由下式给出

$$\bigcup_{s_q:\ \sum_{q=1}^{K} s_q = E_s} \left\{ (R_1, \cdots, R_K):\ R_q \leqslant \log_2\left(1 + \frac{|\,h_q\,|^2 s_q}{1 + |\,h_q\,|^2 \left[\sum_{p=1}^{q-1} s_p\right]}\right), \forall q \right\}$$
$$(12.78)$$

或等效地

$$\bigcup_{s_q:\ \sum_{q=1}^{K} s_q = E_s} \left\{ (R_1, \cdots, R_K):\ R_q \leqslant \log_2\left(1 + \frac{\Lambda_q^{-1}\,|\,h_q\,|^2 s_q}{\sigma_{n,q}^2 + \Lambda_q^{-1}\,|\,h_q\,|^2 \left[\sum_{p=1}^{q-1} s_p\right]}\right), \forall q \right\}$$
$$(12.79)$$

依照定义 12.2 和命题 12.12，SISO BC 的速率和容量的形式特别简单。由于 SISO BC 是降阶的，最强的用户，即具有最大归一化信道增益的那个，能够对发给其他用户的信号进行解码，因此仅向该用户发送来最大化速率和 [Gol05]。

命题 12.13　SISO BC 通过向最强用户分配功率实现速率和容量：

$$C_{BC} = \log_2\left(1 + E_s \max_{q=1,\cdots,K} |\,h_q\,|^2\right) = \log_2\left(1 + \max_{q=1,\cdots,K} \eta_q\,|\,h_q\,|^2\right) \qquad (12.80)$$

注意它是如何与所有用户以各自的全部功率同时发送的 MAC 速率和容量形成对比的。

SISO BC 容量区的可实现性

例 12.5 中采用的串行干扰消除（SIC）解码是受 MAC 中 SIC 的最优性能激励的。结合适当的排序，例 12.5 中的编解码策略通常称为 SIC 叠加编码。回想 SIC 叠加编码已经在 10.4.2 中不同的背景下讨论过。在式（10.55）中，说明 16QAM 星座符号表达为两个具有不同功率的 QPSK 符号。SIC 检测第一个符号为 16QAM 的一个象限，而第二个符号在所检测的象限中的四个符号中进行检测。假设 QPSK 星座，同样的方法用于例 12.5，其中 c_2' 可以看做表示 16QAM 四个象限中的一个，而

c_1' 的作用为这个象限中的一个符号。用户 1（最强用户）在解码 c_1' 之前首先解码并剔除 c_2'。

在更一般的设置中，用户排序以使得他们解码并首先消除掉最弱的用户信号然后再解码自己的信号。因此，最强用户在解码自己信号之前先解码并消除所有其他用户信号，第二强的用户消除出最强用户信号之外所有其他用户信号，以此类推。如果发送的信号 c' 被视为星座符号的和，最弱用户只能解码最粗糙的星座而最强用户能够解码并剔除所有星座点以解得最精确的星座。

目前为止采用的方法利用接收机端的干扰消除。我们可能想知道干扰消除是否也可以应用在发射机端。事实上，从例 12.5 中用户 1 的角度，用户 2 的信号 c_2' 是一个干扰。给定发射机端理想知道 c_2'，为什么不能用这样一种方式对信息进行预编码，其中用户 1 看不到 c_2'？称为脏纸编码（DPC）或 Costa 预编码的著名预编码策略回答了这个问题［Cos83］。假设一个系统模型 $y = hc' + i + n$，表示为脏纸信道，其中 i 和 n 是独立高斯随机变量，i 表示对目的信号 c' 的干扰，n 是噪声，［Cos83］给出了下列结论。

命题 12.14　如果用户有干扰的完全（非瞬时）信息，脏纸信道的容量等于干扰完全不存在的信道的容量。

DPC 可以用于 SISO BC［CSS03，YBO+01］实现它的容量区。通过对用户依它们归一化信道增益的升序排列对用户进行编码，DPC 实现命题 12.12 中 SISO BC 的容量区，并等效于 SIC 叠加编码。让我通过再次审视例子 12.5 来理解这一点。

例 12.6　假设 $|h_1|^2 \geqslant |h_2|^2$。通过在发射端将用户 2 的信号 c_2' 作为已知高斯干扰并对用户 1 的信号 c_1' 使用 DPC 编码，由命题 12.14，用户 1 可以实现仿佛用户 2 不存在时那样高的一个速率，即（12.71）。通过使用户 1 的信号像一个高斯噪声出现，用户 2 可以将其作为干扰处理并得到一个和（12.72）一样的速率。因此，类似于 SIC 叠加编码，两用户 SISO BC 容量区也可以使用 DPC 实现。

回想 SIC 叠加编码严重取决于消除的顺序。假设 $|h_1|^2 \geqslant |h_2|^2 \geqslant \cdots \geqslant |h_K|^2$，用户 q 的消除顺序首先从最弱用户开始，即 $p > q$，然后解码它自己的数据。当通过将更弱的用户 $p > q$ 作为已知干扰编码用户 q 的信号时，DPC 也实现这个容量。然而，相比于叠加编码，DPC 也可以采用其他编码顺序但依其他顺序实现的速率向量是次优的，并被严格包含在容量 $\mathcal{C}_{\mathrm{BC}}$ 中（不在边界）。因此，任意下述形式的速率向量

$$R_q = \log_2\left(1 + \frac{|h_q|^2 s_q}{1 + |h_q|^2\left[\sum_{p=1}^{q-1} s_p\right]}\right), \forall q \tag{12.81}$$

对任意编码顺序和满足功率约束的任意功率分配使用 DPC 是可实现的［Jin04］。值得指出，BC 中的消除顺序与 MAC 中的顺序相反。事实上 MAC 中倾向首先解码最强用户的消除顺序。

下列命题总结了实现 SISO BC 容量区的策略。

命题 12.15　使用适当的消除/编码排序，SIC 叠加编码和脏纸编码对实现 SI-SO BC 容量区都是最优的。

另一方面，依照命题 12.13，我们观察到速率和容量可以由 TDMA 实现，因为所有资源每次都分配各单个用户。

命题 12.16　使用动态 TDMA（对最强用户），SIC 叠加编码（以合适的消除顺序）和脏纸编码（以合适的编码排序），SISO BC 速率和容量是可实现的。

在实践中，DPC 的实现具有挑战性，而更加实际的方案（尤其对 MIMO 扩展）将会在 12.8.8 节讨论。

MIMO BC 的容量区及可实现性

我们已经看到，与次优的 TDMA 相比，使用多个接收天线的 MAC 能带来巨大的容量提升。类似的观察对使用多个发送天线的 BC 也成立。多个发射天线的存在大大提升多链路通信的性能，甚至比在单链路通信性能中还好。当发射机拥有多个天线时（$n_t > 1$）一个主要的困难是 BC 不再是降阶的。因此，与 SISO 情形形成对比，用户信道不能再被排列。一般非降阶 BC 容量区的描述仍是信息论中一个棘手的问题。使用 DPC［Cos83］的 MIMO BC 可实现速率区（前面节中介绍的）最早在［YBO$^+$01，CSS03］开始介绍并在后来被证实等于 MIMO BC 的 MIMO BC 容量区［WSS06］。命题 12.14 的基础结果用于向量信道并因此可以被用于 MIMO BC。

让我们看一个 MIMO BC 并比类似于例 12.6 中那样的方式应用 DPC。我们暂时考虑以从用户 1 到用户 K 递增的顺序对用户信号编码。因此，发射机首先将用户 1 的信道编为 c_1'。使用 c_1' 的完全（非因果的）信息，发射机使用 DPC 将用户 2 的信号编为 c_2'。c_2' 对用户 1 看上起像一个高斯干扰。另一方面，由于 DPC，c_1' 对用户 2 好像不可见，即用户 2 的可达速率和没有用户 1 的信号存在时一样。使用用户 1 和用户 2 信号的完全信息，发射机利用 DPC 将用户 3 的信号编为 c_3'。因此 c_1' 和 c_2' 对用户 3 不可见。另一方面，c_3' 对用户 2 和用户 1 看上去好像一个高斯噪声。继续编码过程直到所有 K 个用户都被编码。因此，给定用户 q 将用户 $p > q$ 的信号看作是高斯干扰但看不到来自用户 $p < q$ 的干扰信号（他们不可见）。我们因此可以写下用户 q 的噪声加上干扰的协方差矩阵为 $\sigma_{n,q}^2 I_{n_{r,q}} + \Lambda_q^{-1} H_q \left[\sum_{p>q} Q_p \right] H_q^H$ 而用户 q 的目标信号的协方差为 $\Lambda_q^{-1} H_q Q_q H_q^H$。用户 q 应用一个白化有色高斯干扰的 MMSE 接收机，这类似于 MAC 中的式（12.24），并实现速率

$$R_q = \log_2 \det\left[I_{n_{r,q}} + \Lambda_q^{-1} H_q Q_q H_q^H \left(\sigma_{n,q}^2 I_{n_{r,q}} + \Lambda_q^{-1} H_q \left[\sum_{p>q} Q_p \right] H_q^H \right)^{-1} \right]$$

$$(12.82)$$

或等效地

$$R_q = \log_2 \det\left(I_{n_{r,q}} + \frac{\Lambda_q^{-1}}{\sigma_{n,q}^2} H_q \left[\sum_{p \geq q} Q_p \right] H_q^H \right) - \log_2 \det\left(I_{n_{r,q}} + \frac{\Lambda_q^{-1}}{\sigma_{n,q}^2} H_q \left[\sum_{p > q} Q_p \right] H_q^H \right)$$

$$(12.83)$$

对 $q = 1$，$\cdots$，K。

我们已经在式（12.83）假设从用户 1 到用户 K 的一个特定顺序。更一般而言，我们为编码顺序 π 写出速率向量，其中 π 起到一个排列 1，$\cdots$，K 的作用。因此，用户 $\pi(1)$ 首先被编码，接下来是用户 $\pi(2)$ 并依此类推直到用户 $\pi(K)$。用户 $\pi(q)$ 的可实现速率为

$$R_{\pi(q)} = \log_2 \det\left(I_{n_{r,\pi(q)}} + \frac{\Lambda_{\pi(q)}^{-1}}{\sigma_{n,\pi(q)}^2} H_{\pi(q)} \Big[\sum_{p \geqslant q} Q_{\pi(p)} \Big] H_{\pi(q)}^{\mathrm{H}} \right)$$

$$- \log_2 \det\left(I_{n_{r,\pi(q)}} + \frac{\Lambda_{\pi(q)}^{-1}}{\sigma_{n,\pi(q)}^2} H_{\pi(q)} \Big[\sum_{p > q} Q_{\pi(p)} \Big] H_{\pi(q)}^{\mathrm{H}} \right) \quad (12.84)$$

对 $q = 1$，$\cdots$，K。

对一个固定信道 $H = [\Lambda_1^{-1/2} H_1^{\mathrm{T}}, \cdots, \Lambda_K^{-1/2} H_K^{\mathrm{T}}]^{\mathrm{T}}$，MIMO BC 的容量区最终给出如下 [YBO + 1, CSS03, WSS067, VJG03, Jin04]。

命题 12.17   MIMO BC 的容量区（使用脏纸编码（DPC）可实现）为在所有满足功率约束 $\sum_q \mathrm{Tr}\{Q_q\} = E_s$ 的正半定协方差矩阵 Q_1，$\cdots$，Q_K 上和所有排序 π 上所有速率向量并集的凸包$^\ominus$

$$\mathcal{C}_{\mathrm{BC}} = \mathrm{Conv}\left\{ \bigcup_{\pi} \bigcup_{\substack{\sum \mathrm{Tr}\{Q_q\} = E_s \\ Q_q \geqslant 0, \forall q}} \{(R_1, \cdots, R_K)\} \right\} \quad (12.85)$$

$R_{\pi(q)}$ 由式（12.84）给出。

因为式（12.84）中的速率既不是协方差矩阵的凸函数也不是凹函数，容量区计算起来特别复杂。第 12.4 节中讨论的 MAC-BC 对偶原理将会简化计算。

与 SISO 不同，在 MISO 和 MIMO 情形中，具有完全 CSIT 的 TDMA 对实现速率和容量不再是最优的，因为 MISO 和 MIMO BC 信道不再是降阶信道。只有 DPC 可以实现 MISO/MIMO BC 速率和容量。在下面，通过观察下界和上界，我们得到对速率和容量的一些理解。

为简单起见假设 $n_{r,q} = n_r \, \forall q$。我们定义 $\tilde{n} = \min\{n_t, K_{n_r}\}$ 并回想 $[n_t \times K_{n_r}]$ 满秩串接信道矩阵 $H = [\Lambda_1^{-1} H_1^{\mathrm{T}}, \cdots, \Lambda_K^{-1} H_K^{\mathrm{T}}]^{\mathrm{T}}$。$H^{\mathrm{H}} H_q$ 的主特征值表示为 $\lambda_{\max,q}$。我们还由式（5.8）回想 MIMO 信道 H_q 的单链路容量表达为

$$C_{\mathrm{CSIT}}(H_q) = \max_{Q_q \geqslant 0: \mathrm{Tr}\{Q_q\} = E_s} \log_2 \det\left[I_{n_r} + \frac{\Lambda_q^{-1}}{\sigma_{n,q}^2} H_q Q_q H_q^{\mathrm{H}} \right] \quad (12.86)$$

式中，$Q_q = \mathcal{E}\{c'_q c'^{\mathrm{H}}_q\}$。使用 DPC 可实现的速率和容量可以如下一个命题陈述的那样得到上下界 [JG05]。

命题 12.18   对固定信道 H MIMO BC 的速率和容量（使用 DPC 可实现）下界受限于

$\ominus$ 一个集合的凸包是该集合所有的元素组合构成的集合。

$$C_{\mathrm{BC}}(\boldsymbol{H}) \geqslant C_{\mathrm{BF}}(\boldsymbol{H}) = \sum_{q=1}^{\bar{n}} \log_2 \left(1 + \alpha_q^2 \frac{\eta_q}{\bar{n}} \right) \tag{12.87}$$

对某些非零信道增益 α_1^2, $\cdots$, $\alpha_{\bar{n}}^2$, 且上界受限于

$$C_{\mathrm{BC}}(\boldsymbol{H}) \leqslant n_t \log_2 \left(1 + \frac{1}{n_t} \max_{q=1,\cdots,K} \eta_q \lambda_{\max,q} \right) \tag{12.88}$$

$$C_{\mathrm{BC}}(\boldsymbol{H}) \leqslant C_{\mathrm{CSIT}}(\boldsymbol{H}) \tag{12.89}$$

$$C_{\mathrm{BC}}(\boldsymbol{H}) \leqslant \sum_{q=1}^{K} C_{\mathrm{CSIT}}(\boldsymbol{H}_q) \tag{12.90}$$

一方面, 下界源自 MIMO BC 的速率和容量大于使用次优线性预编码 (或波束赋形) (例如在 12.8.2 节中讨论的均匀功率分配迫零波束赋形 (ZFBF)) 的可实现速率和 C_{BF}。ZFBF 迫使干扰为零以便有效地将 MIMO BC 变换到 $\tilde{n}$ 个非干扰信道。式 (12.87) 右边的 C_{BF} 在式 (12.204) 被进一步细化, 它等于一个系统的速率和, 这个系统中功率在 $\tilde{n}$ 个非干扰 (并行) 信道上均匀分配, 每个的有效信道有 α_q 给出 (对 $q=1, \cdots, \tilde{n}$) (因此有效接收信噪比等于 $\alpha_q^2 \eta_q / \tilde{n}$)。

另一方面, 上界式 (12.88) 等于一个系统的速率和, 这个系统中发送功率在 n_t 个空间正交特征模式间均匀分布, 每个模式的有效信噪比等于 $\max_{q=1}, \cdots,$ $K \eta_q \lambda_{\max,q} / n_t$ ($\eta_q \lambda_{\max,q}$ 对应于用户 q 主特征模式传输的信噪比)。详细的证明利用 MAC-BC 对偶性式 (12.4) 和不等式 $\det(\boldsymbol{A}) \leqslant (\mathrm{Tr}\{\boldsymbol{A}\}/n_t)^{n_t}$ [JG05]。界式 (12.89) 表明 DPC 的可实现速率和总是小于用户合作的速率和。事实上, $\boldsymbol{H}$ 是允许用户完全合作, 即进行联合解码的一个协作网络的 MIMO 信道矩阵。这样的合作 MIMO 的容量等于 $C_{\mathrm{CSIT}}(\boldsymbol{H})$。由式 (5.31), $C_{\mathrm{CSIT}}(\boldsymbol{H})$ 可以利用最大空间维数为 $\tilde{n}$。界式 (12.90) 表明使用 DPC 每个用户的速率不可能大于它们各自的单用户容量。

与 TDMA 的比较

我们首先以 SISO 的情形开始。类似于 MAC, TDMA 的可实现速率去包含在 BC 容量区之内, 图 12.5 中对两用户 SISO BC 进行了说明, 比较类似于 MAC 的情形。TDMA 以正交的方式分配资源是的用户不会在相同时间内发送。速率区是由连接点 C 和点 D 的直线界定的三角型, 这条直线是当一个用户没有在发送时实现的。用 x 定义用户 1 传输时间的占比 ($0 \leqslant x \leqslant 1$), 线上的每个速率对

$$(R_1, R_2) = (x\log_2(1 + E_s |h_1|^2), (1-x)\log_2(1 + E_s |h_2|^2)) \tag{12.91}$$

$$= (x\log_2(1 + \eta_1 |h_1|^2), (1-x)\log_2(1 + \eta_2 |h_2|^2)) \tag{12.92}$$

使用不同时间划分 x 获得, 且 TDMA 速率区由在所有这些速率对的 $0 \leqslant x \leqslant 1$ 上的并集求得。这里也是, 速率区只当用户总是以约束功率 $S_1 = E_s$ 或 $S_2 = E_s$ 发送时成立。如果使用平均功率约束, 用户 q 可以在其所分配的时间内以平均功率 s_q 发送。平均功率约束写为 $xs_1 + (1-x)s_2 = E_s$, 而获得的速率区为满足平均功率约束的三元组上速率对的并集 [Gol05]。

$$(R_1, R_2) = (x\log_2(1 + s_1 \mid h_1 \mid^2), (1 - x)\log_2(1 + s_2 \mid h_2 \mid^2)) \qquad (12.93)$$

TDMA 的速率区看上去不再像三角形但仍包含在 BC 容量区之内 ［BC74］。

我们还从图 12.5 注意到，BC 容量区与 TDMA 速率区间的间隔随着用户正交化信道增益间非对称性成比例增加。在 $\mid h_1 \mid^2 = \mid h_2 \mid^2$ 的极端情况下，式（12.91）和式（12.93）的 TDMA 速率区同样等于 BC 容量区式（12.77）［BC74，TV05］。然而由命题 12.16 记住 TDMA 实现 SISO BC 的速率和容量。

我们现在解决 MIMO 情形。MIMO 信道 H_q 的单链路容量式（12.86）通过选择协方差矩阵使得它的特征向量匹配信道矩阵的右奇异值并根据注水程序选择它的特征值实现。在 TDMA 中，最大速率和 C_{TDMA}（H）是 K 个用户中最大的单链路容量

$$C_{\text{TDMA}}(H) = \max_{q = 1, \cdots, K} C_{\text{CSIT}}(H_q) \qquad (12.94)$$

并由向有最大实时容量的用户发送获得。

我们用 $\lambda_{\text{max}, q}$ 和 λ_{max} 分别表示 $H_q^{\text{H}}H_q$ 和 $H^{\text{H}}H$ 的最大特征值，并用 λ_k（$H_q H_q^{\text{H}}$）表示 $H_q H_q^{\text{H}}$ 的非零特征值。我们为了简单起见假设 $n_{r,q} = n_r \; \forall q$ 并照例定义 $n = \min\{n_t, n_r\}$。通过将单用户容量与主特征模式传输及均匀功率分配的空间复用（如在式（5.28），式（5.29）和式（5.31））联系，可以得到 TDMA 的速率和的上下界［JG05］。

命题 12.19 最大 TDMA 速率和 C_{TDMA}（H）下界受限于

$$C_{\text{TDMA}}(H) \geqslant \log_2\left(1 + \max_{q = 1, \cdots, K} \eta_q \lambda_{\text{max}, q}\right) \qquad (12.95)$$

$$C_{\text{TDMA}}(H) \geqslant C_{\text{CSIT}}(H_q) \geqslant \sum_{k=1}^{n} \log_2\left(1 + \frac{\eta_q}{n}\lambda_k(H_q H_q^{\text{H}})\right) \qquad (12.96)$$

对 $q = 1, \cdots, K$，且上界受限于

$$C_{\text{TMDA}}(H) \leqslant n\log_2\left(1 + \frac{1}{n}\max_{q = 1, \cdots, K} \eta_q \lambda_{\text{max}, q}\right) \qquad (12.97)$$

证明：式（12.95）和式（12.97）源于 TDMA 速率和的定义式（12.94），它被定义为分别与式（5.28）和式（5.31）结合的单用户容量的最大值。使用最大 TDMA 速率和总是大于预定义用户 q 的单用户容量这一事实，我们得到式（12.96）的第一个不等式。考虑均匀功率分配而非式（5.27）中的最优注水，得到式（12.96）中的第二个不等式。

下界表明 C_{TDMA} 总是大于为了实现有效信噪比 $\max_q = 1, \cdots, K\eta_q\lambda_{\text{max}, q}$ 而对最佳用户进行主特征模式波束赋形的系统，而且总是比任意预定义用户的单用户容量大。上界表明 C_{TDMA} 总是小于具有空间正交特征模式，每模式有一个等于 $\max_{q=1}, \cdots, K\eta_q\lambda_{\text{max}, q}$ 的等效信噪比，并采用均匀功率分配的一个系统的速率和。

使用命题 12.18 和命题 12.19，下面的命题总结了 DPC 对 TDMA 的增益的上界。

命题 12.20　对信道 $H_1, \cdots, H_K$，信噪比 η_q，接收天线数量 n_r，DPC 对 TD-MA 的增益上界被发射天线数量 n_t 和用户数 K 的最小值所限定

$$\frac{C_{\mathrm{BC}}(H)}{C_{\mathrm{TDMA}}(H)} \leq \min\{n_t, K\} \tag{12.98}$$

证明：结合式（12.95）和式（12.88），我们注意到 $C_{\mathrm{BC}}/C_{\mathrm{TDMA}} \leq n_t$。此外，结合式（12.96）和式（12.90），有 $C_{\mathrm{BC}}/C_{\mathrm{TDMA}} \leq K$。

这个结果有一点是直觉的。由命题 12.19 的下界，TDMA 利用所有用户中具有最大有效信噪比的单个空间维度。由命题 12.18，DPC 利用多达 n_t 个维度。因为这些 n_t 个维度中每维度的容量不可能大于 TDMA 下界，DPC 不可能实现大于 TDMA 容量 n_t 倍的一个速率。

12.3.2　快衰落信道的遍历容量区

现在我们考察快衰落 BC 信道的遍历容量。如对 MAC，遍历容量区是可实现长期平均速率的集合，其中取平均是就所有信道实现而言。

理想发送信道信息

使用理想信道信息，发射机能够随着信道实现的变化适应调整发送策略（尤其是发送功率）。为简单让我们假设一个 SISO BC。对 K 个信道现实（或衰落状态）的每个集合，SISO BC 是降阶的并且用户可以按照使得可以应用 DPC 或 SIC 叠加编码那样排序。类似于 5.3.1 节和 12.2.2 节，功率分配政策依赖于功率约束。对短期功率约束 $\sum_q s_q = E_s$（对 SISO），可以对每个衰落状态应用固定信道的发送策略。对长期功率约束（其中平均功率在周期 $T_p \gg T$ 上计算），通过将定义将给定的用 $H = [\Lambda_1^{-1/2} h_1, \cdots, \Lambda_K^{1/2} h_K]^{\mathrm{T}}$ 表示的信道实现的集合映射到一组发射功率 $s_1(H), \cdots, s_K(H)$ 的功率控制 $\mathcal{P}$ 策略，我们可以用类似于对 MAC 那样方式解决问题。对这样一个功率控制 $\mathcal{P}$ 策略，依照式（12.78），所有衰落状态上的平均可实现功率集合写为

$$C_{\mathrm{BC}}(\mathcal{P}) = \left\{ \begin{array}{l} (R_1, \cdots, R_K): R_q \leq \\ \mathcal{E}_H\left\{ \log_2\left(1 + \dfrac{|h_q|^2 s_q(H)}{1 + |h_q|^2 \left[\sum_{p \in I_q} s_p(H)\right]}\right)\right\}, \forall q \end{array} \right\} \tag{12.99}$$

其中 $I_q = \{p: |h_p|^2 > |h_q|^2\}$。遍历容量区是所有满足长期功率约束 $\mathcal{E}_H\{\sum_q s_q(H)\} = E_s$ 的功率控制策略上的并集［LG01］。

命题 12.21　具有 CSIT 和长期功率约束的高斯快衰落 SISO BC 的遍历容量区 $\overline{C}_{\mathrm{BC}}$ 由下式给出

$$\overline{C}_{\mathrm{BC}} = \bigcup_{\mathcal{P} \in \mathcal{F}} C_{\mathrm{BC}}(\mathcal{P}) \tag{12.100}$$

式中　$\mathcal{F} = \{\mathcal{P}: \mathcal{E}_H\{\sum_{q=1}^{K} s_q(H)\} \leq E_s\}$ 是满足长期功率约束的所有功率控制策略的集合。

在［LG01］中说明容量区 $\overline{C}_{BC}$ 是凸的。给定它的凸性，实现 SISO BC 容量区的最优功率分配可以通过拉格朗日优化方法找到，令人想起注水解［LG01，Tse97］。与固定信道相似，快衰落 SISO BC 的容量区（由 SIC 叠加编码和 DPC 实现）大于 TDMA 的容量区。如图 12.3 中，然而当用户经历相似的平均信道衰落条件时，容量区和 TDMA 速率区彼此相当接近。然而，当平均信道条件间有大的非对称性（例如 $\Lambda_1 << \Lambda_2$）时，容量区明显大于 TDMA 速率区。然而 SISO BC 容量区和最优 TDMA 速率区共享一点：他们实现相同的速率和容量。

对给定的衰落状态，我们已经看到 SISO BC 的速率和容量通过向最强用户发送来实现。因此，在快衰落信道中，速率和容量也可以通过向在每个衰落状态中最强的用户发送来实现。给定长期发射功率和约束，每个状态中的功率可以依照 5.3.1 节为单链路快衰落信道推导的时域注水解进行优化，其中每个衰落状态的等效信道为 $\max_{q=1,\cdots,K} |h_q|^2$。

命题 12.22 实现具有 CSIT 和长期功率约束的快衰落 SISO BC 的速率和容量的最优功率分配为

$$s_q^\star(\boldsymbol{H}) = \begin{cases} \left(\dfrac{1}{v} - \dfrac{1}{|h_{q^\star}|^2} \right)^+ & \text{当 } q = q^\star \\ 0 & \text{其他} \end{cases} \tag{12.101}$$

或

$$q^\star = \arg\max_{q=1,\cdots,K} |h_q|^2 = \arg\max_{q=1,\cdots,K} \frac{\Lambda_q^{-1} |h_q|^2}{\sigma_{n,q}^2} \tag{12.102}$$

且选择满足 $\mathcal{E}\left\{ \sum_{q=1}^K s_q^\star(\boldsymbol{H}) \right\} = E_s$ 的 v。观察与命题 12.5 中 SISO MAC 的相似性，其中最大化快衰落信道中速率和的最优发送策略也在于每次只允许单个用户发送。要选的用户略有不同，如从式（12.47）和式（12.102）的观察。其他用户保持静默直到他们各自的归一化信道增益变为最大的那个。由命题 12.13 和命题 12.21，相应的 SISO BC 速率和容量是

$$\overline{C}_{BC} = \mathcal{E}_{\boldsymbol{H}}\left\{ \log_2\left(1 + s_{q^\star}^\star(\boldsymbol{H}) |h_{q^\star}|^2 \right) \right\} \tag{12.103}$$

在快衰落 MISO 和 MIMO BC 中，由于信道的波动，协方差矩阵 $\boldsymbol{Q}_q$，分配给每个用户的实时功率（表示为 $\text{Tr}\{\boldsymbol{Q}_q\}$）和 DPC 编码顺序在每个衰落状态中改变。类似固定信道，每次向单个用户发送并不是实现速率和容量的充分条件。因此当在发射机使用多个天线时，TDMA 对实现快衰落信道中的速率和容量也是严格次优的。在 12.2.2 节中对 SISO vs SIMO/MIMO MAC 也得到相似的观察。

部分发送信道信息

目前为止，在研究固定和快衰落信道的 SISO 和 MIMO BC 时，我们已经假设 CSI 在发射端理想可用。在 SISO BC 情形中，CIST 对排列发射端用户顺序并进行叠加编码是必不可少的。类似，在 SISO 和 MIMO BC 使用 DPC，CSIT 对发射机获知

每个用户所经历的干扰是必须的。如果发射端只有部分信道信息可用（以信道分布的形式 CDIT），可能无法排列用户而 BC 变成非降阶 BC，计算它的容量区要困难很多。假设所用用户的信道统计值是相同的（相同的衰落分布且 $\Lambda_q = \Lambda \, \forall \, q$），TDMA 实现容量区尽管它只用了单个自由度 [TV05]。这与 12.20 中理想 CSIT 情形形成对比，其中速率和是比 TDMA 实现的速率和 $\min \{ n_t, K \}$ 倍那样高。这再次强调了 MIMO BC 中准确 CSIT 的重要性。

12.3.3　慢衰落信道的中断容量、中断概率和分集复用折中

我们现在分析慢衰落信道中 MIMO BC 的中断概率和分集复用折中 [TMK07，GV09]。如在 5.7 节的讨论，当发射机不能随着信道现实的变化自适应调整它的发射策略，在没有 CSIT 时，分集复用折中的概念更有意义。然而，SISO/MIMO BC 都严重依赖 CSIT。如果发射端只有部分信道信息（如在 12.3.2 节举例说明的）性能严重下滑。接下来，我们假设理想 CSIT。

中断容量和概率

与式（12.57）相似，考虑对 K 个不同用户的一组目标速率 $R_1, \cdots, R_K$，我们定义一个 BC 中断事件为 $\mathcal{O} = \{ \boldsymbol{H} : (R_1, \cdots, R_K) \notin \mathcal{C}_{\mathrm{BC}}(\boldsymbol{H}) \}$，其中 $\mathcal{C}_{\mathrm{BC}}(\boldsymbol{H})$ 是命题 12.17 中那样定义的固定信道 $\boldsymbol{H}$ 的 MIMO BC 容量区。依照定义 12.3，MIMO BC 的中断概率 $P_{\mathrm{out}}(R_1, \cdots, R_K)$ 因此定义为目标速率向量 $(R_1, \cdots, R_K)$ 位于 MIMO BC 容量区之外的概率。

定义 12.5　目标速率向量为 $P_{\mathrm{out}}(R_1, \cdots R_K)$ 的 MIMO BC 的中断概率 $(R_1, \cdots, R_K)$ 为

$$P_{\mathrm{out}}(R_1, \cdots, R_K) = P(\mathcal{O}) \tag{12.104}$$

注意可能研究中断概率的其他定义。比如，取代定义 12.5 中将中断概率定义为单个用户速率的函数，[TMK] 还研究了定义为广播系统容量和低于目标速率和 R_{sum} 的概率的中断概率 $P_{\mathrm{out}}(R_{\mathrm{Sum}})$。

独立同分布瑞利慢衰落信道的分集复用折中

掌握理想 CSIT，MIMO BC 的线性预编码技术（诸如 12.8 节中详细讨论的那些）起到波束赋形器的作用，即类似于第 1 章中讨论的匹配波束成形和主特征模式传输。因此尽管多用户复用，我们期待一个与发射天线数量成比例的分集增益。

让我们假设所有用户经历相同的平均信噪比，即 $\eta_q = \eta \, \forall \, q$，和 $\Lambda_q = \Lambda$ 及对任意 q 独立同分布瑞利分布的 $\boldsymbol{H}_q$ 的独立同分布信道。

由 MIMO 信道分集增益的定义 5.8 和定义 12.4，我们定义 MIMO BC 的渐进分集复用增益。

定义 12.6　如果有下式，对 K 元组复用增益 $(g_{s,1}, \cdots, g_s, K)$ 实现分集增益 $g_{d,\mathrm{BC}}^{\star}(g_{s,1}, \cdots, g_s, K, \infty)$

$$\lim_{\eta \to \infty} \frac{R_q(\eta)}{\log_2(\eta)} = g_{s,q}, \forall\, q \tag{12.105}$$

$$\lim_{\eta \to \infty} \frac{\log_2(P_{\text{out}}(R_1, \cdots, R_K))}{\log_2(\eta)} = -g_{d,BC}^{\star}(g_{s,1}, \cdots, g_{s,K}, \infty) \tag{12.106}$$

随 $(g_{s,1}, \cdots, g_{s,K})$ 变化的曲线 $g_{d,BC}^{\star}(g_{s,1}, \cdots, g_{s,K}, \infty)$ 称为 MIMO 广播信道的渐进分集复用折中。

为了得到更好的理解，我们首先讨论固定用户速率，即对应于空间复用增益等于 0。依照定义 12.6，在固定速率 $R_1, \cdots, R_K$ 下可实现的分集增益写作 $g_{d,BC}^{\star}$ $(0, \cdots\cdots, 0, \infty)$[TMK07]

命题 12.23 对 n_t 个发射天线和 $K \leqslant n_t$ 单天线用户（它们的串接信道中矩阵元素服从瑞利独立同分布）并给定固定速率 $R_1, \cdots, R_K$ 的 MISO BC，

$$g_{d,BC}^{\star}(0, \cdots, 0, \infty) \leqslant n_t \tag{12.107}$$

证明：命题源于事实：$g_{d,BC}^{\star}(0, \cdots, 0, \infty) \leqslant g_d^{\star}(0, \infty) = n_t$，其中 $g_d^{\star}(0, \infty)$（在式（5.8）中定义）是对应于任意用户 q 并依赖基于理想 CSI 反馈发送波束成形的单链路分集增益，对其

$$P_{\text{out}}(R_q) = P(\log_2[1 + \eta \| \boldsymbol{h}_q \|^2] < R_q) \tag{12.108}$$

$g_d^{\star}(0, \infty) = n_t$ 源于类似于例 5.2 中那样的推导。

这个结果有点凭直觉且简单表明在 MISO BC 进行预编码的 MU-MIMO 的分集增益不大于单链路发送波束成形中的分集增益。

如果用户速率不固定，但允许随信噪比成比例变化，可以实现分集增益 $g_{d,BC}^{\star}$ $(g_{s,1}, \cdots, g_{s,K}, \infty)$[GV09]。

命题 12.24 独立同分布瑞利衰落 K 用户 MIMO BC 的渐进分集复用折中为

$$g_{d,BC}^{\star}(g_{s,1}, \cdots, g_{s,K}, \infty) = g_{d,MAC}^{\star}(g_{s,1}, \cdots, g_{s,K}, \infty) \tag{12.109}$$

其中 $g_{d,MAC}^{\star}(g_{s,1}, \cdots, g_{s,K}, \infty)$ 是命题 12.8 中 MIMO MAC 的分集复用折中。

证明：计算中断概率需要描述命题 12.17 中的容量区，这一点非常困难。幸运的是，12.4 节中的 BC 与 MAC 的对偶性使得可以根据对偶 MIMO MAC 描述 MIMO BC 的容量区，如在命题 12.27 中的详细讨论。我们现在可以像在命题 12.8 证明中那样表示中断概率，区别在于功率约束表示为功率和约束 $\sum_{q=1}^{K} \text{Tr}\{Q_{ul,q}\} \leqslant E_s$ 而非个体功率约束 $\text{Tr}\{Q_{ul,q}\} \leqslant E_{s,q}$。用紧约束 $\text{Tr}\{Q_{ul,q}\} \leqslant E_S/K$ 上界界定中断概率并用松约束 $\text{Tr}\{Q_{ul,q}\} \leqslant E_s$ 下界界定它，可以证明 P_{out} 以指数项等于 $g_{d,MAC}^{\star}$ $(g_{s,1}, \cdots, g_{s,K}, \infty)$ 随着信噪比变化。

至于 MIMO MAC，当用户具有相同数量的发射天线时，每个用户的最大复用增益为 $\min\{n_t, \frac{n_r}{K}\}$。在 n_t 个发射天线并在两个接收机分别有 $n_{r,1}, n_{r,2}$ 个接收天线的两用户 MIMO BC 中，可实现的最大总复用增益（即两个用户的复用增益之

和）等于 $\min\{n_{r,1}+n_{r,2},\ n_t\}$。比较 5.3.1 节和 5.4.2 节中的观察，我们注意到通过两个接收机充分协作，即 $n_r=n_{r,1}+n_{r,2}$，获得的复用增益与点对点 MIMO 中的可实现增益相同。

12.4　广播信道-多址接入信道的对偶性

12.4.1　SISO 信道的对偶性

尽管图 12.2 和 12.5 中 SISO MAC 和 SISO BC 不同，但推论 12.1，例 12.5 和命题 12.12 也表明了一些相似性，即 MAC 和 BC 都处理表示为由无线信道调整大小的 K 个（高斯）码字之和并在接收机端进行 SIC。事实上，在 SISO MAC 中接收机接收 K 个（高斯）码字的和（传播通过无线信道后）并使用 SIC 对这些信号中的每一个解码，而在降阶 SISO BC 中，发射机使用叠加编码发送 K 个（高斯）码字之和而每个接收机也使用 SIC 解码自己的码字。

这个明显的相似性触发了对 MAC 与 BC 之间更加基础的关系的研究，这个关系称为 MAC-BC 或 BC-MAC（或有时称上行-下行）对偶性［VJG03，VT03 和 JVG］。有趣的是，BC 容量区可以根据对偶 MAC 的容量区进行描述，反之亦然。就对偶 MAC，我们这里是指将 BC 中的发射机变为接收机而将其中的接收机转换为发射机而获得的信道。BC 和对偶 MAC 具有相同的信道增益而且在他们各自接收机的噪声相等。BC 的功率约束等于对偶 MAC 个体功率约束之和。

由［JVG04］，我们现在根据对偶 MAC 容量区来描述固定信道的 SISO BC 容量区。假设固定信道 $\boldsymbol{h}=[\Lambda_1^{-1/2}h_1,\ \cdots,\ \Lambda_K^{-1/2}h_K]^T$ 接收机噪声功率为 $\sigma_{n,1}^2,\ \cdots,$ $\sigma_{n,K}^2$ 的一个 SISO BC，我们可以在等效系统模型中使用单位方差接收机噪声和归一化信道增益 $h_q=\Lambda_q^{-1/2}h_q/\sigma_{n,q}$ 使得 $\boldsymbol{h}=[h_1,\ \cdots,\ h_K]^T$，如我们在例 12.5 和推论 12.1 中已经使用的那样，来表示 SISO BC。则 SISO 的系统模型式（12.11）等效写为（下标"dl"强调下行传输）

$$\boldsymbol{y}_{dl}=\boldsymbol{h}c'_{dl}+\tilde{\boldsymbol{n}}_{dl} \tag{12.110}$$

式中，$\tilde{n}$ 是复高斯噪声 $\mathcal{CN}(0,\ \boldsymbol{I}_K)$。

我们还可以定义 MAC 为下式，其中用户 q 的上行信道 $h_{ul,q}$ 为 h_q，而接收机噪声功率等于 1：

$$y_{ul}=\boldsymbol{h}^T\boldsymbol{c}'_{ul}+\tilde{n}_{ul} \tag{12.111}$$

式中，$\tilde{n}$ 是复高斯噪声 $\mathcal{CN}(0,\ 1)$。式（12.111）中的 MAC 是式（12.110）中 BC 的对偶，反之亦然。

BC-对偶 MAC

以下命题表述 BC 的容量区可以根据它的对偶 MAC 的容量区来描述。

命题 12.25　单位方差接收机噪声固定信道 $\boldsymbol{h} = [h_1, \cdots, h_K]^{\mathrm{T}}$ 功率约束 E_s 的高斯 SISO BC 的容量区（显式的表示为 $\mathcal{C}_{\mathrm{BC}}(E_s, \boldsymbol{h})$），等于个体功率约束 $E_{s,q}$ ($q=1, \cdots, K$) 满足 $\sum_{q=1}^{K} E_{s,q} = E_s$ 的对偶 MAC 的容量区的并集

$$\mathcal{C}_{\mathrm{BC}}(E_s, \boldsymbol{h}) = \bigcup_{\{E_{s,q}\} \, \forall q: \, \sum_{q=1}^{K} E_{s,q} = E_s} \mathcal{C}_{\mathrm{MAC}}(E_{s,1}, \cdots, E_{s,K}, \boldsymbol{h}) \tag{12.112}$$

$$= \bigcup_{\{E_{s,q}\} \, \forall q: \, \sum_{q=1}^{K} E_{s,q} = E_s} \left\{ \begin{array}{l} (R_1, \cdots, R_K): \ \sum_{q \in S} R_q \leqslant \\ \log_2\left(1 + \sum_{q \in S} |h_q|^2 E_{s,q}\right), \forall S \in \mathcal{K} \end{array} \right\} \tag{12.113}$$

式中，$\mathcal{C}_{\mathrm{MAC}}(E_{s,1}, \cdots, E_{s,K}, \mathrm{h})$ 由推论 12.1 给出，其中信道增益 $\Lambda_q^{-1/2} h_{\mathrm{ul},q}$ 有归一化信道增益 h_q 和 $\sigma_n^2 = 1$ 代替。

证明：[JVG04] 中详细证明了对发射机间功率分配满足和功率约束的 SISO BC 容量区边界上的每个点都是对偶 MAC 的拐角点（由下面讨论的 BC-到-MAC 变换定义），及对每个功率分配的 SISO MAC 的每个拐角点位于具有相同功率和的对偶 SISO BC 容量区。假设一个给定的连续解码顺序信息 $\pi(1), \cdots, \pi(K)$（$\pi(1)$ 首先被解码），由推论 12.1，在一个功率约束为 $E_{s,1}, \cdots, E_{s,K}$ 的 MAC（使用 SIC）中用户 $\pi(q)$ 的速率为 $R_{\pi(q)}^{\mathrm{ul}} = \log_2\left(1 + h_{\pi(q)} E_{s,\pi(q)} / I^{(\mathrm{ul})}\right)$，其中 $I^{(\mathrm{ul})} = 1 + \sum_{p=q+1}^{K} h_{\pi(p)} E_{s,\pi(p)}$。观察使用相反编码顺序 $\pi(K), \cdots, \pi(1)$ 的对偶 BC（$\pi(1)$ 最后编码使得 $\pi(1)$ 在解码自身信号之前解码其他所有用户的信号），依照命题 12.12，当使用 $\sum s_q = E_s$ 的功率 $S_1, \cdots, S_K$ 对偶 BC 中用户 $\pi(q)$ 的速率为 $R_{\pi(q)}^{(\mathrm{dl})} = \log_2\left(1 + h_{\pi(q)} s_{\pi(q)} / I^{(\mathrm{dl})}\right)$，其中 $I^{(\mathrm{dl})} = 1 + h_{\pi(q)} \sum_{p=1}^{q-1} s_{\pi(p)}$。在 MAC 和 BC 中（使用与 MAC 相反的编码顺序），我们得到相同的速率向量，即 $R_{\pi(q)}^{(\mathrm{ul})} = R_{\pi(q)}^{(\mathrm{dl})} \, \forall q$，如果

$$\frac{E_{s,\pi(q)}}{I^{(\mathrm{ul})}} = \frac{s_{\pi(q)}}{I_{\mathrm{dl}}} \tag{12.114}$$

有趣的是，如果对任意 q 满足式 (12.114)，则 $\sum_{q=1}^{K} E_{s,q} = \sum_{q=1}^{K} s_q = E_s$。通过扩展从用户 $\pi(1)$ 开始的关系式 (12.114)，我们得到 MAC-到-BC 变化使得可以对任意 q 由 MAC 的功率 $E_{s,\pi(p)}$ 计算 BC 的功率 $S\pi_{(q)}$。

　　命题 12.25　及其证明中，有两个重要的值得指出的方面。首先，式 (12.112) 中的并表示 BC 容量区与 MAC 容量区相同但 MAC 服从功率和约束 $\sum_{q=1}^{K} E_{s,q} = E_s$ 而非个体功率约束。因此，BC 容量区等于功率和对

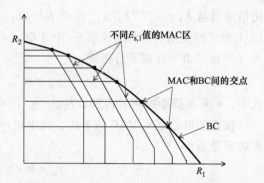

图 12.6　根据 SISO BC 的对偶 MAC 的容量区描述的两用户 SISO BC 容量区 [JVG04]

MAC regions for different of $E_{s,1}$：不同 $E_{s,1}$ 值的 MAC 区 Intersection point between MAC and BC region：MAC 和 BC 间的交点

偶 MAC 容量区。一个容量和 MAC 是不允许发射机（在对偶 MAC 中）相互合作（即每个发射机发送它自己的消息）但只要满足功率和约束就可以相互借用功率的这样一个信道。从命题 12.25 还可以得到，功率约束为 $E_{s,1}$，$\cdots$，$E_{s,K}$ 的 SISO MAC 的容量区是功率约束为 $E_s = \sum_{q=1}^{K} E_{s,q}$ 的 SISO MAC 的容量区的一个子集，即 $\mathcal{C}_{MAC}$（$E_{s,1}$，$\cdots$，$E_{s,K}$，h）$\subseteq \mathcal{C}_{BC}$（$E_s$，$h$）。实际上，可以发现，MAC 容量区在一个点上接触 BC 容量区，且对满足功率和约束的每个功率分割边界上有一个不同的点满足。这些考虑在图 12.6 中针对两用户情形给出了说明，其中画出了不同 $E_{s,1}$ 值的 $\mathcal{C}_{MAC}$（$E_{s,1}$，$E_s - E_{s,1}$，h）。得到 BC 容量区为所有 MAC 容量区的并集。

其次，命题 12.25 证明为了实现相同的速率向量，对偶 BC 中的解码顺序必须与 MAC 中的顺序相反（反之亦然）。如果一个用户在 MAC 首先被解码，为了使用 MAC-到-BC 变换实现相同的速率向量，它在对偶 BC 中应该被最后编码。在 BC 中，给定某个信道顺序，通过最后对最强用户编码（使用叠加码）（在消除所有其他用户的数据后解码它的数据）实现边界点。使用 BC-到-MAC 变换，在 SIC 对偶功率和 MAC 中通过首先解码最强用户最后解码最弱用户，可以实现相同的点。

MAC-对偶 BC

考虑到描述 BC 容量区的困难，MAC-to-BC 对偶性对将 BC 容量区表示为它的对偶 MAC 的容量区的函数非常有帮助。类似的，我们可以通过信道缩放根据对偶 BC 的容量区来描述 MAC 容量区。借助信道缩放，[JVG04] 指出 h_q 可以乘上任意缩放值 α_q 而且 $E_{s,q}$ 可以除上 α_q 而不改变 MAC 容量区。此外，任意信道缩放将会影响信道增益排序和对偶 BC 中叠加编码的编码（和解码）顺序。MAC 的容量区可以表示为缩放对偶 BC 在所有可能缩放值上的容量区的交集的函数。

命题 12.26 具有单位方差接收噪声的固定信道 $h = [h_1，\cdots，h_K]^T$ 上个体功率约束为 $E_{s,q}$（$q=1$，$\cdots$，K）的高斯 SISO MAC 的容量区 $\mathcal{C}_{MAC}$（$E_{s,1}$，$\cdots$，$E_{s,K}$，h），等于功率和约束为 $\sum_{q=1}^{K} = E_{s,q}/\alpha_q$ 的缩放对偶 SISO BC 在所有缩放值上的容量区的交集

$$\mathcal{C}_{MAC}(E_{s,1},\cdots,E_{s,K},h) = \bigcap_{\{\alpha_q\} \; \forall q: \; \alpha_q > 0} \mathcal{C}_{BC}\Big(\sum_{q=1}^{K} E_{s,q}/\alpha_q, \alpha h\Big) \quad (12.115)$$

式中，$\alpha h \triangleq [\alpha_1 h_1，\cdots，\alpha_K h_K]^T$，而 $\mathcal{C}_{BC}$（$\sum_{q=1}^{K} E_{s,q}/\alpha_q$，$\alpha h$）像命题 12.12 中那样给出，其中 h_q 被 $\alpha_q h_q$ 替换，功率和约束 E_s 被 $\sum_{q=1}^{K} E_{s,q}/\alpha_q$ 替换，而对任意 q 噪声功率 $\sigma_{n,q}^2 = 1$。

这个对偶性并不仅限于固定信道，它对衰落信道也有效（就遍历容量和中断容量而言）。

12.4.2　MIMO 信道的对偶性

依靠相同的方法，可以将 SISO 信道的对偶性扩展到 MIMO 信道 [VJG03，VT03，YC04]。系统模型式（12.11）可以等效地表示为

$$y_{dl} = Hc'_{dl} + \tilde{n}_{dl} \tag{12.116}$$

其中，$H = [H_1^T, \cdots, H_K^T]^T$ 而 $H_q = \dfrac{\Lambda_q^{-1/2} H_q}{\sigma_{n,q}}$，$\tilde{n}_{dl}$ 是复高斯噪声 $\mathcal{CN}(0, I_{\sum_q n_{r,q}})$。

式（12.116）的对偶上行信道有 K 个用户和 n_t 个接收天线[⊖]

$$y_{ul} = H^H c'_{ul} + \tilde{n}_{ul} \tag{12.117}$$

式中，c'_{ul} 是从 K 个用户发送的信号的向量；y_{ul} 是 n_t 个接收天线上的接收信号向量；$\tilde{n}_{ul}$ 是复高斯噪声 $\mathcal{CN}(0, I_{n_t})$。

容量区

我们得到一个与 SISO 情形中相似的结果［VJG03］。

命题 12.27　固定信道 H 上功率约束为 E_s 的 MIMO BC 的容量区等于个体功率约束为满足 $\sum_{q=1}^K E_{s,q} = E_s$ 的 $E_{s,q}$ 的对偶 MIMO MAC 的容量区的并集。

$$\mathcal{C}_{BC}(E_s, H) = \bigcup_{\{E_{s,q}\} \forall q: \sum_{q=1}^K E_{s,q} = E_s} \mathcal{C}_{MAC}(E_{s,1}, \cdots, E_{s,K}, H^H) \tag{12.118}$$

$$= \bigcup_{\substack{\{Q_{ul,q} \geq 0\} \forall q \\ \sum_{q=1}^K \mathrm{Tr}\{Q_{ul,q}\} \leq E_s}} \left\{ \begin{array}{l} (R_1, \cdots, R_K): \ \sum_{q \in S} R_q \leq \\ \log_2 \det[I_{n_t} + \sum_{q \in S} H_q^H Q_{ul,q} H_q], \forall S \subseteq \mathcal{K} \end{array} \right\} \tag{12.119}$$

其中，$\mathcal{C}_{MAC}(E_{s,1}, \cdots, E_{s,K}, H^H)$ 像命题 12.2 中那样给出，其中信道矩阵用 H^H 代替 H_{ul}，而噪声功率 $\sigma_n^2 = 1$。

再一次，我们观察到功率约束为 E_s 的 MIMO BC 容量区等于功率和约束为 E_s 的对偶 MIMO MAC 的容量区。与 SISO 情形相似，这个命题的证明在于说明存在 BC-到-MAC 和 MAC-到-BC 的变换将发射策略（以输入协方差矩阵表示而不是 SISO 中那样仅用功率表示）从 BC 映射到对偶 MAC 且反之亦然。因此，对 MAC 中的每组协方差矩阵 $Q_{ul,q}$（$q = 1, \cdots, K$）和任意解码顺序，我们找到具有与 MAC 相同功率和的对偶 BC 中的输入协方差矩阵 Q_q（$q = 1, \cdots, K$），即 $\sum_{q=1}^K \mathrm{Tr}\{Q_{ul,q}\} = \sum_{q=1}^K \mathrm{Tr}\{Q_q\}$，使得通过 SIC 在 MAC 中可达到每个速率向量，在使用 DPC 相同功率和约束下的对偶 BC 是可实现的。反过来，对 BC 中的每一组协方差矩阵和任意编码顺序，我们能够在对偶 MAC 中找到使用相同功率和约束实现相同速率向量的协方差矩阵，这在［VJG03］中有详细讨论。至于 SISO 情形，BC 和 MAC 中的编码/解码顺序相反。

类似于命题 12.26，MIMO MAC 的容量区等于缩放对偶 MIMO BC 的容量区的交集［VJG03］。

速率和容量

MIMO BC 容量区计算特别困难，不像 MAC 容量区。MIMO BC 容量区的计算因此可以受益于 BC-MAC 对偶性。此外，对偶性对计算最优发送策略也很有用。假设要在 MIMO BC 上实现一个给定的速率向量，MIMO BC 的最优发送策略可以从

⊖ 为数学上的方便我们取 H^H 而非 H^T。

对偶 MAC 中实现相同速率向量的最优策略计算。

特别地,一个有趣的速率向量是实现速率和容量的那个速率向量。我们可以利用对偶原理计算在 MIMO BC 中实现速率和容量的最优策略吗?在 MIMO MAC 中,实现速率和容量的发射策略由命题 12.1 获得。我们在此针对 MIMO BC 详细说明一个相似的迭代算法 [JVR⁺05]。MIMO BC 的速率和容量,由定义 12.2 定义,等于 DPC 的可实现速率和

$$C_{BC}(\boldsymbol{H}, E_s) = \max_{Q_q \geq 0, \sum_{q=1}^{K} \text{Tr}\{Q_q\} \leq E_s} \sum_{q=1}^{K} R_q \tag{12.120}$$

式中,R_q 定义如式(12.83)。

因为目标函数的非凸性,推导最大化式(1.120)的发送策略 $\{\boldsymbol{Q}_q\}$ 是有挑战性的。因此让我们通过审视对偶 MIMO MAC 来研究如何计算这些策略。自然地,$C_{BC}(\boldsymbol{H}, E_s) = C_{BC}(\boldsymbol{H}, E_s)$,其中 $C_{BC}(\boldsymbol{H}, E_s)$ 是具有归一化信道矩阵 $\boldsymbol{H}$ 和单位功率噪声的等效系统模型中 MIMO BC 的速率和容量。

由命题 12.27 中的对偶性,我们得到下述命题。

命题 12.28 MIMO BC 的速率和容量等于功率和对偶 MIMO MAC 的速率和容量

$$C_{BC}(\boldsymbol{H}, E_s) = C_{MAC}(\boldsymbol{H}^H, E_s) \tag{12.121}$$

$$= \max_{\substack{\{Q_{ul,q} \geq 0\} \ \forall q \\ \sum_{q=1}^{K} \text{Tr}\{Q_{ul,q}\} \leq E_s}} \log_2 \det\left[\boldsymbol{I}_{n_t} + \sum_{q=1}^{K} \boldsymbol{H}_q^H \boldsymbol{Q}_{ul,q} \boldsymbol{H}_q\right] \tag{12.122}$$

在式(12.122),我们使用式(12.26),用功率和约束代替个体功率约束,而 $\boldsymbol{Q}_{ul,q}$ 是用户 q 的 $n_{r,q} \times n_{r,q}$ 的输入协方差矩阵。在对偶 MIMO MAC 的上行输入协方差矩阵上求最大化。我们观察到与命题 12.1 中 MIMO MAC 的速率和最大化的相似性。两个问题的不同在于功率约束。由于关于 $\boldsymbol{Q}_{ul,q}$ 的个体功率约束,项 $\log_2 \det[\boldsymbol{Q}_I]$ 可以从在(12.29)中 $\boldsymbol{Q}_{ul,q}$ 的最大化中丢弃。手头的问题中,功率和约束不能这样做且输入协方差矩阵不能像式(12.27)和式(12.30)中那样通过将来自其他用户($p \neq q$)的信号作为噪声处理来顺序计算(对 $q = 1$ 到 K)。使用功率和约束,所有用户的输入协方差矩阵必须同时计算。然而,一个类似的依靠注水的迭代算法可以使用,其中所有 K 个协方差矩阵基于之前迭代获得的协方差矩阵同时更新 [JRV⁺05]。

- 初始化步骤:即便其他选择可能加速算法的收敛,为简单起见,对任意 $q = 1, \cdots, K$,我们固定 $\boldsymbol{Q}_{ul,q}^{(0)} = \boldsymbol{O}_{n_{r,q} \times n_{r,q}}$。

- 迭代 n:当(未完成(not Done)),首先计算干扰加噪声的协方差矩阵 $\boldsymbol{Q}_I$ 和有效信道 $\tilde{\boldsymbol{H}}$ 对 $q = 1$ 到 K 如下

$$\boldsymbol{Q}_I = \sum_{p=1, p \neq q}^{K} \boldsymbol{H}_p^H \boldsymbol{Q}_{ul,q}^{(n-1)} \boldsymbol{H}_p + \boldsymbol{I}_{n_r} = \boldsymbol{Q}_I^{1/2} \boldsymbol{Q}_I^{H/2} = \boldsymbol{U}_{QI} \boldsymbol{\Lambda}_{QI} \boldsymbol{U}_{QI}^H \tag{12.123}$$

$$\tilde{\boldsymbol{H}}_q = \boldsymbol{H}_q \boldsymbol{Q}_I^{-H/2} = \boldsymbol{H}_q \boldsymbol{U}_{QI} \boldsymbol{\Lambda}_{QI}^{-1/2} \tag{12.124}$$

然后，得到在总功率为 E_s 的分块对角信道 $\tilde{\boldsymbol{H}}_d$ 上使用迭代算法的第 n 次迭代的输入协方差矩阵的一个估计 $\hat{\boldsymbol{Q}}_{\mathrm{ul},q}^{(n)}$ 如下

$$\{\hat{\boldsymbol{Q}}_{\mathrm{ul},q}^{(n)}\}_{q=1}^{K} = \arg \max_{\substack{\{Q_{\mathrm{ul},q} \geq 0\} \, \forall q, \\ \sum_{q=1}^{K} \mathrm{Tr}\{Q_{\mathrm{ul},q}\} \leq E_s}} \quad \sum_{q=1}^{K} \log_2 \det[\boldsymbol{I}_{n_t} \tilde{\boldsymbol{H}}_q^{\mathrm{H}} \boldsymbol{Q}_{\mathrm{ul},q} \tilde{\boldsymbol{H}}_q] \qquad (12.125)$$

$$= \arg \max_{\{\boldsymbol{Q}_{\mathrm{ul},q} \geq 0\} \, \forall q,} \quad \log_2 \det[\boldsymbol{I}_{Kn_t} + \tilde{\boldsymbol{H}}_d^{\mathrm{H}} \boldsymbol{Q}_d \tilde{\boldsymbol{H}}_d] \qquad (12.126)$$

$$\sum_{q=1}^{K} \mathrm{Tr}\{\boldsymbol{Q}_{\mathrm{ul},q}\} \leq E_s$$

其中

$$\tilde{\boldsymbol{H}}_d = \mathrm{diag}\{\tilde{\boldsymbol{H}}_1, \cdots, \tilde{\boldsymbol{H}}_K\} \qquad (12.127)$$

$$\boldsymbol{Q}_d = \mathrm{diag}\{\boldsymbol{Q}_{\mathrm{ul},1}, \cdots, \boldsymbol{Q}_{\mathrm{ul},K}\} \qquad (12.128)$$

式（12.126）的解可以通过在总功率约束 $\mathrm{Tr}\{\boldsymbol{Q}_d\} = E_s$ 下应用注水方案式（5.9）和式（5.13）容易获得。不幸的是，估计值 $\hat{\boldsymbol{Q}}_{\mathrm{ul},q}^{(n)}$ 不能用作 $\boldsymbol{Q}_{\mathrm{ul},q}^{(n)}$，因为已经显示当 $K > 2$ 时不收敛于最优解。为了对任意 K 确保收敛，$\boldsymbol{Q}_{\mathrm{ul},q}^{(n)}$ 应该为之前迭代中的协方差矩阵的加权和，而 $\hat{\boldsymbol{Q}}_{\mathrm{ul},q}^{(n)}$ 为

$$\boldsymbol{Q}_{\mathrm{ul},q}^{(n)} = \frac{1}{K} \hat{\boldsymbol{Q}}_{\mathrm{ul},q}^{(n)} + \frac{K-1}{K} \boldsymbol{Q}_{\mathrm{ul},q}^{(n-1)}, \forall q \qquad (12.129)$$

这组协方差矩阵的可实现速率和可以通过将 $\boldsymbol{Q}_{\mathrm{ul},q}^{(n)}$ 代入（12.122）进行计算。如果第 $n-1$ 次迭代与第 n 次迭代的差别小于一个预先定义的常数 ϵ，则 Done = 1，否则我们继续第 $n+1$ 次迭代。最终的输入协方差矩阵集合为 $\{\boldsymbol{Q}_{\mathrm{ul},1}^{(n)}, \cdots, \boldsymbol{Q}_{\mathrm{ul},K}^{(n)}\}$。

一旦已经找到对偶 MIMO MAC 上的最终输入协方差矩阵 $\{\boldsymbol{Q}_{\mathrm{ul},1}^{(n)}, \cdots, \boldsymbol{Q}_{\mathrm{ul},K}^{(n)}\}$，原来 MIMO BC 上的最优输入协方差矩阵可以通过使用 MIMO 信道的 MAC-到-BC 变换求得，［VJG03］有详细讨论。

从功率和约束到每天线功率约束

本节描述的对偶性对 BC 假设一个功率和约束。在实践中，由于功率放大器的非线性，保证一个每天线功率约束（天线 m 上的最大功率为 $E_s^{(m)}$）可能更好。此外，在天线分散且预编码在天线上进行的网络中（例如，在如第 13 章研究的协作多小区 MIMO 中），速率和容量与容量区应该在一个每天线（或每组天线）功率约束下进行描述。有趣的是，［YL07］已经展示 BC-MAC 对偶性可以泛化到如下一个命题阐述的每天线功率约束情形。

命题 12.29　每天线功率约束为 $E_s^{(1)}, \cdots, E_s^{(n_t)}$ 的 MIMO BC 的速率和容量与容量区分别与所有用户上功率和约束为 $\sum_{m=1}^{n_t} E_s^{(m)}$ 而接收机不确定噪声的 $n_t \times n_t$ 维协方差矩阵 $\boldsymbol{Q}_n$ 是 q_m（$m = 1, \cdots, n_t$）在对角线上的对角阵并满足 $\sum_{m=1}^{n_t} q_m E_s^{(m)} = \sum_{m=1}^{n_t} E_s^{(m)}$ 的对偶 MIMO MAC 的速率和容量与容量区相同。

利用式（12.24），接收机噪声矩阵为 $\boldsymbol{Q}_n$ 的对偶上行链路用户 q 的速率写为

$$R_q = \log_2 \det\left[\boldsymbol{I}_{n_t} + \boldsymbol{H}_q^{\mathrm{H}} \boldsymbol{Q}_{\mathrm{ul},q} H_q \left(\boldsymbol{Q}_n + \sum_{p<q} \boldsymbol{H}_p^{\mathrm{H}} \boldsymbol{Q}_{\mathrm{ul},p} H_p \right)^{-1} \right] \quad (12.130)$$

其中假设用户 K 首先被解码而用户 1 最后被解码。速率和为

$$\sum_{q=1}^{K} R_q = \sum_{q=1}^{K} \log_2 \det\left[\boldsymbol{I}_{n_t} + \boldsymbol{H}_q^{\mathrm{H}} \boldsymbol{Q}_{\mathrm{ul},q} H_q \left(\boldsymbol{Q}_n + \sum_{p<q} \boldsymbol{H}_p^{\mathrm{H}} \boldsymbol{Q}_{\mathrm{ul},p} H_p \right)^{-1} \right]$$

$$= \sum_{q=1}^{K} \log_2 \det\left[\boldsymbol{Q}_n + \sum_{p \leqslant q} \boldsymbol{H}_p^{\mathrm{H}} \boldsymbol{Q}_{\mathrm{ul},p} H_p \right] - \log_2 \det\left[\boldsymbol{Q}_n + \sum_{p<q} \boldsymbol{H}_p^{\mathrm{H}} \boldsymbol{Q}_{\mathrm{ul},p} H_p \right]$$

$$= \log_2 \det\left[\boldsymbol{Q}_n + \sum_{q=1}^{K} \boldsymbol{H}_q^{\mathrm{H}} \boldsymbol{Q}_{\mathrm{ul},q} \boldsymbol{H}_q \right] - \log_2 \det\left[\boldsymbol{Q}_n \right]$$

$$(12.131)$$

依照命题 12.29，具有每天线功率约束的 MIMO BC 速率和容量写为

$$C_{\mathrm{BC}} = \min_{\boldsymbol{Q}_n} \max_{\{\boldsymbol{Q}_{\mathrm{ul},q}\} \forall q} \log_2 \det\left[\boldsymbol{Q}_n + \sum_{q=1}^{K} \boldsymbol{H}_q^{\mathrm{H}} \boldsymbol{Q}_{\mathrm{ul},q} \boldsymbol{H}_q \right] - \log_2 \det\left[\boldsymbol{Q}_n \right] \quad (12.132)$$

服从约束

$$\sum_{q=1}^{K} \mathrm{Tr}\{\boldsymbol{Q}_{\mathrm{ul},q}\} \leqslant \sum_{m=1}^{n_t} E_{\mathrm{s}}^{(m)} \quad (12.133)$$

$$\sum_{m=1}^{n_t} q_m E_{\mathrm{s}}^{(m)} \leqslant \sum_{m=1}^{n_t} E_{\mathrm{s}}^{(m)} \quad (12.134)$$

求解这个优化问题的算法在［YL07 中］有进一步的讨论。

在功率约束用于每组天线的更加一般的情形中，通过将 n_t 个天线分为 n_g 个组，每个组由 $n_{t,i}$ 个天线构成（$i=1,\cdots,n_g$），我们可以依靠一个相似的策略。将 $n_t \times n_t$ 噪声协方差矩阵写为

$$\boldsymbol{Q}_n = \mathrm{diag}\{q_1,\cdots,q_1,q_2\cdots,q_2,q_{n_g},\cdots,q_{n_g}\} \quad (12.135)$$

其中 q_i 被重复 $n_{t,i}$ 次。约束式（12.133）和式（12.134）替换为

$$\sum_{q=1}^{K} \mathrm{Tr}\{\boldsymbol{Q}_{\mathrm{ul},q}\} \leqslant \sum_{i=1}^{n_g} E_{\mathrm{s}}^{(i)} \quad (12.136)$$

$$\sum_{i=1}^{n_g} q_i E_{\mathrm{s}}^{(i)} \leqslant \sum_{i=1}^{n_g} E_{\mathrm{s}}^{(i)} \quad (12.137)$$

式中，$E_{\mathrm{s}}^{(i)}$ 是应用于天线组 i 的功率约束。

12.5 多用户分集、资源分配和调度

12.5.1 多用户分集

在第 6 章和第 11 章，单链路系统中的信道衰落被视为不可靠性的来源，并通

过空时编码利用空间，时间和/或频率分集加以消除。然而在多用户通信的背景下，衰落反而可以被看做能够用来随机化的来源。多用户的存在有助于经典空间，频率或时间分集之外的一种新形式的分集。多用户（MU）分集，首先在［KH95］中引入并在［VTL02］中得以改进，是一种由不同用户之间的时变信道提供的用户间的选择分集（见第 1 章）的一种形式。考虑到 BS 能够跟踪用户信道波动（基于反馈），可以调度向具有更好信道衰落条件的用户发送，即接近他们的峰值，以提高总的小区吞吐量。

多用户分集增益

暂时假设一个 MU-SISO 场景，其中基站和用户都配备单个天线。MU 分集的行为类似于 1.4.1 节中讨论的天线选择分集。在天线选择分集中，选择天线阵列中具有最高信道幅度的天线，而在 MU 分集中，选择用户池中具有最高信道幅度的用户，即 $\arg \max \{|h_1|, \cdots, |h_K|\}$。天线选择分集中天线的作用因此以某种方式被多用户分集中的用户代替。准确的分集增益是信道衰落分布和用户部署的一个函数，例如平均用户信噪比和用户信道衰落分布之间的相关。假设 K 个用户的衰落分布为独立瑞利同分布且用户经历相同的平均信噪比 $\eta_q = \eta \; \forall q$，我们可以直接利用 1.4.1 节的推导计算平均信噪比和平均速率和容量。

合并器输出端的平均信噪比 $\bar{\rho}_{\text{out}}$ 最后给出为

$$\bar{\rho}_{\text{out}} = \varepsilon\left\{\eta \max_{q=1,\cdots,K} |h_q|^2\right\} = \eta \sum_{q=1}^{K} \frac{1}{q} \tag{12.138}$$

MU 提供的信噪比增益，用 MU 分集增益 g_{m} 表示，由下式给出

$$g_{\text{m}} = \frac{\bar{\rho}_{\text{out}}}{\eta} = \sum_{q=1}^{K} \frac{1}{q} \overset{(a)}{\cong} \gamma + \log(K) + \frac{1}{2K} \overset{(b)}{\cong} \log(K) \tag{12.139}$$

式中，$\gamma \approx 0.57721566$ 是 Euler 常数，近似（a）和（b）对大的 K 值有效。

容量也受益于 MU 分集。如在 12.3 节中所讨论的，MU-SISO 的速率和容量由简单的 TDMA 策略实现，这个策略中，向具有最强信道的用户发送。平均速率和容量 $\bar{C}_{\text{TDMA}} = \varepsilon\{C_{\text{TDMA}}\}$ 写为

$$\bar{C}_{\text{TDMA}} = \varepsilon\left\{\log_2\left(1 + \eta \max_{q=1,\cdots,K} |h_q|^2\right)\right\} \tag{12.140}$$

在低信噪比时，

$$\bar{C}_{\text{TDMA}} \approx \varepsilon\left\{\max_{q=1,\cdots,K} |h_q|^2\right\} \eta \log_2(e) \approx g_{\text{m}} C_{\text{awgn}} \tag{12.141}$$

式中，C_{awgn} 是一个非衰落信道的速率和容量，其中每个用户具有固定的加性高斯白噪声（AWGN）信道并且这些信道具有相同的平均信噪比。

我们观察到，在衰落信道中，容量和随系统中用户的数量增加，而非衰落信道的容量和为常数，与用户的数量无关。在单用户场景中，衰落信道的容量和大约与非衰落 AWGN 信道的容量和 C_{awgn} 一样，在多用户场景中，衰落信道的容量和比低信噪比时 AWGN 容量大 $\log(K)$ 倍。

在高信噪比时，

$$\overline{C}_{\text{TDMA}} \approx \log_2(\eta) + \varepsilon\left\{\log_2\left(\max_{q=1,\cdots,K}|h_q|^2\right)\right\} \quad (12.142)$$

$$\approx C_{\text{awgn}} + \varepsilon\left\{\log_2\left(\max_{q=1,\cdots,K}|h_q|^2\right)\right\} \quad (12.143)$$

$$\leqslant (a)\, C_{\text{awgn}} + \log_2\left(\varepsilon\left\{\max_{q=1,\cdots,K}|h_q|^2\right\}\right) \quad (12.144)$$

$$= C_{\text{awgn}} + \log_2(g_{\text{m}}) \quad (12.145)$$

其中上界（a）是根据 Jensen 不等式（附录 A）推导。再一次，强调了多用户场景中衰落的好处。回想第 5 章，在高信噪比下单用户场景中，衰落信道的容量低于 AWGN 信道的容量，对瑞利信道而言小了 $\varepsilon\{\log_2(|h_q|^2)\} = -0.83\text{bits/s/Hz}$。在多用户配置下，衰落信道却比 AWGM 容量大一个大约为 $\log_2(g_{\text{m}})$ 的因子。对大的 K，绝对容量增益（vs AWGN 容量）以两倍对数的比例随 K 变化。

因此我们得到结论，在许多具有独立衰落信道的用户的系统中，由于多用户分集，基站可以连续向具有较强信道的用户发送，使得总体的频谱效率比具有相同信噪比的非衰落信道高很多。因此衰落信道在多用户配置下比在单用户配置下显著有用很多！

在式（12.139），式（12.141），式（12.142）中观察到的多用户分集增益严重依赖 CSIT（如以信噪比反馈的形式），记住这一点很重要。当没有 CSI 时，调度器找不到最优的用户，并根据用户信道质量来调制瞬时数据速率。

多用户分集增益实际上是由于信道波动的动态范围增大带来的，而信道波动的动态范围很大程度上取决于独立的用户衰落分布。增益式（12.139）只对独立同分布瑞利衰落场景有效。如果用户经历相关衰落分布，多用户分集增益自然将被降低（类似于多天线分集中的空间相关）。此外，视距（LOS）展现的莱斯衰落为主的场景要比富散射和瑞利衰落为主的场景信号波动更低。类似于天线选择分集，多用户分集在莱斯衰落中比在瑞利衰落中低。在非常大的莱斯 K 因子限制下，尽管有多个用户但没有多用户分集。

在［HMT04］中，研究了 MIMO 系统中波动的动态范围对速率的影响。为此，根据互信息式（5.7）对测得的速率分布（均值和方差）进行了分析。在 n_{r} 或 η_{t} 较大这一假设下，任意用户 q 的速率 R_q 可以近似为均值为 $\overline{R}$ 且方差为 σ_{R}^2 的高斯分布。如果调度器决定以 TDMA 的方式调度在任意时刻具有最高速率的用户，平均用户速率被证明由 $\overline{R}$ 增大到 $\sqrt{2\sigma_{\text{R}}^2 \log(K)}$。因此，调度增益写为 $\sqrt{2\sigma_{\text{R}}^2 \log(K)}$，并且当 σ_{R}^2 或 K 较大时比较显著。大的 σ_{R}^2 值对应大的速率波动，且源于条件更好的 MIMO 信道矩阵或更大的信道增益。

在实际中，用户的信道应该波动得足够快。如果用户经历静态信道，调度器将必须等很长时间知道信道达到其峰值。不幸的是，应用具有时延限制，因此调度器不能等待那么久。或者，如果用户一直处于信道峰值，这将阻止其他用户被调度而产生用户间的公平性问题。可以同时实现多用户分集和公平性的调度准则将在下一节处理。

在基站端和移动终端配有多个天线的多用户配置中，性能是信道幅度的函数但也是信道矩阵空间方向和性质的函数。多用户分集提供充足的空间信道方向并允许调度器适当选择具有良好信道矩阵性质或空间分离的用户。12.5.3 节讨论的用户分组变为 MU-MIMO 调度器的一项重要任务。多天线配置中的 MU 分集为随机或机会波束赋形方法提供了机会，这些方法在当用户的信道方向与预定义的发送波束赋形器匹配时调度用户，并在有足够多的用户时以低反馈速率达到真正的波束赋形增益。

多用户分集也可以降低 MIMO 接收机复杂性。回顾第 6 章和第 7 章，空间复用的性能严重依赖接收机和信道矩阵的性质。例如 ZF 的低复杂性接收机无法实现 ML 解码的大分集增益，而非满秩（或接近非满秩）信道矩阵显著降低空间复用性能。MU 分集通过当用户各自信道条件好时调度相应用户可以帮助弥补这个损耗。在［Hea01］中证明次优 ZF 接收机在大量用户情况下接近最优接收机的性能。由式（6.94），显然随着信道矩阵的列相互之间变得更加正交，信道得以解耦而 ZF 和 ML 的性能趋近一致。对两个接收机，调度器在最大化 ZF/ML 可实现的速率的同时，将趋向于选择信道矩阵最正交且具有最大 Frobenius 范数的用户。

多用户分集和空间/时间/频率分集

我们已经看到，从数学的角度 MU 分集与基于天线选择的空间分集具有某种相似性。然而，值得指出和回顾 MU 分集同前面章节中讨论的经典空间/时间/频率分集有一些基本差别［VTL02，TV05］。

- 分集技术，如空时编码，主要关注于通过降低慢衰落信道中的中断概率提升可靠性。另一方面，MU 分集增加时变信道上的数据速率。
- 经典分集技术消除衰落，而 MU 分集利用衰落。
- MU 分集采用系统级视角而经典分集方法关注一个单链路。如 13 章中和下边，当我们从单小区转到多小区的场景，这种系统级视角变得愈发重要。

12.5.2　资源分配、公平和调度

在理想情况下，我们既想最大化速率和，又想最大化每个单个用户的速率。目前为止所讨论的调度器选择最大化信噪比的用户，如果用户经历相同的衰落分布并就延迟（latency），时延（delay），QoS，流量等具有相同的需求，调度器将会公平对待所有用户。实际中，用户经历不同的衰落统计值（就多普勒，平均信噪比，散射环境等而言）并具有不同的延迟（latency）和 QoS 需求。一个合适的调度器应该考虑所有这些问题并在利用 MU 分集的同时以公平的方式为用户分配资源（时间、频率、空间、功率）。

资源分配和效用最大化

我们可以归纳出两种主要的资源分配策略,即最大化速率和(蜂窝吞吐量)但毫不考虑用户公平性问题的速率最大策略;以及通常依靠比例公平(PF)属性,不最大化速率和而最大化一个加权速率和并保证小区内用户间一定量公平的策略。速率最大策略是本章目前为止我们所采用的策略。这两个策略可以通过两个不同的效用度量来处理。调度器级别资源分配的目标是最大化小区效用度量 $\mathcal{U}$。

在此考虑的一般窄带配置中,我们假定小区效用度量 $\mathcal{U}$ 写为调度用户集合 K(是服务用户集合 $\mathcal{K}$ 的子集),发送向量 c' 和接收滤波器 $\boldsymbol{G} = \{\boldsymbol{G}_q\}_q \in K$ 的集合的一个函数。多载波系统扩展将在第 13 章尤其是 13.6.5 节中的通用多小区配置中进行讨论。

资源分配和调度问题则可以写为

$$[c'^{\star}, \boldsymbol{G}^{\star}, K^{\star}] = \arg \max_{c', \boldsymbol{G}, K \subset \mathcal{K}} \mathcal{U} \tag{12.146}$$

式中,$c'^{\star}$ 是最优发送向量,$\boldsymbol{G}^{\star}$ 表示最优接收波束策略器集合,$K^{\star} \subset \mathcal{K}$ 表示被调度的属于 $\mathcal{K}$ 的最优用户子集。如果我们限制选择线性预编码器,我们可以将选择 c' 替换为 $\boldsymbol{S}$ 和 $\boldsymbol{W}$。

速率最大化方法和面向公平方法的小区有不同的效用度量。

在速率最大化方法中,小区效用度量在给定时刻为 $\mathcal{U} = \sum_{q \in K} R_q$,因此要解决的问题变为

$$\{c'^{\star}, \boldsymbol{G}^{\star}, K^{\star}\} = \arg \max_{c', \boldsymbol{G}, K \subset \mathcal{K}} \sum_{q \in K} R_q \tag{12.147}$$

在面向比例公平(PF)的方法[Kel97, KMT98]中,小区效用度量在给定时刻表示为对数函数的一个加权和

$$\mathcal{U} = \sum_{q \in K} \mathcal{U}_q = \sum_{q \in K} \gamma_q \log_2(\overline{R}_q) \tag{12.148}$$

式中,$\mathcal{U}_q$ 是用户 q 的效用度量而 $\overline{R}_q$ 是用户 q 的长期平均速率。权重 γ_q 与每个用户的优先级(比如 QoS)有关。为了达到比例公平,平均速率集合从 $\overline{R}_q$ 到 $\overline{R}_q + \Delta \overline{R}_q$ 的任意扰动将导致小区效用度量的增加

$$\sum_{q \in K} [\mathcal{U}_q(\overline{R}_q + \Delta \overline{R}_q) - \mathcal{U}_q(\overline{R}_q)] > 0 \tag{12.149}$$

其中我们用 $\mathcal{U}_q(\overline{R}_q)$ 表明用户效用度量是用户平均速率 $\overline{R}_q$ 的函数。取近似

$$\mathcal{U}_q(\overline{R}_q + \Delta \overline{R}_q) \approx \mathcal{U}_q(\overline{R}_q) + \frac{\partial \mathcal{U}_q(R)}{\partial R} \bigg|_{R = \overline{R}_q} \Delta \overline{R}_q \tag{12.150}$$

如果下式成立则满足比例公平

$$\sum_{q \in K} \gamma_q (\log_2(\overline{R}_q + \Delta \overline{R}_q) - \log_2(\overline{R}_q)) \approx \sum_{q \in K} \gamma_q \frac{\Delta \overline{R}_q}{\overline{R}_q} > 0 \tag{12.151}$$

将扰动 $\Delta \overline{R}_q$ 近似为给定时刻的即时速率 R_q 对每用户效用的贡献,小区效用最大化变为一个权重速率和的最大化,其中权重由在 $\overline{R}_q$ 评估的每用户效用度量 $\mathcal{U}_q$ 的

导数决定，即 $\left.\dfrac{\partial \mathcal{U}_q(R)}{\partial R}\right|_{R=\overline{R}_q} = \dfrac{\gamma_q}{\overline{R}_q}$。为使小区满足比例公平，应该因此在给定时刻被分配资源为

$$[c'^{\star}, G^{\star}, K^{\star}] = \arg\max_{c', G, K \subset \mathcal{K}} \sum_{q \in K} \gamma_q \frac{\Delta R_q}{\overline{R}_q} \tag{12.152}$$

考虑到式（12.147）和式（12.152）中目标函数的表达式，我们观察到两个问题都可以用下面的统一框架表示

$$[c'^{\star}, G^{\star}, K^{\star}] = \arg\max_{c', G, K \subset \mathcal{K}} R(K) \tag{12.153}$$

其中用户子集 K 的可实现权重速率和定义为

$$R(K) = \sum_{q \in K} w_q R_q \tag{12.154}$$

其中在速率最大化方法中 $w_q = 1$ 而在比例公平方法中 $w_q = \gamma_q / \overline{R}_q$。在一般配置中，$w_q \geqslant 0$。

实际比例公平调度

在实际中，用户 q 的长期平均速率 $\overline{R}_q$ 在比例公平调度器中使用一个指数加权低通滤波器［VTL02］进行更新，使 $k+1$ 时刻 $\overline{R}_q$ 的估计值（表示为 $\overline{R}_q(k+1)$）是长期平均速率 $\overline{R}_q(k)$ 和当前时刻 k 的当前速率 $R_q(K)$ 的函数，概述为

$$\overline{R}_q(k+1) = \begin{cases} (1-1/t_{\mathrm{C}})\overline{R}_q(k) + 1/t_{\mathrm{C}} R_q(k) & q \in K^{\star} \\ (1-1/t_{\mathrm{C}})\overline{R}_q(k) & q \notin K^{\star} \end{cases} \tag{12.155}$$

式中，t_{C} 是调度时间尺度而 $K^{\star}$ 表示时刻 k 的调度用户集合。因此在时刻 k 资源分配应该为

$$[c'^{\star}, G^{\star}, K^{\star}] = \arg\max_{c', G, K \subset \mathcal{K}} \sum_{q \in K} \gamma_q \frac{R_q(k)}{\overline{R}_q(k)} \tag{12.156}$$

调度时间尺度 t_{C} 是影响用户公平和性能的一个系统设计参数。我们来评估较小和和较大调度时间尺度下调度器的表现。对大的 t_{C}，$\overline{R}_q(k)$ 在长时间周期内取平均。如果 t_{C} 扩展多个信道相干时间，$\overline{R}_q(k)$ 最终达到量 $\overline{R}_q$。首先假设所有用户经历相同的衰落统计值（表明 $\Lambda_q = \Lambda$，$\eta_q = \eta \ \forall q$）。在这样的假设下，$\overline{R}_q(k) \ \forall q$ 收敛于相同的量而式（12.156）中的 PF 调度器简单地最大化 $\sum_{q \in K} \gamma_q R_q(k)$。假设所有用户具有相同的 QoS，我们可能忽略 γ_q 而 PF 调度器等效于速率最大化调度器，即选择贡献最高速率和的用户。在每次只发送单个用户的 TMDA 方法中，选择的用户即是具有最高期望速率的用户。尽管这样的策略对于具有相同衰落统计值的用户在长期内可能是公平的，但如果用户没有相同的衰落统计这种策略一定不公平。远离基站的用户（具有大的 Λ_q）将永远无法获得被调度的机会。幸运的是，PF 调度器考虑这个问题。事实上，对非相同用户统计值，$\overline{R}_q(k)$ 收敛于不同值而 PF 调度器将资源分配给相对速率高的用户，即在时间尺度 t_{C} 上与平均速率 $\overline{R}_q(k)$

相比实时速率$R_q(k)$较高的用户。因此，即便一个用户具有低的平均速率，只要他的相对速率较大，它仍然会被调度。在用户信道独立波动的一个系统中，可能某些用户具有较大的相对速率。因此可以在保证公平性的同时利用分集增益。

对小$t_c(t_c \approx 1)$，对已经被调度和尚未被调度的用户在$k-1$时刻分别有$\overline{R}_q(\overline{k}) \approx R_q(k)$和$\overline{R}_q(k) = 0$。假设所有用户具有相同的 QoS，调度器分配资源时不考虑用户信道的相对强度而是将可用资源在用户平均分配。这个调度器通常称为 Round-Robin（轮询）。虽然 Round-Robin 公平，但没有利用多用户分集。

t_c的值最终应该依据应用的延迟时间尺度和移动速度的变化进行选择。较大的t_c要求在长时间周期内取平均，并且调度器在调度处于好的信道实现（如信道峰值）上的用户之前等待更久时间。因此，具有严格延迟约束的应用以大t_c工作可能有问题。对给定的t_c，良好信道实现的数量依赖移动速度。在低移动性下，衰落非常慢而在时间周期t_c内很少遇到峰值。MU 分集因此受限。高速下，信道变化的动态范围和速率很高但跟踪信道实现在实践中具有挑战性，因为任意时延将严重影响调度器性能故而影响利用 MU 分集的能力。在实际配置中，MU 分集在中等速度时得到更好的利用，其中信道可以被准确跟踪而移动可以在时间尺度t_c上经历多个峰值。

通常，对给定t_c，速率和将不会像式（12.141）和式（12.142）中表达的那样随着K缩放。基于之前的讨论，这样的缩放只对大的t_c和相同用户衰落分布可以观察到。对小t_c，$\overline{C}_{\text{TDMA}}$表现与$C_{\text{awgn}}$相似，即速率不随$K$的增加而增加。

图 12.7 阐述了 SISO TDMA 在信道比$\eta = 0_{\text{dB}}$时 PF 调度的速率和随着K，t_c和信道时间相关ϵ的变化关系，其中假设理想 CSIT，没有时延。使用一个简单一阶高斯马尔科夫过程$h_k = \epsilon$

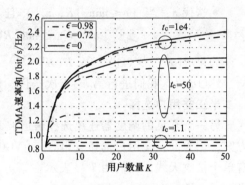

图 12.7　SNR = 0 时 PF 调度 SISO TDMA 的速率和随用户数量K，调度时间尺度t_c和信道时间相关系数ϵ的变化关系

$h_{k-1} + \sqrt{1 - \epsilon^2}\, n_k$对信道动态性进行建模（见 3.2.4 节），且$n_k \sim \mathcal{CN}(0.1)$。假设一个 Jakes 瑞利衰落模型，载波频率为 2.5GHz 而反馈间隔为 5ms（如 3GPP LTE/LTE-A 和 IEEE802.16m 中的通常假设），$\epsilon = 0.78$和 0.72 分别对应于 4km/h 和 15km/h 的移动速度。

我们注意到在多用户共同调度的一般设置中，式（12.156）自然考虑了用户配对，即用户的相对速率应该较高而它们的和也应该高。这个速率和受到所用预编码/检测技术类型和用户信道空间性质的影响。用户配对（或分组）在下一节进一步讨论。

12.5.3　用户分组

给定小区中有 K 个用户，MU-MIMO 调度器的目的在于从 $\mathcal{K}$ 内的所有可能候选者中找到最佳调度用户集合。

穷尽搜索

式（12.153）中进行的穷尽搜索计算强度很大。假设每个用户发送单个流而 $n_e \leqslant \min\{n_t, K\}$，如下的一个搜索

$$\boldsymbol{K}^{\star} = \arg \max_{\substack{K \subset \mathcal{K} \\ n_e \leqslant \min\{n_t, K\}}} R(\boldsymbol{K}) \tag{12.157}$$

要求考虑 $\sum_{j=1}^{n_e} = \dfrac{K!}{(K-j)!\,j!}$ 个不同组合并其复杂性随着 K 的增加而迅速增大。

贪婪用户选择

为了降低计算复杂性，通常采用次优调度器来选择调度用户集合 $\boldsymbol{K} \subset \mathcal{K}$。一个常用的算法时贪婪用户选择算法［DS05］，该算法在于仅当加权速率和增加时向临时调度用户集合连续添加一个用户。

- 初始化步骤：固定 $n = 1$，$\boldsymbol{K}^{(0)} = \phi$，$R(\boldsymbol{K}^{(0)}) = 0$ 和 Done $= 0$.
- 迭代 n：当 $(n \leqslant \min\{K, n_t\})$ 且 (not Done，即 Done $= 0$)) 选择用户

$$q^{(n)} = \arg \max_{q \in \mathcal{K}, K} R(\boldsymbol{K}^{(n-1)} \cup q^{(n)}) \tag{12.158}$$

如果 $R(\boldsymbol{K}^{(n-1)} \cup q^{(n)}) < R(\boldsymbol{K}^{(n-1)})$，$\boldsymbol{K}^{(n)} = \boldsymbol{K}^{(n-1)}$ 且 Done $= 1$，否则 $\boldsymbol{K}^{(n)} = \boldsymbol{K}^{(n-1)} \cup q^{(n)}$，我们进行第 $n+1$ 次迭代。最后调度用户集合 $\boldsymbol{K} = \boldsymbol{K}^{(n)}$。

半正交用户选择

另一个常见的调度器连续选择信道彼此准正交的用户。接下来描述一个这样的方案，记为准正交用户选择（SUS）［YG06］。为简单起见，让我们假设每个用户有单个接收天线。我们用 $T^{(n)}$ 表示在第 n 次迭代时剩下的候选用户池（从其中选择）。

- 初始化步骤：固定 $n = 1$，$\boldsymbol{K}^{(0)} = \phi$，$\mathcal{T}^{(1)} = \{1, \cdots, K\}$ 和 Done $= 0$.
- 迭代 n：当 $(n \leqslant \min\{K, n_t\})$ 且 (未完成，即 Done $= 0$)，计算 $\boldsymbol{e}_q$，$\boldsymbol{h}_q$ 正交于向量 $\boldsymbol{e}^{(1)}, \cdots, \boldsymbol{e}^{(n-1)}$ 张成子空间的分量

$$\boldsymbol{e}_q = \boldsymbol{h}_q - \sum_{j=1}^{n-1} \frac{\boldsymbol{h}_q \boldsymbol{e}^{(j)\mathrm{H}}}{\|\boldsymbol{e}^{(j)}\|^2} \boldsymbol{e}^{(j)}, \quad \forall q \in \mathcal{T}^{(n)} \tag{12.159}$$

选择用户

$$q^{(n)} = \arg \max_{q \in \mathcal{T}^{(n)}} \|\boldsymbol{e}_q\| \tag{12.160}$$

$$e^{(n)} = \boldsymbol{e}_{q^{(n)}} \tag{12.161}$$

$$K^{(n)} = K^{(n-1)} \cup q^{(n)} \tag{12.162}$$

并更新与 $e^{(n)}$ 准正交的用户集合

$$\mathcal{T}^{(n+1)} = \left\{ q \in \mathcal{T}^{(n)}, q \neq q^{(n)} \,\middle|\, \frac{\mid h_q e^{(n)H} \mid}{\parallel h_q \parallel \parallel e^{(n)} \parallel} < \alpha \right\} \tag{12.163}$$

其中 α 是控制用户信道之间准正交性的一个正的实数常数。如果 $\mathcal{T}^{(n+1)} = \phi$，Done $= 1$，否则我们进行第 $n+1$ 次迭代。最终的调度用户集合为 $K = K^{(n)}$。

用户相关

如前述的用户分组策略所强调的，调度器自然地配对具有大的信道增益的正交用户。调度正交用户通过自然地消除多用户干扰而提供大的速率和。因此，找到正交用户的概率是 MU-MIMO 性能的一个重要指标。我们说明了多用户场景中用户相关的行为与信道分布之间的变化关系 [CKK08a]。

研究在 K 个活跃的单天线用户中，找到 n_t 个（准）正交用户的概率。用 $\mathcal{K}_{n_t}$ 表示 K 个活跃用户中 n_t 个用户的所有集合，其中的一个集合记为 K，我们通过仿真研究用户相关 u 的 PDF（概率密度函数），定义为

$$u = \mathcal{E}_{\{h_{w,q}\} \forall q} \left\{ \min_{K \in \mathcal{K}_{n_t}} \max_{k,l \in K} \mid \overline{h}_k \overline{h}_l^H \mid \right\} \tag{12.164}$$

其中假设空间相关瑞利衰落信道 $h_q = h_{w,q} R_{t,q}^{1/2}$。用户相关系数可以给通过对给定发送相关矩阵 $\{R_{t,q}\}$ $q \in \mathcal{K}_{n_t}$ 的集合求平均得到。

假设 4 个发射天线，图 12.8 给出了 u 的平均值与发射相关系数模值和 K 之间的变化关系，其中平均值在此表示在不同的发射相关矩阵集合 $R_{t,q}$ 上取平均。使用指数模型式（10.88）生成相关矩阵且假设对任意 $q \mid t_q \mid = \mid t \mid$。相关系数 t_q 的相位在用户间随机产生。当使用标签 360°（相应的 70°）时，我们表示 t_q 的相位在

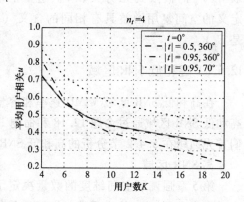

图 12.8 平均用户相关与扇区 K 中活跃用户数量和发射相关系数 $\mid t \mid$ 之间的关系

2π（相应的 $-35°$ 和 $35°$）之内均匀分布。使用 70° 的孔径来研究小区扇区化的影响。事实上因为 $\mid t \mid$ 较大，t_q 的相位与用户的实际位置强相关。在一个三扇区小区，3dB 孔径在 3GPP 模型中通常固定在 70°（见 4.4.4 节）

平均用户相关随着 K 下降，在空间相关信道中比在独立同分布瑞利衰落信道中下降的速率快。对中等的 K 发射相关，找到准正交用户的概率降低，而对大的 K，增加这个概率。与独立同分布衰落比较，因此对小的（相应大的）K，发射端的空间相关衰落会降低（对应增强）MU-MIMO 的性能。小区扇形化增加用户相关。

12.6　速率和的比例定律

渐近的结果有助于更好的理解 MU-MIMO 的性能。在本节，我们讨论 MIMO BS 速率和容量和 TDMA 速率和的比例定律与 SNR，天线数和用户数 K 之间的关系。为了便于解释，我们假设每个用户具有同样的接收天线数（n_r）。我们用下列标记

$$x \overset{z}{\sim} y \text{ 表示} \lim_{z \to \infty} x/y = 1 \tag{12.165}$$

$$x \overset{z}{\sim} y \text{ 表示} \lim_{z \to 0} x/y = 1 \tag{12.166}$$

式中，z 可以用来代表 SNR、发射天线数或用户数 K，即 x，y，z 分别代表速率和 R、$g_s \log 2$（η）和 E_s（或 η）。$R \overset{E_s}{\sim} g_s \log_2$（$\eta$）表示 $\lim E_s \to \infty \dfrac{R}{\log_2(\eta)} = g_s$，$g_s$ 是 MU-MIMO 传输的空间复用增益。注意到我们表示关于 E_s 的极限，而不是 SNR η_q 的极限。这种简化使得表达式更加易读，并且是根据所有用户有不同的噪声方差和路损（因此，不同的 η_q）的事实。假设固定噪声方差和路损，就等效为取 $\eta_q \forall q$ 的极限到无穷大和 0。这里的空间复用和在单链路传输中式（5.118）定义的空间复用增益具有相同的含义（虽然在单链路中的定义中使用了 ρ 而不是 E_s）。

12.6.1　高和低 SNR 区域

在高和低 SNR 区域 MIMO 速率和容量相对于 TDMA 速率和的增益可以通过在高和低 SNR 区域通过命题 12.18 和命题 12.19 的容量界来渐近的预测［JG05］。我们首先回顾在 5.4.2 节分析的高和低 SNR 区域的单链路 MIMO 性能。

高 SNR 区域

第 5 章强调了空间维度的数量决定了在高 SNR 区域的单用户容量，也就是，在无穷大 SNR 时，信道质量与链路质量的关系不太大。假设满秩矩阵，在高 SNR 区域单用户容量与 $n = \min\{n_t, n_r\}$ 成正比。类似的，根据式（12.96）和式（12.97），在高 SNR 区域 TDMA 可达到的速率和与 n 成正比例关系。另一方面，假设 H 是满秩矩阵，总是可以找到 H 中 $\bar{n} = \min\{n_t, Kn_r\}$ 个线性独立的行。因此，DPC 可达到的速率和的下界是 BF 可达到的速率和，例如，如 12.8.2 节和 12.8.3 节中通过迫零广播 MIMO 信道来构建 $\bar{n}$ 个独立并行数据信道。这就说明 DPC 和 BF 可达到的速率和在高 SNR 区域至少与 $\bar{n}$ 成正比。根据式（12.89），DPC 要比利用最大 $\bar{n}$ 个空间维度的协作 MIMO 性能要好。这就说明 DPC、BF 和协作 MIMO 的速率和在高 SNR 区域与 $\bar{n}$ 成正比。这些结论总结在下面的命题中。

命题 12.30　对任意 n_t、n_r 和 K，在高 SNR（$E_s \to \infty$，即 $\eta_q \to \infty \forall q$），DPC 相

对 TDMA 的速率和增益满足

$$\frac{C_{BC}(\boldsymbol{H})}{C_{TDMA}(\boldsymbol{H})} \overset{E_s}{\underset{\sim}{\nearrow}} \frac{\min\{n_t, Kn_r\}}{\min\{n_t, n_r\}} \tag{12.167}$$

DPC，BF 和协作 MIMO 有同样的增长速率

$$C_{BC}(\boldsymbol{H}) \overset{E_s}{\underset{\sim}{\nearrow}} C_{BF}(\boldsymbol{H}) \overset{E_s}{\underset{\sim}{\nearrow}} C_{CSIT}(\boldsymbol{H}) \tag{12.168}$$

证明：使用命题 12.18 和 12.19 中的容量界，我们可以得到 C_{BC}/C_{TDMA} 的上下界为

$$\frac{(12.87)}{(12.97)} \leqslant \frac{C_{BC}}{C_{TDMA}} \leqslant \frac{(12.89)}{(12.96)} \tag{12.169}$$

注意，可以使用容量界式（5.31）得到式（12.89）中 $C_{CSIT}(\boldsymbol{H})$ 的上界。考虑高 SNR 限制，并且在 E_s 限制较大时，对任何常数 $\sigma > 0$，$\log_2(1 + \sigma E_s) \approx \log_2(E_s)$，容量比的上界和下界通过 $\tilde{n}/n$ 和式（12.167）可以得到。使用命题 12.18，可以得到在 E_s 限制较大时，C_{BC}、C_{BF} 和 $C_{CSIT}(\boldsymbol{H})$ 与 $\tilde{n}\log_2(E_s)$ 成正比。

当 $n_t \geqslant n_r$ 时，式（12.167）中的 $\dfrac{\min\{n_t, Kn_r\}}{\min\{n_t, n_r\}} = \min\{n_t/n_r, K\}$。当 $n_t \leqslant n_r$ 时，容量比等于 1，DPC 相对于 TDMA 没有增益。这两种方案（尤其是 DPC）的容量受限于较小的发射天线数。

在高 SNR 时，根据下面的命题表明式（12.88）变得更紧。

命题 12.31　当 $n_t \leqslant Kn_r$ 时，在高 SNR 区域，MIMO BC（通过 DPC 可达到）的速率和容量可以表示为

$$C_{BC}(\boldsymbol{H}) \overset{E_s}{\underset{\sim}{\nearrow}} n_t \log_2\left(1 + \frac{1}{n_t} \max_{q=1,\cdots,K}\{\eta_q \lambda_{max,q}\}\right) \tag{12.170}$$

与之相反，在高 SNR 区域式（12.95）很松。在高 SNR 区域 TDMA 最大速率和的一个更紧的界总结如下。

命题 12.32　当 $n_t \geqslant n_r$ 时，在高 SNR 区域，TDMA 最大速率和满足

$$C_{TDMA}(\boldsymbol{H}) \overset{E_s}{\underset{\sim}{\nearrow}} n_r \log_2\left(1 + \max_{q=1,\cdots,K}\{\eta_q \lambda_{max,q}\}\right) \tag{12.171}$$

在衰落信道中，性能增益可以用 DPC 的平均速率和与使用 TDMA 的平均速率和的比率来估计。

命题 12.33　当 $n_t \geqslant n_r$ 和 $n_t \leqslant Kn_r$ 时，在高 SNR 区域（$E_s \to \infty$，即 $\eta_q \to \infty$ $\forall_q$）DPC 相对 TDMA 在衰落信道中能达到的增益是独立同瑞利分布，并且在天线间和用户间是独立分布的，表示为

$$\frac{\overline{C}_{BC}}{\overline{C}_{TDMA}} \overset{E_s}{\underset{\sim}{\nearrow}} \frac{n_t}{n_r} \tag{12.172}$$

证明：这个结论可以使用和证明命题 12.30 类似的方法很容易证明。

注意，本节中推导的速率和增益只是适用于高 SNR 区域，也就是当 η_q 对任意

q 趋近于无穷大。但是，如果所有用户经历着相似的 SNR，即 $\eta_q \approx \eta$ 时，随 SNR 的增大收敛性更快。

低 SNR 区域

在低 SNR 区域，空间维度的数量不再是影响容量的唯一一个主要因素，并且 DPC，BF 和 TDMA 性能接近。

命题 12.34 在低 SNR 区域，

$$C_{BC}(\boldsymbol{H}) \overset{E_s}{\underset{\sim}{\nearrow}} C_{BF}(\boldsymbol{H}) \overset{E_s}{\underset{\sim}{\nearrow}} C_{TDMA}(\boldsymbol{H}) \tag{12.173}$$

证明：根据式（12.88），在低 SNR 区域，我们可以表示

$$C_{BC}(\boldsymbol{H}) \leqslant n_t \log_2\left(1 + \frac{1}{n_t} \max_{q=1,\cdots,K}\{\eta_q \lambda_{max,q}\}\right) \tag{12.174}$$

$$\approx \max_{q=1,\cdots,K}\{\eta_q \lambda_{max,q}\}\log_2(e) \tag{12.175}$$

$$\approx C_{TDMA}(\boldsymbol{H}) \tag{12.176}$$

此外，由于 $C_{BC} \geqslant C_{BF} \geqslant C_{TDMA}$，我们可以得到上述结论。

当 $n_t = n_r$ 时，DPC 和 TDMA 在低和高 SNR 区域有同样的速率和。需要注意在中等 SNR 区域，MIMO BC 速率和容量和 TDMA 最大速率和的比率严格大于 1 [JG05]。这是因为对于 DPC，发射机可以从所有的 Kn_r 个可用的空间维度中选择 n_t 个维度，而不是像 TDMA 中比如要从 K 个 n_r 维度的集合（对应每个用户）中选择一个。在高和低 SNR 区域，这个因素并不重要，但是在中 SNR 区域，这会造成 DPC 的性能要比 TDMA 要好。

12.6.2 大规模天线阵列

另一个渐近方面是考察发射天线数量非常大时 [JG05，Mar10，RPL$^+$12]。我们回顾在 5.4.2 节中分析的单链路 MIMO 在大规模天线阵列时的容量。

命题 12.35 对任意固定 n_r、K 和有效 SNR $\eta q \; \forall q$，当发射天线数量较大时（$n_t \to \infty$），衰落信道中 DPC 和 BF 相对 TDMA 的增益在不同天线上是独立同瑞利分布，并且在不同用户之间也是独立分布的，可以表示为

$$\frac{\overline{C}_{BC/BF}}{\overline{C}_{TDMA}} \overset{n_t}{\underset{\sim}{\nearrow}} K \tag{12.177}$$

根据命题 12.20，对任意信道实现 $\boldsymbol{H}$，$\overline{C}_{BC}(\boldsymbol{H}) \leqslant \min\{n_t, K\}\overline{C}_{TDMA}(\boldsymbol{H})$。对两边取期望，对所有 n_t，比率 $\dfrac{\overline{C}_{BC}}{\overline{C}_{TDMA}}$ 的上界是 K。因此，当 n_t 非常大时，固定 K 和 n_r，DPC 相对 TDMA 的增益等于 K。根据大数定理，由于衰落信道中的假设是在天线间和用户间是独立同瑞利分布，随着 n_t 增大，$\boldsymbol{H}$ 中 $n_r K$ 行相互正交，也就是

$$\lim_{n_t \to \infty} \frac{1}{n_t}\boldsymbol{H}_l \boldsymbol{H}_p^H = \boldsymbol{I}_{n_r}\delta_{lp}, \; \forall l, p = 1, \cdots, K \tag{12.178}$$

通过传输到最优的用户，TDMA 只能利用 n_r 个正交维度，而 DPC 可以利用最多 $n_r K$ 个维度，也就是比 TDMA 多 K 倍信号维度。当 n_t 较大时，由于接收 SNR 随 n_t 增大而线性增加，并且有效 SNR 可以达到高 SNR 区域，这个因子 K 可以转换为随着速率增大的因子 K。

命题 12.30 和命题 12.34 表明在高和低 SNR 区域，线性波束赋型（BF）技术（基于 ZFBF）可以达到和 DPC 一样的容量增长速率。在发射天线数量较大的条件下，在式（12.178）中 MIMO 信道的解相关说明线性预编码的另一种形式只取决于匹配波束赋型也可以达到的容量，与 DPC 或 ZFBF 类似，如式（12.177）说明的，因子 K 增加的速率与 TDMA 相同。为了简化，假设单接收机天线（即 $\boldsymbol{H}_q$ 可以简化为 $\boldsymbol{h}_q$），使用 BC-MAC 二元性，在命题 12.28 中 MISO BC 的速率和容量简化成

$$C_{\mathrm{BC}}(\boldsymbol{H}, E_s) = \max_{\{s_{\mathrm{ul},q}\}} \log_2 \det\left[\boldsymbol{I}_{n_1} + \sum_{q=1}^{K} \boldsymbol{h}_q^{\mathrm{H}} s_{\mathrm{ul},q} \boldsymbol{h}_q \right] \tag{12.179}$$

$$= \max_{\{s_{\mathrm{ul},q}\}} \log_2 \det\left[\boldsymbol{I}_{n_1} + \boldsymbol{H}^{\mathrm{H}} \boldsymbol{S}_{\mathrm{d}} \boldsymbol{H} \right] \tag{12.180}$$

式中，$S_{\mathrm{d}} = \mathrm{diag}\{S_{\mathrm{ul},1}, \cdots, S_{\mathrm{ul},K}\}$，最大化是在 $S_{\mathrm{ul},a} \geqslant 0 \ \forall q$ 和 $\sum_{q=1}^{K} s_{\mathrm{ul},q} \leqslant E_s$ 的限制条件上。假设发射天线数量 n_t 较大时，式（12.178）可以得到 $1/n_t \boldsymbol{H}\boldsymbol{H}^{\mathrm{H}} \approx \Lambda_{\mathrm{d}}$，其中 $\Lambda_{\mathrm{d}} = \mathrm{diag}\{\Lambda_1^{-1}/\sigma_{\mathrm{n},1}^2, \cdots, \Lambda_K^{-1}/\sigma_{\mathrm{n},K}^2\}$。较大发射天线数量的 C_{BC} 近似为

$$\overline{C}_{\mathrm{BC}} \approx C_{\mathrm{BC}}(\boldsymbol{H}, E_s) \approx \max_{\{s_{\mathrm{ul},q}\}} \log_2 \det\left[\boldsymbol{I}_K + n_t \Lambda_{\mathrm{d}} S_{\mathrm{d}} \right] \tag{12.181}$$

$$= \max_{\{s_{\mathrm{ul},q}\}} \sum_{q=1}^{K} \log_2 \left(1 + n_t \Lambda_q^{-1}/\sigma_q^2 s_{\mathrm{ul},q} \right) \tag{12.182}$$

假设 $\Lambda_q^{-1}/\sigma_q^2$ 对所有用户是一样的，最优功率分配可以简化为均匀功率分配 $s_{\mathrm{ul},q} = E_s/K \ \forall q$。

有趣的是，通过使用匹配波束赋型传输 $\boldsymbol{w}_s = \overline{\boldsymbol{h}}_s^{\mathrm{H}} = \boldsymbol{h}_s^{\mathrm{H}}/\parallel \boldsymbol{h}_s \parallel \ \forall s = 1, \cdots, K$，并假设发射天线数量很大，用户 q 的 SINR e_q 简化为

$$\rho_q = \frac{A_q^{-1} \mid \boldsymbol{h}_q \boldsymbol{w}_q \mid^2 s_q}{\sum_{\substack{p \in K \\ p \neq q}} A_q^{-1} \mid \boldsymbol{h}_q \boldsymbol{w}_p \mid^2 s_p + \sigma_{\mathrm{n},q}^2} \underset{n_t}{\approx} \frac{\Lambda_q^{-1} n_t s_q}{\sigma_{\mathrm{n},q}^2} \tag{12.183}$$

因此，可达到的速率和可以改写为

$$\overline{C}_{\mathrm{BF}} \approx C_{\mathrm{BF}} \approx \sum_{q=1}^{K} \log_2 \left(1 + n_t \Lambda_q^{-1}/\sigma_{\mathrm{n},q}^2 s_q \right) \tag{12.184}$$

假设 $\Lambda_q^{-1}/\sigma_q^2$ 对所有用户是一样的，均匀功率分配 $s_q = E_s/K \ \forall q$ 最大化式（12.184）。可以观察到式（12.184）与式（12.182）中的速率和容量之间很相似。如果 s_q 等于最大化式（12.182）的 $s_{\mathrm{ul},q}$，匹配波束赋型能在发射天线数量较大时达到速率和容量。必须牢记这些速率近似只适用于发射天线数量较大的时候，即

$K/n_t \to 0$ [Mar10]。如果 K，$n_t \to \infty$，并且比率 $n_t/K = \alpha$，使用匹配波束赋型的 CBF 在 SNR 较大（即较大的 $\Lambda_q^{-1}/\sigma_{n,q}^2 s_q \, \forall q$）时随着 $\rho_a \to \alpha$ 会达到误差平层 [RPL$^+$12]。

注意到，根据大数定理，当 n_t 较大时，发射波束赋型增益近似为 n_t。随着 n_t 的增大，$\| h_q \|^2$ 的值是服从自由度为 $2n_t$ 的卡方分布随机变量，越来越集中在均值附近。有趣的是，式（12.183）中的 SINR 与速率和式（12.182）和式（12.184）只是 Λ_q 的函数，而与衰落无关（这个性质对于多用户分集非常有用）。因此，当 n_t 较大时，$\overline{C}_{TDMA} \approx \log_2 (1 + n_t \max_{q=1,\cdots,K} \{ \eta_q \})$ 和 $\overline{C}_{BF} \approx \sum_{q=1}^{K} \log_2 \left(1 + \dfrac{n_t n_q}{K} \right)$（假设均匀功率分配）。因此，当 n_t 较大时，正如式（12.177）所示，$\overline{C}_{BF}/\overline{C}_{TDMA} = K$。重要的是，发射波束赋型和多用户分集在某种意义上并不是互补的 [HMT04]。n_t 较大会提高阵列增益（或传输波束赋型增益）和复用增益，但是会限制多用户分集增益。

在多址接入信道（即上行），当接收天线数量较大时，也可以观察到类似的结论。假设较大接收天线的 SIMO MAC（单发射天线），可以使用推论 12.1，与式（12.182）类似可以得到

$$\overline{C}_{MAC} \approx C_{MAC} \approx \sum_{q=1}^{K} \log_2 (1 + n_r \eta_q) \tag{12.185}$$

在较大接收天线的条件下，可以通过简单的接收匹配滤波器来达到这个速率和。我们注意到较大接收天线数（n_r）会改善接收波束赋型增益和复用增益，但是同样会限制多用户分集增益。这就进一步确定了在 12.2.2 节中式（12.52）中观察到的当 n_r 较大时的结论。

在 [HMT04] 中，这种情况称为信道硬化，因为在发射和/或接收波束赋型时，速率的方差 σ_R^2（如在 12.5.1 节中讨论的）随着 n_t 和 n_r 趋近无穷大而减小。通常，由于信道硬化现象，任何利用空间分集的传输方案（例如，波束赋型，空时编码）都会降低多用户分集增益。

特性式（12.178）和匹配波束赋型组成了大规模 MIMO 的基本框架 [Mar10，RPL$^+$12]。在 12.8.1 节、12.8.10 节和 13.7.1 节还将继续介绍大规模 MIMO。

12.6.3　大规模的用户

当用户数量趋近无穷大，通过平均速率和的上下界，可以得到对 DPC，BF 和 TDMA 的独立同分布瑞利衰落信道（在用户和天线间）的速率和比例定律。本书中没有证明，在 [SH05，SH07，YG06] 中可以找到对此的证明。我们注意到假设在不同用户之间的信道满足同分布，这就意味着所有用户的路损和阴影是一样的。假设不同用户具有相同的噪声功率，$\eta_q = \eta \, \forall q$。

独立同分布瑞利衰落信道中的 TDMA

命题 12.36 假设 $\eta_q = \eta$，$\forall q$，对所有固定 n_t、n_r 和 η，在独立同分布瑞利衰落信道中的 TDMA 能达到的平均最大速率和（在不同天线和用户）满足

$$\overline{C}_{\text{TDMA}} \overset{K \nearrow}{\sim} n\log_2\left(1 + \frac{\eta}{n}\log(K)\right) \tag{12.186}$$

式中，$n = \min\{n_t, n_r\}$。

关系式式（12.186）表明可以达到复用增益为 n 和多用户分集增益为 $\log(K)$。它可以看成是 12.5.1 节得到的结论扩展到多天线 TDMA 传输中。因此，当用户数量很大时，TDMA 的速率和与 K 成双对数关系，即 $\overline{C}_{\text{TDMA}} \overset{K \nearrow}{\sim} n\log_2\log K$。与单天线系统类似，等效 SNR，是 K 个独立自由度为 $2n_t$ 的卡方分布随机变量的最大值，因此当 K 较大时，等效 SNR 增长速率渐近等于 $\log(K)$。因此，多用户分集增益随着 SNR 的增长因子为 $\log(K)$。

在独立同分布瑞利衰落信道中的 DPC 和波束赋型

命题 12.37 假设 $\eta_q = \eta$，$\forall q$ 对固定 n_t 和 η，任意 n_r，在独立同分布瑞利衰落信道中的 DPC 和 BF 能达到的速率和期望（在不同天线和用户）满足

$$\overline{C}_{\text{BC}} \overset{K \nearrow}{\sim} \overline{C}_{\text{BF}} \overset{K \nearrow}{\sim} n_t\log_2\left(1 + \frac{\eta}{n_t}\log(n_r K)\right) \tag{12.187}$$

量 $n_r K$ 意味着 K 个具有 n_r 根接收天线的用户可以等效为 $n_r K$ 个独立用户的集合。网络中的接收天线数量等于 $n_r K$。与 TDMA 不同，当用户数 K 较大时，BC 速率和容量 $\overline{C}_{\text{BC}} \overset{K \nearrow}{\sim} n_t\log_2\log K$（当 K 无穷大时，常数项只与接收天线数有关，为了简化可以省略）。因此，DPC 可以完全利用空间复用增益和多用户分集增益。在之前章节中证明了线性预编码在高 SNR 区域和发射天线数较大时与 DPC 具有相似的比例关系（因为依赖于 ZFBF 和匹配波束赋型），式（12.187）说明了当用户数足够大时，线性预编码和 DPC 也有同样的比例关系。这种线性预编码例如 ZFBF 和随机波束赋型。这种场景来源于随着 K 变大，有很大的概率能找到一个正交用户信道集合来传输（例如 12.5.3 节举例说明的），其中每个信道的信道增益增长比例近似为 $\log(K)$。随机波束赋型，也称为机会波束赋型，将在 12.9.1 节详细介绍。

独立同分布瑞利衰落信道中的波束赋型和 DPC 与 TDMA

命题 12.38 假设 $\eta_q = \eta$，$\forall q$，固定 n_t、n_r 和 η，独立同分布瑞利衰落信道（在不同天线和用户间）中的 DPC 或 BF 相对于 TDMA 的平均速率和比例满足

$$\frac{\overline{C}_{\text{BC/BF}}}{\overline{C}_{\text{TDMA}}} \overset{K \nearrow}{\sim} \frac{n_t}{\min\{n_t, n_r\}} \tag{12.188}$$

如命题 12.38 所示，当 $n_t > n_r$ 时，DPC 和（随机）波束赋型的速率和要比 TDMA 要大。

非相同分布瑞利衰落信道

需要提醒，之前章节中介绍的比例定律都假设同分布瑞利衰落信道，$\eta_q = \eta$，$\forall q$，这个假设只有在用户都经历同样的路损 $\Lambda_q = \Lambda$，$\forall q$ 时才能成立。如果用户随机处于小区不同位置，经历着不同的路损水平（这也是实际的部署），比例定律会有所不同。用户分布对比例定律的影响将在 13.5.1 节进一步讨论。

12.7　上行多用户 MIMO

在 12.2.1 节，我们强调了从 K 个用户传输独立数据流和接收机使用 MMSE-SIC 的最优性（从容量的角度）。但是，在第 6 和 7 章介绍的所有线性（ZF，MMSE）和非线性（ML，球形译码，BFS 等）接收机也可以用在 MIMO MAC。此外，当发射端具有多天线时，可以利用在第 6、9 和 10 章介绍的所有具有理想 CSIT，部分 CSIT 和无 CSIT 的空时编码技术。例如，在具有 CSIT 时，受益于在每个用户层面的空间分集，多个用户可以使用空时分组码来同时传输，接收机使用多根接收天线来分离这些传输，因此在小区层面也能获得空间分集增益。在发射端具有部分 CSIT 时，发射机可能基于接收机（即基站）的量化反馈信息来改变传输预编码（对主特征模式传输，正交空时分组码或空间复用）。在这种情况下，接收机估计从所有发射机（即移动终端）的信道，并判断出每个发射机使用的量化预编码。接收机向每个发射机发送一个序号来代表码本中对应的预编码。这就是在 LTE-A 中一个典型的上行 MU-MIMO 场景（见第 14 章）。

实际中一个有趣的问题是如何在满足所有用户的 SINR 都比目标 SINR 要大的限制下最小化发射功率。假设基于 MMSE 的接收波束赋型（回顾 MMSE 最大化 SINR [MH94]），这个问题可以迭代解决 [UY98]。类似的问题同样出现在下行，我们可以参考 12.8.7 节中的详细讨论。

12.8　具有传输信道信息的下行多用户 MIMO 预编码

第 5~7 章强调了处理空间复用中的多流传输的一些基础发射机/接收机架构。我们回顾需要在发射端和接收端都具有 CSI 信息的多特征模式传输，把空间信道均衡在发射机和接收机分离。因此，信道解耦合成多个并行的数据管道。但是，这种方法不能用在 MU-MIMO 中，因为不同用户的接收机不能协作，因此在接收机端不能通过左奇异值向量矩阵（式（1.72）中的 U_H^H）来补偿。当只在接收端具有 CSI 时（也就是 H），在之前的章节中已经和其他技术一起介绍过基于 ZF，MMSE，SIC（V-BLAST，DFE）和球形译码的空间信道均衡。有趣的是，在 MU-MIMO 中，发射机具有 CSI（即发射机和所有接收机之间的信道，用 H 表示），发射机可考虑到接收机架构得到预编码技术。接下来，匹配波束赋型（MBF）、迫零波束赋型

（ZFBF）、正则化迫零波束赋型（R-ZFBF）、Tomlinson-Harashima 预编码（THP）和向量扰动（VP）某种程度上分别与在发射端基于 MRC、ZF、MMSE、SIC 和球形译码检测类似。本节中讨论的所有方案都是基于不同的目标进行设计，例如迫零干扰、最大化 SINR、最大化速率和等。

根据 12.3 节和 12.6 节对 MIMO BC 速率和的分析，我们已经找到了一些可能的次优线性预编码 MU-MIMO 方案，这些预编码 MU-MIMO 方案的速率和与 DPC 速率和在一些渐近场景中具有同样的比例。回顾之前的结论，ZFBF、MBF 和随机波束赋型（RBF）在高 SNR 区域、大规模发射天线阵列和/或大用户数区域可以达到和 DPC 一样的速率和比例关系。

可达到速率

考虑系统模型式（12.15）和高斯码，进一步假设每个用户使用最小距离译码，并把干扰当做噪声处理，用户 q 使用线性预编码能达到的最大速率是

$$R_q = \sum_{l=1}^{n_{u,q}} \log_2(1 + \rho_{q,l}) \tag{12.189}$$

式中，量 $n_{u,q}$ 是传输到用户 q 的数据流数量；$\rho_{q,l}$ 表示用户 q 在解调时刻数据流 l 经历的 SINR，可以表示为

$$\rho_{q,l} = \frac{\Lambda_q^{-1} \mid g_{q,l} H_q p_{q,l} \mid^2}{I_l + I_C + \parallel g_{q,l} \parallel^2 \sigma_{n,q}^2} = \frac{\Lambda_q^{-1} \mid g_{q,l} H_q w_{q,l} \mid^2 s_{q,l}}{I_l + I_c + \parallel g_{q,l} \parallel^2 \sigma_{n,q}^2} \tag{12.190}$$

式中，$p_{q,l} = w_{q,l} s_{q,l}$ 是用户 q 数据流 l 的预编码，I_l 表示流间干扰，I_c 表示小区内干扰（也就是来自同调度用户的干扰）

$$I_l = \sum_{m \neq l} \Lambda_q^{-1} \mid g_{q,l} H_q p_{q,m} \mid^2 = \sum_{m \neq l} \Lambda_q^{-1} \mid g_{q,l} H_q w_{q,m} \mid^2 s_{q,m} \tag{12.191}$$

$$I_C = \sum_{\substack{p \in K \\ p \neq q}} \sum_{m=1}^{n_{u,p}} \Lambda_q^{-1} \mid g_{q,l} H_q P_{p,m} \mid^2 = \sum_{\substack{p \in K \\ p \neq q}} \sum_{m=1}^{n_{u,p}} \Lambda_q^{-1} \mid g_{q,l} H_q W_{p,m} \mid^2 s_{p,m}$$

$$\tag{12.192}$$

回顾接收滤波器 $g_{q,l}$ 可以表示为 $[1 \times n_{r,q}]$ 的行向量。在单天线接收机时，用户 q 的 SINR 式（12.190）可以简化为

$$\rho_q = \frac{\Lambda_q^{-1} \mid h_q w_q \mid^2 s_q}{\sum_{\substack{p \neq q}}^{p \in K} \Lambda_q^{-1} \mid h_q w_p \mid^2 s_p + \sigma_{n,q}^2} \tag{12.193}$$

分集和错误率

与式（6.4）类似，我们可以定义 MU-MIMO 预编码方案的分集增益 g_d。与式（12.6）$g_d^\star$ 基于中断概率斜率的定义不同，MU-MIMO 预编码方案的分集增益是基于错误概率 P_e 定义。与 12.3.3 节类似，为了简化我们假设所有用户经历同样的平均 SNR，也就是 $\eta_q = \eta \, \forall \, q$。

定义 12.7 在无穷大 SNR 时，如果满足下列条件，就称 MU-MIMO 预编码方

案在固定速率 R_1，$\cdots R_K$ 达到了分集增益 g_d $(R_1, \cdots, R_K, \infty)$。

$$\lim_{\eta \to \infty} \frac{\log_2(P_e)}{\log_2(\eta)} = -g_d(R_1, \cdots, R_K, \infty) \tag{12.194}$$

固定用户速率的 MU-MIMO 预编码方案可达到的分集增益的上界是 g_d $(R_1, \cdots, R_K, \infty)$ [TMK07]。

命题 12.39 对任意具有 n_t 根发射天线、$K \leqslant n_t$ 个同调度单天线接收机和给定速率 R_1，$\cdots R_K$ 的 MU-MIMO 方案，

$$g_d(R_1, \cdots, R_K, \infty) \leqslant n_t \tag{12.195}$$

式中，P_e 的上界是中断概率 P_{out}，因此与式 (6.35) 类似可以得到这个命题。

12.8.1 匹配波束赋形

匹配波束赋形（MBF）作为一种 MU-MIMO 预编码，是直接把在 1.5.2 节讨论的单链路匹配波束赋型进行扩展得到的。MBF 目标是最大化每个用户的接收功率，而忽略干扰。它是 MU-MIMO 与编码器最简单的一种方案。在独立同分布瑞利衰落信道中，匹配波束赋型受益于 12.6.2 节讨论的大数定理。随着发射天线数 n_t 的增大，假设理想 CSIT，用户 q 的匹配波束赋型与同调度用户（$s \neq q$）信道正交。因此，自然消除了多用户干扰（证明见式 (12.178) 和式 (12.184)）。

这就使得设计具有成百根低成本天线的低复杂度发射机的频谱有效结构成为可能。这种系统通常称为大规模 MIMO [Mar10]。有趣的是，能量效率也是大规模 MIMO 的一个主要优点 [NLM12]。为了简化，假设单接收天线，通过预编码 $w_s = \overline{h}_s^H$ 和传输功率 $s_s = E_s/n_t \; \forall \, s = 1, \cdots, K$ 传输，并假设发射天线数 n_t 很大，用户 q 的 SINR ρ_q 可以简化为

$$\rho_q = \frac{\Lambda_q^{-1} |h_q w_q|^2 E_s/n_t}{\sum_{\substack{p \in K \\ p \neq q}} \Lambda_q^{-1} |h_q w_p|^2 E_s/n_t + \sigma_{n,q}^2} \xrightarrow{n_t \nearrow} \frac{\Lambda_q^{-1} \|h_q\|^2 E_s/n_t}{\sigma_{n,q}^2} \approx \frac{\Lambda_q^{-1} E_s}{\sigma_{n,q}^2} = \eta_q$$

$$\tag{12.196}$$

速率和等于

$$C_{BF}(\boldsymbol{H}) \approx \overline{C}_{BF} \approx \sum_{q=1}^{K} \log_2(1 + \eta_q) \tag{12.197}$$

总的发射功率为 KE_s/n_t。这就表示对匹配波束赋型，每个用户功率为 E_s/n_t 的大规模 MISO 系统（发射功率与 $1/n_t$ 成比例），如果调度在 SISO AWGN 信道使用传输功率 E_s 并且没有小区干扰和任何衰落时，K 个用户的每个都能得到同样的速率。假设 $\eta_q = \eta \; \forall \, q$，总的可达到的速率和是 SISO AWGN 速率的 K 倍。

由于发射功率与 $1/n_t$ 成比例，而复用增益与 K 成正比，大规模 MIMO 相对于单天线系统在频谱效率和能量效率方面提供了巨大的改善。在 TDD 中，CSI 是基于上行和下行信道的互易性获得的。

12.8.2 迫零波束赋形

迫零波束赋形（ZFBF）是最普遍使用的 MU-MIMO 预编码之一［YG06，DS05，PHS05］。考虑每个用户只有单接收天线，$n_{r,q} = 1 \, \forall \, q$，$H_q$ 可以简化为 h_q $[1 \times n_t]$。回顾用户 q 的信道方向信息（CDI）的定义，$\bar{h}_q = h_q / \parallel h_q \parallel$。

预编码设计

假设预定义的调度用户集 $K \subset \mathcal{K}$。使用单接收天线（因此每个用户只能传输单路数据），迫零传输预编码使得式（12.192）中的小区间干扰 I_c 为 0。为了达到这个目的，用户 q 的预编码 w_q，选择满足 $h_q w_q = 0 \, \forall \, p \in K \backslash q$。这个限制只有在 $n_e \leqslant n_t$ 时才有可能。

虽然记号有一点混淆，我们使用同样的记号来表示对应用户 $\in K$ 的组合矩阵 H 的子矩阵和式（12.10）中定义的完备组合矩阵 H。因此，关注调度用户集合 K，我们通过把同调度用户的信道向量叠加在一起得到满秩矩阵 H $[n_e \times n_t]$

$$H = [\Lambda_i^{-1/2} h_i^T, \cdots, \Lambda_j^{-1/2} h_j^T]_{i,j \in K}^T = D \bar{H} \tag{12.198}$$

其中

$$D = \text{diag}\{\Lambda_i^{-1/2} \parallel h_i \parallel, \cdots, \Lambda_j^{-1/2} \parallel h_i \parallel\}_{i,j \in K} \tag{12.199}$$

$$\bar{H} = [\bar{h}_i^T, \cdots, \bar{h}_j^T]_{i,j \in K}^T \tag{12.200}$$

ZFBF 目标是设计 $w = [w_i, \cdots, w_j]_{i,j \in K}$ 以保证 HW 是对角阵。假设 $n_e \leqslant n_t$，$\bar{H}$ 是满秩矩阵，可以通过 H 的右伪逆的归一化列向量来得到预编码

$$F = H^H (HH^H)^{-1} \tag{12.201}$$

$$= \underbrace{\bar{H}^H (\bar{H} \, \bar{H}^H)^{-1}}_{\bar{F}} D^{-1} \tag{12.202}$$

用户 $q \in K$ 的传输预编码 w_q 可以表示为

$$w_q = F(:,q) / \parallel F(:,q) \parallel = \bar{F}(:,q) / \parallel \bar{F}(:,q) \parallel \tag{12.203}$$

式中，$\parallel F(:,q) \parallel^2 = (HH^H)^{-1}(q,q)$。图 12.9 用一个两用户情况来说明了 ZF-BF 预编码。可以看到，w_1 和 w_2 分别与 $\bar{h}_2$ 和 $\bar{h}_1$ 正交。

然后，假设 $c = [c_i, \cdots, c_i]_{i,j \in K}^T$，用户 $q \in K$ 的接收信号式（12.16）为

$$y_q = \Lambda_q^{-1/2} h_q w_q s_q^{1/2} c_q + n_q = d_q c_q + n_q \tag{12.204}$$

式中，$d_q = \Lambda_q^{-1/2} h_q w_q s_q^{1/2} \Lambda_q^{-1/2} \dfrac{\parallel h_q \parallel}{\parallel \bar{F}(:,q) \parallel} s_q^{1/2}$。因此，具有 ZFBF 的 MU-MIMO 信道可以分离成 n_e 个并行（互不干扰）信道。用户 q 可达到的速率为

$$R_q = \log_2(1 + d_q^2 / \sigma_{n,q}^2) \tag{12.205}$$

等效信道增益 d_q^2 与 $\parallel \bar{F}(:,q) \parallel^2$ 成反比。如果信道矩阵条件很差，增益 d_q^2 可能会较小，但是如果用户的 CDI 是正交或准正交，那么增益会较大（见图 12.9b）。

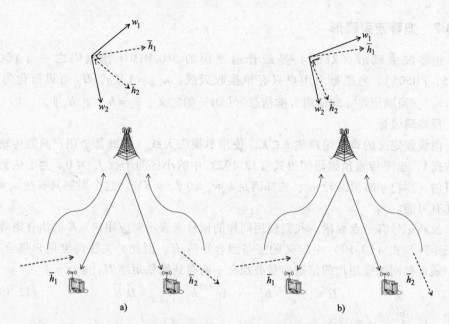

图 12.9　两用户情况中的 ZFBF 预编码示意图
a）非正交用户集合　b）准正交用户集合

由于 $\|\overline{F}(:,q)\|^2$ 在 d_q^2 的分母上，ZFBF 的功率效率会有损失，这是由于接收端线性 ZF 均衡造成噪声增强而引起的损失。与在式（6.93）中增强噪声不同，ZFBF 的平均传输功率也增大了。通常 ZFBF 也不是功率有效的，因为波束赋型不能与用户信道匹配。至少在 K 较小时是这样的。当 K 较大时，如 12.5.3 节介绍的，ZFBF 的性能可以通过使用用户分组方法来改进条件矩阵 H 来改善。发射机几乎肯定可以选择出一组正交的用户，信道求逆就变成旋转操作，因此信道增益几乎没有损失。

通过在用户数据流上均匀分配功率 $s_q = E_s/n_e$，选择 $n_e = \overline{n}$，$d_q^2/\sigma_{n,q}^2 = \alpha_q^2 \eta_q / n_e$，其中 $\alpha_a^2 = |h_a w_a|^2 = \|h_a\|^2 / \|\overline{F}(:,q)\|^2$，因此，我们可以得到式（12.87）中的速率。总的来说，ZFBF，即使使用均匀功率分配，在高 SNR，低 SNR 和/或较大的 K 时都能达到和 DPC 一样的速率和比例律（见命题 12.30、命题 12.34 和命题 12.37）。注意，渐近比例律是一样的，但是 ZFBF 和 DPC 的速率和绝对值是不一样的（由于两种方案速率和之间固定的 SNR 差距）。

不使用均匀分配功率，我们进行最优分配功率来最大化 ZFBF 的加权速率和。

$$R(K) = \sum_{q \in K} w_q \log_2 \left(1 + \frac{d_q^2}{\sigma_{n,q}^2} \right) \tag{12.206}$$

受限于 $\sum_{q \in K} s_q \leqslant E_s$ 和 $s_q \geqslant 0 \, \forall q \in K$。当 $w_q = 1$ 时，这个问题很容易可以使用如 5.3.1 节中的拉格朗日最优化来解决，最优功率分配遵循注水原则。注意，虽然

有一些用户可能属于调度用户集合 K，但是它们分配的最优功率可能等于 0。这就说明如果这些用户从一开始就不属于调度用户集合的话，加权速率和可能会更高。在 12.8.10 节的性能评估中把结合注水算法的 ZFBF 表示为 ZFWF。注意注水功率分配会改善 ZFBF 的性能（通常是改善在中等 SNR 和实际的用户数量 K 时的性能），但是不会改变命题 12.30，命题 12.34 和命题 12.37 中给出的渐近比例定律。

迄今为止，讨论的 ZFBF 的功率分配都是假设总功率受限。也可以考虑每根天线受限来计算 ZFBF 的功率分配（表示为 ZFPAPC）[Boc06，BH06]。这对于协作多小区 MIMO 常见尤其有用，因为在协作多小区 MIMO 中，多个基站的预编码需要考虑每个基站功率限制的 ZFBF（将在第 13 章讨论）。尽管每根天线有功率限制，在 [Boc06] 中证明了当所有用户具有同样的 SNR 时，独立同分布瑞利衰落信道中 ZFPAPC 的速率和满足 $n_t \log_2 \log_K$ 的比例关系。与命题 12.37 相比，我们可以得到结论，当用户数量较大时，总功率限制和每根天线的功率限制能达到同样的比例定律。但是，ZFWF 和 ZFPAPC 能达到的功率和绝对值不一样。ZFWF 比 ZFPAPC 的性能要好一个固定的 SNR 差距。我们在 12.8.10 节将看到，当具有多用户分集时，ZFWF 和 DPC 的差距非常小。类似的，ZFPAPC 和 ZFWF 之间的差距随着 K 增大而减少，因此多用户分集有助于改善 ZFPAPC 的性能 [Boc06]。

我们注意到，在 12.6.2 节和 12.8.1 节讨论的大规模 MIMO 对 ZFBF 也是有益的。随着 n_t 的增大，（12.201）中的 HH^H 和 $\overline{H}\,\overline{H}^H$ 的条件数更大，因此简化了矩阵求逆的计算复杂度（见 12.8.10 节）。当限制用户信道正交时，HH^H 和 $\overline{H}\,\overline{H}^H$ 是对角阵，ZFBF 退化成 MBF。

12.8.3 块对角化

扩展迫零波束赋型（ZFBF）到多接收天线，每个调度用户可以传输多个数据流并且没有用户间干扰，这种方案称为块对角化（BD），在 [CM04，STS07，PWN04] 中深入的研究了 BD 方案。当 BS 端有多根天线时，BD 使得在接收机的输入和输出中干扰为 0。为了简化，我们假设用户有同样数量的接收天线 $n_{r,q} = n_r \forall q$。

在接收机的输入

在接收机的输入进行迫零，根据式（12.15），对目标用户 $q \in K$ 的发射滤波器限制为

$$\Lambda_p^{-1/2} H_p W_q = 0, \forall p \neq q, p \in K \tag{12.207}$$

因此消除了多用户干扰。

用户序号集合表示为

$$\widetilde{K}_q = K \setminus q \tag{12.208}$$

其大小是 $\widetilde{K}_q = \#\widetilde{K}_q$，我们定义干扰空间 $\widetilde{H}_q \in \mathbb{C}^{n_r \widetilde{K}_q \times n_t}$ 为

$$\widetilde{H}_q = \left[\cdots \Lambda_p^{-1/2} H_p^{\mathrm{T}} \cdots \right]_{p \in \widetilde{K}_q}^{\mathrm{T}} \tag{12.209}$$

与 ZF 限制类似，块对角化滤波器设计需要使得 W_q 对齐 $\widetilde{H}_q$ 的零空间。这就需要 $\widetilde{H}_q$ 的零空间严格大于 0，也就是当 $n_r \widetilde{K}_q < n_t$ 时需要严格保证 $r(\widetilde{H}_q) < n_t$。因此，可以消除的干扰链路数量主要取决于发射天线数 n_t。

确定发射滤波器有以下两种等效方法。

方法 1：$\widetilde{H}_q$ 零空间的正交基是通过对矩阵做 SVD 分解获得

$$\widetilde{H}_q = \widetilde{U}_q \widetilde{\Lambda}_q \left[\widetilde{V}_q \quad \widetilde{V}_q' \right]^{\mathrm{H}} \tag{12.210}$$

式中 $\widetilde{V}_q'$ 表示对应 $\widetilde{H}_q$ 的零奇异值的特征向量。为了在零干扰限制条件式 (12.207) 下传输 $n_{u,q}$ 个数据流给用户 q，应该满足条件 $r(\widetilde{H}_q \widetilde{V}_q') \geqslant n_{u,q}$。假设 $\widetilde{K}_q$ 中所有用户都满足零干扰限制，并且 $r(\widetilde{H}_q \widetilde{V}_q') = n_{u,q}$，为了简化，预编码 W_q 可以表示为 $\widetilde{V}_q'$ 的列向量的线性组合，即

$$W_q = \widetilde{V}_q' A_q \tag{12.211}$$

式中，A_q 是 $n_{u,q} \times n_{u,q}$ 维的酉矩阵。这样就消除了多用户干扰，每个用户经历着等效单用户 MIMO 信道 $\widetilde{H}_{eq,q} = H_q \widetilde{V}_q'$，因此，最优的传输方案是沿着 $\widetilde{H}_{eq,q}$ 的 $n_{u,q}$ 个主要特征向量传输（见第 5 章）

$$\widetilde{H}_{eq,q} = \widetilde{U}_{eq,q} \begin{bmatrix} \widetilde{\Lambda}_{eq,q} & 0 \\ 0 & 0 \end{bmatrix} \left[\widetilde{V}_{eq,q} \quad \widetilde{V}_{eq,q}' \right]^{\mathrm{H}} \tag{12.212}$$

式中，$\widetilde{V}_{eq,q}$ 代表 $n_{u,q}$ 个主要特征向量。

用户 q 的最终预编码可以表示为

$$W_q = \widetilde{V}_q' \widetilde{V}_{eq,q} \tag{12.213}$$

对总功率限制，功率是使用注水算法（在 5.3.1 节介绍）在 $\mathrm{diag} \{\widetilde{\Lambda}_{eq,q}\}_{\forall q \in \mathbf{K}}$ 上进行分配，并且考虑总传输功率限制和所有的同调度用户。

方法 2：滤波器的一种等效设计是向 $\widetilde{H}_q$ 的零空间构建正交投影为 $P_\perp = I_{n_t} - \widetilde{H}_q^+ \widetilde{H}_q$，其中 $\widetilde{H}_q^+$ 是 Moore-Penorse 伪逆 $\widetilde{H}_q^+ = \widetilde{H}_q^{\mathrm{H}} (\widetilde{H}_q \widetilde{H}_q^{\mathrm{H}})^{-1}$。用户 q 和数据流 n 的预编码 $w_{q,n}$，$n = 1, \cdots, n_{u,q}$，可以表示为在 $\widetilde{H}_q$ 的零空间投影，$w_{q,n} = f_{q,n} / \| f_{q,n} \|$，其中 $f_{q,n} = P_\perp v_{q,n}$，$v_{q,n}$ 的选择是基于最大化在投影的等效信道 $\widetilde{H}_q P_\perp$ 上的信号强度。$v_{q,n}$ 自然选择为 $\widetilde{H}_q P_\perp$ 的第 n 个主要特征向量。

至此，调度的用户已经预定义了。与 ZFBF 类似，在 BD 中可以使用基于穷举搜索，贪婪选择或准正交用户选择的用户调度算法。在 [SCA⁺06] 中可以找到详细的 BD 方案的用户选择算法。

在接收机的输出

在接收机的合并器，无干扰限制条件可以归纳为

$$\Lambda_p^{-1/2} G_p H_p W_p = 0, \forall p \neq q, p \in \mathbf{K} \tag{12.214}$$

通过定义干扰空间为

$$\widetilde{\boldsymbol{H}}_q = \left[\cdots \Lambda_p^{-1/2}\left(\boldsymbol{G}_p\,\boldsymbol{H}_p\right)^{\mathrm{T}}\cdots\right]_{p\in\widetilde{K}_q}^{\mathrm{T}} \in \mathbb{C}^{\sum_{p\in\widetilde{K}_q} n_{\mathrm{u},p}\times n_{\mathrm{t}}} \qquad (12.215)$$

式中，$\widetilde{K}_q$ 由式（12.208）给出，滤波器设计可以遵循和式（12.210）~ 式（12.213）中同样的过程。由于接收机处具有合并器，零干扰限制没有在接收机输入的迫零相比那么严格。实际上，$\widetilde{\boldsymbol{H}}_q$ 的非空零空间需要满足 $r\left(\widetilde{\boldsymbol{H}}_q\right) < n_{\mathrm{t}}$，当 $\sum_{p\in\widetilde{K}_q} n_{\mathrm{u},p} < n_{\mathrm{t}}$ 时通常能达到。基于方法 1 或 2 可以确定发射滤波器。

结合贪婪接收天线选择，在［Boc06］中证明了当用户数量较大时，BD 可以达到和 DPC 一样的比例定律（命题 12.37），也就是在独立同分布瑞利衰落信道，所有用户具有同样的 SNR 时，速率和满足 $n_{\mathrm{t}}\log_2\log\left(n_{\mathrm{r}}K\right)$ 比例关系。每个终端 n_{r} 根接收天线可以看成是 n_{r} 个虚拟用户。因此网络中一共有 $n_{\mathrm{r}}K$ 个虚拟用户，通过贪婪选择来选择出虚拟用户的子集。BD 的空间分集增益可能会受到 BD 的零干扰需求的影响。与单链路 MIMO 类似，联合发射天线选择的 BD 被证明可以进一步提高空间分集增益［CHA07］。BD 还可以设计用于每根天线的功率限制，这种方案称为多用户特征模式传输（MET）［Boc06］。与单接收天线情况类似，每根天线功率限制和总功率限制在用户数量较大时可以得到同样的比例定律（$n_{\mathrm{t}}\log_2\log\left(n_{\mathrm{r}}K\right)$）。

CSI 反馈和迭代滤波器设计

CSI 包括信道矩阵或在 CSI 反馈时刻假想的接收合并器的后合并信道矩阵。

对于前面的情况，信道矩阵信息可用在接收机的输入或输出的迫零。通过在接收机输出的迫零，发射和接收滤波器可以迭代计算，假设当计算其中一个时，另一个保持固定。接收滤波器可以基于匹配滤波器，ZF 或 MMSE 等计算。以匹配滤波器为例，$\boldsymbol{G}_q = \boldsymbol{W}_q^{\mathrm{H}}\boldsymbol{H}_q^{\mathrm{H}}\;\forall q$，在零空间 $\boldsymbol{G}_s\boldsymbol{H}_s = \boldsymbol{W}_s^{\mathrm{H}}\boldsymbol{H}_s^{\mathrm{H}}\boldsymbol{H}_s\;\forall s\neq q$ 使用方法 1 或 2 迭代选择用户 q 的传输波束赋型 $\boldsymbol{W}_q$。每次迭代时，计算 $\boldsymbol{W}_q$。当两次连续计算 $\boldsymbol{W}_q$ 得到的结果变化特别小的时候就停止迭代。在第一次迭代中，$\boldsymbol{W}_q$ 可以初始化成随机矩阵。需要注意对于匹配滤波器，发射机只需要知道信道协方差矩阵 $\boldsymbol{H}_q^{\mathrm{H}}\boldsymbol{H}_q\;\forall q$ 而不需要已知信道矩阵，这就有助于减少反馈开销。这种迭代匹配滤波器的 BD 方案有时也称为协同波束赋型［FBSS03，CMJH08］，但是不要和在第 13 章多小区协同中讨论的协同波束赋型混淆。对两根发射天线的情况，存在闭合解因此不需要进行迭代计算［CMJH08］。

在后一种情况中，终端反馈有效信道 $\boldsymbol{G}_q\boldsymbol{H}_q$，其中 $\boldsymbol{G}_q$ 是假设的接收滤波器。这种 CSI 反馈方法通常称为隐形反馈。通常在实际系统例如 LTE 和 WiMAX 中使用隐形反馈（见 14.7.1 节）。在解调时刻实际使用的接收滤波器是与在 CSI 反馈时刻使用的滤波器不同。发射滤波器是基于假设接收滤波器进行计算的。在这种情况下，计算发射滤波器不需要进行迭代。

12.8.4　正则化迫零波束赋形

通过让干扰为零，因为用户的 CDI 相互靠的很近，信道矩阵 $\overline{\boldsymbol{H}}$ 的逆矩阵的奇异

值较大，ZFBF 的一个主要问题是在式（12.203）中的归一化常量 $\| \overline{F}(:,q) \|$ 通常会非常大。这会导致在低 SNR 时较差的性能。

为了解决这个问题，通常使用对信道求逆的正则化形式，称为正则化迫零波束赋型（R-ZFBF）。正则化和 MMSE 接收机式（6.108）相似，其目标是找到满足 $P = \mathrm{argmin} \| c - y \|^2$ 的 P。正则化参数 α 设计用来最大化每个接收机的 SINR。通过正则化，传统的 ZFBF 预编码式（12.201）改写成

$$F = H^{\mathrm{H}} (HH^{\mathrm{H}} + \alpha I_{n_e})^{-1} \qquad (12.216)$$

由于正则化参数 α，用户 q 接收到的信号不再是如式（12.204）中 c_q 的标量形式，而是也包含一些残留的多用户干扰。发射预编码表示为 $P = 1/\sqrt{\beta} F$，其中 β 是用来保证满足总功率限制 $\mathrm{Tr}[PP^{\mathrm{H}}] = E$，分解 $H = U_{\mathrm{H}} \Sigma_{\mathrm{H}} V_{\mathrm{H}}^{\mathrm{H}}$ 和定义 $\Lambda_{\mathrm{H}} = \Sigma_{\mathrm{H}}^2$，发射预编码可以表示为

$$P = \frac{1}{\sqrt{\beta}} V_{\mathrm{H}} \Sigma_{\mathrm{H}} (\Lambda_{\mathrm{H}} + \alpha I_{n_e})^{-1} U_{\mathrm{H}}^{\mathrm{H}} \qquad (12.217)$$

式中，$\beta = \dfrac{1}{E_{\mathrm{s}}} \mathrm{Tr} \{ \Lambda_{\mathrm{H}} (\Lambda_{\mathrm{H}} + \alpha I_{n_e})^{-2} \}$。

多用户（或小区内）干扰程度是由参数 α 决定。当 $\alpha = 0$ 时，R-ZFBF 退化成 ZFBF，没有多用户干扰存在。当 $\alpha > 0$ 时，不管 H 的条件数多小，α 都可以足够大来确保式（12.216）中的矩阵求逆和设想的一样。干扰程度随 α 增大而增强，因此一种可能的选择 α 的方法是最大化 SINR [PHS05，HCK09]。假设 n_e 足够大，所有调度用户具有同样的 SNR，即 $\eta_q = \eta \, \forall \, q \in K$，当 $\alpha^{\star} = n_e/\eta$ 时，SINR 最大化。注意，随着 SNR 的增大，$\alpha^{\star}$ 趋近于 0，也就是趋近于 ZFBF 方案。

12.8.5 联合泄露抑制

联合泄露抑制（JLS）的目的是解决 ZFBF 和 BD 方案的两个主要缺点，也就是能够迫零的链路数量严重依赖于 n_{t}（n_{t} 越大，能迫零的链路数量越多），此外，ZFBF 和 BD 只考虑了干扰而没有考虑噪声。因此，JLS 通过引入信号与泄露和噪声之比（SLNR）来放松维度上的限制，其中泄露是描述信道功率泄露到其他用户的测量量。JLS 滤波器设计最大化 SLNR [STS07]。可以观察到 SLNR 不等于 SINR。

在具有多根接收天线时，与 BD 类似，我们区别在接收机输入或输出的 SLNR 定义。

在接收机的输入

用户 q 的泄露是用户 q 对所有其他调度用户造成的干扰功率。在接收机的输入，这种泄露信号可以表示为 $\sum_{p \in \widetilde{K}_n} \| \Lambda_p^{-1/2} H_p W_q S_q^{1/2} \|_{\mathrm{F}}^2$。用户 q 的 SLNR，表示为 ρ_q，可以表示为

$$\widetilde{\rho}_q = \frac{\| \Lambda_q^{-1/2} H_q W_q S_q^{1/2} \|_{\mathrm{F}}^2}{\sum_{p \in \overline{K}_n} \| \Lambda_p^{-1/2} H_p W_q S_q^{1/2} \|_{\mathrm{F}}^2 + n_{\mathrm{r}} \sigma_{\mathrm{n},q}^2} \qquad (12.218)$$

$$\underset{=}{(a)} = \frac{\mathrm{Tr}\{\boldsymbol{\Lambda}_q^{-1}\boldsymbol{W}_q^{\mathrm{H}}\boldsymbol{H}_q^{\mathrm{H}}\boldsymbol{H}_q\boldsymbol{W}_q\}}{\mathrm{Tr}\left\{\boldsymbol{W}_q^{\mathrm{H}}\left[\widetilde{\boldsymbol{H}}_q^{\mathrm{H}}\widetilde{\boldsymbol{H}}_q + n_r\dfrac{n_{e,q}}{n_{u,q}}\dfrac{\sigma_{n,q}^2}{E_s}\boldsymbol{I}_{n_t}\right]\boldsymbol{W}_q\right\}} \tag{12.219}$$

式中，$\widetilde{\boldsymbol{K}}_q$ 和 $\widetilde{\boldsymbol{H}}_q$ 是由式（12.208）和式（12.209）分别给出。在（a）中，我们假设均匀功率分配 $\boldsymbol{S} = E_s/n_e\boldsymbol{I}_{n_e}$ 和 $\mathrm{Tr}\{\boldsymbol{W}_q^{\mathrm{H}}\boldsymbol{W}_q\} = n_{u,q}$。

从式（12.219）可以看到，当 $p \neq q$ 时，用户 q 的 SLNR 的分子和分母是 $\boldsymbol{W}_q$ 的函数，而不是 $\boldsymbol{W}_p$ 的函数。有趣的是，式（12.219）与 Rayleigh-Ritz 比率 [HJ95] 相似，最大化 Rayleigh-Ritz 比率是用来解决归一化特征值问题。由于预编码器 $\boldsymbol{W}_q$ 是由 $n_{u,q}$ 列 $\boldsymbol{w}_{q,n}$，$n = 1, \cdots n_{u,q}$ 组成。假设使用均匀功率分配，最大化式（12.219）中的 SLNR 的预编码 $\boldsymbol{W}_q$，受限于 $\mathrm{Tr}\{\boldsymbol{W}_q^{\mathrm{H}}\boldsymbol{W}_q\} = n_{u,q}$（根据 12.1.2 节的功率归一化），可以表示为

$$\boldsymbol{w}_{q,n} = \boldsymbol{v}_{\max,n}\left(\left[\widetilde{\boldsymbol{H}}_q^{\mathrm{H}}\widetilde{\boldsymbol{H}}_q + n_r\dfrac{n_{e,q}}{n_{u,q}}\dfrac{\sigma_{n,q}^2}{E_s}\boldsymbol{I}_{n_t}\right]^{-1}\boldsymbol{\Lambda}_q^{-1}\boldsymbol{H}_q^{\mathrm{H}}\boldsymbol{H}_q\right) \tag{12.220}$$

对 $n = 1, \cdots, n_{u,q}$，其中 $\boldsymbol{v}_{\max,n}(\boldsymbol{M})$ 表示矩阵 $\boldsymbol{M}$ 的第 n 大特征向量。

与 ZFBF 和 BD 不同，式（12.220）中的 SLNR 不会受限于 n_t，并避免了增强噪声。但是，SLNR 不是 SINR，泄露信号功率仍然要比同调度用户的接收信号功率小。

在接收机的输出

在接收机输出，考虑接收滤波器的用户 q 的 SLNR 可以表示为

$$\widetilde{\rho}_q = \frac{\|\boldsymbol{\Lambda}_q^{-1/2}\boldsymbol{G}_q\boldsymbol{H}_q\boldsymbol{W}_q\boldsymbol{S}_q^{1/2}\|_{\mathrm{F}}^2}{\sum_{s\in\overline{\boldsymbol{\kappa}}_s}\|\boldsymbol{\Lambda}_s^{-1/2}\boldsymbol{G}_s\boldsymbol{H}_s\boldsymbol{W}_q\boldsymbol{S}_q^{1/2}\|_{\mathrm{F}}^2 + \|\boldsymbol{G}_q\|_{\mathrm{F}}^2\sigma_{n,q}^2} \tag{12.221}$$

$$\underset{=}{(a)} = \frac{\mathrm{Tr}\{\boldsymbol{\Lambda}_q^{-1}\boldsymbol{W}_q^{\mathrm{H}}\boldsymbol{H}_q^{\mathrm{H}}\boldsymbol{G}_q^{\mathrm{H}}\boldsymbol{G}_q\boldsymbol{H}_q\boldsymbol{W}_q\}}{\mathrm{Tr}\left\{\boldsymbol{W}_q^{\mathrm{H}}\left[\widetilde{\boldsymbol{H}}_q^{\mathrm{H}}\widetilde{\boldsymbol{H}}_q + \|\boldsymbol{G}_q\|_{\mathrm{F}}^2\dfrac{n_{e,q}}{n_{u,q}}\dfrac{\sigma_{n,q}^2}{E_s}\boldsymbol{I}_{n_t}\right]\boldsymbol{W}_q\right\}} \tag{12.222}$$

式中，$\widetilde{\boldsymbol{K}}_q$ 和 $\widetilde{\boldsymbol{H}}_q$ 是由式（12.208）和式（12.215）分别给出。在（a）中，我们假设均匀功率分配 $\boldsymbol{S} = E_s/n_e\boldsymbol{I}_{n_e}$ 和 $\mathrm{Tr}\{\boldsymbol{W}_q^{\mathrm{H}}\boldsymbol{W}_q\} = n_{u,q}$。

与式（12.220）类似，对 $n = 1, \cdots, n_{u,q}$，最大化式（12.222）的预编码可以表示为

$$\boldsymbol{w}_{q,n} = \boldsymbol{v}_{\max,n}\left(\left[\widetilde{\boldsymbol{H}}_q^{\mathrm{H}}\widetilde{\boldsymbol{H}}_q + \|\boldsymbol{G}_q\|_{\mathrm{F}}^2\dfrac{n_{e,q}}{n_{u,q}}\dfrac{\sigma_{n,q}^2}{E_s}\boldsymbol{I}_{n_t}\right]^{-1}\boldsymbol{\Lambda}_q^{-1}\boldsymbol{H}_q^{\mathrm{H}}\boldsymbol{G}_q^{\mathrm{H}}\boldsymbol{G}_q\boldsymbol{H}_q\right) \tag{12.223}$$

CSI 反馈和迭代滤波器设计

同样，CSI 包括信道矩阵、信道协方差矩阵或在 CSI 反馈时刻假想的接收合并器的后合并信道矩阵。有趣的是，通过接收机输入定义的 SLNR，JLS 方案式（12.220）只取决于反馈的信道协方差矩阵（$\widetilde{\boldsymbol{H}}_q^{\mathrm{H}}\widetilde{\boldsymbol{H}}_q$ 和 $\boldsymbol{H}_q^{\mathrm{H}}\boldsymbol{H}_q$）。与式（12.207）

中 BD 方案需要反馈信道矩阵（H_q 和 $\tilde{H}_q$）相比，这个性质有助于减少反馈负荷，因为协方差矩阵比信道矩阵更精简。通过在接收机输出定义的 SLNR 和信道矩阵的反馈，方案（12.223）是发射和接收滤波器的函数，可以通过假设其中计算某一个滤波器时，另一个滤波器保持固定来迭代计算（与在 BD 中的做法类似）。或者，JLS 也可以通过有效信道矩阵 $G_q H_q$ 或有效信道矩阵的协方差矩阵，其中 G_q 是在反馈时刻接收机假设的接收滤波器。在这种情况下，计算发射滤波器式（12.223）不需要进行迭代。

12.8.6 最大速率和波束赋形

ZFBF，BD，R-ZFBF 和 JLS 这些方案都不能最大化速率和。为了简化假设终端都是单天线，最大速率和波束赋形的目标是对给定调度用户集合 K 和总发射功率限制下找到最大化速率和的预编码矩阵 P

$$R(K) = \max_P \sum_{q \in K} \log_2(1 + \rho_q) \tag{12.224}$$

式中，ρ_q 和式（12.193）定义一样，功率限制为 $\mathrm{Tr}[PP^H] \leq E_s$ 和 $s_q \geq 0 \, \forall q \in K$。这个问题是非凸优化的，因为限制集合是非凸的。由于这个二元问题的目标函数是非凸的，所以不能使用上行-下行链路的二元性（12.4 节）来解决这个优化问题。为了处理这个限制，在［SVH06］中提出了一个等效非受限最优化问题，然后使用一个启发式方法来迭代收敛到一个局部最优化问题。为了把功率限制条件作为一个归一化因子，系统模型式（12.11）改写为

$$y = HPc + n = \frac{1}{\sqrt{\beta}}HFc + n \tag{12.225}$$

式中，$\beta = \mathrm{Tr}\{FF^H\}/E_s$。

在这个等效系统模型中，非受限问题仍然表示为式（12.224），但是其中的 SINR e_q（12.193）改写为

$$\rho_q = \frac{\Lambda_q^{-1} | h_q p_q |^2}{\sum_{\substack{p \in K \\ p \neq q}} \Lambda_q^{-1} | h_q p_q |^2 + \sigma_{n,q}^2} = \frac{\Lambda_q^{-1} | h_q f_q |^2}{\sum_{\substack{p \in K \\ p \neq q}} \Lambda_q^{-1} | h_q f_q |^2 + \beta\sigma_{n,q}^2} = \frac{| h_q f_q |^2}{\sum_{\substack{p \in K \\ p \neq q}} | h_q f_q |^2 + \beta} \tag{12.226}$$

式中，$h_q = \dfrac{\Lambda_q^{-1/2} h_q}{\sigma_{a,q}}$ 和 f_q 是 F 中对应用户 q 的列。最优化式（12.224）中 $F^\star$ 的必要条件是通过 $R(K)$ 对 F 求导等于 0 得到。在［SVH06］中证明了式（12.224）中任意 F 的解都满足以下形式

$$F^\star = [\mathrm{Tr}\{\Phi\} I_{n_t} + H^H \Phi H]^{-1} H^H \Delta \tag{12.227}$$

式中

$$H = [h_i^T, \cdots, h_j^T]_{i,j \in K}^T \tag{12.228}$$

$$\boldsymbol{\Phi} = \mathrm{diag}\left\{\frac{S_q}{I_q(I_q + S_q)}\right\}_{q \in K} \tag{12.229}$$

$$\boldsymbol{\Delta} = \mathrm{diag}\left\{\frac{\boldsymbol{h}_q \boldsymbol{f}_q}{I_q}\right\}_{q \in K} \tag{12.230}$$

式中，我们定义了 $S_q = \mid \boldsymbol{h}_q \boldsymbol{f}_q \mid^2$ 和 $I_q = \sum\limits_{\substack{p \in K \\ p \neq q}} \mid \boldsymbol{h}_q \boldsymbol{f}_p \mid^2 + \beta$

我们注意到，如果 $\boldsymbol{\Phi} = \boldsymbol{I}_{n_e}$ 和 $\boldsymbol{\Delta} = \boldsymbol{I}_{n_e}$，根据矩阵求逆引理（附录 A），式（12.227）中的 $\boldsymbol{F}^\star$ 退化成 $\boldsymbol{F}^\star = [n_e \boldsymbol{I}_{n_t} + \boldsymbol{H}^H \boldsymbol{H}]^{-1} \boldsymbol{H}^H = \boldsymbol{H}^H [n_e \boldsymbol{I}_{n_e} + \boldsymbol{H} \boldsymbol{H}^H]^{-1}$，这也就是 R-ZFBF 方案（12.216）。通常，要找到式（12.227）的闭合解非常难，[SVH06] 通过下面的迭代算法来解决。初始化算法，$\boldsymbol{\Phi}^{(0)} = \boldsymbol{I}_{n_e}$ 和 $\boldsymbol{\Delta}^{(0)} = \boldsymbol{I}_{n_e}$，这样 R-ZFBF 方案可以用作第一次迭代 $n = 1$ $\boldsymbol{F}^{(1)}$ 的起始点。可以证明这种初始化有助于提高算法收敛速度。我们称这种算法为 MSR，即最大速率和波束赋形。

- 初始阶段：我们固定 $n = 1$，$\boldsymbol{\Phi}^{(0)} = \boldsymbol{I}_{n_e}$、$\boldsymbol{\Delta}^{(0)} = \boldsymbol{I}_{n_e}$ 和 Done = 0。

- 第 n 次迭代：当（Done = 0），首先使用式（12.22）计算 $\boldsymbol{F}^{(n)}$，然后分别使用式（12.229）和式（12.230）计算 $\boldsymbol{\Phi}^{(n)}$ 和 $\boldsymbol{\Delta}^{(n)}$，最后分别使用式（12.226）和式（12.224）右侧计算 $\rho_q^{(n)}$ 和 $\boldsymbol{R}^{(n)}(K)$。如果 $\mid R^{(n)}(K) - R^{(n-1)}(K) \mid < \varepsilon$（对预先定义的正数 ε），Done = 1，否则进入下一次迭代 $n + 1$。最终预编码 $\boldsymbol{F}^\star = \boldsymbol{F}^{(n)}$。

MSR 的一个主要缺点在于算法可能会收敛到局部最优。把 MSR 和一些差分进化算法结合起来可以让算法收敛到全局最优 [BTC06]。在进化章节中，结合差分进化算法的 MSR 称为 MSR-DE。

与其他线性预编码方案类似，MSR 波束赋形也可以和 12.5.3 节介绍的用户分组技术结合起来提高多用户分集，降低用户搜索复杂度。结合贪婪用户选择的 MSR 称为贪婪 MSE。

12.8.7　具有目标 SINR 的波束赋形

在具有目标 SINR 的波束赋形中，设计预编码矩阵（波束赋形和功率分配）的方法是最大化传输功率

$$\min_S \sum_{q \in K} s_q \tag{12.231}$$

受限于每个调度用户的 SINR $\rho_q \geq \bar{\rho}_q$ 和 $s_q \geq 0$，其中 $\bar{\rho}_q$ 是用户 q 的 SINR 目标或需求。假设单接收天线，ρ_q 可以表示为式（12.193）。这个问题首先在 [RFLT98] 中提出，在 [VM99，SB04，VT03] 中证明了这个方案的最优化。最优发射波束赋型是基于最大化目标用户方向能量和最小化对其他用户的干扰的折中得到的。通常优化问题式（12.231）很难，但是可以通过在 12.4 节讨论的二元性来解决。我们计算在双上行的最优接收滤波器和发射功率，然后根据上行得到原始下行信道中的发射波束赋型和功率。对于目标 SNIR，这种波束赋型设计主要应用在具有固定速

率的应用和固定 QoS 限制的网络中。而在支持可变速率和自适应速率应用的网络中则不是那么有效。

下行和双上行

按照［VT03］，我们考虑式（12.11）表示的每个用户具有多根发射天线和单接收天线的下行信道。我们假设当前时刻没有调度，因此要处理所有的 K 个用户。在下行，用户 q 的 SINR 可以表示为

$$\rho_q = \frac{\Lambda_q^{-1} \mid h_q w_q \mid^2 s_q}{\sum_{p \neq q} \Lambda_q^{-1} \mid h_q w_q \mid^2 s_p + \sigma_{n,q}^2} = \frac{\mid h_q w_q \mid^2 s_q}{\sum_{p \neq q} \mid h_q w_q \mid^2 s_p + 1} \qquad (12.232)$$

式中，$h_q = \dfrac{\Lambda_q^{-1/2} h_q}{\sigma_{n,q}}$。表示 $s_{\mathrm{dl}} = [s_1, \cdots s_K]^T$ 和 $a = [a_1, \cdots a_K]^T$，其中

$$a_q = \frac{\rho_q}{(1 + \rho_q) \mid h_q w_q \mid^2} \qquad (12.233)$$

式（12.232）可以等效为

$$(I_K - \mathrm{diag}\{a_1, \cdots, a_K\} A) s_{\mathrm{dl}} = a \qquad (12.234)$$

式中，矩阵 $A [K \times K]$ 可以定义为元素 (i, j) 等于 $[h_i w_j]^2$ 的矩阵。

我们改写式（12.11）成式（12.116）以保证移动终端处的噪声功率归一化成单位值（我们增加了下标"dl"来强调下行传输），其中 $H = [h_1^T, \cdots, h_K^T]^T [K \times n_t]$ 和 n_{dl} 是复高斯噪声 $\mathcal{CN}(0, I_K)$。

互易或式（12.116）的双上行信道有 K 个用户和 n_t 根接收天线，发射和接收滤波器是在原始下行信道中使用的滤波器的倒数。双上行系统模型表示为式（12.117）。双上行信道中用户 q 的接收滤波器是下行信道中用户 q 的发射滤波器，即 $g_q = w_q^H$。

在双上行信道中，用户 q 的 SINR 表示为

$$\rho_{\mathrm{ul},q} = \frac{\mid g_q h_q^H \mid^2 s_{\mathrm{ul},q}}{\sum_{p \neq q} \mid g_q h_p^H \mid^2 s_{\mathrm{ul},p} + g_q g_q^H} = \frac{\mid h_q w_q \mid^2 s_{\mathrm{ul},q}}{\sum_{p \neq q} \mid h_p w_q \mid^2 s_{\mathrm{ul},p} + 1} \qquad (12.235)$$

式中，$s_{\mathrm{ul},q}$ 是用户 q 的上行传输功率。表示 $s_{\mathrm{ul}} = [s_{\mathrm{ul},1}, \cdots s_{\mathrm{ul},K}]^T$ 和 $b = [b_1, \cdots, b_K]^T$，其中

$$b_q = \frac{\rho_{\mathrm{ul},q}}{(1 + \rho_{\mathrm{ul},q}) \mid h_q w_q \mid^2} \qquad (12.236)$$

（12.235）可以等效为

$$(I_K - \mathrm{diag}\{b_1, \cdots, b_K\} A^T) s_{\mathrm{ul}} = b \qquad (12.237)$$

必须注意即使在下行和双上行信道中使用同样的功率等级，信道矩阵和波束赋型向量，DL SINR 式（12.232）和 UL SINR 式（12.235）不相等。但是，在可行性上有一个有趣的结论。

可行性和性能区域

下行和双下行接收策略之间是否有一定的关系？尤其是，当在上行能到一定的 SINR 向量时（在功率限制内），是否在下行也能达到呢？这个问题的答案是肯定的［VT03］。

从式（12.234）和式（12.237）定义了可行性。

命题 12.40　当且仅当 $\mathrm{diag}\{a_1,\cdots,a_K\}A$ 的 Perron-Frobenius 特征值小于 1 时，存在满足式（12.234）的 s_{dl} 的正值解。类似的，当且仅当 $\mathrm{diag}\{b_1,\cdots,b_K\}A^{\mathrm{T}}$ 的 Perron-Frobenius 特征值小于 1 时，存在满足式（12.237）的 s_{ul} 的正值解。矩阵 M 的 Perron-Frobenius 特征值（也称为 Perron 根）$\rho(M)$，其中的元素都是严格正数并且都是 M 的正实数特征值，并且对与 $\rho(M)$ 中不同的 M 的每个特征值 λ（可能是复数）都满足 $|\lambda|<\rho(M)$［HJ95］。

这些可行性条件描述了发射/接收策略的性能区域，也就是向量 a 和 b 的集合，或等效为，能达到的 SINR 需求集合。如果上行和双下行的 SINR 需求相等，$a=b$。

命题 12.41　下行和双上行可达到的 SINR 性能区域一样。

证明：需要注意到 $\mathrm{diag}\{a_1,\cdots,a_K\}A$ 和 $\mathrm{diag}\{a_1,\cdots,a_K\}A^{\mathrm{T}}$ 的 Perron-Frobenius 特征值相等。

这就意味着当且仅当在其他系统中可以达到给定的 SNIR 需求时，在某一个系统中可以达到某个 SINR 需求。通过解式（12.234）和式（12.237），对于给定的 SINR 需求集合（对下行和双上行分别是 a 和 b），所需的最小传输功率为

$$s_{\mathrm{dl}}=(I_{\mathrm{K}}-\mathrm{diag}\{a_1,\cdots,a_K\}A)^{-1}a$$
$$=(\mathrm{diag}\{1/a_1,\cdots,1/a_K\}-A)^{-1}\mathbf{1}_{K\times1} \tag{12.238}$$

$$s_{\mathrm{ul}}=(I_{\mathrm{K}}-\mathrm{diag}\{b_1,\cdots,b_K\}A^{\mathrm{T}})^{-1}b$$
$$=(\mathrm{diag}\{1/b_1,\cdots,1/b_K\}-A^{\mathrm{T}})^{-1}\mathbf{1}_{K\times1} \tag{12.239}$$

命题 12.42　对于任意给定的 SINR 需求 $a=b$，用户在双上行的功率和与在下行的总传输功率相等。

证明：根据式（12.238）和式（12.239），我们可以看到

$$\sum_q s_q=\mathbf{1}_{1\times K}\left[(\mathrm{diag}\{1/a_1,\cdots,1/a_K\}-A)^{-1}\right]^{\mathrm{T}}\mathbf{1}_{K\times1}=\sum_q s_{\mathrm{ul},q} \tag{12.240}$$

因此，只要固定同样的总传输功率，在下行和双上行可以达到同样的 SINR。但是要注意，单个功率 s_q 和 $s_{\mathrm{ul},q}$ 可以不同。

总步骤

通过利用二元性和可行性条件，我们可以得到设计具有目标 SINR 的波束赋型的步骤［RFLT98, SB04, VM99］。为了更加实际，我们假设预定义好了需要调度用户集合的调度器，这样我们可以在用户子集 K 和 H 的操作可以表示为式（12.228）。

1. 考虑具有信道矩阵 $H_{\mathrm{ul}}=H^{\mathrm{H}}$ 的双上行，也就是调度用户 q 和第 n_{t} 根接收天

线阵列之间的信道是 h_q^H。回顾命题 12.42，在下行和双上行可达到的目标 SINR 集合，$\bar{\rho}_q \ \forall_q \in K$ 是一样的。

2. 在上行，最大化每个用户的 SINR 的最优线性接收机是 MMSE 滤波器式 (6.108)

$$G = (H_{ul}^H H_{ul} + \text{diag}\{s_{ul,q}^{-1}\})^{-1} H_{ul}^H = (HH^H + \text{diag}\{s_{ul,q}^{-1}\})^{-1} H \qquad (12.241)$$

假设这种 MMSE 接收滤波器，使用式 (12.235)，用户 q 的上行 SINR 需求 $\rho_{ul,q} \geq \bar{\rho}_q$，可以得到不等式

$$s_{ul,q} \geq \bar{\rho}_q \Big(\sum_{p \in K, p \neq q} \mid g_q h_p^H \mid^2 s_{ul,p} + \parallel g_q \parallel^2 \Big) / \mid g_q h_q^H \mid^2 \qquad (12.242)$$

考虑到式 (12.241) 中的接收滤波器是发射功率的函数，而式 (12.242) 中的发射功率是接收滤波器的函数，发射功率 $s_{ul,q}$ 可以通过在这两个等式之间迭代得到：

- 初始化阶段：初始化 $s_{ul,q}^{(0)}$ 和 $g_q^{(0)}$
- 第 n 次迭代：计算 $s_{ul,q}^{(n)} \ \forall q$ 为

$$s_{ul,q}^{(n)} = \bar{\rho}_q \Big(\sum_{k \in K, k \neq q} \mid g_q^{(n-1)} h_k^H \mid^2 s_{ul,k}^{(n-1)} + \parallel g_q^{(n-1)} \parallel^2 \Big) / \mid g_q^{(n-1)} h_q^H \mid^2$$

$$(12.243)$$

式中，$g_q^{(n-1)}$ 是假设发射功率为 $s_{ul,q}^{(n-1)}$ 根据式 (12.241) 计算得到。继续进行第 $n+1$ 次迭代直至收敛。最终的功率等级和接收向量分别是 $s_{ul}^\star = s_{ul}^{(n)}$ 和 $g_q^\star = g_q^{(n)} \ \forall q$。

3. 在总的发射功率不收敛时，UL 和 DL SINR 需求集合是不可行的。但是，如果能够收敛，根据命题 12.42，下行的功率分配是可行的，发射波束赋型为 $w_q = g_q^{\star H}$ 和同样的总发射功率。

4. 通过把 w_q 代入式 (12.238)，其中 $a_q = \bar{\rho}_q / [(1 + \bar{\rho}_q) \mid h_q w_q \mid^2]$，我们得到了下行功率等级。

注意，上述算法的第二部分同样可以应用在 UL MU-MIMO 中计算上行发射功率以及上行接收滤波器，这样可以保证对所有用户具有同一个目标 SINR（见 12.7 节）。

参照在 12.4 节中把 BC-MAC 二元性推广到每根天线的功率限制，同样可以把具有目标 SINR 定的下行波束赋型设计方法推广到每根天线功率限制时 [YL07]。推导预编码需要利用到拉格朗日二元性。

12.8.8 Tomlinson-Harashima 预编码

迄今为止，我们讨论的线性预编码都是用在 DL-MIMO。非线性预编码虽然具有更高的复杂度，但是会带来一些性能上的改善。

发射机已知干扰的单用户 SISO

Tomlinson-Harashima 预编码（THP）［Tom71，HM72］最初是设计在单用户 SISO 单载波频率选择性信道，主要考虑符号间干扰（ISI），以及当发射机已知信道冲激响应时用作基于接收机的判决反馈均衡器（DFE）。顺便提一下，DFE 在 ISI 信道中类似于在 MIMO 信道中使用的 SIC 接收机（例如 V-BLAST），详细介绍见第 6 和 7 章。回顾式（11.1），对于 SISO 信道，在时刻 k 的目标信号 $h[0]c_k$ 受到 ISI $i_k = \sum_{l=1}^{L-1} h[l]c_{k-1}$ 的影响（忽略噪声）。如果发射机已知信道冲激响应 $h[l]$ $\forall l$，并且已知前一个发射符号 c_{k-1}，那么发射机就可以得到 ISI i_k，并将该信息用于预编码设计。与 DFE 或 SIC 接收机容易受错误传播影响不同，THP 不受错误传播影响，因为发射机已知前一个发射符号 c_{k-1}。

我们省略时间下表 k，并假设首先对每个符号预编码，其中接收信号表示为 $y = \bar{c} + i + n$，其中 $\bar{c}$ 是对目标符号 c（属于具有平均发射能量 E_s 的符号星座图 B）的预编码形式，干扰（即 ISI）和 n 是方差为 σ_n^2 的高斯噪声。假设 i 个方差为 σ_i^2 的高斯分布，并且在接收机已知，如果接收机把 i 当做噪声处理，容量是 $\log_2(1 + E_s/(\sigma_i^2 + \sigma_n^2))$。另一方面，发射机已知 i，但是接收机不知道，该如何设计 $\bar{c}$？一种最简单的方法是在发射前从 c 中减去 i，得到 $\bar{c} = c - i$［Cos83］。但是啊，这会导致速率等于 $\log_2(1 + (E_s - \sigma_i^2)/\sigma_n^2)$（假设高斯干扰和 $E_s \geqslant \sigma_i^2$），并且有很大的功率损失，尤其是在 i 较大时，因为目标符号 c 会偏离 i，如图 12.10 所示。图 12.10 中，THP 的想法是无限复制星座图 B 和传输 $\bar{c} = Qc(i) - i$，其中 $Q_c(i)$ 是最靠近 i 的 c 的副本。星座图符号 c 的副本集合表示为 c 的等效类［TV05］。因此 $Q_c(i)$ 是 c 的等效类中最靠近 i 的点。另一方面，$Q_c(i)$ 可以看成是 i 的量化器，$\bar{c} = Q_c(i) - i$ 是量化误差。接收信号可以简化为

$$y = \tilde{c} + i + n = Q_c(i) + n \tag{12.244}$$

接收机找到最靠近 y 的星座图副本中的点，并译码成包含该点的等效类。

即使当 i 非常大时，量化误差 $Q_c(i) - i$ 总是有界的。这就表示 THP 的错误率和在没有干扰时传输 $c \in B$ 的错误率是近似一样的！但是并不完全相等，因为副本的存在以及 c 与属于副本星座图的星座点混淆的概率，所以位于星座图 B 边缘的星座点 c 会经历稍高的译码错误率。在高 SNR 全区域（因此概率很低），两者的性能差距可以忽略不计。虽然量化误差有界，THP 的功耗要比没有干扰时要略高。实际上，假设干扰 i 随机，$\varepsilon\{|\bar{c}|^2\}$ 要比星座图 B 的平均功率要略高［TV05］。

目前为止，这个方法在高 SNR 区域性能较好，但是在低 SNR 区域有一些损失。在［ESSZ05］中使用了膨胀网格技术来提高性能，即对 i 乘以系数 α，此时发射信号为 $\tilde{c} = Q_c(\alpha i) - \alpha i$，即发射机找到最靠近 αi 的 c 的等效类中的点，并以该点和 αi 之间的量化误差传输。接收机把接收信号乘以 α，因此 $\alpha y = \alpha(\bar{c} + n) + \alpha i$，然后找到最靠近 αy 的星座点。α 最合适的值等于 MMSE 比例因子 $E_s/(E_s + \sigma_n^2)$

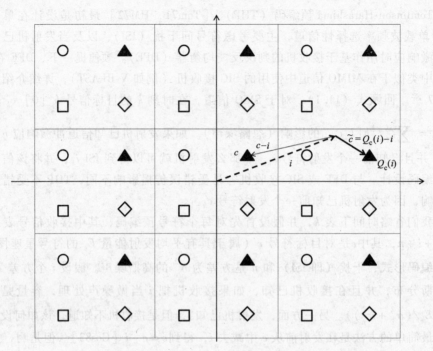

图 12.10　由符号〇，□，◇，▲表示的 QPSK 星座图的副本，

集合▲，也就是 {▲} 对应▲的等效类 [TV05]

[ESSZ05，Cos83]。通过这样的处理，αy 是 $\widetilde{c}$ 的线性 MMSE 估计，但是偏移了 αi。

之前的讨论可以推广到 n 维向量预编码（考虑一个长度为 n 的符号分组），其中系统模型为 $v = \widetilde{c} + i + n$。在这种情况中，

$$\widetilde{c} = Q_c(\alpha i) - \alpha i \tag{12.245}$$

因此之前的讨论可以推广到 n 维。值得注意的是，对于高维编码，这种发射机需要已知干扰而接收机不需要已知干扰的预编码技术可以达到和没有干扰的 AWGN 信道一样的容量 $\log_2 (1 + E_s/\sigma_n^2)$。这个方案通常称为 Costa 预编码或脏纸编码（DPC）[Cos83]。

一种更常见的表示编码和译码过程的方法是把复制星座图看成一个网格 $\mathcal{L}$ 和使用模操作，即 $\widetilde{c} = |c - \alpha i| \mathrm{mod} \mathcal{L}$，其中 $|a| \mathrm{mod} \mathcal{L} = a - Q_{\mathcal{L}}(a)$，$Q_{\mathcal{L}}(a)$ 是基于网格 $\mathcal{L}$ 的网格向量量化器 [ESSZ05]。在接收机，接收信号在对 c 进行判决前进入模操作 $z = \alpha y \mathrm{mod} \mathcal{L}$。

用于 MU-MIMO 的 THP

通过依次对用户数据进行预编码，THP 也可以用做 MU-MIMO 的预编码 [FWLH02，CSS03]。假设用户数据按增序进行编码，在步骤 p 生产的任意信号可以用来对步骤 q 的数据进行编码，$q > p$。我们把发射向量表示为

$$c' = P \widetilde{c} = WS^{1/2} \widetilde{c} \tag{12.246}$$

假设预定义的调度用户 K 集合和预定义的按用户序号递增排列的用户，用户 q 的信号表示为（对单天线接收机）

$$y_q = \Lambda_q^{-1/2} h_q w_q s_q^{1/2} \tilde{c}_q + i_q + \sum_{p>q} \Lambda_q^{-1/2} h_q w_p s_p^{1/2} \tilde{c}_p + n_q \qquad (12.247)$$

式中，$i_q = \sum_{p<q} \Lambda_q^{-1/2} h_q w_p s_p^{1/2} \tilde{c}_p$ 可以当做发射机的已知干扰处理，因为 $\bar{c}_p$，$p < q$ 已经在之前的步骤中计算过了（考虑到假设用户顺序）。从 $p > q$ 用户来的干扰可以当做加性噪声处理。

参考 SISO 信道的 THP，我们可以设计 $\tilde{c}_q$ 为

$$\tilde{c}_q = \left[c_q - \frac{\alpha_q i_q}{\Lambda_q^{-1/2} h_q w_q s_q^{1/2}} \right] \mathrm{mod}\mathcal{L} \qquad (12.248)$$

式中，α_q 是用户 q 的比例因子。

这个操作依次对要编码的 n_e 个数据流重复进行。MU-MIMO 预编码的 THP 算法具有相对较低的复杂度，因为它只涉及对 n_e 个复标量序列量化的计算（模操作）。

在接收机 q，在对 c_q 进行判决之前，接收信号 y_q 进入模操作

$$z_q = \frac{\alpha_q y_q}{\Lambda_q^{-1/2} h_q w_q s_q^{1/2}} \mathrm{mod}\mathcal{L} \qquad (12.249)$$

假设 THP 可以理想的删除干扰，即 DPC，用户 q 的 SINR 可以表示为

$$\rho_q = \frac{\Lambda_q^{-1} | h_q w_q |^2 s_q}{\sum_{p>q} \Lambda_q^{-1} | h_q w_p |^2 s_p + \sigma_{n,q}^2} \qquad (12.250)$$

用户 q 的速率与加权速率和分别等于 $R_q = \log_2(1 + \rho_q)$ 和 $R(K) = \sum_{q \in K} w_q R_q$ [CSS03]。我们注意到式（12.193）与式（12.250）之间的不同。当使用单接收天线时，R_q 等于式（12.82），速率和可以进一步在满足总功率限制的所有酉波束赋型向量和功率分配上最大化。在所有满足这些可达到速率向量的总功率限制的预编码上的联合和命题 12.17 相似。

THP 可以和 12.5.3 节的用户分组方案结合起来。在评估章节中，结合贪婪用户选择的 THP 表示为贪婪 THP。

一种常见的方案是 QR-THP（或 ZF-THP），即选择发射波束赋形 W 以满足在式（12.247）中 $p > q$ 的干扰被消除，也就是迫零。令 $H = RQ$ 表示 H 的 QR 分解，其中 R 是 $n_e \times n_e$ 维的下三角矩阵，Q 是正交行组成的 $n_e \times n_t$ 维矩阵。通过选择 $W = Q^H$，系统模型式（12.247）可以简化为

$$y_q = \Lambda_q^{-1/2} h_q w_q s_q^{1/2} \tilde{c}_q + i_q + n_q \qquad (12.251)$$

由于 $HW = R$ 是下对角矩阵，由用户 $p > q$ 给用户 q 造成的干扰为零。可以通过连续 THP 模操作来对 $\tilde{c}_q$ 进行编码。这个方案通常称为 QR-THP（或 ZF-THP），当使用 DPC 而不是 THP 对 $\tilde{c}_q$ 进行编码时称为 QR-DPC（或 ZF-DPC）[CSS03]。对 QR-DPC，SINR 式（12.250）退化成 $\rho_q = d_q'^2 / \sigma_{n,q}^2$，其中 $d_q' = \Lambda_q^{-1/2} h_q w_q s_q^{1/2} =$

$R_{qq}s_q^{1/2}$，$R_{q,q}$ 是 R 的第（q，q）个元素。与 12.8.2 节的 ZFWF 类似，QR-DPC 的功率分配同样可以按照满足总功率限制的注水算法来进行。

在 [YL07] 中，提出了另一种在 THP 和 DPC 中设计 W 的方法，即按照 12.8.7 节的方法把 W 当做满足目标 SINR 的波束赋型来计算，这样在限制 $\rho_q \geqslant \bar{\rho}_q$ 时，发射功率最小化，其中 ρ_q 由式（12.250）给出。最后，在 [YL07] 中给出了每根天线功率限制下 THP 和 DPC 的预编码设计方法。在 [YVC05，ESSZ05] 中详细介绍了如何使用 THP 技术来实现 DPC。

12.8.9 向量扰动

由于求逆信道的条件恶劣，通常基于 ZFBF 或 BD 的信道求逆性能很差（求逆会导致信道矩阵的逆具有很大的奇异值）。用户调度可以提高信道矩阵的条件数，从而可以极大改善性能。正则化与用户调度结合在一起，可以在信道求逆之前增加一个比例放大的单位矩阵，从而改善系统性能。但是，为了达到容量仍然有一些性能上的差距。向量扰动（VP）[HPS05] 是一种修改发射数据的非线性预编码方案，这种方法与 THP 类似，对发射数据增加了一个整数向量偏移。为了简化假设每个用户使用单接收天线，结合线性非归一化发射预编码 F（基于例如 ZFBF，BD 或 R-ZFBF）的 VP 和类似 THP 方法，发射向量 c' 表示为

$$c' = P\,\tilde{c} = \frac{1}{\sqrt{\beta}}F\,\tilde{c} \tag{12.252}$$

式中，功率限制 $\varepsilon\{\mathrm{Tr}\{c'c'^{\mathrm{H}}\}\} = E_s$。可以进一步在下面使用 $\tilde{c}$ 的一种近似结构。

VP 的基本思路是确保发射数据不与 F 的最大奇异值对应的奇异向量对齐。为了达到这个目的，VP 把数据向量 c 用一种数据相关的方式来扰动（接收机未知这种操作），因此扰动后的数据向量 $\tilde{c}$ 近似与 F 的最大奇异值对应的右奇异向量正交。这样就可以基于 c 设计 $\tilde{c}$ 以满足使用 VP 的归一化因子 β 要比线性预编码（LP）小得多，即

$$\frac{\mathrm{Tr}\{F^{\mathrm{H}}F\varepsilon\{\tilde{c}\tilde{c}^{\mathrm{H}}\}\}}{E_a} < \frac{\mathrm{Tr}\{F^{\mathrm{H}}F\varepsilon\{cc^{\mathrm{H}}\}\}}{E_s} \tag{12.253}$$

但是同时仍然能独立译码 $\tilde{c}$ 的每个信号。

这种扰动不能是随意的，因为接收机未知这种扰动，任意扰动会导致译码错误。实际上，扰动可以基于 THP 的思路，在 THP 中 c 的每个元素是用一个整数加扰的，即

$$\tilde{c} = c + \tau l \tag{12.254}$$

式中 τ 是一个正实数；$n_e \times 1$ 维的扰动向量 I 是与数据相关（也就是 c 的函数）的网格点 $\in \mathcal{L}^{n_e}$，其中 $\mathcal{L} = \mathbb{Z} + j\mathbb{Z}$，即 I 中的每个元素可以表示为 $a + jb$，其中 a，$b \in \mathbb{Z}$。

表示 $c = [c_i，\cdots\cdots，c_j]_{i,j \in K}^{\mathrm{T}}$ 和 $I = [l_i，\cdots\cdots l_j]_{i,j \in K}^{\mathrm{T}}$，用户 q 的接收信号可以表示为

$$y_q = \frac{1}{\sqrt{\beta}} \boldsymbol{h}_q \boldsymbol{F}(\boldsymbol{c} + \tau \boldsymbol{I}) + n_q \tag{12.255}$$

$$= \frac{1}{\sqrt{\beta}} \boldsymbol{h}_q \boldsymbol{f}_q(c_q + \tau l_q) + \nu_q \tag{12.256}$$

式中，ν_q 是噪声加上干扰：

$$\nu_q = \frac{1}{\sqrt{\beta}} \sum_{p \neq q} \boldsymbol{h}_q \boldsymbol{f}_p(c_p + \tau l_p) + n_q \tag{12.257}$$

对 ZFVP，$\boldsymbol{F}$ 可以表示为式（12.201），干扰被完全消除，因此 $\nu_q = n_q$。对 R-ZFVP，F 是 R-ZFBF，由于正则化因子的存在，ν_q 中仍然存在干扰。假设接收机已知 τ，在对 τ 进行合适的缩放 $\frac{1}{\sqrt{\beta}} \boldsymbol{h}_q \boldsymbol{f}_q$ 后（即，接收机应该估计或被告知这个缩放因子），用户 q 把接收信号进行模操作以消除未知（数据相关）的网格点 l_q 和恢复出符号 c_q。模 τ（或对 τ 合适的缩放）操作可以消除整数倍 τ 的影响，并可以分别对接收信号 y 的实部和虚部进行，即

$$z_r = y_r \bmod \tau = y_r - \left[\frac{y_r + \tau/2}{\tau}\right]\tau \tag{12.258}$$

式中，y_r 代表 y 的实部或虚部。

扰动向量的选择是为了最大化性能。基于式（12.253），一个很自然的选择是选择 1 从而最小化 β。对于给定的数据向量 $\boldsymbol{c}$，对于 $l \in \mathcal{L}^{n_e}$，其中 $\mathcal{L} = \mathbb{Z} + j\mathbb{Z}$ 的最优选择是

$$\boldsymbol{I}^\star = \underset{I \in \mathcal{L}^{n_e}}{\arg\min} \beta = \underset{I \in \mathcal{L}^{n_e}}{\arg\min} ||\boldsymbol{F}(\boldsymbol{c} + \tau \boldsymbol{I})||^2 \tag{12.259}$$

这个问题就简化为在网格 $\tau \boldsymbol{F} \mathcal{L}^{n_e}$ 中找到最靠近向量 $-\boldsymbol{F}\boldsymbol{c}$ 的点。与在所有网格点中进行遍历搜索不同，我们可以把搜索空间限制在向量 $-\boldsymbol{F}\boldsymbol{c}$ 为中心给定半径的球内（因此减低了编码复杂度）。这个问题和网格译码算法类似，例如在 7.2.6 ~ 7.2.7 节讨论的球形译码和基于球形译码的改进算法。不是在接收端使用这些算法用于译码，而是在发射端使用这些算法来对数据进行编码。在发射端使用的球形译码器有时也称为球形编码器 [HPS05]

标量 τ 对扰动网格进行缩放。通过增大 τ，我们减少了扰动向量 $\boldsymbol{I}$ 的影响，因此增大了用于 c_q 的星座图边界的译码区域。如果 c_q 属于这些边缘星座点的一个，通常这样会降低错误概率，但是同时会导致 β 增大，因此有可能会降低总的错误性能。当 τ 非常大时，式（12.259）中的 $\boldsymbol{I}^\star = 0$，VP 就退化成线性预编码 $\boldsymbol{F}\boldsymbol{c}$。另一方面，如果 τ 非常小，错误率会增大。通常选择 τ 值需要考虑星座点之间的距离以及星座图边缘点的幅度。

与 ZFBF 类似，ZFVP 可以与注水功率分配（类似在 12.8.2 节的 ZFWF）和/或在 12.5.3 节介绍的用户分组算法结合起来提高性能。在 12.8.10 节性能评估中把

结合注水功率分配和贪婪用户选择的 ZFVP 称为贪婪 ZFWFVP［Boc06］。

如果 F 选择为 R-ZFBF（12.216），正则化参数 α 的最优值会变化，通常在 R-ZFVP 中会比 $\alpha^\star = n_e/\eta$（假设 $\eta_q = \eta$，$\forall q \in K$，对 R-ZFBF 推导得到）小得多。实际上，由于 β 对应在式（12.259）中的 $I^\star$，VP 与线性预编码相比 β 要减小，选择 $\alpha = n_e/\eta$ 会过大，并带来过大的小区内干扰。但是，由于 $\alpha^\star$ 与用户在波束赋型上的 SINR 和 $I^\star$ 的复杂关系，不能显式得到 R-ZFVP 中 $\alpha^\star$ 的最优选择。

在性能方面，在［HPS05］中对未编码不加调度（预定义的 K 个用户集合）的评估表面 ZFVP 和 R-ZFVP 能达到的分集增益要比 ZFBF，R-ZFBF 或 QR-THP 要大得多。如 ZFBF 和 R-ZFBF 的线性预编码有与在第 6 章介绍的空间复用中 ZF 和 MMSE 接收机一样的分集增益限制。QR-THP 相对 ZFBF 和 R-ZFBF 有更好的分集增益但是其分集增益仍然受限。由于 QR 分集，一个数据流经历分集度为 n_t，因为它不会受到任何干扰，但是最后一个编码的数据流经历的分集度为 $n_t - K + 1$，并且总的错误率通常是由分集增益最小的数据流决定。QR-THP 的错误率性能与在第 6 章讨论的 V-BLAST 类似。需要注意，根据下面的命题［HPS05，TMK07］，ZFVP 和 R-ZFVP 具有和发射天线数相等的全分集。

命题 12.43 对具有 n_t 根发射天线的 MISO BC，$K \leqslant n_t$ 个同调度的单天线接收机，固定速率 R_1，$\cdots R_K$，使用 VP

$$g_d(R_1, \cdots, R_K, \infty) = n_t. \tag{12.260}$$

与命题 12.23 和 12.39 相比，VP 可以达到分集增益的上界。R-ZFVP 相对 ZFVP 会有一点 SNR 增益。可以这样理解 VP 可达到最大分集增益，我们回顾之前 VP 类似于球形和 ML 译码，而球形和 ML 译码在 6.5.2 节已经证明了可以达到全接收分集。

虽然球形编码器的复杂度可以控制（与维度数指数增长），VP 方案相对线性预编码或 THP 具有非常高的计算需求，因为 VP 方案需要在发射机进行 n_e 维球形编码，而 THP 只需要进行 n_e 个复变量量化的运算。针对 MU-MIMO 预编码设计的网格缩减辅助技术［WFH04，TMK07］能够减低球形编码的复杂度到与 THP 复杂度相近，同时还能保持 VP 能达到的全分集增益（见命题 12.43）。

此外还有一些 VP 方案的改进算法，在［SJU07］中 VP 结合正则化（MMSE/R-ZFBF），在［CSHJ08］中 VP 结合 BD 用于每个用户多根数据流传输，而在［PLS11］中 VP 结合正则化（MMSE）和每个用户多根数据流传输的 BD 方案。

12.8.10 全局性能比较

假设所有用户的路损，阴影和噪声功率一样，即 $\Lambda_q = \Lambda$ 和 $\sigma_{n,q}^2 = \sigma_n^2 \; \forall \, q$，经历着同样的平均 SNR 等级 $\eta_q = \eta$。在这种条件下，假设使用速率最大化调度器（即在用户之间不保证公平性），可以评估之前章节介绍的一些线性和非线性预编码方案的性能，并与在独立同分布 ［Boc06，BTC06］ 和空间相关瑞利衰落信道 ［CKK08a］ 中单天线接收机 ($n_r = 1$) 的性能进行对比。此外还研究了通过增加发射天线数量带来的大规模 MIMO 的影响。对性能的比较使用了平均速率和 ［bit/s/Hz］ 与 SNR 的关系，其中平均速率和是对大量的信道实现进行的平均。

独立同分布瑞利衰落信道中的线性预编码

在图 12.11 ~ 图 12.13 中，我们评估了具有理想 CSIT 的几种线性预编码技术的性能，包括 12.8.2 节中使用注水功率分配的 ZFBF（ZFWF），结合 12.5.3 节贪婪用户选择和注水功率分配的 ZFBF（贪婪 ZFWF），在 12.8.6 节的迭代最大速率和波束赋型（MSR），结合贪婪用户选择的 MSR（贪婪 MSR）和差分进化的 MSR（MSR-DE）。在图 12.11 ~ 图 12.13 中分别使用了 $n_t = K = 4$，$n_t = K = 10$ 和 $n_t = 4$，$K = 20$ 的配置。注意，在 $n_t = K = 4$，$n_t = K = 10$，$n_e = 4$ 和 $n_e = 10$ 的场景中所有用户一起调度，除非使用了贪婪用户选择，K 个用户子集可以一起配对。对 $K > n_t$，ZFWF（不使用贪婪用户选择），在 K 个用户中随机配对 $n_e = n_t$ 个。

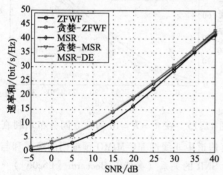

图 12.11　在 $n_t = K = 4$ 的独立同分布瑞利衰落信道中线性 MU-MIMO 预编码的速率和与 SNR 的关系（参考 F. Boccardi ［Boc06］）

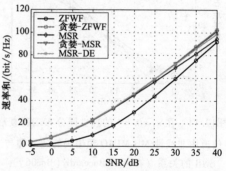

图 12.12　在 $n_t = K = 10$ 的独立同分布瑞利衰落信道中线性 MU-MIMO 预编码的速率和与 SNR 的关系（参考 F. Boccardi ［Boc06］）

根据上面三个图，很明显可以看到在使用 ZFWF 时用户选择的重要性（可以推广到任意形式的 ZFBF）。在 10dB SNR 时，ZFWF 和贪婪 ZFWF 在 $n_t = K = 4$ 和 $n_t = K = 10$ 时分别可以观察到 4bit/s/Hz 和 10bit/s/Hz 的差距。这是由于波束赋型是基于对干扰迫零设计的，因此保证了调度用户之间的正交性。另一方面，对更高级的线性预编码，例如 MSR，用户选择就没那么重要了。实际上，MSR 不需要用户正交性，因此设计波束

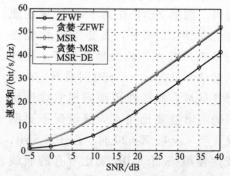

图 12.13　在 $n_t = 4$，$K = 20$ 的独立同分布瑞利衰落信道中线性 MU-MIMO 预编码的速率和与 SNR 的关系（参考 F. Boccardi ［Boc06］）

赋型时更加灵活。MSR 收敛到局部最优的问题可以通过使用差分进化来解决，但是会增加计算复杂度。重要的是，可以观察到贪婪 ZFWF 性能与 MSR-DE 和贪婪 MSR 非常接近，虽然复杂度更低。这就推动了使用简单的 MU-MIMO 预编码结合合适的用户选择算法。

独立同分布瑞利衰落信道中的非线性预编码

在图 12.14 ~ 图 12.16 中，我们评估了分别在配置 $n_t = K = 4$，$n_t = K = 10$ 和 $n_t = 4$，$K = 20$ 下几种非线性预编码技术的速率和与 SNR 的关系。评估的预编码包括 12.3 节的 DPC，贪婪 THP（结合 THP 优化，利用在 12.8.8 节介绍的二元性和贪婪用户选择），12.8.9 节介绍的 ZFVP 和 ZFWFVP。线性 MSR-DE 预编码也提供了性能曲线以做为评估非线性预编码与线性预编码增益的参考。

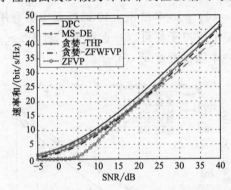

图 12.14 在 $n_t = K = 4$ 的独立同分布瑞利衰落信道中非线性 MU-MIMO 预编码的速率和与 SNR 的关系（参考 F. Boccardi [Boc06]）

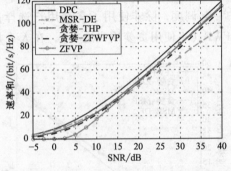

图 12.15 在 $n_t = K = 10$ 的独立同分布瑞利衰落信道中非线性 MU-MIMO 预编码的速率和与 SNR 的关系（参考 F. Boccardi [Boc06]）

当 $n_t = K = 4$ 时，MSR-DE 性能与最优的 DPC 性能在速率高达 15bit/s/Hz 时接近。当速率更高时，非线性预编码，例如 ZFVP 在高 SNR 区域性能要比 MSR-DE 要好。贪婪 THP 性能在很宽的 SNR 范围内性能都很好。同样的结论可以在 $n_t = K = 10$ 时看到。在高 SNR 区域，非线性预编码相对线性预编码的增益要比 4 天线情况下更明显。当 $n_t = 4$，$K = 20$ 时，在任意 SNR，线性预编码 MSR-DE 要比所有的非线性与编码性能要好（除了 DPC 之外）。

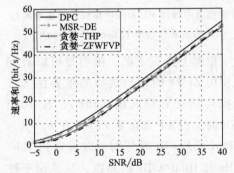

图 12.16 在 $n_t = 4$，$K = 20$ 的独立同分布瑞利衰落信道中非线性 MU-MIMO 预编码的速率和与 SNR 的关系（参考 F. Boccardi [Boc06]）

这是由于良好的用户子集算法选择出具有几乎正交的信道带来的。非线性预编码受到模 $\mathcal{L}$ 损失 [ESSZ05]。我们还注意到贪婪 THP 相比 ZFVP 虽然计算复杂度要低得多，但是在性能方面是一个很好的方案。这与在 ［HPS05］ 中的结论正好相反。还要回顾基于网格降低辅助预编码（见 12.8.9 节）的方案与 VP 相比复杂度可能更低（可能复杂度接近 THP），但是性能不会比 VP 好。

根据之前章节观察到的现象，我们可以得到结论，简单的线性预编码方案，例如结合用户选择的 ZFWF 是 MU-MIMO 广播信道非常适合采用的方案，无论是性能还是复杂度方面。但是，我们要提醒所有这些评估都是假设理想 CSIT，并且所有用户具有同样的平均 SNR 和使用最大速率调度器（因此没有考虑公平性）。

独立同分布瑞利衰落信道中的大规模 MIMO

图 12.17 说明了不同传输方案（MBF，ZFBF，DPC，IF）的性能与预定义的同调度用户固定为 4 的发射天线数的关系（$n_e = K = 4$）。IF 代表没有干扰，它是假设理想匹配波束赋型，没有小区内干扰和在四个用户上均匀分配功率的性能上界，可以得到速率和为 $\sum_{q=1}^{K} \log_2 (1 +$

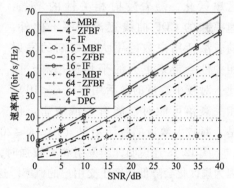

图 12.17　在 $n_t = 4$，16，64 和 $K = 4$ 的独立同分布瑞利衰落信道中 MU-MIMO 预编码的速率和与 SNR 的关系

$\eta_q /K \| \boldsymbol{h}_q \|^2)$。均匀功率分配是由于在 12.6.2 节讨论的 n_t 非常大的限制时选择的。

可以观察到，随着 n_t 的增大，IF 和 ZFBF 性能的差距迅速缩小。虽然对于四根发射天线情况下，在 IF，DPC 和 ZFBF 之间存在性能差距，当 64 根发射天线时，性能差距几乎消失，ZFBF 性能和 IF 系统一样。因此，先进预编码技术带来的性能增益不能补偿较高的复杂度 ［RPL⁺12］。另一方面，MBF 性能相对较差（除了在低 SNR 区域），因为 MBF 的速率和性能受到小区内干扰的限制，因此在高 SNR 区域 MBF 的 SINR 受比率 $\alpha = n_t /K$ 限制。MBF 需要更多的天线来达到和 ZFBF 一样的性能。

有趣的是，我们注意到在之前章节中当 $K > n_t$ 并使用用户选择，和在本节中当 $n_t \gg K$ 并不使用用户选择的情况类似。总的来说，对 $K \gg n_t$ 和 $n_t \gg K$ 的情况，简单的线性预编码方案相对更复杂的非线性方案更加适合。

空间相关瑞利衰落信道中的线性预编码

我们现在开始关注空间相关信道。在第 5 章讨论了发射和接收空间相关性对单链路 MIMO 信道容量的影响。接收相关总是会恶化性能，而发射相关可能会改善或恶化性能，取决于 SNR 和 CSIT/CDIT 的程度。但是，发射相关会降低在高 SNR 区域的复用增益。根据在之前章节的观察结论，我们现在分析发射空间相关对简单的线性预编码方案（即结合贪婪用户选择的 ZFBF（贪婪 ZFBF））性能的影响。注意，与 ZFWF 不同，我们这里假设在数据流中使用均匀功率分配。

在图 12.18 中，我们仿真了发射相关性和用户数 K 对四根发射天线的 ZFBF 方案在不同的相关环境中性能的影响。使用指数模型式（10.88）来产生相关矩阵。我们假设所有用户经历同样的相关 $|t_q| = |t|$ 和相同的平均 SNR $\eta_q = \eta \,\forall\, q$。仿真方法和图 12.8 使用的类似。对理想 CSIT 和不使用小区扇区化，随着发射相关性的增强，速率和的 CDF 曲线逐渐变平。此外，随着激活用户数的增大，较高的发射相关性会带来更大的平均速率和。因此，对较小数量的激活用户（$K < 10$），相关衰落可能对性能有益或有害。但是，对较大数量的激活用户（$10 \leqslant K \leqslant 20$），相关衰落对性能有益。

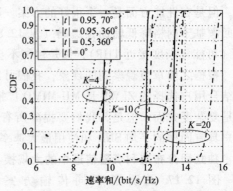

图 12.18　具有理想 CSIT 的贪婪 ZFBF 的性能 CDF 与 K 和发射相关（SNR = 10dB）的关系. $\{|t|, t/|t|\}$ 表示参数集合 Sum-rate 速率和

图 12.18 还说明，当发射相关较强时，扇区化小区（例如 70°）对系统性能有害，因为扇区化会降低调度正交用户的概率。这些结论和图 12.8 的用户相关性行为一致。

12.9　部分传输信道信息的下行多用户 MIMO 预编码

到目前为止，我们都假设在 BS 端具有理想 CSI。实际中，很难在 FDD 和 TDD 系统中获得理想 CSIT，发射机只能有部分 CSIT。有两个因素在影响着获得理想 CSIT，分别是不精确的 CSI 测量和反馈（由于信道估计误差和有限的反馈负荷）和反馈时延（由于移动终端和基站的处理时延和帧结构）。我们现在讨论部分发射信道信息对 MU-MIMO 性能的影响和预编码如何利用这种部分 CSI 信息。我们主要集中在量化和过时的反馈信息。我们回顾在第 10 章详细讨论的空时编码 SU-MIMO 传输中的部分 CSI。

12.9.1　伺机波束赋形-酉预编码伺机波束赋形

我们在 12.5 节已经观察到 MU 分集在移动环境中要比在固定部署常见中要大。因此我们可能会考虑如何提高固定终端的 MU 分集。回顾在 1.5.5 节中的讨论，可以通过在不同天线上使用时变随机相位旋转向量（或更一般化，使用随机酉向量）w 来增强信道时变性。通过这样做，单链路传输的空间分集转化为时间分集。从多链路的角度来看这个系统，在一个时刻调度一个用户，类似的时变随机向量 w 可以对发射天线进行预编码

$$y_q = \sqrt{E_s}\,\Lambda_q^{-1/2}\,\boldsymbol{h}_q\boldsymbol{w}c_q + n_q \qquad (12.261)$$

这样任何固定终端 q 的预编码信道 $h_q w$ 都表现出时变特性，幅度在范围 $0 \leqslant |h_q w| \leqslant \|h_q\|$ 之间波动。假设大量的独立用户和时变 w，调度器应该在当 $|h_q w|$ 较强时调度用户 q，因此可以利用 MU 分集增益。

这种方案可以理解成一种伺机波束赋型（OB）[VTL02]，其中当用户的信道接近匹配时变波束赋型 w 时调度该用户。与传统的波束赋型或主特征向量合并不同，伺机波束赋型不需要完全 CSI 反馈（即反馈 h_q）。实际上，终端只需要测量有效信道 $h_q w$（使用例如在 14.3 节介绍的预编码导频）和汇报对应的 SNR，通常表示为信道质量指示（CQI）。CQI $\overline{h_q}$ 并不汇报，这样可以有效地减低反馈负荷。实际上，终端甚至不需要知道存在多根发射天线，因为有效信道在接收机看起来就是 SISO 信道。有趣的是，即使只汇报 SNR，信道处于慢衰落，当有足够多的用户时，可以达到实际的波束赋型增益（当 $w = \overline{h}_q^H$ 时获得）[VTL02]。

命题 12.44　假设用户衰落分布是独立同分布，对任意用户 q，时变向量 w 的元素的联合分布与 $\overline{h}_q$ 的联合分布一样，那么对 PF 调度器式（12.155）和式（12.156），$t_c = \infty$ 和 $\gamma_q = \gamma \; \forall \, q$，

$$\lim_{K \to \infty} K \overline{R}_q = \log_2(1 + \eta_q \|h_q\|^2), \forall_q \tag{12.262}$$

上述命题告诉我们当 K 很大时，PF 调度器总会调度那些处于对应波束赋型配置的用户（即，当 $w = \overline{h}_q^H$），此外给每个用户分配相同的时间。在 [VTL02] 中评估表明随着 n_t 的增大，命题 12.44 的收敛性逐渐降低，为了达到渐近性能，需要非常大的 K。

通常，OB 的增益取决于如何通过使用时变随机预编码 w 来改变衰落分布。为了获得 MU 分集，如果 w 能增大有效信道分布的动态范围，那么可以获得更大的 MU 分集。在独立瑞利快衰落场景，OB 不能提供任何增益，因为有效信道的分布与最初信道元素没有太大区别。因此，为了简化预编码 w 可以保持固定，我们可以利用信道本身的波动。在莱斯衰落信道中，OB 可以提供较大的性能增益，尤其是 K 因子较大时，由于不同发射天线的信道主分量之间的叠加和低调，随机预编码 w 可以增大信道波动。

正交伺机波束赋型

通过简单的使用随机时变预编码矩阵 W，可以把 OB 方案扩展到多用户，其中 W 的列数表示数据流的数量。W 使用的是酉矩阵，这样用户可以调度在正交的波束上。OB 和多个正交波束的结合成为正交伺机波束赋型（OOB）。由于 MU 分集，每个波束以很高的概率匹配一个用户信道，并且波束的正交性可以使得用户不经历多用户干扰，即

$$y_q = \Lambda_q^{-1/2} h_q W S^{1/2} c + n_q \tag{12.263}$$

$$\overset{K \to \infty}{=} \Lambda_q^{-1/2} \|h_q\| s_q^{1/2} c_q + n_q \tag{12.264}$$

与 OB 类似，终端只测量有效信道，即，信道用每个波束预编码，并汇报一个

或多个波束的 SNR（或 CQI）。伺机波束赋型的最主要问题是用户数 K 必须非常大，这样实际性能才能接近渐近性能。12.6 节中计算 MU 波束赋型技术的比例定律的波束赋型方法是 OOB［SH05，SH07］。

酉预编码

酉预编码（Unitary Precoding，UP）是 OOB 的另一种形式，介于伺机波束赋型和量化基于预编码的反馈之间，酉预编码中每个时刻的预编码是在一个酉矩阵 W_1，$\cdots W_{np}$ 的小码本中选择。用户在这些矩阵中的一个矩阵中选择出最适合的波束，会向 BS 汇报对应的标号和一些 CQI。在收集到这些信息后，BS 决定最佳的酉矩阵用作预编码，以及同调度的用户。如果这个码本中只有一个矩阵，UP 退化成 OOB。UP 同样也取决于在同一个酉矩阵的波束上同调度用户的 MU 分集。较大的码本大小会能改善波束赋型增益，但是同时减少了在同一个酉矩阵上共同调度多个用户的可能性。由于其简单和与单用户 MIMO 中基于量化预编码的空间复用（见 10.8 节）类似，UP（有时称为 PU2RC［Sam05］）在 LTE Rel.8 的时候得到了很多关注（见第 14 章）。

12.9.2　基于反馈的量化预编码

在 12.8.10 节，我们注意到了基于 ZF 的线性预编码和多用户调度结合能够达到较好的性能-复杂度折中。根据这些结论，我们仍然关注使用均匀功率分配的 ZF-BF，并讨论量化反馈对 ZFBF 性能的影响。根据 10.6 节，在有效反馈方案中，发射机未知理想信道方向信息（CDI）$\bar{h}_q$：在 MT 计算出 CDI 的量化版本后，表示为 $\hat{h}_q$，汇报给发射机。在这种情况中，式（12.203）得到的向量 w_q 量化反馈为

$$w_q = \hat{F}(:,q) / \| \hat{F}(:,q) \| \qquad (12.265)$$

其中

$$\hat{F} = \hat{H}^H (\hat{H}\hat{H}^H)^{-1} D^{-1} \qquad (12.266)$$

其中

$$\hat{H} = [\hat{h}_i^T, \cdots, \hat{h}_j^T]_{i,j \in K}^T \qquad (12.267)$$

每个用户 q 用 B_q 比特码本 W_q 量化自己的信道，码本的码向量 $v_{q,i}$，$i = 1$，$\cdots$ $n_{p,q} = 2^{B_q}$。根据式（10.59），用户 q 选择最优的码向量 $v_q^{\star}$ 为

$$v_q^{\star} = \arg \max_{1 \le i \le n_{p,q}} |h_q v_{q,i}|^2 \qquad (12.268)$$

信道方向的量化版本可以表示为 $n_t \times 1$ 维的行向量 $\hat{h}_q = (v_q^{\star})^H$。注意我们使用的是码向量标记 $v_q^{\star}$ 而不是如第 10 章使用的 $w_q^{\star}$，是为了强调 $v_q^{\star}$ 不是用作发射预编码，而是用于 CDI 的估计。

假设理想信道信息的 ZFBF，每个移动终端单接收天线，并且在 n_e 个同调度用

户上均匀分配功率，发射机能抑制多用户干扰。回顾（12.205），具有理想 CSIT（和均匀功率分配）用户 q 能达到的预期速率为

$$\overline{R}_{\text{CSIT},q} = \mathcal{E}_H \left\{ \log_2 \left(1 + \frac{\eta_q}{n_e} |\boldsymbol{h}_q \boldsymbol{w}_{\text{ZF},q}|^2 \right) \right\} \tag{12.269}$$

式中，$\boldsymbol{w}_{\text{ZF},q}$ 是根据式（12.203）获得。

在有限反馈时，多用户干扰不能完全被 ZFBF 滤波器抑制（因为 BS 只能获得 CDI 信息的量化版本），用户 q 能达到的预期速率为

$$\overline{R}_{\text{LF},q} = \mathcal{E}_H, W_q \{ \log_2 (1 + \rho_q) \} \tag{12.270}$$

其中

$$\rho_q = \frac{\dfrac{\eta_q}{n_e} |\boldsymbol{h}_q \boldsymbol{w}_q|^2}{1 + \dfrac{\eta_q}{n_e} \sum_{p \in K, p \neq q} |\boldsymbol{h}_q \boldsymbol{w}_p|^2} \tag{12.271}$$

向量 $\boldsymbol{w}_q$ 是根据式（12.265）得到。由于量化反馈导致用户 q 的速率损失定义为

$$\Delta \overline{R}_q = \overline{R}_{\text{CSIT},q} - \overline{R}_{\text{LF},q} \tag{12.272}$$

量化反馈的多用户 MIMO 方案受到量化误差的影响有两个方面。首先，量化误差会导致 SINR ρ_q 中残留有干扰项，并且干扰项不会随 SNR η_q 变化而消失，因此当 SNR 增大时会出现天花板效应 [Jin06, DLZ07]。其次，量化误差影响 CQI 的计算，从而很难精确的计算 CQI。我们将在之后的章节详细讨论这些问题。

速率和分析

下面的命题说明了假设预定义 $n_e > 1$ 的同调度用户集合中由于量化反馈造成的速率和损失 [Jin06, RJH07, CKK08b]。

命题 12.45 使用 B_q 个比特反馈码本的有限反馈 ZFBF 方案对用户 q 造成的速率损失（与理想基于 CSIT 的 ZFBF 相比）的上界是

$$\Delta \overline{R}_q \lesssim \log_2 \left(1 + \frac{\eta_q}{n_e} (n_e - 1) d_{f,q} \right) \tag{12.273}$$

式中，$d_{f,q}$ 是用户 q 的平均失真函数式（10.63）。

证明：假设调度了 $n_e > 1$ 个用户，功率均匀分配，根据式（12.272），与理想基于 CSIT 的 ZFBF 相比有限反馈对用户 q 造成的速率损失近似为

$$\Delta \overline{R}_q = \overline{R}_{\text{CSIT},q} - \overline{R}_{\text{LF},q}$$

$$= \mathcal{E}_H \left\{ \log_2 \left(1 + \frac{\eta_q}{n_e} |\boldsymbol{h}_q \boldsymbol{w}_{\text{ZF},q}|^2 \right) \right\}$$

$$- \mathcal{E}_H, W_q \left\{ \log_2 \left(1 + \frac{\eta_q}{n_e} |\boldsymbol{h}_q \boldsymbol{w}_q|^2 + \frac{\eta_q}{n_e} \sum_{p \in K, p \neq q} |\boldsymbol{h}_q \boldsymbol{w}_p|^2 \right) \right\}$$

$$+ \mathcal{E}_H, W_q \left\{ \log_2 \left(1 + \frac{\eta_q}{n_e} \sum_{p \in K, p \neq q} |\boldsymbol{h}_q \boldsymbol{w}_p|^2 \right) \right\}$$

$$\overset{(a)}{\leq} \mathcal{E}_H \left\{ \log_2 \left(1 + \frac{\eta_q}{n_e} \mid h_q w_{ZF,q} \mid^2 \right) \right\} - \mathcal{E}_H, W_q \left\{ \log_2 \left(1 + \frac{\eta_q}{n_e} \mid h_q w_p \mid^2 \right) \right\}$$

$$+ \mathcal{E}_H, W_q \left\{ \log_2 \left(1 + \frac{\eta_q}{n_e} \sum_{p \in K, p \neq q} \mid h_q w_p \mid^2 \right) \right\}$$

$$\overset{(b)}{=} \mathcal{E}_H, W_q \left\{ \log_2 \left(1 + \frac{\eta_q}{n_e} \sum_{p \in K, p \neq q} \mid h_q w_p \mid^2 \right) \right\}$$

$$\overset{(c)}{\leq} \log_2 \left(1 + \frac{\eta_q}{n_e} \mathcal{E}_H, W_q \left\{ \sum_{p \in K, p \neq q} \mid h_q w_p \mid^2 \right\} \right) \tag{12.274}$$

在（a）中我们利用了 $\frac{\eta_q}{n_e} \sum_{p \in K, p \neq q} \mid h_q w_p \mid^2 \geq 0$ 和 log 是单调递增函数的性质。在 （b）中我们利用了 $w_{ZF,q}$ 和 w_q 是与 h_q 无关的各向同性单位向量，在（c）中我们 使用了 Jensen 不等式。根据 $\hat{h}_q$ 和 w_q 间的正交性，

$$\| h_q \|^2 \geq \mid h_q w_p \mid^2 + \| h_q \|^2 \mid \bar{h}_q \hat{h}_q^H \mid^2 \tag{12.275}$$

$\Delta \bar{R}_q$ 可以进一步得到其上界为式（12.273）。

根据衰落分布和信道模型不同，命题 12.45 可以通过加入命题 10.3、10.5、 10.6 和 10.8 中推导的带 RVQ 的失真函数来进行扩展。在独立同分布瑞利信道， [Jin06] 得到了比（12.273）更紧的上界。

命题 12.45 一个重要的结论是速率损失是 SNR η_q 的递增函数。SNR 越大，量 化误差带来的多用户干扰越大。对于固定数量的反馈比特 B_q（因此，固定非零 $d_{f,q}$）和固定数量的同调度用户（>1），量化反馈的 ZFBF 在高 SNR 和速率和饱 和时是干扰受限的。根据式（12.270）和式（12.271），在高 SNR η_q 时，我们可以 得到

$$\bar{R}_{LF,q} \leq \mathcal{E}_H, W_q \left\{ \log_2 \left(1 + \frac{\mid h_q w_q \mid^2}{\sum_{p \in K, p \neq q} \mid h_q w_p \mid^2} \right) \right\} \tag{12.276}$$

$$\overset{(a)}{\leq} \mathcal{E}_H, W_q \left\{ \log_2 \left(1 + \frac{1}{1 - \mid h_q \hat{h}_q^H \mid^2} \right) \right\} \tag{12.277}$$

式中，在（a）中我们利用了对 $p \neq q$，$\sum_{p \in K, p \neq q} \mid h_q w_p \mid^2 > \mid h_q w_p \mid^2$，$\mid h_q w_p \mid^2 < \| h_q \|^2$ 和式（12.275）。

为了避免饱和，假设固定 B_q，随着 SNR 的增大，BS 应该减少同调度用户的数 量（因此降低了空间复用增益）。在高 SNR 时，BS 最终只调度一个用户，如式 （12.171）对 $n_r = 1$ 的 TDMA 系统，这时空间复用增益为 1。为了仍然能获得全空 间复用增益，在下节中的反馈比特的数量应该随着 SNR 的增大而增加。

可扩展反馈

在把命题 12.45 用在独立同分布和空间相关瑞利衰落信道后，我们可以转换式

（12.273），估计出用户 q 要保证速率损失 $\Delta \overline{R}_a \leqslant \log_2(b)$ bit/s/Hz 所需的反馈比特数量，如下命题 [Jin06，RJH07，CKK08b]。我们回顾在 10.6.4 节讨论的 DFT 码本和基于 CDIT 的码本（也称为自适应码本）。

命题 12.46 为了保证在独立同分布瑞利衰落信道中用户 q 有限反馈 ZFBF 和理想 CSIT 的 ZFBF 之间的速率损失 $\Delta \overline{R}_q$ 小于 $\log_2(b)$ bit/s/Hz，反馈比特数量 B_q 应该根据下式进行调整

$$B_q \approx (n_t - 1)\log_2(\eta_q) - (n_t - 1)\log_2(b - 1) + (n_t - 1)\log_2\left(\frac{(n_e - 1)n_t}{n_e}\right).$$

(12.278)

在 [Jin06] 中丢弃了式（12.278）的后面一项得到了更紧的反馈比特规则。

命题 12.47 为了保证在退化 ULA MISO 信道中用户 q 使用 DFT 码本的 ZFBF 和理想 CSIT 的 ZFBF 之间的速率损失 $\Delta \overline{R}_q$ 小于 $\log_2$（b）bit/s/Hz，反馈比特数量 B_q 应该根据下式进行调整

$$B_q \approx \frac{1}{2}\log_2(\eta_q) + \frac{1}{2}\log_2\left(\frac{n_e - 1}{n_e}n_t\frac{n_t^2 - 1}{12}\pi^2\frac{d^2}{\lambda^2}\tau^2\right) - \frac{1}{2}\log_2(b - 1) \quad (12.279)$$

命题 12.48 为了保证在空间相关瑞利衰落信道中用户 q 使用基于 CDIT 码本的 ZFBF 和理想 CSIT 的 ZFBF 之间的速率损失 $\Delta \overline{R}_q$ 小于 $\log_2$（b）bit/s/Hz，反馈比特数量 B_q 应该根据下式进行调整（假设 $K_a \approx 0$），其中用户发射空间相关矩阵 $\boldsymbol{R}_{t,q} = \boldsymbol{U}_{t,q}\boldsymbol{\Lambda}_{t,q}\boldsymbol{U}_{t,q}^H$ 结构满足式（10.85），

$$B_q \approx (r_q - 1)\log_2(\eta_q) - (r_q - 1)\log_2(b - 1)$$
$$+ (r_q - 1)\log_2\left(\frac{\sigma_{2,q}^2}{\sigma_{1,q}^2}\right) + (r_q - 1)\log_2\left(\frac{(n_e - 1)n_t}{n_e}\right) \quad (12.280)$$

式中，r_q，$\sigma_{1,q}^2$ 和 $\sigma_{2,q}^2$ 分别表示用户 q 的发射相关矩阵的秩和奇异值（与式（10.85）类似）。

根据命题 12.46、12.47 和 12.48 可以得到以下两个主要的结论。首先，反馈比特数应该与 $\log_2(\eta_q)$ 成线性增长关系以保持固定的速率损失。回顾 MIMO BC 的速率和也与 $\log_2(\eta_q)$ 成线性增长关系（见 12.6 节），反馈负荷不会超过速率和的增益。

其次，B_q 和 $\log_2(\eta_q)$ 关系曲线的斜率与传播条件密切相关：斜率的范围在 0（高相关信道，$r_q = 1$ 时）和 n_t（独立同分布瑞利衰落信道）之间。因此，每个用户的上行反馈负荷与 $\log_2(\eta_q)$ 增长的速率要小于等于 MIMO BC 的复用增益（等于 n_t）。

在独立同分布瑞利衰落信道（$r_q = n_t$ 和 $\sigma_{2,q}^2/\sigma_{1,q}^2 = 1$），反馈负荷与 $\log_2(\eta_q)$ 关系曲线的斜率与 n_t 成线性关系 [Jin06]。具体来说，每增加一倍功率（增加

3dB）需要增加 $n_t - 1$ 个反馈比特。这与在单用户传播中命题 10.4 的结论明显不同。

　　在使用 CDIT 码本的空间相关信道中，反馈负荷与 $\log_2（\eta_q）$ 关系曲线的斜率与 r_q 成线性关系。每增加一倍功率（增加 3dB）需要增加大约 $r_q - 1$ 个反馈比特。当发射相关性较大时，相关矩阵是病态矩阵，使用基于 CDIT 的码本时，为了保持和 CSIT 相对恒定的速率损失，B_q 随着 η_q 的增大与 r_q 成比例而不是与 n_t 成比例。因此，相对独立同分布瑞利衰落信道，空间相关信道的反馈负荷要少一些。此外，对于固定 r_q，B_q 随着比率 $\sigma_{2,q}^2 / \sigma_{1,q}^2$ 的减小而减少。如果 $r_q = 1$，信道退化，$B_q = 0$，此时最优的码本是由 $\boldsymbol{R}_{t,q}$ 的主特征向量组成。只需要知道信道的统计信息就可以达到最优性能。相比之下，如果在退化 ULA 配置中 $r_q = 1$，并且基于 DFT 码本反馈时，B_q 和 $\log_2（\eta_q）$ 的线性关系斜率等于 1。反馈比特数量必须和 SNR 成比例关系，但是线性关系的斜率是与天线数 n_t 相关。假设 $n_e = n_t$，$\eta_q = \eta$ 和 $r_q = r$，$\forall_q$，表 12.1 总结和比较了 MIMO BC 下行速率和和对应的总上行反馈负荷在独立同分布和空间相关信道中的比例关系。

表 12.1　DL MU-MIMO 的下行吞吐量和上行反馈负荷

信　　道	下行吞吐量	上行反馈负荷
I. i. d	$n_t \log_2（\eta）$	$n_t（n_t - 1）\log_2（\eta）$
空间相关	$n_t \log_2（\eta）$	$n_t（r - 1）\log_2（\eta）$

　　我们在图 12.19 中说明了命题 12.48 的可扩展反馈。两个信道，$n_t = 4$，$n_r = 1$，分别研究了 $\boldsymbol{\Lambda}_t = \mathrm{diag}\ \{2, 1, 1, 0\}$ 和 $\boldsymbol{\Lambda}_t = \mathrm{diag}\ \{8/3, 4/3, 0, 0\}$。假设 $K = n_e = n_t = 4$。我们假设所有的用户经历同样的矩阵 $\boldsymbol{\Lambda}_t$，即对所有 $q = 1，\cdots n_t$，$\boldsymbol{\Lambda}_{t,q} = \boldsymbol{\Lambda}_t$（可以得到 $\boldsymbol{R}_{t,q} = \boldsymbol{U}_{t,q}\boldsymbol{\Lambda}_t\boldsymbol{U}_{t,a}^{\mathrm{H}}$），还经历同样的平均 SNR $\eta_q = \eta\ \forall_q$。使用命题 12.48 对所有 $q = 1，\cdots n_t$ 应用。我们固定 $b = 2$ 以保持 3dB 的 SNR 差距。根据这两个图可以清楚的看到有限反馈曲线与理想 CSIT 的曲线保持平行，这就表示

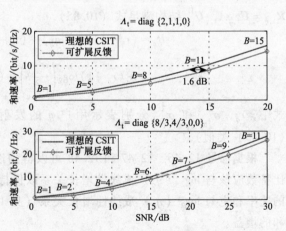

图 12.19　理想 CSIT 的 ZFBF 性能和无用户选择具有信道统计码本和可扩展反馈的 ZFBF 性能（$\boldsymbol{\Lambda}_t = \mathrm{diag}\ \{2, 1, 1, 0\}$ 和 $\boldsymbol{\Lambda}_t = \mathrm{diag}\ \{8/3, 4/3, 0, 0\}$，$n_t = 4$，$n_e = 4$）

命题 12.48 所描述的趋势是正确的。但是 SNR 差距小于 3dB，因为推导速率损失的上界和码本都是基于 Lloyd 算法而不是基于 RVQ 算法，因此会稍微过多估计所需

要的反馈比特数。在高 SNR 区域，SNR 差距约 1.6dB。正如预期的，所需的反馈比特数随着 Λ_t 的秩的减小和或 Λ_t 的第二个主奇异值和第一个主奇异值的比例的减小稍微降低。

到这里为止，我们都假设所有用户可以无限的缩放自己的反馈比特数。另一个要研究的角度是如何在总的反馈负荷限制 $\sum_{q \in K} B_q = B_{tot}$ 下载用户间分配反馈比特（也就是码本大小）以最大化性能（即最小化速率损失）[CKCK08]。证明最优的分配方案与注水算法相似。在高 SNR 时，由于存在量化误差，系统是干扰受限的。因此，与注水算法相似，更多的资源应该分配给较好的用户。根据之前的结论，使用基于 CDIT 的码本会在秩亏相关矩阵下相比在相关矩阵下要带来更小的量化误差。因此在高 SNR 时好的用户是那些具有秩亏的发射相关矩阵的用户。因此，更多的比特应该分配给经历秩亏的发射相关矩阵的用户而不是给具有良好相关矩阵的用户。这样，可以降低总的多用户干扰。但是，在低 SNR 区域，系统是功率受限的。因此，反馈比特应该分配使得每个用户达到的波束赋型增益几乎相等：更多的比特应该分配给具有良好相关矩阵的用户而不是给具有秩亏的相关矩阵的用户。

信道质量指示估计和多用户分集

除了反馈码本中最优的码字向量序号，BS 还需要估计每个用户的 SINR 以执行调度（包括用户分组）和速率自适应，对 SINR 的估计称为信道质量指示（CQI）。因为无法精确的估计干扰项 $\sum_{p \in K, p \neq q} |h_q w_p|^2$，在有限反馈的 MU-MIMO 中估计式（12.271）SINR ρ_q 非常复杂。实际上在 CQI 计算的时刻终端不知道 w_p 和 n_e，由于量化反馈 BS 不能精确的估计出干扰项。在这种情况下，终端需要汇报对 SINR 的估计，即 CQI，BS 根据调度器决定重新调整 CQI。

一种最简单的方法是用户在 CQI 汇报时刻假设秩-1 波束赋形，即发射功率完全分配给单个数据流，没有小区间干扰，因此 $CQI_q = \eta_q |h_q \hat{h}_a^H|^2$。这种 CQI 会过高估计实际的 SINR ρ_q，但是更重要的是这样会使得 BS 在高 SNR 时无法做出合适的调度决定。实际上，在高 SNR η_q 时，式（12.271）中的 SINR ρ_q 近似为

$$\rho_q \approx \frac{|\bar{h}_q w_q|^2}{\sum_{p \in K, p \neq q}^{n_e} |\bar{h}_q w_p|^2} \tag{12.281}$$

这就说明 SINR 主要是 CDI 量化误差（对应非零项 $|\bar{h}_q w_p|$）的函数，而不是信道幅度 $|h_q|^2$ 的函数。因此，假设秩-1 CQI 反馈，最大化速率和的调度器会对调度的用户子集做出错误的决策，尤其是在高 SNR 时。在 [YJG07] 中证明，使用秩-1 CQI 反馈的系统随着 SNR 增大会变成干扰受限（由于之前讨论过的天花板效应），但是此外不能获得 MU 分集增益。在高 SNR 时，这种系统的速率和被证明是与 K 无关，因此与 12.6.3 节讨论的 MU-MIMO 的比例定律严重违背。为了在使用量化反馈时能获得 MU 分集，CQI 同样需要考虑在干扰项中的量化误差的

影响。

考虑到估计式（12.271）的难度， ［Phi06，YJG07］建议使用下面对预期 SINR ρ_q 的下界，其中期望是对干扰项求

$$\mathcal{E}_1\{\rho_q\} \geqslant \frac{\rho_q}{E_s/n_t}\mathrm{CQI}_q \tag{12.282}$$

其中

$$\mathrm{CQI}_q = \frac{\frac{\eta_q}{n_t}\|\boldsymbol{h}_q\|^2\cos^2(\theta_q)}{1 + \frac{\eta_q}{n_t}\|\boldsymbol{h}_q\|^2\sin^2(\theta_q)} \tag{12.283}$$

并且 $\rho_q = \frac{E_s/n_e}{\|\boldsymbol{F}(:,q)\|^2}$。角度 θ_q 定义为 $\cos(\theta_q) = |\bar{\boldsymbol{h}}_q\hat{\boldsymbol{h}}_q^H|$。每个用户 q 计算 CQI_q，并汇报给 BS。在这种 CQI 的计算中，假设 n_t 个传输流，并在 BS 端根据实际的传输流 n_e 和 ZFBF 预编码的归一化因子使用量 p_q 进行重新调整，这样可以根据（12.282）的右侧公式估计出 ρ_q。

有趣的是，［YJG07］表明，对于准正交用户选择（SUS）的 ZFBF，这种 CQI 反馈能得到同样的 MU 分集增益，与理想 CSI 情况类似。当 K 较大时，调度器会很高概率的选择 $n_e = n_t$ 个准正交用户，平均速率和满足下面的命题 ［YJG07］。

命题 12.49 假设 $\eta_q = \eta$ 和 $B_q = B\ \forall\ q$，对固定 n_t 和 η 和 $n_r = 1$，在独立同分布瑞利衰落信道中使用 SUS 和量化反馈的 ZFBF 的预期速率和，对某些常数 α_i，满足下面的关系

$$\bar{C}_{\mathrm{ZFBF,LF}} \overset{K \nearrow}{\sim} \sum_{i=1}^{n_t}\log_2\left(1 + \frac{\eta}{n_t}\log\left(\frac{2^B K\alpha_i}{\left(\frac{\eta}{n_t}\right)^{n_t-1}}\right)\right) \tag{12.284}$$

式中，$\log\left(\frac{2^B K\alpha_i}{(\eta/n_t)^{R_t-1}}\right)$ 可以看成是考虑到 MU 分集和 CDI 量化误差的 SNR 增益（与 η 相关）。

注意与理想 CSIT 情况下命题 12.37 的相似性。因子 $\log(K)$ 表示了 MU 分集增益（如 12.5.1 节和 12.6.3 节中的推导），因此可以在理想和量化 CSI 反馈中都能获得 MU 分集增益。

乘积项 $2^B K$ 也说明了量化比特数和用户数可以互换。当 $2^B K$ 固定为常量，通过增加用户数和减少码本大小或反过来减少用户数和增大码本大小可以达到同样的速率和。每增大一倍用户数就能减少每个用户一个反馈比特。

通过式（12.284）求反函数，可以得到把在独立同分布瑞利衰落信道中预定义 n_e 个用户的可扩展反馈特性命题 12.46 推广到考虑量化误差和 MU 分集（$K \geqslant n_t$）的情况 ［YJG07］。

命题 12.50　为了保持在独立同分布瑞利衰落信道中具有量化反馈和 MU 分集的 ZFBF 和理想 CSIT 的 ZFBF 之间目标 SNR 增益（或损失），反馈比特数 B 和用户数 K 应该满足下面的关系

$$B + \log_2(K) \approx (n_t - 1)\log_2(\eta) + c \qquad (12.285)$$

式中，c 是常量。

因此，对发射功率增加 3dB 需要增加 $n_t - 1$ 个反馈比特（固定 K 时），或者增加 $2^{(n_t-1)}$ 倍用户（固定 B 时）。或者，需要调整 B 和 K 来满足（12.285）。

目前为止，我们都假设所有用户汇报自己的 CSI。但是，从 MU 分集和 PF 调度的观察看，如果某些用户处于深衰落，在这个时刻这些用户几乎不会被调度。因此，BS 可以只要求信道状况较好的用户汇报 CSI，而不是让所有用户都汇报自己的 CSI 以消耗上行资源。较好的用户，我们是指那些 CQI 要比一定门限要高的用户 [GA04]。这种门限可以根据信道衰落分布和小区中用户数来确定从而保证一定的反馈负荷或达到一定的调度中断概率（调度中断是在所有用户都处于恶劣情况，没有用户汇报 CSI 的情况）。在 [GA04] 中证明了，通过只让 CQI 高于某个预定义的门限的用户汇报 CQI，可以使得反馈负荷减低高达 90% 的同时性能不变。在实际中，用户有不同的信道衰落分布，并且数据包有着不同的应用延迟限制和随机到达，这种方法的实现可能更加困难。

最后强调一点，有限反馈的 MU-MIMO 中的 CQI 计算要比 SU-MIMO 中要复杂得多。回顾 10.8 节，虽然也使用了有限反馈，对于给定的接收滤波器，由于可以显式的计算流间干扰，终端可以准确的计算 SINR。但是这个结论只适用于单小区场景，因为此时可以忽略小区间干扰。在多小区场景中，如第 13 章的介绍，小区间干扰不能忽视，尤其是在小区边缘用户，因此在 CQI 计算中必须加以考虑（这与使用的是 SU 或 MU-MIMO 无关）。但是，小区间干扰很难估计，因为在计算 CQI 时刻终端无法获得干扰小区的波束赋型和/或发射功率信息。

天线合并

分析量化反馈对 MU-MIMO 性能的影响中假设了每个终端使用单接收天线，即 MU-MISO。那么，多根接收天线的出现，即 MU-MIMO 是否会提高量化反馈的性能？假设发射机仍然使用 ZFBF，每个调度用户使用单流传输。考虑到 CDI 量化误差对性能具有很大影响，MT 可以使用一个简单的方法，只使用量化误差最小的接收天线。因此，终端对每根接收天线计算码本中最小化量化误差的码字向量，然后选择出量化误差最小的接收天线并把对应的码字向量序号汇报给 BS。虽然具有多根接收天线，但是只有一根激活的接收天线，发射机和接收机间的信道等效看起来像一个向量信道。假设接收天线独立，$n_{r,q} = n_r$，$\forall q$，从大小为 2^B 的码本中选择出最好的 n_r 个信道量化，在统计意义上等效为量化一个大小为 $n_r 2^B$ 的码本的单向量信道。因此，MU-MIMO 中的接收天线选择可以有效的达到和每个用户反馈 $B + \log_2(n_r)$ 个比特的 MU-MISO 系统具有相同的吞吐量性能。

天线选择在数学上可以表示为一个终端 q 的接收合并器 g_q，其中对应激活接收天线的序号的元素等于 1，而其他元素等于 0。我们考虑更一般的线性合并器，把 $n_r \times n_t$ 维信道矩阵 $\boldsymbol{H}_q$ 转换为 $1 \times n_t$ 维的有效信道矩阵 $\boldsymbol{h}_{q,\text{eff}} = g_q \boldsymbol{H}_q$，而不是把合并器限制成单位矩阵的一列。根据 10.5 节，合并器可以基于 MRC 选择从而可以保证更大的有效信道范数。但是，虽然这些合并器在低 SNR 区域可能有一些的效果，但是在高 SNR 区域，由于合并器忽略了由于量化误差造成的干扰功率的影响，因此性能较差。在高 SNR 区域，设计一个最小化量化误差的合并器可能是更好的方法。这种合并器表示为基于量化的合并器（QBC）［Jin08］。基于最小化量化误差的目的，最优有效信道是解决以下最优化问题

$$g_q^\star = \arg \max_{\|g_q\| = 1} \max_{1 \le i \le n_{p,q}} |\overline{\boldsymbol{h}}_{q,\text{eff}} \boldsymbol{v}_{q,i}| \qquad (12.286)$$

这个问题可以如下解决：

1）在由 $\boldsymbol{H}_q$ 的行生成的子空间确定正交基，表示为 $\boldsymbol{q}_{q,1}, \cdots \boldsymbol{q}_{q,n_r}$，定义 $n_r \times n_t$ 维矩阵 $\boldsymbol{Q} = [\boldsymbol{q}_{q,1}^{\mathrm{T}} \cdots \boldsymbol{q}_{q,n_r}^{\mathrm{T}}]^{\mathrm{T}}$。

2）找到最靠近由 $\boldsymbol{H}_q$ 的行生成子空间的码向量

$$\boldsymbol{V}_q^\star = \arg \max_{1 \le i \le n_{p,q}} \| \boldsymbol{V}_{q,i}^{\mathrm{T}} \boldsymbol{Q}^{\mathrm{H}} \|^2 \qquad (12.287)$$

这可以简化为找到最大化码向量和子空间之间角度余弦的码向量。

3）通过把 $\boldsymbol{V}_q^\star$ 投影到子空间来找到有效信道的方向

$$\overline{\boldsymbol{h}}_{q,\text{eff}} = \frac{\boldsymbol{V}_q^{\star\mathrm{T}} \boldsymbol{Q}^{\mathrm{H}} \boldsymbol{Q}}{\| \boldsymbol{V}_q^{\star\mathrm{T}} \boldsymbol{Q}^{\mathrm{H}} \boldsymbol{Q} \|} \qquad (12.288)$$

$\overline{\boldsymbol{h}}_{q,\text{eff}}$ 是由 $\boldsymbol{H}_q$ 的行生成子空间的所有方向上量化误差最小的方向，接收合并器应该选择满足有效信道与这个方向对齐。

4）根据最小二乘问题 $\boldsymbol{u}\boldsymbol{H}_q = \overline{\boldsymbol{h}}_{q,\text{eff}}$ 的归一化解 $\boldsymbol{u}/\|\boldsymbol{u}\|$ 计算最优的接收合并器 $g_q^\star$，即

$$g_q^\star = \frac{\overline{\boldsymbol{h}}_{q,\text{eff}} \boldsymbol{H}_q^{\mathrm{H}} (\boldsymbol{H}_q \boldsymbol{H}_q^{\mathrm{H}})^{-1}}{\| \overline{\boldsymbol{h}}_{q,\text{eff}} \boldsymbol{H}_q^{\mathrm{H}} (\boldsymbol{H}_q \boldsymbol{H}_q^{\mathrm{H}})^{-1} \|} \qquad (12.289)$$

天线合并后的有效信道表示为 $\boldsymbol{h}_{q,\text{eff}} = g_q^\star \boldsymbol{H}_q$，有效信道方向的量化版本等于 $\hat{\boldsymbol{h}}_{q,\text{eff}} = \boldsymbol{v}_q^\star$。

与之前章节类似，可以计算具有 QBC 的 ZFBF（和多根接收天线）和理想 CSIT 的 ZFBF（和单根接收天线）的速率损失，以及推导得到反馈比特数与 SNR 的关系［Jin08］。

命题 12.51　为了保证对用户 q 在独立同分布瑞利衰落信道中具有 QBC 的 ZFBF（n_r 根接收天线）和理想 CSIT 的 ZFBF（单根接收天线）的速率损失 $\Delta \overline{R}_q$ 小于 $\log_2(b)$ bit/s/Hz，反馈比特数 B_q 应该根据下式调整

$$B_q \approx (n_t - n_r) \log_2(\eta_q) - (n_t - n_r) \log_2(c)$$

$$- (n_t - n_r) \log_2\left(\frac{n_t}{n_t - n_r + 1}\right) - \log_2\binom{n_t - 1}{n_r - 1} \tag{12.290}$$

式中，$c = be^{-}\left(\sum_{t=n_t-n_r+1}^{n_t-1} \frac{1}{1^{1/t}}\right) - 1$。

这个结论可以与命题 12.46 进行比较。对 QBC，反馈负荷必须与 SNR 线性增长以保证固定的速率损失，但是这个增长的斜率是 $n_t - n_r$，而对于单接收天线时这个斜率是 $n_t - 1$。多根接收天线的出现可以使得用户 q 的反馈负荷大约减少了 $(n_r - 1) \log_2(\eta_q)$ 倍。

把上述观察结合命题 12.48 的结论，我们可以推断出在发射相关瑞利衰落信道和接收天线不相关时，B_q 应该与 SNR 满足比例关系 $(r_a - n_r) \log_2(\eta_q)$ 才能保持速率损失恒定。

QBC 的目标是把接收天线合并以最小化量化误差，而 MRC 的目标是最大化信号功率。最大预期 SINR 合并器（MESC）是一种增强的合并器，它根据最大化预期 SINR 的目标来联合选择码向量和接收合并器，因此可以看成是结合了 MRC 和 QBC [TBH08]。MMESC 和 MMSE 合并器相似，在低 SNR 时退化成 MRC，而在高 SNR 时退化成 QBC。

全局性能比较

我们仿真了 ZFBF 使用不同码本策略时的性能：理想 CSIT，格拉斯曼空间装箱（GLP），基于 DFT 码本，和基于信道统计量的码本（CDIT-CB）。CDIT-CB 是使用在式（10.84）提出的旋转和缩放方法产生的。在旋转和缩放过程中使用的独立同分布子码本是使用 10.6.2 节的 Loyd 算法进行优化。在所有仿真中，CQI 按照式（12.283）估计并汇报给 BS 以进行调度。假设理想链路自适应，因此速率和是在所有同时调度用户上求和 $\log_2(1 + \rho_q)$ 得到（其中 ρ_q 是由（12.271）得到）。

在图 12.20 中，我们研究了用户调度和量化对均匀功率分配的 ZFBF 在不同的空间相关环境中性能的影响（$n_t = 4$）。指数模型式（10.88）用来产生相关矩阵。我们假设所有用户经历同样的相关 $|t_a| = |t|$ 和同样的平均 SNR $\eta_q = \eta \ \forall q$。相关系数 t_q 的相位是每个用户随机生成，与图 12.8 和图 12.9 中的仿真相似，可以得到以下几个结论：

• 在 CSIT 和有限反馈中，速率和与 K 的关系斜率随着发射相关的增大而增大，除了 GLP 码本方法。

• CSIT，DFC 和 CDIT 码本的性能随着相关性的增大而改善，除了 GLP 码本的性能随着相关的增强而减低。注意，仿真是对给定的相关矩阵结构。在其他相关结构中结论可能稍有不同。这说明 GLP 不适合与在空间相关信道的 ZFBF，而 DFT 和 CDIT-CB 则很适合。这与在图 10.10 中的失真函数和之前章节讨论的速率和分析的结论相吻合。

- 在低发射相关和较大 K 时，DFT 性能要优于 GLP 和 CDIT-CB，而在 K 较小时，结论正好相关，虽然在独立同分布瑞利衰落信道中 GLP 的失真函数要比 DFT 码本要小。由于 DFT 码本的一些向量相互正交，而 GLP 码本则不是这样，所以可以解释为什么 DFT 码本具有较好的性能。因此，当找到正交用户的概率提高时（K 较大），用户信道可以使用正交向量来量化从而保留正交性。GLP 则不能这么做。

- 扇区化会影响理想 CSIT 和有限反馈 ZFBF 的性能。

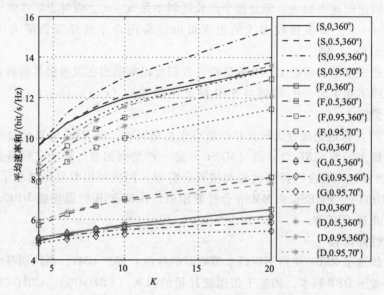

图 12.20   在不同发射相关系数 $t=0$，$|t|=0.5$ 和 $|t|=0.95$ 时（$h_q=10\text{dB} \, \forall q$，$B=4$），贪婪用户选择和不同码本策略的 ZFBF 的性能与 K 的关系："D" 表示基于 CDIT 的码本，"F" 表示 DFT 码本，"G" 代表 GLP，"S" 表示理想 CSIT，$\{"X", |t|, t/|t|\}$ 表示参数集合

在图 12.21 中，研究了贪婪用户选择的 ZFBF 的性能与 SNR 的关系，其中 B 假设在整个 SNR 范围内固定（没有可扩展反馈）。使用指数模型来产生相关矩阵。假设所有用户经历同样的相关 $|t_i|=|t|$ 和同样的平均 SNR $\eta_q=\eta \, \forall q$。图 12.21 确定了在固定码本大小时，量化造成的干扰在高 SNR 时成为限制性能的主要因素，受到 CSI 精度影响，复用增益使得速率和出现饱和，这与单用户情况下有所不同。回顾在图 10.10 中可以看到 DFT 码本可以精确的量化 ULA 相关信道。在图 12.21 中，当 B 较小时，空间相关信道中 CDIT-CB 性能要比 DFT 码本要好的多，但是 CDIT-CB 相对 DFT 的增益随着反馈比特数增大而减少。在非 ULA 场景中，预期 CDIT-CB 相对 DFT 码本的增益会更大，因为 DFT 码本不是适合非 ULA 场景的码本。对适中的 SNR 和相关天线，当 B 的值合理时，CDIT CB 可以接近理想 CSIT 的性能。自然，只有在空间相关场景中才能看到 CDIT CB 相对固定码本（不随信道统计而变化）的增益，也就是在天线间隔小和/或角度扩展小的场景。

12.9.3　过时反馈预编码

在反馈具有延迟时，传统方法利用信道时间相关性来根据之前信道测量来预测信道变化。如果 CSI 理想，发射机使用估计的信道。但是，随着移动台的移动速度和反馈时延的增大，性能会出现恶化。在极端情况下，信道反馈完全过时，由于反馈延迟造成的性能限制是否严重还是有其他可以使用过时信道反馈信息的传输方案可以比信道追踪方法更加有效［MAT10］。回顾具有延迟的时变信道，在式（12.6）的通用信道模型中我们假设延迟和移动台移动速度满足

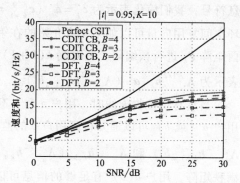

图 12.21　基于信道统计量的码本（CDIT-CB）和贪婪用户选择的 DFT 码本在 $B = 2$、3、4，$n_t = 4$，$|t| = 0.95$ 和 $K = 10$ 时的性能。发射相关矩阵使用了指数模型，t 的相位假设均匀分布在 $0\text{-}2\pi$.

在两个连续时刻，即 k 和 $k+1$，信道实现相互独立（如在 6.2 节中的理想时间交织信道模型），并且在发射机的 CSI 具有一个时刻的延迟（即在 BS 处 $k+1$ 时刻能获得 h_k）。

假设两个接收机 a 和 b 使用两根发射天线（$n_t = 2$）和每个用户单接收天线（$n_r = 1$）进行传输，我们表示在时刻 k 时的式（12.6）

$$y_{k,a} = \Lambda_a^{-1/2} \boldsymbol{h}_{k,a} \boldsymbol{c}'_k + n_{k,a} \tag{12.291}$$

$$y_{k,b} = \Lambda_b^{-1/2} \boldsymbol{h}_{k,b} \boldsymbol{c}'_k + n_{k,b} \tag{12.292}$$

而在 $k+1$ 时刻

$$y_{k+1,a} = \Lambda_a^{-1/2} \boldsymbol{h}_{k+1,a} \boldsymbol{c}'_{k+1} + n_{k+1,a} \tag{12.293}$$

$$y_{k+1,b} = \Lambda_b^{-1/2} \boldsymbol{h}_{k+1,b} \boldsymbol{c}'_{k+1} + n_{k+1,b} \tag{12.294}$$

在理想 CSIT 场景中，$\boldsymbol{c}'_k$（或 $\boldsymbol{c}'_{k+1}$）取决于 $\boldsymbol{h}_{k,a}$ 和 $\boldsymbol{h}_{k,b}$（或 $\boldsymbol{h}_{k+1,a}$ 和 $\boldsymbol{h}_{k+1,b}$）和基于例如 ZFBF 进行设计，因此用户 a 的消息不会对用户 b 造成干扰。换而言之，用户 a 的信号不会被用户 b 监听到（反之亦然）。与理想 CSIT 不同，由于假设在过时反馈场景中存在反馈延迟和不能及时获得 CSIT 信息，BS 对用户 a 传输的信息都会被用户 b 监听到，因为 BS 不能迫零干扰。过时反馈的思路是利用这个监听到的信息［MAT10］。当没有 CSIT 时，监听信息浪费了，因为 BS 不知道 $\boldsymbol{h}_{k,b}$。而另一方面，在过时反馈场景中，BS 在 $k+1$ 时刻能获得 $\boldsymbol{h}_{k,b}$。因此，BS 能够重构信号并把用户 b 接收到的监听信号用在之后的传输中。

为了达到这个目的，通过对用户 a 和 b 进行开环空间复用（与 6.5.2 节类似）来分别获得 $\boldsymbol{c}'_k$ 和 $\boldsymbol{c}'_{k+1}$。因此，$\boldsymbol{c}'_k$（或 $\boldsymbol{c}'_{k+1}$）包含要传输给用户 a（或 b）的两个信

息符号，我们简化表示为 $c'_k = a'$（$c'_{k+1} = b'$）。注意我们在 a' 和 b' 中使用 ' 表示开环空间复用向量可以如第 9 章介绍的在第 k（在 $k+1$ 时刻使用 P_{k+1}）个时刻使用酉矩阵 P_k 进行预编码。在时刻 $k(k+1)$，如果忽略噪声，用户 $b(a)$ 的监听信号表示为 $\Lambda_b^{-1/2} h_{k,b} a'$（$\Lambda_a^{-1/2} h_{k+1,a} b'$）。

当只有单接收天线时，用户 a 和 b 不能分别译码自己的信息向量 a' 和 b'。如果用户 a（或 b）可以通知得到用户 b 的监听信息 $\Lambda_b^{-1/2} h_{k,b} a'$（或用户 a 的监听信息 $\Lambda_a^{-1/2} h_{k+1,a} b'$）和 $\Lambda_b^{-1/2} h_{k,b}$（$\Lambda_a^{-1/2} h_{k+1,a}$），只要 $H_k = [h_{k,a}^T,\ h_{k,b}^T]^T$（$H_{k+1}$）是满秩矩阵，用户 $a(b)$ 有足够的信息可以求解得到 $a'(b')$。为了这么做，BS 在第三个时刻 $k+2$ 发送 $\Lambda_b^{-1/2} h_{k,b} a'$ 和 $\Lambda_a^{-1/2} h_{k+1,a} b'$ 的合并，即

$$c'_{k+2} = 1/\beta P_{k+2} \begin{bmatrix} \Lambda_b^{-1/2} h_{k,b} a' \\ \Lambda_a^{-1/2} h_{k+1,a} b' \end{bmatrix} \tag{12.295}$$

式中，β 是功率归一化因子。在时刻 $k+2$ 的接收信号表示为

$$y_{k+2,a} = \Lambda_a^{-1/2} h_{k+2,a} c'_{k+2} + n_{k+2,a} \tag{12.296}$$

$$y_{k+2,b} = \Lambda_b^{-1/2} h_{k+2,b} c'_{k+2} + n_{k+2,b} \tag{12.297}$$

如果用户 $a(b)$ 在 $k+2$ 时刻得到 $\Lambda_b^{-1/2} h_{k,b}$（$\Lambda_a^{-1/2} h_{k+1,a}$），通过合并 $y_{k,a}$，$y_{k+1,a}$ 和 $y_{k+2,a}$（$y_{k,b}$，$y_{k+1,b}$ 和 $y_{k+2,b}$），并解方程

$$y_{k,a} = \Lambda_a^{-1/2} h_{k,a} a' + n_{k,a} \tag{12.298}$$

$$y_{k+1,a} = \Lambda_a^{-1/2} h_{k+1,a} b' + n_{k+1,a} \tag{12.299}$$

$$y_{k+2,a} = 1/\beta \Lambda_a^{-1/2} h_{k+2,a} P_{k+2} \begin{bmatrix} \Lambda_b^{-1/2} h_{k,b} a' \\ \Lambda_a^{-1/2} h_{k+1,a} b' \end{bmatrix} + n_{k+2,a} \tag{12.300}$$

用户 $a(b)$ 可以得到各自的符号向量 $a'(b')$。虽然反馈过时，但是在三个时隙内传输了四个符号。因此，达到了总的空间复用增益 $g_s = 4/3 > 1$。注意，令

$$P_{k+2} = \begin{bmatrix} 1 & 1 \\ 0 & 0 \end{bmatrix} \tag{12.301}$$

是必要条件。

假设级联的信道矩阵 $H_k = [h_{k,1}^T, \cdots, h_{k,K}^T]^T$ 在每个时刻都是满秩的，该方案可以推广到 $K>2$ 更高的维度，可以得到以下复用增益 [MAT10]。

命题 12.52　假设在每个时刻 k 的满秩级联信道矩阵 H_k，使用过时信道反馈（在发射机和接收机）的可达到复用增益的下界是

$$g_s \geqslant \frac{K}{1 + \dfrac{1}{2} + \cdots + \dfrac{1}{K}} \approx \frac{K}{\log(K)}. \tag{12.302}$$

　　其中的等号在用户信道在时间和用户之间的是独立同分布时能达到。必须强调，只有在发射机和接收机都能获得全局过时 CSI 信息时才能达到上述复用增益。这与在之前章节中传统的 MU-MIMO 假设不同，在传统 MU-MIMO 中假设用户不需要知道其他用户的 CSI 信息。这个方案可以扩展到更一般的时域相关信道，从而得到过时反馈和理想反馈之间的性能差距［YKGY］。

第 13 章 多小区 MIMO

在第 5～11 章中，介绍了单小区网络的单一传输：传输方案（SU-MIMO）设计目的是提高衰落信道下的传播可靠性（通过分集增益）或者提高传输吞吐量（通过空间复用增益和阵列增益）。第 12 章介绍了在单小区网络下的多重传输（比如多用户），其为 MU-MIMO，其强调的是最大化累加吞吐量而不是链路吞吐量，同时也说明了在单小区网络下的多用户干扰管理。然而，在无线网络中干扰不但来自于小区内，还有小区间干扰。本章总体描述了多小区构成的网络，每个小区包含多个用户，同时讨论了如何处理多小区干扰。尽管我们采用小区的定义来简化描述，但其内容不只局限于蜂窝网络。另外移动台和用户的定义将会交期的出现在本章的描述中。

13.1 无线网络的干扰

无线网络的性能通过小区平均吞吐量和小区边缘吞吐量来评估。小区平均吞吐量（通常也称为扇区数据吞吐量）代表小区内所有用户平均吞吐量的总和。小区边缘用户吞吐量代表用户平均吞吐量分布函数的 5% 的分布。在定义系统要求时，峰值速率也是重要衡量指标，但是考虑其假设所有资源都分配给单一的用户比如单用户传输其在实际系统很难达到。

任何系统设计的目标都是提高小区平均和小区边缘性能。功率增强技术可以通过增强信号强度来提高小区平均性能，但其不能有效的提高小区边缘性能因为存在小区间的干扰（ICI）。基于 OFDM 的 4G 网络其频率复用因子等于或者接近 1，其与这种场景更相关。频率复用就意味着系统是干扰受限的，因为所有小区同时在所有时间频率资源上传输。功率增强不能提高小区边缘的吞吐量，因为服务小区和干扰小区都增强了其信号强度。这就要要求采用其他技术来提高小区边缘性能。

图 13.1 说明了基于系统仿真得出的在一个具有 500 米距离由 57 个扇区组成

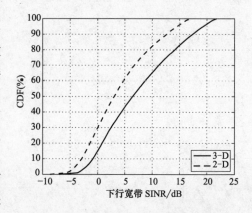

图 13.1　在都市宏小区环境下，频率复用因子为 1，具有 2 维和 3 维天线图样下，下行宽带信干噪比的累积分布

的网络中所有小区的用户宽带信干躁比（SINR）的累积分布。基站侧考虑二维和三维天线图样。三维辐射图样包含一个 15° 的天线阵列下倾角。结果表明在二维图样下，5% 的用户 SINR 低于 −4 点 B，对于三维图样，为 −2dB。在二维图样下，30% 的用户 SINR 低于 0dB，在三维图样下低于 2.5dB。因此特别是在二维天线图样下，小区内很大比例的用户具有很低的 SINR，其不能满足吞吐量性能要求。

13.1.1 典型的小区干扰消除

为了消除小区干扰，过去几十年学术界做了大量研究。最简单的方案是将干扰当做噪声。该方案的缺点是忽略了干扰信号的信息和结构，而这些信息有助于消除其影响。另外一种传统方案是基于正交化（在时间或者频率域）。一种著名的频域正交化方案是将可用频谱分割成多个频率分块，将不同的频率分块分给不同的小区这样最小化干扰。相邻小区分配在不重叠的频率分块上。频率上频率分块的数目通常定义为频率复用因子。早期部署的 GSM 网络其典型的频率复用因子为 5~7，较大的频率复用因子在降低小区间干扰的同时，也降低了频谱效率。

在现有系统中比如码分多址接入（CDMA），允许完全频率复用。通过 CDMA 码加扰特性或者频率跳频进行干扰随机化能够部分消除干扰的影响。最近的基于正交频率复用多址接入的网络如 LTE/LTE-A 和 WiMax 都是基于完全频率复用，引入了一些额外的小区间的协同。在小区间交互功率控制信息，使服务小区和干扰小区可以对每个频率资源块的发送功率等级和调度的用户进行合适的判决。但是基于慢速信息交互的协同方案只是相对半静态的干扰消除技术，具体细节参见第 14 章。

这些网络主要是基于分离的-克服的方法 [GKGO07]。网络通过分割为多个独立控制的分区进行优化，在每个分区大量采用先进纠错编码，链路自适应，频率选择性和最近的单用户，多用户 MIMO 技术。

频率复用划分

对于频率复用划分，可用频谱分成多个频率部分，每个分区分配给一个特定小区其目的是最小化小区间干扰。

为了简化说明，对于单发射天线的基站，如图 13.2 所示，将频率资源分割成 3 个分区 k_1，k_2，k_3，对于每个小区 $i = 1$，$\cdots$，n_c 每个频率分区 $k \in k_n$ 最大化发送功率，而 $k \notin k_n$ 功率为零，这样就可以获得一个复用因子 3 的频率复用。每个频率分区分配给一个小区。尽管上述频率复用分区比如依赖于复用因子为 3，通过降低干扰轻微的提高了小区边缘吞吐量。然而小区平均吞吐量下降了 [Eri06]。由于是基于预定义的确定分配，其复杂度是最小的。

静态分数频率复用（静态 FFR）

对于静态分区频率复用，其针对小区边缘和小区中心的用户采用不同的复用因子。因此小区边缘用户分配的资源具有较高的频率复用这样避免和相邻小区重叠从而消除了小区间干扰。另外一方面，小区中心用户的资源其频率复用因子为 1（或者接近于 1）。因此针对小区中心的频谱资源的发送功率要小于分配给小区边缘的功率。尽管小区中心的用户依然会干扰相邻小区的用户，但是功率降低了。小区边缘小区 SINR 和小区边缘吞吐量都得到了提高。然而对小区边缘用户采用很大的频率复用因子依然会导致吞吐量损失，因为只有带宽的一小部分可用。最终，性能取决于基站对给定用户将其分配到频率复用因子 1 的区域还是在具有高频率复用区域的判决。

自然，有多种分配频率资源的方案。第一种方案是对接近基站的用户在所有的频率分区上操作（比如 $B = k_1 + k_2 + k_3$，B 为整体带宽），对于边缘用户其只在一个特定的频率分区上工作（比如 k_1）。另外一种方案是，在每个小区分配 k_1，k_2，k_3 为小区边缘区域，将 $B - k_1$，$B - k_2$，$B - k_3$ 分配为每个小区的小区中心区域。相对图 13.2 和图 13.3，静态 FFR 为分数频率复用的超级子集，后者可以通过将非分

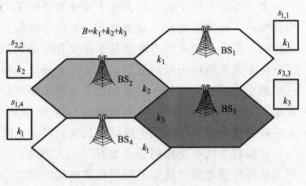

图 13.2　频率复用分区的示意

配给小区边缘用户的频率分区发射功率置零进行简化。

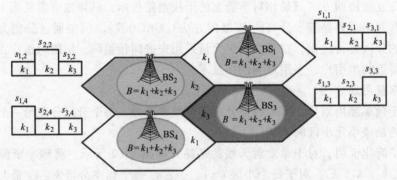

图 13.3　静态分区频率复用（FFR）示意

静态 FFR 相比基于频率复用因子 3 的频率复用划分方案，其可以对扇区吞吐量提高额外的增益。然而相对完全复用为 1 的系统，由于高复用因子带来的效率损失，FFR 的扇区吞吐量下降了。因此边缘小区用户 SINR 带来的增益不能补偿频谱效率的损失。尽管有损失，相对频率复用为 1 的系统，FFR 能够显著地增强小区覆盖，其可以获得与频率复用为 3 的系统相同的覆盖 [Eri06，SHV08]。

尽管频率复用分区和静态 FFR 能够有效降低小区间干扰，但其频谱效率增益是受限的。需要采用更先进的基于复用因子 1 的技术，在小区间提供更快的协调和协同。

13.1.2 面向多小区协同和协调

与分离-克服方案不同，该方案采用多小区 MIMO（MC-MIMO）在整个网络中联合分配资源（每个小区不再独立分配），采用多小区的特性使服务小区和相邻小区都可以增强移动终端的接收信号质量，同时降低来自相邻小区的共信道干扰。多小区 MIMO 技术已经应用在 3GPP LTE-A Rel. 11 的实际系统中，其在 3GPP 称为多点协同（CoMP）。具体细节参见第 14 章。

多小区协调的早期形式可以追溯到采用 Han-Kobayashi 编码方案增强受相邻小区干扰的用户速率，干扰信道的信息论研究［HK81］。多小区协调的第一个形式是在频率复用为 1 的 CDMA 网络中引入软切换技术［VVGZ94］。移动终端可能会同时连接到多个基站，基于选择分集选择基站中最好的链接。尽管选择分集可以提高网络容量和覆盖，但是网络依然受到小区间干扰的影响因为其为完全频率复用。

第一个采用中央处理器的完全基站协调的多小区 MIMO 为上行传输［Han96，HT01，HW93，Wyn94］。上行多小区 MIMO 信道就像是一个 MIMO 多址信道，基于多个小区的整体接收机利用所有接收到的信号来检查每个用户的信息，这样就可以完全利用干扰信号。［SZ01］第一次评估了下行基于基站协调的多小区 MIMO。从此，由于 MU-MIMO 的进展，多小区 MIMO 收到了极大的兴趣。

分类

发送（下行）和接收（上行）的多用户 MIMO 方案可以基于其对数据共享和 CSI 共享的要求分为如下 4 类方案：没有数据共享-没有 CSI 共享、没有数据共享-有 CSI 共享、有数据共享-没有 CSI 共享和有数据共享-CSI 共享。不依赖于数据共享的方案其对应协调技术（比如多小区 MIMO 协调），而依赖于数据共享的方案称为协同技术（比如多小区 MIMO 协同）。表 13.1 总结了基于数据和 CSI 共享要求的潜在多小区 MIMO 技术。不依赖于 CSI 共享的方案为多小区 MIMO 方案的最初形式，其被应用于实际系统以对抗多小区干扰。在这种方案中，13.1.1 节介绍的频率复用和静态 FFR，分布式开环 MIMO（也称为宏分集）为第 6 章介绍的空时编码技术在不同基站的天线间的分布式版本。举例，假设两个单天线基站，就如同这两个天线属于单个基站一样，在这两个天线上进行空时编码。自然上述方案要求在小区间共享数据而不需要共享 CSI。该方案一个简单场景是在共址传输中，在多个扇区上进行协同。基于 CSI 共享的方案为最近的技术，将会在本章做说明。

表 13.1 多小区 MIMO 方案的分类

	没有 CSI 共享	有 CSI 共享
没有数据共享-协调	频率复用，静态 FFR	两个子类 1）协调调度（CS），波束赋形（CB）和功率控制（PC） 2）多小区协调编码
有数据共享-协同	分布式开环 MIMO	网络 MIMO（联合处理）-两个子类： 1）动态小区选择（DCS） 2）联合传输和接收（JT/JR）

协调

多小区协调方案具有不需要在小区间共享数据的特性。数据只要求在单个小区上传输。用户调度，波束赋形和功率控制在小区间协调。其可以在小区间共享或者不共享信道状态信息。基于共享 CSI，有两类方案：

1）协调调度（CS），波束赋形（CB）和功率控制（PC）；2）多小区协调编码。

协调技术主要基于信息论的干扰信道，其适用于上下行。

协同

多小区 MIMO 协同方案具有在基站间共享数据的特性，其必须在每个协同点间共享。在具有 CSI 共享时，该方案通常也称为网络 MIMO（也称为联合处理），其可以进一步分为动态小区选择（DCS）和联合传输/接收（JT）。在一个确定瞬时，如果用户的数据来自于相同时间频率资源上的多个基站，该协同方案为联合传输。如同协调技术，协同同样可以基于小区间的 CSI 交互或者不依赖于 CSI 交互。基于 CSI 交互的方案能够同时提高波束赋形增益和消除干扰。上下行协同技术在 MIMO 广播信道/多址接入信道是可行的。

图 13.4 说明了 CS/CB/PC，JT 和 DCS 的原则。虚箭头代表相邻小区传输带来

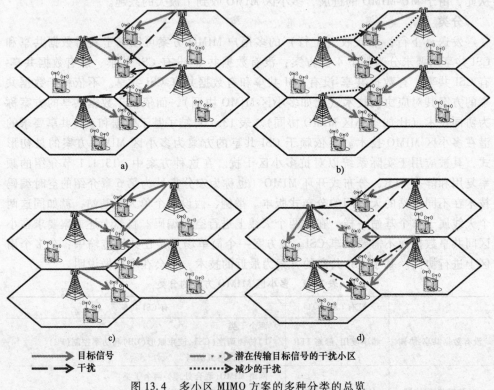

图 13.4　多小区 MIMO 方案的多种分类的总览

a）非协调/协同　b）协调-CS/CB/PC　c）协同-JT　d）协同-DCS；
目标信号，干扰，潜在传输目标信号的干扰小区，减少的干扰

的干扰。CS/CB/PC 通过合理的设计干扰基站的波束赋形使干扰（点箭头）指向受干扰用户的空空间，从而降低受干扰用户的干扰。JT 基于一个或者多个基站给选择的用户传输目标信号。DCS 利用信道衰落条件下的快速变化使用户可以基于最合适的基站动态调度。虚点箭头代表在后续子帧可能会给用户传输目标信号的潜在干扰基站。在存在多种干扰的场景下，可以联合利用上述技术。需要说明 3GPP LTE-A Rel. 11［3GP11a］定义的协同调度/协同波束赋形（CS/CB）和联合传输（JT），在第 14 章对应的术语为多小区 MIMO 协调，和多小区 MIMO 协同。

13. 2　系统模型

13.2.1　干扰信道-协调

假设在一个下行多小区多用户 MIMO 网络中，有 K_T 用户分布在 n_C 小区，这里每个小区 i 有 K_i 个用户，基站 i 的发送天线数为 $n_{t,i}$，$n_{r,q}$ 为移动终端 q 的接收天线数。这里我们重点关注下行来简化描述，但是除非额外说明所有内容都适用于上行。当所有发射器具有相同的天线，可以进一步省略下标 i，表示为 n_t。

假设在第 i 个基站和用户 q 之间在瞬时 k 上的 MIMO 信道为 $\Lambda_{q,i}^{-1/2} H_{k,q,i}$，这里 $H_{k,q,i} \in \mathbb{C}^{n_{r,q} \times n_{t,i}}$ 模拟了小尺度时变衰落过程，$\Lambda_{q,i}^{-1}$ 代表路径损耗和阴影，具体参见 1.2.2 节．这里类似于第 6 章对衰落进行归一化（小尺度），$\mathcal{E}\{\| H_{k,q,i} \|_F^2\} = n_{t,i} n_{r,q}$ 这里假设 MIMO 信道矩阵 $H_{k,q}\ \forall q$ 是满秩的。

通用的架构

基于第 12 章的一些定义，系统模型拓展到包括多个小区同时传输，对于用户 q 在瞬时 k 接收到的信号可以表示为

$$y_{k,q} = \sum_{j=1}^{n_c} \Lambda_{q,j}^{-1/2} H_{k,q,j} c'_{k,j} + n_{k,q} \tag{13.1}$$

小区 i 在 T 个符号间隔内传输的信号向量序列为 $C'_i = \begin{bmatrix} c'_{0,i} \cdots c'_{T-1,i} \end{bmatrix}$ 类似于第 12 章，忽略时间维度来简化描述，系统模型进一步简化为

$$y_q = \sum_{j=1}^{n_c} \Lambda_{q,j}^{-1/2} H_{q,j} c'_j + n_q \tag{13.2}$$

式中，$y_q \in \mathbb{C}^{n_{r,q}}$，$n_q$ 为复高斯噪声 $\mathcal{CN}(0, \sigma_{n,q}^2 I_{n_{r,q}})$。在 MIMO 干扰信道（IC），用户从单一的发射机接收数据。对于小区 i 的用户 q，累加值 $\sum_{j \neq i} \Lambda_{q,j}^{-1/2} H_{q,j} c'_j$ 为小区间干扰。

小区 i 的输入相关矩阵定义为发送信号的相关矩阵 $Q_i = \mathcal{E}\{c'_i c'^H_i\}$ 在小区 i 的发送信号受到发射功率的限制。假设类似于 12.1 节的短时功率约束。平均功率基

于码字长度 T 进行计算，$e_{s,i} \leq \mathrm{Tr}\{Q_i\} \leq E_{s,i}$，这里 $e_{s,i}$ 和 $E_{s,i}$ 为基站 i 的最小和最大发射功率。可以进一步简化 $e_{s,i} = 0$。通过堆积发射信号向量，所有 K 个用户的接收信号和信道矩阵为

$$c' = \left[c'^{\mathrm{T}}_1, \cdots, c'^{\mathrm{T}}_{n_c} \right]^{\mathrm{T}} \tag{13.3}$$

$$y = \left[y^{\mathrm{T}}_1, \cdots, y^{\mathrm{T}}_{K_{\mathrm{T}}} \right]^{\mathrm{T}} \tag{13.4}$$

$$n = \left[n^{\mathrm{T}}_1, \cdots, n^{\mathrm{T}}_{K_{\mathrm{T}}} \right]^{\mathrm{T}} \tag{13.5}$$

$$H = \begin{bmatrix} \Lambda^{-1/2}_{1,1} H_{1,1} & \cdots & \Lambda^{-1/2}_{1,n_c} H_{1,n_c} \\ \vdots & \vdots & \vdots \\ \Lambda^{-1/2}_{K_{\mathrm{T}},1} H_{K_{\mathrm{T}},1} & \cdots & \Lambda^{-1/2}_{K_{\mathrm{T}},n_c} H_{K_{\mathrm{T}},n_c} \end{bmatrix} \tag{13.6}$$

系统模型表示为

$$y = Hc' + n. \tag{13.7}$$

在一个典型的用户场景中，串接而成的信道矩阵 H 通常为满秩的。定义在小区 i 上的用户 q 的信噪比为 $\eta_q = E_{s,i} \Lambda^{-1}_{q,i} / \sigma^2_{n,q}$。除非额外说明，假设基站知道瞬时信道状态信息（CSI）。接收机永远完全预知 CSI。

不失一般性定义服务小区为具有最小路径损失的小区比如最大 $\Lambda^{-1}_{q,j} \forall j$。定义小区 i 的服务用户集合为 $\mathcal{K}i$ 其 $\#\mathcal{K}_i = K_i$，对应将小区 i 视为服务小区的用户集合。同样定义小区 i 的调度用户集合，K_i，其对应在瞬时被基站 i 调度的用户集合。考虑简化，假设 K_i 为 $\#\mathcal{K}_i$ 的子集。尽管在实际系统（第 14 章），可以假设特定的移动终端从服务小区接收核心控制信息，从另外一个小区接收数据。在瞬时，小区 i 为属于 K_i 的用户服务其数据流为 $n_{e,i}$（$1 \leq n_{e,i \leq n_{t,i}}$），对于用户 $q \in K_i$ 其数据流为 $n_{u,q}$。

如果每个发射机同时和多个接收机通信（第 12 章的 MU-MIMO 已经做了假设），小区 i 的发射信号向量 c'_i 为统计独立针对共调度用户的编码信号叠加：

$$c'_i = \sum_{q \in \mathcal{K}_i} c'_{q,i} \tag{13.8}$$

用户 q 的输入相关矩阵为 $Q_{q,i} = \mathcal{E}\{c'_{q,i} c'^{\mathrm{H}}_{q,i}\}$。

线性预编码

考虑线性预编码，式（13.2）和式（13.8）的小区 i 的发送信号向量 $c'_i \in \mathbb{C}^{n_{e,i}}$ 可以表示为（假设只关注分配功率的 $n_{e,i}$ 个流）：

$$c'_i = P_i c_i = W_i S^{1/2}_i c_i = \sum_{q \in K_i} P_{q,i} c_{q,i} = \sum_{q \in K_i} W_{q,i} S^{1/2}_{q,i} c_{q,i} \tag{13.9}$$

式中，c_i 为由 $n_{e,i}$ 个独立归一化功率的符号组成的符号向量，$P_i \in \mathbb{C}^{n_{t,i} \times n_{e,i}}$ 为预编码。预编码由两个矩阵组成，一个为功率控制对角矩阵定义为 $S_i \in \mathbb{R}^{n_{e,i} \times n_{e,i}}$，一个为发射波束赋形矩阵 $W_i \in \mathbb{C}^{n_{t,i} \times n_{e,i}}$。$P_{q,i} \in \mathbb{C}^{n_{t,i} \times n_{u,q}}$，$W_{q,i} \in \mathbb{C}^{n_{t,i} \times n_{u,q}}$ $S_{q,i} \in$

$IR^{n_{u,q} \times n_{u,q}}$, and $c_{q,i} \in \mathbb{C}^{n_{u,q}}$ 为用户 q 的子矩阵，分别为 P_i，W_i，$S_i c_i$ 的子向量。

小区 i 的符号流独立编码，通过线性预编码 P_i 复用（考虑赋形权重和功率），在多个天线上传输。利用用户间的空间分离度选择合适的预编码可以减少不同流之间的干扰，从而可以在多个小区同时支持多个用户。

用户 $q \in K_i$ 的接收向量 $y_q \in \mathbb{C}^{n_{r,q}}$ 通过 $G_q \in \mathbb{C}^{n_{u,q} \times n_{r,q}}$ 成形和滤波后接收向量 $z_q \in \mathbb{C}^{n_{u,q}}$ 为

$$z_q = G_q y_q = \sum_{j=1}^{n_c} \Lambda_{q,j}^{-1/2} G_q H_{q,j} W_j S_j^{1/2} c_j + G_q n_q \qquad (13.10)$$

$$= \Lambda_{q,i}^{-1/2} G_q H_{q,i} W_{q,i} S_{q,i}^{1/2} c_{q,i} + \sum_{p \in K_i, p \neq q} \Lambda_{q,i}^{-1/2} G_q H_{q,i} W_{p,i} S_{p,i}^{1/2} c_{p,i}$$

$$+ \sum_{j \neq i} \sum_{l \in K_j} \Lambda_{q,j}^{-1/2} G_q H_{q,j} W_{1,j} S_{1,j}^{1/2} c_{1,j} + G_q n_q \qquad (13.11)$$

式（13.11）的第一项代表目标信号，第一个累积项代表小区内多用户干扰，第二个累积项代表小区间干扰。

赋形矩阵 $W_{q,i}$ 由 $n_{u,q}$ 列组成。流 $1 \leq m \leq n_{u,q}$ 的赋形和功率等级分别定义为向量 $w_{q,i,m}$ 和常数 $s_{q,i,m}$。类似的，针对流 m 的接收机合并为 G_q 的第 m 行，定义为 $g_{q,m}$。当基站只有一个发射天线时，发射功率 S_i 不是矩阵而是一个单一的实数简化为 s_i。

预编码器的功率归一化服从功率的约束。假设短时功率约束 $\mathrm{Tr}\{Q_i\} = \sum_q \mathrm{Tr}\{Q_{q,i}\} \leq E_{s,i}$，$c_i$ 的元素具有单位平均功率，预编码器 P_i 的功率归一化为 $\mathrm{Tr}\{P_i P_i^H\} \leq E_{s,i}$。将发射波束赋形 W_i 归一化，使其列具有单位范数，这样就对功率矩阵归一化保证 $\mathrm{Tr}\{S_i\} = \sum_{q \in K_i} \sum_{m=1}^{n_{u,q}} s_{q,i,m} \leq E_{s,i}$。

变量 K 收集分配给所有小区的用户，表示为 $K = \{K_i\}_{i=1}^{n_c}$。类似地，定义 $n_e = \{n_{e,i}\}_{i=1}^{n_c}$，$S = \{S_i\}_{i=1}^{n_c}$，$W = \{W_i\}_{i=1}^{n_c}$ 和 $G = \{G_q\} \; \forall q \in K_i$

拓展到 OFDMA 网络

前面所述的窄带模型可以很容易的拓展到 OFDMA 网络。利用第 11 章的定义，利用标号 k（这里不再是窄带系统模型中的时间维度）代表子载波的指示，对应频率维度，$k = 0, \cdots, T-1$，在信道矩阵表达式 $H_{(k),q,i}$ 中对 k 加括号以表明 $H_{(k),q,i} \neq H_{k,q,i}$。

假设小区 i 和用户 q 在子载波 k 上的 MIMO 信道为 $\Lambda_{q,i}^{-1/2} H_{(k),q,i}$，这里 $H_{(k),q,i} \in \mathbb{C}^{n_{r,q} \times n_{t,i}}$ 代表 MIMO 信道的衰落进程（小尺度），$\Lambda_{q,i}^{-1/2}$ 代表路径损耗和阴影。由于路径损耗和阴影独立于子载波，忽略其表达式中的标号 (k)。

最终拓展在载波 k 上的小区 i 的调度用户的集合为 $K_{k,i} \subset \mathcal{K}_i$，其为 $\in \mathcal{K}_i$ 的子集，其为子载波 k 上的实际调度的用户。直接对式（13.11）拓展，小区 i 中的调度用户 $q \in K_{k,i}$ 在子载波 k 上的经过滤波后的接收信号为

$$z_{k,q} = \Lambda_{q,i}^{-1/2} G_{k,q} H_{(k),q,i} W_{k,q,i} S_{k,q,i}^{1/2} c_{k,q,i}$$
$$+ \sum_{p \in K_{k,i}, p \neq q} \Lambda_{q,i}^{-1/2} G_{k,q} H_{(k),q,i} W_{k,p,i} S_{k,p,i}^{1/2} c_{k,p,i}$$
$$+ \sum_{j \neq i} \sum_{l \in K_{k,j}} \Lambda_{q,j}^{-1/2} G_{k,q} H_{(k),q,j} W_{k,1,j} S_{k,1,j}^{1/2} c_{k,1,j} + G_{k,q} n_{k,q} \quad (13.12)$$

OFDMA 网络的功率约束表示为

$$\sum_{k=0}^{T-1} \mathrm{Tr}\{S_{k,j}\} = \sum_{k=0}^{T-1} \sum_{q \in K_{k,j}} \sum_{m=1}^{n_{u,k,q}} s_{k,q,j,m} \leqslant E_{s,j} \, \forall j \quad (13.13)$$

变量 K 代表所有小区和所有子载波的用户分配，其为 $K = \{K_i\}_{i=1}^{n_c}$。这里 $K_i = \{K_{k,i}\} \, \forall k$。类似定义 $n_e = \{n_{e,i}\}_{i=1}^{n_c}$ 这里 $n_{e,i} = \{n_{e,k,i}\} \, \forall k$, $S = \{S_i\}_{i=1}^{n_c}$ 这里 $S_i = \{S_{k,i}\} \, \forall k$, $W = \{W_i\}_{i=1}^{n_c}$ 这里 $W_i = \{W_{k,i}\} \, \forall k$ 且 $G = \{G_i\}_{i=1}^{n_c}$，其中 $G_i = \{G_{k,q}\} \, \forall k, \, q \in K_i$。

13.2.2　多址接入和广播信道-协同

在 MIMO IC 中，收发机不进行协同只是通过共享 CSI 信息进行协调。因此发射机不能接入其他发射机发送的码字，也不能进行动态传输点切换。同样在上行，接收机不能接入其他接收信号从而不能进行类似单小区 MIMO MAC 的符号干扰消除。另外一方面，如果不同小区的发射机（或者接收机）能够进行协同，通过理想回程进行信息共享，MIMO IC 就有效的转换为第 12 章介绍的 MIMO BC（接收机为 MIMO MAC）。这说明基站间可以基于理想回程进行数据和 CSI 共享的（比如联合传输，接收）的一个协同多小区 MIMO 网络实际上在下行就如同一个巨型的 MIMO BC，上行如同 MIMO MAC。

首先考虑下行传输。假设发射机间可以进行协同，同时是完全同步的（通过理想回程），公式（13.7）的系统模型就等同于公式 12.11 的 MIMO BC 系统模型。向量 c' 拓展的向量包含来自于所有 n_c 基站到所有 K_T 用户的码字。类似于 MIMOBC 中的式（12.12），下行多小区协同的发射信号向量可以表示为

$$c' = \sum_{q=1}^{K_T} c'_{-q} \quad (13.14)$$

式中，$c'q = [c'^T_{q,1} \cdots c'^T_{q,n_c}]^T$。

对于 MIMO IC，$c'^T_{q,j} = 0 \, \forall j \neq i$ 由于小区 i 内的用户 q 的数据不和其他小区共享，这里小区 i 为用户 q 的服务小区（例如 $q \in \mathcal{K}_i$）。如果 c' 和拓展信道矩阵（式（13.6））对一个中央调度器是已知的（13.3 节做了介绍），可以运用第 12 章的非线性和线性预编码技术。然而和 12.1.2 节的 MIMO BC 系统模型有一个区别是：在多小区协同网络中功率约束是基于单个小区 $\mathrm{Tr}\{Q_j\} \leqslant E_{s,j} \, \forall j$ 定义的，其不是在基

站间功率 $\sum_{j=1}^{n_c} \mathrm{Tr}\{Q_j\} \leqslant \sum_{j=1}^{n_c} E_{s,j}$ 的综合约束，这就可以直接运用 MIMO BC（式 12.11）。

对于上行，接收机间的协同（例如基站）系统与 MIMO MAC（式 12.5）完全相同，每个移动终端有独立的功率约束. 因此 12.2 节的所有结论对于多小区 MIMO 网络上行协同的联合接收都适用。

13.3 网络架构

多小区协同，协调方案目标是在所有小区同时进行资源优化。自然，在网络分配资源的灵活性严重取决于网络的架构和基站间通信的回程。

13.3.1 多小区测量、成簇和传输

在系统模型式（13.2）中，所有干扰链接对用户 q 的性能影响不是对等的。具有较小路径损耗的主要干扰将会带来主要的干扰，而其他具有较大路径损耗的干扰链接对用户 q 几乎是不见的。这说明至少主要干扰链接的 CSI 需要进行测量和上报给发射机（其他干扰的 CSI 可以忽略）。类似的，对于特定用户只有基于产生高干扰的小区间进行协调，协同才有意义。从用户 q 的角度没有必要引入其他小区进行协调，协同。这就说明可以定义一个多重小区的集合（称为 MC 集合）。这里的定义与 3GPP 的术语类似 [3GP11a]。

服务小区为 i 的用户 $q \in \mathcal{K}_i$ 的 MC 测量集合定义为需要将其信道状态/统计信息上报的小区集合，基于长期信道特性表示为

$$\mathcal{M}_q = \left\{ j \,\middle|\, \frac{\Lambda_{q,i}^{-1} E_{s,i}}{\Lambda_{q,j}^{-1} E_{s,j}} \leqslant \delta \right\} \tag{13.15}$$

对于门限 δ，假设最大功率传输。式（13.15）定义的 MC 测量集合只依赖于长期特性（因此与子载波指示 k 无关），但是也可以基于短期衰落定义提出其他的定义。为了进行多小区协同，移动台需要反馈 MC 测量集合内小区信道的 CSI。门限越大，MC 测量集合越大，反馈开销就越大。实际移动台上报是可以减少需要上报的小区集合。

定义 MC 用户为 MC 测量集合大于 1 的用户（比如至少包含移动台的服务小区）。小区 i 的 MC 用户集合定义为 $\mathcal{P}_i = \{q \in \mathcal{K}_i \mid \#\mathcal{M}_q > 1\}$。

小区 i 的 MC 需求用户集合定义为小区 i 包含在去 MC 测量集合内的 MC 用户的集合，例如

$$\mathcal{R}_i = \{l \mid i \in \mathcal{M}_l, \#\mathcal{M}_l > 1\} \tag{13.16}$$

MC 需求用户集合也可以看作是小区 i 的受害用户集合，因为其是在多小区协同，协调中会受到小区 i 影响的用户集合。

用户 $q \in \mathcal{K}_i$ 在子载波/时间 k 上的 MC 簇集合为多小区协同，协调中的小区集合。MC 簇集合 $\mathcal{C}_{k,q}$ 为 MC 测量集合 $\mathcal{M}_q$ 的子集合。MC 测量集合可以和 MC 簇集合一致。

MC 传输集合 $\mathcal{T}_{k,q}$ 为 MC 簇集合的子集，其为实际针对用户 q 传输数据的基站或者基站集合。对于联合传输有多个基站进行传输而动态小区选择只有一个基站进行传输。传输点可以动态在 MC 簇集合内切换。对于协调调度/赋形，传输点对应服务小区。

13.3.2　分布式和集中式架构

如图 13.5 所示，网络架构可以分为主要的两类（分布式或者集中式）。对于集中式架构，所有小区的资源分配由一个中央控制器处理。控制器收集网络中所有链接的 CSI，联合处理这些信息，最终在对所有小区进行调度判决然后将判决下发给各个基站。基站中一个中央控制器控制整个网络。

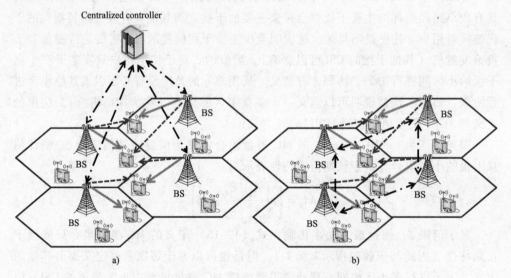

图 13.5　集中式和分布式网络架构
a）集中式　b）分布式

对于分布式架构，不需要中央控制器，每个基站根据其服务用户集合反馈的 CSI 和受限的小区间信息交互进行独立的资源分配。分布式架构的一个可行方案是小区在将判决广播给其他小区前按顺序基于其他小区（在相同 MC 簇集合内的）前面的判决对其用户进行判决。比如小区 1 在假设没有小区间协调的前提下做出调度判决然后在小区间广播。小区 2 基于小区的 1 的判决作出调度判决，然后广播判决。小区 3 基于小区 1 和 2 的判决进行判决。继续该进程直到所有小区做出判决。另外一种分布式架构是，每个小区在调度用户前基于其他用户之前的判决对判决进行迭代更新。自然集中式架构可以带来较高的性能，同时也带来了高成本和高复杂度的代价。

13.3.3　用户中心簇和网络预定义簇

另外一个严重影响性能和复杂度的要素是 MC 簇集合的大小和架构。簇的集合是基于用户的反馈判断的，其与网络能够支持的总体复杂度，小区间的回程质量和部署场景相关。如图 13.6 所示，簇集合通常分为两类，为用户中心簇和网络预定义簇。

用户中心簇的优势其允许每个用户有其自己的簇从而有效的抑制干扰。但是这种流程很有挑战性，簇是动态变化的，同时相互之间可能会重叠。如果采用中央集中式进行调度，就要求在覆盖所有用户的簇集合同时避免恶化边界用户的性能，这样要求的小区数目显著的提高。对于网络预定于簇，其在确定集合内基站间进行协同。由于小区是静态成簇的，移动台只能被一个簇服务。因此簇之间不重叠。对于部分移动台（比如簇边界的），阴影也许导致最强的干扰来自于协同集合之外。

在图 13.6 中，用户 A，B，C，D 具有不同的干扰场景。对于用户 A 在网络预定义的簇中由于相对较好的 MC 簇集合可以带来增益，而用户中心簇可以在对另外一个小区进行协调，协同。对于用户 B，网络预定义的簇不能提高其性能因为其是在属于不同簇的 3 个小区之间，用户 B 基于这 3 个小区加上一个额外一个小区的协同，协调会带来增益。用户 C 的场景与用户 B 类似。而用户 D 在网络预定义簇的方案下会获得相对较好的簇集合，对于用户中心簇的方案由于一个小区同时分配给用户 C 和 D，会带来簇集合的重叠从而带来冲突。

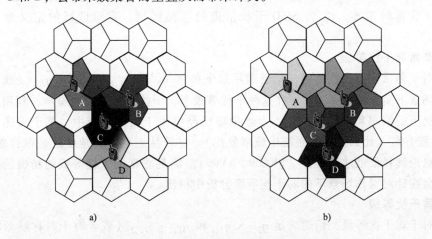

图 13.6　用户为中心分簇和网络预定义分簇

a）用户为中心分簇　b）网络预定义分簇

13.4　多小区 MIMO 信道的容量

多小区 MIMO 技术信息论起源于两用户高斯干扰信道（IC）［Ahl71，Lia72，WSS06］。在该场景下，发射机 1 对接收机 1 传输信息 1，发射机 2 对接收机 2 传输信息 2。取决于收发机间的协同度和接收机间的干扰水平，定义了多种策略：

1）发射机间进行协同；

2）接收间进行协同；

3）没有协同（只有协调是可能的）。

13.4.1　SISO 信道

如果没有协同，就获得一个纯干扰信道（Interference Channel，IC），只针对特定的场景设计接近容量的策略（已经研究超过 30 年，还没有发现有效的通用的策略）。根据干扰等级，我们确定了多种策略，干扰等级分为非常弱，弱，中等，强，非常强干扰等级。

为了简化描述，定义变量 $\eta_{q,i} = \Lambda_{q,i}^{-1} E_{s,i} / \sigma_{n,q}^2$。当小区 i 为用户 q 的服务小区时 $\eta_{q,i}$ 可以视为长期的信噪比，当小区 i 为用户去的干扰小区时即为长期干扰噪声比。一旦加载衰落信道增益 $|h_{q,i}|^2$，$\tilde{\eta}_{q,i} = \eta_{q,i} |h_{q,i}|^2$ 就为瞬时 SNR 或者 INR。接下来考虑一个两用户的 SISO 干扰信道，这里发射机 1 与用户 1 通信，发射机 2 与用户 2 通信，基于 4 个变量 $\tilde{\eta}_{1,1}$，$\tilde{\eta}_{2,2}$，$\tilde{\eta}_{1,2}$，$\tilde{\eta}_{2,1}$ 分析其速率区域。特别的是，有时候我们考虑一个简化场景（尽管在实际部署章不现实），定义为对称 SISO 干扰信道。对称 SISO 干扰信道即为 $\tilde{\eta}_{1,1} = \tilde{\eta}_{2,2} = \tilde{\eta}_d$ $\tilde{\eta}_{1,2} = \tilde{\eta}_{2,1} = \tilde{\eta}_c$ 定义对称比率，$R_{sym} = \max(R_1, R_2) \in \mathcal{C}_{IC} \min\{R_1, R_2\}$ 这里 R_1 和 R_2 为用户 1 和 2 在两用户 SISO 干扰信道下获得的速率，$\mathcal{C}_{IC}$ 为 SISO 干扰信道的容量区域。容量区域的定义参见定义 12.1。

非常弱干扰等级

对于非常弱的干扰等级，信道满足如下条件 $\tilde{\eta}_{2,1} \ll \tilde{\eta}_{1,1}$ 和 $\tilde{\eta}_{1,2} \ll \tilde{\eta}_{2,2}$（或者在对称场景下简化为 $\tilde{\eta}_c \ll \tilde{\eta}_d$）。在这种干扰等级下，干扰信号被视为噪声，利用不存在干扰下的编码和解码足够了。上述策略已经应用于实际系统中，基于前述的分割-克服方案（比如在蜂窝系统中频率复用）。尽管从工程学的角度这是很自然的，其信息论解释最近才被推导［SKC09，AV09］。满足非常弱干扰等级的精确信道条件将会在针对对称场景下的弱干扰等级分析中得出。

弱干扰等级

对于弱干扰等级，信道满足 $\tilde{\eta}_{2,1} < \tilde{\eta}_{1,1}$ 和 $\tilde{\eta}_{1,2} < \tilde{\eta}_{2,2}$（或者对于对称场景简化为 $\tilde{\eta}_c < \tilde{\eta}_d$）。对于这种干扰等级，通常容量是未知的，但是 Han-Kobayashi［HK81］提出了最好已知获取区域。还不明确该区域如何优化，离容量有多接近。但是最近

表明容量上极限在通过 Han-Kobayashi（HK）方案［ETW08］获得的容量内界的 1bit 内。可达到的速率区域的计算相当冗长［HK81，ETW08］。为了对速率区域进行分析，假设一个对称干扰信道［ETW08］。

Han-Kobayashi 计算的可获取的速率区域的主要思想是将每个发射机的信息分离为两部分比如公共和私有信息。另外一方面，发射机间共享一个码本来构造发射机间相对独立的公共信息。另外各个发射机的私有信息是通过独立的码本构造的。每个接收机通过将私有信息当成干扰联合检测公共信息（因此部分的消除部分干扰），从接收信号中消除公共信息，然后检测目标私有信息。

定义用户 1 的公共和私有信息分别为 $c_{1,c}$ 和 $c_{1,p}$ 类似的用户 2 的为 $c_{2,c}$ 和 $c_{2,p}$。图 13.7 描述了该场景。比率 x 的发射功率分配给公共信息而余下的 $1-x$ 的功率分配给私有信息。可以将 SISO 干扰信道当成两个 SISIO MAC，定义为 MAC_1 和 MAC_2。MAC_1 定义为 3 个虚拟发射机分别针对接收机 1 发射信息 $c_{1,p}$、$c_{1,c}$ 和 $c_{2,c}$，剩余信号 $c_{2,p}$ 当做噪声。类似地，MAC_2 定义为 3 个虚拟发射机分别针对接收机 2 发射信息 $c_{2,p}$、$c_{1,c}$ 和 $c_{2,c}$ 剩余信号 $c_{1,p}$ 当做噪声。公共信息需要被两个接收机检测，而私有信息只需要被目标接收机检测。这表明可获得速率区域为两个 SISO MAC 容量区域的交叉区域。出于简化考虑，公共信息和私有信息的速率是相当的例如 $R_{1,c} = R_{2,c} = R_c$ 和 $R_{1,p} = R_{2,p} = R_p$ 目标用户的私有信息在消除公共信息后进行检测，而其他用户的私有信息当作噪声。这就导致速率：

$$R_p = \log_2\left(1 + \frac{\tilde{\eta}_d(1-x)}{1+\tilde{\eta}_c(1-x)}\right) \tag{13.17}$$

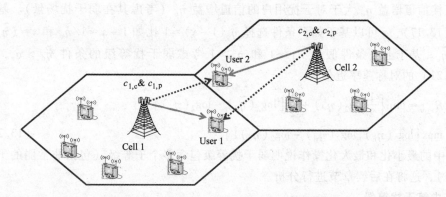

图 13.7　两个小区组里的双用户干扰信道示例

这里分母中出现的 $\tilde{\eta}_c(1-x)$ 代表其他用户私有信息带来的干扰。

每个接收机首先联合检测公共信息，而将私有信息当做噪声。因为我们可以考虑一个 SISO MAC 其具有两个虚拟发射机针对接收机 1 分别发送 $c_{1,c}$ 和 $c_{2,c}$，同时具有额外的噪声 $c_{1,p}$ 和 $c_{2,p}$，其速率约束。基于式（12.34）和式（12.34），接收机 1 的速率约束为

$$R_{1,\mathrm{c}} = R_\mathrm{c} \leqslant \log_2\left(1 + \frac{\tilde{\eta}_\mathrm{d} x}{1 + \eta I}\right) \tag{13.18}$$

$$R_{2,\mathrm{c}} = R_\mathrm{c} \leqslant \log_2\left(1 + \frac{\tilde{\eta}_\mathrm{c} x}{1 + \eta I}\right) \tag{13.19}$$

$$R_{1,\mathrm{c}} + R_{2,\mathrm{c}} = 2R_\mathrm{c} \leqslant \log_2\left(1 + \frac{\tilde{\eta}_\mathrm{d} x + \tilde{\eta}_\mathrm{c} x}{1 + \eta I}\right) \tag{13.20}$$

式中，$\eta I = \tilde{\eta}_\mathrm{d}(1-x) + \tilde{\eta}_\mathrm{c}(1-x)$ 代表私有信息对干扰噪声的贡献。约束条件式（13.18）代表在接收机 1 将 $c_{1,\mathrm{p}}$ 和 $c_{2,\mathrm{p}}$ 当做噪声解码 $c_{1,\mathrm{c}}$ 的独立速率约束。类似的约束条件式（13.19）代表在接收机 1 将 $c_{1,\mathrm{p}}$ 和 $c_{2,\mathrm{p}}$ 当做噪声解码 $c_{2,\mathrm{c}}$ 的独立速率约束。速率约束综合由式（13.20）给出。在弱干扰等级下，$\tilde{\eta}_\mathrm{c} < \tilde{\eta}_\mathrm{d}$，约束条件式（13.18）已经包含在约束条件式（13.19），因此可以被丢弃。集合式（13.17）、式（13.19）和式（13.20），在两用户 SISO 干扰信道下获得的对称速率为

$$R_{\mathrm{sym}} = R_p + R_\mathrm{c} = \log_2\left(1 + \frac{\tilde{\eta}_\mathrm{d}(1-x)}{1 + \tilde{\eta}_\mathrm{c}(1-x)}\right)$$

$$+ \min\left\{\log_2\left(1 + \frac{\tilde{\eta}_\mathrm{c} x}{1 + \eta I}\right), \frac{1}{2}\log_2\left(1 + \frac{\tilde{\eta}_\mathrm{d} x + \tilde{\eta}_\mathrm{c} x}{1 + \eta I}\right)\right\} \tag{13.21}$$

功率分配因子 x 影响获得的速率。需要在获得大的私有信息比例和最小化其他用户干扰间进行均衡。[ETW08] 选择 x 使私有信息带来的干扰和噪声具有相同的等级。基于这样的选择，私有信息带来的干扰对用户的性能影响较小（相对由于噪声已经带来的损失）。同时其也没有限制每个用户获得较大的私有信息速率考虑其直接信道增益 $\tilde{\eta}_\mathrm{d}$ 大于对干扰用户的信道增益 $\tilde{\eta}_\mathrm{c}$（考虑其在弱干扰场景）。基于式（13.17），x 可以基于如下条件选择 $\tilde{\eta}_\mathrm{c}(1-x) \approx 1$ 比如 $1-x \approx 1/\tilde{\eta}_\mathrm{c}$ 和 $x \approx (\tilde{\eta}_\mathrm{c} - 1)/\tilde{\eta}_\mathrm{c}$。基于上面条件假设 $\tilde{\eta}_\mathrm{d} \gg 1$ 和 $\tilde{\eta}_\mathrm{c} \gg 1$ 考虑弱干扰等级的条件 $\tilde{\eta}_\mathrm{d} > \tilde{\eta}_\mathrm{c}$，式（13.21）的对称速率近似为

$$R_{\mathrm{sym}} \approx \min\left\{\frac{1}{2}\log_2(\tilde{\eta}_\mathrm{d}) + \frac{1}{2}[\log_2(\tilde{\eta}_\mathrm{d}) - \log_2(\tilde{\eta}_\mathrm{c})]\right.$$

$$\max\left\{\log_2(\tilde{\eta}_\mathrm{c}), \log_2(\tilde{\eta}_\mathrm{d}) - \log_2(\tilde{\eta}_\mathrm{c})\right\}\Big\} \tag{13.22}$$

R_{sym} 中的最小化和最大化操作说明弱干扰等级包含多个子等级（包括非常弱的干扰等级），这将在后续章节进行分析。

中等干扰等级

对于中等干扰等级，信道满足 $\tilde{\eta}_{2,1} \geqslant \tilde{\eta}_{1,1}$ 和 $\tilde{\eta}_{1,2} < \tilde{\eta}_{2,2}$ 或者 $\tilde{\eta}_{2,1} < \tilde{\eta}_{1,1}$ 和 $\tilde{\eta}_{1,2} \geqslant \tilde{\eta}_{2,2}$。该等级对于对称场景没有意义。其容量也是未知的但是其最好已知获取区域可以通过 Han-Kobayashi 方案获得。类似弱干扰等级，容量上极限为通过 Han-Kobayashi（HK）方案 [ETW08] 获得的容量内界的 1bit 内。

强干扰等级

对于强干扰等级，既有 $\tilde{\eta}_{2,1} \geqslant \tilde{\eta}_{1,1}$ and $\tilde{\eta}_{1,2} \geqslant \tilde{\eta}_{2,2}$（或者对于对称场景简化为

$\widetilde{\eta}_c \geqslant \widetilde{\eta}_d$)。在该等级下，[Car75, Car78, HK81, Sat81] 证明其容量区域。如果干扰是强的，干扰信号可以和目标信号一起检测。因此每个用户有能力解码所有信息。通过首先解码干扰信号，目标信号的速率提高了。不幸的是，干扰信号的解码能力约束了其他用户的速率，因此导致需要在目标信号速率和干扰信号速率间进行均衡。对于强干扰等级，两用户 SISO 干扰信号容量区域可以表示为两个 SISO MACs 容量区域的交叉区域 [Sat81]。基于两用户 SISO MAC 容量区域的例 12.1，可以获得每个用户 $q = 1, 2$ 的容量区域为

$$R_i \leqslant \log_2(1 + \widetilde{\eta}_{q,i}), i = 1, 2 \tag{13.23}$$

$$R_1 + R_2 \leqslant \log_2(1 + \widetilde{\eta}_{q,1} + \widetilde{\eta}_{q,2}) \tag{13.24}$$

SISO 干扰信道的容量区域为两个区域的交叉。考虑强干扰条件 $\widetilde{\eta}_{2,1} > \widetilde{\eta}_{1,1}$ 和 $\widetilde{\eta}_{1,2} > \widetilde{\eta}_{2,2}$，交叉区域可以有如下命题给出。

命题 13.1 具有强干扰的高斯两用户 SISO 干扰信道的其容量区域 $\mathcal{C}_{IC}$ 为所有可获得的速率对 (R_1, R_2) 的集合

$$R_i \leqslant \log_2(1 + \widetilde{\eta}_{i,i}), i = 1.2 \tag{13.25}$$

$$R_1 + R_2 \leqslant \min\{\log_2(1 + \widetilde{\eta}_{1,1} + \widetilde{\eta}_{1,2}), \log_2(1 + \widetilde{\eta}_{2,2} + \widetilde{\eta}_{2,1})\} \tag{13.26}$$

在对称 SISO IC 场景下，命题 13.1 简化为如下。

推论 13.1 具有强干扰的对称高斯两用户 SISO 干扰信道的其容量区域 $\mathcal{C}_{IC}$ 为所有可获得的速率对 (R_1, R_2) 的集合

$$R_i \leqslant \log_2(1 + \widetilde{\eta}_d), i = 1, 2 \tag{13.27}$$

$$R_1 + R_2 \leqslant \log_2(1 + \widetilde{\eta}_d + \widetilde{\eta}_c) \tag{13.28}$$

命题 13.1 和推论 13.1 说明在强干扰等级下，SISO 干扰信号的容量界限为五角形的（类似于图 12.2a）。基于式 (13.28)，对称速率（实际上为对称容量）简化为

$$R_{sym} = \frac{1}{2}\log_2(1 + \widetilde{\eta}_d + \widetilde{\eta}_c) \tag{13.29}$$

$$\approx \frac{1}{2}\max\{\log_2(\widetilde{\eta}_d), \log_2(\widetilde{\eta}_c)\} \tag{13.30}$$

$$\approx \frac{1}{2}\log_2(\widetilde{\eta}_c) \tag{13.31}$$

非常强干扰等级

在某些干扰条件下，容量区域成为正方形只取决于式 (13.25)，比如每个发射机能够与其接收机进行通信其速率等价于没有任何干扰。在如下条件下该场景会出现：

$$\log_2(1 + \widetilde{\eta}_{1,1}) + \log_2(1 + \widetilde{\eta}_{2,2}) \leqslant \min\{\log_2(1 + \widetilde{\eta}_{1,1} + \widetilde{\eta}_{1,2}), \log_2(1 + \widetilde{\eta}_{2,2} + \widetilde{\eta}_{2,1})\} \tag{13.32}$$

假设 $\widetilde{\eta}_{1,1} + \widetilde{\eta}_{1,2} \leqslant \widetilde{\eta}_{2,2} + \widetilde{\eta}_{2,1}$，条件式 (13.32) 就成为现实

$$\tilde{\eta}_{1,2} \geqslant \tilde{\eta}_{2,2} + \tilde{\eta}_{1,1} \tilde{\eta}_{2,2} \qquad (13.33)$$

类似的，当 $\tilde{\eta}_{2,2} + \tilde{\eta}_{2,1} \leqslant \tilde{\eta}_{1,1} + \tilde{\eta}_{1,2}$，条件式（13.32）成为现实

$$\tilde{\eta}_{2,1} \geqslant \tilde{\eta}_{1,1} + \tilde{\eta}_{1,1} \tilde{\eta}_{2,2} \qquad (13.34)$$

条件式（13.33）和条件式（13.34）定义了非常强干扰等级 [Car75]。在该等级下，干扰很强每个用户进行符号干扰消除，首先解码干扰信息将其从接收信号消除然后解码自身的信息。每个发射机可以与其接收机在速率下 $R_i = \log_2 (1 + \tilde{\eta}_{i,i})$，$i = 1,2$ 进行通信，如同没有干扰。对于对称场景下，对称速率（对称容量）简化为

$$R_{sym} = \log_2(1 + \tilde{\eta}_d) \qquad (13.35)$$

下面的例子进一步说明了在强干扰等级的信息。

例 13.1　强干扰条件可以换一个角度来看，回顾在例 12.5 的 SISOBC 中的 SIC。当用户 1 在很强的干扰条件下解码用户 2 的信号，它把自己的信号当作噪声。因此，为了让用户 1 可以正确的消除用户 2 的信号，用户 1 和发射机 2 之间的干扰信道必须足够强来支持 R_2 例如：

$$R_2 \leqslant \log_2\left(1 + \frac{\Lambda_{1,2}^{-1} |h_{1,2}|^2 E_{s,2}}{\sigma_{n,1}^2 + \Lambda_{1,1}^{-1} |h_{1,1}|^2 E_{s,1}}\right) = \log_2\left(1 + \frac{\tilde{\eta}_{1,2}}{1 + \tilde{\eta}_{1,1}}\right) \qquad (13.36)$$

由于用户 2 要基于速率 $R_2 = \log_2 (1 + \tilde{\eta}_{2,2})$ 来接收其信息，就有如下约束：

$$\log_2(1 + \tilde{\eta}_{2,2}) \leqslant \log_2\left(1 + \frac{\tilde{\eta}_{1,2}}{1 + \tilde{\eta}_{1,1}}\right) \qquad (13.37)$$

其最终等价于式（13.33），类似的另外一个条件可以基于用户 2 能够正确解码用户 1 的信息的要求推导出来。

自由度-复用增益

前述章节推导了两用户 SISO IC 的对称速率，式（13.22）、式（13.31）和式（13.35）分别对应弱，强，非常强的的干扰等级。可获得的自由度也称为复用增益，在前述章节已经说明其为高信噪比等级下评估性能增益的一种有效工具。对于 SISO 干扰信道，为了评估其值，必须评估基于 $\tilde{\eta}_d \gg 1$ and $\tilde{\eta}_c \gg 1$ 约束下的比率 $R_{sym} / \log_2 (\tilde{\eta}_d)$。[ETW08] 将该比率定义为统一自由度的数目（DoF），其定义如下

定义 13.1　统一自由度数目（或者复用增益）定义如下：

$$g_s(\alpha) = \lim_{\substack{\tilde{\eta}_d, \tilde{\eta}_c \to \infty \\ : \frac{\log_2(\tilde{\eta}_c)}{\log_2(\tilde{\eta}_d)} = \alpha}} \frac{R_{sym}(\tilde{\eta}_d, \tilde{\eta}_c)}{\log_2(\tilde{\eta}_d)}. \qquad (13.38)$$

其为干扰信道空间自由度的概括或者是前面章节定义的复用增益（12.6 节定义 5.8），瞬时 INR 和 SNR 都趋向无穷大而其对数比值固定为 α，基于式（13.22），

在弱干扰等级下的两用户 SISO 干扰信道可获得的自由度数目其形式比较特殊 $g_s(\alpha) \approx \min\left\{1 - \frac{\alpha}{2}, \ \max\ \{\alpha, \ 1-\alpha\}\right\}$，而式（13.31）和式（13.35）分别说明了

在强干扰等级和非常强干扰等级下的 $g_s(\alpha) = \dfrac{\alpha}{2}$ 和 $g_s(\alpha) = 1$。下面的命题总结了上述结果。

命题 13.2 两用户高斯 SISO 干扰信道可以获得的统一自由度数目（例如每用户复用增益）如下：

$$g_s(\alpha) = \begin{cases} 1 - \alpha & 0 \leqslant \alpha < \dfrac{1}{2} \\[2mm] \alpha & \dfrac{1}{2} \leqslant \alpha < \dfrac{2}{3} \\[2mm] 1 - \dfrac{\alpha}{2} & \dfrac{2}{3} \leqslant \alpha < 1 \\[2mm] \dfrac{\alpha}{2} & 1 \leqslant \alpha < 2 \\[2mm] 1 & 2 \leqslant \alpha. \end{cases} \tag{13.39}$$

这里 $\dfrac{\log_2(\tilde{\eta}_c)}{\log_2(\tilde{\eta}_d)} = \alpha$。

基于公式 13.39，可以看出可获取的速率和自由度（复用增益）主要是基于五种不同等级。前面 3 种等级属于非常弱和弱干扰等级。最后两种等级对应强和非常强等级。弱干扰等级和强或者非常强干扰等级的主要区别是前者的干扰不够强，受干扰用户只能部分检测干扰（通过公共信息），而后者干扰很强可以完全检测。

图 13.8 说明了命题 13.2 的自由度数目 g_s，其为瞬时 INR/SNR 比率 α 的函数，呈 W 形状。增益 g_s 的下界为 1/2，上界为 1。因此在高 SNR 和 INR 下，每用户可以获得的速率与 $g_s \log(\tilde{\eta}_d)$ 呈比率这里 $0.5 \leqslant g_s \leqslant 1$。在低（非常弱干扰区域）和高（非常强干扰区域）$\alpha$，自由度接近 1 而在弱和强干扰等级下，自由度数目如 W 形状的低界 0.5 例如通过正交方案获得的自由度比如时间或者频率域共享（TDMA，FDMA）。因此正交严格上是一个次优化策略（除了当 $\alpha = 1/2$ 和 $\alpha = 1$ 时）。然而当干扰长度和目标信号可比（当 $1/2 \leqslant \alpha \leqslant 1$），正交信道接入

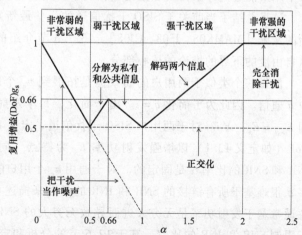

图 13.8　在两用户高斯 SISO IC 中每个用户通常可达到的自由度（复用增益）与 $\alpha = \dfrac{\log_2(\tilde{\eta}_c)}{\log_2(\tilde{\eta}_d)}$ [ETW08]

任然是一种有效的简单的避免干扰的方案尽管是次优化的。12.2 节和 12.3 节分别介绍了 MAC 和 BC 系统中的正交化的益处（TDMA）。

区域 1 与非常弱干扰等级区域重叠，其干扰非常低（$\alpha \leq 1/2$）最优就是将其当做噪声。在该等级，公共信息承载忽略不计的信息，干扰的增强会导致私有信息速率的下降，从而导致可获取的速率损失。在等级 2，干扰增强，公共信息承载的信息不可忽略，因此有助于受干扰用户来消除干扰。可获取的速率将增加。在等级 3，干扰继续增强，将导致私有信息速率的损失其不能被消除干扰获得的增益补偿。从而导致可获取的速率的下降。在等级 4，干扰增强，每个接收机的能解码用户信息。直到等级 5，可获取速率持续增加，在等级 5 干扰很强在解码目标信号前可以完全消除，因此获取的速率与无干扰场景相同。

13.4.2   大于两用户 SISO 干扰信道

尽管两用户 SISO 干扰信道下的可获取速率相对好理解，拓展到大于两用户的场景还不明确。[SKC09, AV09] 确定了大于两用户场景下的在非常弱干扰等级下将干扰当做噪声的最佳性。在强干扰等级下，将两用户拓展到大于两用户的场景比不太直观。在弱和混合干扰等级下，场景更不明确。在两用户场景下，在弱干扰等级下每用户可以获取的自由度大约 1/2，可以推出在 n_c 个用户场景（或者 n_c 个小区场景），可以获取的自由度约为 $1/n_c$。干扰校准（13.7.3 节介绍了其设计）对上述推论提供了一些新颖的观点 [MAMK08, JS08, CJ08]。对于 n_c 个用户的干扰信道当目标和干扰信号的强度是相当的（例如中等干扰等级），[CJ08] 说明可获得的增益为不存在干扰用户时为 1/2。换句话说，随着每个基站的发射功率增加，每个用户能够同时获得的容量为不存在干扰用户的时候的容量的一半。

这里总结了当前关于 SISO 干扰信道的一些最新发现。关于具体的推导参见原始的文献 [MAMK08, JS08, CJ08]。13.7.3 节介绍的干扰校准算法是获得干扰信道自由度的下界的推论的核心部分。

假设一个类似于两用户的场景但是拓展到 n_c 个用户。每个小区 i 和单一的用户 q 通信。因此为了简化 $q = i$。出于简化，每个发射机的整体发射功率固定为 E_s 即 $E_{s,i} = E_s$，$\forall i$。对于两用户 SISO 干扰信道，定义 13.1 给出其复用增益或者统一 DoF（如定义 13.1）以增强发射功率 E_s 为特点（同时增强 SNR 和 INR）但是其 INR 和 SNR 的比率 α 是固定的。对于通用 n_c 个用户的 SISO 干扰信道，考虑参数太多，很难基于所有链接的 SNR 和 INR 的函数来描述可获取复用增益。因此复用增益通常基于发射功率是无穷大进而导致无穷大的 SNR 和 INR 的假设来评估，但是不限制 SNR 和 INR 的比率。基于 12.6 节的分析和定义 5.8，12.6，定义如下的可获取复用增益。

定义 13.2   用户 i 可获取的用户增益定义如下：

$$\lim_{E_s \to \infty} \frac{R_i}{\log_2(\eta_i)} = g_{s,i} \tag{13.40}$$

式中 $\eta_i = E_s \Lambda_{i,i}^{-1} / \sigma_{n,i}^2$。

网络侧可获取复用增益总和定义如下：

$$\lim_{E_s \to \infty} \sum_{j=1}^{n_c} \frac{R_j}{\log_2(\eta_j)} = g_{s,\text{sum}} \tag{13.41}$$

需要再次提醒的是，总体复用增益只在渐近高的 SNR 和 INR 下才有意义。类似 5.8.2 节和 5.9 节的结论在确定 SNR 和 INR 下，网络可获取的复用增益不具有代表性。

干扰校准最初用于时变（或者频率变化）信道，其是基于在时变信道在多个符号拓展上进行赋形。对于时变，参考理想时间交织信道（参见 6.2 节的解释），信道相关系数在不同信道间不同。下面的结果对 SISO 干扰信道限制提出了新颖的想法 [CJ08]。

命题 13.3 对于一个具有无穷数目符号拓展的 n_c 个用户时间/频率可变的 SISO 干扰信道，总体复用增益 $g_{s,\text{sum}}$（或者自由度数目）为 $n_c/2$。

该结论说明时间/频率可变的 SISO 干扰信道自由度为。换句话说，每个用户在高 SNR/INR 下可以获得可靠的通信，其速率为在不存在干扰下容量的一半，这表明时间/频率可变的干扰网络不是基础干扰受限的。

需要很重要的说明的是为了获得 $n_c/2$ 自由度没有固定的符号拓展数目约束（典型的，为了达到 $n_c/2$，符号拓展数目为无穷大）。[CJ08] 直观的解释了上述行为，为了在确定符号拓展上每用户获取的自由度精确到 1/2，每个用户需要将其观察信号空间划分为相同大小的子空间，一个为目标信号，一个为浪费空间针对所有干扰项（来自于非目标发射小区），其约束为在每个用户接收机侧浪费空间内的针对干扰的向量空间必须完全一致。不幸的是，上述约束过于严苛，实际很难找到解决方案。为了绕开该问题，干扰项允许加入额外可忽略的符号数（增加了信号空间），这样其就是完全一致。

对于 3 用户场景，下面的命题澄清了随着信道使用数目的（符号拓展）增加，自由度数目的演进。

命题 13.4 对于 3 用户时间/频率变化 SISO 干扰信道，对于任意的正整数 n，基于一个 $2n+1$ 符号拓展的信道，其可获取的自由度为 $3n+1$ 例如。

$$g_{s,\text{sum}} \geq \frac{3n+1}{2n+1} \tag{13.42}$$

当信道使用趋向无穷大时，$\lim_n \to \infty \frac{3n+1}{2n+1} = \frac{3}{2}$。

13.4.3 MIMO 干扰信道

增加多天线是绕开前述过分约束问题的一种解决方案，其可以获取更精确的接近获取的容量，同时不需要假设时变信道 [JF06]。

命题 13.5　两用户 MIMO 干扰信道其两个发射机分别具有 $n_{t,1}$，$n_{t,2}$ 天线，接收机分别具有 $n_{r,1}$，$n_{r,2}$ 个天线，其最大复用增益为

$$g_{s,sum} = \min\{n_{t,1} + n_{t,2}, n_{r,1} + n_{r,2}, \max\{n_{t,1}, n_{t,2}\}, \max\{n_{t,2}, n_{r,1}\}\} \quad (13.43)$$

对于每个发射机和接收机都具有 n 个天线的网络，命题 13.5 中的总体复用增益就等于 n。需要强调的是在两端的天线分布对 MIMO 干扰信道的复用增益有很大的影响。一个具有 n 个发射天线和 n 个接收天线的 MIMO 干扰信道（$n_{t,1}$，$n_{t,2}$，$n_{r,1}$，$n_{r,2}$）= $(1, n-1, n-1, 1)$，其能够获得的最大复用增益为 1. 这说明了两端天线的分布对复用增益有严重的限制。

对于 3 个用户的 MIMO 干扰信道，当每个发射机和接收机的天线数 $n > 1$，信道为静态的，总体复用增益（自由度数目）为 $^{3n/2}$ [CJ08]。13.7.3 节详细介绍了获取该复用增益的策略。下一步的工作是将该结论推导到更通用的配置，用户数大于 3 和非对称的天线配置 $n_t \neq n_r$，但是可获取的复用增益通常只针对特定的天线配置是已知的。在具有时间频率变化下，更容易获取每段具有 n 个天线的 n_c 个用户的干扰信道的自由度数目 [CJ08]。

命题 13.6　对于一个具有 n_c 个用户的时间频率变化的 MIMO 干扰信道，其每个接收机和发射机都有 n 个天线，同时具有无穷数目的符号拓展，其总体复用增益 $g_{s,sum}$ 为 $nn_c/2$。

一个具有 n_c 个小区每个发射机和接收机具有 n 个天线的网络其自由度的下界是具有单个天线的，nn_c 个小区网络的自由度数目例如后者可以看做是前者 n 个共址的天线没有联合处理信号的场景。根据命题 13.3，具有 nn_c 个用户的 SISO 干扰信道其可获取的自由度为 $nn_c/2$。可以采用相同的方案来推导收发机具有不同天线数目的，n_c 个用户的 MIMO 干扰信道的自由度数的下界。将具有 $n_{t,i}$ 和 $n_{r,i}$ 个天线的 MIMO 链接 i 替代为具有 $\min\{n_{t,i}, n_{r,i}\}$ 个用户的 SISO 干扰信道，很容易可以推导出下属命题。

命题 13.7　一个在发射机 i 具有 $n_{t,i}$ 个天线，在接收机 i 具有 $n_{r,i}$ 个天线，同时具有 n_c 个用户的时间频率变化 MIMO 干扰信道的总体复用增益的下界为

$$g_{s,sum} \geq \frac{1}{2} \sum_{i=1}^{n_c} \min\{n_{t,i}, n_{r,i}\} \quad (13.44)$$

13.4.4　多址接入和广播信道

在 MIMO MAC 系统中具有协调的上行多小区 MIMO 网络，其信息论性能分析与 12.2 节对确定快衰和慢衰信道的分析一致。同样对于下行，可以基于 12.3 节和 12.4 节的分析。但是需要强调的是下行协调的每个基站功率约束的重要性。容量区域和容量累积速率需要基于命题 12.29 计算。

为了全面的评估多小区协同的益处，需要一个完全的多小区部署信道模型。但

是多小区信道模型（如第 4 章的详细介绍）不好分析，实际网络协同的完整益处
需要进行大量的系统评估（参见第 15 章）。然而，有很多方案利用 Wyner 模型来
估计具有多小区协调和没有协调下的蜂窝网络的容量估计，该模型最初由
[Wyn94] 提出。在该模型下，干扰只在相邻小区间存在，该小区被部署在非常特
定的模型（例如在一个线）。另外路径损耗不是用户独立的。[SZSS07，SSPSS09，
SS00] 对模型进一步进行了拓展。尽管该模型可以提供一些分析，但是其实现相
关性目前还不明确。感兴趣的读者可以参考 [GHH + 10]，该文献总结了利用类似
模型的多小区协调网络容量分析。

回到两用户场景，比较协同（BC 和 MAC）下的复用增益和协调（IC）下的
增益。基于 12.2.3 节和 12.3.3 节，有如下结论。

命题 13.8 基于 n_t 个发射天线和 $n_{r,1}$，$n_{r,2}$ 接收天线的两用户 MIMO BC 其总
体复用增益为

$$g_{s,sum} = \min\{n_{r,1} + n_{r,2}, n_t\} \tag{13.45}$$

具有 n_r 个接收天线和 $n_{t,1}$，$n_{t,2}$ 发射天线的两用户 MIMO MAC，总体复用增
益为：

$$g_{s,sum} = \min\{n_{t,1} + n_{t,2}, n_r\} \tag{13.46}$$

这与命题 13.5 两用户 MIMO IC 可以获得的总体复用增益是一致的。相比 MI-
MO IC，在两端的天线分布方式对 MIMO BC 和 MIMO MAC 的复用增益没有影响。
例如对于 MIMO BC 或者 MAC，总体发射天线数为 $n = n_{t,1} + n_{t,2}$（例如在两个具有
$n_{t,1}$ 和 $n_{t,2}$ 天线的发射机间协同），接收机总体天线数为 $n = n_{r,1} + n_{r,2}$（例如在两个
具有 $n_{r,1}$，$n_{r,2}$ 天线数的接收机间协同）。有意思的是，BC 和 MAC 都可以获得最大
复用增益 n，不管发射机和接收机间如何分配天线。

13.5 多小区分集和资源分配

13.1.1 节描述了典型干扰消除技术采用分割-克服的方案，其是针对小区进行
优化设计的而不是网络级别的。更常用的方案是在多小区间同时进行资源分配优化
从而获得相对分割克服方案更优的性能。在单小区设计中（例如第 12 章）已经描
述了典型的功率，时间，频率空间和用户维度，多小区网络增加了额外的小区维
度。自然，在增加自由度的同时也增加了系统复杂度。

传统的固定速率的通信或者以通话为中心的应用中，多小区资源分配，波束赋
形和功控的目标是在最小的信干比下协同固定的用户集合（例如 12.8.7 节具有确
定目标 SINR 的波束赋形）。基于确定的最小 SINR 对这些固定的用户进行赋形和功
率等级的计算，不要求在用户间进行协调。一旦满足最小 SINR 要求，传输就认为
是成功的 [RFLT98，Zan92，FM93，Yat95]。[RFLT98]，上行系统的目标是每个用
户获得最小 SINR，同时最小化功率总和来计算功率等级和接收机赋形。可以利用

集中式和迭代分布算法来计算功率等级和赋形。

如今，网络主要是针对数据负载，基于自适应编码和调制协议来调整传输速率到一个大范围的信道条件。因此优化资源来获得特定目标 SINR 相对不重要了。然而，在最大数据进入（例如邮件，网页浏览，多媒体信息）和 QoS（例如基于 IP 的电话 VoIP）驱动下数据负载场景下考虑约束如服务质量（QoS）最大化的网络容量就更有意义。[DVR03] 说明该网络容量的优化，网络分为多个簇，每个簇采用一个中央调度器来判断瞬时簇中哪些基站针对用户进行传输。这种网络级的集中式调度可以获得多小区分集增益，让人回想起 12.5 节的单小区多用户分集增益。

13.5.1　多小区多用户分集

首先考虑只有一个用户调度在给定频率资源时隙中。进一步假设为 SISO 传输，例如 $n_{t,j} = n_{r,q} = 1 \, \forall j$，$q$ 基于以上假设，信道矩阵 $\boldsymbol{H}_{q,i}$ 可以简化为常数 $h_{q,i}$。出于简化，假设。$E_{s,j} = E_s$，$\forall j$ [GK07] 评估了在多小区网络中当用户数目很大，网络目标是最大化网络总和速率容量（例如没有公平约束）下进行调度的性能增益。在 SISO 干扰信道下小区 i 的用户 q 的 SINR 可以简化为

$$\rho_q = \frac{\Lambda_{q,i}^{-1} \mid h_{q,i} \mid^2 s_i}{\sum_{j \neq i} \Lambda_{q,j}^{-1} \mid h_{q,j} \mid^2 s_j + \sigma_{n,q}^2} \tag{13.47}$$

这里发射功率 s_i 和 s_j 需要优化来满足最大化网络容量。其可以很任意的定义上界和下界：

$$\rho_{q,\text{lb}} \overset{(a)}{\leqslant} \rho_q \overset{(b)}{\leqslant} \rho_{q,\text{ub}} \tag{13.48}$$

这里

$$\rho_{q,\text{lb}} = \frac{\Lambda_{q,i}^{-1} \mid h_{q,i} \mid^2 E_s}{\sum_{j \neq i} \Lambda_{q,j}^{-1} \mid h_{q,j} \mid^2 E_s + \sigma_{n,q}^2} \tag{13.49}$$

$$\rho_{q,\text{ub}} = \max_{s_i} \frac{\Lambda_{q,i}^{-1} \mid h_{q,i} \mid^2 s_i}{\sigma_{n,q}^2} = n_q \mid h_{q,i} \mid^2 \tag{13.50}$$

下边界 (a) 通过固定发射功率 s_i 和 s_j 到其最大值 E_0 来获得（例如没有功率控制，发射功率固定为最大值）。有意思的是 (a) 独立于相邻小区共调度用户的选择。网络容量与小区内同时调度的用户集合无关是相同的。因此对于给定小区其调度的性能增益取决于网络用户间的信道多样性和小区，用户的数目 [KG08]。通过在小区 i 以最大功率传输，同时忽略小区间干扰可以得到上界 (b)。场景 (a) 对应干扰受限的网络，场景 (b) 对应没有干扰的网络。

基于速率最大化策略（12.5 节），小区 i 的调度器选择具有最大 SINR 的用户。网络容量（累加速率）$C_n = \max s$, $K \sum_{i=1}^{n_c} R_{q,i}$ 其上下界为

$$C_{n,\text{lb}} \leqslant C_n \leqslant C_{n,\text{ub}} \tag{13.51}$$

这里

$$C_{n,\text{lb}} = \sum_{i=1}^{n_c} \log_2\left(1 + \max_{q \in \mathcal{K}_i} \rho_{q,\text{lb}}\right) \tag{13.52}$$

$$C_{n,\text{ub}} = \sum_{i=1}^{n_c} \log_2\left(1 + \max_{q \in \mathcal{K}_i} \rho_{q,\text{ub}}\right) \tag{13.53}$$

[GK07] 在每个小区用户数目渐近大下评估了对称和非对称配置网络的上下界的渐近行为。假设路径损耗模拟为 $\Lambda_{q,i}^{-1} = \delta d_{q,i}^{-\epsilon}$，这里 ϵ 为路径损耗指数，$d_{q,i}$ 为基站 i 和用户 q 之间的距离，δ 为放缩因子。小区内的用户，其与任意干扰基站的距离大于小区半径。如果 $i = \text{argmax}_j \Lambda_{q,j}^{-1}$ 或者等价的 $i = \text{argmin}_j d_{q,j}$，（已知信道模型），小区 i 为用户 q 的服务小区。对于所有用户假设噪声功率是相同的 $\sigma_{n,q}^2 = \sigma_n^2 \forall q$。

对于对称配置，小区内的用户与基站具有相同的距离例如 $\Lambda_{q \in \mathcal{K}_i}$，$i = \Lambda \forall i$，这样它们就有相同的平均 $SNR \eta$。定义平均网络容量 $\overline{C}_n = \varepsilon\{C_n\}$，就有如下结论。

命题 13.9 在对称网络中，用户具有独立同分布的瑞利分布衰落信道 $h_{q,i}$，对于确定的小区数目 n_c 每个小区的用户数目接近无穷大 $K_i = K$，$\forall i$，小区 i 基于平均 SINR 的上下界，和网络容量等级分别为

$$\overline{\rho}_{\text{ub}} = \varepsilon\{\max_{q \in \kappa_i} \rho_{q,\text{ub}}\} \overset{\mathcal{K}}{\approx} \eta \log K \tag{13.54}$$

$$\overline{C}_{n,\text{ub}} \overset{\mathcal{K}}{\approx} n_c \log\log K \tag{13.55}$$

和

$$\overline{\rho}_{\text{lb}} = \varepsilon\{\max_{q \in \kappa_i} \rho_{q,\text{lb}}\} \overset{\mathcal{K}}{\approx} \eta \log K \tag{13.56}$$

$$\overline{C}_{n,\text{lb}} \overset{\mathcal{K}}{\approx} n_c \log\log K \tag{13.57}$$

命题 13.9 说明在对称网络配置下，上下界和网络容量等级相同，这表明当用户数目无穷大时小区间的干扰带来的退化忽略不计。因此基于最大化调度策略（通过选择具有最大瞬时 SINR 的用户）的网络，只要用户数目足够大，不管干扰等级（例如网络是干扰受限的或者没有干扰的），其具有相同的容量比例定律（loglogK）。12.5 节，在单小区 MU-MIMO 中有类似的发现，小区内的干扰对容量的影响忽略不计，当用户数足够多进行随机波束赋形和随机调度。从接近结果得出的一个重要实用结论是在一个完全分布式的网络架构下可以获得最优的网络容量而不要求进行 CSI 的交互和小区间的协调。实际上，每个小区可以简单的基于等价公式 13.49 的 CQI 上报进行单小区调度。

在非对称配置下，每个小区内的用户均匀分布，路径损耗由用户和其服务小区间的距离确定。基于该假设，模在用户和小区间模拟 $\Lambda_{q,i}^{-1}$ 为随机可变独立同分布，就有如下结果。

命题 13.10 在非对称网络配置下，当用户具有独立同分布的瑞利衰落 $h_{q,i}$，对于确定小区数目 n_c，每小区内的用户数目接近无穷大 $K_i = K \forall i$ 时，小区 i 的 SINR 上下界和信道容量等级

$$\overline{\rho}_{\text{ub}} = \varepsilon\{\max_{q \in \kappa_i} \rho_{q,\text{ub}}\} \overset{\mathcal{K}}{\approx} \kappa_{\text{ub}} K^{\frac{\epsilon}{2}} \tag{13.58}$$

$$\overline{C}_{n,\text{ub}} \lesssim n_c \, \frac{\in}{2} \log K \qquad\qquad (13.59)$$

和

$$\overline{\rho}_{\text{lb}} = \varepsilon \left\{ \max_{q \in \mathscr{K}_i} \rho_{q,\text{lb}} \right\} \lesssim \kappa_{\text{lb}} K^{\frac{\in}{2}} \qquad\qquad (13.60)$$

$$\overline{C}_{n,\text{lb}} \lesssim n_c \, \frac{\in}{2} \log K \qquad\qquad (13.61)$$

这里 κ_{ub} 和 κ_{lb} 为缩放因子。

类似于对称配置，在非对称配置下可以可以看出网络容量的上下界具有相同的渐近的缩放规律，基于局部 CSI 和式（13.49）的 CQI 上报的分布式调度是最优的。有意思的是，由于用户间的路径损耗不相同增强了多用户分集，因此导致在非对称配置下速率（$\log K$）相对对称配置（$\log \log K$）要提高不少。［EMAK06］也发现了类似的缩放定律。

13.5.2 多小区资源分配

如同单小区资源分配的设计（12.5.2 节），定义两种类型的资源分配策略，速率最大化策略，其最大化网络总和速率但是不考虑小区和用户间的公平问题，另外一种为公平目标策略，其通常基于一个比率公平因子，其不是最大化总和速率而是继最大化加权累加速率，同时保证小区和用户间一定的公平。这两种策略度可以利用两个网络功能指标来解决。多小区协调资源分配策略的目标是最大化网络功能指标 $\mathcal{U}$。

在最复杂的形式中，网络功能指标 $\mathcal{U}$ 必须包括明确协同/协调方案（例如联合传输，协调管理控制，协调波速赋形，时间频率域的调度）的频谱效率，采用 SU 或者 MU-MIMO 的传输模式，考虑公平和 QoS 要求的相对用户优先级，信道状态信息精度，用户能力（比如接收天线数目，接收机类型），和网络能力（比如调度器是集中式的还是分布式的）。但是上诉的网络功能指标很难进行处理。由于同时有 n_c 个小区在服务，网络功能指标可以分集为小区功能指标的累积 $\mathcal{U}_i$，$\mathcal{U} = \sum_{i=1}^{n_c} \mathcal{U}_i$。出于简化假设为线性预编码，小区功能指标 $\mathcal{U}_i$ 可以表示为功率集合 S，传输波束赋形器集合 W，接收合并器集合 G 和调度用户集合 K（为调度用户集合 $\kappa = \{\mathscr{K}_i\}_{i=1}^{n_c}$ 的子集）的函数。

最优资源分配问题就可以表示为

$$\{S^\star, W^\star, G^\star, K^\star\} = \arg \max_{S,W,G,K \subset \kappa} \sum_{i=1}^{n_c} \mathcal{U}_i \qquad\qquad (13.62)$$

式中，$S^\star$、$W^\star$ 和 $G^\star$ 分别定义为在所有小区内（在多载波系统中包括所有子载波）功率分配，发射和接收波束赋形的最优集合 $K^\star \subset \kappa$ 代表属于 κ 的调度的用户的最优子集。需要注意该方程适用于协同和协调网络。

多小区资源联合分配的一个重要特性是基于单个小区的最优化不能导致联合最

优解，其公式如下：

$$\max_{S,W,G,K\subset\kappa}\sum_{i=1}^{n_c}\mathcal{U}_i \geqslant \sum_{i=1,q\in\kappa_i}^{n_c}\max_{S_i,W_i,G_i,K_i\subset\kappa_i}\mathcal{U}_i \tag{13.63}$$

如［DY10a］给出的直观例子，在小区间联合协调资源分配可有显著的提高性能。

例 13.2 假设一个多小区网络，每个小区只调度一个用户，其接收天线为 1。如果每个基站独立进行波束赋形器的优化，单小区最优化就变为在包含小区间干扰的背景噪声下对 MISO 系统的发射波束最优解的问题。单小区发射最优波束赋形为一个匹配波束赋形。例如匹配 MISO 信道的向量如同式（1.55），对于网络级别的联合最优化该匹配波束赋形不是必须的。实际上来自两个小区的两个用户的匹配波束赋形可能会相互冲突导致每个用户有高的小区干扰。在该场景下，为了最小化小区干扰倾向于选择波速赋形是两个基站相互远离。这种联合波束赋形方案可以在确定发射功率下获得更高的接收 SINR，从而提高网络容量。

首先考虑窄带系统。功能指标针对速率最大化方案和目标公平方案表达式不同。定义小区 i 内的用户 q 的瞬时获取速率为 $R_{q,i}$。

对于速率最大化方案，网络功能指标在瞬时 k 上的定义为 $\mathcal{U} = \sum_{i=1}^{n_c}\sum_{q\in k_i}R_{q,i}$，该问题解为

$$\{S^\star,W^\star,G^\star,K^\star\} = \arg\max_{S,W,G,K\subset\kappa}\sum_{i=1}^{n_c}\sum_{q\in K_i}R_{q,i} \tag{13.64}$$

这里变量 $C_n = \max_{S,W,G,K\subset\kappa}\sum_{i=1}^{n_c}\sum_{q\in K_i}R_{q,i}$，为瞬时网络容量。

对于网络范围比例公平方案，网络功能指标在瞬时 k 上的定义为对数函数的加权累加

$$\mathcal{U} = \sum_{i=1}^{n_c}\mathcal{U}_i = \sum_{i=1}^{n_c}\sum_{q\in K_i}\mathcal{U}_{q,i} = \sum_{i=1}^{n_c}\sum_{q\in K_i}\gamma_q\log_2(\overline{R}_{q,i}) \tag{13.65}$$

这里 $\overline{R}_{q,i}$ 为小区 i 内的用户 q 的长期平均速率，$l_{\gamma q}$ 为基于每个用户优先级的权重。

根据 12.5.2 节的拓展，上述方程解可以表达如下的统一表达式

$$\{S^\star,W^\star,G^\star,K^\star\} = \arg\max_{S,W,G,K\subset\kappa}\sum_{i=1}^{n_c}\sum_{q\in K_i}w_qR_{q,i} \tag{13.66}$$

式中 $w_q = 1$ 即为速率最大化方案，当 $w_q = \gamma_q/\overline{R}_{q,i}$ 即为网络范围比率公平方案。对于通用场景，$w_q \geqslant 0$，可以发现式（12.153）和式（13.66）的相似性。

对于多载波系统（MIMO-OFDMA），在频率子载波 k 上小区 i 内的用户 q 的可获取的速率定义为 $R(k)_{q,i}$，（利用第 11 章类似的概念）。基于窄带相同类似的推导，多载波系统的资源分配方程为

$$\{S^\star, W^\star, G^\star, K^\star\} = \arg \max_{S, W, G, K \subset \mathcal{K}} \frac{1}{T} \sum_{i=1}^{n_c} \sum_{k=0}^{T-1} \sum_{q \in K_{k,i}} w_q R(k), q, i \quad (13.67)$$

当 $w_q = 1$ 为速率最大化方案，当 $w_q = \gamma_q / \overline{R}_{q,i}$ 为网络范围比率公平方案。对于通用配置，$w_q \geqslant 0$。

式（13.66）和式（13.67）是高非凸方程，其很难找到任意最优解的派生。式（13.67）是式（13.66）的超集，其进一步包含了频率域的资源分配。在接下来的章节中，我们将分析协调方案，它们为式（13.66）和式（13.67）或者子集的解。

13.6　协调功控

与 13.5.1 节相似，为了简化分析首先考虑在任意给定的频谱资源时隙上只调度一个用户（例如单用户 MIMO）的情况。另外，我们假设 SISO 窄带传输例如 $n_t = n_r = 1$。基于上面的条件，信道矩阵 $H_{q,i}$ 就简化为一个常数 $h_{q,i}$。功率控制（以及联合功率控制和用户调度）对消除小区干扰的好处是什么？将式（13.66）进行变形，该问题表示为

$$\{S^\star, K^\star\} = \arg \max_{S, K \subset \mathcal{K}} \sum_{i=1, q \in K_i}^{n_c} w_q R_{q,i} \quad (13.68)$$

基于 SU 传输的假设式（13.68）中 $q \in K_i$ 且 $K_i = 1$，因此相比式（13.66）用户 q 的累积移除了。另外上述方程是非凸的［Chi05］，不能通过标准最优技术直接求解。

13.6.1　大量用户

基于命题 13.9 和命题 13.10 的渐近分析，当用户数很大，网络依赖于速率最大化方案时，网络容量的上下界在对称和非对称配置下付出相同的缩放定理。这说明利用功率控制即使是最优的其也不能进一步提升网络容量，在用户数很多的渐近场景下，最大功率发射就是最优的。就可以获得如下的缩放定理［GK07］。

命题 13.11　假设用户间的衰落信道是独立的同分布瑞利分布 $h_{q,i}$，对于给定的小区数目 n_c，每个小区的用户数目渐近大时 $K_i = K$，$\forall i$，在对称网络配置下具有调度缩放基于最优功率控制和速率最大化的网络容量为 $\overline{C}_n \mathcal{K} n_c \log\log K$，在非对称网络配置下为 $\overline{C}_n \mathcal{K} n_c \frac{\epsilon}{2} \log K$。

13.6.2　大量干扰

另外一个有用的渐近场景是考虑干扰数目无穷大。基于大数定理，在式

（13.47）SINR 的分母中的干扰项 $\sum_{j\neq i}\Lambda_{q,j}^{-1}\mid h_{q,j}\mid^2 s_j$ 就可以表示为

$$\sum_{j\neq i}\Lambda_{q,j}^{-1}\mid h_{q,j}\mid^2 s_j = (n_c-1)\left(\frac{1}{n_c-1}\sum_{j\neq i}\Lambda_{q,j}^{-1}\mid h_{q,j}\mid^2 s_j\right) \tag{13.69}$$

$$\overset{(a)}{\approx}(n_c-1)\varepsilon\{\Lambda_{q,j}^{-1}\mid h_{q,j}\mid^2 s_j\} \tag{13.70}$$

$$\overset{(b)}{\approx}\underbrace{\varepsilon\{\Lambda_{q,j}^{-1}\mid h_{q,j}\mid^2\}}_{G}\sum_{j\neq i}^{n_c}s_j \tag{13.71}$$

这里 （a） 假设 $n_c\to\infty$ ，（b） 起源于 ［KG08］，小区间信道增益 $\Lambda_{q,j}^{-1}\mid h_{q,j}\mid^2$ 和发射功率 s_j 是不相关的。另外，$\varepsilon\{\Lambda_{q,j}^{-1}\mid h_{q,j}\mid^2\}$ 被一个常量 G 近似，其是独立于调度用户但是取决于路径损耗和链路预算分析。上述假设定义了一个理想干扰网络，其对应的场景是在密集网络中，任意用户接收的总干扰与其在小区内位置无关。

13.6.3　高和低 SNR 等级

在更实际的系统中当每个小区的用户数是固定的，功率控制的益处更实用。第一步假设选择调度 K 内的用户，只考虑最优功率分配。即使对于确定的调度用户集合，同时优化传输速率和功率任然是个难题。目标函数式（13.68）就退化为

$$\{S^\star\} = \arg\max_{S\in\mathscr{S}_i}\sum_{i=1,q\in K_i}^{n_c}w_q R_{q,i} \tag{13.72}$$

这里 $\mathscr{S}=\{S\mid e_{si}\leqslant s_i\leqslant E_{s,i},\ i=1,\cdots,n_c\mid\}$ 为功率分配策略的可行性集合。由于缺乏凸，很难在不做任何简化的情况下求解。在低和高 SINR 等级上，幸运的是分配方程被简化了 ［TPC05，Chi05，GGOK08，EMAK06，GKGO07］。在高 SINR 等级下

$$R_{q,i} = \log_2(1+\rho_q)\approx\log_2(\rho_q) \tag{13.73}$$

这样

$$\sum_{i=1}^{n_c}w_q R_{q,i}\approx\sum_{i=1}^{n_c}w_q\log_2\left(\frac{\Lambda_{q,i}^{-1}\mid h_{q,i}\mid^2 s_i}{\sum_{j\neq i}\Lambda_{q,j}^{-1}\mid h_{q,j}\mid^2 s_j+\sigma_{n,q}^2}\right) \tag{13.74}$$

式中，$q\in K_i$。对于小区 i 的用户 q 的高 SINR 等级假设 $\rho_q\gg 1$，其表示 $s_i>0$（将从来不导致高 SINR 等级的发送功率关闭）。因此，在基于高 SINR 假设下求解功率分配后，我们必须确认满足条件 $\rho_q\gg 1$ 和 $s_i>0$。

在低 SINR 等级，

$$R_{q,i} = \log_2(1+\rho_q)\approx\frac{\rho_q}{\log 2}, \tag{13.75}$$

这里

$$\sum_{i=1}^{n_c}w_q R_{q,i}\approx\frac{1}{\log 2}\sum_{i=1}^{n_c}\frac{w_q\Lambda_{q,i}^{-1}\mid h_{q,i}\mid^2 s_i}{\sum_{j\neq i}\Lambda_{q,j}^{-1}\mid h_{q,j}\mid^2 s_j+\sigma_{n,q}^2} \tag{13.76}$$

式中，$q \in K_i$。

命题 13.12　在高和低 SINR 等级，最优功率控制 $S^\star$，分别为最大化公式（13.74）和式（13.76），其是二元的例如 $S^\star \in \mathscr{S}_b^{n_c}$，$\mathscr{S}_b^{n_c}$ 为 $2n_c - 1$ 个角点的集合，除了所有 $-e_{s,i}$ 点（$i = 1, \cdots, n_c$）。

证明：该结论基于差分定理。在高 SINR 等级，对变量做一些变换。$\tilde{s}_i = \ln(s_i)$ and $s_i = \exp(\tilde{s}_i)$ [TPC05，Chi05]，根据其二阶导数 $\dfrac{\partial^2}{\partial \tilde{s}_i^2} \sum_{i=1}^{n_c} w_q R_{q,i} \geqslant 0$ 式（13.73）就变为在各个变量 $\tilde{s}_i$ 上凸的。

类似地，在低 SINR 等级，式（13.76）在每个变量 s_m 是凸的，因为其二阶导数是正的 [GGOK08，EMAK06]

$$\frac{\partial^2}{\partial s_m^2}\left(\frac{1}{\log 2} \sum_{i=1}^{n_c} \frac{w_q \Lambda_{q,i}^{-1} \mid h_{q,i} \mid^2 s_i}{\sum_{j \neq i} \Lambda_{q,j}^{-1} \mid h_{q,j} \mid^2 s_j + \sigma_{n,q}^2}\right) \geqslant 0. \tag{13.77}$$

基于凸的特性，如果 S 中至少有一个成员不是其内部的端点，就有另外一个点 S′ 获得比 S 更高的目标函数，这样其内部多一个端点例如 $e_{s,i}$ 或 $E_{s,i}$ [GGOK08]。所有的 $-e_{s,i}$ 点从潜在的最优功率分配候选集中排除了，至少有一个小区需要基于最大功率发射，如同目标函数的发现。

需要重要说明的是，在高和低 SINR 等级下，二元功率分配是最优的基于速率最大化和网络范围比例公平原则，如命题 13.12 目标最大化 $\sum_{i=1}^{n_c} w_q R_{q,i}$。

实例 13.3　在两小区场景（$n_c = 2$），基于信道条件，在低 SINR 下基于命题 13.12 的最优功率分配最大化公式 13.72 为下面 3 个候选中一个 $(s_1^\star, s_2^\star) = (E_{s,1}, e_{s,2})$，$(e_{s,1}, E_{s,2})$ or $(E_{s,1}, E_{s,2})$。假设小区 1 调度用户 1，小区 2 调度用户 2（这样 $w_{1.1}$ 和 $R_{1.1}$ 简写为 w_1 和 R_1，类似地，$w_{2.2}$ 和 $R_{2.2}$），目标函数就为

$$w_1 R_1 + w_2 R_2 \approx \frac{1}{\log 2}\left[\frac{w_1 \Lambda_{1,1}^{-1} \mid h_{1,1} \mid^2 s_1}{\Lambda_{1,2}^{-1} \mid h_{1,2} \mid^2 s_2 + \sigma_{n,1}^2} + \frac{w_2 \Lambda_{2,2}^{-1} \mid h_{2,2} \mid^2 s_2}{\Lambda_{2,1}^{-1} \mid h_{2,1} \mid^2 s_1 + \sigma_{n,2}^2}\right] \tag{13.78}$$

出于简化，假设 $c_{s,1} = e_{s,2} = e_s$，$E_{s,1} = E_{s,2} = E_s$，(e_s, e_s) 永远不是最优的功率分配策略因为其会导致一个相比下面等式说明的 (E_s, E_s) 策略更低的目标函数

$$
\begin{aligned}
&\frac{w_1 \Lambda_{1,1}^{-1} \mid h_{1,1} \mid^2 E_s}{\Lambda_{1,2}^{-1} \mid h_{1,2} \mid^2 E_s + \sigma_{n,1}^2} + \frac{w_2 \Lambda_{2,2}^{-1} \mid h_{2,2} \mid^2 E_s}{\Lambda_{2,1}^{-1} \mid h_{2,1} \mid^2 E_s + \sigma_{n,2}^2} \\
&= \frac{w_1 \Lambda_{1,1}^{-1} \mid h_{1,1} \mid^2 e_s}{\Lambda_{1,2}^{-1} \mid h_{1,2} \mid^2 e_s + \dfrac{e_s}{E_s}\sigma_{n,1}^2} + \frac{w_2 \Lambda_{2,2}^{-1} \mid h_{2,2} \mid^2 e_s}{\Lambda_{2,1}^{-1} \mid h_{2,1} \mid^2 e_s + \dfrac{e_s}{E_s}\sigma_{n,2}^2} \\
&> \frac{w_1 \Lambda_{1,1}^{-1} \mid h_{1,1} \mid^2 e_s}{\Lambda_{1,2}^{-1} \mid h_{1,2} \mid^2 e_s + \sigma_{n,1}^2} + \frac{w_2 \Lambda_{2,2}^{-1} \mid h_{2,2} \mid^2 e_s}{\Lambda_{2,1}^{-1} \mid h_{2,1} \mid^2 e_s + \sigma_{n,2}^2}
\end{aligned} \tag{13.79}
$$

对于高 SINR 等级，有类似的结论。

再次强调，在高 SINR 等级，在计算 s⋆ 后需要确认高 SINR 假设的有效性。如果对于瞬时，$e_{s,i} = 0 \, \forall i$ 对于一些小区 j，有很高的概率 $s_j^\star = 0$。显然对于这些小区 j，高 SINR 假设是无效的。

由于二元功率分配在高和低 SINR 下是最优的，式（13.68）的原始问题可以转换为如下的用户调度和功率控制的穷尽搜索问题

$$\{ S^\star, K^\star \} = \arg \max_{S \subset \mathscr{S}_b^{n_c}, K \subset \kappa} \sum_{i=1, q \in K_i}^{n_c} w_q R_{q,i} \tag{13.80}$$

为了对式（13.80）求解，基于集合 $\mathscr{S}_b^{n_c}$ 和 κ 进行穷尽搜索以找到最优的 $S^\star$ 和 $K^\star$。但是这要求集中式的架构由于目标函数要求整体网络信息。由于功率控制的二元维度，这方案减少了计算复杂度（即使对于小区数目很大时依然很高）但是带来了大量反馈开销。

13.6.4 两小区簇

有意思的是在特定的两小区网络（$n_c = 2$），二元功率控制不但在低 SINR 等级是最优的，对于基于速率最大化策略的网络在整个 SINR 范围内都是最优的，下面的命题说明了这点 [GGOK06，EMAK06，GGOK08]。

命题 13.13 在两小区场景下，网络累积最大化功率分配 $(s_1^\star, s_2^\star)$ 是二元的，其永远是如下 3 个候选功率分配中的一个：$(E_{s,1}, e_{s,2})$，$(e_{s,1}, \overline{E}_{s,2})$ 和 $(E_{s,1}, E_{s,2})$。

证明：针对两小区场景的目标函数 $\sum_{i=1}^{n_c} R_{q,i}$，定义分别被小区 1 和小区 2 调度的用户 1 和用户 2 的 SINR 为 ρ_1 和 ρ_2，单调增加对数函数，最大化目标函数就等价于寻找最大化函数 $J(s_1, s_2) = (1 + \rho_1)(1 + \rho_2)$ 的功率分配 (s_1, s_2)。通过差分和置零，$\dfrac{\partial J}{\partial s_1} = 0$ 和 $\dfrac{\partial J}{\partial s_2} = 0$，可以得出上述结论。

因此，取决于噪声方差和信道增益，所有小区必须满功率发送或者其中一个必须基于最小功率发射。在不损失容量下，发射功率可以量化为 2 个值。这使功率分配策略特别简单和低开销。注意即使在最小功率为零的场景下，判决也不能基于部分 CSI，最优判决要求所有小区的 CSI，因此就需要某种形式的中央调度器。[KGGO09] 讨论了将命题 13.13 拓展到网络范围比例公平准则。不幸的是，在例子 13.3 中权重 w_1 和 w_2 是不同的对于网络范围比率公平准则，二元分配不再是最优的，但是其但来的损失是有限的。

当固定 $e_{s,i} \, \forall i$ 为零，二元功率分配在文献中有不同的命名，其称为开关功率控制或者协调消音。其是相对比较流行的方案因为其对 CSI 测量和 CSI 反馈损伤比较鲁棒，如果应用在 OFDMA 网络的子帧级别（如第 14 和 15 章的分析）。

需要说明的是，即使每个小区的噪声方差是不同的（在不同用户不同）命题

13.13 任然有效。实际上即使网络小区数目大于两个，我们可以基于预定义簇方案将网络分解成多个簇的集合（13.3 节），每个簇由两个小区构成在其之间进行协调。将簇之外的干扰当作是噪声方差 $\sigma_{n,q}^2$ 的一部分，在每个簇内依然可以进行二元功率分配，对于一个有小区 1 和 2 组成的簇其累积吞吐量如下

$$\sum_{i \in \{1,2\}, q \in K_i} R_{q,i} = \sum_{i \in \{1,2\}, q \in K_i} \log_2 \left(1 + \frac{\Lambda_{q,i}^{-1} \mid h_{q,i} \mid^2 s_i}{\sum_{j \in \{1,2\}, j \neq i} \Lambda_{q,j}^{-1} \mid h_{q,j} \mid^2 s_j + \sigma_{n,q}^2} \right)$$

$$(13.81)$$

这里 $\sigma_{n,q}^2$ 包含簇外的干扰 $\sum_{j \notin \{1,2\}} \Lambda_{q,j}^{-1} \mid h_{q,j} \mid^2 s_j$ 加内部噪声。假设干扰项可以通过其他簇的功率活动来估计或者平均，簇内的功率分配解如下：

$$\{S^\star\} = \arg \max_{S \in \mathscr{S}_b^2} \sum_{i \in \{1,2\}, q \in K_i} R_{q,i}$$

$$(13.82)$$

更通用的配置是，不能依赖高或者低的 SINR 等级，或者是小区数目大于 2，功率分配问题就很复杂。第一个尝试就是利用迭代进程来求解累积速率最大化 [QC99]。但是由于该方程的非凸，解的质量不能保证。另外一种方案依赖于最近发展的几何编程（GP）[TPC05，CTP+07]。不幸的是，对于更通用的大于两小区的配置，二元功率分配不再是最优的。有意思的是，根据经验，二元功率控制其获得的吞吐量经常是接近于利用 GP 进行最优功率分配时获得的吞吐量 [GGOK08]。

值得说明的是，在实际配置中量化最优空间（如在二元功率配置）是很有好处的，因为基站间的交互信息速率减小了，终端侧的反馈开销降低了，发射机和资源分配的策略简化了。在实际场景中如 LTE-A，二元功率配置是非常流行的技术，参见 14.6.3 和 14.6.4 节的讨论。

13.6.5　OFDMA 网络

多小区协调 OFDMA 网络的设计包括基于发射功率等级和每个小区调度的用户在每个子载波上联合调度和功率分配的方案。调度和功率分配需要联合考虑以达到针对整个网络的最优解。在 OFDMA 网络中，资源分配更复杂。相比前述章节，增加了一个额外的维度，因为对于给定时间，多个用户可以调度在不同的频率资源上。给定用户的速率可以通过增加传输带宽或者发射功率得到提升，前者导致小区内其他用户分配带宽的损失，后者或增加小区间干扰（类似于窄带系统）。因此，一个用户的速率提升都会影响网络中其他用户的速率 [YKS10]。为了简化分析，假设在一个给定的频率资源上在给定时间只会分配给一个用户（例如 SU 传输）。但是一个用户可以分配多个频率资源。类似于前述章节，考虑每个基站和用户只有一个发射和接收天线。该场景对应多小区 SISO 干扰信道但是拓展到 OFDMA 网络。

如 13.2 节引入的定义，变量 K 收集在所有小区所有子载波上的用户分配，定

义 $K = \{K_i\}_{i=1}^{n_c}$，其中 $K_i = \{K_{k,i}\} \forall k$。同样，定义 $S = \{S_i\}_{i=1}^{n_c}$ 其中 $S_i = \{s_{k,i}\} \forall k$。

对于协调功率控制和调度，式（13.67）就简化为

$$\{S^\star, K^\star\} = \arg \max_{S, K \subset \kappa} \frac{1}{T} \sum_{i=1}^{n_c} \sum_{k=0, q \in \kappa_{k,i}}^{T-1} w_q R_{(k)q,i} \tag{13.83}$$

这里

$$R_{(k),q,i} = \log_2(1 + \rho_{k,q}) \tag{13.84}$$

同时

$$\rho_{k,q} = \frac{\Lambda_{q,i}^{-1} \mid h_{(k),q,i} \mid^2 s_{k,i}}{\sum_{j \neq i} \Lambda_{q,j}^{-1} \mid h_{(k),q,j} \mid^2 s_{k,j} + \sigma_{n,k,q}^2} \tag{13.85}$$

基于如下约束

$$\sum_{k=0}^{T-1} s_{k,i} \leqslant E_{s,i}, \forall i \tag{13.86}$$

协调用户调度和功率分配问题式（13.83）已经在很多文献中做了评估 [VPW09, YKS10, SV09]。因为其是非凸的，全面最优解可能无法找到但是近似优化解可以通过迭代算法获取。基于迭代优化的调度和功率分配的主要思想总结如下。

最优条件

对于确定的调度用户集合，最优功率分配问题必须满足 Karush-Kuhn-Tucker（KKT）条件（基于非凸的方程，只能获得一个局部最优）。基于累积功率约束，最优方程的拉格朗日表达式为

$$\mathcal{L}(S, K, \nu) = \sum_{i=1}^{n_c} \sum_{k=0, q \in K_{k,i}}^{T-1} w_q R_{(k),q,i} + \sum_{i=1}^{n_c} \nu_i \left(E_{s,i} - \sum_{k=0}^{T-1} s_{k,i} \right) \tag{13.87}$$

这里 $\nu = \{\nu_i\}_{i=1}^{n_c}$ 为拉格朗日乘数，与每个小区的功率约束有关。

其解必须满足

$$\frac{\partial \mathcal{L}}{\partial s_{k,i}} = 0 \tag{13.88}$$

和

$$\nu_i \left(E_{s,i} - \sum_{k=0}^{T-1} s_{k,i} \right) = 0 \tag{13.89}$$

对于 $i = 1, \cdots, n_c$ 和 $k = 0, \cdots, T-1$ 基于约束 $\nu_i \geqslant 0$，$s_{k,i} \geqslant 0$ 且 $\sum_{k=0}^{T-1} s_{k,i} \leqslant E_{s,i}$。

条件式（13.88）表示如下

$$w_q \frac{\partial R_{(k),q,i}}{\partial s_{k,i}} + \sum_{m \neq i} w_{q',m} \frac{\partial R_{(k),q',m}}{\partial s_{k,i}} = \nu_i, \tag{13.90}$$

式中，$q \in K_{k,i}$ 和 $q' \in K_{k,m}$ 等价，式（13.90）表示为

$$w_q \frac{\partial R_{(k),q,i}}{\partial s_{k,i}} - \Pi_{k,i} = \nu_i \tag{13.91}$$

这里定义 $\Pi_{k,i} = \sum_{m \neq i} \Pi_{k,i,m}$

$$\Pi_{k,i,m} = - w_{q',m} \frac{\partial R_{(k),q',m}}{\partial s_{k,i}} \tag{13.92}$$

$$= - w_{q',m} \frac{\partial R_{(k),q',m}}{\partial I_{k,q',m}} \frac{\partial I_{k,q',m}}{\partial s_{k,i}} \tag{13.93}$$

$$\overset{(a)}{=} w_{q',m} \pi_{k,q',m} \Lambda_{q',i}^{-1} \mid h_{(k),q',i} \mid^2 \tag{13.94}$$

在（a）中，小区 m 的用户 q' 接收的总体干扰为 $I_{k,q',m}$：

$$I_{k,q',m} = \sum_{l \neq m} \Lambda_{q',l}^{-1} \mid h_{(k),q',l} \mid^2 s_{k,l} \tag{13.95}$$

$\pi_{k,q',m}$ 为非负变量

$$\pi_{k,q',m} = - \frac{\partial R_{(k),q',m}}{\partial I_{k,q',m}} \tag{13.96}$$

这表明在子载波 k 上总体干扰没减少每单位，小区 m 的用户 q' 的速率有微小的提升。基于式（13.84）给出的速率，对式（13.90）和式（13.91）进行变换，就有如下等式

$$\frac{1}{\log 2} \frac{w_q}{(\nu_i + \Pi_{k,i})} = s_{k,i} + \frac{\sum_{j \neq i} \Lambda_{q,j}^{-1} \mid h_{(k),q,j} \mid^2 s_{k,j} + \sigma_{n,k,q}^2}{\Lambda_{q,i}^{-1} \mid h_{(k),q,i} \mid^2} \tag{13.97}$$

for $i = 1, \ldots, n_c$ 和 $k = 0, \ldots, T-1$ 这里 $\Pi_{k,i} = \sum_{m \neq i} \Pi_{k,i,m}$，$\Pi_{k,i,m}$ 定义如式（13.94）和

$$\pi_{k,q',m} = \frac{1}{\log 2} \frac{\rho_{k,q'}}{\sum_{j=1}^{n_c} \Lambda_{q',j}^{-1} \mid h_{(k),q',j} \mid^2 s_{k,j} + \sigma_{n,k,q'}^2} \tag{13.98}$$

$$= \frac{1}{\log 2} \frac{1}{\Lambda_{q',m}^{-1} \mid h_{(k),q',m} \mid^2 s_{k,m}} \left(\frac{\rho_{k,q'}^2}{1 + \rho_{k,q'}} \right) \tag{13.99}$$

干扰定价

有意思的是，$\Pi_{k,i}$，$\Pi_{k,i,m}$ and $\pi_{k,q',m}$ 有一个干扰定价的解读 [HBH06]。将 $\pi_{k,q',m}$ 看作是其他小区对用户 q' 产生干扰的代价，条件 13.91 就是方程的充分必须最优条件，在每个小区子载波 k 上定义一个功率等级 $s_{k,i}$，最大化如下的剩余函数

$$\Upsilon_{(k),i} = w_q R_{(k),q,i} - s_{k,i} \Pi_{k,i} \tag{13.100}$$

假设给定 $s_{k,j}$ 其中 $j \neq i$，和 $\pi_{k,q',m}$ 其中 $m \neq i$。不再是最大化利己的自身的功能指标（例如加权累积速率），小区 i 最大化其功能和对相邻小区受干扰用户带来干扰所付出的代价的差值。

代价定义为发射功率 $s_{k,i}$ 乘以 $\Pi_{k,i}$，$\Pi_{k,i}$ 定义为受害用户代价的权重，每个权重等价于 QoS 权重乘以小区 i 和受害用户间的信道增益。其代表在小区 i 部署额外的发射功率对相邻小区受害用户加权速率的影响。高的 $\Pi_{k,i}$ 表明小区 i 在子载波 k 上分配功率需要需要高的代价。剩余函数（13.100）可以看作是一个新的功能指标，下面的章节将介绍调度器以该指标为目标最大化。

迭代调度和注水修正迭代

下行小区间干扰只是功率等级的函数与用户调度判决无关。这表明用户调度和功率分配可以分开进行。一个迭代调度器，首先基于确定功率分配的假设调度最好的用户，然和基于确定的调度用户计算最好的功率分配 [VPW09，YKS10]。如果迭代只是单调的提高目标函数，就可以保证调度器至少收敛到一个部分最优解。

假设确定功率分配，基于小区间干扰独立于调度用户，找到最好的调度用户是单小区最优问题，每个小区 i 在每个子载波上找到具有最大加权累积速率的用户，例如

$$q^\star \in K^\star_{k,i} = \arg \max_{\kappa_i} \Upsilon_{(k),i} \tag{13.101}$$

$$= \arg \max_{\kappa_i} w_q R_{(k),q,i}, \forall i,k \tag{13.102}$$

迭代算法用于计算局部最优解 $S^\star$ 和 $K^\star$。假设 $\boldsymbol{\Pi}_{(k)} = \{\boldsymbol{\Pi}_{(k),i}\}_{i=1}^{n_c}$ 和 $\boldsymbol{\Pi} = \{\boldsymbol{\Pi}_{(k)}\}_{k=0}^{T-1}$，利用上标 (n) 来表示第 n 次迭代的计算值。因此 $S^{(n)} K^{(n)}$ and $\boldsymbol{\Pi}^{(n)}$ 代表 S、K 和 $\boldsymbol{\Pi}$ 在第 n 次迭代的计算值。其迭代进程如下 [VPW09，YKS10，Yu07]：

• 初始化阶段：首选确定最大的迭代次数 $N_{\max}$ 和固定 $n=0$。利用如同 13.6.4 节的二元功率分配策略初始化，基于式（13.102）计算 $K^{(0)}$，基于式（13.94）和式（13.99）计算 $\boldsymbol{\Pi}^{(0)}$。

• 第 n 次迭代：对于每个小区 $i=1,\dots,n_c$，基于 $K^{(n-1)}$，$\boldsymbol{\Pi}^{(n-1)}$ 和 $S_j^{(n-1)}$ for $\forall j \neq i$（比如假设其他小区的发射功率任然固定）更新功率分配 $S_i^{(n)}$，其计算公式根据式（13.97）如下

$$s^{(n)}_{k,i} = \left(\frac{1}{\log 2} \frac{w_q}{(\nu_i + \Pi^{(n-1)}_{k,i})} - \frac{\sigma^2_{I,k,q} + \sigma^2_{n,k,q}}{\Lambda^{-1}_{q,i} |h_{(k),q,i}|^2} \right)^+, q \in K^{(n-1)}_{k,i} \tag{13.103}$$

式中

$$\sigma^2_{I,k,q} = \sum_{j \neq i} \Lambda^{-1}_{q,j} |h_{(k),q,j}|^2 s^{(n-1)}_{k,j} \tag{13.104}$$

参数 ν_i 基于功率约束 $\sum_{k=0}^{T-1} s^{(n)}_{k,i} \leq E_{s,i}$ 获得，其计算可以采用二分法。在获得功率分配 $S^{(n)}$ 后，基于式（13.102）计算用户选择 $K^{(n)}$。最后利用式（13.94）和式（13.99）计算 $\boldsymbol{\Pi}^{(n)}$ 重复上述进程直到收敛或者达到迭代的最大次数 $N_{\max}$。

需要重要说明的是当迭代算法收敛，其只获得加权累积速率最大化方程（13.83）的局部最优解。可以进一步优化或者修正该迭代算法 VPW09，YKS10，Yu07]：

• 对于第 n 次迭代，倾向于在计算 $\boldsymbol{\Pi}^{(n)}$ 前保证 $S^{(n)}$ 和 $K^{(n)}$ 收敛。在这种场景下，第 n 次迭代假设 $\boldsymbol{\Pi}^{(n-1)}$，$S^{(n)}$ 和 $K^{(n)}$ 进行内部循环持续更新 [VPW09]。另外一个方案是在第 n 次迭代内在计算 $K^{(n)}$ 前，迭代计算 $S^{(n)}$ 直到功率分配收敛。在这种场景下，第 n 次迭代假设 $\boldsymbol{\Pi}^{(n-1)}$ 和 $K^{(n-1)}$，对 $S^{(n)}$ 进行内部循环持续更新

［VPW09］。

- 上述的迭代调度假设计算的变量可以同步进行更新。实际上所有小区在 n 次迭代同时更新其调度信息 $K^{(n)}$ 和发射功率 $S_i^{(n)}$，假设其他小区的信息是固定的，等于第 $n-1$ 次迭代的计算结果。但是如果调度器基于非同步的方式工作，当 $S_i^{(n)}$ 已经计算同时是已经知道的，将基于 $S_j^{(n)}$ 而不是 $S_j^{(n-1)}$ 来计算 $S_i^{(n)}$。如果信息是基于先后顺序更新的，非同步调度器是可能的。在这种场景下，第 n 次迭代，首先基于 $K^{(n-1)}$，$\Pi^{(n-1)}$ 和其他小区的 $S_i^{(n-1)}$，$i=2$，$\cdots$，n_c，计算基站 1 的功率分配 $S_1^{(n)}$。然后优化基站 2 的功率分配。现在我们利用更新 $S_1^{(n)}$ 的数值，和前面的 $K^{(n-1)}$，$\Pi^{(n-1)}$ and $S_i^{(n-1)}$，$i=3$，$\cdots$，n_c。计算其他小区的功率分配也类似。

值得注意的是，式（13.103）和 11.2.1 节和 5.2.1 节描述的单用户注水功率分配的相似性。其主要区别是功率分配考虑了噪声和干扰，注水等级 ν_i 通过额外的定价项 $\Pi_{k,i}$ 做了修正。该进程称为修正注水迭代［Yu07］。小区间干扰增加，注水等级下降就导致较低的功率分配。注水等级同样受到比例公平权重 w_q 的影响，权重增加注水等级就增加。其结果是，基站在子载波上对那些具有高优先级或者更好的信道质量的用户分配更大的功率，但是放发射会带来相邻小区受害用户很大的干扰的子载波上发射功率将会下降。

12.5.2 节讨论的单小区多用户 MIMO 协调下的资源分配问题是针对窄带传输的。修正的迭代注水算法同样也可以应用于单小区 MU-SISO OFDMA 网络中来解决资源分配问题。实际上，忽视小区间干扰项（例如小区间相互隔离），每个小区可以利用算法来分配其功率和子载波上的用户以最大化加权累积速率。每个基站在子载波上针对具有较高优先级或者打的信道增益的用户分配更多的功率。

反馈信息信息附带要求

为了获得最好的性能，迭代调度器要求中央控制器收集每个小区 i 上报的 CSI。中央控制器进行修正的迭代注水，告知每个小区关于每个子载波上调度的用户和发送功率。该方案要求小区 i 内的每个用户上报 $n_c T$ 个信道测量因为用户和任意基站 j 在所有子载波上的信道都必须获取。小区 i 告知中央控制器 $n_c TK_i$ 个信道测量。

另外一个替代方案基于分布式的方式进行迭代调度，基于用户的反馈信息，小区交互相互的信息。假设每个小区知道本地 CSI 例如其用户测量和上报的 CSI，加上小区间交互的信息。从小区 i 的角度，基修正注水方案的迭代调度器基于如下的用户反馈信息和小区间交互的信息：

- 为了计算公式 13.103 的右边的第二项，用户 $q \in K_{k,i}^{(n-1)}$ 给小区 i 上报子载波 k 上的噪声和干扰的累加

$$\sigma_{I,k,q}^2 + \sigma_{n,k,q}^2 \tag{13.105}$$

和直接信道路径 path $\Lambda_{q,i}^{-1} \mid h_{(k),q,i} \mid^2$。

- 小区 i 收到的用户 q 的 MC 测量集合内小区 $m \neq i$ 在第 $n-1$ 次迭代的税负

信息

$$\Pi_{k,i,m}^{(n-1)} = w_{q',m}\pi_{k,q',m}\Lambda_{q',i}^{-1} \mid h_{(k),q',i} \mid^2 \qquad (13.106)$$

用户 $q' \in K_{k,m}^{(n-1)}$ 属于小区 i 的 MC 要求用户集合 $\mathscr{R}_{k,i}$，因此是小区 i 的受害用户协调小区 j 在第 n-1 次迭代的税负信息的转换

$$\Pi_{k,j,i}^{(n-1)} = w_q\pi_{k,q,i}\Lambda_{q,j}^{-1} \mid h_{(k),q,j} \mid^2 \qquad (13.107)$$

用户 $q \in K_{k,i}^{(n-1)}$，为在前面迭代 n-1 中潜在调度的用户，属于小区 j 的 MC 要求用户集合 $\mathscr{R}_{k,j}$，因此是小区 i 内的小区 j 的受害用户。基于式（13.99），税负信息的要求获知比例公平权重，发送功率 $s_{k,i}^{(n-1)}$，所有用户 $q \in \mathscr{K}_i$ 上报的部分信息如 $\rho_{k,q,i}$，和干扰与直接信道的比率

$$\Lambda_{q,j}^{-1} \mid h_{(k),q,j} \mid^2 / (\Lambda_{q,i}^{-1} \mid h_{(k),q,i} \mid^2) \qquad (13.108)$$

尽管从理论上，迭代注水可以依赖于这种减少反馈量和交互信息的方式，需要注意的是在实际的配置中，也许很难获得精确的测量例如噪声加干扰的合并或者 SINR。一个精确的测量实际上假设用户在第 n 次迭代上报的干扰或者 SINR 测量时假设干扰小区的发送功率固定为 $S^{(n-1)}$。从上报的角度看，其要求在基站和用户间实现严格的同步。另外，由于多次迭代要求收敛，等待用户在第 n 次迭代前的上报将在基站获得有效的最终功率分配 $S^\star$ 之前带来相当长的延时。另外，干扰或者 SINR 的精确测量对测量参考信号做了很理想的架势。取决于系统，也许要求用户基于预定义的功率分配进行测量而该分配与 $S^{(n-1)}$ 不同。尽管这些损伤会导致不可忽略的损失但是某种程度上也促使分布式的网络架构可行。第 14 章介绍了现实的 CSI 反馈和测量机制。第 15 章详细分析其对性能的影响。

与统计用户上报的干扰或者 SINR 相比，小区也可以通过共享在每次迭代后更新的发送功率来替代。假设每个小区知道取本地 CSI 信息例如 $n_c T$ 个信道测量，其可以基于在当前迭代获得的计算功率来计算 SINR 和干扰。修正注水方案的分布式实现也许会要求小区间共享发射功率和税负信息，会假设每个小区知道其每个用户测量的本地 CSI。税负信息为基站和其相邻小区受干扰用户的下行信道的函数。CSI 不是本地的，需要从其他小区获取。

调度器收敛

[VPW09，YKS10，SV09] 针对相同的目标提出不同的算法。这些算法的目标是满足最优化必须的 KKT 条件，但是对反馈开销和小区间协调等级有不同的要求。当基于收敛的解满足 KKT 条件，只有部分算法严格证明是收敛的。尽管大量的结果表明不管算法的初始化值是何值，所有的仿真场景都是收敛的。但是当初始化策略基于每载波二元功率控制，收敛会更快，每个子载波分配的功率可以是 0 或者 $E_{s,i}/T$（所有子载波上功率归一化分配）

$$\{S^\star, K^\star\} = \arg \max_{S \subset \mathscr{S}_b^{n_c}, K \subset \kappa} \frac{1}{T} \sum_{i=1}^{n_c} \sum_{k=0, q \in K_{k,i}}^{T-1} w_q R_{(k),q,i} \qquad (13.109)$$

[YKS10] 提出基于最优化的牛顿方法，其引入了额外的二阶导数信息，相比依赖于 KKT 条件的算法增强了收敛的速度。迭代调度器通常需要 50 或者 100 次迭代才能收敛，而且是在出现累积速率很大的波动瞬时变化行为之后。每次迭代包括一个功率自适应或者一个用户调度步骤。另外，每个功率自适应步骤都包含 10 次子迭代。这些子迭代要求进行代价信息的交互。因此，在收敛前需要有 500 次小区间代价信息的交互。如果算法基于任意的起点去寻找最优解将会带来更多的迭代次数以达到收敛。但是这不意味着，延时在实际系统中一定是问题，因为延时是取决于信道变化的速度。在蜂窝系统中，基于步行速度 3km/h，如果协调是基于大量迭代的，几毫秒级的回程延时（小区交互信息的单程）将会严重影响性能。

收敛行为同样也依赖于算法是否只基于平均干扰水平进行发射功率自适应同时只跟踪长期衰落还是自适应跟踪瞬时干扰和快衰。[SV09] 的迭代算法主要是通过平均短期衰落分量基于路径损耗和阴影信息来进行，而 [VPW09，YKS10] 中方案还跟踪短期衰落。

所有算法的吞吐量非常相似。相对固定功率分配，迭代协调调度和功率控制能够显著地提升小区边缘的性能。[VPW09，YKS10，SV09] 表明有 40% 到 60% 的增益。有意思的是，尽管公式 13.109 的每子载波二元功率控制在通用的 OFDMA 配置中不是最优的，其相对非协调传输策略，增益已经非常大。但是基于 KKT 条件的迭代算法性能要优于每子载波二元功率控制，基于迭代算法的最优功率与二元功率控制方案有很大的区别。

异步分布式定价算法

[HBH06] 说明 KKT 条件的干扰等价演绎可以基于异步分布式定价算法进行协调调度和功率控制。每个小区声明其代价 $\pi_{k,q,i}$ 和所有小区基于接收到的代价根据最大化差分函数 $\Upsilon_{(k),i}$ 来设置其传输功率 $s_{k,i}$ 小区 i 在瞬时 t 上更新其功率以最大化差分函数，同时在其他瞬时。根据式（13.99）更新其代价。但是由于当一个小区声明其有高代价时没有惩罚，自然每个小区的最好的处理是选择足够大的代价来强迫其他小区基于最小发送功率发射。为了避免该场景，[HBH06] 提出一个合理的控制流程。该异步算法依赖于 SNR 上报，小区间代价信息的交互和受害用户的信道增益。

自适应分段频率复用（自适应 FFR）

实际系统如 WiMAX 和 LTE，发射功率不是如前面所述的基于每个子载波级别进行发射功率控制。但是上述算法可以很容易拓展到基于连续子载波集合进行功率控制的场景。尽管迭代功率控制和协调调度是调度的终极形式，但在蜂窝系统中，一些基于动态的功率控制的协调方式也是可行的，如在 IEEE 802.16m 和 LTE，具体参见 14.6.2 节。这种动态，半静态功率控制在标准中也称为自适应 FFR 方案。相对 13.1.1 节的静态 FFR，自适应 FFR 中，相同的资源在小区中心和边缘的用户间共享。通过频率选择性调度（例如比例公平调度器的方案），发射功率和频率子带的动态分配，在保证小区中心用户的性能不变的同时，提升小区边缘用户的性能。

自适应 FFR 的复杂度与一个基站服务的用户数目成正比。其更依赖于小区间通过回程交互的信息（例如发射功率等级）。为了进行自适应 FFR，服务基站要求用户在特定的频率子带上测量干扰，同时上报给服务基站干扰信息和对应的频率子带。自适应 FFR 是在 IEEE 802.16m［16m11］中一个流行的干扰消除技术。

13.6.6 完全分布式功率控制

前面所述的所有算法都是基于集中式的处理或者基于小区间迭代交互信息的分布式处理，其要求比较高的计算成本，大量的反馈（从终端侧）和信息交互的开销（基站和中央控制器之间通过回程交互）。即使基于二元功率控制，式（13.80）依然要求进行穷尽搜索，在簇数目很大时其计算成本很高。为了降低复杂度和信息交互的负载，提出了一些实用的基于分布式的功率控制方案。但是这些算法相对前述方案是次优方案因为其对其他链接的行为作了部分假设。

干扰数目很大

第一个方案［KOG07］是在非常密集的网络中利用二元功率控制（其是特别有效的尽管不是所有场景下最优的）。定义 $\mathcal{N}$ 为所有激活小区的指示集合。如果关闭一个小区 m 会导致网络累积速率的提升，那么该小区就应该被关闭，比如：

$$\sum_{i \in \mathcal{N}, q \in K_i} \log_2 \left(1 + \frac{\Lambda_{q,i}^{-1} \mid h_{q,i} \mid^2 s_i}{\sum_{j \in \mathcal{N}, j \neq i} \Lambda_{q,j}^{-1} \mid h_{q,j} \mid^2 s_j + \sigma_{n,q}^2} \right)$$

$$< \sum_{i \in \mathcal{N}, i \neq m, q \in K_i} \log_2 \left(1 + \frac{\Lambda_{q,i}^{-1} \mid h_{q,i} \mid^2 s_i}{\sum_{j \in \mathcal{N}, j \neq i, m} \Lambda_{q,j}^{-1} \mid h_{q,j} \mid^2 s_j + \sigma_{n,q}^2} \right)$$

$$(13.110)$$

这里假设式（13.110）的右边项中的小区 m 被关闭。在确定高 SINR 下，所有不等于 m 的小区打开，在干扰受限的网络中（例如 $\sigma_{n,q}^2 < \sum_{j \neq i} \Lambda_{q,j}^{-1} \mid h_{q,j} \mid^2 s_j$），基于式（13.110），小区 m（用户 $p \in K_m$）将会被解激活如果满足如下的不等式

$$\rho_p \approx \frac{\Lambda_{p,m}^{-1} \mid h_{p,m} \mid^2 s_m}{\sum_{j \in \mathcal{N}, j \neq m} \Lambda_{p,j}^{-1} \mid h_{p,j} \mid^2 s_j} < \frac{\Pi_{i \in \mathcal{N}, i \neq m, q \in K_i} \sum_{j \in \mathcal{N}, j \neq i} \Lambda_{q,j}^{-1} \mid h_{q,j} \mid^2 s_j}{\Pi_{i \in \mathcal{N}, i \neq m, q \in K_i} \sum_{j \in \mathcal{N}, j \neq i, m} \Lambda_{q,j}^{-1} \mid h_{q,j} \mid^2 s_j}$$

$$(13.111)$$

假设干扰数目很大，基于式（13.71），$\sum_{j \neq i} \Lambda_{q,j}^{-1} \mid h_{q,j} \mid^2 s_j = G \sum_{j \neq i} s_j$ 式（13.111）就有

$$\rho_p \approx \frac{\Lambda_{q,m}^{-1} \mid h_{q,m} \mid^2 s_m}{\sum_{j \neq m, j \in \mathcal{N}} \Lambda_{q,j}^{-1} \mid h_{q,j} \mid^2 s_j} < \frac{\Pi_{i \in \mathcal{N}, i \neq m} \sum_{j \in \mathcal{N}, j \neq i} s_j}{\Pi_{i \in \mathcal{N}, i \neq m} \sum_{j \in \mathcal{N}, j \neq i, m} s_j} \qquad (13.112)$$

属于集合 $\mathcal{N}$ 的小区被激活，发射功率为 E_s（假设 $E_{s,i} = E_s \ \forall i$），这样我们就可以得出如下结论，小区 m 只有满足如下条件才能被激活

$$\rho_p \approx \frac{\Lambda_{p,m}^{-1} \mid h_{p,m} \mid^2}{\sum_{j \in \mathcal{N}, j \neq m} \Lambda_{p,j}^{-1} \mid h_{p,j} \mid^2} > \left(\frac{\# \mathcal{N} - 1}{\# \mathcal{N} - 2}\right)^{\# \mathcal{N} - 1} \overset{n_c \to \infty}{=} e \qquad (13.113)$$

不等式（13.113）表明如果调度用户 $p \in \boldsymbol{K}_m$ 的信干比 ρ_p 大于 e，小区 m 将被激活。有意思的是，不等式 $\rho_p > e$ 说明完可以使用完全分布式的功率控制策略因为在判断小区是否应该被激活时只需要知道小区用户的 SINR。SINR 或者相应的 CSI 可以很容易通过用户测量和上报反馈给服务小区。

不等式（13.113）导致一个迭代分布功率分配：首先初始化将所有小区打开，每个小区同时计算（或者测量）其最好用户的 SINR，然后基于条件（13.113）来决定在下次迭代时时关闭还是保持打开。在每次迭代，如果小区依然保持激活，其需要基于上次迭代的功率分配来调度最有可能满足不等式（13.113）的用户。

基于上述算法，在给定的时刻只有部分小区的子集会被打开，该子集会基于小区用户的 CSI 在不同时刻动态变换。这就导致激活小区的图样是不相关的，这与基于典型的方案如 13.1.1 节描述的频率复用划分和静态分数频率复用下的常规部署场景相反。尽管上述算法是基于窄带系统推导的，其可以拓展到 OFDMA 网络中，在所有子载波上同时独立并行处理。在一个特定的子载波上，如果小区不能获取满足码字式（13.113）的用户，对网络累积速率没有足够的贡献，其会在该子载波上保持静默。

［GKGO07］通过大量评估说明基于博弈论的分布式功率控制策略和基于干扰数目很大的策略其性能相似，性能要明显优于基于完全频率复用的蜂窝系统，当每个小区激活的用户数目较少时，增益会更大。当用户数目增加时，所有方案间的性能差距就会变小，这和命题 13.9 和 13.10 说明的行为一致。

信道状态划分

另外一种方案［KGGO09］是将网络信道信息按照接收机相关信息分为两类：本地信息代表瞬时信息，非本地信息代表静态信息。本地信息为基站或者移动台测量的任意信息加移动台上报给基站的信息。非本地信息代表基于半静态方式长期获得的一些静态信息。下面的功率分配问题将基于每个小区的本地和非本地信息进行详细阐述。

定义完整的网络信息集合为 $\mathcal{G} = \{\Lambda_{q,i}^{-1} \mid h_{q,i} \mid^2\} \ \forall q,i$，为了简化，假设 $\sigma_{n,q}^2 = \sigma_n^2 \ \forall q$。假设每个基站获知其瞬时本地信息。小区 i 知道其瞬时本地信息，定义为 $\mathcal{G}_i^{\text{local}}$。小区 i 的非本地信息定义为 $\mathcal{G}_i = \mathcal{G} \setminus \mathcal{G}_i^{\text{local}}$，假设其只包含静态信息。基于上述架构，小区 i 尝试最大化如下的测量

$$\bar{u}_i = \varepsilon \mathcal{G}_i \mid \mathcal{G}^{\text{local}}\left\{\sum_{i=1, q \in K_i}^{n_c} w_q R_{q,i}\right\} \qquad (13.114)$$

这样

$$\{s_i^\star, q^\star\} = \arg \max_{s_i \in \mathcal{S}, q \in K_i \subset \boldsymbol{K}_i} \bar{u}_i \qquad (13.115)$$

相比式（13.68），每个小区基于对本地信息和非本地信息的处理尝试去最大化自身对网络加权累积速率的估计。假设获知 $\mathscr{G}_i^{\text{local}}$，算符 $\varepsilon\ \overline{\mathscr{G}_i} \mid \mathscr{G}_i^{\text{local}}$ 代表期望算符在所有 $\mathscr{G}_i$ 上实现平均加权累积速率。

小区 i 的一个实用本地信息为

$$\mathscr{G}_i^{\text{local}} = \{\Lambda_{q,j}^{-1} \mid h_{q,j} \mid^2, w_q \, \forall j, \forall q \in \mathscr{K}_i\} \tag{13.116}$$

这表明基站 i 知道其服务用户集合内的用户的直接信道，其他小区对这些用户的干扰信道和这样用户的权重（QoS）。基站 i 的非本地信息为

$$\overline{\mathscr{G}_i} = \{\Lambda_{q',j}^{-1} \mid h_{q',j} \mid^2, w_{q',1} \, \forall q' \in \mathscr{K}_1, \forall j, \forall l \neq i\} \tag{13.117}$$

基于上面的信息，小区 i 目标最大化的期望功能函数如下

$$\overline{\mathcal{U}}_i = \mathcal{U}_i(s_i, q) + \mathcal{U}_{-i}(\boldsymbol{S}, \boldsymbol{K}) \tag{13.118}$$

这里

$$\mathcal{U}_i(s_i, q) = w_q R_{q,i}, q \in \boldsymbol{K}_i \tag{13.119}$$

$$\mathcal{U}_{-i}(\boldsymbol{S}, \boldsymbol{K}) = \varepsilon_{\overline{\mathscr{G}_i} \mid \mathscr{G}_i^{\text{local}}} \Big\{ \sum_{j=1, j \neq i, q' \in K_j}^{n_c} w_{q',j} R_{q',j} \Big\} \tag{13.120}$$

在小区 i，最大化 $\overline{\mathcal{U}}_i$ 将导致最优的功率分配 $s_i^{\star}$ 和调度用户 $q^{\star}$。$\mathcal{U}_{-i}$ 的计算特别复杂，其要求基于不同的发射功率 s_j 假设对干扰小区的所有可能调度用户的所有可能信道实现进行（考虑调度器和每个用户 QoS 的影响）平均。[KGGO09] 将该方案应用到基于二元功率分配的 $\{e_s, E_s\}$ 两小区网络，这样小区 i 基于如下准则确定发射功率和调度用户

$$\{s_i^{\star}, q^{\star}\} = \arg \max_{\{s_1, s_2\} \in \mathscr{S}_b^2, q \in K_i \subset \mathscr{K}_i} \overline{\mathcal{U}}_i(s_1, s_2, q) \tag{13.121}$$

式中，参数 $\mathcal{U}_{-i}$ 是基于一个简化的信道模型进行计算的。

对于更复杂的配置，需要产生足够多的信道实现进行离线估计。然而每个小区完全忽视了其他小区的情况，这也去会导致次优化判决下每个小区的发射功率度较低。。该问题可以通过允许小区间进行关于功率等级判决的有限信息交互来缓解，这样小区在判决时会考虑相邻小区功率等级的判决。第一个小区基于最优化公式 13.121 做判决时是不知道相邻小区的功率等级。

OFDMA 网络

现在将分析拓展到 OFDMA 网络。为了使协调调度和功率控制对回程和反馈开销的需要较少，需要研究基于分布式实现的功率控制策略（不需要小区间 CSI 共享）。

11.2.1 节说明单一的 OFDM 链路，最优功率分配服从注水方案。对于多小区网络，小区的功率分配实现会影响相邻小区的干扰。假设每个小区在整个 OFDM 频带只调度一个用户，[YGC02] 发现当每个小区同时应用注水方案，网络能够有效的获得注水解。该解是通过迭代注水算法获取的，每个小区基于如下的迭代方式计算注水解：

- 初始化阶段：首先确定 $s_{k,i}^{(0)}$ 当 $i = 1$，$\cdots$，n_c 且 $k = 0$，$\cdots$，$T-1$。
- 第 n 次迭代：基于每个用户确定的总体功率约束，第一个小区将其他所有小区的干扰当作噪声基于注水解更新其功率分配。按照次序对第 2 个小区，第 3 个小区实现注水。对于每个小区 $i = 1$，$\cdots$，n_c，子载波 k 的功率 $s_{k,i}^{(n)}$ 是基于注水解（11.37）获得的，其噪声方差替代如下

$$\sigma_{n,k,q}^2 \to \sum_{j \neq i} \Lambda_{q,j}^{-1} \mid h_{(k),q,j} \mid^2 \hat{s}_{k,j}^{(n)} + \sigma_{n,k,q}^2 \qquad (13.122)$$

这里

$$\hat{s}_{k,j}^{(n)} = \begin{cases} s_{k,j}^{(n-1)}, & \text{当 } j > i \\ s_{k,j}^{(n)}, & \text{当 } j < i \end{cases} \qquad (13.123)$$

基于总体功率约束 $E_{s,i}$，迭代直到满足目标精度或者达到最大迭代次数。

该算法是完全分离的：每个小区基于最大其自身性能迭代分配其功率，而完全忽视其他小区。该场景，小区间相互竞争，在博弈论中通常模拟为一个"非协调博弈". [YGC02] 表明迭代注水解收敛于一个平衡定义为纳什平衡，每个角色（player）的策略是针对其他角色策略的最优响应，下面的命题说明该发现。

命题 13.14　如果满足纳什平衡的存在性和唯一性的条件，两小区迭代注水算法，在每一步，小区 i 更新其 S_i 而将其他小区当作噪声，其基于任意起始点收敛于唯一的纳什平衡。

当小区不能通过独立变更其发射功率 $S^\star$ 而独立的获取增益就达到了纳什平衡，比如如果对每个 i，$\mathcal{U}_i \left(S_i^\star, \{S_j\}_{j \neq i} \right) \geqslant \mathcal{U}_i \left(S_i, \{S_j\}_{j \neq i} \right)$，$\forall S_i$，$S^\star$ 为一个纳什平衡点，这里 $\mathcal{U}_i$ 为小区 i 的功能函数如式（13.62）、命题 13.14 关注的是两小区场景。对于更常用的 n_c 个小区的配置，目前还不知道迭代算法收敛的通用条件，但是对于最实用的场景已经获知迭代注水的收敛性。迭代注水功率控制算法的最大优势是其可以基于异步，分布式的实现，因此其在现实中更容易实现。每个小区只依赖于其用户 q 上报的本地信息。

迭代注水方案只关注每个小区一个用户的场景。因此在最优方程中就没有调度和用户分配的问题。对于每个小区多个用户的，多小区 OFDMA 网络，资源分配问题（13.6.5 节）更加复杂因为需要对调度用户的所有可能组合进行确认来确定最优的资源分配。[HJL07，LZ08] 讨论了如何将非协调博弈和迭代注水策略运用到多用户的场景，考虑用户的分配。

需要说明的是，纳什平衡对最大网络功能 $u = \sum_i \mathcal{U}_i$ 不是最高效的因为所有用户基于非协调博弈实现利己的操作。其与 13.6.5 节的迭代协调功率控制形成了鲜明的对比，后者的目标是基于信息交互和定价机制最大化网络加权累积速率。为了提升性能，引入了定价算法。定价的概念和其好处已经在式（13.100）作了说明，小区间交互其定价信息以达到式（13.83）的局部最优解。前面讨论的方案例如 [HBH06]，依赖于干扰定价机制，假设小区间进行信息交互因此其不能应用于完

全分布式的系统。感兴趣的读者可以参考 ［GM00，SMG01，SMG02，ZWG05］，其详细说明了基于定价机制和博弈论的完全分布式功率控制的策略。

13.7　协调波束赋形

协调波束赋形是指在小区间协调设计发射预编码来消除小区干扰或者减少小区间干扰的影响。在下面的章节中假设已经识别出需要调度用户的预定义集合，主要解决如何针对这些潜在用户基于协调的方式设计发射和接收滤波。为了简化，本章限于窄带系统的分析，但是可以很容易拓展到 OFDMA 网络中。

可获取速率

基于 MIMO 干扰系统模型式 （13.11），假设高斯编码，每个用户具有最小距离解码器同时将干扰当中噪声，基于线性预编码小区 i 内的用户 q 最大可获取速率为：

$$R_{q,i} = \sum_{l=1}^{n_{u,q}} \log_2 (1 + \rho_{q,l}) \tag{13.124}$$

变量 $\rho_{q,l}$ 定义为用户 q 的流 l 在解调时的 SINR，其为

$$\rho_{q,l} = \frac{S}{I_l + I_c + I_o + \| g_{q,l} \|^2 \sigma_{n,q}^2} \tag{13.125}$$

式中，S 是独立流的接收信号功率；I_l 为流间干扰；I_c 为小区内干扰 （如来自于公调度用户的干扰），I_o 为小区间干扰，其分别为

$$S = \Lambda_{q,i}^{-1} | g_{q,l} H_{q,i} w_{q,i,l} |^2 s_{q,i,l} \tag{13.126}$$

$$I_l = \sum_{m \neq l} \Lambda_{q,i}^{-1} | g_{q,l} H_{q,i} w_{q,i,m} |^2 s_{q,i,m} \tag{13.127}$$

$$I_c = \sum_{p \in K_i, p \neq q} \sum_{m=1}^{n_{u,p}} \Lambda_{q,i}^{-1} | g_{q,l} H_{q,i} w_{p,i,m} |^2 s_{p,i,m} \tag{13.128}$$

$$I_o = \sum_{j \neq i} \Lambda_{q,j}^{-1} \| g_{q,l} H_{q,j} W_j S_j^{1/2} \|_F^2 \tag{13.129}$$

需要注意式 （13.125） 与单小区 MU-MIMO 的式 （12.190） 的区别。

13.7.1　匹配波束赋形

如同 CB 预编码，匹配波束赋形是针对 1.5.2 节，12.8.1 节和 12.8.10 节介绍的单链路配置和 MU-MIMO 的匹配波速赋形的直接拓展。其目标是忽视干扰的情况下最大化每个用户的接收信号功率。在独立同分布瑞利信道下，对于小区内和小区间干扰，匹配波速赋形可以利用大数定律带来增益 （类似于 12.6.2 节的介绍）。随着发射天线数增加，假设理想的 CSIT，小区 i 内的用户 q 的匹配波束赋形就与小区 i 内的其他调度用户和相邻小区的受干扰用户的信道正交。因此小区内和小区外

的干扰自然就消除了，其证明如下（出于简化假设 $n_{t,i} = n_t \forall i$, $n_{r,q} = n_r \forall q$）

$$\lim_{n_t \to \infty} \frac{1}{n_t} \boldsymbol{H}_{l,i} \boldsymbol{H}_{p,i}^{\mathrm{H}} = \boldsymbol{I}_{n_r} \delta_{lp}, \forall l, p \in \kappa_i \qquad (13.130)$$

$$\lim_{n_t \to \infty} \frac{1}{n_t} \boldsymbol{H}_{l,i} \boldsymbol{H}_{p,j}^{\mathrm{H}} = \boldsymbol{I}_{n_r} \delta_{lp}, \forall l \in \kappa_i, p \in \kappa_j \qquad (13.131)$$

该随机矩阵理论的渐近可以应用于大尺度 MIMO 来设计具有几百个便宜天线的低成本发射机 [Mar10]，假设 CSIT 是足够精确的（例如在 TDD 系统，利用上下行信道的互异性来获取）。大尺度 MIMO 的一个重要优点是小区间干扰自然被消除了，因此随着发射天线数目的增加多小区间的协调或者协同的需求就消失了。但是基站的成本也提高了（由于天线数目的增加），网络基础设施的成本降低了（回程和协调）。在大尺度 MIMO 中，由于尖锐波束的赋形增益每个终端的接收功率得到显著的提升（假设 CSIT 是精确的）。相反根据 12.8.1 节的说明，如果我们的目标是固定接收 SNR，总体发射功率和每个天线的发射功率成比例的下降 n_t、n_t^2。因此每个天线后的射频单元必须有能力在更低的功率工作点下工作。

式（13.130）中天线大数定律的还会导致信道随机性降低，信道更确定，单用户可获取速率由式（5.73）和式（5.74）计算，多用户累积速率由式（12.184）给出。

大数目的天线自然会带来新的挑战和机遇。在有限空间内部署更多的天线，2.5.2 节介绍的空间相关性和天线耦合会比较严重，需要花更多的精力来联合设计天线，射频，传播和信道处理模块。精确的 CSIT 是另外一个主要挑战。特别是针对 FDD 的设计，要求采用利用向量量化工具来量化反馈方案（第 10 章和 12.9 节）以外的方案。即使是对 TDD 系统，其可以依赖 TDD（如果进行精确的校准），不同小区移动台采用相同导频（或者参考信号）的复用将会导致导频污染从而恶化信道估计精度进而限制大尺度 MIMO 的性能 [Mar10, JAMV11]。最终需要说明的是大尺度 MIMO 不止局限于匹配波束赋形。其他形式的预编码（如 12.8 节所讨论的）也可以使用，对于确定大数目的发射天线，其性能往往好于匹配波束赋形。文献 [RPL+12] 总结了大尺度 MIMO 的机遇和挑战。

13.7.2　迫零波束赋形和分块对角化

基于协调的迫零波束赋形（ZFBF）为基于 ZFBD 或者 BD（12.8.2 节和 12.8.3 节）MU-MIMO 预编码在多小区场景下的自然拓展。在基站侧有多个天线的场景下，该方案包括在接收机的输入或者输出端将干扰置零，将在下面的章节解释。出于简化考虑，假设所有基站具有相同数目的发射天线，所有用户具有相同数目的接收天线。

在接收机的输入端

如果我们希望在接收机的输入端进行迫零，针对目标用户 $q \in K_i$ 的 ZFBF 发射滤波约束如下：

$$\Lambda_{s,i}^{-1/2} \mathbf{H}_{s,i} \mathbf{W}_{q,i} = \mathbf{0}, \; \forall s \neq q, s \in K_i \tag{13.132}$$

$$\Lambda_{l,i}^{-1/2} \mathbf{H}_{l,i} \mathbf{W}_{q,i} = \mathbf{0}, \; \forall l \in K_j \cap \mathscr{R}_i \tag{13.133}$$

第一个等式表明小区内的多用户干扰被消除了，而第二个等式表明小区 i 的受干扰用户 l 和调度小区 j 的多小区干扰被消除。如果每个小区对单个用户进行资源调度，就没有多用户干扰，只有第二项需要进行服从。

协调迫零滤波设计是针对单小区 MU-MIMO 下的迫零和分组对角化设计的直接拓展。定义如下用户集合的指示：

$$\widetilde{\mathbf{K}}_{q,i} = \{ \mathbf{K}_i, \mathbf{K}_j \cap \mathscr{R}_i \} \; \forall j \neq i \setminus q \tag{13.134}$$

这里大小 $\widetilde{K}_{q,i} = \#\widetilde{\mathbf{K}}_{q,i}$，定义干扰空间 $\widetilde{\mathbf{H}}_{q,i} \in \mathbb{C}^{n_r \widetilde{K}_{q,i} \times n_t}$。

$$\widetilde{\mathbf{H}}_{q,i} = [\dots \Lambda_{s,i}^{-1/2} \mathbf{H}_{s,i}^{\mathrm{T}} \dots]_{s \in \widetilde{\mathbf{K}}_{q,i}}^{\mathrm{T}} \tag{13.135}$$

基于分组对角化滤波设计，迫零约束限定 $\mathbf{W}_{q,i}$ 服从 $\widetilde{\mathbf{H}}_{q,i}$ 的零空间。为了使针对用户 q 的数据传输为零干扰，$\widetilde{\mathbf{H}}_{q,i}$ 的零空间必须严格大于 0，这就导致 $r(\widetilde{\mathbf{H}}_{q,i}) < n_t$，其通常在 $n_r \widetilde{K}_{q,i} < n_t$ 情况下获取。因此能够消除的干扰链接严重取决于发射天线数目。基于 12.8.3 节，小区 i 的用户 q 的最终预编码为

$$\mathbf{W}_{q,i} = \widetilde{\mathbf{V}}'_{q,i} \widetilde{\mathbf{V}}_{\mathrm{eq},q,i} \tag{13.136}$$

式中，$\widetilde{\mathbf{V}}'_{q,i}$ 为 $\widetilde{\mathbf{H}}_{q,i}$ 对应零特征值的特征向量，$\widetilde{\mathbf{V}}_{\mathrm{eq},q,i}$ 为等价单用户 MIMO 信道 $\widetilde{\mathbf{H}}_{\mathrm{eq},q,i} = \widetilde{\mathbf{H}}_{q,i} \mathbf{V}'_{q,i}$ 的第 $n_{u,q}$ 个主要特征向量。

功率近似通过注水定理进行分配，考虑每个基站的功率约束和小区 i 内所有共调度用户。

在接收机的输出端

考虑接收机合并器，用户 $q \in K_i$ 的无干扰约束如下：

$$\Lambda_{s,i}^{-1/2} \mathbf{G}_s \mathbf{H}_{s,i} \mathbf{W}_{q,i} = \mathbf{0}, \; \forall s \neq q, s \in \mathbf{K}_i \tag{13.137}$$

$$\Lambda_{l,i}^{-1/2} \mathbf{G}_l \mathbf{H}_{l,i} \mathbf{W}_{q,i} = \mathbf{0}, \; \forall l \in \mathbf{K}_j \cap \mathscr{R}_i \tag{13.138}$$

定义如下干扰空间：

$$\widetilde{\mathbf{H}}_{q,i} = [\dots \Lambda_{s,i}^{-1/2} (\mathbf{G}_s \mathbf{H}_{s,i})^{\mathrm{T}} \dots]_{s \in \widetilde{\mathbf{K}}_{q,i}}^{\mathrm{T}} \in \mathbb{C}^{\sum_{s \in \widetilde{\mathbf{K}}_{q,i}} n_{u,s} \times n_t} \tag{13.139}$$

式中，$\widetilde{K}_{q,i}$ 由式（13.134）给出，滤波器的设计基于 12.8.3 节推导的相同流程构造。

CSI 反馈和信息交互

如前面所述，没有小区间的协调调度，这表明每个基站必须首先预先确定其小区内潜在的调度用户。一旦定义了，就可以调节发射波束赋形来消除小区间自于其

他小区的干扰。该方案通常不仅需要反馈其自身服务小区信道的 CSI 还需要反馈 MC 测量集合内的干扰小区的 CSI，例如对于确定的用户其需要反馈其服务小区的信道还需要反馈干扰小区的信道（在 MC 测量集合内的干扰基站和用户间的信道）。需要在 MC 簇集合内通过回程共享如下信息干扰小区的 CSI 和基站间同时调度的用户的信息。类似于 12.9.2 节的 ZFBF，协调 ZFBF 在非理想反馈下，有很明显的性能退化。CSI 反馈策略如同 12.8.3 节的讨论。

13.7.3　干扰对齐

干扰对齐（Interference Alignment，IA），最初由［MAMK08，JS08，CJ08］提出，其是一种将协调迫零波束赋形（或者分组对角化）拓展到针对每个小区和每个用户联合设计发射预编码和接收机合并器的协调波束赋形方案。简而言之，IA 将每个接收机输入端的干扰约束到一个接收信号空间（例如干扰被校准到该子集合中），同时将目标信号分配在一个互补的子空间内这样就可以在接收机输出端看着是无干扰的。这种校准是针对特定接收机的，在接收机侧由干扰组成的一些信号是在给定空间内一致的，而对于其他目标接收机其是可以区分的。类似于其他协调方案，IA 的目标是最大化网络累积速率。但是与其他协调方案不同，其设计的主要目标是最大化网络的自由度。因此其基本假设是 SNR/INR 足够高（参见 13.4.2 节）。相对其他处理更现实的 SNR 等级的方案，IA 的目标是在将任意受干扰用户的干扰置零的同时不伤害其他用户。

考虑一个预定义的调度用户集合和单用户传输，在任意给定时刻每个小区只调度一个用户。基于以上假设，考虑简化概念，调度用户 q 的指示为 i，$c_{q,i}$ 和 $W_{q,i}$ 定义为 c_i 和 W_i。

干扰对齐的条件

假设一个简化的场景，n_c 小区与 n_c 个完全链接，每个基站具有 n_t 发射天线（$n_{t,i} = n_t \forall i$），每个移动台具有 $n_r \leqslant n_t$（$n_{r,i} = n_r \forall i$）个接收天线。每个移动台接收来自于其服务基站的 $n_e < n_r$ 数据流（基于单用户传输假设 $n_{u,i} = n_{e,i} = n_e \forall i$）。由于完全链接，该场景每个终端都有来自于其他 $n_c - 1$ 个小区的不可忽略的干扰。这样每个终端的 MC 测量集合和 MC 簇集合包含网络中的 n_c 小区。实际上其对应一个 n_c 个小区的簇。

干扰对齐方案包括将接收机端 n_r 维度的观察空间分离为 n_e 维度的信号空间和一个 $n_r - n_e$ 维度的干扰空间，联合设计发射和接收滤波使每个干扰校准到 $n_r - n_e$ 维度的干扰空间。相对 13.7.2 节和 13.7.4 节的 CB 方案，只针对发射机进行了优化，IA 联合优化了发射和接收滤波器。

干扰对齐的条件定义如下：

$$C(H_{1,2}W_2) = C(H_{1,3}W_3) = \cdots = C(H_{1,n_c}W_{n_c})$$
$$C(H_{2,1}W_1) = C(H_{2,3}W_3) = \cdots = C(H_{2,n_c}W_{n_c})$$

$$\vdots$$

$$C(H_{n_e,1}W_1) = C(H_{n_e,2}W_2) = \cdots = C(H_{n_e,n_e-1}W_{n_e-1}) \qquad (13.140)$$

式中，$C(A)$ 为矩阵的列空间例如由矩阵 A 的列向量划分的向量空间。式（13.140）的每一行表明给定用户的每个干扰的列空间必须一致。需要说明的是上述公式中的路径损耗和阴影项已经被丢弃，因为它们不会影响列空间。基于假设 $n_e < n_r$，等式 $C([a_1 \ \ a_2]) = C([b_1 \ \ b_2])$ 在接收成形滤波 G 满足 $G[a_1 \ \ a_2] = G[b_1 \ \ b_2] = 0$ 时候成立。在接收成形前干扰被校准这样经过接收成形后，其完全从在 d 维度的信号空间内的小区 i 的调度用户的接收信号 y_i 中消除掉。基于条件式（13.140），发射滤波 W_i 和接收成形滤波 G_1 为 $n_c(n_c-1)$ 个等式的解：

$$\Lambda_{l,i}^{-1/2} G_l H_{l,i} W_i = 0, l \neq i, \forall i, l = 1, \ldots, n_c \qquad (13.141)$$

类似于式（13.138），IA 可以当作是一种优化协调迫零波束赋形，其联合优化发射滤波器和发射合并器，与 13.7.2 节的固定假设不同。

IA 要求一致完全的 CSI（$H_{l,i}, \ \forall l, i$）来设计发射和接收滤波器。实际上，为了求解式（13.141）不需要服务小区的信道因为 $H_{i,i}$ 不在等式中。如式（13.141），只关注置零干扰，不关注最大化目标信号强度。

为了求取最优的发射和接收滤波器要求大量计算。[GCJ08] 的作者提出通过分布式的方式在每个节点迭代计算赋形或者合并向量来求解干扰对齐方案的解。对于上述分布式算法，迭代次数是很重要的参数，其决定了相关求解的复杂度，同时也与交互信息的数目有关。对于 $n_c \leq 3$ 存在闭合解。但是对于 $n_c > 4$，计算等式集合闭合解太复杂了，采用迭代算法来求解（假设可以保证收敛）。下面两个章节介绍了闭合解和迭代算法。

闭合解

假设 $n_c = 3$ 个协调小区，每个发射机和接收机有 $n = n_t = n_r$ 天线。上述配置是对称的，因为发射和接收天线是相同的。[CJ08] 提出的下述方案表明对于每个 $i = 1, 2, 3$ 在发射机 i 和接收机 i 存在 $n/2$ 个非干扰径，导致网络有 $3n/2$ 个径，因此总体复用增益为 $3n/2$（参见 13.4.3 节）。假设 n 为偶数（n 为奇数参见 [CJ08]）。基于以上假设，预编码 W_i 维度为 $n \times n/2$，$n_{e,i} = n/2$。同样假设信道矩阵是满秩的。

在解码目标信息前，所有接收机迫零干扰。给定 n 维度的接收向量和在 W_i 的列向量的传输 $n/2$ 个流；如果干扰空间的维度是 $\leq n/2$，干扰能够被迫零。对于瞬时，在接收机 1，由于 $H_{1,3}W_3$ 和 $H_{1,2}W_2$ 的干扰维度为

$$r([H_{1,3}W_3 \ \ H_{1,2}W_2]) = n/2 \qquad (13.142)$$

注意，$r(H_{1,2}W_2) = n/2$ 说明 w_2 有 $n/2$ 个线性独立列向量，$H_{1,2}$ 为满秩的。类似，$r(H_{1,3}W_3) = n/2$。

式（13.140）的 IA 的条件为

$$C(H_{1,2}W_2) = C(H_{1,3}W_3) \qquad (13.143)$$

$$C(H_{2,1}W_1) = C(H_{2,3}W_3) \tag{13.144}$$

$$C(H_{3,1}W_1) = C(H_{3,2}W_2) \tag{13.145}$$

这里路径损耗和阴影分量也被从上述公式中移除了，因为其不影响列空间。信道矩阵是可置换的，基于式（13.145）和式（13.144）就有

$$C(W_2) = C(H_{3,2}^{-1}H_{3,1}W_1) \tag{13.146}$$

$$C(W_3) = C(H_{2,3}^{-1}H_{2,1}W_1) \tag{13.147}$$

通过利用式（13.146）和式（13.147）到式（13.143），W_1 就为

$$C(W_1) = C(TW_1) \tag{13.148}$$

这里 $T = H_{3,1}^{-1}H_{3,2}H_{1,2}^{-1}H_{1,3}H_{2,3}^{-1}H_{2,1}$。式（13.148）统一的特征解问题其解为 $W_1 = eig(T)$ where $eig(T)$。这里 $eig(T)$ 代表 T 的 $n/2$ 个主要特征向量。基于 [CJ08]，定义 $W_1 = [t_1 \dots t_{n/2}]$。一旦获得 W_1，基于式（13.146）和式（13.147）就可以获得 W_2 和 W_3。式（13.146）~ 式（13.148）的解不是唯一的。基于式（13.144）和式（13.145），[CJ08] 更具更严格的条件来证明可获取的自由度和简单的闭合解

$$H_{2,1}W_1 = H_{2,3}W_3 \tag{13.149}$$

$$H_{3,1}W_1 = H_{3,2}W_2 \tag{13.150}$$

上述严格的条件导致解为 $W_2 = H_{3,2}^{-1}H_{3,1}W_1$ 和 $W_3 = H_{2,3}^{-1}H_{2,1}W_1$。自然基于更约束的条件的解满足充分条件。

利用迫零来解码信息，接收机侧目标信号必须是线性独立于干扰。对于瞬时，在接收机 1，$H_{1,1}W_1$ 的列必须是线性独立于 $H_{1,2}W_2$ 的列，这样满秩矩阵 $[H_{1,1}W_1 \quad H_{1,2}W_2]$。乘以 $H_{1,1}^{-1}$，线性独立条件就等价于 $[t_1 \dots t_{n/2} At_1 \dots At_{n/2}]$ 的列是线性独立的，同时 $A = H_{1,1}^{-1}H_{1,2}H_{3,2}^{-1}H_{3,1}$ 其在 A 为随机满秩线性转换下就能满足。对于接收机 2 和 3，有同样的结论，说明所有接收机采用迫零可以解码 $n/2$ 个流：每信道使用就可以获取 $3n/2$ 个无干扰传输。这确认了 13.4.3 节的 3 用户 MIMO 干扰信道的可获取的复用增益。

对于接收机 1，干扰矩阵的特征值分集为

$$[H_{1,2}W_2 \quad H_{1,3}W_3] = [U^{(1)} \quad U^{(0)}]\Lambda V^H \tag{13.151}$$

校准 $H_{1,2}W_2$ 和 $H_{1,3}W_3$，$U^{(0)}$ 代表相对零特征值的 $n/2$ 个特性向量。因此选择 $G_1 = (U^{(0)})^H$，就有

$$y_1 = \Lambda_{1,1}^{-1/2}G_1H_{1,1}W_1S_1^{1/2}x_1 + \sum_{j=2,3}\Lambda_{1,j}^{-1/2}G_1H_{1,j}W_jS_j^{1/2}x_j + G_1n_1$$

$$= \Lambda_{1,1}^{-1/2}G_1H_{1,1}W_1S_1^{1/2}x_1 + G_1n_1 \tag{13.152}$$

用户 1 可以看作是一个等价信道 $H_{eq,1,1} = \Lambda_{1,1}^{-1/2}G_1H_{1,1}W_1$，其不受多小区干扰的影响。其说明的干扰对齐方案的目标是产生一个没有干扰的子空间，但是没有最大化信号空间的目标信号强度。如前面所述，这表明干扰对齐解不是直接信道 $H_{i,i}$ 的函数。该方案在高（比如无穷大）SNR 下为最优的，但是在低和中等 SNR 下

（比如实际的 SNR）离最优很远，考虑阵列增益对中等 SNR 范围内有很大影响（参见 5.4.2 节）。

式（13.152）说明对于用户 1，可以在第二阶段（IA 为第一阶段）根据 $\boldsymbol{H}_{\mathrm{eq},1,1}$ 的特征向量进行预编码来进一步在增强吞吐量，基于特征值采用注水定理（如 5.3.1 节描述）。最终的预编码器 $\mathbf{W}_1$ 为第一阶段基于 IA 条件预编码其和第二阶段基于等价无干扰单用户 MIMO 信道的预编码的乘积。上述最优预编码考虑了服务信号强度（不止是干扰），在高 SNR 获取如纯 IA 解的相同自由度同时在现实的 SNR 下能够获得更好的性能。其在发射机端要求完全获得全部 CSI 信息，包括直接信道矩阵 $\boldsymbol{H}_{i,i}$。

图 13.9　描述了 3 用户干扰信道下的干扰对齐的原则。

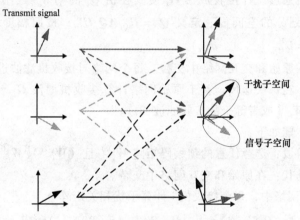

Transmit signal

干扰子空间

信号子空间

图 13.9　在 3 用户干扰信道下的干扰对齐示意

迭代解

对于特定配置已经给出了其闭环解。通常，对于 $n_c > 3$，$n_t \neq n_r$ 和 $n_{e,i}$ 个流的发射机 i，很难获得 IA 方程的分析解。为了求取 IA 条件（式 13.141）在更通用配置下的解，［GCJ08］提出迭代和连续更新发射波束赋形和接收机成形。假设在第 $n-1$ 次迭代发射预编码为 $\boldsymbol{W}_i^{(n-1)}$，在第 n 次迭代首先计算接收成形滤波 $\boldsymbol{G}_i^{(n)}$，基于所有的 $\boldsymbol{G}_i^{(n)}$，更新发射预编码器 $\boldsymbol{W}_i^{(n)}$。迭代该进程直到收敛。

该算法依赖于干扰校准的相互性。假设单位发射预编码 $\boldsymbol{W}_i^{\mathrm{H}} \boldsymbol{W}_i = \boldsymbol{I}_{n_{e,i}}$ 和接收成形 $\boldsymbol{G}_i \boldsymbol{G}_i^{\mathrm{H}} = \boldsymbol{I}_{n_{e,i}}$，干扰抑制的条件为 $\boldsymbol{G}_i \boldsymbol{H}_{i,j} \boldsymbol{W}_j = 0$，$\forall j \neq i$ 且 $r(\boldsymbol{G}_i \boldsymbol{H}_{i,i} \boldsymbol{W}_i) = n_{e,i}$。交互的网络包括交互接收机和发射机的作用（类似于上下行二元性）。在交互网络中定义一个顶部变量。在交互网络中，信道矩阵表示为 $\overline{\boldsymbol{H}}_{j,i} = \boldsymbol{H}_{i,j}^{\mathrm{H}}$。

基于发射滤波 $\overline{\boldsymbol{W}}_i^{\mathrm{H}} \overline{\boldsymbol{W}}_i = \boldsymbol{I}_{n_{e,i}}$ 和接收滤波 $\overline{\boldsymbol{G}}_i \overline{\boldsymbol{G}}_i^{\mathrm{H}} = \boldsymbol{I}_{n_{e,i}}$，干扰对齐条件在交互网络中表示为 $\overline{\boldsymbol{G}}_j \overline{\boldsymbol{H}}_{j,i} \overline{\boldsymbol{W}}_i = 0$，$\forall j - i$ 且 $r(\overline{\boldsymbol{G}}_i \overline{\boldsymbol{H}}_{i,i} \overline{\boldsymbol{W}}_i) = n_{e,i}$。

假设配置 $\overline{\boldsymbol{W}}_i = \boldsymbol{G}_i^{\mathrm{H}}$ 且 $\boldsymbol{G}_i = \boldsymbol{W}_i^{\mathrm{H}}$，交互信道的可行性条件等价于原始的可行性条

件。这表明通过选择原始信道接收滤波和发射滤波作为交互信道的发射滤波和接收滤波来获得干扰对齐。对于迭代算法，首先任意选择发射机和接收机滤波器 W_i，G_i，再迭代更新这些滤波器以接近干扰对齐。基于干扰对齐，每个接收机端的泄漏干扰功率例如经过接收滤波后在接收信号中依然存在的干扰功率，将会逐步降低在理想一致的场景下最终为零。在原始网络中，由于干扰发射带来在接收机 i 带来的小区间干扰泄漏为

$$I_{o,i} = \mathrm{Tr}\{ G_i Q_i G_i^{\mathrm{H}} \} \tag{13.153}$$

其中

$$Q_i = \sum_{j \neq i} \Lambda_{i,j}^{-1} H_{i,j} W_j S_j W_j^{\mathrm{H}} H_{i,j}^{\mathrm{H}} \tag{13.154}$$

每个接收机通过设计接收成形 G_i 使其在由 Q_i 的第 $n_{e,i}$ 最小特征向量对应的 $n_{e,i}$ 个特征向量划分的空间内。定义 $Q_i = U_{Qi} \Lambda Q_i U_{Qi}^{\mathrm{H}}$，按照幅度增加的次序排列 ΛQ_i 的项，$G_i = U_{Q_i}^{\mathrm{H}} (:, 1: n_{e,i})$。

迭代算法在原始和交互网络中交替。每个网络对接收机滤波进行更新来最小化小区干扰总和。在每次迭代，基于原始网络计算接收机滤波 G_i，而在交互网络中计算发射滤波 W_i（或者等价的接收滤波 G_i）。

迭代算法步骤如下：

- 初始化阶段：选择任意的预编码矩阵 $W_i^{(0)}$ 且 $(W_i^{(0)})^{\mathrm{H}} W_i^{(0)} = I_{n_{e,i}}$。

- 第 n 次迭代：在原始和交互网络中交替。

1）在原始网络中，每个接收机 i 计算干扰相关矩阵

$$Q_i^{(n)} = \sum_{j \neq i} \Lambda_{i,j}^{-1} H_{i,j} W_j^{(n-1)} S_j (W_j^{(n-1)})^{\mathrm{H}} H_{i,j}^{\mathrm{H}} \tag{13.155}$$

固定原始网络中的接收成形和交互网络中发射波束赋形为

$$G_i^{(n)} = U_{Q_i^{(n)}}^{\mathrm{H}} (:, 1: n_{e,i}) \tag{13.156}$$

$$\overline{W}_i^{(n)} = (G_i^{(n)})^{\mathrm{H}} \tag{13.157}$$

2）在交互网络中，接收接收机 j 的干扰相关矩阵

$$\overline{Q}_j^{(n)} = \sum_{i \neq j} \overline{\Lambda}_{j,i}^{-1} \overline{H}_{j,i} \overline{W}_i^{(n)} \overline{S}_i (\overline{W}_i^{(n)})^{\mathrm{H}} \overline{H}_{j,i}^{\mathrm{H}} \tag{13.158}$$

固定交互网络中的接收成形和原始中发射波束赋形为

$$\overline{G}_j^{(n)} = U_{\overline{Q}_j^{(n)}}^{\mathrm{H}} (:, 1: n_{e,i}) \tag{13.159}$$

$$W_j^{(n)} = (\overline{G}_j^{(n)})^{\mathrm{H}} \tag{13.160}$$

为了简化，通常假设单位功率分配 $S_j = \overline{S}_j = E_{s,j} / n_{e,j} I_{n_{e,j}}$。

直观上，该算法工作如下一个移动终端看到的来自于其他小区基站的干扰其维度与其在交互网络中作为发射机对其他矩阵带来的最小干扰维度一致。泄漏干扰在原始网络和交互网络中并没有改变假设发射机和接收机进行了交换。

类似于 3 用户场景，在中等 SNR 范围，该算法可以进一步优化来提升性能。

在瞬时，接收成形滤波器 G_i 和 $\overline{G}_i$ 可以用来在最小化小区间干扰泄漏的同时最大化接收机输出端的 SINR。可以采用相同的迭代算法架构但是关于单位矩阵的约束可以放松因为该约束是 SINR 最大化的子优化。

该算法可以被证明是收敛的。[GCJ08] 通过性能评估说明在 3 用户场景下迭代收敛解的性能与闭合解相似。其同时也确认在低和中等 SNR 范围最大化 SINR 设计的益处。另外通过迭代算法可以看出在哪些场景和天线配置下可以有理想的干扰对齐。在 4 用户干扰信道下，当有 5 个发射和接收天线，每个用户有两个流，瞬时干扰抑制是可行的。采用相同的配置增加流数，目标信号空间内的干扰增加了这表明干扰对齐不再可行。在上述配置下接近自由度的上界限，等于 $nn_c/2 = 10$，需要进行信道拓展。没有信道拓展，性能评估表明可以获取为 8 的自由度。

图 13.10 说明了了在各种配置下迭代 IA 算法的性能。假设 $n_{r,i} = n_{t,i} = n$ $\forall i$。另外我们假设发射机发送相同数目的流 $n_{e,i} = n_e \forall i$，在每个发射机 n_e 个流自功率是统一分配的。有如下发现：

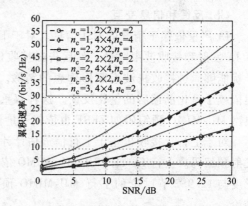

图 13.10　在独立同分布的瑞利衰落信道下的各种配置场景 $(n_c,\ n_r,\ xn_t,\ n_e)$，IA 的累积速率

• 在单小区（单用户）网络 $(n_c = 1)$，系统就变为基于 CDIT 的单链路 MIMO 信道 2×2 和 4×4 的场景，其累积速率分别等于图 5.3 中的 2×2 和 4×4 CDIT 容量。

• 在两小区网络 $(n_c = 2)$（两个用户 MIMO IC），配置 2×2 且 $n_e = 1$ 和 4×4 且 $n_e = 2$ 分别可以获得与单链路 2×2 和 4×4 MIMO 信道相同的复用增益。在该配置下，接收天线数足够多可以完全消除干扰子空间和检测信号子空间。因此 IA 是不必须的。如果 n_e 变多，在 2×2 配置下达到 $n_e = 2$，两小区网络是干扰受限的，利用 IA 不能消除干扰。因此累积速率是满的。

• 在 3 小区 $(n_c = 3)$ 网络（3 用户 MIMO IC），仿真表明可以获取总体复用增益 $g_{s,sum}$ 等价 $n_c n/2$（将 SNR 提高两倍，累积速率增加 $n_c n/2$ bit/s/Hz）

MIMO 干扰广播信道

目前为止，假设每个小区只调度一个用户，这样小区间干扰抑制就是最大化网络自由度。更通用的配置是，一个基站调度多个用户，如同第 12 章的 MU-MIMO。因此干扰对齐需要去应对小区内干扰（用户间的）（IUI）和小区间的干扰（ICI）。上述配置有时也定义为一个 MIMO 干扰广播信道。

[SHT11] 的作者通过设计两级预编码器组成的 IA 预编码来解决上述配置。第一个预编码其目标是将 ICI 向量放置到多维的子空间，而第二个预编码器用于将

IUI 向量落在由 ICI 向量分割的子空间。结果，信号空间被 IUI 向量分开，其和由 ICI 向量分开的信号空间一致，因此目标信号子空间的维度增加了（特别是对对称天线配置 $n_t = n_r$）。有意思的是，该方案需要和多用户系统例如采用 ZFBF（参见 12.8 节）相同的反馈量。

[SLL + 11, SLN + 11] 进一步讨论了拓展到非对称场景（$n_t = n_r$）和部分链接网络（部分链接的干扰是忽略不计的例如第 14 章分析的在异构网络中，微基站对宏小区终端的干扰）。首先设计相邻小区的受干扰用户的接收波束赋形器以保证它们的有效 ICI 信道是一致的（考虑接收机波束赋形）。干扰基站获知这些受害用户是在一个单一的 ICI 信道内，通过设计合理的发射波束赋形使其与有效 ICI 信道和 IUI 信道向量的分割的子空间正交除了 IUI 其可以消除 ICI。

CSI 反馈和信息交互

IA 严重依赖于精确的 CSI 信息。对于下行，发射机首先假设理想的 CSIT 来计算 IA 发射和接收波束赋形，然后告知接收机干扰子空间，这样小区内和小区间的干扰能够通过接收机波束赋形理想的消除。在实际采用 FDD 的系统，该两阶段方案依赖于量化前馈后的量化反馈。这种双重量化严重退化 IA 的性能。12.9.2 节的典型 MU-MIMO 预编码如 ZFBF 也依赖于量化反馈。

对于上行，接收机基于上行信道估计计算发射和接收波束赋形，同时告知下行发射预编码。上行 IA 如同 UL MU-MIMO 依赖于一个量化步骤。因此其对量化的敏感度与 12.9.2 节讨论的下行 MU-MIMO 预编码相同。[LSHC12] 严格证明了该结论。

13.7.4　联合泄漏抑制

协调联合泄漏一致（JLS）方案是将 12.8.5 节的单用户 MU-MIMO 方案直接拓展到多小区下。接收机的输入端（假设 $n_{r,q} = n_r \ \forall q$），服务小区 i 的用户 q 的 SLNR 定义为 $\bar{\rho}_q$，表达式如下：

$$\tilde{\rho}_q = \frac{\| \Lambda_{q,i}^{-1/2} H_{q,i} W_{q,i} S_{q,i}^{1/2} \|_F^2}{\sum_{s \in \tilde{K}_{q,i}} \| \Lambda_{s,i}^{-1/2} H_{s,i} W_{q,i} S_{q,i}^{1/2} \|_F^2 + n_r \sigma_{n,q}^2} \tag{13.161}$$

式中　$\tilde{K}_{q,i}$ 由式（13.134）给出。其他的与 12.8.5 节的定义相同。

类似于 ZFBF，JLS 要求服务小区和干扰小区的 CSI，和被相同 MC 簇内基站同时调度的用户的信息。通过回程将小区的 CSI 共享给其他小区。

13.7.5　最大化网络累积速率波束赋形

[VPW10] 说明 12.8.6 节说明的最大化累积速率波束赋形的设计可以拓展到协调多小区网络。假设单天线终端，其基于单基站功率约束根据最大化整个网络中经过加权的累积速率来求取每个小区的发射预编码。对于 OFDMA 网络和小区 i 在

每个子载波上与其的共调度用户集合 $\boldsymbol{K}_{k,i}$，考虑 $\boldsymbol{p}_{k,q,i} = \boldsymbol{w}_{k,q,i} s_{k,q,i}$，最优方程如下：

$$\{\boldsymbol{P}^{\star}\} = \arg \max_{\boldsymbol{P}} \frac{1}{T} \sum_{i=1}^{n_c} \sum_{k=0}^{T-1} \sum_{q \in \boldsymbol{K}_{k,i}} w_q \log_2 (1 + \rho_{k,q}) \tag{13.162}$$

其中

$$\rho_{k,q} = \frac{\Lambda_{q,i}^{-1} \mid \boldsymbol{h}_{(k),q,i} \boldsymbol{p}_{k,q,i} \mid^2}{\sum_{j=1}^{n_c} \sum_{\substack{u \in \boldsymbol{K}_{k,j} \\ (u=j) \neq (q,i)}} \Lambda_{q,j}^{-1} \mid \boldsymbol{h}_{(k),q,j} \boldsymbol{p}_{k,u,j} \mid^2 + \sigma_{n,k,q}^2} \tag{13.163}$$

考虑功率总和约束

$$\sum_{k=0}^{T-1} \sum_{q \in \boldsymbol{K}_{k,i}} \| \boldsymbol{p}_{k,q,i} \|^2 \leq E_{s,i}, \forall i \tag{13.164}$$

最适宜预编码 $\boldsymbol{p}_{k,q,i}$ 为最优化方程考虑累积功率约束下拉格朗日 KKT 条件下的解。当对应 SISO 网络，该算法就退化为式（13.103）的功率分配方程。

13.7.6 基于分配的目标 SNR 波束赋形

12.8.7 节接收的单小区配置下的基于分配的目标 SNR 波束赋形设计同样也可以拓展到多小区配置 [RFLT98，DY10a]。根据 12.8.7 的算法，利用上下行二元性来设计双上行下的最优接收波速赋形使其满足目标 SINR，利用其为下行波束赋形。该设计依赖于迭代算法，交替更新接收波束赋形和功率。假设每用户单接收天线（因此只有一个流），小区 i 的用户 q 的功率分配定义为 $s_{q,i}$，目标就为基于每个调度的用户 $\rho_q \geq \bar{\rho}_q \, \forall q \in \boldsymbol{K}$ 的 SINR 的约束最小化总体发射功率

$$\sum_{i=1}^{n_c} \sum_{q \in \boldsymbol{K}_i} s_{q,i} \tag{13.165}$$

次优化算法是让每个小区基于 12.8.7 节的算法（例如小区 i 最大化 $\sum_{q \in \boldsymbol{K}_i} s_{q,i}$）来设计其波束赋形，同时将小区间的干扰当作噪声处理。由于噪声受到向量小区波束赋形的影响，每个小区的波束需要进行迭代更新直到收敛。

12.8.7 节的上下行二元性同样可以针对多小区网络 [DY10a] 建立，下行波束赋形可以通过双重上行信道求解，其 SINR 约束依然相同。该算法如 12.8.7 节的流程：

1）定义双重上行信道；

2）初始化上行功率等级 $s_{ul,q,i}$ 和接收机波束赋形向量 $\boldsymbol{g}_{q,i}$，选择上行功率等级使其满足 SINR 约束，基于上行功率分配计算 MMSE 接收波束赋形向量，迭代功率等级和接收机波束赋形的计算知道收敛；

3）利用上行波束赋形最优值作为下行波束赋形；

4）对于计算的下行波束赋形，计算对应的下行功率等级。该方案最初由 [RFLT98] 提出。[DY10a] 基于拉格朗日二元性 [YL07] 提出一个替代方案其为分布式的实现。

13.7.7　均衡竞争和协调

　　考虑在利己主义（自身的 MRC 或者 SVD 波束赋形）和利它主义（干扰消除，瞬时 ZFBF）之间进行博弈也是一种有意思的设计发射滤波器和在 MIMO IC 下获取好的累积性能的思路 [ZA10, HG09, LLJ08, JL08]。特别是在多小区 MISO 场景下，[JL08] 说明通过平衡利己和利它可以获得 Pareto 最优解。在低信噪比下，基于 ZF 准则利它方案的性能要低于简单的利己算法，因为损伤主要来自于加性噪声。相反在高 SNR，由于相对共信道干扰噪声影响可以忽略不计，ZF 算法可以获取近似最优累积速率的性能。[ZA10] 提出一种自适应策略，多个基站联合选择传输模式，包括自私的波束赋形（针对它们自身的用户）和相邻小区用户的 ICI 消除。选择是基于用户位置进行的，当用户处于小区边界就采用 ICI 消除策略，而对小区中心区域的用户进行自身的波速赋形。只有选择 ICI 消除策略时需要相邻小区用户的瞬时 CSI。[HG09] 的预编码技术的目标是基于每个基站的利己和利它主义的均衡进行累积速率的最大化，其均衡权重是基于静态参数获取的。一方面其相比瞬时信道信息的累积速率最大化算法其要求更低的信息反馈，但是另外一方面其性能严重依赖于线性合并的相关性。

13.7.8　伺机波束赋形

　　12.9.1 节说明的伺机波束赋形可以拓展到多小区配置场景，通过在每个小区定义一个时变的波束图样，在任意波束上调度来寻找获益最多的用户。基于给出的波束图样，基站循环所有的波束集合。用户要求在每个循环周期内反馈其最好的 CQI 和在循环周期内最大 CQI 对应的时间频率资源。相对前面的协调波束赋形方案，其不需要 PMI 或者 CDI。在所有小区预先定义波束图样，反馈时的 CQI 是基于用户在解调时具有的干扰进行精确估计。基于上报，基站找出最好的波束和合适的时间频率资源来调度一个用户。该方案的最大缺点是只有用户数足够多时其性能才能和其他协调方案近似。

13.8　协调、调度、波束赋形和功率控制

13.8.1　MIMO-OFDMA 网络

　　基于前面所说的协调设计，考虑多小区资源分配的问题，时间、频率、功率和空间资源分配给每个小区，每个用户其目标是最大化网络功能。基于以上目的，我们必须设计和的协调调度器，波束赋形和功率控制方案来决定每个小区在每个资源块上调度合适的用户，同时确定其发射功率等级和发射波束赋形。调度，功率分配和波束赋形联合考虑以希望达到整个网络的最优解。

对于 MIMO-OFDMA 网络中联合波束赋形，功率控制和调度问题可以联合 SISO-OFDMA 网络中的功率控制和调度问题（见式（13.83））和 MIMO OFDMA 网络中的波束赋形问题（见式（13.162））。这里特别考虑 MU-MIMO 传输，每个小区用户只有一个流。但是相同的架构也可以应用于对相同用户发射多个流和进行 SU-MIMO 空间复用。同时还假设用户只有一个接收天线（也可以拓展到多个接收天线）。

因此，全面优化问题可以表示为

$$\{S^{\star}, W^{\star}, K^{\star}\} = \arg \max_{S, W, K C \kappa} \frac{1}{T} \sum_{i=1}^{n_c} \sum_{k=0}^{T-1} \sum_{q \in K_{k,i}} w_q R_{(k),q,i} \tag{13.166}$$

其中

$$R_{(k),q,i} = \log_2(1 + \rho_{k,q}) \tag{13.167}$$

同时

$$\rho_{k,q} = \frac{\Lambda_{q,i}^{-1} \mid h_{(k),q,i} w_{k,q,i} \mid^2 s_{k,q,i}}{\sum_{j=1}^{n_c} \sum_{\substack{u \in K_{k,j} \\ (u=j) \neq (q,i)}} \Lambda_{q,j}^{-1} \mid h_{(k),q,j} w_{k,u,j} \mid^2 s_{k,u,j} + \sigma_{n,k,q}^2} \tag{13.168}$$

基于如下约束：

$$\sum_{k=0}^{T-1} \sum_{q \in K_{k,i}} s_{k,q,i} \leqslant E_{s,i}, \forall i \tag{13.169}$$

优化条件

上述方程是高非凸的，我们需要基于迭代的方案求解。基于 13.6.5 节的步骤，假设对固定用户调度和发射波束赋形，基于累加功率约束最优问题的拉格朗日表达式为

$$\lambda(S, W, K, \nu) = \sum_{i=1}^{n_c} \sum_{k=0}^{T-1} \sum_{q \in K_{k,i}} w_q R_{(k),q,i} + \sum_{i=1}^{n_c} \nu_i \Big(E_{s,i} - \sum_{k=0}^{T-1} \sum_{q \in K_{k,i}} s_{k,q,i} \Big) \tag{13.170}$$

式中，$\nu = \{\nu_i\}_{i=1}^{n_c}$，为拉格朗日乘数的集合，其和每个小区的功率约束相关。

其解必须满足

$$\frac{\partial \mathscr{L}}{\partial s_{k,q,i}} = 0 \tag{13.171}$$

和

$$\nu_i \Big(E_{s,i} - \sum_{k=0}^{T-1} \sum_{q \in K_{k,i}} s_{k,q,i} \Big) = 0 \tag{13.172}$$

对 $i = 1, \cdots, n_c$ 和 $k = 0, \cdots, T-1$ 基于约束 $\nu_i \geqslant 0$，$s_{k,q,i} \geqslant 0$ and $\sum_{k=0}^{T-1} \sum_{q \in K_{k,i}}$ $s_{k,q,i} \leqslant E_{s,i}$，

如同式（13.90），有如下表达式：

$$w_q \frac{\partial R_{(k),q,i}}{\partial s_{k,q,i}} - \Pi_{k,q,i} = \nu_i \tag{13.173}$$

这里我们定义

$$\Pi_{k,q,i} = -\sum_{m=1}^{n_c} \sum_{\substack{q' \in \boldsymbol{K}_{k,m} \\ (q',m) \neq (q,i)}} w_{q',m} \frac{\partial R_{k,q',m}}{\partial s_{k,q,i}} \tag{13.174}$$

$$= -\sum_{m=1}^{n_c} \sum_{\substack{q' \in \boldsymbol{K}_{k,m} \\ (q',m) \neq (q,i)}} w_{q',m} \frac{\partial R_{(k),q',m}}{\partial I_{k,q',m}} \frac{\partial I_{k,q',m}}{\partial s_{k,q,i}} \tag{13.175}$$

$$\overset{(a)}{=} \sum_{m=1}^{n_c} \sum_{\substack{q' \in \boldsymbol{K}_{k,m} \\ (q',m) \neq (q,i)}} w_{q',m} \pi_{k,q',m} \Lambda_{q',i}^{-1} \mid \boldsymbol{h}_{(k),q',i} \boldsymbol{w}_{k,q,i} \mid^2 \tag{13.176}$$

$$\overset{(b)}{=} \sum_{q' \in \boldsymbol{K}_{k,i}, q' \neq q} w_{q',i} \pi_{k,q',i} \Lambda_{q',i}^{-1} \mid \boldsymbol{h}_{(k),q',i} \boldsymbol{w}_{k,q,i} \mid^2 + \widetilde{\Pi}_{k,q,i} \tag{13.177}$$

在（a）中，小区 m 的用户 q' 的总体赋形后的干扰为 $I_{k,q',m}$：

$$I_{k,q',m} = \sum_{l=1}^{n_c} \sum_{\substack{v \in \boldsymbol{K}_{k,l} \\ (v,l) \neq (q',m)}} \Lambda_{q',l}^{-1} \mid \boldsymbol{h}_{(k),q',l} \boldsymbol{w}_{k,v,l} \mid^2 s_{k,v,l} \tag{13.178}$$

$\pi_{k,q',m}$ 为非负变量

$$\pi_{k,q',m} = -\frac{\partial R_{(k),q',m}}{\partial I_{k,q',m}} \tag{13.179}$$

在（b）中，定义

$$\widetilde{\Pi}_{k,q,i} = \sum_{m \neq i} \sum_{q' \in \boldsymbol{K}_{k,m}} w_{q',m} \pi_{k,q',m} \Lambda_{q',i}^{-1} \mid \boldsymbol{h}_{(k),q',i} \boldsymbol{w}_{k,q,i} \mid^2 \tag{13.180}$$

将吞吐量定义如式（13.167），对式（13.173）变形就有如下等式：

$$\frac{1}{\ln 2} \frac{w_q}{(\nu_i + \Pi_{k,q,i})} = s_{k,q,i} + \frac{\sum_{j=1}^{n_c} \sum_{\substack{u \in \boldsymbol{K}_{k,j} \\ (u,j) \neq (q,i)}} \Lambda_{q,j}^{-1} \mid \boldsymbol{h}_{(k),q,j} \boldsymbol{w}_{k,u,j} \mid^2 s_{k,u,j} + \sigma_{n,k,q}^2}{\Lambda_{q,i}^{-1} \mid \boldsymbol{h}_{(k),q,i} \boldsymbol{w}_{k,q,i} \mid^2} \tag{13.181}$$

对于所有 $q \in \boldsymbol{K}_{k,i}$，$i = 1, \cdots, n_c$ 和 $k = 0, \cdots, T-1$，这里 $\Pi_{k,q,i}$ 如式（13.176）和

$$\pi_{k,q',m} = \frac{1}{\ln 2} \frac{1}{\Lambda_{q',m}^{-1} \mid \boldsymbol{h}_{(k),q',m} \boldsymbol{w}_{k,q',m} \mid^2 s_{k,q',m}} \left(\frac{\rho_{k,q'}^2}{1 + \rho_{k,q'}} \right) \tag{13.182}$$

式中，$q' \in \boldsymbol{K}_{k,m}$。

迭代调度

类似于 13.6.5 节的定义，$\Pi_{k,q,i}$ 和 $\pi_{k,q',m}$ 有干扰定价的解释，波束赋形和功率对受害小区产生的干扰都有影响。现在的问题的等价于每个小区 i 目标是在子载波 k 上最大化每个用户的剩余函数：

$$\Upsilon_{(k),q,i} = w_q R_{(k),q,i} - s_{k,q,i}\Pi_{k,q,i} \tag{13.183}$$

假设固定 $s_{k,u,j}$ 和 $\Pi_{k,u,j} \forall (u, j) \neq (q, i)$。变量 $\Upsilon_{(k),q,i}$ 代表用户 q 的加权速率和由于波束赋形和功率控制对网络中其他用户带来的干扰的代价的差值。式 (13.183) 的第二项包含定价原理考虑波束赋形和功率分配对共调度用户和相邻小区带来的干扰的影响。即使不考虑功率控制的影响，在子载波间归一化功率，小区内的给定用户的发射波束赋形的任意变化都会改变对网络其他用户的干扰。

函数式 (13.183) 定义每个用户的剩余函数，一个替代方案是基于小区级别定义剩余函数，这样每个小区 i 最大化

$$\Upsilon_{(k),i} = \sum_{q \in K_{k,i}} w_q R_{(k),q,i} - \sum_{q \in K_{k,i}} s_{k,q,i}\widetilde{\Pi}_{k,q,i} \tag{13.184}$$

考虑固定 $s_{k,u,j}$ 和 $\widetilde{\Pi}_{k,u,j} \forall (u, j) \neq (q, j)$，式 (13.184) 右边的第一项对应在非协调网络中最大化的功能函数例如在每个小区进行 MU-MIMO，不考虑赋形干扰对相邻小区的影响（如第 12 章）。第二项包含定价机制，包含虑波束赋形和功率分配对相邻小区带来的干扰的影响。该等式表明，一旦功率分配实现了，调度器和波束赋形可以类似单小区场景进行设计，但是包含项 $\sum_{q \in K_{k,i}} s_{k,q,i}\Pi_{k,q,i}$。在确定 MU-MIMO 发射滤波和共调度用户时。对于确定的功率分配，小区 i 在子载波 k 上的共调度用户集合和发射波束赋形为

$$\{W_{k,i}^{\star}, K_{k,i}^{\star}\} = \arg \max_{W, \kappa_i} \Upsilon_{(k),i} \tag{13.185}$$

滤波器 W 的设计有多种方案例如在 13.7 节介绍的方案。

基于 KKT 条件，一个迭代算法用于计算部分优化 $S^{\star}$，$W^{\star}$ 和 $K^{\star}$。13.6.5 节基于注水定理的修正迭代算法可以拓展如下

• 初始化阶段：首先确定最大的迭代次数 $N_{\max}$ 固定 $n=0$，初始化 $S^{(0)}$，基于式 (13.185) 和式 (13.176) 分别计算 $\{W^{(0)}, K^{(0)}\}$ 和 $\Pi^{(0)}$。

• 第 n 次迭代：对于每个小区 $i=1, \cdots, n_c$，基于 $W^{(n-1)}$，$K^{(n-1)} \Pi^{(n-1)}$ 和 $S_j^{(n-1)}$ 且 $\forall j \neq i$ 和式 (13.181) 更新功率分配 $S_i^{(n)}$。（例如假设发射功率，波束赋形和其他小区的代价是固定的）

$$s_{k,q,i}^{(n)} = \left(\frac{1}{\ln 2} \frac{w_q}{\nu_i + \Pi_{k,q,i}^{(n-1)}} - \frac{\sigma_{I,k,q}^2 + \sigma_{n,k,q}^2}{\Lambda_{q,i}^{-1} \mid h_{(k),q,i} w_{k,q,i} \mid^2} \right)^+ \tag{13.186}$$

这里

$$\sigma_{I,k,q}^2 = \sum_{j=1}^{n_c} \sum_{\substack{u \in K_{k,j}^{(n-1)} \\ (u,j) \neq (q,i)}} \Lambda_{q,j}^{-1} \mid h_{(k),q,j} w_{k,u,j}^{(n-1)} \mid^2 s_{k,u,j}^{(n-1)} \tag{13.187}$$

参数 ν_i 是基于功率约束 $\sum_{k=0}^{T-1} \sum_{q \in K_{k,i}} s_{k,q,i}^{(n)} \leq E_{s,i}$ 获得的，其可以通过两份法计算。在获得功率分配 $S^{(n)}$ 后，基于式 (13.185) 计算用户选择和波束赋形

$\{W^{(n)}, K^{(n)}\}$ 假设 $\Pi^{(n-1)}$。最终利用式（13.176）计算 $\Pi^{(n)}$。重复上述流程直到收敛或者达到迭代的最大次数。

在 [YKS11]，功率分配同样也是类似的基于干扰定价。但是波束赋形/调度的设计如下 3 步的迭代：

● 对于给定的用户调度和每个波束的发射功率，波束赋形向量基于 13.7.6 节的分配目标 SINR 法则在小区间基于协调的形式最优化。在多个接收天线的场景下，发射和接收波束赋形都进行更新。

● 对于给定的波束赋形向量和功率分配，基于每个波束进行功率分配，找到最大化 $w_q R_{(k),q,i}$ 的用户。对于下行在网络中所有波束的波束赋形向量和功率是固定的，用户分配对受害小区的干扰没有影响，可以基于单小区单波束独立进行用户调度。

● 对于给定波束赋形和用户调度，基于公式 13.186 更新功率等级。

反馈和信息附带要求

反馈和小区间信息要求可以直接参考 13.6.5 节。

13.8.2　协调的通用架构

前面的章节分析了在 MIMO OFDMA 网络中协调调度，波束赋形和功率控制的统一形式，调度器依赖于小区间 CSI 的交互，动态的迭代地在判断合适的子载波上的调度用户，和其对应的波束赋形和功率等级，以达到最大化网络功能指标。最终的调度判决是基于多次迭代（希望是在调度收敛后）。调度器可以是集中式也可以是分布式的。对于分布式架构，算法要求每次迭代时小区交互必要的信息进行功能指标的计算。其迭代算法总结如下：

● 初始化阶段：每个小区假设没有小区间协调来确定用户调度和传输模式（例如一个用户为 SU-MIMO 或者在相同资源上多个用户如 MU-MIMO）和其对应的预编码（波束赋形和功率等级）。该判决是基于一些现有的指标如比例公平，假设发射机是获知 CSI 信息的。对于 SU-MIMO，用户其的预编码可以基于第 1，5，6，10 章的技术选择。对于 MU-MIMO，预编码基于第 12 章的线性和非线性技术进行计算。

在第 0 次迭代，小区 i 的调度问题表示如下

$$\{S_i^{(0)}, W_i^{(0)}, G_i^{(0)}, K_i^{(0)}\} = \arg\max \mathcal{U}_i^{(0)} \tag{13.188}$$

在第 0 次迭代，小区 i 只关系其自身的功能指标 $\mathcal{U}_i$。假设比例公平（PF），式（13.188）的功能指标为用户累积和瞬时速率的函数，其分别定义为 $R_{(k),q,i}$ 和 $\overline{R}_{q,i}$，单独用户的 PF 指标累积可以表示为

$$\mathcal{U}_i^{(0)} = \frac{1}{T} \sum_{k=0}^{T-1} \sum_{q \in K_{k,i}^{(0)}} w_q R_{(k),q,i}(P_{k,q,i}^{(0)}) \tag{13.189}$$

式中　$P_{k,a,i}^{(0)} = W_{k,a,i}^{(0)} S_{k,a,i}^{(0)/2}$ and $R_{(k),q,i}$ $(P_{k,a,i}^{(0)})$ 定义了小区 i 内的用户在子载波 k 上的第 0 次迭代的发射预编码。由于在该阶段没有协调，计算 $R_{(k),q,i}$ 假设在解调时服务小区 i 不知道其他小区的瞬时赋形干扰。因此计算 $R_{(k),q,i}$ 时只考虑长期干扰。

- 第 n 次迭代：每个小区根据其他小区在第 $n-1$ 次迭代的判决来更新其用户调度和发射预编码（波束赋形和功率等级）。为了最大化网络功能指标和保证调度器收敛，给定小区 i 在第 n 次迭代的判决不仅要考虑相邻小区共调度用户的功能指标还要考虑受干扰用户的功能指标例如在前面额迭代中相邻小区潜在调度的用户（如果是 13.16 的定义，定义该用户为属于 $\mathscr{R}_i$ 的子集合 $\mathscr{R}_i^{(n-1)}$）小区 i 基于如下公式分配资源

$$\{ S_i^{(n)}, W_i^{(n)}, G_i^{(n)}, K_i^{(n)} \} = \arg \max_{K_i \in \kappa_i} \mathcal{U}_i^{(n)}(\kappa_i, R_i^{(n-1)}) \quad (13.190)$$
$$P_{k,i}(\kappa_i, \mathscr{R}_i^{(n-1)})$$

式（13.190）的括号（κ_i，$\mathscr{R}_i^{(n-1)}$）用于变量 $P_{k,i} = W_{k,i} S_{k,i}^{1/2}$ 和 $u_i^{(n)}$，为了强调小区 i 第 n 次迭代的预编码 $P_{k,i}$ 和功能指标不仅是属于小区 i 的调度用户集合信道（例如 $q \in \kappa_i$）的函数其也是小区 i 和小区 i 第 $n-1$ 次迭代受干扰用户（例如 $l \in \mathscr{R}_i^{(n-1)}$）的信道函数。在 n 次迭代小区 i 的功能指标为

$$u_i^{(n)} = \frac{1}{T} \sum_{k=0}^{T-1} \sum_{q \in K_{k,i}^{(n)}} w_q R_{(k),q,i}(P_{k,q,i}^{(n)}, P_{k,j \in \mathscr{M}_q^{(n-1)}}^{(n-1)}) - \Pi_i(\mathscr{R}_i^{(n-1)}) \quad (13.191)$$

公式（13.191）小区功能指标的第一项为小区 i 的调度用户的加权累积速率，第二项 Π_i 小区 i 需要付出的代价由于其对相邻小区带来的干扰。该补偿是根据在第 $n-1$ 次迭代小区 i 对干扰用户到来的速率损失的估计（通过括号 $\mathscr{R}_i^{(n-1)}$ 的内容来强调）。这要求小区在第 n 次迭代做判决 S_i，W_i，K_i 时需要考虑其带来的干扰。如果某个干扰用户有最高优先级，小区 i 需要在干扰用户在第 $n-1$ 次迭代时调度的资源上分配较小的功率或者将干扰用户方向的干扰置零。

用户 q 在第 n 次迭代计算的瞬时速率是基于服务小区内的用户的预编码，属于用户 q 的 MC 测量集合内的干扰小区在 $n-1$ 次迭代的预编码，因为这些小区会影响用户 q 的速率。

在该架构中可以采用多种发射滤波器从简单的匹配滤波到 ZFBF，JLS，IA 或者其他的，具体参见 13.7 节。

需要说明的是，迭代调度器体系要求每次迭代时基站侧计算的每个用户的 SINR 是精确的。对于上述方案，基站是在完全获知 CSI 反馈和用户终端特性（例如接收机处理小区干扰的能力）的假设下进行 SINR（和其对应的调制编码速率）估计的。而在实际系统中是不可能获取完全 CSI 的，接收机特性为终端实现相关的，在实际系统中不可能共享给基站。缺乏上述信息在实际配置中很难获得 SINR 的估计，将会严重限制在迭代架构中链路自适应的有效性。［CLHK11］进一步分

析了在考虑这些损伤下的现实的多小区协调方案（定义为基于协调调度的秩协调）。

13.9　多小区协调编码

相对协调调度，波束赋形和功率控制利用赋形或者功率控制来消除干扰，Han-Kobayashi（HK）方案 [HK81，ETW08]（也称之为速率分离）通过选择公共信息的传输速率使其对相邻小区的小区边缘用户可解码来消除干扰。通过消除由公共信息组成的干扰，在不改变发射功率下减小小区边缘用户（相对功率控制和 FFR 技术）干扰的同时，提高了总体速率。13.4 节分析该方案的自由度和可获取速率区域。这里介绍关于由两簇小区组成的网络的速率分离的实际应用。

首先假设如图 13.7 的两小区簇。小区 1 和用户 1 通信，相邻小区 2 和小区边缘用户 2 通信，该用户收到来自小区 1 的干扰。小区 1 将传输信息 c_1' 分离为两个部分，公共信息 $c_{1,c}$ 和私有信息 $c_{1,p}$。公共信息 $c_{1,c}$ 基于功率比率 x 传输，私有信息基于功率比率 $1 - x$ 传输。相邻小区 2 传输信息 c_2 给小区边缘用户。注意这里考虑的场景相比图 13.7 进行了简化，只有用户 2 收到小区 1 的干扰。

小区边缘用户计算参数 x，同时给小区 2 上报两个 CQI（提供两个 SINR 估计值）。第一个 CQI ρ_2 是小区边缘用户基于如下假设估计的，解码信息 c_2 时假设来自于具有功率比率 $1 - x$ 的公共信息的干扰被移除了例如小区边缘用户只考虑来自于私有信息 $c_{1,p}$ 的干扰，同时将其当做噪声处理。ρ_2 定义如下：

$$\rho_2 = \frac{\Lambda_{2,2}^{-1} \mid h_{2,2} \mid^2 E_{s,2}}{\sigma_{n,2}^2 + \Lambda_{2,1}^{-1} \mid h_{2,1} \mid^2 (1 - x) E_{s,1}} \tag{13.192}$$

如 13.4 节所分析，小区边缘用户 2 基于如下假设估计 x，私有信息的干扰等级与用户的噪声等级相同等级。

第二个 CQI，$\rho_{2,c}$ 对应小区边缘用户解码来自小区 1 的公共信息 $c_{1,c}$，同时干扰（当做噪声处理）来自于小区 2 发的自身私有信息 c_2 和小区 1 的私有信息 $c_{1,p}$ 就有

$$\rho_{2,c} = \frac{\Lambda_{2,1}^{-1} \mid h_{2,1} \mid^2 x E_{s,1}}{\sigma_{n,2}^2 + \Lambda_{2,1}^{-1} \mid h_{2,1} \mid^2 (1 - x) E_{s,1} + \Lambda_{2,2}^{-1} \mid h_{2,2} \mid^2 E_{s,2}} \tag{13.193}$$

小区 1 被告知参数 x，将其共享给用户 1，这样用户 1 可以计算两个 CQI。第一个 CQI 对应小区 1 的公共信息定义为 $\rho_{1,c}$，其干扰（当做噪声处理）来自于私有信息 $c_{1,p}$ 和小区 2 发射的 c_2，例如：

$$\rho_{1,c} = \frac{\Lambda_{1,1}^{-1} \mid h_{1,1} \mid^2 x E_{s,1}}{\sigma_{n,1}^2 + \Lambda_{1,1}^{-1} \mid h_{1,1} \mid^2 (1 - x) E_{s,1} + \Lambda_{1,2}^{-1} \mid h_{1,2} \mid^2 E_{s,2}} \tag{13.194}$$

第二个 CQI 对应私有信息，$\rho_{1,p}$ 假设利用解码公共信息，因此干扰只来自于信息 c_2 就有

$$\rho_{1,p} = \frac{\Lambda_{1,1}^{-1} \mid h_{1,1} \mid^2 (1-x) E_{s,1}}{\sigma_{n,1}^2 + \Lambda_{1,2}^{-1} \mid h_{1,2} \mid^2 E_{s,2}}$$

(13.195)

基于 $\rho_{1,c}$ 和 $\rho_{2,c}$，公共信息 $c_{1,c}$ 的速率 R_c 定义如下考虑其可以被所有用户解码：

$$R_c = \min \{ \log_2(1+\rho_{1,c}), \log_2(1+\rho_{2,c}) \}$$

(13.196)

私有信息 $c_{1,p}$ 的速率表示为 $R_{1,p} = \log_2 (1+\rho_{1,p})$，信息 c_2 的速率为 $R_2 = \log_2 (1+\rho_2)$。

小区边缘用户首先对公共信息 $c_{1,c}$ 进行解码然后将其从接收信号中消除来解码信息 c_2。小区边缘用户丢弃公共信息 $c_{1,c}$ 用户 1 解码所有信息（私有和共有），该用户的速率总和为公共信息和私有信息的累积 $R_1 = R_c + R_{1,p}$。

为了简化这里描述的方案只考虑将小区 1 的信息分离为两个分量（该方案更通用的形式是小区 1 和小区 2 都将其信息分离为公共和私有部分，如 13.4 节的说明）。在接收机，公共信息联合检测同时将私有信息当做噪声。通过消除这些信息，可以部分消除干扰，用户有能力去恢复期各自的私有信息。

总体来说，HK 方案的优点是其在小区间共享的信息是有限的，因此只有调度信息，CQI，公共私有信息的功率比率需要通过回程交互。但是其要求更先进的接收机进行符号干扰消除，下行开销增加了考虑公共信息相关的信令开销（为了正确的解码）。其主要的缺点是不能轻易的拓展到更通用配置包括大于 2 小区/用户。在多天线场景下，波束赋形和速率分离可以联合使用来进一步提升整体网络的性能[DY10b]。

13.10 网络 MIMO

网络 MIMO 在文献中下行也称为联合传输（Joint Transmission，JT）上行称为联合接收（Joint Reception，JR）。其依赖于基站间的数据和 CSI 共享。实际上在 MC 簇集合内的所有基站有效的组成一个超级基站其有效天线数为 MC 簇集合内每个基站的天线数的总和。在相同时间频率资源发射和接收信号到移动台是在多个基站上进行的。网络 MIMO 通常假设基站间通过一个高速，宽带的回程链接到到一个中央处理器（如 13.5 的集中式架构），其处理所有的已知信息（针对用户的）和基站用户间所有信道的 CSI。在完全协作多小区或者多扇区系统，最优问题就退化为一个 MIMO BC/MAC（12.2 节和 12.3 节）其天线数等于 MC 簇内所有基站天线数的总和。相对单小区 MIMO BC，发射信号不再服从总和功率约束，而是基于每个基站的功率约束。

相比单小区技术，网络 MIMO 可以同时提升波束赋形增益和消除干扰（干扰变为一个有用信号）。相比 CB 技术，网络 MIMO 即使对于单天线小区也是有益处的因为波束赋形和干扰置零依然是可行的。不幸的是系统变得非常复杂因为基站数和链接数增加了，使中央集中调度器非常复杂。CSI 反馈和基于回程的 CSI 交互的大量开销是必需的。另外一个问题是 CSI 反馈和数据，CSI 共享的延时对性能影响很大。预期该技术只能应用于低移动性用户。

为了在多小区间获得波束赋形增益，推荐进行相关传输例如移动台需要反馈聚合信道包括小区间信道的相位移位。不幸的是，它很消耗反馈开销。联合传输的另外一个形式是非相关的，信道间的相位移位是不需要上报的。

在该场景下，反馈开销下降了但是性能也下降了（相比相关传输），其缺乏相关合并和波束赋形增益。

如同单小区 MU-MIMO（单小区广播信道），传输策略可以分为线性和非线性预编码方案。线性预编码比非线性预编码更流行，原因与第 12 章相同。12.8 节的机制这样同样可以应用，区别是预编码设计是基于连续矩阵 H 其维度 $n_{r,q} \times \sum_{i \in T_q} n_{t,i}$，受限于每个基站功率约束。

$$H_{-q} = \left[\Lambda_{q,i}^{-1/2} H_{q,i} \cdots \Lambda_{q,j}^{-1/2} H_{q,j} \right]_{i,j \in T_q} \qquad (13.197)$$

［BH06］解决了基于迫零波束赋形（ZFBF）预编码设计中的每个基站功率约束的影响，［BZGO10］说明了联合泄露抑制（JLS），［YL07，ZZL + 12］说明了基于分配目标 SINR 的波束赋形，［Zha10］分析了分组对角化（BD），［TPK09］说明了最大累积速率波束赋形。基于每基站功率约束下的 MIMO BC 的累积速率容量通过命题 12.29 解决。

基于网络传输的协同多小区 MIMO 网络同样也获得多用户分集。［SZSS07］假设每个小区用户相同 $K_i = K \forall i$，其说明每小区累积速率容量为 $\log\log K$。该结果让人想起 13.5.1 节的多小区多用户分集增益，和 12.6.3 节的小区间无干扰的 MIMO BC 行为。［SSBN + 09］说明基于每个功率约束的 ZFBF 的简单线性预编码可以获得相同的缩放定律。这同样也让人想起 12.8.2 节中在无小区干扰的 MIMO BC 系统中 ZFBF 的比例定律。同样类似于 13.5.1 节的结果，让人惊奇的是如果小区间无干扰，比例定律是相同的。

网络 MIMO 严重依赖于高速和高带宽的回程。回程容量对 JT 和 JR 的性能的分析说明了为了保证获得的速率相对在无穷大容量回程下的最大速率有固定的门限，回程容量必须根据 SNR 对数缩放。［SSPSS09，MF09，SSPS09］分析了在受限回程下的 JT/JR 的性能。

精确的 CSI 反馈是网络 MIMO 另外一个重要要求。类似于 MIMOBC，JT 性能对量化反馈的敏感度与 12.9.2 节的分析和结论一致。在给定总体反馈开销下，可以通过对属于 MC 处理集合内小区分配不同比特数的反馈来进一步优化 JT 下的 CSI 反馈。

最后，一种特殊的网络 MIMO 方案，称为动态小区选择（DCS），相比更通用的网络 MIMO（JT 或者 JR）多小区参与发射和接收，在一个时刻只有一个小区与用户进行发射或者接收。基于移动台的瞬时信道条件，快速的选择最合适的基站。

在 MC 簇集合内的基站间共享数据这样保证可以进行快速切换。DCS 通常和功率控制一起使用（如 13.6 节），其目的是为了减少干扰小区的功率等级。集合二元功率控制的 DCS 是 3GPP LTE-A 中一种流行的方案（具体细节参考第 14 章）。利用二元功率控制能够有效简化操作。假设在 MC 簇内有两个小区 A 和 B，对于给定终端有 3 个可能的状态：小区 A 和 B 都关闭，小区 A 或者 B 开启。对于上述 3 个状态，终端都上报其相对应的 CSI（例如信道质量指示 CQI 和预编码矩阵指示 PMI），中央调度器基于所有用户的上报信息，基于集中式的网络级别的加权累积速率来计算每个状态，选择具有最大加权速率的状态，同时确定每个小区调度的用户[CKL+11]。

第 14 章　LTE、LTE-Advanced 和 WiMAX 中的 MIMO 技术

近些年，很多实际系统都将 MIMO 技术作为核心特性引入到系统中。本章主要介绍了 3GPP LTE/LTE-Advanced（LTE-A）和 WiMAX 系统中 MIMO 技术的应用。WiMAX IEEE 802.16e 和 3GPPLTERel.8 主要采用了单用户 MIMO 技术，包括发射分集，波束赋形和空间复用。后续版本如 3GPPLTE-ARel.10 和 WiMAXIEEE802.16m 利用多用户技术（如多用户 MIMO）来最大化网络容量。最近，多小区技术（在3GPP 称为多点协调）是 3GPP LTE-A Rel.11 的一个主要研究热点。第 5~13 章介绍了这些技术的基本理论基础。本章主要介绍了 MIMO 技术在实际系统中的应用。本章主要参考了［3GP11c，3GP11d，3GP11e，3GP06，3GP10，3GP11a，16m11，LLL+10，BCG+12，LHZ09，CHM+09，LCH+12，CKL+11，HLC10，LYC+11］和大量的标准化文稿。

14.1　设计目标和主要技术

14.1.1　系统要求

IEEE 802.16e（WiMAX 文件 1.0）和第三代合作组织（3GPP）E-UTRA 长期演进（LTE）版本 Rel.8 和 9，作为 IMT-2000 的 3G 技术［IMT09］正在商用中。LTE 的标准化从 2004 开始启动，重点是增强通用无线通信接入系统（UTRA）和优化 3GPP 无线接入架构。LTE Rel.8 的目标是下行平均用户吞吐量为版本 6 的HSPDA 的 3 倍（100Mbit/s），上行为 HSUPA 的 3 倍（50Mbit/s）。LTE Rel.8 在2008 年 12 月完成，其后续版本 Rel.9 在 2009 年 12 月冻结。

IEEE 802.16m（WiMAX 文件 2.0）［WiM09］和 3GPP E-UTRA LTE-A（Rel.10）［LTE09］是为了满足和超过 ITU IMT-Advanced 4G 技术指标要求包括峰值速率，小区平均频谱效率和小区边缘用户频谱效率［ITU09］而启动的。一个称为 LTE-Advanced（LTE-A）的工作项目，其对应版本 10（Rel.10）在 2010 年启动，在 2011 年中旬完成。其最初的目标是在下行提供 600Mbps 吞吐量［3GP11b］。在 2011 年，一个新的预研和工作项目即 LTE-A Rel.11 被启动，其目的是进一步增强 LTE-A Rel.10 的性能。Rel.11 的一个重要研究热点是 CoMP 技术即在异构和同构网络对来自于不同位置或者扇区的天线间的发送和接收进行协调和协同。

本章，IEEE 802.16m 称为 802.16m，LTE 对应 3GPP Rel.8 和 9，LTE-A 对应

3GPP Rel. 10 和 11，E-UTRA 对应 Rel. 8 ~ Rel. 11。本书尽量尊重每个标准的原始称谓，然而 E-UTRA 和 802.16m 的称谓并不统一。表 14.1 总结了在本书前面章节和标准中应用的名词的对应关系。

表 14.1 标准化技术

本书	802.16m	E-UTRA
基站（BS）	先进基站（ABS）	增强基站（eNB）
移动终端/用户	先进移动站（AMS）	用户设备（UE）
发射天线	发射天线	天线端口
层	层	码字（CW）
流	流（空间流）	层（空间层）
参考信号	导频	参考信号（RS）
预编码矩阵指示（PMI）	预编码矩阵指示（PMI）	预编码矩阵指示（PMI）
用户专用参考信号	专用导频	用户专用参考信号
垂直编码（VE）	垂直编码（VE）	单码字（SCW）
水平编码（HE）	多层编码	多码字（MCW）
资源块（RB）	资源单元（RU）	资源块（RB）
上行 MU	上行协作空间复用	上行 MU-MIMO
探测参考信号	上行探测	探测参考信号
多小区 MIMO	多小区 MIMO	CoMP

针对有限的频谱，MIMO 技术是一种基本方案来满足 ITU［ITU09］的最小要求（目标小区频谱效率，峰值频谱效率和小区边缘用户频谱效率）。

14.1.2 核心技术

在介绍 MIMO 设计之前，需要说明的是 E-UTRA 和 802.16m 下行都采用正交频分复用多址接入。对于上行，为了放松对终端功率回退的要求，E-UTRA 采用离散傅里叶变换扩展 OFDM（SC-FDM），而 802.16m 偏向上下行都采用 OFDM 来保持上下行一致。第 11 章介绍了 OFDM 和离散傅里叶变换扩展 OFDM。正交频分复用接收和单载波频分复用接入产生了一个由时间频率资源构成的时频资源格。该时频资源格，分散在一个频域子载波和一个时域 OFDM 符号上，其在 E-UTRA 定义为资源元素。一个资源块频域有 12 个连续子载波构成，在时域通常对应 7 个 OFDM 符号间隔。一个子帧通常由 14 个连续 OFDM/SC-FDM 符号构成。调度和传输都是基于资源块进行的，其最小调度单元为一个子帧内两个连续的资源块。后文图图 14.3 说明了资源元素和资源块的定义。在 802.16，一个资源块定义为一个资源单元（RU）。在不同标准中资源块和资源单元的大小不同，但是总体上架构类似。

表 14.2 下行 MIMO 主要技术

下行 MIMO	802.16m	LTE	LTE-A
开环发送分集	基于循环预编码的空频分组码	空频分组码，空频分组+频率切换发送分集	兼容 LTE
开环空间复用	循环预编码单码字传输	大时延循环延迟分集多码字传输	兼容 LTE

（续）

下行 MIMO	802. 16m	LTE	LTE-A
开环多用 MIMO	酉矩阵预编码	不支持	在 Rel. 11 研究中
多小 MIMO	多小 MIMO	半静态小区干扰协调（ICIC）	增强 ICIC（Rel. 10），CoMP（Rel. 11）
闭环多用 MIMO	非酉矩阵预编码	酉矩阵预编码（Rel. 8），非酉矩阵预编码（Rel. 9）	非酉矩阵预编码

意料之中，802. 16m 和 E-UTRA 采用相同的天线配置集合，下行为 2、4、8 个发送天线，最小 2 个接收天线；上行 1、2、4 个发送天线，最小 2 个接收天线。表 14. 2 总结了主要的开环和闭环下行 MIMO 技术，本章后面将详细说明。开环发送分集（TD）技术主要依赖空频分组编码（SFBC），频率切换发送分集（FSTD）和循环延时分集（CDD）方案，这些方案的基本原理已经在第 6 章和第 11 章做了说明。码字和层之间映射可以是基于单码字也可以是基于多码字。多小区 MIMO（第 13 章做了分析）在 802. 16m 称为多小区，在 LTE-A Rel. 11 称为 CoMP。3GPP Rel. 9 兼容 Rel. 8，Re10 支持 Rel. 8 和 Re1. 9 的特性。表 14. 3 和表 14. 4 总结了关于最大可支持的数据流的下行和上行 MIMO 系统容量。

LTE Rel. 8 下行采用多种 MIMO 技术。其不依赖于互易性，在基站侧 LTE 下行传输支持 2 天线和 4 天线。对于单用户 MIMO 传输可以采用发送分集，基于码本的波速赋形和空间复用，单用户在 2 天线和 4 天线下分别可以支持 2 层和 4 层数据传输。Rel. 8 的闭环空间复用是基于码本的预编码技术，其预编码是基于确定的预编码码本选择的（参见第 10 章）。该方案和 Rel. 8 的公共参考信号（CRS）设计原则一致。小区中所有用户基于相同的公共参考信号进行信道估计和解调。公共参考信号集合基于码本的预编码的方案主要是考虑了 LTE Rel. 8 MIMO 主要针对单用户 MIMO 传输。Re1. 8 也支持第 12 章介绍的基于酉矩阵码本的多用户 MIMO，最多支持两个用户每个用户单层传输，但是其性能相对受限，因为基于确定长度码本的预编码不能完全抑制多用户干扰。其也支持一个用户专用参考信号，用于支持基于信道互易性的单用户单层波速赋形。

表 14. 3　MIMO 容量（比如最大可支持的流数）

MIMO	802. 16m	Rel. 8	Rel. 9	Rel. 10
DL SU-MIMO	8	4	4	8
DL MU-MIMO	4	2	4	4
UL SU-MIMO		4	1	1
UL MU-MIMO	8	8	8	8

表 14. 4　单用户下行 MIMO 容量维度（比如最大可支持单用户的流数）

802. 16m	Rel. 8	Rel. 9	Rel. 10
1	1	2	2

Rel. 9 引入了两个完全新设计的用户专用参考信号来支持基于非码本多用户波束赋形（比如章节 12 介绍的迫零赋形），其实际预编码不需要属于一个确定预编码码本（相对于基于码本的预编码）。因此 MU-MIMO 性能和多用户的干扰抑制能力得到提升。

　　LTE Rel. 8/9 允许终端进行单天线传输同时也支持最多两天线的发送天线选择。由于基站可以任意调度两个用户在同一时刻在相同频率资源上传输，是支持上行多用户的。Rel. 8/9 定义了两种上行参考信号，解调参考信号和探测参考信号。用户发送解调参考信号给基站用于用户上行解调，其和上行传输资源块在相同频率资源上传输。探测参考信号在不同的频率资源块上传输，用于基站进行上行信道的估计从而进行频率选择性调度，链路自适应和 PMI 选择。

　　LTE-A 和 IEEE 802.16m 设计的最初目的是满足 ITU-R 的关于峰值速率，小区平均频谱效率和小区边缘用户频谱效率的要求。这些指标是基于基站为 4 天线，终端为 2 天线的基本配置定义的。峰值速率只说明了理论上单用户空间复用能够获得的最大吞吐量，在实际系统上通常达不到。而小区平均和边缘用户吞吐量在实际系统上更具有代表性。小区边缘用户吞吐量是指至少 95% 的用户可以达到的吞吐量。上行为了满足峰值速率，必须引入单用户 MIMO。下行基于系统级的仿真评估说明增强的多用户 MIMO 技术是满足 ITU-R 频谱效率要求的重要技术。尽管 SU-MIMO 和 MU-MIMO 都可以提高空间复用增益，SU-MIMO 和 MU-MIMO 是非常复杂的技术。MU-MIMO 在 SU-MIMO 无效的场景下特别有效，比如由于信干噪比，天线相关性或者接收天线数导致单用户空间复用能力受限的场景。

　　除了 ITU-R 要求，3GPP [3GP11b] 同时也定义各种天线配置下自身的性能目标，基站和终端侧的最大天线数为 8，这些要求是基于一个典型都市宏小区环境模型也称为 3GPP 用例 1 的信道模型定义的，其与 ITU 的信道模型不同。因此基于这两种信道获得性能是没有可比性的，尽管这些模型目标是类似的传播场景。LTE-A Rel. 10 引入了增强 MIMO 技术。下行显著增强了 MU-MIMO，其引入了用户专用解调参考信号（DM-RS）使基于非码本的预编码可行，最多支持 8 层），同时引入 CSI-RS 用于 CSI 测量。为了从新引入的参考信号中获得增益的同时提供 8 个独立的空间层，引入了新的反馈机制。在 SU-MIMO 和 MU-MIMO 间动态切换也是 Rel. 10 的重要特性。上行在终端侧引入了最多可支持 4 个发送天线的 SU-MIMO，控制信道支持发送分集。

　　多小区协调，协同 MIMO 在 Rel. 11 被大量研究和标准化。802.16m 研究支持部分多点协同 MIMO 特性但其设计不是最优的，相对单小区 SU-MIMO 和 MU-MIMO 特性其是次要的。

　　所有上述核心技术将在后续小节做详细分析。

14.2　天线和网络部署

14.2.1　优先排序的多天线设置

　　如前面章节分析的，发射机和接收机的多天线配置对于 MIMO 性能有至关重要的影响。典型的天线相关性会影响多流 SU-MIMO 的性能，但是会提高阵列增益和方向性，这对波束赋形和 MU-MIMO 性能有帮助。提高的阵列增益对于小区边缘用户特别有用，同时增强的方向性易于分离共调度的用户和降低平均小区间干扰水平。

单极化和双极化天线是流行的多天线配置，第 2~4 章做了很多分析。不同的极化和天线间距导致各种具有不同相关特性的天线配置，尤其是对 4 天线和 8 天线。图 14.1 解释了 LTE-A 的天线配置。

需要强调的是在最近 MIMO 系统设计中极化天线的部署显得很重要。事实上，LTE Rel. 8~9 和 IEEE 802.16m 最初设计是针对单极化部署场景的。随着实际系统的部署，直到最近才明确小间距的双极化天线部署场景是特别重要也是 LTE-A 中第一优先的场景。其一个明显的好处是由 2 组小间距双极化天线组成的 4 天线配置，其所占用的空间和 2 个独立极化天线的配置所占用空间相同。另外，其具有两组不相同的空间相关天线集合，因此非常适合双层 SU-MIMO 和波束赋形/MU-MIMO。尽管 LTE-A Rel. 10 的设计目的是支持图 14.1 所示的所有天线配置场景，Rel. 10 反馈机制的设计出发点是基于极化信道的物理传播机制。

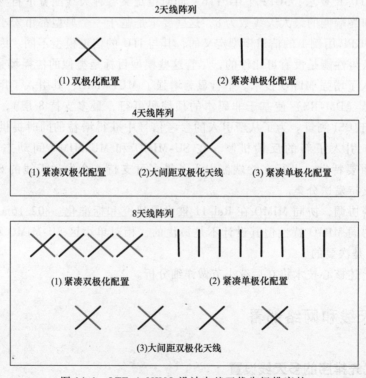

图 14.1   LTE-A MIMO 设计中基于优先级排序的

天线配置（从 1 到 3）两天线阵列

14.2.2   部署场景

图 14.2a 所示网络主要是基于同构宏小区部署的。基站的类型和功率等级相同，小区具有相同的大小。典型的场景是基站部署在六变形的中心，其控制同一个六边形的 3 个小区（扇区）$^{\ominus}$。

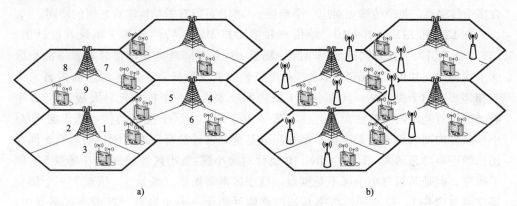

a)   b)

图 14.2   同构和异构网络

a）同构网络   b）异构网络

可以预见异构网络的部署将是一种针对移动通信业务需求的广泛应用的技术。如图 14.2b 所示，异构网络由典型的宏小区网络和在同覆盖区域内的低功率节点（比如小小区，微小区和中继节点）组成。由于宏小区和低功率节点的部署距离将近同时具有不同的功率等级，这种网络的特点是具有严重的小区间干扰。

各种部署场景已经或是正在 E-UTRA 进行研究，这些研究场景主要考虑了各种可能的网络拓扑和回程特性：

场景 0，非协同的宏小区部署：每个宏小区独立控制；

场景 1，共站点同构宏小区部署：相同宏基站控制小区（扇区）间的协同（不需要标准化回程界面）；

场景 2，异站点同构宏小区部署：宏网络中不同站点的小区间协同；

场景 3，宏小区-小小区异构部署：宏小区和其覆盖范围内的低功率开放接入点，宏小区和其覆盖范围内的低功率发送/接收点间进行协同，每个点都有自己的小区 ID；

场景 4，分布式天线：和场景 3 的部署场景相同，但低功率发送/接收点由宏小区的分布式天线组成，其小区 ID 和宏小区一致；

场景 5，宏小区-微小区异构部署：宏小区和同覆盖内低功率闭合接入点，宏小区和微小区间没有标准化的界面。

$\ominus$ 实际系统张小区不需要组成如此完美的六角形。

下面介绍上述场景中关于（发送、传输）点的术语。对应特定扇区的一组地理位置共址的天线传统上为配置为一个小区。在任意，终端会基于接收信号功率连接到一个小区（称为其服务小区）。基于上面介绍的部署场景，同一小区的天线不一定在物理位置上是共地址的。（发送/接收）点的概念是用于说明一组共地址的天线，一个小区可以对应一个或者多个传输点。基于小区扇区化，一个单一的地理位置可能包含多个传输点，每个传输点对应一个扇区。CoMP 可以看做是传输点之间的协同。

在 LTE 和 LTE-A Rel. 10，单用户和多用户 MIMO 特性是基于场景 0 设计的。LTE Rel. 8 引入了针对同地址宏小区（场景 1）和不同地址异构部署场景下的小区间干扰协同（ICIC）的部分形式，其用来告知调度器任意宏小区的当前或者未来的相邻小区的干扰情况。这些小区干扰协同技术通过一个标准化界面接口 X2，半静态的进行基站间的信息交互。在 LTE-A Rel. 10，小区干扰协同技术基于宏小区-小小区异构网络部署场景进行了增强。但是这种设计没有考虑 MIMO 的影响，同时还依赖于半静态调度。LTE-A Rel. 10 也针对宏小区-微小区异构网络（场景 5）做了研究，但是其相对小小区不是重点。微小区部署场景（场景 5）依赖于一个闭合提交组（CSGs），接入到低功率基站的终端受限于一个小集合。在微小区部署中，非回程协同的假设使多小区协同很困难。另外一方面，小小区的部署场景依赖开放提交集合（OSGs），低功率节点由运营商部署。X2 界面接口的出现使小区间的协同变得容易。分布式天线场景（4）是一个在 Rel. 11 提出的相对新的场景，其主要是针对最近网络架构的升级。在 Rel. 11，CoMP 主要针对场景 1 到场景 4。单小区（SU/MU）MIMO 特性会基于异构场景 3 和 4 进一步增强和优化。

14.2.3　回程

基站间的逻辑接口定义为 X2。X2 接口的典型最大回程延时为 20ms 的倍数，中等延时为 10ms 左右 [R1-07]。对于一些特殊场景会导致更大的延时。值得说明的是 X2 接口的物理实现有多种实现方案（比如光缆，微波，铜缆），其对网络性能有很大的影响。

[AL09] 对不同类型（当前的和未来的）的回程做了全面的分析。整体回程延时包含节点延时（网络节点的切换和回路延时）和线程延时（和网络节点的连接长度成比例）。基于捆绑 VDSL2 的铜缆传输和基于 E-band（71-76 GHz 和 81-86 GHz）的微波传输，典型节点延时为几毫秒级别。对于使用吉比特以太网的光缆传输，延时为几十微秒到一毫秒。但是采用 T1/E1 技术的典型铜缆线路，其节点延时为 20ms 左右。对于一个长度为 10km 的单径传播，基于光缆和微波的连接延时为几十微秒。

可以预见，在未来几年为了支持高带宽的应用以太网（基于铜缆和光缆）和微波技术将会成为主流的回程技术，而基于 T1/E1 的回程仍然会应用于非常小的带宽。因此宏小区网络中的整体回程延时在未来的部署中为几十微秒级别，而传统部署场景中为 20ms。这种增强的回程技术和 X2 接口使 CoMP 方案完全可行。但是需要意识到的是部分场景不支持非常小的回程延时。CoMP 方案的设计目的适用于大范围的回程带宽和延时要求。

最近的一个网络部署趋势是将基站单元分离为基带单元（BBU）和分离射频单元（RRH），可以预见其将广泛用于 LTE 和后续版本，其有利于进行 CoMP。BBU 进行调度和基带处理而 RRH 进行所有射频操作（比如载波频率变换、滤波、功率放大）。RRH 离天线很近，以减少耦合损耗。BBU 离 RRH 很远（比如几百米），通过光纤连接。BBU 集合物理位置分离的 RRH 是共地址的，其被相同位置控制，这有利于中央控制其管理若干射频网络的操作，同时在 BBU 之间具有非常低延时的协同信息交互。如此紧凑的协同事实上是 LTE-A Rel.11 和后续版本的场景 1 和场景 4 下的 CoMP 的重要支持点。第 13 章概要说明了回程的延时和容量特性对于 CoMP 处理的类型和协同等价有很大的影响。

14.3   参考信号

参考信号（RS）或者导频对于 MIMO 特性和基于 MIMO 网络的整体性能有至关重要的影响。802.16m 和 E-UTRA 都定义了参考信号/导频用于终端的 MIMO 空间信道估计和相关解调（参见章节 7）。

14.3.1   专用和公共参考信号对比

参考信号可以是专用的（DRS）或者公共的（CRS）。DRS 和 CRS 的主要区别总结见表 14.5。CRS 在一组终端中共享，而 DRS 用于一个特定的终端。参考信号在空域可以进行预编码或者不做预编码。DRS 通常进行预编码（基于虚天线端口发送），在保持低参考信号开销的同时获得赋形增益。而 CRS 通常不进行预编码（其通过物理天线端口发送），以保证获得不经过预编码的 MIMO 信道的信道测量。CRS 的开销与物理发送天线数成正比而 DRS 与发送数据流数层正比。DRS 只在用户调度数据的时频资源上发送，在发送层数/流数小于物理天线数，因此其可以减少开销。DRS 不适用于 CSI 测量，因为其通常经过基于特定用户的预编码。CRS 更适用于在频率资源间进行插值的信道估计。而由于不同频率资源间的预编码可能不同，DRS 的信道估计更受限。

表 14.5   DRS 和 CRS 特性比较

DRS	CRS
用于解调	用于解调和测量
针对特定终端	在一组终端共享
基于特定终端预编码	通常不进行预编码
开销与发送流数成比例	开销与发送天线成比例
只在发送数据的资源块上传输	在所有资源宽上传输
信道估计灵活性不高	信道估计灵活性高

14.3.2 下行设计

LTE Rel. 8、802. 16m 和 LTE-A 的下行参考信号（导频）设计有显著的区别。

802. 16m 基于非编码公共导频或者训练序列进行信道估计，基于预编码的专用导频进行相关解调，其支持最多 8 个发送天线。训练序列的最初设计目的是在较小的导频开销下保证整个频带的精确 CSI 测量和反馈，其在整个频带进行发送，具有较小的发送循环间隔。除了训练序列，802. 16m 对于连续资源单元定义基于时间频率复用的经过预编码的专用导频，其支持最多 8 个流。对于分布式的资源单元其只支持 2 个流，利用经过预定义矩阵预编码的公共导频。

引入两种类型的导频（训练序列和专用导频）的主要原因是相对 CSI 测量和反馈解调通常要求更精确的信道估计。这是训练序列比专用导频需要更低密度的原因。幸运的是这平衡了信号开销考虑实际上对一个用户其发送的层数通常小于发送天线数。

LTE Rel. 8 基于最多支持 4 天线的非编码 CRS 来进行信道测量和相关解调。为了保证总体开销合理，导频端口 3 和 4 的密度小于导频端口 1 和 2。LTE Rel. 8 也支持单层波束赋形，其利用秩为 1 的预编码 DRS。该 DRS 通常称为解调参考信号（DM-RS），因为其用于解调。

LTE Rel. 9 引入了一种新的针对特定用户的解调参考信号，其基于码分复用的方式支持最多 2 个层的波束赋形，而 CRS 依然用于信道测量和 CSI 反馈。对于双流波束赋形，两个层的参考信号通过一个长度为 2 的正交覆盖码（OCC）进行区分。对于 SU-MIMO 操作，两层可以分配给一个用户，对于 MU-MIMO 操作可以分配给 2 个用户。

在 LTE-A Rel. 10 系统中，为了支持更高维度的 SU-MIMO（最多 8 × 8 MIMO）同时提高 MU-MIMO 的操作性，整体的参考信号模型由原来的基于 CRS 转换为基于用户专用参考信号，使 Rel. 10 的下行参考信号设计和 802. 16m 非常相似。类似于 802. 16m，Rel. 10 将用于解调的用户专用解调参考信号和用于信道质量信息测量和反馈的信道状态信息参考信号（CSI-RS）区分开。图 14. 3 给出了 Rel. 10 的参考信号示例（包括 CRS、CSI-RS 和 DM-RS）。

Rel. 10 的 DM-RS 是基于每个秩定义的（1 ~ 8），这导致需要在最大化解调性能和最小化开销间进行均衡。Rel. 10 重用了 Rel. 9 定义的秩 1 和 2 的 DM-RS 样式，将其拓展到支持层 3 ~ 层 8。其应用了混合编码/频率复用（CDM/FDM）方案，码分复用采用长度为 2 的正交覆盖码，分布对应层 1 和层 2 与层 3 和层 4。频率复用将层 1、2 和层 3、4 的导频图样复用在一起。对于秩 5 ~ 8，Rel. 10 采用了混合 CDM + FDM 的 DM-RS 图样，其两组码分复用的正交覆盖码的长度为 4. 需要注意的是 Rel. 9 和 Rel. 10 中的 DM-RS 和 Rel. 8 的 DM-RS 的概念不同。前者基于小区级别的伪随机序列，其可以被小区的任意用户读取（因此有利于在 MU-MIMO 下对于

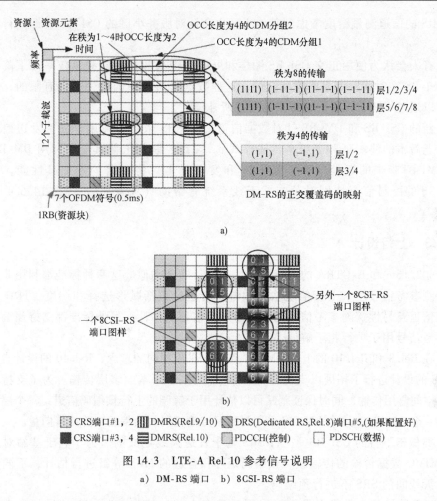

图 14.3   LTE-A Rel. 10 参考信号说明

a) DM-RS 端口   b) 8CSI-RS 端口

特定用户其可以测量共调度用户的干扰信道从而实现 MMSE 接收机），而后者配置的序列为用户特有的，对于小区其他用户是未知的。

Rel. 10 的 CSI-RS 和 802. 16m 中训练序列具有相同的目的和设计理念。CSI-RS 是非预编码的，通常在小区内用户间共享，其最多支持 8 天线但开销相对 CRS 很低。与典型的训练序列不同，Rel-10 的 CSI-RS 可以针对不同用户配置不同的信号，即使这些用户属于同一个小区。这对于基于动态天线调度的（场景 4）的 CoMP 非常有用。相对 CRS 在每个子帧高密度的传输，Rel. 10 的 CSI-RS 只在部分子帧传输，其开销很低。

Rel. 10 设计的 CSI-RS 为未来 Rel. 11 的 CoMP 提供了基础。在多小区环境下设计 CSI-RS 的典型方案是对相邻小区采用正交的 CSI-RS 图样。未来进一步增强对其他小区 CSI-RS 的透传性，其他小区将会传输 CSI-RS 的时间频率资源在服务小区会被屏蔽掉（比如设置为零功率），其他协同小区也会进行相同的操作。这种小区间的协同消除有利于更好的接收其他小区的 CSI-RS，同时也保证服务小区的

CSI-RS 的信道测量精度考虑到其他小区也会针对服务小区的 CSI-RS 资源进行屏蔽操作。

有人会认为使用正交 CSI-RS 图样和屏蔽将带来数据传输频谱效率的下降。考虑 CSI-RS 在时间频率是非常稀疏的，这种数据频谱效率的损失是很有限的，同时其可以通过 CoMP 数据传输带来的增益所补偿。

新的 CSI-RS 和 DM-RS 针对数据信道，而 CRS 依然传输用于支持发送控制信道和老版本的终端（和老版本传输模式）。设计控制信道使其能够利用 DM-RS 和 MU-MIMO 带来的好处（而不是 CRS 和发送分集）将显著的增加其性能。基于 DM-RS 的控制信道特别对分布式天线系统有帮助（场景 4），将在 14.6.4 节做分析。

14.3.3 上行设计

802.16m 和 E-UTRA 的上行参考信号设计非常类似。这两种标准都利用非预编码探测参考信号用于上行信道估计和链路自适应包括赋形选择和调度。TDD 系统利用信道互易性探测参考信号同样用于下行信道的估计。另外标准都支持预编码专用参考信号用于上行相干解调。

在 Rel.8 和 Rel.10 的上行 DM-RS 和 SRS 采用相同的理念，Rel.10 的设计直接对 Rel.8 的设计进行了拓展以支持 SU-MIMO 下的基于码本的多层传输。为了支持上行多层空间复用传输，同时保证基站可以估计用于解调的上行预编码信道，每个层都会对应一个 DM-RS。这个 DM-RS 采用与数据传输相同的预编码矩阵或者向量。

类似于下行的 CSI-RS，上行 SRS 基于发送天线定义的。为了利于基站对上行 SU-MIMO 数据传输的传输秩，预编码矩阵和合适的 MCS 等级进行估计，不同物理发送天线间的 SRS 不进行预编码。

SRS 传输的一个优点是其可以同时被多个基站接收。Rel.10 的另外一个增强是其提供了在不同小区对相同用户进行信道状态估计（利用上下行信道互易性）的可能性，其可以用于 CoMP 传输。

14.4 单用户 MIMO

SU-MIMO 技术包括发送分集，空间复用和波束赋形，802.16e/m 和 LTE/LTE-A 都支持这些技术。这些技术的基本原理已经在章节 5 到 10 做了介绍。两种标准的主要区别是空间复用的 MIMO 编码方案。

14.4.1 MIMO 编码

802.16m 和 LTE/LTE-A 中空间复用方案的设计主要是根据后向兼容性约束和对先进接收机的不同假设来设计的。在标准化性能评估时，线性最小均方误差接收机是基本假设，但是在设计下行 MIMO 时也需要考虑对于实际系统中更复杂的终端也许会支持更先进的接收机。对于 E-UTRA 和 802.16m，一个严重影响前向纠错编码、HARQ、反馈机制和下行控制的重要因素是码字到层的映射或者是层到流的映射。这个设计要素在 6.5.2 节和 6.5.3 节做过分析。

一方面，WiMAX 的早期版本采用了垂直编码（WiMAX 文件版本 1.0），在 802.16m 的上行和下行也保留了这种编码。至少对两流来说，更倾向于实现优化最大似然检测（MLD）而不是最小均方误差符号干扰消除检测。对于更多的数据流 MLD 的计算复杂度太高，但是如第 7 章所述的其次优化（接近于最优解）方案比如 QR-MLD 和球形译码可以实现特别是考虑在该区域最近的进展。另外，垂直编码很大的简化了 HARQ 进程的设计和实现，其要求所有的层只需要一个 CQI 汇报。

而另外一方面，LTE/LTE-A 的上下行采用多码字（比如水平编码）传输，在闭环单用户空间复用时其对每个前向纠错码字进行链路自适应。来源于空间复用的层间干扰可以通过最小均方误差符号干扰消除接收机进行有效解决。多码字的闭环空间复用要求对每个码字进行 CQI 和 HARQ 进程管理。对于多码字开环空间复用，其层置换类似于 6.5.3 节介绍的 D-BLAST 的流旋转，其平均了所有码字的子载波信噪比，导致所有码字具有相似子载波信噪比。当采用 MMSE 接收机，如同垂直编码经过层置换的每个码字具有相同的信道质量。因此某种程度上多码字中层置换等价于单码字。这就导致尽管每个码字有独立的 HARQ 进程，其只有一个 CQI 汇报。

为了平衡多码字下的 HARQ 和 CQI 开销，在 LTE/LTE-A 系统中定义了码字到层的映射，最多传输两个码字。对于两层，每个码字对应一层。对于层 3~层 8，永远只存在两个码字，每个码字对应多个层。相反，发送分集永远采用一个码字无论有几个层。

表 14.6 总结了单码字，多码字和混合方案的优点和缺点。为了简化，表 14.6 沿用了 E-UTRA 的术语。

表 14.6　单码字和多和码字的优缺点

	经典多码字	基于有限码字数的多码字	基于全层置换的多码字	经典的单码字
系统		E-UTRA		802.16m
特性	每层一个码字	码字小于层数比如 4×4,两码字	所有层联合自适应	一个码字
HARQ 影响	在一个层传输新码字,在另外一个层重传失败的码字	在一组层上传输新的码字,在另外一组层上重传失败的码字	在一个层传输新码字,在另外一个层重传失败的码字	一个 HARQ 进程。如果有重传,所有层一起重传
链路自适应	MCS[①] 数与层数相同，每个码字一个 MCS	每个码字一个 MCS(比如 2 个码字,4 发送天线)	码字数与层数相同,MMSE 接收机:一个 MCS,SIC 接收机:每个码字一个 MCS	一个 MCS

（续）

每层速率控制	有	每组层	没有	没有
编码增益		当一个码字映射到多个层获得更高的编码增益		高编码增益（更长的编码分组长度）
反馈开销	每层一个 ACK/NACK 和 CQI, 高开销	每层一个 ACK/NACK 和 CQI, 相比经典多码字开销小	潜在的对于任意秩一个 ACK/NACK 和一个 CQI	对于任意秩一个 ACK/NACK 和一个 CQI
SU/MU 动态切换	基于每层 CQI 上报的 PMI 的列选择波束主瓣方向进行灵活的模式自适应	码字数减少, 模式指示受限	在 SU 和 MU 间切换时不能进行层置换	没有基于每层的 CQI 和波束主瓣方向长度, 动态切换很困难
每层的完全空间分集	没有	没有	有	有
前向纠错复杂度		更大的前向纠错分组增加了解码复杂度		更大的前向纠错分组增加了解码复杂度
优选的接收机类型	MMSE-IRC	MMSE-SIC	MMSE-SIC	ML 解码。对于高价秩（大于等于 4）, 采用 QR-MLD 和球形解码

① 调制和编码方案

14.4.2　开环和闭环 MIMO

闭环 MIMO 基于信道状态信息（CSI）反馈来设计赋形和预编码。发送端通过反馈（FDD 和 TDD）或者信道探测（TDD 假设信道互易性）来获得 CSI。获得精确的 CSI 反馈是很困难的：首先, 帧结构和处理时间会导致一个不确定的延时, 其次, 总有反馈开销特别是在非虚静态信道下（即使为温和的低速移动）。尽管章节 12 说明多用户分集增益与上报用户呈对数关系, 反馈/探测开销随着上报终端数线性增加。有很多种闭环 MIMO 方案, 包括单用户方案, 多用户方案和 CoMP。如章节 10, 12, 13 的分析, 所有方案都依赖于非常高效的上报机制来完全获得预期性能增益。典型的反馈包含如下 3 种类型的信息, 预编码/预选矩阵指示（PMI）, 信道质量指示（CQI）和秩指示（RI）。闭环 MIMO 需要反馈信息中所有 3 种内容。

高移动性或者受限的/非频繁的 CSI 反馈场景导致基于短时反馈的链路自适应和发送波束赋形相当难处理。这些场景导致了开环技术的使用, 其基于部分短时或者长时 CQI 和 RI 反馈来进行调制方式和编码速率的自适应。相比闭环技术, PMI 不需要上报。两种标准都利用了两种类型的开环技术, 即空时/频编码和基于预编码循环的随机赋形。

14.7 节进一步说明了反馈原理（包括 PMI, CQI 和 RI）。

14.4.3　开环空间复用：空时/频编码

空时/频编码在第 6 章和第 11 章做了说明。对于两发送天线, 两种标准都支持基于 Alamouti 编码（式（6.141））频域版本的正交空频分组码（取代时域相邻的两个样点，其对频域相邻子载波进行联合编码），该模式为其基本发送分集模式。空时分组码为了保证编码的正交性其严重依赖于虚静态信道的假设，在随时间快速变化的信道下性能会受到严重影响。这是在高速移动场景通常空频分组编码要优于空时分组码的原因，假设信道的频率选择性没有影响正交空频分组码的正交性。

对于大于两天线，发送分集方案利用 Alamouti 编码将物理天线转换为两个虚天线。因此对 4 天线和 8 天线，空频编码局限于一对子载波，没有保证完全分集增益。但是设计预编码时保证尽量利用空间自由度，其保证了对发送相关的鲁棒性。由于统一的设计，独立于物理发送天线数接收机可以采用相同的解码操作。

由于参考信号设计的区别，802.16m 和 LTE 采用不同的开环预编码。802.16m 基于预编码的导频采用集合预编码循环的空频分组码（见 11.5.5 节），而 LTE 采用空频分组集合频率切换发送分集（FSTD），其基于非编码的 CRS。经过预编码循环/FSTD 和前向纠错，两种方案都可以在增加信道频率选择性时获得除了空间分集之外的频率分集。

对于 802.16m 的循环预编码，预编码在一个资源单元 i 内是固定的，由于预编码导频的存在其在不同资源单元间是变化的。在资源单元 i 的任意子载波 k 上，预编码 W_k 固定为一个 $n_t \times 2$ 的矩阵 M_i，其属于一组预定义矩阵集合（比如一个码本矩阵）。循环预编码在一个资源单元内的所有子载波上产生了固定的两组虚天线集合，这样编码信息符号 $c_0, \cdots, c_{T-1}$ 流子载波 k 和 $k+1$ 上扩散到多个天线上传输：

$$\begin{bmatrix} c_k & c_{k+1} \end{bmatrix} = \frac{1}{\sqrt{2}} M_i \begin{bmatrix} c_k & -c_{k+1}^* \\ c_{k+1} & c_k^* \end{bmatrix} \tag{14.1}$$

式中，i 为资源单元的指示，k 和 $k+1$ 属于 c_k 和 c_{k+1} 为在子载波 k 和 $k+1$ 上传输的维度为 $n_t \times 1$ 的编码向量。在循环预编码时采用预编码导频减小了导频开销，同时也影响了信道估计误差考虑资源单元级别的信道估计约束。

FSTD 在成对发送天线上进行 FSTD 循环传输，子载波 k 到 $k+3$ 上在 4 天线上的发送码字为

$$\begin{bmatrix} c_k & c_{k+1} & c_{k+2} & c_{k+3} \end{bmatrix} = \frac{1}{\sqrt{2}} \begin{bmatrix} c_k & -c_{k+1}^* & 0 & 0 \\ 0 & 0 & c_{k+2} & -c_{k+3}^* \\ c_{k+1} & c_k^* & 0 & 0 \\ 0 & 0 & c_{k+3} & c_{k+2}^* \end{bmatrix} \tag{14.2}$$

这里 Alamouti 编码在天线 1 和 3 的 c_k 和 c_{k+1} 进行，在天线 2 和 4 上的 c_{k+2} 和 c_{k+3} 进行。为了避免天线 3 和 4 低 CRS 密度带来的信道估计误差，Alamouti 编码分别在天线对 (1, 3) 和 (2, 4) 上进行。非预编码 CRS 允许基于子载波级别进行天线切换，同时可以进行广域的信道估计（包括进行资源块间的插值）。另外，其也会受到相对高开销的影响。如同第 6 章讨论的，由于完全分集没法保证，显然这两个编码的错误矩阵式有秩缺陷。

802.16m 定义 4 天线和 8 天线的预编码，而 LTE/LTE-A 局限于 4 发射天线。实际上 8 天线发送分集相对 4 天线发送分集增益很有限。然而 Rel.8 针对 2 天线和 4 天线标准的发送分集也可以通过天线虚拟化应用于 8 发射天线场景，这里对物理阵列进行预编码，用户看到的有效天线数为 2 天线或者 4 天线。

14.4.4　开环空间复用：循环预编码

发送分集依赖于空频编码，两种标准都支持基于循环预编码的开环空间复用（见 11.5.5 节），一组预定义的预编码在一组连续子载波上进行循环。循环预编码提供了频率分集和随机赋形增益。

通过波束分集增强了频率选择性，频率资源基于预定义的波束进行分配，一个终端基于分布式方式分配频率资源。强前向纠错编码能够利用频率选择性来提供频率分集增益。

通过对终端基于其上报的子带 CQI 分配集中的频率资源来获得随机波束赋形增益。在确定子带上，子带 CQI 越大说明对于特定终端的预定义波束更合适。802.16m 基于预编码的导频其优缺点和发送分集类似。LTE 基于非预编码的 CRS，预定义的预编码可以一个资源块内很少的子载波上进行变换，因此其即使在一个资源块部署时也能获得频率分集增益。对于开环空间复用，LTE 利用循环预编码和层置换（通常称为大延时循环延时分集）来进一步提高多码字传输下的虚天线的分集增益（表 14.6 所列的优点带来的益处）。大延时循环延时分集的概念和章节 11.5.4 的定义相同，区别是发送扩展在多层。对于大延时 CDD，子载波 k 上的输出编码通过 $W_k D_k U$ 进行预编码 W_k 为长度为 $n_t \times n_e$（n_e 为发送秩数），对于两发送天线为单位矩阵，对于 4 发送天线为对应闭环 SU-MIMO 码本的一个子集的预编码矩阵。对于 4 发送天线，每隔 n_e 个子载波，利用不同的预编码 W_k（基于循环的形式）。离散傅里叶变换矩阵 U 为 $n_e \times n_e$，对角矩阵 D'_k 长度为 $n_e \times n_e$，其提供大时延循环延时分集（CDD）。D'_k 的对角元素代表由于延时操作带来的对子载波 k 的相位旋转。当发送多层时，$D_k U$ 有效地将一个码字的调制符号映射到不同的层上，其基于循环的方式进行映射，循环间隔为 n_e，这样一个码字可以经历所有发送层（类似于 6.5.3 节的层置换或者 D-BLAST）。

预编码的预定义集合定义为开环码本的，其是基于保证在空间相关和非相关信道下的高分集增益的原则选择的。章节 11.5.5 和 11.6.3 说明上述码本的设计原则。802.16m 利用设计准则 11.1 和 11.2 来选择秩为 1 预编码的下的开环码本，发送分集和空间复用有如下约束开环码本必须是基于反馈的闭环码本的子集（基于复杂度和简化的原因）。单位矩阵不包含在开环码本中。定理 11.5 建议在 802.16m 开环码本中包含单位矩阵是明智的。

14.4.5　上行 SU-MIMO

相比下行场景，上行 SU-MIMO 的设计受限于终端的功率放大器效率和硬件成本。多载波信号产生大的功率方差，其减小了功率效率，同时要求采用具有大动态范围的高成本功放。LTE-A Rel. 10 选择离散傅里叶变换预编码 OFDM 作为上行多址传输方案，来保证低功率方差（相对 802.16m 上下行都采用常规的 OFDM）。其拓展了 LTERel. 8/9 的单载波 FDM 的概念（SC-FDM），其支持非连续频率资源元素分配。

LTE-A 和 802.16m 都支持最多 4 个独立层的 2 天线和 4 天线。上行的闭环 MIMO 和下行 MIMO 类似：秩和预编码矩阵由 eNB 进行选择，通过控制信道通知终端。LTE-A 使用发送分集传输控制下行但其不用于上行数据传输，通过性能评估已经说明在有意义的信噪比区域发送分集方案性能要好于基于相关矩阵的长期闭环预编码（章节 10.1）。对于 802.16m，上下行设计和机制类似。

14.5　多用户 MIMO

为了完全利用 MU-MIMO 的特性，移动终端的 CSI 需要上报给基站。第 12 章详细说明对于多用户 MIMO 精确的 CSI 反馈尤其重要，其会影响可以获得的空间复用增益，而对于 SU-MIMO CSI 反馈精度只会影响赋形增益（见 10.6 节）。提高反馈精度可以提高下行性能上网同时由于 CSI 反馈上行资源的开销也会增加。MU-MIMO 的另外一个问题是如何计算和上报 CQI。在多用户的情况，终端在计算 CQI 时不知道其共调度的用户的预编码。实际上这些预编码和共调度的用户集合是基站调度器在搜集到所有终端的上报 CQI 之后确定的。相反对于 SU-MIMO，CQI 估计可以比较精确。对于 SU-MIMO 和 MU-MIMO CQI 计算在快速变化信道或者高动态的干扰场景下都很难处理，在这些场景下干扰小区的负载和赋形在 CSI 反馈时刻和实际传输时刻之间变化很大。

14.5.1　基于码本和非码本的预编码

下行解调导频/参考信号的类型和特性对基站侧可用的预编码技术有很大的影响。有两种主要方案为基于非预编码的公共参考信号或者基于预编码的用户专用参考信号/导频。

LTE Rel. 8 基于非预编码的公共导频，终端估计获得非预编码的 MIMO 信道同时要求 eNB 通过下行控制信道告知发送预编码的指示以进行解调。该方案为基于码本的预编码，其工作流程如下。每个用户基于有 eNB 广播的 CRS 估计 MIMO 信道，在预定义的码本选择秩为 1 的 PMI，然后基于秩为 1 的 SU-MIMO 传输假设（假设没有多用户干扰）计算的 PMI 和 CQI 通过上行信道反馈给基站。基于所有用户上报的 PMI，eNB 确定发送预编码，其和用户上报使用的码本必须一致。一个简单构造预编码的方案是根据不同用户上报的正交的 PMI 来组成一个矩阵，这就带来单位预编码（如第 12 章介绍的 PU2RC）。eNB 通常会基于调度判决对上报的

CQI 进行调度，这主要为了解决实际场景和计算 CQI 时假设没有多用户干扰的偏差。然后发送预编码通过下行控制信道告知用户。对于解调，用户基于 CRS 估计非预编码的 MIMO 信道，基于 eNB 指示的下行预编码来获得预编码信道。Rel. 8 MU-MIMO 是针对基于相关均匀线性阵列部署场景下的高负载小区设计的，这是相对 SU-MIMO, Rel. 8 MU-MIMO 能带来增益的唯一的场景。空间高相关信道具有频率平坦特征波束的特性，其可以上报宽带 PMI（整个系统带宽只有一个 PMI）从而减少反馈开销。在 Rel. 8, SU-MIMO 和 MU-MIMO 针对完全不同的场景和小区负载，因此其可以基于半静态的方式进行 SU-MIMO 和 MU-MIMO 的模式切换。基于 Rel. 8 原始的 MU-MIMO，动态切换相对半静态切换带来的增益可以忽略不计。基于码本预编码的约束条件激发了 LTE Rel. 9 和 LTE-A 新设计的灵感。

IEEE 802.16m, LTE Rel. 9 和 LTE-A 都引入了经过预编码的专用导频/参考信号，其针对特定用户和对应的数据具有相同的预编码，而 CRS 对小区内的所有用户共享其不能基于特定用户进行预编码。这种参考信号使用户可以直接估计预编码信道（经过发送预编码的 MIMO 信道）而不需要发送预编码的下行信令，其可以进行非码本预编码。在非码本的预编码下，基站不再限定选择预定义用户 PMI 上报的码本（如基于码本预编码方案），其允许选择更先进的预编码设计方案（如第 12 章所分析的），同时提高了基站的灵活性。基站的操作和实现对于用户完全透明，即使发送信号来自于两个完全分开的位置（比如 CoMP）也不需要用户知道。如 12.8 节所分析的，IEEE 802.16m 和 LTE-A 流行的预编码设计基于 ZFBF 和 JLS。

基于上报的 PMI 和 CQI，调度器选择最好的共调度用户和发射预编码的组合。基站根据调度判决，发射预编码和开环控制（依赖于 ACK/NACK 反馈）对上报 CQI 进行调整。802.16m 和 LTE-A 系统终端的 PMI 和 CQI 计算假设不同。802.16m, MU-MIMO 模式和 SU-MMO 是不同的模式，其永远基于移动终端上报的秩为 1 的 PMI。秩为 1 的 PMI 接近于信道矩阵的主要特征向量。与 SU-MIMO 秩为 1 的上报不同，在计算用于 MU-MIMO CQI 上报时假设单位预编码（比如 PU2RC）比如组队的移动终端上报一个正交向量。基于这种方案，对于 MU-MIMO 调度某种程度上考虑了多用户干扰。而 LTE 和 LTE-A 强调了 SU-MIMO 和 MU-MIMO 操作对于用户 CQI 和 PMI 反馈的透明性。因此用户永远基于 SU-MIMO 的假设假设 CQI/PMI/RI，即使实际上基站调度了多用户 MIMO 传输。前文的表 14.6 描述了基于多码字的码字到层的延时，基于单一的 SU-MIMO 反馈机制，有限数目的码字优先用于 SU/MU 模式切换。

14.5.2 MU-MIMO 维度

如表 14.3 和 14.4 的总结，LTE-A Rel. 10 关于 MU-MIMO 系统维度有如下决定：共调度的用户不超过 4 个，每个用户的层数不超过 2 层，整体传输层数不超过 4 层；而 802.16m 维度如下：不超过 4 个移动终端共调度，每个移动终端不超过一个流。

多用户复用说明每个用户获得整体发送功率的一部分，同时受限于所有共调度用户的多用户干扰。调度器判断进行多用户调度如果经过空间复用和多用户分集加权的吞吐量增益大于由于功率分离和干扰增强带来的用户速率损失。尽管理论上可以支持大于 4 个用户的共调度（特别是 8 发送天线的场景下），在典型场景下在较小数目的共调度用户下获得最大平均吞吐量。事实上，可以支持的层数很大的受限于现实的实现比如反馈精度和周期性，CSI-RS 的测量误差和 DM-RS 的开销。高相关 ULA 部署场景相对双极化配置场景更倾向于较大的维度，因为其更好进行空间分离用户。

对于 802.16m，闭环 MU-MIMO 的目的是在在高负载小区下通过多用户分集获得最大的小区容量，同时在相关 ULA 部署场景下相对单用户空间复用，MU-MIMO 可以显著增强信道容量。因此 802.16m 的 MU-MIMO 的部署目的和 LTE.Rel8 类似。基于上述条件，对于 MU-MIMO 自然是每个移动终端传输一个流。

对于 LTE-A，主要是针对紧凑双极化部署场景，允许用户基于共极化的天线在空间分离同时还可以通过在每个极化方向传输一个层来获得单用户空间复用增益。需要说明的是维度只参考了标准当前支持的，实现可以进一步拓展 MU-MIMO 维度。比如，6 个用户可以共调度如果有足够的空间隔离度。

尽管标准支持最多 4 个用户共调度，15.5.2 节的系统级评估说明在 4 天线甚至是 8 天线下最通用的配置为调度两个用户，每个用户对应一层。

14.5.3 MU-MIMO 的透传性

MU-MIMO 操作对调度的终端可以是透明的也可以是非透明的。Rel.10 采用透明的 MU-MIMO，每个用户只知道其自己的控制信号信息（比如其秩和 DM-RS 端口）。非透明的 MU-MIMO，用户需要知道其共调度用户的信息包括总体的秩，共调度用户的 DM-RS 端口。两种方案都有其优缺点，其对调度灵活性，信令开销，先进接收机的支持和 DMRS 和数据的碰撞有不同的影响，表 14.7 做了总结。Rel.10 是基于这些优缺点做了平衡而做了决定。

另外一方面，802.16m 可以进行非透明的多用户调度，其每个移动终端知道共调度移动终端的流数，和每个流的调制方式。其提高了移动终端进行增强用户干扰消除的实现灵活度。

14.5.4 SU/MU-MIMO 动态切换

Rel.8 基于半静态切换进行单用户 MIMO 和多用户 MIMO 模式的切换。这种切换需要进行高层的重配，延时比较大。对于 LTE Rel.10，单一模式包含最多 8 层的 SU-MIMO，MU-MIMO 和 SU/MU MIMO 的动态切换，其增强了 eNB 调度的灵活性，在不需要高层重配的前提下基于无线信道条件和负载情况进行子帧级别的自适应优化传输。

即使是透传性 MU-MIMO，为了支持 SU/MU MIMO 动态切换和 SU-MIMO 秩秩自适应，基站需要通过信令给终端传递一些信息。典型的传递给用户的信息包括 DM-RS 天线端口和层数。如章节 14.3.2 所述，LTE-A 对于 DM-RS 采用 CDM + FDM 的方案。基于正交的 DM-RS 端口（在编码和频率域），单用户最多支持 8 层。编码域的正交是通过正交覆盖码，对于秩数较小情况，其长度为 2，对于较大秩的情况，其长度为 4。MU-MIMO 中分配给不同用户的层可以用正交的或者非正交的 DM-RS 端口。非正交的端口基于非正交的伪随机（加扰）编码，通常应用于 MU-MIMO 调度的层数为 3 或者 4 的时候。这 3 或者 4 层可以调度给不同的用户，也可以分离成最多两层的组分配给两个用户。

对于 802.16m，采用类似于 LTE Rel.8 的方案，MU-MIMO 和 SU-MIMO 空间复用配置为两个不同模式。

表 14.7　透传和非透传的 MU-MIMO 操作

定义	透传 用户只知道其自身的控制信息	非透传 用户知道共调度用户的信息
调度灵活性	高： 　1）对用户分配部分重叠的资源块（不需要对 MU-MIMO 的用户分配相同的资源位置） 　2）在不同的资源上复用不同数目的用户 　3）基于资源块动态分配 DM-RS 端口	低： 对齐共调度用户的资源块需要用单个信令来表示共调度用户的秩和 DM-RS 端口
控制信令负荷	低： 不需要共调度用户的额外控制信令	高： 　1）需要下发共调度用户的秩和 DM-RS 端口 　2）由于控制信道的容量受限，高开销进一步约束了每个子帧共调度用户的数目
对先进接收机的有效支持[①]	低： 需要采用盲检测来支持先进接收机	高： 支持先进接收机（例如干扰抑制合并）来抑制多用户干扰
数据和 DM-RS 的碰撞	高： 用户不知道共调度用户的 DM-RS 图样，共调度用户间可能会产生数据域 DM-RS 的碰撞	低： 基于 DM-RS 图样和相应的秩的额外信令信息，可以采用动态打孔的方法避免数据和 DM-RS 的碰撞

① 15.2.4 节评估了接收机对系统性能的影响

14.5.5　开环 MU-MIMO

IEEE 802.16m 也引入了一种下行开环 MU-MIMO 方案，在每一个频率资源上预定义一个单位预编码矩阵。移动终端选择每个资源对应的流（预编码矩阵的列），然后上报相应的 CQI。对于单位预编码方案（见 12.9.1 节），码本由一个单位矩阵组成。在具有丰富散射环境和高负载的都市区域场景下，这种技术在保证非常有限的反馈开销的同时获得一定折中的性能。需要说明该场景主要倾向于进行 SU-MIMO 空间复用传输。

14.5.6　上行 MU-MIMO

两种标准都支持上行 MU-MIMO，多个用户在相同资源上同时发生。每个终端分配对应的参考信号/导频，保证基站可以利用先进接收机区分来自不同用户的信号，对于 802.16m OFDMA 上行采用 MLD 接收机，LTE SC-FDMA 上行采用涡轮 MMSE 接收机。

14.6　多小区 MIMO

14.6.1　传统干扰消除

蜂窝网络中的小区间干扰消除有很长的历史。在 UTRA 的 Rel.7 就提出 3 种方案。

小区干扰随机化技术：通过采用随机加扰和频率跳频随机化干扰，在终端如果采用合适的小区干扰抑制就可以获得处理增益。

小区干扰消除技术：利用终端的多天线来抑制或者消除干扰。该方案除了前述的处理增益的同时还带来了额外的增益。

小区干扰协同（ICIC）/避免技术：该技术通过约束时间频率资源的使用和限制资源上的发射功率进行多小区协同以提高信号干扰比（SIR）和小区边缘吞吐量和覆盖。通常的 CQI 不能满足上述的限制，需要额外的测量和反馈。服务小区和干扰小区的瞬时平均路径损耗每隔 100ms 上报一次。为了进行资源限制，需要在基站间进行静态和半静态通信。对于静态干扰协同，调度器的限制重配频率很低，比如基于几天的速率，因此其可以避免节点间基于 X2 接口的大量信令。由于缺乏自适应，其性能增益有限。对于半静态干扰协同，频繁的（比如速率为几秒）进行重配。所有关于重配调度器约束的信息（比如小区间的负载分布）通过 X2 接口在节点间交互信息。

上述三种方案可以联合采用来获得额外的性能增益。这些方案要求在控制信道和 X2 接口上的反馈是低密度和非频繁的。

14.6.2　半静态 ICIC

LTE Rel.8 支持小区间小区协同（Inter-Cell Interference Coordination，ICIC），

其通过节点接口 X2，相邻小区间的交互有限，只对数据（PDSCH）进行保护（不包括控制信息）避免严重的小区间干扰。上行对 2 个信息比如过载指示（Overload Indicator，OI）和高干扰指示（High Interference Indicator，HII）进行交互以实现慢速 ICIC。对于下行，通过 X2 交互相对窄带发射功率（RNTP）来进行类似 FFR（如 13.1.1 节所述）ICIC 技术，其在频域协同相对较慢。RNTP 信息由一组对应频域资源块的比特通过比特映射组成。这个信息在服务小区和相邻小区间共享。每个比特告知相邻基站服务小区对应的频率资源其发送功率是否在一定的门限内。相邻小区的调度器可以基于以上信息对每个资源块上的干扰进行估计。

尽管没有标准化，相邻基站基于收到指示信息会避免调度受干扰小区边缘用户对应的资源块。除了类似 FFR 技术，IEEE802.16m 引入了一个开环区域，其由重用因子为 1，进行流数为 1 或者 2 传输的频率资源分块组成。对于所有小区和扇区该资源是一致的，其采用固定的或者预定义的预编码矩阵来避免动态干扰同时也保证了小的 CQI 失配（从而具有精确的链路自适应）。在开环区域，秩自适应是禁止的。要求用户上报其最好的子带和最好的流。在所有小区预编码是预先定义的，就可以精确的估计 CQI。

14.6.3　增强 ICIC

宏小区-小小区异构部署场景

对于宏小区-小小区异构部署场景 3，确定终端需要连接到哪个小区是很重要也是很难的。在同构网络中的传统方案是将终端连接到具有最强下行接收功率的小区（包括上下行连接）。但是对已异构网络由于高功率和低功率节点的发射功率不同，上行连接到具有最小上行路损的小区，下行连接到具有最强下行接收功率的小区。因此上行覆盖区域要比下行覆盖区域大导致上下行对应的小区不同，这使得系统非常复杂。

另外一个需要考虑的要点是小区负载。在低小区负载下，下行连接到具有最强下行接收功率的小区是很合理的方案，但是对于高负载的小区最好平衡宏小区和小小区的负载以达到最大化复用小区间资源的目的。为了对宏小区和小小区进行灵活的负载平衡同时保证上下行对应相同的小区，LTE Rel. 10 支持小区范围延展（CRE），低功率的节点的范围通过一个小区相关的偏差进行延展，这样小区可以连接到不具有最强下行接收功率的小区。不幸的是，小区延展将会带来小区间干扰，当小区偏差增加时小区间干扰也会显著增大。

驻载在小小区的用户的数据（在 PDSCH 上传输）一定程度上可以基于 Rel. 8 静态 ICIC 的机制比如 RNTP 来避免来自宏小区的强干扰。比如宏小区可以告知小小区在哪些资源上存在干扰。为了保护小小区边缘用户的控制信息，LTE Rel. 10 引入了基于几乎空白子帧（ABSF），某种程度上增加了 ICIC 技术，其基于子帧级别进行半静态的时域开关功率控制（如 13.6 节所述）。LTE-A Rel.10 在载波聚合时同样存在基于跨载波调度的频域 ICIC 机制。ABSF 对应的子帧不包含用户特定的数据（PDSCH）和控制信息（除了一些非常基础的控制信号），但是其包含 CRS（保证后向兼容性）。如果一个小小区的子帧和宏小区的 ABSF 碰撞，小小区的数据和控制信息的小区间干扰将会很小。然而，宏小区依然传输 CRS，小小区的用户依然存在一些干扰，其会影响具有较大延展偏差的 CRE 性能。ABSF 集合 CRE 的增益主要体现在较小到中等的偏差值时。为了提升在高偏差时 ABSF 和 CRE 的性能，小小区的用户需要对宏小区 CRS 对应位置的资源进行打孔或者对 CRS 干扰进行消除。

宏小区的 ABSF 模板是基于比特映射的模板指示给小小区的。模板通过半静态方式更新，其更新速度不快于 Rel.8 RNTP 信令。在接收到该 ABSF 模板后，小小区在任意子帧进行那个调度用户，但是优先在 ABSF 对应的子帧上调度受干扰用户。由于 SBSF 子帧和非 ABSF 子帧上的干扰区别很大，小小区用户需要在两种类型的子帧上进行干扰测量，上报其对应的 CSI 信息（比如 CQI，PMI，RI）。基于以上目的，用于测量的对应 ABS 和非 ABSF 的子帧集合将通过信令告诉用户。

宏小区-微小区异构部署场景

在异构微小区网络中，用户没有经过协同，随机的部署微小区。在 LTE-A 由于不基于 X2 接口，微小区将会导致非常严重的上下行相邻小区干扰。当一个非 CSG 用户落在接近微基站（在 LTE-A 也称为家庭基站 HeNB）的区域，由于严重的家庭基站的干扰，其数据和控制信息的传输将受到影响，甚至被阻塞。这导致一个中断区域称为下行死角（或者宏小区的覆盖空洞）。这称为下行死角问题。对于上行，同样存在类似的问题称为上行阻塞问题。因此为了控制小区间干扰，微小区需要在识别阶段识别干扰等级，在优化阶段通过调整微小区参数进行小区间干扰协同。

为了解决下行死角问题和上行阻塞问题，需要定义家庭基站小区间干扰协同功能触发条件。在不知道受干扰用户的存在时，家庭基站干扰协同将会破坏家庭基站的性能。由于家庭基站是由用户部署的（而不是运营商），由家庭基站服务的家庭用户称为 HUE，其要求高性能。在不存在受干扰用户时，牺牲宝贵的家庭基站资源是不可接收的。因此微小区和宏小区需要知道受干扰用户的存在性。为了解救在死角区域的任意受干扰用户需要预先定义宏基站家庭基站的撤离流程。基于上述原因，家庭基站和宏基站需要在用户接近死角区域时能够快速识别同时触发小区间干扰协同。

影响属于宏基站 i 的受干扰用户 q 性能的家庭基站集合可以基于类似式（13.15）MC 测量集合的定义，这里 δ 可以看成是家庭基站小区干扰协同的门限，j 为家庭基站的指示。类似的受干扰用户集合可以基于式（13.16）定义。

LTE-A 评估了静态和动态干扰协同方案。这两种方案对于家庭基站和宏基站之间的回程连接有不同的要求。15.5 节评估了其性能。

当用户不接近家庭基站同时部署比率很低时，就不存在中断。这种情况下，静态小区干扰协同是有效的，同时没有牺牲家庭基站的性能考虑小区干扰协同触发概率很低。在家庭基站性能得到保障的同时，其可以在时间频率域部署干扰消除的资源（比如通过在这些资源上关闭发射功率），比如空白子帧。保留干扰消除资源是一种静态方案，其不能根据干扰和数据负载的动态瞬时变化进行调整。LTE-A Rel. 10 基于静态小区干扰消除，采用时域干扰消除方案。

当家庭基站的部署比率较高时产生中断，静态小区干扰消除无法解决异构网络中的动态小区干扰。这需要动态小区干扰协同。可以考虑基于 X2 信令，RNTP 和 HIII 信息对 LTE 的干扰小区协同进行扩展。不过微小区部署没有利用 X2，因此需要其他的回程方案。潜在的替代方案是用户辅助中继，受干扰用户作为宏基站和家庭基站的中继通过空口广播给家庭基站宏小区的广播信息。这些方案能够保证家庭基站和家庭基站之间进行紧凑协同，采用动态干扰协同在充分利用微小区部署的特性时保证不产生受干扰用户。受干扰用户可以动态的要求干扰家庭基站进行时间或时间频率域的干扰消除。

14.6.4　多点协同（CoMP）

CoMP 可以看作是小区干扰协同技术的拓展，其具有更快的判决，更快和更宽的回程以及在小区间共享瞬时 CSI 和数据信息带来的更高的开销。在 3GPP 的 CoMP 研究中，基于要求的协同点间回程连接约束和调度的复杂度将其分为 3 类技术：协同调度和协同波束赋形（CS/CB），联合传输（JT）和传输点动态选择（DPS）。DPS 和章节 13.10 的 DCS 相同，但是小区被传输点的定义替代以包含场景 4，在相同小区具有分布式天线（见 14.2.2 节）。第 13 章详细讨论这三类技术，同时其评估结果在第 15 章。

在 LTE-A Rel. 11 的研究阶段，流行的 CS/CB 技术包括波束图样协同，PMI 协同（约束和推荐）和基于线性预编码的干扰抑制 CB 比如 ZFBF 和 JLS。JT 对提高小区边缘性能特别有效，其将干扰信号转换为目标信号。LTE-A Rel. 11 研究阶段，主要的要求包括基于空间 CSI 反馈和线性预编码（同样用于 MU-MIMO）的相干方案和非相干方案比如单频率网络（SFN）或者循环延时分集方案，其目标是获得分集增益同时也增强用户的接收功率。在 LTE-A Rel. 11 的工作项目阶段，减少了候选的方案，同时一个主要的注重点是通过小区/传输点动态选择集合动态的开关留白简化了方案对 CSI 测量和反馈精度的要求（细节参见 13.10 节和 15.5 节）。CoMP 主要针对异构网络而不是同构网络，通过大量的评估可以看出在异构网络场景 3 和 4 下的 CoMP 增益更明显。

从物理层角度，上行 CoMP 对标准化影响很小。因此标准化主要研究下行 CoMP。

LTE-A 定义 CoMP 集合的概念和章节 13.3.1 定义的 MC 集合类似。因此 MC 测量集合，MC 用户，MC 簇分布对应 LTE-A Rel. 11 的 CoMP 测量集合，CoMP 用户，CoMP 协同集合。

为了获得 CoMP 增益，需要在网络侧和用户侧解决一系列问题。一个主要问题是如何在多小区集合下获得精确的的 CSI 测量和反馈，这一问题分别在 14.3 节和 14.7 节做了说明。另外一个问题包括如何在多变的负载下提供灵活的 CoMP 架构，受限的回程延时和容量，时间频率同步。

传播环境，密集网络和负载

传输点的配置也会影响 CoMP 的性能。对于场景 3，宏小区和小小区具有不同的小区 ID，每个小区基于不同的 CRS 传输控制信道。在不同小区通过加扰序列和配置正交的 CRS 资源来消除信号和控制信道的干扰。小区分离增益保证了宏小区内可以有大量的连接，使这种网络场景适合应用于高负载的情况。但是在带来增益的同时，其也提高了用户的复杂度和频谱效率的损失，因为其一个小区的数据信道将会与另外一个小区的 CRS 或者控制信道发生碰撞。实际上这要求用户进行先进的干扰消除来提高控制信道的解码能力。另外 CRS 和数据的碰撞也限制 CoMP 技术的适用性，因为联合传输不能用于发生碰撞的资源元素，只能在有限的资源元素上获得 CoMP 增益。

另外一种场景是宏小区和覆盖内的分离单元具有相同的小区 ID（场景 4），所有的协同点共享相同的控制信道和 CRS，数据传输的资源元素一致。在小区内所有的传输点发射相同的控制信道。用户基于 SFN 的方式对基于 CRS 的控制信道进行检测，因此其具有高的平均信干噪比同时增强覆盖。但是覆盖增益同时也带来控制信道容量的损失，因为控制信道不再具有小区分离增益。这说明场景 4 更适用于较轻的负载环境。一种补充小区分离损失的方案是设计基于用户专用导频而不是公共参考信号的控制信道。这就允许控制信道获得调度，波束赋形和多用户 MIMO 空间复用增益（数据信道已经利用这些特性）。因此这种系统是完全灵活针对所有环境的，数据和控制信道都可以灵活的调度和进行基于用户专用参考信号的预编码。在这种情况下，负载的场景也可以部署场景 4。

另外一个问题是切换，特别是在非常密集的异构网络。假设相对典型的同构网络，传输点显著的增加了，如果每个传输点具有独立的小区 ID（场景 3），切换会非常频繁。对于单小区 ID 的场景比如场景 4，切换状态将会减少。

回程延时和容量

对于 JT 和 CS/CB 回程要求不同。所有不同站点的 CoMP 方案有相同的回程延时和受限的容量问题，相比 JT 需要在传输点间共享数据 CS/CB 只要求共享 CSI 和调度决定，因此 JT 要求更高的回程容量。除了给调度器快速的提供 HARQ 和 CSI 反馈，还需要给发射器传输调度决定，MCS 等级和 HARQ 信息以对一个用户进行联合传输，有效的 JP 实现要求低延时高带宽的回程。因此 JP 更适用于同站点的场景（场景 1）和通过高速宽带连接的分离天线场景（场景 4）。相反，CS/CB 更适用于回程容量受限的不同站点的场景（场景 2）。最终灵活的方案是集合 JP 和 CS/CB 分别对应共站点和异站点的场景。

取决于 CSI 共享，调度器类型或者发射滤波，CoMP 方案具有不同的延时。对于基于协同的波速图样的 CoMP 方案（比如具有长期的 CSI 共享和非迭代调度器），与具有迭代分布协同调度器和波束赋形的 CoMP 方案，回程延时的影响是不同的。

影响 CoMP 性能的总体延时包括 CSI/CQI 延时（典型的 4 到 6ms），回程延时（基于现有技术平均 10ms），周期性交互信息的延时比如长期 CSI（～50ms）和基站处理时延（～1ms）和迭代调度器要求的迭代次数。基于以上延时估计，[Hua09] 粗略估计基于长期信息交互和协同波束图样的 CoMP 方案，服务小区延时近似为 5ms，协同小区大概为 65ms。对于基于短期 CSI 和集中式调度器的用户（比如同站点 CS/CB 和 JP），延时为 5ms 和 7ms 左右（分别对应调度器迭代次数为 1 和 3）。对于基于短期 CSI 和分布式非迭代调度器的用户（比如异站点 CB），延时为 5ms 和 16ms 左右（分别对应服务小区和协同小区）。对于基于短期 CSI 和分布式迭代调度器的用户（比如异站点迭代 CS/CB），延时为 16ms 和 70ms 左右（分别对应调度器迭代次数为 1 和 3）。因此采用迭代和分布式调度器的 CoMP 方案不能采用典型的回程，几乎肯定需要实现高速回程延时。

有趣的是，部署场景也会影响 CoMP 方案对这些延时的敏感度。对于分布式迭代调度器，延时和迭代次数和回程延时常成比例，但是取决于基站是否是紧凑天线，对用户的影响不同。阵列配置将会导致空间相关信道，在时间和频率域信道方向更稳定。在这种情况下，相对 JP（基于 JT 的 JP 技术通常受限于低速用户），CB 对于用户的移动性和延时更鲁棒。

CS 同样也应用于高速移动的用户，这时候不能基于空间干扰指零的方式进行有效协同。

时间和频率同步

如果没有合适的要求，时间和频率同步对 CoMP 性能有严重的影响。为了说明这个问题，假设两个具有单天线的基站与一个用户进行通信。假设小区 1 的载波频率为 f_1，小区 2 的频率为 f_2，差值 $\Delta f = f_2 - f_1$ 可以看作是频率同步误差的衡量。假设小区 1 和用户之间的平坦衰落信道定义为 1 和复数 h（信道是静态的）。用户接收小区 2 的信号相对小区 1 的延时为 τ。这可能是由于非理想的定时同步或者不同的基站-终端距离造成的（这种情况，延时是不可避免的即使小区间完全同步）。假设用户将接收机的频率锁在 f_1 上。可以直接证明来自于小区 2 的等价基带信道 h' 就转化为 $h' = h e^{j2\pi(-f_1\tau + \Delta f(t-\tau))}$ 换句话说，由于时间延时和频率偏差将会导致信道相位旋转。变量 $2\pi f_1\tau$ 代表由于延时带来的相位旋转。该时延将信道转化为频率选择性。[Eri07] 指出基于相同小区的天线的发射信号延时不能超过 65ms 的要求，20MHz 协同带宽下相位旋转接近 470 度。为了合理的限制由于有害匹配波束赋形元素带来的损失，产生的频率选择性需要在整个系统带宽内采用多个 PMI，因此也显著的增加了信令开销。这种情况在 CoMP 场景下会更恶化。异站点 CoMP 相干联合传输比其它 CoMP 方案对同步误差更敏感。目标延时必须要于 0.5ms（对于联合传输），或者小于循环前缀（对于其它 CoMP 方案）。变量 $2\pi\Delta f\ (t-\tau)$，乘积产生时间选择性信道。[TS209] 定义不同等级基站的频率偏差要求。对于宏基站，频率偏差要求为 $+/-0.05\text{ppm}$，中等基站为 $+/-0.1\text{ppm}$，本地基站为 $+/-0.1\text{ppm}$，家庭基站为 $+/-0.25\text{ppm}$。在载频为 2GHz 时，$+/-0.05\text{ppm}$ 的频率偏差对应 $2\text{GHz}\times0.05e-6\ =\ +/-100\text{Hz}$。这说明小区的最大频率偏差为 200Hz。假设 5ms 的回程延时和 $\Delta f=100\text{Hz}$，在测量和发射时间内信道相位发生了 π 的变化。因此为了避免相位失配，有必要降低回程延时和频率同步误差。

　　类似于时间同步，JP 相对 CS/CB 对频率同步的要求更严格（因为在 JP 传输中多基站的信号进行相关组合）。[JWS+08] 提出一个小于现有商业基站要求的频率偏差指标，以保证在异站点场景下进行 CoMP 联合传输比如为 $+/-0.05\text{ppm}$（在 2GHz 下对应 10Hz 的偏差）。对于共站点 CoMP 联合传输，由于相同基站的不同小区采用相同的参考时钟进行校正，其可以获得较好的精度。对于 CoMP CS/CB，类似于 Rel.8 的要求足够了，因为 CS/CB 对于频率偏差不敏感。

　　最后需要说明的是，通过采用 GPS 辅助技术或者网络同步技术可以提高时间频率同步精度 [JWS+08]。

14.7　信道状态信息（CSI）反馈

14.7.1　反馈类型

　　反馈类型的选择是一个复杂的议题，需要综合考虑反馈精度，开销，调度灵活性和发射滤波设计进行均衡。LTE-A 广泛讨论了 3 种主要的 CoMP 反馈方案，而802.16m 即使没有定义特定的术语但是其也讨论了类似的反馈类型。

　　明确反馈信道状态信息，其将接收机所看到的信道进行上报对发射和接收策略不做任何假设。对于小区 i、j 属于用户 q 的 CoMP 测量集合（定义参见 13.3.1节），比如 $i,j\in\mathcal{M}_q$，明确反馈信息包括短时信道矩阵 $\boldsymbol{H}_{(k),q,i}$，瞬时发射相关矩阵，或者其时间频率平均值。可以上报整体信道矩阵或相关矩阵，或者其子集比如主要特征向量。另外小区间的信息比如 $\boldsymbol{H}^{\mathrm{H}}_{(k),q,i}\boldsymbol{H}_{(k),q,j}$ 可以上报。除了 CoMP 测量集合内信息，CoMP 测量集合外的信道和干扰特性也可以上报比如噪声加干扰的相关矩阵的全部或者其子集。LTE-A 没有采用明确反馈（主要是由于测试的复杂度），802.16m 采用明确反馈机制反馈发射相关矩阵来进行模式切换和长期的波束赋形，后续章节将做详细介绍。

　　LTE Rel.8-9 和 LTE-ARel.10 和 11 对于单小区和多小区（SU-MIMO，MU-MI-

MO 和 CoMP）采用隐含反馈信道状态信息机制。其对发射和接收策略进行假设，在 CSI 上报时进行处理。CQI, PMI 和 RI 是通常的上报信息。LTE 和 LTE-A 的一个重要设计原则是在 CSI 估计和反馈的时候假设 SU-MIMO 传输。用户采用自身的对接收机处理假设比如最小均方误差，最大似然，而 802.16m 也支持基于 RI, CQI 和 PMI 的隐含反馈。对于 CoMP 的隐含反馈需要指示用户关于基于单个或者多个传输点的协同传输机制和特定预编码比如 JP 或者 CS/CB 的一些假设。

基站可以利用终端发射的探测参考信号和信道互易性来利用上行测量估计下行 CSI。

表 14.8 总结了明确反馈和隐含反馈的主要区别。第 15 章的性能评估确认了这些发现，但是进一步说明具有良好 CQI 预估和链路自适应的反馈机制的重要性。

表 14.8 明确和隐含反馈类型的对比

	明确	隐含
可行的 CSI 类型	信道矩阵,相关矩阵,特征分量	对发射机接收机处理进行假设
基站预编码算法	完全灵活	灵活度受限
调度灵活性	高	低
链路自适应精度	低	高
上行开销	大	中等
计算	要求在基站侧计算	要求在终端进行预处理,基站侧负荷较小

明确反馈使基站可以动态选择最合适的发射模式和发射滤波。对于瞬时，基于相关反馈，基站可采用 12.8 节准则在 SU-MIMO 和 MU-MMO 间选择最后的发射模式。对于隐含反馈模式，传输方案某种程度上受到了预假设的限制，因此基站的灵活性较低。

对于调度资源，明确反馈模式（比如基于相关矩阵）能够提供更高的调度增益，因为反馈信息除了信号空间还说明了信道的冗余空间而隐含反馈模式只提供信号空间。

明确反馈模式的链路自适应精度是低于隐含反馈模式的，尤其当反馈模式是子带级别如同在 MIMO-OFDM 系统中。对于目前反馈，上报的 CQI 只是归一化特征值（平均相关矩阵的）的近似，其没有考虑的特定的基站和终端处理。取决于子带级别的上报信息，基站需要确定 RI，基于实际的发射机处理对 CQI 进行重新计算。基站侧计算 RI 和 CQI 是有问题的尤其是在 SU MIMO 中。事实上，基站不知道终端侧接收机的实现。隐含反馈模式可以在终端侧反馈一个相对高精度的 CQI 和 RI，如果 CQI 和预定义的传输方案和接收机类型匹配的话。基于物理层抽象，CQI 也考虑了子带内信道的频率选择性。如果基站调度的传输方案与 CQI 估计假设的传输方案不同或者基站否决了终端的判决比如 RI，将会导致 CQI 失配。

明确反馈模式的上行反馈开销大于隐含的反馈模式。反馈相关矩阵要求比反馈 PMI 更大的开销。另外在一些场景下，在明确反馈模式下上报了一些不需要的信息，比如上报相关矩阵进行秩为 1 的波束赋形导致上行反馈资源的浪费。

通过提高切换能力和更好的调度，明确反馈的整体性能也许会提高，但是缺乏精确的 CQI 和链路自适应也会带来一些性能损失。对于隐含反馈，缺乏灵活性和调度增益会降低性能，但是更精确的链路自适应有助于提高整体性能。

14.7.2　反馈机制

有 3 种主要的反馈机制，上行探测，量化反馈和模拟反馈。前两种机制在标准上中比较常用，而两种标准都不支持模拟反馈机制，但其引起了足够的注意。表 14.9 总结了这 3 中反馈机制的主要特性。

表 14.9　上行探测，量化反馈和模拟反馈机制的比较

	上行探测	量化反馈	模拟反馈
适用性	基于校准的 TDD 以获得完全 CSIT，FDD 以获得长期 CSIT	TDD 和 FDD	TDD 和 FDD
基站侧可以获得的 CSI 类型	子载波级别的精确短期 CSI，精确度取决于上行信噪比	基于码本，具有量化误差，子带级别的精度，精度取决于反馈类型比如明确的或者隐含的	所有 SU 和 MU 算法
上行开销	随着用户接收天线数增加	随着基站发送天线数(可能还有用户接收天线)增加	随着基站发送天线数(可能还有用户接收天线)增加
下行开销的影响	不需要用户信道测量的下行训练信号	需要训练序列、CSI-RS 进行信道测量	需要训练序列、CSI-RS 进行信道测量
测量和反馈的延时	没有延时	有些延时	有些延时
反馈和预编码延时	上行探测符号可以在上行子帧的尾部	上行反馈控制在哪个上行子帧	上行反馈控制在哪个上行子帧
计算	在终端不需要计算，基站侧进行计算	用户进行预编码器选择，基站侧需要进行计算	用户进行预编码器选择，基站侧需要进行计算
频率颗粒度	取决于序列长度	受限的反馈子带长度	受限的反馈子带长度
对下行解调导频的影响	必须是专用导频(经过预编码)	可以是专用的或者公共的导频(专用导频更好)	可以是专用的或者公共的导频(专用导频更好)

（续）

	上行探测	量化反馈	模拟反馈
用户硬件约束：发射通道（功放）数＜接收通道数	多个用户发射射频通道和功放或者切换。增加了反馈延时和开销。上下行校准	可以支持单一发射射频通道和功放	可以支持单一发射射频通道和功放
小区间干扰特性	对一定用户数内的其他小区上行探测序列的干扰比较鲁棒。上下行干扰不同	在小区边缘优化MCS获得最鲁棒的性能包括小区干扰的预期等级	没有保护。增加了 PAPR 和动态干扰
链路自适应	低	取决于反馈类型比如明确的和隐含的	低
调度灵活性	高	取决于反馈类型	高

14.7.3　量化反馈和码本设计

第 10 章和第 12 章已经对量化反馈做了大量分析。其主要问题是如何在有限的反馈带宽内将量化的预选波束赋形矩阵反馈给发射机。终端基于给定码本选择预选的向量/矩阵，同时将其在码本中对应的位置（称为 PMI）指示给基站。每个传输秩都有码本，其在基站侧和终端侧都是已知的。

码本元素有时候称为码字，不要将其与前向纠错或者空时编码码字混淆。802.16m 对 2，4 和 8 发射天线支持 3 种类型的码本，分别为基码本，自适应（或者变形）码本和差分码本。LTE 对于 2 天线和 4 天线支持基码本而 LTE-A 对于 8 天线支持双码本结构。

基码本

基码本是最简单的码本类型，其由单一的预定义的没有时间频率变化的码本构成，对于基站和终端该码本都是已知的。基码本的设计需要综合考虑性能增益、开销、鲁棒性、复杂度和功率放大器的利用。802.16m 对于 2 发射天线定义了 3 比特的码本，对于 4 发射天线定义了 4 比特和 6 比特的码本，对于 8 天线定义了 4 比特的码本。LTE/LTE-A 对于 2 天线和 4 天线分别定义 2 比特和 4 比特的码本。对于802.16m 和 LTE，针对波束赋形和空间复用的码本都是基于章节 10.6 和 10.8 的 3个设计准则的综合考虑，这 3 种设计准则分别对应不同的传播环境，瑞利衰落信道，紧凑均匀线性阵列信道和双极化信道。这种混合考虑保证了码本在多种传播环境下都具有好的性能。

码本设计是复杂度和性能的折中结果。系统复杂度由 3 个主要因数决定，码本项，嵌套特性和功率放大器不平衡。

为了确定其优选的秩和预编码，每个用户需要顾及在每个秩和每个预编码很有可能是非幅度恒定的，其是共调度用户上报 PMI 的函数。取决于传播条件（比如独立同分布 vs 均匀线性阵列）和调度器，固定幅度码本约束对性能可能又害也可能有益。LTE 和 LTE-A 码本都完全服从固定幅度特性，因为对于 SU-MIMO，上报预编码可以直接应用而不需要基站的进一步处理是很重要的。对于 802.16m，只有部分码本是固定幅度的，其发现恒定幅度特性对于 6 比特码本下的 4 天线和 8 天线配置是次优化的。

LTE-A 上行采用 3 比特和 6 比特码本分别对应 2 天线和 4 天线，其与下行码本有很多相似点，其都基于类似的设计准则比如 PMI 搜索复杂度，立方因子（功率方差对功放效率的影响衡量）特性，和量化精度。特别的是预编码矩阵中所有非零元素都为 QPSK，这样减少了计算复杂度的同时最大化了功率放大器效率。上行一个特殊的约束是相对单层传输不提高立方因子。基于上行单载波的特性，通过每个天线发送的层数不超过一层可以保证，比如避免在一个天线上组合多个层。上行码本同样包括天线开关，以应对天线增益不平衡的场景和减少功耗。对于量化误差，其基于下行相同的距离准则进行最小化。

自适应码本

由于最优码本在不同部署场景和发射天线相关性下不同，802.16m 下行引入了自适应码本（式（10.84）），其显著的减小了量化误差，同时最大的提升 MU-MIMO 性能特别是在空间相关信道下（如第 12 章所述）。相比基码本，自适应码本是移动台专用的，其是每个移动台发送相关矩阵的长期信道统计的函数。测量获得的相关矩阵包含了信道的很多不同特性包括天线配置，校准射频通道（非精确地）和传播特性，因此自适应码本在多变的场景和环境下更适用也更鲁棒。为了上报相关矩阵，自适应码本产生了额外的反馈开销。幸运的是这种反馈是针对整个频带的，相比 PMI 反馈间隔（5ms）其上报间隔较长（比如 20ms 和 40ms）。在上报给基站前，相关矩阵需要进行等级量化，对于 4 天线和 8 天线分别为 28bit 和 120bit。自适应码本只支持秩为 1 的上报，因为其在高传输秩情况下，性能增益不大。802.16m 也支持明确反馈，其利用上报的发送相关矩阵，采用相关矩阵的主要特征向量设计预编码进行长期波束赋形。根据式（10.84），自适应码本是非固定幅度的，其项不再是 PSK 字母。移动台的搜索复杂度相对基码本增加了。值得指出的是式（10.84）主要针对单极化天线场景。对于双极化天线，自适应码本导致上块对角和下块对角预编码，其中的一半预编码对于一个极化方向，另外一半预编码对于另外一个极化方向。式（10.84）没有利用上述特性。

差分码本

另外一个增强反馈精度（减少量化误差）同时保持合理反馈开销的常用码本是差分码本（章节 10.6.6 做了介绍）。考虑闭环 MIMO 通常工作在低速的场景，两个反馈间的时间相关性很强。其利用信道的时间相关性，重现定义了 CSI。每个差分上报只定义了当前预编码与上个上报的预编码的差别。802.16m 对于 2 天线，

4天线和8天线分别定义了2bit,4bit和4bit的码本。差分码本的缺点是错误传播。一旦一个反馈发送错误，错误将会干扰后续时刻选择合适的预编码直到重置进程。另外成员预编码的项不是恒定幅度的，也没有基于PSK字母选择。

10.6.6节说明，两种常用的差分码本是基于旋转和基于转换的差分码本。对两种方案经过大量评估后，基于转换的码本性能要由于基于旋转的方案（特别是在空间非相关信道），802.16m采用基于转换差分码本。回顾基于转换差分码本的架构，802.16m设计式（10.101）的码字 Θ_n，其均匀分布在一个极冠的周围。另外参考式（10.103）和式（10.104），参考预编码 W_r 的选择具有一定的自由度。在802.16m，选择 $W_r = [1,0,0,0]^T$ 作为4天线下的参考预编码。15.2.6节确认差分码本更适用于空间非相关信道而自适应码本更适用于空间相关信道。

双码本

在LTE-A Rel.10，2天线和4天线的反馈基于Rel.8的基码本。对这些天线配置引入增强码本只带来了有限的性能增强。15.2.8节的评估结果表明由于CSI反馈精度的缺乏，LTE-A MU-MIMO相对于SU-MIMO在双极化天线部署下只带来5%的性能增益。对于8天线，LTE-A Rel.10定义了一种基于双4bit码本架构的反馈机制，其让人想起自适应码本。类似于自适应码本，对于秩 n_e 的推荐预编码 $W^{(n_e)}$ 是矩阵 $W_{w,i}^{(n_e)}$（从码本 $\mathcal{W}_w^{(n_e)}$ 获得的）和另外一个矩阵 $W_{s,j}^{(n_e)}$ 的乘积，前者代表长期和宽带反馈信息，后者代表子带和短期反馈信息。

这种机制在现实紧凑双极化天线场景下均衡了好的性能和开销。基于10.6.5节的分析，第一个矩阵具有块对角结构其对应双极化天线的信道统计特性。

整体预编码具有固定的幅度，在SU-MIMO下可以完全利用功放资源，其项为PSK字母从而减小PMI搜索复杂度，其对SU-MIMO和MU-MIMO都适用。码本设计主要注重于低阶秩（秩1和2），其预编码增益更明显。

对于秩为1的传输，不失一般性的，推荐的预编码为

$$W = \frac{\sqrt{2}}{2}\begin{bmatrix} \sqrt{2-\rho^2}\,a \\ \rho e^{j\theta} b \end{bmatrix} = \frac{\sqrt{2}}{2}\begin{bmatrix} a & 0 \\ 0 & b \end{bmatrix}\begin{bmatrix} \sqrt{2-\rho^2} \\ \rho e^{j\theta} \end{bmatrix} \tag{14.3}$$

式中，a 和 b 为 $n_t/2 \times 1$ 归一化向量；ρ 是正实数；θ 为相位因子。

对于双极化信道

• a 和 b 对每个极化方向的波束赋形。对每个极化方向进行波束赋形后，每个极化天线有效的看成一个虚拟天线。a 和 b 的设计取决于每个极化方向的信道的静态信道特性。在没有更多关于特性的假设，a 和 b 代表了子带/短期和宽带/长期信息。对于紧凑均匀线性阵列天线场景（在ULA，为共极化天线），每个极化方向的波束赋形一致，$a = b$，其近似于 $n_t/2 \times n_t/2$ ULA分量宽带长期相关矩阵的主要特征向量。

• 波束赋形向量 $[\sqrt{2-\rho^2}\ \rho e^{j\theta}]^T$ 将应用于不同极化方向。复数 $\rho e^{j\theta}$ 代表极化

方向间的相位和幅度差别。相位偏差通常是子带和短期天线，而幅度偏差是包含子带短期特性和长期宽带特性。

对于 ULA 部署下的单极化信道，$a = b$。参数 θ 调制天线子阵列的相位。类似的基于每完全利用每个天线的功率，秩为 2 的茜预编码为

$$W = \frac{1}{2}\begin{bmatrix} \sqrt{2-\rho^2}\,\boldsymbol{a}_1 & \rho\boldsymbol{a}_2 \\ \rho\mathrm{e}^{\mathrm{j}\theta_1}\boldsymbol{b}_1 & \sqrt{2-\rho^2}\,\mathrm{e}^{\mathrm{j}\theta_2}\boldsymbol{b}_2 \end{bmatrix} \tag{14.4}$$

式中，$\boldsymbol{a}_1^{\mathrm{H}}\boldsymbol{a}_2 + \mathrm{e}^{\mathrm{j}(\theta_2-\theta_1)}\boldsymbol{b}_1^{\mathrm{H}}\boldsymbol{b}_2 = 0$。

在架构内，LTE-A 假设每个极化方向的波束赋形是相同的比如 $\boldsymbol{a} = \boldsymbol{b}$ 和 $\boldsymbol{a}_1 = \boldsymbol{a}_2 = \boldsymbol{b}_1 = \boldsymbol{b}_2$，接近秩为 1 和 2 的空间宽带长期相关矩阵的主要特征向量。该假设是针对紧凑天线配置场景的。另外为了保证完全的功放功效和 PSK 字母，$\rho = 1$ 最终 LTE-A Rel. 10 的预编码架构为（假设码本指示为 i 和 j）

$$W^{(1)} = \frac{\sqrt{2}}{2}W_{w,i}^{(1)}W_{s,j}^{(1)} = \frac{\sqrt{2}}{2}\begin{bmatrix} \boldsymbol{a}_i & \boldsymbol{0} \\ \boldsymbol{0} & \boldsymbol{a}_i \end{bmatrix}\begin{bmatrix} 1 \\ \mathrm{e}^{\mathrm{j}\theta_j} \end{bmatrix} \tag{14.5}$$

$$W^{(2)} = \frac{1}{2}W_{w,i}^{(2)}W_{s,j}^{(2)} = \frac{1}{2}\begin{bmatrix} \boldsymbol{a}_i & \boldsymbol{0} \\ \boldsymbol{0} & \boldsymbol{a}_i \end{bmatrix}\begin{bmatrix} 1 & 1 \\ \mathrm{e}^{\mathrm{j}\theta_j} & -\mathrm{e}^{\mathrm{j}\theta_j} \end{bmatrix} \tag{14.6}$$

可以看到，$W_{w,i}$ 对于秩为 1 和 2 是相同的。对信道进行预编码后，长期宽带矩阵 $W_{w,i}^{(n_{\mathrm{e}})}$ 获得维度减少，这样短期和子带矩阵。只需要跟踪有效矩阵信道的短期和子带变化，类似于自适应码本其保证了更高的估计精度和较低的反馈开销。类似的码本架构被扩展到更高的秩（最大为 8）。

上报模式

为了将反馈信息（PMI，CQI，RI）上报给基站，进行闭环传输，LTE/LTE-A 定义了多种周期和非周期上报模式，其对应上行控制信道和上行共享信道，PMI 和 CQI 的上报颗粒度也不同。

在 PUSCH 的上报允许相对较大的负载大小。基于 PMI 的反馈，PUSCH 模式如下：

- PUSCH 1-2，包含宽带 CQI 和对所有子带的 PMI；
- PUSCH 2-2，包含宽带 CQI/PMI，同时还有最好子带对应的子带 CQI/PMI；
- PUSCH 3-1，包含对所有子带 CQI 和宽带 PMI。

相比 PUSCH，PUCCH 其容量有限，数据承载能力非常窄。其设计的目的是保证对小区边缘用户的鲁棒性。PUCCH 的上报机制是 CQI，PMI 和 RI 在不同的子帧上报，来限制每个上报时刻的信息大小。具有 PMI 反馈，Rel. 8 支持 2 种上报模式，PUCCH 1-1 为宽带反馈 PUCCH 2-1 对应子带反馈：

- PUCCH 1-1：RI 在一个子帧上报，PMI 和 CQI 在第二个子帧上报；
- PUCCH 2-1：RI 在一个子帧上报，PMI 和宽带 CQI 在第二个子帧上报，子带 CQI 和最好的子带在第三个子帧上报。

对于带有 PMI 的反馈，LTE-A Rel. 10 定义了 3 种类型的上报：

- PUCCH 1-1-2：RI 在一个子帧上报，W_w，宽带 W_s（固定子带大小等于带宽）和 CQI 在第二个子帧上报
- PUCCH 1-1-1：RI 和 W_w 在一个子帧上报，宽带 W_s（固定子带大小等于带宽）和 CQI 在第二个子帧上报
- PUCCH 2-1：RI 在一个子帧上报，W_w，宽带 W_s（固定子带大小等于带宽）和 CQI 在第二个子帧上报，子带 W_s，子带 CQI 和最好的子带在第三个子帧上报。

由于 PUCCH 1-1-1 和 PUCCH2-1 将 PMI 信息 W_w 和 W_s 分成两个独立的上报事件，其充分利用了双码本架构，同时限制了每次上报的反馈开销。

需要说明的是当不采用双码本架构时 Rel. 10 的三种模式就回退到 Rel. 8 的模式。其可以简单看做是固定 W_w 为单位阵，而 W_s 作为 Rel. 8 码本的 PMI。需要提醒的是只有 8 天线采用双码本架构。

14.7.4　上行导频

上行导频主要用于上行 CSI 测量以实现上行频率选择性调度和链路自适应。对于 TDD 系统，利用信道互易性，发射机可以基于上行导频估计下行信道。这种互易特性依赖于基站收发机射频通道的精确校准。802.16m 和 LTE 都提供了基于终端信道条件在不同带宽进行上行信道估计的探测机制（子带或者宽带）。接近基站的终端，其功率不受限制，因此可以分配宽带探测信号以在整个带宽进行 CSI 估计。另外一方面，小区边缘终端是功率受限的，其只能在有限子带上分配功率。对于 802.16m，上行探测是 802.16e 设计的增强版本。在 LTE，基站给终端分配了不同的训练序列，以同时在相同的资源上发送。由于噪声和小区间干扰 带来的信道估计误差将会严重影响上行探测性能。

14.7.5　多小区 MIMO 下的 CSI 反馈

CSI 反馈为 CoMP 测量集合（类似于章节 13.3.1 定义的 MC 测量集合）中多个传输点/小区和用户间长期和短期信道条件间的上报相关。

传统网络采用典型的长期测量来上报相邻小区的接收信号强度，以进行切换。对于 CoMP，长期测量可以用于识别可以进行 CoMP 操作的用户（比如受干扰用户），同时用来触发合适的 CoMP 的方案。基于用户上报的长期测量结果，基站可以识别相邻传输点的干扰的严重性，以来觉得的类似于 13.3.1 节定义的集合。

短期 CSI 反馈与多个传输点的动态信道条件上报相关。假设如 Rel. 10 的隐含反馈，上报必须包含多个基于多重传输假设的 PMI，RI 和 CQI。在 CoMP 中，CSI 反馈的难点是 CoMP 终端必须能够基于特定的 CoMP 操作假设来测量合适的干扰进行相应的精确的 CQI 预估。相对于传统网络，相邻小区都是干扰源，协同小区不产生任何干扰。传统的干扰测量将会高估干扰因为在实际 CoMP 传输中协同小区的

干扰将会移除或者消除。因此重要的是网络需要保证 CoMP 终端能够测量合适的干扰等级，终端上报的 CQI 和基站重计算必须基于实际的传输方案，与用户进行数据传输时的 SINR 匹配。

对于 FDD，基于短期反馈的 CoMP 依赖比单小区操作更高的反馈开销，因为在 CoMP 测量集合内的所有信道都需要上报给服务小区。开销也取决于反馈精度，其取决于 CoMP 方案。基于干扰填零的策略比如 JT 和 CB 要求高的反馈较低（类似的分析参见章节 12.9.2）。另外 JT 要求比 CB 机制更多的反馈。实际上 JT 依赖于每个小区的独立反馈和小区间的反馈信息（比如小区反馈 PMI 的相位偏移）来进行相干合并和带来预期的增益。类似于单小区操作（SU/MU-MIMO），先进的反馈机制（比如自适应、差分或者差分的码本）对于 CoMP 操作，是必须的特性。

对于 TDD，信道互易性非常有用。单一的探测序列可以在上行发送，同时被多个接收机监听。LTE-A 同时支持 FDD 和 TDD 模式，TDD 可以利用信道互易性。

另外一个重要的反馈设计要素是如何定义一个通用的，可扩展的架构适用于多个传输机制包括单小区 SU/MU-MIMO 和多小区 JT/CS/CB。基于可扩展的架构，支持 CS/CB 的反馈为支持 JT 的子集。这个反馈架构能够简化和不同传输模式间的切换，同时简化标准化流程。LTE-A Rel.11 的多小区、多传输点反馈可以看成是对于 Rel.10 设计的单小区 SU/MU-MIMO 的基于码本 PMI 反馈的拓展。

最终，CoMP 设计的一个重要议题是在每种反馈机制下确定上行开销和下行性能均衡。

14.8 超越 LTE-A：大规模多小区和大规模多天线网络

在未来 10 年，无线网络承载的数据总量将会暴涨性增长（大约 1000 倍）。考虑频谱的不足和对功效和低无线电波污染日益增强的需求，下一代无线通信系统将具有高功效和高频谱利用率。前述章节着重说明了两种主要趋势：

1）增加小小区的密度（异构网络为一个例证）；

2）增加发射机和接收机的共址的天线数目。

第一个趋势称为大规模多小区网络包括极度密集网络，覆盖几十米的小小区其中心为低重量和低功率的极小基站。密集小小区网络的一个中心思想是为了解决由于这种设计带来的无处不在的干扰，关注点不再是基站而集中于回程，中心处理单元将对大规模的小区进行快速的协同、协调。

第二个趋势，称之为大规模多天线（或者为 12.6.2 节、12.8.1 节和 13.7.1 节的大规模 MIMO），其倾向于一个更稀疏的基础网络，其有大量的无线单元（比如以百计），处理功率授权给每个基站。该场景单基站通过高方向性波束赋形就足够消除小区间干扰，就需要进行小区间的协同和增强回程。

这两种看起来具有竞争性的方案参见图 14.4。尽管这两种方案的优缺点还没有完全评估，基于现有设计通过理论分析是可看到增益的，前述章节介绍和分析了设计这些下一代 MIMO 通信网络的所必须的基本要素。

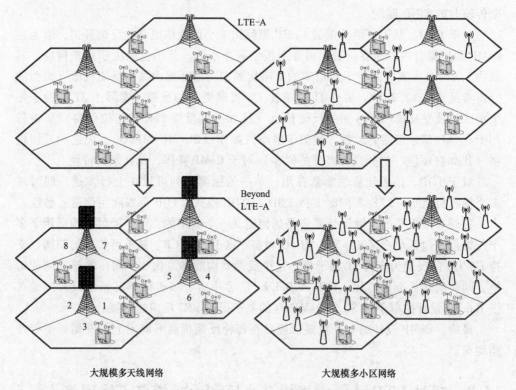

图 14.4　大规模多小区和大规模多天线网络

第 15 章　MIMO-OFDMA 系统级评估

本书广泛讨论了 MIMO 无线网络的许多不同方面，并且通过理论分析凸显了 MIMO 在链路级和系统级的潜在巨大好处。此外，MIMO 已经被所有主流无线通信标准所采用。不过为确保本书的完整性有必要在最后一章对 MIMO 的实际性能增益加以评估。为此，我们接下来将进一步深入讨论 LTE/LTE-A/WiMAX 中所定义的单用户（其中每个时间频率资源调度一个单一用户），多用户以及多小区 MIMO 的系统级性能增益。

为了与如 WiMAX 和 LTE/LTE-A 的实际系统中典型术语保持一致，我们将 MIMO 信道表示为 $n_t \times n_r$，而非在前面所有章节中使用的经典的 $n_r \times n_t$ 表示。因此一个 8×2MIMO 信道表示具有 8 个发送天线和 2 个接收天线的 MIMO 信道（注意这种表示只在本章中使用）。

接下来几节中所讨论的系统级仿真（SLS），都是从与 LTE/LTE-A 评估方法兼容的仿真器获取的结果。简单起见，我们总是假定满缓存业务。必须牢记 SLS 是复杂的仿真评估工具，SLS 涉及大量参数，而这些参数以这样或那样的方式影响评估的性能。虽然陈述的这些结果代表了 LTE/LTE-A/WiMAX 一些可实现性能增益，我们强调此处产生的结果需要仔细使用，且显然不能当做 LTE/LTE-A/WiMAX 实际的性能。有兴趣的读者可以参考 [3GP10, 3GP11] 了解其他的仿真结果（还包含非满缓存业务模型）。

15.1　单用户 MIMO

我们考虑一个与基于 FDD 的 LTE-A 兼容的下行同步网络且 10MHz 带宽由 52 个资源块（RB）构成。考虑 19 个六边形小区站点，其中每个小区有 3 个扇区，每个扇区内有 10 个用户。考虑各种部署场景和天线配置。假设使用基于 3GPP 场景 1 的城市宏蜂窝空间信道模型（SCM）（参见 4.4.4 节），其中移动速度为 3km/h 且天线向下倾斜 15 度（参考 13.1 节的 3D 天线类型）。假定使用满缓存业务模型。所用的 SU-MIMO 方案是具有量化预编码的空间复用，其理论基础已在第 6 章和第 10 章讨论过，其在 LTE 和 LTE-A 中的应用作为闭环 MIMO 技术的一部分在第 14 章讨论过。在每个小区，BS（基站）在一个给定的子带上调度一个 MT（移动终端），以最大化比例公平（在频域和时域上）。下行链路自适应基于子带 PMI（预编码矩阵指示）和 CQI（信道方向信息）且每 5ms 从 MTs 报告宽带 RI（秩指示）。

PMI、CQI 和 RI 基于 CSI-RS 的测量进行计算。在 BS，基于 ACK/NACK 统计值，使用外环控制动态控制 CQI 的调整。一个子带由一定数量的连续资源块构成并且可以调整。反馈与传输之间的延时假设等于 6ms。我们假设上行链路上没有反馈错误。假设使用调度单位为 1 个子带的局部资源分配。使用基于最多 3 次重传和 8ms 重传间隔追赶合并的非自适应同步 HARQ。解调时使用基于用户专用解调参考信号（DM-RS）测量的 MMSE 接收机。物理层抽象技术基于互信息有效 SINR 映射 MIESM（接收比特互信息率 RBIR）。性能以小区平均吞吐量［bits/s/Hz/cell］和 5% 小区边缘吞吐量［bits/s/Hz/user］来表示。回顾一下，小区平均吞吐量指小区（扇区）内每个用户吞吐量之和。小区边缘吞吐量定义为用户平均吞吐量累积分布函数（CDF）的第 5 个百分位。在下面的图中，我们使用记号 (x, y) 表示天线间距 $d/\lambda = x$ 和 BS 端发射角扩展为 $y°$。因此 $(0.5, 8)$ 对应天线间距为 0.5λ、角度扩展为 $8°$ 的一个传播场景。类似地，$(4, 15)$ 表示天线间距为 4λ、角度扩展为 $15°$ 的一个传播场景。术语 RB 表示资源块（resource block）。ULA 和 DP 分别表示单极化均匀线性阵列和 $\pm45°$ 的双极化天线部署。

15.1.1 天线部署和配置

在图 15.1a 和 15.1b 中，我们研究 SU-MIMO 性能与天线部署（比如，BS 和 MT 端的单极化或双极化天线配置）、天线配置（比如，发送和接收天线的数量）以及传播条件的关系（比如，BS 端的角度扩展）。

由图 15.1a，我们得到如下重要观察结论。由于较大的发送阵列增益和空间复用增益，一个 8×2 的配置性能优于一个 4×2 的配置。对于足够多数量的天线（比如 8 个），双极化天线配置的小区平均谱效率比 ULA（均匀直线阵列）设置更高。这是因为信道相关性更低的特性，以及潜在受益于空间复用和源于每个极化的同极化天线的阵列增益。然而，ULA 能达到更高的小区边缘谱效率，这是因为更高的发送相关增大了阵列增益。对 4×2 配置和给定角度扩展（15°），对于 ULA 和 DP（双极化）天线阵列，大天线间距（4λ）部署都会获得更低的小区平均吞吐量和小区边缘吞吐量。这表明，紧密放置天线带来的大天线增益比大天线间距带来的高空间复用增益相比更有益于系统性能。

在图 15.1b 中，我们观察到，对 $(4, 15)$ 和 $(0.5, 8)$ 两种传播条件，4×2 天线配置与 2×2 天线配置相比能适度提升吞吐量，而 4×4 天线配置显著优于 4×2 天线配置。这确认了在 SU-MIMO 传输中为了受益于空间复用增益而配备相同数量的发送和接收天线带来的好处。我们还注意到，配备大量接收天线的好处在相关较低的场景中有所增加，比如 $(4, 15)$ 且随着子带大小增加而增加。从小区边缘吞吐量的角度，$(0.5, 8)$ 场景显著优于 $(4, 15)$ 场景，因此确认了和图 15.1（a）相似的观察结果。可是，从小区平均吞吐量的角度，$(0.5, 8)$ 部署更适于 4×2 天线配置而 $(4, 15)$ 部署更适于 4×4 天线配置。

图 15.1c 表示了发送秩（即在相同频率资源上同时发送的流的数量）的分布
与天线部署及配置之间的关系。对给定的天线间距和角度扩展，随着发送和（或）
接收天线数量的增加发送秩的分布向更高的值移动；而随着天线间距增加和（或）
角度扩展增加以及当我们由 ULA 阵列变为 DP 天线阵列时，能发送更多数量的流。
可以注意到，秩 1 发送是最经常遇到的，且在对称天线设置（比如 4×4）中，满
秩发送（4）的百分比甚至变得可以忽略。

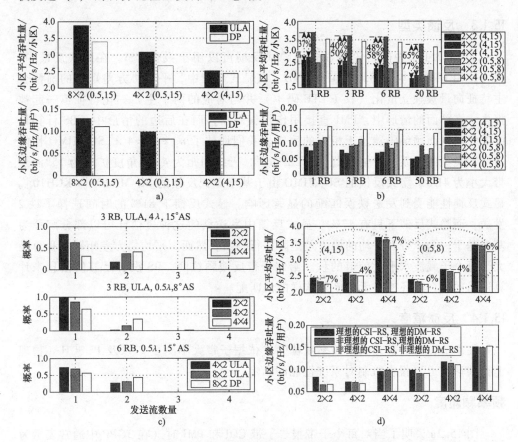

图 15.1　各种天线部署和配置下的 SU-MIMO 性能
a）天线部署和配置（使用 6 个资源块）　b）天线部署和配置（ULA）
c）发送秩统计值　d）信道估计误差的影响
Ideal：理想的　　Non-ideal：非理想的

15.1.2　信道估计误差

图 15.1d 研究了对 CSI-RS（用于信道测量和 RI/CQI/PMI 计算与报告）和
DM-RS（用于解调）的非理想信道估计的影响。平均而言，由于对参考信号的
非理想信道估计，可以观察到小区平均吞吐量和小区边缘吞吐量有 6% ~ 7% 的

损失。对空间相关（即（0.5，8））和不相关（即（4，15））传播条件，也有相似的损失。

尽管也可以有图 15.1d 得出结论，但实际上众所周知，由于在子带上的平均效应，对 CSI-RS 信道估计导致的损耗随着子带大小增加而减小。对 DM-RS 的信道估计也可以降低，如果在多个连续的 RB 上进行插值（只要用于对 DM-RS 进行预编码的预编码器在这些 RB 上不改变）。

15.1.3　反馈类型

如 14.7.1 节中的讨论，显式和隐式反馈可以用于报告 CSI。在隐式反馈中，报告使用 LTE 码本的 RI, CQI 和 PMI。在显式反馈中，平均协方差矩阵的前两个主特征向量被独立量化（秩 1 LTE 码本）并与对应的两个主归一化特征值一起被报告。在前面的情形中，PMI 直接用作预编码器，而在后边的情形中，BS 计算最终的发送秩而预编码器基于相应的反馈。我们评估了 $n_t \times n_r = 4 \times 2$SU-MIMO 性能与反馈类型的关系，评估设置为 ULA 部署，天线间距为 4λ，角度扩展为 $15°$ 而子带大小为 4RB。隐式反馈的 SU-MIMO 由于基于显式反馈的 SU-MIMO [CKCH10]。显式反馈性能受到发送秩误匹配的显著影响。显式反馈下 81% 的时间选择了秩 2 发送，而隐式反馈下只有 47%。显式反馈中发送秩的这种过估计可以部分解释为基站基于一个子带上平均的协方差矩阵进行判断。然而，平均协方差矩阵的秩总是大于每个子载波水平上信道的秩。给定子带反馈颗粒度，BS 没有足够的信息来计算适当的秩，外环控制无法恢复这样的误匹配。

15.1.4　反馈精度

在本节，我们研究反馈频率颗粒度（依据子带大小测量）以及 PUSCH（物理上行共享信道）报告机制对系统性能的影响

频率颗粒度

图 15.2a 说明了当对每个子带报告子带 CQI 和 PMI 时（在 3GPP 中通常表示为 PUSCH 3-2），子带大小对 SU-MIMO 性能的影响。可以看到，随着子带大小增加，由于子带内信道频率的选择性（信道方向和幅度），性能显著下降。然而，由于子带内信道方向的信道频率选择性的减小，这一影响在空间相关环境中（比如（0.5，8））表现略小。事实上，随着空间相关增大，信道的空间方向变得与信道空间相关矩阵的特征向量愈加对齐，因此降低信道空间方向的频率选择性。在高相关的极端情形下，所有子带上的 PMI 相同，因此可以使用单一宽带 PMI。最后，我们指出信道幅度的选择性对性能的影响比信道方向的选择性的影响更大。这可以从（0.5，8）场景中的事实中得到，即虽然信道方向频率选择性由于空间相关大幅减小，但吞吐量性能随着子带增大而显著下降。在一个子带内空间相关信道仍然表现

出明显的信道幅度的频率选择性，且随着子带大小增加，每个码字和子带单一的
CQI 不能准确地反映这种选择性。

PMI 准确性

假设典型的子带大小 6RB，图 15.2b 描绘了非量化 PMI 和量化 PMI SU-MIMO
的性能（使用 LTE/LTE-A 4-发送和 8-发送码本）：由于大的量化间距，LTE 和
LTE-A 码本量化导致的损耗，在 DP 部署中比在 ULA 部署中大，在 8×2 天线配置
中比在 4×2 天线配置中大；就小区平均吞吐量而言，在 8×2 和 4×2 天线配置中，
分别观察到大约为 11.5% 和 6% 的平均损耗。

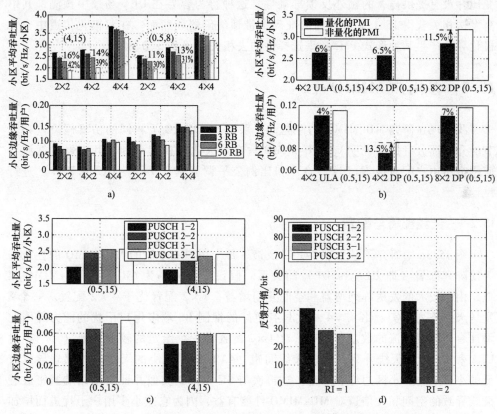

图 15.2　使用实际反馈机制的 SU-MIMO 性能

a）反馈子带大小　b）量化（LTE-A 码本）和非量化 PMI

c）PUSCH 报告模式（$n_t \times n_r = 4 \times 2$DP）　d）PUSCH 报告模式开销

PUSCH 上的报告模式

为向基站报告反馈信息（PMI，CQI，RI）并进行闭环发送，LTE/LTE-A 定义了
如 14 章中详细介绍的 PUSCH'上多个非周期报告模式，即 PUSCH 1-2，PUSCH 2-2，
PUSCH 3-1。图 15.2（c）考虑了这三个模式以及对所有子带报告子带 CQI 和子带

PMI 的 PUSCH 3-2. 图 15.2（d）中详细给出了这四种报告模式引起的上行反馈开销与对 $n_t \times n_r = 4 \times 2$ 天线配置所报告的 RI（=1，2）之间的关系。

显然，PUSCH 3-2 相对 PUSCH 有微小的额外增益，且二者都优于模式 1-2 和 2-2。PUSCH 1-2 实际导致更低的性能，表明在这样的满缓存流量模型中宽带 CQI 会带来明显性能损失。考虑到 PUSCH 1-2 主要为 FTP 流量设计，其中一个 MT 通常被分配所有带宽，这种情况下频域调度不提供性能增益。因此，子带 CQI 对这样的流量模型没有用。就开销而言，PUSCH 2-2 具有最低的总体反馈开销，而 PUSCH 3-2 比其他模式引入显著高得多的开销。PUSCH 3-2 相对于 PUSCH3-1 实现的可忽略的增益有点惊奇，因为它表明当报告子带 CQI 时，子带 PMI 与宽带 PMI 变比并没有提供显著的额外反馈准确性。这种行为容易在 ULA 场景中预测，其中高发送相关获得 15.1.3 节提到的准确宽带预编码器。然而，在双极化信道中，去极化导致产生某种形式 PMI 频率选择性的去相关（见 3.3 节）。

15.2 多用户 MIMO

我们现在研究 MU-MIMO 的性能，并采用 SU-MIMO 下相同的仿真假设（15.1 节的介绍部分有详细说明）。MU-MIMO 旨在最大化加权速率和，其中发射滤波器使用穷尽用户配对搜索（12.5.3）和比例公平调度基于 ZFBF（12.8.2 节）进行设计。

15.2.1 天线部署与配置

图 15.3a 中研究了基于秩 1-PMI 反馈、每个用户一个流的 MU-MIMO 的性能与天线阵列部署（即 ULA vs. DP）的关系。假设子带大小为 6RB。与 SU-MIMO 相似，由于较大的发送阵列增益和空间复用增益，8×2 配置优于 4×2 配置。一个 8 发送天线阵列事实上比 $n_t = 4$ 相比具有更好的抑制 BS 端多用户干扰的能力并因此增加合作调度的流的数量。还有，对 4×2 配置和一个给定的较多扩展（15°），对 ULA 和 DP 两种天线阵列，大的天线间距（4λ）部署比小的天线间距部署导致较低的小区平均和小区边缘吞吐量。这再次与 SU-MIMO 类似并证实基站端紧密放置天线导致的空间相关信道对 MU-MIMO 性能有益，因为它减小多用户干扰进而增加空间复用增益。注意虽然基站与 MT 之间的 MIMO 信道在基站侧空间相关，但共同调度的 MT 的信道相关性小很多，因为这些用户位于小区的不同区域并经历不同传播条件。然而，与 SU-MIMO 相反，就小区平均和小区边缘吞吐量而言，由于 ULA 信道的高相关特性，ULA 设置都总是优于双极化设置。

图 15.3b 现在研究基于秩 1 PMI 反馈（假设子带大小为 6RB）每用户一个流的 MU-MIMO 性能与发送接收天线数量之间的关系。对 ULA 和 DP 两种天线部署和固定数量的发送天线（比如 $n_t = 8$），增加接收天线数量（从 2~4）显著增强

MU-MIMO 性能，即使 8×2 和 8×4 的理论空间复用可实现增益相同。这表明，由于子带级的量化反馈不准确，MU-MIMO 干扰不能通过基站处理完全抑制。与 ULA 部署相比，在 DP 天线部署中，增加接收天线数量的好处更大，因为基站抑制较弱相关信道中的多用户干扰更加困难，所以需要借助具有多用户干扰抑制能力的接收机。

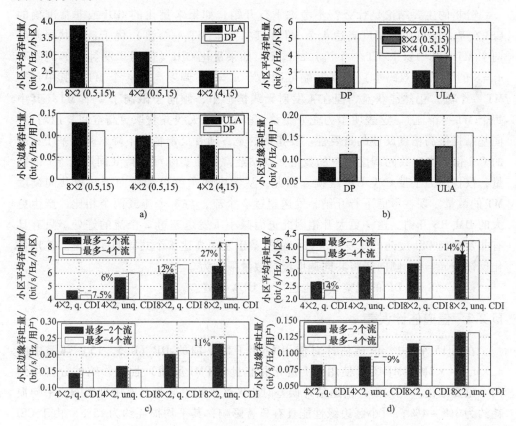

图 15.3　各种天线部署和配置下的 MU-MIMO 性能

a）天线部署与配置　b）天线部署与配置　c）无开销 MU-MIMO 规模　d）有开销 MU-MIMO 规模

15.2.2　规模

图 15.3c 和 15.3d 中突出了一个 DP（0.5，15）场景中，MU-MIMO 性能随支持的共同调度流的最大数量的比例变化关系，其中我们在各种 RS 开销和反馈假设下，分析限制共同调度用户最大数量的性能收益。我们假设每 MT 单个层并进行秩自适应，最大数量为 2 个 MT 和 4 个 MT。应该提醒，使用正交和非正交叠加码 LTE 最多能够进行 4 层传输（见 14.3）节。由于信道估计的严重损耗，叠加非正交码限制不能多于两个流传输。为了支持高达 4 个正交 DM-RS，CDM 中应该使用 4 个叠加正交码或在频域复用 DM-RS。后一个方法将获得好的信道估计但是会引入

更多的下行开销。我们在下面说明通过使用同时传输较多数量的流而提升性能与增加下行开销导致性能损失之间的这一折中。我们比较没有和具有（CSI，2 端口 CRS，DM-RS，3 个 OFDM 符号的控制信道）下行开销的性能。对于 1 或 2 的发送秩，使用 12REs/RB/子帧发送 DM-RS，而如果发送秩严格大于 2 则使用 24REs/RB/子帧。

分析的主要结论是什么？不考虑下行开销，如果未量化的 CDI 或非常准确的 CSI 在基站端可用，调度高达 4 个 MT（其中每个 MT 一个流）优于最多共同调度两个 MT（其中每个 MT 一个流）的情形。如果量化 CDI（使用 4 发射 LTE 码本和 $n_t = 8$ 的 LTE-A 双码本）在基站端可用，当 $n_t = 8$，调度高达 4 个 MT（其中每个 MT 一个流）仍然能获益，但在 4 发射天线情形中，倾向于限制于 2 个 MT（其中每个 MT 一个流）。这表明了为充分受益于多个发送天线并获取更高空间复用增益，向基站提供高精度反馈的重要性。要指明的是，随着反馈精度下降，基站基于有限的 CSI 信息决定共同调度用户的数量。基站经常高估实际可支持共同调度 MT 的数量，仅仅因为子带 CSI 不够准确。因此，从调度的角度可能倾向于约束共同调度 MT 的数量。现在考虑下行开销，发送超过 2 个流，与 1 个流或两个相比，产生更大的 DM-RS 开销。这一更大开销因此进而减小了发送超过 2 个流的好处。只有具有非常准确 CSI 反馈的 8 发送天线配置受益于发送高达 4 个共同调度的流。使用量化反馈或 $n_t = 4$，倾向于将共同调度流的数量限制为 2。

这里对 8×2 DP 的观察结果也适用于 ULA 部署。

15.2.3　信道估计误差

在图 15.4a 中，信道估计对使用 6RB 子带反馈的 DP（0.5，15）部署中的 $n_t \times n_r = 4 \times 2$ MU-MIMO（使用秩 1 量化和非量化 PMI 反馈）性能影响的分析得到两个重要结论。一方面，信道估计误差对小区区平均吞吐量具有中度影响，平均损耗约为 3%～4%，对小区边缘性能具有显著影响，其平均损耗约为 15%。由于 CSI 测量和 PMI/CQI 报告质量不佳引起的高残余多用户干扰，非理想信道估计的影响对边缘用户尤为严重。另一方面，信道估计差错对性能的影响，对非量化 CDI 与量化 CDI（基于 LTE 码本）而言相似，其中非量化 CDI 的损耗略高。准确性高的反馈应该依赖准确性高的 CSI 测量。

15.2.4　接收滤波器

为了评估如果某个 MT 不知道任意共同调度用户存在 MU-MIMO 是否会引入某些性能损失，我们评估三类接收机 MU-MIMO 的性能。如在 14.5.3 节中的讨论，这与 MU-MIMO 的透明度有关。预期接收机之间的差距会随着反馈准确性的提高而减小，因为基于 ZFBF 的 MU-MIMO 完全消除 MU-MIMO 干扰。

我们首先定义两类计算 CQI 时的外部小区干扰测量。

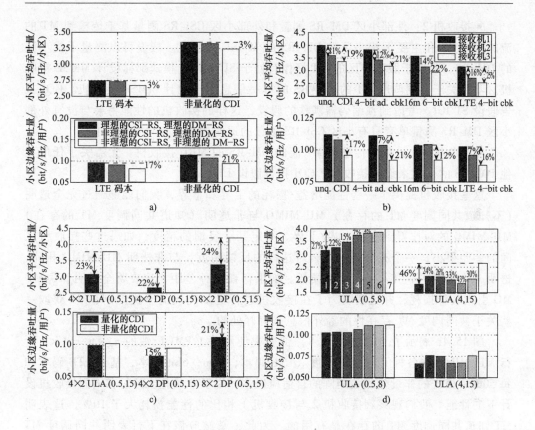

图 15.4　实际信道测量和反馈机制下的 MU-MIMO 性能

a) 关于 CSI-RS 和 DM-RS 的信道估计差错

b) 接收机的影响　c) 量化的和非量化的 CDI/PMI　d) 各种码本设计

• 基于子载波的干扰 CSI-RS 测量，记为 ST ICI，表示 MT 能够测量子载波级所有主要干扰的 CSI-RS 的最优情形。假设单位矩阵为每个干扰链路进行预编码，MT 能够在计算 CQI 时计算干扰协方差矩阵并使用这一信息进行 MMSE 滤波。

• 长期干扰测量，记为 LT ICI，表示 MT 只知道主要干扰的长期平均干扰功率。则假设干扰为一个白噪声过程，构建 MMSE 滤波器。

在两个方法中，MT 都假设使用 LTE 秩 1 SU-MIMO CQI 作为 MU-MIMO 的 CQI 报告。我们评估每个 MT 单个层的 4×2MU-MIMO 性能。此外，我们假设没有动态干扰，以使得在干扰小区总是进行秩 4 传输（假设单位预编码器）。

研究的接收机如下：

• 接收机 1：外部小区 DM-RS 测量和外部小区 CSI-RS 测量基于服务小区内所有流的 DM-RS 和主要干扰小区的 DM-RS 的 MMSE 接收机。CQI 报告假设 ST ICI。鉴于干扰预编码器满秩的假设，这样的接收机将会呈现与没有外部小区 DM-RS 测量但有外部小区 CSI-RS 测量的非透明 MMSE 接收机相似的性能。

- 接收机 2：外部小区 DM-RS 测量和外部小区 CSI-RS 测量基于传输到 MT 的流的 DM-RS 和主要干扰小区的 DM-RS 的 MMSE 接收机。假设可以测量干扰小区的 DM-RS，附属于服务小区的 MT 好像其处于 SU-MIMO 模式那样设计 MMSE 接收机。不是关于共同调度 MT 的 DM-RS 的单一信息用于设计 MMSE 接收机。CQI 报告假设 ST ICI。考虑到预编码器满秩的假设，这样的接收机的性能将会与没有外部小区 DM-RS 测量单有只有小区 CSI-RS 测量的透明 MMSE 接收机相类似。

- 接收机 3：只基于传输到 MT 流的 DM-RS 的 MRC 接收机。无需关于任何其他 DM-RS 的信息来设计接收机。CQI 报告假设 LT ICI。

这些接收机提供了一些性能增益/损耗的上界和下界，我们能够通过完全透明（不知道共同调度 MT 的存在）MU-MIMO 与非透明（知道共同调度 MT 的存在）MU-MIMO 的对比得到这些上界/下界。给定某一反馈的精度，如果这些接收机之间的差距很小，一个充分条件是，对这样的反馈精度，与非透明 MU-MIMO 相比，透明 MU-MIMO 不引入任何显著损耗。如果存在某种差距，这表明全透明 MU-MIMO 引入某种损耗，并且表明为了在接收机进行更加高级的干扰抑制，MT 获取一些关于共同调度 MT 存在性的额外信息是有好处的。

图 15.4b 展示了 ULA（0.5，8）部署中使用秩 1 PMI 反馈的 $n_t \times n_r = 4 \times 2$ 下行 MU-MIMO 在各种 PMI 反馈精度（LTE 码本，16m，6bit 码本，基于 LTE 码本和每 500ms 报告的非量化相关矩阵的自适应码本，以及非量化 CDI）和不同接收机设计下的性能。我们观察到接收机 2 与接收机 1 相比的性能损耗大于 10%，这表明 MT 知道共同调度 MT 的存在是有用的。为此，基站应该在下行表明共同调度 MT 的存在或 MT 应该总是假定共同调度的 MT 存在并进行盲检测（见 14.5.3 节）。接收机 2/3 相比于接收机 1 的性能损耗随着 CSI 反馈精度的提高而减小。提供准确的 CSI 反馈很重要，尤其当 MT 依赖低复杂度接收机。最后，由于相对大的子带大小和子带内的频率选择性信道，即便在非量化 CDI 情形中接收机 2 与接收机 1 之间的损耗仍然存在。

15.2.5　发送滤波器和反馈类型

在 12.8 节，已经研究各种滤波器设计。[CKCH10] 探究了空间相关（天线间距为 0.5λ，角度扩展为 8°）场景中，4×2 MU-MIMO 的性能与发送滤波器（12.8.3 节的 ZFBF 和协同波束赋形 CBF）和反馈类型之间的关系。我们对基于 ZFBF 和 CBF 的滤波器设计都进行研究：CBF 只依赖于基于协方差矩阵报告的显式反馈，ZFBF 可以依赖于隐式和显式两种反馈。在这些评估中我们假设每个用户最多只可以调度 1 个流。

[CKCH10] 的结论是，使用隐式反馈的 MU-MIMO 略优于使用显示反馈的 MU-MIMO。然而，在空间相关部署场景中这个差距相当小。隐式反馈提供更少的上行反馈开销。这些结论强调设计能够进行准确链路自适应的滤波器和反馈方案的

重要性。然而要注意，如果仿真假设改变这些结论可能不同。

15.2.6　反馈精度

由 12.9.2 众所周知，CSI 反馈精度对 MU-MIMO 性能具有显著影响。12.9.2 节中主要依据用于量化 CDI 的比特数量讨论 CSI 反馈精度对 MU-MIMO 性能的影响，但 CSI 反馈不仅受限于 CDI/PMI 还要考虑 CQI 反馈以及用于报告 CSI 的频率和时间颗粒度。在本节，我们讨论 CDI/PMI 反馈精度、CQI 精度和 PUSCH/PUCCH 反馈机制对 MU-MIMO 性能的影响。

PMI 和 CDI 反馈

假设典型的 6RB 子带大小，图 15.4c 研究非量化 CDI 和量化 CDI（使用 LTE/LTE-A 4 发送和 8 发送码本）MU-MIMO 的性能。CDI 是秩 1 向量，取为子带协方差矩阵的主特征向量。与图 15.2b 中的 SU-MIMO 类似，由于较大的量化空间，LTE/LTE-A 码本量化带来的损耗在 DP 部署中比在 ULA 部署中更大，在 8×2 天线配置中比在 4×2 天线配置中更大。就小区平均吞吐量而言对所有天线配置观察到平均有大约 23% 的损耗，且明显大于 SU-MIMO 中引入的损耗，这确认了理论上的观察——MU-MIMO 对 CSI 反馈精度非常敏感。

图 15.4d 说明了用于空间相关和不相关天线设置的 ULA 部署中 PMI/CDI 量化的各种码本的性能。LTE/LTE-A 和 802.16 中（14.7.3 节）通常研究的三种码本：

● 标准模式通常假设 MT 和 BS 端存储单一固定码本。码本不随时间和（或）频率改变，设计用于处理各种传播条件。LTE 2 发送和 4 发送码本是此种码本的实例。

● 自适应码本指反馈某个长期发送相关矩阵，使得码本能够随长期统计值进行更新。如 14.7.3 节中所描述，在 IEEE 802.16m 中对多天线配置支持自适应模式并且在 LTE-A 中对 $n_t = 8$ 使用一个有些相似（但不相同）的结构。

● 差分码本指使用一个差分码本，这个码本利用信道的时间和（或）空间相关并使得能够在基站对信道估计进行多次连续更新。如 14.7.3 节所描述，IEEE 802.16m 中支持这一模式，但 LTE-A 中不支持。

图 15.4d 中我们量化了前面提到三种模式之间的性能差异。我们考虑 ULA 部署中基于秩 1 报告的 $n_t \times n_r = 4 \times 2$ 下行 MU-MIMO 的性能与 PMI 反馈准确性和码本设计的关系：

1）4 比特 LTE 码本；

2）IEEE 802.16m 时域 4 比特差分码本；

3）增强时域 4 比特差分码本；

4）增强频域 4 比特差分码本；

5）500ms 周期反馈宽带和长期相关矩阵的自适应码本；

6）60ms 周期反馈宽带和长期相关矩阵的自适应码本；

7）非量化 CDI（或非量化 PMI）。

在频域差分反馈中，子带差分增强宽带 PMI 的精度。我们假设每隔 5ms 一起报告宽带 PMI 和子带差分 PMI。在时域差分反馈中，每 5ms 进行一次差分操作且过程每 30ms 重置。使用自适应和基础码本，PMI 也没 5ms 进行报告。

首先，在空间非相关信道（4，15）倾向使用差分码本，而在空间相关信道（0.5，8）中倾向使用自适应码本。实际上空间非相关信道具有非常大的量化空间，其要求在到达某个合理的 CSI 准确性之前进行多次连续提炼。另一方面空间相关信道具有减小的量化空间，其通过长期相关统计值得以很好地识别。其次，自适应码本和差分码本的实际方案在空间相关信道（0.5，8）中能够实现接近非量化 CDI 的性能，但即便使用差分码本空间非相关信道中 CSI 的准确性仍离量化 CDI 很远。此外，差分码本和自适应码本与 LTE 码本（标准模式）相比都具有显著增益。最后，空间相关信道中，频域差分码本优于时域差分码本而自适应码本优于时域和频域差分码本，然而在空间非相关信道中，时域差分码本优于频域差分码本和自适应码本。

尽管自适应码本和差分码本具有潜在优点，有一些问题必须加以考虑。

• 应该考虑自适应和差分码本设计中的计算复杂性。这种复杂表明了计算出要报告的最佳 PMI 所需操作的数量。在差分码本中，给定连续提炼，码本保持更新，因此增加计算最佳 PMI 所需操作的数量。在自适应码本中，需要对预编码器进行归一化。降低 PMI 搜索复杂性一个常用的方法是减少用于设计码本项的字母表。LTE 和 LTE-A 依赖 PSK 字母表。约束字母表对设计自适应和差分码本十分重要。

• 全功率放大（PA）利用是当在设计码本时要谨记的一个非常重要的准则。PMI 的恒模性质保证当 PMI 被用作基站实际预编码器时 PA 被完全利用（像 SU-MIMO 通常做得那样）。这给差分和自适应码本设计提出了非常严格的约束。

• 时域差分码本需要码本连续提炼。如果上行链路上的差错率不是足够小，这样的提炼易于错误传播。由于错误传播，经常很难进行 3 步以上的提炼。

• 自适应码本的性能严重依赖相关矩阵的良好表示和量化。自适应码本相关矩阵的量化码本严重依赖传播条件且通常要求大的码本大小以涵盖许多不同种类的传播环境。IEEE 802.16m 推荐对 $n_t = 4$ 和 $n_t = 8$ 分别使用 28 比特和 120 比特，如果报告频繁这可能导致相对大的开销。

• 由于 SU/MU-MIMO 动态切换，码本应该适当设计以处理 SU 和 MU-MIMO。在 SU-MIMO 中，量化损耗通常随着发送秩的增加而下降，这是因为闭环操作的好处只在低发送秩时体现。在 MU-MIMO 中，则正好相反。假设 SU-MIMO 发送所选的秩 2 PMI 通常表现列上不够精确，如果只有 PMI 的一列用于进行 MU-MIMO 导致性能损耗（这通常在 MU-MIMO 依赖 SU 报告时发生）。这表示对更高秩的码本设计还应该在

PMI 的列提供足够的景区以获取基于 SU 报告的 MU-MIMO 的良好性能和良好 SU/MU 动态切换。对较高秩的发送，自适应码本和差分码本的构建尤为困难。

　　鉴于这些问题，LTE-A 中研究了更为实际的方法以处理有限字母集大小和 PA 利用。这些方法依赖一个双码本结构（见 14.7.3 节），其中第一个矩阵 W_w 表示宽带长期信息（但不需要是一个相关矩阵）而 W_s 表示子带短时信道信息。在其 $W_w W_s$ 形式中，双码本结构令人想起自适应码本。在其 $W_s W_w$ 形式中，双码本令人想起 1 步差分码本。与经典自适应和差分码本相比，这样的码本结构通常产生小很多的复杂性和（或）反馈开销。

　　在图 15.5a 中为了评估双码本结构在 $n_t \times n_r = 4 \times 2$ 部署中的性能增益已经对 4 发送天线设计了一个双码本结构（类似于 LTE-A 8 发送天线但使用 $W_s W_w$ 结构而非 $W_w W_s$ 结构）。在空间相关信道（0.5，8）中，双码本结构与 LTE 码本相比，在 DP 部署和 ULA 部署中分别具有 8% 和 13.6% 的增益。与之相比，在空间非相关信道（4，15）中，双码本结构相对于 LTE 码本的增益可以忽略。双码本结构还受益于比 LTE 码本更低的开销。这表明对 LTE-A MU-MIMO 还有提升空间。

PUSCH 报告

　　PUSCH 的报告机制由所有 CQI/PMI 和 RI 在同一子帧一个时隙内一起报告。各种 PUSCH 报告模式的区别在于 PMI 和 CQI 的颗粒度。如 14.7.3 节和 15.1.4 节中所描述，RI 总是宽带，而 CQI 和 PMI 则依赖于报告模式可能是子带或宽带。

　　图 15.5b 描述了基于 SU-MIMO 报告的 SU/MU MIMO 动态切换的性能与报告模式之间的关系，可以得到类似于对应于 SU-MIMO 评估中的观察。

PUCCH 报告

　　图 15.5c 现在说明了使用前述双码本结构 $W_s W_w$ 的 4×2 场景中 PUCCH 报告模式的好处（见 14.7.3 中的描述）。可以观察到 Rel. 8 模式 1-1 不如 Rel. 8 模式 2-1，因此表明 MU-MIMO 中子带 CQI 信息的好处；而 Rel. 10 模式 1-1-1 不如 Rel. 10 模式 2-1，因此表明 MU-MIMO 中子带 W_s 和子带 CQI 的好处。Rel. 10 模式 1-1-1 和 Rel. 10 模式 2-1 都分别优于 Rel. 8 模式 1-1 和 Rel. 8 模式 2-1。这表明在两个不同子帧报告 W_w 和 W_s 的有用性进而在每个报告反馈开销严格受限的场景中增加反馈精度。

CQI 和多分量反馈

　　假设 SU-MIMO 传输，典型的报告在于 RI/PMI/CQI。这是基线报告，可以记为 SU MIMO 报告。然而，SU MIMO 报告如果用于进行 MU MIMO 是次优的，因为 SU CQI 不考虑潜在的多用户干扰且 SU PMI 用于量化 SU MIMO 信号空间但可能提供 MU-MIMO 所需信号空间或零空间的不准确表示。因此我们可以考虑专门用于 MU-MIMO 的一些报告。鉴于系统依赖动态 SU/MU 切换，其中单一发送模式和统一的反馈机制已经被标准化以避免任何延时和高层重配置，这在 LTE-A 中尤为有帮助。

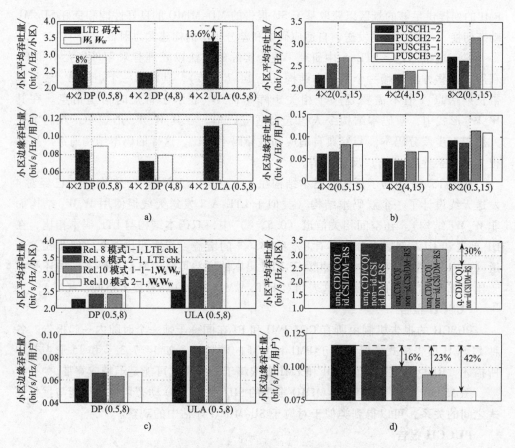

图 15.5 实际反馈机制的 MU-MIMO 性能

a) 4 个发射天线的双码本结构 b) PUSCH 报告模式

c) PUCCH 报告模式 d) 损耗的累积影响

因此，在 SU MIMO 报告之上，我们可以添加一些信息来加强 SU 和 MU-MIMO 之间的动态切换。这样的信息记为 MU MIMO 报告。通常有两种方法增强动态切换（进而反馈 MU-MIMO 报告）。第一个技术称之为最佳同伴 PMI/CQI 反馈，能够用于对 MU-MIMO 提供增强反馈支持。根本上，最佳同伴 PMI 告诉基站关于特别 MT 的零空间且这一信息可能在基站生成 MU-MIMO 预编码中有帮助。对给定数量的干扰层，假设最佳同伴 PMI 用作干扰层/用户的预编码器，最佳同伴 CQI，也称为 MU-MIMO CQI，表明用户间干扰。或者，替代发送额外 PMI 作为最佳同伴 PMI 来描述零空间，MT 还可以发送额外 PMI 来描述信号空间。鉴于在大多数场景中最佳同伴 PMI 正交于所报告的 PMI（经典 SU-MIMO PMI），假设用户在正交预编码上分配，可以计算 CQI。在这样的场景中，最佳同伴 PMI 可能不报告但只有假设正交预编码计算得到的最佳同伴 CQI 被报告。第二个技术是秩受限 SU-MIMO 反馈，其中限制 MT 报告 SU-MIMO 反馈信息但限制最大所报告的秩。在此方法中，网络能够获得主信道方向更高分辨率的反馈。例如，秩 1 和秩 2 SU-MIMO PMI/CQI/RI 反馈能够用于在网络端为 MU-MIMO 生成预编码信息和 MU-CQI 预测。

这样的技术可能提供一些由基站更加灵活的调度带来的增益（基站可能切换高秩 SU-MIMO 传输到秩 1/2 MU-MIMO，这可能对平均小区吞吐量有益），并形成更好的 MU-MIMO CQI 预测，因为秩受限反馈和秩非受限反馈结合为主信道方向提供更加精细的信道空间间距分辨率。而且，这两个信息的结合为基站调度和 MU-MIMO CQI 预测提供了关于 MT 的额外信息。

可以看到，假设 MU-MIMO 预编码器为酉矩阵而计算的 MU-MIMO CQI 与 SU-MIMO CQI 相比具有 6% 的增益。鉴于这样的性能好处，MU-MIMO CQI 在 IEEE 802.16m 中得到了支持。另一方面，LTE-A 已有结论，这样的 MU-MIMO CQI 提供的性能好处是中度的，在 LTE-A Rel. 10 中不予支持。联合 MU-MIMO CQI 和秩受限反馈产生额外的性能增益。与秩受限反馈结合的 MU-MIMO 的好处随着接收机数量的增加而更大。在这样的配置中，秩受限 PMI 与 SU-MIMO PMI 有明显不同，因此当进行 MU MIMO 时提供更多好处。

15.2.7　损耗的累积影响

在图 15.5d 中，描述了 $4 \times 2DP$（0.5，15）部署中子带大小 6RB 和反馈时延 6ms 下，对 CSI-RS 和 DM-RS，量化 CQI 和量化 CDI/PMI 的信道估计误差带来的累积损耗。观察到基于 LTE 码本的量化 CDI 是损耗的主要来源，其次是 DM-RS 的非理想信道估计，4 比特量化 CQI 而最后是 CSI-RS 的非理想信道估计误差。这 4 个信道估计造成的损耗，就小区平均吞吐量而言为 30%，就小区边缘吞吐量而言为 42%。注意参考系统已经表明了一些不理想因素，例如子带大小和反馈时延。

15.2.8　单用户/多用户 MIMO 动态切换

图 15.6a 比较了 4 个不同方案的性能：SU-MIMO（记为 "SU-SU 报告"（"SU-SU report"）），每个用户 1 个流的 MU-MIMO 并依赖秩 1PMI 反馈（记为 "MU-秩 1 报告"（"MU-rank-1 report"）），每个用户 1 个流的 MU-MIMO 并依赖 SU-MIMO 报告（记为 "MU – SU 报告"（"MU – SU report"））以及 SU 和多流 MU-MIMO（最多每 MT2 个流）间动态切换并依赖 SU-MIMO 报告（记为 "SU/MU-SU 报告"（"SU/MU – SU report"））。在动态切换模式中，调度器选择考虑用户间公平性最大化加权速率和的最佳发送方案（SU，每个用户 1 个流的 MU 或每个用户多个流的 MU）。LTE 码本用于 4 发射机而基于双码本结构的 LTE-A 码本用于 $n_t = 8$。假设角度扩展为 15°。除非显式提到是（0.5）和（4），天线间距固定为 0.5λ。

我们可以观察到以下有趣结论。由于在这样的传播信道中遇到的低发送空间相关在 $4 \times 2DP$（4，15）中 MU-MIMO 和 SU/MU-MIMO 动态切换相对于 SU 的增益微乎其微。由于 LTE 码本 CSI 反馈精度不足，MU-MIMO 和 SU/MU-MIMO 动态切

换在 4×2DP（0.5，15）相对于 SU 仅仅带来 5% 的增益。需要注意，基于增强码本 $W_s W_w$ 的 MU-MIMO 与基于 LTE 码本的 MU-MIMO 在同样的部署中具有相似的增益。这表明为了使 MU-MIMO 和 SU/MU-MIMO 动态切换相比于 SU-MIMO 具有显著的增益在 LTE-A 的下一个版本中需要对 $n_t = 4$ 标准化更好的 CSI 精度。MU-MIMO 和 SU/MU-MIMO 动态切换在 4 发送和 8 发送部署中带来显著增益，表明只是在高相关场景中并具有更多数量发送天线时，MU-MIMO 相对于 SU-MIMO 具有增益。MU-MIMO 干扰抑制能力随着发送天线的数量增加而增大。秩 1 报告 MU-MIMO 优于基于 SU-MIMO 报告的 MU-MIMO 以及基于 SU 报告的 SU/MU-MIMO 动态切换。这表明 SU-MIMO 报告有多不适合 MU-MIMO，尤其当 CSI 反馈的精度较差。在这样的精度的码本下，任何时候进行 MU-MIMO 时都倾向于要求秩 1 PMI 报告。随着反馈精度的增加，SU-MIMO PMI 的每一列准确地量化信道的正确特征向量，因而为运行 MU-MIMO 提供准确的 CSI 反馈。不幸的是使用 LTE$n_t = 4$ 码本和 LTE $n_t = 8$ 码本，SU-MIMO PMI 的列粗略近似信道的实际特征向量，这使得 MU-MIMO 无法提供相对于 SU-MIMO 的充足增益。

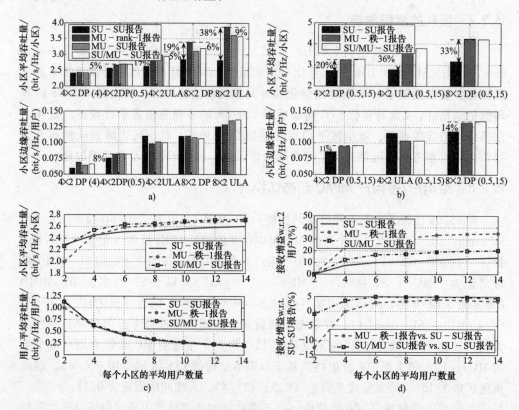

图 15.6　MU-MIMO vs. SU-MIMO 性能

a）基于量化反馈的动态切换　b）基于非量化反馈的动态切换

c）多用户分集　d）多用户分集

　　图 15.6b 提供了与图 15.6a 相似的评估，但是针对非量化 PMI 反馈。与量化 PMI 情形相反，当不量化 PMI 时，动态 SU/MU-MIMO 总是优于基于秩 1 的 MU-MIMO。很自然地给出，在非量化 PMI 反馈中 SU-MIMO PMI 的每一列对应于信道的一个正确（右）特征向量。还必须指出，MU 秩 1 报告与动态切换之间的差距非常小。然而，动态切换具有评估中不能体现出来的额外好处。比如，它简化操作，因为它避免重新配置传输模式（进而避免这种重配置引入的任何延时）。

15.2.9　多用户分集

　　图 15.6c 和 15.6d 说明了在典型的 $n_t \times n_r = 4 \times 2$ DP（0.5，15）部署场景中结合比例公平的多用户分集对 SU-MIMO，MU-MIMO 和 SU/MU-MIMO 动态切换的性能的影响。我们回顾 12.5.1 节速率最大化策略的吞吐量与 $\log \log (K)$ 成比例，其中 K 是一个小区内用户（MT）的数量。

　　可以看到，对用户数量较少（少于 4 个）的情况 SU-MIMO 优于 MU-MIMO，而对于用户数量更多的情况 MU-MIMO 优于 SU-MIMO。这证实了，为了与合适的用户一起配对 MU-MIMO 与 SU-MIMO 相比更加严重依赖多用户分集。不过有多少用户，SU/MU-MIMO 动态切换都优于 SU-MIMO 和 MU-MIMO。对用户数量较少的情况它具有与 SU-MIMO 相似的性能，对用户数量多的情况它具有与 MU-MIMO 相似的性能。SU 和 MU-MIMO 间的动态切换是一个灵活的方案，它能处理不种数量的用户，并为范围在 2 到 8 的中等数量用户的实际区域提供最多的增益。

15.3　同构网络中撒用户和小区分簇

　　CoMP（协作多点）的总体复杂度由调度器架构和管理的协作点数量决定。回顾在 13.3.1 节中所定义的 MC 测量集，MC 用户，MC 分簇集在 LTE-A Rel.11 中分别表示为 CoMP 测量集，CoMP 用户，CoMP 合作集。接下来我们保持使用 LTE-A 术语。

15.3.1　站内与站间分簇

　　表 15.1 给出了站内和站间部署（如 14.2.2 节中的介绍）中触发门限固定为 10dB 的 CoMP 测量集（在 13.3.1 节中也称为 MC 测量集）大小的分布。使用 3D 下倾（参见 13.1 节）。看到将协作限于站内部署，CoMP 用户（在 13.3.1 节称为 MC 用户）的百分比显著下降。在站内，考虑到 1 个 eNodeB 绑定 3 个小区，最大 CoMP 测量集大小为 3. 这些统计值也表明对于这样的触发门限考虑大于 3 的 CoMP 测量集大小没有增益。

15.3.2　用户为中心与网络预定义分簇

　　假设触发门限固定于 10dB，表 15.2 说明网络预定义分簇（13.3.3 节介绍）

减少 CoMP（MC）用户的发生。还值得指出，CoMP 测量集大小依赖于网络预定义协作集。结合表 15.1 和 15.2 的结果，我们实际观察到站内网络预定义协作集具有比站间网络预定义协作集更大的 CoMP 测量集，为方便起见，见表 15.3。

表 15.1   站内和站间 CoMP（MC）测量集大小为 1 到 6 的用户的百分比

测量集大小	1	2	3	4	5	6
站内 CoMP	53%	23%	18%	3%	2%	1%
站间 CoMP	75%	19%	6%	0%	0%	0%

表 15.2   用户为中心和网络预定义协作（或分簇）集 CoMP（MC）测量集大小为 1 到 6 的用户的百分比

测量集大小	1	2	3	4	5	6
用户为中心协作集	53%	23%	18%	3%	2%	1%
站间网络预定义协作集	80%	14%	6%	0%	0%	0%

表 15.3   两个不同网络预定义协作（或分簇）集 CoMP（MC）测量集大小为 1 到 6 的用户的百分比

测量集大小	1	2	3
站内网络预定义协作集	75%	19%	6%
站间网络预定义协作集	80%	14%	6%

15.3.3   受益于 CoMP 的用户群

图 15.7 给出了在站内（小区 1，2，3）和站间（小区 1，5，9）网络预定义小区簇内 CoMP 测量集大小为 1，2，3 的用户的位置的一些例子。我们注意到由于阴影效应用户不一定被最近的基站所服务。不需要 CoMP 的用户通常位于小区中间。要求两小区 CoMP 的用户位于两个扇区的边界。要求 3 个扇区间完全协作/协调的用户位于站间部署内三个扇区间的边界或者在站内部署中离基站非常近。后一种情形是因为发送阵列的下倾。

15.3.4   反馈开销

上行开销与 CoMP 测量集大小紧密相关进而与触发门限和部署场景密切相关。图 15.8 给出了站内和站间 CoMP 测量集大小为 1，2 或 3 的用户的百分比与触发门限的关系。在触发门限为 10dB 的站内部署中，大约 19% 的 UE 反馈 2 小区 CSI 而 6% 的 UE 反馈 3 小区 CSI。75% 的 UE 进行单小区反馈。作为 CoMP 和单小区操作反馈开销的粗略近似，我们可以计算，在单小区操作中 K UE 反馈 Bbit，在 CoMP（假设触发门限为 10dB）中 $0.75 K$ UE 反馈 Bbit，$0.19 K$ UE 反馈 $2B$bit 而 $0.06 K$ UE 反馈 $3B$bit。与单小区 MU-MIMO 相比，这导致上行开销增加大约 31%。这些

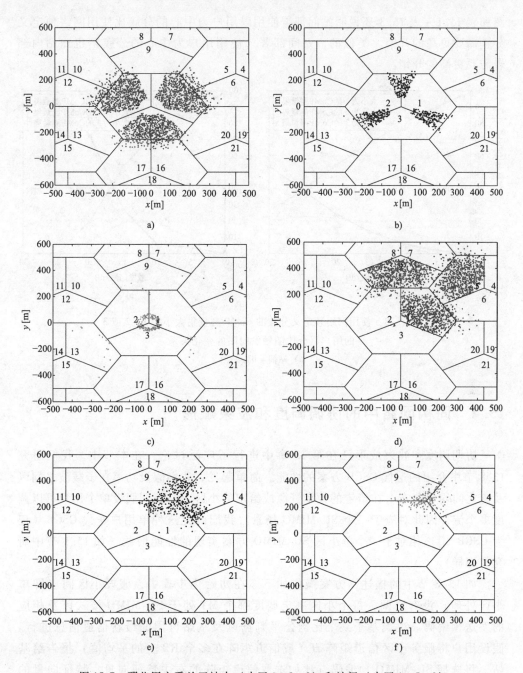

图 15.7　哪些用户受益于站内（小区 1，2，3）和站间（小区 1，5，9）
网络预定义小区簇内的 CoMP？

a）大小为 1 的测量集——站内　b）大小为 2 的测量集——站内
c）大小为 3 的测量集——站内　d）大小为 1 的测量集——站间
e）大小为 2 的测量集——站间　f）大小为 3 的测量集——站间

图和表 15.1 ~ 表 15.3 还说明站间部署使用以用户为中心的分簇比使用网络预定义分簇需要更高的开销。类似的，站间部署（使用用户为中心的分簇）也比站内部署需要更高的开销。

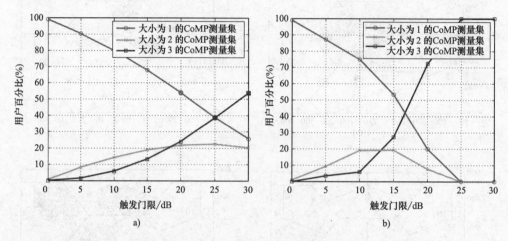

图 15.8　使用网络预定义分簇的 CoMP 测量集大小为 1，2 或 3
的用户百分比随触发门限的变化关系
a）站间　b）站内

15.4　同构网络中的协调调度和波束赋形

协调调度和波束成形已在第 13 章中进行了广泛讨论。在本节中，我们研究 13.8 节中介绍的迭代 CSCB 方案的性能。简单起见，我们假设功率在子载波之间以及流之间均匀分布。在给定的频率资源或给定的小区上，我们假设单个用户可以调度多个流，因此对应于一个 SU-MIMO 场景。我们研究这种单用户迭代 CSCB（记为 CSCB SU）相对于一个单小区 SU-MIMO 方案实现的性能增益（如 15.1 节中研究的那样）。

如 13.8 节中的描述，方案操作如下。在初始化步骤中，假设小区间（即单小区处理）没有协调，每个小区决定调度哪个 MT 处于 SU-MIMO 模式以及相应的发送预编码。决策基于某个比例公平判据以及基站可用的最新信道信息进行。假设用户将服务小区信道矩阵 $\boldsymbol{H}$（或信道矩阵在多个 RB 上的平均值）报告给基站，将选择 SU-MIMO 预编码（比如选取信道矩阵的右主特征向量，特征向量的数量由发送的秩决定）。在第 n 次迭代，每个小区基于其他小区在第 $n-1$ 次迭代的决策重新评估它所调度的 MT 以及它们的发送预编码的决策。基于相邻小区内的预编码和 MT 决策计算一个新的 CQI。网络范围的效用判据得以最大化，使得给定小区 i 内的调度决策不仅由这个小区所调度的用户的效用判据决定，还由其

他小区在第 $n-1$ 次迭代中已经实验性调度过的干扰用户的效用判据决定。在每次迭代，每小区调度器要求共享 CSI（比如 $\boldsymbol{H}$），预编码决策以及计算干扰用户效用判据所需的信息。预编码滤波器基于 JLS 准则（即 13.7.4 节的 SLNR 最大化方法）计算。

因为当反馈依赖隐式反馈（CQI/PMI/RI）时推导准确 CQI 困难，我们假设一个有些理想的场景，其中 MT 能够依 1RB 和 3RB 的颗粒度报告信道矩阵。因此，对特定用户 CoMP 测量集（假设（13.15）中的门限 δ 为 10dB）中每个干扰小区以每个 RB 或 3 个 RB 的水平报告信道矩阵。在 3RB 情形中，报告的矩阵是所经历的 3 个连续 RB 上信道矩阵的平均值。因为反馈为基站进行所有相关决策提供相对准确的信息，基站可以使用外环链路自适应基于发送和接收塑形估计准确的 CQI 以满足目标 BLER。假设使用 PF-TDMA，其中在每次只有一个用户分配整个带宽。协作在 57 个小区上进行，其中每个小区有机会给任意其他小区交换信息。因此，用户为中心分簇得以实现且不需要约束协作的范围。我们假定不考虑回程时延但考虑服务小区内的通常调度时延且固定为 6ms。

比较两个方案。第一个是基于 H 反馈的 SU-MIMO（记为 SU）。MT 为 CoMP 测量集中的服务小区和干扰小区反馈信道矩阵。给定这样的反馈，eNB 具有模拟 MT 计算秩，CQI 和 PMI 的所有信息，因此也能够计算秩，CQI 和预编码器。鉴于这些信息在反馈时不进行量化，性能在某种意义上提供了 SU-MIMO 可实现性能的一个上界。这样的方案中没有进行多小区协调，因为调度和预编码器设计在每个小区内独立进行。注意，在所有下列仿真结果中，我们假设对 CSI-RS 和 DM-RS 的理想信道估计和理想 CSI 反馈（除了 PMI/CQI/RI 外没有量化误差和信道矩阵报告）。

15.4.1　天线部署

图 15.9a 说明了子带大小为 1RB 和 3RB 时 $n_t \times n_r = 4 \times 2$ ULA（4，15）和（0.5，8）部署场景中协调（CSCB SU）相对于非协调方案（SU）的可实现性能增益。CSCU SU 依赖于联合泄漏抑制滤波器设计，而方案的架构令人想起 13.8 节中介绍的一个架构。在实际数据传输之前在迭代调度器内进行 16 次小区间迭代以达到最终调度的 MT。图 15.9b 说明了协调对发送秩（即实际所调度的流的数量）的分布的影响。乍一看，具有足够准确信道测量和反馈的 CSCB SU-MIMO 相对于单小区非协作方案具有显著的小区边缘性能增强。观察到在最佳条件下小区边缘有高达 30% 到 40% 的增益。然而随着子带大小由 1RB 变到 3RB，增益下降。由于在频率选择性（4，15）部署场景中的 CSI 不准确，小区边缘增益由 26.5%（1RB）跌落至 19%（3RB）。在图 15.9b 中，发送秩的分布移向更高的值，这表明由于降低干扰，协调使得能够向小区边缘用户以更高秩进行发送。

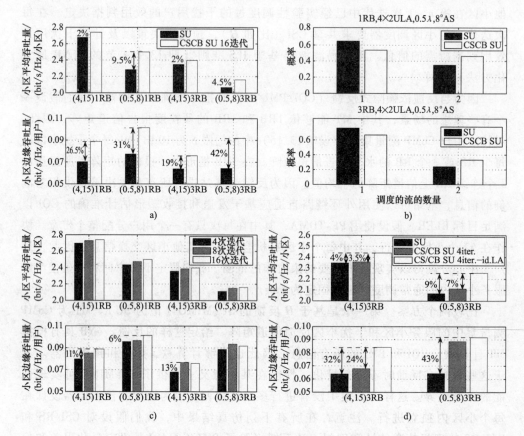

图 15.9　CS/CB 性能

a）迭代 CSCB SU-MIMO vs. SU-MIMO　b）发送秩的统计值

c）迭代次数　d）理想和非理想链路自适应

15.4.2　迭代次数

前一节的性能评估假设了一个相对复杂具有 16 次小区间迭代的调度器。图 15.9c 研究 $n_t \times n_r = 4 \times 2$ ULA（4，15）和（0.5，8）中子带大小为 1RB 和 3RB 时性能对迭代次数的敏感性。观察到 4 次迭代可能已经相对于 SU-MIMO 提供了一些不容忽视的增益，尤其是在空间相关信道，但如果将迭代次数增加到 16 次可以收获不容忽视的额外增益。在空间不相关信道（4，15）中达到收敛前需要的迭代次数比在相关信道（0.5，8）中大。在有回传延时的情况下，如果天线部署倾向于低空间相关，因此保持这样的增益尤为具有挑战性。

必须补充是，在这些评估中反馈相对理想。使用精度更差的反馈，由于不准确的链路自适应和 CQI 计算（这妨碍调度器在每次迭代选择合适的用户）性能增益通常跌落非常快。此外，调度器的收敛随着 CSI 精度下降而变得非常困难。

15.4.3　协调调度与协调波束赋形

前节中观察到的增益是两重的，因为它源于这样的协调调度，该调度在给定为一组预定义实验性调度用户计算最佳预编码器所设计的预编码器和协调的波束赋形器时选择最为合适的实验性用户。研究增益的主要来源是哪里，即来自调度部分还是波束赋形部分，很有趣。为此，迭代调度器 CS（没有 CB）和 CSCB SU-MIMO 的性能已经被加以评估。在迭代调度器 CS 中，预编码器简单地如单小区 SU-MIMO 中那样设计（基于信道矩阵的右主特征向量）。与调度器不考虑对邻近小区造成的干扰而自私工作的单小区 SU-MIMO 情形相反，调度器仍然是迭代架构，并以最大化网络效用为判据选择最佳用户集合。有趣的是，已经观察到对 4 次迭代和子带大小为 1RB 及 3RB，协调波束赋形对 CSCB 的性能增益没有贡献。增益几乎只源于协调调度器。

15.4.4　链路自适应和 CQI 计算

图 15.9d 比较在 $n_t \times n_r = 4 \times 2$ ULA（4, 15）和（0.5, 8）部署场景中子带大小为 3RB 时理想及非理想链路自适应（LA）迭代 CSCB SU-MIMO（4 次小区间迭代）与单小区 SU-MIMO 的性能。图中显示如果可能有一个更加准确的 LA（通过获取每个迭代候选调度用户经历的真实 SINR），则 CSCB 的性能显著提升。多点/小区协调带来的绝大部分潜在增益由于不准确的 LA 而被损耗。LA 在协调方案中尤为复杂，因为有非理想 CSI 反馈引起的候选调度用户 SINR 计算的任何不准确性都严重妨碍每个小区内选择调度的用户以及调度器的收敛。

在 13.8 节，我们简单提过关于基于秩协调的协调调度作为协调小区间发送秩的一个方法。因为报告的信息表明用户干扰抑制能力和协调效果，在实际反馈机制下基站 CQI 预测得以简化而协调增益得到增强。在［CLHK11］，相比于只有 2 个额外反馈比特的基线（没有协调）系统，在小区边缘通过秩协调可以实现 20% 的增益。类似于具有准确 CSI 的 CSCB，过去在基线系统中经常被调度以秩 1 发送用户中的一大部分在秩协调下将以秩 2 发送。

15.5　异构网络中的协同调度和功率控制

目前为止评估集中于同构部署。Rel.11 研究项中的评估已经表明在异构网（与同构网络相比）中由于非常严重的干扰，非常不规则的小区部署和用户分布的存在，多小区协作与合作的好处更大。接下来，我们首先说明家庭基站（femtocell）部署中多小区协调的性能，之后简要讨论一些微微小区（picocells）部署和分布式天线系统。

15.5.1 家庭基站

14.6.3 节介绍了家庭基站（Femtocell）部署中的干扰问题。在接下来一节，给出［HLC10］的数值结果来说明由于下行死区（dead-zone）问题引起的性能下降以及通过时/频域开/关功率控制（13.6 节讨论了它的优点）的静态和动态协调方案的好处。表 15.4 和表 15.5 列出了与 3GPP LTE-A 一致的仿真假设。

家庭基站的部署基于图 15.10 给出的双带模型。一座公寓综合楼随机置于每个宏小区（宏蜂窝）。一座综合楼有多层构成，每层有 60 个公寓。家庭基站随机置于公寓之中而家庭基站的密度服从部署率（DR）。30% 的部署率表示每层 40 个公寓中的 12 个包含一个室内家庭基站。我们假设一旦部署一个家庭基站（femto），它总是处于活跃状态（即活跃率为 100%）。

表 15.4　宏小区/家庭基站系统模型参数

参数	解释/假设
宏小区布局	2 层蜂窝系统,环绕六边形网格,3 扇区站点(19 个站点),天线基准点朝向扁平侧
家庭基站部署	宏小区频率复用为 1 无 X2 接口,封闭用户组 置于室内,用户部署
载波频率	2GHz
系统带宽	FDD:10MHz(仅下行)
站间距离	500m
发送功率	宏基站:46dBm,家庭基站:20dBm
穿透损耗	20dB(室外) 20/5dB(外墙/内墙)
热噪声密度	−174dBm/Hz
路径损耗模型[①]	双带模型
衰落模型	空间信道模型 (城市宏小区和低角度扩展)
阴影模型 标准差 相关	对数正态阴影 (家庭基站和家庭基站用户)(其他) 宏小区（站/扇区），家庭基站
天线模型[②] 天线增益 天线高度	宏小区基站:3 扇区,家庭基站/MT:全向 宏小区基站:14dBi,家庭基站:5dBi,MT:0dBi 宏小区基站:32m,家庭基站:3.5;MT:1.5m
MT 噪声值	9dB
MT 分布[③]	均匀分布(宏小区:10MT,家庭基站:1MT)
最小间距	35m(宏小区和家庭基站/MT) 3m(家庭基站和 MT)

（续）

参数	解释/假设
移动性	3km/h
网络同步	同步的
切换余量	1dB
TTI(子帧)长度	1ms

① 室内家庭基站信道模型：密集城市部署

② 3GPP 情形 1，3D 天线类型

③ 宏小区 MT：置于室内/室外宏小区覆盖区域之内。家庭基站 MT：置于室内家庭基站覆盖区域之内

表 15.5　LTE- A 系统级仿真假设

参数	解释/假设
天线配置	宏小区：间距为 0.5λ 的 4×2 均匀线性阵列 家庭基站：1×1
子带大小	50RB(宽带)，6RB(子带)
调度	仅在时域的比例公平 时域/频域比例公平
资源分配	RB 级指示
发送模式	单用户 MIMO
调解与编码	基于 LTE 传输模式的 MCS
链路抽象	指数等效 SINR 映射
混合 ARQ	前后合并，非自适应/异步 最多 3 次重传
反馈	RI(宽带)：2bit PMI(宽带/子带)：4bit LTE 码本 CQI(宽带/子带)：4bit CQI 5ms(周期)，6ms(时延) 无测量/反馈差错
链路自适应	目标分组错误率：10% (ACK：+0.5/9dB，NACK：-0.5dB)
开销	CCH：3 个 OFDM 符号，LTE R8 CRS：16RE
流量模型	满队列(积压)

　　可以注意到，这里研究了两种比例公平调度器。仅在时域比例公平调度 （PF-TD-MA） 在一个子帧的基础上将所有频率资源分配给单个用户，而时域和频域比例公平调度 （PF-FDMA） 依 RB 级分配资源进而在相同子帧内不同频率分配中支持多个用户。

15.5.2　下行死区问题

宽带 SINR 分析

图 15.11a 和 15.11b 给出了各种部署率 （DR） 下宏小区 MT/用户 （MMT） 和

家庭基站 MT/用户（FMT）的宽带 SINR 分布。显然，MMT 的曲线在死区显著降低进而导致宽带 SINR 下降到中断门限之下（对应于最低 MCS 水平）。值得指出与如图 13.1 的同构宏蜂窝网络中 MMT 宽带 SINR 分布的不同。随着 DR 增加，对 MMT 的干扰源于少量的主要家庭基站，因此 MMT 的曲线没有改变很多。然而，来自家庭基站干扰水平的增加严重影响 FMT 的曲线，且因为外墙/内墙损耗由干扰源的位置和要穿透墙的数量决定（如每个双带模型）而产生不对称偏移。

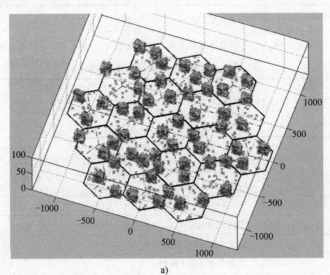

a)

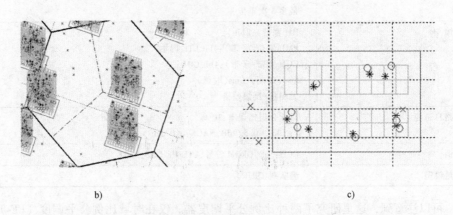

b)　　　　　　　　　　　　　　　　　　c)

图 15.10　a) 两层宏基站和家庭基站的蜂窝布局，b) 放大具有多
个公寓综合楼的三个宏小区。每个公寓综合楼由几层构成并对一簇家
庭基站建模，c) 放大公寓综合楼楼层中的一层：公寓综合楼内外的宏
小区 MT（x），家庭基站 MT（o），家庭基站（＊）

目前为止，假设单层建筑。［HLC10］中的评估显示了多层建筑对 FMT 宽带 SINR 分布的影响。多层的存在显著影响干扰水平，尤其是在稀疏部署中。6 ～ 10

层的结果非常相似且随着部署率改变不大。为简单起见，接下来我们假设一个 6 层模型并研究部署率的影响。

吞吐量分析

图 15.12a 和 15.12b 显示了在没有小区间协调的情况下宏小区用户和家庭基站用户的吞吐量表现。随着 DR 增加，宏小区边缘用户的性能下降。中断概率大约等于 13.5%，这与 HeNB 簇面积和扇区面积之间的比率相匹配。还观察到了一个不容忽视的小区平均吞吐量损失。此外，家庭基站受到家庭基站间干扰增加的影响。然而，如图 15.12c 所示，小区区域吞吐量大幅增加并受益于家庭基站小区分裂增益的增加。随着 DR（即家庭基站的数量）倍增，由于小区间干扰的增加，区域吞吐量并没有倍增。

调度器对死区问题的影响

前一节中所做的观察假设使用 PF-TDMA 调度器，其中在一个子帧的基础上所有频率资源分配各单个用户。图 15.12d 说明了当宏基站以 PF-FDMA 方式

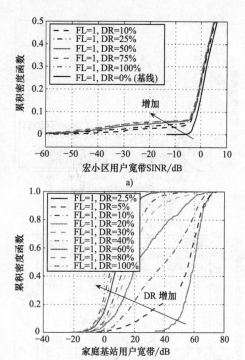

图 15.11　各种家庭基站部署率（DR）下的宽带 SINR 分布（假设单层建筑）

a）宏小区用户　b）家庭基站用户

调度用户时死区问题对宏小区用户的影响。在 PF-FDMA 中，资源依 RB 级分配给用户并且在相同子帧内不同频率分配中能够支持多个用户。借助频率选择调度，PF-FDMA 调度器有助于提升宏小区用户性能。即使中断仍然很大（尤其对高部署率），与采用 PF-TDMA 调度的情形相比它已经得以降低中断概率。这表明在干扰受限环境中利用频率选择性调度的重要性。

15.5.3　静态二元开关功率控制

如 14.6.3 节中的解释，可以依赖回传的可用性和质量进行静态和动态协调。在一些部署中，回传链路可靠性不足以能够进行动态功率控制。在这样的场景中，我们使用静态协调。本节我们说明依靠二元开关功率控制的静态小区间协调的好处。我们可以想到进行静态功率控制协调的多种方式，比如在时间和/或频率域，基于公共或随机化的资源静默。本节采用的方法主要依赖基于公共频率资源静默的静态功率控制方案。注意，即便这里关注频域，同样的方法在时域可自然地适用。本节我们假设调度基于 PF-FDMA。

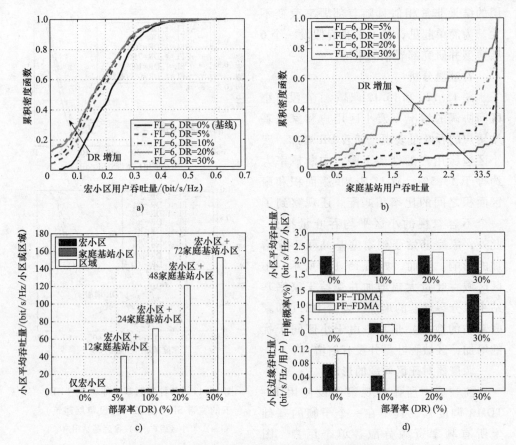

图 15.12　没有任何小区间协调下的吞吐量性能

a）宏小区用户吞吐量　b）家庭基站用户吞吐量

c）宏小区用户吞吐量：PF-TDMA 与 PF-FDMA　d）宏小区、家庭基站和区域平均吞吐量

公共资源静默

图 15.13a 说明了基于公共资源静默的静态协调的原理。家庭基站资源利用率因子 α 决定分配给家庭基站的资源的百分比，其定义为分配给家庭基站的资源块的数量与频段内资源块总数量之间的比率。公共静默资源只为宏小区 MT 保护分配。

图 15.13b 和 15.13c 展示了基于频域公共资源静默的静态协调的好处。通过改变利用率 α 和部署率 DR 说明了宏小区 MT 与家庭基站 MT 性能提升（或受干扰）之间的折中。随着家庭基站利用率下降，由于家庭基站不能使用部分资源而观察到家庭基站 MT 吞吐量的下降。同时，频域公共资源静默提升宏小区边缘（宏小区 MT 5%）吞吐量但降低家庭基站 MT 的吞吐量。随着家庭基站部署率增大，小区边缘性能增益显著。因此，受干扰宏小区 MT 吞吐量的任何增强都伴随着家庭基站 MT 吞吐量下降。随着家庭基站部署率的增加，我们看到家庭基站 MT 吞吐量的明显下降，只因为受干扰宏小区 MT 被频域静默所保护。这些评估还表明家庭基站间

的干扰不容忽视且影响性能。为了充分受益于家庭基站，多小区协调不应只关注受干扰宏小区 MT 还要考虑受干扰家庭基站 MT。

随机资源静默

如图 15.13d 所示另一方法建立在随机资源静默之上。因为家庭基站用户尤其受益于密集部署中的随机资源静默，与公共资源静默相比，预期家庭基站 MT 的性能会增加。然而，因为这些用户不能像在公共资源静默方法中那样在静默公共资源上逃离，受干扰宏小区 MT 的性能无法再得以保证。

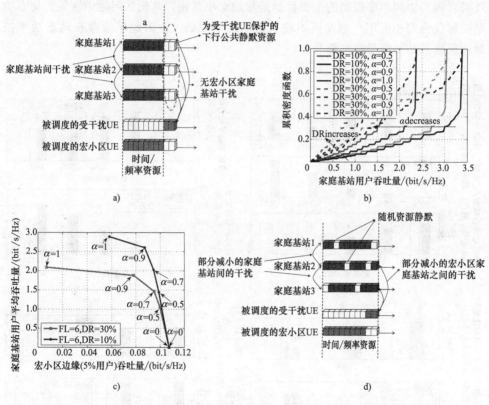

图 15.13　静态二元开关协调功率控制——公共和随机资源静默

a) 公共资源静默　b) 家庭基站吞吐量——公共资源静默

c) 宏小区和家庭基站吞吐量——公共资源静默　d) 随机资源静默

15.5.4　动态二元开关功率控制

如果某个替代回传链路可以用于动态交换协调信息，动态功率控制是一个非常有吸引力的解决方案，尤其是在密集部署中，这其中宏小区用户终端概率较大。

基于时域比例公平调度的时域功率控制

图 15.14a 展示了基于时域静默的动态协调功率控制方案的好处。给出了使用

和不使用动态时域功率控制的宏小区系统性能（宏小区平均吞吐量，宏小区用户（MT）小区边缘吞吐量，宏小区用户（MT）中断概率）。中断概率定义为 Pr（R_q ≤ λ_{th}），其中 R_q 表示用户 q 吞吐量和 λ_{th} = 0.01（bit/s/Hz）。当信号水平与干扰水平相差达 10dB 时触发 HeNB ICIC。在稀疏和密集部署场景中，时域静默提升小区平均吞吐量分别为 7% 和 21%，DR 分别为 10% 和 30%。有趣的是，一个简单的协调方案足以完全消除任意中断。

在图 15.14b 中，评估了动态协调功率控制对家庭基站吞吐量和区域吞吐量的效果。因为协调功率控制的主要目标是帮助宏小区用户从死区问题中恢复，动态功率控制仅由宏小区用户触发而不被家庭基站用户触发。因此尽管存在动态功率控制，家庭基站吞吐量得到提升。

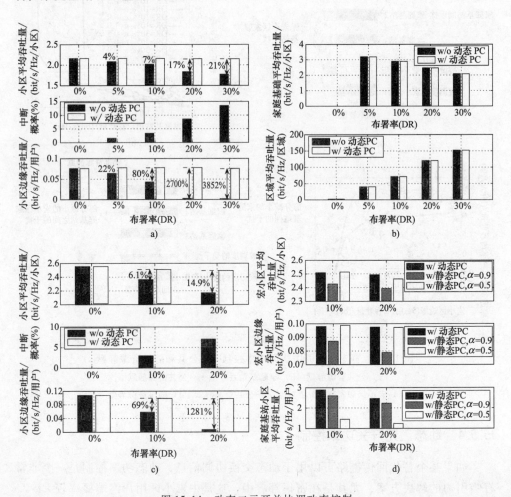

图 15.14　动态二元开关协调功率控制

a）宏小区性能-时域功率控制　b）家庭基站和区域吞吐量-时域功率控制

c）宏小区性能-时/频域功率控制　d）动态静态协调对比

基于时/频域比例公平的时/频域功率控制

要指出的是前一节假设 PF-TDMA 只是用时域动态开关功率控制,其中一个整个的子帧被动态关闭。自然地,通过进行 PF-FDMA 和在时域及频域(在频率资源的一个子集上)动态打开/关闭功率可能进一步增强性能。图 15.14c 研究了当调度依赖 PF-FDMA 时进行时/频域动态功率控制的好处。得到了与图 15.14a 相似的结果。然而,鉴于使用已经有效利用信道频率选择性的 PF-FDMA,这个场景中的动态功率控制的增益更小。与时域功率控制相比,时/频域功率控制增加了小区间消息传递的开销,这仍是回传链路不是很可靠的家庭基站部署中的一个关键问题。

15.5.5　动态和静态二元开关功率控制对比

图 15.4d 说明了使用 PF-FDMA 时家庭基站部署使用静态(基于一个公共资源静默)和动态协调功率控制的性能差别。如预期那样,相比于静态协调,动态协调能够使得在宏小区吞吐量和家庭基站之间进行更好的折中。

15.5.6　微微小区和分布式天线系统

在微微小区和分布式天线系统(Distributed Antenna System, DAS)中,干扰问题与家庭基站部署中经历的不同。由于开放式接入政策,微微小区和 DAS 部署中没有死区问题。然而,因为负载均衡和覆盖扩展,观察到小区间干扰,它主要影响微微小区用户,宏小区基站大发送功率的受害者。动态二元开关功率控制(结合动态小区/点选择)在微微小区和 DAS 部署中还对消除小区间干扰及提高小区边缘性能很有帮助[CKL+11]。相对于非协调部署,已经展现大约 50% 的小区边缘性能增益。此外还做出了如下观察。类似于家庭基站部署,随着低功率点的密度增加小区吞吐量以提升。用户布置配置高度影响性能。通常研究两种用户撒点配置。在一个均匀布置中,用户在宏小区均匀布置;而在一个分簇布置中,用户在宏小区上均匀布置但部分用户随机并均匀的被置于每个低功率节点的一定半径之内。可以显示因为在分簇部署中更多的用户被连接到低功率节点,分簇部署提供比均匀部署更高的吞吐量。

Rel. 10 中规范的覆盖扩展和 ABSF 的好处依据传播环境不同而变化。在微微小区节点和用户间有强 LOS 存在的场景中,用户自然倾向与低功率点相关联。由于存在 LOS 获得的接收功率增益起到自然的覆盖倾向偏置,它减少任意其他覆盖扩展的增益。

15.6　结束语

在过去十年,无线通信系统的设计已经经历一场范式革命。在经典链路级为中心的设计旨在在衰落约束下最大化单链路的吞吐量和可靠性(比如 SU-MIMO)的同时，更多新近的设计已经采用系统级的方法，其中在整个网络层面上进行吞吐量的优化（比如 MU-MIMO 和多小区 MIMO）。即便是在最不利的传播条件下，当下多发送/接收点天线也可以彼此合作或协调以处理（或利用）衰落和（小区内和小区间）干扰且增加用户体验。

　　虽然单小区和多小区 MIMO 在理论上能够提供大的增益，但这些增益在实际场景中可能消失。与单链路方法相反，系统级设计对设计假设和实际损耗更加敏感。本章通过与 3GPP LTE-A 兼容的系统级仿真，已经突出单用户，多用户和协作/协调多点/小区 MIMO 方案对诸如信道状态信息（Channel State Information，CSI）测量，链路自适应和调度器架构的敏感性。我们希望大家关注考虑损耗的无线系统设计需求以及更好评估设计假设对性能影响的需求。

附　　录

附录 A　有用的数学和矩阵特性

本书中使用的一些数学和矩阵特性［HJ95］归纳如下：

（1）$\parallel A \parallel_F^2 = \mathrm{Tr}\{AA^H\} = \mathrm{Tr}\{A^H A\}$

（2）$\mathrm{Tr}\{AB\} = \mathrm{Tr}\{BA\}$

（3）$\det(I + AB) = \det(I + BA)$

（4）柯西-施瓦茨不等式：$|\mathrm{Tr}\{AB\}|^2 \leqslant \parallel A \parallel_F^2 \parallel B \parallel_F^2$

（5）Hadamard 不等式：$\det(A) \leqslant \prod_{k=1}^n A(k,k)$ 如果 $A > 0$，并且 A 为 $n \times n$ 维矩阵

（6）Fischer 不等式，$\det\left(\begin{bmatrix} A & B \\ B^H & C \end{bmatrix}\right) \leqslant \det(A)\det(C)$，当 A，C 是方阵且等号在 $B = 0$ 时成立

（7）Weyl 不等式：对于 A 和 B 都是厄米特矩阵，并且其特征值 $\{\lambda_k(A)\}$ 和 $\{\lambda_k(B)\}$ 是按幅度降序排列，$\lambda_k(A) + \lambda_n(B) \leqslant \lambda_k(A + B) \leqslant \lambda_k(A) + \lambda_1(B)$ 对 $k = 1, \cdots n$

（8）奥本海默不等式：对于 A 和 B 都是 $n \times n$ 维半正定矩阵 $\det(A) \prod_{k=1}^n B(k,k) \leqslant \det(A \odot B)$

（9）当 B 列满秩时 $\parallel A - BX \parallel_F^2 \geqslant \parallel (I - B(B^H B)^{-1} B^H)A \parallel_F^2$

（10）$(A \otimes B) \otimes C = A \otimes (B \otimes C)$

（11）$(A \otimes B)^H = A^H \otimes B^H$

（12）$(A \otimes B)(C \otimes D) = (AC \otimes BD)$

（13）如果 A，B 都是非奇异方阵，$(A \otimes B)^{-1} = A^{-1} \otimes B^{-1}$

（14）$\det(A_{m \times m} \otimes B_{n \times n}) = \det(A)^n \det(B)^m$

（15）$\mathrm{Tr}\{A \otimes B\} = \mathrm{Tr}\{A\} \mathrm{Tr}\{B\}$

（16）$\mathrm{Tr}\{AB\} \geqslant \mathrm{Tr}\{A\} \sigma_{\min}^2(B)$。其中 $\sigma_{\min}(B)$ 是 B 最小的奇异值

（17）$\mathrm{vec}(ABC) = (C^T \otimes A) \mathrm{vec}(B)$

（18）$\det(I + \epsilon A) = 1 + \epsilon \mathrm{Tr}\{A\}$ 如果 $\epsilon \ll 1$

（19）矩阵求逆引理

$$(A - CB^{-1}D)^{-1} = A^{-1} + A^{-1}C(B - DA^{-1}C)^{-1}DA^{-1}$$

$$(I + EF)^{-1}E = E(I + FE)^{-1},$$

$$(I + G)^{-1} = I - (I + G)^{-1}G$$

$$(A + xx^H)^{-1} = A^{-1} - \frac{A^{-1}xx^H A^{-1}}{1 + x^H A^{-1}x}$$

（20）包含原理：如果 A 是 $n \times n$ 维厄米特矩阵，A' 是 $r \times r$ 维 A 的主子矩阵（通过从 A 矩阵中删除 $n - r$ 行和对应的列得到），那么对任意满足 $1 \leqslant k \leqslant r$，

$$\lambda_k(A) \leqslant \lambda_k(A') \leqslant \lambda_{k+n-r}(A)$$

其中特征值是按增序排列。

（21）对 A，B，$Z \in \mathbb{C}^{n \times m}$

$$\frac{\partial \operatorname{Tr}\{AZ\}}{\partial Z} = A^T$$

$$\frac{\partial \operatorname{Tr}\{Z^H A\}}{\partial Z} = 0_{n \times m}$$

$$\frac{\partial \operatorname{Tr}\{ZAZ^H B\}}{\partial Z} = B^T Z^* A^T$$

$$\frac{\partial \operatorname{Tr}\{AZ^{-1}\}}{\partial Z} = -(Z^T)^{-1} A^T (Z^T)^{-1}$$

$$\frac{\partial \det(AZB)}{\partial Z} = \det(AZB) A^T (B^T Z^T A^T)^{-1} B^T$$

（感兴趣的读者可以参考［HG07a］了解更多特性）

（22）Jensen 不等式：如果 $\mathcal{F}$ 为凹函数，那么 $\mathcal{E}_x\{\mathcal{F}(x)\} \leqslant \mathcal{F}(\mathcal{E}_x\{x\})$

（23）切诺夫界：$Q(x) \leqslant \exp\left(-\frac{x^2}{2}\right)$

附录 B　复高斯随机变量和矩阵

B.1　一些有用的概率分布

考虑 h 是一个复高斯变量，也就是，零均值方差为 σ^2 的循环复变量。这就意味着 h 的实部和虚部都是零均值方差为 σ^2 的高斯变量。在这种情况下，$s \triangleq |h|$ 服从瑞利分布，

$$p_s(s) = \frac{s}{\sigma^2}\exp\left(\frac{-s^2}{2\sigma^2}\right) \tag{B.1}$$

具有如下性质

$$\mathcal{E}\{s\} = \sigma\sqrt{\frac{\pi}{2}} \tag{B.2}$$

$$\mathcal{E}\{s^2\} = 2\sigma^2 \tag{B.3}$$

s 的 CDF（累计分布函数）是

$$P[s < S] = 1 - e^{-S^2/2\sigma^2} \tag{B.4}$$

随机变量 $y \triangleq |h|^2 = s^2$ 服从卡方分布（自由度为 2）

$$p_y(y) = \frac{1}{2\sigma^2}\exp\left(-\frac{y}{2\sigma^2}\right) \tag{B.5}$$

注意，对任意小的 ϵ，可以得到 $p[y < \epsilon] \approx \epsilon$.

我们现在考虑 n 个独立同分布零均值方差为 σ^2 的复高斯变量 $h_1, \cdots h_n$。定义 $u = \sum_{k=1}^{n} |h_k|^2$，$u$ 的矩量母函数为

$$\mathcal{M}_u(\tau) = \mathcal{E}\{e^{\tau u}\} = \prod_{k=1}^{n} \frac{1}{1 - 2\sigma^2\tau} = \left[\frac{1}{1 - 2\sigma^2\tau}\right]^n \tag{B.6}$$

u 的分布是

$$p_u(u) = \frac{1}{\sigma^{2n}2^n\Gamma(n)}u^{n-1}\exp\left(-\frac{u}{2\sigma^2}\right) \tag{B.7}$$

这个分布成为自由度为 $2n$ 的卡方分布，也表示为 x_{2n}^2（当 $n = 1$ 时，卡方分布退化为式（B.5））。对应的 CDF 是

$$P[u < U] = 1 - e^{-U/2\sigma^2}\sum_{k=1}^{n-1}\frac{1}{k!}\left(\frac{U}{2\sigma^2}\right)^k \tag{B.8}$$

$$= 1 - \frac{\Gamma(n, U/2\sigma^2)}{(n-1)!} \tag{B.9}$$

此外，如果 u 服从自由度为 $2n$ 的卡方分布，可以得到

$$\mathcal{E}\{\log u\} = \psi(n) \tag{B.10}$$

其中 $\psi(n)$ 是双伽马函数［Lee97］，对整数 n，可以表示为

$$\psi(n) = \sum_{k=1}^{n-1} \frac{1}{k} - \gamma \tag{B.11}$$

$\gamma \approx 0.57721566$，是欧拉常数。

最后，我们分析当 $h_1, \cdots h_n$ 均值非零的情况。假设 h_k 的实部和虚部是均值为 μ_k 方差为 σ^2 的高斯变量。在这种情况下，$w = \sum_{k=1}^{n} |h_k|^2$ 服从自由度为 $2n$ 的非中心卡方分布，

$$p_w(w) = \frac{1}{2\sigma^2} \left(\frac{w}{\beta} \right)^{\frac{n-1}{2}} \exp\left(-\frac{w+\beta}{2\sigma^2} \right) \mathbf{I}_{n-1}\left(\frac{\sqrt{w\beta}}{\sigma^2} \right) \tag{B.12}$$

式中，$\beta = \sum_{k=1}^{n} 2\mu_k^2$ 称为该分布的非中心分布参数。

B.2 威沙特矩阵的特征值

在本节，我们介绍复威沙特（Wishart）矩阵的一些特性。实际上，对用 $n_r \times n_t$ 维复高斯矩阵 H_w 表示的独立同分布瑞利信道，$T_w = H_w H_w^H$（当 $n_t > n_t$ 时）和 $T_w = H_w^H H_w$（当 $n_t < n_r$ 时）是参数为 n 和 N 的中心威沙特矩阵，表示为 $T_w(n, N)$。在我们的表示里，$N = \max\{n_t, n_r\}$，和 $n = \min\{n_t, n_r\}$。

引理 B.1 矩阵 $T_w(n, N)$ 的元素的联合概率密度［Ede89］是

$$\frac{1}{2^{Nn}\widetilde{\Gamma}_n(N)} e^{\mathrm{Tr}\{-\frac{1}{2}T_w\}} \left[\det(T_w) \right]^{N-n} \tag{B.13}$$

式中，$\widetilde{\Gamma}_n(N) = \pi^{n(n-1)/2} \prod_{k=1}^{n} \Gamma(N-k+1)$ 是多变量伽玛函数。

B.2.1 威沙特矩阵特征值的行列式和乘积

使用 H_w 的双对角化，在［Ede89］中证明了威沙特矩阵具有如下性质。

定理 B.1 如果 T_w 是服从参数为 n 和 N 的中心威沙特分布，T_w 的行列式服从分布 $\prod_{k=1}^{n} K_{2(N-n+k)}^2$（该记号表示 n 个卡方分布随机变量的乘积的分布）。由于行列式是非零特征值的乘积，因此非零特征值的乘积也服从该分布。

证明：证明过程是基于独立元素的复高斯矩阵与独立卡方分布变量组成元素的双对角化矩阵酉相似［Ede98］。

推论 B.1 T_w 的行列式的期望等于 $\dfrac{N!}{(N-n)!}$。

必须牢记上述定理并不意味着 T_w 的排序或随机选择特征值服从卡方分布，因为该定理只考虑了特征值的乘积。

B.2.2 排序特征值的分布

T_w 的排序特征值，$\lambda_1 \geqslant \lambda_2 \geqslant \cdots \geqslant \lambda_n$ 具有如下分布

$$p_{\lambda_1, \cdots, \lambda_n}(\lambda_1, \cdots, \lambda_n) = \frac{2^{-Nn} \pi^{n(n-1)}}{\widetilde{\Gamma}_n(N) \widetilde{\Gamma}_n(n)} e^{-\sum_{k=1}^n \lambda_k} \prod_{k=1}^n \lambda_k^{N-n} \prod_{k<l} (\lambda_k - \lambda_1)^2 \text{ (B.14)}$$

在［Ede89］中推导了 T_w 最大和最小特征值的渐近结果，总结如下。

命题 B.1 如果 n 和 N 以固定比例 $n/N \leqslant 1$ 趋近于无穷大啊，T_w 最小和最大的特征值分别满足

$$\frac{1}{n}\lambda_{\min} \xrightarrow{\text{a.s.}} 2(1 - \sqrt{n/N})^2 \qquad \text{(B.15)}$$

$$\frac{1}{n}\lambda_{\max} \xrightarrow{\text{a.s.}} (1 + \sqrt{n/N})^2 \qquad \text{(B.16)}$$

这个命题非常有用，因为它直接给出了 $\lambda_{\min}$ 和 $\lambda_{\max}$ 的均值。

B.2.3 非排序特征值的分布

定理 B.2 T_w 随机选择的（非排序）特征值的分布 $p_\lambda(\lambda)$ 是

$$p_\lambda(\lambda) = \frac{1}{n} \sum_{k=0}^{n-1} \frac{k! \lambda^{N-n} e^{-\lambda}}{(k+N-n)!} L_k^{N-n}(\lambda) \qquad \text{(B.17)}$$

并且 $L_k^p(x)$ 是 k 阶拉盖尔多项式：

$$L_k^p(x) = \sum_{m=0}^k (-1)^m \binom{k+p}{k-m} \frac{x^m}{m!} \qquad \text{(B.18)}$$

例如，图 B.1 说明了对 2×2 和 3×3 独立同瑞利分布信道理论上的分布和用蒙特卡洛仿真得到的分布。

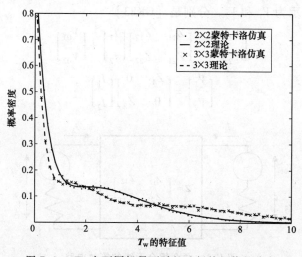

图 B.1 T_w 在不同场景下随机选择特征值的分布

附录 C　天线耦合模型

本附录严格推导了 2.5.2 节中给出的天线耦合模型。我们解释了为什么耦合矩阵智能在天线是最小散射体时才能推导得到。我们区别了天线是关于阻抗参数的最小散射体的情况和天线是关于导纳参数的最小散射体的情况。

C.1　关于阻抗参数的最小散射体

正如在 ［RP94］ 中解释的，关于阻抗参数的最小散射体的天线是开路天线，几乎和没有该天线存在时一样。典型的这种天线是半波长偶极子。实际上，开路半波长偶极子阵元就是 1/4 波长导线，它具有很小的散射截面 ［Han98］.

使用这种天线可以得到下列简化：

1）对接收天线，开路电压与其他元件的出现无关，

2）其固有阻抗与其他开路天线无关，

3）开路环境下的元件辐射方向图与孤立元件辐射方向图一样。

C.1.1　电路表达

考虑建模成两端口网络的两个耦合天线。每根天线是用戴维南等效源串联上两个阻抗 Z_1 和 Z_2 表示的电源激励。用 I_1 和 I_2 表示天线端口处的电流（见图 C.1），负载上的电压表示为 V_1 和 V_2，分别是 ［GK83］

$$\begin{bmatrix} V_1 \\ V_2 \end{bmatrix} = -\begin{bmatrix} Z_{11} & Z_{12} \\ Z_{21} & Z_{22} \end{bmatrix}\begin{bmatrix} I_1 \\ I_2 \end{bmatrix} + \begin{bmatrix} V_{01} \\ V_{02} \end{bmatrix} \tag{C.1}$$

$$\begin{bmatrix} V_1 \\ V_2 \end{bmatrix} = \begin{bmatrix} Z_1 & 0 \\ 0 & Z_2 \end{bmatrix}\begin{bmatrix} I_1 \\ I_2 \end{bmatrix} \tag{C.2}$$

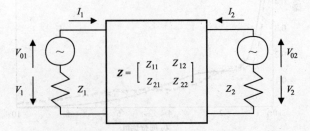

图 C.1　两个耦合天线的等效电路

式中，V_{01} 和 V_{02} 是源电压。

根据简化 1），V_{01} 和 V_{02} 是常数，而与 I_1 和 I_2 无关。元素 Z_{ij} 是网络阻抗矩阵 $\boldsymbol{Z}$ 的元素。根据简化 2），$Z_{11} = Z_{A1}$ 和 $Z_{22} = Z_{A2}$，其中 Z_{A1} 和 Z_{A2} 分别是孤立天线 1 和 2 的天线阻抗。

需要注意，这个表达式对发射阵列和接收阵列都成立。实际上，源电压对应到发生器和开路电压，而终端阻抗对应发生器和负载阻抗。

在接收端，我们求解上述的方程组得到以开路电压为函数的负载处电压

$$\begin{bmatrix} V_1 \\ V_2 \end{bmatrix} = \begin{bmatrix} \boldsymbol{I}_2 + \boldsymbol{Z} \begin{bmatrix} Z_1 & 0 \\ 0 & Z_2 \end{bmatrix}^{-1} \end{bmatrix}^{-1} \begin{bmatrix} V_{01} \\ V_{02} \end{bmatrix} \tag{C.3}$$

假设 $Z_1 = Z_2 = Z_T$，我们可以把（C.3）等效为

$$\begin{bmatrix} V_1 \\ V_2 \end{bmatrix} = \frac{Z_T}{Z_T + Z_A} \underbrace{(Z_T + Z_A) \left[\boldsymbol{I}_2 Z_T + \boldsymbol{Z} \right]^{-1}}_{\boldsymbol{M}_r} \begin{bmatrix} V_{01} \\ V_{02} \end{bmatrix} \tag{C.4}$$

其中我们定义了接收耦合矩阵 $\boldsymbol{M}_r$。当天线阵元间距较大时，互耦合可以忽略不计，$\boldsymbol{M}_r$ 趋近于单位矩阵。

为了得到发射耦合矩阵，我们首先把每根天线上的电流表示为源电压的函数（也就是开路电压），然后使用叠加原则来估计，由于简化（2）和（3），每根天线上电压有效的转换为电流。根据式（C.1）和式（C.2），可以得到

$$\begin{bmatrix} I_1 \\ I_2 \end{bmatrix} = \begin{bmatrix} \begin{bmatrix} Z_1 & 0 \\ 0 & Z_2 \end{bmatrix} + \boldsymbol{Z} \end{bmatrix}^{-1} \begin{bmatrix} V_{01} \\ V_{02} \end{bmatrix} \tag{C.5}$$

为了估计辐射场，我们可以把这些电流当做理想电流源，并叠加每个电流辐射的场。当我们关注其中一个电流时，其他电流设置为 0（这些天线开路）。由于关于阻抗参数的最小散射体，根据假设（3），看不到开路天线，我们关注每个由自身电流激励的天线，天线 V_{A1} 和 V_{A2} 上的电压可以表示为

$$\begin{bmatrix} V_{A1} \\ V_{A2} \end{bmatrix} = \begin{bmatrix} Z_{A1} & 0 \\ 0 & Z_{A2} \end{bmatrix} \begin{bmatrix} I_1 \\ I_2 \end{bmatrix} \tag{C.6}$$

假设 $Z_1 = Z_2 = Z_T$ 和 $Z_{A1} = Z_{A2} = Z_A$，合并式（C.6）和式（C.5）可以得到

$$\begin{bmatrix} V_{A1} \\ V_{A2} \end{bmatrix} = \frac{Z_A}{Z_T + Z_A} \underbrace{(Z_T + Z_A) \left[\boldsymbol{I}_2 Z_T + \boldsymbol{Z} \right]^{-1}}_{\boldsymbol{M}_t} \begin{bmatrix} V_{01} \\ V_{02} \end{bmatrix} \tag{C.7}$$

其中我们定义了发射耦合矩阵 $\boldsymbol{M}_t$。与式（C.4）相比，我们可以观察到发射端和接收机的耦合矩阵具有相同的形式。

C.1.2　辐射图

我们还可以用辐射图来描述互耦合。根据［KS93］来评估天线阵列辐射图

$$E(\theta, \psi) = \sum_{p=1}^{N} V_{0p} g_p(\theta, \psi) e^{jk\hat{\boldsymbol{r}} \cdot \boldsymbol{r}_p} \tag{C.8}$$

式中，$g_p(\theta,\psi)$ 是相位调整单位刺激阵元辐射图样；k 是自由空间传输常数；$\hat{r}$ 是从坐标原点到观察方向 (θ,ψ) 的单位辐射向量；r_p 是从原点到第 p 个阵元的中心的位置向量；$\bullet_a$ 表示阵列坐标系的标量乘积。

方向图 $g_p(\theta,\psi)$ 表示当第 p 个阵元被对应的发生器阻抗为 Z_p 的单位电压激励时阵列的辐射方向图，并且其他阵元对应的发生器阻抗为 $\{Z_p\}$。这种方向图是用天线 p 的坐标系表示。项 $e^{jk\hat{r}\bullet r_p}$ 把天线 p 的坐标系表示为与 $g_p(\theta,\psi)e^{jk\hat{r}\bullet r_p}$ 具有相同的方向图，但是是位于阵列坐标系（称为单位激励阵元方向图）。根据假设（3），阵元方向图 $g_p(\theta,\psi)$ 可以评估为电流为系数的阵列阵元的叠加［Han98］，所有阵元都乘上孤立阵元方向图

$$g_p(\theta,\psi) = g_{isol}(\theta,\psi) \sum_{q=1}^{N} I_q^{(p)} e^{jk\hat{r}\bullet_p r_q} \tag{C.9}$$

式中，$\bullet_p$ 表示第 p 根天线坐标系的标量乘积；$I_q^{(p)}$ 是当天线 p 被发生器阻抗 Z_p 的单位电压激励时在天线 q 上的反馈电流，其他阵元的发生器阻抗为 $\{Z_q\}$。

电流 $I_q^{(p)}$（其中 $q \neq p$）表示由于天线耦合造成的电流。$g_{isol}(\theta,\psi)$ 是孤立阵列阵元的方向图。这些电流可以根据之前的耦合天线网络的等效电路表示来进行计算。我们考虑两天线的情况。我们首先看 $I_q^{(p)}$。

用上标 (p) 表示单位电压激励天线 p，而其他天线没有激励，我们可以表示

$$\begin{bmatrix} V_1^{(p)} \\ V_2^{(p)} \end{bmatrix} = -\begin{bmatrix} Z_{11} & Z_{12} \\ Z_{21} & Z_{22} \end{bmatrix} \begin{bmatrix} I_1^{(p)} \\ I_2^{(p)} \end{bmatrix} + \begin{bmatrix} V_{01}^{(p)} \\ V_{02}^{(p)} \end{bmatrix} \tag{C.10}$$

$$\begin{bmatrix} V_1^{(p)} \\ V_2^{(p)} \end{bmatrix} = \begin{bmatrix} Z_1 & 0 \\ 0 & Z_2 \end{bmatrix} \begin{bmatrix} I_1^{(p)} \\ I_2^{(p)} \end{bmatrix} \tag{C.11}$$

其中

$$V_{0q}^{(p)} = \begin{cases} 0 & \text{当 } p \neq q \\ V_{0p=1} & \text{当 } p = q \end{cases} \tag{C.12}$$

最后我们可以把电流 $I_q^{(p)}$ 表示为

$$\begin{bmatrix} I_1^{(p)} \\ I_2^{(p)} \end{bmatrix} = \begin{bmatrix} \begin{bmatrix} Z_1 & 0 \\ 0 & Z_2 \end{bmatrix} + Z \end{bmatrix}^{-1} \begin{bmatrix} V_{01}^{(p)} \\ V_{02}^{(p)} \end{bmatrix} \tag{C.13}$$

只关心 θ 平面（见图 C.1），相位可调单位激励阵元方向图式（C.9）g_1 和 g_2 可以计算为

$$g_1(\theta,\psi) = g_{isol}(\theta,\psi) \left[I_1^{(1)} + I_2^{(1)} e^{-jkd\cos(\theta)} \right] \tag{C.14}$$

$$g_2(\theta,\psi) = g_{isol}(\theta,\psi) \left[I_1^{(2)} e^{-jkd\cos(\theta)} + I_2^{(2)} \right] \tag{C.15}$$

使用和天线 1 一样的阵列坐标系，阵列辐射方向图 $E(\theta,\psi)$ 可以表示为

$$E(\theta,\psi) = V_{01}g_1(\theta,\psi) + V_{02}g_2(\theta,\psi) e^{-jkd\cos(\theta)}$$

$$= g_{isol}(\theta,\psi) \begin{bmatrix} 1 & e^{-jkd\cos(\theta)} \end{bmatrix} \begin{bmatrix} I_1^{(1)} & I_1^{(2)} \\ I_2^{(1)} & I_2^{(2)} \end{bmatrix} \begin{bmatrix} V_{01} \\ V_{02} \end{bmatrix}$$

$$= g_{\text{isol}}(\theta,\psi) \begin{bmatrix} 1 & \mathrm{e}^{-jkd\cos(\theta)} \end{bmatrix} \begin{bmatrix} \begin{bmatrix} Z_1 & 0 \\ 0 & Z_2 \end{bmatrix} + Z \end{bmatrix}^{-1} \begin{bmatrix} V_{01} \\ V_{02} \end{bmatrix} \tag{C.16}$$

如果 $Z_1 = Z_2 = Z_{\text{T}}$，矩阵 $\begin{bmatrix} Z_{\text{T}} I_2 + Z \end{bmatrix}^{-1}$ 考虑到了阵列方向图上所有的互耦合影响。为了简化，我们把这个矩阵归一化，满足在没有耦合时耦合矩阵为单位矩阵，因此

$$M = (Z_{\text{T}} + Z_{\text{A}}) \begin{bmatrix} Z_{\text{T}} I_2 + Z \end{bmatrix}^{-1} \tag{C.17}$$

由于引入了耦合矩阵，在考虑耦合时，根据式（C.14）、式（C.15）和式（C.16），评估辐射方向图非常直接。

C.2 关于导纳参数的最小散射体

关于导纳参数的最小散射体的天线是路路天线，几乎和没有该天线存在时一样[RP94]。这种天线典型的一类是槽式天线。

使用这种天线可以得到以下简化：

1）短路电流与其他元件的出现无关，

2）其固有导纳与其他短路天线无关，

3）短路环境下的元件辐射方向图与孤立元件辐射方向图一样。

考虑两耦合天线，建模成两端口网络。每根天线用建模成具有两个并联终端阻抗 Z_1 和 Z_2 的诺顿等效电流源激励。用 V_1 和 V_2 表示终端上的电压（以及在天线的入口），我们用下面的方式表示终端的电流 I_1 和 I_2，

$$\begin{bmatrix} I_1 \\ I_2 \end{bmatrix} = -\begin{bmatrix} Y_{11} & Y_{12} \\ Y_{21} & Y_{22} \end{bmatrix} \begin{bmatrix} V_1 \\ V_2 \end{bmatrix} + \begin{bmatrix} I_{01} \\ I_{02} \end{bmatrix} \tag{C.18}$$

$$\begin{bmatrix} V_1 \\ V_2 \end{bmatrix} = \begin{bmatrix} Z_1 & 0 \\ 0 & Z_2 \end{bmatrix} \begin{bmatrix} I_1 \\ I_2 \end{bmatrix} \tag{C.19}$$

式中，I_{01} 和 I_{02} 是源电流（如果所有天线都短路，$V_1 = V_2 = 0$，I_1，I_2 分别等于 I_{01} 和 I_{02}）。

根据简化（1），I_{01} 和 I_{02} 是常量，而与 V_1 和 V_2 无关。元素 Y_{ij} 是网络导纳矩阵 $Y = Z^{-1}$ 中的元素。根据简化（2），$Y_{11} = Y_{\text{A1}}$ 和 $Y_{22} = Y_{\text{A2}}$，其中 Y_{A1} 和 Y_{A2} 分别是天线 1 和 2 的天线导纳。再次重申，这个表达式对发射和接收阵列都成立。

在接收端，我们求解上面的方程组得到以短路电流为函数的负载电流表示式

$$\begin{bmatrix} I_1 \\ I_2 \end{bmatrix} = \begin{bmatrix} I_2 + Z^{-1} \begin{bmatrix} Z_1 & 0 \\ 0 & Z_2 \end{bmatrix} \end{bmatrix}^{-1} \begin{bmatrix} I_{01} \\ I_{02} \end{bmatrix} \tag{C.20}$$

假设，$Z_1 = Z_2 = Z_{\text{T}}$，我们可以把式（C.20）等效为

$$\begin{bmatrix} I_1 \\ I_2 \end{bmatrix} = \frac{Z_{\text{A}}}{Z_{\text{T}} + Z_{\text{A}}} \underbrace{\frac{(Z_{\text{T}} + Z_{\text{A}})}{Z_{\text{A}}} Z \begin{bmatrix} I_2 Z_{\text{T}} + Z \end{bmatrix}^{-1}}_{M_r} \begin{bmatrix} I_{01} \\ I_{02} \end{bmatrix} \tag{C.21}$$

　　其中我们引入了接收端的耦合矩阵 M_r。该矩阵考虑了所有的互耦合影响。当天线阵元间距较大时，互耦合可以忽略不计，M_r 趋近于单位矩阵。

　　为了得到发射端的耦合矩阵，我们首先把每根天线上的电压表示为短路电流的函数，然后使用叠加原则来估计电压，由于简化（2）和（3），每根天线上电流有效的转换为电压。根据式（C.18）和式（C.19），可以得到

$$\begin{bmatrix} V_1 \\ V_2 \end{bmatrix} = \left[\begin{bmatrix} Z_1 & 0 \\ 0 & Z_2 \end{bmatrix}^{-1} + Z^{-1} \right]^{-1} \begin{bmatrix} I_{01} \\ I_{02} \end{bmatrix} \tag{C.22}$$

　　假设这些电压是理想的电压源，然后对每个电压源的辐射场进行叠加可以估计出总的辐射场。当我们关注其中一个电压源时，其他电压设置为 0（对应的天线短路）。由于对关于导纳参数的最小散射体，根据假设（3）短路天线不可见，我们可以关注每根由自身电压激励的天线，每根天线的电流为 I_{A1} 和 I_{A2}，可以表示为

$$\begin{bmatrix} I_{A1} \\ I_{A2} \end{bmatrix} = \begin{bmatrix} Z_{A1}^{-1} & 0 \\ 0 & Z_{A2}^{-1} \end{bmatrix} \begin{bmatrix} V_1 \\ V_2 \end{bmatrix} \tag{C.23}$$

其中我们利用了根据假设（2），自阻抗与天线自阻抗一样的性质。假设 $Z_1 = Z_2 = Z_T$ 和 $Z_{A1} = Z_{A2} = Z_A$，合并式（C.23）和式（C.22）可以得到

$$\begin{bmatrix} I_{A1} \\ I_{A2} \end{bmatrix} = \frac{Z_T}{Z_T + Z_A} \underbrace{\frac{(Z_T + Z_A)}{Z_A} Z \left[I_2 Z_T + Z \right]^{-1}}_{M_t} \begin{bmatrix} I_{01} \\ I_{02} \end{bmatrix} \tag{C.24}$$

其中我们引入了发射端的耦合矩阵 M_t。与式（C.21）相比，我们观察到发射端和接收端的耦合矩阵有着相同的形式。但是，与关于阻抗参数的最小散射体中的耦合矩阵式（C.4）和式（C.7）相比有着差异。辐射方向图的说明和关于阻抗参数的最小散射体中的说明类似。

附录 D 推导平均成对错误概率

有很多方法来计算空时编码的平均错误概率。在本书，我们给出一种在 [SA00，Sim01] 中广泛使用的基于 Craig 方程的方法，该方法易于推导。在 [UG01，UG04，TB02] 中可以找到其他方法。

当码字 C 通过 n_t 根天线发射，我们对 ML 译码器把接收的信号译码成码字 $E = [e_0 \cdots e_{T-1}]$ 而不是译码成码字 C 的概率感兴趣。这个概率也称为成对错误概率（PEP）。当 PEP 的条件概率是信道实现 $\{H_k\}_{k=0}^{T-1}$，定义成条件 PEP，

$$P(C \to E \mid \{H_k\}_{k=0}^{T-1}) = Q\left(\sqrt{\frac{\rho}{2} \sum_{k=0}^{T-1} \| H_k(c_k - e_k) \|_F^2} \right) \tag{D.1}$$

式中，$Q(x)$ 是高斯 Q 函数，定义为

$$Q(x) \triangleq P(y \geq x) = \frac{1}{\sqrt{2\pi}} \int_x^\infty \exp\left(-\frac{y^2}{2} \right) dy \tag{D.2}$$

平均 PEP，表示为 P $(C \to E)$，是通过对（D.1）的条件 PEP 在信道增益的概率分布上进行平均得到的，即

$$P(C \to E) = \mathcal{E}_{H_k}\{ P(C \to E \mid \{H_k\}_{k=0}^{T-1}) \} \tag{D.3}$$

计算平均 PEP 需要对式（D.1）乘上路径增益的概率密度函数进行积分得到。

这个积分通常很难计算得到。因此，使用了别的形式的高斯 Q 函数。一种常见的形式是称为 Craig 方程 [Sim01]

$$Q(x) = \frac{1}{\pi} \int_0^{\pi/2} \exp\left(-\frac{x^2}{2\sin^2(\beta)} \right) d\beta \tag{D.4}$$

但是，虽然可以使用 Craig 方程进行平均，但是对参数 β 的积分通常仍然很难计算得到直接解。因此，通常使用基于切诺夫界的平均 PEP 的上界。由于切诺夫界，高斯 Q 函数的上界是

$$Q(x) \leq \exp\left(-\frac{x^2}{2} \right) \tag{D.5}$$

因此，在 Craig 方程的被积函数中令 $\sin^2(\beta) = 1$ 可以得到切诺夫界。在下文中，我们评估了在联合空时相关性的莱斯信道中的平均 PEP。该 PEP 同样可以推广到独立同瑞利慢衰落和快衰落中。我们推导了基于切诺夫界的平均 PEP 上界和基于 Craig 方程的精确平均 PEP。

我们可以得到平均 PEP 为

$$P(\boldsymbol{C} \rightarrow \boldsymbol{E}) = \mathcal{E}_{\boldsymbol{H}_k} \{ P(\boldsymbol{C} \rightarrow \boldsymbol{E} \mid \{ \boldsymbol{H}_k \}_{k=0}^{T-1}) \}$$

$$= \frac{1}{\pi} \int_0^{\pi/2} M_\Gamma \left(-\frac{1}{2\sin^2(\beta)} \right) d\beta \tag{D.6}$$

$$\leqslant M_\Gamma \left(-\frac{1}{2} \right) \tag{D.7}$$

式中，在式（D.6）中我们使用了 Craig 方程，而在式（D.7）中利用了切诺夫界。
函数

$$M_\Gamma(\gamma) \triangleq \int_0^\infty \exp(\gamma\Gamma) p\Gamma(\Gamma) d\Gamma \tag{D.8}$$

是 $\Gamma = \frac{\rho}{2} \sum_{k=0}^{T-1} \| \boldsymbol{H}_k(\boldsymbol{c}_k - \boldsymbol{e}_k) \|_F^2$ 的矩量母函数（MGF）。下一步是把 Γ 表示为复高斯随机变量的厄米特二次形式，然后使用下列定理 [SBS66，Tur60]。

定理 D.1　复高斯随机变量 $y = z\boldsymbol{F}z^H$，其中 z 是均值为 $\bar{z}$，协方差矩阵 $\boldsymbol{R}_z$ 的循环对称复高斯向量，$\boldsymbol{F}$ 是厄米特矩阵，复高斯随机变量 y 的厄米特二次形式的矩量母函数为

$$M_y(s) \triangleq \int_0^\infty \exp(sy) p_y(y) \mathrm{d}y = \frac{\exp(s\bar{z}\boldsymbol{F}(\boldsymbol{I} - s\boldsymbol{R}_z\boldsymbol{F})^{-1} \bar{z}^H)}{\det(\boldsymbol{I} - s\boldsymbol{R}_z\boldsymbol{F})} \tag{D.9}$$

根据式（D.6）和式（D.7）可以很容易推导得到精确的 PEP 和 PEP 的切诺夫界。我们在下文中使用这个推导步骤来得到平均 PEP 在不同类型信道中的表达式。

D.1　联合空时相关莱斯衰落信道

定义

$$\boldsymbol{H} = \sqrt{\frac{K}{1+K}} (\boldsymbol{1}_{1 \times T} \otimes \bar{\boldsymbol{H}}) + \sqrt{\frac{1}{1+K}} [\tilde{\boldsymbol{H}}_0 \quad \tilde{\boldsymbol{H}}_1 \quad \cdots \quad \tilde{\boldsymbol{H}}_{T-1}]$$

$$\boldsymbol{D} = \mathrm{diag}\{ \boldsymbol{c}_0 - \boldsymbol{e}_0, \boldsymbol{c}_1 - \boldsymbol{e}_1, \cdots, \boldsymbol{c}_{T-1} - \boldsymbol{e}_{T-1} \} \tag{D.10}$$

我们可以表示

$$\sum_{k=0}^{T-1} \| \boldsymbol{H}_k(\boldsymbol{c}_k - \boldsymbol{e}_k) \|_F^2 = \| \boldsymbol{HD} \|_F^2 = \mathrm{Tr}\{ \boldsymbol{HDD}^H\boldsymbol{H}^H \}$$

$$= \mathrm{vec}(\boldsymbol{H}^H)^H \boldsymbol{\Delta} \mathrm{vec}(\boldsymbol{H}^H) \tag{D.11}$$

式中，$\boldsymbol{\Delta} = \boldsymbol{I}_{n_r} \otimes \boldsymbol{DD}^H$。

由于最后一个等式是复高斯随机变量的厄米特二次形式，可以根据式（D.9）计算得到 Γ 的 MGF，最后得到空时相关莱斯衰落信道中的平均 PEP 为

$$P(\boldsymbol{C} \rightarrow \boldsymbol{E}) = \frac{1}{\pi} \int_0^{\pi/2} \exp(-\eta K \bar{\mathcal{H}}^H \boldsymbol{\Delta}(\boldsymbol{I}_{Tn_r n_t} + \eta \boldsymbol{\Xi} \boldsymbol{\Delta})^{-1} \bar{\mathcal{H}}) (\det(\boldsymbol{I}_{Tn_r n_t} + \eta \boldsymbol{\Xi} \boldsymbol{\Delta}))^{-1} \mathrm{d}\beta$$

$$\tag{D.12}$$

其中有效 SNRη 定义为 $\eta = \rho/(4\sin^2(\beta)(1+K))$. $\Xi = \mathcal{E}\{\tilde{\mathcal{H}}\tilde{\mathcal{H}}^H\}$ 表示空时相关矩阵，其中

$$\tilde{\mathcal{H}} = \text{vec}([\tilde{\boldsymbol{H}}_0 \quad \tilde{\boldsymbol{H}}_2 \cdots \tilde{\boldsymbol{H}}_{T-1}]^H)$$

$$\bar{\mathcal{H}} = \text{vec}((\boldsymbol{1}_{1 \times T} \otimes \bar{\boldsymbol{H}})^H) \tag{D.13}$$

由于 $\det(\boldsymbol{I} + \boldsymbol{A}) = \prod_{k=1}^{r(\boldsymbol{A})}(1 + \lambda_k(\boldsymbol{A}))$，平均 PEP 可以等效为

$$P(\boldsymbol{C} \to \boldsymbol{E}) = \frac{1}{\pi} \int_0^{\pi/2} \exp(-\eta K \bar{\mathcal{H}}^H \boldsymbol{\Delta}(\boldsymbol{I}_{\text{Tn},n_t} + \eta \Xi \boldsymbol{\Delta})^{-1} \bar{\mathcal{H}}) \prod_{i=1}^{r(\Xi\boldsymbol{\Delta})}(1 + \eta \lambda_i(\Xi\boldsymbol{\Delta}))^{-1} \mathrm{d}\beta \tag{D.14}$$

式中，$r(\Xi\boldsymbol{\Delta})$ 表示 $\Xi\boldsymbol{\Delta}$ 的秩，$\{\lambda_i(\Xi\boldsymbol{\Delta})\}_{i=1}^{r(\Xi\boldsymbol{\Delta})}$ 是 $\Xi\boldsymbol{\Delta}$ 的非零特征值。这个表达式是通用的，可以表示任意空时相关瑞利分量的莱斯衰落信道中的平均 PEP。不需要对信道变化或信道的空间架构进行任何假设。

如果信道是瑞利分布，$K = 0$，平均 PEP 简化为

$$P(\boldsymbol{C} \to \boldsymbol{E}) = \frac{1}{\pi} \int_0^{\pi/2} (\det(\boldsymbol{I}_{\text{Tn},n_t} + \eta \Xi \boldsymbol{\Delta}))^{-1} \mathrm{d}\beta \tag{D.15}$$

$$= \frac{1}{\pi} \int_0^{\pi/2} \prod_{i=1}^{r(\Xi\boldsymbol{\Delta})}(1 + \eta \lambda_i(\Xi\boldsymbol{\Delta}))^{-1} \mathrm{d}\beta \tag{D.16}$$

注意此时的等效 SNR $\eta = \rho/(4\sin^2(\beta))$。

对 β 的积分很难计算。因此，使用切诺夫界得到平均 PEP 的上界。正如上面解释的，该上界是移除 $\frac{1}{\pi}\int_0^{\pi/2} \mathrm{d}\beta$ 操作并且令 $\sin^2(\beta) = 1$ 来简化得到。例如，式（D.15）中的平均 PEP 的上界可以简化为

$$P(\boldsymbol{C} \to \boldsymbol{E}) \leqslant \left(\det\left(\boldsymbol{I}_{\text{Tn},n_t} + \frac{\rho}{4}\Xi\boldsymbol{\Delta}\right)\right)^{-1} \tag{D.17}$$

$$= \prod_{i=1}^{r(\Xi\boldsymbol{\Delta})}\left(1 + \frac{\rho}{4}\lambda_i(\Xi\boldsymbol{\Delta})\right)^{-1} \tag{D.18}$$

在下文中，我们把式（D.14）推广到慢衰落和分组衰落信道。有时，厄米特二次形式与（D.11）有所不同，因此可以得到更直观的表达式。

D.2　空间相关莱斯慢衰落信道

在慢衰落时，对所有 k 信道矩阵 $\tilde{\boldsymbol{H}}_k$ 保持恒定，表示为 $\tilde{\boldsymbol{H}}$。这就说明 $\boldsymbol{H}_k$ 对所有 k 也是恒定的，我们可以忽略下标 k 简化为 $\boldsymbol{H}$（注意不要混淆表示，$\boldsymbol{H}$ 不等于式（D.10））。因此，我们可以得到二次形式

$$\sum_{k=0}^{T-1} \| \boldsymbol{H}_k(\boldsymbol{c}_k - \boldsymbol{e}_k) \|_F^2 = \| \boldsymbol{H}(\boldsymbol{C} - \boldsymbol{E}) \|_F^2 = \text{Tr}\{\boldsymbol{H}\tilde{\boldsymbol{E}}\boldsymbol{H}^H\}$$

$$= \text{vec}(\boldsymbol{H}^{\mathrm{H}})^{\mathrm{H}}(\boldsymbol{I}_{\mathrm{n}_{\mathrm{r}}}\otimes\widetilde{\boldsymbol{E}})\,\text{vec}(\boldsymbol{H}^{\mathrm{H}}) \tag{D.19}$$

其中 $\widetilde{\boldsymbol{E}}=(\boldsymbol{C}-\boldsymbol{E})(\boldsymbol{C}-\boldsymbol{E})^{\mathrm{H}}$。平均 PEP 可以表示为

$$P(\boldsymbol{C}\rightarrow\boldsymbol{E})=\frac{1}{\pi}\int_{0}^{\pi/2}\prod_{i=1}^{r(\boldsymbol{C}_{\boldsymbol{R}})}(1+\eta\lambda_{i}(\boldsymbol{C}_{\boldsymbol{R}}))^{-1}$$

$$\exp(-\eta K\text{vec}(\bar{\boldsymbol{H}}^{\mathrm{H}})^{\mathrm{H}}(\boldsymbol{I}_{\mathrm{n}_{\mathrm{r}}}\otimes\widetilde{\boldsymbol{E}})(\boldsymbol{I}_{\mathrm{n}_{\mathrm{r}}\mathrm{n}_{\mathrm{t}}}+\eta\boldsymbol{C}_{\boldsymbol{R}})^{-1}\text{vec}(\bar{\boldsymbol{H}}^{\mathrm{H}}))\mathrm{d}\beta \tag{D.20}$$

式中 $\boldsymbol{C}_{\boldsymbol{R}}=\boldsymbol{R}(\boldsymbol{I}_{\mathrm{n}_{\mathrm{r}}}\otimes\widetilde{\boldsymbol{E}})$，$\boldsymbol{R}=\mathcal{E}\{\text{vec}(\widetilde{\boldsymbol{H}}^{\mathrm{H}})\text{vec}(\widetilde{\boldsymbol{H}}^{\mathrm{H}})^{\mathrm{H}}\}$ 是空间相关矩阵。

类似，我们可以根据式（D.14）根据评估慢衰落信道中的 Ξ 推导得到式（D.20）。

D.3 联合空时相关莱斯分组衰落信道

分组衰落信道是另一类很有趣的信道。在分组衰落时，码字长度 T 是 M 个长度为 N 的信道分组，$N=T/M$。在不同分组间信道增益认为是各自独立，而在一个分组时间内信道增益保持恒定。我们表示第 m 个信道分组矩阵为 $\boldsymbol{H}_{(m)}$，定义量 $\widetilde{\boldsymbol{E}}_{(m)}=(\boldsymbol{C}-\boldsymbol{E})_{(m)}(\boldsymbol{C}-\boldsymbol{E})_{(m)}^{\mathrm{H}}$ 其中 $(\boldsymbol{C}-\boldsymbol{E})_{(m)}=[\boldsymbol{C}_{(m-1)N+1}-\boldsymbol{e}_{(m-1)N+1}\cdots\boldsymbol{c}_{mN}-\boldsymbol{e}_{mN}]$。等效的，我们采取另一种方式来表示 $\sum_{k=0}^{T-1}\|\boldsymbol{H}_{k}(\boldsymbol{c}_{k}-\boldsymbol{e}_{k})\|_{\mathrm{F}}^{2}$

$$\begin{aligned}\sum_{k=0}^{T-1}\|\boldsymbol{H}_{k}(\boldsymbol{c}_{k}-\boldsymbol{e}_{k})\|_{\mathrm{F}}^{2}&=\sum_{m=1}^{M}\|\boldsymbol{H}_{(m)}(\boldsymbol{C}-\boldsymbol{E})_{(m)}\|_{\mathrm{F}}^{2}\\&=\sum_{m=1}^{M}\text{vec}(\boldsymbol{H}_{(m)}^{\mathrm{H}})^{\mathrm{H}}(\boldsymbol{I}_{\mathrm{n}_{\mathrm{r}}}\otimes\widetilde{\boldsymbol{E}}_{(m)})\text{vec}(\boldsymbol{H}_{(m)}^{\mathrm{H}})\\&=\mathcal{H}_{\mathrm{b}}^{\mathrm{H}}\widetilde{\boldsymbol{E}}_{\mathrm{B}}\mathcal{H}_{\mathrm{b}}\end{aligned} \tag{D.21}$$

其中

$$\mathcal{H}_{\mathrm{b}}^{\mathrm{H}}=[\text{vec}(\boldsymbol{H}_{(1)}^{\mathrm{H}})^{\mathrm{H}}\quad\cdots\quad\text{vec}(\boldsymbol{H}_{(M)}^{\mathrm{H}})^{\mathrm{H}}] \tag{D.22}$$

$$\widetilde{\boldsymbol{E}}_{\mathrm{B}}=\text{diag}\{\boldsymbol{I}_{\mathrm{n}_{\mathrm{r}}}\otimes\widetilde{\boldsymbol{E}}_{(1)},\cdots,\boldsymbol{I}_{\mathrm{n}_{\mathrm{r}}}\otimes\widetilde{\boldsymbol{E}}_{(M)}\} \tag{D.23}$$

因此，平均 PEP 可以表示为

$$P(\boldsymbol{C}\rightarrow\boldsymbol{E})=\frac{1}{\pi}\int_{0}^{\pi/2}\exp(-\eta K\bar{\mathcal{H}}_{\mathrm{b}}^{\mathrm{H}}\widetilde{\boldsymbol{E}}_{\mathrm{B}}(\boldsymbol{I}_{\mathrm{n}_{\mathrm{r}}\mathrm{n}_{\mathrm{t}}}M+\eta\boldsymbol{C}_{\mathrm{B}})^{-1}\bar{\mathcal{H}}_{\mathrm{b}})\prod_{i=1}^{r(\boldsymbol{C}_{\mathrm{B}})}(1+\eta\lambda_{i}(\boldsymbol{C}_{\mathrm{B}}))^{-1}\mathrm{d}\beta$$

$$\tag{D.24}$$

其中 $\boldsymbol{C}_{\mathrm{B}}=\boldsymbol{B}\widetilde{\boldsymbol{E}}_{\mathrm{B}}$，其中 $\boldsymbol{B}=\mathcal{E}\{\widetilde{\mathcal{H}}_{\mathrm{b}}\widetilde{\mathcal{H}}_{\mathrm{b}}^{\mathrm{H}}\}$ 是分组衰落信道的空时相关矩阵

$$\widetilde{\mathcal{H}}_{\mathrm{b}}^{\mathrm{H}}=[\text{vec}(\widetilde{\boldsymbol{H}}_{(1)}^{\mathrm{H}})^{\mathrm{H}}\quad\cdots\quad[\text{vec}(\widetilde{\boldsymbol{H}}_{(M)}^{\mathrm{H}})^{\mathrm{H}}] \tag{D.25}$$

$$\bar{\mathcal{H}}_{\mathrm{b}}^{\mathrm{H}}=[\boldsymbol{1}_{1\times M}\otimes\text{vec}(\bar{\boldsymbol{H}}^{\mathrm{H}})^{\mathrm{H}}] \tag{D.26}$$

如果按通常假定的，分组是独立的，$\boldsymbol{B}=\text{diag}\{\boldsymbol{R}_{(1)},\cdots\cdots,\boldsymbol{R}_{(M)}\}$，其中 $\boldsymbol{R}_{(m)}=\mathcal{E}\{\text{vec}(\bar{\boldsymbol{H}}_{(m)}^{\mathrm{H}})\text{vec}(\bar{\boldsymbol{H}}_{(m)}^{\mathrm{H}})^{\mathrm{H}}\}$

D. 4　独立同分布瑞利慢衰落和快衰落信道

在独立同分布瑞利（$K = 0$）慢衰落信道的特殊例子中，$\Xi = I_{n_r} \otimes 1_T \times T \otimes I_{n_t}$ 或等效的 $R = I_{n_r} \otimes I_{n_t}$，平均 PEP 式（D. 12）（或等效式（D. 20））简化为

$$P(C \to E) = \frac{1}{\pi} \int_0^{\pi/2} \left[\det(I_{n_t} + \eta \widetilde{E}) \right]^{-n_r} d\beta \qquad (D. 27)$$

$$\leqslant \left[\det\left(I_{n_t} + \frac{\rho}{4} \widetilde{E} \right) \right]^{-n_r} \qquad (D. 28)$$

在式（D. 28）中，我们使用切诺夫界来得到平均 PEP 的上界。

在独立同分布瑞利（$K = 0$）快衰落信道的特殊例子中，$\Xi = I_{n_r n_t T}$ 或等效的 $R = I_{n_r} \otimes I_{n_t}$，平均 PEP 式（D. 12）或式（D. 24）简化为

$$P(C \to E) = \frac{1}{\pi} \int_0^{\pi/2} \prod_{k=0}^{T-1} (1 + \eta \| c_k - e_k \|^2)^{-n_r} d\beta \qquad (D. 29)$$

$$\leqslant \prod_{k=0}^{T-1} (1 + \frac{\rho}{4} \| c_k - e_k \|^2)^{-n_r} \qquad (D. 30)$$

参考文献

[16m11] IEEE 802.16m, IEEE standard for local and metropolitan area networks part 16: Air interface for broadband wireless access systems amendment 3: Advanced air interface. Technical report, IEEE, May 2011.

[3GP06] 3GPP TR 25.814, technical specification group radio access network, physical layer aspects for Evolved Universal Terrestrial Radio Access (UTRA)(release 7). Technical report, 3rd Generation Partnership Project (3GPP), September 2006.

[3GP10] 3GPP TR 36.814, Technical specification group radio access network, Evolved Universal Terrestrial Radio Access (E-UTRA), further advancements for E-UTRA physical layer aspects (release 9). Technical report, 3rd Generation Partnership Project (3GPP), March 2010.

[3GP11a] 3GPP TR 36.819, Technical specification group radio access network, coordinated multi-point operation for LTE, physical layer aspects (release 11). Technical report, 3rd Generation Partnership Project (3GPP), June 2011.

[3GP11b] 3GPP TR 36.913, Technical specification group radio access network, requirements for further advancements for Evolved Universal Terrestrial Radio Access (E-UTRA)(LTE-Advanced)(release 10). Technical report, 3rd Generation Partnership Project (3GPP), March 2011.

[3GP11c] 3GPP TS 36.211, Technical specification group radio access network, Evolved Universal Terrestrial Radio Access (E-UTRA), physical channels and modulation (release 10). Technical report, 3rd Generation Partnership Project (3GPP), June 2011.

[3GP11d] 3GPP TS 36.212, Technical specification group radio access network, Evolved Universal Terrestrial Radio Access (E-UTRA), multiplexing and channel coding (release 10) Technical report, 3rd Generation Partnership Project (3GPP), June 2011.

[3GP11e] 3GPP TS 36.213, Technical specification group radio access network, Evolved Universal Terrestrial Radio Access (E-UTRA), physical layer procedures (release 10) Technical report, 3rd Generation Partnership Project (3GPP), June 2011.

[ABMR07] H. Asplund, J.E. Berg, J. Medbo, and M. Riback. Propagation characteristics of polarized radio waves in cellular communications. In *Proc. VTC 2007 Fall – IEEE 66th Vehicular Technology Conf.*, Baltimore, MD, September 2007.

[AEVZ02] E. Agrell, T. Eriksson, A. Vardy, and K. Zeger. Closest point search in lattices. *IEEE Trans. Inform. Theory*, 48(8):2201–2214, August 2002.

[AG05] J. Akhtar and D. Gesbert. Spatial multiplexing over correlated MIMO channels with a closed-form precoder. *IEEE Trans. Wireless Commun.*, 4(5):2400–2409, September 2005.

[Ahl71] R. Ahlswede. Multi-way communication channels. In *International Symposium on Information Theory*, Tsahkadsor, Armenia, USSR, September 1971.

[AHTon] E. Abbe, S.-L. Huang, and E. Telatar. Proof of the outage probability conjecture for MISO channels. *IEEE Trans. Inform. Theory*, submitted for publication.

[AK02] A. Abdi and M. Kaveh. A space-time correlation model for multielement antenna systems in mobile fading channels. *IEEE J. Select. Areas Commun.*, 20(4):550–560, April 2002.

[AL09] Alcatel-Lucent. R1-092311 – Consideration of backhaul technology evolution in support of CoMP. In *3GPP TSG RAN WG1 Meeting ♯57bis*, 2009.

[Ala98] S.M. Alamouti. A simple transmit diversity technique for wireless communications. *IEEE J. Select. Areas Commun.*, 16(10):1451–1458, October 1998.

[AMSM02] H. Asplund, A.F. Molisch, M. Steinbauer, and N.B. Mehta. Clustering of scatterers in mobile radio channels-evaluation and modeling in the COST 259 directional channel model. In *Proc. ICC 2002 – IEEE Int. Conf. Commun.*, volume 2, pages 901–905, New York City, NY, May 2002.

[AN00] G.E. Athanasiadou and A.R. Nix. Investigation into the sensitivity of the power predictions of a microcellular ray-tracing propagation model. *IEEE Trans. Veh. Technol.*, 49(4):1140–1151, July 2000.

[ANM00] G.E. Athanasiadou, A.R. Nix, and J.P. McGeehan. A microcellular ray-tracing propagation model and evaluation of its narrow-band and wide-band predictions. *IEEE J. Select. Areas Commun.*, 18(3):322–335, April 2000.

[ANQ08] T.Y. Al-Naffouri and A.A. Quadeer. A forward-backward Kalman filter-based STBC MIMO OFDM receiver. *EURASIP Journal on Advances in Signal Processing*, 2008(Article ID 158037), 2008.

[APM02] A. Algans, K.I. Pedersen, and P.E. Mogensen. Experimental analysis of the joint statistical properties of azimuth spread, delay spread, and shadow fading. *IEEE J. Select. Areas Commun.*, 20(3):523–531, March 2002.

[Ari00] S.L. Ariyavisitakul. Turbo space-time processing to improve wireless channel capacity. *IEEE Trans. Commun.*, 48(8):1347–1359, August 2000.

[AS00] M.S. Alouini and M. K. Simon. An MGF-based performance analysis of generalized selection combining over Rayleigh fading channels. *IEEE Trans. Commun.*, 48(3):401–415, March 2000.

[ATM03] P. Almers, F. Tufvesson, and A.F. Molisch. Keyhole effects in MIMO wireless channels – measurements and theory. In *Proc. Globecom 2003 – IEEE Global Telecommunications Conf.*, volume 3, pages 1781–1785, San Francisco, CA, USA, December 2003.

[ATNS98] D. Agrawal, V. Tarokh, A. Naguib, and N. Seshadri. Space-time coded OFDM for high data-rate wireless communication over wideband channels. In *Proc. VTC – IEEE Vehicular Technology Conf.*, volume 3, pages 2232–2236, 1998.

[AV09] V. Annapureddy and V. Veeravalli. Gaussian interference networks: Sum capacity in the low interference regime and new outer bounds on the capacity region. *IEEE Trans. Inform. Theory*, 55(7):3032–3050, July 2009.

[AYL07] C. Au-Yeung and D.J. Love. On the performance of random vector quantization limited feedback beamforming in a MISO system. *IEEE Trans. Wireless Commun.*, 6(2):458–462, February 2007.

[Bal05] C.A. Balanis. *Antenna theory: analysis and design.* Wiley, New York, NY, 2005.

[BB05] K.E. Baddour and N.C. Beaulieu. Autoregressive modeling for fading channel simulation. *IEEE Trans. Wireless Commun.*, 4(4):1650–1662, July 2005.

[BBH00] S. Baro, G. Bauch, and A. Hansmann. Improved codes for space-time trellis-coded modulation. *IEEE Commun. Lett.*, 4(1):20–22, January 2000.

[BBP03] H. Boelcskei, M. Borgmann, and A.J. Paulraj. Space-frequency coded MIMO-OFDM with variable multiplexing-diversity tradeoff. In *Proc. ICC 2003 – IEEE Int. Conf. Commun.*, volume 4, pages 2837–2841, Anchorage, AK, May 2003.

[BC74] P. Bergmans and T.M. Cover. Cooperative broadcasting. *IEEE Trans. Inform. Theory*, 20(3):317–324, May 1974.

[BCG+12] F. Boccardi, B. Clerckx, A. Ghosh, E. Hardouin, G. Jongren, K. Kusume, E. Onggosanusi, and Y. Tang. Multiple antenna techniques in LTE-Advanced. *IEEE Commun. Mag.*, 50(3):114–121, 2012.

[BCJR74] L.R. Bahl, J. Cocke, F. Jelinek, and J. Raviv. Optimal decoding of linear codes for minimizing symbol error rate. *IEEE Trans. Inform. Theory*, 20(3):284–287, March 1974.

[BCT01] E. Biglieri, G. Caire, and G. Taricco. Limiting performance of block-fading channels with multiple antennas. *IEEE Trans. Inform. Theory*, 47(4):1273–1289, May 2001.

[BDA03] I. Bahceci, T.M. Duman, and Y. Altunbasak. Antenna selection for multiple-antenna transmission systems: performance analysis and code construction. *IEEE Trans. Inform. Theory*, 49(10):2669–2681, October 2003.

[BDMS91] E. Biglieri, D. Divsalar, P.J. McLane, and K.K. Simon. *Introduction to TCM with applications.* Macmillan, New York, NY, 1991.

[Ber74] P. Bergmans. A simple converse for broadcast channels with additive white Gaussian noise. *IEEE Trans. Inform. Theory*, 20(2):279–280, March 1974.

[BGN+00] D.S. Baum, D.A. Gore, R.U. Nabar, S. Panchanathan, K.V.S. Hari, V. Erceg, and A.J. Paulraj. Measurement and characterization of broadband MIMO fixed wireless channels at 2.5 GHz. In *Proc. Int. Conf. on Personal Wireless Commun. (ICPWC2000),* Hyderabad, India, December 2000.

[BGP02] H. Boelcskei, D. Gesbert, and A.J. Paulraj. On the capacity of OFDM-based spatial multiplexing systems. *IEEE Trans. Commun.*, 50(2):225–234, February 2002.

[BGPvdV06] H. Boelcskei, D. Gesbert, C.B. Papadias, and A.J. van der Veen. *Space-Time Wireless Systems: from array processing to MIMO communications.* Cambridge University Press, Cambridge, UK, 2006.

[BH06] F. Boccardi and H. Huang. Zero-forcing precoding for the MIMO-BC under per antenna power constraints. In *Proc. IEEE Signal Processing Advances in Wireless Communications*, pages 1–5, Cannes, France, July 2006.

[Blu03] R.S. Blum. MIMO capacity with interference. *IEEE J. Select. Areas Commun.*, 21(5):793–801, 2003.

[BLWY01] R. Blum, Y. Li, J. Winters, and Q. Yan. Improved space-time coding for MIMO-OFDM wireless communications. *IEEE Trans. Commun.*, 49(11):1873–1878, November 2001.

[BM06] G. Bauch and J.S. Malik. Cyclic delay diversity with bit-interleaved coded modulation in orthogonal frequency division multiple access. *IEEE Trans. Wireless Commun.*, 5(8):2092–2100, August 2006.

[BNT05] E. Biglieri, A. Nordio, and G. Taricco. Doubly-iterative decoding of space time turbo codes with a large number of antennas. *IEEE Trans. Commun.*, 53(5):773–779, May 2005.

[Boc06] F. Boccardi. *Precoding Schemes for MIMO Downlink Transmissions*. PhD thesis, University of Padova, December 2006.

[BOCP09] B. Bandemer, C. Oestges, N. Czink, and A.J. Paulraj. Physically motivated fast-fading model for indoor peer-to-peer channels. *Electronics Letters*, 45(10):515–517, May 2009.

[BOH+03] E. Bonek, H. Oezcelik, M. Herdin, W. Weichselberger, and J. Wallace. Deficiencies of the Kronecker MIMO radio channel model. In *Proc. WPMC 2003 – Wireless Pers. Multimedia Commun.*, Yokosuka, Japan, October 2003.

[BP00a] H. Boelcskei and A.J. Paulraj. Performances analysis of space-time codes in correlated Rayleigh fading environment. In *Proc. Asilomar Conf. On Signals, Systems, and Computers*, Pacific Grove, CA, November 2000.

[BP00b] H. Boelcskei and A.J. Paulraj. Space-frequency coded broadband OFDM systems. In *Proc. IEEE Wireless Comm. and Networking Conf.*, volume 1, pages 1–6, 2000.

[BP01] H. Boelcskei and A.J. Paulraj. Space-frequency codes for broadband fading channels. In *Proc. ISIT 2001 – IEEE Int. Symp. Information Theory*, page 219, June 2001.

[BR03] J.C. Belfiore and G. Rekaya. Quaternionic lattices for space-time coding. In *Proc. IEEE Inform. Theory Workshop*, Paris, France, April 2003.

[BRV05] J.C. Belfiore, G. Rekaya, and E. Viterbo. The golden code: a 2×2 full-rate space-time code with non-vanishing determinants. *IEEE Trans. Inform. Theory*, 51(4): 1432–1436, April 2005.

[BSG+05] D. S. Baum, J. Salo, G. Del Galdo, M. Milojevic, P. Kyösti, and J. Hansen. An interim channel model for beyond-3G systems. In *Proc. VTC 2005 Spring – IEEE 61st Vehicular Technology Conf.*, volume 5, pages 3132–3136, Stockholm, Sweden, May 2005.

[BT08] L.G. Barbero and J.S. Thompson. Fixing the complexity of the sphere decoder for MIMO detection. *IEEE Trans. Wireless Commun.*, 7(6):2131–2142, June 2008.

[BTC06] F. Boccardi, F. Tosato, and G. Caire. Precoding schemes for the MIMO-GBC. In *International Zurich Seminar on Communications 2006*, pages 10–13, Zurich, Switzerland, 2006.

[BTT02] E. Biglieri, G. Taricco, and A. Tulino. Performance of space-time codes for a large number of antennas. *IEEE Trans. Inform. Theory*, 48(7):1794–1803, July 2002.

[Bur03] A.G. Burr. Capacity bounds and estimates for the finite scatterers MIMO wireless channel. *IEEE J. Select. Areas Commun.*, 21(5):812–818, June 2003.

[BV04] S. Boyd and L. Vandenberghe. *Convex Optimization*. Cambridge University Press, Cambridge, UK, 2004.

[BZGO10] E. Bjornson, R. Zakhour, D. Gesbert, and B. Ottersten. Zero-forcing methods for downlink spatial multiplexing in multiuser MIMO channels. *IEEE Trans. Signal Processing*, 58(8):4298–4310, August 2010.

[Car75] A.B. Carleial. A case where interference does not reduce capacity. *IEEE Trans. Inform. Theory*, 21(5):569–570, September 1975.

[Car78] A.B. Carleial. Interference channels. *IEEE Trans. Inform. Theory*, 24(1):60–70, January 1978.

[CBO⁺12] N. Czink, B. Bandemer, C. Oestges, T. Zemen, and A. Paulraj. Analytical multi-user MIMO channel modeling: subspace alignment matters. *IEEE Trans. Wireless Commun.*, 11(1):367–377, January 2012.

[CCG⁺07] G. Calcev, D. Chizhik, B. Goransson, S. Howard, H. Huang, A. Kogiantis, A.F. Molisch, A.L. Moustakas, D. Reed, and Hao Xu. A wideband spatial channel model for system-wide simulations. *IEEE Trans. Veh. Technol.*, 56(2):389–403, 2007.

[CCLK12] J. Choi, B. Clerckx, N. Lee, and G. Kim. A new design of polar-cap differential codebook for temporally/spatially correlated MISO channels. *IEEE Trans. Wireless Commun.*, 11(2):703–711, February 2012.

[CHA07] R. Chen, R.W. Heath, and J.G. Andrews. Transmit selection diversity for unitary precoded multiuser spatial multiplexing systems with linear receivers. *IEEE Trans. Signal Processing*, 55(3):1159–1171, March 2007.

[Chi05] M. Chiang. *Geometric programming for communications systems*, volume 2. Foundations and Trends in Communications and Information Theory, 2005.

[CHM⁺09] B. Clerckx, J.-K. Han, D. Mazzarese, J. Lee, and H. Choi. Downlink MIMO in 3GPP LTE/LTE-Advanced and IEEE 802.16m. *Special Edition of KICS Information and Communications Magazine*, 26(12):41–49, November 2009.

[CJ08] V.R. Cadambe and S.A. Jafar. Interference alignment and degrees of freedom of the K-user interference channel. *IEEE Trans. Inform. Theory*, 54(8):3425–3441, August 2008.

[CKCH10] B. Clerckx, G. Kim, J. Choi, and Y.J. Hong. Explicit vs. implicit feedback for SU and MU-MIMO. In *Proc. Globecom 2010 – IEEE Global Telecommunications Conf.*, Miami, Florida, USA, December 2010.

[CKCK08] B. Clerckx, G. Kim, J. Choi, and S.J. Kim. Allocation of feedback bits among users in broadcast MIMO channels. In *Proc. Globecom 2008 – IEEE Global Telecommunications Conf.*, December 2008.

[CKK08a] B. Clerckx, G. Kim, and S.J. Kim. Correlated fading in broadcast MIMO channels: Curse or blessing? In *Proc. Globecom 2008 – IEEE Global Telecommunications Conf.*, December 2008.

[CKK08b] B. Clerckx, G. Kim, and S.J. Kim. MU-MIMO with channel statistics-based codebooks in spatially correlated channels. In *Proc. Globecom 2008 – IEEE Global Telecommunications Conf.*, December 2008.

[CKL⁺11] B. Clerckx, Y. Kim, H. Lee, J. Cho, and J. Lee. Coordinated multi-point transmission in heterogeneous networks: A distributed antenna system approach. In *Proc. MWSCAS 2011 – 54th IEEE International Midwest Symposium on Circuits and Systems*, Seoul, Korea, August 2011.

[CKT98] C.N. Chuah, J.M. Kahn, and D. Tse. Capacity of multi-antenna array systems in indoor wireless environment. In *Proc. Globecom 1998 – IEEE Global Telecommunications Conf.*, volume 4, pages 1894–1899, Sydney, Australia, 1998.

[Cle05] B. Clerckx. *Space-Time Signaling for Real-World MIMO Channels*. PhD thesis, Université catholique de Louvain, September 2005.

[CLHK11] B. Clerckx, H. Lee, Y.J. Hong, and G. Kim. Rank recommendation-based coordinated scheduling for interference mitigation in cellular networks. In *Proc. Globecom 2011 – IEEE Global Telecommunications Conf.*, Houston, Texas, USA, December 2011.

[CLW+03] D. Chizhik, J. Ling, P.W. Wolniansky, R.A. Valenzuela, N. Costa, and K. Huber. Multiple-input–multiple-output measurements and modeling in Manhattan. *IEEE J. Select. Areas Commun.*, 21(3):321–331, April 2003.

[CM04] L.-U. Choi and R.D. Murch. A transmit preprocessing technique for multiuser MIMO systems using a decomposition approach. *IEEE Trans. Wireless Commun.*, 3(1): 20–24, January 2004.

[CMJH08] C.B. Chae, D. Mazzarese, N. Jindal, and R.W. Jr. Heath. Coordinated beamforming with limited feedback in the MIMO broadcast channel. *IEEE J. Select. Areas Commun.*, 26(8):1505–1515, October 2008.

[CO07] B. Clerckx and C. Oestges. Finite-SNR performance analysis of space-time coding in correlated Rician MIMO channels. *IEEE Trans. Inform. Theory*, 53(12):4761–4777, December 2007.

[CO08] B. Clerckx and C. Oestges. Space-time code design for correlated Ricean MIMO channels at finite SNR. *IEEE Trans. Signal Processing*, 56(9):4365–4376, September 2008.

[Coh93] H. Cohen. *A Course in Computational Algebraic Number Theory*. Springer Verlag, Berlin, Germany, 1993.

[Cor01] L.M. Correia. *COST 259 – Wireless flexible personalized communications*. Wiley, London, UK, 2001.

[Cor06] L.M. Correia. *COST 273 – Towards mobile broadband multimedia networks*. Elsevier, London, UK, 2006.

[Cos83] M.H.M. Costa. Writing on dirty paper. *IEEE Trans. Inform. Theory*, 29(3):439–441, May 1983.

[Cov72] T. Cover. Broadcast channels. *IEEE Trans. Inform. Theory*, 18(1):2–14, January 1972.

[Cov98] T. Cover. Comments on broadcast channels. *IEEE Trans. Inform. Theory*, 44(6): 2524–2530, October 1998.

[COV+07] B. Clerckx, C. Oestges, L. Vandendorpe, D. Vanhoenacker-Janvier, and A.J. Paulraj. Design and performance of space-time codes for spatially correlated MIMO channels. *IEEE Trans. Commun.*, 55(1):64–68, January 2007.

[CSHJ08] C.B. Chae, S. Shim, and R.W. Heath Jr. Block diagonalized vector perturbation for multiuser MIMO systems. *IEEE Trans. Wireless Commun.*, 7(11):4051–4057, November 2008.

[CSS03] G. Caire and S. Shamai (Shitz). On the achievable throughput of a multiantenna Gaussian broadcast channel. *IEEE Trans. Inform. Theory*, 49(7):1691–1706, July 2003.

[CT91] T. Cover and T. Thomas. *Elements of Information Theory*. Wiley, New York, NY, 1991.

[CTKV02] C.N. Chuah, D. Tse, J.M. Kahn, and R.A. Valenzuela. Capacity scaling in MIMO wireless systems under correlated fading. *IEEE Trans. Inform. Theory*, 48(3): 637–650, March 2002.

[CTP+07] M. Chiang, C.W. Tan, D.P. Palomar, D. O Neill, and D. Julian. Power control by geometric programming. *IEEE Trans. Wireless Commun.*, 6(7):2640–2651, July 2007.

[CVVJO04] B. Clerckx, L. Vandendorpe, D. Vanhoenacker-Janvier, and C. Oestges. Optimization of non-linear signal constellations for real-world MIMO channels. *IEEE Trans. Signal Processing*, 52(4):894–902, April 2004.

[CYV01] Z. Chen, J. Yuan, and B. Vucetic. Improved space-time trellis coded modulation scheme on slow Rayleigh fading channels. *Elect. Lett.*, 37(7):440–441, March 2001.

[CZK08] B. Clerckx, Y. Zhou, and S.J. Kim. Practical codebook design for limited feedback spatial multiplexing. In *Proc. ICC 2008 – IEEE Int. Conf. Commun.*, pages 3982–3987, May 2008.

[DCB00] M.O. Damen, A. Chkeif, and J.-C. Belfiore. Lattice code decoder for space-time codes. *IEEE Commun. Lett.*, 4(5):161–163, May 2000.

[DE01] V. Degli-Esposti. A diffuse scattering model for urban propagation prediction. *IEEE Trans. Antennas Propagat.*, 49(7):1111–1113, July 2001.

[DJZ08] C. Dumard, J. Jalden, and T. Zemen. Soft sphere decoder for an iterative receiver in time-varying channels. In *Proc. EUSIPCO – 16th European Signal Processing Conference*, 2008.

[DK01] A. Dammann and S. Kaiser. Standard conformable antenna diversity techniques for OFDM systems and its application to the DVB-T system. In *Proc. Globecom 2001 – IEEE Global Telecommunications Conf.*, pages 3100–3105, San Antonio, TX, November 2001.

[DLLD05] J. Dumont, P. Loubaton, S. Lasaulce, and M. Debbah. On the asymptotic performance of MIMO correlated Ricean channels. In *Proc. ICASSP 2005 – IEEE Int. Conf. Acoust. Speech and Signal Processing*, pages 813–816, Philadelphia, PA, March 2005.

[DLZ07] P. Ding, D. Love, and M. Zoltowski. Multiple antenna broadcast channels with shape feedback and limited feedback. *IEEE Trans. Signal Processing*, 55(7):3417–3428, July 2007.

[DM05] M. Debbah and R. Muller. MIMO channel modelling and the principle of maximum entropy. *IEEE Trans. Inform. Theory*, 51(5):1667–1690, May 2005.

[DR98] G. Durgin and T.S. Rappaport. Basic relationship between multipath angular spread and narrowband fading in wireless channels. *Elect. Lett.*, 34(25):2431–2432, December 1998.

[DS05] G. Dimic and N.D. Sidiropoulos. On downlink beamforming with greedy user selection: Performance analysis and a simple new algorithm. *IEEE Trans. Signal Processing*, 53(10):3857–3868, October 2005.

[DTB02] M.O. Damen, A. Tewfik, and J.-C. Belfiore. A construction of a space-time code based on number theory. *IEEE Trans. Inform. Theory*, 48(3):753–760, March 2002.

[DV05] P. Dayal and M.K. Varanasi. An optimal two transmit antenna space-time code and its stacked extensions. *IEEE Trans. Inform. Theory*, 51(12):4348–4355, December 2005.

[DVR03] S. Das, H. Viswanathan, and G. Rittenhouse. Dynamic load balancing through coordinated scheduling in packet data systems. In *Proc. IEEE INFOCOM*, San Francisco, CA, USA, April 2003.

[DY10a] H. Dahrouj and W. Yu. Coordinated beamforming for the multicell multi-antenna wireless system. *IEEE Trans. Wireless Commun.*, 9(5):1748–1759, May 2010.

[DY10b] H. Dahrouj and W. Yu. Interference mitigation with joint beamforming and common information decoding in multicell systems. In *Proc. ISIT 2010 – IEEE Int. Symp. Information Theory*, pages 2068–2072, Austin, TX, USA, June 2010.

[ECS+98] R.B. Ertel, P. Cardieri, K.W. Sowerby, T.S. Rappaport, and J.H. Reed. Space-time coding with maximum diversity gains over frequency selective fading channels. *IEEE Personal Commun. Mag.*, pages 10–21, February 1998.

[Ede89] A. Edelman. *Eigenvalues and Condition Numbers of Random Matrices*. PhD thesis, Massachusetts Institute of Technology, May 1989.

[Eea01] V. Erceg *et al.* IEEE P802.16 – channel models for fixed wireless applications (IEEE802.16.3c-01/29r4), 2001.

[Eea04] V. Erceg *et al.* IEEE P802.11 – wireless LANs: TGn channel models, 2004.

[EMAK06] M. Ebrahimi, M.A. Maddah-Ali, and A.K. Khandani. Power allocation and asymptotic achievable sum-rates in single-hop wireless networks. In *Proc. Conference on Information Sciences and Systems*, pages 498–503, Princeton, NJ, March 2006.

[ER99] R.B. Ertel and J.H. Reed. Angle and time of arrival statistics for circular and elliptical scattering models. *IEEE J. Select. Areas Commun.*, 17(11):1829–1840, November 1999.

[Eri06] Ericsson. R1-061374 – downlink inter-cell interference coordination/avoidance – evaluation of frequency reuse. In *3GPP TSG RAN WG1 Meeting ♯45*, Shanghai, China, May 2006.

[Eri07] Ericsson. R1-072463 – absence of array calibration – impact on precoding performance. In *3GPP TSG RAN WG1 Meeting ♯49*, 2007.

[ERKP+06] P. Elia, K. Raj Kumar, S.A. Pawar, P. Vijay Kumar, and Hsiao-feng Lu. Explicit space-time codes achieving the diversity-multiplexing gain tradeoff. *IEEE Trans. Inform. Theory*, 52(9): 3869–3884, September 2006.

[ESSZ05] U. Erez, S. Shamai (Shitz), and R. Zamir. Capacity and lattice-strategies for cancelling known interference. *IEEE Trans. Inform. Theory*, 51(11):3820–3833, November 2005.

[ETW08] R.H. Etkin, D.N.C. Tse, and H. Wang. Gaussian interference channel capacity to within one bit. *IEEE Trans. Inform. Theory*, 54(12):5534–5562, December 2008.

[FADT02] C. Fragouli, N. Al-Dhahir, and W. Turin. Effect of spatio-temporal channel correlation on the performance of space-time codes. In *Proc. ICC 2002 – IEEE Int. Conf. Commun.*, volume 2, pages 826–830, New York City, NY, May 2002.

[FBSS03] B. Farhang-Boroujeny, Q. Spencer, and A.L. Swindlehurst. Layering techniques for space-time communication in multi-user networks. *Proc. VTC 2003 Fall – IEEE 58th Vehicular Technology Conf.*, 2:1339–1342, October 2003.

[FG98] G.J. Foschini and M.J. Gans. On the limits of wireless communications in a fading environment when using multiple antennas. *Wireless Personal Communications*, 6:311–335, March 1998.

[Fle00] B.H. Fleury. First- and second-order characterization of direction dispersion and space selectivity in the radio channel. *IEEE Trans. Inform. Theory*, 46(6):2027–2044, June 2000.

[FM93] G.J. Foschini and Z. Miljanic. A simple distributed autonomous power control algorithm and its convergence. *IEEE Trans. Veh. Technol.*, 42(4):641–646, November 1993.

[FMK+06] T. Fuegen, J. Maurer, T Kayser, and W. Wiesbeck. Verification of 3D ray-tracing with non-directional and directional measurements in urban macrocellular environments. In *Proc. VTC 2006 Spring – IEEE 61st Vehicular Technology Conf.*, Melbourne, Australia, May 2006.

[Fos96] G.J. Foschini. Layered space-time architecture for wireless communication in a fading environment when using multi-element antennas. *Bell Labs Tech. J.*, pages 41–59, Autumn 1996.

[FP85] U. Fincke and M. Pohst. Improved methods for calculating vectors of short length in a lattice, including a complexity analysis. *Math. Comput.*, 44:463–471, April 1985.

[FVY01] W. Firmanto, B. Vucetic, and J. Yuan. Space-time TCM with improved performance on fast fading channels. *IEEE Commun. Lett.*, 5(4):154–156, April 2001.

[FWLH02] R.F.H. Fischer, C. Windpassinger, A. Lampe, and J.B. Huber. Space-time transmission using Tomlinson-Harashima precoding. In *Proceedings 4th International ITG Conference on Source and Channel Coding*, pages 139–147, Berlin, Germany, 2002.

[GA04] D. Gesbert and M.S. Alouini. How much feedback is multi-user diversity really worth? In *Proc. ICC 2004 – IEEE Int. Conf. Commun.*, pages 234–238, June 2004.

[GA05] D. Gesbert and J. Akhtar. Transmitting over ill-conditioned MIMO channels: From spatial to constellation multiplexing. *Smart Antennas in Europe – State-of-the-Art (EURASIP Book Series)*, T. Kaiser et al., Ed. Sylvania, OH: Hindawi Publishing Co., 2005.

[Gal94] R. Gallager. *Communications and Cryptography: Two Sides of One Tapestry – An inequality on the capacity region of multiaccess fading channels.* Kluwer Academic Publishers, 1994.

[Gam02] H.E. Gamal. On the robustness of space-time coding. *IEEE Trans. Signal Processing*, 50(10):2417–2428, October 2002.

[GBGP02] D. Gesbert, H. Boelcskei, D.A. Gore, and A.J. Paulraj. Outdoor MIMO wireless channels: models and performance prediction. *IEEE Trans. Commun.*, 50(12): 1926–1934, December 2002.

[GCD04] H.E. Gamal, G. Caire, and M.O. Damen. Lattice coding and decoding achieve the optimal diversity-multiplexing tradeoff of MIMO channels. *IEEE Trans. Inform. Theory*, 50(6):968–985, June 2004.

[GCJ08] K.S. Gomadam, V.R. Cadambe, and S.A. Jafar. Approaching the capacity of wireless networks through distributed interference alignment. In *Proc. Globecom 2008 – IEEE Global Telecommunications Conf.*, pages 1–6, New Orleans, LO, USA, December 2008.

[GD03] H.E. Gamal and M.O. Damen. Universal space-time coding. *IEEE Trans. Inform. Theory*, 49(5):1097–1119, May 2003.

[Geo06] T. T. Georgiou. Distances between power spectral densities. Technical report, International Telecommunication Union (ITU-R), July 2006.

[GEYC97] L.J. Greenstein, V. Erceg, Y.S. Yeh, and M.W. Clark. A new path-gain/delay-spread propagation model for digital cellular channels. *IEEE Trans. Veh. Technol.*, 46(2):477–485, February 1997.

[GFVW99] G.D. Golden, G.J. Foschini, R.A. Valenzuela, and P.W. Wolniansky. Detection algorithm and initial laboratory results using the V-BLAST space-time communication architecture. *Elect. Lett.*, 35(1):14–15, January 1999.

[GG92] A. Gersho and R.M. Gray. *Vector Quantization and Signal Compression.* Kluwer Academic Publishers, Massachusetts, 1992.

[GGOK06] A. Gjendemsjoe, D. Gesbert, G. Oien, and S. Kiani. Optimal power allocation and scheduling for two-cell capacity maximization. In *Proc. Modeling and Optimization in Mobile, Ad Hoc, and Wireless Networks*, pages 1–6, Boston, MA, April 2006.

[GGOK08] A. Gjendemsjoe, D. Gesbert, G. Oien, and S. Kiani. Binary power control for sum rate maximization over multiple interfering links. *IEEE Trans. Wireless Commun.*, 7(8):3164–3173, August 2008.

[GGP03a] A. Gorokhov, D. Gore, and A.J. Paulraj. Performance bounds for antenna selection in MIMO systems. In *Proc. ICC 2003 – IEEE Int. Conf. Commun.*, volume 4, pages 3021–3025, Anchorage, AK, May 2003.

[GGP03b] A. Gorokhov, D. Gore, and A.J. Paulraj. Receive antenna selection for MIMO flat-fading channels: theory and algorithms. *IEEE Trans. Inform. Theory*, 49(10): 2687–2696, October 2003.

[GHH⁺10] D. Gesbert, S. Hanly, H. Huang, S. Shamai, O. Simeone, and W. Yu. Multi-cell MIMO cooperative networks: A new look at interference. *IEEE J. Select. Areas Commun.*, 28(9):1380–1408, December 2010.

[GHL⁺03] H.E. Gamal, A.R. Hammons, Y. Liu, M.P. Fitz, and O.Y. Takeshita. On the design of space-time and space-frequency codes for MIMO frequency-selective fading channels. *IEEE Trans. Inform. Theory*, 49(9):2277–2292, September 2003.

[GJJV03] A. Goldsmith, S.A. Jafar, N. Jindal, and S. Vishwanath. Capacity limits of MIMO channels. *IEEE J. Select. Areas Commun.*, 21(5):684–702, June 2003.

[GK83] I.J. Gupta and A.K. Ksienski. Effect of mutual coupling on the performance of adaptive arrays. *IEEE Trans. Antennas Propagat.*, 31(5):785–791, May 1983.

[GK07] D. Gesbert and M. Kountouris. Resource allocation in multicell wireless networks: Some capacity scaling laws. In *Proc. IEEE WiOpt-RAWNET 2007 – IEEE 3rd Workshop on Resource Allocation in Wireless Networks*, pages 1–7, Limassol, Cyprus, April 2007.

[GKGO07] D. Gesbert, S.G. Kiani, A. Gjendemsjoe, and G.E. Oien. Adaptation, coordination, and distributed resource allocation in interference-limited wireless networks. *Proceedings of the IEEE*, 95(12):2393–2409, December 2007.

[GL01] Y. Gong and K.B. Letaief. Space-frequency-time coded OFDM for broadband wireless communications. In *Proc. Globecom 2001 – IEEE Global Telecommunications Conf.*, San Antonio, TX, November 2001.

[GL02] Y. Gong and K.B. Letaief. An efficient space-frequency coded wideband OFDM system for wireless communications. In *Proc. ICC 2002 – IEEE Int. Conf. Commun.*, volume 1, pages 475–479, New York City, NY, May 2002.

[GLS93] M. Grotschel, L. Lovász, and A. Schriver. *Geometric Algorithms and Combinatorial Optimization*. Springer Verlag, New York, NY, 2nd edition, 1993.

[GM00] D. Goodman and N. Mandayam. Power control for wireless data. *IEEE Personal Commun. Mag.*, 7(2):48–54, April 2000.

[GN06] Z. Guo and P. Nilsson. Algorithm and implementation of the K-best sphere decoding for MIMO detection. *IEEE J. Select. Areas Commun.*, 24(3):491–503, March 2006.

[God97] L.C. Godara. Applications of antenna arrays to mobile communications, Part II: Beamforming and direction-of-arrival considerations. *Proceedings IEEE*, 85(8):1195–1245, August 1997.

[Gol05] A. Goldsmith. *Wireless Communications*. Cambridge University Press, Cambridge, UK, 2005.

[GP02] D.A. Gore and A.J. Paulraj. MIMO antenna subset selection with space-time coding. *IEEE Trans. Signal Processing*, 50(10):2580–2588, October 2002.

[Gro05] L. Grokop. *Diversity Multiplexing Tradeoff in ISI Channels*. Master's thesis, University of California-Berkeley, May 2005.

[GS02] F. Graziosi and F. Santucci. A general correlation model for shadow fading in mobile radio systems. *IEEE Commun. Lett.*, 6(3):102–104, March 2002.

[GSP02] D. Gore, S. Sandhu, and A. Paulraj. Delay diversity codes for frequency selective channels. In *Proc. ICC 2002 – IEEE Int. Conf. Commun.*, pages 1949–1953, New York, May 2002.

[GSS⁺03] D. Gesbert, M. Shafi, D. Shiu, P.J. Smith, and A. Naguib. From theory to practice: an overview of MIMO space-time coded wireless systems. *IEEE J. Select. Areas Commun.*, 21(3):281–302, April 2003.

[GT04] L. Grokop and D. Tse. Diversity/multiplexing tradeoff in ISI channels. In *Proc. ISIT 2004 – IEEE Int. Symp. Information Theory*, page 96, Chicago, June 2004.

[Gud91] M. Gudmundson. Correlation model for shadow fading in mobile radio systems. *Electronics Letters,* 27(23):2145–2146, 7 November 1991.

[Gui05] M. Guillaud. *Transmission and Channel Modeling Techniques for Multiple-Antenna Communication Systems*. PhD thesis, Ecole Nationale Superieure des Telecommunications, July 2005.

[GV97] A. Goldsmith and P. Varaiya. Capacity of fading channels with channel side information. *IEEE Trans. Inform. Theory*, 43(6):1986–1992, November 1997.

[GV09] M. Garg and M.K. Varanasi. On the diversity-multiplexing tradeoff of the Gaussian MIMO broadcast channel. In *Proc. 43rd Annual Conference on Information Sciences and Systems, 2009*, pages 98–102, March 2009.

[GvL96] G. Golub and C. van Loan. *Matrix Computations*. Johns Hopkins University Press, London, UK, 3rd edition, 1996.

[HAN92] A. Hiroike, F. Adachi, and N. Nakajima. Combined effects of phase sweeping transmitter diversity and channel coding. *IEEE Trans. Veh. Technol.,* 41(2):170–176, May 1992.

[Han96] S.V. Hanly. Capacity and power control in spread spectrum macrodiversity radio networks. *IEEE Trans. Commun.*, 44(2):247–256, February 1996.

[Han98] R.C. Hansen. *Phased-array antennas*. Wiley, New York, NY, 1998.

[Has00] B. Hassibi. A fast square-root implementation for BLAST. In *Proc. ICASSP. 2000 – IEEE Int. Conf. Acoust. Speech and Signal Processing*, pages 737–740, Istanbul, Turkey, October 2000.

[HBH06] J. Huang, R.A. Berry, and M.L. Honig. Distributed interference compensation for wireless networks. *IEEE J. Select. Areas Commun.*, 24(5):1074–1084, May 2006.

[HCK09] D. Hwang, B. Clerckx, and G. Kim. Regularized channel inversion with quantized feedback in down-link multiuser channels. *IEEE Trans. Wireless Commun.*, 8(12):5785–5789, December 2009.

[Hea01] R. Heath. *Space-Time Signaling in Multi-Antenna Systems*. PhD thesis, Stanford University, November 2001.

[Her04] M. Herdin. *Non-stationary Indoor MIMO Radio Channels*. PhD thesis, Technische Universitat Wien, August 2004.

[HG07a] A. Hjorungnes and D. Gesbert. Complex-valued matrix differentiation: techniques and key results. *IEEE Trans. Signal Processing*, 55(6):2740–2746, June 2007.

[HG07b] A. Hjorungnes and D. Gesbert. Precoded orthogonal space-time block codes over correlated Ricean MIMO channels. *IEEE Trans. Signal Processing*, 55(2):779–783, February 2007.

[HG07c] A. Hjorungnes and D. Gesbert. Precoding of orthogonal space-time block codes in arbitrarily correlated MIMO channels: iterative and closed-form solutions. *IEEE Trans. Wireless Commun.*, 6(2):1072–1082, March 2007.

[HG09] Z. Ho and D. Gesbert. Balancing egoism and altruism on the MIMO interference channel. Submitted to *IEEE J. Select. Areas Commun.*, September 2009.

[HGA06] A. Hjorungnes, D. Gesbert, and J. Akhtar. Precoding of space-time block coded signals for joint transmit-receive correlated MIMO channels. *IEEE Trans. Wireless Commun.*, 5(3):492–497, March 2006.

[HH01] B. Hassibi and B. Hochwald. High-rate linear space-time codes. In *Proc. ICASSP 2001 – IEEE Int. Conf. Acoust. Speech and Signal Processing*, volume 4, pages 2461–2464, Salt Lake City, UT, May 2001.

[HH02a] B. Hassibi and B.M. Hochwald. High-rate codes that are linear in space and time. *IEEE Trans. Inform. Theory*, 48(7):1804–1824, July 2002.

[HH02b] Z. Hong and B. Hughes. Robust space-time codes for broadband OFDM systems. In *Proc. IEEE Wireless Comm. and Networking Conf.*, volume 1, pages 105–108, 2002.

[HIPK+09] T. Ho Im, I. Park, J. Kim, J. Yi, J. Kim, S. Yu, and Y.S. Cho. A new signal detection method for spatially multiplexed MIMO systems and its VLSI implementation. *IEEE Transactions on Circuits and Systems II: Express Briefs*, 56(5):399–403, May 2009.

[HJ95] R.A. Horn and C.R. Johnson. *Topics in Matrix Analysis*. Cambridge University Press, Cambridge, UK, 1995.

[HJL07] Z. Han, Z. Ji, and K.J.R. Liu. Non-cooperative resource competition game by virtual referee in multi-cell OFDMA networks. *IEEE J. Select. Areas Commun.*, 25(6): 1079–1090, August 2007.

[HK81] T. Han and K. Kobayashi. A new achievable rate region for the interference channel. *IEEE Trans. Inform. Theory*, 27(1):46–60, January 1981.

[HL05] R.W. Heath and D.J. Love. Multimode antenna selection for spatial multiplexing systems with. linear receivers. *IEEE Trans. Signal Processing,* 53(6):3042–3056, August 2005.

[HLC10] Y.J. Hong, N. Lee, and B. Clerckx. System level performance evaluation of inter-cell interference coordination schemes for heterogeneous networks in ltea system. In *Proc. Globecom 2010 – IEEE Global Telecommunication Conf.,* December 2010.

[HLHS03] Z. Hong, K. Liu, R.W. Heath, and A. Sayeed. Spatial multiplexing in correlated fading via the virtual channel representation. *IEEE J. Select. Areas Commun.*, 21(5): 856–866, June 2003.

[HM72] H. Harashima and H. Miyakawa. Matched-transmission technique for channels with intersymbol interference. *IEEE Trans. Commun.*, 20:774–780, August 1972.

[HMR+00] B.M. Hochwald, T.L. Marzetta, T.J. Richardson, W. Sweldens, and R. Urbanke. Systematic design of unitary space-time constellations. *IEEE Trans. Inform. Theory*, 46(9):1962–1973, September 2000.

[HMT04] B. Hochwald, T.L. Marzetta, and V. Tarokh. Multiple-antenna channel hardening and its implications for rate feedback and scheduling. *IEEE Trans. Inform. Theory*, 50(9):1893–1909, September 2004.

[HP02] R. Heath and A.J. Paulraj. Linear dispersion codes for MIMO systems based on frame theory. *IEEE Trans. Signal Processing*, 50(10):2429–2441, October 2002.

[HPS05] B.M. Hochwald, C.B. Peel, and A.L. Swindlehurst. A vector-perturbation technique for near capacity multiantenna multiuser communication – Part ii: Perturbation. *IEEE Trans. Commun.*, 53(3):537–544, March 2005.

[HSdJW04] S. Haykin, M. Sellathurai, Y. deJong, and T. Willink. Turbo-MIMO for wireless communications. *IEEE Communications Magazine*, 42(10):48–53, October 2004.

[HSP01] R.W. Heath, S. Sandhu, and A.J. Paulraj. Antenna selection for spatial multiplexing systems with linear receivers. *IEEE Commun. Lett.*, 5(4):142–144, April 2001.

[HT01]   S.V. Hanly and D.N. Tse. Resource pooling and effective bandwidths in CDMA networks with multiuser receivers and spatial diversity. *IEEE Trans. Inform. Theory*, 47(4):1328–1351, May 2001.

[HtB03]   B.M. Hochwald and S. ten Brink. Achieving near-capacity on a multiple-antenna channel. *IEEE Trans. Commun.*, 51(3):389–399, March 2003.

[Hua09]   Huawei. R1-093834 – backhaul issues and its practical evaluation methodology for DL CoMP. In *3GPP TSG RAN WG1 Meeting ♯58bis*, Miyazaki, Japan, October 2009.

[HV02]   B. Hochwald and S. Vishwanath. Space-time multiple access: Linear growth in sum rate. In *Proc. 40th Allerton Conf. Communications, Control, Computing*, October 2002.

[HV05]   B. Hassibi and H. Vikalo. On the sphere-decoding algorithm: Expected complexity. *IEEE Trans. Signal Processing*, 53(8):2806–2818, August 2005.

[HVB07]   Y. Hong, E. Viterbo, and J.-C. Belfiore. Golden space-time trellis coded modulation. *IEEE Trans. Inform. Theory*, 53(5):1689–1705, May 2007.

[HW93]   S.V. Hanly and P.A. Whiting. Information-theoretic capacity of multi-receiver networks. *Telecommunications Systems*, 1(1):1–42, March 1993.

[HWN+05]   J. Hämäläinen, R. Wichman, J.P. Nuutinen, J. Ylitalo, and T. Jämsä. Analysis and measurements for indoor polarization MIMO in 5.25 GHz band. In *Proc. VTC 2005 Spring – IEEE 61st Vehicular Technology Conf.*, volume 1, pages 252–256, Stockholm, Sweden, May 2005.

[IEE08]   IEEE 802.16m evaluation methodology document (EMD). Technical report, IEEE 802.16 Broadband Wireless Access Working Group, July 2008.

[IMT09]   Recommendation ITU-R M.1457-8, detailed specifications of the radio interfaces of international mobile telecommunications-2000 (IMT-2000). Technical report, International Telecommunication Union (ITU), May 2009.

[IMYL01]   M. Ionescu, K.K. Mukkavilli, Z. Yan, and J. Lilleberg. Improved 8- and 16-state space-time codes for 4PSK with two transmit antennas. *IEEE Commun. Lett.*, 5(7):301–305, July 2001.

[IN03]   M.T. Ivrlac and J.A. Nossek. Quantifying diversity and correlation of Rayleigh fading MIMO channels. In *Proc. 3rd IEEE Int. Symp. on Signal Processing and Information Technology, (ISSPIT 2003)*, pages 158–161, Darmstadt, Germany, December 2003.

[Ish98]   A. Ishimaru. *Wave Propagation and Scattering in Random Media (Vol. 2)*. Academic Press, New York, NY, 1998.

[ITU09]   Report ITU-R m.2134, requirements related to technical system performance for IMT advanced radio interface(s), <www.itu.int/publ/r-rep-m.2134-2008/en>. Technical report, International Telecommunication Union (ITU), November 2009.

[Jaf01]   H. Jafarkhani A quasi-orthogonal space-time block code. *IEEE Trans. Commun.*, 49(1):1–4, January 2001.

[JAMV11]   J. Jose, A. Ashikhmin, T.L. Marzetta, and S. Vishwanath. Pilot contamination and precoding in multi-cell TDD systems. *IEEE Trans. Wireless Commun.*, 10(8):2640–2651, August 2011.

[Jan00]   R. Janaswamy. *Radiowave Propagation and Smart Antenna for Wireless Communications*. Kluwer Academic Publishers, Boston, MA, 2000.

[JB04]   E. Jorswieck and H. Boche. Optimal transmission strategies and impact of correlation in multi-antenna systems with different types of channel state information. *IEEE Trans. Signal Processing*, 52(12):3440–3453, December 2004.

[JF06] S.A. Jafar and M. Fakhereddin. Degrees of freedom on the MIMO interference chan-
        nel. In *Proc. ISIT 2006 – IEEE Int. Symp. Information Theory*, pages 1452–1456,
        Seattle, WA, USA, July 2006.

[JG01] S.A. Jafar and A. Goldsmith. On optimality of beamforming for multiple antenna
        systems with imperfect feedback. In *Proc. ISIT 2001 – IEEE Int. Symp. Information
        Theory*, Washington, DC, June 2001.

[JG04] S.A. Jafar and A. Goldsmith. Transmitter optimization and optimality of beamform-
        ing for multiple antenna systems with imperfect feedback. *IEEE Trans. Wireless
        Commun.*, 3(4):1165–1175, July 2004.

[JG05] N. Jindal and A. Goldsmith. Dirty-paper coding versus TDMA for MIMO broadcast
        channels. *IEEE Trans. Inform. Theory*, 51(5):1783–1794, May 2005.

[JH05] H. Jafarkhani and N. Hassanpour. Super-quasi-orthogonal space-time trellis codes
        for four transmit antennas. *IEEE Trans. Wireless Commun.*, 4(1):215–227, January
        2005.

[Jin04] N. Jindal. *Multi-User Communication Systems: Capacity, Duality and Cooperation*.
        PhD thesis, Stanford Unversity, July 2004.

[Jin06] N. Jindal. MIMO broadcast channels with finite rate feedback. *IEEE Trans. Inform.
        Theory*, 52(11):5045–5059, November 2006.

[Jin08] N. Jindal. Antenna combining for the MIMO downlink channel. *IEEE Trans. Wireless
        Commun.*, 7(10):3834–3844, October 2008.

[JKB95] N.L. Johnson, S. Kotz, and N. Balakrishnan. *Continuous Univariate Distributions*,
        volume 2. Wiley, New York, NY, 1995.

[JL08] E.A. Jorswieck and E.G. Larsson. Complete characterization of Pareto boundary for
        the MISO interference channel. *IEEE Trans. Signal Processing*, 56(10):5292–5296,
        October 2008.

[JO05] J. Jalden and B. Ottersten. On the complexity of sphere decoding in digital commu-
        nications. *IEEE Trans. Signal Processing*, 53(4):1474–1484, April 2005.

[JRV+05] N. Jindal, W. Rhee, S. Vishwanath, S.A. Jafar, and A. Goldsmith. Sum power iterative
        water-filling for multi-antenna Gaussian broadcast channels. *IEEE Trans. Inform.
        Theory*, 51(4):1570–1580, April 2005.

[JS03] H. Jafarkhani and N. Seshadri. Super-orthogonal space-time trellis codes. *IEEE Trans.
        Inform. Theory*, 49(4):937–950, April 2003.

[JS04] G. Jongren and M. Skoglund. Quantized feedback information in orthogonal space-
        time block coding. *IEEE Trans. Inform. Theory*, 50(10):2473–2486, October 2004.

[JS08] S. Jafar and S. Shamai. Degrees of freedom region for the MIMO X channel. *IEEE
        Trans. Inform. Theory*, 54(1):151–170, January 2008.

[JSO02] G. Jongren, M. Skoglund, and B. Ottersten. Combining beamforming and orthogonal
        space-time block coding. *IEEE Trans. Inform. Theory*, 48(3):611–627, March 2002.

[JVG01] S.A. Jafar, S. Vishwanath, and A. Goldsmith. Vector MAC capacity region with
        covariance feedback. In *Proc. ISIT 2001 – IEEE Int. Symp. Information Theory*, page
        54, Washington, DC, USA, 2001.

[JVG04] N. Jindal, S. Vishwanath, and A. Goldsmith. On the duality of Gaussian multiple-
        access and broadcast channels. *IEEE Trans. Inform. Theory*, 50(5):768–783, May
        2004.

[JVL11] Y. Jiang, M.K. Varanasi, and J. Li. Performance analysis of ZF and MMSE equalizers
        for MIMO systems: an in-depth study of the high SNR regime *IEEE Trans. Inform.
        Theory*, 57(4):2008–2026, April 2011.

[JWS+08] V. Jungnickel, T. Wirth, M. Schellmann, T. Haustein, and W. Zirwas. Synchronization of cooperative base stations. In *Proc. ISWCS 2008 – IEEE International Symposium on Wireless Communication Systems*, pages 329–334, Reykjavik, Iceland, October 2008.

[K+07] Pekka Kyosti *et al.* WINNER II Channel Models. Deliverable IST-WINNER D1.1.2 ver 1.1, September 2007.

[KA06a] M. Kang and M.S. Alouini. Capacity of correlated MIMO Rayleigh channels. *IEEE Trans. Wireless Commun.*, 54(1):143–155, January 2006.

[KA06b] M. Kang and M.S. Alouini. Capacity of MIMO Ricean channels. *IEEE Trans. Wireless Commun.*, 54(1):112–122, January 2006.

[Kat02] R. Kattenbach. Statistical modeling of small-scale fading in directional channels. *IEEE J. Select. Areas Commun.*, 20(3):584–592, April 2002.

[KCLK10] T. Kim, B. Clerckx, D.J. Love, and S.J. Kim. Limited feedback beamforming systems for dual-polarized MIMO channels. *IEEE Trans. Wireless Commun.*, 9(11): 3425–3439, November 2010.

[KCVW03] P. Kyritsi, D.C. Cox, R.A. Valenzuela, and P.W. Wolniansky. Correlation analysis based on MIMO channel measurements in an indoor environment. *IEEE J. Select. Areas Commun.*, 21(5):713–720, June 2003.

[Kel97] F.P. Kelly. Charging and rate control for elastic traffic. *Eur. Trans. Telecomm.*, 8: 33–37, 1997.

[KFSW02] C. Komninakis, C. Fragouli, A.H. Sayed, and R.D. Wesel. Multi-input multi-output fading channel tracking and equalization using Kalman estimation. *IEEE Trans. Signal Processing*, 50(5):1065–1076, May 2002.

[KG08] S.G. Kiani and D. Gesbert. Optimal and distributed scheduling for multicell capacity maximization. *IEEE Trans. Wireless Commun.*, 7(1):288–297, January 2008.

[KGGO09] S.G. Kiani, D. Gesbert, A. Gjendemsjoe, and G.E. Oien. Distributed power allocation for interfering wireless links based on channel information partitioning. *IEEE Trans. Wireless Commun.*, 8(6):3004–3015, June 2009.

[KH95] R. Knopp and P.A. Humblet. Information capacity and power control in single-cell multiuser communications. In *Proc. ICC 1995 – IEEE Int. Conf. Commun.*, pages 331–335, June 1995.

[KHHKM+04] K.K. Higuchi, H.H. Kawai, N. Maeda, M. Sawahashi, T. Itoh, Y. Kakura, A. Ushirokawa, and H. Seki. Likelihood function for QRM-MLD suitable for soft-decision turbo decoding and its performance for OFDM MIMO multiplexing in multipath fading channel. In *Proc. IEEE Int. Symp. on Personal, Indoor and Mobile Radio Communications (PIMRC)*, pages 1142–1148, 2004.

[KK09] J.H. Park, Y. Kim, and J.W. Kim. Hybrid MIMO receiver using QR-MLD and QR-MMSE. In *Proc. Globecom 2009 – IEEE Global Telecommunications. Conf.*, Honolulu, HI, December 2009.

[KLC11] T. Kim, D.J. Love, and B. Clerckx. MIMO system with limited rate differential feedback in slow varying channel. *IEEE Trans. Commun.*, 59(4):1175–1189, April 2011.

[KLST06] W.A.T. Kotterman, M. Landmann, G. Sommerkorn, and R.S. Thomä. Power ratios and distributions in indoor NLOS channels for dual-polarized 2 x 2 MIMO systems. In *Proc. NEWCOM-ACoRN Joint Workshop*, Vienna, Austria, September 2006.

[KMT98] F.P. Kelly, A.K. Maulloo, and D.K.H. Tan. Rate control in communication networks: shadow prices, proportional fairness and stability. *J. Op. Res. Soc.*, 49:237–252, 1998.

[KOG07] S.G. Kiani, G.E. Oien, and D. Gesbert. Maximizing multi-cell capacity using distributed power allocation and scheduling. In *Proc. IEEE Wireless Commun. Networking Conf. (WCNC)*, Hong Kong, March 2007.

[KS93] D.F. Kelley and W.L. Stutzman. Array antenna pattern modelling methods that include mutual coupling effects. *IEEE Trans. Antennas Propagat.*, 41(12): 1625–1632, December 1993.

[KSP⁺02] J.P. Kermoal, L. Schumacher, K.I. Pedersen, P. Mogensen, and F. Frederiksen. A stochastic MIMO radio channel model with experimental validation. *IEEE J. Select. Areas Commun.*, 20(6):1211–1226, June 2002.

[KSR05] T. Kiran and B. Sundar Rajan. STBC-schemes with non-vanishing determinant for certain number of transmit antennas. *IEEE Trans. Inform. Theory*, 51(8):2984–2992, August 2005.

[KST06] W.A.T. Kotterman, G. Sommerkorn, and R.S. Thomä. Cross-correlation values for dual-polarised indoor MIMO links and realistic antenna elements. In *Proc. 3rd Int. Symp. Wireless Communication Systems*, Valencia, Spain, September 2006.

[KTS84] S. Kozono, T. Tsuruhara, and M. Sakamoto. Base station polarization diversity reception for mobile radio. *IEEE Trans. Veh. Technol.*, 33(4):301–306, April 1984.

[KVV05] A. Kainulainen, L. Vuokko, and P. Vainikainen. Polarization behavior in different urban radio environments at 5.3 GHz. Technical Report 05-018, COST 273, January 2005.

[KW01] C. Köse and R.D. Wesel. Code design metrics for space-time systems under arbitrary fading. In *Proc. ICC 2004 – IEEE Int. Conf. Commun.*, Helsinki, Finland, June 2001.

[KW03] C. Köse and R.D. Wesel. Universal space-time trellis codes. *IEEE Trans. Inform. Theory*, 40(10):2717–2727, October 2003.

[LBea96] F. Lotse, J.E. Berg, *et al.* Base station polarization diversity reception in macrocellular systems at 1800 MHz. In *Proc. VTC 1996 – IEEE 46th Vehicular Technology Conf.*, pages 1643–1646, 1996.

[LBL⁺08] M. Li, B. Bougard, E.E. Lopez, A. Bourdoux, L. Novo, L. Van DerPerre, and F. Catthoor. Selective spanning with fast enumeration: A near maximum-likelihood. MIMO detector designed for parallel programmable baseband architectures. In *Proc. ICC 2008 – IEEE Int. Conf. Commun.*, pages 737–741, May 2008.

[LCH⁺12] D. Lee, B. Clerckx, E. Hardouin, D. Mazzarese, S. Nagata, K. Sayana, and Hanbyul Seo. Coordinated multi-point (CoMP) transmission and reception in LTE-advanced: Deployment scenarios and operational challenges. *IEEE Commun. Mag.*, 50(2): 148–155, February 2012.

[LCO09] L. Liu, N. Czink, and C. Oestges. Implementing the COST 273 MIMO channel model. In *Proc. NEWCOM++ – ACoRN Joint Workshop*, Barcelona, Spain, March 2009.

[Lee97] W.C.Y. Lee. *Mobile Communications Engineering*, 2nd ed. McGraw-Hill, New York, NY, 1997.

[LFT01] Y. Liu, M.P. Fitz, and O.Y. Takeshita. Space-time codes performance criteria and design for frequency selective fading channels. In *Proc. ICC 2001 – IEEE Int. Conf. Commun.*, volume 9, pages 2800–2804, Helsinki, Finland, June 2001.

[LG01] L. Li and A. Goldsmith. Capacity and optimal resource allocation for fading broadcast channels – Part I: Ergodic capacity. *IEEE Trans. Inform. Theory*, 47(3):1083–1102, March 2001.

[LGSW02] E. Larsson, G. Ganesan, P. Stoica, and W.H. Wong. On the performance of orthogonal space-time block coding with quantized feedback. *IEEE Commun. Lett.*, 11(11): 487–489, November 2002.

[LH03] D.J. Love and R.W. Heath. Equal gain transmission in multiple-input multiple-output wireless systems. *IEEE Trans. Commun.*, 51(7):1102–1110, July 2003.

[LH05a] D.J. Love and R.W. Heath. Limited feedback unitary precoding for orthogonal space-time block codes. *IEEE Trans. Signal Processing*, 53(1):64–73, January 2005.

[LH05b] D.J. Love and R.W. Heath. Limited feedback unitary precoding for spatial multiplexing systems. *IEEE Trans. Inform. Theory*, 51(8):2967–2976, August 2005.

[LH05c] D.J. Love and R.W. Heath. Multimode precoding for MIMO wireless systems. *IEEE Trans. Signal Processing*, 53(10):3674–3687, October 2005.

[LH05d] D.J. Love and R.W. Heath. Necessary and sufficient conditions for full diversity order in correlated Rayleigh fading beamforming and combining systems. *IEEE Trans. Wireless Commun.*, 4(1):20–23, January 2005.

[LH06] D.J. Love and R.W. Heath. Limited feedback diversity techniques for correlated channels. *IEEE Trans. Veh. Technol.*, 55(2):718–722, March 2006.

[LHS03] D.J. Love, R.W. Heath, and T. Strohmer. Grassmannian beamforming for multiple-input multiple-output wireless systems. *IEEE Trans. Inform. Theory*, 49(10): 2735–2747, October 2003.

[LHZ09] J. Lee, J.-K. Han, and J. Zhang. MIMO technologies in 3GPP LTE and LTE-Advanced. *EURASIP Journal on Wireless Communications and Networking*, 2009(Article ID 302092), 2009.

[Lia72] H. Liao. A coding theorem for multiple access communications. In *International Symposium on Information Theory*, Asilomar, CA, USA, 1972.

[LKM+06] B. Lee, S. Kwon, H.Y. Moon, J. Lim, J. Seok, C. Mun, and Y.J. Yoon. Modeling the indoor channel for the MIMO system using dual polarization antennas. In *9th European Conference on Wireless Technology*, Manchester, UK, September 2006.

[LLJ08] J. Lindblom, E. Larsson, and E. Jorswieck. Parameterization of the MISO interference channel with transmit beamforming and partial channel state information. In *Proc. 42nd Asilomar Conference on Signals, Systems and Computers*, pages 1103–1107, Pacific Grove, CA, USA, October 2008.

[LLL+10] Q. Li, G. Li, W. Lee, M. Lee, D. Mazzarese, B. Clerckx, and Z. Li. MIMO techniques in WiMAX and LTE: A feature overview. *IEEE Commun. Mag.*, 48(5):86–92, May 2010.

[LLS98] J.L.A. Lempainen and J.K. Laiho-Steffens. The performance of polarization diversity schemes at a base station in small/micro cells at 1800 MHz. *IEEE Trans. Veh. Technol.*, 47(3):1087–1092, March 1998.

[LP00] E. Lindskog and A.J. Paulraj. A transmit diversity scheme for channels with inter-symbol interference. In *Proc. ICC 2000 – IEEE Int. Conf. Commun.*, volume 1, pages 307–311, New Orleans, June 2000.

[LR96] J.C. Liberti and T.S. Rappaport. A geometrically based model for line-of-sight multipath radio channels. In *Proc. VTC 1996 Spring – IEEE 46th Vehicular Technology Conf.*, volume 2, pages 844–848, Atlanta, GA, May 1996.

[LSHC12] N. Lee, W. Shin, R.W. Heath, and B. Clerckx. Interference alignment with limited feedback in two-cell interfering MIMO-MAC. In *Proc. ISWCS 2012 – IEEE International Symposium on Wireless Communication Systems*, August 2012.

[LSLL02] E.G. Larsson, P. Stoica, E. Lindskog, and J. Li. Space-time block coding for frequency-selective channels. In *Proc. ICASSP 2002 – IEEE Int. Conf. Acoust. Speech and Signal Processing*, pages 2405–2408, Orlando, FL, May 2002.

[LTE09] Document IMT-ADV/8-E, Acknowledgement of candidate submission from 3GPP proponent (3GPP organization partners of ARIB, ATIS, CCSA, ETSI, TTA and TTC) under step 3 of the IMT-Advanced process (3GPP technology). Technical report, Radiocommunication Study Groups, Working Party 5D, International Telecommunication Union (ITU), October 2009.

[LTV03] A. Lozano, A.M. Tulino, and S. Verdu. Multiple-antenna capacity in the low-power regime. *IEEE Trans. Inform. Theory*, 49(10):2527–2544, October 2003.

[LTV05a] A. Lozano, A.M. Tulino, and S. Verdu. High-SNR power offest in multi-antenna Rician channels. In *Proc. ICC 2005 – IEEE Int. Conf. Commun.*, volume 1, pages 683–687, Seoul, South Korea, May 2005.

[LTV05b] A. Lozano, A.M. Tulino, and S. Verdu. Mercury/waterfilling: optimum power allocation with arbitrary inout constellations. In *Proc. ISIT 2005 – IEEE Int. Symp. Information Theory*, pages 1773–1777, Adelaide, SA, September 2005.

[LW00a] K. Lee and D. Williams. A space-frequency transmitter diversity technique for OFDM systems. In *Proc. Globecom 2000 – IEEE Global Telecommunications Conf.*, volume 3, pages 1473–1477, San Francisco, CA, December 2000.

[LW00b] B. Lu and X. Wang. Space-time code design in OFDM systems. In *Proc. Globecom 2000 – IEEE Global Telecommunications Conf.*, volume 2, pages 1000–1004, San Francisco, CA, December 2000.

[LXG02] Z. Liu, Y. Xin, and G. Giannakis. Space-time-frequency coded OFDM over frequency selective fading channels. *IEEE Trans. Signal Processing*, 50(10):2465–2476, October 2002.

[LYC⁺11] C. Lim, T. Yoo, B. Clerckx, B. Lee, and B. Shim. Recent trend of multiuser MIMO in LTE-Advanced. Submitted to *IEEE Commun. Mag.*, 2011.

[LZ08] A. Leshem and E. Zehavi. Cooperative game theory and the Gaussian interference channel. *IEEE J. Select. Areas Commun.*, 26(7):1078–1088, September 2008.

[MAMK08] M.A. Maddah-Ali, A.S. Motahari, and A.K. Khandani. Communication over MIMO X channels: interference alignment, decomposition, and performance analysis. *IEEE Trans. Inform. Theory*, 54(8):3457–3470, August 2008.

[Mar99] T.M. Marzetta. BLAST training: Estimating channel characteristics for high-capacity space-time wireless. In *Proc. 37th Annual Allerton Conf. on Communication, Control, and Computing*, pages 958–966, 1999.

[Mar10] T.M. Marzetta. Noncooperative cellular wireless with unlimited numbers of base station antennas. *IEEE Trans. Wireless Commun.*, 9(11):3590–3600, November 2010.

[MAT10] M.A. Maddah-Ali and D. Tse. Completely stale transmitter channel state information is still very useful. In *48th Annual Allerton Conference on Communication, Control, and Computing (Allerton)*, pages 1188–1195, Allerton, IL, September 2010.

[MBF02] D.P. McNamara, M.A. Beach, and P.N. Fletcher. Spatial correlation in indoor MIMO channels. In *Proc. PIMRC 2002 – IEEE 13th Int. Symp. on Pers., Indoor and Mobile Radio Commun.*, volume 1, pages 290–294, Lisbon, Portugal, September 2002.

[MF09] P. Marsch and G. Fettweis. On downlink network MIMO under a constrained backhaul and imperfect channel knowledge. In *Proc. Globecom 2009 – IEEE Global Telecommunications Conf.*, 2009.

[MH94] U. Madhow and M.L. Honigh. MMSE interference suppression for direct-sequence spread-spectrum CDMA. *IEEE Trans. Commun.*, 42(12):3178–3188, December 1994.

[MPM90] D. A. McNamara, C.W.I. Pistorius, and J.A.G. Malherbe. *Introduction to the Uniform Geometrical Theory of Diffraction*. Artech House, London, UK, 1990.

[MSEA03] K.K. Mukkavilli, A. Sabharwal, E. Erkip, and B. Aazhang. On beamforming with finite rate feedback in multiple-antenna systems. *IEEE Trans. Inform. Theory*, 49(10):2562–2579, October 2003.

[MW04] A.F. Molisch and M.Z. Win. MIMO systems with antenna selection. *IEEE Microw. Mag.*, 5(1):46–56, March 2004.

[MWCW05] A.F. Molisch, M.Z. Win, Y.S. Choi, and J.H. Winters. Capacity of MIMO systems with antenna selection. *IEEE Trans. Wireless Commun.*, 4(4):1759–1772, July 2005.

[MWW01] A.F. Molisch, M.Z. Win, and J.H. Winters. Capacity of MIMO systems with antenna selection. In *Proc. ICC 2001 – IEEE Int. Conf. Commun.*, volume 2, pages 570–574, Helsinki, Finland, June 2001.

[Nab03] R.U. Nabar. *Performance Analysis and Transmit Optimization for General MIMO Channels*. PhD thesis, Stanford University, February 2003.

[Nar03] R. Narasimhan. Spatial multiplexing with transmit antenna and constellation selection for correlated MIMO fading channels. *IEEE Trans. Signal Processing*, 51(11): 2829–2838, November 2003.

[Nar05] R. Narasimhan. Finite-SNR diversity performance of rate-adaptive MIMO systems In *Proc. Globecom 2005 – IEEE Global Telecommunications Conf.*, St. Louis, MO, December 2005.

[Nar06a] R. Narasimhan. Finite-SNR diversity-multiplexing tradeoff for correlated Rayleigh and Rician MIMO channels. *IEEE Trans. Inform. Theory*, 52(9):3995–3979, September 2006.

[Nar06b] R. Narasimhan. Outage probabilities and finite-SNR diversity gains in rate-adaptive fading multiple access channels. In *IEEE International Symposium on Information Theory (ISIT)*, Seattle, WA, July 2006.

[NBE⁺02] R.U. Nabar, H. Boelcskei, V. Erceg, D. Gesbert, and A.J. Paulraj. Performance of multiantenna signaling techniques in the presence of polarization diversity. *IEEE Trans. Signal Processing*, 50(10):2553–2562, October 2002.

[NBP01] R.U. Nabar, H. Boelcskei, and A.J. Paulraj. Transmit optimization for spatial multiplexing in the presence of spatial fading correlation. In *Proc. Globecom 2001 – IEEE Global Telecommunications Conf.*, volume 1, pages 131–135, San Antonio, TX, November 2001.

[NBP05] R.U. Nabar, H. Boelcskei, and A.J. Paulraj. Diversity and outage performance in space-time block coded Ricean MIMO channels. *IEEE Trans. Wireless Commun.*, 4(5):2519–2532, September 2005.

[NE99] T. Neubauer and P.C.F. Eggers. Simultaneous characterization of polarization matrix components in pico cells. In *Proc. VTC-F 1999 – IEEE Vehicular Technology Conf. Fall*, pages 1361–1365, 1999.

[NLM12] H.Q. Ngo, E.G. Larsson, and T.L. Marzetta. Energy and spectral efficiency of very large multiuser MIMO systems. Submitted to *IEEE Trans. Commun.*, 2012.

[NLTW98] A. Narula, M.J. Lopez, M.D. Trott, and G.W. Wornell. Efficient use of side information in multiple-antenna data transmission over fading channels. *IEEE J. Select. Areas Commun.*, 16(10):1423–1436, October 1998.

[OC07] C. Oestges and B. Clerckx. *MIMO Wireless Communications: From Real-World Propagation to Space-Time Code Design*. Academic Press (Elsevier), Oxford, UK, 2007.

[OCB05] H. Oezcelik, N. Czink, and E. Bonek.What makes a good MIMO channel model? In *Proc. VTC 2005 Spring – IEEE 61st Vehicular Technology Conf.*, volume 1, pages 156–160, Stockholm, Sweden, May 2005.

[OCB+10] C. Oestges, N. Czink, B. Bandemer, P. Castiglione, F. Kaltenberger, and A.J. Paulraj. Experimental characterization and modeling of outdoor-to-indoor and indoor-to-indoor distributed channels. *IEEE Trans. Veh. Technol.*, 59(5):2253–2265, June 2010.

[OCC11] C. Oestges, P. Castiglione, and N. Czink. Empirical modeling of nomadic peer-to-peer networks in office environment. In *Proc. IEEE Vehicular Technology Conf. Spring (VTC-S)*, 2011.

[OCGD08] C. Oestges, B. Clerckx, M. Guillaud, and M. Debbah. Dual-polarized wireless communications: from propagation models to system performance evaluation. *IEEE Trans. Wireless Commun.*, 7(10):4019–4031, October 2008.

[OCRVJ02] C. Oestges, B. Clerckx, L. Raynaud, and D. Vanhoenacker-Janvier. Deterministic channel modeling and performance simulation of microcellular wideband communication systems. *IEEE Trans. Veh. Technol.*, 51(6):1422–1430, June 2002.

[OEP03] C. Oestges, V. Erceg, and A.J. Paulraj. A physical scattering model for MIMO macrocellular broadband wireless channels. *IEEE J. Select. Areas Commun.*, 21(5): 721–729, June 2003.

[OEP04] C. Oestges, V. Erceg, and A.J. Paulraj. Propagation modeling of multi-polarized MIMO fixed wireless channels. *IEEE Trans. Veh. Technol.*, 53(3):644–654, May 2004.

[Oez04] H. Oezcelik. *Indoor MIMO Channel Models*. PhD thesis, Technische Universitat Wien, December 2004.

[ONBP03] O. Oyman, R.U. Nabar, H. Boelcskei, and A.J. Paulraj. Characterizing the statistical properties of mutual information in MIMO channels. *IEEE Trans. Signal Processing*, 51(11):2784–2795, November 2003.

[OO05] H. Oezcelik and C. Oestges. Some remarkable properties of diagonally correlated MIMO channels. *IEEE Trans. Veh. Technol.*, 54(6):2143–2145, November 2005.

[OP04] C. Oestges and A.J. Paulraj. Beneficial impact of channel correlations on MIMO capacity. *Elect. Lett.*, 40(10):606–607, May 2004.

[ORBV06] F. Oggier, G. Rekaya, J.C. Belfiore, and E. Viterbo. Perfect space-time block codes. *IEEE Trans. Inform. Theory*, 52(9):3885–3902, September 2006.

[OV04] F.E. Oggier and E. Viterbo. *Algebraic number theory and code design for Rayleigh fading channels*. Foundations and Trends in Communications and Information Theory, 2004.

[OVJC05] C. Oestges, D. Vanhoenacker-Janvier, and B. Clerckx. Macrocellular directional channel modeling at 1.9 GHz: Cluster parametrization and validation. In *Proc. VTC 2005 Spring – IEEE Vehicular Technology Conf.*, 2005.

[Par00] J.D. Parsons. *The Mobile Radio Propagation Channel*, 2nd ed. Wiley, London, UK, 2000.

[PBN06] A. Pal, M. Beach, and A. Nix. A novel quantification of 3D directional spread from small-scale fading analysis. In *Proc. VTC 2006 Spring – IEEE 61st Vehicular Technology Conf.*, Melbourne, Australia, May 2006.

[PF03]　C.B. Papadias and G.J. Foschini. Capacity-approaching space-time codes for systems employing four transmitter antennas. *IEEE Trans. Inform. Theory*, 49(3):726–732, March 2003.

[Phi06]　Philips. R1-062483 – comparison between MU-MIMO codebook-based channel reporting techniques for LTE downlink. In *3GPP TSG RAN WG1 Meeting ♯46bis*, Seoul, Korea, October 2006.

[PHS05]　C.B. Peel, B.M. Hochwald, and A.L. Swindlehurst. A vector-perturbation technique for near capacity multiantenna multiuser communication – Part I: Channel inversion and regularization. *IEEE Trans. Commun.*, 53(1):195–202, January 2005.

[PK94]　A.J. Paulraj and T. Kailath. Increasing capacity in wireless broadcast systems using distributed transmission/directional reception. *U.S. Patent, no. 5,345,599,* 1994.

[PLS11]　J. Park, B. Lee, and B. Shim. A MMSE vector precoding with block diagonalization for multiuser MIMO downlink. *IEEE Trans. Commun.*, 59(12):1–9, December 2011.

[PNG03]　A. Paulraj, R. Nabar, and D. Gore. *Introduction to Space-Time Wireless Communications*. Cambridge University Press, Cambridge, UK, 2003.

[Poh81]　M. Pohst. On the computation of lattice vectors of minimal length, successive minima and reduced bases with applications. *ACM SIGSAM Bull.*, 15:37–44, February 1981.

[Poz98]　D.M. Pozar. *Microwave Engineering.* Wiley, New York, NY, 1998.

[Pro01]　J.G. Proakis. *Digital Communications*, 4th ed. McGraw Hill, New York, NY, 2001.

[PRR02]　P. Petrus, J.H. Reed, and T.S. Rappaport. Geometrical-based statistical macrocell channel model for mobile environments. *IEEE Trans. Commun.*, 50(3):495–502, March 2002.

[PSH+11]　J. Poutanen, J. Salmi, K. Haneda, V.-M. Kolmonen, and P. Vainikainen. Angular and shadowing characteristics of dense multipath components in indoor radio channels. *IEEE Trans. Antennas Propagat.*, 59(1):245–253, January 2011.

[PTH+ss]　J. Poutanen, F. Tufvesson, K. Haneda, V.-M. Kolmonen, and P. Vainikainen. Multi-link MIMO channel modeling using geometry-based approach. *IEEE Trans. Antennas Propagat.*, in press.

[PWN04]　Z. Pan, K.K. Wong, and T.-S. Ng. Generalized multiuser orthogonal space-division multiplexing. *IEEE Trans. Wireless Commun.*, 3(6):1969–1973, November 2004.

[QC99]　X. Qiu and K. Chawla. On the performance of adaptive modulation in cellular systems. *IEEE Trans. Commun.*, 47(6):884–895, June 1999.

[QOHD10]　F. Quitin, C. Oestges, F. Horlin, and P. De Doncker. A polarized clustered channel model for indoor multi-antenna systems at 3.6 GHz. *IEEE Trans. Veh. Technol.*, (8):3685–3693, October 2010.

[R1-07]　R1-071804 – reply LS to r3-070527/r1-071242 on backhaul (X2 interface) delay. In *3GPP TSG RAN WG1 Meeting ♯55bis*, 2007.

[RBV04]　G. Rekaya, J.C. Belfiore, and E. Viterbo. Algebraic 3×3, 4×4 and 6×6 space-time codes with non-vanishing determinants. In *Int. Symp. Inform. Theory and its Applications*, pages 325–329, Parma, Italy, October 2004.

[RC98]　G. Rayleigh and J. Cioffi. Spatio-temporal coding for wireless communication. *IEEE Trans. Commun.*, 46(3):357–366, March 1998.

[RFLFV00]　F. Rashid-Farrokhi, A. Lozano, G. Foschini, and R.A. Valenzuela. Spectral efficiency of wireless systems with multiple transmit and receive antennas. In *Proc. IEEE Int. Symp. on Personal, Indoor and Mobile Radio Communications (PIMRC)*, volume 1, pages 373–377, 2000.

[RFLT98] F. Rashid-Farrokhi, K.J.R. Liu, and L. Tassiulas. Transmit beamforming and power control for cellular wireless systems. *IEEE J. Select. Areas Commun.*, 16(8): 1437–1450, October 1998.

[RJH07] N. Ravindran, N. Jindal, and H. Huang. Beamforming with finite rate feedback for LOS MIMO downlink channels. In *Proc. Globecom 2007 – IEEE Global Telecommunications Conf.*, November 2007.

[RK05] K. Rosengren and P.-S. Kildal. The effect of source and load impedance on radiation efficiency and diversity gain of two parallel dipoles. In *Proc. IEEE Antennas and Propagation Society Symposium,* pages 1422–1430, Washington, D.C., July 2005.

[RP94] A.J. Roscoe and R.A. Perrott. Large finite array analysis using infinite array data. *IEEE Trans. Antennas Propagat.*, 42(7):983–992, July 1994.

[RPL$^+$12] F. Rusek, D. Persson, B.K. Lau, E.G. Larsson, O. Edfors, F. Tufvesson, and T.L. Marzetta. Scaling up MIMO: opportunities and challenges with very large arrays. *IEEE Signal Processing Mag.*, 2012.

[RV68] W.L. Root and P.P. Varaiya. Capacity of classes of Gaussian channels. *SIAM Journal of Applied Mathematics*, 16(6):1350–1393, November 1968.

[SA00] M.K. Simon and M.-S. Alouini. *Digital Communications Over Fading Channels: A Unified Approach to Performance Analysis*. Wiley, New York, NY, 2000.

[Sam05] Samsung. R1-050889 – MIMO for long term evolution. In *3GPP TSG RAN WG1 Meeting ♮42*, London, UK, August 2005.

[San02] S. Sandhu. *Signal Design for Multiple-Input Multiple-Output Wireless: A Unified Perspective*. PhD thesis, Stanford University, August 2002.

[Sat81] H. Sato. The capacity of the Gaussian interference channel under strong interference. *IEEE Trans. Inform. Theory*, 27(6):786–788, November 1981.

[Sau91] S. Saunders. *Antennas and Propagation for Wireless Communication Systems*. Wiley, London, UK, 1991.

[Say02] A.M. Sayeed. Deconstructing multiantenna fading channels. *IEEE Trans. Signal Processing*, 50(10):2563–2579, October 2002.

[SB04] M. Schubert and H. Boche. Solution of the multiuser downlink beamforming problem with individual SINR constraints. *IEEE Trans. Veh. Technol.*, 53:18–28, January 2004.

[SBS66] M. Schwartz, W.R. Bennett, and S. Stein. *Communication Systems and Techniques*. Inter-University Electronics/McGraw-Hill, New York, NY, 1966.

[SCA$^+$06] Z. Shen, R. Chen, J.G. Andrews, R.W. Heath, and B.L. Evans. Low complexity user selection algorithms for multiuser MIMO systems with block diagonalization. *IEEE Trans. Signal Processing*, 54(9):3658–3663, 2006.

[SD01] A. Stefanov and T.M. Duman. Turbo coded modulation for systems with transmit and receive antenna diversity over block fading channels: System model, decoding approaches and practical considerations. *IEEE J. Select. Areas Commun.*, 19(5): 958–968, May 2001.

[SE94] C. Schnorr and M. Euchner. Lattice basis reduction: Improved practical algorithms and solving subset sum problems. *Mathematical programming*, 66(1):181–199, 1994.

[SF02a] S. Siwamogsatham and M.P. Fitz. Improved high-rate space-time codes via concatenation of expanded orthogonal block code and M-TCM. In *Proc. ICC 2002 – IEEE Int. Conf. Commun.*, volume 1, pages 636–640, April 2002.

[SF02b] S. Siwamogsatham and M.P. Fitz. Robust space-time codes for correlated Rayleigh fading channels. *IEEE Trans. Signal Processing*, 50(10):2408–2416, October 2002.

[SFGK00] D.S. Shiu, G.J. Foschini, M.J. Gans, and J.M. Kahn. Fading correlation and its effect on the capacity of multielement antenna systems. *IEEE Trans. Commun.*, 48(3): 502–513, March 2000.

[SG01a] P. Spasojevic and C.N. Georghiades. The slowest descent method and its application to sequence estimation. *IEEE Trans. Commun.*, 49(9):1592–1604, September 2001.

[SG01b] H.-J. Su and E. Geraniotis. Space-time turbo codes with full antenna diversity. *IEEE Trans. Commun.*, 49(1):47–57, January 2001.

[SH00] M. Sellathurai and S. Haykin. TURBO-BLAST for high-speed wireless communications. In *Proc. WCNC 2000 – IEEE Wireless Communications and Networking Conference*, volume1, pages 315–320, 2000.

[SH05] M. Sharif and B. Hassibi. On the capacity of MIMO BC channel with partial side information. *IEEE Trans. Inform. Theory*, 51(2):506–522, February 2005.

[SH07] M. Sharif and B. Hassibi. A comparison of time-sharing, DPC, and beamforming for MIMO broadcast channels with many users. *IEEE Trans. Commun.*, 55(1):11–15, January 2007.

[SHP01] S. Sandhu, R. Heath, and A. Paulraj. Space-time block codes versus space-time trellis codes. In *Proc. ICC 2001 – IEEE Int. Conf. Commun.*, volume 4, pages 1132–1136, Helsinki, Finland, June 2001.

[SHT11] C. Suh, M. Ho, and D.N.C. Tse. Downlink interference alignment. *IEEE Trans. Commun.*, 59(9):2616–2626, September 2011.

[SHV08] L. Sarperi, M. Hunukumbure, and S. Vadgama. Simulation study of fractional frequency reuse in WiMAX networks. *Fujitsu Sci. Tech. J.*, 44(3):318–324, July 2008.

[Sim01] M.K. Simon. Evaluation of average bit error probability for space-time coding based on a simpler exact evaluation of pairwise error probability. *J. Communi. Netw.*, 3(3):257–264, September 2001.

[Sim08] F. Simoens. *Iterative Multiple-Input Mumtiple-Output Communication Systems*. PhD thesis, Universiteit Gent, March 2008.

[SJ03] M. Skoglund and G. Jongren. On the capacity of a multiple-antenna communication link with channel side information. *IEEE J. Select. Areas Commun.*, 21(3):395–405, April 2003.

[SJJS00] Q.H. Spencer, B.D. Jeffs, M.A. Jensen, and A.L. Swindlehurst. Modeling the statistical time and angle of arrival characteristics of an indoor multipath channel. *IEEE J. Select. Areas Commun.*, 18(3):347–360, March 2000.

[SJU07] D. Schmidt, M. Joham, and W. Utschick. Minimum mean square error vector precoding. *Eur. Trans. Telecomm.*, 19(3):219–231, March 2007.

[SKC09] X. Shang, G. Kramer, and B. Chen. A new outer bound and the noisy-interference sum-rate capacity for Gaussian interference channels. *IEEE Trans. Inform. Theory*, 55(2):689–699, February 2009.

[SL01] P. Stoica and E. Lindskog. Space-time block coding for channels with intersymbol interference. In *Proc. Asilomar Conf. On Signals, Systems, and Computers*, volume 1, pages 252–256, Pacific Grove, CA, November 2001.

[SL03] H. Shin and J.H. Lee. Capacity of multiple-antenna channels: Spatial fading correlation, double scattering and keyhole. *IEEE Trans. Inform. Theory*, 49(10):2636–2647, October 2003.

[SLL$^+$11] W. Shin, N. Lee, J.B. Lim, C. Shin, and K. Jang. On the design of interference alignment scheme for two-cell MIMO interfering broadcast channels. *IEEE Trans. Wireless Commun.*, 10(2):437–442, February 2011.

[SLN+11] W. Shin, N. Lee, W. Noh, H. Choi, B. Clerckx, C. Shin, and K. Jang. Hierarchical interference alignment for heterogeneous networks with multiple antennas. In *Proc. ICC 2011 – IEEE Int. Conf. Commun.*, June 2011.

[SLW03] B. Steingrimsson, Q.Z. Luo, and K. Wong. Soft quasi-maximum-likelihood detection for multiple antenna wireless channels. *IEEE Trans. Signal Processing*, 51(11):2710–2719, November 2003.

[SM03] S. Simon and A. Moustakas. Optimizing MIMO antenna systems with channel covariance feedback. *IEEE J. Select. Areas Commun.*, 21(3):406–417, April 2003.

[SMB01] M. Steinbauer, A.F. Molisch, and E. Bonek. The double-directional radio channel. *IEEE Antennas Propagat. Mag.*, 43(4):51–63, August 2001.

[SMG01] C. Saraydar, N.B. Mandayam, and D.J. Goodman. Pricing and power control in a multicell wireless data network. *IEEE Trans. Commun.*, 19(10):1883–1892, October 2001.

[SMG02] C. Saraydar, N.B. Mandayam, and D.J. Goodman. Efficient power control via pricing in wireless data networks. *IEEE Trans. Commun.*, 50(2):291–303, February 2002.

[SP02] H. Sampath and A.J. Paulraj. Linear precoding for space-time coded systems with known fading correlations. *IEEE Commun. Lett.*, 6(6):239–241, June 2002.

[SP03] N. Sharma and C.B. Papadias. Improved quasi-orthogonal codes through constellation rotation. *IEEE Trans. Commun.*, 51(3):332–335, March 2003.

[SS00] O. Somekh and S. Shamai. Shannon-theoretic approach to a Gaussian cellular multiple-access channel with fading. *IEEE Trans. Inform. Theory*, 46(4):1401–1425, July 2000.

[SSB+02] A. Scaglione, P. Stoica, S. Barbarossa, G.B. Giannakis, and H. Sampath. Optimal designs for space-time linear precoders and decoders. *IEEE Trans. Signal Processing*, 50(5):1051–1064, May 2002.

[SSBN+09] O. Somekh, O. Simeone, Y. Bar-Ness, A. Haimovich, and S. Shamai. Cooperative multicell zero-forcing beamforming in cellular downlink channels. *IEEE Trans. Inform. Theory*, 55(7):3206–3219, July 2009.

[SSESV06] Jari Salo, Pasi Suvikunnas, Hassan M. El-Sallabi, and Pertti Vainikainen. Ellipticity statistic as measure of MIMO multipath richness. *Electronics Letters*, 42(3):160–162, November 2006.

[SSH04] Q. Spencer, A.L. Swindlehurst, and M. Haardt. Zero-forcing methods for downlink spatial multiplexing in multiuser MIMO channels. *IEEE Trans. Signal Processing*, 52(2):462–471, February 2004.

[SSL04] W. Su, Z Safar, and K.J.R. Liu. Diversity analysis of space-time modulation over time-correlated Rayleigh fading channels. *IEEE Trans. Inform. Theory*, 50(8):1832–1840, August 2004.

[SSOL03] W. Su, Z. Safar, M. Olfat, and K.J.R. Liu. Obtaining full-diversity space-frequency codes from space-time codes via mapping. *IEEE Trans. Signal Processing*, 51(11):2905–2916, November 2003.

[SSP01] H. Sampath, P. Stoica, and A. Paulraj. Generalized linear precoder and decoder design for MIMO channels using the weighted MMSE criterion. *IEEE Trans. Commun.*, 49(12):2198–2206, December 2001.

[SSPS09] A. Sanderovich, O. Somekh, H.V. Poor, and S. Shamai. Uplink macro diversity of limited backhaul cellular network. *IEEE Trans. Inform. Theory*, 55(8):3457–3478, August 2009.

[SSPSS09] O. Simeone, O. Somekh, H.V. Poor, and S. Shamai (Shitz). Downlink multicell processing with limited-backhaul capacity. *EURASIP Journal on Advances in Signal Processing*, 2009 (Article ID 840814), 2009.

[SSRS03] B.A. Sethuraman, B. Sundar Rajan, and V. Shashidhar. Full-diversity, high-rate, space-time block codes from division algebras. *IEEE Trans. Inform. Theory*, 49(10):2596–2616, October 2003.

[STS07] M. Sadek, A. Tarighat, and A. Sayed. A leakage-based precoding scheme for downlink multi-user MIMO channels. *IEEE Trans. Wireless Commun.*, 6(5):1711–1721, May 2007.

[SV87] A.M. Saleh and R.A. Valenzuela. A statistical model for indoor multipath propagation. *IEEE J. Select. Areas Commun.*, 5(2):128–137, March 1987.

[SV09] A.L. Stolyar and H. Viswanathan. Self-organizing dynamic fractional frequency reuse for best-effort traffic through distributed inter-cell coordination. In *Proc. IEEE INFOCOM*, pages 1287–1295, Rio de Janeiro, Brazil, April 2009.

[SVH06] M. Stojnic, H. Vikalo, and B. Hassibi. Rate maximization in multi-antenna broadcast channels with linear preprocessing. *IEEE Trans. Wireless Commun.*, 5(9):2338–2342, September 2006.

[SVWWM07] F. Simoens, D. VanWelden, H. Wymeersch, and M. Moeneclaey. Low complexity MIMO detection based on the slowest descent method. *IEEE Commun. Lett.*, 11(5):429–431, May 2007.

[SW94] N. Seshadri and J.H. Winters. Two signaling schemes for improving the error performance of frequency-division-duplex (FDD) transmission systems using transmitter antenna diversity. *Int. J. Wireless Information Networks*, 1:49–60, 1994.

[SW97] S. Shamai and A.D. Wyner. Information theoretic considerations for symmetric, cellular, multiple-access fading channels – Part I. *IEEE Trans. Inform. Theory*, 43(6): 1877–1894, November 1997.

[SWSM05] F. Simoens, H. Wymeersch, H. Steendham, and M. Moeneclaey. Synchronization for MIMO systems. In *Smart Antennas – State of the Art, EURASIP Book Series on Signal Processing and Communications*, 2005.

[SX04] W. Su and X. Xia. Signal constellations for quasi-orthogonal space-time block codes with full diversity. *IEEE Trans. Inform. Theory*, 50(10):2331–2347, October 2004.

[SYT10] S.S. Szyszkowicz, H. Yanikomeroglu, and J.S. Thompson. On the feasibility of wireless shadowing correlation models. *IEEE Trans. Veh. Technol.*, 59(9):4222–4236, November 2010.

[SZ01] S. Shamai and B. Zaidel. Enhancing the cellular downlink capacity via co-processing at the transmitting end. In *Proc. VTC 2001 Spring – IEEE 53rd Vehicular Technology Conf.*, pages 1745–1749, Rhodes Island, Greece, May 2001.

[SZM+06] M. Shafi, M. Zhang, A.L. Moustakas, P.J. Smith, A.F. Molisch, F. Tufvesson, and S.H. Simon. Polarized MIMO channels in 3-D: models, measurements and mutual information. *IEEE J. Select. Areas Commun.*, 24(3):514–527, March 2006.

[SZSS07] O. Somekh, B.M. Zaidel, and S. Shamai (Shitz). Sum rate characterization of joint multiple cell-site processing. *IEEE Trans. Inform. Theory*, 53(12):4473–4497, December 2007.

[TB02] G. Taricco and E. Biglieri. Exact pairwise error probability of space-time codes. *IEEE Trans. Inform. Theory*, 48(2):510–513, February 2002.

[TBH00] O. Tirkkonen, A. Boariu, and A. Hottinen. Minimal non-orthogonality rate 1 space-time block code for 3+ Tx antennas. *In IEEE 6th Int. Symp. on Spread-Spectrum Tech. and Appl. (ISSSTA 2000)*, pages 429–432, September 2000.

[TBH08] M. Trivellato, F. Boccardi, and H. Huang. On transceiver design and channel quantization for downlink multiuser MIMO systems with limited feedback. *IEEE J. Select. Areas Commun.*, 6(8):1494–1504, October 2008.

[Tel95] E. Telatar. Capacity of multiantenna Gaussian channels. *Tech. Rep., AT&T Bell Labs.*, 1995.

[Tel99] E. Telatar. Capacity of multi-antenna Gaussian channels. *Eur. Trans. Telecomm.*, 10(6):585–596, November 1999.

[TH98] D.N.C. Tse and S.V. Hanly. Multiaccess fading channels – Part I: Polymatroid structure, optimal resource allocation and throughput capacities. *IEEE Trans. Inform. Theory*, 44(7):2796–2815, November 1998.

[TJC99] V. Tarokh, H. Jafarkhani, and A.R. Calderbank. Space-time block codes from orthogonal designs. *IEEE Trans. Inform. Theory*, 45(7):1456–1467, July 1999.

[TMK07] M. Taherzadeh, A. Mobasher, and A.K. Khandani. Communication over MIMO broadcast channels using lattice-basis reduction. *IEEE Trans. Inform. Theory*, 53(12):4567–4582, December 2007.

[Tom71] M. Tomlinson. New automatic equaliser employing modulo arithmetic. *Electron. Lett.*, 7:138–139, March 1971.

[TPC05] C.W. Tan, D.P. Palomar, and M. Chiang. Solving nonconvex power control problems in wireless networks: Low SIR regime and distributed algorithms. In *Proc. Globecom 2005 – IEEE Global Telecommunications Conf.*, St. Louis, MO, USA, December 2005.

[TPK09] A. Tolli, H. Pennanen, and P. Komulainen. On the value of coherent and coordinated multi-cell transmission. In *Proc. ICC 2009 – IEEE Int. Conf. Commun.*, pages 1–5, Dresden, Germany, June 2009.

[TR01] P. Tan and L. Rasmussen. The application of semidefinite programming for detection in CDMA. *IEEE J. Select. Areas Commun.*, 19(8):1442–1449, August 2001.

[TS04] J. Tan and G.L. Stuber. Multicarrier delay diversity modulation for MIMO systems. *IEEE Trans. Wireless Commun.*, 3(5):1756–1763, September 2004.

[TS209] 3GPP TS ts 25.104 v.8.6.0, technical specification group radio access network; base station (BS) radio transmission and reception (FDD). Technical report, 3rd Generation Partnership Project (3GPP), March 2009.

[TSC98] V. Tarokh, N. Seshadri, and A.R. Calderbank. Space-time codes for high data rate wireless communication: Performance criterion and code construction. *IEEE Trans. Inform. Theory*, 44(3):744–765, March 1998.

[Tse97] D.N. Tse. Optimal power allocation over parallel Gaussian broadcast channels. In *Proc. Int. Symp. Inform. Theory*, June 1997.

[Tur60] G.L. Turin. The characteristic function of Hermitian quadratic forms in complex normal random variables. *Biometrika*, pages 199–201, June 1960.

[TV04] S. Tavildar and P. Viswanath. Permutation codes: achieving the diversity-multiplexing tradeoff. In *Proc. ISIT 2004 – IEEE Int. Symp. Information Theory*, page 98, Chicago, June 2004.

[TV05] D. Tse and P. Viswanath. *Fundamentals of Wireless Communication*. Cambridge University Press, Cambridge, UK, 2005.

[TV06] S. Tavildar and P. Viswanath. Approximately universal codes over slow fading channels. *IEEE Trans. Inform. Theory*, 52(7):3233–3258, July 2006.

[TVZ04] D.N.C. Tse, P. Viswanath, and L. Zheng. Diversity-multiplexing tradeoff in multiple-access channels. *IEEE Trans. Inform. Theory*, 50(9):1859–1874, September 2004.

[UG01] M. Uysal and C.N. Georghiades. Effect of spatial fading correlation on performance of space-time codes. *Elect. Lett.*, 37(3):181–183, February 2001.

[UG04] M. Uysal and C.N. Georghiades. On the error performance analysis of space-time trellis codes. *IEEE Trans. Wireless Commun.*, 3(4):1118–1123, July 2004.

[UY98] S. Ulukus and R.D. Yates. Adaptive power control and MMSE interference suppression. *Wireless Networks*, 4:489–496, November 1998.

[Vau90] R.G. Vaughan. Polarization diversity in mobile communications. *IEEE Trans. Veh. Technol.*, 39(3):177–186, March 1990.

[VB99] E. Viterbo and J. Boutros. A universal lattice code decoder for fading channels. *IEEE Trans. Inform. Theory*, 45(5):1639–1642, July 1999.

[Ver89] S. Verdu. Multiple-access channels with memory with and without frame synchronism. *IEEE Trans. Inform. Theory*, 35(3):605–619, May 1989.

[VG97] M.K. Varanasi and T. Guess. Optimum decision feedback multiuser equalization with successive decoding achieves the total capacity of the Gaussian multiple-access channel. In *Proc. Asilomar Conf. On Signals, Systems, and Computers*, Monterey, CA, November 1997.

[VHK04] H. Vikalo, B. Hassibi, and T. Kailath. Iterative decoding for MIMO channels via modified sphere decoder. *IEEE Trans. Wireless Commun.*, 3(6):2299–2311, June 2004.

[VHU02] I. Viering, H. Hofstetter, and W. Utschick. Validity of spatial covariance matrices over time and frequency. In *Proc. Globecom 2002 – IEEE Global Telecommunications Conf.*, 2002.

[VJG03] S. Vishwanath, N. Jindal, and A. Goldsmith. Duality, achievable rates, and sum-rate capacity of MIMO broadcast channels. *IEEE Trans. Inform. Theory*, 49(10): 2895–2909, October 2003.

[VM99] E. Visotsky and U. Madhow. Optimum beamforming using transmit antenna arrays. In *Proc. VTC 1999 Spring – IEEE 49th Vehicular Technology Conf.*, pages 851–856, May 1999.

[VP05] M. Vu and A.J. Paulraj. Capacity optimization for Rician correlated MIMO wireless channels. In *Proc. Asilomar Conf. On Signals, Systems, and Computers*, Pacific Grove, CA, November 2005.

[VP06] M. Vu and A. Paulraj. Optimal linear precoders for MIMO wireless correlated channels with nonzero mean in space-time coded systems. *IEEE Trans. Signal Processing*, 54(6):2318–2332, June 2006.

[VPW09] L. Venturino, N. Prasad, and X. Wang. Coordinated scheduling and power allocation in downlink multicell OFDMA networks. *IEEE Trans. Veh. Technol.*, 58(6): 2835–2848, July 2009.

[VPW10] L. Venturino, N. Prasad, and X. Wang. Coordinated linear beamforming in downlink multi-cell wireless networks. *IEEE Trans. Wireless Commun.*, 9(4):1451–1461, April 2010.

[VT03] P. Viswanath and D.N.C. Tse. Sum capacity of the vector Gaussian broadcast channel and uplink-downlink duality. *IEEE Trans. Inform. Theory*, 49(8):1912–1921, August 2003.

[VTA01] P. Viswanath, D.N.C. Tse, and V. Anantharam. Asymptotically optimal water-filling in vector multiple-access channels. *IEEE Trans. Inform. Theory*, 47(1):241–267, January 2001.

[VTL02] P. Viswanath, D.N.C. Tse, and R. Laroia. Opportunisitc beamforming using dumb antennas. *IEEE Trans. Inform. Theory*, 48(6):1277–1294, June 2002.

[Vu06] M. Vu. *Exploiting Transmit Channel Side Information in MIMO Wireless Systems*. PhD thesis, Stanford University, 2006.

[VVGZ94] A.J. Viterbi, A.M. Viterbi, K.S. Gilhousen, and E. Zehavi. Soft handoff extends CDMA cell coverage and increases reverse link capacity. *IEEE J. Select. Areas Commun.*, 12(8):1281–1288, October 1994.

[WBR⁺01] D. Wübben, R. Böhnke, J. Rinas, V. Kühn, and K.D. Kammeyer. Efficient algorithm for decoding layered space-time codes. *Elect. Lett.*, 37(22):1348–1350, October 2001.

[WBR⁺03] D. Wübben, R. Böhnke, J. Rinas, V. Kühn, and K.D. Kammeyer. MMSE extension of v-blast based on sorted QR decomposition. In *Proc. VTC 2003 Fall – IEEE 58th Vehicular Technology Conf.*, pages 508–512, Orlando, FL, 2003.

[WBS⁺03] M.Z. Win, N.C. Beaulieu, L.A. Shepp, B.F. Logan, and J.H. Winters. On the SNR penalty of MPSK with hybrid selection/maximal ratio combining over i.i.d. Rayleigh fading channels. *IEEE Trans. Commun.*, 51(6):1012–1023, June 2003.

[WDV04] X. Wautelet, A. Dejonghe, and L. Vandendorpe. MMSE-based fractional turbo receiver for space-time BICM over frequency-selective MIMO fading channels. *IEEE Trans. Signal Processing*, 52(6):1804–1809, June 2004.

[Wei03] W. Weichselberger. *Spatial Structure of Multiple Antenna Radio Channels*. PhD thesis, Technische Universitat Wien, December 2003.

[WFH04] C. Windpassinger, R.F.H. Fischer, and J.B. Huber. Lattice-reduction-aided broadcast precoding. *IEEE Trans. Commun.*, 52(12):2057–2060, December 2004.

[WG06] R. Wang and G.B. Giannakis. Approaching MIMO channel capacity with soft detection based on hard sphere decoding. *IEEE Trans. Commun.*, 54(4):587–590, April 2006.

[WHOB06] W. Weichselberger, M. Herdin, H. Oezcelik, and E. Bonek. A stochastic MIMO channel model with joint correlation of both link ends. *IEEE Trans. Wireless Commun.*, 5(1):90–99, January 2006.

[WiM09] Document IMT-ADV/4-E, acknowledgement of candidate submission from IEEE under step 3 of the IMT-Advanced process (IEEE technology). Technical report, Radiocommunication Study Groups, Working Party 5D, International Telecommunication Union (ITU), October 2009.

[Win84] J.H. Winters. Optimum combining in digital mobile radio with cochannel interference. *IEEE J. Select. Areas Commun.*, 2:528–539, August 1984.

[Wit93] A. Wittneben. A new bandwidth efficient transmit antenna modulation diversity scheme for linear digital modulation. In *Proc. ICC 1993 – IEEE Int. Conf. Commun.*, pages 1630–1633, 1993.

[WJ02] J.W. Wallace and M.A. Jensen. Modeling the indoor MIMO wireless channel. *IEEE Trans. Antennas Propagat.*, 50(5):591–599, May 2002.

[WJ04] J.W. Wallace and M.A. Jensen. Mutual coupling in MIMO wireless systems: A rigorous network theory analysis. *IEEE Trans. Wireless Commun.*, 3(4):1317–1325, July 2004.

[WLFH06] C. Windpassinger, L. Lampe, R.F.H. Fischer, and T. Hehn. A performance study of MIMO detectors. *IEEE Trans. Wireless Commun.*, 5(8):2004–2008, August 2006.

[WMPF03] A. Wiesel, X. Mestre, A. Pages, and J.R. Fonollosa. Efficient implementation of sphere demodulation. In *Proc. SPAWC 2003 – 4th IEEE Workshop on Signal Processing Advances in Wireless Communications*, pages 36–40, June 2003.

[WS04] Y.C. Wu and E. Serpedin. Maximum likelihood symbol timing estimation in MIMO correlated fading channels. *Wireless Communications and Mobile Computing Journal*, 4(7):773–790, November 2004.

[WSS06] H. Weingarten, Y. Steinberg, and S. Shamai. The capacity region of the Gaussian multiple-input multiple-output broadcast channel. *IEEE Trans. Inform. Theory*, 52(9):3936–3964, September 2006.

[WSZ04] X. Wang, Y.R. Shayan, and M. Zeng. On the code and interleaver design of broadband OFDM systems. *IEEE Commun. Lett.*, 8(11):653–655, November 2004.

[WW99] M.Z. Win and J.H. Winters. Analysis of hybrid selection/maximal ratio combining in Rayleigh fading. *IEEE Trans. Commun.*, 47(12):1773–1776, December 1999.

[WX05] D. Wang and X.G. Xia. Optimal diversity product rotations for quasi-orthogonal STBC with MPSK symbols. *IEEE Commun. Lett.*, 9(5):420–422, May 2005.

[Wyn94] A.D. Wyner. Shannon-theoretic approach to a Gaussian cellular multiple-access channel. *IEEE Trans. Inform. Theory*, 40(6):1713–1727, November 1994.

[XG06] P. Xia and G.B. Giannakis. Design and analysis of transmit-beamforming based on limited-rate feedback. *IEEE Trans. Signal Processing*, 54(5):1853–1863, May 2006.

[XL05] L. Xian and H. Liu. Optimal rotation angles for quasi-orthogonal space-time codes with PSK modulation. *IEEE Commun. Lett.*, 9(8):676–678, August 2005.

[Yac93] M.D. Yacoub. *Foundation of Mobile Radio Engineering*. CRC Press, Boca Raton, FL, 1993.

[Yat95] R.D. Yates. A framework for uplink power control in cellular radio systems. *IEEE J. Select. Areas Commun.*, 13(7):1341–1347, September 1995.

[YB03] S. Ye and R.S. Blum. Optimized signaling for MIMO interference systems with feedback. *IEEE Trans. Signal Processing*, 51(11):2839–2848, November 2003.

[YBO+01] K. Yu, M. Bengtsson, B. Ottersten, D.P. McNamara, P. Karlsson, and M.A. Beach. Second order statistics of NLOS indoor MIMO channels based on 5.2 GHz measurements. In *Proc. Globecom 2001 – IEEE Global Telecommunications. Conf.*, volume 1, pages 156–160, San Antonio, TX, USA, November 2001.

[YBO+04] K. Yu, M. Bengtsson, B. Ottersten, D.P. McNamara, P. Karlsson, and M.A. Beach. Modeling of wideband MIMO radio channels based on NLOS indoor measurements. *IEEE Trans. Veh. Technol.*, 53(3):655–665, May 2004.

[YC04] W. Yu and J.M. Cioffi. Sum capacity of Gaussian vector broadcast channels. *IEEE Trans. Inform. Theory*, 50(9):1875–1892, September 2004.

[YG05] Y. Yingwei and G.B. Giannakis. Blind carrier frequency offset estimation in SISO, MIMO, and multiuser OFDM systems. *IEEE Trans. Commun.*, 53(1):173–183, January 2005.

[YG06] T. Yoo and A. Goldsmith. On the optimality of multiantenna broadcast scheduling using zero-forcing beamforming. *IEEE J. Select. Areas Commun.*, 24(3):528–541, March 2006.

[YGC02] W. Yu, G. Ginis, and J.M. Cioffi. Distributed multiuser power control for digital subscriber lines. *IEEE J. Select. Areas Commun.*, 20(5):1105–1115, June 2002.

[YJG07] T. Yoo, N. Jindal, and A. Goldsmith. Multi-antenna downlink channels with limited feedback and user selection. *IEEE J. Select. Areas Commun.*, 25(7):1478–1491, September 2007.

[YKGY] S. Yang, M. Kobayashi, D. Gesbert, and X. Yi. On the degree of freedom region of time correlated MISO broadcast channels with delayed CSIT. Submitted to *IEEE Trans. Inform. Theory*.

[YKS10] W. Yu, T. Kwon, and C. Shin. Joint scheduling and dynamic power spectrum optimization for wireless multicell networks. In *Proc. Conference on Information Science · and Systems (CISS)*, Princeton, NJ, USA, March 2010.

[YKS11] W. Yu, T. Kwon, and C. Shin. Multicell coordination via joint scheduling, beamforming and power spectrum adaptation. In *Proc. IEEE INFOCOM*, pages 2570–2578, Shanghai, China, April 2011.

[YL07] W. Yu and T. Lan. Transmitter optimization for the multi-antenna down-link with per-antenna power constraints. *IEEE Trans. Signal Processing*, 55(6):2646–2660, June 2007.

[YRBC04] W. Yu, W. Rhee, S. Boyd, and J. Cioffi. Iterative water-filling for Gaussian vector multiple-access channels. *IEEE Trans. Inform. Theory*, 50(1):145–152, January 2004.

[Yu07] W. Yu. Multiuser water-filling in the presence of crosstalk. In *Proc. Information Theory and Applications Workshop*, San Diego, CA, USA, January 2007.

[YVC05] W. Yu, D.P. Varodayan, and J.M. Cioffi. Trellis and convolutional precoding for transmitter-based interference presubtraction. *IEEE Trans. Commun.*, 53(7): 1220–1230, July 2005.

[YW02] H. Yao and G. W. Wornell. Lattice-reduction-aided detectors for MIMO communication systems. In *Proc. Globecom 2002 – IEEE Global Telecommunications Conf.*, Taipei, Taiwan, November 2002.

[YW03] H. Yao and G.W. Wornell. Structured space-time block codes with optimal diversity-multiplexing tradeoff and minimum delay. In *Proc. Globecom 2003 – IEEE Global Telecommunications Conf.*, volume 4, pages 1941–1945, San Francisco, CA, December 2003.

[ZA10] J. Zhang and J.G. Andrews. Adaptive spatial intercell interference cancellation in multicell wireless networks. *IEEE J. Select. Areas Commun.*, 28(9):1455–1468, December 2010.

[Zan92] J. Zander. Distributed cochannel interference control in cellular radio systems. *IEEE Trans. Veh. Technol.*, 41(3):305–311, August 1992.

[ZG01] S. Zhou and G. Giannakis. Space-time coding with maximum diversity gains over frequency selective fading channels. *IEEE Signal Processing Lett.*, 8(10):269–272, October 2001.

[ZG03] S. Zhou and G.B. Giannakis. Optimal transmitter eigen-beamforming and space-time block coding based on channel correlations. *IEEE Trans. Inform. Theory*, 49(7): 1673–1690, July 2003.

[ZG06] W. Zhao and G.B. Giannakis. Reduced complexity closest point decoding algorithms for random lattices. *IEEE Trans. Wireless Commun.*, 5(1):101–111, January 2006.

[Zha10] R. Zhang. Cooperative multi-cell block diagonalization with per-base-station power constraint. *IEEE J. Select. Areas Commun.*, 28(9):1435–1445, December 2010.

[ZMMW07] L. Zhao, W. Mo, Y. Ma, and Z. Wang. Diversity and multiplexing tradeoff in general fading channels. *IEEE Trans. Inform. Theory*, 53(4):1549–1557, April 2007.

[ZT03] L. Zheng and D. Tse. Diversity and multiplexing: a fundamental tradeoff in multiple-antenna channels. *IEEE Trans. Inform. Theory*, 49(5):1073–1096, May 2003.

[ZWG05] S. Zhou, Z. Wang, and G.B. Giannakis. Quantifying the power loss when transmit beamforming relies on finite-rate feedback. *IEEE Trans. Wireless Commun.*, 4(4):1948–1957, July 2005.

[ZZL+12] L. Zhang, R. Zhang, Y.-C. Liang, Y. Xin, and H.V. Poor. On the Gaussian MIMO BC-MAC duality with multiple transmit covariance constraints. *IEEE Trans. Inform. Theory*, 58(4):2064–2078, April 2012.

编著图书推荐表

姓名		出生年月		职称/职务		专业	
单位				E-mail			
通讯地址						邮政编码	
联系电话			研究方向及教学科目				

个人简历(毕业院校、专业、从事过的以及正在从事的项目、发表过的论文):

您近期的写作计划有:

您推荐的国外原版图书有:

您认为目前市场上最缺乏的图书及类型有:

地址:北京市西城区百万庄大街 22 号　机械工业出版社,电工电子分社
邮编:100037　网址:www.cmpbook.com
联系人:张俊红　电话:13520543780　010-68326336 (传真)
E-mail:buptzjh@163.com (可来信索取本表电子版)

图书在版编目(CIP)数据

MIMO 无线网络手册:原书第 2 版/(比)克拉克斯(Clerckx, B.),
(比)奥思特杰斯(Qestges, C.)著;许方敏等译.—北京:机械工业出
版社,2015.7
(国际信息工程先进技术译丛)
书名原文:MIMO Wireless Networks (Second Edition)
ISBN 978-7-111-50932-5

Ⅰ.①M… Ⅱ.①克… ②奥… ③许… Ⅲ.①移动通信-通信系统-
技术手册 Ⅳ.①TN929.5-62

中国版本图书馆 CIP 数据核字(2015)第 168059 号

机械工业出版社(北京市百万庄大街 22 号 邮政编码 100037)
策划编辑:张俊红 责任编辑:吕 潇 责任校对:陈立辉 刘怡丹
封面设计:马精明 责任印制:李 洋
北京机工印刷厂印刷(三河市南杨庄国丰装订厂装订)
2015 年 11 月第 1 版第 1 次印刷
169mm×239mm・39.75 印张・822 千字
标准书号:ISBN 978-7-111-50932-5
定价:168.00 元

凡购本书,如有缺页、倒页、脱页,由本社发行部调换
电话服务   网络服务
服务咨询热线:010-88361066   机 工 官 网:www.cmpbook.com
读者购书热线:010-68326294   机 工 官 博:weibo.com/cmp1952
              010-88379203   金 书 网:www.golden-book.com
封面无防伪标均为盗版   教育服务网:www.cmpedu.com